VOLUME 3

Halliday & Resnick

FUNDAMENTOS DE FÍSICA

DÉCIMA SEGUNDA EDIÇÃO

Eletromagnetismo

O GEN | Grupo Editorial Nacional – maior plataforma editorial brasileira no segmento científico, técnico e profissional – publica conteúdos nas áreas de ciências exatas, humanas, jurídicas, da saúde e sociais aplicadas, além de prover serviços direcionados à educação continuada e à preparação para concursos.

As editoras que integram o GEN, das mais respeitadas no mercado editorial, construíram catálogos inigualáveis, com obras decisivas para a formação acadêmica e o aperfeiçoamento de várias gerações de profissionais e estudantes, tendo se tornado sinônimo de qualidade e seriedade.

A missão do GEN e dos núcleos de conteúdo que o compõem é prover a melhor informação científica e distribuí-la de maneira flexível e conveniente, a preços justos, gerando benefícios e servindo a autores, docentes, livreiros, funcionários, colaboradores e acionistas.

Nosso comportamento ético incondicional e nossa responsabilidade social e ambiental são reforçados pela natureza educacional de nossa atividade e dão sustentabilidade ao crescimento contínuo e à rentabilidade do grupo.

VOLUME 3

Halliday & Resnick

FUNDAMENTOS DE FÍSICA

DÉCIMA SEGUNDA EDIÇÃO

Eletromagnetismo

JEARL WALKER
CLEVELAND STATE UNIVERSITY

Tradução e Revisão Técnica
Ronaldo Sérgio de Biasi, Ph.D.
Professor Emérito do Instituto Militar de Engenharia – IME

- Data do fechamento do livro: 21/11/2022

- **Atendimento ao cliente: (11) 5080-0751 | faleconosco@grupogen.com.br**

- Traduzido de
  FUNDAMENTALS OF PHYSICS INTERACTIVE EPUB, TWELFTH EDITION

  ISBN: 9781119773511

  LTC | LIVROS TÉCNICOS E CIENTÍFICOS EDITORA LTDA.
  Uma editora integrante do GEN | Grupo Editorial Nacional
  Travessa do Ouvidor, 11
  Rio de Janeiro – RJ – CEP 20040-040
  www.grupogen.com.br

- Capa: Jon Boylan
- Imagem da capa: © ERIC HELLER/Science Source
- Editoração eletrônica: Eramos Serviços Editoriais
- Ficha catalográfica

CIP-BRASIL. CATALOGAÇÃO NA PUBLICAÇÃO
SINDICATO NACIONAL DOS EDITORES DE LIVROS, RJ

H184f
12. ed.
v. 3

Halliday, David, 1916-2010
Fundamentos de física : eletromagnetismo, volume 3 / David Halliday , Robert Resnick, Jearl Walker ; revisão técnica e tradução Ronaldo Sérgio de Biasi. - 12. ed. - Rio de Janeiro: LTC, 2023.
(Fundamentos de física ; 3)

Tradução de: Fundamentals of physics
Apêndice
Inclui índice
ISBN 9788521637240

1. Física. 2. Eletromagnetismo. I. Resnick, Robert, 1923-2014. II. Walker, Jearl, 1945-. III. Biasi, Ronaldo Sérgio de. IV. Título. V. Série.

CDD: 538
22-80209 CDU: 537.6/.8

Meri Gleice Rodrigues de Souza - Bibliotecária - CRB-7/6439

SUMÁRIO GERAL

VOLUME 1

VOLUME 2

VOLUME 3

VOLUME 4

SUMÁRIO

MATERIAL SUPLEMENTAR

Este livro conta com os seguintes materiais suplementares:

Material restrito a docentes cadastrados:

- Aulas em PowerPoint
- Testes Conceituais
- Testes em PowerPoint
- Respostas das Perguntas (conteúdo em Inglês)
- Respostas dos Problemas (conteúdo em Inglês)
- Manual de Soluções (conteúdo em Inglês)
- Ilustrações da obra em formato de apresentação.

Material livre, mediante uso de PIN:

- Calculadoras (Manuais das Calculadoras Gráficas TI-86 & TI-89)
- Ensaios de Jearl Walker
- Simulações de Brad Trees
- Soluções de problemas em vídeo
- Problemas resolvidos
- Animações
- Vídeos de Demonstrações de Física.

O acesso ao material suplementar é gratuito. Basta que o leitor se cadastre e faça seu *login* em nosso *site* (www.grupogen.com.br), clique no *menu* superior do lado direito e, após, em Ambiente de Aprendizagem. Em seguida, insira no canto superior esquerdo o código PIN de acesso localizado na segunda orelha deste livro.

O acesso ao material suplementar online fica disponível até seis meses após a edição do livro ser retirada do mercado.

Caso haja alguma mudança no sistema ou dificuldade de acesso, entre em contato conosco (gendigital@grupogen.com.br).

PREFÁCIO

A pedido dos professores, aqui vai uma nova edição do livro-texto criado por David Halliday e Robert Resnick em 1963, que usei quando cursava o primeiro ano de Física no MIT. (Puxa, parece que foi ontem!) Ao preparar esta nova edição, tive a oportunidade de introduzir muitas novidades interessantes e reintroduzir alguns tópicos que foram elogiados nas minhas oito edições anteriores. Seguem alguns exemplos.

Entertainment Pictures/Zuma Press

Figura 10.39 Qual era a força de tração T exercida sobre o tendão de Aquiles quando o corpo de Michael Jackson fazia um ângulo de 45° com o piso no vídeo musical *Smooth Criminal*?

Evgeniy Skripnichenko/123RF

Figura 10.7.2 Qual é a força adicional que o tendão de Aquiles precisa exercer quando uma pessoa está usando sapatos de salto alto?

Sergii Gnatiuk/123 RF

Figura 9.65 As quedas são um perigo real para esqueitistas, pessoas idosas, pessoas sujeitas a convulsões e muitas outras. Muitas vezes, elas se apoiam em uma das mãos ao cair, fraturando o punho. Que altura inicial resulta em uma força suficiente para causar a fratura?

Bloomberg/Getty Images

Figura 34.5.4 Na espectroscopia funcional em infravermelho próximo (fNIRS) do cérebro, o paciente usa um capacete com lâmpadas LED que emitem luz infravermelha. A luz chega à camada externa do cérebro e pode revelar que parte do cérebro é ativada por uma atividade específica, como jogar futebol ou pilotar um avião.

Fermilab/Science Source

Figura 28.5.2 A terapia com nêutrons rápidos é uma arma promissora no combate a certos tipos de câncer, como o da glândula salivar. Como, porém, acelerar os nêutrons, que não possuem carga elétrica, para que atinjam altas velocidades?

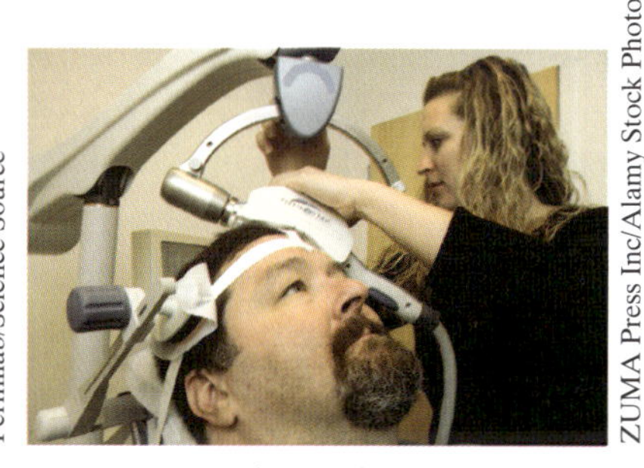

ZUMA Press Inc/Alamy Stock Photo

Figura 29.63 A doença de Parkinson e outros problemas do cérebro podem ser tratados por estimulação magnética transcraniana, na qual campos magnéticos pulsados produzem descargas elétricas em neurônios cerebrais.

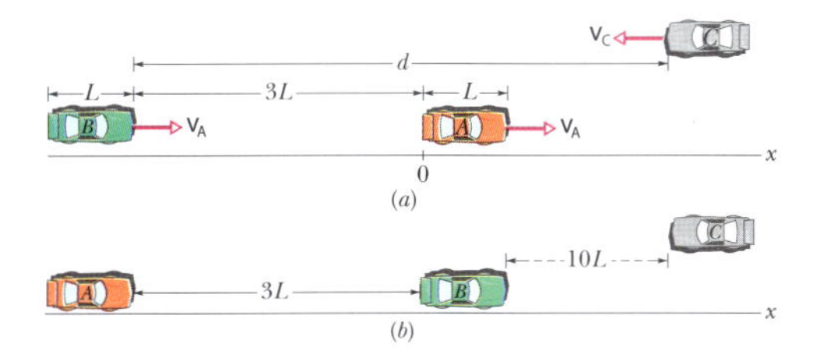

Figura 2.37 Como o carro autônomo B pode ser programado para ultrapassar o carro A sem correr o risco de se chocar com o carro C?

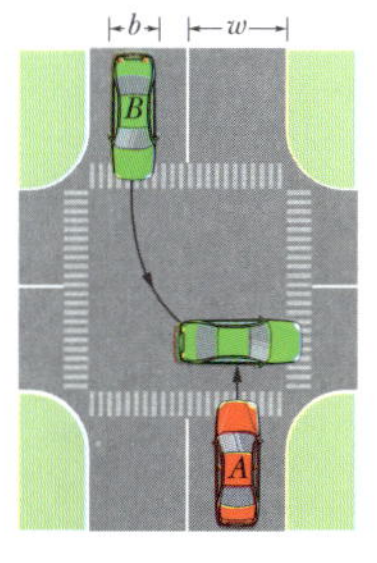

Figura 4.39 Em uma esquerda de Pittsburgh, o carro verde entra em movimento pouco antes de o sinal abrir e tenta passar na frente do carro vermelho enquanto ele ainda está parado. Em uma reconstituição de um acidente, quanto tempo antes de o sinal abrir o carro vermelho começou a fazer a curva?

Tracy Fox/123 RF

Figura 9.6.4 O tipo mais perigoso de colisão entre dois carros é a colisão frontal. Em uma colisão frontal de dois carros de massas iguais, qual é a redução percentual do risco de morte de um dos motoristas se ele estiver acompanhado de um passageiro?

Além disso, são apresentados problemas que tratam de temas como:

- A detecção remota de quedas de pessoas idosas;
- A ilusão de que uma bola rápida de beisebol sobe depois de ser lançada;
- A possibilidade de golpear uma bola rápida de beisebol mesmo sem poder acompanhá-la com os olhos;
- O efeito squat, que faz com que o calado de um navio aumente quando ele está se movendo em águas rasas;
- O perigo de não ver um ciclista que se aproxima de um cruzamento;
- A medida do potencial de uma tempestade elétrica usando múons e antimúons;

e muito mais.

O QUE HÁ NESTA EDIÇÃO

- Testes, um para cada módulo;
- Exemplos;
- Revisão e resumo no fim dos capítulos;
- Quase 300 problemas novos no fim dos capítulos.

Quando estava elaborando esta nova edição, introduzi diversas novidades em áreas de pesquisa que me interessam, tanto no texto como nos novos problemas. Seguem algumas dessas novidades.

Reproduzi a primeira imagem de um buraco negro (pela qual esperei durante toda a minha vida) e abordei o tema das ondas gravitacionais (assunto que discuti com Rainer Weiss, do MIT, quando trabalhei em seu laboratório alguns anos antes que ele tivesse a ideia de usar um interferômetro para detectá-las).

Escrevi um exemplo e vários problemas a respeito de carros autônomos, nos quais um computador precisa calcular os parâmetros necessários, por exemplo, para ultrapassar com segurança um carro mais lento em uma estrada de mão dupla.

Discuti novos métodos de tratamento do câncer, entre eles o uso de elétrons Auger-Meitner, cuja origem foi explicada por Lise Meitner.

Li milhares de artigos de Medicina, Engenharia e Física a respeito de métodos para examinar o interior do corpo humano sem necessidade de cirurgias de grande porte. Aqui estão três exemplos:

(1) Laparoscopia usando pequenas incisões e fibras óticas para ter acesso a órgãos internos, o que permite ao paciente deixar o hospital em algumas horas em vez de dias ou semanas, como acontecia no caso das cirurgias tradicionais.

(2) Estimulação magnética transcraniana usada para tratar depressão crônica, doença de Parkinson e outros problemas do cérebro por meio da aplicação de campos magnéticos pulsados por uma bobina colocada nas proximidades do couro cabeludo com o objetivo de produzir descargas elétricas em neurônios cerebrais.

(3) Magnetoencefalografia (MEG), um exame no qual os campos magnéticos criados no cérebro de uma pessoa são monitorados enquanto a pessoa executa uma tarefa específica, como ler um texto. Durante a execução da tarefa, pulsos elétricos são produzidos entre células do cérebro. Esses pulsos produzem campos magnéticos que podem ser detectados por instrumentos extremamente sensíveis chamados SQUIDs.

AGRADECIMENTOS

Muitas pessoas contribuíram para este livro. Sen-Ben Liao do Lawrence Livermore National Laboratory, James Whitenton, da Southern Polytechnic State University, e Jerry Shi, do Pasadena City College, foram responsáveis pela tarefa hercúlea de resolver todos os problemas do livro. Na John Wiley, o projeto deste livro recebeu o apoio de John LaVacca e Jennifer Yee, os editores que o supervisionaram do início ao fim e também à Editora-chefe Sênior Mary Donovan e à Assistente Editorial Samantha Hart. Agradecemos a Patricia Gutierrez e à equipe da Lumina por juntarem as peças durante o complexo processo de produção. Agradecemos também a Jon Boylan pelas ilustrações e pela capa original; a Helen Walden pelos serviços de copidesque e a Donna Mulder pelos serviços de revisão.

Finalmente, nossos revisores externos realizaram um trabalho excepcional e expressamos a cada um deles nossos agradecimentos.

Maris A. Abolins, *Michigan State University*
Jonathan Abramson, *Portland State University*
Omar Adawi, *Parkland College*
Edward Adelson, *Ohio State University*
Nural Akchurin, *Texas Tech*
Yildirim Aktas, *University of North Carolina-Charlotte*
Barbara Andereck, *Ohio Wesleyan University*
Tetyana Antimirova, *Ryerson University*
Mark Arnett *Kirkwood Community College*
Stephen R. Baker, *Naval Postgraduate School*
Arun Bansil, *Northeastern University*
Richard Barber, *Santa Clara University*
Neil Basecu, *Westchester Community College*
Anand Batra, *Howard University*
Sidi Benzahra, *California State Polytechnic University, Pomona*
Kenneth Bolland, *The Ohio State University*
Richard Bone, *Florida International University*
Michael E. Browne, *University of Idaho*
Timothy J. Burns, *Leeward Community College*
Joseph Buschi, *Manhattan College*
George Caplan, *Wellesley College*
Philip A. Casabella, *Rensselaer Polytechnic Institute*
Randall Caton, *Christopher Newport College*
John Cerne, *University at Buffalo, SUNY*
Roger Clapp, *University of South Florida*
W. R. Conkie, *Queen's University*
Renate Crawford, *University of Massachusetts-Dartmouth*
Mike Crivello, *San Diego State University*
Robert N. Davie, Jr., *St. Petersburg Junior College*
Cheryl K. Dellai, *Glendale Community College*
Eric R. Dietz, *California State University at Chico*
N. John DiNardo, *Drexel University*
Eugene Dunnam, *University of Florida*
Robert Endorf, *University of Cincinnati*
F. Paul Esposito, *University of Cincinnati*
Jerry Finkelstein, *San Jose State University*
Lev Gasparov, *University of North Florida*
Brian Geislinger, *Gadsden State Community College*
Corey Gerving, *United States Military Academy*
Robert H. Good, *California State University-Hayward*
Michael Gorman, *University of Houston*
Benjamin Grinstein, *University of California, San Diego*
John B. Gruber, *San Jose State University*
Ann Hanks, *American River College*
Randy Harris, *University of California-Davis*
Samuel Harris, *Purdue University*
Harold B. Hart, *Western Illinois University*
Rebecca Hartzler, *Seattle Central Community College*
Kevin Hope, *University of Montevallo*
John Hubisz, *North Carolina State University*
Joey Huston, *Michigan State University*
David Ingram, *Ohio University*
Shawn Jackson, *University of Tulsa*
Hector Jimenez, *University of Puerto Rico*
Sudhakar B. Joshi, *York University*
Leonard M. Kahn, *University of Rhode Island*
Sudipa Kirtley, *Rose-Hulman Institute*
Leonard Kleinman, *University of Texas at Austin*
Rex Joyner, *Indiana Institute of Technology*
Michael Kalb, *The College of New Jersey*
Richard Kass, *The Ohio State University*
M.R. Khoshbin-e-Khoshnazar, *Research Institution for Curriculum Development and Educational Innovations (Tehran)*
Craig Kletzing, *University of Iowa*
Peter F. Koehler, *University of Pittsburgh*
Arthur Z. Kovacs, *Rochester Institute of Technology*
Kenneth Krane, *Oregon State University*
Hadley Lawler, *Vanderbilt University*
Priscilla Laws, *Dickinson College*
Edbertho Leal, *Polytechnic University of Puerto Rico*
Vern Lindberg, *Rochester Institute of Technology*
Peter Loly, *University of Manitoba*
Stuart Loucks, *American River College*
Laurence Lurio, *Northern Illinois University*
Stuart Loucks, *American River College*
Laurence Lurio, *Northern Illinois University*
James MacLaren, *Tulane University*
Ponn Maheswaranathan, *Winthrop University*
Andreas Mandelis, *University of Toronto*
Robert R. Marchini, *Memphis State University*
Andrea Markelz, *University at Buffalo, SUNY*
Paul Marquard, *Caspar College*
David Marx, *Illinois State University*

Dan Mazilu, *Washington and Lee University*
Jeffrey Colin McCallum, *The University of Melbourne*
Joe McCullough, *Cabrillo College*
James H. McGuire, *Tulane University*
David M. McKinstry, *Eastern Washington University*
Jordon Morelli, *Queen's University*
Eugene Mosca, *United States Naval Academy*
Carl E. Mungan, *United States Naval Academy*
Eric R. Murray, *Georgia Institute of Technology, School of Physics*
James Napolitano, *Rensselaer Polytechnic Institute*
Amjad Nazzal, *Wilkes University*
Allen Nock, *Northeast Mississippi Community College*
Blaine Norum, *University of Virginia*
Michael O'Shea, *Kansas State University*
Don N. Page, *University of Alberta*
Patrick Papin, *San Diego State University*
Kiumars Parvin, *San Jose State University*
Robert Pelcovits, *Brown University*
Oren P. Quist, *South Dakota State University*
Elie Riachi, *Fort Scott Community College*
Joe Redish, *University of Maryland*
Andrew Resnick, *Cleveland State University*
Andrew G. Rinzler, *University of Florida*
Timothy M. Ritter, *University of North Carolina at Pembroke*
Dubravka Rupnik, *Louisiana State University*
Robert Schabinger, *Rutgers University*
Ruth Schwartz, *Milwaukee School of Engineering*
Thomas M. Snyder, *Lincoln Land Community College*
Carol Strong, *University of Alabama at Huntsville*
Anderson Sunda-Meya, *Xavier University of Louisiana*
Dan Styer, *Oberlin College*
Nora Thornber, *Raritan Valley Community College*
Frank Wang, *LaGuardia Community College*
Keith Wanser, *California State University Fullerton*
Robert Webb, *Texas A&M University*
David Westmark, *University of South Alabama*
Edward Whittaker, *Stevens Institute of Technology*
Suzanne Willis, *Northern Illinois University*
Shannon Willoughby, *Montana State University*
Graham W. Wilson, *University of Kansas*
Roland Winkler, *Northern Illinois University*
William Zacharias, *Cleveland State University*
Ulrich Zurcher, *Cleveland State University*

APRESENTAÇÃO À 12ª EDIÇÃO

Fundamentos de Física chega à 12ª edição amplamente revisto e atualizado, incluindo recursos didáticos inéditos para atender às necessidades do novo estudante, ao mesmo tempo em que preserva a vanguarda no ensino de Física iniciada há mais de 60 anos, com a publicação da 1ª edição, em 1960, com o título *Física para Estudantes de Ciência e Engenharia*.

Naquela época, publicada com páginas em preto e branco e com alguns problemas ao final de cada capítulo, a obra iniciou sua trajetória de sucesso, tornando-se uma das principais referências bibliográficas para um amplo e fiel público de professores e estudantes mundo afora. É um clássico já traduzido em 18 idiomas, tendo impactado milhões de leitores.

Por sua didática e conteúdo de excelência, em 2002 foi eleito "o melhor livro introdutório de Física do século XX" pela American Physical Society (APS Physics).

Destinada ao ensino da Física para os mais diversos cursos de graduação em Ciências Exatas, a obra cobre toda a matéria necessária às disciplinas de Física 1 à Física 4. Para facilitar o ensino-aprendizagem, é dividida em quatro volumes que abarcam os grandes temas: Volume 1 – Mecânica; Volume 2 – Gravitação, Ondas e Termodinâmica; Volume 3 – Eletromagnetismo; Volume 4 – Ótica e Física Moderna.

Permeiam a estrutura do livro recursos já conhecidos e aprimorados nesta 12ª edição, sobre os quais o professor Jearl Walker comenta em seu inspirado Prefácio. É essencial destacar que esta nova edição apresenta recursos didáticos *on-line* inéditos e instigantes, voltados à melhor aplicação e fixação do conteúdo.

Conectado com o mundo dinâmico e em constantes transformações, ***Fundamentos de Física*** mantém o compromisso de promover e ampliar a experiência dos leitores durante o processo de aprendizagem. Todas as novidades foram cuidadosamente construídas sobre os pilares de sua célebre metodologia de ensino.

Destaca-se, ainda, a iconografia incluída nas principais seções desta obra, que busca facilitar a identificação de alguns dos recursos didáticos apresentados e que podem ser acessados no Ambiente de aprendizagem do GEN.

Os professores também encontram materiais estratégicos e exclusivos, que podem ser utilizados como apoio para ministrar a disciplina.

Veja, a seguir, como usar o seu ***Fundamentos de Física***.

A todos, boa leitura e bom proveito!

COMO USAR O SEU *FUNDAMENTOS DE FÍSICA*

Todos os capítulos apresentam a seção "**Objetivos do Aprendizado**" no início de cada módulo, para que o estudante identifique, de antemão, os conceitos e as definições que serão apresentados na sequência.

CAPÍTULO 1

Medição

1.1 MEDINDO GRANDEZAS COMO O COMPRIMENTO

Objetivos do Aprendizado

Depois de ler este módulo, você será capaz de ...

1.1.1 Citar as unidades fundamentais do SI.

1.1.2 Citar as unidades mais usados no SI.

1.1.3 Mudar as unidades nas quais uma grandeza (comprimento, área ou volume, no caso) é expressa, usando o método de conversão em cadeia.

1.1.4 Explicar de que forma o metro é definido em termos da velocidade da luz no vácuo.

Ideias-Chave

- A física se baseia na medição de grandezas físicas. Algumas grandezas físicas, como comprimento, tempo e massa, foram escolhidas como grandezas fundamentais e definidas a partir de um padrão; a cada uma dessas grandezas foi associada uma unidade de medida, como metro, segundo e quilograma. Outras grandezas físicas são definidas a partir das grandezas fundamentais e seus padrões e unidades.
- O sistema de unidades mais usado atualmente é o Sistema Internacional de Unidades (SI). As três grandezas fundamentais que aparecem na Tabela 1.1.1 são usadas nos primeiros capítulos deste livro. Os padrões para essas unidades foram definidos através de acordos internacionais. Esses padrões são usados em todas as medições, tanto as que envolvem grandezas fundamentais como as que envolvem grandezas definidas a partir das grandezas fundamentais. A notação científica e os prefixos da Tabela 1.1.2 são usados para simplificar a apresentação dos resultados de medições.
- Conversões de unidades podem ser realizadas usando o método da conversão em cadeia, no qual os dados originais são multiplicados sucessivamente por fatores de conversão de diferentes unidades e as unidades são manipuladas como grandezas algébricas até que restem apenas as unidades desejadas.
- O metro é definido como a distância percorrida pela luz em certo intervalo de tempo especificado com precisão.

O que É Física?

A ciência e a engenharia se baseiam em medições e comparações. Assim, precisamos de regras para estabelecer de que forma as grandezas devem ser medidas e comparadas, e de experimentos para estabelecer as unidades para essas medições e comparações. Um dos propósitos da física (e também da engenharia) é projetar e executar esses experimentos.

Assim, por exemplo, os físicos se empenham em desenvolver relógios extremamente precisos para que intervalos de tempo possam ser medidos e comparados com exatidão. O leitor pode estar se perguntando se essa exatidão é realmente necessária.

As "**Ideias-Chave**" trazem um breve resumo do que deve ser assimilado. Nas palavras do autor Jearl Walker, "funcionam como a lista de verificação consultada pelos pilotos de avião antes de cada decolagem".

O ícone (vídeo) identifica que, naquele ponto, está disponível uma "**Solução de Problema em Vídeo**". A ideia é aprender os processos necessários para a resolução de um tipo específico de problema por meio de um exemplo típico.

Se você introduzir um fator de conversão e as unidades indesejáveis *não* desaparecerem, inverta o fator e tente novamente. Nas conversões, as unidades obedecem às mesmas regras algébricas que os números e variáveis.

O Apêndice D apresenta fatores de conversão entre unidades de SI e unidades de outros sistemas, como as que ainda são usadas até hoje nos Estados Unidos. Os fatores de conversão estão expressos na forma "1 min = 60 s" e não como uma razão; cabe ao leitor escrever a razão na forma correta.

1.1

Comprimento BT 1.1

Em 1792, a recém-fundada República da França criou um novo sistema de pesos e medidas. A base era o metro, definido como um décimo milionésimo da distância entre o polo norte e o equador. Mais tarde, por questões práticas, esse padrão foi abandonado e o metro passou a ser definido como a distância entre duas linhas finas gravadas perto das extremidades de uma barra de platina-irídio, a **barra do metro padrão**, mantida no Bureau Internacional de Pesos e Medidas, nas vizinhanças de Paris. Réplicas precisas da barra foram enviadas a laboratórios de padronização em várias partes do mundo. Esses **padrões secundários** foram usados para produzir outros padrões, ainda mais acessíveis, de tal forma que, no final, todos os instrumentos de medição de comprimento estavam relacionados à barra do metro padrão a partir de uma complicada cadeia de comparações.

O ícone BT indica que há uma "**Simulação de Brad Trees**", que pode ser acessada para complementar a aprendizagem do tema em destaque. Esse tipo de simulação ajuda a desvendar de forma visual conceitos desafiadores da disciplina, permitindo ao estudante ver a Física em ação.

Média e Velocidade Escalar Média

Uma forma compacta de descrever a posição de um objeto é desenhar um gráfico da posição x em função do tempo t, ou seja, um gráfico de $x(t)$. [A notação $x(t)$ representa uma função x de t e não o produto de x por t.] Como exemplo simples, a Fig. 2.1.2 mostra a função posição $x(t)$ de um tatu em repouso (tratado como uma partícula) durante um intervalo de tempo de 7 s. A posição do animal tem sempre o mesmo valor, $x = -2$ m.

A Fig. 2.1.3 é mais interessante, já que envolve movimento. O tatu é avistado em $t = 0$, quando está na posição $x = -5$ m. Ele se move em direção a $x = 0$, passa por

2.1

"**Vídeos de Demonstrações de Física**" sempre estarão disponíveis quando o leitor encontrar este ícone ao longo do texto.

Entropia no Mundo Real: Refrigeradores

20.1

O **refrigerador** é um dispositivo que utiliza trabalho para transfe... ma fonte fria para uma fonte quente por meio de um processo cíclico. No... dores domésticos, por exemplo, o trabalho é realizado por um compressor elétrico, que transfere energia do compartimento onde são guardados os alimentos (a fonte fria) para o ambiente (a fonte quente).

Os aparelhos de ar-condicionado e os aquecedores de ambiente também são refrigeradores; a diferença está apenas na natureza das fontes quente e fria. No caso dos aparelhos de ar-condicionado, a fonte fria é o aposento a ser resfriado e a fonte quente (supostamente a uma temperatura mais alta) é o lado de fora do aposento. Um aquecedor de ambiente é um aparelho de ar-condicionado operado em sentido inverso para aquecer um aposento; nesse caso, o aposento passa a ser a fonte quente e recebe calor do lado de fora (supostamente a uma temperatura mais baixa).

O ícone remete a "**Problemas Resolvidos**". Trata-se de questões que reforçam o aprendizado por meio de problemas isolados, mas que, a critério do professor, podem ser associadas a um problema do livro, proposto como dever de casa. É preciso ter em mente que os Problemas Resolvidos não são simplesmente repetições de problemas do livro com outros dados e, portanto, não fornecem soluções que possam ser imitadas às cegas sem uma boa compreensão do assunto.

As "**Animações**" são identificadas pelo ícone . Com esse conteúdo, os estudantes podem visualizar de modo dinâmico como a Física acontece na vida real, para muito além das páginas do livro.

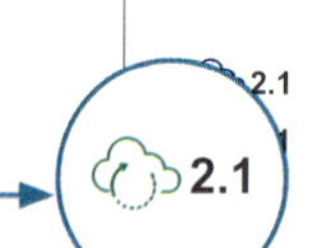

esse ponto em $t = 3$ s e continua a se deslocar para maiores valores positivos de x. A Fig. 2.1.3 mostra também o movimento do tatu por meio de desenhos das posições do animal em três instantes de tempo. O gráfico da Fig. 2.1.3 é mais abstrato, mas revela com que rapidez o tatu se move.

Na verdade, várias grandezas estão associadas à expressão "com que rapidez". Uma é a **velocidade média** $v_{méd}$, que é a razão entre o deslocamento Δx e o intervalo de tempo Δt durante o qual esse deslocamento ocorreu:

$$v_{méd} = \frac{\Delta x}{\Delta t} = \frac{x_2 - x_1}{t_2 - t_1}. \quad (2.1.2)$$

O **ícone de estrela** destaca um conteúdo importante, que merece a atenção do estudante.

Em 1967, a 13ª Conferência Geral de Pesos e Medidas adotou como padrão de tempo um segundo baseado no relógio de césio:

Um segundo é o intervalo de tempo que corresponde a 9.192.631.770 oscilações da luz (de um comprimento de onda especificado) emitida por um átomo de césio 133.

Os relógios atômicos são tão estáveis, que, em princípio, dois relógios de césio teriam que funcionar por 6000 anos para que a diferença entre as leituras fosse maior que 1 s.

Teste 2.5.1

(a) ... arremessa uma bola verticalmente para cima, qual é o sinal do deslocamento da bola durante a subida, desde o ponto inicial até o ponto mais alto da trajetória? (b) Qual é o sinal do deslocamento durante a descida, desde o ponto mais alto da trajetória até o ponto inicial? (c) Qual é a aceleração da bola no ponto mais alto da trajetória?

"**Testes**" são questões de reforço para o aluno verificar, por meio de exercícios, o aprendizado até aquele determinado ponto do conteúdo.

A seção "**Revisão e Resumo**", disponível em todos os capítulos, sintetiza, de forma objetiva, os principais conceitos apresentados no texto, antes de o aluno passar à prática com perguntas e problemas.

Revisão e Resumo

Posição A *posição* x de uma partícula em um eixo x mostra a que distância a partícula se encontra da **origem**, ou ponto zero, do eixo. A posição pode ser positiva ou negativa, dependendo do lado em que se encontra a partícula em relação à origem (ou zero, se a partícula estiver exatamente na origem). O **sentido positivo** de um eixo é o sentido em que os números que indicam a posição da partícula aumentam de valor; o sentido oposto é o **sentido negativo**.

Deslocamento O *deslocamento* Δx de uma partícula é a variação da posição da partícula:

$$\Delta x = x_2 - x_1. \qquad (2.1.1)$$

O deslocamento é uma grandeza vetorial. É positivo, se a partícula se desloca no sentido positivo do eixo x, e negativo, se a partícula se desloca no sentido oposto.

Velocidade Média Quando uma partícula se desloca de uma posição x_1 para uma posição x_2 durante um intervalo de tempo $\Delta t = t_2 - t_1$, a *velocidade média* da partícula durante esse intervalo é dada por

$$v_{\text{méd}} = \frac{\Delta x}{\Delta t} = \frac{x_2 - x_1}{t_2 - t_1}. \qquad (2.1.2)$$

O sinal algébrico de $v_{\text{méd}}$ indica o sentido do movimento ($v_{\text{méd}}$ é uma grandeza vetorial). A velocidade média não depende da distância que uma partícula percorre, mas apenas das posições inicial e final.

Em um gráfico de x em função de t, a velocidade média em um intervalo de tempo Δt é igual à inclinação da linha reta que une os

em que Δx e Δt são definidos pela Eq. 2.1.2. A velocidade instantânea (em um determinado instante de tempo) é igual à inclinação (nesse mesmo instante) do gráfico de x em função de t. A **velocidade escalar** é o módulo da velocidade instantânea.

Aceleração Média A *aceleração média* é a razão entre a variação de velocidade Δv e o intervalo de tempo Δt no qual essa variação ocorre.

$$a_{\text{méd}} = \frac{\Delta v}{\Delta t}. \qquad (2.3.1)$$

O sinal algébrico indica o sentido de $a_{\text{méd}}$.

Aceleração Instantânea A *aceleração instantânea* (ou, simplesmente, **aceleração**), a, é igual à derivada primeira da velocidade $v(t)$ em relação ao tempo ou à derivada segunda da posição $x(t)$ em relação ao tempo:

$$a = \frac{dv}{dt} = \frac{d^2x}{dt^2}. \qquad (2.3.2, 2.3.3)$$

Em um gráfico de v em função de t, a aceleração a em qualquer instante t é igual à inclinação da curva no ponto que representa t.

Aceleração Constante As cinco equações da Tabela 2.4.1 descrevem o movimento de uma partícula com aceleração constante:

$$v = v_0 + at, \qquad (2.4.1)$$
$$x - x_0 = v_0t + \tfrac{1}{2}at^2, \qquad (2.4.5)$$
$$v^2 = v_0^2 + 2a(x - x_0), \qquad (2.4.6)$$
$$x - x_0 = \tfrac{1}{2}(v_0 + v)t, \qquad (2.4.7)$$
$$x - x_0 = vt - \tfrac{1}{2}at^2. \qquad (2.4.8)$$

A seção "**Problemas**", que aparece ao final de cada capítulo, vem acompanhada de legendas especiais que facilitam a identificação do grau de complexidade de cada questão.

F Fácil **M** Médio **D** Difícil

Os ícones a seguir indicam quais recursos podem ser utilizados como apoio à resolução das questões.

CVF Informações adicionais disponíveis no e-book "O Circo Voador da Física", de Jearl Walker.

CALC Requer o uso de derivadas e/ou integrais

BIO Aplicação biomédica

Problemas

F Fácil **M** Médio **D** Difícil
CVF Informações adicionais disponíveis no e-book *O Circo Voador da Física*, de Jearl Walker, LTC Editora, Rio de Janeiro, 2008.
CALC Requer o uso de derivadas e/ou integrais
BIO Aplicação biomédica

Módulo 1.1 Medindo Grandezas como o Comprimento

1 F A Terra tem a forma aproximada de uma esfera com $6{,}37 \times 10^6$ m de raio. Determine (a) a circunferência da Terra em quilômetros, (b) a área da superfície da Terra em quilômetros quadrados e (c) o volume da Terra em quilômetros cúbicos.

2 F O *gry* é uma antiga medida inglesa de comprimento, definida como 1/10 de uma linha; *linha* é uma outra medida inglesa de comprimento, definida como 1/12 de uma polegada. Uma medida de comprimento usada nas gráficas é o *ponto*, definido como 1/72 de uma polegada. Quanto vale uma área de 0,50 gry² em pontos quadrados (pontos²)?

3 F O micrômetro (1 μm) também é chamado *mícron*. (a) Quantos mícrons tem 1,0 km? (b) Que fração do centímetro é igual a 1,0 μm? (c) Quantos mícrons tem uma jarda?

4 F As dimensões das letras e espaços neste livro são expressas em termos de pontos e paicas: 12 pontos = 1 paica e 6 paicas = 1 polegada. Se em uma das provas do livro uma figura apareceu deslocada de 0,80 cm em relação à posição correta, qual foi o deslocamento (a) em paicas e (b) em pontos?

5 F Em certo hipódromo da Inglaterra, um páreo foi disputado em uma distância de 4,0 furlongs. Qual é a distância da corrida (a) em varas e (b) em cadeias? (1 furlong = 201,168 m, 1 vara = 5,0292 m e 1 cadeia = 20,117 m.)

6 M Atualmente, as conversões de unidades mais comuns podem ser feitas com o auxílio de calculadoras e computadores, mas é importante que o aluno saiba usar uma tabela de conversão como as do Apêndice D. A Tabela 1.1 é parte de uma tabela de conversão para um sistema de medidas de volume que já foi comum na Espanha; um volume de 1 fanega equivale a 55,501 dm³ (decímetros cúbicos). Para completar a tabela, que números (com três algarismos significativos) devem ser inseridos (a) na coluna de cahizes, (b) na coluna de fanegas, (c) na coluna de cuartillas e (d) na coluna de almudes? Expresse 7,00 almudes (e) em medios, (f) em cahizes e (g) em centímetros cúbicos (cm³).

Tabela 1.1 Problema 6

	cahiz	fanega	cuartilla	almude	medio
1 cahiz =	1	12	48	144	288
1 fanega =		1	4	12	24
1 cuartilla =			1	3	6
1 almude =				1	2
1 medio =					1

7 M Os engenheiros hidráulicos dos Estados Unidos usam frequentemente, como unidade de volume de água, o *acre-pé*, definido como o volume de água necessário para cobrir 1 acre de terra até uma profundidade de 1 pé. Uma forte tempestade despejou 2,0 polegadas de chuva em 30 min em uma cidade com uma área de 26 km². Que volume de água, em acres-pés, caiu sobre a cidade?

8 M A Ponte de Harvard, que atravessa o rio Charles, ligando Cambridge a Boston, tem um comprimento de 364,4 smoots mais uma orelha. A unidade chamada "smoot" tem como padrão a altura de Oliver Reed Smoot, Jr., classe de 1962, que foi carregado ou arrastado pela ponte para que outros membros da sociedade estudantil Lambda Chi Alpha pudessem marcar (com tinta) comprimentos de 1 smoot ao longo da ponte. As marcas têm sido refeitas semestralmente por membros da sociedade, normalmente em horários de pico, para que a polícia não possa interferir facilmente. (Inicialmente, os policiais talvez tenham se ressentido do fato de que o smoot não era uma unidade fundamental do SI, mas hoje parecem conformados com a brincadeira.) A Fig. 1.1 mostra três segmentos de reta paralelos medidos em smoots (S), willies (W) e zeldas (Z). Quanto vale uma distância de 50,0 smoots (a) em willies e (b) em zeldas?

Figura 1.1 Problema 8.

9 M A Antártica é aproximadamente semicircular, com raio de 2000 km (Fig. 1.2). A espessura média da cobertura de gelo é 3000 m. Quantos centímetros cúbicos de gelo contém a Antártica? (Ignore a curvatura da Terra.)

Figura 1.2 Problema 9.

Módulo 1.2 Tempo

10 F Até 1913, cada cidade do Brasil tinha sua hora local. Atualmente, os viajantes acertam o relógio apenas quando a variação de tempo é igual a 1,0 h (o que corresponde a um fuso horário). Que distância, em média, uma pessoa deve percorrer, em graus de longitude, para passar de um fuso horário a outro e ter de acertar o relógio? (*Sugestão*: A Terra gira 360° em aproximadamente 24 h.)

CAPÍTULO 21

Lei de Coulomb

21.1 LEI DE COULOMB

Objetivos do Aprendizado

Depois de ler este módulo, você será capaz de ...

21.1.1 Saber a diferença entre um objeto eletricamente neutro, negativamente carregado e positivamente carregado e o que é um excesso de cargas.

21.1.2 Saber a diferença entre condutores, isolantes, semicondutores e supercondutores.

21.1.3 Conhecer as propriedades elétricas das partículas que existem no interior do átomo.

21.1.4 Saber o que são elétrons de condução e qual é o papel que desempenham para tornar um objeto negativamente carregado ou positivamente carregado.

21.1.5 Saber o que significa "isolar eletricamente" um objeto e "aterrar" um objeto.

21.1.6 Saber de que forma um objeto eletricamente carregado pode induzir uma carga elétrica em outro objeto.

21.1.7 Saber que cargas de mesmo sinal se repelem e cargas de sinais opostos se atraem.

21.1.8 Desenhar o diagrama de corpo livre de uma partícula sujeita a uma força eletrostática.

21.1.9 No caso de duas partículas eletricamente carregadas, usar a lei de Coulomb para relacionar o módulo da força eletrostática, que age sobre as partículas, à carga das partículas e a distância entre elas.

21.1.10 Saber que a lei de Coulomb se aplica apenas a partículas pontuais e a objetos que podem ser tratados como partículas pontuais.

21.1.11 Se uma partícula está sujeita a mais de uma força eletrostática, usar uma soma vetorial para obter a força resultante.

21.1.12 Saber que uma casca esférica com uma distribuição uniforme de carga atrai ou repele uma partícula carregada situada do lado de fora da casca como se toda a carga estivesse situada no centro dessa casca.

21.1.13 Saber que uma casca esférica com uma distribuição uniforme de carga não exerce força eletrostática sobre uma partícula carregada situada no interior da casca.

21.1.14 Saber que a carga em excesso de uma casca esférica condutora se distribui uniformemente na superfície externa da casca.

21.1.15 Saber que, se dois condutores esféricos iguais são postos em contato ou são ligados por um fio condutor, a carga em excesso se divide igualmente entre os dois condutores.

21.1.16 Saber que um objeto isolante pode ter uma distribuição assimétrica de carga, incluindo cargas em pontos internos.

21.1.17 Saber que a corrente elétrica é a taxa com a qual a carga elétrica passa por um ponto ou por uma região.

21.1.18 No caso de uma corrente elétrica que passa por um ponto, conhecer a relação entre a corrente, um intervalo de tempo e a quantidade de carga que passa pelo ponto nesse intervalo de tempo.

Ideias-Chave

- A força da interação elétrica de uma partícula com outras partículas depende da carga elétrica (em geral, representada pela letra q), que pode ser positiva ou negativa. Partículas com cargas de mesmo sinal se repelem e partículas com cargas de sinais opostos se atraem.
- Um objeto com a mesma quantidade de cargas positivas e negativas está eletricamente neutro, enquanto um objeto com quantidades diferentes de cargas positivas e negativas está eletricamente carregado.
- Materiais condutores são materiais que possuem um número significativo de elétrons livres. Materiais isolantes são materiais que não possuem um número significativo de elétrons livres.
- A corrente elétrica i é a taxa dq/dt com a qual a carga elétrica passa por um ponto ou região:

$$i = \frac{dq}{dt}.$$

- A força eletrostática entre duas partículas pode ser calculada usando a lei de Coulomb. Se as partículas têm cargas q_1 e q_2, elas estão separadas por uma distância r, e a distância entre elas não varia (ou varia lentamente); o módulo da força que uma das partículas exerce sobre a outra é dada por

$$F = \frac{1}{4\pi\varepsilon_0}\frac{|q_1|\,|q_2|}{r^2} \quad \text{(lei de Coulomb)},$$

em que $\varepsilon_0 = 8{,}85 \times 10^{-12}\ \mathrm{C^2/N \cdot m^2}$ é a constante elétrica. A constante $k = 1/4\pi\varepsilon_0 = 8{,}99 \times 10^9\ \mathrm{N \cdot m^2/C^2}$ é chamada "constante eletrostática" ou "constante de Coulomb".

- A força que uma partícula exerce sobre outra partícula carregada tem a direção da reta que liga as duas partículas e aponta para a primeira partícula, se as partículas têm sinais opostos, e aponta para longe da primeira partícula, se as partículas têm o mesmo sinal.
- Se uma partícula está sujeita a mais de uma força eletrostática, a força resultante é a soma vetorial de todas as forças que agem sobre a partícula.
- Primeiro teorema das cascas: Uma partícula carregada situada do lado de fora de uma casca esférica com uma distribuição uniforme de carga é atraída ou repelida como se toda a carga estivesse situada no centro da casca.

- Segundo teorema das cascas: Uma partícula carregada situada no interior de uma casca esférica com uma distribuição uniforme de carga não é atraída nem repelida pela casca.
- A carga em excesso de uma casca esférica condutora se distribui uniformemente na superfície externa da casca.

O que É Física?

Estamos cercados de aparelhos cujo funcionamento depende da física do eletromagnetismo, que é a combinação de fenômenos elétricos e magnéticos. Essa física está presente em computadores, aparelhos de televisão, aparelhos de rádio, lâmpadas, e até mesmo na aderência de um filme plástico a um recipiente de vidro. Essa física também explica muitos fenômenos naturais; não só mantém coesos todos os átomos e moléculas do mundo, mas também produz o relâmpago, a aurora e o arco-íris.

A física do eletromagnetismo foi estudada pela primeira vez pelos filósofos da Grécia antiga, que descobriram que, se um pedaço de âmbar fosse friccionado e depois aproximado de pedacinhos de palha, a palha seria atraída pelo âmbar. Hoje sabemos que a atração entre o âmbar e a palha se deve a uma força elétrica. Os filósofos gregos também observaram que, se um tipo de pedra (um ímã natural) fosse aproximado de um objeto de ferro, o objeto seria atraído pela pedra. Hoje sabemos que a atração entre os ímãs e os objetos de ferro se deve a uma força magnética.

A partir dessa origem modesta na Grécia antiga, as ciências da eletricidade e do magnetismo se desenvolveram independentemente por muitos séculos até o ano de 1820, quando Hans Christian Oersted descobriu uma ligação entre elas: uma corrente elétrica em um fio é capaz de mudar a direção da agulha de uma bússola. Curiosamente, Oersted fez essa descoberta, que foi para ele uma grande surpresa, quando preparava uma demonstração para seus alunos de física.

A nova ciência do eletromagnetismo foi cultivada por cientistas de muitos países. Um dos mais ativos foi Michael Faraday, um experimentalista muito competente, com um raro talento para a intuição e a visualização de fenômenos físicos. Um sinal desse talento é o fato de que seus cadernos de anotações de laboratório não contêm uma única equação. Em meados do século XIX, James Clerk Maxwell colocou as ideias de Faraday em forma matemática, introduziu muitas ideias próprias e estabeleceu uma base teórica sólida para o eletromagnetismo.

Nossa discussão do eletromagnetismo se estenderá pelos próximos 16 capítulos. Vamos começar pelos fenômenos elétricos, e o primeiro passo será discutir a natureza das cargas elétricas e das forças elétricas.

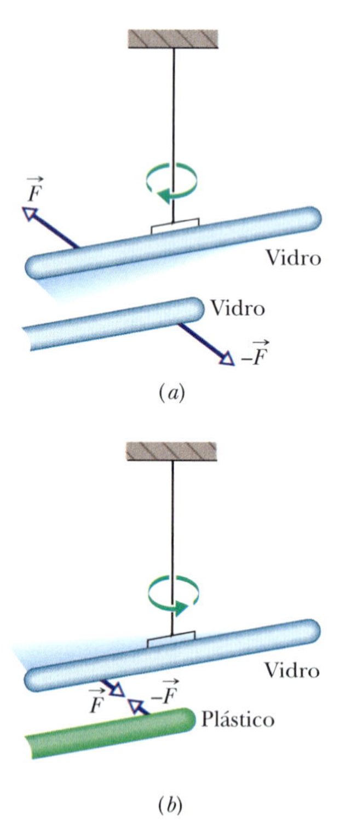

Figura 21.1.1 (*a*) Dois bastões de vidro foram esfregados com um pedaço de seda, e um deles foi suspenso por um barbante. Quando aproximamos os dois bastões, eles se repelem. (*b*) O bastão de plástico foi esfregado com um pedaço de pele. Quando aproximamos os dois bastões, eles se atraem.

Cargas Elétricas

Seguem duas demonstrações que podem parecer passes de mágica, mas vamos tentar explicá-las. Depois de esfregar um bastão de vidro com um pedaço de seda (em um dia de baixa umidade do ar), penduramos o bastão por um barbante, como na Fig. 21.1.1*a*. Esfregamos outro bastão de vidro com o pedaço de seda e o aproximamos do primeiro. O bastão que está pendurado magicamente recua. Podemos ver que foi repelido pelo segundo bastão, mas por quê? Os dois bastões não chegaram a se tocar; o segundo bastão não produziu uma corrente de ar, nem produziu uma onda sonora.

Na segunda demonstração, substituímos o segundo bastão por um bastão de plástico que foi esfregado com um pedaço de lã. Dessa vez, o bastão que está pendurado é atraído pelo segundo bastão, como mostra a Fig. 21.1.1*b*. Como no caso da repulsão, a atração acontece sem que haja contato entre os bastões.

No próximo capítulo vamos discutir como o primeiro bastão percebe que o segundo bastão está se aproximando; mas, neste capítulo, vamos nos concentrar nas forças envolvidas. Na primeira demonstração, a força que o segundo bastão exerceu sobre o primeiro foi uma força de *repulsão*; na segunda demonstração, a força que o segundo bastão exerceu sobre o primeiro foi uma força de *atração*. Depois de muitas investigações, os cientistas concluíram que as forças observadas nas duas demonstrações se devem à *carga elétrica* que é transferida para os bastões quando eles são esfregados com seda ou lã. A carga elétrica é uma propriedade intrínseca das partículas elementares de que são feitos todos os materiais, incluindo o vidro, o plástico, a seda e a lã.

Dois Tipos de Carga. Existem dois tipos de carga elétrica, que o cientista e político americano Benjamin Franklin chamou de carga positiva e carga negativa. Ele podia ter escolhido outros nomes para as cargas, como banana e maçã, mas o uso de sinais algébricos como nomes facilita os cálculos quando somamos as cargas para calcular a carga total. Na grande maioria dos objetos, como uma xícara, por exemplo, existe um número igual de partículas de carga positiva e de carga negativa e, portanto, a carga total é zero. Nesse caso, dizemos que as cargas se *compensam* e o objeto está *eletricamente neutro* (ou, simplesmente, *neutro*).

Excesso de Carga. Normalmente, você está eletricamente neutro. Entretanto, se vive em uma região de clima seco, você sabe que a carga do seu corpo pode ficar ligeiramente descompensada quando você anda em cima de certos tapetes. Ou você recebe carga negativa do tapete (nos pontos de contato entre os sapatos e o tapete) e fica negativamente carregado, ou perde carga negativa e fica positivamente carregado. Nos dois casos, você fica com o que é chamado *excesso de carga*. Em geral, você não nota que está com um excesso de carga até aproximar a mão de uma maçaneta ou de outra pessoa. Quando isso acontece, se o seu excesso de carga é relativamente grande, uma centelha elétrica liga você ao outro objeto, eliminando o excesso de carga. Essas centelhas podem ser incômodas ou mesmo dolorosas. O fenômeno não acontece nos climas úmidos porque o vapor d'água presente no ar *neutraliza* o excesso de carga antes que ele possa atingir níveis elevados.

Dois dos grandes mistérios da física são os seguintes: (1) *por que* o universo possui partículas com carga elétrica (o que *é* carga elétrica, na verdade?) e (2) *por que* existem dois tipos de carga elétrica (e não, digamos, um tipo ou três tipos). Até hoje não sabemos. Entretanto, depois de muitos experimentos semelhantes aos que acabamos de descrever, os cientistas concluíram que

Partículas com cargas de mesmo sinal se repelem e partículas com cargas de sinais opostos se atraem.

Daqui a pouco, vamos expressar essa regra em termos matemáticos pela lei de Coulomb da *força eletrostática* (ou *força elétrica*) entre duas cargas. O termo *eletrostática* é usado para chamar atenção para o fato de que, para que a lei seja válida, a velocidade relativa entre as cargas deve ser nula ou muito pequena.

Demonstrações. Vamos voltar às demonstrações para entender que o movimento do bastão não se dá por um passe de mágica. Quando esfregamos o bastão de vidro com um pedaço de seda, uma pequena quantidade de carga negativa é transferida do vidro para a seda (como acontece com você e o tapete), deixando o bastão com um pequeno excesso de carga positiva. (O sentido do movimento da carga negativa não é óbvio e deve ser determinado experimentalmente.) *Esfregamos* o pedaço de seda no bastão para aumentar o número de pontos de contato e com isso aumentar a quantidade de carga transferida. Penduramos o bastão em um barbante para mantê-lo *eletricamente isolado* do ambiente (evitando assim que a carga em excesso seja transferida para outros objetos). Quando esfregamos o pedaço de seda em outro bastão, ele também fica positivamente carregado. Assim, quando o aproximamos do primeiro, os dois bastões se repelem, como mostra a Fig. 21.1.2*a*.

Quando esfregamos o bastão de plástico com um pedaço de lã, uma pequena quantidade de carga negativa é transferida da lã para o plástico. (Mais uma vez, o sentido do movimento da carga negativa não é óbvio e deve ser determinado experimentalmente.) Quando aproximamos o bastão de plástico (com excesso de carga negativa) do bastão de vidro (com excesso de carga positiva), os dois bastões se atraem, como mostra a Fig. 21.1.2*b*. Tudo isso é muito sutil. Não podemos ver a carga sendo transferida; só podemos observar o resultado final.

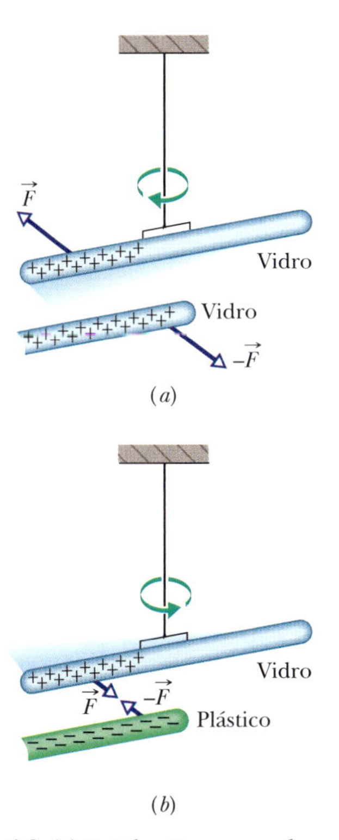

Figura 21.1.2 (*a*) Dois bastões carregados com cargas de mesmo sinal se repelem. (*b*) Dois bastões carregados com cargas de sinais opostos se atraem. Os sinais positivos indicam um excesso de carga positiva, e os sinais negativos indicam um excesso de carga negativa.

Condutores e Isolantes

Os materiais podem ser classificados de acordo com a facilidade com a qual as cargas elétricas se movem no seu interior. Nos **condutores**, como o cobre dos fios elétricos, o corpo humano e a água de torneira, as cargas elétricas se movem com facilidade. Nos **isolantes**, como os plásticos do isolamento dos fios, a borracha, o vidro e a água destilada, as cargas não se movem. Os **semicondutores**, como o silício e o germânio, conduzem eletricidade melhor que os isolantes, mas não tão bem como os condutores. Os **supercondutores** são condutores *perfeitos*, materiais nos quais as cargas se movem sem encontrar *nenhuma* resistência. Neste capítulo e nos capítulos seguintes, discutiremos apenas os condutores e os isolantes.

Condução de Eletricidade. Vamos começar com um exemplo de como a condução de eletricidade pode eliminar o excesso de cargas. Quando esfregamos uma barra de cobre com um pedaço de lã, cargas são transferidas da lã para o cobre. Entretanto, se você segurar ao mesmo tempo a barra de cobre e uma torneira de metal, a barra de cobre não ficará carregada. O que acontece é que você, a barra de cobre e a torneira são condutores que estão ligados, pelo encanamento, a um imenso condutor, que é a Terra. Como as cargas em excesso depositadas no cobre pela lã se repelem, elas se afastam umas das outras passando primeiro para a sua mão, depois para a torneira e, finalmente, para a Terra, onde se espalham. O processo deixa a barra de cobre eletricamente neutra.

Quando estabelecemos um caminho entre um objeto e a Terra constituído unicamente por materiais condutores, dizemos que o objeto está *aterrado*; quando a carga de um objeto é neutralizada pela eliminação do excesso de cargas positivas ou negativas por meio da Terra, dizemos que o objeto foi *descarregado*. Se você usar uma luva feita de material isolante para segurar a barra de cobre, o caminho de condutores até a Terra estará interrompido e a barra ficará carregada por atrito (a carga permanecerá na barra) enquanto você não tocar nela com a mão nua.

Partículas Carregadas. O comportamento dos condutores e isolantes se deve à estrutura e às propriedades elétricas dos átomos. Os átomos são formados por três tipos de partículas: os *prótons*, que possuem carga elétrica positiva, os *elétrons*, que possuem carga elétrica negativa, e os *nêutrons*, que não possuem carga elétrica. Os prótons e os nêutrons ocupam a região central do átomo, que é conhecida como *núcleo*.

As cargas de um próton isolado e de um elétron isolado têm o mesmo valor absoluto e sinais opostos; um átomo eletricamente neutro contém o mesmo número de prótons e elétrons. Os elétrons são mantidos nas proximidades do núcleo porque possuem uma carga elétrica oposta à dos prótons do núcleo e, portanto, são atraídos para o núcleo.

Quando os átomos de um material condutor como o cobre se unem para formar um sólido, alguns dos elétrons mais afastados do núcleo (que estão, portanto, submetidos a uma força de atração menor) se tornam livres para vagar pelo material, deixando para trás átomos positivamente carregados (*íons positivos*). Esses elétrons móveis recebem o nome de *elétrons de condução*. Os materiais isolantes possuem um número muito pequeno, ou mesmo nulo, de elétrons de condução. **21.1 e 21.2** (BT) **21.1**

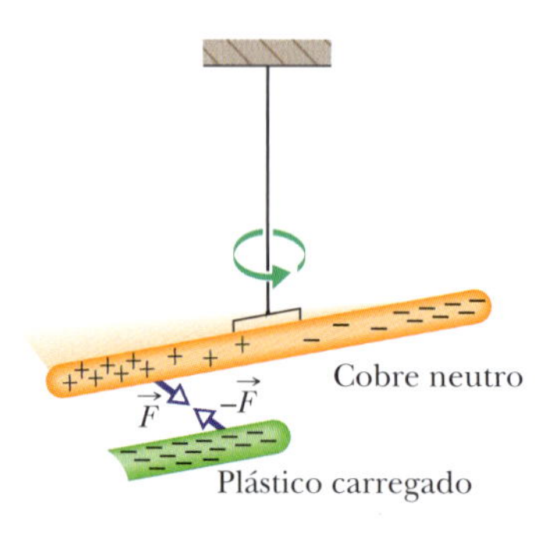

Figura 21.1.3 Uma barra de cobre neutra é isolada eletricamente da terra ao ser suspensa por um fio, de material isolante. Uma barra de plástico eletricamente carregada atrai a extremidade da barra de cobre que estiver mais próxima. Isso acontece porque os elétrons de condução da barra de cobre são repelidos para a extremidade mais afastada da barra pela carga negativa da barra de plástico, deixando a extremidade mais próxima com uma carga total positiva. Como essa carga positiva está mais próxima da barra de plástico, a força de atração que a barra de plástico exerce sobre ela é maior que a força de repulsão que a barra de plástico exerce sobre a carga negativa que se acumulou na outra extremidade da barra de cobre, o que produz uma rotação da barra de cobre.

Carga Induzida. O experimento da Fig. 21.1.3 demonstra a mobilidade das cargas em um material condutor. Uma barra de plástico negativamente carregada atrai a extremidade de uma barra neutra de cobre que estiver mais próxima. O que acontece é que os elétrons de condução da extremidade mais próxima da barra de cobre são repelidos pela carga negativa da barra de plástico. Alguns desses elétrons de condução se acumulam na outra extremidade da barra de cobre, deixando a extremidade mais próxima com uma falta de elétrons e, portanto, com uma carga total positiva. Como essa carga positiva está mais próxima da barra de plástico, a força de atração que a barra de plástico exerce sobre ela é maior que a força de repulsão que a barra de plástico exerce sobre a carga negativa que se acumulou na outra extremidade da barra de cobre. Embora a barra de cobre como um todo continue a ser eletricamente neutra, dizemos que ela possui uma *carga induzida*; isso significa que algumas das cargas positivas e negativas foram separadas pela presença de uma carga próxima.

Analogamente, se uma barra de vidro positivamente carregada é aproximada de uma barra de cobre neutra, os elétrons de condução da barra de cobre são atraídos na direção da barra de vidro. Assim, a extremidade da barra de cobre mais próxima da barra de vidro fica negativamente carregada e a outra extremidade fica positivamente carregada e, mais uma vez, a barra de cobre adquire uma carga induzida. Embora continue a ser eletricamente neutra, a barra de cobre é atraída pela barra de vidro.

Note que apenas os elétrons de condução, que possuem carga negativa, podem se mover; os íons positivos permanecem onde estavam. Assim, para carregar um objeto positivamente é necessário *remover cargas negativas*.

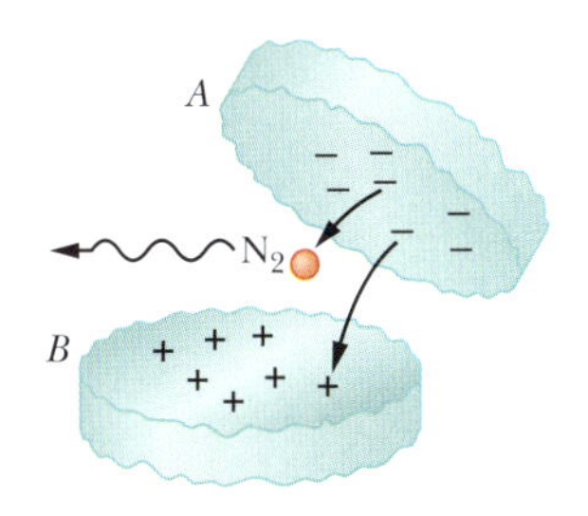

Figura 21.1.4 Dois pedaços de uma pastilha de gaultéria se afastando um do outro. Os elétrons que saltam da superfície negativa do pedaço *A* para a superfície positiva do pedaço *B* colidem com moléculas de nitrogênio (N_2) do ar.

Clarões Azuis em uma Pastilha

Uma demonstração indireta da atração de cargas de sinais opostos pode ser feita com o auxílio de pastilhas de gaultéria (*wintergreen*, em inglês).[1] Se você deixar os olhos se adaptarem à escuridão durante cerca de 15 minutos e pedir a um amigo para mastigar uma pastilha de gaultéria, verá um clarão azul sair da boca do seu amigo a cada dentada. Quando a pastilha é partida em pedaços por uma dentada, em geral cada pedaço fica com um número diferente de elétrons. Suponha que a pastilha se parta nos pedaços *A* e *B* e que *A* possua mais elétrons na superfície que *B* (Fig. 21.1.4). Isso significa que *B* possui íons positivos (átomos que perderam elétrons para *A*) na superfície. Como os elétrons de *A* são fortemente atraídos para os íons positivos de *B*, alguns desses elétrons saltam de *A* para *B*.

Entre os pedaços *A* e *B* existe ar, que é constituído principalmente por moléculas de nitrogênio (N_2). Muitos dos elétrons que estão passando de *A* para *B* colidem com moléculas de nitrogênio, fazendo com que emitam luz ultravioleta. Os olhos humanos não conseguem ver esse tipo de radiação. Entretanto, as moléculas de gaultéria na superfície da pastilha absorvem a radiação ultravioleta e emitem luz azul; é por isso que você vê clarões azuis saindo da boca do seu amigo. CVF

Lei de Coulomb 21.1 21.2 a 21.4

Chegamos finalmente à equação da lei de Coulomb, mas uma palavra de advertência é necessária. Essa equação é válida apenas para partículas carregadas (e para os poucos objetos que podem ser tratados como cargas pontuais). No caso de objetos macroscópicos, nos quais a carga está distribuída de modo assimétrico, precisamos recorrer a métodos mais sofisticados. Assim, vamos considerar, por enquanto, apenas partículas carregadas e não, por exemplo, dois gatos eletricamente carregados.

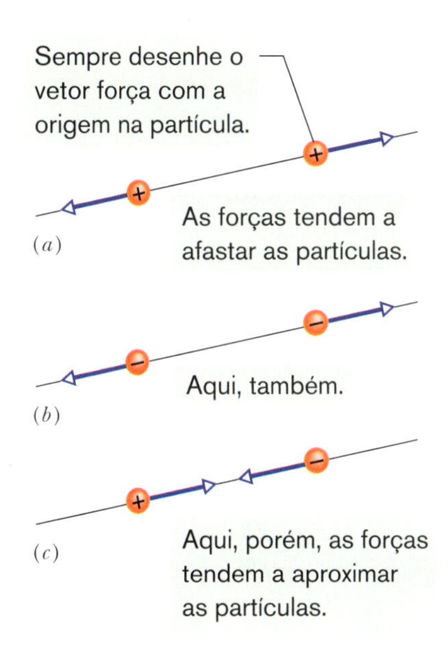

Figura 21.1.5 Duas partículas carregadas se repelem se as cargas forem (*a*) positivas ou (*b*) negativas. (*c*) As partículas se atraem se as cargas tiverem sinais opostos.

Uma partícula carregada exerce uma **força eletrostática** sobre outra partícula carregada. A direção da força é a da reta que liga as partículas, mas o sentido depende do sinal das cargas. Se as cargas das partículas têm o mesmo sinal, as partículas se repelem (Figs. 21.1.5*a* e *b*), ou seja, são submetidas a forças que tendem a afastá-las. Se as cargas das partículas têm sinais opostos, as partículas se atraem (Fig. 21.1.5*c*), ou seja, são submetidas a forças que tendem a aproximá-las.

A equação usada para calcular a força eletrostática exercida por partículas carregadas é chamada **lei de Coulomb** em homenagem a Charles-Augustin de Coulomb, que a propôs em 1785, com base em experimentos de laboratório. Vamos escrever a equação em forma vetorial e em termos das partículas da Fig.21.1.6, na qual a partícula 1 tem carga q_1 e a partícula 2 tem carga q_2. (Esses símbolos podem representar uma carga positiva ou uma carga negativa.) Vamos concentrar nossa atenção na partícula 1 e descrever a força que age sobre essa partícula em termos de um vetor unitário $\hat{r}$ na direção da reta que liga as duas partículas e no sentido da partícula 2 para a partícula 1. (Como todo vetor unitário, $\hat{r}$ é um vetor adimensional de módulo 1; seu único propósito é mostrar uma direção e um sentido, como a seta de mão única de uma placa de trânsito.) Usando essas convenções, a força eletrostática pode ser escrita na forma

$$\vec{F} = k\,\frac{q_1 q_2}{r^2}\,\hat{r} \quad \text{(lei de Coulomb)}, \tag{21.1.1}$$

em que r é a distância entre as partículas e k é uma constante positiva conhecida como *constante eletrostática* ou *constante de Coulomb*. (Mais adiante, voltaremos a falar de k.)

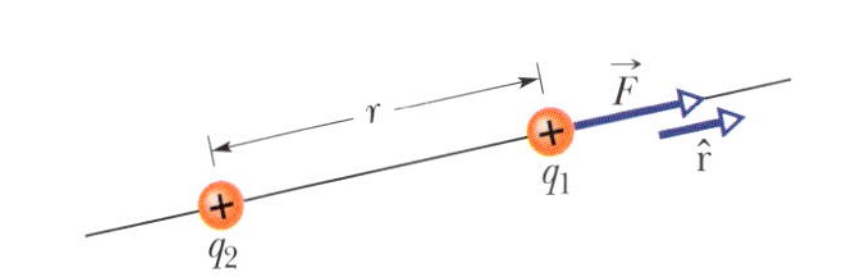

Figura 21.1.6 A força eletrostática a que a partícula 1 está submetida pode ser descrita em termos de um vetor unitário $\hat{r}$ na direção da reta que liga as duas partículas.

[1]Essas pastilhas, muito populares nos Estados Unidos; são conhecidas como LifeSavers. (N.T.)

Vamos primeiro verificar qual é o sentido da força que a partícula 2 exerce sobre a partícula 1, de acordo com a Eq. 21.1.1. Se q_1 e q_2 tiverem o mesmo sinal, o produto q_1q_2 será positivo e a força que age sobre a partícula 1 terá o mesmo sentido que $\hat{r}$. Isso faz sentido, já que a partícula 1 estará sendo repelida pela partícula 2. Se q_1 e q_2 tiverem sinais opostos, o produto q_1q_2 será negativo e a força que age sobre a partícula 1 terá o sentido oposto ao de $\hat{r}$. Isso também faz sentido, já que a partícula 1 estará sendo atraída pela partícula 2.

Teste 21.1.1

A figura mostra cinco pares de placas: A, B e D são placas de plástico eletricamente carregadas e C é uma placa de cobre eletricamente neutra. As forças eletrostáticas entre pares de placas são mostradas na figura para três desses pares. No caso dos outros dois pares, as placas se repelem ou se atraem?

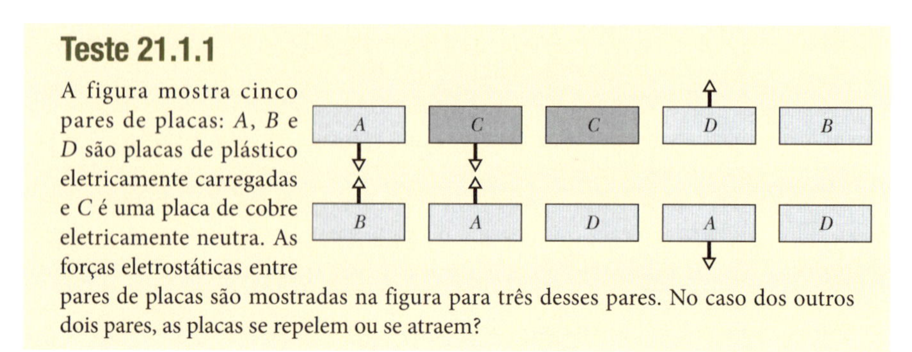

Uma Digressão. Curiosamente, a Eq. 21.1.1 tem a mesma forma que a equação de Newton (Eq. 13.1.3) para a força gravitacional entre duas partículas de massas m_1 e m_2 separadas por uma distância r:

$$\vec{F} = G\frac{m_1m_2}{r^2}\,\hat{r} \quad \text{(lei de Newton)}, \tag{21.1.2}$$

em que G é a constante gravitacional. Embora os dois tipos de força sejam muito diferentes, as duas equações descrevem leis do tipo inverso do quadrado (a variação com $1/r^2$) as quais envolvem um produto de uma propriedade das partículas envolvidas — massa em um caso, carga no outro. Entretanto, as forças gravitacionais são sempre atrativas, enquanto as forças eletrostáticas podem ser atrativas ou repulsivas, dependendo dos sinais das cargas. A diferença resulta do fato de que existe apenas um tipo de massa, mas existem dois tipos de carga elétrica.

Unidade. A unidade de carga do SI é o **coulomb**. Por motivos práticos, que têm a ver com a precisão das medidas, o coulomb é definido a partir da unidade do SI para a corrente elétrica, o *ampère*. A corrente elétrica será discutida com detalhes no Capítulo 26. No momento, vamos apenas observar que a corrente i é a taxa dq/dt com a qual a carga passa por um ponto ou por uma região:

$$i = \frac{dq}{dt} \quad \text{(corrente elétrica)}. \tag{21.1.3}$$

Explicitando a carga na Eq. 21.1.3 e substituindo os símbolos por suas unidades (coulombs C, ampères A e segundos s), temos

$$1\text{ C} = (1\text{ A})(1\text{ s}).$$

Módulo da Força. Por motivos históricos (e, também, para simplificar outras expressões), a constante eletrostática k da Eq. 21.1.1 é, muitas vezes, escrita na forma $1/4\pi\varepsilon_0$. Nesse caso, o módulo da força eletrostática expressa pela lei de Coulomb se torna

$$F = \frac{1}{4\pi\varepsilon_0}\frac{|q_1||q_2|}{r^2} \quad \text{(lei de Coulomb)}. \tag{21.1.4}$$

As constantes das Eqs. 21.1.1 e 21.1.4 têm o valor

$$k = \frac{1}{4\pi\varepsilon_0} = 8{,}99 \times 10^9\,\text{N}\cdot\text{m}^2/\text{C}^2. \tag{21.1.5}$$

A constante ε_0, conhecida como **constante elétrica**, às vezes aparece separadamente nas equações e tem o valor

$$\varepsilon_0 = 8{,}85 \times 10^{-12}\,\text{C}^2/\text{N}\cdot\text{m}^2. \tag{21.1.6}$$

Uso em Problemas. Na Eq. 21.1.4, que nos dá o módulo da força eletrostática, as cargas aparecem em valor absoluto. Assim, para resolver os problemas deste capítulo, a Eq. 21.1.4 serve apenas para calcular o módulo da força a que está sujeita uma partícula; o sentido da força deve ser obtido separadamente, levando em conta o sinal da carga das duas partículas.

Várias Forças. Como todas as forças discutidas neste livro, a força eletrostática obedece ao princípio da superposição. Suponha que existam n partículas carregadas nas vizinhanças de uma partícula que vamos chamar de partícula 1. Nesse caso, a força total a que a partícula 1 está submetida é dada pela soma vetorial

BT 21.5

$$\vec{F}_{1,\text{tot}} = \vec{F}_{12} + \vec{F}_{13} + \vec{F}_{14} + \vec{F}_{15} + \cdots + \vec{F}_{1n}, \qquad (21.1.7)$$

em que, por exemplo, $\vec{F}_{14}$ é a força a que partícula 1 está submetida devido à presença da partícula 4.

Como a Eq. 21.1.7 pode ser usada para resolver muitos problemas que envolvem a força eletrostática, vamos descrevê-la em palavras. Se você deseja saber que é a força resultante que age sobre uma partícula carregada que está cercada por outras partículas carregadas, o primeiro passo é definir claramente qual é a partícula a ser investigada; o segundo é calcular as forças que as outras partículas exercem sobre a partícula escolhida. Desenhe os vetores que representam essas forças em um diagrama de corpo livre da partícula escolhida, com as origens de todos os vetores na partícula. (Isso pode parecer irrelevante, mas concentrar as origens dos vetores em um único ponto ajuda a evitar vários tipos de erros.) Finalmente, some as forças usando uma *soma vetorial*, como foi discutido no Capítulo 3. (Não estaria certo somar simplesmente os módulos das forças.) O resultado dessa soma vetorial é a força resultante que age sobre a partícula escolhida.

Embora a natureza vetorial das forças eletrostáticas torne os problemas mais difíceis de resolver do que se estivéssemos com grandezas escalares, agradeça à natureza pelo fato de que a Eq. 21.1.7 funciona na prática. Se o efeito combinado de duas forças eletrostáticas não fosse simplesmente a soma vetorial das duas forças, mas, por alguma razão, a presença de uma afetasse a intensidade da outra, nosso mundo seria muito difícil de compreender e de analisar.

Teoremas das Cascas. Analogamente aos teoremas das cascas da força gravitacional, temos dois teoremas das cascas para a força eletrostática:

Primeiro teorema das cascas: Uma partícula carregada situada do lado de fora de uma casca esférica com uma distribuição uniforme de carga é atraída ou repelida como se toda a carga estivesse situada no centro da casca.

Segundo teorema das cascas: Uma partícula carregada situada no interior de uma casca esférica com uma distribuição uniforme de carga não é atraída nem repelida pela casca.

(No primeiro teorema, supomos que a carga da casca é muito maior que a carga da partícula, o que permite desprezar qualquer redistribuição da carga da casca devido à presença da partícula.)

Condutores Esféricos

Se um excesso de cargas é depositado em uma casca esférica feita de material condutor, a carga se distribui uniformemente na superfície (externa) da casca. Assim, por exemplo, quando colocamos elétrons em excesso em uma casca esférica metálica, os elétrons se repelem mutuamente e se espalham pela superfície externa até ficarem uniformemente distribuídos, um arranjo que maximiza as distâncias entre os pares de elétrons em excesso. Nesse caso, de acordo com o primeiro teorema das cascas, a casca passa a atrair ou repelir uma carga externa como se todo o excesso de cargas estivesse no centro da casca.

Quando removemos cargas negativas de uma casca esférica metálica, as cargas positivas resultantes também se distribuem uniformemente na superfície da casca.

Assim, por exemplo, se removemos n elétrons, passam a existir n cargas positivas (átomos nos quais está faltando um elétron) distribuídas uniformemente na superfície externa da casca. De acordo com o primeiro teorema das cascas, a casca, nesse caso, também passa a atrair ou repelir uma carga externa como se todo o excesso de cargas estivesse no centro.

Teste 21.1.2

A figura mostra dois prótons (símbolo p) e um elétron (símbolo e) em uma reta. Determine o sentido (a) da força eletrostática exercida pelo elétron sobre o próton central; (b) da força eletrostática exercida pelo outro próton sobre o próton central; (c) da força total exercida sobre o próton central.

e p p

Exemplo 21.1.1 Cálculo da força total exercida por duas partículas 21.1 21.1

Este exemplo na verdade é uma série de três exemplos com um grau crescente de dificuldade. Todos envolvem a mesma partícula carregada 1. Primeiro, a partícula está sujeita a uma única força (coisa fácil). Em seguida, as forças são duas, mas apontam em direções opostas (o que facilita as coisas). Finalmente, as forças também são duas, mas apontam em direções diferentes (agora temos que nos lembrar de que as forças são grandezas vetoriais). O segredo para resolver problemas desse tipo é desenhar os vetores que representam as forças *antes* de usar uma calculadora, para não correr o risco de obter somas que não fazem sentido.

(a) A Fig. 21.1.7*a* mostra duas partículas positivamente carregadas situadas em pontos fixos do eixo x. As cargas são $q_1 = 1{,}60 \times 10^{-19}$ C e $q_2 = 3{,}20 \times 10^{-19}$ C e a distância entre as cargas é $R = 0{,}0200$ m. Determine o módulo e a orientação da força eletrostática $\vec{F}_{12}$ exercida pela partícula 2 sobre a partícula 1.

IDEIAS-CHAVE

Como as duas partículas têm carga positiva, a partícula 1 é repelida pela partícula 2 com uma força cujo módulo é dado pela Eq. 21.1.4. Assim, a direção da força $\vec{F}_{12}$ exercida pela partícula 2 sobre a partícula 1 é *para longe* da partícula 2, ou seja, no sentido negativo do eixo x, como mostra o diagrama de corpo livre da Fig. 21.1.7*b*.

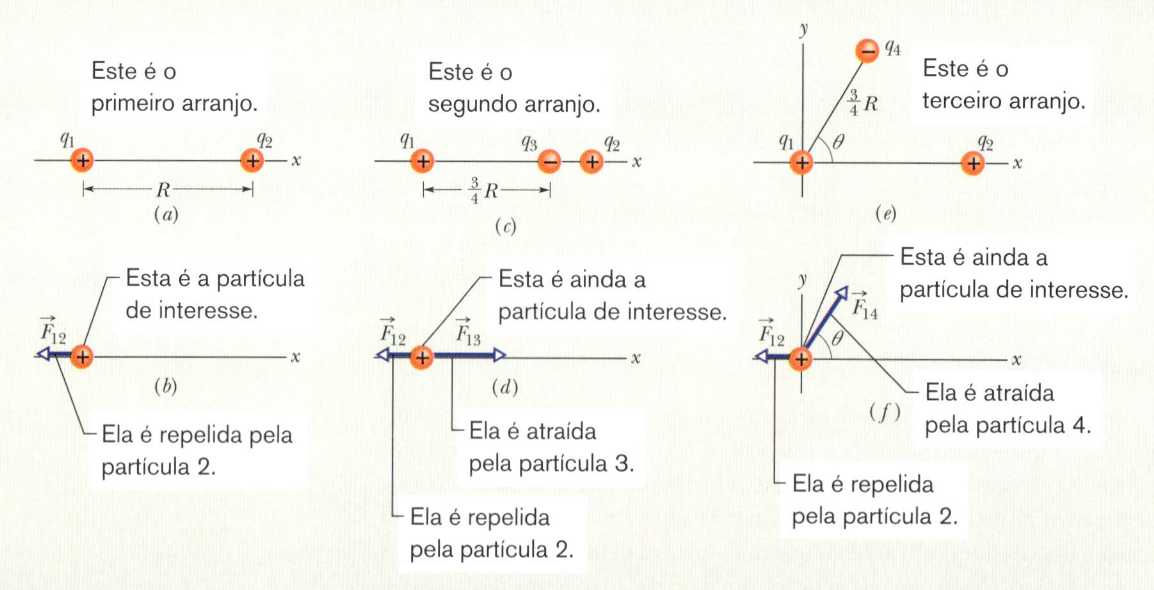

Figura 21.1.7 (*a*) Duas partículas de cargas q_1 e q_2 são mantidas fixas no eixo x. (*b*) Diagrama de corpo livre da partícula 1, mostrando a força eletrostática exercida pela partícula 2. (*c*) Inclusão da partícula 3. (*d*) Diagrama de corpo livre da partícula 1. (*e*) Inclusão da partícula 4. (*f*) Diagrama de corpo livre da partícula 1.

Duas partículas: Usando a Eq. 21.1.4 com r igual à distância R entre as cargas, podemos escrever o módulo F_{12} da força como

$$\begin{aligned} F_{12} &= \frac{1}{4\pi\varepsilon_0}\frac{|q_1||q_2|}{R^2} \\ &= (8{,}99 \times 10^9\ \text{N}\cdot\text{m}^2/\text{C}^2) \\ &\quad \times \frac{(1{,}60 \times 10^{-19}\ \text{C})(3{,}20 \times 10^{-19}\ \text{C})}{(0{,}0200\ \text{m})^2} \\ &= 1{,}15 \times 10^{-24}\ \text{N}. \end{aligned}$$

Assim, a força $\vec{F}_{12}$ tem o seguinte módulo e direção (em relação ao sentido positivo do eixo x):

$$1{,}15 \times 10^{-24}\ \text{N} \quad \text{e} \quad 180°. \qquad \text{(Resposta)}$$

Podemos também escrever $\vec{F}_{12}$ na notação de vetores unitários como

$$\vec{F}_{12} = -(1{,}15 \times 10^{-24}\ \text{N})\hat{\text{i}} \qquad \text{(Resposta)}$$

(b) A Fig. 21.1.7*c* é igual à Fig. 21.1.7*a*, exceto pelo fato de que agora existe uma partícula 3 no eixo x entre as partículas 1 e 2. A partícula 3 tem uma carga $q_3 = -3{,}20 \times 10^{-19}$ C e está a uma distância $3R/4$ da partícula 1. Determine a força eletrostática $\vec{F}_{1,\text{tot}}$ exercida sobre a partícula 1 pelas partículas 2 e 3.

IDEIA-CHAVE

A presença da partícula 3 não altera a força eletrostática que a partícula 2 exerce sobre a partícula 1. Assim, a força $\vec{F}_{12}$ continua a agir sobre a partícula 1. Da mesma forma, a força $\vec{F}_{13}$ que a partícula 3 exerce sobre a partícula 1 não é afetada pela presença da partícula 2. Como as cargas das partículas 1 e 3 têm sinais opostos, a partícula 1 é atraída pela partícula 3. Assim, o sentido da força $\vec{F}_{13}$ é *na direção* da partícula 3, como mostra o diagrama de corpo livre da Fig. 21.1.7*d*.

Três partículas: Para determinar o módulo de $\vec{F}_{13}$, usamos a Eq. 21.1.4:

$$\begin{aligned} F_{13} &= \frac{1}{4\pi\varepsilon_0}\frac{|q_1||q_3|}{(\frac{3}{4}R)^2} \\ &= (8{,}99 \times 10^9\ \text{N}\cdot\text{m}^2/\text{C}^2) \\ &\quad \times \frac{(1{,}60 \times 10^{-19}\ \text{C})(3{,}20 \times 10^{-19}\ \text{C})}{(\frac{3}{4})^2(0{,}0200\ \text{m})^2} \\ &= 2{,}05 \times 10^{-24}\ \text{N}. \end{aligned}$$

Podemos também escrever $\vec{F}_{13}$ na notação dos vetores unitários:

$$\vec{F}_{13} = (2{,}05 \times 10^{-24}\ \text{N})\hat{\text{i}}.$$

A força total $\vec{F}_{1,\text{tot}}$ exercida sobre a partícula 1 é a soma vetorial de $\vec{F}_{12}$ e $\vec{F}_{13}$. De acordo com a Eq. 21.1.7, podemos escrever a força total $\vec{F}_{1,\text{tot}}$ exercida sobre a partícula 1, na notação dos vetores unitários, como

$$\begin{aligned} \vec{F}_{1,\text{tot}} &= \vec{F}_{12} + \vec{F}_{13} \\ &= -(1{,}15 \times 10^{-24}\ \text{N})\hat{\text{i}} + (2{,}05 \times 10^{-24}\ \text{N})\hat{\text{i}} \\ &= (9{,}00 \times 10^{-25}\ \text{N})\hat{\text{i}}. \end{aligned} \qquad \text{(Resposta)}$$

Desse modo, $\vec{F}_{1,\text{tot}}$ tem o seguinte módulo e direção (em relação ao sentido positivo do eixo x):

$$9{,}00 \times 10^{-25}\ \text{N} \quad \text{e} \quad 0°. \qquad \text{(Resposta)}$$

(c) A Fig. 21.1.7*e* é igual à Fig. 21.1.7*a*, exceto pelo fato de que agora existe uma partícula 4. A partícula 4 tem uma carga $q_4 = -3{,}20 \times 10^{-19}$ C, está a uma distância $3R/4$ da partícula 1 e está em uma reta que faz um ângulo $\theta = 60°$ com o eixo x. Determine a força de atração eletrostática $\vec{F}_{1,\text{tot}}$ exercida sobre a partícula 1 pelas partículas 2 e 4.

IDEIA-CHAVE

A força total $\vec{F}_{1,\text{tot}}$ é a soma vetorial de $\vec{F}_{12}$ e uma nova força $\vec{F}_{14}$ que age sobre a partícula 1 devido à presença da partícula 4. Como as partículas 1 e 4 têm cargas de sinais opostos, a partícula 1 é atraída pela partícula 4. Assim, o sentido da força $\vec{F}_{14}$ é *na direção* da partícula 4, fazendo um ângulo de 60° com o eixo x, como mostra o diagrama da Fig. 21.1.7*f*.

Quatro partículas: Podemos escrever a Eq. 21.1.4 na forma

$$\begin{aligned} F_{14} &= \frac{1}{4\pi\varepsilon_0}\frac{|q_1||q_4|}{(\frac{3}{4}R)^2} \\ &= (8{,}99 \times 10^9\ \text{N}\cdot\text{m}^2/\text{C}^2) \\ &\quad \times \frac{(1{,}60 \times 10^{-19}\ \text{C})(3{,}20 \times 10^{-19}\ \text{C})}{(\frac{3}{4})^2(0{,}0200\ \text{m})^2} \\ &= 2{,}05 \times 10^{-24}\ \text{N}. \end{aligned}$$

Nesse caso, de acordo com a Eq. 21.1.7, a força total $\vec{F}_{1,\text{tot}}$ exercida sobre a partícula 1 é dada por

$$\vec{F}_{1,\text{tot}} = \vec{F}_{12} + \vec{F}_{14}.$$

Como as forças $\vec{F}_{12}$ e $\vec{F}_{14}$ não têm a mesma direção, *não podemos* somá-las simplesmente somando ou subtraindo os módulos. Em vez disso, precisamos executar uma soma vetorial, usando um dos métodos a seguir.

Método 1. *Executar a soma vetorial em uma calculadora.* No caso de $\vec{F}_{12}$, entramos com o módulo $1{,}15 \times 10^{-24}$ e o ângulo de 180°. No caso de $\vec{F}_{14}$, entramos com o módulo $2{,}05 \times 10^{-24}$ e o ângulo de 60°. Em seguida, somamos os vetores.

Método 2. *Executar a soma vetorial na notação dos vetores unitários.* Em primeiro lugar, escrevemos $\vec{F}_{14}$ na forma

$$\vec{F}_{14} = (F_{14}\cos\theta)\hat{\text{i}} + (F_{14}\,\text{sen}\,\theta)\hat{\text{j}}.$$

Fazendo $F_{14} = 2{,}05 \times 10^{-24}$ N e $\theta = 60°$, temos

$$\vec{F}_{14} = (1{,}025 \times 10^{-24}\text{N})\hat{\text{i}} + (1{,}775 \times 10^{-24}\text{N})\hat{\text{j}}.$$

Agora podemos executar a soma:

$$\begin{aligned} \vec{F}_{1,\text{tot}} &= \vec{F}_{12} + \vec{F}_{14} \\ &= -(1{,}15 \times 10^{-24}\text{N})\hat{\text{i}} \\ &\quad + (1{,}025 \times 10^{-24}\text{N})\hat{\text{i}} + (1{,}775 \times 10^{-24}\text{N})\hat{\text{j}} \\ &\approx (-1{,}25 \times 10^{-25}\text{N})\hat{\text{i}} + (1{,}78 \times 10^{-24}\text{N})\hat{\text{j}}. \end{aligned} \qquad \text{(Resposta)}$$

Método 3. *Executar a soma vetorial por componentes.* Somando as componentes x dos dois vetores, temos

$$F_{1,\text{tot},x} = F_{12,x} + F_{14,x} = F_{12} + F_{14}\cos 60°$$
$$= -1{,}15 \times 10^{-24}\text{ N} + (2{,}05 \times 10^{-24}\text{ N})(\cos 60°)$$
$$= -1{,}25 \times 10^{-25}\text{ N}.$$

Somando as componentes y, obtemos

$$F_{1,\text{tot},y} = F_{12,y} + F_{14,y} = 0 + F_{14}\,\text{sen}\,60°$$
$$= (2{,}05 \times 10^{-24}\text{ N})(\text{sen}\,60°)$$
$$= 1{,}78 \times 10^{-24}\text{ N}.$$

O módulo da força $\vec{F}_{1,\text{tot}}$ é dado por

$$F_{1,\text{tot}} = \sqrt{F^2_{1,\text{tot},x} + F^2_{1,\text{tot},y}} = 1{,}78 \times 10^{-24}\text{ N}. \quad \text{(Resposta)}$$

Para determinar a direção de $\vec{F}_{1,\text{tot}}$, calculamos

$$\theta = \tan^{-1}\frac{F_{1,\text{tot},y}}{F_{1,\text{tot},x}} = -86{,}0°.$$

Entretanto, esse resultado não é razoável, já que a direção de $\vec{F}_{1,\text{tot}}$ deve estar entre as direções de $\vec{F}_{12}$ e $\vec{F}_{14}$. Para obter o valor correto de θ, somamos 180°, o que nos dá

$$-86{,}0° + 180° = 94{,}0°. \quad \text{(Resposta)}$$

Teste 21.1.3

A figura mostra três arranjos de um elétron, e, e dois prótons, p. (a) Ordene os arranjos de acordo com o módulo da força eletrostática exercida pelos prótons sobre o elétron, em ordem decrescente. (b) No arranjo c, o ângulo entre a força total exercida sobre o elétron e a reta d é maior ou menor que 45°?

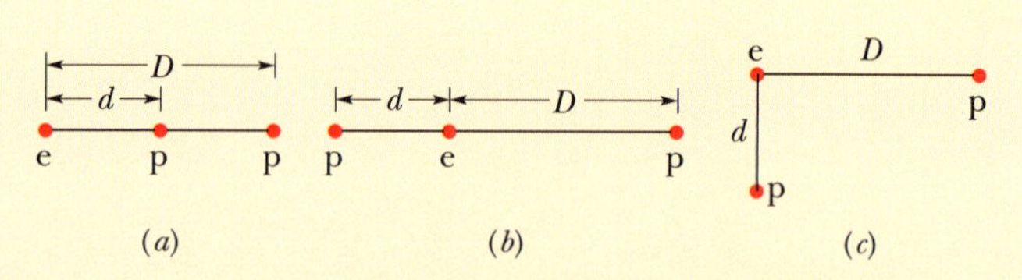

Exemplo 21.1.2 Equilíbrio de uma partícula submetida a duas forças 21.2

A Fig. 21.1.8a mostra duas partículas fixas: uma partícula de carga $q_1 = +8q$ na origem e uma partícula de carga $q_2 = -2q$ em $x = L$. Em que ponto (que não esteja a uma distância infinita das cargas) um próton pode ser colocado de modo a ficar *em equilíbrio* (sem estar submetido a uma força)? O equilíbrio é *estável* ou *instável*? (Ou seja, se o próton sofrer um pequeno deslocamento, as forças o farão voltar à posição de equilíbrio?)

IDEIA-CHAVE

Se $\vec{F}_1$ é a força exercida sobre o próton pela carga q_1 e $\vec{F}_2$ é a força exercida sobre o próton pela carga q_2, o ponto que procuramos é aquele no qual $\vec{F}_1 + \vec{F}_2 = 0$. Isso significa que

$$\vec{F}_1 = -\vec{F}_2. \qquad (21.1.8)$$

Assim, no ponto que procuramos, as forças que as duas partículas exercem sobre o próton devem ter o mesmo módulo, ou seja,

$$F_1 = F_2, \qquad (21.1.9)$$

e as forças devem ter sentidos opostos.

Raciocínio: Como a carga do próton é positiva, as cargas do próton e da partícula de carga q_1 têm o mesmo sinal e, portanto, a força $\vec{F}_1$ exercida sobre o próton pela partícula q_1 aponta para longe de q_1. Como o próton e a partícula de carga q_2 têm sinais opostos, a força $\vec{F}_2$ exercida sobre o próton pela partícula q_2 aponta na direção de q_2. As direções "para longe de q_1" e "para perto de q_2" só podem ser direções opostas se o próton estiver na reta que liga as duas partículas, ou seja, no eixo x.

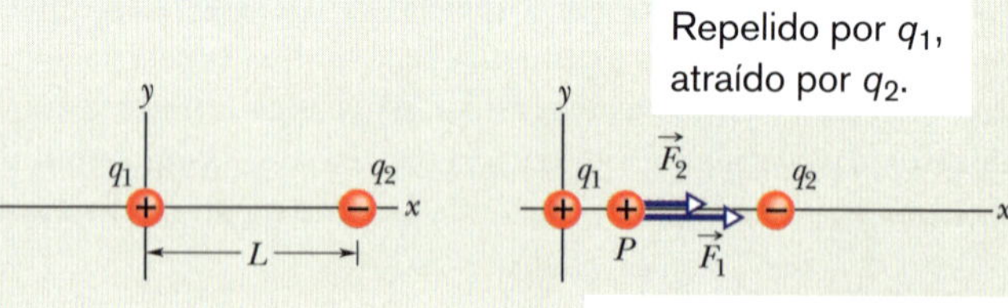

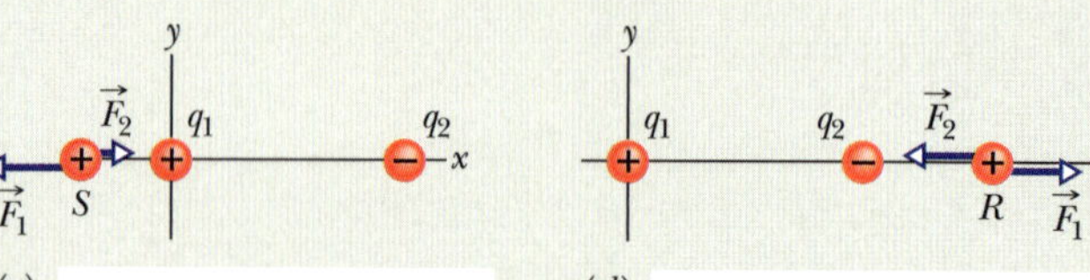

Figura 21.1.8 (a) Duas partículas de cargas q_1 e q_2 são mantidas fixas no eixo x, separadas por uma distância L. (b) a (d) Três posições possíveis de um próton, P, S e R. Nas três posições, $\vec{F}_1$ é a força que a partícula 1 exerce sobre o próton e $\vec{F}_2$ é a força que a partícula 2 exerce sobre o próton.

Se o próton estiver em um ponto do eixo x entre q_1 e q_2, como o ponto P da Fig. 21.1.8b, $\vec{F}_1$ e $\vec{F}_2$ terão o mesmo sentido e não sentidos opostos, como desejamos. Se o próton estiver em um ponto do eixo x à esquerda de q_1, como o ponto S da Fig. 21.1.8c, $\vec{F}_1$ e $\vec{F}_2$ terão sentidos opostos. Entretanto, de acordo com a Eq. 21.1.4, $\vec{F}_1$ e $\vec{F}_2$ não poderão ter módulos iguais; $\vec{F}_1$ será sempre maior que $\vec{F}_2$, já que $\vec{F}_1$ será produzido por uma carga mais próxima (com menor valor de r) e maior módulo ($8q$, em comparação com $2q$).

Finalmente, se o próton estiver em um ponto do eixo x à direita de q_2, como o ponto R da Fig. 21.1.8d, $\vec{F}_1$ e $\vec{F}_2$ terão novamente sentidos opostos. Entretanto, como agora a carga de maior módulo (q_1) está *mais distante* do próton que a carga de menor módulo, existe um ponto no qual $\vec{F}_1$ e $\vec{F}_2$ são iguais. Seja x a coordenada desse ponto e seja q_p a carga do próton.

Cálculos: Combinando a Eq. 21.1.9 com a Eq. 21.1.4, obtemos

$$\frac{1}{4\pi\varepsilon_0}\frac{8qq_p}{x^2} = \frac{1}{4\pi\varepsilon_0}\frac{2qq_p}{(x-L)^2}. \qquad (21.1.10)$$

(Observe que apenas os módulos das cargas aparecem na Eq. 21.1.10. Como já levamos em conta o sentido das forças ao desenhar a Fig. 21.1.8d e ao escrever a Eq. 21.1.10, não devemos incluir os sinais das cargas.) De acordo com a Eq. 21.1.10, temos

$$\left(\frac{x-L}{x}\right)^2 = \frac{1}{4}.$$

Extraindo a raiz quadrada de ambos os membros, obtemos

$$\frac{x-L}{x} = \frac{1}{2}$$

e

$$x = 2L. \qquad \text{(Resposta)}$$

O equilíbrio no ponto $x = 2L$ é instável. Quando o próton é deslocado para a esquerda em relação ao ponto R, F_1 e F_2 aumentam, mas F_2 aumenta mais (porque q_2 está mais próxima que q_1) e a força resultante faz com que o próton continue a se mover para a esquerda até se chocar com a carga q_2. Quando o próton é deslocado para a direita em relação ao ponto R, F_1 e F_2 diminuem, mas F_2 diminui mais e a força resultante faz com que o próton continue a se mover indefinidamente para a direita. Se o equilíbrio fosse estável, o próton voltaria à posição inicial depois de ser deslocado ligeiramente para a esquerda ou para a direita.

Exemplo 21.1.3 Distribuição de uma carga entre duas esferas condutoras iguais 21.3

Na Fig. 21.1.9a, duas esferas condutoras iguais, A e B, estão separadas por uma distância (entre os centros) muito maior que o raio das esferas. A esfera A tem uma carga positiva $+Q$ e a esfera B é eletricamente neutra. Inicialmente, não existe força eletrostática entre as esferas. (A carga induzida na esfera neutra pode ser desprezada porque as esferas estão muito afastadas.)

(a) As esferas são ligadas momentaneamente por um fio condutor suficientemente fino para que a carga que se acumula no fio possa ser desprezada. Qual é a força eletrostática entre as esferas depois que o fio é removido?

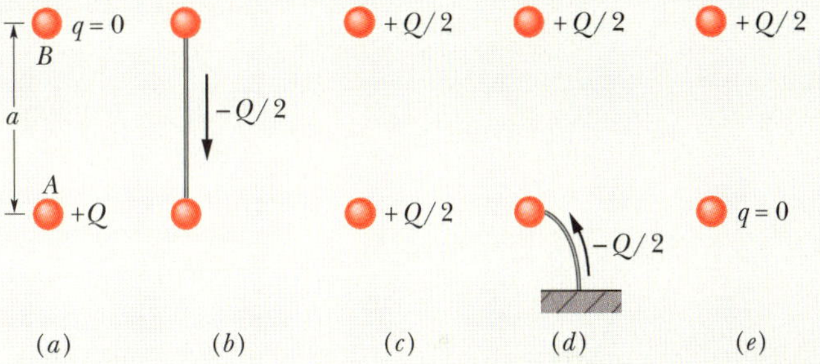

Figura 21.1.9 Duas pequenas esferas condutoras, A e B. (a) No início, a esfera A está carregada positivamente. (b) Uma carga negativa é transferida de B para A por meio de um fio condutor. (c) As duas esferas ficam carregadas positivamente. (d) Uma carga negativa é transferida para a esfera A por meio de um fio condutor ligado à terra. (e) A esfera A fica neutra.

IDEIAS-CHAVE

(1) Como são iguais, as esferas devem terminar o processo com cargas iguais (mesmo sinal e mesmo valor absoluto) ao serem ligadas por um fio. (2) A soma inicial das cargas (incluindo o sinal) deve ser igual à soma final das cargas.

Raciocínio: Quando as esferas são ligadas por um fio, os elétrons de condução (negativos) da esfera B, que se repelem mutuamente, podem se afastar uns dos outros (movendo-se, por meio do fio, para a esfera A positivamente carregada, que os atrai, como mostra a Fig. 21.1.9b). Com isso, a esfera B perde cargas negativas e fica positivamente carregada, enquanto a esfera A ganha cargas negativas e fica *menos* positivamente carregada. A transferência de carga cessa quando a carga da esfera B aumenta para $+Q/2$ e a carga da esfera A diminui para $+Q/2$, o que acontece quando uma carga $-Q/2$ passa de B para A.

Depois que o fio é removido (Fig. 21.1.9c), podemos supor que a carga de cada esfera não perturba a distribuição de cargas na outra esfera, já que a distância entre as esferas é muito maior que o raio das esferas. Assim, podemos aplicar o primeiro teorema das cascas às duas esferas. Conforme a Eq. 21.1.4, com $q_1 = q_2 = Q/2$ e $r = a$,

$$F = \frac{1}{4\pi\varepsilon_0}\frac{(Q/2)(Q/2)}{a^2} = \frac{1}{16\pi\varepsilon_0}\left(\frac{Q}{a}\right)^2. \qquad \text{(Resposta)}$$

As esferas, agora positivamente carregadas, se repelem mutuamente.

(b) A esfera A é ligada momentaneamente à terra e, em seguida, a ligação com a terra é removida. Qual é a nova força eletrostática entre as esferas?

Raciocínio: Quando ligamos um objeto carregado à terra (que é um imenso condutor) por meio de um fio, neutralizamos o objeto. Se a esfera A estivesse negativamente carregada, a repulsão mútua entre os elétrons em excesso faria com que os elétrons em excesso migrassem a esfera para a terra. Como a esfera A está positivamente carregada, elétrons com uma carga total de $-Q/2$ migram *da* terra *para* a esfera (Fig. 21.1.9d), deixando a esfera com carga 0 (Fig. 21.1.9e). Assim (como no início), não existe força eletrostática entre as esferas.

21.2 A CARGA É QUANTIZADA

Objetivos do Aprendizado

Depois de ler este módulo, você será capaz de ...

21.2.1 Saber qual é a carga elementar.

21.2.2 Saber que a carga de uma partícula ou objeto é igual a um número inteiro positivo ou negativo multiplicado pela carga elementar.

Ideias-Chave

- A carga elétrica é quantizada (pode ter apenas certos valores).
- A carga de qualquer partícula ou objeto é da forma ne, em que n é um número inteiro positivo ou negativo e e é a carga elementar, que é o valor absoluto da carga do elétron e do próton ($\approx 1{,}602 \times 10^{-19}$ C).

A Carga É Quantizada

Na época de Benjamin Franklin, a carga elétrica era considerada um fluido contínuo, uma ideia que foi útil para muitos propósitos. Hoje, porém, sabemos que, mesmo os fluidos "clássicos", como a água e o ar, não são contínuos, e sim compostos de átomos e moléculas; a matéria é quantizada. Os experimentos revelam que o "fluido elétrico" também não é contínuo, e sim composto de unidades elementares de carga. Todas as cargas positivas e negativas q são da forma

$$q = ne, \qquad n = \pm 1, \pm 2, \pm 3, \ldots, \tag{21.2.1}$$

em que e, a **carga elementar**, tem o valor aproximado

$$e = 1{,}602 \times 10^{-19}\ \text{C}. \tag{21.2.2}$$

O elétron tem uma carga $-e$ e o próton tem uma carga $+e$ (Tabela 21.2.1). O nêutron não possui carga elétrica. Essas três partículas são as únicas que existem no nosso corpo e nos objetos comuns. O elétron não é formado por partículas menores, mas o próton e o nêutron são formados por três quarks (Tabela 21.2.2). Outras partículas menos comuns podem ser formadas por outros quarks ou por quarks e antiquarks (ver Capítulo 44). Os quarks e os antiquarks têm cargas fracionárias de $\pm e/3$ ou $\pm 2e/3$. A carga dos quarks não é usada como carga elementar tanto por razões históricas como pelo fato de que os quarks não podem ser observados isoladamente.

Algumas expressões de uso corrente, como "a carga contida em uma esfera", "a quantidade de carga que foi transferida" e "a carga que um elétron possui", podem dar a impressão de que a carga é uma substância. Na verdade, a carga não é uma substância, e sim uma *propriedade* das partículas, como a massa, por exemplo.

Quando uma grandeza física pode assumir apenas certos valores, dizemos que é **quantizada**; a carga elétrica é uma dessas grandezas. É possível encontrar uma partícula sem carga elétrica ou com uma carga de $+10e$ ou $-6e$, mas não uma partícula com uma carga de $3{,}57e$.

O quantum de carga é extremamente pequeno. Em uma lâmpada incandescente de 100 W, por exemplo, cerca de 10^{19} cargas elementares passam pelo filamento por segundo. Entretanto, a natureza discreta da eletricidade não se manifesta em muitos fenômenos (a luz da lâmpada não pisca toda vez que um elétron passa pelo filamento).

Tabela 21.2.1 Cargas de Três Partículas e Suas Antipartículas

Partícula	Símbolo	Carga	Antipartícula	Símbolo	Carga
Elétron	e ou e^-	$-e$	Pósitron	e^+	$+e$
Próton	p	$+e$	Antipróton	$\overline{\text{p}}$	$-e$
Nêutron	n	0	Antinêutron	$\overline{\text{n}}$	0

Tabela 21.2.2 Cargas de Dois Quarks e Suas Antipartículas

Partícula	Símbolo	Carga	Antipartícula	Símbolo	Carga
Up	u	$+\frac{2}{3}e$	Antiup	$\overline{\text{u}}$	$-\frac{2}{3}e$
Down	d	$-\frac{1}{3}e$	Antidown	$\overline{\text{d}}$	$+\frac{1}{3}e$

Teste 21.2.1

Inicialmente, a esfera A possui uma carga de $-50e$ e a esfera B uma carga de $+20e$. As esferas são feitas de um material condutor e têm o mesmo tamanho. Se as esferas são colocadas em contato, qual é o novo valor da carga da esfera A?

Exemplo 21.2.1 Repulsão entre as partículas de um núcleo atômico  21.4

O núcleo de um átomo de ferro tem um raio de $4{,}0 \times 10^{-15}$ m e contém 26 prótons.

(a) Qual é o módulo da força de repulsão eletrostática entre dois prótons do núcleo de ferro separados por uma distância de $4{,}0 \times 10^{-15}$ m?

IDEIA-CHAVE

Como os prótons são partículas com carga elétrica, o módulo da força eletrostática entre dois prótons é dado pela lei de Coulomb.

Cálculo: De acordo com a Tabela 21.2.1, a carga elétrica do próton é $+e$; assim, de acordo com a Eq. 21.1.4,

$$
\begin{aligned}
F &= \frac{1}{4\pi\varepsilon_0}\frac{e^2}{r^2} \\
&= \frac{(8{,}99 \times 10^9\ \text{N}\cdot\text{m}^2/\text{C}^2)(1{,}602 \times 10^{-19}\ \text{C})^2}{(4{,}0 \times 10^{-15}\ \text{m})^2} \\
&= 14\ \text{N}. \qquad \text{(Resposta)}
\end{aligned}
$$

Não há uma explosão: Essa força poderia ser considerada pequena se agisse sobre um objeto macroscópico como uma melancia, mas é gigantesca quando aplicada a uma partícula do tamanho de um próton. Forças dessa ordem deveriam fazer com que os núcleos de todos os elementos se desintegrassem (a não ser o do hidrogênio, que possui apenas um próton). O fato de existirem núcleos atômicos estáveis com mais de um próton sugere a existência, no interior do núcleo, de uma força de atração muito intensa, capaz de compensar a repulsão eletrostática.

(b) Qual é o módulo da força de atração gravitacional entre os mesmos dois prótons?

IDEIA-CHAVE

Como os prótons são partículas com massa, o módulo da força gravitacional entre dois prótons é dado pela lei de Newton para a atração gravitacional (Eq. 21.1.2).

Cálculo: Com m_p ($= 1{,}67 \times 10^{-27}$ kg) representando a massa de um próton, a Eq. 21.1.2 nos dá

$$
\begin{aligned}
F &= G\frac{m_p^2}{r^2} \\
&= \frac{(6{,}67 \times 10^{-11}\ \text{N}\cdot\text{m}^2/\text{kg}^2)(1{,}67 \times 10^{-27}\ \text{kg})^2}{(4{,}0 \times 10^{-15}\ \text{m})^2} \\
&= 1{,}2 \times 10^{-35}\ \text{N}. \qquad \text{(Resposta)}
\end{aligned}
$$

Uma grande, a outra pequena: Esse resultado mostra que a força de atração gravitacional é insuficiente para compensar a força de repulsão eletrostática entre os prótons do núcleo. Na verdade, a força que mantém o núcleo coeso é uma força muito maior, conhecida como *interação forte*, que age entre dois prótons (e também entre um próton e um nêutron e entre dois nêutrons) apenas quando as partículas estão muito próximas umas das outras, como no interior do núcleo.

Embora a força gravitacional seja muito menor que a força eletrostática, é mais importante em situações que envolvem um grande número de partículas porque é sempre atrativa. Isso significa que a força gravitacional pode produzir grandes concentrações de matéria, como planetas e estrelas, que, por sua vez, exercem grandes forças gravitacionais. A força eletrostática, por outro lado, é repulsiva para cargas de mesmo sinal e, portanto, não é capaz de produzir grandes concentrações de cargas positivas ou negativas, capazes de exercer grandes forças eletrostáticas.

21.3 A CARGA É CONSERVADA

Objetivos do Aprendizado

Depois de ler este módulo, você será capaz de ...

21.3.1 Saber que, em todos os processos que envolvem um sistema isolado, a carga total não pode variar (a carga total é uma grandeza conservada).

21.3.2 Conhecer os processos de aniquilação e produção de partículas.

21.3.3 Conhecer as definições de número de massa e número atômico em termos do número de prótons, nêutrons e elétrons de um átomo.

Ideias-Chave

- A carga elétrica total de um sistema isolado é conservada.
- Para que duas partículas carregadas se aniquilem mutuamente, é preciso que tenham cargas de sinais opostos.
- Para que duas partículas carregadas sejam criadas, é preciso que tenham cargas de sinais opostos.

A Carga É Conservada

Quando esfregamos um bastão de vidro com um pedaço de seda, o bastão fica positivamente carregado. As medidas mostram que uma carga negativa de mesmo valor absoluto se acumula na seda. Isso sugere que o processo não cria cargas, mas apenas transfere cargas de um corpo para outro, rompendo no processo a neutralidade de carga dos dois corpos. Essa hipótese de **conservação da carga elétrica**, proposta por Benjamin Franklin, foi comprovada exaustivamente, tanto no caso de objetos macroscópicos como no caso de átomos, núcleos e partículas elementares. Até hoje não foi encontrada uma exceção. Assim, podemos acrescentar a carga elétrica a nossa lista de grandezas, como a energia, o momento linear e o momento angular, que obedecem a uma lei de conservação.

Exemplos importantes de conservação de carga são observados no *decaimento radioativo* de núcleos instáveis, os chamados *radionuclídeos*. No processo, um núcleo se transforma em um núcleo diferente. Um núcleo de urânio 238 ($^{238}_{92}$U) é convertido em um núcleo de tório 234 ($^{234}_{90}$Th) ao emitir uma partícula alfa. Essa partícula é normalmente representada pelo símbolo α, mas como é idêntica a um núcleo de hélio 4, também pode ser representada como ($^{4}_{2}$He). Nesses símbolos foi usada a notação química dos elementos. O índice superior é o *número de massa A*, que é número total de prótons e nêutrons (chamados coletivamente de *núcleons*) e o índice superior é o *número atômico Z*, que é o número de prótons. Os símbolos químicos e os valores de Z de todos os elementos químicos aparecem no Apêndice E.

O decaimento alfa do urânio 238 pode ser representado pela expressão

$$(^{238}_{92}\text{U}) \rightarrow (^{234}_{90}\text{Th}) + (^{4}_{2}\text{He}) \qquad (21.3.1)$$

O núcleo inicial de urânio é chamado *núcleo pai* e o núcleo final de tório é chamado *núcleo filho*. Note que a carga é conservada. No lado esquerdo da expressão, o núcleo pai tem 92 prótons (e, portanto, uma carga de $+92e$), enquanto, do lado direito, os dois núcleos têm um total de 92 prótons e, portanto, a mesma carga que o núcleo pai. Note que o número de massa A também é conservado.

Outro tipo de decaimento radioativo é a *captura eletrônica*, na qual um próton de um núcleo pai "captura" um dos elétrons internos do átomo, emite um neutrino (que não possui carga elétrica) e se converte em um nêutron, que permanece no núcleo filho:

$$p + e^- \rightarrow n + \nu. \qquad (21.3.2)$$

O processo faz com que o número atômico Z do núcleo diminua de uma unidade, mas a carga elétrica total é conservada, já que a carga do lado esquerdo da expressão é $+e + (-e) = 0$ e a carga elétrica do lado direito é $0 + 0 = 0$. Depois da captura, um elétron externo decai para tomar o lugar do elétron que foi capturado. Essa transição pode produzir um raio X ou fornecer energia para que outro elétron externo escape do átomo, um processo que foi descoberto por Lise Meitner em 1922 e depois, independentemente, por Pierre Auger em 1923. Hoje em dia, o processo é usado no tratamento de tumores cancerosos. Átomos de um radionuclídeo que decai por captura eletrônica são encapsulados e colocados nas proximidades do tumor para que os *elétrons de Auger-Meitner* provoquem a morte das células cancerígenas, reduzindo o tumor.

Outro exemplo de conservação da carga ocorre quando um elétron e$^-$ (cuja carga é $-e$) e sua antipartícula, o *pósitron* e$^+$ (cuja carga é $+e$), sofrem um *processo de aniquilação* e se transformam em dois *raios gama* (ondas eletromagnéticas de alta energia):

$$e^- + e^+ \rightarrow \gamma + \gamma \quad \text{(aniquilação)}. \qquad (21.3.3)$$

Ao aplicar a lei de conservação da carga, devemos somar as cargas algebricamente, ou seja, levar em conta o sinal de cada uma. No processo de aniquilação da Eq. 21.3.3, por exemplo, a carga total do sistema é zero antes e depois do evento; a carga é conservada.

Na *produção de um par*, o inverso da aniquilação, a carga também é conservada. Nesse processo, um raio gama se transforma em um elétron e um pósitron:

$$\gamma \rightarrow e^- + e^+ \quad \text{(produção de um par)}. \qquad (21.3.4)$$

A Fig. 21.3.1 mostra a produção de um par no interior de uma câmara de bolhas. (Câmara de bolhas é um instrumento no qual um líquido é aquecido bruscamente acima do ponto de ebulição. Se uma partícula carregada atravessa o instrumento nesse instante, pequenas bolhas de vapor se formam ao longo da trajetória da partícula.)

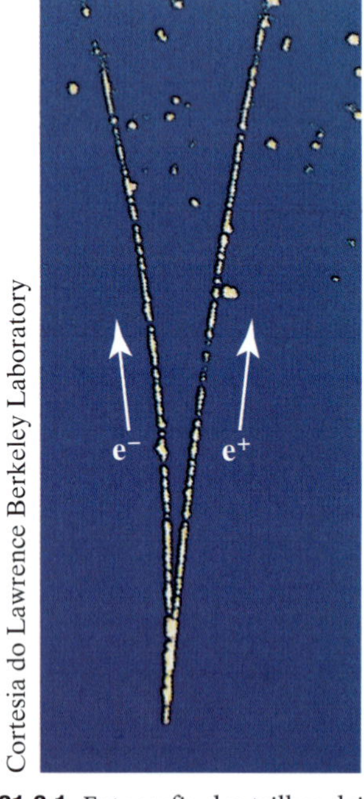

Figura 21.3.1 Fotografia das trilhas deixadas por um elétron e um pósitron em uma câmara de bolhas. O par de partículas foi produzido por um raio gama que entrou na câmara, proveniente da parte inferior da fotografia. Como o raio gama é eletricamente neutro, não produz uma trilha.

Um raio gama entrou na câmara, proveniente da parte inferior da fotografia, e se transformou em um elétron e um pósitron ao interagir com uma partícula presente na câmara. Como as partículas criadas tinham carga elétrica e estavam em movimento, elas deixaram uma trilha de pequenas bolhas. (As trilhas são curvas porque existe um campo magnético no interior da câmara.) Uma vez que é eletricamente neutro, o raio gama não produz uma trilha, mas sabemos que o par de partículas foi produzido no ponto onde começam as trilhas do elétron e do pósitron.

Tomografia por Emissão de Prótons (PET)

Um método muito usado para obter imagens do interior do corpo humano e localizar tumores é a *tomografia por emissão de pósitrons*, conhecida como PET, um acrônimo derivado do nome do método em inglês, *Positron Emission Tomography*. Uma solução contendo nuclídeos *emissores beta mais* (emissores de pósitrons) é injetada no paciente e tende a se concentrar na região do tumor. Quando um dos nuclídeos sofre um decaimento no qual um próton se transforma em um nêutron emitindo um pósitron, o pósitron e um elétron de um tecido vizinho, a menos de um micrometro de distância, se aniquilam mutuamente, produzindo dois raios gama (Eq. 21.3.3). O momento linear total do pósitron e do elétron é praticamente nulo. De acordo com a lei de conservação do momento linear, o momento linear total dos dois raios gama também deve ser nulo, o que significa que eles devem se propagar em sentidos opostos a partir do local da aniquilação.

O aparelho usado nos exames de PET consiste em detectores de raios gama que, em geral, estão dispostos em forma de anel em torno do paciente (Fig. 21.3.2*a*). Quando dois detectores são ativados em lados opostos do anel (Fig. 21.3.2*b*) em um curto intervalo de tempo, o sistema usa a trajetória dos raios gama para determinar uma reta que passa pelo local em que a aniquilação ocorreu. Uma imagem do tumor é obtida repetindo várias vezes o processo e determinando a região em que as retas obtidas se cruzam, já que a orientação dos raios gama emitidos é diferente para cada aniquilação.

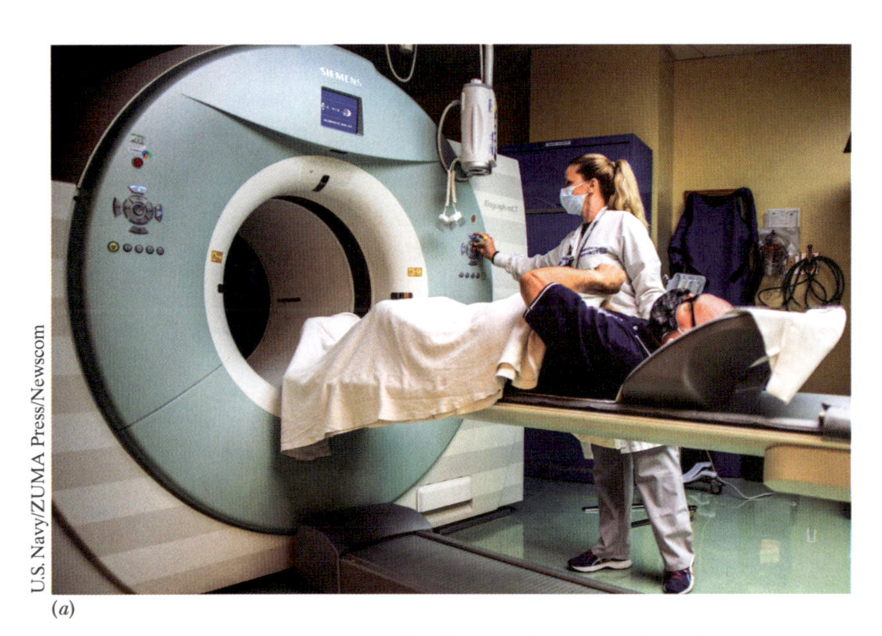

U.S. Navy/ZUMA Press/Newscom

(*a*)

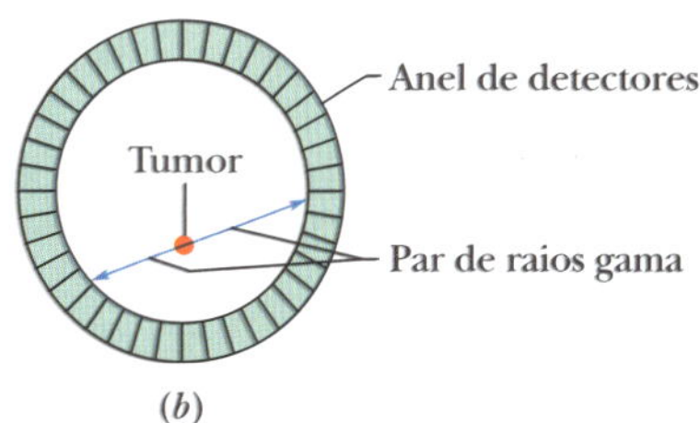

(*b*)

Figura 21.3.2 (*a*) Paciente em um aparelho de PET. (*b*) A aniquilação de um pósitron e um elétron produz raios gama em sentidos opostos que ativam detectores do anel.

Revisão e Resumo

Carga Elétrica A força das interações elétricas de uma partícula depende da **carga elétrica**, que pode ser positiva ou negativa. Cargas de mesmo sinal se repelem e cargas de sinais opostos se atraem. Um corpo com quantidades iguais dos dois tipos de cargas está eletricamente neutro; um corpo com excesso de cargas positivas ou negativas está eletricamente carregado.

Materiais condutores são materiais nos quais muitas partículas eletricamente carregadas (elétrons, no caso dos metais) se movem com facilidade. Nos **materiais isolantes**, as cargas não têm liberdade para se mover.

Corrente elétrica i é a taxa dq/dt com a qual a carga elétrica passa por um ponto ou região:

$$i = \frac{dq}{dt} \quad \text{(corrente elétrica)}. \qquad (21.1.3)$$

Lei de Coulomb A lei de Coulomb expressa a força eletrostática entre duas partículas carregadas. Se as partículas têm cargas q_1 e q_2, elas estão separadas por uma distância r, e a distância entre elas não varia (ou varia lentamente); o módulo da força que uma das partículas exerce sobre a outra é dado por

$$F = \frac{1}{4\pi\varepsilon_0}\frac{|q_1||q_2|}{r^2} \quad \text{(lei de Coulomb)}, \qquad (21.1.4)$$

em que $\varepsilon_0 = 8{,}85 \times 10^{-12}$ C²/N · m² é a **constante elétrica**. O fator $1/4\pi\varepsilon_0$ é frequentemente substituído pela **constante eletrostática** $k = 8{,}99 \times 10^9$ N · m²/C².

A força que uma partícula carregada exerce sobre outra partícula carregada tem a direção da reta que liga as duas partículas e aponta para a primeira partícula, se as partículas têm cargas de mesmo sinal, e aponta para longe da primeira partícula, se as partículas têm cargas de sinais opostos. Como acontece com outros tipos de forças, se uma partícula está sujeita a mais de uma força eletrostática, a força resultante é a soma vetorial de todas as forças que agem sobre a partícula.

Os dois teoremas das cascas da eletrostática são os seguintes:

Primeiro teorema das cascas: Uma casca com uma distribuição uniforme de carga atrai ou repele uma partícula carregada situada do lado de fora da casca como se toda a carga estivesse no centro da casca.

Segundo teorema das cascas: Se uma partícula carregada está situada no interior de uma casca com uma distribuição uniforme de carga, a casca não exerce nenhuma força eletrostática sobre a partícula.

Se um excesso de cargas é depositado em uma casca esférica feita de material condutor, a carga se distribui uniformemente na superfície (externa) da casca.

A Carga Elementar A carga elétrica é quantizada (só pode assumir determinados valores). A carga elétrica de qualquer partícula pode ser escrita na forma ne, em que n é um número inteiro positivo ou negativo e e é uma constante física conhecida como **carga elementar**, que é o valor absoluto da carga do elétron e do próton ($\approx 1{,}602 \times 10^{-19}$ C).

Conservação da Carga A carga elétrica total de um sistema isolado é constante.

Perguntas

1 A Fig. 21.1 mostra quatro sistemas nos quais cinco partículas carregadas estão dispostas ao longo de um eixo com espaçamento uniforme. O valor da carga está indicado para todas as partículas, a não ser para a partícula central, que possui a mesma carga nos quatro sistemas. Coloque os sistemas na ordem do módulo da força eletrostática total exercida sobre a partícula central, em ordem decrescente.

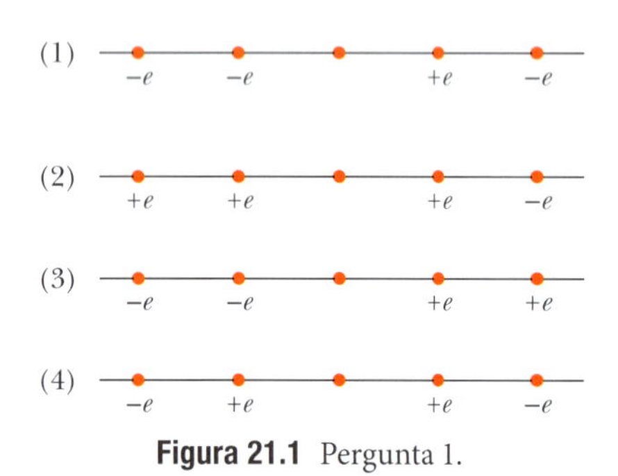

Figura 21.1 Pergunta 1.

2 A Fig. 21.2 mostra três pares de esferas iguais que são colocadas em contato e depois separadas. As cargas presentes inicialmente nas esferas estão indicadas. Coloque os pares, em ordem decrescente, de acordo (a) com o módulo da carga transferida quando as esferas são postas em contato e (b) com o módulo da carga presente na esfera positivamente carregada depois que as esferas são separadas.

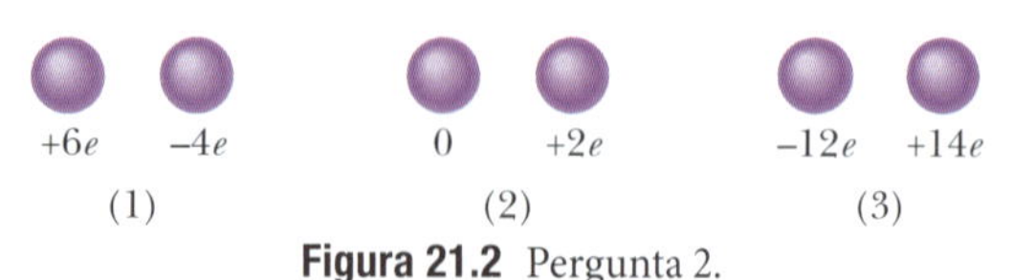

Figura 21.2 Pergunta 2.

3 A Fig. 21.3 mostra quatro sistemas nos quais partículas carregadas são mantidas fixas em um eixo. Em quais desses sistemas existe um ponto à esquerda das partículas no qual um elétron estaria em equilíbrio?

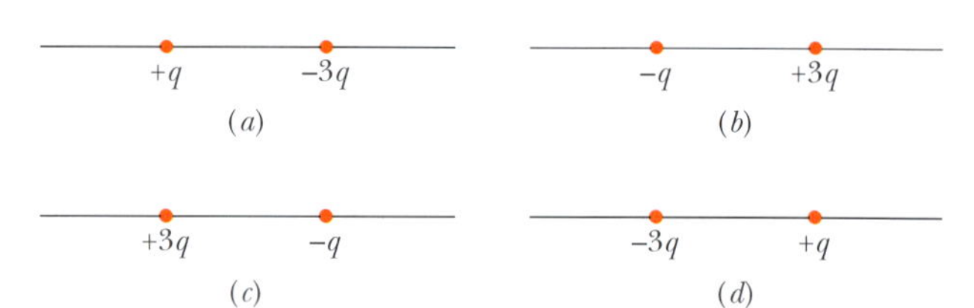

Figura 21.3 Pergunta 3.

4 A Fig. 21.4 mostra duas partículas carregadas em um eixo. As cargas têm liberdade para se mover; entretanto, é possível colocar uma terceira partícula em um ponto tal que as três partículas fiquem em equilíbrio. (a) Esse ponto está à esquerda das duas primeiras partículas, à direita delas ou entre elas? (b) A carga da terceira partícula deve ser positiva ou negativa? (c) O equilíbrio é estável ou instável?

−3q −q

Figura 21.4 Pergunta 4.

5 Na Fig. 21.5, uma partícula central de carga $-q$ está cercada por dois anéis circulares de partículas carregadas. Quais são o módulo e a orientação da força eletrostática total exercida sobre a partícula central pelas outras partículas? (*Sugestão*: Levando em conta a simetria do problema, é possível simplificar consideravelmente os cálculos.)

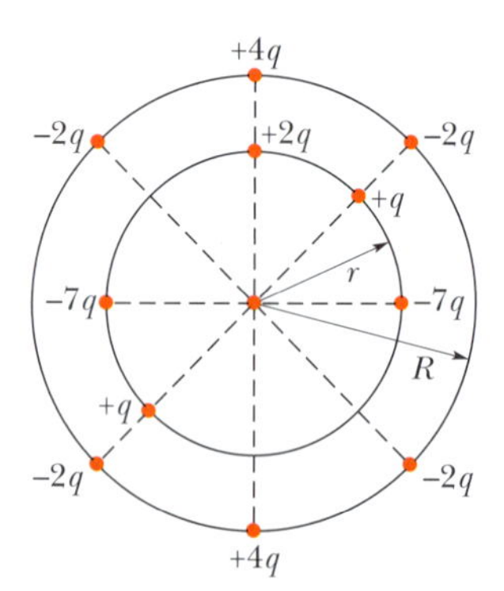

Figura 21.5 Pergunta 5.

6 Uma esfera positivamente carregada é colocada nas proximidades de um condutor neutro inicialmente isolado, e o condutor é colocado em contato com a terra. O condutor fica carregado positivamente, fica carregado negativamente, ou permanece neutro (a) se a esfera é afastada e, em seguida, a ligação com a terra é removida e (b) se a ligação com a terra é removida e, em seguida, a esfera é afastada?

7 A Fig. 21.6 mostra três sistemas constituídos por uma partícula carregada e uma casca esférica com uma distribuição de carga uniforme. As cargas são dadas e os raios das cascas estão indicados. Ordene os sistemas de acordo com o módulo da força exercida pela casca sobre a partícula, em ordem decrescente.

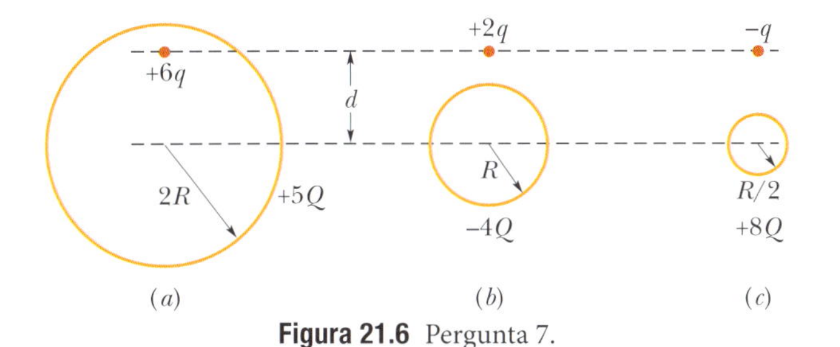

Figura 21.6 Pergunta 7.

8 A Fig. 21.7 mostra quatro sistemas de partículas carregadas. Ordene os sistemas de acordo com o módulo da força eletrostática total a que está submetida a partícula de carga +Q, em ordem decrescente.

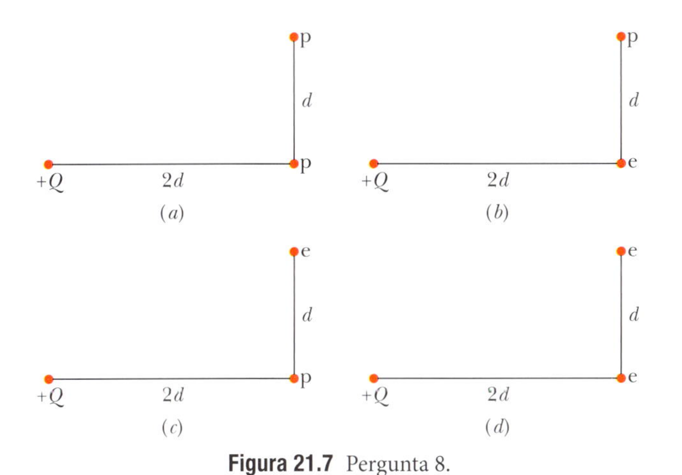

Figura 21.7 Pergunta 8.

9 A Fig. 21.8 mostra quatro sistemas nos quais partículas de carga $+q$ ou $-q$ são mantidas fixas. Em todos os sistemas, as partículas que estão no eixo x estão equidistantes do eixo y. Considere a partícula central do sistema 1; a partícula está sujeita às forças eletrostáticas F_1 e F_2 das outras duas partículas. (a) Os módulos F_1 e F_2 dessas forças são iguais ou diferentes? (b) O módulo da força total a que a partícula central está submetida é maior, menor ou igual a $F_1 + F_2$? (c) As componentes x das duas forças se somam ou se subtraem? (d) As componentes y das duas forças se somam ou se subtraem? (e) A orientação da força total a que está submetida a partícula central está mais próxima das componentes que se somam ou das componentes que se subtraem? (f) Qual é a orientação da força total? Considere agora os outros sistemas. Qual é a orientação da força total exercida sobre a partícula central (g) no sistema 2, (h) no sistema 3, (i) no sistema 4? (Em cada sistema, considere a simetria da distribuição de cargas e determine as componentes que se somam e as componentes que se cancelam.)

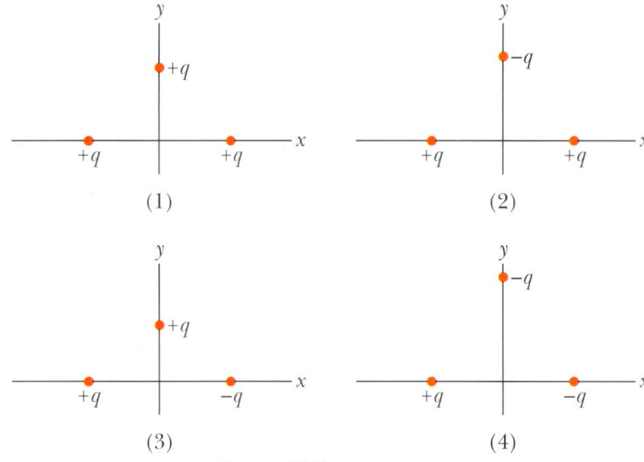

Figura 21.8 Pergunta 9.

10 Na Fig. 21.9, uma partícula central de carga $-2q$ está cercada por um quadrado de partículas carregadas, separadas por uma distância d ou $d/2$. Quais são o módulo e a orientação da força eletrostática total exercida sobre a partícula central pelas outras partículas? (*Sugestão*: Levando em conta a simetria do problema, é possível simplificar consideravelmente os cálculos.)

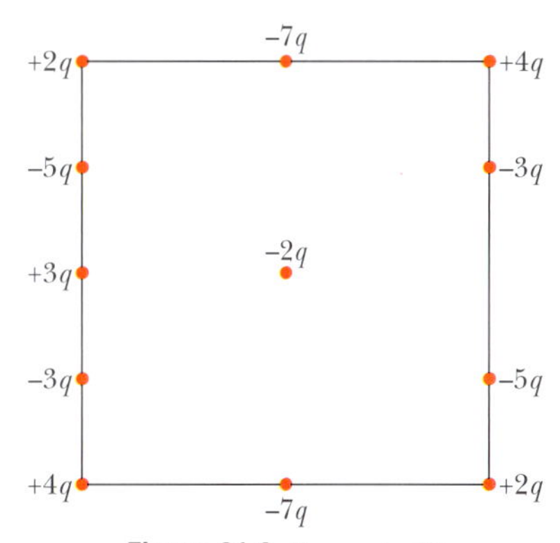

Figura 21.9 Pergunta 10.

11 A Fig. 21.10 mostra três bolhas condutoras iguais, A, B e C, que flutuam em um recipiente condutor que está ligado à terra por um fio. As bolhas têm inicialmente cargas iguais. A bolha A esbarra no teto do recipiente e depois na bolha B. Em seguida, a bolha B esbarra na bolha C, que desce até a base do recipiente. Quando a bolha C entra em contato com a base do recipiente, uma carga de $-3e$ é transferida da terra para o recipiente, como indicado na figura. (a) Qual era a carga inicial de cada bolha? Quando (b) a bolha A e (c) a bolha B entram em contato com a base do recipiente, qual é a carga que atravessa o fio e em que sentido? (d) Durante todo o processo, qual é a carga total que atravessa o fio e em que sentido?

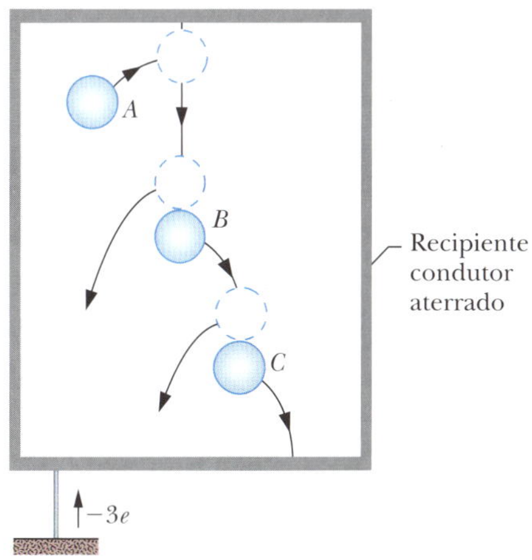

Figura 21.10 Pergunta 11.

12 A Fig. 21.11 mostra quatro sistemas nos quais um próton central está cercado por prótons e elétrons fixos no lugar ao longo de uma semicircunferência. Os ângulos θ são todos iguais; os ângulos ϕ também são todos iguais. (a) Qual é, em cada sistema, a direção da força resultante a que está submetido o próton central? (b) Ordene os quatro sistemas de acordo com o módulo da força resultante a que está submetido o próton central, em ordem decrescente.

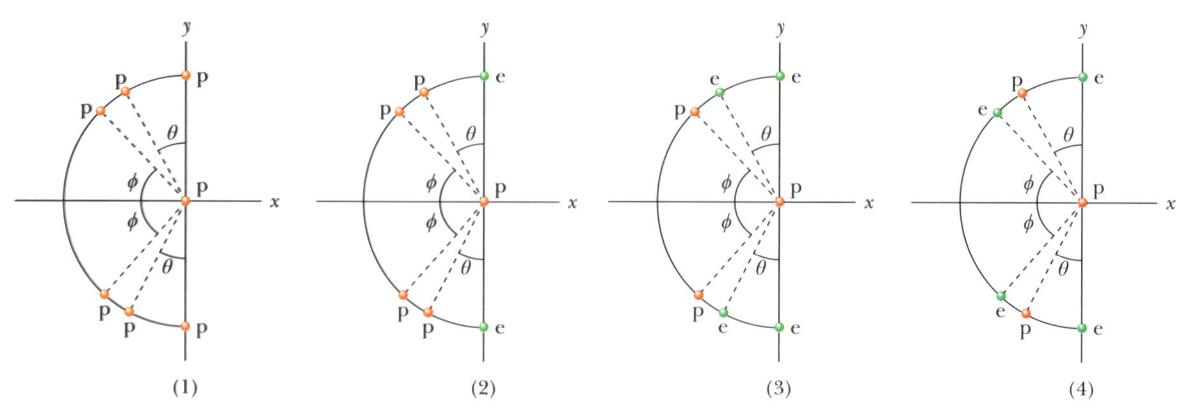

Figura 21.11 Pergunta 12.

Problemas

F Fácil **M** Médio **D** Difícil
CVF Informações adicionais disponíveis no e-book *O Circo Voador da Física*, de Jearl Walker, LTC Editora, Rio de Janeiro, 2008.
CALC Requer o uso de derivadas e/ou integrais
BIO Aplicação biomédica

Módulo 21.1 Lei de Coulomb

1 F Da carga Q que uma pequena esfera contém inicialmente, uma parte q é transferida para uma segunda esfera situada nas proximidades. As duas esferas podem ser consideradas cargas pontuais. Para que valor de q/Q a força eletrostática entre as duas esferas é a maior possível?

2 F Duas esferas condutoras, 1 e 2, de mesmo diâmetro, possuem cargas iguais e estão separadas por uma distância muito maior que o diâmetro (Fig. 21.12*a*). A força eletrostática a que a esfera 2 está submetida devido à presença da esfera 1 é $\vec{F}$. Uma terceira esfera, 3, igual às duas primeiras, que dispõe de um cabo não condutor e está inicialmente neutra, é colocada em contato primeiro com a esfera 1 (Fig. 21.12*b*), depois com a esfera 2 (Fig. 21.12*c*) e, finalmente, removida (Fig. 21.12*d*). A força eletrostática a que a esfera 2 agora está submetida tem módulo F'. Qual é o valor da razão F'/F?

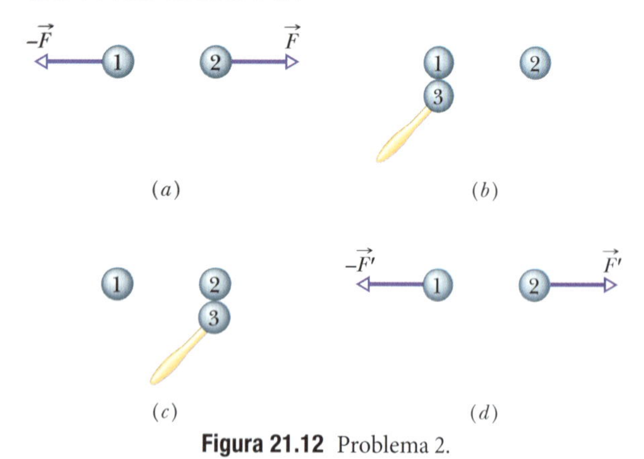

Figura 21.12 Problema 2.

3 F Qual deve ser a distância entre a carga pontual q_1 = 26,0 μC e a carga pontual q_2 = −47,0 μC para que a força eletrostática entre as duas cargas tenha um módulo de 5,70 N?

4 F CVF Na descarga de retorno de um relâmpago típico, uma corrente de $2{,}5 \times 10^4$ A é mantida por 20 μs. Qual é o valor da carga transferida?

5 F Uma partícula com uma carga de $+3{,}00 \times 10^{-6}$ C está a 12,0 cm de distância de uma segunda partícula com uma carga de $-1{,}50 \times 10^{-6}$ C. Calcule o módulo da força eletrostática entre as partículas.

6 F Duas partículas de mesma carga são colocadas a $3{,}2 \times 10^{-3}$ m de distância uma da outra e liberadas a partir do repouso. A aceleração inicial da primeira partícula é 7,0 m/s² e a da segunda é 9,0 m/s². Se a massa da primeira partícula é $6{,}3 \times 10^{-7}$ kg, determine (a) a massa da segunda partícula e (b) o módulo da carga das partículas.

7 M Na Fig. 21.13 partículas 1 e 2 são mantidas fixas. A partícula 3 está livre para se mover, mas a força eletrostática exercida sobre ela pelas partículas 1 e 2 é zero. Se $L_{23} = L_{12}$, qual é o valor da razão q_1/q_2?

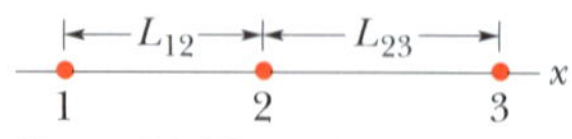

Figura 21.13 Problemas 7 e 40.

8 M Na Fig. 21.14, três esferas condutoras iguais possuem inicialmente as seguintes cargas: esfera A, $4Q$; esfera B, $-6Q$; esfera C, 0. As esferas A e B são mantidas fixas, a uma distância entre os centros que é muito maior que o raio das esferas. Dois experimentos são executados. No experimento 1, a esfera C é colocada em contato com a esfera A, depois (separadamente) com a esfera B e, finalmente, é removida. No experimento 2, que começa com os mesmos estados iniciais, a ordem é invertida: a esfera C é colocada em contato com a esfera B, depois (separadamente) com a esfera A e, finalmente, é removida. Qual é a razão entre a força eletrostática entre A e B no fim do experimento 2 e a força eletrostática entre A e B no fim do experimento 1?

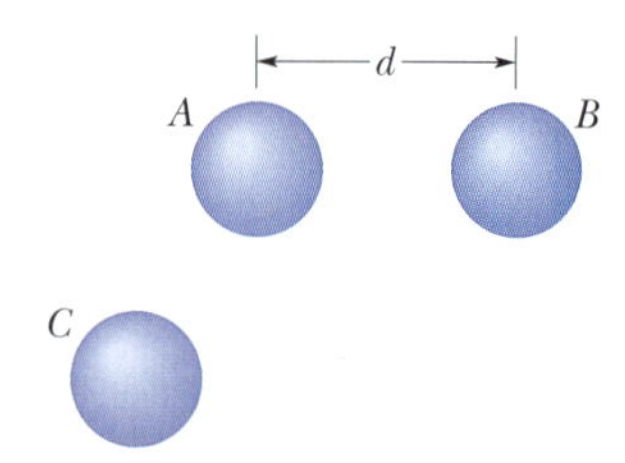

Figura 21.14 Problema 8.

9 M Duas esferas condutoras iguais, mantidas fixas a uma distância, entre os centros, de 50,0 cm, se atraem mutuamente com uma força eletrostática de 0,108 N. Quando são ligadas por um fio condutor, de diâmetro desprezível, as esferas passam a se repelir com uma força de 0,0360 N. Supondo que a carga total das esferas era inicialmente positiva, determine: (a) a carga negativa inicial de uma das esferas e (b) a carga positiva inicial da outra esfera.

10 M Na Fig. 21.15, quatro partículas formam um quadrado. As cargas são $q_1 = q_4 = Q$ e $q_2 = q_3 = q$. (a) Qual deve ser o valor da razão Q/q para que seja nula a força eletrostática total a que as partículas 1 e 4 estão submetidas? (b) Existe algum valor de q para o qual a força eletrostática a que todas as partículas estão submetidas seja nula? Justifique sua resposta.

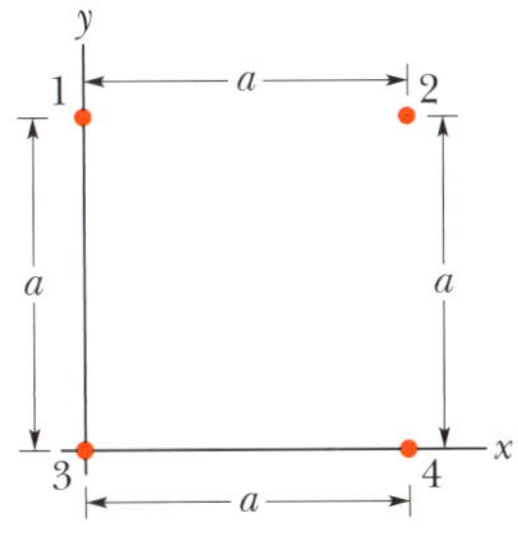

Figura 21.15 Problemas 10 e 11.

11 M Na Fig. 21.15, as cargas das partículas são $q_1 = -q_2 = 100$ nC e $q_3 = -q_4 = 200$ nC. O lado do quadrado é $a = 5{,}0$ cm. Determine (a) a componente x e (b) a componente y da força eletrostática a que está submetida a partícula 3.

12 M Duas partículas são mantidas fixas em um eixo x. A partícula 1, de carga 40 μC, está situada em $x = -2{,}0$ cm; a partícula 2, de carga Q, está situada em $x = 3{,}0$ cm. A partícula 3 está inicialmente no eixo y e é liberada, a partir do repouso, no ponto $y = 2{,}0$ cm. O valor absoluto da carga da partícula 3 é 20 μC. Determine o valor de Q para que a aceleração inicial da partícula 3 seja (a) no sentido positivo do eixo x e (b) no sentido positivo do eixo y.

13 M Na Fig. 21.16, a partícula 1, de carga $+1{,}0$ μC, e a partícula 2, de carga $-3{,}0$ μC, são mantidas a uma distância $L = 10{,}0$ cm uma da outra, em um eixo x. Determine (a) a coordenada x e (b) a coordenada y de uma partícula 3 de carga desconhecida q_3 para que a força total exercida sobre ela pelas partículas 1 e 2 seja nula.

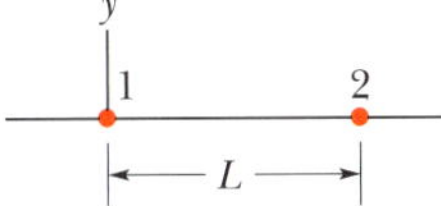

Figura 21.16 Problemas 13, 19, 30 e 58.

14 M Três partículas são mantidas fixas em um eixo x. A partícula 1, de carga q_1, está em $x = -a$; a partícula 2, de carga q_2, está em $x = +a$. Determine a razão q_1/q_2 para que a força eletrostática a que está submetida a partícula 3 seja nula (a) se a partícula 3 estiver no ponto $x = +0{,}500a$; (b) se a partícula 3 estiver no ponto $x = +1{,}50a$.

15 M As cargas e as coordenadas de duas partículas mantidas fixas no plano xy são $q_1 = +3{,}0$ μC, $x_1 = 3{,}5$ cm, $y_1 = 0{,}50$ cm e $q_2 = -4{,}0$ μC, $x_2 = -2{,}0$ cm, $y_2 = 1{,}5$ cm. Determine (a) o módulo e (b) a direção da força eletrostática que a partícula 1 exerce sobre a partícula 2. Determine também (c) a coordenada x e (d) a coordenada y de uma terceira partícula de carga $q_3 = +4{,}0$ μC para que a força eletrostática resultante na partícula 2 causada pelas partículas 1 e 3 seja nula.

16 M Na Fig. 21.17a, a partícula 1 (de carga q_1) e a partícula 2 (de carga q_2) são mantidas fixas no eixo x, separadas por uma distância de 8,00 cm. A força que as partículas 1 e 2 exercem sobre uma partícula 3 (de carga $q_3 = +8{,}00 \times 10^{-19}$ C) colocada entre elas é $\vec{F}_{3,tot}$. A Fig. 21.17b mostra o valor da componente x dessa força em função da coordenada x do ponto em que a partícula 3 é colocada. A escala do eixo x é definida por $x_s = 8{,}0$ cm. Determine (a) o sinal da carga q_1 e (b) o valor da razão q_2/q_1.

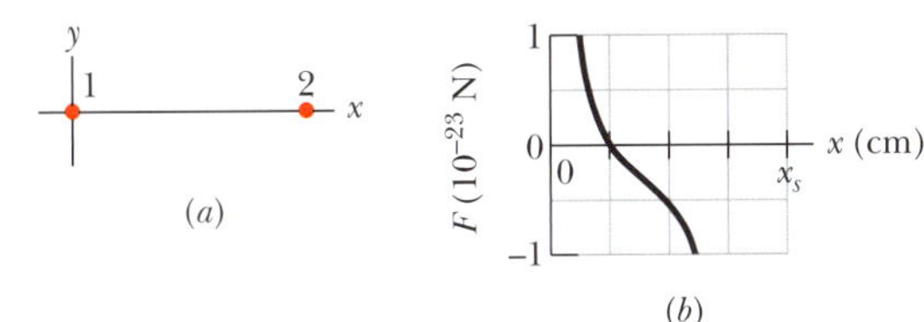

Figura 21.17 Problema 16.

17 M Na Fig. 21.18a, as partículas 1 e 2 têm carga de 20,0 μC cada uma e estão separadas por uma distância $d = 1{,}50$ m. (a) Qual é o módulo da força eletrostática que a partícula 2 exerce sobre a partícula 1? Na Fig. 21.18b, a partícula 3, com carga de 20,0 μC, é posicionada de modo a completar um triângulo equilátero. (b) Qual é o módulo da força eletrostática a que a partícula 1 é submetida devido à presença das partículas 2 e 3?

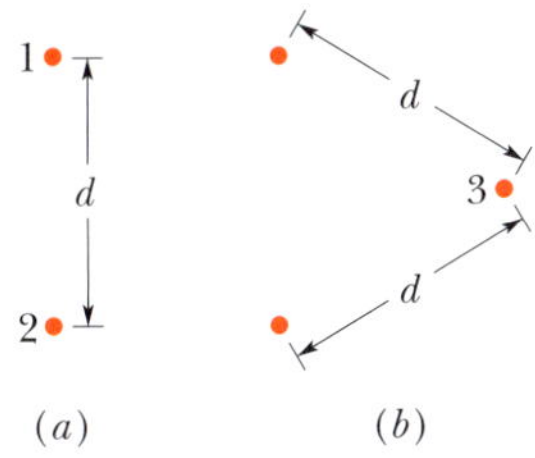

Figura 21.18 Problema 17.

18 M Na Fig. 21.19a, três partículas positivamente carregadas são mantidas fixas em um eixo x. As partículas B e C estão tão próximas que as distâncias entre elas e a partícula A podem ser consideradas iguais. A força total a que a partícula A está submetida devido à presença das partículas B e C é $2{,}014 \times 10^{-23}$ N no sentido negativo do eixo x. Na Fig. 21.19b, a partícula B foi transferida para o lado oposto de A, mas foi mantida à mesma distância. Nesse caso, a força total a que a partícula A está submetida passa a ser $2{,}877 \times 10^{-24}$ N no sentido negativo do eixo x. Qual é o valor da razão q_C/q_B?

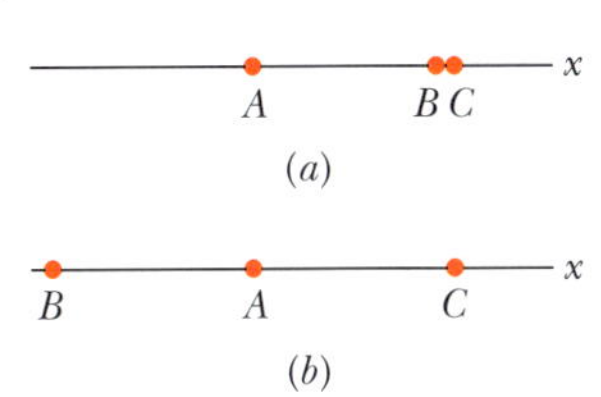

Figura 21.19 Problema 18.

19 M Na Fig. 21.16, a partícula 1, de carga $+q$, e a partícula 2, de carga $+4{,}00q$, são mantidas a uma distância $L = 9{,}00$ cm em um eixo x. Se, quando uma partícula 3 de carga q_3 é colocada nas proximidades das partículas 1 e 2, as três partículas permanecem imóveis ao serem liberadas, determine (a) a coordenada x da partícula 3, (b) a coordenada y da partícula 3 e (c) a razão q_3/q.

20 D A Fig. 21.20a mostra um sistema de três partículas carregadas, separadas por uma distância d. As partículas A e C estão fixas no lugar no eixo x, mas a partícula B pode se mover ao longo de uma circunferência com centro na partícula A. Durante o movimento, um segmento de reta que liga os pontos A e B faz um ângulo θ com o eixo x (Fig. 21.20b). As curvas da Fig. 21.20c mostram, para dois valores diferentes da razão entre a carga da partícula C e a carga da partícula B, o módulo F_{tot} da força eletrostática total que as outras partículas exercem sobre a partícula A. A força total foi plotada em função do ângulo θ e como múltiplo de uma força de referência F_0. Assim, por exemplo, na curva 1, para $\theta = 180°$, vemos que $F_{tot} = 2F_0$. (a) Nas condições em que foi obtida a curva 1, qual é a razão entre a carga da partícula C e a carga da partícula B (incluindo o sinal)? (b) Qual é a razão nas condições em que foi obtida a curva 2?

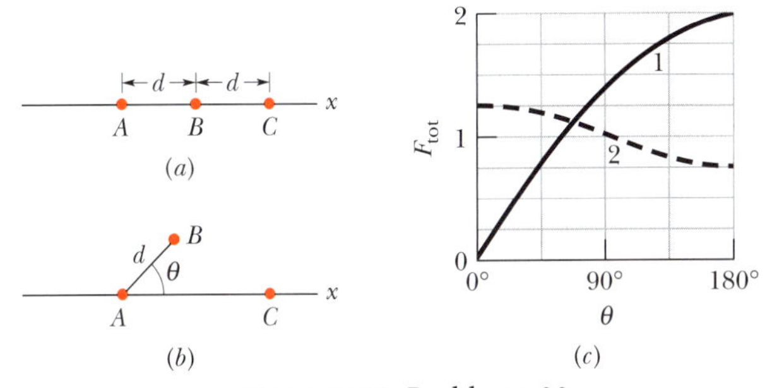

Figura 21.20 Problema 20.

21 D CALC Uma casca esférica isolante, com um raio interno de 4,0 cm e um raio externo de 6,0 cm, possui uma distribuição de carga não uniforme. A *densidade volumétrica de carga* ρ, cuja unidade no SI é o coulomb por metro cúbico, é a carga por unidade de volume. No caso dessa casca, $\rho = b/r$, em que r é a distância em metros a partir do centro da casca e $b = 3{,}0$ μC/m². Qual é a carga total da casca?

22 D A Fig. 21.21 mostra um sistema de quatro partículas carregadas, com $\theta = 30,0°$ e $d = 2,00$ cm. A carga da partícula 2 é $q_2 = +8,00 \times 10^{-19}$ C; a carga das partículas 3 e 4 é $q_3 = q_4 = -1,60 \times 10^{-19}$ C. (a) Qual deve ser a distância D entre a origem e a partícula 2 para que seja nula a força que age sobre a partícula 1? (b) Se as partículas 3 e 4 são aproximadas do eixo x mantendo-se simétricas em relação a esse eixo, o valor da distância D é maior, menor ou igual ao valor do item (a)?

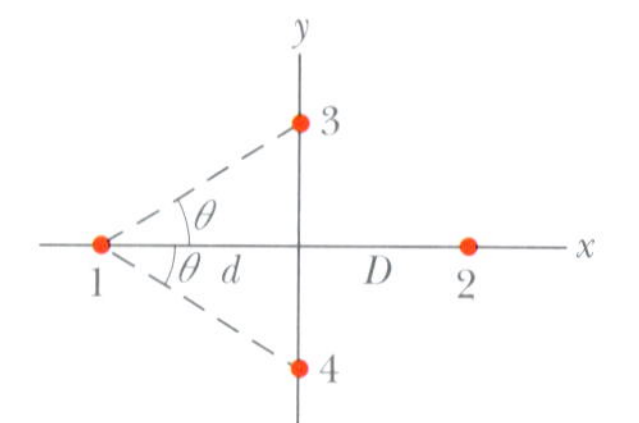

Figura 21.21 Problema 22.

23 D Na Fig. 21.22, as partículas 1 e 2, de carga $q_1 = q_2 = +3,20 \times 10^{-19}$ C, estão no eixo y, a uma distância $d = 17,0$ cm da origem. A partícula 3, de carga $q_3 = +6,40 \times 10^{-19}$ C, é deslocada ao longo do eixo x, de $x = 0$ até $x = +5,0$ m. Para qual valor de x o módulo da força eletrostática exercida pelas partículas 1 e 2 sobre a partícula 3 é (a) mínimo e (b) máximo? Quais são os valores (c) mínimo e (d) máximo do módulo?

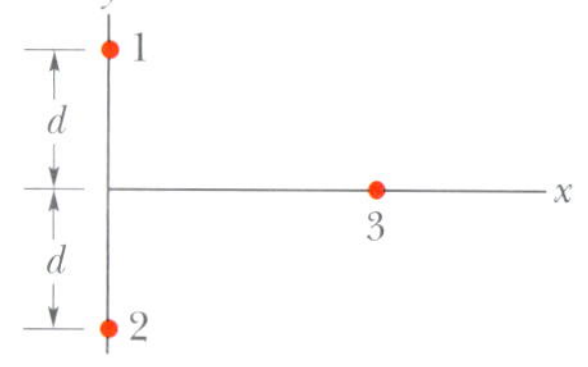

Figura 21.22 Problema 23.

Módulo 21.2 A Carga É Quantizada

24 F Duas pequenas gotas d'água esféricas, com cargas iguais de $-1,00 \times 10^{-16}$ C, estão separadas por uma distância, entre os centros, de 1,00 cm. (a) Qual é o valor do módulo da força eletrostática a que cada uma está submetida? (b) Quantos elétrons em excesso possui cada gota?

25 F Quantos elétrons é preciso remover de uma moeda para deixá-la com uma carga de $+1,0 \times 10^{-7}$ C?

26 F Qual é o módulo da força eletrostática entre um íon de sódio monoionizado (Na^+, de carga $+e$) e um íon de cloro monoionizado (Cl^-, de carga $-e$) em um cristal de sal de cozinha, se a distância entre os íons é $2,82 \times 10^{-10}$ m?

27 F O módulo da força eletrostática entre dois íons iguais separados por uma distância de $5,0 \times 10^{-10}$ m é $3,7 \times 10^{-9}$ N. (a) Qual é a carga de cada íon? (b) Quantos elétrons estão "faltando" em cada íon (fazendo, assim, com que o íon possua uma carga elétrica diferente de zero)?

28 F BIO CVF Uma corrente de 0,300 A que atravesse o peito pode produzir fibrilação no coração de um ser humano, perturbando o ritmo dos batimentos cardíacos com efeitos possivelmente fatais. Se a corrente dura 2,00 min, quantos elétrons de condução atravessam o peito da vítima?

29 M Na Fig. 21.23, as partículas 2 e 4, de carga $-e$, são mantidas fixas no eixo y, nas posições $y_2 = -10,0$ cm e $y_4 = 5,00$ cm. As partículas 1 e 3, de carga $-e$, podem ser deslocadas ao longo do eixo x. A partícula 5, de carga $+e$, é mantida fixa na origem. Inicialmente, a partícula 1 está no ponto $x_1 = -10,0$ cm e a partícula 3 está no ponto $x_3 = 10,0$ cm. (a) Para qual ponto do eixo x a partícula 1 deve ser deslocada para que a força eletrostática total $\vec{F}_{tot}$, a que a partícula está submetida sofra uma rotação de 30° no sentido anti-horário? (b) Com a partícula 1 mantida fixa na nova posição, para qual ponto do eixo x a partícula 3 deve ser deslocada para que $\vec{F}_{tot}$ volte à direção original?

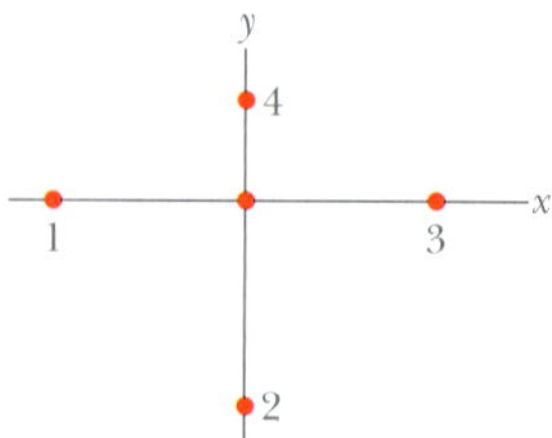

Figura 21.23 Problema 29.

30 M Na Fig. 21.16, as partículas 1 e 2 são mantidas fixas no eixo x, separadas por uma distância $L = 8,00$ cm. As cargas das partículas são $q_1 = +e$ e $q_2 = -27e$. A partícula 3, de carga $q_3 = +4e$, colocada no eixo x, entre as partículas 1 e 2, é submetida a uma força eletrostática total $\vec{F}_{3,tot}$. (a) Em que posição deve ser colocada a partícula 3 para que o módulo de $\vec{F}_{3,tot}$ seja mínimo? (b) Qual é o valor do módulo de $\vec{F}_{3,tot}$ nessa situação?

31 M A atmosfera da Terra é constantemente bombardeada por *raios cósmicos* provenientes do espaço sideral, constituídos principalmente por *prótons*. Se a Terra não tivesse atmosfera, cada metro quadrado da superfície terrestre receberia, em média, 1.500 prótons por segundo. Qual seria a corrente elétrica recebida pela superfície do planeta?

32 M A Fig. 21.24*a* mostra duas partículas carregadas, 1 e 2, que são mantidas fixas em um eixo x. O valor absoluto da carga da partícula 1 é $|q_1| = 8,00e$. A partícula 3, de carga $q_3 = +8,0e$, que estava inicialmente no eixo x, nas vizinhanças da partícula 2, é deslocada no sentido positivo do eixo x. Em consequência, a força eletrostática total $\vec{F}_{2,tot}$, a que está sujeita a partícula 2, varia. A Fig. 21.24*b* mostra a componente x da força em função da coordenada x da partícula 3. A escala do eixo x é definida por $x_s = 0,80$ m. A curva possui uma assíntota $F_{2,tot} = 1,5 \times 10^{-25}$ N para $x \to \infty$. Determine o valor da carga q_2 da partícula 2, em unidades de e, incluindo o sinal.

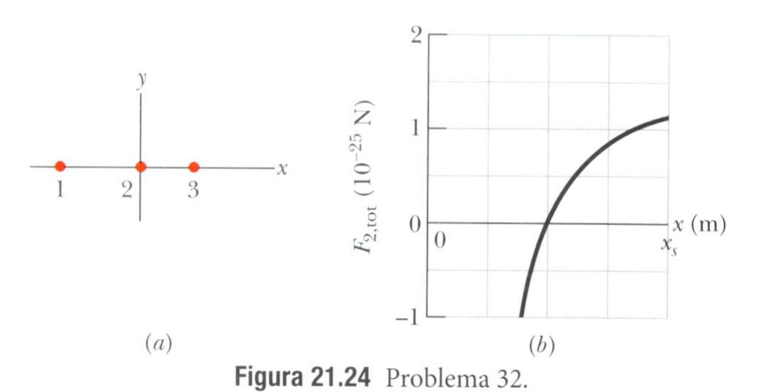

Figura 21.24 Problema 32.

33 M Calcule o número de coulombs de carga positiva que estão presentes em 250 cm³ de água (neutra). (*Sugestão*: Um átomo de hidrogênio contém um próton; um átomo de oxigênio contém oito prótons.)

34 D A Fig. 21.25 mostra dois elétrons, 1 e 2, no eixo x e dois íons, 3 e 4, de carga $-q$, no eixo y. O ângulo θ é o mesmo para os dois íons. O elétron 2 está livre para se mover; as outras três partículas são mantidas fixas a uma distância horizontal R do elétron 2, e seu objetivo é impedir que o elétron 2 se mova. Para valores fisicamente possíveis de $q \leq 5e$, determine (a) o menor valor possível de θ; (b) o segundo menor valor possível de θ; (c) o terceiro menor valor possível de θ.

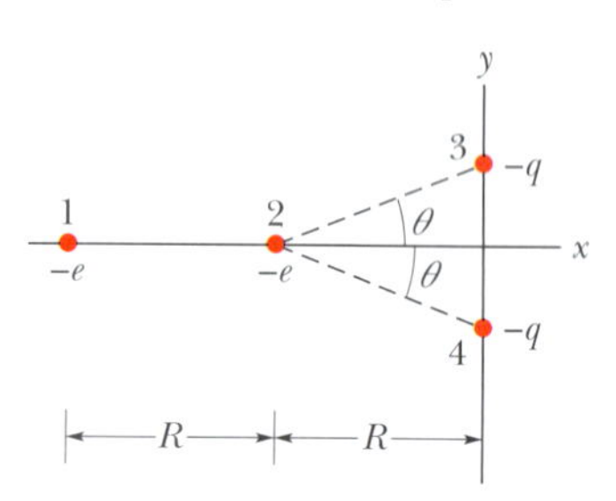

Figura 21.25 Problema 34.

35 D Nos cristais de cloreto de césio, os íons de césio, Cs^+, estão nos oito vértices de um cubo, com um íon de cloro, Cl^-, no centro (Fig. 21.26). A aresta do cubo tem 0,40 nm. Os íons Cs^+ possuem um elétron a menos (e, portanto, uma carga $+e$) e os íons Cl^- possuem um elétron a mais (e, portanto, uma carga $-e$). (a) Qual é o módulo da força eletrostática exercida sobre o íon Cl^- pelos íons Cs^+ situados nos vértices do cubo? (b) Se um dos íons Cs^- está faltando, dizemos que o cristal possui um *defeito*; qual é o módulo da força eletrostática exercida sobre o íon Cl^- pelos íons Cs^+ restantes?

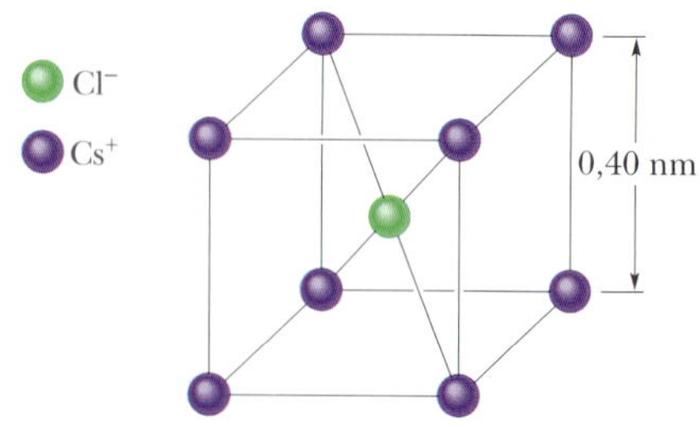

Figura 21.26 Problema 35.

Módulo 21.3 A Carga É Conservada

36 F Elétrons e pósitrons são produzidos em reações nucleares envolvendo prótons e nêutrons. Essas reações são conhecidas pelo nome genérico de *decaimento beta*. (a) Se um próton se transforma em um nêutron, é produzido um elétron ou um pósitron? (b) Se um nêutron se transforma em um próton, é produzido um elétron ou um pósitron?

37 F Determine X nas seguintes reações nucleares: (a) $^1H + ^9Be \rightarrow X + n$; (b) $^{12}C + ^1H \rightarrow X$; (c) $^{15}N + ^1H \rightarrow ^4He + X$. (*Sugestão*: Consulte o Apêndice F.)

Problemas Adicionais

38 A Fig. 21.27 mostra quatro esferas condutoras iguais, que estão separadas por grandes distâncias. A esfera W (que estava inicialmente neutra) é colocada em contato com a esfera A e depois as esferas são novamente separadas. Em seguida, a esfera W é colocada em contato com a esfera B (que possuía inicialmente uma carga de $-32e$) e depois as esferas são separadas. Finalmente, a esfera A é colocada em contato com a esfera C (que possuía inicialmente uma carga de $+48e$) e depois as esferas são separadas. A carga final da esfera W é $+18e$. Qual era a carga inicial da esfera A?

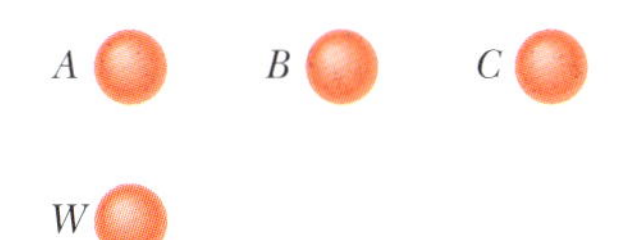

Figura 21.27 Problema 38.

39 Na Fig. 21.28, a partícula 1, de carga $+4e$, está a uma distância $d_1 = 2{,}00$ mm do solo e a partícula 2, de carga $+6e$, está no solo, a uma distância horizontal $d_2 = 6{,}00$ mm da partícula 1. Qual é a componente x da força eletrostática exercida pela partícula 1 sobre a partícula 2?

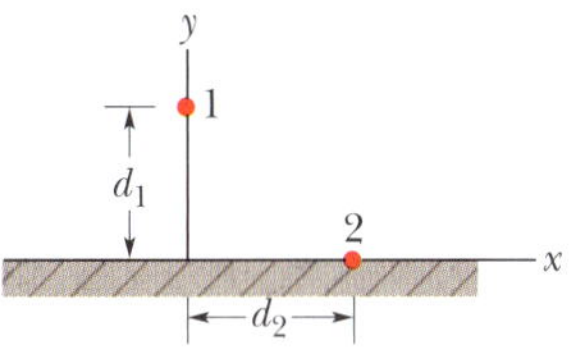

Figura 21.28 Problema 39.

40 Na Fig. 21.13, as partículas 1 e 2 são mantidas fixas. Se a força eletrostática total exercida sobre a partícula 3 é zero e $L_{23} = 2{,}00L_{12}$, qual é o valor da razão q_1/q_2?

41 (a) Que cargas iguais e positivas teriam que ser colocadas na Terra e na Lua para neutralizar a atração gravitacional entre os dois astros? (b) Por que não é necessário conhecer a distância entre a Terra e a Lua para resolver o problema? (c) Quantos quilogramas de íons de hidrogênio (ou seja, prótons) seriam necessários para acumular a carga positiva calculada no item (a)?

42 Na Fig. 21.29, duas pequenas esferas condutoras de mesma massa m e mesma carga q estão penduradas em fios isolantes de comprimento L. Suponha que o ângulo θ é tão pequeno que a aproximação $\tan\theta \leq \operatorname{sen}\theta$ pode ser usada. (a) Mostre que a distância de equilíbrio entre as esferas é dada por

$$x = \left(\frac{q^2L}{2\pi\varepsilon_0 mg}\right)^{1/3}$$

(b) Se $L = 120$ cm, $m = 10$ g e $x = 5{,}0$ cm, qual é o valor de $|q|$?

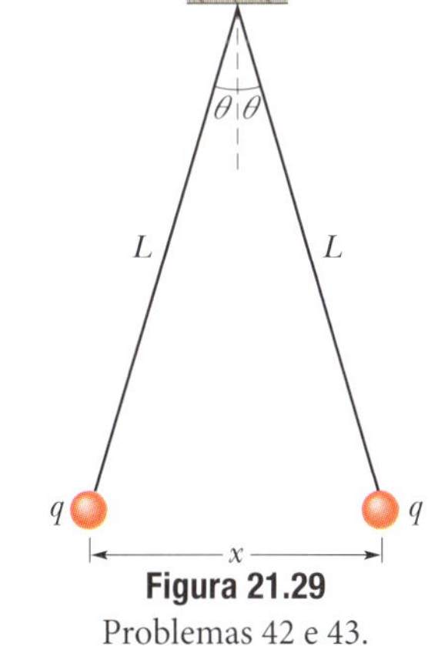

Figura 21.29 Problemas 42 e 43.

43 (a) Explique o que acontece com as esferas do Problema 42 se uma delas é descarregada (ligando, por exemplo, momentaneamente a esfera à terra). (b) Determine a nova distância de equilíbrio x, usando os valores dados de L e m e o valor calculado de $|q|$.

44 A que distância devem ser colocados dois prótons para que o módulo da força eletrostática que um exerce sobre o outro seja igual à força gravitacional a que um dos prótons está submetido na superfície terrestre?

45 Quantos megacoulombs de carga elétrica positiva existem em 1,00 mol de hidrogênio molecular (H_2) neutro?

46 Na Fig. 21.30, quatro partículas são mantidas fixas no eixo x, porém separadas por uma distância $d = 2{,}00$ cm. As cargas das partículas são $q_1 = +2e$, $q_2 = -e$, $q_3 = +e$ e $q_4 = +4e$, em que $e = 1{,}60 \times 10^{-19}$ C. Usando a notação dos vetores unitários, determine a força eletrostática a que está submetida (a) a partícula 1 e (b) a partícula 2.

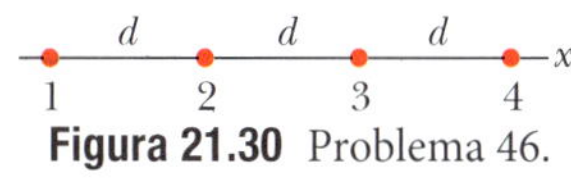

Figura 21.30 Problema 46.

47 Cargas pontuais de $+6{,}0\ \mu C$ e $-4{,}0\ \mu C$ são mantidas fixas no eixo x nos pontos $x = 8{,}0$ m e $x = 16$ m, respectivamente. Que carga deve ser colocada no ponto $x = 24$ m para que seja nula a força eletrostática total sobre uma carga colocada na origem?

48 Na Fig. 21.31, três esferas condutoras iguais são dispostas de modo a formarem um triângulo equilátero de lado $d = 20{,}0$ cm. Os raios das esferas são muito menores que d. As cargas das esferas são $q_A = -2{,}00$ nC, $q_B = -4{,}00$ nC e $q_C = +8{,}00$ nC. (a) Qual é o módulo da força eletrostática entre as esferas A e C? Em seguida, é executado o seguinte procedimento: A e B são ligadas por um fio fino, que depois é removido; B é ligada à terra pelo fio, que depois é removido; B e C são ligadas pelo fio, que depois é removido. Determine o novo valor (b) do módulo da força eletrostática entre as esferas A e C; (c) do módulo da força eletrostática entre as esferas B e C.

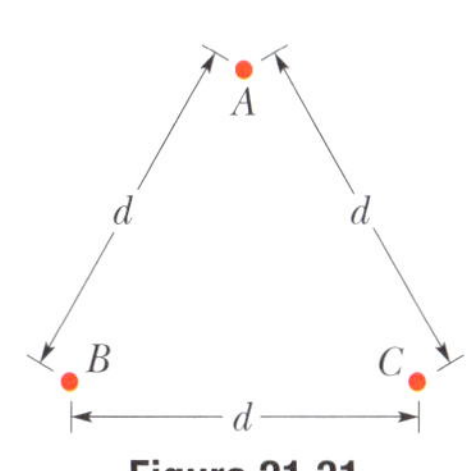

Figura 21.31 Problema 48.

49 Um nêutron é composto por um quark "up", com carga de $+2e/3$, e dois quarks "down", cada um com carga de $-e/3$. Se os dois quarks "down" estão separados por uma distância de $2{,}6 \times 10^{-15}$ m no interior do nêutron, qual é o módulo da força eletrostática entre eles?

50 A Fig. 21.32 mostra uma barra longa, isolante, de massa desprezível e comprimento L, articulada no centro e equilibrada por um bloco de peso P situado a uma distância x da extremidade esquerda. Nas extremidades direita e esquerda da barra existem pequenas esferas condutoras, de carga positiva q e $2q$, respectivamente. A uma distância vertical h abaixo das esferas existem esferas fixas de carga positiva Q. (a) Determine a distância x para que a barra fique equilibrada na horizontal. (b) Qual deve ser o valor de h para que a barra não exerça força vertical sobre o apoio quando está equilibrada na horizontal?

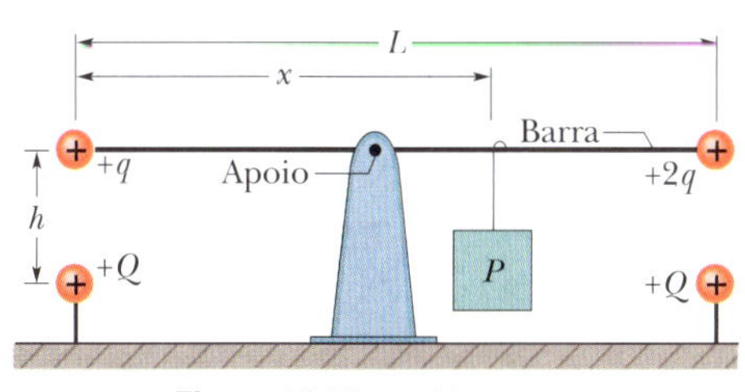

Figura 21.32 Problema 50.

51 CALC Uma barra isolante eletricamente carregada, com um comprimento de 2,00 m e uma seção reta de 4,00 cm², está no semieixo x positivo com uma das extremidades na origem. A *densidade volumétrica de carga* ρ, cuja unidade no SI é o coulomb por metro cúbico, é a carga por unidade de volume. Determine quantos elétrons em excesso existem na barra (a) se ρ é uniforme, com um valor de $-4{,}00\ \mu C/m^3$; (b) se o valor de ρ é dado pela equação $\rho = bx^2$, em que $b = -2{,}00\ \mu C/m^5$.

52 Uma partícula de carga Q é mantida fixa na origem de um sistema de coordenadas xy. No instante $t = 0$, uma partícula ($m = 0{,}800$ g, $q = +4{,}00\ \mu C$) está situada no eixo x, no ponto $x = 20{,}0$ cm, e se move com uma velocidade de 50,0 m/s no sentido positivo do eixo y. Para qual valor de Q a partícula executa um movimento circular uniforme? (Despreze o efeito da força gravitacional sobre a partícula.) 21.2

53 Qual seria o módulo da força eletrostática entre duas cargas pontuais de 1,00 C separadas por uma distância de (a) 1,00 m e (b) 1,00 km, se essas cargas pontuais pudessem existir (o que não é verdade) e se fosse possível montar um sistema desse tipo?

54 Uma carga de 6,0 μC é dividida em duas partes, que são mantidas a uma distância de 3,00 mm. Qual é o maior valor possível da força eletrostática entre as duas partes?

55 Da carga Q que está presente em uma pequena esfera, uma fração α é transferida para uma segunda esfera. As esferas podem ser tratadas como partículas. (a) Para qual valor de α o módulo da força eletrostática F entre as duas esferas é o maior possível? Determine (b) o menor e (c) o maior valor de α para o qual F é igual à metade do valor máximo.

56 **BIO** **CVF** Se um gato se esfrega repetidamente nas calças de algodão do dono em um dia seco, a transferência de carga do pelo do gato para o tecido de algodão pode deixar o dono com um excesso de carga de −2,00 μC. (a) Quantos elétrons são transferidos para o dono? O dono decide lavar as mãos, mas, quando aproxima os dedos da torneira, acontece uma descarga elétrica. (b) Nessa descarga, elétrons são transferidos da torneira para o dono do gato, ou vice-versa? (c) Pouco antes de acontecer a descarga, são induzidas cargas positivas ou negativas na torneira? (d) Se o gato tivesse se aproximado da torneira, a transferência de elétrons seria em que sentido? (e) Se você for acariciar um gato em um dia seco, deve tomar cuidado para não aproximar os dedos do focinho do animal; caso contrário, poderá ocorrer uma descarga elétrica suficiente para assustar você. Levando em conta o fato de que o pelo de gato é um material isolante, explique como isso pode acontecer.

57 Sabemos que a carga negativa do elétron e a carga positiva do próton têm o mesmo valor absoluto. Suponha, porém, que houvesse uma diferença de 0,00010% entre as duas cargas. Nesse caso, qual seria a força de atração ou repulsão entre duas moedas de cobre situadas a 1,0 m de distância? Suponha que cada moeda contém 3×10^{22} átomos de cobre. (*Sugestão*: Um átomo de cobre contém 29 prótons e 29 elétrons.) O que é possível concluir a partir desse resultado?

58 Na Fig. 21.26, a partícula 1, com carga de −80,0 μC, e a partícula 2, com carga de +40 μC, são mantidas fixas no eixo x, separadas por uma distância L = 20,0 cm. Determine, na notação dos vetores unitários, a força eletrostática total a que é submetida uma partícula 3, de carga q_3 = 20,0 μC, se a partícula 3 for colocada (a) no ponto x = 40,0 cm; (b) no ponto x = 80,0 cm. Determine também (c) a coordenada x; (d) a coordenada y da partícula 3 para que seja nula a força eletrostática total a que a partícula é submetida.

59 Qual é a carga total, em coulombs, de 75,0 kg de elétrons?

60 Na Fig. 21.33, seis partículas carregadas cercam a partícula 7 a uma distância de 1,0 cm ou 2,0 cm, como mostra a figura. As cargas são $q_1 = +2e$, $q_2 = +4e$, $q_3 = +e$, $q_4 = +4e$, $q_5 = +2e$, $q_6 = +8e$ e $q_7 = +6e$, com $e = 1{,}60 \times 10^{-19}$ C. Qual é o módulo da força eletrostática a que está submetida a partícula 7?

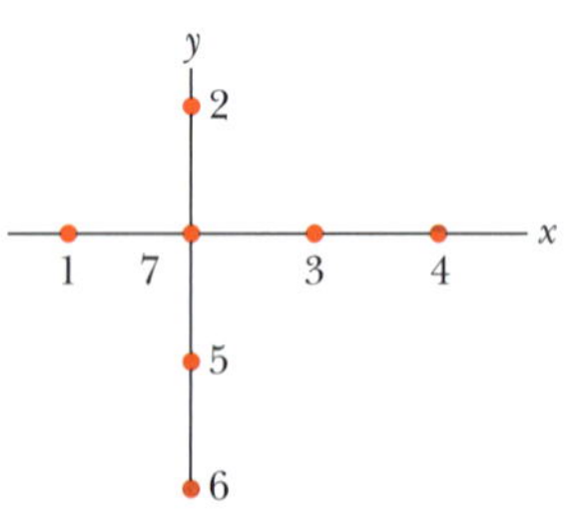

Figura 21.33 Problema 60.

61 Três partículas carregadas formam um triângulo: a partícula 1, com uma carga Q_1 = 80,0 nC, está no ponto (0; 3,00 mm); a partícula 2, com uma carga Q_2, está no ponto (0; −3,00 mm), e a partícula 3, com uma carga q = 18,0 nC, está no ponto (4,00 mm; 0). Na notação dos vetores unitários, qual é a força eletrostática exercida sobre a partícula 3 pelas outras duas partículas (a) se Q_2 = 80,0 nC e (b) se Q_2 = −80,0 nC?

62 Na Fig. 21.34, determine (a) o módulo e (b) a direção da força eletrostática total a que está submetida a partícula 4. Todas as partículas são mantidas fixas no plano xy; $q_1 = -3{,}20 \times 10^{-19}$ C; $q_2 = +3{,}20 \times 10^{-19}$ C; $q_3 = +6{,}40 \times 10^{-19}$ C; $q_4 = +3{,}20 \times 10^{-19}$ C; $\theta_1 = 35{,}0°$; d_1 = 3,00 cm; $d_2 = d_3$ = 2,00 cm.

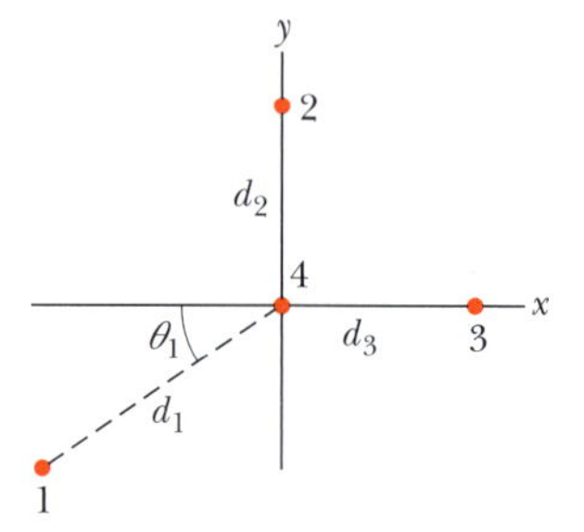

Figura 21.34 Problema 62.

63 *Carga elétrica de uma moeda.* Uma moeda feita inteiramente de cobre (massa molar M = 63,5 g/mol, número atômico Z = 29) tem massa m = 3,11 g e contém quantidades iguais de cargas positivas e negativas. (a) Qual é o valor absoluto q dessas cargas? (b) Se as cargas pudessem ser concentradas em partículas separadas por uma distância de 100 m, qual seria a força de atração entre as partículas?

64 *Quarks.* Quais são os quarks presentes (a) em um próton, (b) em um nêutron e (c) em um antipróton? (A ordem dos símbolos é irrelevante). (d) Quando um nêutron sofre uma emissão beta menos (ver Problema 67), qual é a mudança que acontece nos quarks presentes no núcleon?

65 *Força eletrostática e força gravitacional.* A distância média r entre o elétron e o próton do átomo de hidrogênio é $5{,}3 \times 10^{-11}$ m. Qual é o módulo (a) da força eletrostática e (b) da força gravitacional a que as partículas são submetidas? (c) A força gravitacional pode desempenhar um papel importante na manutenção da integridade do átomo?

66 **BIO** *Captura eletrônica no tratamento do câncer.* Alguns radionuclídeos podem decair por captura eletrônica, dada pela expressão

$$p + e^- \rightarrow n + \nu,$$

e, em seguida, o núcleo filho pode emitir elétrons de Auger-Meitner. Se átomos de um radionuclídeo que decai por captura eletrônica são encapsulados e colocados nas proximidades de um tumor maligno, os elétrons de Auger-Meitner podem provocar a morte das células cancerígenas, reduzindo o tumor. Qual é o núcleo filho se o núcleo pai é (a) o isótopo do iodo $^{123}_{53}$I, (b) o isótopo do iodo $^{125}_{53}$I e (c) o isótopo do gálio $^{67}_{31}$Ga?

67 **BIO** *Decaimento beta menos no tratamento do câncer.* Alguns radionuclídeos podem sofrer decaimento beta menos, no qual um nêutron emite um elétron e um neutrino e se converte em um próton, que permanece no núcleo filho:

$$n \rightarrow p + e^- + \nu.$$

Se átomos do radionuclídeo são colocados nas proximidades de um tumor maligno, os elétrons liberados podem provocar a morte das células cancerígenas. Qual é o núcleo filho se o núcleo pai é (a) o isótopo do iodo $^{131}_{53}$I, (b) o isótopo do cobre $^{67}_{29}$Cu e (c) o isótopo do ítrio $^{90}_{39}$Y? Os dois primeiros são usados para tumores pequenos e o terceiro para tumores grandes.

68 *Detectores de fumaça.* Muitos detectores de fumaça residenciais (Fig. 21.35) contêm amerício 241, $^{241}_{95}$Am que é um emissor de partículas alfa. As partículas alfa ionizam o ar (arrancam elétrons das moléculas do ar) entre duas placas carregadas. Os elétrons liberados são atraídos para a placa positiva, produzindo uma corrente elétrica. Quando o ar contém partículas de fumaça, a corrente diminui consideravelmente, o que aciona um alarme. Qual é o núcleo filho produzido pelo decaimento alfa?

destinacigdem/123RF

Figura 21.35 Problema 68.

69 **BIO** *Decaimento alfa no tratamento do câncer.* Alguns radionuclídeos decaem emitindo uma partícula alfa. Para tratar o câncer dos ossos, um emissor de partículas alfa é ligado a uma molécula portadora, que é assimilada pelo osso como se fosse cálcio. Qual é o núcleo filho se o núcleo pai é (a) o isótopo do rádio $^{223}_{88}Ra$, (b) o isótopo do rádio $^{226}_{88}Ra$ e (c) o isótopo do actínio $^{225}_{89}Ac$?

70 **BIO** *Decaimentos competitivos no diagnóstico do câncer.* Os resultados dos exames de PET são menos precisos se o radionuclídeo utilizado puder decair de duas formas diferentes, por emissão beta mais (caso em que são produzidos raios gama) ou por captura eletrônica (caso em que não são produzidos raios gama). Qual é o núcleo filho quando o isótopo do carbono $^{11}_{6}C$ sofre (a) emissão beta mais e (b) captura eletrônica? Qual é o núcleo filho quando o isótopo do flúor $^{18}_{9}F$ sofre (a) emissão beta mais e (b) captura eletrônica?

71 *Fissão do urânio.* Quando um nêutron lento é capturado por um núcleo de urânio 235 (um núcleo muito grande), o núcleo pode se fissionar (se partir) em dois núcleos de tamanho médio e liberar dois ou três nêutrons. Uma das possibilidades é a seguinte:

$$^{235}_{92}U + n \rightarrow {}^{144}_{56}Ba + {}^{(a)}_{(b)}(c) + 3n.$$

Quais são os números que devem ser colocados nas posições (a) e (b) e que símbolo de elemento químico deve ser colocado na posição (c)? (d) Como os núcleos de tamanho médio têm nêutrons demais para serem estáveis, sofrem decaimentos beta menos, nos quais um nêutron emite um elétron e um neutrino e se transforma em um próton (ver problema 67). Qual é o nuclídeo filho que resulta do decaimento do $^{144}_{56}Ba$?

72 **BIO** *Câmeras gama.* Para visualizar os órgãos de um paciente, os médicos injetam nele uma solução que contém o isótopo de molibdênio $^{99}_{42}Mo$ que decai para o isótopo do tecnécio $^{99}_{43}Tc$. Em seguida, o paciente é colocado em uma câmera gama (Fig. 21.36). O tecnécio é produzido em um estado de alta energia, mas, enquanto o paciente está na câmera, o tecnécio se livra do excesso de energia emitindo um raio gama. Na câmera gama, o paciente está cercado por um conjunto de detectores de raios gama que agem como os sensores que detectam luz visível em uma câmera convencional. O sistema produz uma imagem que revela de que local os raios gama foram emitidos. (Os radionuclídeos que emitem elétrons ou partículas alfa não podem ser usados para esse fim porque essas partículas são absorvidas pelos tecidos do paciente. Os radionuclídeos que emitem pósitrons, por outro lado, podem ser usados para gerar imagens porque produzem raios gama indiretamente quando o pósitron e um elétron de um tecido vizinho se aniquilam mutuamente; ver seção Tomografia por Emissão de Prótons.) Qual é a partícula emitida, além de um neutrino, no decaimento de $^{99}_{42}Mo$ para $^{99}_{43}Tc$?

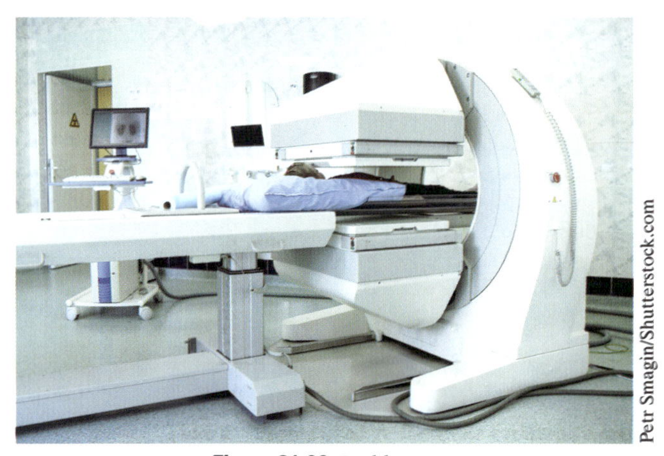

Petr Smagin/Shutterstock.com

Figura 21.36 Problema 72.

CAPÍTULO 22

Campos Elétricos

22.1 CAMPO ELÉTRICO

Objetivos do Aprendizado

Depois de ler este módulo, você será capaz de ...

22.1.1 Saber que, em todos os pontos do espaço nas proximidades de uma partícula carregada, a partícula cria um campo elétrico $\vec{E}$, que é uma grandeza vetorial e, portanto, possui um módulo e uma orientação.

22.1.2 Saber que um campo elétrico $\vec{E}$ pode ser usado para explicar por que uma partícula carregada pode exercer uma força eletrostática $\vec{F}$ em outra partícula carregada, mesmo que as partículas não estejam em contato.

22.1.3 Explicar de que modo uma pequena carga de teste positiva pode ser usada (pelo menos em princípio) para medir o campo elétrico em qualquer ponto do espaço.

22.1.4 Explicar o que são as linhas de campo elétrico, onde começam, onde terminam e o que significa o espaçamento das linhas.

Ideias-Chave

- Uma partícula carregada cria um campo elétrico (que é uma grandeza vetorial) no espaço em volta. Se uma segunda partícula está nas proximidades da primeira, ela é submetida a uma força eletrostática que depende do módulo e da orientação do campo elétrico no ponto em que a partícula se encontra.
- O campo elétrico $\vec{E}$ em qualquer ponto do espaço é definido em termos da força eletrostática $\vec{F}$ que seria exercida sobre uma carga de teste q_0 colocada nesse ponto:

$$\vec{E} = \frac{\vec{F}}{q_0}.$$

- As linhas de campo elétrico ajudam a visualizar a orientação e o módulo dos campos elétricos. O vetor campo elétrico em qualquer ponto do espaço é tangente à linha de campo elétrico que passa por esse ponto. A concentração de linhas de campo elétrico em uma região é proporcional ao módulo do campo elétrico nessa região; assim, se o espaçamento das linhas em uma região é pequeno, isso significa que o campo elétrico nessa região é particularmente intenso.
- As linhas de campo elétrico começam em cargas positivas e terminam em cargas negativas.

O que É Física?

A Fig. 22.1.1 mostra duas partículas positivamente carregadas. Como vimos no capítulo anterior, a partícula 1 está sujeita a uma força eletrostática por causa da presença da partícula 2. Vimos também que é possível calcular o módulo e a orientação da força que a partícula 2 exerce sobre a partícula 1. Resta, porém, uma pergunta intrigante: Como a partícula 1 "sabe" que existe a partícula 2? Em outras palavras, se as partículas não se tocam, por que a partícula 2 afeta a partícula 1? Como explicar o que constitui na realidade uma *ação a distância*, já que não existe uma ligação visível entre as partículas?

Um dos objetivos da física é registrar observações a respeito do nosso mundo, como o módulo e a orientação da força que a partícula 2 exerce sobre a partícula 1; outro é explicar essas observações. Um dos objetivos deste capítulo é explicar o que acontece quando uma partícula sofre os efeitos de uma força elétrica.

A explicação que vamos apresentar é a seguinte: A partícula 2 cria um **campo elétrico** no espaço que a cerca, mesmo que o espaço esteja vazio. Quando a partícula 1 é colocada em um ponto qualquer desse espaço, a partícula "sabe" que a partícula 2 existe porque ela é afetada pelo campo elétrico que a partícula 2 criou nesse ponto. Assim, a partícula 2 afeta a partícula 1, não por contato direto, como acontece quando você empurra uma xícara de café, mas por meio do campo elétrico que a partícula 2 produz.

Nossos objetivos neste capítulo são (1) definir o campo elétrico, (2) discutir a forma de calculá-lo para vários sistemas de partículas carregadas e (3) discutir o efeito do campo elétrico sobre partículas carregadas (como o de colocá-las em movimento).

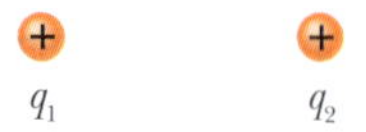

Figura 22.1.1 Se as partículas não se tocam, por que a partícula 2 afeta a partícula 1?

Campo Elétrico (BT) 22.1

Campos de vários tipos são usados na ciência e na engenharia. Por exemplo, o *campo de temperatura* de um auditório é a distribuição de temperaturas que pode ser obtida medindo a temperatura em muitos pontos do auditório. De maneira análoga, podemos definir o *campo de pressão* de uma piscina. Os campos de temperatura e de pressão são *campos escalares*, já que temperatura e pressão são grandezas escalares, ou seja, não possuem uma orientação.

Por outro lado, o campo elétrico é um *campo vetorial*, já que contém informações a respeito de uma força, e as forças possuem um módulo e uma orientação. O campo elétrico consiste em uma distribuição de vetores campo elétrico $\vec{E}$, um para cada ponto de uma região em torno de um objeto eletricamente carregado. Em princípio, podemos definir o campo elétrico em um ponto nas proximidades de um objeto carregado, como o ponto P da Fig. 22.1.2*a*, da seguinte forma: Colocamos no ponto P uma pequena carga positiva q_0, que chamamos de *carga de prova* porque será usada para provar (ou seja, sondar) o campo. (Usamos uma carga pequena para não perturbar a distribuição de carga do objeto.) Em seguida, medimos a força eletrostática $\vec{F}$ que age sobre a carga q_0 e definimos o campo elétrico $\vec{E}$ produzido pelo objeto pela equação

$$\vec{E} = \frac{\vec{F}}{q_0} \quad \text{(campo elétrico).} \tag{22.1.1}$$

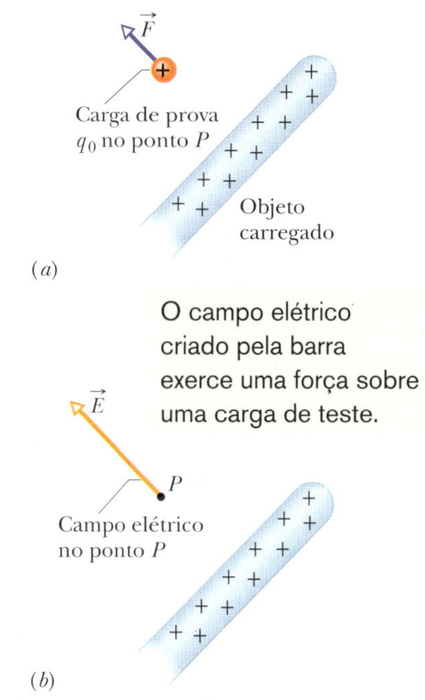

Figura 22.1.2 (*a*) Carga de prova positiva q_0 colocada em um ponto P nas proximidades de um objeto carregado. Uma força eletrostática $\vec{F}$ age sobre a carga de prova. (*b*) O campo elétrico $\vec{E}$ no ponto P produzido por um objeto carregado.

Como a carga de prova é positiva, os dois vetores da Eq. 22.1.1 têm a mesma orientação, ou seja, a orientação de $\vec{E}$ é a mesma de $\vec{F}$. O módulo de $\vec{E}$ no ponto P é F/q_0. Como mostra a Fig. 22.1.2*b*, representamos o campo elétrico como um vetor cuja origem deve estar no ponto em que foi feita a medida. (Essa observação pode parecer trivial, mas desenhar o vetor campo elétrico com a origem em outro ponto qualquer geralmente leva a erros nos cálculos. Outro erro comum é confundir os conceitos de *força* e de *campo*. A força elétrica é um puxão ou um empurrão, enquanto o campo elétrico é uma propriedade abstrata criada no espaço por um objeto eletricamente carregado.) De acordo com a Eq. 22.1.1, a unidade de campo elétrico do SI é o newton por coulomb (N/C).

Podemos colocar a carga de prova em vários pontos para medir o campo elétrico nesses pontos e assim levantar a distribuição de campo elétrico nas vizinhanças do objeto carregado. Esse campo existe independentemente da carga de prova; é algo que um objeto carregado cria no espaço em volta (ainda que esteja vazio), mesmo que não haja ninguém para medi-lo.

Nos próximos módulos, vamos calcular o campo elétrico que existe nas vizinhanças de partículas e de objetos de várias formas geométricas. Antes, porém, vamos discutir uma forma de visualizar os campos elétricos.

Linhas de Campo Elétrico

Olhe para o espaço que o cerca. Você é capaz de visualizar nesse espaço um campo de vetores com diferentes módulos e orientações? Pode parecer difícil, mas Michael Faraday, que introduziu a ideia de campos elétricos no século XIX, encontrou um meio. Ele imaginou que existem linhas, hoje conhecidas como **linhas de campo elétrico**, nas vizinhanças de qualquer partícula ou objeto com carga elétrica.

A Fig. 22.1.3 mostra um exemplo em que uma esfera possui uma carga negativa uniformemente distribuída na superfície. Se colocarmos uma carga de prova positiva nas proximidades da esfera (Fig. 22.1.3*a*), a carga de prova será atraída para o centro da esfera por uma força eletrostática. Assim, em cada ponto da vizinhança da esfera, o vetor campo elétrico aponta na direção do centro da esfera. Podemos representar esse campo elétrico usando as linhas de campo elétrico da Fig. 22.1.3*b*. Em qualquer ponto, como o que está indicado na figura, a direção da linha de campo elétrico coincide com a direção do vetor campo elétrico nesse ponto.

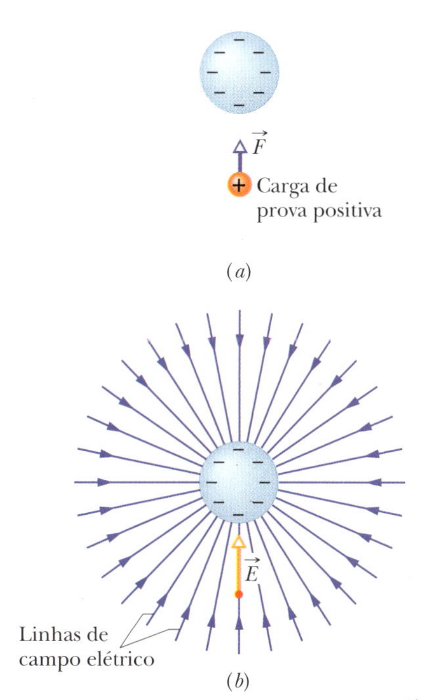

Figura 22.1.3 (*a*) Uma força eletrostática $\vec{F}$ age sobre uma carga de prova positiva colocada nas proximidades de uma esfera que contém uma distribuição uniforme de carga negativa. (*b*) O vetor campo elétrico $\vec{E}$ na posição da carga de prova e as linhas de campo no espaço que cerca a esfera. As linhas de campo elétrico *terminam* na esfera negativamente carregada. (As linhas têm origem em cargas positivas distantes.)

As regras para desenhar as linhas de campo elétrico são as seguintes: (1) O vetor campo elétrico em qualquer ponto é tangente à linha de campo elétrico que passa por esse ponto e tem o mesmo sentido que a linha de campo elétrico. (Isso é fácil de ver na Fig. 22.1.3,

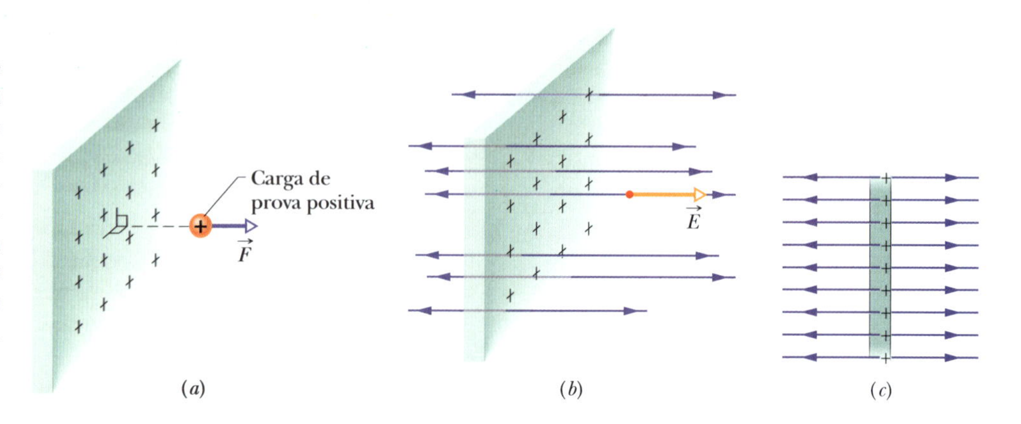

Figura 22.1.4 (*a*) Força que age sobre uma carga de prova positiva colocada nas proximidades de uma placa muito grande, isolante, com uma distribuição uniforme de carga positiva na superfície direita. (*b*) O vetor campo elétrico $\vec{E}$ na posição da carga de prova e as linhas de campo nas vizinhanças da placa. As linhas de campo elétrico começam na superfície da placa. (*c*) Vista lateral de (*b*).

em que as linhas de campo são retas, mas daqui a pouco vamos discutir o caso das linhas curvas.) (2) As linhas de campo são desenhadas de tal forma que o número de linhas por unidade de área, medido em um plano perpendicular às linhas, é proporcional ao módulo do campo elétrico; quanto mais próximas as linhas, maior o módulo do campo.

Se a esfera da Fig. 22.1.3 tivesse uma carga positiva uniformemente distribuída na superfície, os vetores campo elétrico apontariam para longe da esfera e as linhas de campo elétrico também apontariam para longe da esfera. Temos, portanto, a seguinte regra:

As linhas de campo elétrico se afastam das cargas positivas (onde começam) e se aproximam das cargas negativas (onde terminam).

Na Fig. 22.1.3*b*, as linhas de campo elétrico começam em cargas positivas distantes, que não aparecem no desenho.

Para dar outro exemplo, a Fig. 22.1.4*a* mostra parte de uma placa infinita isolante com uma distribuição uniforme de carga positiva na superfície direita. Quando colocamos uma carga de prova positiva nas proximidades da placa (do lado direito ou do lado esquerdo), vemos que a carga é submetida a uma força eletrostática perpendicular à placa. Essa orientação se deve ao fato de que qualquer componente que não seja perpendicular (para cima, digamos) é compensada por uma componente de mesmo valor no sentido oposto (para baixo, no caso). Além disso, o sentido da força é para longe da placa. Assim, os vetores campo elétrico e as linhas de campo em qualquer ponto do espaço, dos dois lados da placa, são perpendiculares à placa e apontam para longe da placa, como mostram as Figs. 22.1.4*b* e *c*.

Como a carga está uniformemente distribuída na placa, todos os vetores campo elétrico têm o mesmo módulo. Esse tipo de campo elétrico, no qual os vetores têm o mesmo módulo e a mesma orientação em todos os pontos do espaço, é chamado *campo elétrico uniforme*. (É muito mais fácil trabalhar com um campo desse tipo do que com um *campo elétrico não uniforme*, em que o campo não é o mesmo em todos os pontos.) Naturalmente, nenhuma placa tem dimensões infinitas; isso é apenas uma forma de dizer que estamos medindo o campo em pontos cuja distância da placa é muito menor que as dimensões da placa e que os pontos escolhidos estão longe das bordas.

A Fig. 22.1.5 mostra as linhas de campo de duas partículas com cargas positivas iguais. Nesse caso, as linhas de campo são curvas, mas as regras continuam as mesmas: (1) o vetor campo elétrico em qualquer ponto é tangente à linha de campo que passa por esse ponto e tem o mesmo sentido que a linha de campo, e (2) quanto menos espaçadas estiverem as linhas, maior será o módulo do campo. Para visualizar o padrão tridimensional de linhas de campo em volta das partículas, basta fazer girar mentalmente o padrão da Fig. 22.1.5 em torno do *eixo de simetria*, que é uma reta vertical passando pelas partículas.

Figura 22.1.5 Linhas de campo de duas partículas com cargas positivas iguais. A figura mostra também o vetor campo elétrico em um ponto do espaço; o vetor é tangente à linha de campo que passa pelo ponto. O desenho não transmite a ideia de que as partículas se repelem?

Teste 22.1.1

Em um experimento de laboratório, linhas de campo elétrico vão de uma placa carregada do lado direito até uma placa carregada do lado esquerdo. A placa do lado esquerdo está carregada positivamente ou negativamente?

22.2 CAMPO ELÉTRICO PRODUZIDO POR UMA PARTÍCULA CARREGADA

Objetivos do Aprendizado

Depois de ler este módulo, você será capaz de ...

22.2.1 Desenhar uma partícula carregada, indicar o sinal da carga, escolher um ponto próximo e desenhar o vetor campo elétrico $\vec{E}$ nesse ponto, com a origem no ponto.

22.2.2 Dado um ponto nas vizinhanças de uma partícula carregada, indicar a direção do vetor campo elétrico $\vec{E}$ e o sentido do campo se a carga da partícula for positiva e se a carga for negativa.

22.2.3 Dado um ponto nas vizinhanças de uma partícula carregada, conhecer a relação entre o módulo E do campo, o valor absoluto $|q|$ da carga e a distância r entre o ponto e a partícula.

22.2.4 Saber que a equação usada para calcular o campo elétrico nas vizinhanças de uma partícula não pode ser usada para calcular o campo elétrico nas vizinhanças de um objeto macroscópico.

22.2.5 Se existe mais de um campo elétrico em um ponto do espaço, calcular o campo elétrico resultante usando uma soma vetorial (e não uma soma algébrica) dos campos elétricos envolvidos.

Ideias-Chave

- O módulo do campo elétrico $\vec{E}$ criado por uma partícula de carga q em um ponto situado a uma distância r da partícula é dado por

$$E = \frac{1}{4\pi\varepsilon_0}\frac{|q|}{r^2}.$$

- Os vetores campo elétrico associados a uma partícula positiva apontam para longe da partícula. Os vetores campo elétrico associados a uma partícula negativa apontam na direção da partícula.
- Se existe mais de um campo elétrico em um ponto do espaço, o campo elétrico resultante é a soma vetorial dos campos elétricos envolvidos, ou seja, os campos elétricos obedecem ao princípio da superposição.

O Campo Elétrico Produzido por uma Partícula Carregada

Para determinar o campo elétrico produzido a uma distância r de uma partícula de carga q (também chamada, coloquialmente, de *carga pontual*), colocamos uma carga de prova q_0 nesse ponto. De acordo com a lei de Coulomb (Eq. 21.1.4), o módulo da força eletrostática que age sobre a carga de prova é dado por

$$\vec{F} = \frac{1}{4\pi\varepsilon_0}\frac{qq_0}{r^2}\,\hat{\mathrm{r}}.$$

O sentido de $\vec{F}$ é para longe da partícula, se a carga q for positiva (já que a carga de prova q_0 é positiva), e na direção da partícula, se a carga q for negativa. De acordo com a Eq. 22.1.1, o módulo do vetor campo elétrico criado pela partícula na posição da carga de prova é dado por

$$\vec{E} = \frac{\vec{F}}{q_0} = \frac{1}{4\pi\varepsilon_0}\frac{q}{r^2}\,\hat{\mathrm{r}} \quad \text{(carga pontual).} \tag{22.2.1}$$

O sentido de $\vec{E}$ é o mesmo que o da força que age sobre a carga de prova: para longe da carga pontual, se q for positiva, e na direção da carga pontual, se q for negativa.

Assim, se conhecemos a posição de uma partícula carregada, podemos facilmente determinar a orientação do vetor campo elétrico em pontos próximos da partícula simplesmente observando o sinal da carga q. Para determinar o módulo do campo elétrico a uma distância r da partícula, usamos a Eq. 22.2.1, omitindo o vetor unitário e tomando o valor absoluto da carga, o que nos dá

$$E = \frac{1}{4\pi\varepsilon_0}\frac{|q|}{r^2} \quad \text{(carga pontual).} \tag{22.2.2}$$

Usamos o valor absoluto $|q|$ na Eq. 22.2.2 para evitar o risco de obtermos um valor negativo para E quando a carga q é negativa e pensarmos que o sinal negativo tem algo a ver com o sentido de $\vec{E}$. A Eq. 22.2.2 nos dá apenas o módulo de $\vec{E}$; a direção e o sentido de $\vec{E}$ devem ser determinados separadamente.

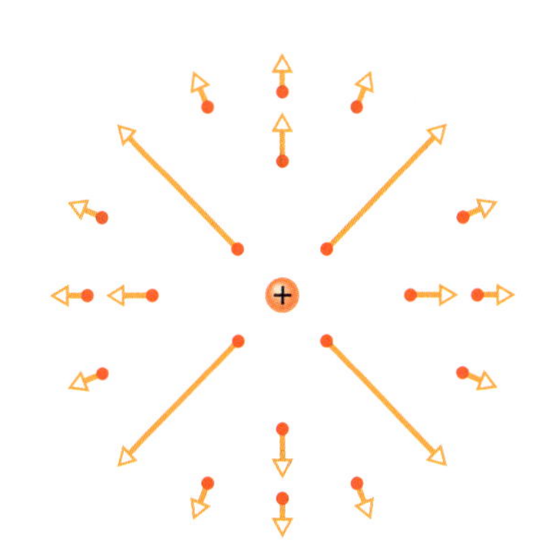

Figura 22.2.1 Vetores campo elétrico em vários pontos das vizinhanças de uma carga pontual positiva.

A Fig. 22.2.1 mostra o campo elétrico em alguns pontos na vizinhança de uma partícula de carga positiva, mas deve ser interpretada corretamente. Cada vetor representa o campo elétrico no ponto de origem do vetor. O vetor, no caso, não é uma grandeza que liga um "ponto de origem" a um "ponto de destino", como é o caso do vetor deslocamento; o comprimento é simplesmente proporcional ao módulo do campo elétrico no ponto de origem do vetor.

Se em um ponto existem vários campos elétricos, criados por várias partículas carregadas, podemos determinar o campo total colocando uma carga de prova positiva no ponto e calculando a força exercida individualmente pelas partículas, como a força $\vec{F}_{01}$ exercida pela partícula 1. Como as forças obedecem ao princípio da superposição, podemos obter a força resultante usando uma soma vetorial:

$$\vec{F}_0 = \vec{F}_{01} + \vec{F}_{02} + \cdots + \vec{F}_{0n}.$$

Para calcular o campo elétrico, basta aplicar a Eq. 22.1.1 a cada uma das forças:

$$\begin{aligned}\vec{E} &= \frac{\vec{F}_0}{q_0} = \frac{\vec{F}_{01}}{q_0} + \frac{\vec{F}_{02}}{q_0} + \cdots + \frac{\vec{F}_{0n}}{q_0} \\ &= \vec{E}_1 + \vec{E}_2 + \cdots + \vec{E}_n.\end{aligned} \tag{22.2.3}$$

A Eq. 22.2.3 mostra que o princípio da superposição se aplica aos campos elétricos. Se queremos calcular o campo elétrico produzido em um dado ponto por várias partículas, basta calcularmos o campo produzido individualmente pelas partículas (como o campo $\vec{E}_1$ produzido pela partícula 1) e somar vetorialmente todos os campos. (Como no caso da força eletrostática, seria errado somar simplesmente os módulos dos campos.) Esse tipo de soma aparece em muitos problemas que envolvem campos elétricos.

Teste 22.2.1

A figura mostra um próton (p) e um elétron (e) no eixo x. Qual é o sentido do campo elétrico produzido pelo elétron (a) no ponto S e (b) no ponto R? Qual é o sentido do campo elétrico total produzido pelas duas partículas (c) no ponto R e (d) no ponto S?

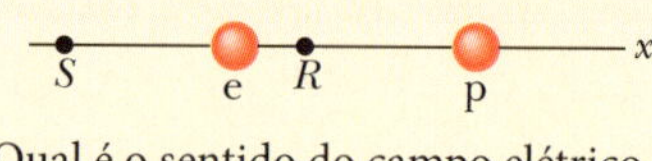

Exemplo 22.2.1 Campo elétrico total produzido por três partículas carregadas 21.1

A Fig. 22.2.2*a* mostra três partículas de cargas $q_1 = +2Q$, $q_2 = -2Q$ e $q_3 = -4Q$, todas situadas a uma distância d da origem. Determine o campo elétrico total $\vec{E}$ produzido na origem pelas três partículas.

IDEIA-CHAVE

As cargas q_1, q_2 e q_3 produzem na origem campos elétricos $\vec{E}_1$, $\vec{E}_2$ e $\vec{E}_3$, respectivamente, e o campo elétrico total é a soma vetorial $\vec{E} = \vec{E}_1 + \vec{E}_2 + \vec{E}_3$. Para calcular a soma, precisamos conhecer o módulo e a orientação dos três vetores.

Módulos e orientações: Para determinar o módulo de $\vec{E}_1$, o campo produzido por q_1, usamos a Eq. 22.2.2, substituindo r por d e q por $2Q$. O resultado é o seguinte:

$$E_1 = \frac{1}{4\pi\varepsilon_0}\frac{2Q}{d^2}.$$

Procedendo de modo análogo, obtemos os módulos dos campos $\vec{E}_2$ e $\vec{E}_3$:

$$E_2 = \frac{1}{4\pi\varepsilon_0}\frac{2Q}{d^2} \quad \text{e} \quad E_3 = \frac{1}{4\pi\varepsilon_0}\frac{4Q}{d^2}.$$

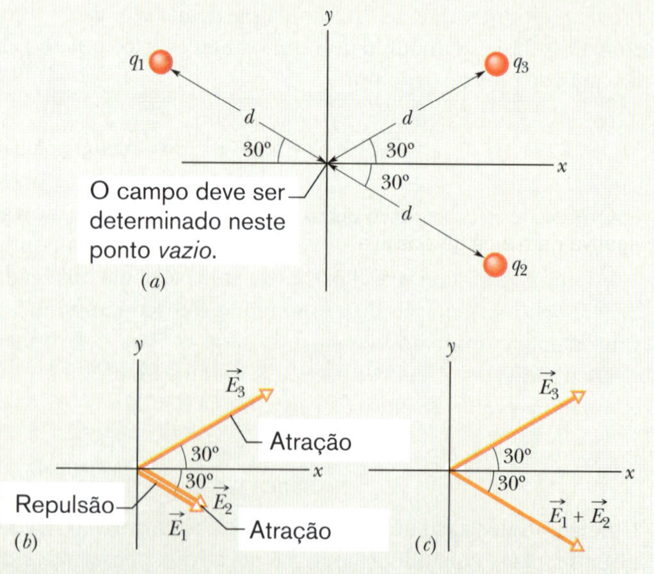

Figura 22.2.2 (*a*) Três partículas com cargas q_1, q_2 e q_3, situadas à mesma distância d da origem. (*b*) Os vetores campo elétrico $\vec{E}_1$, $\vec{E}_2$ e $\vec{E}_3$ produzidos na origem pelas três partículas. (*c*) O vetor campo elétrico $\vec{E}_3$ e a soma vetorial $\vec{E}_1 + \vec{E}_2$ na origem.

Em seguida, precisamos determinar a orientação dos vetores campo elétrico produzidos pelas três cargas na origem. Como q_1 é uma carga positiva, o vetor campo elétrico produzido pela carga aponta *para longe* de q_1; como q_2 e q_3 são cargas negativas, o vetor campo elétrico aponta *na direção* dessas cargas. Assim, os vetores campo elétrico produzidos na origem pelas três cargas têm a direção e o sentido indicados na Fig. 22.2.2*b*. (*Atenção*: Observe que colocamos a origem dos vetores no ponto em que os campos elétricos devem ser calculados; isso diminui a probabilidade de erro. Colocar a origem dos vetores nas partículas responsáveis pelos campos pode facilmente levar a erros na hora de calcular a soma vetorial.)

Soma dos campos: Podemos agora somar os campos vetorialmente, como fizemos para as forças no Capítulo 21. No caso presente, podemos usar a simetria dos vetores para simplificar os cálculos. De acordo com a Fig. 22.2.2*b*, os vetores $\vec{E}_1$ e $\vec{E}_2$ têm a mesma direção; assim, a soma vetorial dos dois vetores tem essa direção, e o módulo é dado por

$$E_1 + E_2 = \frac{1}{4\pi\varepsilon_0}\frac{2Q}{d^2} + \frac{1}{4\pi\varepsilon_0}\frac{2Q}{d^2} = \frac{1}{4\pi\varepsilon_0}\frac{4Q}{d^2},$$

que, por coincidência, é igual ao módulo do vetor $\vec{E}_3$.

Devemos agora somar dois vetores, $\vec{E}_3$ e o vetor resultante da soma $\vec{E}_1 + \vec{E}_2$, que possuem o mesmo módulo e estão orientados simetricamente em relação ao eixo x, como mostra a Fig. 22.2.2*c*. Observando a Fig. 22.2.2*c*, vemos que, por simetria, as componentes y dos dois vetores se cancelam e as componentes x se somam. Assim, o campo elétrico total $\vec{E}$ na origem está orientado no sentido positivo do eixo x e o módulo é dado por

$$E = 2E_{3x} = 2E_3 \cos 30° = (2)\frac{1}{4\pi\varepsilon_0}\frac{4Q}{d^2}(0{,}866) = \frac{6{,}93Q}{4\pi\varepsilon_0 d^2}. \quad \text{(Resposta)}$$

22.3 CAMPO ELÉTRICO PRODUZIDO POR UM DIPOLO ELÉTRICO

Objetivos do Aprendizado

Depois de ler este módulo, você será capaz de ...

22.3.1 Desenhar um dipolo elétrico, indicando as cargas (valores e sinais), o eixo do dipolo e a orientação do momento dipolar elétrico.

22.3.2 Conhecer a orientação do campo elétrico em qualquer ponto do eixo do dipolo, dentro e fora da região entre as cargas.

22.3.3 Saber que a equação do campo elétrico produzido por um dipolo elétrico pode ser deduzida a partir das equações do campo elétrico produzido pelas cargas elétricas que formam o dipolo.

22.3.4 Comparar a variação do campo elétrico com a distância para uma partícula isolada e para um dipolo elétrico e verificar que o campo elétrico diminui mais depressa com a distância no caso de um dipolo.

22.3.5 Conhecer a relação entre o módulo p do momento dipolar elétrico, a distância d entre as cargas e o valor absoluto q das cargas.

22.3.6 Para qualquer ponto do eixo do dipolo situado a uma grande distância das cargas, conhecer a relação entre o módulo E do campo elétrico, a distância z do centro do dipolo e o módulo p do momento dipolar.

Ideias-Chave

- Um dipolo elétrico é constituído por duas cargas de mesmo valor absoluto q e sinais opostos, separadas por uma pequena distância d.
- O momento dipolar elétrico $\vec{p}$ tem módulo qd e aponta da carga negativa para a carga positiva.
- O módulo do campo elétrico produzido por um dipolo elétrico em um ponto do eixo do dipolo (reta que passa pelas duas partículas) situado a uma grande distância das cargas por ser expresso em termos do produto qd do valor absoluto q das cargas pela distância d entre elas ou do módulo p do momento dipolar:

$$E = \frac{1}{2\pi\varepsilon_0}\frac{qd}{z^3} = \frac{1}{2\pi\varepsilon_0}\frac{p}{z^3},$$

em que z é a distância entre o ponto e o centro do dipolo.

- Como o módulo do campo elétrico produzido por um dipolo é proporcional a $1/z^3$, ele diminui mais depressa com a distância que o módulo do campo elétrico produzido por uma carga isolada, que é proporcional a $1/z^2$.

Campo Elétrico Produzido por um Dipolo Elétrico

A Fig. 22.3.1 mostra as linhas de campo elétrico produzidas por duas partículas carregadas, de módulo q e sinais opostos, separadas por uma distância d, um arranjo muito comum (e muito importante) conhecido como **dipolo elétrico**. A reta que passa pelas duas cargas é chamada *eixo do dipolo* e constitui um eixo de simetria em torno do qual se pode fazer girar o padrão da Fig. 22.3.1 para obter uma imagem tridimensional do campo elétrico criado pelo dipolo. Vamos chamar de eixo z o eixo do dipolo e restringir nossa discussão ao campo elétrico $\vec{E}$ em pontos do eixo do dipolo.

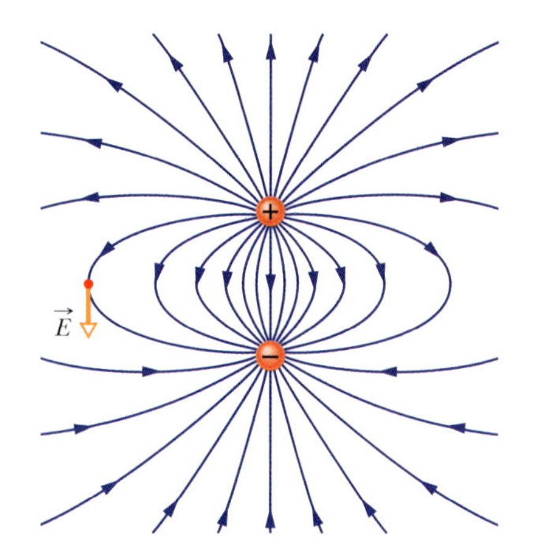

Figura 22.3.1 Linhas de campo de um dipolo elétrico. A figura mostra também o vetor campo elétrico em um ponto do espaço; o vetor é tangente à linha de campo que passa pelo ponto.

A Fig. 22.3.2*a* mostra os campos elétricos criados em um ponto *P* pelas duas partículas. A partícula mais próxima, de carga $+q$, produz um campo $\vec{E}_{(+)}$, de módulo $E_{(+)}$, no sentido positivo do eixo z (para longe da partícula). A partícula mais distante, de carga $-q$, produz um campo $\vec{E}_{(-)}$, de módulo $E_{(-)}$, no sentido negativo do eixo z (para perto da partícula). Estamos interessados em calcular o campo total no ponto *P*, dado pela Eq. 22.2.3. Como os vetores $\vec{E}_{(+)}$ e $\vec{E}_{(-)}$, têm a mesma direção, podemos substituir a soma vetorial da Eq. 22.2.3 pela soma dos módulos, indicando o sentido dos vetores por um sinal algébrico, como estamos acostumados a fazer com as forças em problemas unidimensionais. Assim, o módulo do campo total no ponto *P* pode ser escrito na forma

$$\begin{aligned} E &= E_{(+)} - E_{(-)} \\ &= \frac{1}{4\pi\varepsilon_0}\frac{q}{r^2_{(+)}} - \frac{1}{4\pi\varepsilon_0}\frac{q}{r^2_{(-)}} \\ &= \frac{q}{4\pi\varepsilon_0(z-\frac{1}{2}d)^2} - \frac{q}{4\pi\varepsilon_0(z+\frac{1}{2}d)^2}. \end{aligned} \tag{22.3.1}$$

Depois de algumas transformações algébricas, obtemos a seguinte expressão:

$$E = \frac{q}{4\pi\varepsilon_0 z^2}\left(\frac{1}{\left(1-\dfrac{d}{2z}\right)^2} - \frac{1}{\left(1+\dfrac{d}{2z}\right)^2}\right). \tag{22.3.2}$$

Reduzindo as frações ao mesmo denominador e simplificando, temos

$$E = \frac{q}{4\pi\varepsilon_0 z^2}\frac{2d/z}{\left(1-\left(\dfrac{d}{2z}\right)^2\right)^2} = \frac{q}{2\pi\varepsilon_0 z^3}\frac{d}{\left(1-\left(\dfrac{d}{2z}\right)^2\right)^2}. \tag{22.3.3}$$

Em geral, estamos interessados nos efeitos elétricos de um dipolo apenas em pontos muito distantes das cargas do dipolo, ou seja, em pontos tais que $z >> d$. Nesse caso, $d/2z << 1$ na Eq. 22.3.3 e podemos desprezar o termo $d/2z$ no denominador, o que nos dá

$$E = \frac{1}{2\pi\varepsilon_0}\frac{qd}{z^3}. \tag{22.3.4}$$

O produto qd, que envolve os dois parâmetros q e d que definem o dipolo, é o módulo p de uma grandeza conhecida como **momento dipolar elétrico** $\vec{p}$ do dipolo. (A unidade de $\vec{p}$ é o coulomb-metro.) Assim, podemos escrever a Eq. 22.3.4 na forma

$$E = \frac{1}{2\pi\varepsilon_0}\frac{p}{z^3} \quad \text{(dipolo elétrico).} \tag{22.3.5}$$

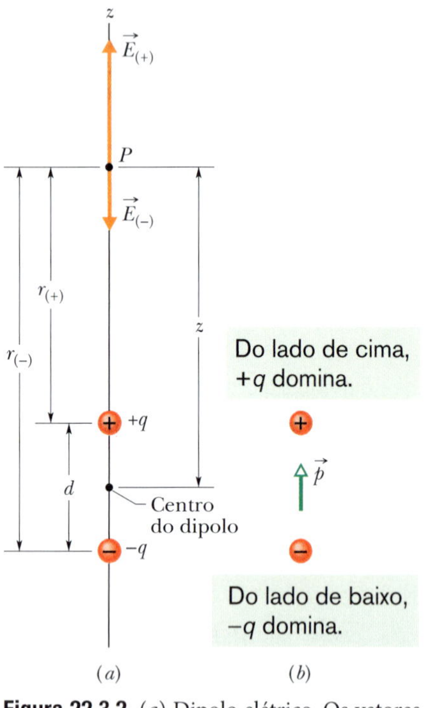

O sentido de $\vec{p}$ é tomado como do lado negativo para o lado positivo do dipolo, como mostra a Fig. 22.3.2*b*. Podemos usar o sentido de $\vec{p}$ para especificar a orientação de um dipolo.

De acordo com a Eq. 22.3.5, se o campo elétrico de um dipolo é medido apenas em pontos distantes, não é possível determinar os valores de q e d separadamente, mas apenas o produto qd. O campo em pontos distantes permanece inalterado quando, por exemplo, o valor de q é multiplicado por 2 e, ao mesmo tempo, o valor de d é dividido por 2.

Embora a Eq. 22.3.5 seja válida apenas para pontos distantes que estejam no eixo do dipolo, para *todos* os pontos distantes, estejam ou não no eixo do dipolo, o valor de E para um dipolo é proporcional a $1/r^3$, em que r é a distância entre o ponto em questão e o centro do dipolo.

Observando a Fig. 22.3.2 e as linhas de campo da Fig. 22.3.1, vemos que a direção de $\vec{E}$ para pontos distantes no eixo do dipolo é a direção do vetor momento dipolar $\vec{p}$. Isso acontece tanto quando o ponto *P* da Fig. 22.3.2*a* está mais próximo na carga positiva como quando está mais próximo da carga negativa.

De acordo com a Eq. 22.3.2, se a distância entre um ponto e um dipolo é multiplicada por 2, o campo elétrico no ponto é dividido por 8. Por outro lado, quando a distância entre um ponto e uma carga elétrica isolada é multiplicada por 2, o campo elétrico é dividido por 4 (ver Eq. 22.2.2). Assim, o campo elétrico de um dipolo diminui mais

Do lado de cima, $+q$ domina.

Do lado de baixo, $-q$ domina.

Figura 22.3.2 (*a*) Dipolo elétrico. Os vetores campo elétrico $\vec{E}_{(+)}$ e $\vec{E}_{(-)}$ no ponto *P* do eixo do dipolo são produzidos pelas duas cargas do dipolo. As distâncias entre o ponto *P* e as duas cargas que formam o dipolo são $\vec{r}_{(+)}$ e $\vec{r}_{(-)}$. (*b*) O momento dipolar $\vec{p}$ do dipolo aponta da carga negativa para a carga positiva.

rapidamente com a distância que o campo elétrico produzido por uma carga isolada. A razão para essa diminuição mais rápida do campo elétrico no caso de um dipolo está no fato de que, a distância, um dipolo se comporta como um par de cargas elétricas de sinais opostos que quase se cancelam; assim, os campos elétricos produzidos por essas cargas em pontos distantes também quase se cancelam.

Teste 22.3.1

Em um ponto A do eixo de um dipolo cujo vetor momento dipolar aponta no sentido positivo de um eixo z, o vetor campo elétrico $\vec{E}$ e o vetor momento dipolar $\vec{p}$ apontam no mesmo sentido ou em sentidos opostos (a) se a coordenada do ponto A for maior que a coordenada da carga positiva e (b) se a coordenada do ponto A for menor que a coordenada da carga negativa?

Exemplo 22.3.1 Dipolos elétricos e sprites

Os sprites (Fig. 22.3.3*a*) são imensos clarões que às vezes são vistos no céu, acima de grandes tempestades. Durante décadas, eles foram observados por pilotos em voos noturnos, mas eram tão fracos e fugazes que a maioria dos pilotos imaginava que tais sprites não passavam de ilusões. Na década de 1990, porém, os sprites foram registrados por câmaras de vídeo. Ainda não são muito bem compreendidos, mas acredita-se que sejam produzidos quando ocorre um relâmpago bastante intenso entre a terra e uma nuvem de tempestade, particularmente se o relâmpago transferir uma grande quantidade de carga negativa, $-q$, da terra para a base da nuvem (Fig. 22.3.3*b*).

Logo depois da transferência, a terra possui uma distribuição complexa de carga positiva; entretanto, podemos utilizar um modelo simplificado do campo elétrico produzido pelas cargas da nuvem e da terra, supondo haver um dipolo vertical formado por uma carga $-q$ na altura h da nuvem e uma carga $+q$ a uma distância h abaixo da superfície (Fig. 22.3.3*c*). Se $q = 200$ C e $h = 6{,}0$ km, qual é o módulo do campo elétrico do dipolo a uma altitude $z_1 = 30$ km (ou seja, um pouco acima das nuvens), e a uma altitude $z_2 = 60$ km (ou seja, um pouco acima da estratosfera)? CVF

IDEIA-CHAVE

O valor aproximado do módulo E do campo elétrico de um dipolo é fornecido pela Eq. 22.3.4.

Cálculos: Temos

$$E = \frac{1}{2\pi\varepsilon_0}\frac{q(2h)}{z^3},$$

em que $2h$ é a distância entre as cargas $-q$ e $+q$ na Fig. 22.3.3*c*. O campo elétrico a uma altitude $z_1 = 30$ km é dado por

$$E = \frac{1}{2\pi\varepsilon_0}\frac{(200\text{ C})(2)(6{,}0\times10^3\text{ m})}{(30\times10^3\text{ m})^3}$$
$$= 1{,}6\times10^3\text{ N/C}. \quad \text{(Resposta)}$$

A uma altitude $z_2 = 60$ km, temos

$$E = 2{,}0\times10^2\text{ N/C}. \quad \text{(Resposta)}$$

Como vamos ver no Módulo 22.6, quando o módulo de um campo elétrico excede um valor crítico E_c, o campo pode arrancar elétrons dos átomos (ionizar átomos) e os elétrons arrancados podem se chocar com outros átomos, fazendo com que emitam luz. O valor de E_c depende da densidade do ar na região em que existe o campo elétrico; quanto menor a densidade, menor o valor de E_c. A 60 km de altitude, a densidade do ar é tão baixa que $E = 2{,}0 \times 10^2$ N/C é maior que E_c e, portanto, os átomos do ar emitem luz. É essa luz que forma os sprites. Mais abaixo, a 30 km de altitude, a densidade do ar é muito mais alta, $E = 1{,}6 \times 10^3$ N/C é menor que E_c, e os átomos do ar não emitem luz. Assim, os sprites são vistos apenas muito acima das nuvens de tempestade.

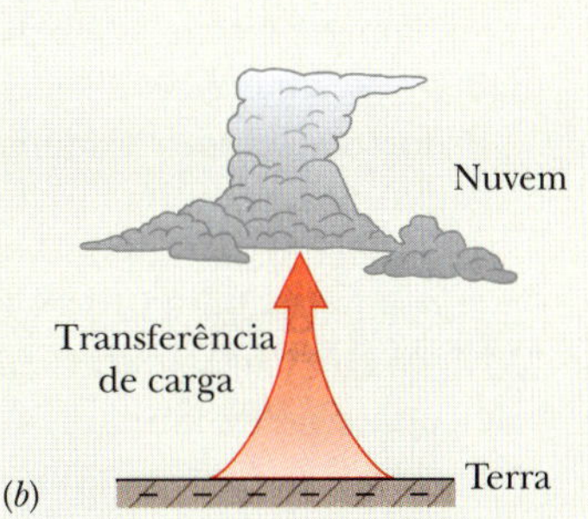

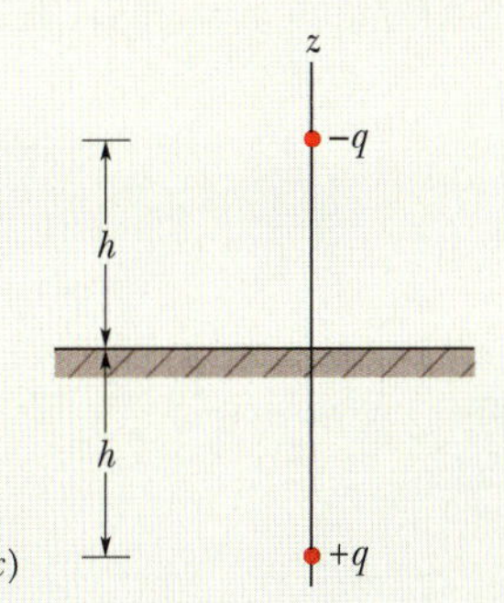

Figura 22.3.3 (*a*) Fotografia de um sprite. (*b*) Relâmpago no qual uma grande quantidade de carga negativa é transferida da terra para a base de uma nuvem. (*c*) O sistema nuvem-terra modelado como um dipolo elétrico vertical.

22.4 CAMPO ELÉTRICO PRODUZIDO POR UMA LINHA DE CARGA

Objetivos do Aprendizado

Depois de ler este módulo, você será capaz de ...

22.4.1 No caso de uma distribuição uniforme de carga, calcular a densidade linear de carga λ de uma linha, a densidade superficial de carga σ de uma superfície e a densidade volumétrica de carga ρ de um sólido.

22.4.2 No caso de uma linha uniforme de carga, determinar o campo elétrico total em um ponto nas vizinhanças de linha dividindo a distribuição em elementos de carga dq e somando (por integração) os campos elétricos $d\vec{E}$ produzidos por esses elementos na posição do ponto.

22.4.3 Explicar de que forma a simetria pode ser usada para calcular o campo elétrico em um ponto nas vizinhanças de uma linha uniforme de carga.

Ideias-Chave

- A equação do campo elétrico criado por uma partícula não pode ser aplicada diretamente a um objeto macroscópico (que apresenta, praticamente, uma distribuição contínua de carga).
- Para calcular o campo elétrico criado em um ponto por um objeto macroscópico, consideramos primeiro o campo elétrico criado nesse ponto por um elemento de carga dq do objeto, usando a equação do campo elétrico criado por uma partícula. Em seguida, somamos, por integração, os campos elétricos $d\vec{E}$ produzidos por todos os elementos de carga do objeto.
- Como os campos elétricos $d\vec{E}$ podem ter diferentes módulos e orientações, verificamos se a simetria do problema permite cancelar alguma das componentes do campo, de modo a simplificar a integração.

Campo Elétrico Produzido por uma Linha de Carga

BT 22.2 a 22.4

Até agora, lidamos apenas com partículas carregadas, isoladas ou em pequenos grupos. Vamos agora discutir uma situação muito mais complexa, na qual um objeto fino (aproximadamente unidimensional), como uma barra ou um anel, contém um número muito grande de partículas carregadas. No próximo módulo, vamos tratar de objetos bidimensionais, como um disco carregado. No próximo capítulo, vamos estudar objetos tridimensionais, como uma esfera carregada.

Não Desanime. Muitos estudantes consideram este módulo o mais difícil do livro, por várias razões. São necessários muitos passos diferentes para resolver um problema, é preciso raciocinar em termos de vetores e, além de tudo, é preciso montar e resolver uma integral. A pior parte, porém, é que o método pode ser diferente para diferentes distribuições de carga. Assim, ao discutirmos a respeito de um arranjo em particular (um anel carregado), o leitor deve prestar atenção nos aspectos gerais do método, para poder aplicá-lo a outros problemas, como o de barras e segmentos curvos carregados.

A Fig. 22.4.1 mostra um anel delgado, de raio R, com uma distribuição uniforme de carga positiva. Vamos supor que o anel é feito de plástico, o que significa que as cargas permanecem imóveis. O campo elétrico envolve todo o anel, mas vamos restringir nossa discussão a um ponto P do eixo z (uma reta que passa pelo centro do anel e é perpendicular ao plano do anel), situado a uma distância z do centro do anel.

A carga de um objeto macroscópico é frequentemente expressa em termos de uma densidade de carga em vez da carga total. No caso de uma linha de carga, usamos a *densidade linear de carga* (carga por unidade de comprimento) λ, cuja unidade no SI é o coulomb por metro. A Tabela 22.4.1 mostra as outras densidades de carga que serão usadas para superfícies e volumes de carga.

Tabela 22.4.1 **Algumas Medidas de Carga Elétrica**

Nome	Símbolo	Unidade do SI
Carga	q	C
Densidade linear de carga	λ	C/m
Densidade superficial de carga	σ	C/m^2
Densidade volumétrica de carga	ρ	C/m^3

Primeiro Grande Problema. Até agora, temos apenas uma equação que nos dá o campo elétrico de uma partícula. (Podemos combinar os campos de mais de uma partícula, como fizemos no caso do dipolo elétrico, mas, na verdade, estamos usando repetidamente a Eq. 22.2.2.) Considere o anel da Fig. 22.4.1. Não podemos usar a Eq. 22.2.2, já que não se trata de uma única partícula, nem de um pequeno número de partículas, mas de um número tão grande de partícula que a distribuição de carga pode ser considerada infinita. O que fazer?

A solução é dividir mentalmente o anel em elementos de carga tão pequenos que possam ser tratados como partículas. A Eq. 22.2.2 *pode* ser aplicada a esses elementos.

Segundo Grande Problema. Como podemos aplicar a Eq. 22.2.2 aos elementos de carga dq (o d na frente do q serve para ressaltar que a carga de cada elemento é muito pequena), podemos escrever uma expressão para o campo $d\vec{E}$ produzido individualmente pelos elementos de carga (o d na frente do $\vec{E}$ serve para ressaltar que o campo elétrico produzido por um elemento é muito pequeno). Acontece que cada elemento contribui com um campo elétrico de módulo e orientação diferente para o campo em um ponto P do eixo central do anel. Como podemos somá-los para obter o campo total no ponto P?

A solução é calcular as componentes dos vetores campo elétrico em relação a eixos adequadamente escolhidos e somar separadamente as componentes para obter as componentes do campo elétrico total. Antes de executar a soma, porém, é importante examinar a simetria do problema para verificar se algumas dessas componentes se cancelam, o que pode facilitar muito o trabalho.

Terceiro Grande Problema. Como o anel contém um número enorme de elementos de carga dq, temos que somar um número enorme de campos elétricos $d\vec{E}$, mesmo que algumas componentes desses campos se cancelem por causa da simetria. Como podemos somar esse número enorme de elementos? A solução é usar uma integral.

Mãos à Obra. Vamos fazer tudo que foi dito anteriormente (mas preste atenção ao método em geral, em vez de se limitar aos detalhes). Escolhemos arbitrariamente o elemento de carga mostrado na Fig. 22.4.1. Seja ds o comprimento do elemento de carga dq (ou de qualquer outro elemento de carga). Nesse caso, em termos da densidade linear de carga (carga por unidade de comprimento) λ, temos

$$dq = \lambda\, ds. \tag{22.4.1}$$

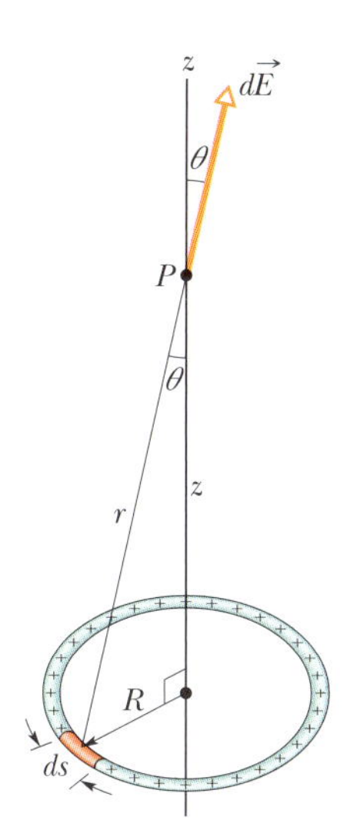

Figura 22.4.1 Anel de carga positiva distribuída uniformemente. Um elemento de carga tem um comprimento ds (grandemente exagerado na figura). Esse elemento cria um campo elétrico $d\vec{E}$ no ponto P.

Campo de um Elemento. O elemento de carga escolhido produz um campo elétrico elementar $d\vec{E}$ no ponto P, situado a uma distância r do elemento, como mostra a Fig. 22.4.1. (Ok, estamos introduzindo um novo símbolo que não aparece no enunciado do problema, mas logo vamos substituí-lo por "símbolos oficiais".) Vamos agora escrever a equação do módulo do campo produzido por uma partícula (Eq. 22.2.2) em termos dos novos símbolos dE e dq e substituir dq pelo seu valor, dado pela Eq. 22.4.1. O módulo do campo elétrico produzido pelo elemento de carga é

$$dE = \frac{1}{4\pi\varepsilon_0}\frac{dq}{r^2} = \frac{1}{4\pi\varepsilon_0}\frac{\lambda\, ds}{r^2}. \tag{22.4.2}$$

Note que o novo símbolo r é a hipotenusa do triângulo retângulo mostrado na Fig. 22.4.1. Isso significa que podemos substituir r por $\sqrt{z^2 + R^2}$, o que nos dá

$$dE = \frac{1}{4\pi\varepsilon_0}\frac{\lambda\, ds}{(z^2 + R^2)}. \tag{22.4.3}$$

Como todos os elementos de carga têm a mesma carga e estão à mesma distância do ponto P, o módulo do campo elétrico produzido por todos os elementos de carga é dado pela Eq. 22.4.3. A Fig. 22.4.1 também mostra que todos os campos elétricos elementares $d\vec{E}$ fazem um ângulo θ com o eixo central (o eixo z) e, portanto, têm uma componente paralela e uma componente perpendicular ao eixo z.

Componentes que se Cancelam. Agora chegamos à parte mais fácil, na qual eliminamos uma das componentes. Considere, na Fig. 22.4.1, o elemento de carga do lado oposto do anel. Esse elemento também produz um campo elétrico elementar de módulo dE, mas esse campo faz um ângulo θ do lado oposto do eixo z em relação ao elemento de carga inicial, como mostra a vista lateral da Fig. 22.4.2. Assim, as duas componentes perpendiculares ao eixo se cancelam. Esse cancelamento acontece ao longo de todo o anel, entre um elemento de carga e o elemento de carga diametralmente oposto. Isso significa que a soma das componentes perpendiculares é zero.

Componentes que se Somam. Essa parte também é fácil. Como todas as componentes diferentes de zero apontam no sentido positivo do eixo z, podemos simplesmente calcular a soma aritmética dessas componentes. Isso significa que já conhecemos a orientação do campo elétrico total no ponto P: ele aponta no sentido positivo do eixo z. De acordo com a Fig. 22.4.2, o módulo das componentes paralelas dos elementos de carga dq é $dE \cos\theta$, mas θ não é um símbolo oficial. Podemos substituir θ por símbolos oficiais usando novamente o triângulo retângulo da Fig. 22.4.1 para escrever

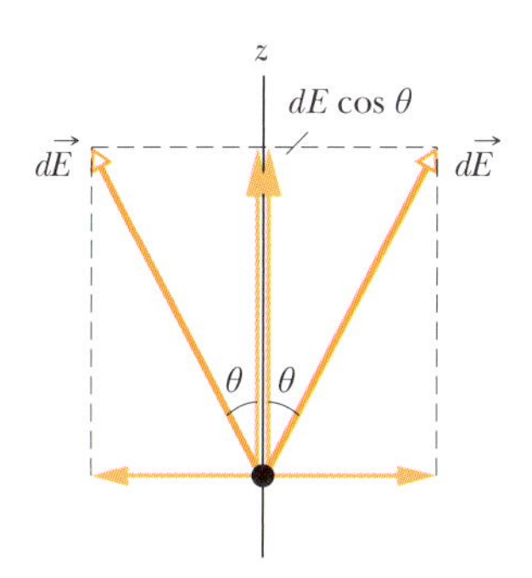

Figura 22.4.2 Campos elétricos criados no ponto P por um elemento de carga e o elemento de carga diametralmente oposto. As componentes perpendiculares ao eixo z se cancelam; as componentes paralelas ao eixo z se somam.

$$\cos\theta = \frac{z}{r} = \frac{z}{(z^2 + R^2)^{1/2}}. \quad (22.4.4)$$

Multiplicando a Eq. 22.4.3 pela Eq. 22.4.4, obtemos a componente paralela do campo produzido por um elemento de carga:

$$dE\cos\theta = \frac{1}{4\pi\varepsilon_0}\frac{z\lambda}{(z^2 + R^2)^{3/2}}\,ds. \quad (22.4.5)$$

Integração. Como temos que somar um número muito grande de elementos, escrevemos uma integral que se estende a todo o anel, de um ponto de partida (que vamos chamar de $s = 0$) até um ponto ($s = 2\pi R$) que corresponde ao mesmo ponto depois que todo o anel foi percorrido. Apenas a variável s muda de elemento para elemento. Como os outros parâmetros da Eq. 22.4.5 permanecem os mesmos, podemos passá-los para o lado de fora da integral, o que nos dá

$$E = \int dE\cos\theta = \frac{z\lambda}{4\pi\varepsilon_0(z^2 + R^2)^{3/2}}\int_0^{2\pi R} ds$$
$$= \frac{z\lambda(2\pi R)}{4\pi\varepsilon_0(z^2 + R^2)^{3/2}}. \quad (22.4.6)$$

Essa poderia ser a resposta, mas podemos expressá-la em termos da carga total do anel usando a relação $\lambda = q/2\pi R$:

$$E = \frac{qz}{4\pi\varepsilon_0(z^2 + R^2)^{3/2}} \quad \text{(anel carregado)}. \quad (22.4.7)$$

Se a carga do anel fosse negativa em vez de positiva, o módulo do campo no ponto P seria dado pela Eq. 22.4.7, mas o campo elétrico apontaria no sentido negativo do eixo z, ou seja, na direção do anel.

Vejamos o que acontece com a Eq. 22.4.7 se o ponto estiver tão longe do anel que $z \gg R$. Nesse caso, $z^2 + R^2 \leq z^2$ e a Eq. 22.4.7 se torna

$$E = \frac{1}{4\pi\varepsilon_0}\frac{q}{z^2} \quad \text{(anel carregado a grandes distâncias)}. \quad (22.4.8)$$

Esse resultado é razoável, já que, visto de uma grande distância, o anel "parece" uma carga pontual. Substituindo z por r na Eq. 22.4.8, obtemos a Eq. 22.2.2, usada para calcular o módulo de uma carga pontual.

Vamos verificar o que a Eq. 22.4.7 nos revela a respeito do ponto situado no centro do anel, ou seja, o ponto $z = 0$. De acordo com a Eq. 22.4.7, nesse ponto $E = 0$. Esse resultado é razoável, já que, se colocássemos uma carga de prova no centro do anel, ela seria repelida com a mesma força em todas as direções, a força resultante seria zero; portanto, de acordo com a Eq. 22.1.1, o campo elétrico também teria de ser nulo.

Exemplo 22.4.1 Campo elétrico de um arco de circunferência carregado 22.1

A Fig. 22.4.3*a* mostra uma barra de plástico com uma carga $-Q$ uniformemente distribuída. A barra tem a forma de um arco de circunferência de 120° de extensão e raio r. Os eixos de coordenadas são escolhidos de tal forma que o eixo de simetria da barra é o eixo x e a origem P está no centro de curvatura do arco. Em termos de Q e de r, qual é o campo elétrico $\vec{E}$ produzido pela barra no ponto P?

IDEIA-CHAVE

Como a barra possui uma distribuição contínua de carga, devemos obter uma expressão para o campo elétrico produzido por um elemento de carga e integrar essa expressão ao longo da barra.

Um elemento: Considere um elemento de arco de comprimento ds fazendo um ângulo θ com o eixo x (Figs. 22.4.3*b* e 22.4.3*c*). Chamando de λ a densidade linear de carga da barra, a carga do elemento de arco é dada por

$$dq = \lambda\,ds. \quad (22.4.9)$$

Campo do elemento: O elemento de carga produz um campo elétrico $d\vec{E}$ no ponto P, que está uma distância r do elemento. Tratando o elemento como uma carga pontual, podemos usar a Eq. 22.2.2 para expressar o módulo de $d\vec{E}$ na forma

$$dE = \frac{1}{4\pi\varepsilon_0}\frac{dq}{r^2} = \frac{1}{4\pi\varepsilon_0}\frac{\lambda\,ds}{r^2}. \quad (22.4.10)$$

Como a carga q é negativa, $d\vec{E}$ aponta na direção de ds.

Parceiro simétrico: Ao elemento ds corresponde um elemento simétrico (imagem especular) ds', situado na parte inferior da barra. O campo elétrico $d\vec{E}'$ produzido por ds' no ponto P tem o mesmo módulo que $d\vec{E}$, mas aponta na direção de ds', como mostra a Fig. 22.4.3d. Quando determinamos as componentes x e y dos campos elétricos $d\vec{E}$ e $d\vec{E}'$ (Figs. 22.4.3e e 22.4.3f), vemos que as componentes y se cancelam (já que têm o mesmo módulo e sentidos opostos). Vemos também que as componentes x têm o mesmo módulo e o mesmo sentido.

Soma: Para determinar o campo elétrico produzido pela barra, precisamos somar (por integração) apenas as componentes x dos campos elétricos produzidos pelos elementos de carga da barra. De acordo com a Fig. 22.4.3f e a Eq. 22.4.10, a componente dE_x do campo produzido pelo elemento ds é dada por

$$dE_x = dE\cos\theta = \frac{1}{4\pi\varepsilon_0}\frac{\lambda}{r^2}\cos\theta\, ds. \qquad (22.4.11)$$

A Eq. 22.4.11 tem duas variáveis, θ e s. Antes de realizar a integração, precisamos eliminar uma das variáveis. Para isso, usamos a relação

$$ds = r\, d\theta,$$

em que $d\theta$ é o ângulo, com vértice em P, que subtende um arco de comprimento ds (Fig. 22.4.3g). Depois de executar essa substituição, podemos integrar a Eq. 22.4.11 de $\theta = -60°$ a $\theta = 60°$. O resultado é o módulo do campo elétrico produzido pela barra no ponto P:

$$\begin{aligned} E &= \int dE_x = \int_{-60°}^{60°} \frac{1}{4\pi\varepsilon_0}\frac{\lambda}{r^2}\cos\theta\, r\, d\theta \\ &= \frac{\lambda}{4\pi\varepsilon_0 r}\int_{-60°}^{60°}\cos\theta\, d\theta = \frac{\lambda}{4\pi\varepsilon_0 r}\Big[\operatorname{sen}\theta\Big]_{-60°}^{60°} \\ &= \frac{\lambda}{4\pi\varepsilon_0 r}[\operatorname{sen} 60° - \operatorname{sen}(-60°)] \\ &= \frac{1{,}73\lambda}{4\pi\varepsilon_0 r}. \end{aligned} \qquad (22.4.12)$$

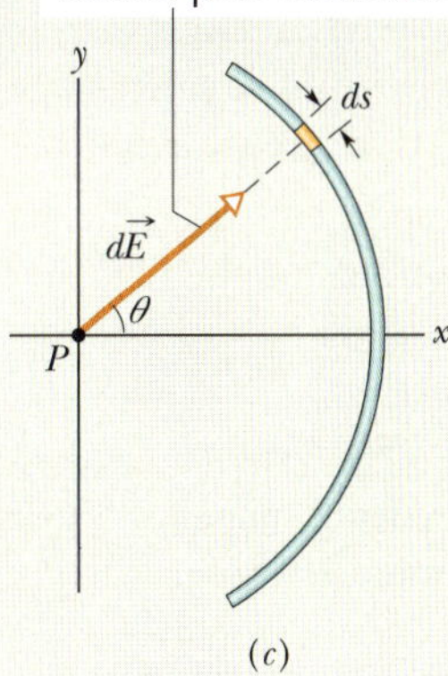

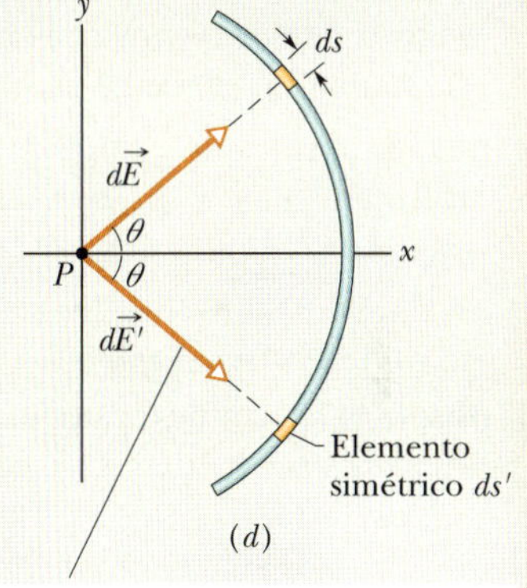

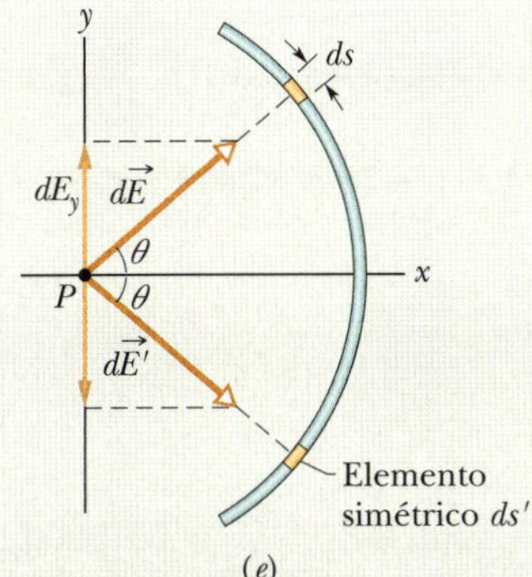

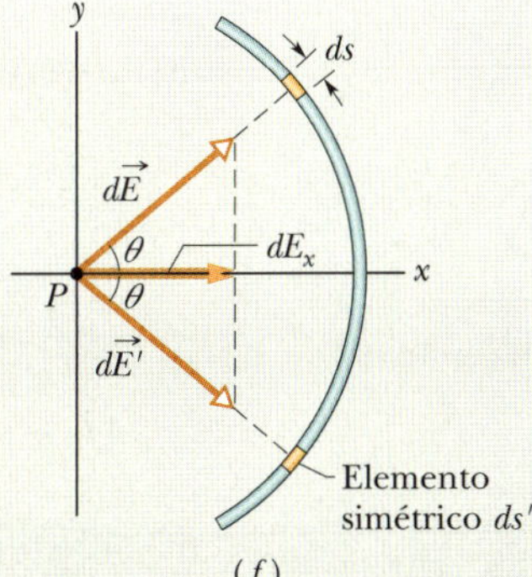

Figura 22.4.3 (a) Uma barra de plástico de carga $-Q$ tem a forma de um arco de circunferência de raio r e ângulo central 120°; o ponto P é o centro de curvatura da barra. (b) e (c) Um elemento de carga na parte superior da barra, de comprimento ds e coordenada angular θ, cria um campo elétrico $d\vec{E}$ no ponto P. (d) Um elemento ds', simétrico a ds em relação ao eixo x, cria um campo $d\vec{E}'$ no ponto P com o mesmo módulo. (e) e (f) As componentes do campo. (g) O ângulo $d\theta$ subtende um arco de comprimento ds.

(Se tivéssemos invertido os limites de integração, obteríamos o mesmo resultado, com sinal negativo. Como a integração é usada apenas para obter o módulo de $\vec{E}$, teríamos ignorado o sinal negativo.)

Densidade de carga: Para determinar o valor de λ, observamos que a barra subtende um ângulo de 120°, o que corresponde a um terço de circunferência. O comprimento da barra é, portanto, $2\pi r/3$ e a densidade linear de carga é

$$\lambda = \frac{\text{carga}}{\text{comprimento}} = \frac{Q}{2\pi r/3} = \frac{0{,}477Q}{r}.$$

Substituindo esse valor na Eq. 22.4.12 e simplificando, obtemos

$$E = \frac{(1{,}73)(0{,}477Q)}{4\pi\varepsilon_0 r^2}$$

$$= \frac{0{,}83Q}{4\pi\varepsilon_0 r^2}. \quad \text{(Resposta)}$$

O campo elétrico $\vec{E}$ no ponto P aponta para a barra e é paralelo ao eixo de simetria da distribuição de carga. Na notação dos vetores unitários, o campo $\vec{E}$ é dado por

$$\vec{E} = \frac{0{,}83Q}{4\pi\varepsilon_0 r^2}\,\hat{\text{i}}.$$

Táticas para a Solução de Problemas — Como Lidar com Linhas de Carga

Vamos apresentar agora um método geral para calcular o campo elétrico $\vec{E}$ produzido em um ponto P por uma linha, retilínea ou circular, com uma distribuição uniforme de carga. O método consiste em escolher um elemento de carga dq, calcular o campo $d\vec{E}$ produzido por esse elemento e integrar $d\vec{E}$ para toda a linha.

1º passo. Se a linha de carga for circular, tome o comprimento do elemento de carga como ds, o comprimento de um arco elementar. Se a linha for retilínea, suponha que coincide com o eixo x e tome o comprimento do elemento de carga como dx. Assinale o elemento em um esboço da linha de carga.

2º passo. Relacione a carga dq ao comprimento do elemento utilizando a equação $dq = \lambda\, ds$ (se a linha for circular) ou a equação $dq = \lambda\, dx$ (se a linha for retilínea). Considere dq e λ positivos, mesmo que a carga seja negativa. (O sinal da carga será levado em consideração no próximo passo.)

3º passo. Determine o campo $d\vec{E}$ produzido no ponto P pela carga dq usando a Eq. 22.2.2, substituindo q na equação por $\lambda\, ds$ ou $\lambda\, dx$. Se a carga da linha for positiva, desenhe o vetor $d\vec{E}$ com a origem no ponto P e apontando para longe de dq; se for negativo, desenhe o vetor com a origem no ponto P e apontando na direção de dq.

4º passo. Preste atenção na simetria do problema. Se P estiver em um eixo de simetria da distribuição de carga, determine as componentes do campo $d\vec{E}$ produzido no ponto P pela carga dq nas direções paralela e perpendicular ao eixo de simetria e considere um segundo elemento de carga dq' situado simetricamente em relação a dq. Determine o campo $d\vec{E}'$ produzido pelo elemento de carga dq' e suas componentes. Uma das componentes do campo produzido por dq é uma *componente subtrativa*; essa componente é cancelada por uma componente produzida por dq' e não precisa ser considerada. A outra componente produzida por dq é uma *componente aditiva*; ela se soma a uma componente produzida por dq'. Some (por integração) as componentes aditivas de todos os elementos de carga.

5º passo. Seguem quatro tipos gerais de distribuição uniforme de carga, com sugestões para simplificar a integral do 4º passo.

Anel, com o ponto P no eixo (central) de simetria, como na Fig. 22.4.1. Na expressão de dE, substitua r^2 por $z^2 + R^2$, como na Eq. 22.4.3. Expresse a componente aditiva de $d\vec{E}$ em termos de θ. Isso introduz um fator $\cos\theta$, mas θ é o mesmo para todos os elementos e, portanto, não constitui uma variável. Substitua $\cos\theta$ por seu valor, como na Eq. 22.4.4, e integre em relação a s ao longo da circunferência do anel.

Arco de circunferência, com o ponto P no centro de curvatura, como na Fig. 22.4.4. Expresse a componente aditiva de $d\vec{E}$ em termos de θ. Isso introduz um fator sen θ ou $\cos\theta$. Reduza as variáveis s e θ a uma única variável, θ, substituindo ds por $r\, d\theta$. Integre em relação a θ de uma extremidade do arco até a extremidade oposta.

Segmento de reta, com o ponto P em um prolongamento da linha de carga, como na Fig. 22.4.4*a*. Na expressão de dE, substitua r por x. Integre em relação a x de uma extremidade do segmento de reta até a extremidade oposta.

Segmento de reta, com o ponto P a uma distância perpendicular y da linha de carga, como na Fig. 22.4.4*b*. Na expressão de dE, substitua r por uma função de x e y. Se o ponto P estiver na mediatriz da linha de carga, determine uma expressão para a componente aditiva de $d\vec{E}$. Isso introduz um fator sen θ ou $\cos\theta$. Reduza as variáveis x e θ a uma única variável, x, substituindo a função trigonométrica por uma expressão (a definição da função) envolvendo x e y. Integre em relação a x de uma extremidade do segmento de reta até a extremidade

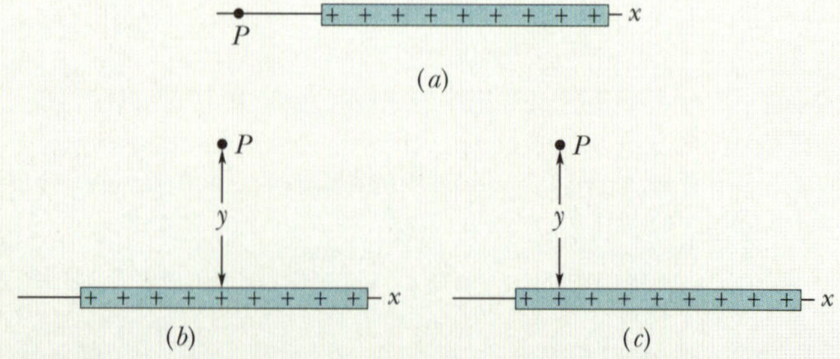

Figura 22.4.4 (*a*) O ponto P está no prolongamento da linha de carga. (*b*) O ponto P está na mediatriz da linha de carga, a uma distância perpendicular y da linha de carga. (*c*) O ponto P não está em um eixo de simetria.

oposta. Se P não estiver em um eixo de simetria, como na Fig. 22.4.4*c*, escreva uma integral para somar as componentes de dE_x e integre em relação a x para obter E_x. Escreva também uma integral para somar as componentes de dE_y e integre em relação a y para obter E_y. Utilize as componentes E_x e E_y da forma usual para determinar o módulo E e a orientação de $\vec{E}$.

6º passo. Uma ordem dos limites de integração leva a um resultado positivo; a ordem inversa leva ao mesmo resultado, com sinal negativo. Ignore o sinal negativo. Se o resultado for pedido em termos da carga total Q da distribuição, substitua λ por Q/L, em que L é o comprimento da distribuição.

Teste 22.4.1

A figura mostra três barras isolantes, uma circular e duas retilíneas. Todas possuem uma carga de módulo Q na parte superior e uma carga de módulo Q na parte inferior. Qual é a orientação do campo elétrico total no ponto P para cada barra?

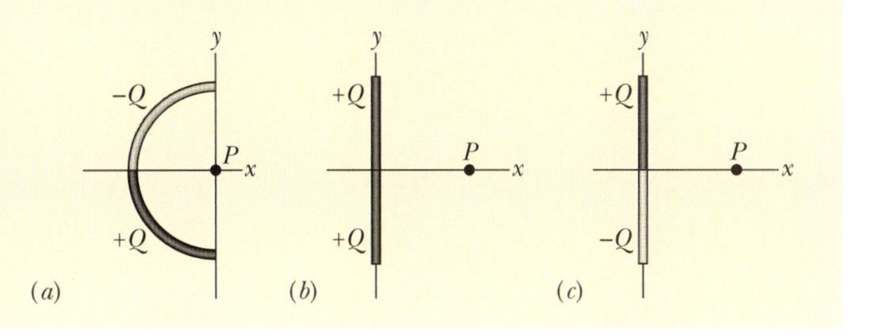

22.5 CAMPO ELÉTRICO PRODUZIDO POR UM DISCO CARREGADO

Objetivos do Aprendizado

Depois de ler este módulo, você será capaz de ...

22.5.1 Desenhar um disco com uma distribuição uniforme de carga e indicar a orientação do campo elétrico em um ponto do eixo central se a carga for positiva e se a carga for negativa.

22.5.2 Explicar de que forma a equação para o campo elétrico no eixo central de um anel uniformemente carregado pode ser usado para obter uma equação para o campo elétrico no eixo central de um disco uniformemente carregado.

22.5.3 No caso de um ponto do eixo central de um disco uniformemente carregado, conhecer a relação entre a densidade superficial de carga σ, o raio R do disco e a distância z entre o ponto e o centro do disco.

Ideia-Chave

- Em um ponto do eixo central de um disco uniformemente carregado, o módulo do campo elétrico é dado por

$$E = \frac{\sigma}{2\varepsilon_0}\left(1 - \frac{z}{\sqrt{z^2 + R^2}}\right),$$

em que σ é a densidade superficial de carga, z é a distância entre o ponto e o centro do disco e R é o raio do disco.

Campo Elétrico Produzido por um Disco Carregado

Vamos agora passar de uma linha de carga para uma superfície de carga examinando o campo elétrico produzido por um disco de plástico circular de raio R e densidade superficial de carga σ (carga por unidade de área, ver Tabela 22.4.1) na superfície superior. O campo elétrico envolve todo o disco, mas vamos restringir nossa discussão a um ponto P do eixo z (uma reta que passa pelo centro do disco e é perpendicular ao plano do disco), situado a uma distância z do centro do anel, como indicado na Fig. 22.5.1.

Poderíamos adotar um método semelhante ao do módulo anterior, com a diferença de que usaríamos uma integral dupla para levar em conta todas as cargas da superfície bidimensional do disco. Entretanto, podemos poupar muito trabalho aproveitando os resultados obtidos para um anel de carga.

Imagine uma seção do disco em forma de anel, como mostra a Fig. 22.5.1, de raio r e largura radial dr. O anel é tão fino que podemos tratar a carga do anel como um elemento de carga dq. Para determinar o módulo do campo elétrico elementar dE criado pelo anel no ponto P, escrevemos a Eq. 22.4.7 em termos da carga dq e do raio r do anel:

$$dE = \frac{dq\, z}{4\pi\varepsilon_0(z^2 + r^2)^{3/2}}. \tag{22.5.1}$$

O campo elétrico produzido pelo anel aponta no sentido positivo do eixo z.

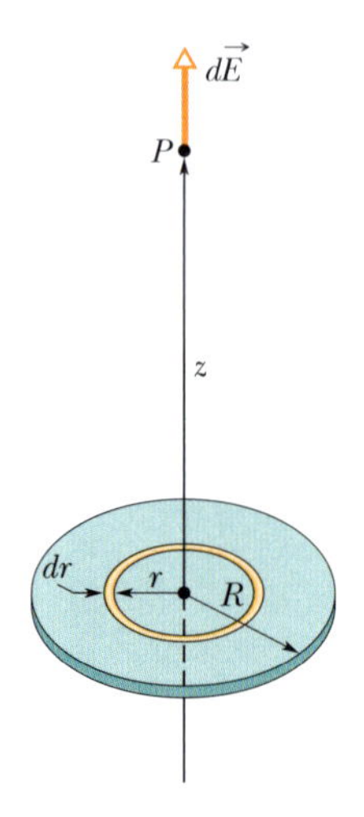

Figura 22.5.1 Disco de raio R com uma distribuição uniforme de carga positiva. O anel mostrado na figura tem raio r, largura radial dr e cria um campo elétrico $d\vec{E}$ no ponto P, situado no eixo central do disco.

Para calcular o campo total produzido pelo disco no ponto P, vamos integrar a Eq. 22.5.1 do centro ($r = 0$) até a borda do disco ($r = R$), o que corresponde a somar as contribuições de todos os campos elementares dE, fazendo com que o anel elementar percorra toda a superfície do disco. Para isso, precisamos expressar a carga dq em termos da largura radial dr do anel elementar. Usando a densidade superficial de carga, podemos escrever

$$dq = \sigma\, dA = \sigma(2\pi r\, dr). \tag{22.5.2}$$

Substituindo a Eq. 22.5.2 na Eq. 22.5.1 e simplificando, obtemos a seguinte expressão:

$$E = \int dE = \frac{\sigma z}{4\varepsilon_0}\int_0^R (z^2 + r^2)^{-3/2}(2r)\, dr, \tag{22.5.3}$$

em que colocamos todas as constantes (incluindo z) do lado de fora do sinal de integral. Para resolver a integral, basta colocá-la na forma $\int X^m\, dX$ fazendo $X = (z^2 + r^2)$, $m = -3/2$ e $dX = (2r)\, dr$. Usando a relação

$$\int X^m\, dX = \frac{X^{m+1}}{m+1},$$

a Eq. 22.5.3 se torna

$$E = \frac{\sigma z}{4\varepsilon_0}\left[\frac{(z^2 + r^2)^{-1/2}}{-\frac{1}{2}}\right]_0^R. \tag{22.5.4}$$

Tomando os limites da Eq. 22.5.4 e reagrupando os termos, obtemos

$$E = \frac{\sigma}{2\varepsilon_0}\left(1 - \frac{z}{\sqrt{z^2 + R^2}}\right) \quad \text{(disco carregado)} \tag{22.5.5}$$

como o módulo do campo elétrico produzido por um disco circular carregado em pontos do eixo central. (Ao executar a integração, supusemos que $z \geq 0$.)

Fazendo $R \to \infty$ e mantendo z finito, o segundo termo do fator entre parênteses da Eq. 22.5.5 tende a zero, e a equação se reduz a

$$E = \frac{\sigma}{2\varepsilon_0} \quad \text{(placa infinita)}, \tag{22.5.6}$$

que é o campo elétrico produzido por uma distribuição uniforme de carga na superfície de uma placa de dimensões infinitas feita de um material isolante, como o plástico. As linhas de campo elétrico para essa situação são mostradas na Fig. 22.1.4.

Podemos também obter a Eq. 22.5.6 fazendo $z \to 0$ na Eq. 22.5.5 e mantendo R finito. Isso mostra que, para pontos muito próximos do disco, o campo elétrico produzido pelo disco é o mesmo que seria produzido por um disco de raio infinito.

Teste 22.5.1

Quando aumentamos o raio r do anel da Fig. 22.5.1, o que acontece com a contribuição da carga do anel para o campo elétrico no ponto P?

22.6 CARGA PONTUAL EM UM CAMPO ELÉTRICO

Objetivos do Aprendizado

Depois de ler este módulo, você será capaz de ...

22.6.1 No caso de uma partícula carregada submetida a um campo elétrico (produzido por outros objetos carregados), conhecer a relação entre o campo elétrico $\vec{E}$ no ponto onde está a partícula, a carga q da partícula e a força eletrostática $\vec{F}$ que age sobre a partícula, e saber qual será o sentido da força em relação ao sentido do campo se a carga for positiva e se a carga for negativa.

22.6.2 Explicar o método usado por Millikan para medir a carga elementar.

22.6.3 Explicar como funciona uma impressora eletrostática de jato de tinta.

Ideias-Chave

- Na presença de um campo magnético externo $\vec{E}$, uma partícula de carga q é submetida a uma força eletrostática $\vec{F}$ dada por

$$\vec{F} = q\vec{E}.$$

- Se a carga q é positiva, a força tem o mesmo sentido que o campo elétrico; se a carga é negativa, a força tem o sentido oposto ao do campo elétrico (o sinal negativo da equação inverte o sentido do vetor força em relação ao sentido do vetor campo elétrico).

Carga Pontual em um Campo Elétrico

Nos últimos quatro módulos, trabalhamos na primeira das duas tarefas a que nos propusemos: dada uma distribuição de carga, determinar o campo elétrico produzido nas vizinhanças. Vamos agora começar a segunda tarefa: determinar o que acontece com uma partícula carregada quando ela está na presença de um campo elétrico produzido por cargas estacionárias ou que estejam se movendo lentamente.

O que acontece é que a partícula é submetida a uma força eletrostática dada por

$$\vec{F} = q\vec{E}, \tag{22.6.1}$$

em que q é a carga da partícula (incluindo o sinal) e $\vec{E}$ é o campo elétrico produzido pelas outras cargas na posição da partícula. (O campo *não inclui* o campo produzido pela própria partícula; para distinguir os dois campos, o campo que age sobre a partícula na Eq. 22.6.1 é, muitas vezes, chamado *campo externo*. Uma partícula ou objeto carregado não é afetado por seu próprio campo elétrico.) De acordo com a Eq. 22.6.1,

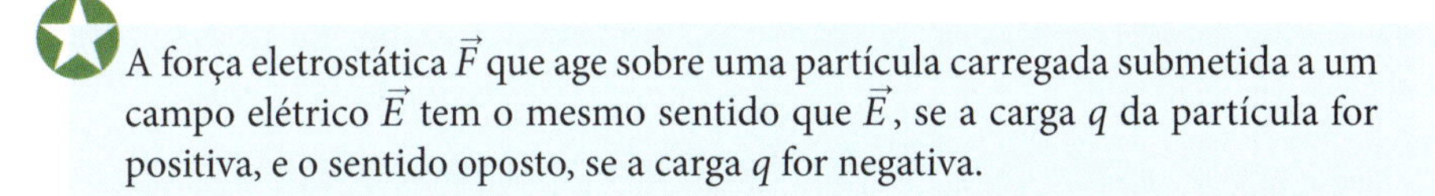

A força eletrostática $\vec{F}$ que age sobre uma partícula carregada submetida a um campo elétrico $\vec{E}$ tem o mesmo sentido que $\vec{E}$, se a carga q da partícula for positiva, e o sentido oposto, se a carga q for negativa.

Medida da Carga Elementar

A Eq. 22.6.1 desempenhou um papel importante na medida da carga elementar e, realizada pelo físico americano Robert A. Millikan em 1910-1913. A Fig. 22.6.1 é uma representação esquemática do equipamento usado por Millikan. Quando gotículas de óleo são borrifadas na câmara A, algumas adquirem uma carga elétrica, positiva ou negativa. Considere uma gota que atravessa um pequeno orifício da placa P_1 e penetra na câmara C. Suponha que a gota possui uma carga negativa q.

Enquanto a chave S da Fig. 22.6.1 está aberta, a bateria B não afeta o que se passa na câmara C, e a gota cai por efeito da gravidade. Quando a chave é fechada (ou seja, quando o terminal positivo da bateria é ligado à placa C), a bateria faz com que uma carga positiva se acumule na placa condutora P_1 e uma carga negativa se acumule na placa condutora P_2. As placas criam um campo elétrico $\vec{E}$ na câmara C dirigido verticalmente para baixo. De acordo com a Eq. 22.6.1, o campo exerce uma força eletrostática sobre as gotas carregadas que estão na câmara C, afetando seu movimento. Em particular, uma gota negativamente carregada tende a se mover para cima.

Observando o movimento das gotas de óleo com a chave aberta e com a chave fechada e usando a diferença para calcular o valor da carga q de cada gota, Millikan descobriu que os valores de q eram sempre dados por

$$q = ne \quad \text{para } n = 0, \pm 1, \pm 2, \pm 3, \ldots, \tag{22.6.2}$$

em que e é a constante que mais tarde foi chamada *carga elementar* e tem o valor aproximado de $1{,}60 \times 10^{-19}$ C. O experimento de Millikan constitui uma prova convincente de que a carga elétrica é quantizada; o cientista recebeu o Prêmio Nobel de Física de 1923, em parte por esse trabalho. Atualmente, outros métodos mais precisos que o utilizado nos experimentos pioneiros de Millikan são usados para medir a carga elementar.

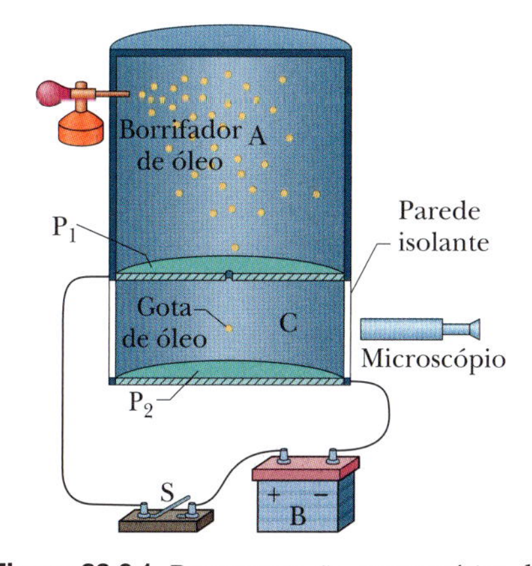

Figura 22.6.1 Representação esquemática do equipamento usado por Millikan para medir a carga elementar e. Quando uma gota de óleo eletricamente carregada penetra na câmara C por um orifício da placa P_1, o movimento da gota pode ser controlado fechando e abrindo uma chave S e então criando e eliminando um campo elétrico na câmara C. O microscópio foi usado para observar a gota e medir sua velocidade.

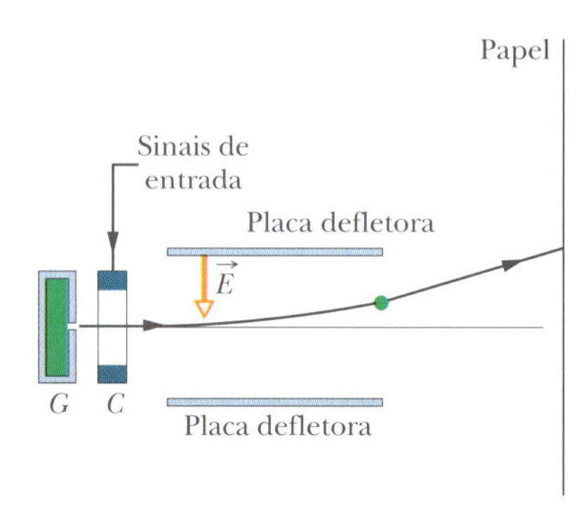

Figura 22.6.2 Representação esquemática de uma impressora eletrostática de jato de tinta. Gotas de tinta são produzidas no gerador G e recebem uma carga na unidade de carregamento C. Um sinal elétrico proveniente de um computador controla a carga fornecida a cada gota e, portanto, o efeito de um campo constante $\vec{E}$ sobre a gota e a posição em que a gota atinge o papel.

Impressoras Eletrostáticas de Jato de Tinta

A necessidade de impressoras mais rápidas e de alta resolução levou os fabricantes a procurar alternativas para a impressão por impacto usada nas antigas máquinas de escrever. Uma das soluções encontradas foi o emprego de campos elétricos para controlar o movimento de pequenas gotas de tinta. Alguns modelos de impressoras de jato de tinta utilizam esse sistema.

A Fig. 22.6.2 mostra uma gota de tinta negativamente carregada que se move entre duas placas defletoras usadas para criar um campo elétrico uniforme, dirigido para baixo. De acordo com a Eq. 22.6.1, a gota é desviada para cima e atinge o papel em uma posição que depende do módulo de $\vec{E}$ e da carga q da gota.

Na prática, o valor de E é mantido constante e a posição da gota é determinada pela carga q fornecida à gota por uma unidade de carregamento pela qual a gota passa antes de entrar no sistema de deflexão. A unidade de carregamento, por sua vez, é controlada por sinais eletrônicos que definem o texto ou desenho a ser impresso.

Ruptura Dielétrica e Centelhamento

Quando o módulo do campo elétrico no ar excede um valor crítico E_c, o ar sofre uma *ruptura dielétrica*, processo no qual o campo arranca elétrons de átomos do ar. Com isso, o ar se torna um condutor de corrente elétrica, já que os elétrons arrancados são postos em movimento pelo campo. Ao se moverem, os elétrons colidem com outros átomos do ar, fazendo com que emitam luz. Podemos ver o caminho percorrido pelos elétrons graças à luz emitida, que recebe o nome de centelha. A Fig. 22.6.3 mostra as centelhas que aparecem na extremidade de condutores metálicos quando os campos elétricos produzidos pelos fios provocam a ruptura dielétrica do ar. CVF

Adam Hart-Davis/Science Source

Figura 22.6.3 Centelhas aparecem na extremidade de condutores metálicos quando os campos elétricos produzidos pelos fios provocam a ruptura dielétrica do ar.

Teste 22.6.1

(a) Qual é, na figura, a orientação da força eletrostática que age sobre o elétron na presença do campo elétrico indicado? (b) Em que direção o elétron é acelerado se estava se movendo paralelamente ao eixo y antes de ser aplicado o campo externo? (c) Se o elétron estava se movendo para a direita antes de ser aplicado o campo externo, a velocidade aumenta, diminui ou permanece constante quando o campo é aplicado?

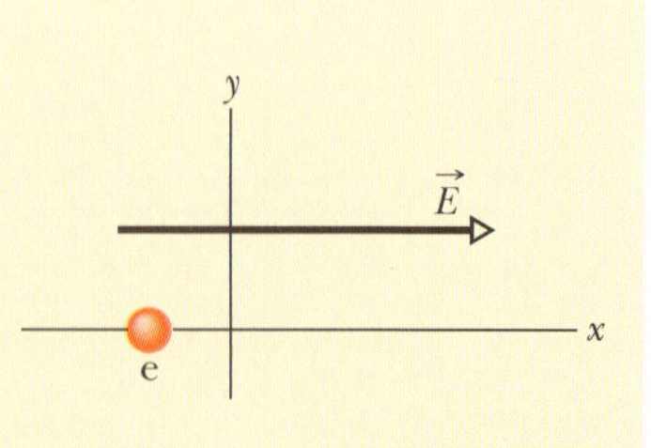

Exemplo 22.6.1 Movimento de uma partícula carregada na presença de um campo elétrico 22.5 e 22.6 22.3

A Fig. 22.6.4 mostra as placas defletoras de uma impressora eletrostática de jato de tinta, com eixos de coordenadas superpostos. Uma gota de tinta, com massa m de $1{,}3 \times 10^{-10}$ kg e carga negativa de valor absoluto $Q = 1{,}5 \times 10^{-13}$ C, penetra na região entre as placas, movendo-se inicialmente na direção do eixo x com uma velocidade v_x = 18 m/s. O comprimento L de cada placa é 1,6 cm. As placas estão carregadas e, portanto, produzem um campo elétrico em todos os pontos da região entre elas. Suponha que esse campo $\vec{E}$ esteja dirigido verticalmente para baixo, seja uniforme e tenha um módulo de $1{,}4 \times 10^6$ N/C. Qual é a deflexão vertical da gota ao deixar a região entre as placas? (A força gravitacional é pequena em comparação com a força eletrostática, e pode ser desprezada.)

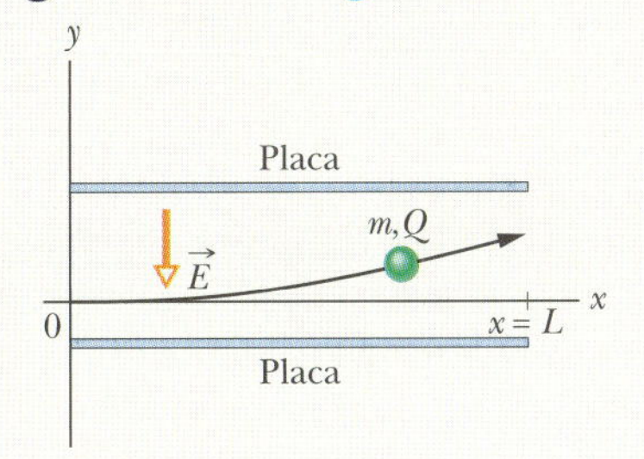

Figura 22.6.4 Uma gota de tinta, de massa m e carga Q, é desviada por um campo elétrico em uma impressora eletrostática de jato de tinta.

IDEIA-CHAVE

A gota está negativamente carregada e o campo elétrico está dirigido *para baixo*. De acordo com a Eq. 22.6.1, a gota é submetida a uma força eletrostática constante, de módulo QE, que aponta *para cima*. Assim, ao mesmo tempo que se desloca paralelamente ao eixo x com velocidade constante v_x, a gota é acelerada para cima com uma aceleração constante a_y.

Cálculos: Aplicando a segunda lei de Newton ($F = ma$) às componentes y da força e da aceleração, temos

$$a_y = \frac{F}{m} = \frac{QE}{m}. \qquad (22.6.3)$$

Seja t o tempo necessário para que a gota passe pela região entre as placas. Durante esse intervalo, os deslocamentos vertical e horizontal da gota são

$$y = \tfrac{1}{2}a_y t^2 \quad \text{e} \quad L = v_x t, \qquad (22.6.4)$$

respectivamente. Eliminando t nas duas equações e substituindo a_y por seu valor, dado pela Eq. 22.6.3, obtemos

$$\begin{aligned} y &= \frac{QEL^2}{2mv_x^2} \\ &= \frac{(1{,}5 \times 10^{-13}\ \text{C})(1{,}4 \times 10^6\ \text{N/C})(1{,}6 \times 10^{-2}\ \text{m})^2}{(2)(1{,}3 \times 10^{-10}\ \text{kg})(18\ \text{m/s})^2} \\ &= 6{,}4 \times 10^{-4}\ \text{m} \\ &= 0{,}64\ \text{mm}. \end{aligned}$$ (Resposta)

22.7 DIPOLO EM UM CAMPO ELÉTRICO

Objetivos do Aprendizado

Depois de ler este módulo, você será capaz de ...

22.7.1 Em um desenho de um dipolo elétrico na presença de um campo elétrico externo uniforme, indicar a orientação do campo, a orientação do dipolo, a orientação das forças eletrostáticas que o campo elétrico exerce sobre as cargas do dipolo e o sentido em que essas forças tendem a fazer o dipolo girar, e verificar que a força total que o campo elétrico exerce sobre o dipolo é nula.

22.7.2 Calcular o torque que um campo elétrico externo exerce sobre um dipolo elétrico usando o produto vetorial do vetor momento dipolar pelo vetor campo elétrico.

22.7.3 No caso de um dipolo elétrico submetido a um campo magnético externo, conhecer a relação entre a energia potencial do dipolo e o trabalho realizado pelo torque ao fazer girar o dipolo.

22.7.4 No caso de um dipolo elétrico submetido a um campo elétrico externo, calcular a energia potencial usando o produto escalar do vetor momento dipolar pelo vetor campo elétrico.

22.7.5 No caso de um dipolo elétrico submetido a um campo elétrico externo, conhecer os ângulos para os quais a energia potencial é mínima e máxima e os ângulos para os quais o módulo do torque é mínimo e máximo.

Ideias-Chave

- O torque que um campo elétrico $\vec{E}$ exerce sobre um momento dipolar elétrico $\vec{p}$ é dado por um produto vetorial:

$$\vec{\tau} = \vec{p} \times \vec{E}.$$

- A energia potencial U associada à orientação do momento dipolar na presença do campo elétrico é dada por um produto escalar:

$$U = -\vec{p} \cdot \vec{E}.$$

- Se a orientação do dipolo varia, o trabalho realizado pelo campo elétrico é dado por

$$W = -\Delta U.$$

Se a mudança de orientação se deve a um agente externo, o trabalho realizado pelo agente externo é $W_a = -W$.

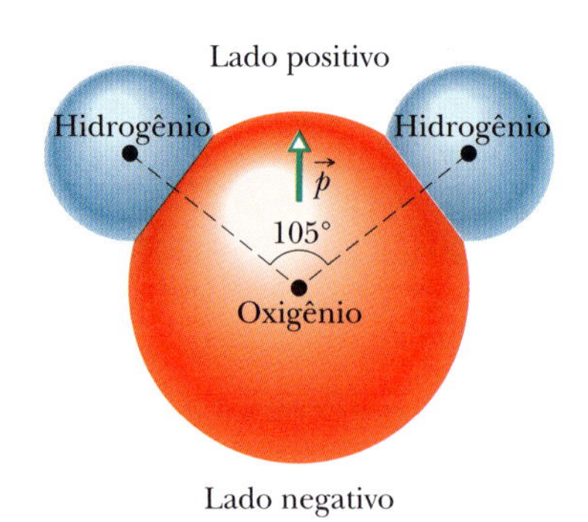

Figura 22.7.1 Molécula de H_2O, mostrando os três núcleos (representados por pontos) e as regiões ocupadas pelos elétrons. O momento dipolar elétrico $\vec{p}$ aponta do lado do oxigênio (negativo) para o lado do hidrogênio (positivo) da molécula.

Dipolo em um Campo Elétrico 22.7

Definimos o momento dipolar elétrico $\vec{p}$ de um dipolo elétrico como um vetor que aponta da carga negativa para a carga positiva do dipolo. Como vamos ver, o comportamento de um dipolo na presença de um campo elétrico externo $\vec{E}$ pode ser totalmente descrito em termos dos vetores $\vec{E}$ e $\vec{p}$, sem necessidade de levar em conta a estrutura detalhada do dipolo.

Uma molécula de água (H_2O) se comporta como um dipolo elétrico, e a Fig. 22.7.1 mostra a razão. Na figura, os pontos representam o núcleo de oxigênio (com oito prótons) e os dois núcleos de hidrogênio (com um próton cada um). As áreas coloridas representam as regiões em que os elétrons da molécula podem ser encontrados.

Na molécula de água, os dois átomos de hidrogênio e o átomo de oxigênio não estão alinhados, mas formam um ângulo de aproximadamente 105°, como mostra a Fig. 22.7.1. Em consequência, a molécula possui um "lado do oxigênio" e um "lado do hidrogênio". Além disso, os 10 elétrons da molécula tendem a permanecer mais tempo nas proximidades do núcleo de oxigênio que nas proximidades dos núcleos de hidrogênio. Isso torna o lado do oxigênio ligeiramente mais negativo que o lado do hidrogênio e dá origem a um momento dipolar elétrico $\vec{p}$ alinhado com o eixo de simetria da molécula, como mostra a figura. Quando a molécula de água é submetida a um campo elétrico externo, ela se comporta como o dipolo elétrico mais abstrato da Fig. 22.3.2.

Para investigar esse comportamento, suponha que o dipolo é submetido a um campo elétrico externo uniforme $\vec{E}$, como na Fig. 22.7.2*a*. Suponha também que o dipolo é uma estrutura rígida formada por duas cargas de sinais opostos, de valor absoluto q, separadas por uma distância d. O momento dipolar $\vec{p}$ faz um ângulo θ com o campo $\vec{E}$.

As duas extremidades do dipolo estão sujeitas a forças eletrostáticas. Como o campo elétrico é uniforme, as forças têm sentidos opostos (como mostrado na Fig. 22.7.2*a*) e o mesmo módulo $F = qE$. Assim, *como o campo é uniforme*, a força total a que está submetido o dipolo é nula e o centro da massa do dipolo não se move. Entretanto, as forças que agem sobre as extremidades do dipolo produzem um torque $\vec{\tau}$ em relação ao centro de massa. O centro de massa está na reta que liga as cargas, a uma distância x de uma das cargas e, portanto, a uma distância $d - x$ da outra. De acordo com a Eq. 10.6.1 ($\tau = rF$ sen ϕ), podemos escrever o módulo do torque total $\vec{\tau}$ como

$$\tau = Fx \operatorname{sen} \theta + F(d - x) \operatorname{sen} \theta = Fd \operatorname{sen} \theta. \qquad (22.7.1)$$

Podemos também escrever o módulo de $\vec{\tau}$ em termos dos módulos do campo elétrico E e do momento dipolar $p = qd$. Para isso, substituímos F por qE e d por p/q na Eq. 22.7.1, o que nos dá

$$\tau = pE \operatorname{sen} \theta. \qquad (22.7.2)$$

Podemos generalizar essa equação para a forma vetorial e escrever

$$\vec{\tau} = \vec{p} \times \vec{E} \quad \text{(torque em um dipolo).} \qquad (22.7.3)$$

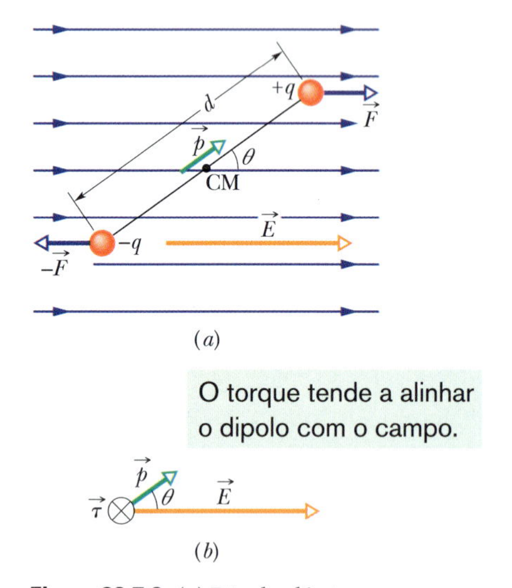

Figura 22.7.2 (*a*) Dipolo elétrico na presença de um campo elétrico externo uniforme $\vec{E}$. Duas cargas de mesmo valor absoluto e sinais opostos estão separadas por uma distância d. A reta que liga as cargas representa o fato de que a distância entre elas se mantém constante. (*b*) O campo $\vec{E}$ aplica um torque $\vec{\tau}$ ao dipolo. A direção de $\vec{\tau}$ é para dentro do papel, como está representado na figura pelo símbolo ⊗.

Os vetores $\vec{p}$ e $\vec{E}$ estão representados na Fig. 22.7.2*b*. O torque aplicado ao dipolo tende a fazer girar o vetor $\vec{p}$ (e, portanto, o dipolo) na direção do campo $\vec{E}$, diminuindo o valor de θ. Na situação mostrada na Fig. 22.7.2, a rotação é no sentido horário. Como foi discutido no Capítulo 10, para indicar que um torque produz uma rotação no sentido horário, acrescentamos um sinal negativo ao módulo do torque. Usando essa convenção, o torque da Fig. 22.7.2 é

$$\tau = -pE \operatorname{sen} \theta. \qquad (22.7.4)$$

Energia Potencial de um Dipolo Elétrico

Uma energia potencial pode ser associada à orientação de um dipolo elétrico em relação a um campo elétrico uniforme. A energia potencial do dipolo é mínima quando o momento $\vec{p}$ está alinhado com o campo $\vec{E}$ (nesse caso, $\vec{\tau} = \vec{p} \times \vec{E} = 0$). A energia potencial é maior para todas as outras orientações. Sob esse aspecto, o dipolo é como um pêndulo, para o qual a energia potencial é mínima em uma orientação específica, aquela em que o peso se encontra no ponto mais baixo da trajetória. Para fazer com que o dipolo ou o pêndulo assuma qualquer outra orientação, é preciso usar um agente externo.

Em qualquer problema que envolva energia potencial, temos liberdade para definir a situação em que a energia potencial é nula, já que são apenas as diferenças de energia potencial que possuem realidade física. No caso da energia potencial de um dipolo na presença de um campo elétrico, as equações se tornam mais simples quando definimos que a energia potencial é nula quando o ângulo θ da Fig. 22.7.2 é 90°. Nesse caso, podemos calcular a energia potencial U do dipolo para qualquer outro valor de θ usando a Eq. 8.1.1 ($\Delta U = -W$) e calculando o trabalho W executado pelo campo sobre o dipolo quando o dipolo gira da posição de 90° para a posição θ. Usando a Eq. 10.8.5 ($W = \int \tau\, d\theta$) e a Eq. 22.7.4, é fácil mostrar que a energia potencial U para um ângulo θ qualquer é dada por

$$U = -W = -\int_{90°}^{\theta} \tau\, d\theta = \int_{90°}^{\theta} pE \operatorname{sen} \theta\, d\theta. \qquad (22.7.5)$$

Resolvendo a integral, obtemos

$$U = -pE \cos \theta. \qquad (22.7.6)$$

Podemos generalizar a Eq. 22.7.5 para a forma vetorial e escrever

$$U = -\vec{p} \cdot \vec{E} \quad \text{(energia potencial de um dipolo).} \qquad (22.7.7)$$

As Eqs. 22.7.6 e 22.7.7 indicam que a energia potencial do dipolo é mínima ($U = -pE$) para $\theta = 0$, situação em que $\vec{p}$ e $\vec{E}$ estão alinhados e apontam no mesmo sentido. A energia potencial é máxima ($U = pE$) para $\theta = 180°$, situação em que $\vec{p}$ e $\vec{E}$ estão alinhados e apontam em sentidos opostos.

Quando um dipolo gira de uma orientação θ_i para uma orientação θ_f, o trabalho W realizado pelo campo elétrico sobre o dipolo é dado por

$$W = -\Delta U = -(U_f - U_i), \qquad (22.7.8)$$

em que U_f e U_i podem ser calculadas usando a Eq. 22.7.7. Se a mudança de orientação é causada por um torque aplicado (normalmente considerado um agente externo), o trabalho W_a realizado pelo torque sobre o dipolo é o negativo do trabalho realizado pelo campo sobre o dipolo, ou seja,

$$W_a = -W = (U_f - U_i). \qquad (22.7.9)$$

Forno de Micro-Ondas

Em um conjunto de moléculas de água, o átomo de oxigênio de uma molécula, que tem carga negativa, atrai um dos átomos de hidrogênio de uma molécula vizinha, que tem carga positiva. Em consequência, duas ou três moléculas se agrupam. Cada vez que um grupo se forma, a energia potencial elétrica é transformada em um movimento térmico aleatório do grupo. Cada vez que colisões entre moléculas desfazem um grupo, a energia térmica diminui e a energia potencial elétrica aumenta. A temperatura da água (que depende do movimento térmico médio) permanece constante, porque existe um equilíbrio entre o ganho de energia térmica com a formação dos grupos e o ganho de energia potencial quando os grupos se desfazem.

Em um forno de micro-ondas, a situação é diferente. O campo elétrico oscilante das micro-ondas exerce um torque sobre as moléculas de água, fazendo com que elas girem continuamente para manter seus momentos dipolares alinhados com a direção instantânea do campo. As moléculas que formam um par podem girar em torno da sua ligação para se manterem alinhadas com o campo elétrico, mas no caso de um grupo de três moléculas, uma das ligações é rompida (Fig. 22.7.3).

Nesse caso, a energia necessária para romper as ligações é fornecida pelas micro-ondas e não por colisões entre moléculas. As moléculas dos grupos que foram desfeitos formam novos grupos, transformando a energia potencial em energia térmica. Assim, o sistema

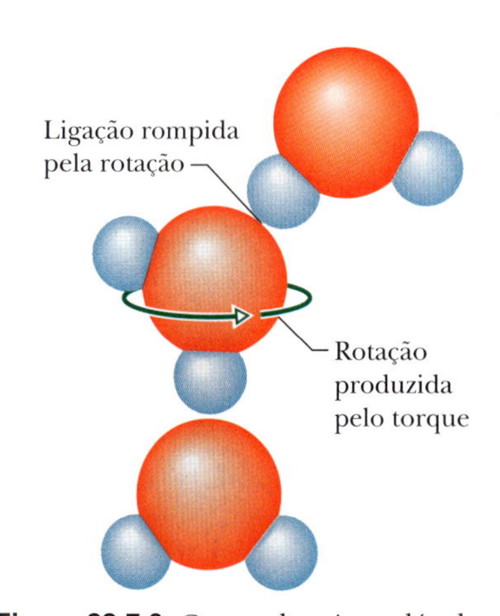

Figura 22.7.3 Grupo de três moléculas de água. O torque produzido pelo campo elétrico oscilante em um forno de micro-ondas rompe uma das ligações entre as moléculas de água, o que aumenta a energia potencial do conjunto.

recebe energia térmica quando novos grupos são formados, mas não perde energia térmica quando grupos são desfeitos. Com isso, a energia térmica da água aumenta, o que resulta em um aumento da temperatura. É por isso que alimentos que contêm água podem ser cozinhados em um forno de micro-ondas. Se as moléculas de água não tivessem um dipolo elétrico, os fornos de micro-ondas não funcionariam. CVF

Teste 22.7.1

A figura mostra quatro orientações de um dipolo elétrico em relação a um campo elétrico externo. Coloque em ordem decrescente as orientações na ordem (a) do módulo do torque a que está submetido o dipolo e (b) da energia potencial do dipolo.

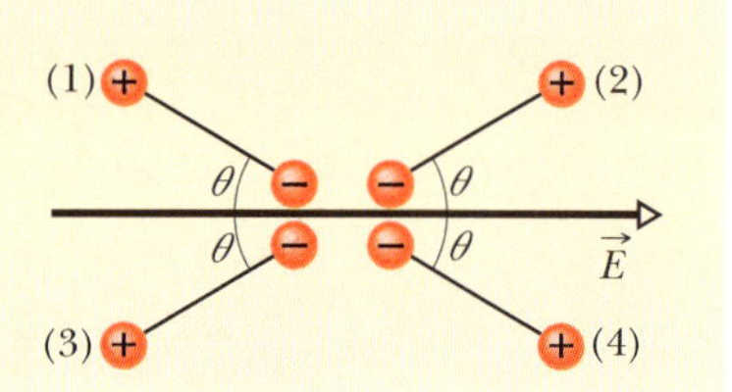

Exemplo 22.7.1 Torque e energia de um dipolo elétrico em um campo elétrico 22.4

Uma molécula de água (H_2O) neutra no estado de vapor tem um momento dipolar elétrico, cujo módulo é $6{,}2 \times 10^{-30}$ C · m.

(a) Qual é a distância entre o centro das cargas positivas e o centro das cargas negativas da molécula?

IDEIA-CHAVE

O momento dipolar de uma molécula depende do valor absoluto q da carga positiva ou negativa da molécula e da distância d entre as cargas.

Cálculos: Como uma molécula neutra de água possui 10 elétrons e 10 prótons, o módulo do momento dipolar é dado por

$$p = qd = (10e)(d),$$

em que d é a distância que queremos determinar e e é a carga elementar. Assim, temos

$$d = \frac{p}{10e} = \frac{6{,}2 \times 10^{-30}\ \text{C}\cdot\text{m}}{(10)(1{,}60 \times 10^{-19}\ \text{C})}$$
$$= 3{,}9 \times 10^{-12}\ \text{m} = 3{,}9\ \text{pm}. \quad \text{(Resposta)}$$

Essa distância é menor do que o raio do átomo de hidrogênio.

(b) Se a molécula é submetida a um campo elétrico de $1{,}5 \times 10^4$ N/C, qual é o máximo torque que o campo elétrico pode exercer sobre a molécula? (Um campo com essa intensidade pode facilmente ser produzido em laboratório.)

IDEIA-CHAVE

O torque exercido por um campo elétrico sobre um dipolo é máximo quando o ângulo θ entre $\vec{p}$ e $\vec{E}$ é 90°.

Cálculo: Fazendo θ = 90° na Eq. 22.7.2, obtemos

$$\tau = pE \text{ sen } \theta$$
$$= (6{,}2 \times 10^{-30}\ \text{C}\cdot\text{m})(1{,}5 \times 10^4\ \text{N/C})(\text{sen } 90°)$$
$$= 9{,}3 \times 10^{-26}\ \text{N}\cdot\text{m}. \quad \text{(Resposta)}$$

(c) Que trabalho deve ser realizado por um *agente externo* para fazer a molécula girar de 180° na presença deste campo, partindo da posição em que a energia potencial é mínima, $\theta = 0$?

IDEIA-CHAVE

O trabalho realizado por um agente externo (por meio de um torque aplicado à molécula) é igual à variação da energia potencial da molécula devido à mudança de orientação.

Cálculo: De acordo com a Eq. 22.7.9, temos

$$W_a = U_{180°} - U_0$$
$$= (-pE \cos 180°) - (-pE \cos 0)$$
$$= 2pE = (2)(6{,}2 \times 10^{-30}\ \text{C}\cdot\text{m})(1{,}5 \times 10^4\ \text{N/C})$$
$$= 1{,}9 \times 10^{-25}\ \text{J}. \quad \text{(Resposta)}$$

Revisão e Resumo

Campo Elétrico Uma forma de explicar a força eletrostática entre duas cargas é supor que uma carga produz um campo elétrico no espaço em volta. A força eletrostática que age sobre uma das cargas é atribuída ao campo elétrico produzido pela outra carga na posição da primeira.

Definição de Campo Elétrico O *campo elétrico* $\vec{E}$ em qualquer ponto do espaço é definido em termos da força eletrostática $\vec{F}$ que seria exercida em uma carga de prova positiva q_0 colocada nesse ponto:

$$\vec{E} = \frac{\vec{F}}{q_0}. \quad (22.1.1)$$

Linhas de Campo Elétrico As *linhas de campo elétrico* são usadas para visualizar a orientação e a intensidade dos campos elétricos. O vetor campo elétrico em qualquer ponto do espaço é tangente à linha de campo elétrico que passa por esse ponto. A densidade de linhas de campo elétrico em uma região do espaço é proporcional ao módulo do campo elétrico nessa região. As linhas de campo elétrico começam em cargas positivas e terminam em cargas negativas.

Campo Produzido por uma Carga Pontual O módulo do campo elétrico $\vec{E}$, produzido por uma carga pontual q a uma distância r da carga, é dado por

$$E = \frac{1}{4\pi\varepsilon_0}\frac{|q|}{r^2}. \quad (22.2.2)$$

O sentido de $\vec{E}$ é para longe da carga pontual, se a carga é positiva, e para perto da carga, se a carga é negativa.

Campo Produzido por um Dipolo Elétrico Um *dipolo elétrico* é formado por duas partículas com cargas de mesmo valor absoluto q e sinais opostos, separadas por uma pequena distância d. O **momento dipolar elétrico** $\vec{p}$ de um dipolo tem módulo qd e aponta da carga negativa para a carga positiva. O módulo do campo elétrico produzido por um dipolo em um ponto distante do eixo do dipolo (reta que passa pelas duas cargas) é dado por

$$E = \frac{1}{2\pi\varepsilon_0}\frac{p}{z^3}, \qquad (22.3.5)$$

em que z é a distância entre o ponto e o centro do dipolo.

Campo Produzido por uma Distribuição Contínua de Carga O campo elétrico produzido por uma *distribuição contínua de carga* pode ser calculado tratando elementos de carga como cargas pontuais e somando, por integração, os campos elétricos produzidos por todos os elementos de carga.

Campo Produzido por um Disco Carregado O módulo do campo elétrico em um ponto do eixo central de um disco uniformemente carregado é dado por

$$E = \frac{\sigma}{2\varepsilon_0}\left(1 - \frac{z}{\sqrt{z^2 + R^2}}\right), \qquad (22.5.5)$$

em que σ é a densidade superficial de carga, z é a distância entre o ponto e o centro do disco e R é o raio do disco.

Força Exercida por um Campo Elétrico sobre uma Carga Pontual Quando uma carga pontual q é submetida a um campo elétrico externo $\vec{E}$ produzido por outras cargas, a força eletrostática $\vec{F}$ que age sobre a carga pontual é dada por

$$\vec{F} = q\vec{E}. \qquad (22.6.1)$$

A força $\vec{F}$ tem o mesmo sentido que $\vec{E}$, se a carga q for positiva, e o sentido oposto, se a carga for negativa.

Um Dipolo em um Campo Elétrico Quando um dipolo elétrico de momento dipolar $\vec{p}$ é submetido a um campo elétrico $\vec{E}$, o campo exerce sobre o dipolo um torque $\vec{\tau}$ dado por

$$\vec{\tau} = \vec{p} \times \vec{E}. \qquad (22.7.3)$$

A energia potencial U do dipolo depende da orientação do dipolo em relação ao campo:

$$U = -\vec{p} \cdot \vec{E}. \qquad (22.7.7)$$

A energia potencial é definida como nula ($U = 0$) quando $\vec{p}$ for perpendicular a $\vec{E}$; é mínima ($U = -pE$), quando $\vec{p}$ e $\vec{E}$ estão alinhados e apontam no mesmo sentido; é máxima ($U = pE$), quando $\vec{p}$ e $\vec{E}$ estão alinhados e apontam em sentidos opostos.

Perguntas

1 A Fig. 22.1 mostra três configurações de campo elétrico, representadas por linhas de campo. Nas três configurações, um próton é liberado no ponto A a partir do repouso e acelerado pelo campo elétrico até o ponto B. A distância entre A e B é a mesma nas três configurações. Coloque em ordem decrescente as configurações de acordo com o módulo do momento linear do próton no ponto B.

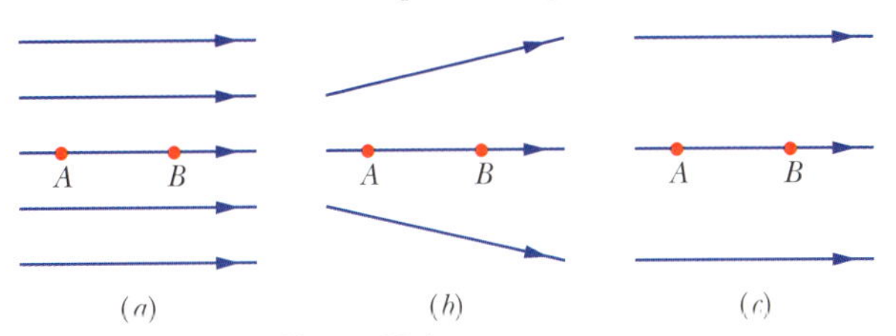

Figura 22.1 Pergunta 1.

2 A Fig. 22.2 mostra dois conjuntos de partículas carregadas em forma de quadrado. Os lados dos quadrados, cujo centro é o ponto P, não são paralelos. A distância entre as partículas situadas no mesmo quadrado é d ou $d/2$. Determine o módulo e a direção do campo elétrico total no ponto P.

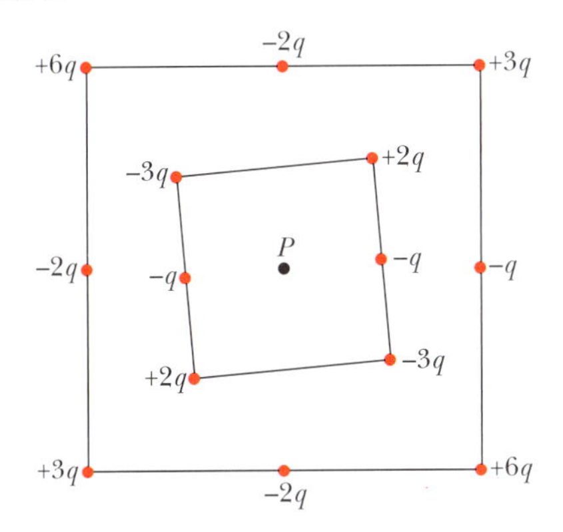

Figura 22.2 Pergunta 2.

3 Na Fig. 22.3, duas partículas de carga $-q$ estão dispostas simetricamente em relação ao eixo y e produzem campos elétricos em um ponto P situado no mesmo eixo. (a) Os módulos dos dois campos no ponto P são iguais? (b) Os campos apontam na direção das cargas ou para longe das cargas? (c) O módulo do campo elétrico total no ponto P é igual à soma dos módulos E dos campos elétricos produzidos pelas duas cargas (ou seja, é igual a $2E$)? (d) As componentes x dos campos produzidos pelas duas cargas se somam ou se cancelam? (e) As componentes y se somam ou se cancelam? (f) A direção do campo total no ponto P é a das componentes que se somam ou a das componentes que se cancelam? (g) Qual é a direção do campo total?

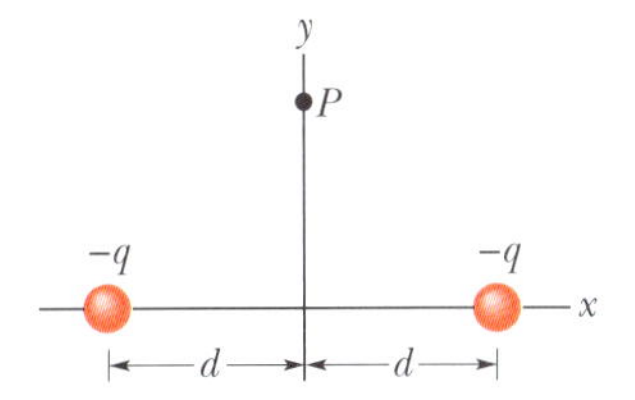

Figura 22.3 Pergunta 3.

4 A Fig. 22.4 mostra quatro sistemas nos quais quatro partículas carregadas estão uniformemente espaçadas à esquerda e à direita de um ponto central. Os valores das cargas estão indicados. Ordene os sistemas de acordo com o módulo do campo elétrico no ponto central, em ordem decrescente.

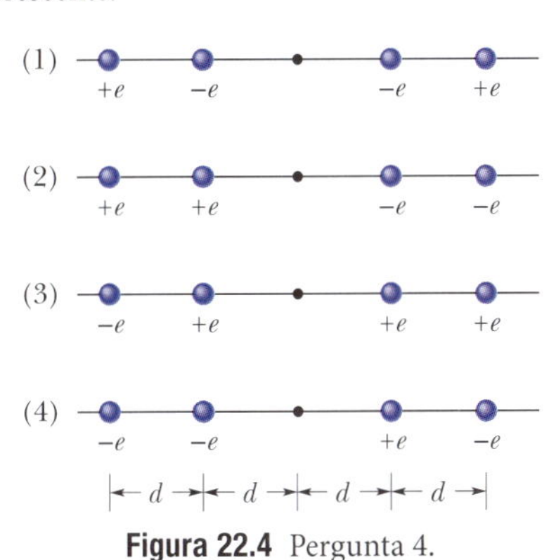

Figura 22.4 Pergunta 4.

5 A Fig. 22.5 mostra duas partículas carregadas mantidas fixas em um eixo. (a) Em que ponto do eixo (além do infinito) o campo elétrico é zero: à esquerda das cargas, entre as cargas ou à direita das cargas? (b) Existe algum ponto *fora* do eixo (além do infinito) em que o campo elétrico seja zero?

Figura 22.5 Pergunta 5.

6 Na Fig. 22.6, dois anéis circulares iguais, isolantes, têm os centros na mesma reta perpendicular aos planos dos anéis. Em três sistemas, as cargas uniformes dos anéis A e B são, respectivamente, (1) q_0 e q_0; (2) $-q_0$ e $-q_0$; (3) $-q_0$ e q_0. Ordene os sistemas de acordo com o módulo do campo elétrico total (a) no ponto P_1, a meio caminho entre os anéis; (b) no ponto P_2, no centro do anel B; (c) no ponto P_3, à direita do anel B, em ordem decrescente.

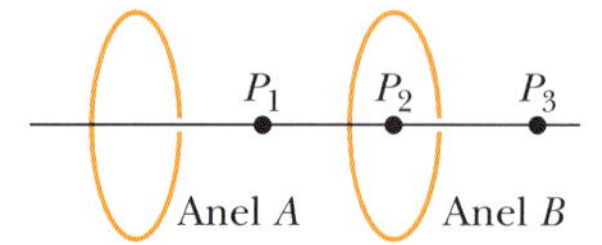

Figura 22.6 Pergunta 6.

7 As energias potenciais associadas a quatro orientações de um dipolo elétrico em relação a um campo elétrico são (1) $-5U_0$; (2) $-7U_0$; (3) $3U_0$; (4) $5U_0$, em que U_0 é uma constante positiva. Coloque em ordem decrescente as orientações de acordo (a) com o ângulo entre o momento dipolar $\vec{p}$ e o campo elétrico $\vec{E}$; (b) com o módulo do torque exercido pelo campo sobre o dipolo.

8 (a) No Teste 22.7.1, se o dipolo gira da orientação 1 para a orientação 2, o trabalho realizado pelo campo sobre o dipolo é positivo, negativo ou nulo? (b) Se o dipolo gira da orientação 1 para a orientação 4, o trabalho realizado pelo campo é maior, menor ou igual ao trabalho do item (a)?

9 A Fig. 22.7 mostra dois discos e um anel plano, todos com a mesma carga uniforme Q. Ordene os objetos de acordo com o módulo elétrico criado no ponto P (situado à mesma distância vertical nos três casos), em ordem decrescente.

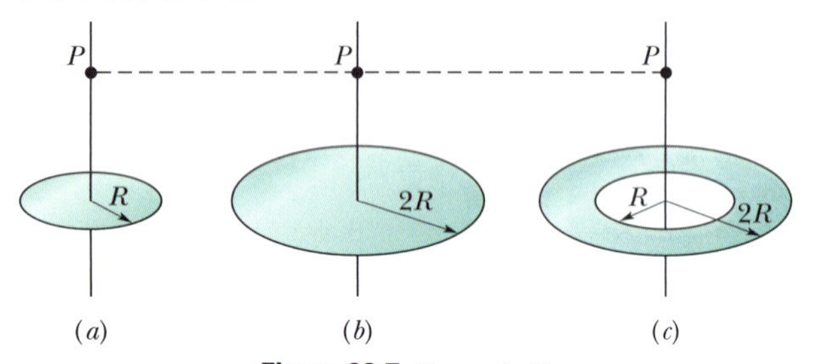

Figura 22.7 Pergunta 9.

10 Na Fig. 22.8, um elétron e atravessa um pequeno orifício da placa A e se dirige para a placa B. Um campo elétrico uniforme na região entre as placas desacelera o elétron sem mudar sua trajetória. (a) Qual é a direção do campo? (b) Quatro outras partículas também atravessam pequenos orifícios da placa A ou da placa B e se movem na região entre as placas. Três possuem cargas $+q_1$, $+q_2$ e $-q_3$. A quarta (n, na figura) é um nêutron, que é eletricamente neutro. A velocidade de cada uma das outras quatro partículas aumenta, diminui ou permanece a mesma na região entre as placas?

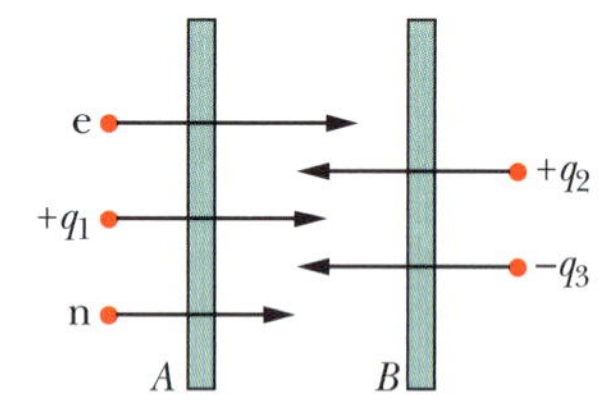

Figura 22.8 Pergunta 10.

11 Na Fig. 22.9*a*, uma barra de plástico circular, com uma carga elétrica uniforme $+Q$, produz um campo elétrico de módulo E no centro de curvatura da barra (situado na origem). Nas Figs. 22.9*b*, *c* e *d*, outras barras circulares, todas com a mesma forma e a mesma carga que a primeira, são acrescentadas até que a circunferência fique completa. Um quinto arranjo (que pode ser chamado de *e*) é semelhante ao arranjo *d*, exceto pelo fato de que a barra do quarto quadrante tem carga $-Q$. Coloque em ordem decrescente os cinco arranjos de acordo com o módulo do campo elétrico no centro de curvatura.

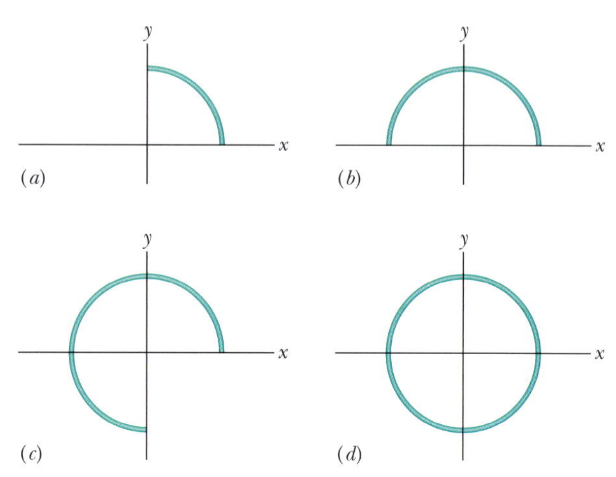

Figura 22.9 Pergunta 11.

12 Quando três dipolos elétricos iguais estão próximos, cada um está sujeito ao campo elétrico produzido pelos outros dois, e o sistema de três dipolos possui certa energia potencial. A Fig. 22.10 mostra dois arranjos nos quais três dipolos elétricos estão lado a lado. Os momentos dipolares elétricos dos três dipolos são iguais, e a distância entre dipolos vizinhos é a mesma. Em qual dos dois arranjos a energia potencial do arranjo de três dipolos é maior?

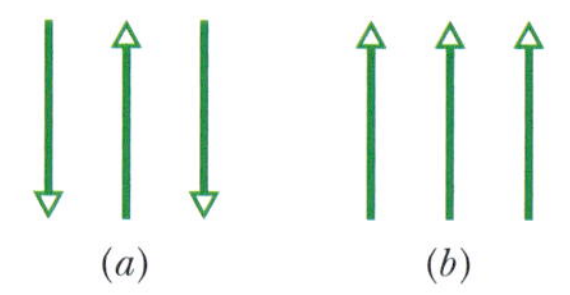

Figura 22.10 Pergunta 12.

13 A Fig. 22.11 mostra três barras, todos com a mesma carga Q distribuída uniformemente. As barras *a* (de comprimento L) e *b* (de comprimento $L/2$) são retas, e os pontos P estão em uma reta perpendicular que passa pelo centro das barras. A barra *c* (de comprimento $L/2$) tem forma de circunferência e o ponto P está no centro. Coloque em ordem decrescente as barras, de acordo com o módulo do campo elétrico nos pontos P.

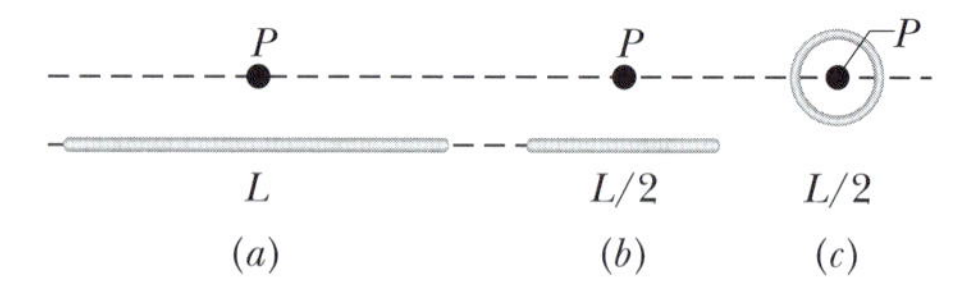

Figura 22.11 Pergunta 13.

14 A Fig. 22.12 mostra cinco prótons que são lançados em uma região onde existe um campo elétrico uniforme $\vec{E}$; o módulo e a orientação da velocidade dos prótons estão indicados. Coloque em ordem decrescente os prótons, de acordo com o módulo da aceleração produzida pelo campo elétrico.

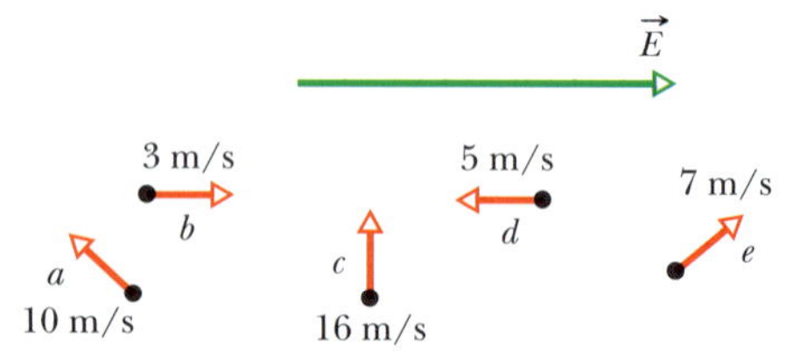

Figura 22.12 Pergunta 14.

Problemas

F Fácil **M** Médio **D** Difícil

CVF Informações adicionais disponíveis no e-book *O Circo Voador da Física*, de Jearl Walker, LTC Editora, Rio de Janeiro, 2008.

CALC Requer o uso de derivadas e/ou integrais

BIO Aplicação biomédica

Módulo 22.1 Campo Elétrico

1 F Faça um esboço das linhas de campo elétrico entre duas cascas esféricas condutoras concêntricas e do lado de fora da casca de maior raio supondo que há uma carga positiva uniforme q_1 na casca de menor raio e uma carga negativa uniforme $-q_2$ na casca de maior raio. Considere os casos $q_1 > q_2$, $q_1 = q_2$ e $q_1 < q_2$.

2 F Na Fig. 22.13, as linhas de campo elétrico do lado esquerdo têm uma separação duas vezes maior que as linhas do lado direito. (a) Se o módulo do campo elétrico no ponto *A* é 40 N/C, qual é o módulo da força a que é submetido um próton no ponto *A*? (b) Qual é o módulo do campo elétrico no ponto *B*?

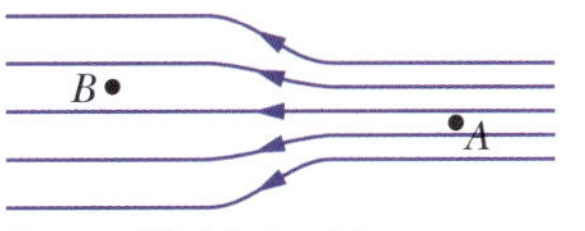

Figura 22.13 Problema 2.

Módulo 22.2 Campo Elétrico Produzido por uma Partícula Carregada

3 F O núcleo de um átomo de plutônio 239 contém 94 prótons. Suponha que o núcleo é uma esfera com 6,64 fm de raio e que a carga dos prótons está distribuída uniformemente na esfera. Determine (a) o módulo e (b) o sentido (para dentro ou para fora) do campo elétrico produzido pelos prótons na superfície do núcleo.

4 F Duas partículas são mantidas fixas no eixo *x*: a partícula 1, de carga $-2{,}00 \times 10^{-7}$ C, no ponto $x = 6{,}00$ cm, e a partícula 2, de carga $+2{,}00 \times 10^{-7}$ C, no ponto $x = 21{,}0$ cm. Qual é o campo elétrico total a meio caminho entre as partículas, na notação dos vetores unitários?

5 F Qual é o valor absoluto de uma carga pontual cujo campo elétrico a 50 cm de distância tem um módulo de 2,0 N/C?

6 F Qual é o valor absoluto de uma carga pontual capaz de criar um campo elétrico de 1,00 N/C em um ponto a 1,00 m de distância?

7 M Na Fig. 22.14, as quatro partículas formam um quadrado de lado $a = 5{,}00$ cm e têm cargas $q_1 = +10{,}0$ nC, $q_2 = -20{,}0$ nC, $q_3 = +20{,}0$ nC e $q_4 = -10{,}0$ nC. Qual é o campo elétrico no centro do quadrado, na notação dos vetores unitários?

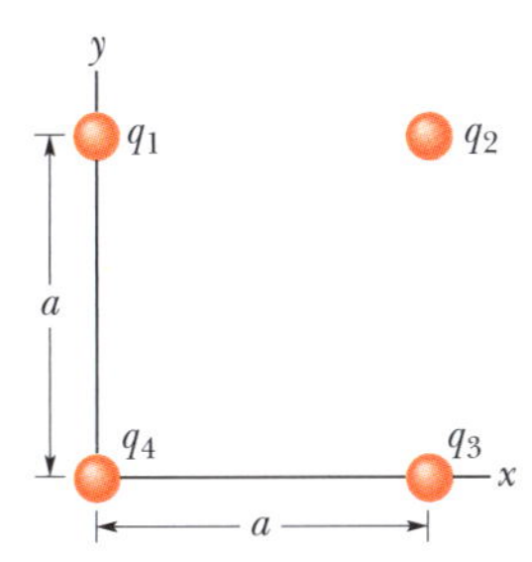

Figura 22.14 Problema 7.

8 M Na Fig. 22.15, as quatro partículas são mantidas fixas e têm cargas $q_1 = q_2 = +5e$, $q_3 = +3e$ e $q_4 = -12e$. A distância $d = 5{,}0$ μm. Qual é o módulo do campo elétrico no ponto *P*?

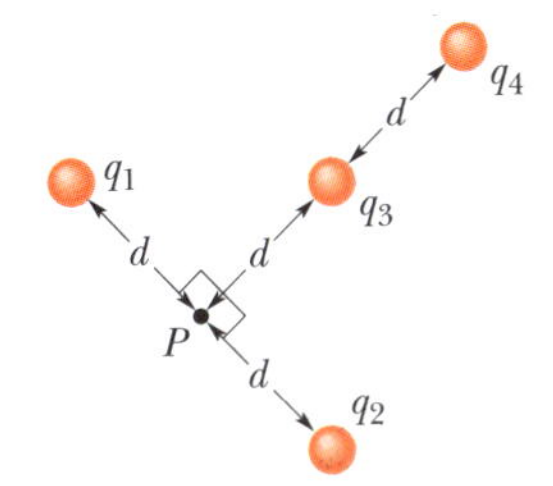

Figura 22.15 Problema 8.

9 M A Fig. 22.16 mostra duas partículas carregadas mantidas fixas no eixo *x*: $-q = -3{,}20 \times 10^{-19}$ C, no ponto $x = -3{,}00$ m, e $q = 3{,}20 \times 10^{-19}$ C, no ponto $x = +3{,}00$ m. Determine (a) o módulo e (b) a orientação (em relação ao semieixo *x* positivo) do campo elétrico no ponto *P*, para o qual $y = 4{,}00$ m.

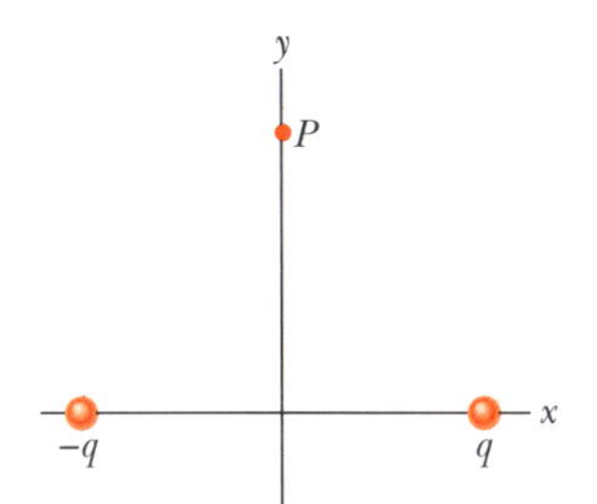

Figura 22.16 Problema 9.

10 M A Fig. 22.17*a* mostra duas partículas carregadas mantidas fixas no eixo *x* a uma distância *L* uma da outra. A razão q_1/q_2 entre os valores absolutos das cargas das duas partículas é 4,00. A Fig. 22.17*b* mostra $E_{tot,x}$, a componente *x* do campo elétrico total, em função de *x*, para a região à direita da partícula 2. A escala do eixo *x* é definida por $x_s = 30{,}0$ cm. (a) Para qual valor de $x > 0$ o valor de $E_{tot,x}$ é máximo? (b) Se a carga da partícula 2 é $-q_2 = -3e$, qual é o valor do campo máximo?

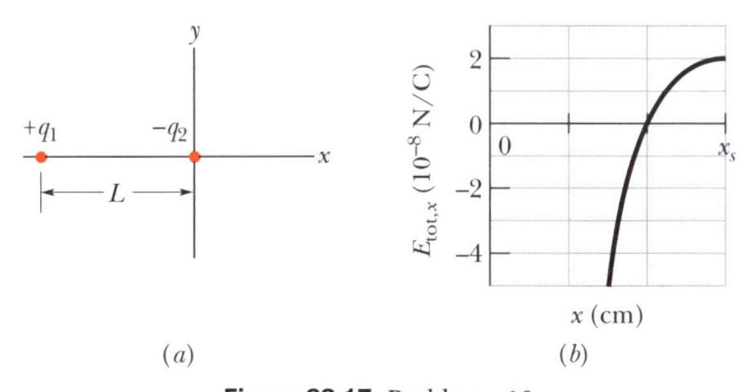

Figura 22.17 Problema 10.

11 M Duas partículas são mantidas fixas no eixo *x*: a partícula 1, de carga $q_1 = 2{,}1 \times 10^{-8}$ C, no ponto $x = 20$ cm, e a partícula 2, de carga $q_2 = -4{,}00q_1$, no ponto $x = 70$ cm. Em que ponto do eixo *x* o campo elétrico total é nulo?

12 M A Fig. 22.18 mostra um arranjo irregular de elétrons (e) e prótons (p) em um arco de circunferência de raio $r = 2{,}00$ cm, com ângulos $\theta_1 = 30{,}0°$, $\theta_2 = 50{,}0°$, $\theta_3 = 30{,}0°$ e $\theta_4 = 20{,}0°$. Determine (a) o módulo e (b) a orientação (em relação ao semieixo *x* positivo) do campo elétrico no centro do arco.

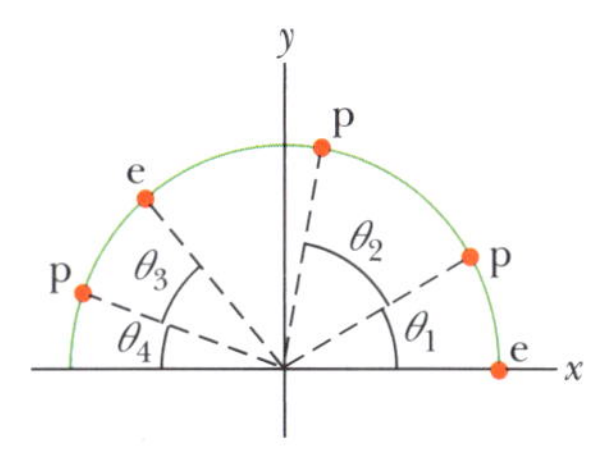

Figura 22.18 Problema 12.

13 M A Fig. 22.19 mostra um próton (p) no eixo central de um disco com uma densidade de carga uniforme devido a um excesso de elétrons. O disco é mostrado de perfil. Três dos elétrons aparecem na figura: o elétron e_c, no centro do disco, e os elétrons e_s, em extremidades opostas do disco, a uma distância *R* do centro. O próton está inicialmente a uma distância $z = R = 2{,}00$ cm do disco. Com o próton nessa posição, determine o módulo (a) do campo elétrico $\vec{E}_c$ produzido pelo elétron e_c e (b) do campo elétrico *total* $\vec{E}_{s,tot}$ produzido pelos elétrons e_s. O próton é transferido para o ponto $z = R/10{,}0$. Determine os novos valores (c) do módulo de $\vec{E}_c$ e (d) do módulo de $\vec{E}_{s,tot}$. (e) Os resultados dos itens (a) e (c) mostram que o módulo de $\vec{E}_c$ aumenta quando o próton se aproxima do disco. Por que, nas mesmas condições, o módulo de $\vec{E}_{s,tot}$ diminui, como mostram os resultados dos itens (b) e (d)?

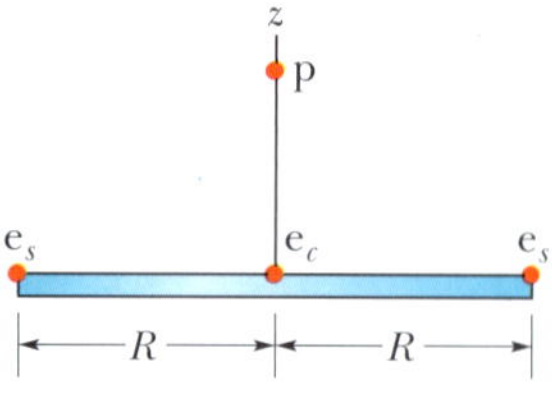

Figura 22.19 Problema 13.

14 M Na Fig. 22.20, a partícula 1, de carga $q_1 = -5{,}00q$, e a partícula 2, de carga $q_2 = +2{,}00q$, são mantidas fixas no eixo x. (a) Em que ponto do eixo, em termos da distância L, o campo elétrico total é nulo? (b) Faça um esboço das linhas de campo elétrico.

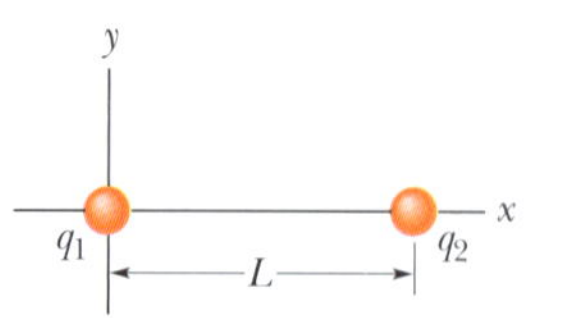

Figura 22.20 Problema 14.

15 M Na Fig. 22.21, as três partículas são mantidas fixas no lugar e têm cargas $q_1 = q_2 = +e$ e $q_3 = +2e$. A distância $a = 6{,}00\ \mu$m. Determine (a) o módulo e (b) a direção do campo elétrico no ponto P.

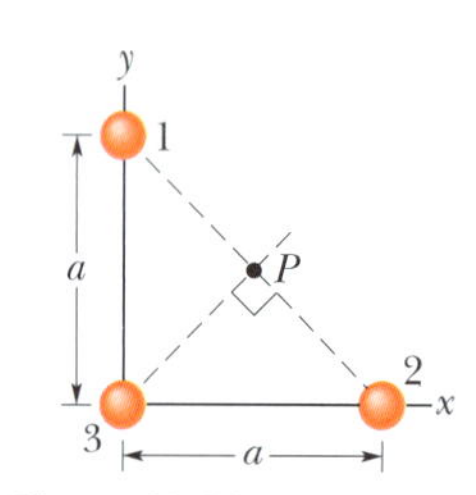

Figura 22.21 Problema 15.

16 D A Fig. 22.22 mostra um anel de plástico de raio $R = 50{,}0$ cm. Duas pequenas contas coloridas estão no anel: a conta 1, de carga $+2{,}00\ \mu$C, que é mantida fixa na extremidade esquerda, e a conta 2, de carga $+6{,}00\ \mu$C, que pode ser deslocada ao longo do anel. As duas contas produzem, juntas, um campo elétrico de módulo E no centro do anel. Determine (a) um valor positivo e (b) um valor negativo do ângulo θ para o qual $E = 2{,}00 \times 10^5$ N/C.

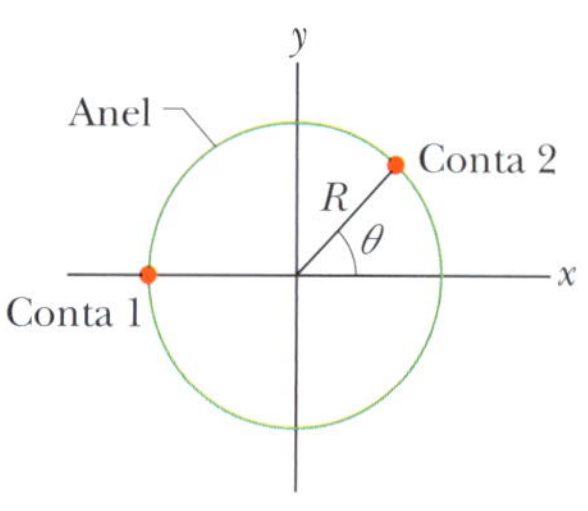

Figura 22.22 Problema 16.

17 D Duas contas carregadas estão no anel da Fig. 22.23*a*, que possui um raio $R = 60{,}0$ cm. A conta 2, que não aparece na figura, é mantida fixa. A conta 1 está inicialmente no eixo x, na posição $\theta = 0°$, mas é deslocada para a extremidade oposta do anel, ou seja, para a posição $\theta = 180°$, passando pelo primeiro e segundo quadrantes do sistema de coordenadas xy. A Fig. 22.23*b* mostra a componente x do campo elétrico produzido na origem pelas duas contas em função de θ, e a Fig. 22.23*c* mostra a componente y do campo. As escalas dos eixos verticais são definidas por $E_{xs} = 5{,}0 \times 10^4$ N/C e $E_{ys} = -9{,}0 \times 10^4$ N/C. (a) Qual é o ângulo θ da conta 2? Determine a carga (b) da conta 1 e (c) da conta 2.

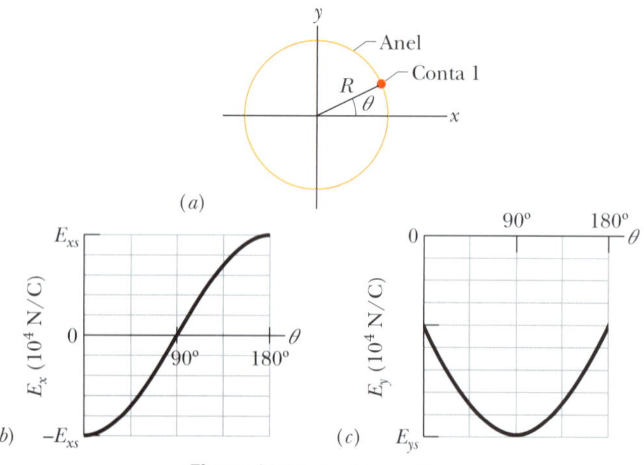

Figura 22.23 Problema 17.

Módulo 22.3 Campo Elétrico Produzido por um Dipolo Elétrico

18 M O campo elétrico de um dipolo elétrico em pontos do eixo do dipolo é dado, aproximadamente, pelas Eqs. 22.3.4 e 22.3.5. Se é feita uma expansão binomial da Eq. 22.3.3, qual é o termo seguinte da expressão do campo elétrico do dipolo em pontos do eixo do dipolo? Em outras palavras, qual é o valor de E_1 na expressão

$$E = \frac{1}{2\pi\varepsilon_0}\frac{qd}{z^3} + E_1?$$

19 M A Fig. 22.24 mostra um dipolo elétrico. Determine (a) o módulo e (b) a orientação (em relação ao semieixo x positivo) do campo elétrico produzido pelo dipolo em um ponto P situado a uma distância $r \gg d$.

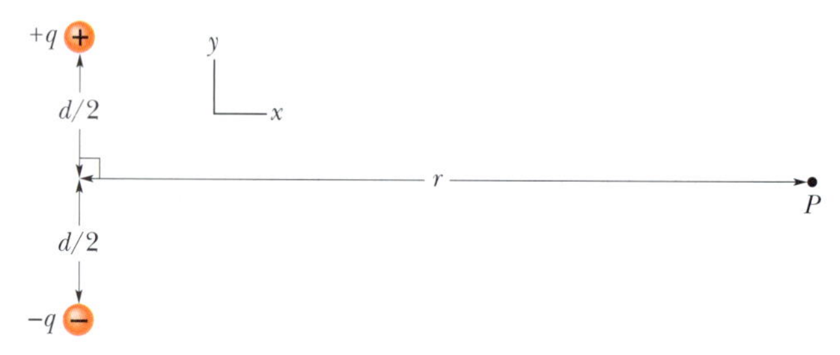

Figura 22.24 Problema 19.

20 M As Eqs. 22.3.4 e 22.3.5 fornecem o valor aproximado do módulo do campo elétrico de um dipolo elétrico em pontos do eixo do dipolo. Considere um ponto P do eixo situado a uma distância $z = 5{,}00d$ do centro do dipolo, em que d é a distância entre as partículas que formam o dipolo. Seja E_{apr} o valor aproximado do módulo do campo no ponto P, dado pelas Eqs. 22.3.4 e 22.3.5, e seja E_{ver} o valor verdadeiro do campo. Determine a razão E_{apr}/E_{ver}.

21 D *Quadrupolo elétrico.* A Fig. 22.25 mostra um quadrupolo elétrico, formado por dois dipolos de mesmo módulo e sentidos opostos. Mostre que o valor de E em um ponto P do eixo do quadrupolo situado a uma distância z do centro (supondo $z \gg d$) é dado por

$$E = \frac{3Q}{4\pi\varepsilon_0 z^4},$$

em que $Q\ (= 2qd^2)$ é chamado *momento quadrupolar* da distribuição de carga.

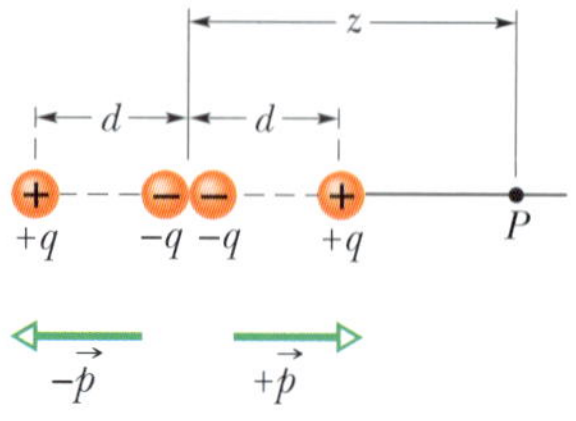

Figura 22.25 Problema 21.

Módulo 22.4 Campo Elétrico Produzido por uma Linha de Carga

22 F *Densidade, densidade, densidade.* (a) Uma carga de $-300e$ está distribuída uniformemente em um arco de circunferência de 4,00 cm de raio, que subtende um ângulo de 40°. Qual é a densidade linear de carga do arco? (b) Uma carga de $-300e$ está distribuída uniformemente em uma das superfícies de um disco circular de 2,00 cm de raio. Qual é a densidade superficial de carga da superfície? (c) Uma carga de $-300e$ está distribuída uniformemente na superfície de uma esfera de 2,00 cm de raio. Qual é a densidade superficial de carga da superfície? (d) Uma carga de $-300e$ está distribuída uniformemente no volume de uma esfera de 2,00 cm de raio. Qual é a densidade volumétrica de carga da esfera?

23 F A Fig. 22.26 mostra dois anéis isolantes paralelos, com o centro na mesma reta perpendicular aos planos dos anéis. O anel 1, de raio R, possui uma carga uniforme q_1; o anel 2, também de raio R, possui uma carga uniforme q_2. Os anéis estão separados por uma distância $d = 3{,}00R$. O campo elétrico no ponto P da reta que passa pelos centros dos anéis, que está a uma distância R do anel 1, é zero. Calcule a razão q_1/q_2.

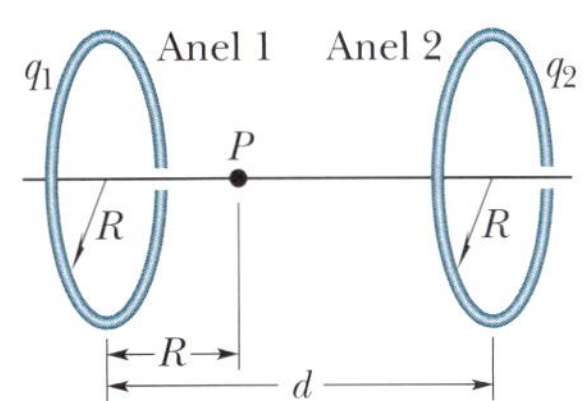

Figura 22.26 Problema 23.

24 M CALC Uma barra fina isolante, com uma distribuição uniforme de carga positiva Q, tem a forma de uma circunferência de raio R (Fig. 22.27). O eixo central do anel é o eixo z, com a origem no centro do anel. Determine o módulo do campo elétrico (a) no ponto $z = 0$ e (b) no ponto $z = \infty$. (c) Em termos de R, para qual valor positivo de z o módulo do campo é máximo? (d) Se $R = 2{,}00$ cm e $Q = 4{,}00\ \mu$C, qual é o valor máximo do campo?

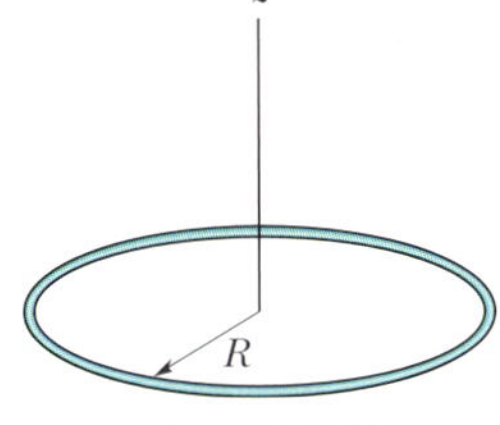

Figura 22.27 Problema 24.

25 M A Fig. 22.28 mostra três arcos de circunferência cujo centro está na origem de um sistema de coordenadas. Em cada arco, a carga uniformemente distribuída é dada em termos de $Q = 2{,}00\ \mu$C. Os raios são dados em termos de $R = 10{,}0$ cm. Determine (a) o módulo e (b) a orientação (em relação ao semieixo x positivo) do campo elétrico na origem.

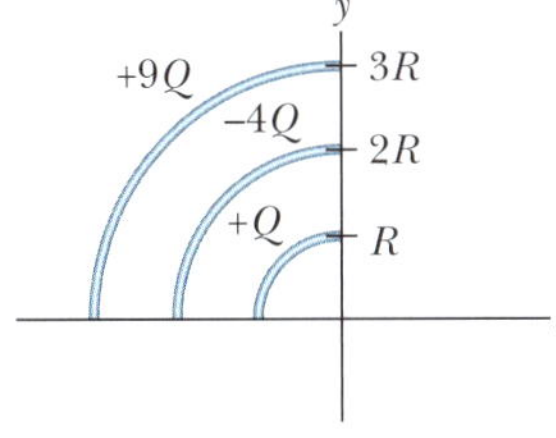

Figura 22.28 Problema 25.

26 M Na Fig. 22.29, uma barra fina de vidro forma uma semicircunferência de raio $r = 5{,}00$ cm. Uma carga $+q = 4{,}50$ pC está distribuída uniformemente na parte superior da barra, e uma carga $-q = -4{,}50$ pC está distribuída uniformemente na parte inferior da barra. Determine (a) o módulo e (b) a orientação (em relação ao semieixo x positivo) do campo elétrico $\vec{E}$ no ponto P, situado no centro do semicírculo.

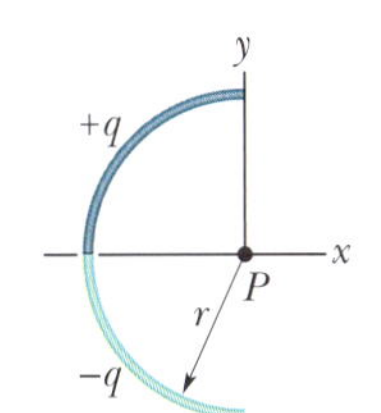

Figura 22.29 Problema 26.

27 M Na Fig. 22.30, duas barras curvas de plástico, uma de carga $+q$ e outra de carga $-q$, formam uma circunferência de raio $R = 8{,}50$ cm no plano xy. O eixo x passa pelos dois pontos de ligação entre os arcos, e a carga está distribuída uniformemente nos dois arcos. Se $q = 15{,}0$ pC, determine (a) o módulo e (b) a orientação (em relação ao semieixo x positivo) do campo elétrico $\vec{E}$ no ponto P, situado no centro da circunferência.

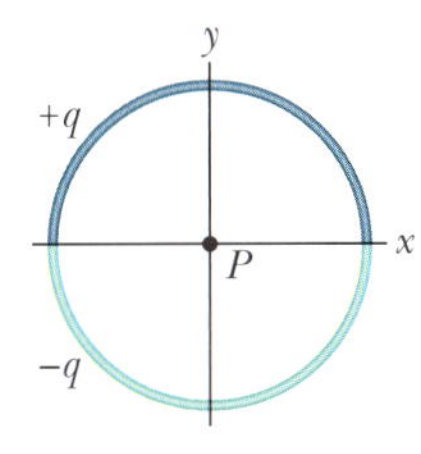

Figura 22.30 Problema 27.

28 M CALC Um anel de raio $R = 2{,}40$ cm contém uma distribuição uniforme de carga, e o módulo do campo elétrico E resultante é medido ao longo do eixo central do anel (perpendicular ao plano do anel). A que distância do centro do anel o campo E é máximo?

29 M A Fig. 22.31a mostra uma barra isolante com uma carga $+Q$ distribuída uniformemente. A barra forma uma semicircunferência de raio R e produz um campo elétrico de módulo E no centro de curvatura P. Se a barra é substituída por uma carga pontual situada a uma distância R do ponto P (Fig. 22.31b), qual é a razão entre o novo valor de E e o antigo valor?

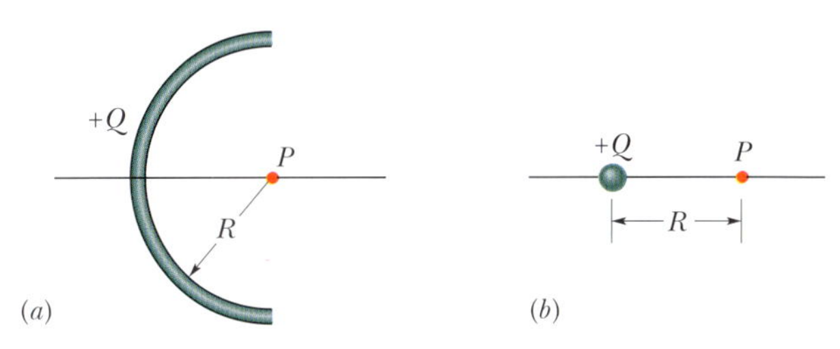

Figura 22.31 Problema 29.

30 M A Fig. 22.32 mostra dois anéis concêntricos, de raios R e $R' = 3{,}00R$, que estão no mesmo plano. O ponto P está no eixo central z, a uma distância $D = 2{,}00R$ do centro dos anéis. O anel menor possui uma carga uniformemente distribuída $+Q$. Em termos de Q, qual deve ser a carga uniformemente distribuída no anel maior para que o campo elétrico no ponto P seja nulo?

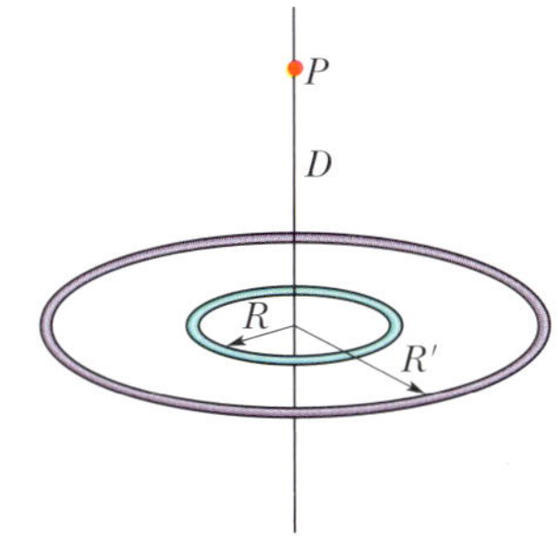

Figura 22.32 Problema 30.

31 M CALC Na Fig. 22.33, uma barra isolante, de comprimento $L = 8{,}15$ cm, tem uma carga $-q = -4{,}23$ fC uniformemente distribuída. (a) Qual é a densidade linear de carga da barra? Determine (b) o módulo e (c) a direção (em relação ao semieixo x positivo) do campo elétrico produzido no ponto P, situado no eixo x, a uma distância $a = 12{,}0$ cm da extremidade da barra. Determine o módulo do campo elétrico produzido em um ponto situado no eixo x, a uma distância $a = 50$ m do centro da barra, (d) pela barra e (e) por uma partícula de carga $-q = -4{,}23$ fC colocada no lugar anteriormente ocupado pelo centro da barra.

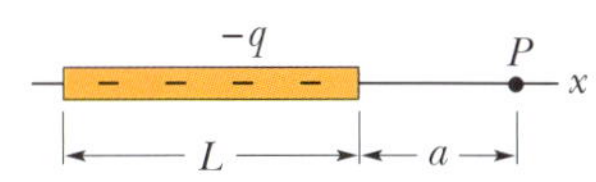

Figura 22.33 Problema 31.

32 D CALC Na Fig. 22.34, uma carga positiva $q = 7{,}81$ pC está distribuída uniformemente em uma barra fina, isolante, de comprimento $L = 14{,}5$ cm. Determine (a) o módulo e (b) a orientação (em relação ao semieixo x positivo) do campo elétrico produzido no ponto P, situado na mediatriz da barra, a uma distância $R = 6{,}00$ cm da barra. 22.1

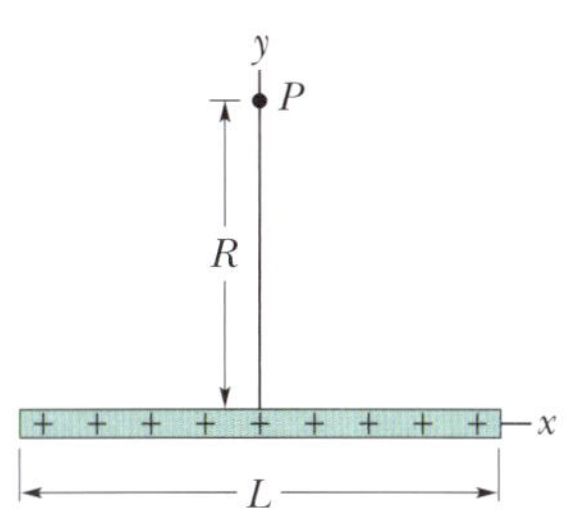

Figura 22.34 Problema 32.

33 D CALC Na Fig. 22.35, uma barra isolante "semi-infinita" (ou seja, infinita apenas em um sentido) possui uma densidade linear de carga uniforme λ. Mostre que o campo elétrico $\vec{E}_p$ no ponto P faz um ângulo de 45° com a barra e que o resultado não depende da distância R. (*Sugestão*: Calcule separadamente as componentes de $\vec{E}_p$ na direção paralela à barra e na direção perpendicular à barra.)

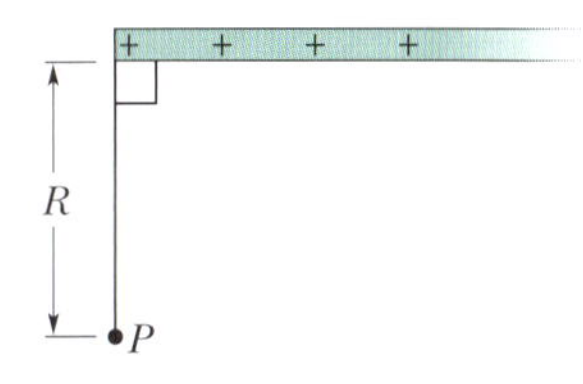

Figura 22.35 Problema 33.

Módulo 22.5 Campo Elétrico Produzido por um Disco Carregado

34 F Um disco de 2,5 cm de raio possui uma densidade superficial de carga de $5{,}3\ \mu\text{C/m}^2$ na superfície superior. Qual é o módulo do campo elétrico produzido pelo disco em um ponto do eixo central situado a uma distância $z = 12$ cm do centro do disco?

35 F A que distância ao longo do eixo de um disco de plástico uniformemente carregado com 0,600 m de raio o módulo do campo elétrico é igual a metade do módulo do campo no centro do disco?

36 M Um disco circular de plástico de raio $R = 2,00$ cm tem uma carga uniformemente distribuída $Q = +(2,00 \times 10^6)e$ na superfície. Qual é a carga, em coulombs, de um anel circular de 30 μm de largura e raio médio $r = 0,50$ cm extraído do disco?

37 M Um engenheiro foi encarregado de projetar um dispositivo no qual um disco uniformemente carregado, de raio R, produz um campo elétrico. O módulo do campo é mais importante em um ponto P do eixo do disco, a uma distância $2,00R$ do plano do disco (Fig. 22.36a). Para economizar material, decidiu-se substituir o disco por um anel com o mesmo raio externo R e um raio interno $R/2,00$ (Fig. 22.36b). O anel tem a mesma densidade superficial de carga que o disco original. Qual é a redução percentual do módulo do campo elétrico no ponto P?

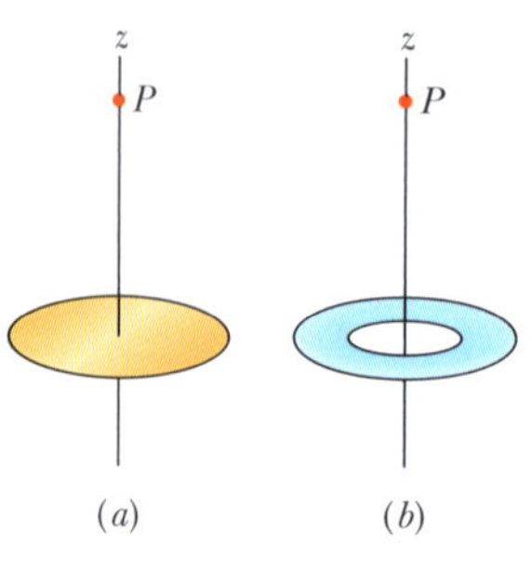

Figura 22.36 Problema 37.

38 M A Fig. 22.37a mostra um disco circular uniformemente carregado. O eixo central z é perpendicular ao plano do disco e a origem está no centro do disco. A Fig. 22.37b mostra o módulo do campo elétrico no eixo z em função do valor de z, em termos do valor máximo E_m do módulo do campo elétrico. A escala do eixo z é definida por $z_s = 8,0$ cm. Qual é o raio do disco?

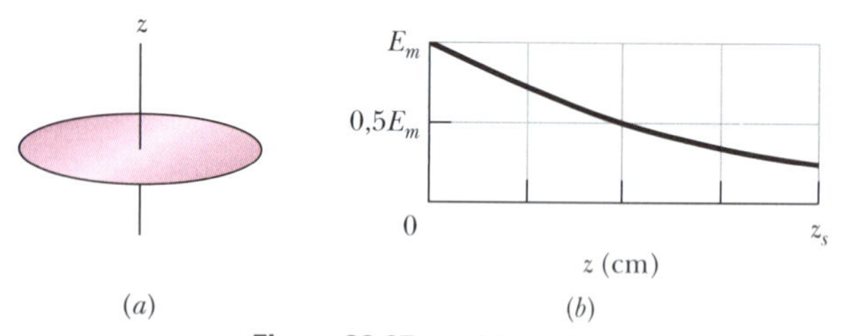

Figura 22.37 Problema 38.

Módulo 22.6 Carga Pontual em um Campo Elétrico

39 F No experimento de Millikan, uma gota de óleo, com raio de 1,64 μm e massa específica de 0,851 g/cm³, permanece imóvel na câmara C (ver Fig. 22.6.1) quando um campo vertical de $1,92 \times 10^5$ N/C é aplicado. Determine a carga da gota em termos de e.

40 F Um elétron com uma velocidade de $5,00 \times 10^8$ cm/s entra em uma região em que existe um campo elétrico uniforme de $1,00 \times 10^3$ N/C e se move paralelamente ao campo, sendo desacelerado por ele. Determine (a) a distância percorrida pelo elétron até inverter o movimento e (b) o tempo necessário para que o elétron inverta o movimento. (c) Se a região em que existe o campo tem 8,00 mm de largura (uma distância insuficiente para que o elétron inverta o movimento), que fração da energia cinética inicial do elétron é perdida na região?

41 F Um grupo de nuvens carregadas produz um campo elétrico no ar perto da superfície da Terra. Na presença desse campo, uma partícula com uma carga de $-2,0 \times 10^{-9}$ C é submetida a uma força eletrostática para baixo de $3,0 \times 10^{-6}$ N. (a) Qual é o módulo do campo elétrico? Determine (b) o módulo e (c) a orientação da força eletrostática $\vec{F}_{el}$ exercida pelo campo sobre um próton. (d) Determine o módulo da força gravitacional $\vec{F}_g$ a que está sujeito o próton. (e) Calcule a razão F_{el}/F_g.

42 F O ar úmido se torna um bom condutor de eletricidade (as moléculas se ionizam) quando é submetido a um campo elétrico maior que $3,0 \times 10^6$ N/C. Determine, para esse valor de campo elétrico, o módulo da força eletrostática a que é submetido (a) um elétron e (b) um átomo monoionizado.

43 F Um elétron é liberado a partir do repouso em um campo elétrico uniforme, de módulo $2,00 \times 10^4$ N/C. Determine a aceleração do elétron. (Ignore os efeitos da gravitação.)

44 F Uma partícula alfa (núcleo de um átomo de hélio) tem uma massa de $6,64 \times 10^{-27}$ kg e uma carga de $+2e$. Determine (a) o módulo e (b) a direção de um campo elétrico capaz de equilibrar o peso da partícula.

45 F Um elétron está no eixo de um dipolo elétrico, a 25 nm de distância do centro do dipolo. Qual é o módulo da força eletrostática a que está submetido o elétron se o momento do dipolo é $3,6 \times 10^{-29}$ C · m? Suponha que a distância entre as cargas do dipolo é muito menor que 25 nm.

46 F Um elétron adquire uma aceleração para leste de $1,80 \times 10^9$ m/s² ao ser submetido a um campo elétrico uniforme. Determine (a) o módulo e (b) a orientação do campo elétrico.

47 F Feixes de prótons de alta energia podem ser produzidos por "canhões" que usam campos elétricos para acelerar os prótons. (a) Qual é a aceleração experimentada por um próton em um campo elétrico de $2,00 \times 10^4$ N/C? (b) Qual é a velocidade adquirida pelo próton depois de percorrer uma distância de 1,00 cm na presença desse campo?

48 M Na Fig. 22.38, um elétron (e) é liberado a partir do repouso no eixo central de um disco uniformemente carregado, de raio R. A densidade superficial de carga do disco é $+4,00\ \mu$C/m². Determine o módulo da aceleração inicial do elétron se for liberado a uma distância (a) R, (b) $R/100$, (c) $R/1.000$ do centro do disco. (d) Por que o módulo da aceleração quase não varia quando o elétron está próximo do disco?

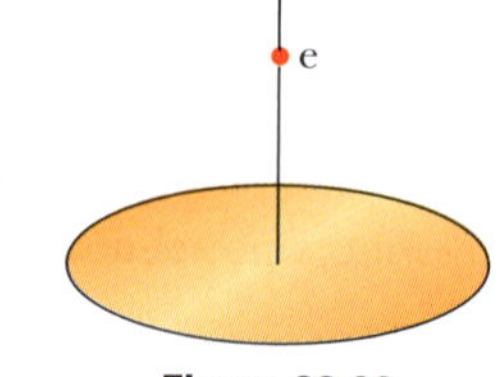

Figura 22.38 Problema 48.

49 M Um bloco de 10,0 g com uma carga de $+8,00 \times 10^{-5}$ C é submetido a um campo elétrico $\vec{E} = (3.000\hat{i} - 600\hat{j})$ N/C. Determine (a) o módulo e (b) a orientação (em relação ao semieixo x positivo) da força eletrostática que age sobre o bloco. Se o bloco for liberado na origem, a partir do repouso, no instante $t = 0$, determine (c) a coordenada x e (d) a coordenada y do bloco no instante $t = 3,00$ s.

50 M Em determinado instante, as componentes da velocidade de um elétron que se move entre duas placas paralelas carregadas são $v_x = 1,5 \times 10^5$ m/s e $v_y = 3,0 \times 10^3$ m/s. O campo elétrico entre as placas é $\vec{E} = (120\ \text{N/C})\hat{j}$. Determine, na notação dos vetores unitários, (a) a aceleração do elétron e (b) a velocidade do elétron no instante em que sua coordenada x variou de 2,0 cm.

51 M BIO CVF Suponha que uma abelha possa ser aproximada por uma esfera de 1,000 cm de diâmetro com uma carga de +45,0 pC distribuída uniformemente na superfície. Suponha ainda que um grão de pólen com 40,0 μm de diâmetro seja mantido eletricamente na superfície da esfera porque a carga da abelha induz uma carga de −1,00 pC no lado mais próximo da esfera e uma carga de +1,00 pC no lado mais distante. (a) Qual é o módulo da força eletrostática que a abelha exerce sobre o grão de pólen? Suponha que a abelha transporte o grão de pólen até uma distância de 1,000 mm da ponta do estigma de uma flor e que a ponta do estigma possa ser aproximada por uma partícula com uma carga de −45 pC. (b) Qual é o módulo da força eletrostática que o estigma exerce sobre o grão? (c) O grão permanece no corpo da abelha ou salta para o estigma?

52 M Um elétron penetra, com uma velocidade inicial de 40 km/s, em uma região na qual existe um campo elétrico uniforme de módulo $E = 50$ N/C, e se move na mesma direção e no mesmo sentido que o campo. (a) Qual é a velocidade do elétron 1,5 ns depois de entrar na região? (b) Qual é a distância que o elétron percorre nesse intervalo de 1,5 ns?

53 M Duas grandes placas de cobre, mantidas a 5,0 cm de distância uma da outra, são usadas para criar um campo elétrico uniforme, como mostra a Fig. 22.39. Um elétron é liberado da placa negativa ao mesmo tempo que um próton é liberado da placa positiva. Desprezando a interação entre as partículas, determine a que distância da placa positiva as partículas passam uma pela outra. (Por que não é necessário conhecer o valor do campo elétrico para resolver o problema?)

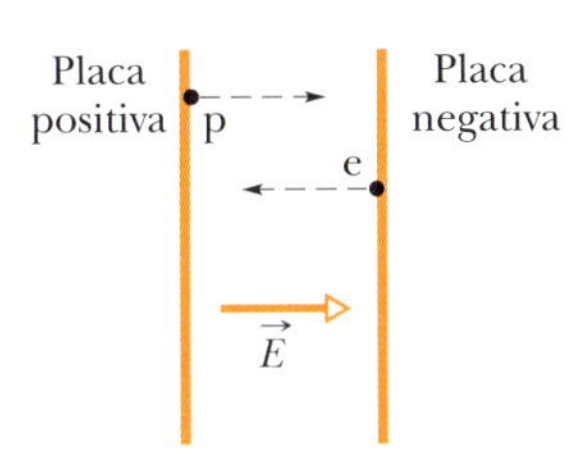

Figura 22.39 Problema 53.

54 **M** Na Fig. 22.40, um elétron é lançado com uma velocidade inicial $v_0 = 2{,}00 \times 10^6$ m/s e um ângulo $\theta_0 = 40{,}0°$ com o eixo x em uma região na qual existe um campo elétrico uniforme $\vec{E} = (5{,}00 \text{ N/C})\hat{j}$. Uma tela para detectar elétrons foi instalada paralelamente ao eixo y, a uma distância $x = 3{,}00$ m do ponto de lançamento do elétron. Na notação dos vetores unitários, qual é a velocidade do elétron ao atingir a tela?

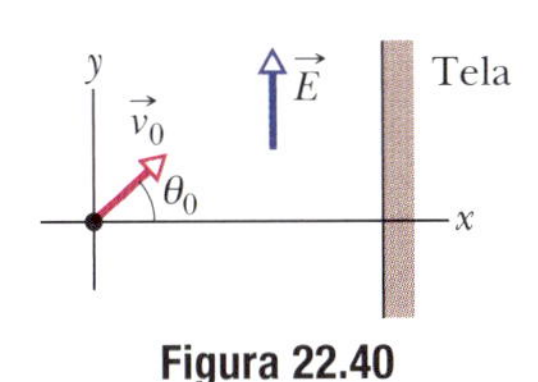

Figura 22.40 Problema 54.

55 **M** Um campo elétrico uniforme existe em uma região entre duas placas com cargas elétricas opostas. Um elétron é liberado, a partir do repouso, da superfície da placa negativamente carregada e atinge a superfície da outra placa, a 2,0 cm de distância, em $1{,}5 \times 10^{-8}$ s. (a) Qual é a velocidade do elétron ao atingir a segunda placa? (b) Qual é o módulo do campo elétrico $\vec{E}$?

Módulo 22.7 Dipolo em um Campo Elétrico

56 **F** Um dipolo elétrico formado por cargas de $+2e$ e $-2e$ separadas por uma distância de 0,78 nm é submetido a um campo elétrico de $3{,}4 \times 10^6$ N/C. Calcule o módulo do torque exercido pelo campo elétrico sobre o dipolo se o momento do dipolo estiver (a) paralelo, (b) perpendicular e (c) antiparalelo ao campo elétrico.

57 **F** Um dipolo elétrico formado por cargas de +1,50 nC e −1,50 nC separadas por uma distância de 6,20 μm é submetido a um campo elétrico de 1100 N/C. Determine (a) o módulo do momento dipolar elétrico e (b) a diferença entre as energias potenciais quando o dipolo está orientado paralelamente e antiparalelamente a $\vec{E}$.

58 **M** Um dipolo elétrico é submetido a um campo elétrico uniforme $\vec{E}$ cujo módulo é 20 N/C. A Fig. 22.41 mostra a energia potencial U do dipolo em função do ângulo θ entre $\vec{E}$ e o momento do dipolo $\vec{p}$. A escala do eixo vertical é definida por $U_s = 100 \times 10^{-28}$ J. Qual é o módulo de $\vec{p}$?

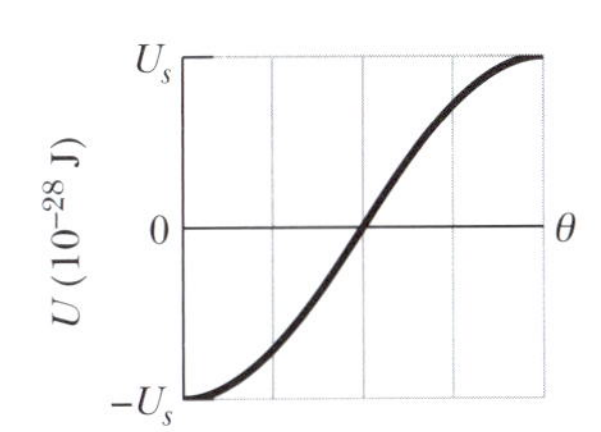

Figura 22.41 Problema 58.

59 **M** Qual é o trabalho necessário para fazer girar de 180° um dipolo elétrico em um campo elétrico uniforme de módulo $E = 46{,}0$ N/C se $p = 3{,}02 \times 10^{-25}$ C · m e o ângulo inicial é 64°?

60 **M** Um dipolo elétrico é submetido a um campo elétrico uniforme $\vec{E}$ de módulo 40 N/C. A Fig. 22.42 mostra o módulo τ do torque exercido sobre o dipolo em função do ângulo θ entre o campo $\vec{E}$ e o momento dipolar $\vec{p}$. A escala do eixo vertical é definida por $\tau_s = 100 \times 10^{-28}$ N · m. Qual é o módulo de $\vec{p}$?

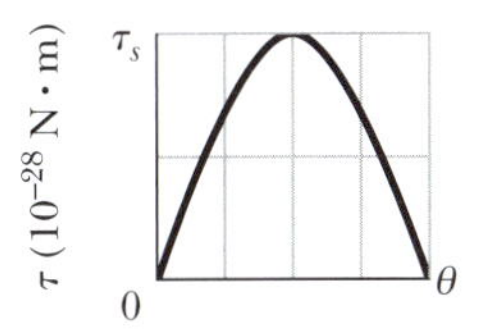

Figura 22.42 Problema 60.

61 **M** Escreva uma expressão para a frequência de oscilação de um dipolo elétrico de momento dipolar $\vec{p}$ e momento de inércia I, para pequenas amplitudes de oscilação em torno da posição de equilíbrio, na presença de um campo elétrico uniforme de módulo E.

Problemas Adicionais

62 (a) Qual é o módulo da aceleração de um elétron submetido a um campo elétrico uniforme de $1{,}40 \times 10^6$ N/C? (b) Quanto tempo o elétron leva, partindo do repouso, para atingir um décimo da velocidade da luz? (c) Que distância o elétron percorre nesse período de tempo?

63 Uma gota d'água esférica com 1,20 μm de diâmetro está suspensa no ar devido a um campo elétrico atmosférico vertical cujo módulo é $E = 462$ N/C. (a) Qual é o peso da gota? (b) Quantos elétrons em excesso a gota possui?

64 Três partículas com a mesma carga positiva Q formam um triângulo equilátero de lado d. Qual é o módulo do campo elétrico produzido pelas partículas no ponto médio de um dos lados?

65 Na Fig. 22.43*a*, uma partícula de carga $+Q$ produz um campo elétrico de módulo E_{part} no ponto P, a uma distância R da partícula. Na Fig. 22.43*b*, a mesma carga está distribuída uniformemente em um arco de circunferência de raio R, que subtende um ângulo θ. A carga do arco produz um campo elétrico de módulo E_{arco} no centro de curvatura P. Para qual valor de θ temos $E_{\text{arco}} = 0{,}500E_{\text{part}}$? (*Sugestão*: Use uma solução gráfica.)

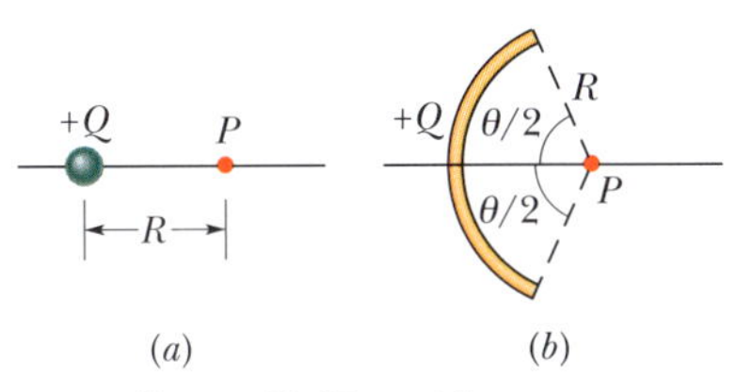

Figura 22.43 Problema 65.

66 Um próton e um elétron ocupam dois vértices de um triângulo equilátero de lado $2{,}0 \times 10^{-6}$ m. Qual é o módulo do campo elétrico no terceiro vértice do triângulo?

67 **CALC** Uma corda com uma densidade linear uniforme de carga de 9,0 nC/m é estendida ao longo do eixo x de $x = 0$ até $x = 3{,}0$ m. Determine o módulo do campo elétrico no ponto $x = 4{,}0$ m do eixo x.

68 Na Fig. 22.44, oito partículas estão no perímetro de um quadrado de lado $d = 2{,}0$ cm. As cargas das partículas são $q_1 = +3e$, $q_2 = +e$, $q_3 = -5e$, $q_4 = -2e$, $q_5 = +3e$, $q_6 = +e$, $q_7 = -5e$ e $q_8 = +e$. Na notação dos vetores unitários, qual é o campo elétrico produzido pelas partículas no centro do quadrado?

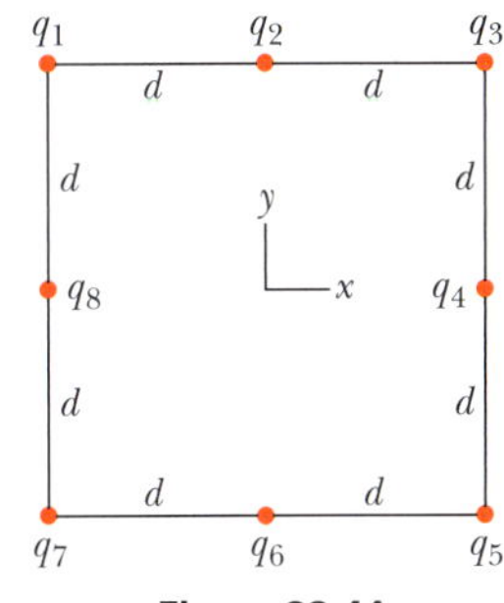

Figura 22.44 Problema 68.

69 Duas partículas, ambas com uma carga de valor absoluto 12 nC, ocupam dois vértices de um triângulo equilátero com 2,0 m de lado. Determine o módulo do campo elétrico no terceiro vértice (a) se as duas cargas forem positivas e (b) se uma das cargas for positiva e a outra for negativa.

70 Em um de seus experimentos, Millikan reparou que as cargas a seguir eram observadas na mesma gota em diferentes ocasiões:

$6{,}563 \times 10^{-19}$ C	$13{,}13 \times 10^{-19}$ C	$19{,}71 \times 10^{-19}$ C
$8{,}204 \times 10^{-19}$ C	$16{,}48 \times 10^{-19}$ C	$22{,}89 \times 10^{-19}$ C
$11{,}50 \times 10^{-19}$ C	$18{,}08 \times 10^{-19}$ C	$26{,}13 \times 10^{-19}$ C

Que valor da carga elementar e pode ser calculado a partir desses dados?

71 Uma carga de 20 nC está uniformemente distribuída ao longo de uma barra retilínea de 4,0 m de comprimento que é encurvada para formar um arco de circunferência com 2,0 m de raio. Qual é o módulo do campo elétrico no centro de curvatura do arco?

72 O movimento de um elétron se limita ao eixo central do anel, de raio R, da Fig. 22.4.1, com $z \ll R$. Mostre que a força eletrostática a que o elétron é submetido faz com que a partícula oscile em torno do centro do anel com uma frequência angular dada por

$$\omega = \sqrt{\frac{eq}{4\pi\varepsilon_0 mR^3}},$$

em que q é a carga do anel e m é a massa do elétron.

73 O campo elétrico, no plano xy produzido por uma partícula positivamente carregada, é $7{,}2(4{,}0\hat{i} + 3{,}0\hat{j})$ N/C no ponto (3,0; 3,0) cm, e $100\hat{i}$ N/C no ponto (2,0; 0) cm. Determine (a) a coordenada x e (b) a coordenada y da partícula. (c) Determine a carga da partícula.

74 (a) Qual deve ser a carga total q (em excesso) do disco da Fig. 22.5.1 para que o campo elétrico no centro da superfície do disco seja $3{,}0 \times 10^6$ N/C, o valor de E para o qual o ar se torna um condutor e emite centelhas? Tome o raio do disco como 2,5 cm. (b) Suponha que os átomos da superfície têm uma seção reta efetiva de 0,015 nm^2. Quantos átomos são necessários para preencher a superfície do disco? (c) A carga calculada em (a) é a soma das cargas dos átomos da superfície que possuem um elétron em excesso. Qual deve ser a fração desses elétrons?

75 Na Fig. 22.45, a partícula 1 (de carga $+1{,}00\ \mu$C), a partícula 2 (de carga $+1{,}00\ \mu$C) e a partícula 3 (de carga Q) formam um triângulo equilátero de lado a. Para qual valor de Q (sinal e valor) o campo elétrico no centro do triângulo é nulo?

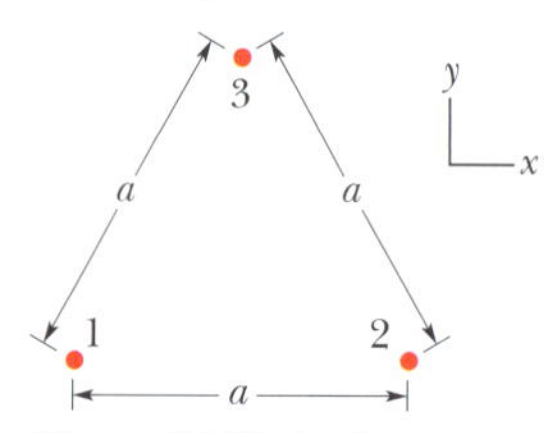

Figura 22.45 Problema 75.

76 Na Fig. 22.46, um dipolo elétrico gira de uma orientação inicial i ($\theta_i = 20{,}0°$) para uma orientação final f ($\theta_f = 20{,}0°$) na presença de um campo elétrico externo uniforme $\vec{E}$. O momento do dipolo é $1{,}60 \times 10^{-27}$ C · m; o módulo do campo é $3{,}00 \times 10^6$ N/C. Qual é a variação da energia potencial do dipolo?

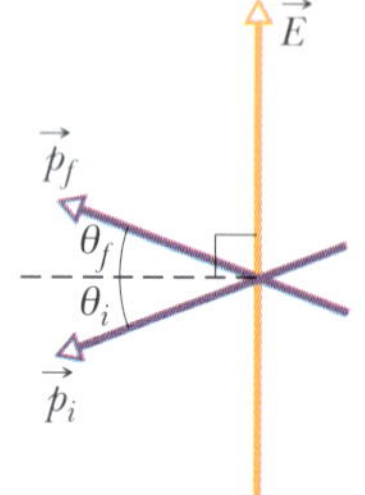

Figura 22.46 Problema 76.

77 Uma partícula de carga $-q_1$ é mantida fixa na origem do eixo x. (a) Em que ponto do eixo x deve ser colocada uma partícula de carga $-4q_1$ para que o campo elétrico seja zero no ponto $x = 2{,}0$ mm? (b) Se uma partícula de carga $+4q_1$ é colocada no ponto determinado no item (a), qual é a orientação (em relação ao semieixo x positivo) do campo elétrico no ponto $x = 2{,}00$ mm?

78 Duas partículas com a mesma carga positiva q são mantidas fixas no eixo y, uma em $y = d$ e a outra em $y = -d$. (a) Escreva uma expressão para o módulo E do campo elétrico em pontos do eixo x dados por $x = \alpha d$. (b) Plote E em função de α no intervalo $0 < \alpha < 4$. Determine, a partir do gráfico, os valores de α para os quais (c) o valor de E é máximo e (d) o valor de E é metade do valor máximo.

79 *Campo elétrico de uma molécula de água.* Uma molécula de vapor d'água produz um campo elétrico no espaço em torno que, para grandes distâncias, é praticamente igual ao campo produzido por um dipolo ideal. O módulo do momento dipolar da molécula de água é $p = 6{,}2 \times 10^{-30}$ C · m. Qual é o módulo do campo elétrico em um ponto do eixo da molécula situado a uma distância $z = 1{,}1$ nm do centro, que pode ser considerada uma distância grande em comparação com o tamanho da molécula?

80 *Oscilação de um dipolo.* Determine a frequência de oscilação de um dipolo elétrico de momento dipolar p e momento de inércia I para oscilações de pequena amplitude em relação à orientação de equilíbrio na presença de um campo elétrico uniforme de módulo E.

81 *Tubo de imagem de uma TV antiga.* Nos antigos aparelhos de televisão, as imagens eram formadas na tela pela deflexão de elétrons provenientes da parte traseira de um tubo de imagem. A Fig. 22.47 mostra um desses sistemas de deflexão. As placas têm 3,0 cm de comprimento; o campo elétrico entre as placas tem um módulo de $1{,}0 \times 10^6$ N/C e aponta verticalmente para cima. Se um elétron penetra no espaço entre as placas com uma velocidade horizontal de $3{,}9 \times 10^7$ m/s, qual é a deflexão vertical Δy na extremidade das placas?

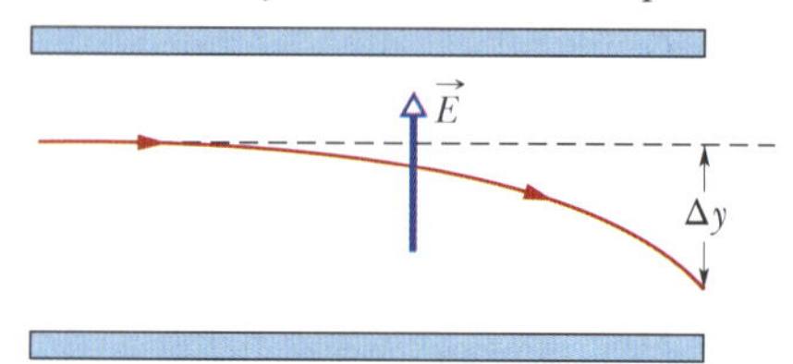

Figura 22.47 Problema 81.

82 *Elétron e tela.* Na Fig. 22.48, um elétron é disparado, com uma velocidade inicial $v_0 = 7{,}00 \times 10^6$ m/s, em uma direção que faz um ângulo $\theta_0 = 30{,}0°$ com o eixo x. Ele se move em uma região em que existe um campo elétrico uniforme $\vec{E}$. Uma tela para detectar elétrons é posicionada paralelamente ao eixo y, a uma distância $x = 2{,}50$ m da posição inicial do elétron. (a) Qual é a velocidade do elétron, na notação dos vetores unitários, ao se chocar com a tela? (b) O elétron ainda está se movendo no sentido positivo do eixo y quando se choca com a tela? Qual é sua energia cinética nesse instante?

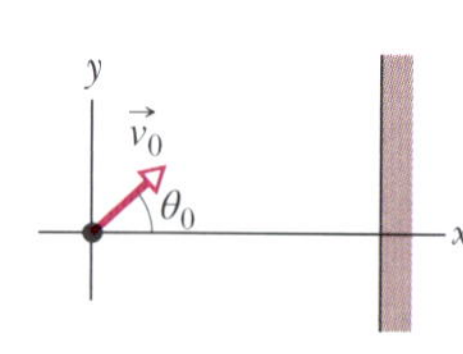

Figura 22.48 Problema 82.

83 *Duas cargas positivas.* Suponha que as duas cargas da Fig. 22.3.2 são positivas e têm o mesmo valor q. Mostre que, para $z \gg d$, o campo elétrico no ponto P é dado por

$$E = \frac{1}{4\pi\varepsilon_0}\frac{2q}{z^2}.$$

84 **BIO** *Aranhas balonistas e campos elétricos.* Algumas aranhas se dispersam usando um processo conhecido como balonismo. Elas produzem fios de seda (Fig. 22.49) que podem ser levados pelo vento a grandes distâncias e a altitudes de vários quilômetros. Entretanto, como observou Charles Darwin em sua viagem no *Beagle*, algumas aranhas praticam o balonismo mesmo em dias sem vento. Os fios de seda possuem uma carga negativa e, portanto, estão sujeitos à força exercida pelo campo elétrico que existe naturalmente na atmosfera e é mais intenso nas proximidades de pontas agudas, como folhas, agulhas e as extremidades dos galhos. Perto desses pontos agudos, o módulo E do campo elétrico pode chegar a 10 N/C. (a) Qual é a carga mínima q que um fio de seda deve ter para que uma aranha com uma massa de 0,95 mg seja levantada por um campo elétrico uniforme e vertical de 10 N/C? (b) Qual é o número de elétrons em excesso correspondente a essa carga mínima?

Figura 22.49 Problema 84.

CAPÍTULO 23

Lei de Gauss

23.1 FLUXO ELÉTRICO

Objetivos do Aprendizado

Depois de ler este módulo, você será capaz de ...

23.1.1 Saber que a lei de Gauss relaciona o campo elétrico em pontos de uma superfície fechada (real ou imaginária, chamada superfície gaussiana) à carga total envolvida pela superfície.

23.1.2 Saber que o fluxo elétrico Φ através de uma superfície é a quantidade de campo elétrico que atravessa a superfície.

23.1.3 Saber que o vetor área de uma superfície plana é um vetor perpendicular à superfície cujo módulo é igual à área da superfície.

23.1.4 Saber que qualquer superfície pode ser dividida em elementos de área que são suficientemente pequenos e suficientemente planos para serem associados a um vetor elemento de área $d\vec{A}$, perpendicular ao elemento, cujo módulo é igual à área do elemento.

23.1.5 Calcular o fluxo Φ do campo elétrico através de uma superfície integrando o produto escalar do vetor campo elétrico $\vec{E}$, pelo vetor elemento de área $d\vec{A}$.

23.1.6 No caso de uma superfície fechada, explicar os sinais algébricos associados a fluxos para dentro e para fora da superfície.

23.1.7 Calcular o fluxo *total* Φ através de uma superfície *fechada* integrando o produto escalar do vetor campo elétrico $\vec{E}$ pelo vetor elemento de área $d\vec{A}$.

23.1.8 Determinar se uma superfície fechada pode ser dividida em partes (como as faces de um cubo) para simplificar a integração usada para calcular o fluxo através da superfície.

Ideias-Chave

- O fluxo elétrico Φ através de uma superfície é a quantidade de campo elétrico que atravessa a superfície.
- O vetor área $d\vec{A}$ de um elemento de área de uma superfície é um vetor perpendicular ao elemento cujo módulo é igual à área dA do elemento.
- O fluxo elétrico Φ através de uma área cujo vetor elemento de área é $d\vec{A}$ é dado pelo produto escalar:

$$d\Phi = \vec{E} \cdot d\vec{A}.$$

- O fluxo elétrico total através de uma superfície é dado por

$$\Phi = \int \vec{E} \cdot d\vec{A} \quad \text{(fluxo total)},$$

em que a integração é executada ao longo de toda a superfície.

- O fluxo total através de uma superfície fechada (que é usado na lei de Gauss) é dado por

$$\Phi = \oint \vec{E} \cdot d\vec{A} \quad \text{(fluxo total)},$$

em que a integração é executada ao longo de toda a superfície.

O que É Física?

No Capítulo 22, calculamos o campo elétrico em pontos próximos de objetos macroscópicos, como barras. A técnica que usamos era trabalhosa: dividir a distribuição de carga em elementos de carga dq; calcular os campos elétricos $d\vec{E}$ produzidos pelos elementos; determinar as componentes desses campos elétricos. Em seguida, verificar se alguns desses componentes se cancelavam. Finalmente, somar os componentes que não se cancelavam integrando os elementos ao longo de todo o objeto, com várias mudanças de notação durante o percurso.

Um dos principais objetivos da física é descobrir formas simples de resolver problemas aparentemente complexos. Um dos instrumentos usados pela física para conseguir esse objetivo é a simetria. Neste capítulo, discutimos uma bela relação entre carga e campo elétrico que nos permite, em certas situações de alta simetria, calcular o campo elétrico produzido por objetos macroscópicos usando poucas equações algébricas. Essa relação é chamada **lei de Gauss** e foi descoberta pelo matemático e físico Carl Friedrich Gauss (1777-1855).

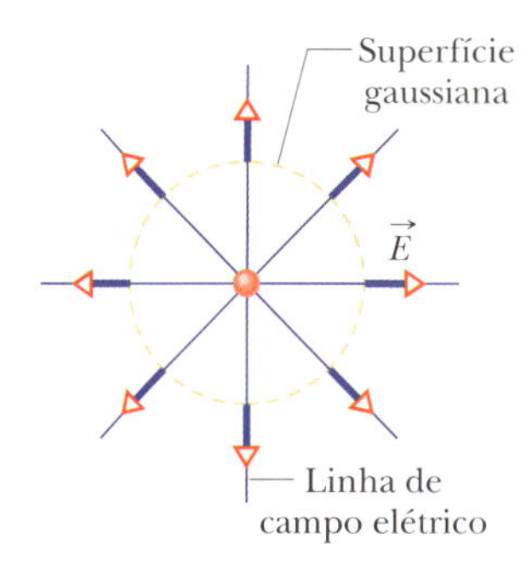

Figura 23.1.1 Os vetores do campo elétrico e as linhas de campo elétrico atravessam uma superfície gaussiana imaginária, esférica, que envolve uma partícula de carga $+Q$.

Vamos começar com alguns exemplos simples que dão uma ideia do espírito da lei de Gauss. A Fig. 23.1.1 mostra uma partícula de carga $+Q$ cercada por uma esfera imaginária cujo centro é a posição da partícula. Em todos os pontos da esfera (chamada *superfície gaussiana*) os vetores do campo elétrico têm o mesmo módulo (dado

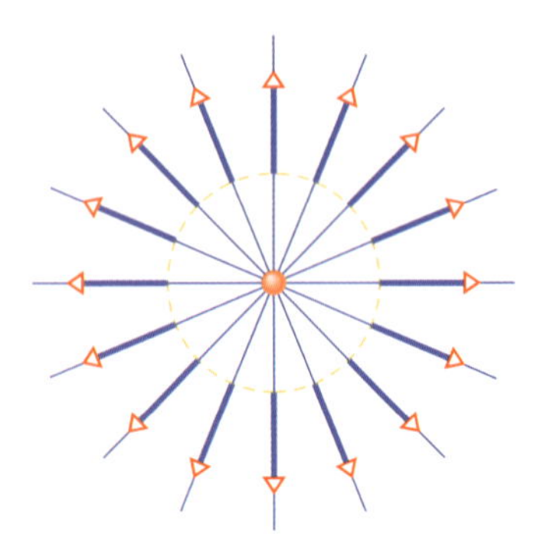

Figura 23.1.2 Agora a carga da partícula envolvida pela superfície gaussiana é $+2Q$.

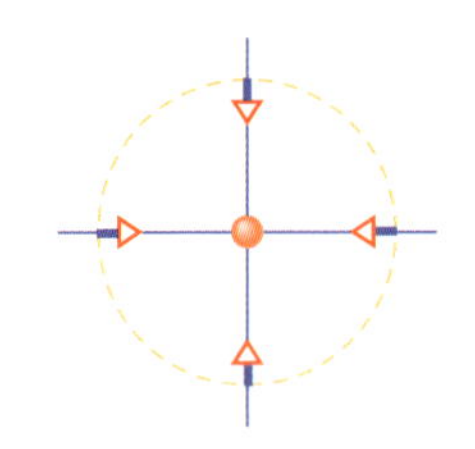

Figura 23.1.3 Qual é a carga central?

por $E = kQ/r^2$) e apontam radialmente para longe da partícula (porque a partícula é positiva). As linhas de campo elétrico também apontam para longe da partícula e têm a mesma densidade (já que, como vimos no Capítulo 22, a densidade de linha de campo elétrico é proporcional ao módulo do campo elétrico). Dizemos que os vetores do campo elétrico e as linhas de campo elétrico *atravessam* a superfície.

A Fig. 23.1.2 é igual à Fig. 23.1.1, exceto pelo fato de que a carga da partícula é $+2Q$. Como a carga envolvida é duas vezes maior, o módulo dos vetores do campo elétrico que atravessam a (mesma) superfície gaussiana é duas vezes maior que na Fig. 23.1.1, e a densidade das linhas de campo elétrico também é duas vezes maior. Foram observações como essa que levaram à lei de Gauss:

A lei de Gauss relaciona os campos elétricos nos pontos de uma superfície gaussiana (fechada) à carga total envolvida pela superfície.

Vamos examinar um terceiro exemplo, mostrado na Fig. 23.1.3, em que uma partícula está no centro da mesma superfície gaussiana esférica. Quais são o sinal e o valor absoluto da carga? Como os vetores do campo elétrico apontam para a partícula, sabemos que a carga da partícula é negativa. Além disso, como o comprimento dos vetores é metade do comprimento dos vetores da Fig. 23.1.1, concluímos que o valor absoluto da carga é $0{,}5Q$. (Usar a lei de Gauss é como saber qual é o presente examinando o papel em que o presente está embrulhado.)

Os problemas discutidos neste capítulo são de dois tipos. Nos problemas do primeiro tipo, conhecemos a carga e usamos a lei de Gauss para determinar o campo elétrico em um dado ponto; nos do segundo tipo, conhecemos o campo elétrico em uma superfície gaussiana e usamos a lei de Gauss para determinar a carga envolvida pela superfície. Entretanto, na maioria dos casos, não podemos usar a lei de Gauss simplesmente observando o sentido e o comprimento dos vetores do campo elétrico em um desenho, como acabamos de fazer; precisamos de uma grandeza física que descreva a quantidade de campo elétrico que atravessa uma superfície. Essa grandeza é chamada fluxo elétrico.

Fluxo Elétrico 23.1 23.1

Superfície Plana, Campo Uniforme. Começamos com uma superfície plana, de área A, em uma região onde existe um campo elétrico uniforme $\vec{E}$. A Fig. 23.1.4*a* mostra um dos vetores de campo elétrico atravessando um pequeno quadrado de área ΔA (em que Δ significa "pequeno"). Na verdade, apenas a componente x (de módulo $E_x = E\cos\theta$ na Fig. 23.1.4*b*) atravessa a superfície. A componente y é paralela à superfície e não aparece na lei de Gauss. A *quantidade* de campo elétrico que atravessa a superfície é chamada **fluxo elétrico $\Delta\Phi$** e é dada pelo produto do campo que atravessa a superfície pela área envolvida:

$$\Delta\Phi = (E\cos\theta)\,\Delta A.$$

Existe outro modo de escrever o lado direito da equação anterior para que apenas a componente de $\vec{E}$ que atravessa a superfície seja considerada. Definimos um vetor

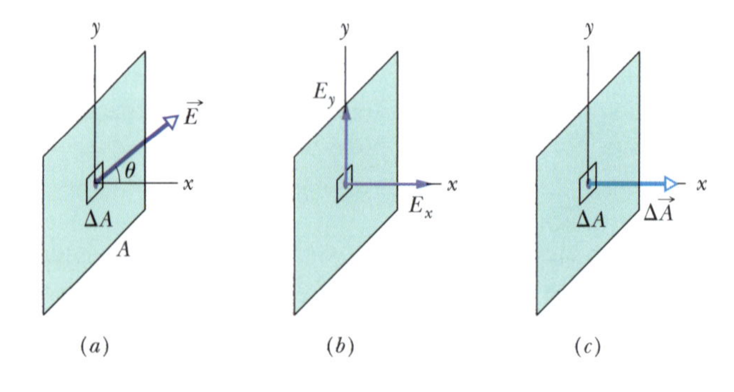

Figura 23.1.4 (*a*) Um vetor de campo elétrico atravessa um pequeno quadrado de uma superfície plana. (*b*) Apenas a componente x atravessa o quadrado; a componente y é paralela ao quadrado. (*c*) O vetor área do quadrado é perpendicular ao quadrado e tem um módulo igual à área do quadrado.

área $\Delta\vec{A}$ que é perpendicular ao quadrado e tem um módulo igual à área do quadrado (Fig. 23.1.4*c*). Nesse caso, podemos escrever

$$\Delta\Phi = \vec{E} \cdot \Delta\vec{A},$$

e o produto escalar nos fornece automaticamente a componente de $\vec{E}$ que é paralela a $\Delta\vec{A}$ e, portanto, atravessa o quadrado.

Para determinar o fluxo total Φ que atravessa a superfície da Fig. 23.1.4, somamos o fluxo que atravessa todos os pequenos quadrados da superfície:

$$\Phi = \sum \vec{E} \cdot \Delta\vec{A}. \qquad (23.1.1)$$

Entretanto, como não queremos ter o trabalho de somar centenas (ou mais) de valores do fluxo, transformamos a soma em uma integral reduzindo os pequenos quadrados de área ΔA em *elementos de área dA*. Nesse caso, o fluxo total passa a ser dado por

$$\Phi = \int \vec{E} \cdot d\vec{A} \quad \text{(fluxo total).} \qquad (23.1.2)$$

Agora podemos calcular o fluxo total integrando o produto escalar para toda a superfície.

Produto Escalar. Podemos calcular o produto escalar que aparece no integrando da Eq. 23.1.2 escrevendo os dois vetores na notação dos vetores unitários. Na Fig. 23.1.4, por exemplo, $d\vec{A} = dA\hat{i}$ e $\vec{E}$ poderia ser, digamos, $(4\hat{i} + 4\hat{j})$ N/C. Também podemos calcular o produto escalar na notação módulo-ângulo, na qual o resultado seria $E \cos\theta\, dA$. Se o campo elétrico é uniforme e a superfície é plana, o produto $E\cos\theta$ é constante e pode ser colocado do lado de fora do sinal de integração. A integral restante, $\int dA$, é apenas uma receita para somar todos os quadrados elementares para obter a área total, mas já sabemos que a área total é A. Assim, o fluxo total nessa situação simples é

$$\Phi = (E\cos\theta)A \quad \text{(campo uniforme, superfície plana).} \qquad (23.1.3)$$

Superfície Fechada. Para relacionar o fluxo à carga usando a lei de Gauss, precisamos de uma superfície fechada. Vamos usar a superfície fechada da Fig. 23.1.5, que está submetida a um campo elétrico não uniforme. (Não se preocupe. As superfícies serão mais simples nos deveres de casa.) Como antes, vamos começar pelo fluxo através de pequenos quadrados. Agora, porém, estamos interessados, não só em saber se as componentes do campo elétrico atravessam a superfície, mas também se elas atravessam a superfície de dentro para fora (como na Fig. 23.1.1), ou de fora para dentro (como na Fig. 23.1.3).

Sinal do Fluxo. Para levar em conta o sentido com o qual o campo elétrico atravessa a superfície, usamos, como antes, um vetor área, $\Delta\vec{A}$, mas agora escolhemos como positivo o sentido *para fora* (da superfície fechada). Assim, se o vetor campo elétrico aponta para fora, o campo elétrico e o vetor área apontam no mesmo sentido, o ângulo entre os vetores é $\theta = 0$ e $\cos\theta = 1$. Isso significa que o produto escalar $\vec{E} \cdot \Delta\vec{A}$ é positivo e, portanto, o fluxo é positivo. Se o vetor campo aponta para dentro, o campo elétrico e o vetor área apontam em sentidos opostos, o ângulo entre os vetores é $\theta = 180°$ e $\cos\theta = -1$. Nesse caso, o produto escalar $\vec{E} \cdot \Delta\vec{A}$ é negativo e o fluxo é negativo. Se o vetor campo elétrico é paralelo à superfície, o campo elétrico é perpendicular ao vetor área, o ângulo entre os vetores é $\theta = 90°$ e $\cos\theta = 0$. Nesse caso, o produto escalar $\vec{E} \cdot \Delta\vec{A}$ é nulo e o fluxo é zero. A Fig. 23.1.5 mostra exemplos das três situações. A conclusão é a seguinte:

Se o sentido do campo elétrico é para fora da superfície, o fluxo é positivo; se o sentido do campo elétrico é para dentro da superfície, o fluxo é negativo; se o campo elétrico é paralelo à superfície, o fluxo é zero.

Fluxo Total. Em princípio, para determinar o **fluxo total** através da superfície da Fig. 23.1.5, poderíamos calcular o fluxo através de pequenos quadrados e somar os resultados (levando em conta os sinais algébricos). Entretanto, não há necessidade

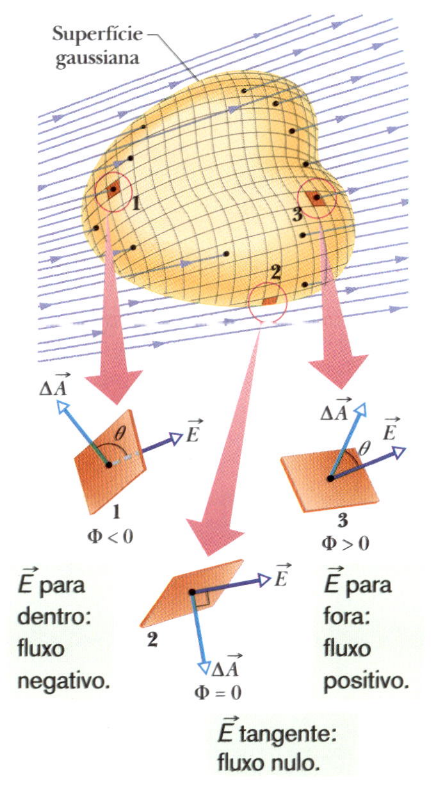

Figura 23.1.5 Superfície gaussiana de forma arbitrária em uma região onde existe um campo elétrico. A superfície está dividida em pequenos quadrados de área ΔA. Os vetores campo elétrico $\vec{E}$ e área $\Delta\vec{A}$ são mostrados para três quadrados representativos, 1, 2 e 3.

de executar esse trabalho exaustivo. Em vez disso, podemos reduzir o tamanho dos pequenos quadrados até se tornarem áreas elementares $d\vec{A}$ e calcular o resultado por integração:

$$\Phi = \oint \vec{E} \cdot d\vec{A} \quad \text{(fluxo total).} \tag{23.1.4}$$

O círculo no sinal de integral indica que a integral deve se estender a toda a superfície fechada, já que estamos calculando o fluxo *total* através da superfície (o fluxo não precisa ser todo para fora ou todo para dentro da superfície; na Fig. 23.1.5, por exemplo, existem partes da superfície em que o fluxo é para dentro e outras partes em que o fluxo é para fora). Não se esqueça de que estamos interessados no fluxo total para podermos aplicar a lei de Gauss, que relaciona o fluxo total à carga envolvida pela superfície. (A lei será nossa próxima atração.) Note que o fluxo é uma grandeza escalar (é verdade que trabalhamos com vetores de campo elétrico, mas o fluxo é a *quantidade* de campo elétrico que atravessa a superfície, e não o campo em si). A unidade de fluxo do SI é o newton-metro quadrado por coulomb ($N \cdot m^2/C$).

Teste 23.1.1

A figura mostra um cubo gaussiano, cujas faces têm área A, imerso em um campo elétrico uniforme $\vec{E}$ orientado no sentido positivo do eixo z. Determine, em termos de E e A, o fluxo (a) através da face frontal do cubo (a face situada no plano xy), (b) através da face traseira, (c) através da face superior e (d) através do cubo como um todo.

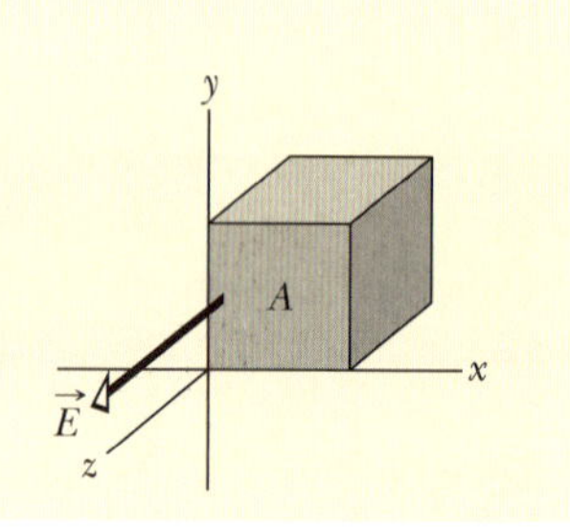

Exemplo 23.1.1 Fluxo de um campo uniforme através de uma superfície cilíndrica

A Fig. 23.1.6 mostra uma superfície gaussiana na forma de um cilindro oco, de raio R, cujo eixo é paralelo a um campo elétrico uniforme $\vec{E}$. Qual é o fluxo Φ do campo elétrico através do cilindro?

IDEIAS-CHAVE

De acordo com a Eq. 23.1.4, podemos calcular o fluxo Φ integrando o produto escalar $\vec{E} \cdot d\vec{A}$ para toda a superfície do cilindro. Entretanto, a superfície do cilindro não pode ser descrita por meio de uma única equação. A forma de contornar esse problema é separar a superfície em partes que possam ser integradas com facilidade.

Cálculos: Podemos realizar a integração escrevendo o fluxo como a soma de três integrais: uma para a base esquerda do cilindro, a, outra para a superfície lateral do cilindro, b, e outra para a base direita do cilindro, c. Nesse caso, de acordo com a Eq. 23.1.4,

$$\Phi = \oint \vec{E} \cdot d\vec{A}$$
$$= \int_a \vec{E} \cdot d\vec{A} + \int_b \vec{E} \cdot d\vec{A} + \int_c \vec{E} \cdot d\vec{A}. \tag{23.1.5}$$

Para todos os pontos da base a, o ângulo θ entre $\vec{E}$ e $d\vec{A}$ é 180° e o módulo E do campo é o mesmo. Assim,

$$\int_a \vec{E} \cdot d\vec{A} = \int E(\cos 180°)\, dA = -E \int dA = -EA,$$

em que $\int dA$ é igual à área da base, A $(= \pi r^2)$. Analogamente, na base c, em que $\theta = 0$ para todos os pontos,

$$\int_c \vec{E} \cdot d\vec{A} = \int E(\cos 0)\, dA = EA.$$

Finalmente, para a superfície lateral b do cilindro, em que $\theta = 90°$ para todos os pontos,

$$\int_b \vec{E} \cdot d\vec{A} = \int E(\cos 90°)\, dA = 0.$$

Substituindo os três valores na Eq. 23.1.5, obtemos

$$\Phi = -EA + 0 + EA = 0. \quad \text{(Resposta)}$$

Este resultado já era esperado; como todas as linhas de campo que representam o campo elétrico atravessam a superfície gaussiana, entrando pela base esquerda e saindo pela base direita, o fluxo total deve ser nulo.

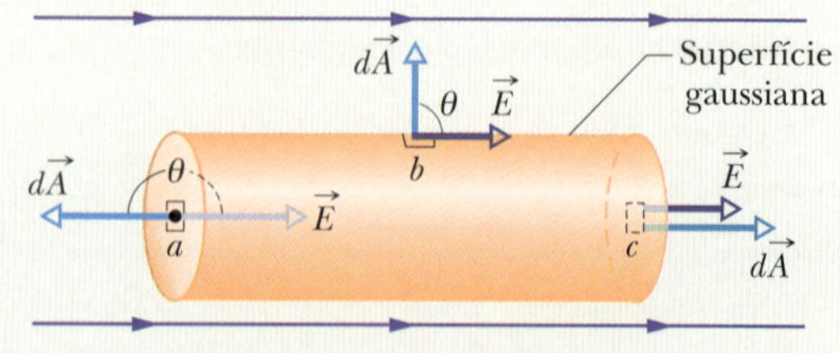

Figura 23.1.6 Uma superfície gaussiana cilíndrica, fechada pelos planos das bases, imersa em um campo elétrico uniforme. O eixo do cilindro é paralelo à direção do campo.

Exemplo 23.1.2 Fluxo de um campo elétrico não uniforme através de um cubo 23.1 23.1

O cubo gaussiano que aparece na Fig. 23.1.7*a* está submetido a um campo elétrico *não uniforme* dado por $\vec{E} = 3{,}0x\hat{i} + 4{,}0\hat{j}$, com E em newtons por coulomb e x em metros. Qual é o fluxo elétrico na face direita, na face esquerda e na face superior do cubo? (As outras faces serão consideradas no Exemplo 23.2.2.)

IDEIA-CHAVE

Podemos calcular o fluxo Φ através de uma superfície integrando o produto escalar $\vec{E} \cdot d\vec{A}$ ao longo da superfície.

Face direita: O vetor área $\vec{A}$ é sempre perpendicular à superfície e aponta para fora. Assim, no caso da face direita do cubo, o vetor $d\vec{A}$ aponta no sentido positivo do eixo x. Um elemento desse tipo é mostrado nas Figs. 23.1.7*b* e *c*, mas o vetor $d\vec{A}$ tem a mesma direção para todos os elementos de área pertencentes a essa face. Na notação dos vetores unitários,

$$d\vec{A} = dA\hat{i}.$$

De acordo com a Eq. 23.1.4, o fluxo Φ_d através da face direita do cubo é dado por

$$\begin{aligned}\Phi_d &= \int \vec{E} \cdot d\vec{A} = \int (3{,}0x\hat{i} + 4{,}0\hat{j}) \cdot (dA\hat{i}) \\ &= \int [(3{,}0x)(dA)\hat{i} \cdot \hat{i} + (4{,}0)(dA)\hat{j} \cdot \hat{i}] \\ &= \int (3{,}0x\, dA + 0) = 3{,}0 \int x\, dA.\end{aligned}$$

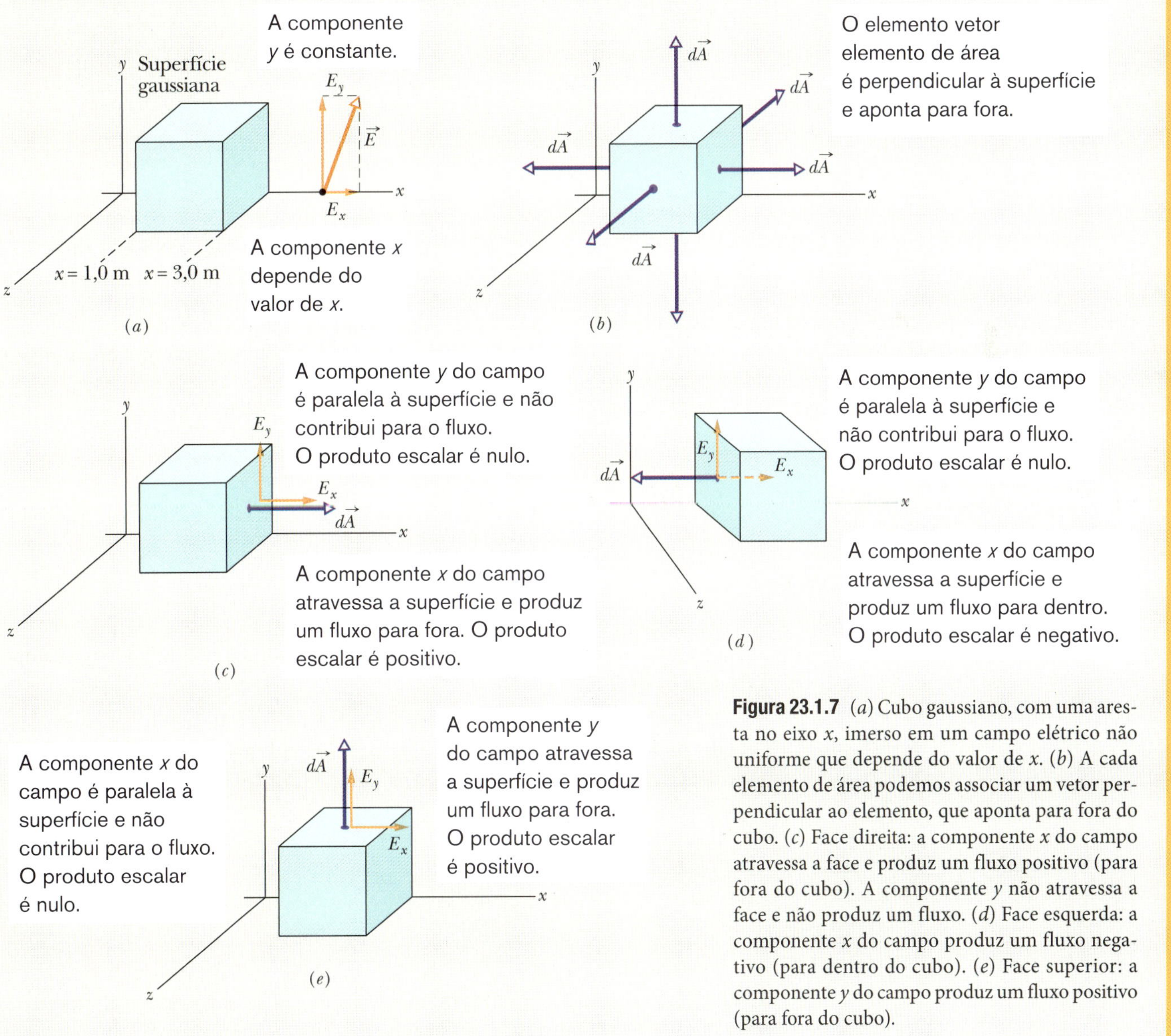

A componente y é constante.

Superfície gaussiana

A componente x depende do valor de x.

$x = 1{,}0$ m $x = 3{,}0$ m

(*a*)

O elemento vetor elemento de área é perpendicular à superfície e aponta para fora.

(*b*)

A componente y do campo é paralela à superfície e não contribui para o fluxo. O produto escalar é nulo.

A componente x do campo atravessa a superfície e produz um fluxo para fora. O produto escalar é positivo.

(*c*)

A componente y do campo é paralela à superfície e não contribui para o fluxo. O produto escalar é nulo.

A componente x do campo atravessa a superfície e produz um fluxo para dentro. O produto escalar é negativo.

(*d*)

A componente x do campo é paralela à superfície e não contribui para o fluxo. O produto escalar é nulo.

A componente y do campo atravessa a superfície e produz um fluxo para fora. O produto escalar é positivo.

(*e*)

Figura 23.1.7 (*a*) Cubo gaussiano, com uma aresta no eixo x, imerso em um campo elétrico não uniforme que depende do valor de x. (*b*) A cada elemento de área podemos associar um vetor perpendicular ao elemento, que aponta para fora do cubo. (*c*) Face direita: a componente x do campo atravessa a face e produz um fluxo positivo (para fora do cubo). A componente y não atravessa a face e não produz um fluxo. (*d*) Face esquerda: a componente x do campo produz um fluxo negativo (para dentro do cubo). (*e*) Face superior: a componente y do campo produz um fluxo positivo (para fora do cubo).

Deveríamos calcular essa integral para a face direita, mas observamos que x tem o mesmo valor, 3,0 m, em todos os pontos da face e, portanto, podemos substituir x por esse valor. Explicando melhor: Embora x seja uma variável quando percorremos a face direita do cubo de cima para baixo e da esquerda para a direita, como a face direita do cubo é perpendicular ao eixo x, todos os pontos da face têm a mesma coordenada x. (As coordenadas y e z não estão envolvidas na integração.) Assim, temos

$$\Phi_d = 3{,}0 \int (3{,}0)\, dA = 9{,}0 \int dA.$$

A integral $\int dA$ nos dá simplesmente a área $A = 4{,}0\ \text{m}^2$ da face direita; assim,

$$\Phi_d = (9{,}0\ \text{N/C})(4{,}0\ \text{m}^2) = 36\ \text{N}\cdot\text{m}^2/\text{C}. \quad \text{(Resposta)}$$

Face esquerda: O método para calcular o fluxo através da face esquerda é o mesmo que foi usado para a face direita. Apenas duas coisas mudam: (1) O vetor área elementar $d\vec{A}$ agora aponta no sentido negativo do eixo x e, portanto, $d\vec{A} = -dA\hat{\text{i}}$ (Fig. 23.1.7*d*). (2) O valor constante de x agora é 1,0 m. Com essas duas mudanças, verificamos que o fluxo Φ_e através da face esquerda é dado por

$$\Phi_e = -12\ \text{N}\cdot\text{m}^2/\text{C}. \quad \text{(Resposta)}$$

Face superior: Como o vetor área elementar $d\vec{A}$ agora aponta no sentido positivo do eixo y, $d\vec{A} = dA\hat{\text{j}}$ (Fig. 23.1.7*e*). O fluxo Φ_s através da face superior é, portanto,

$$\begin{aligned}\Phi_s &= \int (3{,}0x\hat{\text{i}} + 4{,}0\hat{\text{j}})\cdot(dA\hat{\text{j}})\\ &= \int [(3{,}0x)(dA)\hat{\text{i}}\cdot\hat{\text{j}} + (4{,}0)(dA)\hat{\text{j}}\cdot\hat{\text{j}}]\\ &= \int (0 + 4{,}0\, dA) = 4{,}0 \int dA\\ &= 16\ \text{N}\cdot\text{m}^2/\text{C}. \quad \text{(Resposta)}\end{aligned}$$

23.2 LEI DE GAUSS

Objetivos do Aprendizado

Depois de ler este módulo, você será capaz de ...

23.2.1 Usar a lei de Gauss para relacionar o fluxo total Φ através de uma superfície fechada à carga total q_{env} envolvida pela superfície.

23.2.2 Saber que o sinal algébrico da carga envolvida corresponde ao sentido (para fora ou para dentro) do fluxo através da superfície gaussiana.

23.2.3 Saber que a carga do lado de fora de uma superfície gaussiana não contribui para o fluxo total através da superfície fechada.

23.2.4 Calcular o módulo do campo elétrico produzido por uma partícula carregada usando a lei de Gauss.

23.2.5 Saber que, no caso de uma partícula carregada ou uma esfera uniformemente carregada, a lei de Gauss pode ser aplicada usando uma superfície gaussiana que é uma esfera concêntrica com a carga ou com a esfera carregada.

Ideias-Chave

- A lei de Gauss relaciona o fluxo total Φ através de uma superfície fechada à carga total q_{env} envolvida pela superfície:

$$\varepsilon_0 \Phi = q_{\text{env}} \quad \text{(lei de Gauss)}.$$

- A lei de Gauss também pode ser escrita em termos do campo elétrico que atravessa a superfície gaussiana:

$$\varepsilon_0 \oint \vec{E}\cdot d\vec{A} = q_{\text{env}} \quad \text{(lei de Gauss)}.$$

Lei de Gauss 23.2

A lei de Gauss relaciona o fluxo total Φ de um campo elétrico através de uma superfície fechada (superfície gaussiana) à carga *total* q_{env} *envolvida* pela superfície. Em notação matemática,

$$\varepsilon_0 \Phi = q_{\text{env}} \quad \text{(lei de Gauss)}. \tag{23.2.1}$$

Usando a Eq. 23.1.4, a definição de fluxo, podemos escrever a lei de Gauss na forma

$$\varepsilon_0 \oint \vec{E}\cdot d\vec{A} = q_{\text{env}} \quad \text{(lei de Gauss)}. \tag{23.2.2}$$

As Eqs. 23.2.1 e 23.2.2 são válidas somente se, na região envolvida pela superfície gaussiana, existe apenas vácuo ou ar (que, para efeitos práticos, quase sempre pode ser considerado equivalente ao vácuo). No Capítulo 25, uma versão modificada da lei de Gauss será usada para analisar situações em que a região contém materiais como mica, óleo e vidro.

Nas Eqs. 23.2.1 e 23.2.2, a carga total q_{env} é a soma algébrica das cargas positivas e negativas *envolvidas* pela superfície gaussiana, e pode ser positiva, negativa ou nula. Incluímos o sinal, em vez de usar o valor absoluto da carga envolvida, porque o sinal nos diz alguma coisa a respeito do fluxo total através da superfície gaussiana: Se q_{env} é positiva, o fluxo é *para fora*; se q_{env} é negativa, o fluxo é *para dentro*.

A carga do lado de fora da superfície, mesmo que seja muito grande ou esteja muito próxima, não é incluída no termo q_{env} da lei de Gauss. A localização das cargas no interior da superfície de Gauss é irrelevante; as únicas coisas que importam para calcular o lado direito das Eqs. 23.2.1 e 23.2.2 são o valor absoluto e o sinal da carga total envolvida. A grandeza $\vec{E}$ do lado esquerdo da Eq. 23.2.2, por outro lado, é o campo elétrico produzido por *todas* as cargas, tanto as que estão do lado de dentro da superfície de Gauss como as que estão do lado de fora. Isso pode parecer incoerente, mas é preciso ter em mente o seguinte fato: A contribuição do campo elétrico produzido por uma carga do lado de fora da superfície gaussiana para o fluxo *através da* superfície é sempre nula, já que o número de linhas de campo que entram na superfície devido a essa carga é igual ao número de linhas que saem.

Vamos aplicar essas ideias à Fig. 23.2.1, que mostra duas cargas pontuais, de mesmo valor absoluto e sinais opostos, e as linhas de campo que descrevem os campos elétricos criados pelas cargas no espaço em torno das cargas. A figura mostra também quatro superfícies gaussianas vistas de perfil. Vamos discuti-las uma a uma.

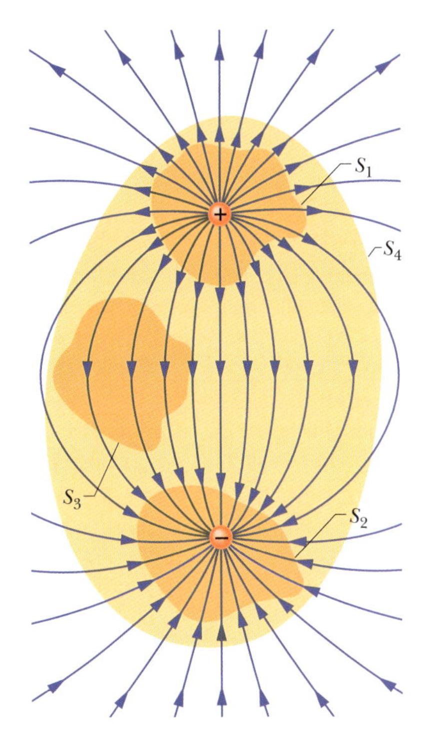

Figura 23.2.1 Duas cargas pontuais, de mesmo valor absoluto e sinais opostos, e as linhas de campo que representam o campo elétrico. Quatro superfícies gaussianas são vistas de perfil. A superfície S_1 envolve a carga positiva. A superfície S_2 envolve a carga negativa. A superfície S_3 não envolve nenhuma carga. A superfície S_4 envolve as duas cargas.

Superfície S_1. O campo elétrico aponta para fora em todos os pontos da superfície. Isso significa que o fluxo do campo elétrico através da superfície é positivo e, de acordo com a lei de Gauss, a carga envolvida pela superfície também é positiva. (Em outras palavras, se Φ é positivo na Eq. 23.2.1, q_{env} deve ser positiva.)

Superfície S_2. O campo elétrico aponta para dentro em todos os pontos da superfície. Isso significa que o fluxo do campo elétrico é negativo e, de acordo com a lei de Gauss, a carga envolvida também é negativa.

Superfície S_3. De acordo com a lei de Gauss, como a superfície não envolve nenhuma carga, o fluxo do campo elétrico através da superfície é nulo. Isso é razoável, já que todas as linhas de campo que entram na superfície pela parte de cima saem pela parte de baixo.

Superfície S_4. A carga *total* envolvida pela superfície é nula, já que as cargas envolvidas pela superfície têm o mesmo valor absoluto e sinais opostos. Assim, de acordo com a lei de Gauss, o fluxo do campo elétrico através dessa superfície deve ser zero. Isso é razoável, já que o número de linhas de campo que entram na superfície pela parte de baixo é igual ao número de linhas de campo que saem pela parte de cima.

O que aconteceria se colocássemos uma carga gigantesca Q nas proximidades da superfície S_4 da Fig. 23.2.1? A configuração de linhas de campo certamente seria modificada, mas o fluxo total através das quatro superfícies gaussianas continuaria o mesmo. Isso é uma consequência do fato de que todas as linhas de campo produzidas pela carga Q atravessariam totalmente as quatro superfícies gaussianas sem contribuir para o fluxo total. O valor de Q não apareceria de nenhuma forma na lei de Gauss, já que Q estaria do lado de fora das quatro superfícies gaussianas que estamos discutindo.

Teste 23.2.1

A figura mostra três situações nas quais um cubo gaussiano está imerso em um campo elétrico. As setas e valores indicam a direção das linhas de campo e o módulo (em N · m²/C) do fluxo que atravessa as seis faces de cada cubo. (As setas mais claras estão associadas às faces ocultas.) Em que situação o cubo envolve (a) uma carga total positiva, (b) uma carga total negativa e (c) uma carga total nula?

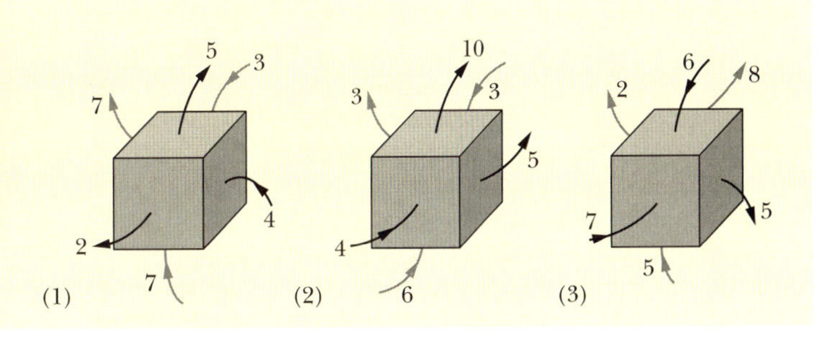

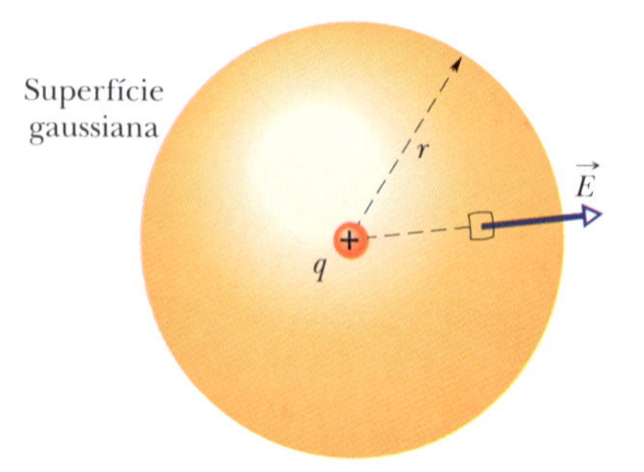

Figura 23.2.2 Superfície gaussiana esférica com centro em uma partícula de carga q.

Lei de Gauss e Lei de Coulomb

A lei de Gauss pode ser usada para determinar o campo elétrico produzido por uma partícula carregada. Nesse caso, o campo tem simetria esférica (depende apenas da distância r entre o ponto considerado e a partícula). Para tirar proveito dessa simetria, envolvemos a partícula em uma esfera gaussiana com centro na partícula, como mostra a Fig. 23.2.2 para uma partícula com uma carga positiva q. Como todos os pontos da superfície da esfera estão à mesma distância r da partícula, o campo elétrico tem o mesmo valor E em todos os pontos da superfície da esfera, o que facilita bastante o cálculo da integral.

O método a ser usado é o mesmo visto anteriormente. Escolhemos um elemento de área na superfície da esfera e desenhamos um vetor área $d\vec{A}$ perpendicular ao elemento, apontando para fora da esfera. A simetria da situação mostra que o campo elétrico $\vec{E}$ também é perpendicular à superfície da esfera e aponta para fora da esfera, o que significa que o ângulo entre $\vec{E}$ e $d\vec{A}$ é $\theta = 0$. Assim, a lei de Gauss nos dá

$$\varepsilon_0 \oint \vec{E} \cdot d\vec{A} = \varepsilon_0 \oint E\, dA = q_{\text{env}}, \tag{23.2.3}$$

em que $q_{\text{env}} = q$. Como o módulo E do campo elétrico é igual em todos os elementos de área, ele pode ser colocado do lado de fora do sinal de integração, o que nos permite escrever

$$\varepsilon_0 E \oint dA = q. \tag{23.2.4}$$

A integral restante é apenas uma receita para somar todas as áreas elementares, mas já sabemos que a área total é $4\pi r^2$. Substituindo a integral pelo seu valor na Eq. 23.2.4, obtemos

$$\varepsilon_0 E(4\pi r^2) = q$$

ou

$$E = \frac{1}{4\pi\varepsilon_0}\frac{q}{r^2}. \tag{23.2.5}$$

A Eq. 23.2.5 é exatamente igual à Eq. 23.2.2, que obtivemos usando a lei de Coulomb.

Teste 23.2.2

Um fluxo Φ_i atravessa uma esfera gaussiana de raio r que envolve uma única partícula carregada. Suponha que a esfera gaussiana seja substituída (a) por uma esfera gaussiana maior, (b) por um cubo gaussiano de lado r e (c) por um cubo gaussiano de lado $2r$. Em cada caso, o fluxo total através da nova superfície gaussiana é maior, menor ou igual a Φ_i?

Exemplo 23.2.1 Uso da lei de Gauss para determinar um campo elétrico

A Fig. 23.2.3*a* mostra, em seção reta, uma casca esférica de plástico de raio $R = 10$ cm e espessura desprezível, com carga $Q = -16e$ distribuída uniformemente. No centro da casca está uma partícula de carga $q = +5e$. Qual é o campo elétrico (módulo e orientação) (a) em um ponto P_1 situado a uma distância $r_1 = 6$ cm do centro da casca e (b) em um ponto P_2 situado a uma distância $r_2 = 12{,}0$ cm do centro da casca?

IDEIAS-CHAVE

(1) Como o sistema mostrado na Fig. 23.2.3*a* tem simetria esférica, é conveniente usar uma superfície gaussiana concêntrica com a casca para determinar o campo elétrico. (2) Para calcular o campo elétrico em um ponto, devemos fazer a superfície gaussiana passar por esse ponto (para que o campo $\vec{E}$ em que estamos interessados seja o mesmo campo $\vec{E}$ que aparece no produto escalar da lei de Gauss). (3) A lei de Gauss relaciona o fluxo elétrico total através de uma superfície fechada à carga envolvida pela superfície. As cargas externas são ignoradas.

Cálculos: Para determinar o campo no ponto P_1, construímos uma esfera gaussiana com P_1 na superfície, ou seja, uma esfera gaussiana de raio r_1. Como a carga envolvida pela esfera gaussiana é positiva, o fluxo elétrico através da superfície é positivo e, portanto, aponta para fora da esfera. Assim, o campo $\vec{E}$ atravessa a superfície de dentro para fora. Além disso, devido à simetria esférica, é *perpendicular* à superfície, como mostra a Fig. 23.2.3*b*. A casca de plástico não aparece na figura porque está do

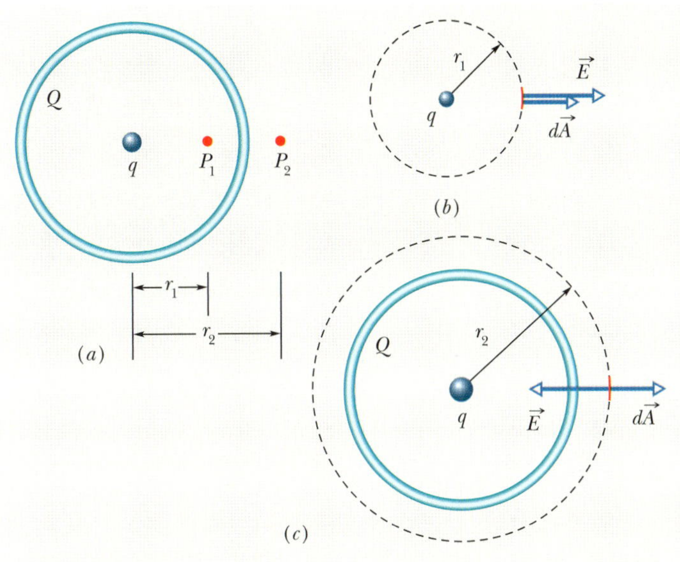

Figura 23.2.3 (*a*) Casca de plástico carregada com uma partícula carregada no centro. (*b*) Para determinar o campo elétrico no ponto P_1, construímos uma esfera gaussiana passando pelo ponto. O campo elétrico atravessa a superfície da esfera de dentro para fora. O vetor área no mesmo ponto aponta para fora. (*c*) Para determinar o campo elétrico no ponto P_2, construímos uma esfera gaussiana passando pelo ponto. O campo elétrico atravessa a superfície de fora para dentro, enquanto o vetor área no mesmo ponto aponta para fora.

lado de fora da superfície gaussiana e, portanto, sua carga não é envolvida pela superfície.

Considere um elemento de área da esfera na posição do ponto P_1. O vetor elemento de área $d\vec{A}$ aponta para fora (os elementos de área sempre apontam para fora da superfície gaussiana) e é perpendicular à superfície da esfera. Assim, o ângulo θ entre $\vec{E}$ e $d\vec{A}$ é zero. O lado esquerdo da Eq. 23.2.2 (lei de Gauss) se torna então

$$\varepsilon_0 \oint \vec{E} \cdot d\vec{A} = \varepsilon_0 \oint E \cos 0 \, dA = \varepsilon_0 \oint E \, dA = \varepsilon_0 E \oint dA,$$

em que, na última passagem, passamos o módulo E do campo elétrico para fora da integral porque tem o mesmo valor em todos os pontos da esfera gaussiana. A integral restante é simplesmente uma receita para calcular a área total de todos os elementos de área da superfície esférica, mas já sabemos que a área da superfície da esfera é $4\pi r^2$. Substituindo esses resultados, a Eq. 23.2.2 nos dá

$$\varepsilon_0 E 4\pi r^2 = q_{\text{env}}.$$

A única carga envolvida pela superfície gaussiana que passa por P_1 é a carga da partícula. Explicitando E e fazendo $q_{\text{env}} = 5e$ e $r = r_1 = 6{,}00 \times 10^{-2}$ m, descobrimos que o módulo do campo elétrico no ponto P_1 é

$$E = \frac{q_{\text{env}}}{4\pi\varepsilon_0 r^2} = \frac{5(1{,}60 \times 10^{-19}\,\text{C})}{4\pi(8{,}85 \times 10^{-12}\,\text{C}^2/\text{N}\cdot\text{m}^2)(0{,}0600\,\text{m})^2} = 2{,}00 \times 10^{-6}\,\text{N/C}. \quad \text{(Resposta)}$$

Para determinar o campo elétrico no ponto P_2, construímos uma esfera gaussiana com P_2 na superfície. Dessa vez, a carga total envolvida pela esfera gaussiana é $q_{\text{env}} = q + Q = 5e + (-16e) = -11e$. Como a carga total é negativa, os vetores campo elétrico atravessam a superfície gaussiana de fora para dentro, como mostra a Fig. 23.2.3*c*. Assim, o ângulo θ entre $\vec{E}$ e $d\vec{A}$ é 180°, e o produto escalar dos dois vetores é $E\,dA \cos 180° = -E\,dA$. Explicitando E na lei de Gauss e fazendo $q_{\text{env}} = -11e$ e $r = r_2 = 12{,}00 \times 10^{-2}$ m, obtemos

$$E = \frac{-q_{\text{env}}}{4\pi\varepsilon_0 r^2} = \frac{-[-11(1{,}60 \times 10^{-19}\,\text{C})]}{4\pi(8{,}85 \times 10^{-12}\,\text{C}^2/\text{N}\cdot\text{m}^2)(0{,}120\,\text{m})^2} = 1{,}10 \times 10^{-6}\,\text{N/C}. \quad \text{(Resposta)}$$

Note que, se tivéssemos usado um cubo gaussiano, em vez de respeitar a simetria esférica do problema usando uma esfera gaussiana, o módulo e o ângulo do campo elétrico seriam diferentes em cada ponto da superfície do cubo e o cálculo da integral se tornaria extremamente difícil.

Exemplo 23.2.2 Uso da lei de Gauss para determinar uma carga elétrica 23.3

Qual é a carga elétrica envolvida pelo cubo gaussiano do Exemplo 23.1.2?

IDEIA-CHAVE

A carga envolvida por uma superfície fechada (real ou imaginária) está relacionada ao fluxo elétrico total que atravessa a superfície pela lei de Gauss, dada pela Eq. 23.2.1 ($\varepsilon_0\Phi = q_{\text{env}}$).

Fluxo: Para usar a Eq. 23.2.1, precisamos conhecer o fluxo que atravessa as seis faces do cubo. Já conhecemos o fluxo que atravessa a face direita ($\Phi_d = 36$ N · m²/C), o fluxo que atravessa a face esquerda ($\Phi_e = -12$ N · m²/C) e o fluxo que atravessa a face de cima ($\Phi_c = 16$ N · m²/C).

O cálculo do fluxo que atravessa a face de baixo é igual ao cálculo do fluxo que atravessa a face de cima, *exceto* pelo fato de que, agora, o vetor área $d\vec{A}$ aponta para baixo, no sentido negativo do eixo y (lembre-se de que o vetor área sempre aponta *para fora* da superfície de Gauss). Nesse caso, $d\vec{A} = -dA\hat{j}$ e

$$\Phi_b = -16\,\text{N}\cdot\text{m}^2/\text{C}.$$

No caso da face dianteira, $d\vec{A} = dA\hat{k}$, e no caso da fase traseira, $d\vec{A} = -dA\hat{k}$. Quando calculamos o produto escalar do campo elétrico $\vec{E} = 3{,}0x\hat{i} + 4{,}0\hat{j}$ por esses vetores área, o resultado é zero e, portanto, o fluxo elétrico através das duas faces é nulo. O fluxo total através das seis faces é, portanto,

$$\Phi = (36 - 12 + 16 - 16 + 0 + 0)\ \text{N}\cdot\text{m}^2/\text{C}$$
$$= 24\ \text{N}\cdot\text{m}^2/\text{C}.$$

Carga envolvida: Finalmente, usamos a lei de Gauss para calcular a carga q_{env} envolvida pelo cubo:

$$q_{env} = \varepsilon_0\Phi = (8{,}85 \times 10^{-12}\ \text{C}^2/\text{N}\cdot\text{m}^2)(24\ \text{N}\cdot\text{m}^2/\text{C})$$
$$= 2{,}1 \times 10^{-10}\ \text{C}. \qquad \text{(Resposta)}$$

Assim, o cubo envolve uma carga *total* positiva.

23.3 CONDUTOR CARREGADO

Objetivos do Aprendizado

Depois de ler este módulo, você será capaz de ...

23.3.1 Usar a relação entre a densidade superficial de carga σ e a área da superfície para calcular a carga de um condutor.

23.3.2 Saber que, se uma carga em excesso (positiva ou negativa) for introduzida em um condutor isolado, a carga se acumulará na superfície; o interior do condutor permanecerá neutro.

23.3.3 Conhecer o valor do campo elétrico no interior de um condutor isolado.

23.3.4 No caso de um condutor com uma cavidade que contém um objeto carregado, determinar a carga na superfície da cavidade e na superfície externa do condutor.

23.3.5 Explicar de que forma a lei de Gauss é usada para determinar o módulo E do campo elétrico nas proximidades da superfície de um condutor com uma densidade superficial de carga uniforme σ.

23.3.6 No caso de uma superfície uniformemente carregada de um condutor, conhecer a relação entre a densidade superficial de carga σ e o módulo E do campo elétrico nas vizinhanças do condutor e a relação entre o sinal da carga e o sentido do campo elétrico.

Ideias-Chave

- Todas as cargas em excesso de um condutor isolado se concentram na superfície externa do condutor.
- O campo no interior do um condutor carregado é zero e o campo elétrico nas proximidades do condutor é perpendicular à superfície e tem um módulo proporcional à densidade superficial de carga:

$$E = \frac{\sigma}{\varepsilon_0}.$$

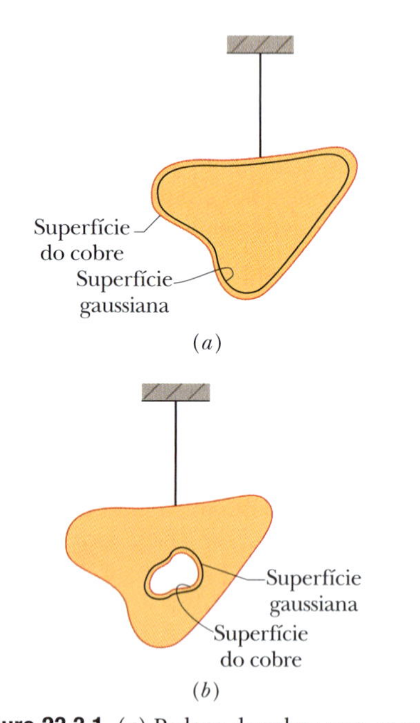

Figura 23.3.1 (*a*) Pedaço de cobre, com uma carga q, pendurado por um fio isolante. Uma superfície gaussiana é colocada logo abaixo da superfície do condutor. (*b*) O pedaço de cobre agora possui uma cavidade. Uma superfície gaussiana é colocada no interior do condutor, perto da superfície da cavidade.

Condutor Carregado

A lei de Gauss permite demonstrar um teorema importante a respeito dos condutores:

Se uma carga em excesso é introduzida em um condutor, a carga se concentra na superfície do condutor; o interior do condutor permanece neutro.

Esse comportamento dos condutores é razoável, já que cargas do mesmo sinal se repelem. A ideia é que, ao se acumularem na superfície, as cargas em excesso se mantêm afastadas o máximo possível umas das outras. Podemos usar a lei de Gauss para demonstrar matematicamente essa afirmação.

A Fig. 23.3.1*a* mostra uma vista em corte de um pedaço de cobre, pendurado por um fio isolante, com uma carga em excesso q. Colocamos uma superfície gaussiana logo abaixo da superfície do condutor.

O campo elétrico no interior do condutor deve ser nulo; se não fosse assim, o campo exerceria uma força sobre os elétrons de condução (elétrons livres), que estão sempre presentes em um condutor, e isso produziria uma corrente elétrica. (Em outras palavras, haveria um movimento de cargas no interior do condutor.) Como não pode haver uma corrente perpétua em um condutor que não faz parte de um circuito elétrico, o campo elétrico deve ser nulo.

(Um campo elétrico interno *existe* durante certo tempo, enquanto o condutor está sendo carregado. Entretanto, a carga adicional logo se distribui de tal forma que o campo elétrico interno se anula e as cargas param de se mover. Quando isso acontece, dizemos que as cargas estão em *equilíbrio eletrostático*.)

Se $\vec{E}$ é zero em todos os pontos do interior do pedaço de cobre, deve ser zero em todos os pontos da superfície gaussiana, já que a superfície escolhida, embora esteja próxima da superfície, fica no interior do pedaço de cobre. Isso significa que o fluxo que atravessa a superfície gaussiana também é zero. De acordo com a lei de Gauss, portanto, a carga total envolvida pela superfície de Gauss deve ser nula. Como o excesso de carga não está no interior da superfície de Gauss, só pode estar na superfície do condutor.

Condutor Carregado com uma Cavidade Interna

A Fig. 23.3.1*b* mostra o mesmo condutor, agora com uma cavidade interna. É talvez razoável supor que, ao removermos o material eletricamente neutro para formar a cavidade, não mudamos a distribuição de carga nem a configuração dos campos elétricos, que continuam sendo as mesmas da Fig. 23.3.1*a*. Vamos usar a lei de Gauss para demonstrar matematicamente essa conjectura.

Colocamos uma superfície gaussiana envolvendo a cavidade, próximo da superfície, no interior do condutor. Como $\vec{E} = 0$ no interior do condutor, o fluxo através dessa superfície também é nulo. Assim, a superfície não pode envolver nenhuma carga. A conclusão é que não existe carga em excesso na superfície da cavidade; toda a carga em excesso permanece na superfície externa do condutor, como na Fig. 23.3.1*a*.

Remoção do Condutor

Suponha que, por um passe de mágica, fosse possível "congelar" as cargas em excesso na superfície do condutor, talvez revestindo-as com uma fina camada de plástico, e que o condutor pudesse ser removido totalmente. Isso seria equivalente a aumentar a cavidade da Fig. 23.3.1*b* até que ocupasse todo o condutor. O campo elétrico não sofreria nenhuma alteração; continuaria a ser nulo no interior da fina camada de carga e permaneceria o mesmo em todos os pontos do exterior. Isso mostra que o campo elétrico é criado pelas cargas e não pelo condutor; este constitui apenas um veículo para que as cargas assumam suas posições de equilíbrio.

Campo Elétrico Externo 23.2

Vimos que as cargas em excesso de um condutor isolado se concentram na superfície do condutor. A menos que o condutor seja esférico, porém, essas cargas não se distribuem de modo uniforme. Em outras palavras, no caso de condutores não esféricos, a densidade superficial de carga σ (carga por unidade de área) varia ao longo da superfície. Em geral, essa variação torna muito difícil determinar o campo elétrico criado por cargas superficiais, a não ser nas proximidades da superfície, pois, nesse caso, o campo elétrico pode ser determinado com facilidade usando a lei de Gauss.

Para isso, consideramos uma região da superfície suficientemente pequena para que possamos desprezar a curvatura e usamos um plano para representar a região. Em seguida, imaginamos um pequeno cilindro gaussiano engastado na superfície, como na Fig. 23.3.2: Uma das bases está do lado de dentro do condutor, a outra base está do lado de fora, e o eixo do cilindro é perpendicular à superfície do condutor.

O campo elétrico $\vec{E}$ na superfície e logo acima da superfície também é perpendicular à superfície. Se não fosse, ele teria uma componente paralela à superfície do condutor que exerceria forças sobre as cargas superficiais, fazendo com que elas se movessem. Esse movimento, porém, violaria nossa suposição implícita de que estamos lidando com um corpo em equilíbrio eletrostático. Assim, $\vec{E}$ é perpendicular à superfície do condutor.

Vamos agora calcular o fluxo através da superfície gaussiana. Não há fluxo através da base que se encontra dentro do condutor, já que, nessa região, o campo elétrico é nulo. Também não há fluxo através da superfície lateral do cilindro, pois do lado de dentro do condutor o campo é nulo e do lado de fora o campo elétrico é paralelo à superfície lateral do cilindro. Assim, o único fluxo que atravessa a superfície gaussiana é o que atravessa a base que se encontra fora do condutor, em que $\vec{E}$ é perpendicular ao plano da base. Supomos que a área da base, A, é suficientemente pequena para que o módulo E do campo seja constante em toda a base. Nesse caso, o fluxo através da base do cilindro é EA e esse é o fluxo total Φ que atravessa a superfície gaussiana.

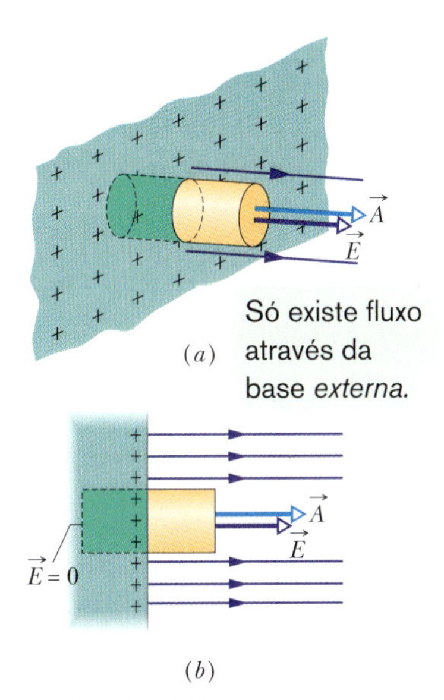

Figura 23.3.2 (*a*) Vista em perspectiva e (*b*) vista lateral de uma pequena parte de um condutor de grande extensão com uma carga positiva na superfície. Uma superfície gaussiana cilíndrica, engastada perpendicularmente no condutor, envolve parte das cargas. Linhas de campo elétrico atravessam a base do cilindro que está do lado de fora do condutor, mas não a base que está do lado de dentro. A base que está do lado de fora tem área A e o vetor área é $\vec{A}$.

A carga q_{env} envolvida pela superfície gaussiana está na superfície do condutor e ocupa uma área A. Se σ é a carga por unidade de área, q_{env} é igual a σA. Quando substituímos q_{env} por σA e Φ por EA, a lei de Gauss (Eq. 23.2.1) se torna

$$\varepsilon_0 EA = \sigma A,$$

e, portanto,

$$E = \frac{\sigma}{\varepsilon_0} \quad \text{(superfície condutora).} \tag{23.3.1}$$

Assim, o módulo do campo elétrico logo acima da superfície de um condutor é proporcional à densidade superficial de carga do condutor. Se a carga do condutor é positiva, o campo elétrico aponta para fora do condutor, como na Fig. 23.3.2; se é negativa, o campo elétrico aponta para dentro do condutor.

As linhas de campo da Fig. 23.3.2 devem terminar em cargas negativas externas ao condutor. Quando aproximamos essas cargas do condutor, a densidade de carga local na superfície do condutor é modificada, o que também acontece com o módulo do campo elétrico, mas a relação entre σ e E continua a ser dada pela Eq. 23.3.1.

Exemplo 23.3.1 Casca metálica esférica, campo elétrico e carga  23.4

A Fig. 23.3.3*a* mostra uma seção reta de uma casca metálica esférica de raio interno R. Uma partícula com uma carga de $-5{,}0\ \mu C$ está situada com o centro a uma distância $R/2$ do centro da casca. Se a casca é eletricamente neutra, quais são as cargas (induzidas) na superfície interna e na superfície externa? Essas cargas estão distribuídas uniformemente? Qual é a configuração do campo elétrico do lado de dentro e do lado de fora da casca?

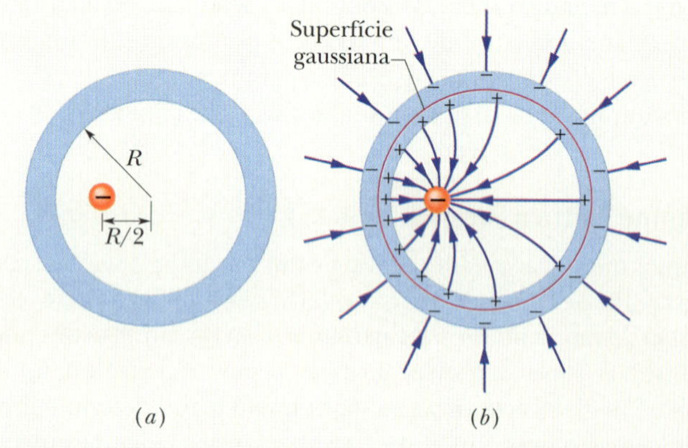

Figura 23.3.3 (*a*) Uma partícula com carga negativa está situada no interior de uma casca metálica esférica eletricamente neutra. (*b*) Em consequência, cargas positivas se distribuem de modo assimétrico na superfície interna da casca, e uma quantidade igual de carga negativa se distribui uniformemente na superfície externa.

IDEIAS-CHAVE

A Fig. 23.3.3*b* mostra uma seção reta de uma superfície gaussiana esférica no interior do metal, perto da superfície interna da casca. O campo elétrico é zero no interior do metal (e, portanto, na superfície gaussiana, que está no interior do metal). Isso significa que o fluxo elétrico através da superfície gaussiana também é zero. De acordo com a lei de Gauss, portanto, a carga *total* envolvida pela superfície gaussiana é zero.

Raciocínio: Como existe uma carga de $-5{,}0\ \mu C$ no interior da casca, deve haver uma carga de $+5{,}0\ \mu C$ na superfície interna da casca para que a carga envolvida seja zero. Se a partícula estivesse no centro de curvatura da casca, as cargas positivas estariam distribuídas uniformemente ao longo da superfície interna da casca. Como, porém, a partícula está fora do centro, a distribuição de carga positiva é assimétrica, como mostra a Fig. 23.3.3*b*; as cargas positivas tendem a se concentrar na parte da superfície interna que está mais próxima da partícula (já que a carga da partícula é negativa).

Como a casca é eletricamente neutra, para que a superfície interna tenha uma carga de $+5{,}0\ \mu C$ é preciso que elétrons, com uma carga total de $-5{,}0\ \mu C$, sejam transferidos da superfície interna para a superfície externa, onde se distribuem uniformemente, como mostra a Fig. 23.3.3*b*. A distribuição de carga negativa é uniforme porque a casca é esférica e porque a distribuição assimétrica de carga positiva na superfície interna não pode produzir um campo elétrico no interior do metal para afetar a distribuição de carga na superfície externa.

A Fig. 23.3.3*b* mostra também as linhas de campo do lado de dentro e do lado de fora da casca. Todas as linhas de campo interceptam perpendicularmente as superfícies da casca e a superfície da partícula. Do lado de dentro da casca, a configuração de linhas de campo é assimétrica por causa da assimetria da distribuição de carga positiva. Do lado de fora, o padrão é o mesmo que se a carga pontual estivesse no centro de curvatura e a casca não existisse. Na verdade, a configuração seria a mesma para qualquer posição da carga pontual no interior da casca.

Teste 23.3.1

Uma casca esférica de metal contém uma partícula no centro cuja carga é $+Q$. A casca tem uma carga $+3Q$. (a) Qual é a carga total (a) da superfície interna da casca e (b) da superfície externa da casca? Estamos interessados em calcular o módulo do campo elétrico em um ponto situado a uma distância r da carga central usando a equação $E = kq/r^2$. Qual deve ser o valor de q (c) se o ponto estiver entre a partícula e a superfície interna da casca; (d) se o ponto estiver entre a superfície interna e a superfície externa da casca e (e) se o ponto estiver do lado de fora da casca?

23.4 APLICAÇÕES DA LEI DE GAUSS: SIMETRIA CILÍNDRICA

Objetivos do Aprendizado

Depois de ler este módulo, você será capaz de ...

23.4.1 Explicar como a lei de Gauss pode ser usada para calcular o módulo do campo elétrico do lado de fora de uma linha de carga ou do lado de fora da superfície de um cilindro de material isolante (uma barra de plástico, por exemplo) com uma densidade linear de carga uniforme λ.

23.4.2 Conhecer a relação entre a densidade linear de carga λ em uma superfície cilíndrica e o módulo E do campo elétrico a uma distância r do eixo central da superfície cilíndrica.

23.4.3 Explicar como a lei de Gauss pode ser usada para calcular o módulo E do campo elétrico no *interior* de um cilindro isolante (uma barra de plástico, por exemplo) com uma densidade volumétrica de carga uniforme ρ.

Ideia-Chave

- O campo elétrico em um ponto nas proximidades de uma linha de carga (ou barra cilíndrica), de comprimento infinito, com uma densidade linear de carga uniforme λ é perpendicular à linha, e o módulo do campo é dado por

$$E = \frac{\lambda}{2\pi\varepsilon_0 r} \quad \text{(linha de carga)},$$

em que r é a distância entre o ponto e a linha.

Aplicações da Lei de Gauss: Simetria Cilíndrica 23.2 23.3

A Fig. 23.4.1 mostra uma parte de uma barra de plástico cilíndrica, de comprimento infinito, com uma densidade linear uniforme de carga positiva λ. Vamos obter uma expressão para o módulo do campo elétrico $\vec{E}$ a uma distância r do eixo da barra. Poderíamos fazer isso usando o método do Capítulo 22 (usar uma carga elementar dq, que produziria um campo elementar $d\vec{E}$ etc.). Entretanto, a lei de Gauss permite resolver o problema de uma forma muito mais simples (e mais elegante).

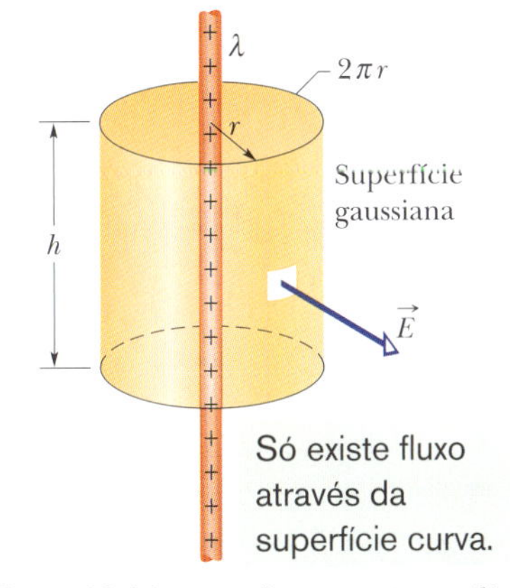

Figura 23.4.1 Superfície gaussiana cilíndrica envolvendo parte de uma barra de plástico cilíndrica, de comprimento infinito, com uma densidade linear uniforme de carga positiva.

A distribuição de carga e a configuração do campo elétrico têm simetria cilíndrica. Para calcular o campo a uma distância r, envolvemos um trecho da barra com um cilindro gaussiano concêntrico, de raio r e altura h. (Para determinar o campo elétrico em um ponto, devemos fazer a superfície gaussiana passar por esse ponto.) Em seguida, usamos a lei de Gauss para relacionar a carga envolvida pelo cilindro ao fluxo total do campo elétrico através da superfície do cilindro.

Para começar, observe que, por causa da simetria, o campo elétrico em qualquer ponto do espaço aponta radialmente para longe da barra (porque a carga da barra é positiva; se a carga fosse negativa, o campo elétrico apontaria radialmente para o eixo da barra). Isso significa que, nas bases do cilindro, o campo elétrico é paralelo à superfície e, portanto, o fluxo através das bases do cilindro é zero.

Para calcular o fluxo através da superfície lateral do cilindro, note que, em todos os elementos de área da superfície lateral, o vetor área $d\vec{A}$ aponta radialmente para longe do cilindro (para fora da superfície gaussiana), ou seja, na mesma direção e no mesmo sentido que o campo elétrico. Assim, o produto escalar que aparece na lei de Gauss é simplesmente $E\,dA \cos 0 = E\,dA$, e podemos passar E para fora da integral. A integral restante é simplesmente uma receita para somar as áreas de todos os elementos de área da superfície lateral do cilindro, mas já sabemos que o resultado é o produto da altura h do cilindro pela circunferência da base, $2\pi r$. O fluxo total através do cilindro é, portanto,

$$\Phi = EA\cos\theta = E(2\pi rh)\cos 0 = E(2\pi rh).$$

Do outro lado da lei de Gauss, temos a carga q_{env} envolvida pelo cilindro. Como a densidade linear de carga (carga por unidade de comprimento) é uniforme, a carga envolvida é λh. Assim, a lei de Gauss,

$$\varepsilon_0\Phi = q_{env},$$

nos dá

$$\varepsilon_0 E(2\pi rh) = \lambda h,$$

donde

$$E = \frac{\lambda}{2\pi\varepsilon_0 r} \quad \text{(linha de carga).} \qquad (23.4.1)$$

Esse é o campo elétrico produzido por uma linha de carga infinitamente longa em um ponto situado a uma distância r da linha. O campo $\vec{E}$ aponta radialmente para longe da linha de carga, se a carga for positiva, e radialmente na direção da linha de carga, se a carga for negativa. A Eq. 23.4.1 também fornece o valor aproximado do campo produzido por uma linha de carga *finita* em pontos não muito próximos das extremidades da linha (em comparação com a distância da linha).

Se a barra possui uma densidade volumétrica de carga ρ uniforme, podemos usar um método semelhante para calcular o módulo do campo elétrico no *interior* da barra. Para isso, basta reduzir o raio do cilindro gaussiano da Fig. 23.4.1 até que a superfície lateral do cilindro esteja no interior da barra. Nesse caso, como a densidade de carga é uniforme, a carga q_{env} envolvida pelo cilindro será proporcional ao volume do cilindro.

Teste 23.4.1

A figura mostra uma casca cilíndrica de metal que é coaxial com um fio fino, ambos muito compridos. O fio tem uma densidade linear de carga uniforme $+\lambda_f$ e a casca é eletricamente neutra. Qual é a densidade linear de carga (a) da superfície interna da casca e (e) da superfície externa da casca? Estamos interessados em calcular o módulo do campo elétrico em um ponto situado a uma distância r do eixo do cilindro usando a equação $E = \lambda/2\pi\varepsilon_0 r$. Qual deve ser o valor de λ (a) se o ponto estiver entre o fio e a superfície interna da casca; (b) se o ponto estiver entre a superfície interna e a superfície externa da casca e (c) se o ponto estiver do lado de fora da casca?

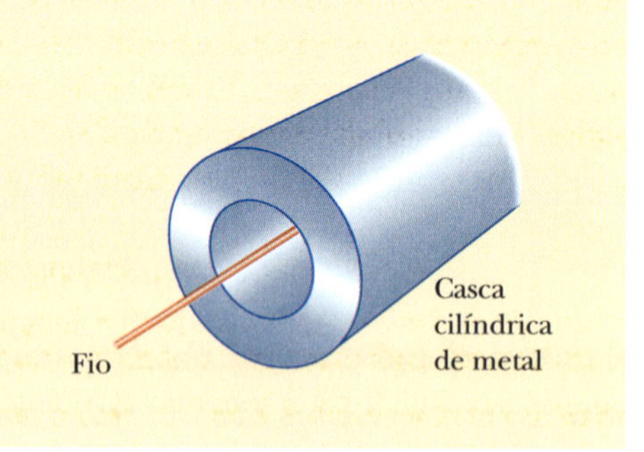

Exemplo 23.4.1 Raio de um relâmpago

A parte visível de um relâmpago é precedida de um estágio invisível no qual um canal de elétrons se dirige lentamente de uma nuvem para o solo. A densidade linear de carga do canal é da ordem de -1×10^{-3} C/m. Quando o canal atinge o solo, os elétrons passam a se mover com uma velocidade muito maior e as colisões dos elétrons com as moléculas do ar ionizam as moléculas, produzindo uma luz muito intensa na parte central do canal. Se as moléculas se ionizam apenas na região em que o módulo do campo elétrico é maior que 3×10^6 N/C, qual é o raio do canal?

IDEIA-CHAVE

Embora os canais possam ter várias formas, vamos supor, para facilitar os cálculos, que são retilíneos, como o canal do relâmpago da Fig. 23.4.2. (Como a carga dos elétrons é negativa, o campo elétrico $\vec{E}$ aponta radialmente para fora do canal.)

Cálculos: De acordo com a Eq. 23.4.1, o módulo E do campo elétrico diminui com a distância do eixo do canal de elétrons. A superfície do canal está a uma distância r do eixo do canal tal que $\vec{E} = 3 \times 10^6$ N/C, já que, para distâncias maiores, o campo elétrico não tem intensidade suficiente para ionizar o ar. Explicitando r na Eq. 23.4.1 e substituindo os símbolos por valores conhecidos, temos:

$$r = \frac{\lambda}{2\pi\varepsilon_0 E}$$

$$= \frac{1 \times 10^{-3}\ \text{C/m}}{(2\pi)(8{,}85 \times 10^{-12}\ \text{C}^2/\text{N}\cdot\text{m}^2)(3 \times 10^6\ \text{N/C})}$$

$$= 6\ \text{m}.$$

(O raio da parte luminosa do relâmpago é da ordem de 0,50 m, bem menor, portanto, que o raio do canal antes de atingir o solo. O leitor pode ter uma ideia dessa largura na fotografia da Fig. 23.4.2.) Embora a largura do canal seja apenas 6 m, ninguém deve se sentir seguro se estiver a uma distância um pouco maior do ponto em que o relâmpago atingiu o solo, porque os elétrons passam a se mover na superfície, formando a chamada *corrente de terra*, que pode ser letal.

Steven Puetzer/Photographer's Choice RF/Getty Images

Figura 23.4.2 Relâmpago atingindo uma árvore. Como a árvore estava molhada, os elétrons chegaram ao solo passando pela água e a árvore foi poupada. Se a árvore estivesse seca e os elétrons chegassem ao solo passando pela seiva, ela seria vaporizada, fazendo a árvore explodir.

23.5 APLICAÇÕES DA LEI DE GAUSS: SIMETRIA PLANAR

Objetivos do Aprendizado

Depois de ler este módulo, você será capaz de ...

23.5.1 Usar a lei de Gauss para calcular o módulo E do campo elétrico nas proximidades de uma superfície plana, isolante, de grandes dimensões, com uma densidade superficial de carga uniforme σ.

23.5.2 No caso de pontos nas proximidades de uma superfície plana, *isolante*, de grandes dimensões, com uma densidade superficial de carga uniforme σ, conhecer a relação entre a densidade de carga e o módulo E do campo elétrico e a relação entre o sinal da carga e o sentido do campo elétrico.

23.5.3 No caso de pontos nas proximidades de duas superfícies planas, *condutoras*, de grandes dimensões, com uma densidade superficial de carga σ, conhecer a relação entre a densidade de carga e o módulo E do campo elétrico e a relação entre o sinal das cargas e o sentido do campo elétrico.

Ideias-Chave

- O campo elétrico produzido por uma placa isolante infinita com uma densidade superficial de carga σ é perpendicular ao plano da placa e tem um módulo proporcional à densidade superficial de carga da placa:

$$E = \frac{\sigma}{2\varepsilon_0} \quad \text{(placa isolante carregada).}$$

- O campo elétrico entre duas placas condutoras carregadas é perpendicular ao plano das placas e tem um módulo proporcional à densidade superficial de carga das placas:

$$E = \frac{\sigma}{\varepsilon_0} \quad \text{(duas placas condutoras carregadas).}$$

Aplicações da Lei de Gauss: Simetria Planar (BT) 23.3

Placa Isolante

A Fig. 23.5.1 mostra uma parte de uma placa fina, infinita, isolante, com uma densidade superficial de carga positiva σ. Uma folha de plástico, com uma das superfícies uniformemente carregada, pode ser um bom modelo. Vamos calcular o campo elétrico $\vec{E}$ a uma distância r da placa.

Uma superfície gaussiana adequada para esse tipo de problema é um cilindro com o eixo perpendicular à placa e com uma base de cada lado da placa, como mostra a figura. Por simetria, $\vec{E}$ é perpendicular à placa e, portanto, às bases do cilindro. Além disso, como a carga é positiva, $\vec{E}$ aponta *para longe* da placa, e, portanto, as linhas de campo elétrico atravessam as duas bases do cilindro no sentido de dentro para fora.

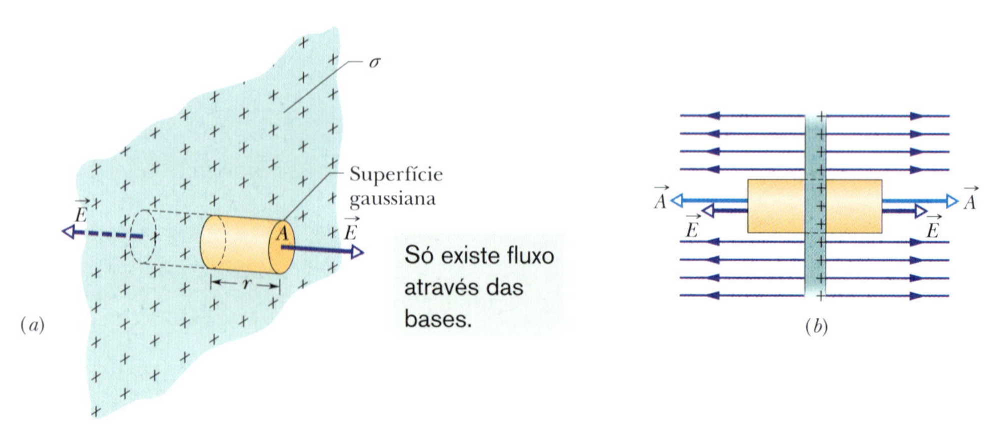

Figura 23.5.1 (*a*) Vista em perspectiva e (*b*) vista lateral de uma pequena parte de uma placa de grande extensão com uma carga positiva na superfície. Uma superfície gaussiana cilíndrica, com o eixo perpendicular à placa e uma base de cada lado da placa, envolve parte das cargas.

Como as linhas de campo são paralelas à superfície lateral do cilindro, o produto $\vec{E} \cdot d\vec{A}$ é nulo nessa parte da superfície gaussiana. Assim, $\vec{E} \cdot d\vec{A}$ é igual a $E\,dA$ nas bases do cilindro e é igual a zero na superfície lateral. Nesse caso, a lei de Gauss,

$$\varepsilon_0 \oint \vec{E} \cdot d\vec{A} = q_{\text{env}},$$

nos dá

$$\varepsilon_0(EA + EA) = \sigma A,$$

em que σA é a carga envolvida pela superfície gaussiana. Explicitando E, obtemos

$$E = \frac{\sigma}{2\varepsilon_0} \quad \text{(placa isolante carregada).} \tag{23.5.1}$$

Como estamos considerando uma placa infinita com uma densidade de carga uniforme, esse resultado é válido para qualquer ponto que esteja a uma distância finita da placa. A Eq. 23.5.1 é igual à Eq. 22.5.6, que foi obtida por integração das componentes do campo elétrico produzido por elementos de carga.

Duas Placas Condutoras

A Fig. 23.5.2*a* mostra uma vista de perfil de uma placa condutora fina, infinita, com um excesso de carga positiva. Como vimos no Módulo 23.3, a carga em excesso está na superfície da placa. Como a placa é fina e muito extensa, podemos supor que praticamente toda a carga em excesso está nas duas faces maiores da placa.

Se não existe um campo elétrico externo para forçar as cargas positivas a assumirem determinada distribuição, as cargas se distribuem uniformemente nas duas faces com uma densidade superficial de carga σ_1. De acordo com a Eq. 23.3.1, essas cargas criam, nas proximidades da superfície, um campo elétrico de módulo $E = \sigma_1/\varepsilon_0$. Como a carga em excesso é positiva, o campo aponta para longe da placa.

A Fig. 23.5.2*b* mostra uma placa do mesmo tipo com um excesso de carga negativa e uma densidade superficial de carga com o mesmo valor absoluto σ_1. A única diferença é que, agora, o campo aponta na direção da placa.

Suponha que as placas das Figs. 23.5.2*a* e 23.5.2*b* sejam colocadas lado a lado (Fig. 23.5.2*c*). Como as placas são condutoras, quando as aproximamos, as cargas em excesso de uma placa atraem as cargas em excesso da outra, e todas as cargas em excesso se concentram na superfície interna das placas, como mostra a Fig. 23.5.2*c*. Como existe agora uma quantidade de carga duas vezes maior nas superfícies internas, a nova densidade superficial de carga (que vamos chamar de σ) nas faces internas é $2\sigma_1$. Assim, o módulo do campo elétrico em qualquer ponto entre as placas é dado por

$$E = \frac{2\sigma_1}{\varepsilon_0} = \frac{\sigma}{\varepsilon_0}. \tag{23.5.2}$$

Esse campo aponta para longe da placa positiva e na direção da placa negativa. Como não existe excesso de carga nas faces externas, o campo elétrico do lado de fora das placas é zero.

Como as cargas das placas se moveram quando as placas foram aproximadas, a Fig. 23.5.2*c* *não é* a superposição das Figs. 23.5.2*a* e *b*; em outras palavras, a distribuição de carga no sistema de duas placas não é simplesmente a soma das distribuições de carga das placas isoladas.

A razão pela qual nos damos ao trabalho de discutir situações tão pouco realistas como os campos produzidos por uma placa infinita carregada e um par de placas infinitas carregadas é que a análise de situações "infinitas" permite obter boas aproximações para problemas reais. Assim, a Eq. 23.5.1 vale também para uma placa isolante finita, contanto que estejamos lidando com pontos próximos da placa e razoavelmente distantes das bordas. A Eq. 23.5.2 se aplica a um par de placas condutoras finitas, contanto que não estejamos lidando com pontos muito próximos das bordas. O problema das bordas de uma placa, e o motivo pelo qual procuramos, na medida do possível, nos manter afastados delas, é que, perto de uma borda, não podemos usar a simetria planar para determinar as expressões dos campos. Perto da borda, as linhas de campo são curvas (é o chamado *efeito de borda*) e os campos elétricos são muito difíceis de expressar matematicamente.

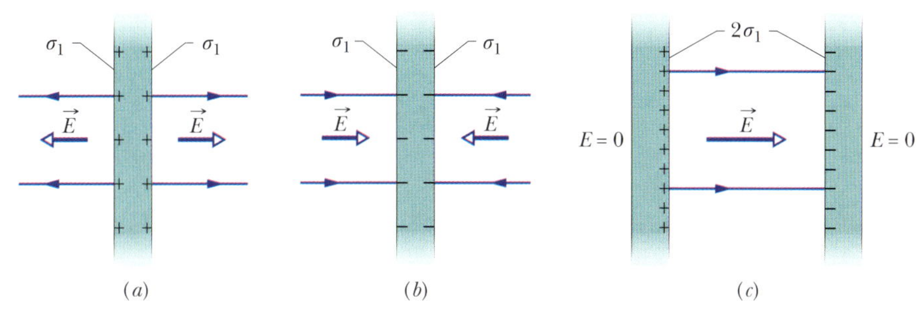

Figura 23.5.2 (*a*) Placa condutora fina, infinita, com um excesso de carga positiva. (*b*) Uma placa do mesmo tipo com um excesso de carga negativa. (*c*) As duas placas colocadas lado a lado.

Teste 23.5.1

A figura mostra (de perfil) uma grande placa não condutora com uma distribuição uniforme de carga positiva. Elétrons são liberados sem velocidade inicial nos pontos A, B e C. Coloque os pontos na ordem da aceleração inicial do elétron, começando pelo maior.

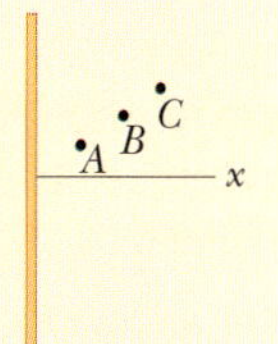

Exemplo 23.5.1 Campo elétrico nas proximidades de duas placas isolantes carregadas paralelas 23.5

A Fig. 23.5.3*a* mostra partes de duas placas de grande extensão, isolantes, paralelas, com uma carga uniforme do lado esquerdo. Os valores das densidades superficiais de carga são $\sigma_{(+)} = 6{,}8\ \mu\text{C/m}^2$ para a placa positivamente carregada e $\sigma_{(-)} = 4{,}3\ \mu\text{C/m}^2$ para a placa negativamente carregada.

Determine o campo elétrico $\vec{E}$ (a) à esquerda das placas, (b) entre as placas e (c) à direita das placas.

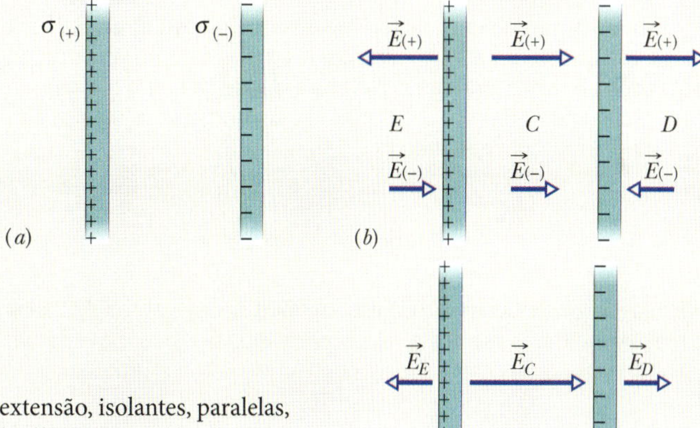

Figura 23.5.3 (*a*) Duas placas de grande extensão, isolantes, paralelas, com uma carga uniforme do lado esquerdo. (*b*) Campos elétricos criados pelas duas placas. (*c*) Campo total criado pelas duas placas, obtido por superposição.

IDEIA-CHAVE

Como as cargas estão fixas (as placas são isolantes), podemos determinar os campos elétricos produzidos pelas placas da Fig. 23.5.3*a* (1) calculando o campo de cada placa como se a outra não existisse e (2) somando algebricamente os resultados. (Não há necessidade de usar uma soma vetorial porque os campos são paralelos.)

Cálculos: Em qualquer ponto, o campo elétrico $\vec{E}_{(+)}$ produzido pela placa positiva aponta *para longe* da placa e, de acordo com a Eq. 23.5.1, tem o módulo dado por

$$E_{(+)} = \frac{\sigma_{(+)}}{2\varepsilon_0} = \frac{6{,}8 \times 10^{-6}\ \text{C/m}^2}{(2)(8{,}85 \times 10^{-12}\ \text{C}^2/\text{N}\cdot\text{m}^2)}$$
$$= 3{,}84 \times 10^5\ \text{N/C}.$$

Em qualquer ponto, o campo elétrico $\vec{E}_{(-)}$ produzido pela placa negativa aponta *na direção* da placa e tem um módulo dado por

$$E_{(-)} = \frac{\sigma_{(-)}}{2\varepsilon_0} = \frac{4{,}3 \times 10^{-6}\ \text{C/m}^2}{(2)(8{,}85 \times 10^{-12}\ \text{C}^2/\text{N}\cdot\text{m}^2)}$$
$$= 2{,}43 \times 10^5\ \text{N/C}.$$

A Fig. 23.5.3*b* mostra os campos criados pelas placas à esquerda das placas (E), entre as placas (C) e à direita das placas (D).

Os campos resultantes nas três regiões podem ser obtidos usando o princípio de superposição. À esquerda, o módulo do campo é

$$\begin{aligned} E_E &= E_{(+)} - E_{(-)} \\ &= 3{,}84 \times 10^5\ \text{N/C} - 2{,}43 \times 10^5\ \text{N/C} \\ &= 1{,}4 \times 10^5\ \text{N/C}. \end{aligned} \qquad \text{(Resposta)}$$

Como $E_{(+)}$ é maior que $E_{(-)}$, o campo elétrico total $\vec{E}_E$ nessa região aponta para a esquerda, como mostra a Fig. 23.5.3*c*. À direita das placas, o campo elétrico $\vec{E}_D$ tem o mesmo módulo, mas aponta para a direita, como mostra a Fig. 23.5.3*c*.

Entre as placas, os dois campos se somam e temos

$$\begin{aligned} E_C &= E_{(+)} + E_{(-)} \\ &= 3{,}84 \times 10^5\ \text{N/C} + 2{,}43 \times 10^5\ \text{N/C} \\ &= 6{,}3 \times 10^5\ \text{N/C}. \end{aligned} \qquad \text{(Resposta)}$$

O campo elétrico $\vec{E}_C$ aponta para a direita.

23.6 APLICAÇÕES DA LEI DE GAUSS: SIMETRIA ESFÉRICA

Objetivos do Aprendizado

Depois de ler este módulo, você será capaz de ...

23.6.1 Saber que uma casca esférica com uma distribuição uniforme de carga atrai ou repele uma partícula carregada situada do lado de fora da casca como se toda a carga da casca estivesse concentrada no centro da casca.

23.6.2 Saber que uma casca esférica com uma distribuição uniforme de carga não exerce nenhuma força eletrostática sobre uma partícula carregada situada no interior da casca.

23.6.3 No caso de um ponto situado do lado de fora de uma casca esférica com uma distribuição uniforme de carga, conhecer a relação entre o módulo E do campo elétrico, a carga q da casca e a distância r entre o ponto e o centro da casca.

23.6.4 No caso de um ponto situado no interior de uma casca esférica com uma distribuição uniforme de carga, conhecer o valor do módulo E do campo elétrico.

23.6.5 No caso de uma esfera com uma distribuição uniforme de carga, determinar o módulo e a orientação do campo elétrico em pontos no interior da esfera e do lado de fora da esfera.

Ideias-Chave

- Em um ponto do lado de fora de uma casca esférica com uma carga q distribuída uniformemente, o campo elétrico produzido pela casca é radial (orientado para fora da casca ou na direção do centro da casca, dependendo do sinal da carga), e o módulo do campo é dado pela equação

$$E = \frac{1}{4\pi\varepsilon_0}\frac{q}{r^2} \quad \text{(fora de uma casca esférica carregada)},$$

em que r é a distância entre o ponto e o centro da casca. O campo seria o mesmo se toda a carga estivesse concentrada no centro da casca.

- Em todos os pontos do interior de uma casca esférica com uma distribuição uniforme de carga, o campo elétrico criado pela casca é zero.
- Em um ponto do interior de uma esfera com uma distribuição uniforme de carga, o campo elétrico é radial e o módulo do campo é dado pela equação

$$E = \frac{1}{4\pi\varepsilon_0}\frac{q}{R^3}r \quad \text{(dentro de uma esfera carregada)},$$

em que q é a carga da esfera, R é o raio da esfera e r é a distância entre o ponto e o centro da esfera.

Aplicações da Lei de Gauss: Simetria Esférica  23.4

Vamos agora usar a lei de Gauss para demonstrar os dois teoremas das cascas que foram apresentados no Módulo 21.1. O primeiro diz o seguinte:

Uma partícula carregada situada do lado de fora de uma casca esférica com uma distribuição uniforme de carga é atraída ou repelida como se toda a carga estivesse situada no centro da casca.

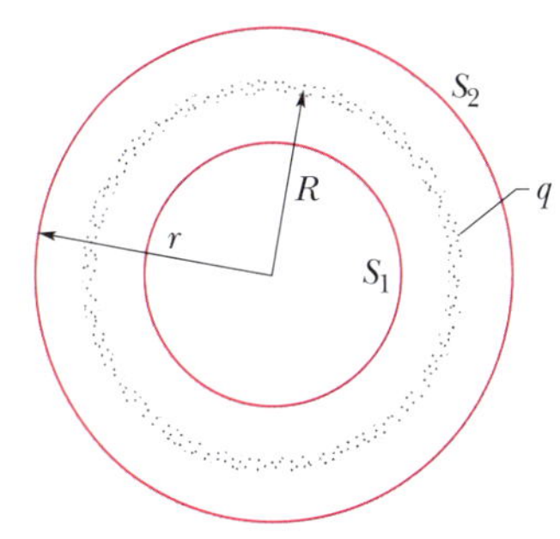

Figura 23.6.1 Vista em seção reta de uma casca esférica fina, uniformemente carregada, com uma carga total q. Duas superfícies gaussianas, S_1 e S_2, também são mostradas. A superfície S_2 envolve a casca, e a superfície S_1 envolve apenas a cavidade vazia que existe no interior da casca.

A Fig. 23.6.1 mostra uma casca esférica carregada, de raio R, com uma carga total q e duas superfícies gaussianas concêntricas, S_1 e S_2. Quando usamos o método do Módulo 23.2 e aplicamos a lei de Gauss à superfície S_2, para a qual $r \geq R$, o resultado é o seguinte:

$$E = \frac{1}{4\pi\varepsilon_0}\frac{q}{r^2} \quad \text{(casca esférica, campo para } r \geq R). \tag{23.6.1}$$

Esse campo é igual ao que seria criado por uma carga pontual q localizada no centro da casca. Assim, a força que uma casca de carga q exerce sobre uma partícula carregada situada do lado de fora da casca é a mesma que a força exercida por uma partícula pontual de carga q situada no centro da casca. Fica assim demonstrado o primeiro teorema das cascas.

Aplicando a lei de Gauss à superfície S_1, para a qual $r < R$, obtemos

$$E = 0 \quad \text{(casca esférica, campo para } r < R), \tag{23.6.2}$$

já que a superfície S_1 não envolve nenhuma carga. Assim, se existe uma partícula carregada no interior da casca, a casca não exerce nenhuma força sobre a partícula. Fica assim demonstrado o segundo teorema das cascas.

Uma partícula carregada situada no interior de uma casca esférica com uma distribuição uniforme de carga não é atraída nem repelida pela casca.

Toda distribuição de carga esfericamente simétrica, como a distribuição de raio R e densidade volumétrica de carga ρ da Fig. 23.6.2, pode ser substituída por um conjunto de cascas esféricas concêntricas. Para fins de aplicação dos dois teoremas das cascas, a densidade volumétrica de carga ρ deve ter um valor único para cada casca, mas não precisa ser a mesma para todas as cascas. Assim, para a distribuição de carga como um todo, ρ pode variar, mas apenas em função de r, a distância radial a partir do centro de curvatura. Podemos, portanto, caso seja necessário, examinar o efeito da distribuição de carga "camada por camada".

Na Fig. 23.6.2a, todas as cargas estão no interior de uma superfície gaussiana com $r > R$. As cargas produzem um campo elétrico na superfície gaussiana como se houvesse apenas uma carga pontual situada no centro, e a Eq. 23.6.1 pode ser aplicada.

A Fig. 23.6.2b mostra uma superfície gaussiana com $r < R$. Para determinar o campo elétrico em pontos da superfície gaussiana, consideramos dois conjuntos de cascas carregadas: um conjunto do lado de dentro da superfície gaussiana e outro conjunto do lado de fora. De acordo com a Eq. 23.6.2, as cargas do lado de fora da superfície gaussiana não criam um campo elétrico na superfície gaussiana. De acordo com a Eq. 23.6.1, as cargas do lado de dentro da superfície gaussiana criam o mesmo campo que uma carga pontual de mesmo valor situada no centro. Chamando essa carga de q', podemos escrever a Eq. 23.6.1 na forma

$$E = \frac{1}{4\pi\varepsilon_0}\frac{q'}{r^2} \quad \text{(distribuição esférica, campo para } r \leq R). \tag{23.6.3}$$

Uma vez que a distribuição de carga no interior da esfera de raio R é uniforme, podemos calcular a carga q' envolvida por uma superfície esférica de raio r (Fig. 23.6.2b) usando a seguinte relação:

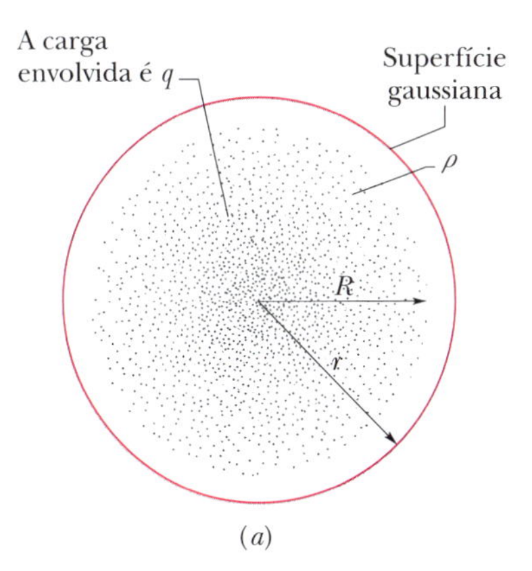

(a)

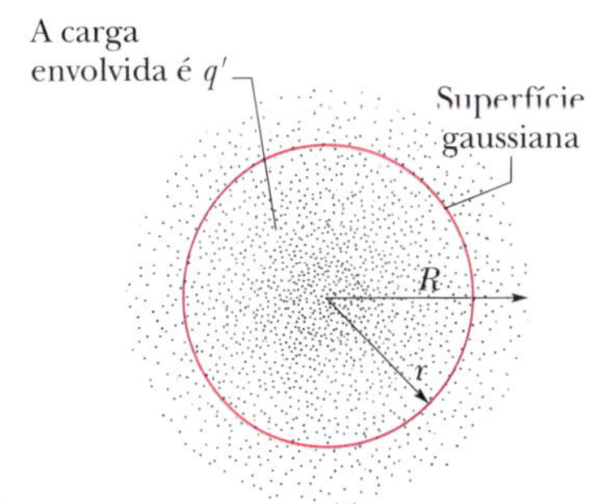

(b)

O fluxo através da superfície depende apenas da carga *envolvida*.

Figura 23.6.2 Os pontos representam uma esfera feita de material isolante com uma distribuição de carga de simetria esférica e raio R, cuja densidade volumétrica de carga ρ é função apenas da distância do centro. Uma superfície gaussiana concêntrica com $r > R$ é mostrada em (a). Uma superfície gaussiana semelhante, com $r < R$, é mostrada em (b).

$$\frac{\begin{pmatrix}\text{carga envolvida por}\\ \text{uma esfera de raio } r\end{pmatrix}}{\begin{pmatrix}\text{volume envolvido por}\\ \text{uma esfera de raio } r\end{pmatrix}} = \frac{\text{carga total}}{\text{volume total}}$$

ou

$$\frac{q'}{\frac{4}{3}\pi r^3} = \frac{q}{\frac{4}{3}\pi R^3}, \qquad (23.6.4)$$

o que nos dá

$$q' = q\frac{r^3}{R^3}. \qquad (23.6.5)$$

Substituindo na Eq. 23.6.3, obtemos

$$E = \left(\frac{q}{4\pi\varepsilon_0 R^3}\right)r \quad \text{(distribuição uniforme, campo para } r \le R). \qquad (23.6.6)$$

Teste 23.6.1

A figura mostra duas placas de grande extensão, paralelas, isolantes, com densidades superficiais de carga iguais, uniformes e positivas, e uma esfera com uma densidade volumétrica de carga uniforme e positiva. Coloque em ordem decrescente os quatro pontos numerados, de acordo com o módulo do campo elétrico existente no local.

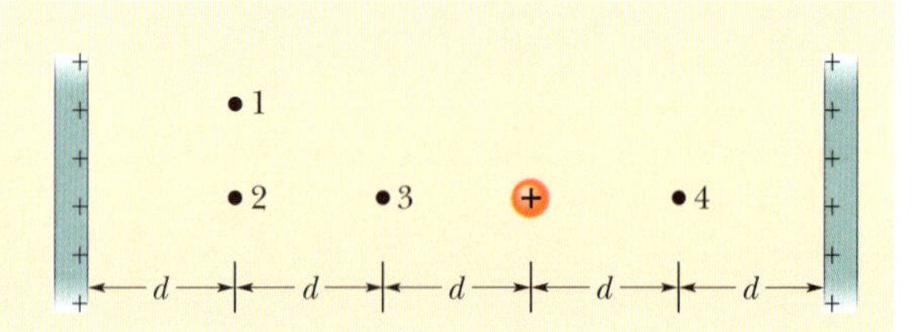

Revisão e Resumo

Lei de Gauss A *lei de Gauss* e a lei de Coulomb são formas diferentes de descrever a relação entre carga e campo elétrico em situações estáticas. A lei de Gauss é expressa pela equação

$$\varepsilon_0\Phi = q_{\text{env}} \quad \text{(lei de Gauss)}, \qquad (23.2.1)$$

em que q_{env} é a carga total no interior de uma superfície imaginária fechada (conhecida como *superfície gaussiana*) e Φ é o *fluxo* total do campo elétrico através da superfície:

$$\Phi = \oint \vec{E}\cdot d\vec{A} \quad \text{(fluxo elétrico através de uma superfície gaussiana)}. \qquad (23.1.4)$$

A lei de Coulomb pode ser demonstrada a partir da lei de Gauss.

Aplicações da Lei de Gauss Usando a lei de Gauss e, em alguns casos, princípios de simetria, é possível demonstrar várias propriedades importantes de sistemas eletrostáticos, entre as quais as seguintes:

1. As cargas em excesso de um *condutor* estão concentradas na superfície externa do condutor.
2. O campo elétrico externo nas vizinhanças da *superfície de um condutor carregado* é perpendicular à superfície e tem um módulo dado por

$$E = \frac{\sigma}{\varepsilon_0} \quad \text{(superfície condutora)}, \qquad (23.3.1)$$

em que σ é a densidade superficial de carga.

No interior do condutor, $E = 0$.

3. O campo elétrico produzido em um ponto do espaço por uma *linha de carga infinita* com densidade linear de carga uniforme λ é perpendicular à linha de carga e tem um módulo dado por

$$E = \frac{\lambda}{2\pi\varepsilon_0 r} \quad \text{(linha de carga)}, \qquad (23.4.1)$$

em que r é a distância entre o ponto e a linha de carga.

4. O campo elétrico produzido por uma *placa isolante infinita* com densidade superficial de carga uniforme σ é perpendicular ao plano da placa e tem um módulo dado por

$$E = \frac{\sigma}{2\varepsilon_0} \quad \text{(placa de carga)}. \qquad (23.5.1)$$

5. O campo elétrico em um ponto *do lado de fora de uma casca esférica uniformemente carregada*, de raio R e carga total q, aponta na direção radial e tem um módulo dado por

$$E = \frac{1}{4\pi\varepsilon_0}\frac{q}{r^2} \quad \text{(casca esférica, para } r \ge R), \qquad (23.6.1)$$

em que r é a distância entre o ponto e o centro da casca. (A carga se comporta, para pontos externos, como se estivesse concentrada no centro da esfera.) O campo *do lado de dentro* de uma casca esférica uniformemente carregada é zero:

$$E = 0 \quad \text{(casca esférica, para } r < R). \qquad (23.6.2)$$

6. O campo elétrico em um ponto *no interior de uma esfera uniformemente carregada* aponta na direção radial e tem um módulo dado por

$$E = \left(\frac{q}{4\pi\varepsilon_0 R^3}\right)r, \qquad (23.6.6)$$

em que q é a carga da esfera, R é o raio da esfera e r é a distância entre o ponto e o centro da casca.

Perguntas

1 O vetor área de uma superfície é $\vec{A} = (2\hat{i} + 3\hat{j})\text{m}^2$. Qual é o fluxo de um campo elétrico através da superfície, se o campo é (a) $\vec{E} = 4\hat{i}$ N/C e (b) $\vec{E} = 4\hat{k}$N/C?

2 A Fig. 23.1 mostra, em seção reta, três cilindros maciços de comprimento L e carga uniforme Q. Concêntrica com cada cilindro, existe uma superfície gaussiana cilíndrica; as três superfícies gaussianas têm o mesmo raio. Coloque as superfícies gaussianas em ordem decrescente do módulo do campo elétrico em qualquer ponto da superfície.

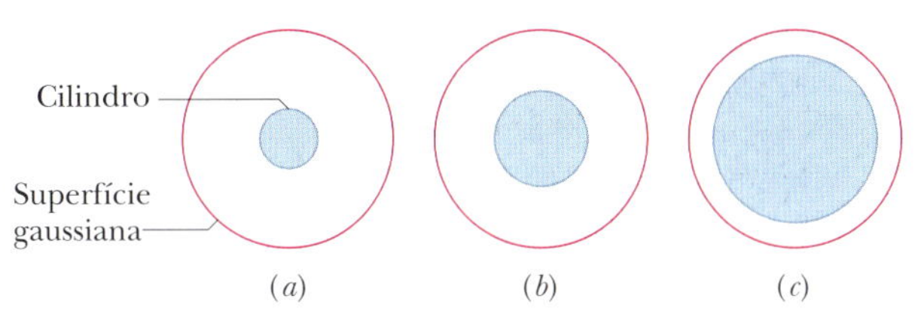

Figura 23.1 Pergunta 2.

3 A Fig. 23.2 mostra, em seção reta, uma esfera central metálica, duas cascas metálicas e três superfícies gaussianas esféricas concêntricas de raio R, $2R$ e $3R$. As cargas dos três corpos, distribuídas uniformemente, são as seguintes: esfera, Q; casca menor, $3Q$; casca maior, $5Q$. Coloque as três superfícies gaussianas em ordem decrescente do módulo do campo elétrico em qualquer ponto da superfície.

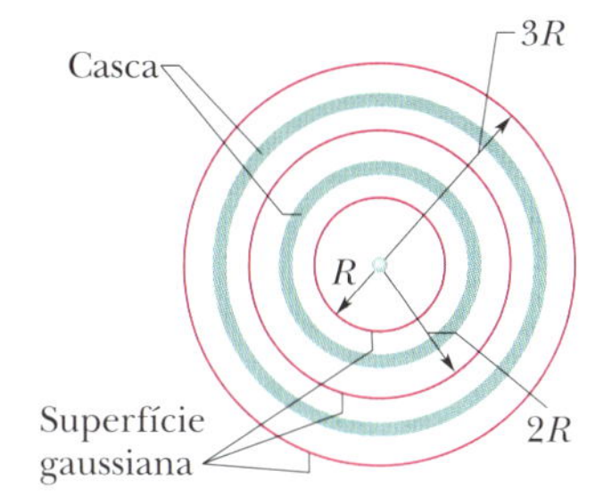

Figura 23.2 Pergunta 3.

4 A Fig. 23.3 mostra, em seção reta, duas esferas gaussianas e dois cubos gaussianos, no centro dos quais existe uma partícula de carga positiva. (a) Coloque as quatro superfícies gaussianas em ordem decrescente do fluxo elétrico que as atravessa. (b) Coloque as quatro superfícies gaussianas em ordem decrescente do módulo do campo elétrico em qualquer ponto da superfície, e informe se os módulos são uniformes ou variam de ponto para ponto da superfície.

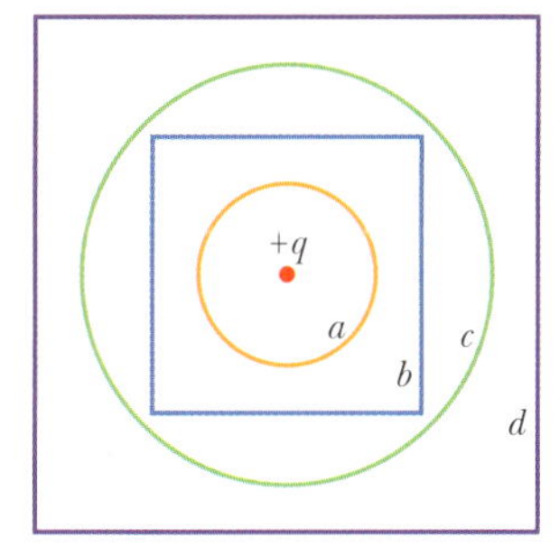

Figura 23.3 Pergunta 4.

5 Na Fig. 23.4, um elétron é liberado entre duas placas infinitas isolantes horizontais, com densidades superficiais de carga $\sigma_{(+)}$ e $\sigma_{(-)}$, como mostra a figura. O elétron é submetido às três situações mostradas na tabela a seguir, que envolvem as densidades superficiais de carga e a distância entre as placas. Coloque as situações em ordem decrescente do módulo da aceleração do elétron.

Situação	$\sigma_{(+)}$	$\sigma_{(-)}$	Distância
1	$+4\sigma$	-4σ	d
2	$+7\sigma$	$-\sigma$	$4d$
3	$+3\sigma$	-5σ	$9d$

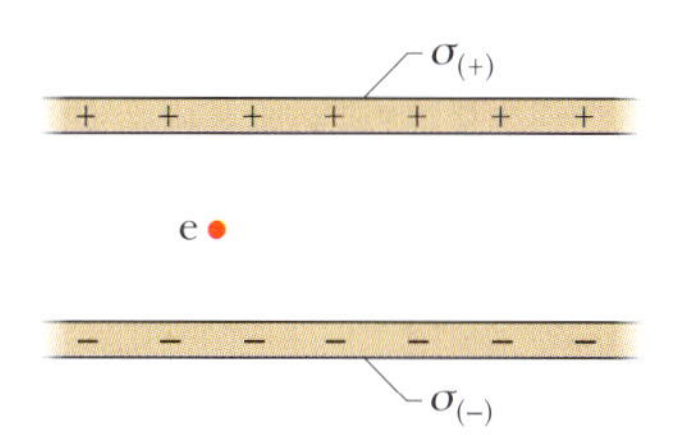

Figura 23.4 Pergunta 5.

6 Três placas infinitas isolantes, com densidades superficiais de carga positivas σ, 2σ e 3σ, foram alinhadas paralelamente, como as duas barras da Fig. 23.5.3a. Qual é a ordem das placas, da esquerda para a direita, se o campo elétrico $\vec{E}$ produzido pelas barras tem módulo $E = 0$ em uma região e $E = 2\sigma/\varepsilon_0$ em outra região?

7 A Fig. 23.5 mostra as seções retas de quatro conjuntos de barras finas e muito compridas, perpendiculares ao plano da figura. O valor abaixo de cada barra indica a densidade linear uniforme de carga da barra, em microcoulombs por metro. As barras estão separadas por distâncias d ou $2d$, e um ponto central é mostrado a meio caminho entre as barras internas. Coloque os conjuntos em ordem decrescente do módulo do campo elétrico no ponto central.

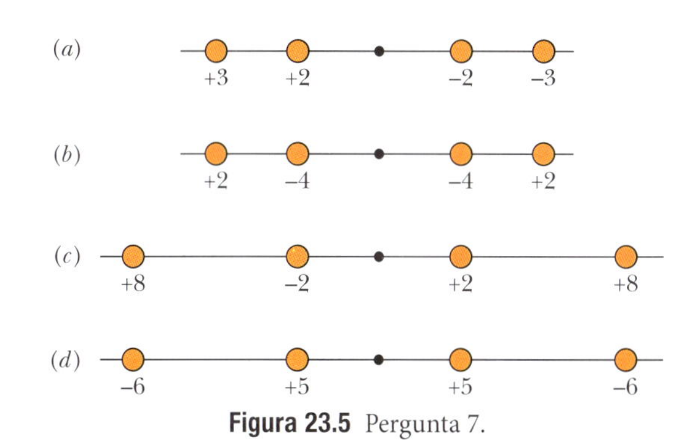

Figura 23.5 Pergunta 7.

8 A Fig. 23.6 mostra quatro esferas maciças, todas com uma carga Q distribuída uniformemente. (a) Coloque as esferas em ordem decrescente de acordo com a densidade volumétrica de carga. A figura mostra também um ponto P para cada esfera, todos à mesma distância do centro da esfera. (b) Coloque as esferas em ordem decrescente de acordo com o módulo do campo elétrico no ponto P.

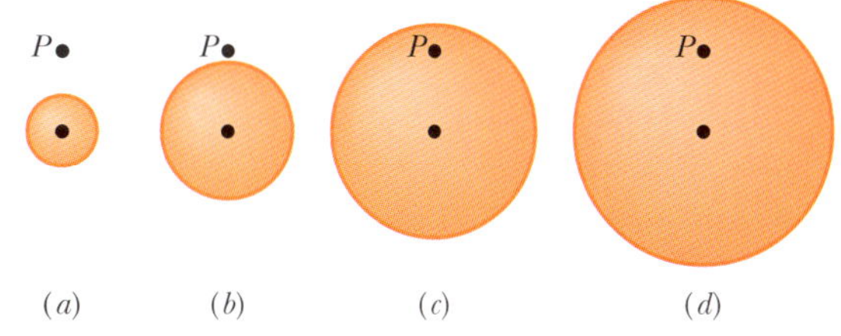

Figura 23.6 Pergunta 8.

9 Uma pequena esfera carregada está no interior de uma casca esférica metálica, de raio R. Para três situações, as cargas da esfera e da casca, respectivamente, são (1) $+4q$, 0; (2) $-6q$, $+10q$; (3) $+16q$, $-12q$. Coloque as situações em ordem decrescente, de acordo com a carga (a) da superfície interna da casca e (b) da superfície externa da casca.

10 Coloque em ordem decrescente as situações da Pergunta 9, de acordo com o módulo do campo elétrico (a) no centro da casca e (b) em um ponto a uma distância $2R$ do centro da casca.

11 A Fig. 23.7 mostra uma parte de três longos cilindros carregados com o mesmo eixo. O cilindro central A tem uma carga uniforme $q_A = +3q_0$. Que cargas uniformes devem ter os cilindros q_B e q_C para que (se for possível) o campo elétrico total seja zero (a) no ponto 1, (b) no ponto 2 e (c) no ponto 3?

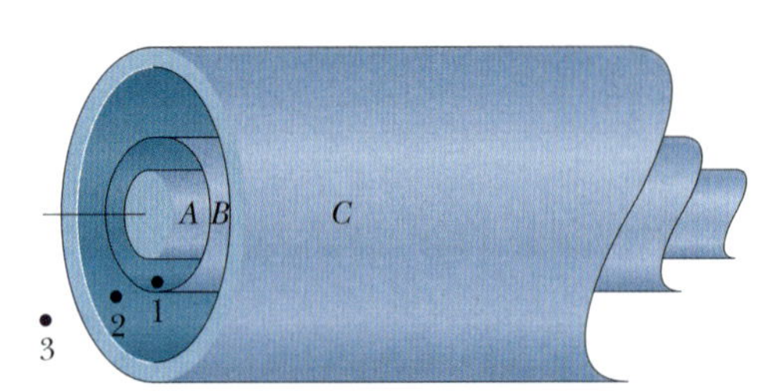

Figura 23.7 Pergunta 11.

12 A Fig. 23.8 mostra quatro superfícies gaussianas de mesma superfície lateral cilíndrica e bases diferentes. As superfícies estão em uma região onde existe um campo elétrico uniforme $\vec{E}$ paralelo ao eixo central dos cilindros. As formas das bases são as seguintes: S_1, hemisférios convexos; S_2, hemisférios côncavos; S_3, cones; S_4, discos planos. Coloque as superfícies em ordem decrescente, de acordo (a) com o fluxo elétrico total e (b) com o fluxo elétrico através das bases superiores.

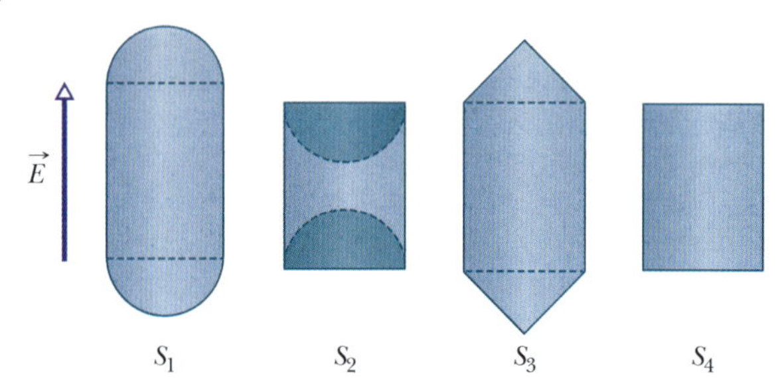

Figura 23.8 Pergunta 12.

Problemas

F Fácil **M** Médio **D** Difícil
CVF Informações adicionais disponíveis no e-book *O Circo Voador da Física*, de Jearl Walker, LTC Editora, Rio de Janeiro, 2008.
CALC Requer o uso de derivadas e/ou integrais
BIO Aplicação biomédica

Módulo 23.1 Fluxo Elétrico

1 F A superfície quadrada da Fig. 23.9 tem 3,2 mm de lado e está imersa em um campo elétrico uniforme de módulo E = 1.800 N/C e com linhas de campo fazendo um ângulo de 35° com a normal, como mostra a figura. Tome essa normal como apontando "para fora", como se a superfície fosse a tampa de uma caixa. Calcule o fluxo elétrico através da superfície.

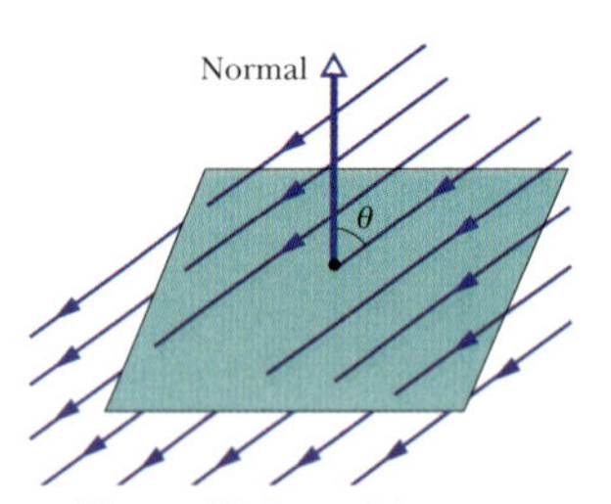

Figura 23.9 Problema 1.

2 M CALC Um campo elétrico dado por $\vec{E} = 4{,}0\hat{i} - 3{,}0(y^2 + 2{,}0)\hat{j}$, em que $\vec{E}$ está em Newtons por coulomb e y está em metros, atravessa um cubo gaussiano com 2,0 m de aresta, posicionado da forma mostrada na Fig. 23.1.7. Determine o fluxo elétrico (a) através da face superior, (b) através da face inferior, (c) através da face da esquerda e (d) através da face traseira. (e) Qual é o fluxo elétrico total através do cubo?

3 M O cubo da Fig. 23.10 tem 1,40 m de aresta e está orientado da forma mostrada na figura em uma região onde existe um campo elétrico uniforme. Determine o fluxo elétrico através da face direita do cubo se o campo elétrico, em newtons por coulomb, é dado por (a) $6{,}00\hat{i}$, (b) $-2{,}00\hat{j}$ e (c) $-3{,}00\hat{i} + 4{,}00\hat{k}$. (d) Qual é o fluxo total através do cubo nos três casos?

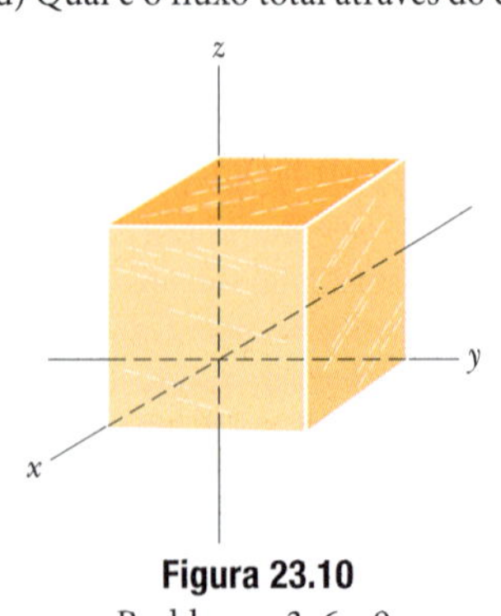

Figura 23.10
Problemas 3, 6 e 9.

Módulo 23.2 Lei de Gauss

4 F Na Fig. 23.11, uma rede para pegar borboletas está imersa em um campo elétrico uniforme de módulo E = 3,0 mN/C, com o aro, um círculo de raio a = 11 cm, perpendicular à direção do campo. A rede é eletricamente neutra. Determine o fluxo elétrico através da rede.

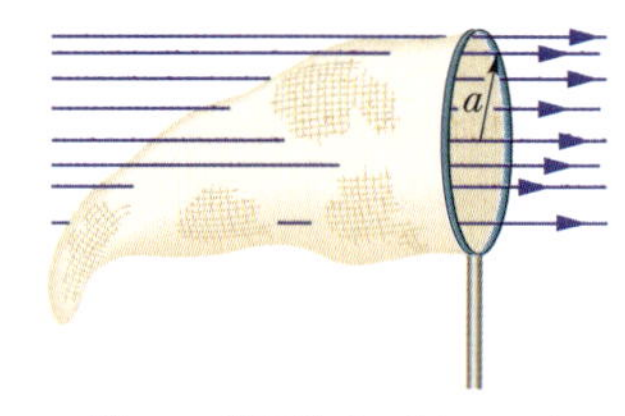

Figura 23.11 Problema 4.

5 F Na Fig. 23.12, um próton está uma distância $d/2$ do centro de um quadrado de aresta d. Qual é o módulo do fluxo elétrico através do quadrado? (*Sugestão*: Pense no quadrado como uma das faces de um cubo de aresta d.)

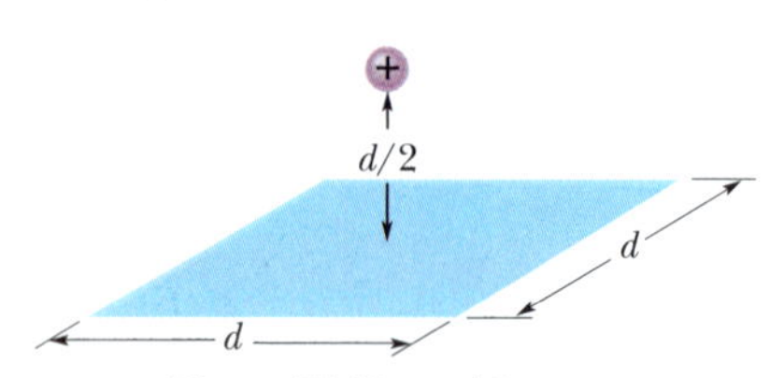

Figura 23.12 Problema 5.

6 F Em todos os pontos da superfície do cubo da Fig. 23.10, o campo elétrico é paralelo ao eixo z. O cubo tem 3,0 m de aresta. Na face superior do cubo, $\vec{E} = -34\hat{k}$ N/C; na face inferior, $\vec{E} = +20\hat{k}$ N/C. Determine a carga que existe no interior do cubo.

7 F Uma carga pontual de 1,8 μC está no centro de uma superfície gaussiana cúbica de 55 cm de aresta. Qual é o fluxo elétrico através da superfície?

8 M CVF Quando um chuveiro é aberto em um banheiro fechado, os respingos de água no piso do boxe podem encher o ar de íons negativos e produzir um campo elétrico no ar de até 1.000 N/C. Considere um banheiro de dimensões 2,5 m × 3,0 m × 2,0 m. Suponha que no teto, no piso e nas quatro paredes o campo elétrico no ar seja perpendicular à superfície e possua um módulo uniforme de 600 N/C. Suponha também que o teto, o piso e as paredes formem uma superfície gaussiana que envolva o ar do banheiro. Determine (a) a densidade volumétrica de carga ρ e (b) o número de cargas elementares e em excesso por metro cúbico de ar.

9 M A Fig. 23.10 mostra uma superfície gaussiana com a forma de um cubo com 1,40 m de aresta. Determine (a) o fluxo Φ através da superfície e (b) a carga q_{env} envolvida pela superfície se $\vec{E} = (3{,}00y\hat{j})$ N/C, com y em metros; os valores de (c) Φ e (d) q_{env} se $\vec{E} = [-4{,}00\hat{i} + (6{,}00 + 3{,}00y)\hat{j}]$ N/C.

10 M A Fig. 23.13 mostra uma superfície gaussiana com a forma de um cubo de 2,00 m de aresta, imersa em um campo elétrico dado por $\vec{E} = (3{,}00x + 4{,}00)\hat{i} + 6{,}00\hat{j} + 7{,}00\hat{k}$ N/C, com x em metros. Qual é a carga total contida no cubo?

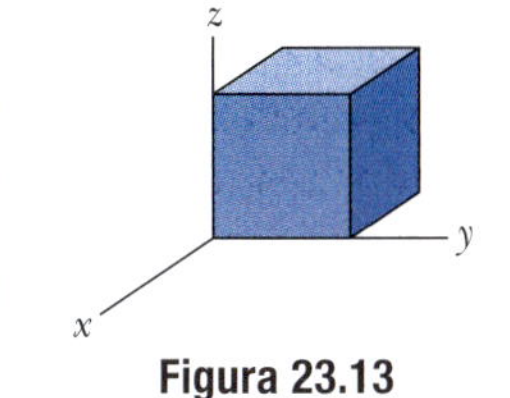

Figura 23.13 Problema 10.

11 M A Fig. 23.14 mostra uma superfície gaussiana com a forma de um cubo de 2,00 m de aresta, com um vértice no ponto $x_1 = 5{,}00$ m, $y_1 = 4{,}00$ m. O cubo está imerso em um campo elétrico dado por $\vec{E} = (-3{,}00\hat{i} - 4{,}00y^2\hat{j}) + 3{,}00\hat{k}$ N/C, com y em metros. Qual é a carga total contida no cubo?

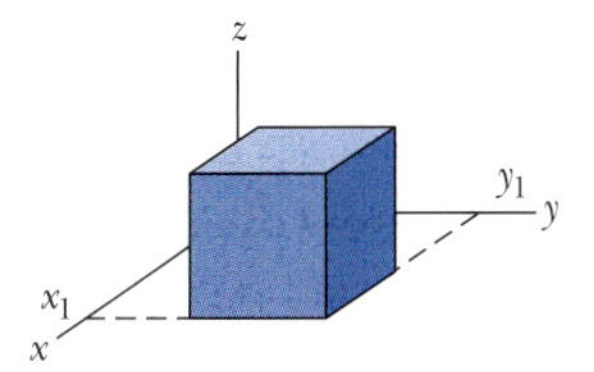

Figura 23.14 Problema 11.

12 M A Fig. 23.15 mostra duas cascas esféricas isolantes mantidas fixas no lugar. A casca 1 possui uma densidade superficial de carga uniforme de +6,0 μC/m^2 na superfície externa e um raio de 3,0 cm; a casca 2 possui uma densidade superficial de carga uniforme de +4,0 μC/m^2 na superfície externa e um raio de 2,0 cm; os centros das cascas estão separados por uma distância L = 10 cm. Qual é o campo elétrico no ponto x = 2,0 cm, na notação dos vetores unitários?

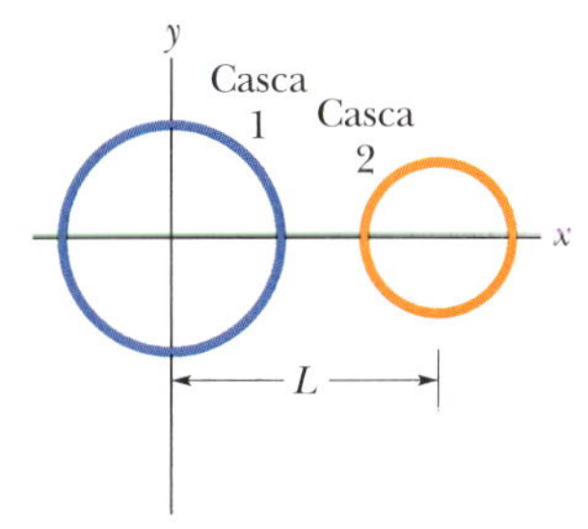

Figura 23.15 Problema 12.

13 M Observa-se experimentalmente que o campo elétrico em uma região da atmosfera terrestre aponta verticalmente para baixo. A uma altitude de 300 m, o campo tem um módulo de 60,0 N/C; a uma altitude de 200 m, o módulo é 100 N/C. Determine a carga em excesso contida em um cubo com 100 m de aresta e faces horizontais a 200 e 300 m de altitude.

14 M *Fluxo e cascas isolantes.* Uma partícula carregada está suspensa no centro de duas cascas esféricas concêntricas muito finas, feitas de um material isolante. A Fig. 23.16*a* mostra uma seção reta do sistema e a Fig. 23.16*b* mostra o fluxo Φ através de uma esfera gaussiana com centro na partícula em função do raio r da esfera. A escala do eixo vertical é definida por $\Phi_s = 5{,}0 \times 10^5$ N · m^2/C. (a) Determine a carga da partícula central. (b) Determine a carga da casca A. (c) Determine a carga da casca B.

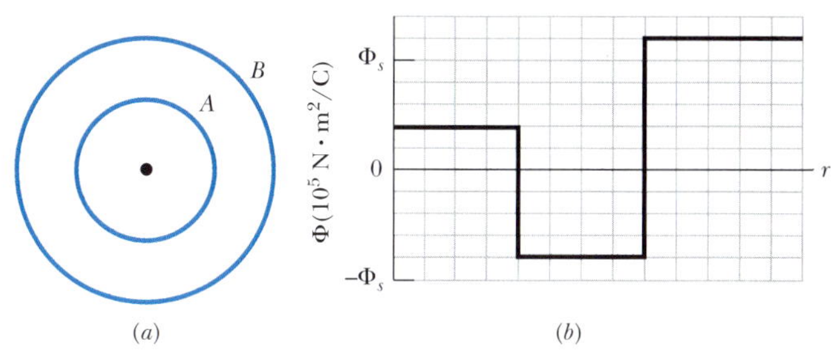

Figura 23.16 Problema 14.

15 M Uma partícula de carga $+q$ é colocada em um dos vértices de um cubo gaussiano. Determine o múltiplo de q/ε_0 que corresponde ao fluxo (a) através de uma das faces do cubo que contêm o vértice e (b) através de uma das outras faces do cubo.

16 D CALC A superfície gaussiana, em forma de paralelepípedo, da Fig. 23.17 envolve uma carga de $+24{,}0\varepsilon_0$ C e está imersa em um campo elétrico, que é fornecido por $\vec{E} = [(10{,}0 + 2{,}00x)\hat{i} - 3{,}00\hat{j} + bz\hat{k}]$ N/C, com x e z em metros e b uma constante. A face inferior está no plano xz; a face superior está no plano horizontal que passa pelo ponto $y_2 = 1{,}00$ m. Qual é o valor de b para $x_1 = 1{,}00$ m, $x_2 = 4{,}00$ m, $z_1 = 1{,}00$ m e $z_2 = 3{,}00$ m?

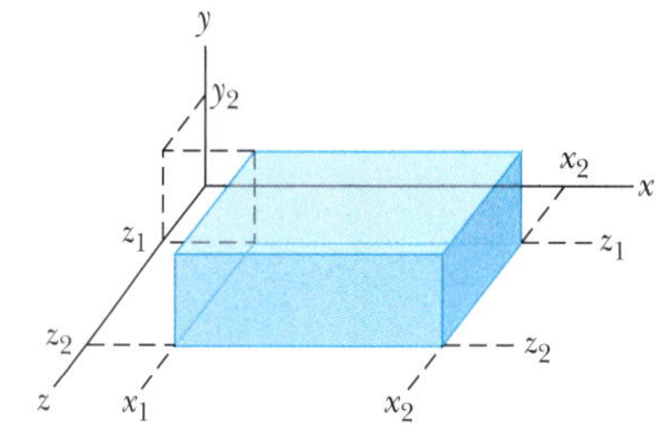

Figura 23.17 Problema 16.

Módulo 23.3 Condutor Carregado

17 F Uma esfera condutora uniformemente carregada com 1,2 m de diâmetro possui uma densidade superficial de carga 8,1 μC/m^2. Determine (a) a carga da esfera e (b) o fluxo elétrico através da superfície da esfera.

18 F O campo elétrico nas vizinhanças da superfície lateral de um cilindro condutor tem um módulo E de $2{,}3 \times 10^5$ N/C. Qual é a densidade superficial de carga do cilindro?

19 F Os veículos espaciais que atravessam os cinturões de radiação da Terra podem interceptar um número significativo de elétrons. O acúmulo de carga resultante pode danificar componentes eletrônicos e prejudicar o funcionamento de alguns circuitos. Suponha que um satélite esférico feito de metal, com 1,3 m de diâmetro, acumule 2,4 μC de carga. (a) Determine a densidade superficial de carga do satélite. (b) Calcule o módulo do campo elétrico nas vizinhanças do satélite devido à carga superficial.

20 F *Fluxo e cascas condutoras.* Uma partícula carregada é mantida no centro de duas cascas esféricas condutoras concêntricas, cuja seção reta aparece na Fig. 23.18*a*. A Fig. 23.18*b* mostra o fluxo Φ através de uma esfera gaussiana com centro na partícula em função do raio r da esfera. A escala do eixo vertical é definida por $\Phi_s = 5{,}0 \times 10^5$ N · m^2/C. Determine (a) a carga da partícula central, (b) a carga da casca A e (c) a carga da casca B.

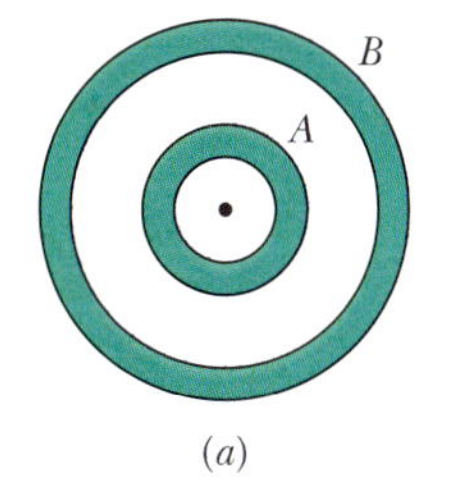

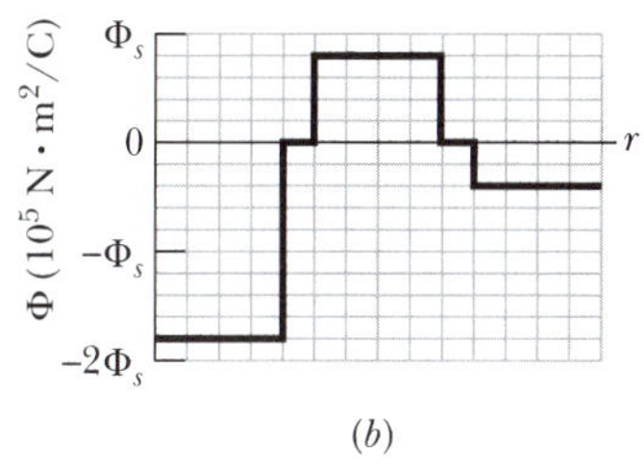

Figura 23.18 Problema 20.

21 M Um condutor possui uma carga de $+10 \times 10^{-6}$ C. No interior do condutor existe uma cavidade; no interior da cavidade está uma carga pontual $q = +3{,}0 \times 10^{-6}$ C. Determine a carga (a) da superfície da cavidade e (b) da superfície externa do condutor.

Módulo 23.4 Aplicações da Lei de Gauss: Simetria Cilíndrica

22 F Um elétron é liberado a partir do repouso a 9,0 cm de distância de uma barra isolante retilínea muito longa com uma densidade de carga uniforme de 6,0 μC por metro. Qual é o módulo da aceleração inicial do elétron?

23 F (a) O cilindro condutor de uma máquina tem um comprimento de 42 cm e um diâmetro de 12 cm. O campo elétrico nas proximidades da superfície do cilindro é $2{,}3 \times 10^5$ N/C. Qual é a carga total do cilindro? (b) O fabricante deseja produzir uma versão compacta da máquina. Para isso, é necessário reduzir o comprimento do cilindro para 28 cm e o diâmetro para 8,0 cm. O campo elétrico na superfície do tambor deve permanecer o mesmo. Qual deve ser a carga do novo cilindro?

24 F A Fig. 23.19 mostra uma seção de um tubo longo, de metal, de parede finas, com raio $R = 3{,}00$ cm e carga por unidade de comprimento $\lambda = 2{,}00 \times 10^{-8}$ C/m. Determine o módulo E do campo elétrico a uma distância radial (a) $r = R/2{,}00$ e (b) $r = 2{,}00R$. (c) Faça um gráfico de E em função de r para $0 \le r \le 2{,}00R$.

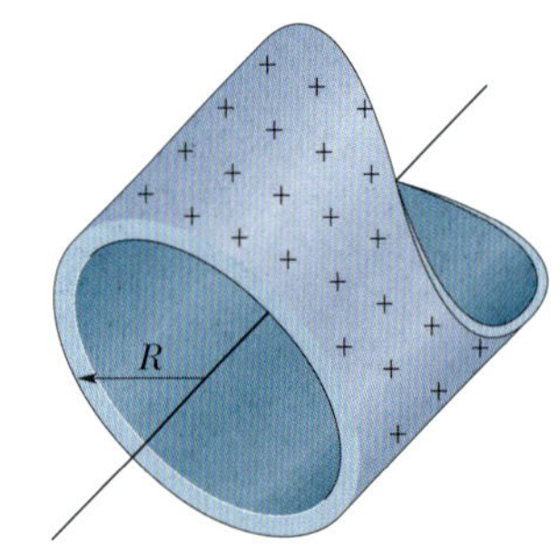

Figura 23.19 Problema 24.

25 F Uma linha infinita de carga produz um campo de módulo $4{,}5 \times 10^4$ N/C a uma distância de 2,0 m. Calcule a densidade linear de carga.

26 M A Fig. 23.20*a* mostra um cilindro fino, maciço, carregado, e uma casca cilíndrica coaxial, também carregada. Os dois objetos são feitos de material isolante e possuem uma densidade superficial de carga uniforme na superfície externa. A Fig. 23.20*b* mostra a componente radial E do campo elétrico em função da distância radial r a partir do eixo comum. A escala do eixo vertical é definida por $E_s = 3{,}0 \times 10^3$ N/C. Qual é a densidade linear de carga da casca?

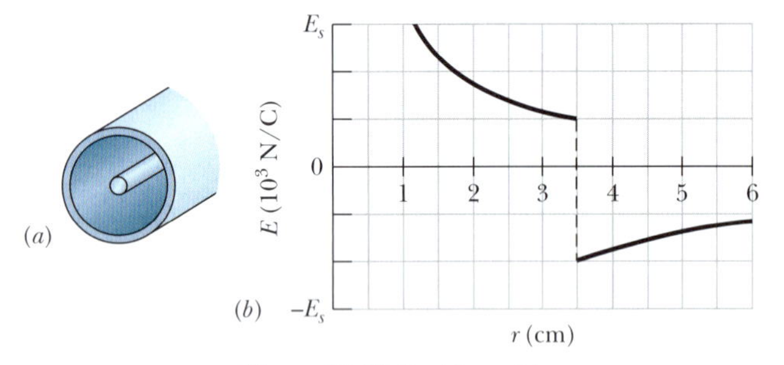

Figura 23.20 Problema 26.

27 M Um fio reto longo possui cargas negativas fixas com uma densidade linear de 3,6 nC/m. O fio é envolvido por uma casca coaxial cilíndrica, isolante, de paredes finas, com 1,5 cm de raio. A casca possui uma carga positiva na superfície externa, com uma densidade superficial σ, que anula o campo elétrico do lado de fora da casca. Determine o valor de σ.

28 M Uma carga de densidade linear uniforme 2,0 nC/m está distribuída ao longo de uma barra longa, fina, isolante. A barra está envolvida por uma casca longa, cilíndrica, coaxial, condutora (raio interno: 5,0 cm; raio externo: 10 cm). A carga da casca é zero. (a) Determine o módulo do campo elétrico a 15 cm de distância do eixo da casca. (b) Determine a densidade superficial de carga na superfície interna e (c) na superfície externa da casca.

29 M A Fig. 23.21 é uma seção de uma barra condutora de raio $R_1 = 1{,}30$ mm e comprimento $L = 11{,}00$ m no interior de uma casca coaxial, de paredes finas, de raio $R_2 = 10{,}0R_1$ e mesmo comprimento L. A carga da barra é $Q_1 = +3{,}40 \times 10^{-12}$ C; a carga da casca é $Q_2 = -2{,}00Q_1$. Determine (a) o módulo E e (b) a direção (para dentro ou para fora) do campo elétrico a uma distância radial $r = 2{,}00R_2$. Determine (c) E e (d) a direção do campo elétrico para $r = 5{,}00R_1$. Determine a carga (e) na superfície interna e (f) na superfície externa da casca.

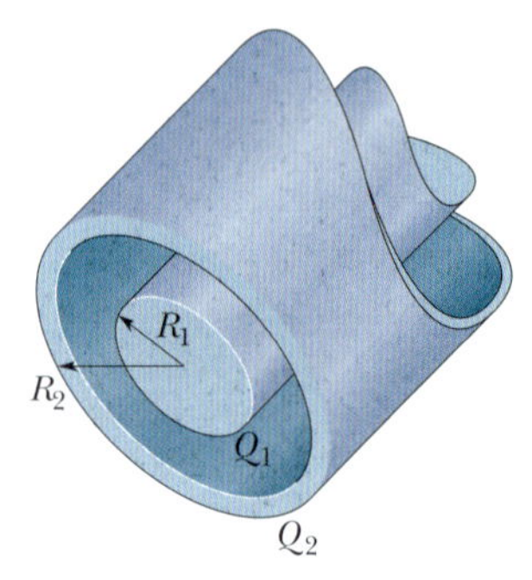

Figura 23.21 Problema 29.

30 M A Fig. 23.22 mostra pequenas partes de duas linhas de carga paralelas, muito compridas, separadas por uma distância $L = 8{,}0$ cm. A densidade uniforme de carga das linhas é $+6{,}0$ μC/m para a linha 1 e $-2{,}0\,\mu$C/m para a linha 2. Em que ponto do eixo x o campo elétrico é zero?

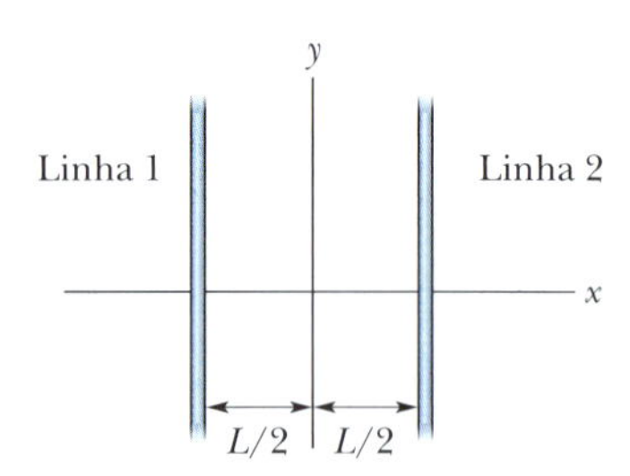

Figura 23.22 Problema 30.

31 M Duas cascas cilíndricas longas, carregadas, coaxiais, de paredes finas, têm 3,0 e 6,0 cm de raio. A carga por unidade de comprimento é $5{,}0 \times 10^{-6}$ C/m na casca interna e $-7{,}0 \times 10^{-6}$ C/m na casca externa. Determine (a) o módulo E e (b) o sentido (para dentro ou para fora) do campo elétrico a uma distância radial $r = 4{,}0$ cm. Determine (c) o módulo E e (d) o sentido do campo elétrico para $r = 8{,}0$ cm.

32 D CALC Um cilindro maciço, longo, isolante, com 4,0 cm de raio, possui uma densidade volumétrica de carga não uniforme ρ que é uma função da distância radial r a partir do eixo do cilindro: $\rho = Ar^2$. Se $A = 2{,}5\,\mu$C/m^5, determine o módulo do campo elétrico (a) para $r = 3{,}0$ cm e (b) para $r = 5{,}0$ cm.

Módulo 23.5 Aplicações da Lei de Gauss: Simetria Planar

33 F Na Fig. 23.23, duas placas finas, condutoras, de grande extensão, são mantidas paralelas a uma pequena distância uma da outra. Nas faces internas, as placas têm densidades superficiais de carga de sinais opostos e valor absoluto $7{,}00 \times 10^{-22}$ C/m^2. Determine o campo elétrico, na notação dos vetores unitários, (a) à esquerda das placas, (b) à direita das placas e (c) entre as placas.

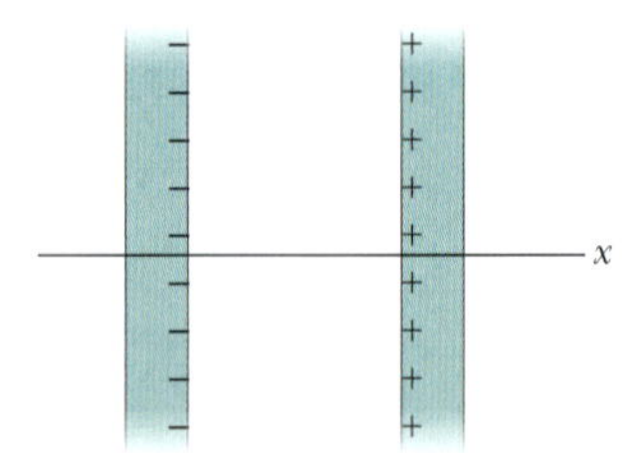

Figura 23.23 Problema 33.

34 F Na Fig. 23.24, um pequeno furo circular de raio $R = 1{,}80$ cm foi aberto no meio de uma placa fina, infinita, isolante, com uma densidade superficial de carga $\sigma = 4{,}50$ pC/m^2. O eixo z, cuja origem está no centro do furo, é perpendicular à placa. Determine, na notação dos vetores unitários, o campo elétrico no ponto P, situado em $z = 2{,}56$ cm. (*Sugestão*: Use a Eq. 22.5.5 e o princípio de superposição.)

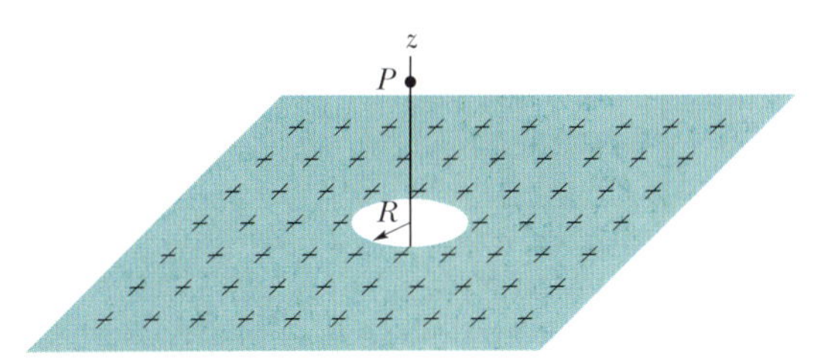

Figura 23.24 Problema 34.

35 **F** A Fig. 23.25*a* mostra três placas de plástico de grande extensão, paralelas e uniformemente carregadas. A Fig. 23.25*b* mostra a componente *x* do campo elétrico em função de *x*. A escala do eixo vertical é definida por $E_s = 6{,}0 \times 10^5$ N/C. Determine a razão entre a densidade de carga na placa 3 e a densidade de carga na placa 2.

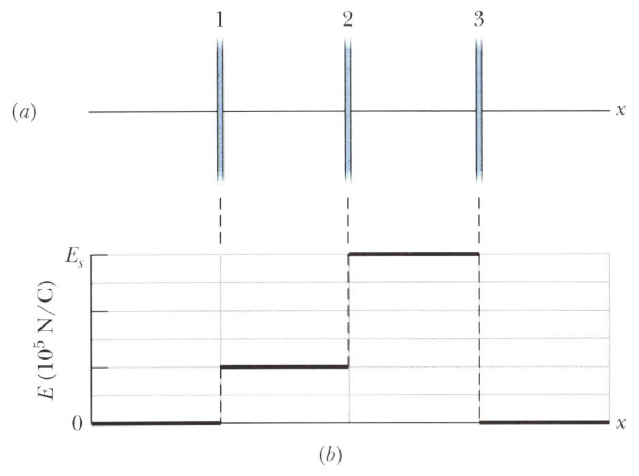

Figura 23.25 Problema 35.

36 **F** A Fig. 23.26 mostra as seções retas de duas placas de grande extensão, paralelas, isolantes, positivamente carregadas, ambas com uma distribuição superficial de carga $\sigma = 1{,}77 \times 10^{-22}$ C/m². Determine o campo elétrico $\vec{E}$, na notação dos vetores unitários, (a) acima das placas, (b) entre as placas e (c) abaixo das placas.

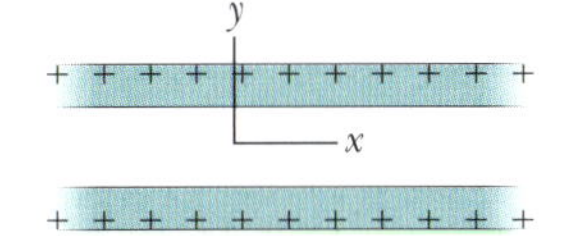

Figura 23.26 Problema 36.

37 **F** Uma placa metálica quadrada, de 8,0 cm de lado e espessura insignificante, possui uma carga total de $6{,}0 \times 10^{-6}$ C. (a) Estime o valor do módulo *E* do campo elétrico perto do centro da placa (a 0,50 mm do centro, por exemplo) supondo que a carga está distribuída uniformemente pelas duas faces da placa. (b) Estime o valor de *E* a 30 m de distância (uma distância grande, em comparação com as dimensões da placa) supondo que a placa é uma carga pontual.

38 **M** Na Fig. 23.27*a*, um elétron é arremessado verticalmente para cima, com uma velocidade $v_s = 2{,}0 \times 10^5$ m/s, a partir das vizinhanças de uma placa uniformemente carregada. A placa é isolante e muito extensa. A Fig. 23.27*b* mostra a velocidade escalar *v* em função do tempo *t* até o elétron voltar ao ponto de partida. Qual é a densidade superficial de carga da placa?

39 **M** Na Fig. 23.28, uma pequena esfera isolante, de massa $m = 1{,}0$ mg e carga $q = 2{,}0 \times 10^{-8}$ C (distribuída uniformemente em todo o volume), está pendurada em um fio isolante que faz um ângulo $\theta = 30°$ com uma placa vertical, isolante, uniformemente carregada (vista em seção reta). Considerando a força gravitacional a que a esfera está

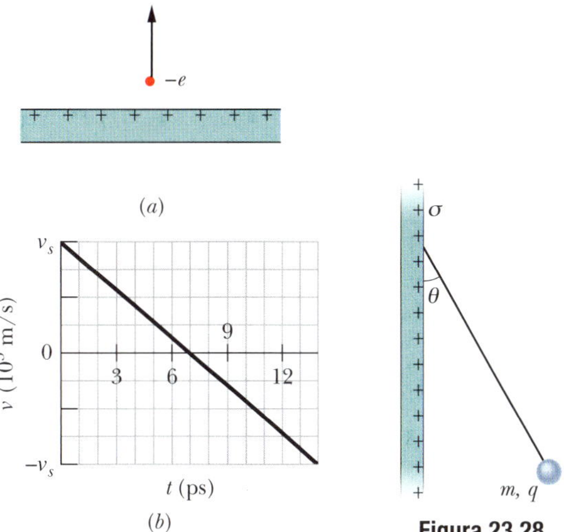

Figura 23.27 Problema 38.

Figura 23.28 Problema 39.

submetida e supondo que a placa possui uma grande extensão, calcule a densidade superficial de carga σ da placa.

40 **M** A Fig. 23.29 mostra uma placa isolante, muito extensa, que possui uma densidade superficial de carga uniforme $\sigma = -2{,}00\ \mu$C/m²; a figura mostra também uma partícula de carga $Q = 6{,}00\ \mu$C, a uma distância *d* da placa. Ambas estão fixas no lugar. Se $d = 0{,}200$ m, para qual coordenada (a) positiva e (b) negativa do eixo *x* (além do infinito) o campo elétrico total $\vec{E}_{tot}$ é zero? (c) Se $d = 0{,}800$ m, para qual coordenada do eixo *x* o campo $\vec{E}_{tot}$ é zero?

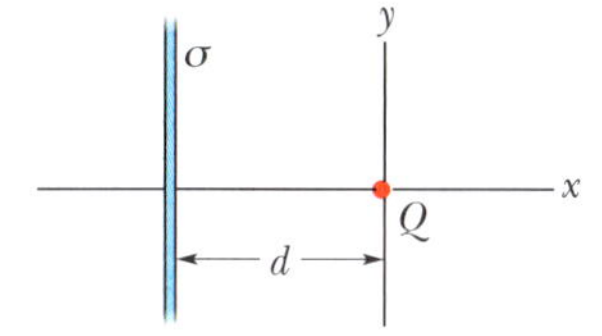

Figura 23.29 Problema 40.

41 **M** Um elétron é arremessado na direção do centro de uma placa metálica que possui uma densidade superficial de carga de $-2{,}0 \times 10^{-6}$ C/m². Se a energia cinética inicial do elétron é $1{,}60 \times 10^{-17}$ J e o movimento do elétron muda de sentido (devido à repulsão eletrostática da placa) a uma distância insignificante da placa, de que distância da placa o elétron foi arremessado?

42 **M** Duas grandes placas de metal com 1,0 m² de área são mantidas paralelas a 5,0 cm de distância e possuem cargas de mesmo valor absoluto e sinais opostos nas superfícies internas. Se o módulo *E* do campo elétrico entre as placas é 55 N/C, qual é o valor absoluto da carga em cada placa? Despreze o efeito de borda.

43 **D** A Fig. 23.30 mostra uma seção reta de uma placa isolante, muito extensa, com uma espessura $d = 9{,}40$ mm e uma densidade volumétrica de carga uniforme $\rho = 5{,}80$ fC/m³. A origem do eixo *x* está no centro da placa. Determine o módulo do campo elétrico (a) em $x = 0$, (b) em $x = 2{,}00$ mm, (c) em $x = 4{,}70$ mm e (d) em $x = 26{,}0$ mm.

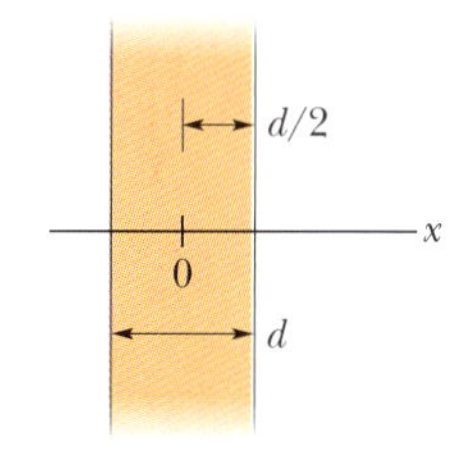

Figura 23.30 Problema 43.

Módulo 23.6 Aplicações da Lei de Gauss: Simetria Esférica

44 **F** A Fig. 23.31 mostra o módulo do campo elétrico do lado de dentro e do lado de fora de uma esfera com uma distribuição uniforme de carga positiva em função da distância do centro da esfera. A escala do eixo vertical é definida por $E_s = 5{,}0 \times 10^7$ N/C. Qual é a carga da esfera?

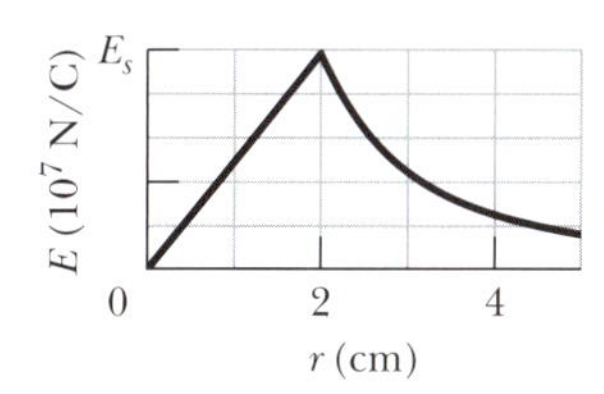

Figura 23.31 Problema 44.

45 **F** Duas cascas esféricas concêntricas carregadas têm raios de 10,0 cm e 15,0 cm. A carga da casca menor é $4{,}00 \times 10^{-8}$ C e a da casca maior é $2{,}00 \times 10^{-8}$ C. Determine o campo elétrico (a) em $r = 12{,}0$ cm e (b) em $r = 20{,}0$ cm.

46 **F** Uma esfera isolante, carregada, de raio R, possui uma densidade de carga negativa uniforme, exceto por um túnel estreito que atravessa totalmente a esfera, passando pelo centro. Um próton pode ser colocado em qualquer ponto do túnel ou de um prolongamento do túnel. Seja F_R o módulo da força eletrostática a que é submetido o próton quando está na superfície da esfera. Determine, em termos de R, a que distância da superfície fica o ponto no qual o módulo da força é $0{,}50F_R$ quando o próton se encontra (a) em um prolongamento do túnel e (b) dentro do túnel.

47 **F** Uma esfera condutora com 10 cm de raio tem uma carga desconhecida. Se o módulo do campo elétrico a 15 cm do centro da esfera é $3{,}0 \times 10^3$ N/C e o campo aponta para o centro da esfera, qual é a carga da esfera?

48 **M** Uma partícula carregada é mantida fixa no centro de uma casca esférica. A Fig. 23.32 mostra o módulo E do campo elétrico em função da distância radial r. A escala do eixo vertical é definida por $E_s = 10{,}0 \times 10^7$ N/C. Estime o valor da carga da casca.

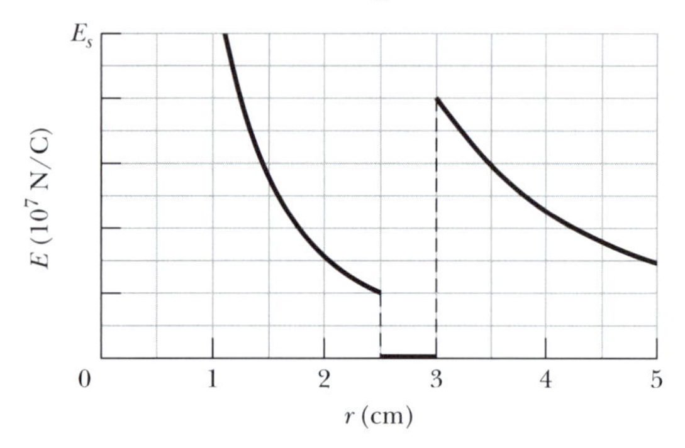

Figura 23.32 Problema 48.

49 **M** Na Fig. 23.33, uma esfera maciça, de raio $a = 2{,}00$ cm, é concêntrica com uma casca esférica condutora de raio interno $b = 2{,}00a$ e raio externo $c = 2{,}40a$. A esfera possui carga uniforme $q_1 = +5{,}00$ fC, e a casca, uma carga $q_2 = -q_1$. Determine o módulo do campo elétrico (a) em $r = 0$, (b) em $r = a/2{,}00$, (c) em $r = a$, (d) em $r = 1{,}50a$, (e) em $r = 2{,}30a$ e (f) em $r = 3{,}50a$. Determine a carga (g) na superfície interna e (h) na superfície externa da casca.

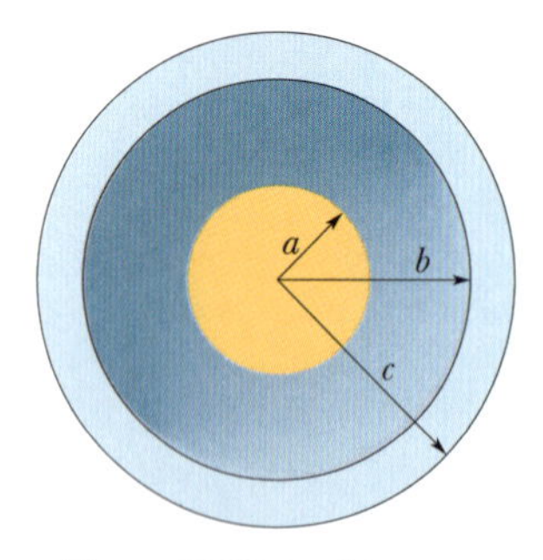

Figura 23.33 Problema 49.

50 **M** A Fig. 23.34 mostra duas cascas esféricas isolantes mantidas fixas no lugar no eixo x. A casca 1 possui uma densidade superficial de carga uniforme $+4{,}0$ μC/m² na superfície externa e um raio de 0,50 cm, enquanto a casca 2 possui uma densidade superficial de carga uniforme $-2{,}0 \mu$C/m² na superfície externa e um raio de 2,00 cm; a distância entre os centros é $L = 6{,}0$ cm. Determine o(s) ponto(s) do eixo x (além do infinito) em que o campo elétrico é zero.

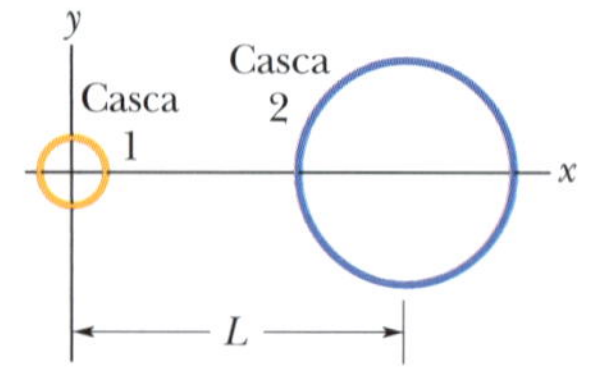

Figura 23.34 Problema 50.

51 **M** **CALC** Na Fig. 23.35, uma casca esférica, isolante, com um raio interno $a = 2{,}00$ cm e um raio externo $b = 2{,}40$ cm, possui uma densidade volumétrica uniforme de carga positiva $\rho = A/r$, em que A é uma constante e r é a distância em relação ao centro da casca. Além disso, uma pequena esfera de carga $q = 45{,}0$ fC está situada no centro da casca. Qual deve ser o valor de A para que o campo elétrico no interior da casca ($a \le r \le b$) seja uniforme?

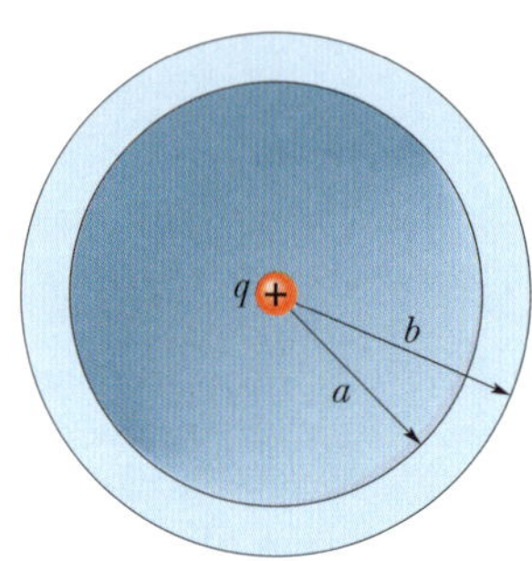

Figura 23.35 Problema 51.

52 **M** A Fig. 23.36 mostra uma casca esférica com uma densidade volumétrica de carga uniforme $\rho = 1{,}84$ nC/m³, raio interno $a = 10{,}0$ cm e raio externo $b = 2{,}00a$. Determine o módulo do campo elétrico (a) em $r = 0$, (b) em $r = a/2{,}00$, (c) em $r = a$, (d) em $r = 1{,}50a$, (e) em $r = b$ e (f) em $r = 3{,}00b$.

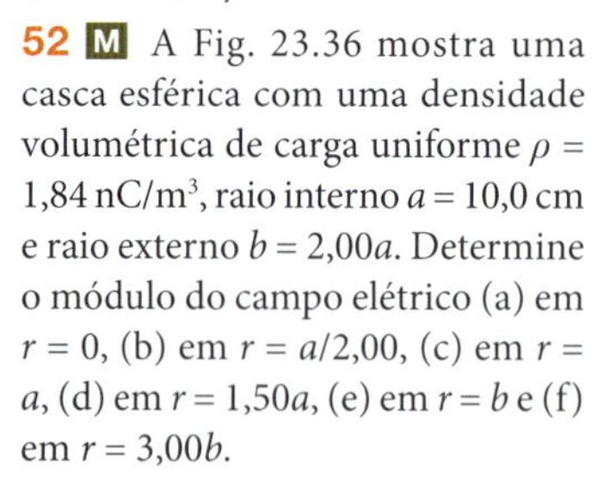

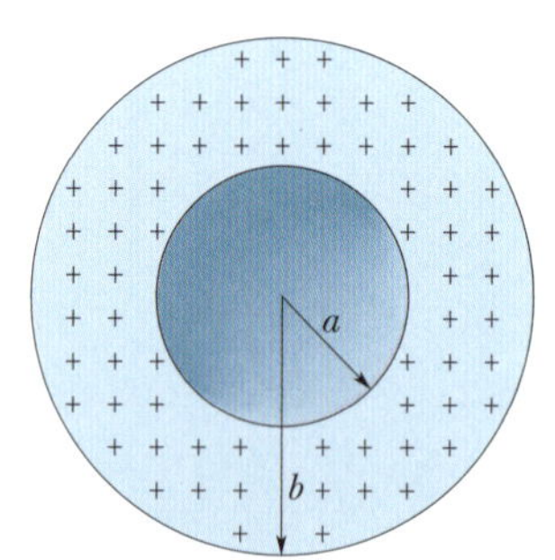

Figura 23.36 Problema 52.

53 **D** **CALC** Uma esfera isolante, de raio $R = 5{,}60$ cm, possui uma distribuição de carga não uniforme $\rho = (14{,}1 \text{ pC/m}^3)r/R$, em que r é a distância do centro da esfera. (a) Determine a carga da esfera. (b) Determine o módulo E do campo elétrico em $r = 0$, (c) em $r = R/2{,}00$ e (d) em $r = R$. (e) Faça um gráfico de E em função de r.

54 **D** A Fig. 23.37 mostra, em seção reta, duas esferas de raio R, com distribuições volumétricas uniformes de carga. O ponto P está na reta que liga os centros das esferas, a uma distância $R/2{,}00$ do centro da esfera 1. Se o campo elétrico no ponto P é zero, qual é a razão q_2/q_1 entre a carga da esfera 2 e a carga da esfera 1?

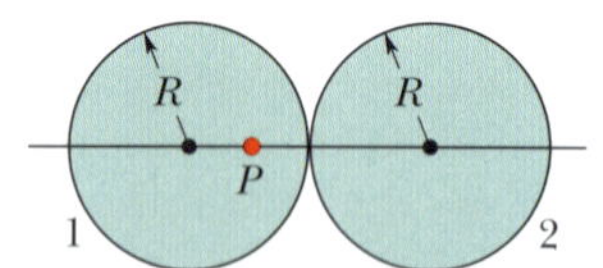

Figura 23.37 Problema 54.

55 **D** **CALC** Uma distribuição de carga não uniforme, de simetria esférica, produz um campo elétrico de módulo $E = Kr^4$, em que K é uma constante e r é a distância do centro da esfera. O campo aponta para longe do centro da esfera. Qual é a distribuição volumétrica de carga ρ?

Problemas Adicionais

56 O campo elétrico em uma região do espaço é dado por $\vec{E} = (x + 2)\hat{\text{i}}$ N/C, com x em metros. Considere uma superfície gaussiana cilíndrica, de raio 20 cm, coaxial com o eixo x. Uma das bases do cilindro está em $x = 0$. (a) Determine o valor absoluto do fluxo elétrico através da outra base do cilindro, situada em $x = 2{,}0$ m. (b) Determine a carga no interior do cilindro.

57 Uma esfera metálica, de espessura insignificante, tem um raio de 25,0 cm e uma carga de $2{,}00 \times 10^{-7}$ C. Determine o valor de E (a) no interior da esfera, (b) junto à superfície da esfera e (c) a 3,00 m de distância do centro da esfera.

58 Uma placa infinita de espessura insignificante, situada no plano xy, possui uma densidade superficial de carga uniforme $\rho = 8{,}0$ nC/m². Determine o fluxo elétrico através de uma esfera gaussiana com centro na origem e 5,0 cm de raio.

59 Uma placa infinita que ocupa o espaço entre os planos $x = -5{,}0$ cm e $x = +5{,}0$ cm tem uma densidade volumétrica de carga uniforme

ρ = 1,2 nC/m^3. Determine o módulo do campo elétrico (a) no plano x = 4,0 cm; (b) no plano x = 6,0 cm.

60 **CVF** *O mistério do chocolate em pó*. Explosões provocadas por descargas elétricas (centelhas) constituem um sério perigo nas indústrias que lidam com pós muito finos. Uma dessas explosões aconteceu em uma fábrica de biscoitos na década de 1970. Os operários costumavam esvaziar os sacos de chocolate em pó que chegavam à fábrica em uma bandeja, da qual o material era transportado por canos de plástico até o silo onde era armazenado. No meio do percurso, duas condições para que uma explosão ocorresse foram satisfeitas: (1) o módulo do campo elétrico ultrapassou 3,0 × 10^6 N/C, produzindo uma ruptura dielétrica do ar; (2) a energia da centelha resultante ultrapassou 150 mJ, fazendo com que o pó explodisse. Vamos discutir a primeira condição.

Suponha que um pó carregado *negativamente* esteja passando por um cano cilíndrico, de plástico, de raio R = 5,0 cm, e que as cargas associadas ao pó estejam distribuídas uniformemente com uma densidade volumétrica ρ. (a) Usando a lei de Gauss, escreva uma expressão para o módulo do campo elétrico $\vec{E}$ no interior do cano em função da distância r do eixo do cano. (b) O valor de E aumenta ou diminui quando r aumenta? (c) O campo $\vec{E}$ aponta para o eixo do cilindro ou para longe do eixo? (d) Para ρ = 1,1 × 10^{-3} C/m^3 (um valor típico), determine o valor máximo de E e a que distância do eixo do cano esse campo máximo ocorre. (e) O campo pode produzir uma centelha? Onde? (A história continua no Problema 70 do Capítulo 24.)

61 Uma casca esférica, metálica, de raio a e espessura insignificante, possui uma carga q_a. Uma segunda casca, concêntrica com a primeira, possui um raio $b > a$ e uma carga q_b. Determine o campo elétrico em pontos situados a uma distância r do centro das cascas (a) para $r < a$, (b) para $a < r < b$, e (c) para $r > b$. (d) Explique o raciocínio que você usou para determinar o modo como as cargas estão distribuídas nas superfícies internas e externas das cascas.

62 Uma carga pontual q = 1,0 × 10^{-7} C é colocada no centro de uma cavidade esférica, com 3,0 cm de raio, aberta em um bloco de metal. Use a lei de Gauss para determinar o campo elétrico (a) a 1,5 cm de distância do centro da cavidade e (b) no interior do bloco de metal.

63 Um próton, de velocidade v = 3,00 × 10^5 m/s, gira em órbita em torno de uma esfera carregada, de raio r = 1,00 cm. Qual é a carga da esfera?

64 A Eq. 23.3.1 ($E = \sigma/\varepsilon_0$) pode ser usada para calcular o campo elétrico em pontos da vizinhança de uma esfera condutora carregada. Aplique a equação a uma esfera condutora, de raio r e carga q, e mostre que o campo elétrico do lado de fora da esfera é igual ao campo produzido por uma carga pontual situada no centro da esfera.

65 Uma carga Q está distribuída uniformemente em uma esfera de raio R. (a) Que fração da carga está contida em uma esfera de raio $r = R/2{,}00$? (b) Qual é a razão entre o módulo do campo elétrico no ponto $r = R/2{,}00$ e o campo elétrico na superfície da esfera?

66 Uma carga pontual produz um fluxo elétrico de −750 N · m^2/C através de uma superfície esférica gaussiana, de 10,0 cm de raio, com centro na carga. (a) Se o raio da superfície gaussiana for multiplicado por dois, qual será o novo valor do fluxo? (b) Qual é o valor da carga pontual?

67 O campo elétrico no ponto P, a uma pequena distância da superfície externa de uma casca esférica metálica com 10 cm de raio interno e 20 cm de raio externo, tem um módulo de 450 N/C e aponta para longe do centro. Quando uma carga pontual desconhecida Q é colocada no centro da casca, o sentido do campo permanece o mesmo e o módulo diminui para 180 N/C. (a) Determine a carga da casca. (b) Determine o valor da carga Q. Depois que a carga Q é colocada, determine a densidade superficial de carga (c) na superfície interna da casca e (d) na superfície externa da casca.

68 O fluxo de campo elétrico em cada face de um dado tem um valor absoluto, em unidades de 10^3 N · m^2/C, igual ao número N de pontos da face ($1 \le N \le 6$). O fluxo é para dentro se N for ímpar e para fora se N for par. Qual é a carga no interior do dado?

69 A Fig. 23.38 mostra uma vista em seção reta de três placas isolantes de grande extensão com uma densidade uniforme de carga. As densidades superficiais de carga são σ_1 = +2,00 μC/m^2, σ_2 = +4,00 μC/m^2 e σ_3 = −5,00 μC/m^2; L = 1,50 cm. Qual é o campo elétrico no ponto P na notação dos vetores unitários?

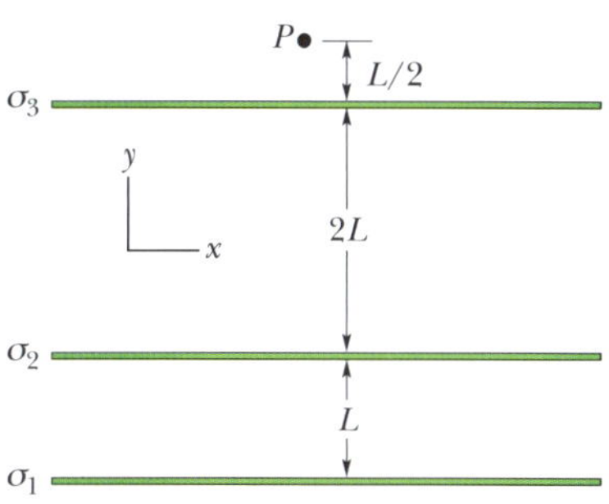

Figura 23.38 Problema 69.

70 Uma esfera isolante com 5,0 cm de raio tem uma densidade volumétrica uniforme de carga ρ = 3,2 μC/m^3. Determine o módulo do campo elétrico (a) a 3,5 cm e (b) a 8,0 cm do centro da esfera.

71 Uma superfície gaussiana de forma hemisférica, com raio R = 5,68 cm, está imersa em um campo elétrico uniforme de módulo E = 2,50 N/C. Não existem cargas no interior da superfície. Na base (plana) da superfície, o campo é perpendicular à superfície e aponta para o interior da superfície. Determine o fluxo (a) através da base e (b) através da parte curva da superfície.

72 Qual é a carga total envolvida pelo cubo gaussiano do Problema 2?

73 Uma esfera isolante tem uma densidade volumétrica de carga uniforme ρ. Seja $\vec{r}$ o vetor que liga o centro da esfera a um ponto genérico P no interior da esfera. (a) Mostre que o campo elétrico no ponto P é dado por $\vec{E} = \rho\vec{r}/3\varepsilon_0$. (Note que o resultado não depende do raio da esfera.) (b) Uma cavidade esférica é aberta na esfera, como mostra a Fig. 23.39. Usando o princípio da superposição, mostre que o campo elétrico no interior da cavidade é uniforme e é dado por $\vec{E} = \rho\vec{a}/3\varepsilon_0$, em que $\vec{a}$ é o vetor que liga o centro da esfera ao centro da cavidade.

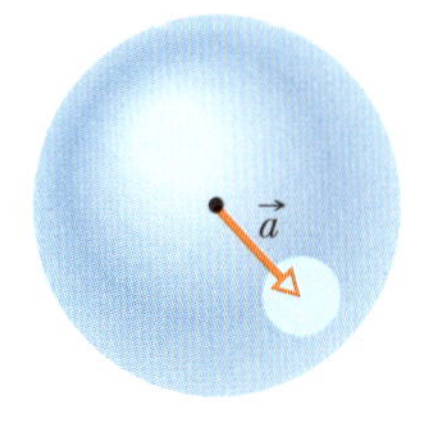

Figura 23.39 Problema 73.

74 Uma esfera com 6,00 cm de raio possui uma densidade de carga uniforme de 500 nC/m^3. Considere uma superfície gaussiana cúbica concêntrica com a esfera. Determine o fluxo elétrico através da superfície cúbica se a aresta do cubo for (a) 4,00 cm e (b) 14,0 cm.

75 A Fig. 23.40 mostra um contador Geiger, aparelho usado para detectar radiação ionizante (radiação com energia suficiente para ionizar átomos). O contador é formado por um fio central positivamente carregado e um cilindro circular oco, coaxial, condutor, com uma carga negativa de mesmo valor absoluto. As cargas criam um campo elétrico radial de alta intensidade entre o cilindro, que contém um gás inerte rarefeito, e o fio. Uma partícula de radiação que penetra no aparelho através da parede do cilindro ioniza alguns átomos do gás, produzindo elétrons livres, que são acelerados na direção do fio positivo. O campo elétrico é tão intenso que, no percurso, os elétrons adquirem energia suficiente para ionizar outros átomos do gás através de colisões, criando, assim, outros elétrons livres. O processo se repete até os elétrons chegarem ao fio. A "avalanche" de elétrons resultante é recolhida pelo fio, gerando um sinal que é usado para assinalar a passagem da partícula de radiação. Suponha que o fio central tenha um raio de 25 μm e o cilindro tenha um raio interno de 1,4 cm e um comprimento de 16 cm. Se o campo elétrico na superfície interna do cilindro é $2{,}9 \times 10^4$ N/C, qual é a carga positiva do fio central?

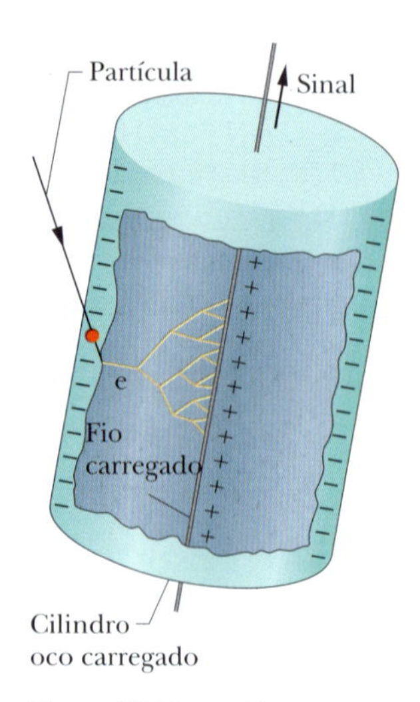

Figura 23.40 Problema 75.

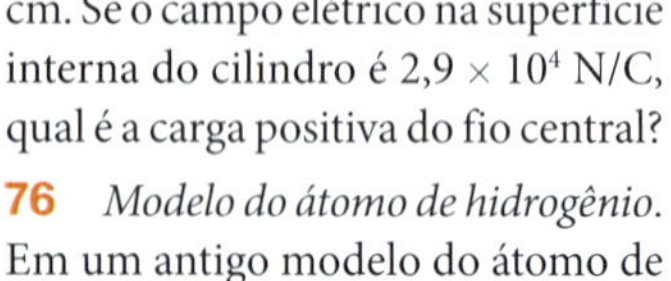

76 *Modelo do átomo de hidrogênio.* Em um antigo modelo do átomo de hidrogênio, ele consistia em um próton pontual, com uma carga positiva $+e$, e um elétron de carga negativa $-e$, distribuído em torno do próton de acordo com uma função densidade de carga $\rho = A \exp(-2r/a_0)$ em que A é uma constante, $a_0 = 0{,}53 \times 10^{-10}$ m é o chamado *raio de Bohr* e r é a distância do centro do átomo. (a) Calcule o valor de A. (b) Usando o valor obtido no item (a), calcule o valor do campo elétrico produzido pelo átomo na posição do raio de Bohr.

77 *Modelo atômico de Rutherford.* Em 1911, Ernest Rutherford bombardeou átomos com partículas α para estudar a estrutura interna dos átomos. Ele afirmou: "Para ter ideia das forças necessárias para produzir um grande desvio de uma partícula α, suponha que o átomo consiste em uma carga pontual positiva Ze no centro, cercada por uma carga negativa $-Ze$ distribuída uniformemente em uma esfera de raio R. No caso de um ponto *no interior do átomo*, o campo elétrico E a uma distância r do centro é dado por

$$E = \frac{Ze}{4\pi\varepsilon_0}\left(\frac{1}{r^2} - \frac{r}{R^3}\right)."$$

Mostre que essa equação está correta.

78 *Efeito de campos elétricos sobre gotas de saliva com coronavírus.* O meio principal de transmissão do coronavírus na atual pandemia de Covid-19 são gotas de saliva lançadas pelas pessoas quando estão espirrando, tossindo, cantando, falando ou mesmo respirando. As gotas maiores logo caem no chão por causa da força gravitacional, mas gotas com um raio menor que cerca de 5 μm podem permanecer suspensas em correntes de ar e contribuir para a disseminação da doença. Muitas dessas partículas são eletricamente carregadas e podem ser removidas do ar por um campo elétrico. Suponha que uma gota de saliva com um raio de 2,0 μm e uma carga de $(-2{,}5 \times 10^4)e$, em que e é a carga elementar, está nas proximidades de uma superfície plana de plástico com uma densidade superficial de carga igual a +7,0 nC/m^2, o que pode acontecer frequentemente nas residências. Qual é o módulo (a) da força eletrostática e (b) da força gravitacional a que a gota está submetida?

79 *Partícula dentro de uma casca.* Uma partícula da carga $+q$ é colocada no centro de uma casca condutora esférica eletricamente neutra de raio interno a e raio externo b. Qual é a carga criada (a) na superfície interna e (b) na superfície externa da casca? Qual é o módulo do campo elétrico a uma distância r do centro da casca se (c) $r < a$, (d) $a < r < b$ e (e) $r > b$? Em seguida, uma partícula de carga $-q$ é colocada do lado de fora da casca. A presença da segunda partícula altera a distribuição de carga (f) na superfície externa e (g) na superfície interna? Existe uma força eletrostática agindo sobre (h) a segunda partícula e (i) a primeira partícula?

CAPÍTULO 24

Potencial Elétrico

24.1 POTENCIAL ELÉTRICO

Objetivos do Aprendizado

Depois de ler este módulo, você será capaz de ...

24.1.1 Saber que a força elétrica é conservativa e, portanto, é possível associar a ela uma energia potencial.

24.1.2 Saber que a cada ponto do campo elétrico produzido por um objeto é possível associar um potencial elétrico V, uma grandeza escalar que pode ser positiva ou negativa, dependendo do sinal da carga do objeto.

24.1.3 No caso de uma partícula carregada sob o efeito do campo elétrico criado por um objeto, usar a relação entre o potencial elétrico V criado pelo objeto nesse ponto, a carga q da partícula e a energia potencial U do sistema partícula-objeto.

24.1.4 Converter a energia de joules para elétrons-volts e vice-versa.

24.1.5 No caso de uma partícula carregada que se desloca de um ponto inicial para um ponto final na presença de um campo elétrico, usar as relações entre a variação ΔV do potencial, a carga q da partícula, a variação ΔU da energia potencial e o trabalho W realizado pela força elétrica.

24.1.6 No caso de uma partícula carregada que se desloca de um ponto inicial para um ponto final na presença de um campo elétrico, saber que o trabalho realizado pelo campo não depende da trajetória da partícula.

24.1.7 No caso de uma partícula carregada que atravessa uma região onde existe uma variação ΔK da energia potencial elétrica sem ser submetida a nenhuma outra força, conhecer a relação entre ΔK e a variação ΔK da energia cinética da partícula.

24.1.8 No caso de uma partícula carregada que atravessa uma região onde existe uma variação ΔV da energia potencial elétrica enquanto é submetida a outra força, conhecer a relação entre ΔV, a variação ΔK da energia cinética da partícula e o trabalho W_{ext} realizado pela força aplicada.

Ideias-Chave

- O potencial elétrico V em um ponto P devido ao campo elétrico produzido por um objeto carregado é dado por

$$V = \frac{-W_\infty}{q_0} = \frac{U}{q_0},$$

em que W_∞ é o trabalho que seria realizado pelo campo elétrico sobre uma carga de prova positiva q_0 se a carga fosse transportada de uma distância infinita até o ponto P, e U é a energia potencial elétrica que seria armazenada no sistema carga-objeto.

- Se uma partícula de carga q é colocada em um ponto no qual o potencial elétrico de um objeto carregado é V, a energia potencial elétrica U do sistema partícula-objeto é dada por

$$U = qV.$$

- Se uma partícula atravessa uma região onde existe uma diferença de potencial ΔV, a variação da energia potencial elétrica é dada por

$$\Delta U = q\,\Delta V = q(V_f - V_i).$$

- De acordo com a lei de conservação da energia mecânica, se uma partícula atravessa uma região onde existe uma variação ΔV da energia potencial elétrica sem ser submetida a uma força externa, a variação da energia cinética da partícula é dada por

$$\Delta K = -q\,\Delta V.$$

- De acordo com a lei de conservação da energia mecânica, se uma partícula atravessa uma região onde existe uma variação ΔV da energia potencial elétrica enquanto é submetida a uma força externa que realiza um trabalho W_{ext}, a variação da energia cinética da partícula é dada por

$$\Delta K = -q\,\Delta V + W_{ext}.$$

- No caso especial em que $\Delta K = 0$, o trabalho de uma força externa envolve apenas o movimento da partícula na presença de uma diferença de potencial:

$$W_{ext} = q\,\Delta V.$$

O que É Física?

Um dos objetivos da física é identificar as forças básicas da natureza, como as forças elétricas que foram discutidas no Capítulo 21. Um objetivo correlato é determinar se uma força é conservativa, ou seja, se pode ser associada a uma energia potencial. A razão para associar uma energia potencial a uma força é que isso permite aplicar o princípio de conservação da energia mecânica a sistemas fechados que envolvem a força. Esse princípio extremamente geral pode ser usado para obter os resultados de experimentos nos quais os cálculos baseados em forças seriam muito difíceis.

Figura 24.1.1 A partícula 1, situada no ponto P, está sujeita ao campo elétrico da partícula 2.

Os físicos e engenheiros descobriram empiricamente que a força elétrica é conservativa e, que, portanto, é possível associar a ela uma energia potencial elétrica. Neste capítulo, vamos definir essa energia potencial e aplicá-la a alguns problemas práticos.

A título de introdução, vamos voltar a um problema que examinamos no Capítulo 22. Na Fig. 24.1.1, a partícula 1, de carga positiva q_1, está situada no ponto P, nas vizinhanças da partícula 2, de carga positiva q_2. Como vimos no Capítulo 22, a partícula 2 pode exercer uma força sobre a partícula 1 sem que haja contato entre as duas partículas. Para explicar a existência da força $\vec{F}$ (que é uma grandeza vetorial), definimos um campo elétrico $\vec{E}$ (que também é uma grandeza vetorial) que é criado pela partícula 2 no ponto P. O campo existe, mesmo que a partícula 1 não esteja presente no ponto P. Quando colocamos a partícula 1 nessa posição, ela fica submetida a uma força porque possui uma carga q_1 e está em um ponto onde existe um campo elétrico $\vec{E}$.

Aqui está um problema correlato: Quando liberamos a partícula 1 no ponto P, ela começa a se mover e, portanto, adquire energia cinética. Como a energia não pode ser criada, de onde vem essa energia? Essa energia vem da energia potencial elétrica U associada à força entre as duas partículas no arranjo da Fig. 24.1.1. Para explicar a origem da energia potencial U (que é uma grandeza escalar), definimos um **potencial elétrico** V (que também é uma grandeza escalar) criado pela partícula 2 no ponto P. Quando a partícula 1 é colocada no ponto P, a energia potencial do sistema de duas partículas se deve à carga q_1 e ao potencial elétrico V.

Nossos objetivos neste capítulo são (1) definir o potencial elétrico, (2) discutir o cálculo do potencial elétrico para vários arranjos de partículas e objetos carregados e (3) discutir a relação entre o potencial elétrico V e a energia potencial elétrica U.

Potencial Elétrico e Energia Potencial Elétrica 24.1

Como vamos definir o potencial elétrico (ou, simplesmente, *potencial*) em termos da energia potencial elétrica, nossa primeira tarefa é descobrir como calcular a energia potencial elétrica. No Capítulo 8, calculamos a energia potencial gravitacional U de um objeto (1) atribuindo arbitrariamente o valor $U = 0$ a uma configuração de referência (como a posição de um objeto no nível do solo), (2) determinando o trabalho W que a força gravitacional realiza quando o objeto é deslocado para outro nível e (3) definindo a energia potencial pela equação

$$U = -W \quad \text{(energia potencial).} \tag{24.1.1}$$

Vamos aplicar o mesmo método à nossa nova força conservativa, a força elétrica. Na situação mostrada na Fig. 24.1.2*a*, estamos interessados em calcular a energia potencial U do sistema formado por uma barra carregada e uma carga de prova positiva q_0 situada no ponto P. Para começar, precisamos definir uma configuração de referência para a qual $U = 0$. Uma escolha razoável é supor que a energia potencial é nula quando a carga de prova está a uma distância infinita da barra, já que, nesse caso, ela não é afetada pelo campo elétrico produzido pela barra. O passo seguinte consiste em calcular o trabalho necessário para deslocar a carga de prova do infinito até o ponto P para formar a configuração da Fig. 24.1.2*a*. A energia potencial da configuração final é dada pela Eq. 24.1.1, em que W agora é o trabalho realizado pela força elétrica sobre a carga de prova. Vamos usar a notação W_∞ para indicar que nossa configuração de referência é com a carga a uma distância infinita da barra. O trabalho (e, portanto, a energia potencial) pode ser positivo ou negativo, dependendo do sinal da carga da barra.

Vamos agora definir o potencial elétrico V no ponto P em termos do trabalho realizado pelo campo elétrico e a energia potencial resultante:

$$V = \frac{-W_\infty}{q_0} = \frac{U}{q_0} \quad \text{(potencial elétrico).} \tag{24.1.2}$$

Em palavras, o potencial elétrico em um ponto P é a energia potencial por unidade de carga quando uma carga de prova q_0 é deslocada do infinito até o ponto P. A barra cria esse potencial V no ponto P, mesmo na ausência da carga de prova (Fig. 24.1.2*b*).

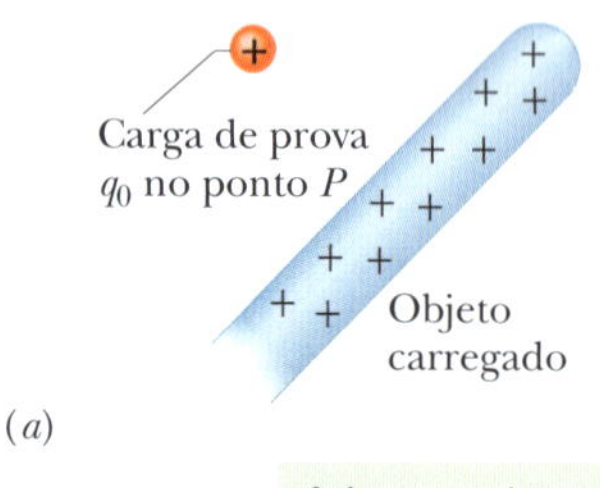

A barra cria um potencial elétrico, que determina a energia potencial.

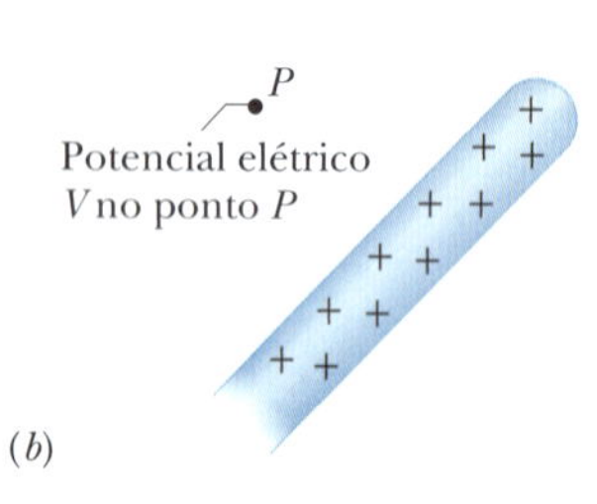

Figura 24.1.2 (*a*) Uma carga de prova foi deslocada do infinito até o ponto P, na presença do campo elétrico criado pela barra. (*b*) Definimos um potencial elétrico V no ponto P com base na energia potencial da configuração mostrada em (*a*).

De acordo com a Eq. 24.1.2, o potencial elétrico é uma grandeza escalar, já que tanto a energia potencial como a carga são grandezas escalares.

Aplicando o mesmo método a outros pontos do espaço, verificamos que um potencial elétrico existe em todos os pontos em que o campo elétrico criado pela barra está presente. Na verdade, todo objeto carregado cria um potencial elétrico V nos mesmos pontos em que cria um campo elétrico. Quando colocamos uma partícula de carga q em um ponto onde já existe um potencial elétrico V, a energia potencial da configuração é dada pela seguinte equação:

$$(\text{energia potencial elétrica}) = (\text{carga da partícula})\left(\frac{\text{energia potencial elétrica}}{\text{unidade de carga}}\right),$$

ou

$$U = qV, \tag{24.1.3}$$

em que a carga q pode ser positiva ou negativa.

Duas Observações Importantes. (1) O nome adotado (há muitos anos) para a grandeza V foi uma escolha infeliz, porque *potencial* pode ser facilmente confundido com *energia potencial*. É verdade que as duas grandezas estão relacionadas (daí a escolha), mas são muito diferentes, e uma não pode ser usada no lugar da outra. (2) O potencial elétrico não é um vetor, como o campo elétrico, e sim um escalar. (Na hora de resolver os problemas, você vai ver que isso facilita muito as coisas.)

Terminologia. A energia potencial é uma propriedade de um sistema (ou configuração) de objetos, mas às vezes podemos atribuí-la a um único objeto. Assim, por exemplo, a energia potencial gravitacional de uma bola de futebol chutada, em direção ao campo do adversário, pelo goleiro é, na verdade, a energia potencial do sistema bola-Terra, já que está associada à força entre a Terra e a bola. Como, porém, o movimento da Terra causado pela interação é desprezível, podemos atribuir a energia potencial gravitacional apenas à bola. Analogamente, se uma partícula carregada é colocada em uma região onde existe um campo elétrico e não afeta de modo significativo o objeto que produziu o campo elétrico, podemos atribuir a energia potencial elétrica (e o potencial elétrico) apenas à partícula.

Unidades. De acordo com a Eq. 24.1.2, a unidade de potencial elétrico do SI é o joule por coulomb. Essa combinação é tão frequente que foi criado um nome especial, o *volt* (V) para representá-la. Assim,

$$1 \text{ volt} = 1 \text{ joule por coulomb}.$$

Usando duas conversões de unidades, podemos substituir a unidade de campo elétrico, newtons por coulomb, por uma unidade mais conveniente, volts por metro:

$$\begin{aligned} 1\ \text{N/C} &= \left(1\frac{\text{N}}{\text{C}}\right)\left(\frac{1\ \text{V}}{1\ \text{J/C}}\right)\left(\frac{1\ \text{J}}{1\ \text{N}\cdot\text{m}}\right) \\ &= 1\ \text{V/m}. \end{aligned}$$

O primeiro fator de conversão é uma consequência da própria definição de volt; o segundo pode ser obtido a partir da definição de joule. Daqui em diante, passaremos a expressar os valores de campo elétrico em volts por metro em vez de newtons por coulomb.

Movimento na Presença de um Campo Elétrico (BT) 24.2

Variação do Potencial Elétrico. Quando passamos de um ponto inicial i para um ponto final f na presença de um campo elétrico produzido por um objeto carregado, a variação do potencial elétrico é dada por

$$\Delta V = V_f - V_i.$$

Nesse caso, de acordo com a Eq. 24.1.3, a variação da energia potencial do sistema é dada por

$$\Delta U = q\,\Delta V = q(V_f - V_i). \tag{24.1.4}$$

A variação pode ser positiva ou negativa, dependendo dos sinais de q e ΔV. Também pode ser nula, se não houver variação de potencial (ou seja, se $V_f = V_i$). Como a força elétrica é conservativa, a variação de energia potencial ΔU entre a energia potencial do ponto i e a energia potencial do ponto f é a mesma para qualquer trajetória que ligue os dois pontos, ou seja, é *independente da trajetória*.

Trabalho Realizado pelo Campo. Podemos relacionar a variação de energia potencial ΔU ao trabalho W realizado pela força elétrica enquanto a partícula se desloca do ponto i para o ponto f usando uma relação que é válida para qualquer força conservativa (Eq. 8.1.1):

$$W = -\Delta U \quad \text{(trabalho, força conservativa).} \tag{24.1.5}$$

Em seguida, podemos relacionar o mesmo trabalho à variação do potencial elétrico usando a Eq. 24.1.4:

$$W = -\Delta U = -q\,\Delta V = -q(V_f - V_i). \tag{24.1.6}$$

Até agora, sempre atribuímos o trabalho a uma força, mas aqui também podemos dizer que W é o trabalho realizado pelo campo elétrico sobre a partícula (porque, naturalmente, é o campo elétrico que produz a força). O trabalho pode ser positivo, negativo ou nulo. Da mesma forma que ΔU, o trabalho W não depende da trajetória da partícula. (Se você precisa calcular o trabalho para uma trajetória complicada, mude para uma trajetória mais fácil; você obterá o mesmo resultado.)

Conservação da Energia. Se uma partícula carregada se move na presença de um campo elétrico sem ser submetida a nenhuma outra força além da força elétrica, a energia mecânica é conservada. Vamos supor que seja possível atribuir uma energia potencial elétrica apenas à partícula. Nesse caso, podemos escrever a conservação da energia mecânica quando a partícula se desloca do ponto i para o ponto f na forma

$$U_i + K_i = U_f + K_f, \tag{24.1.7}$$

ou

$$\Delta K = -\Delta U. \tag{24.1.8}$$

Combinando a Eq. 24.1.8 com a Eq. 24.1.4, obtemos uma equação que permite calcular a variação da energia cinética de uma partícula submetida a uma diferença de potencial:

$$\Delta K = -q\,\Delta V = -q(V_f - V_i). \tag{24.1.9}$$

Trabalho Realizado por uma Força Externa. Se uma partícula carregada se move na presença da força elétrica e de outra força qualquer, a outra força é chamada *força externa* e é frequentemente a atribuída a um *agente externo*. A força externa pode realizar trabalho sobre a partícula, mas não é necessariamente conservativa e, portanto, nem sempre pode ser associada a uma energia potencial. Podemos levar em conta o trabalho W_{ext} realizado por uma força externa acrescentando um termo ao lado esquerdo da Eq. 24.1.7:

$$\text{(energia inicial)} + \text{(trabalho da força externa)} = \text{(energia final)}$$

ou

$$U_i + K_i + W_{\text{ext}} = U_f + K_f. \tag{24.1.10}$$

Explicitando ΔK e usando a Eq. 24.1.4, podemos escrever também

$$\Delta K = -\Delta U + W_{\text{ext}} = -q\,\Delta V + W_{\text{ext}}. \tag{24.1.11}$$

O trabalho realizado pela força externa pode ser positivo, negativo ou nulo, e a energia do sistema pode aumentar, diminuir ou permanecer a mesma.

No caso especial em que a partícula está parada antes e depois do deslocamento, o termo da energia cinética é nulo nas Eqs. 24.1.10 e 24.1.11 e, portanto,

$$W_{\text{ext}} = q\,\Delta V \quad (\text{para } K_i = K_f). \tag{24.1.12}$$

Nesse caso especial, o trabalho W_{ext} representa apenas o trabalho necessário para deslocar a partícula na presença de uma diferença de potencial ΔV.

Comparando as Eqs. 24.1.6 e 24.1.12, vemos que, nesse caso especial, o trabalho realizado pela força externa é o negativo do trabalho realizado pelo campo:

$$W_{ext} = -W \quad (\text{para } K_i = K_f). \tag{24.1.13}$$

Energia em Elétrons-Volts. Na física atômica e subatômica, a medida das energias em joules (a unidade de energia do SI) envolve potências negativas de dez. Uma unidade mais conveniente (que não faz parte do SI) é o *elétron-volt* (eV), que é definido como o trabalho necessário para deslocar uma carga elementar e (como do elétron ou do próton) se a diferença de potencial entre os pontos inicial e final é um volt. De acordo com a Eq. 24.1.6, esse trabalho é igual a $q\Delta V$. Assim,

$$\begin{aligned} 1 \text{ eV} &= e(1 \text{ V}) \\ &= (1{,}602 \times 10^{-19} \text{ C})(1 \text{ J/C}) = 1{,}602 \times 10^{-19} \text{ J}. \end{aligned} \tag{24.1.14}$$

Teste 24.1.1

Na figura, um próton se desloca do ponto i para o ponto f na presença de um campo elétrico com a direção indicada. (a) O campo elétrico executa um trabalho positivo ou negativo sobre o elétron? (b) A força exerce um trabalho positivo ou negativo sobre o elétron? (c) A energia potencial elétrica do próton aumenta ou diminui? (d) O próton se desloca para um ponto de maior ou menor potencial elétrico?

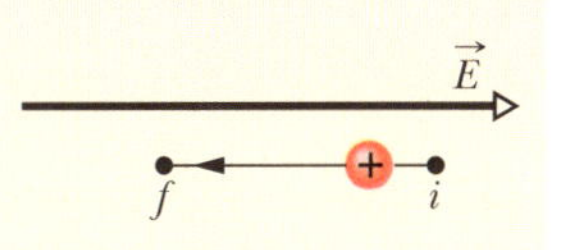

Exemplo 24.1.1 Medida do potencial de uma tempestade elétrica usando múons e antimúons

Quando raios cósmicos (prótons, nêutrons e núcleos atômicos de alta energia) se chocam com moléculas do ar na atmosfera, são criados múons e antimúons, versões mais pesadas do elétron e sua antipartícula, o pósitron. A carga do múon, representada pelo símbolo μ^-, é a mesma do elétron, $-e$, e a carga do antimúon, representada pelo símbolo μ^+, é a mesma do pósitron, $+e$. Alguns desses múons chegam até a superfície da Terra. A energia média desses múons e antimúons é 4,0 GeV. Se as partículas passam por uma tempestade elétrica, porém, podem ganhar ou perder energia, dependendo do sinal de sua carga e do sentido do campo elétrico associado à tempestade. Considere uma situação simples na qual um antimúon μ^+ se move verticalmente para baixo e passa por uma nuvem eletricamente carregada de espessura d = 6,0 km (Fig. 24.1.3*a*). Suponha que o campo elétrico da nuvem é uniforme e vertical e o antimúon chega à superfície da Terra com uma energia de 5,2 GeV em vez dos esperados 4,0 GeV. (1) Qual é o trabalho que o campo elétrico exerce sobre o antimúon? (2) Qual é o módulo do campo elétrico? (3) Qual é a diferença de potencial ΔV entre a extremidade superior e a extremidade inferior da nuvem?

IDEIAS-CHAVE

(1) O trabalho realizado por uma força constante $\vec{F}$ ao longo de um deslocamento $\vec{d}$ é dado por

$$W = \vec{F} \cdot \vec{d} = Fd \cos \theta,$$

em que θ é o ângulo entre o vetor força e o vetor deslocamento.
(2) A força elétrica e o campo elétrico estão relacionados pela equação $\vec{F} = q\vec{E}$, em que $q = +e$ é a carga do antimúon.
(3) De acordo com a Fig. 24.1.6, o trabalho que o campo elétrico exerce sobre o antimúon está relacionado à diferença de potencial ΔV entre as extremidades superior e inferior da nuvem: $W = q\Delta V$.

Cálculos: Como o campo elétrico aumenta a velocidade do antimúon, o trabalho realizado é positivo e igual à diferença entre a energia observada e a energia média:

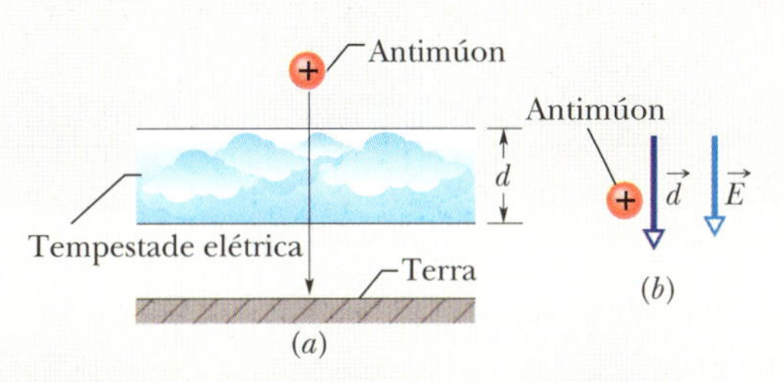

Figura 24.1.3 (*a*) Um antimúon é criado por um raio cósmico na atmosfera e, a caminho da superfície da Terra, passa por uma tempestade elétrica. (*b*) O fato de que a energia do antimúon aumenta significa que o campo $\vec{E}$ aponta no mesmo sentido que o deslocamento $\vec{d}$, ou seja, para baixo.

$$\begin{aligned} W &= 5{,}2 \text{ GeV} - 4{,}0 \text{ GeV} = 1{,}2 \text{ GeV} \\ &= (1{,}2 \times 10^9 \text{ eV})(1{,}602 \times 10^{-19} \text{ J/eV}) \\ &= 1{,}922 \times 10^{-10} \text{ J} \approx 1{,}9 \times 10^{-10} \text{ J}. \qquad \text{(Resposta)} \end{aligned}$$

Como o antimúon tem carga positiva, o fato de o trabalho ser positivo significa que o campo aponta para baixo, no mesmo sentido que o deslocamento (Fig. 24.1.3*b*) e, portanto, $\theta = 0°$ e

$$W = Fd \cos \theta = (qE)d \cos 0° = eEd,$$

o que nos dá

$$\begin{aligned} E &= \frac{W}{ed} = \frac{1{,}922 \times 10^{-10} \text{ J}}{(1{,}602 \times 10^{-19} \text{ C})(6{,}0 \times 10^3 \text{ m})} \\ &= 2{,}0 \times 10^5 \text{ V/m}. \qquad \text{(Resposta)} \end{aligned}$$

De acordo com a Eq. 24.1.6, a diferença de potencial entre a extremidade superior e a extremidade inferior da nuvem é

$$\Delta V = \frac{W}{q} = \frac{1{,}922 \times 10^{-10} \text{ J}}{1{,}602 \times 10^{-19} \text{ C}} = 1{,}2 \times 10^9 \text{ V} = 1{,}2 \text{ GV}. \qquad \text{(Resposta)}$$

24.2 SUPERFÍCIES EQUIPOTENCIAIS E O CAMPO ELÉTRICO

Objetivos do Aprendizado

Depois de ler este módulo, você será capaz de ...

24.2.1 Saber o que é uma superfície equipotencial e conhecer a relação entre uma superfície equipotencial e a direção do campo elétrico associado.

24.2.2 Dada uma função que expresse a variação do campo elétrico com a posição, calcular a diferença de potencial ΔV entre um ponto inicial e um ponto final escolhendo uma trajetória que ligue os dois pontos e integrando o produto escalar do campo elétrico $\vec{E}$ pelo elemento de comprimento $d\vec{s}$ ao longo da trajetória escolhida.

24.2.3 No caso de um campo elétrico uniforme, conhecer a relação entre o módulo E do campo elétrico e a distância Δx e a diferença de potencial ΔV entre planos equipotenciais vizinhos.

24.2.4 Dado um gráfico que mostre o módulo E do campo elétrico em função da posição ao longo de um eixo, calcular a variação de potencial ΔV de um ponto inicial a um ponto final usando integração gráfica.

24.2.5 Explicar o uso de um ponto de referência ao qual é atribuído um valor zero para o potencial.

Ideias-Chave

- Os pontos de uma superfície equipotencial têm o mesmo potencial elétrico. O trabalho realizado sobre uma carga de prova para deslocá-la de uma superfície equipotencial para outra não depende da posição dos pontos inicial e final nas superfícies nem da trajetória seguida pela carga de prova. O campo elétrico $\vec{E}$ é sempre perpendicular às superfícies equipotenciais correspondentes.
- A diferença de potencial elétrico entre dois pontos i e f é dada por

$$V_f - V_i = -\int_i^f \vec{E} \cdot d\vec{s},$$

em que a integral pode ser calculada ao longo de qualquer trajetória que ligue os dois pontos. Se a integração for difícil para uma dada trajetória, podemos escolher uma trajetória para a qual a integração seja mais fácil.
- Se fizermos $V_i = 0$, o potencial em um ponto qualquer será dado por

$$V = -\int_i^f \vec{E} \cdot d\vec{s}.$$

- Em um campo elétrico uniforme de módulo E, a variação do potencial de uma superfície equipotencial de maior valor para uma de menor valor, separadas por uma distância Δx, é dada por

$$\Delta V = -E\,\Delta x.$$

Superfícies Equipotenciais 24.3 e 24.4

Pontos vizinhos que possuem o mesmo potencial elétrico formam uma **superfície equipotencial**, que pode ser uma superfície imaginária ou uma superfície real. O campo elétrico não realiza nenhum trabalho líquido W sobre uma partícula carregada quando a partícula se desloca de um ponto para outro de uma superfície equipotencial. Esse fato é consequência da Eq. 24.1.6, segundo a qual $W = 0$ para $V_f = V_i$. Como o trabalho (e, portanto, a energia potencial e o potencial) não depende da trajetória, $W = 0$ para *qualquer* trajetória que ligue dois pontos i e j pertencentes a uma superfície equipotencial, mesmo que a trajetória não esteja inteiramente na superfície.

A Fig. 24.2.1 mostra uma *família* de superfícies equipotenciais associada ao campo elétrico produzido por uma distribuição de cargas. O trabalho realizado pelo

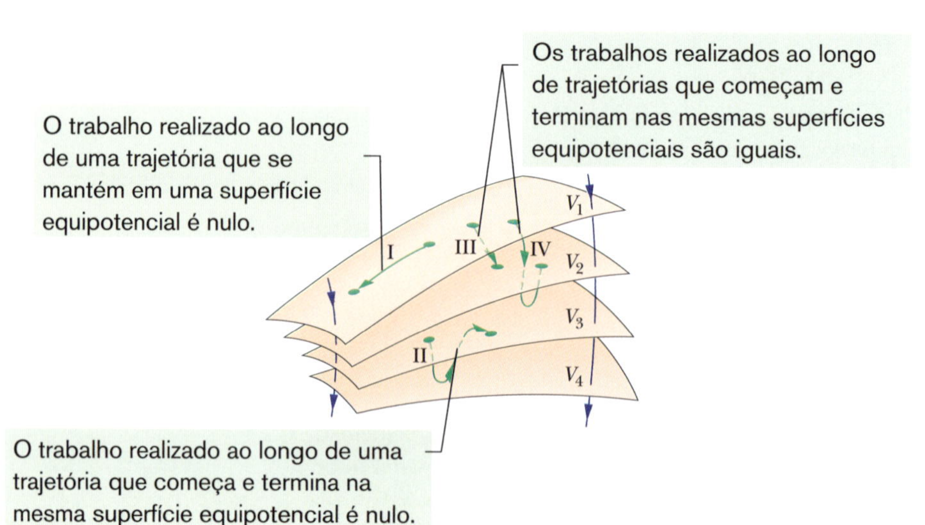

Figura 24.2.1 Vista parcial de quatro superfícies equipotenciais cujos potenciais elétricos são $V_1 = 100$ V, $V_2 = 80$ V, $V_3 = 60$ V e $V_4 = 40$ V. A figura mostra duas linhas de campo elétrico e quatro trajetórias possíveis de uma carga de prova.

campo elétrico sobre uma partícula carregada quando a partícula se desloca de uma extremidade a outra das trajetórias I e II é zero, já que essas trajetórias começam e terminam na mesma superfície equipotencial. O trabalho realizado quando a partícula se desloca de uma extremidade a outra das trajetórias III e IV não é zero, mas tem o mesmo valor para as duas trajetórias, pois os potenciais inicial e final são os mesmos para as duas trajetórias, ou seja, as trajetórias III e IV ligam o mesmo par de superfícies equipotenciais.

Por simetria, as superfícies equipotenciais produzidas por uma carga pontual ou por qualquer distribuição de cargas com simetria esférica constituem uma família de esferas concêntricas. No caso de um campo elétrico uniforme, as superfícies formam uma família de planos perpendiculares às linhas de campo. Na verdade, as superfícies equipotenciais são sempre perpendiculares às linhas de campo elétrico e, portanto, perpendiculares a $\vec{E}$, que é tangente a essas linhas. Se *não fosse* perpendicular a uma superfície equipotencial, $\vec{E}$ teria uma componente paralela à superfície, que realizaria trabalho sobre uma partícula carregada quando a partícula se deslocasse ao longo da superfície. Entretanto, de acordo com a Eq. 24.1.6, o trabalho realizado deve ser nulo no caso de uma superfície equipotencial. A única conclusão possível é que o vetor $\vec{E}$ em todos os pontos do espaço deve ser perpendicular à superfície equipotencial que passa por esse ponto. A Fig. 24.2.2 mostra linhas de campo elétrico e seções retas de superfícies equipotenciais no caso de um campo elétrico uniforme e no caso dos campos associados a uma carga elétrica pontual e a um dipolo elétrico.

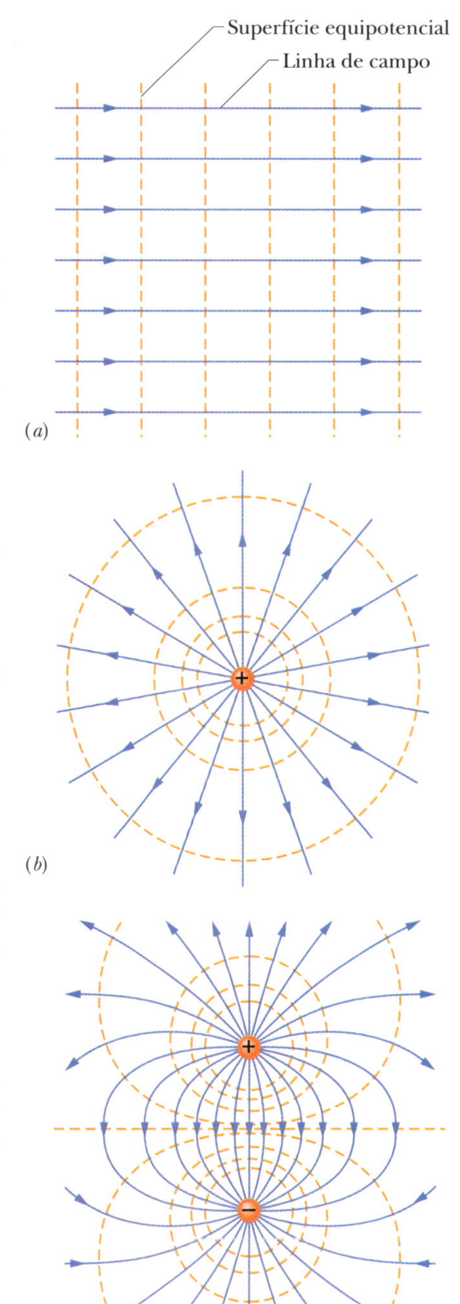

Figura 24.2.2 Linhas de campo elétrico (roxo) e seções retas de superfícies equipotenciais (vermelho) (*a*) para um campo elétrico uniforme, (*b*) para uma carga pontual e (*c*) para um dipolo elétrico.

Cálculo do Potencial a Partir do Campo Elétrico 24.5

É possível calcular a diferença de potencial entre dois pontos *i* e *f* em uma região do espaço onde existe um campo elétrico se o vetor campo elétrico $\vec{E}$ for conhecido em todos os pontos de uma trajetória que ligue esses pontos. Para isso, basta determinar o trabalho realizado pelo campo sobre uma carga de prova quando a carga se desloca do ponto *i* até o ponto *f* e usar a Eq. 24.1.6.

Considere um campo elétrico qualquer, representado pelas linhas de campo da Fig. 24.2.3, e uma carga de prova positiva q_0 que se move do ponto *i* ao ponto *f*, percorrendo a trajetória mostrada na figura. Em todos os pontos da trajetória, uma força eletrostática $q_0\vec{E}$ age sobre a carga enquanto ela sofre um deslocamento elementar $d\vec{s}$. De acordo com o que foi visto no Capítulo 7, o trabalho elementar dW realizado sobre uma partícula por uma força durante um deslocamento $d\vec{s}$ é dado por

$$dW = \vec{F}\cdot d\vec{s}. \tag{24.2.1}$$

Para a situação da Fig. 24.2.3, $\vec{F} = q_0\vec{E}$ e a Eq. 24.2.1 se torna

$$dW = q_0\vec{E}\cdot d\vec{s}. \tag{24.2.2}$$

Para determinar o trabalho total *W* realizado pelo campo sobre a partícula quando ela se desloca do ponto *i* para o ponto *f*, somamos, por integração, os trabalhos elementares realizados sobre a carga quando ela sofre todos os deslocamentos elementares $d\vec{s}$ de que é composta a trajetória:

$$W = q_0\int_i^f \vec{E}\cdot d\vec{s}. \tag{24.2.3}$$

Substituindo o trabalho *W* pelo seu valor em termos da diferença de potencial, dado pela Eq. 24.1.6, obtemos

$$V_f - V_i = -\int_i^f \vec{E}\cdot d\vec{s}. \tag{24.2.4}$$

Assim, a diferença de potencial $V_f - V_i$ entre dois pontos *i* e *f* na presença de um campo elétrico é igual ao negativo da *integral de linha* (ou seja, da integral ao longo de uma

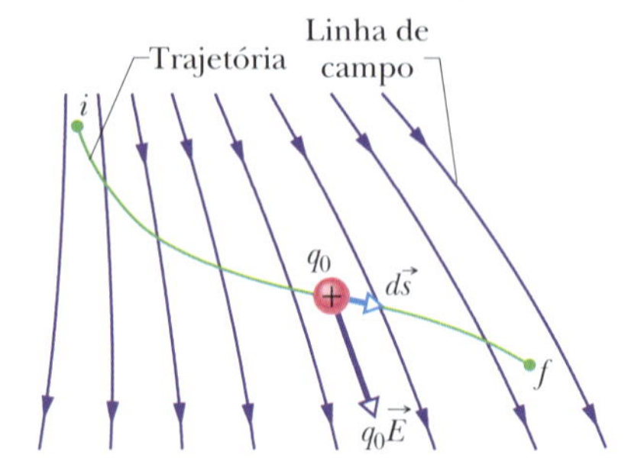

Figura 24.2.3 Uma carga de prova q_0 se desloca do ponto i para o ponto f ao longo da trajetória indicada, na presença de um campo elétrico não uniforme. Durante um deslocamento $d\vec{s}$, uma força eletrostática $q_0\vec{E}$ age sobre a carga de prova. A força aponta na direção da linha de campo que passa pela carga de prova.

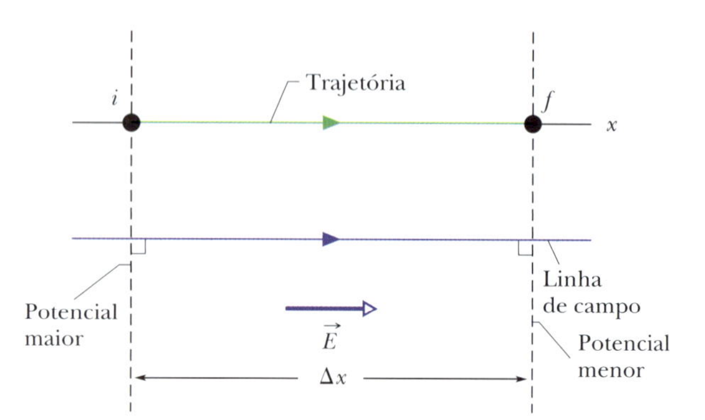

Figura 24.2.4 Trajetória, paralela a uma linha de campo elétrico, que liga pontos i e f situados em planos equipotenciais de um campo uniforme $\vec{E}$, separados por uma distância Δx.

trajetória) de $\vec{E} \cdot d\vec{s}$ do ponto i até o ponto f. Como a força eletrostática é conservativa, todas as trajetórias (simples ou complicadas) levam ao mesmo resultado.

A Eq. 24.2.4 permite calcular a diferença de potencial entre dois pontos quaisquer de uma região onde existe um campo elétrico. Se o potencial V_i do ponto i é tomado como zero, a Eq. 24.2.4 se torna

$$V = -\int_i^f \vec{E} \cdot d\vec{s}, \qquad (24.2.5)$$

em que o índice f de V_f foi omitido. A Eq. 24.2.5 pode ser usada para calcular o potencial V em qualquer ponto f *em relação ao potencial* do ponto i, tomado como *zero*. Se o ponto i está no infinito, a Eq. 24.2.5 nos dá o potencial V em qualquer ponto f em relação ao potencial no infinito, tomado como zero.

Campo Uniforme. Vamos aplicar a Eq. 24.2.4 a um campo uniforme, como mostra a Fig. 24.2.4. Começamos em um ponto i de um plano equipotencial de potencial V_i e terminamos em um ponto f de um plano equipotencial de potencial V_f. A distância entre os dois planos equipotenciais é Δx. Vamos escolher uma trajetória paralela à direção do campo elétrico $\vec{E}$ (e, portanto, perpendicular aos planos equipotenciais). Nesse caso, o ângulo entre $\vec{E}$ e $d\vec{s}$ na Eq. 24.2.4 é zero e o produto escalar se torna

$$\vec{E} \cdot d\vec{s} = E\, ds \cos 0 = E\, ds.$$

Como o campo é uniforme, E é constante e a Eq. 24.2.4 se torna

$$V_f - V_i = -E \int_i^f ds. \qquad (24.2.6)$$

A integral da Eq. 24.2.6 é simplesmente uma receita para somar os elementos de comprimento ds do ponto i até o ponto f, mas já sabemos que a soma é igual à distância Δx entre os planos equipotenciais. Assim, a variação de potencial $V_f - V_i$ no caso de um campo elétrico uniforme é dada por

$$\Delta V = -E\,\Delta x \quad \text{(campo uniforme)}. \qquad (24.2.7)$$

De acordo com a Eq. 24.2.7, se a trajetória da carga de prova positiva é no sentido do campo elétrico, o potencial diminui; se a trajetória é no sentido oposto, o potencial aumenta.

 O vetor campo elétrico aponta do maior potencial para o menor potencial.

Teste 24.2.1

A figura mostra uma família de superfícies paralelas equipotenciais (vistas de perfil) e cinco trajetórias ao longo das quais um elétron pode ser deslocado de uma superfície para outra. (a) Qual é a orientação do campo elétrico associado às superfícies? (b) Para cada trajetória, o trabalho realizado para deslocar o elétron é positivo, negativo ou nulo? (c) Coloque as trajetórias em ordem decrescente do trabalho realizado.

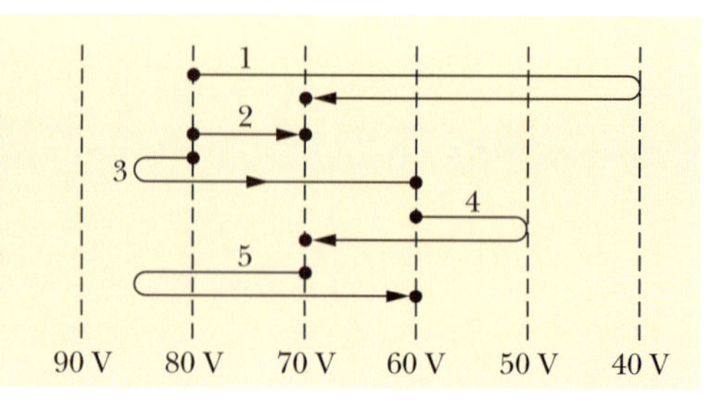

Exemplo 24.2.1 Determinação da diferença de potencial a partir do campo elétrico

(a) A Fig. 24.2.5*a* mostra dois pontos *i* e *f* de uma região onde existe um campo elétrico uniforme $\vec{E}$. Os pontos estão na mesma linha de campo elétrico (que não é mostrada na figura), separados por uma distância *d*. Determine a diferença de potencial $V_f - V_i$ deslocando uma carga de prova positiva q_0 do ponto *i* até o ponto *f* ao longo da trajetória indicada, que é paralela à direção do campo.

IDEIA-CHAVE

De acordo com a Eq. 24.2.4, podemos determinar a diferença de potencial entre dois pontos integrando o produto escalar $\vec{E} \cdot d\vec{s}$ ao longo de uma trajetória que ligue os dois pontos.

Cálculos: Na verdade, já fizemos esse cálculo para demonstrar a Eq. 24.2.7. Com uma pequena mudança de notação, a Eq. 24.2.7 nos dá

$$V_f - V_i = -Ed. \qquad \text{(Resposta)}$$

(b) Determine a diferença de potencial $V_f - V_i$ deslocando a carga de prova positiva q_0 de *i* para *f* ao longo da trajetória *icf* mostrada na Fig. 24.2.5*b*.

Cálculos: A ideia-chave do item (a) também se aplica a este caso, mas agora estamos deslocando a carga ao longo de uma trajetória formada por dois segmentos de reta, *ic* e *cf*. Em todos os pontos do segmento *ic*, o deslocamento $d\vec{s}$ é perpendicular a $\vec{E}$. O ângulo entre $\vec{E}$ e $d\vec{s}$ é 90° e o produto escalar $\vec{E} \cdot d\vec{s}$ é 0. Logo, de acordo com a Eq. 24.2.4, o potencial é o mesmo nos pontos *i* e *c*: $V_c - V_i = 0$.

No caso do segmento *cf*, temos $\theta = 45°$ e, de acordo com a Eq. 24.2.4,

$$V_f - V_i = -\int_c^f \vec{E} \cdot d\vec{s} = -\int_c^f E(\cos 45°)\, ds$$

$$= -E(\cos 45°) \int_c^f ds.$$

A integral nessa equação é simplesmente o comprimento do segmento *cf*, que, por trigonometria, é dado por $d/\cos 45°$. Assim,

$$V_f - V_i = -E(\cos 45°)\frac{d}{\cos 45°} = -Ed. \qquad \text{(Resposta)}$$

Como já era esperado, este resultado é igual ao obtido no item (a); a diferença de potencial entre dois pontos não depende da trajetória usada no cálculo. A moral é a seguinte: Quando há necessidade de calcular a diferença de potencial entre dois pontos deslocando uma carga de prova entre eles, é possível poupar tempo e trabalho escolhendo uma trajetória que facilite o uso da Eq. 24.2.4.

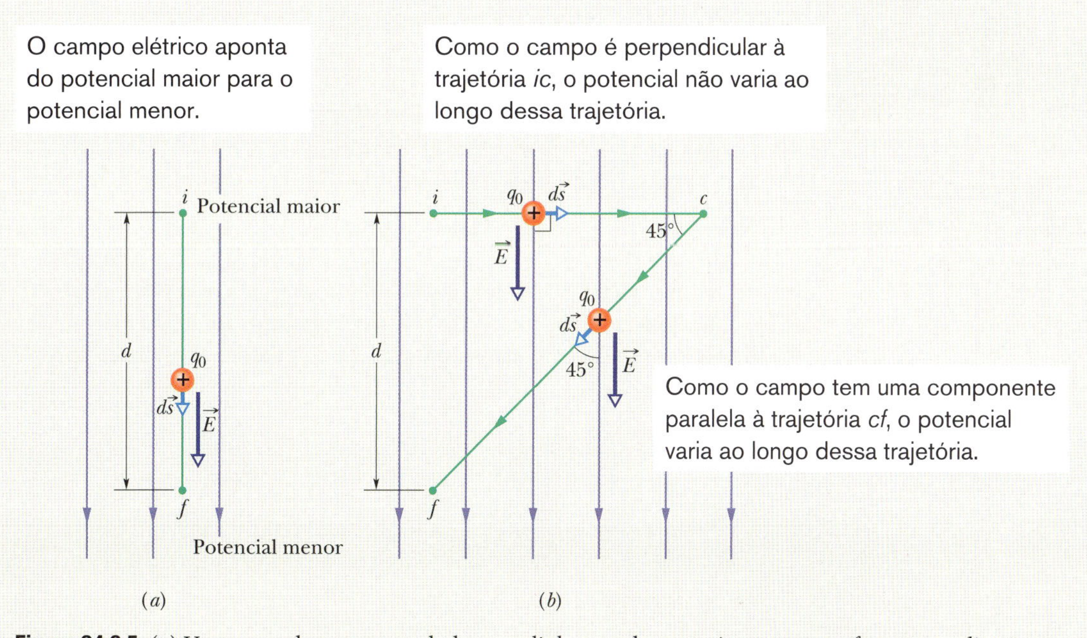

Figura 24.2.5 (*a*) Uma carga de prova q_0 se desloca em linha reta do ponto *i* para o ponto *f* na mesma direção que um campo elétrico uniforme. (*b*) A carga q_0 descreve a trajetória *icf* na presença do mesmo campo elétrico.

24.3 POTENCIAL PRODUZIDO POR UMA PARTÍCULA CARREGADA

Objetivos do Aprendizado

Depois de ler este módulo, você será capaz de ...

24.3.1 No caso do campo elétrico em um ponto do espaço criado por uma partícula carregada, conhecer a relação entre o potencial elétrico V do ponto, a carga q da partícula e a distância r entre o ponto e a partícula.

24.3.2 Conhecer a relação entre o sinal do potencial elétrico criado por uma partícula e o sinal da carga da partícula.

24.3.3 No caso de pontos do lado de fora ou na superfície de uma distribuição de carga com simetria esférica, calcular o potencial elétrico como se a carga estivesse toda concentrada no centro da distribuição.

24.3.4 Calcular o potencial total produzido em um ponto do espaço por várias partículas carregadas usando uma soma algébrica dos potenciais produzidos separadamente pelas cargas envolvidas e não uma soma vetorial, como no caso do campo elétrico.

24.3.5 Desenhar as superfícies equipotenciais associadas a uma partícula carregada.

Ideias-Chave

- O potencial elétrico produzido por uma partícula carregada a uma distância r da partícula é dado por

$$V = \frac{1}{4\pi\varepsilon_0}\frac{q}{r},$$

em que o potencial V tem o mesmo sinal que a carga q.

- O potencial elétrico produzido por um conjunto de partículas carregadas é dado por

$$V = \sum_{i=1}^{n} V_i = \frac{1}{4\pi\varepsilon_0}\sum_{i=1}^{n}\frac{q_i}{r_i}.$$

- Isso significa que o potencial é a soma algébrica dos potenciais produzidos separadamente pelas cargas envolvidas e não uma soma vetorial, como no caso do campo elétrico.

Potencial Produzido por uma Partícula Carregada 24.6

Vamos agora usar a Eq. 24.2.4 para obter uma expressão para o potencial elétrico V criado no espaço por uma carga pontual, tomando como referência um potencial zero no infinito. Considere um ponto P situado a uma distância R de uma partícula fixa de carga positiva q (Fig. 24.3.1). Para usar a Eq. 24.2.4, imaginamos que uma carga de prova q_0 é deslocada do ponto P até o infinito. Como a trajetória seguida pela carga de prova é irrelevante, podemos escolher a mais simples: uma reta que liga a partícula fixa ao ponto P e se estende até o infinito.

Para usar a Eq. 24.2.4, precisamos calcular o produto escalar

$$\vec{E}\cdot d\vec{s} = E\cos\theta\, ds. \tag{24.3.1}$$

O campo elétrico $\vec{E}$ da Fig. 24.3.1 é radial e aponta para longe da partícula fixa; assim, o deslocamento elementar $d\vec{s}$ da partícula de prova tem a mesma direção que $\vec{E}$ em todos os pontos da trajetória escolhida. Isso significa que, na Eq. 24.3.1, $\theta = 0$ e $\cos\theta = 1$. Como a trajetória é radial, podemos fazer $ds = dr$. Nesse caso, a Eq. 24.2.4 se torna

$$V_f - V_i = -\int_R^\infty E\, dr, \tag{24.3.2}$$

em que usamos os limites $r_i = R$ e $r_f = \infty$. Vamos fazer $V_i = V(R) = V$ e $V_f = V(\infty) = 0$. O campo E no ponto onde se encontra a carga de prova é dado pela Eq. 22.2.2:

$$E = \frac{1}{4\pi\varepsilon_0}\frac{q}{r^2}. \tag{24.3.3}$$

Com essas substituições, a Eq. 24.3.2 se torna

$$0 - V = -\frac{q}{4\pi\varepsilon_0}\int_R^\infty \frac{1}{r^2}\,dr = \frac{q}{4\pi\varepsilon_0}\left[\frac{1}{r}\right]_R^\infty$$

$$= -\frac{1}{4\pi\varepsilon_0}\frac{q}{R}. \tag{24.3.4}$$

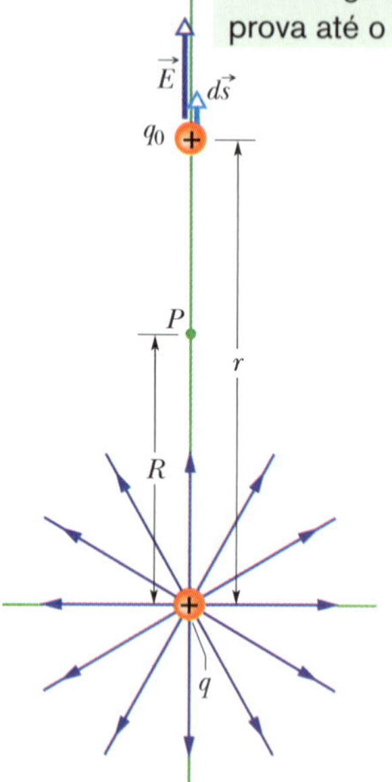

Figura 24.3.1 A partícula de carga positiva q produz um campo elétrico $\vec{E}$ e um potencial elétrico V no ponto P. Calculamos o potencial deslocando uma carga de prova q_0 do ponto P até o infinito. A figura mostra a carga de prova a uma distância r da carga pontual, durante um deslocamento elementar $d\vec{s}$.

Explicitando V e substituindo R por r, temos

$$V = \frac{1}{4\pi\varepsilon_0}\frac{q}{r} \qquad (24.3.5)$$

como o potencial elétrico V produzido por uma partícula de carga q a uma distância r da partícula.

Embora a Eq. 24.3.5 tenha sido demonstrada para uma partícula de carga positiva, a demonstração vale também para uma partícula de carga negativa, caso em que q é uma grandeza negativa. Observe que o sinal de V é igual ao sinal de q:

Uma partícula de carga positiva produz um potencial elétrico positivo; uma partícula de carga negativa produz um potencial elétrico negativo.

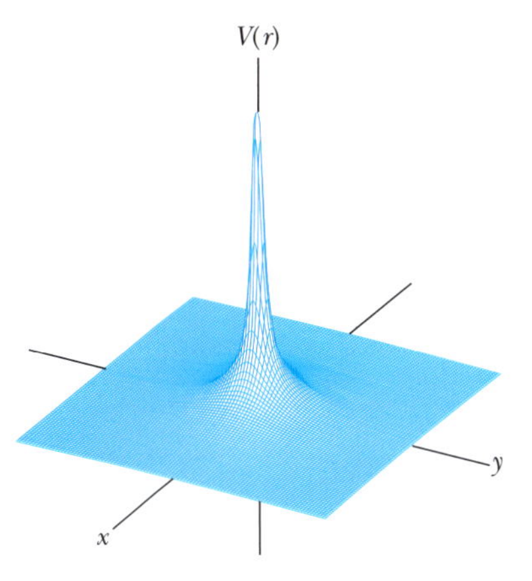

Figura 24.3.2 Gráfico gerado em computador do potencial elétrico $V(r)$ produzido por uma carga positiva situada na origem do plano xy. O potencial nos pontos do plano xy está plotado no eixo vertical. (As curvas do potencial ao longo de direções paralelas aos eixos x e y foram traçadas para facilitar a visualização.) De acordo com a Eq. 24.3.5, $V \to \infty$ para $r \to 0$, embora essa tendência não seja visível no gráfico.

A Fig. 24.3.2 mostra um gráfico gerado em computador da Eq. 24.3.5 para uma partícula de carga positiva; o valor absoluto de V está plotado no eixo vertical. Note que o valor absoluto de V aumenta rapidamente quando r se aproxima de zero. Na verdade, de acordo com a Eq. 24.3.5, $V \to \infty$ quando $r \to 0$, embora essa tendência não seja visível no gráfico.

A Eq. 24.3.5 também pode ser usada para calcular o potencial elétrico *do lado de fora* ou *na superfície* de uma distribuição de cargas com simetria esférica. Podemos provar esse fato usando um dos teoremas de cascas dos Módulos 21.1 e 23.6 para substituir a distribuição esférica por uma carga pontual de mesmo valor situada no centro da distribuição. Isso mostra que a Eq. 24.3.5 pode ser empregada, contanto que não se deseje calcular um ponto no interior da distribuição.

Potencial Produzido por um Grupo de Partículas Carregadas

BT 24.7 e 24.8

Podemos calcular o potencial produzido em um ponto por um grupo de partículas carregadas com a ajuda do princípio de superposição. Usando a Eq. 24.3.5 com o sinal da carga incluído, calculamos separadamente os potenciais produzidos pelas cargas no ponto dado e somamos os potenciais. No caso de n cargas, o potencial total é dado por

$$V = \sum_{i=1}^{n} V_i = \frac{1}{4\pi\varepsilon_0}\sum_{i=1}^{n}\frac{q_i}{r_i} \quad (n \text{ partículas carregadas}). \qquad (24.3.6)$$

Aqui, q_i é o valor da carga de ordem i e r_i é a distância radial entre o ponto e a carga de ordem i. O somatório da Eq. 24.3.6 é uma *soma algébrica* e não uma soma vetorial como a que foi usada para calcular o campo elétrico produzido por um grupo de cargas pontuais. Trata-se de uma vantagem importante do potencial em relação ao campo elétrico, já que é muito mais fácil somar grandezas escalares do que grandezas vetoriais.

Teste 24.3.1

A figura mostra três arranjos de dois prótons. Coloque os arranjos na ordem do potencial elétrico produzido pelos prótons no ponto P, começando pelo maior.

(a) P, d, D — (b) P, D, d — (c) d, D, P

Exemplo 24.3.1 Potencial total de várias partículas carregadas

Qual é o valor do potencial elétrico no ponto *P*, situado no centro do quadrado de cargas pontuais que aparece na Fig. 24.3.3*a*? A distância *d* é 1,3 m, e as cargas são

$$q_1 = +12\text{ nC}, \qquad q_3 = +31\text{ nC},$$
$$q_2 = -24\text{ nC}, \qquad q_4 = +17\text{ nC}.$$

IDEIA-CHAVE

O potencial elétrico *V* no ponto *P* é a soma algébrica dos potenciais elétricos produzidos pelas quatro partículas.

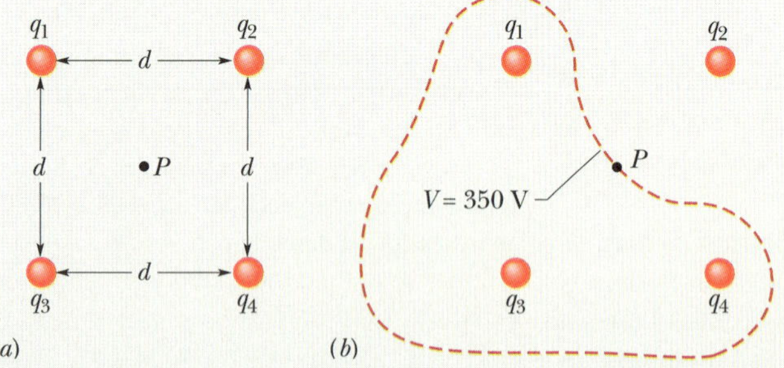

Figura 24.3.3 (*a*) Quatro partículas carregadas são mantidas fixas nos vértices de um quadrado. (*b*) A curva fechada é uma seção reta, no plano da figura, da superfície equipotencial que contém o ponto *P*. (A curva é apenas um esboço.)

(Como o potencial elétrico é um escalar, as posições angulares das cargas são irrelevantes; apenas as distâncias entre as cargas e o ponto *P* aparecem na expressão do potencial.)

Cálculos: De acordo com a Eq. 24.3.6, temos

$$V = \sum_{i=1}^{4} V_i = \frac{1}{4\pi\varepsilon_0}\left(\frac{q_1}{r} + \frac{q_2}{r} + \frac{q_3}{r} + \frac{q_4}{r}\right).$$

A distância *r* é $d/\sqrt{2}$ = 0,919 m, e a soma das cargas é

$$q_1 + q_2 + q_3 + q_4 = (12 - 24 + 31 + 17) \times 10^{-9}\text{ C}$$
$$= 36 \times 10^{-9}\text{ C}.$$

Então,
$$V = \frac{(8{,}99 \times 10^9\text{ N}\cdot\text{m}^2/\text{C}^2)(36 \times 10^{-9}\text{ C})}{0{,}919\text{ m}}$$
$$\approx 350\text{ V}. \qquad \text{(Resposta)}$$

Nas vizinhanças das três cargas positivas da Fig. 24.3.3*a*, o potencial assume valores positivos muito elevados. Nas proximidades da carga negativa, o potencial assume valores negativos muito elevados. Assim, existem necessariamente pontos no interior do quadrado nos quais o potencial tem o mesmo valor intermediário que no ponto *P*. A curva da Fig. 24.3.3*b* mostra a interseção do plano da figura com a superfície equipotencial que contém o ponto *P*. Qualquer ponto dessa curva tem o mesmo potencial que o ponto *P*.

Exemplo 24.3.2 Potencial total de várias partículas carregadas para duas distribuições diferentes das partículas

(a) Na Fig. 24.3.4*a*, 12 elétrons (de carga $-e$) são mantidos fixos, com espaçamento uniforme, ao longo de uma circunferência de raio *R*. Tomando *V* = 0 no infinito, quais são o potencial elétrico e o campo elétrico no centro *C* da circunferência?

IDEIAS-CHAVE

(1) O potencial elétrico *V* no ponto *C* é a soma algébrica dos potenciais elétricos produzidos pelos elétrons. Como o potencial elétrico é um escalar, a posição angular dos elétrons na circunferência é irrelevante. (2) O campo elétrico no ponto *C* é uma grandeza vetorial e, portanto, a posição angular dos elétrons na circunferência *não é* irrelevante.

Cálculos: Como todos os elétrons possuem a mesma carga $-e$ e estão à mesma distância *R* de *C*, a Eq. 24.3.6 nos dá

$$V = -12\frac{1}{4\pi\varepsilon_0}\frac{e}{R}. \qquad \text{(Resposta)} \qquad (24.3.7)$$

Por causa da simetria do arranjo da Fig. 24.3.4*a*, o vetor campo elétrico no ponto *C* associado a um elétron é cancelado pelo vetor campo elétrico associado ao elétron diametralmente oposto. Assim, no ponto *C*,

$$\vec{E} = 0. \qquad \text{(Resposta)}$$

(b) Se os elétrons forem deslocados ao longo da circunferência até ficarem distribuídos com espaçamento desigual em um arco de 120° (Fig. 24.3.4*b*), qual será o potencial no ponto *C*? O campo elétrico no ponto *C* sofrerá alguma mudança?

Raciocínio: O potencial continuará a ser dado pela Eq. 24.3.7, já que a distância entre os elétrons e o ponto *C* não mudou, e a posição dos elétrons na circunferência é irrelevante. O campo elétrico, porém, deixará de ser nulo, pois a distribuição das cargas não é mais simétrica. O novo campo elétrico no ponto *C* estará orientado na direção de algum ponto do arco de 120°.

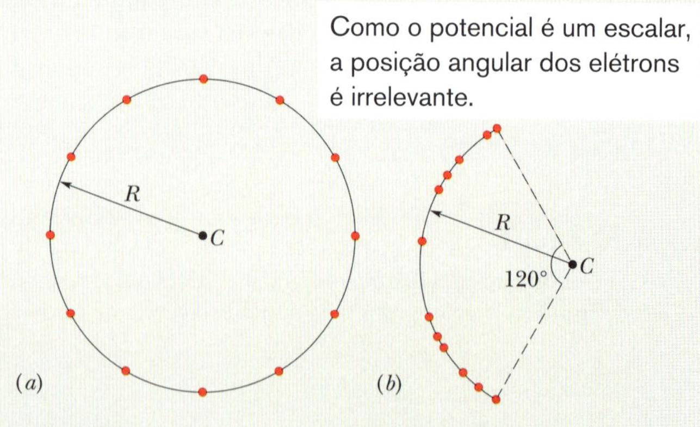

Figura 24.3.4 (*a*) Doze elétrons uniformemente espaçados ao longo de uma circunferência. (*b*) Os mesmos elétrons, distribuídos com espaçamento não uniforme ao longo de um arco da circunferência original.

24.4 POTENCIAL PRODUZIDO POR UM DIPOLO ELÉTRICO

Objetivos do Aprendizado

Depois de ler este módulo, você será capaz de ...

24.4.1 Calcular o potencial V produzido por um dipolo elétrico em um ponto do espaço em termos do módulo p do momento dipolar ou do produto do valor absoluto de uma das cargas pela distância entre as cargas.

24.4.2 Conhecer as regiões em que o potencial produzido por um dipolo elétrico é positivo, negativo e nulo.

24.4.3 Saber que o potencial produzido por um dipolo elétrico diminui mais depressa com a distância do que o potencial produzido por uma carga única.

Ideia-Chave

- O potencial elétrico produzido em um ponto do espaço por um dipolo elétrico é dado por

$$V = \frac{1}{4\pi\varepsilon_0}\frac{p\cos\theta}{r^2}$$

em que $p = qd$ é o módulo do momento dipolar, θ é o ângulo entre o vetor momento dipolar e uma reta que liga o ponto ao centro do dipolo e r é a distância entre o ponto e o centro do dipolo.

Potencial Produzido por um Dipolo Elétrico

Vamos agora aplicar a Eq. 24.3.6 a um dipolo elétrico para calcular o potencial em um ponto arbitrário P da Fig. 24.4.1*a*. No ponto P, a partícula positiva (que está a uma distância $r_{(+)}$) produz um potencial $V_{(+)}$ e a partícula negativa (que está a uma distância $r_{(-)}$) produz um potencial $V_{(-)}$. Assim, de acordo com a Eq. 24.3.6, o potencial total no ponto P é dado por

$$V = \sum_{i=1}^{2} V_i = V_{(+)} + V_{(-)} = \frac{1}{4\pi\varepsilon_0}\left(\frac{q}{r_{(+)}} + \frac{-q}{r_{(-)}}\right)$$

$$= \frac{q}{4\pi\varepsilon_0}\frac{r_{(-)} - r_{(+)}}{r_{(-)}r_{(+)}}. \tag{24.4.1}$$

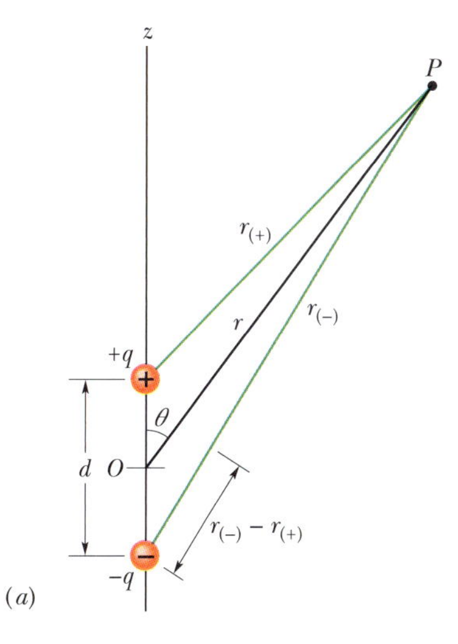

Os dipolos que ocorrem naturalmente, como os que estão presentes em muitas moléculas, têm dimensões reduzidas. Isso significa que, normalmente, estamos interessados apenas em pontos relativamente distantes do dipolo, tais que $r >> d$, em que r é a distância entre o ponto P e o centro do dipolo, e d é a distância entre as cargas. Nessas condições, podemos supor que os segmentos de reta entre as cargas e o ponto P são praticamente paralelos e que a diferença de comprimento entre esses segmentos de reta é um dos catetos de um triângulo retângulo cuja hipotenusa é d (Fig. 24.4.1*b*). Além disso, a diferença é tão pequena que o produto dos comprimentos é aproximadamente r^2. Assim,

$$r_{(-)} - r_{(+)} \approx d\cos\theta \quad \text{e} \quad r_{(-)}r_{(+)} \approx r^2.$$

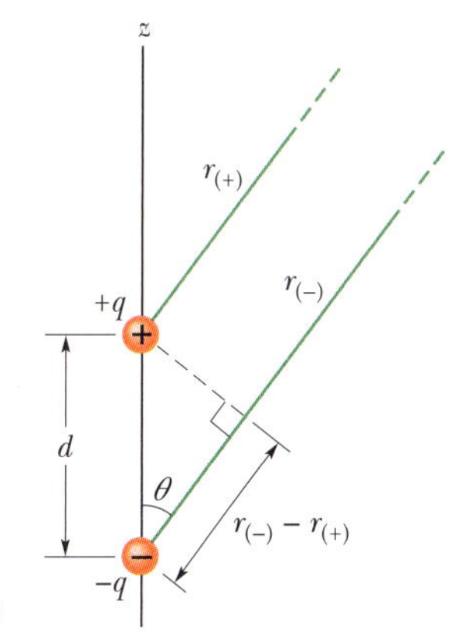

Figura 24.4.1 (*a*) O ponto P está a uma distância r do ponto central O de um dipolo. A reta OP faz um ângulo θ com o eixo do dipolo. (*b*) Se o ponto P está a uma grande distância do dipolo, as retas de comprimentos $r_{(+)}$ e $r_{(-)}$ são aproximadamente paralelas à reta de comprimento r e a reta tracejada é aproximadamente perpendicular à reta de comprimento $r_{(-)}$.

Substituindo esses valores na Eq. 24.4.1, obtemos para V o valor aproximado

$$V = \frac{q}{4\pi\varepsilon_0}\frac{d\cos\theta}{r^2},$$

em que o ângulo θ é medido em relação ao eixo do dipolo, como na Fig. 24.4.1*a*. O potencial V também pode ser escrito na forma

$$V = \frac{1}{4\pi\varepsilon_0}\frac{p\cos\theta}{r^2} \quad \text{(dipolo elétrico)}, \tag{24.4.2}$$

em que p (= qd) é o módulo do momento dipolar elétrico $\vec{p}$ definido no Módulo 22.3. O vetor $\vec{p}$ tem a direção do eixo do dipolo e aponta da carga negativa para a carga positiva. (Isso significa que o ângulo θ é medido em relação a $\vec{p}$.) Usamos esse vetor para indicar a orientação do dipolo elétrico.

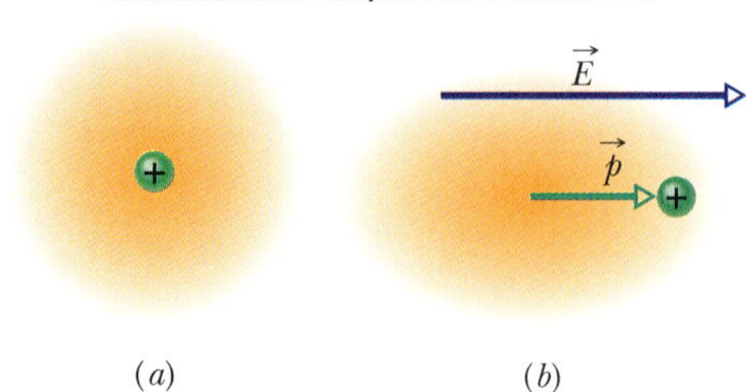

Figura 24.4.2 (*a*) Representação esquemática de um átomo isolado, mostrando o núcleo positivamente carregado (verde) e os elétrons negativamente carregados (sombreado dourado). Os centros das cargas positivas e negativas coincidem. (*b*) Quando o átomo é submetido a um campo elétrico externo $\vec{E}$, os orbitais eletrônicos são distorcidos e os centros das cargas positivas e negativas deixam de coincidir, o que dá origem a um momento dipolar induzido $\vec{p}$. A distorção foi muito exagerada na figura.

Teste 24.4.1

Três pontos são escolhidos a distâncias iguais do centro do dipolo da Fig. 24.4.1 (muito maiores que a distância entre as cargas). O ponto *a* está no eixo do dipolo, acima da carga positiva; o ponto *b* está no eixo do dipolo, abaixo da carga negativa; o ponto *c* está na mediatriz do segmento de reta que liga as duas cargas. Coloque os pontos na ordem do potencial elétrico produzido no ponto pelo dipolo, começando pelo maior (mais positivo).

Momento Dipolar Induzido

Muitas moléculas, como a da água, possuem um momento dipolar elétrico *permanente*. Em outras moléculas (conhecidas como *moléculas apolares*) e em todos os átomos isolados, os centros das cargas positivas e negativas coincidem (Fig. 24.4.2*a*) e, portanto, o momento dipolar é zero. Quando um átomo, ou uma molécula apolar, é submetido a um campo elétrico externo, o campo distorce as órbitas eletrônicas e separa os centros das cargas positivas e negativas (Fig. 24.4.2*b*). Como a carga dos elétrons é negativa, eles são deslocados no sentido oposto ao do campo. Esse deslocamento dá origem a um momento dipolar $\vec{p}$ que aponta na direção do campo. Nesse tipo de situação, dizemos que o momento dipolar é *induzido* pelo campo e que o átomo, ou a molécula, é *polarizado* pelo campo (ou seja, ele passa a ter um lado positivo e um lado negativo). Quando o campo é removido, o momento dipolar induzido e a polarização desaparecem.

24.5 POTENCIAL PRODUZIDO POR UMA DISTRIBUIÇÃO CONTÍNUA DE CARGA

Objetivo do Aprendizado

Depois de ler este módulo, você será capaz de ...

24.5.1 No caso de uma carga distribuída uniformemente em uma superfície, calcular o potencial total em um ponto do espaço dividindo a distribuição em elementos de carga e somando (por integração) o potencial produzido pelos elementos.

Ideias-Chave

- No caso de uma distribuição contínua de carga (em um objeto macroscópico), o potencial pode ser calculado (1) dividindo a distribuição em elementos de carga dq que podem ser tratados como partículas e (2) somando o potencial produzido pelos elementos calculando uma integral para toda a distribuição:

$$V = \frac{1}{4\pi\varepsilon_0}\int \frac{dq}{r}.$$

- Para executar a integração, o elemento de carga dq é substituído pelo produto de uma densidade linear de carga λ por um elemento de comprimento (dx, por exemplo), ou pelo produto de uma densidade superficial de carga σ por um elemento de área ($dx\ dy$, por exemplo).
- Em alguns casos nos quais a carga está distribuída simetricamente, uma integração bidimensional pode ser substituída por uma integração unidimensional.

Potencial Produzido por uma Distribuição Contínua de Carga 24.1 24.9

Quando uma distribuição de carga é contínua (como é o caso de uma barra ou um disco uniformemente carregado), não podemos usar o somatório da Eq. 24.3.6 para calcular o potencial V em um ponto P. Em vez disso, devemos escolher um elemento de carga dq, calcular o potencial dV produzido por dq no ponto P e integrar dV para toda a distribuição de carga.

Vamos tomar novamente o potencial no infinito como nulo. Tratando o elemento de carga dq como uma partícula, podemos usar a Eq. 24.3.5 para expressar o potencial dV no ponto P produzido por dq:

$$dV = \frac{1}{4\pi\varepsilon_0}\frac{dq}{r} \quad (dq \text{ positivo ou negativo}). \tag{24.5.1}$$

Nesta equação, r é a distância entre P e dq. Para calcular o potencial total V no ponto P, integramos a Eq. (24.5.1) para todos os elementos de carga:

$$V = \int dV = \frac{1}{4\pi\varepsilon_0} \int \frac{dq}{r}. \tag{24.5.2}$$

A integral deve ser calculada para toda a distribuição de cargas. Observe que, como o potencial elétrico é um escalar, não existem *componentes de vetores* a serem consideradas na Eq. 24.5.2.

Vamos agora examinar duas distribuições contínuas de carga: uma linha de carga e um disco carregado.

Linha de Carga

Na Fig. 24.5.1*a*, uma barra fina, isolante, de comprimento L, possui uma densidade linear de carga positiva λ. Vamos determinar o potencial elétrico V produzido pela barra no ponto P, situado a uma distância perpendicular d da extremidade esquerda da barra.

Começamos por considerar um elemento de comprimento dx da barra, como mostra a Fig. 24.5.1*b*. A carga desse elemento é dada por

$$dq = \lambda\, dx. \tag{24.5.3}$$

O elemento produz um potencial elétrico dV no ponto P, que está a uma distância $r = (x^2 + d^2)^{1/2}$. Tratando o elemento como uma partícula carregada, podemos usar a Eq. 24.5.1 para escrever o potencial dV como

$$dV = \frac{1}{4\pi\varepsilon_0} \frac{dq}{r} = \frac{1}{4\pi\varepsilon_0} \frac{\lambda\, dx}{(x^2 + d^2)^{1/2}}. \tag{24.5.4}$$

Como a carga da barra é positiva e tomamos como referência $V = 0$ no infinito, sabemos, do Módulo 24.3, que dV na Eq. 24.5.4 deve ser positivo.

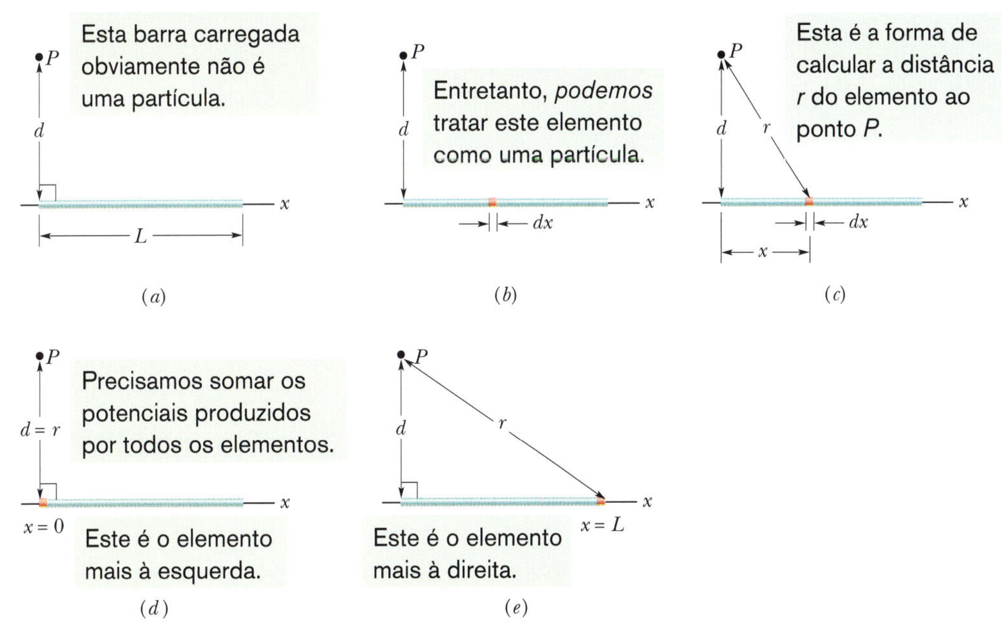

Figura 24.5.1 (*a*) Uma barra fina, uniformemente carregada, produz um potencial elétrico V no ponto P. (*b*) Um elemento de carga pode ser tratado como uma partícula. (*c*) O potencial produzido por um elemento de carga no ponto P depende da distância r. Precisamos somar os potenciais produzidos por todos os elementos de carga, da extremidade esquerda (*d*) à extremidade direita (*e*) da barra.

Agora estamos em condições de calcular o potencial total V produzido pela barra no ponto P integrando a Eq. 24.5.4 ao longo da barra, de $x = 0$ a $x = L$ (Figs. 24.5.1*d* e *e*) com o auxílio da integral 17 do Apêndice E. O resultado é o seguinte:

$$V = \int dV = \int_0^L \frac{1}{4\pi\varepsilon_0} \frac{\lambda}{(x^2 + d^2)^{1/2}}\, dx$$

$$= \frac{\lambda}{4\pi\varepsilon_0} \int_0^L \frac{dx}{(x^2 + d^2)^{1/2}}$$

$$= \frac{\lambda}{4\pi\varepsilon_0} \left[\ln\left(x + (x^2 + d^2)^{1/2} \right) \right]_0^L$$

$$= \frac{\lambda}{4\pi\varepsilon_0} \left[\ln\left(L + (L^2 + d^2)^{1/2} \right) - \ln d \right].$$

Podemos simplificar esse resultado usando a identidade $\ln A - \ln B = \ln(A/B)$, o que nos dá

$$V = \frac{\lambda}{4\pi\varepsilon_0} \ln\left[\frac{L + (L^2 + d^2)^{1/2}}{d} \right]. \qquad (24.5.5)$$

Como V é uma soma de valores positivos de dV, deve ser um número positivo, o que é confirmado pelo fato de que o argumento do logaritmo é maior que 1 para qualquer par de valores de L e d, já que o logaritmo natural de qualquer número maior que 1 é positivo.

Disco Carregado

No Módulo 22.5, calculamos o módulo do campo elétrico em pontos do eixo central de um disco de plástico de raio R com uma densidade de carga uniforme σ em uma das superfícies. Vamos agora obter uma expressão para $V(z)$, o potencial elétrico em um ponto qualquer do eixo central. Como o disco apresenta uma distribuição circular de carga, poderíamos usar um elemento diferencial de área igual ao produto de uma distância radial elementar dr por um ângulo elementar $d\theta$ e calcular uma integral dupla. Entretanto, existe um método mais simples de resolver o problema.

Na Fig. 24.5.2, considere um elemento de área constituído por um anel de raio R' e largura radial dR'. A carga desse elemento é dada por

$$dq = \sigma(2\pi R')(dR'),$$

em que $(2\pi R')(dR')$ é a área do anel. Como o ponto P está no eixo central, todas as partes do elemento de carga estão à mesma distância r do ponto. Com a ajuda da Fig. 24.5.2, podemos usar a Eq. 24.5.1 para escrever a contribuição do anel para o potencial elétrico no ponto P na forma

$$dV = \frac{1}{4\pi\varepsilon_0} \frac{dq}{r} = \frac{1}{4\pi\varepsilon_0} \frac{\sigma(2\pi R')(dR')}{\sqrt{z^2 + R'^2}}. \qquad (24.5.6)$$

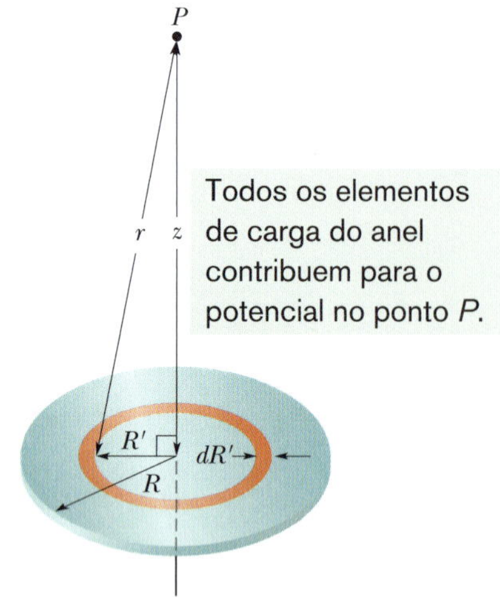

Figura 24.5.2 Um disco de plástico, de raio R, com uma densidade de carga uniforme σ na superfície superior. Estamos interessados em calcular o potencial V em um ponto P do eixo central do disco.

Para calcular o potencial total, somamos (por integração) as contribuições de todos os anéis de $R' = 0$ a $R' = R$:

$$V = \int dV = \frac{\sigma}{2\varepsilon_0} \int_0^R \frac{R'\, dR'}{\sqrt{z^2 + R'^2}} = \frac{\sigma}{2\varepsilon_0} \left(\sqrt{z^2 + R^2} - z \right). \qquad (24.5.7)$$

Note que a variável de integração na segunda integral da Eq. 24.5.7 é R' e não z, que permanece constante enquanto a integração ao longo da superfície do disco está sendo executada. (Observe também que no cálculo da integral supusemos que $z \geq 0$.)

Teste 24.5.1

A figura mostra três arranjos de arcos circulares concêntricos. Nos arranjos, os arcos externos têm o mesmo raio e a mesma carga $+Q$, os arcos intermediários têm o mesmo raio e a mesma carga $+2Q$ e os arcos internos têm o mesmo raio e a mesma carga $+0{,}5Q$. Coloque os arranjos na ordem do potencial total na origem, começando pelo maior.

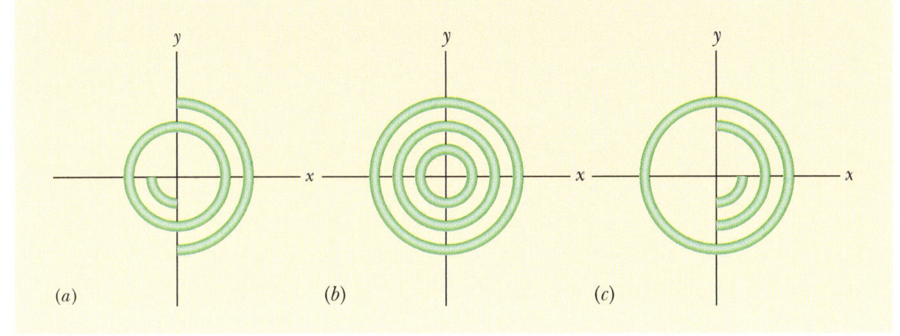

24.6 CÁLCULO DO CAMPO ELÉTRICO A PARTIR DO POTENCIAL

Objetivos do Aprendizado

Depois de ler este módulo, você será capaz de ...

24.6.1 Dado um potencial elétrico em função da posição ao longo de um eixo, calcular o campo elétrico ao longo do eixo.

24.6.2 Dado um gráfico do potencial elétrico em função da posição ao longo de um eixo, calcular o potencial elétrico ao longo do eixo.

24.6.3 No caso de um campo elétrico uniforme, conhecer a relação entre o módulo E do campo elétrico e a distância Δx e a diferença de potencial ΔV entre planos equipotenciais vizinhos.

24.6.4 Conhecer a relação entre o sentido do campo elétrico é o sentido no qual o potencial aumenta ou diminui.

Ideias-Chave

- A componente do campo elétrico $\vec{E}$ em qualquer direção é o negativo da taxa de variação do potencial com a distância nessa direção:

$$E_s = -\frac{\partial V}{\partial s}.$$

- As componentes x, y e z do campo $\vec{E}$ são dadas pelas seguintes equações:

$$E_x = -\frac{\partial V}{\partial x}; \qquad E_y = -\frac{\partial V}{\partial y}; \qquad E_z = -\frac{\partial V}{\partial z}.$$

- Quando o campo $\vec{E}$ é uniforme, as equações anteriores se reduzem a

$$E = -\frac{\Delta V}{\Delta s},$$

em que s é perpendicular às superfícies equipotenciais.

- A componente do campo elétrico paralela a uma superfície equipotencial é sempre nula.

Cálculo do Campo Elétrico a Partir do Potencial 24.10

No Módulo 24.2, vimos que era possível calcular o potencial em um ponto f a partir do conhecimento do valor do campo elétrico ao longo de uma trajetória de um ponto de referência até o ponto f. Neste módulo, vamos discutir o problema inverso, ou seja, o cálculo do campo elétrico a partir do potencial. Como se pode ver na Fig. 24.2.2, resolver este problema graficamente é muito fácil: Se conhecemos o potencial V para todos os pontos nas vizinhanças de uma distribuição de cargas, podemos desenhar uma família de superfícies equipotenciais. As linhas de campo elétrico, desenhadas perpendicularmente a essas superfícies, revelam a variação de $\vec{E}$. O que estamos buscando é um método matemático equivalente ao processo gráfico.

A Fig. 24.6.1 mostra seções retas de uma família de superfícies equipotenciais muito próximas umas das outras; a diferença de potencial entre superfícies vizinhas é dV. Como sugere a figura, o campo $\vec{E}$ em um ponto P qualquer é perpendicular à superfície equipotencial que passa por P.

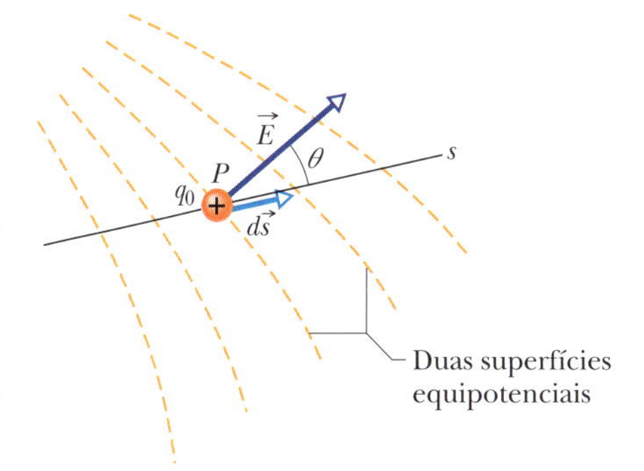

Figura 24.6.1 Uma carga de prova positiva q_0 sofre um deslocamento $d\vec{s}$ de uma superfície equipotencial para a superfície vizinha. (A distância entre as superfícies foi exagerada na figura.) O deslocamento $d\vec{s}$ faz um ângulo θ com o campo elétrico $\vec{E}$.

Suponha que uma carga de prova positiva q_0 sofra um deslocamento $d\vec{s}$ de uma superfície equipotencial para a superfície vizinha. De acordo com a Eq. 24.1.6, o trabalho realizado pelo campo elétrico sobre a carga de prova durante o deslocamento é $-q_0 dV$. De acordo com a Eq. 24.2.2 e a Fig. 24.6.1, o mesmo trabalho também pode ser escrito como o produto escalar $(q_0\vec{E}) \cdot d\vec{s}$ ou $q_0E(\cos\theta)ds$. Igualando as duas expressões para o trabalho, obtemos

$$-q_0\, dV = q_0 E(\cos\theta)\, ds, \tag{24.6.1}$$

ou

$$E\cos\theta = -\frac{dV}{ds}. \tag{24.6.2}$$

Como $E\cos\theta$ é a componente de $\vec{E}$ na direção de $d\vec{s}$, a Eq. 24.6.2 se torna

$$E_s = -\frac{\partial V}{\partial s}. \tag{24.6.3}$$

Escrevemos o campo E com um índice e substituímos o símbolo de derivada pelo de derivada parcial para ressaltar o fato de que a Eq. 24.6.3 envolve apenas a variação de V ao longo de certo eixo (no caso, o eixo que chamamos de s) e apenas a componente de $\vec{E}$ ao longo desse eixo. Traduzindo em palavras, a Eq. 24.6.3 (que é essencialmente a operação inversa da Eq. 24.2.4) afirma o seguinte:

A componente de $\vec{E}$ em qualquer direção do espaço é o negativo da taxa de variação com a distância do potencial elétrico nessa direção.

Se tomamos o eixo s como, sucessivamente, os eixos x, y e z, verificamos que as componentes de $\vec{E}$ em qualquer ponto do espaço são dadas por

$$E_x = -\frac{\partial V}{\partial x}; \qquad E_y = -\frac{\partial V}{\partial y}; \qquad E_z = -\frac{\partial V}{\partial z}. \tag{24.6.4}$$

Assim, se conhecemos V para todos os pontos nas vizinhanças de uma distribuição de cargas, ou seja, se conhecemos a função $V(x, y, z)$, podemos obter as componentes de $\vec{E}$, e, portanto, o próprio $\vec{E}$, calculando o valor de três derivadas parciais.

No caso da situação simples em que o campo elétrico $\vec{E}$ é uniforme, a Eq. 24.6.3 se torna

$$E = -\frac{\Delta V}{\Delta s}, \tag{24.6.5}$$

em que s é a direção perpendicular às superfícies equipotenciais. A componente do campo elétrico é sempre nula na direção paralela a uma superfície equipotencial.

Teste 24.6.1

A figura mostra três pares de placas paralelas separadas pela mesma distância e o potencial elétrico de cada placa. O campo elétrico entre as placas é uniforme e perpendicular às placas. (a) Coloque os pares em ordem decrescente, de acordo com o módulo do campo elétrico entre as placas. (b) Para que par de placas o campo elétrico aponta para a direita? (c) Se um elétron é liberado a partir do repouso a meio caminho entre as duas placas do terceiro par, o elétron permanece no mesmo lugar, começa a se mover para a direita com velocidade constante, começa a se mover para a esquerda com velocidade constante, é acelerado para a direita, ou é acelerado para a esquerda?

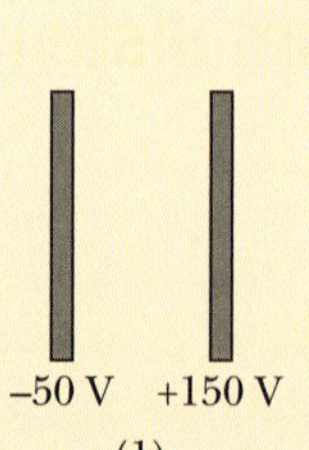

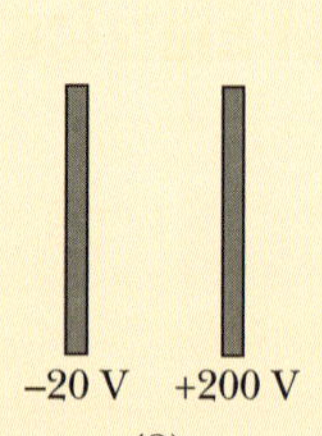

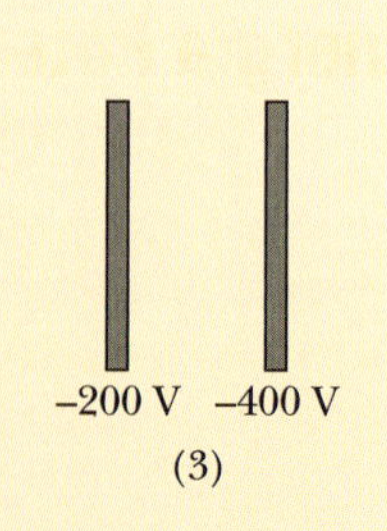

Exemplo 24.6.1 Cálculo do campo a partir do potencial

O potencial elétrico em um ponto do eixo central de um disco uniformemente carregado é dado pela Eq. 24.5.7,

$$V = \frac{\sigma}{2\varepsilon_0}(\sqrt{z^2 + R^2} - z).$$

A partir dessa equação, determine uma expressão para o campo elétrico em qualquer ponto do eixo do disco.

IDEIAS-CHAVE

Estamos interessados em calcular o campo elétrico $\vec{E}$ em função da distância z ao longo do eixo do disco. Para qualquer valor de z, $\vec{E}$ deve apontar ao longo do eixo do disco, já que o disco possui simetria circular em relação a esse eixo. Assim, basta conhecermos a componente E_z de $\vec{E}$. Essa componente é o negativo da taxa de variação do potencial com a distância z.

Cálculo: De acordo com a terceira das Eqs. 24.6.4, podemos escrever

$$E_z = -\frac{\partial V}{\partial z} = -\frac{\sigma}{2\varepsilon_0}\frac{d}{dz}(\sqrt{z^2 + R^2} - z)$$

$$= \frac{\sigma}{2\varepsilon_0}\left(1 - \frac{z}{\sqrt{z^2 + R^2}}\right). \quad \text{(Resposta)}$$

Trata-se da mesma expressão que foi obtida por integração no Módulo 22.5, usando a lei de Coulomb.

24.7 ENERGIA POTENCIAL ELÉTRICA DE UM SISTEMA DE PARTÍCULAS CARREGADAS

Objetivos do Aprendizado

Depois de ler este módulo, você será capaz de ...

24.7.1 Saber que a energia potencial total de um sistema de partículas carregadas é igual ao trabalho que uma força deve realizar para montar o sistema, começando com as partículas separadas por uma distância infinita.

24.7.2 Calcular a energia potencial de duas partículas carregadas.

24.7.3 Saber que, se um sistema é composto por mais de duas partículas carregadas, a energia potencial total é igual à soma das energias potenciais de todos os pares de partículas.

24.7.4 Aplicar a lei de conservação da energia mecânica a um sistema de partículas carregadas.

24.7.5 Calcular a velocidade de escape de uma partícula carregada que pertence a um sistema de partículas carregadas (a menor velocidade inicial necessária para que a partícula se afaste indefinidamente do sistema).

Ideia-Chave

- A energia potencial elétrica de um sistema de partículas carregadas é igual ao trabalho necessário para montar o sistema, começando com as partículas separadas por uma distância infinita. No caso de duas partículas separadas por uma distância r,

$$U = W = \frac{1}{4\pi\varepsilon_0}\frac{q_1 q_2}{r}.$$

Energia Potencial Elétrica de um Sistema de Partículas Carregadas

Neste módulo, vamos calcular a energia potencial de um sistema de duas partículas carregadas e, em seguida, discutir brevemente como o resultado pode ser estendido a um sistema com mais de duas partículas. Nosso ponto de partida é examinar o trabalho que um agente externo precisa realizar para colocar duas partículas que estão inicialmente separadas por uma grande distância a uma pequena distância uma da outra e estacionárias. Se as cargas das partículas têm o mesmo sinal, as partículas se repelem, o trabalho é positivo, e a energia potencial final do sistema de duas partículas é positiva. Se as cargas das partículas têm sinais opostos, as partículas se atraem, o trabalho é negativo, e a energia potencial final do sistema de duas partículas é negativa.

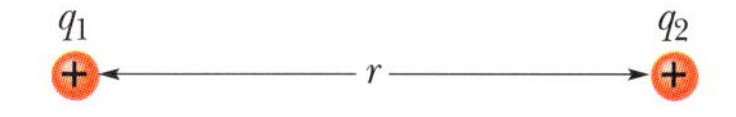

Figura 24.7.1 Duas cargas separadas por uma distância r.

Vamos examinar em detalhes o processo de construção do sistema de duas partículas da Fig. 24.7.1, em que a partícula 1 (de carga positiva q_1) e a partícula 2 (de carga positiva q_2) estão separadas por uma distância r. O resultado também pode ser aplicado a sistemas nos quais as duas partículas têm carga negativa ou têm cargas opostas.

Começamos com a partícula 2 fixada no lugar e a partícula 1 a uma distância infinita, e vamos chamar de U_i a energia potencial inicial do sistema de duas partículas. Em seguida, deslocamos a partícula 1 até a posição final e chamamos de U_f a energia potencial final do sistema. O trabalho realizado sobre o sistema produz uma variação de energia potencial $\Delta U = U_f - U_i$.

Usando a Eq. 24.1.4 [$\Delta U = q(V_f - V_i)$], podemos relacionar ΔU à diferença entre o potencial da posição inicial da partícula 1 e o potencial da posição final:

$$U_f - U_i = q_1(V_f - V_i). \tag{24.7.1}$$

Vamos calcular esses termos. A energia potencial inicial é $U_i = 0$, já que as partículas estão na configuração de referência (ver Módulo 24.1). Os dois potenciais da Eq. 24.7.1 são produzidos pela partícula 2 e são dados pela Eq. 24.3.5:

$$V = \frac{1}{4\pi\varepsilon_0}\frac{q_2}{r}. \tag{24.7.2}$$

De acordo com a Eq. 24.7.2, quando a partícula 1 está na posição inicial, $r = \infty$, o potencial é $V_i = 0$. Quando a partícula 1 está na posição final, $r = r$, e o potencial é

$$V_f = \frac{1}{4\pi\varepsilon_0}\frac{q_2}{r}. \tag{24.7.3}$$

Substituindo esses resultados na Eq. 24.7.1 e eliminando o índice f, obtemos a seguinte expressão para a energia potencial da configuração final:

$$U = \frac{1}{4\pi\varepsilon_0}\frac{q_1 q_2}{r} \quad \text{(sistema de duas partículas).} \tag{24.7.4}$$

A Eq. 24.7.4 inclui os sinais das duas cargas. Se as cargas têm o mesmo sinal, U é positiva; se as cargas têm sinais opostos, U é negativa.

Para introduzir no sistema uma terceira partícula de carga q_3, repetimos o cálculo, começando com a partícula 3 a uma distância infinita e deslocando-a para uma posição final a uma distância r_{31} da partícula 1 e a uma distância r_{32} da partícula 2. O potencial V_f da partícula 3 na posição final é a soma algébrica do potencial V_1 produzido pela partícula 1 e o potencial V_2 produzido pela partícula 2. Executando o cálculo, constatamos que

A energia potencial total de um sistema de partículas é a soma das energias potenciais de todos os pares de partículas do sistema.

Esse resultado pode ser aplicado a sistemas com um número qualquer de partículas.

Depois de obter uma expressão para a energia potencial de um sistema de partículas, podemos aplicar ao sistema a lei de conservação da energia, expressa pela Eq. 24.1.10. Assim, por exemplo, em um sistema formado por muitas partículas, podemos calcular a energia cinética (e a *velocidade de escape*) necessária para que uma das partículas se afaste indefinidamente das outras partículas.

Teste 24.7.1

A figura mostra duas partículas carregadas que são mantidas fixas, q_1 com uma carga $+e$ e q_2 com uma carga $+2e$. Uma terceira partícula q_3, com uma carga $+e$, se desloca ao longo de um arco circular que começa no ponto A, passa pelo ponto B e termina no ponto C. Coloque os pontos na ordem da energia potencial elétrica do sistema de três partículas, começando pelo maior.

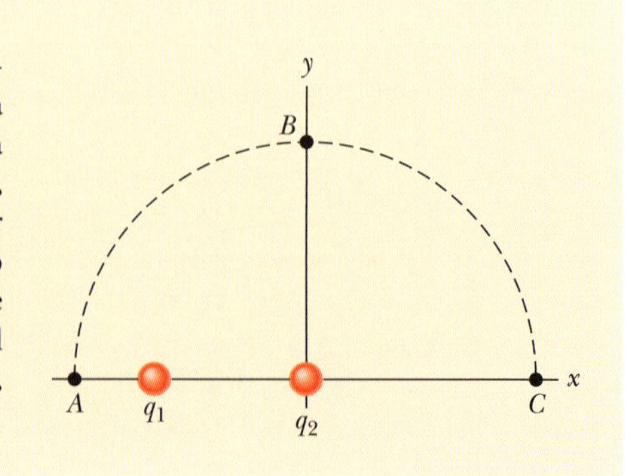

Exemplo 24.7.1 Energia potencial de um sistema de três partículas carregadas

A Fig. 24.7.2 mostra três cargas pontuais mantidas fixas no lugar por forças não especificadas. Qual é a energia potencial elétrica U desse sistema de cargas? Suponha que d = 12 cm e que

$$q_1 = +q, \quad q_2 = -4q \quad \text{e} \quad q_3 = +2q,$$

em que q = 150 nC.

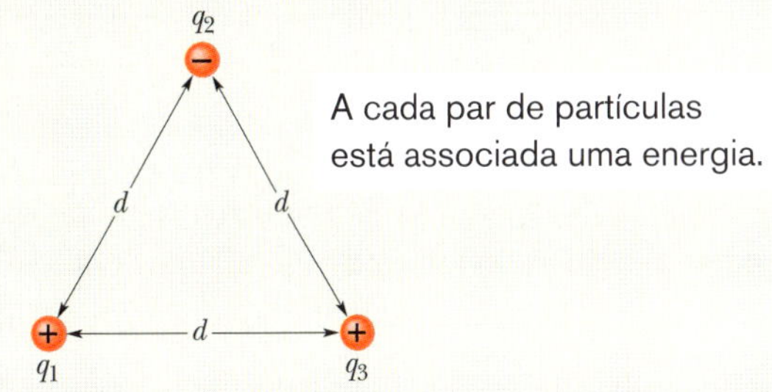

Figura 24.7.2 Três cargas mantidas fixas nos vértices de um triângulo equilátero. Qual é a energia potencial elétrica do sistema?

IDEIA-CHAVE

A energia potencial U do sistema é igual ao trabalho necessário para montar o sistema, começando com as cargas a uma distância infinita.

Cálculos: Vamos montar mentalmente o sistema da Fig. 24.7.2, começando com uma das cargas pontuais no lugar, q_1, digamos, e as outras no infinito. Trazemos outra carga, q_2, do infinito, e a colocamos no lugar. Utilizando a Eq. 24.7.4, com d no lugar de r, obtemos a seguinte expressão para a energia potencial associada ao par de cargas q_1 e q_2:

$$U_{12} = \frac{1}{4\pi\varepsilon_0}\frac{q_1 q_2}{d}.$$

Agora precisamos trazer a última carga pontual, q_3, do infinito e a colocar no lugar. O trabalho para realizar esse último passo é igual à soma do trabalho para aproximar q_3 de q_1 com o trabalho para aproximar q_3 de q_2. De acordo com a Eq. 24.7.4,

$$W_{13} + W_{23} = U_{13} + U_{23} = \frac{1}{4\pi\varepsilon_0}\frac{q_1 q_3}{d} + \frac{1}{4\pi\varepsilon_0}\frac{q_2 q_3}{d}.$$

A energia potencial total U do sistema de três cargas é a soma das energias potenciais associada aos três pares de cargas. O resultado (que não depende da ordem em que as cargas são colocadas) é o seguinte:

$$\begin{aligned} U &= U_{12} + U_{13} + U_{23} \\ &= \frac{1}{4\pi\varepsilon_0}\left(\frac{(+q)(-4q)}{d} + \frac{(+q)(+2q)}{d} + \frac{(-4q)(+2q)}{d}\right) \\ &= -\frac{10q^2}{4\pi\varepsilon_0 d} \\ &= -\frac{(8{,}99 \times 10^9\ \mathrm{N\cdot m^2/C^2})(10)(150 \times 10^{-9}\ \mathrm{C})^2}{0{,}12\ \mathrm{m}} \\ &= -1{,}7 \times 10^{-2}\ \mathrm{J} = -17\ \mathrm{mJ}. \qquad \text{(Resposta)} \end{aligned}$$

O fato de obtermos uma energia potencial negativa significa que um trabalho negativo teria que ser feito para montar a estrutura, começando com as três cargas em repouso a uma distância infinita. Dito de outra forma, isso significa que um agente externo teria que executar um trabalho de 17 mJ para desmontar a estrutura e deixar as três cargas em repouso a uma distância infinita.

A lição que podemos extrair deste exemplo é a seguinte: Para calcular a energia potencial de um sistema de partículas carregadas, basta calcular a energia potencial de todos os pares de partículas do sistema e somar os resultados.

Exemplo 24.7.2 Conversão de energia cinética em energia potencial elétrica

Uma partícula alfa (dois prótons e dois nêutrons) se aproxima de um átomo de ouro estacionário (79 prótons e 118 nêutrons), passando pela nuvem de elétrons e rumando diretamente para o núcleo (Fig. 24.7.3). A partícula alfa diminui de velocidade até parar e inverte o movimento quando está a uma distância r = 9,23 fm do centro do núcleo de ouro. (Como a massa do núcleo de ouro é muito maior que a da partícula alfa, podemos supor que o núcleo de ouro se mantém imóvel durante o processo.) Qual era a energia cinética K_i da partícula alfa quando estava a uma distância muito grande (e, portanto, do lado de fora) do átomo de ouro? Suponha que a única força entre a partícula alfa e o núcleo de ouro é a força eletrostática.

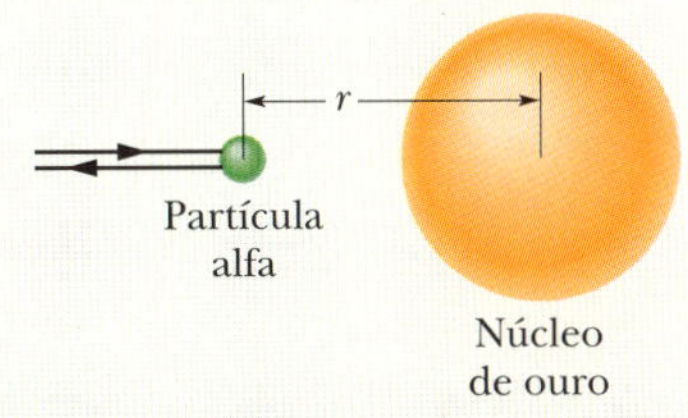

Figura 24.7.3 Uma partícula alfa, rumando diretamente para o centro de um núcleo de ouro, para momentaneamente (no instante em que toda a energia cinética se converteu em energia potencial elétrica) e, em seguida, passa a se mover no sentido oposto.

IDEIA-CHAVE

Durante todo o processo, a energia mecânica do sistema *partícula alfa + átomo de ouro* é conservada.

Raciocínio: Enquanto a partícula alfa está do lado de fora do átomo, a energia potencial elétrica U_i do sistema é zero, pois o átomo possui um número igual de elétrons e prótons, que produzem um campo elétrico *resultante* nulo. Quando a partícula alfa passa pela nuvem de elétrons, o campo elétrico criado pelos elétrons do átomo de ouro se anula. Isso acontece porque os elétrons se comportam como uma casca carregada com uma densidade uniforme de cargas negativas e, como vimos no Módulo 23.6, o campo produzido por uma casca desse tipo é zero na região envolvida pela casca. Por outro lado, a partícula alfa continua a experimentar os efeitos do campo elétrico criado pelo núcleo, que exerce uma força de repulsão sobre os prótons da partícula alfa.

Enquanto a partícula alfa está sendo desacelerada por essa força de repulsão, a energia cinética da partícula é transformada progressivamente em energia potencial elétrica do sistema. A transformação é total no momento em que a partícula alfa para momentaneamente e a energia cinética K_f da partícula alfa se anula.

Cálculos: De acordo com a lei de conservação da energia mecânica,

$$K_i + U_i = K_f + U_f. \tag{24.7.5}$$

Conhecemos dois termos da Eq. 24.7.5: $U_i = 0$ e $K_f = 0$. Sabemos também que a energia potencial U_f, no instante em que a velocidade da partícula alfa se anula, é dada pelo lado direito da Eq. 24.7.4, com $q_1 = 2e$, $q_2 = 79e$ (em que e é a carga elementar, $1{,}60 \times 10^{-19}$ C) e $r = 9{,}23$ fm. Assim, de acordo com a Eq. 24.7.5,

$$K_i = \frac{1}{4\pi\varepsilon_0}\frac{(2e)(79e)}{9{,}23 \text{ fm}}$$

$$= \frac{(8{,}99 \times 10^9 \text{ N}\cdot\text{m}^2/\text{C}^2)(158)(1{,}60 \times 10^{-19} \text{ C})^2}{9{,}23 \times 10^{-15} \text{ m}}$$

$$= 3{,}94 \times 10^{-12} \text{ J} = 24{,}6 \text{ MeV}. \quad \text{(Resposta)}$$

24.8 POTENCIAL DE UM CONDUTOR CARREGADO

Objetivos do Aprendizado

Depois de ler este módulo, você será capaz de ...

24.8.1 Saber que uma carga em excesso colocada em um condutor se distribui até que o potencial seja o mesmo em todos os pontos da superfície do condutor.

24.8.2 No caso de uma casca condutora esférica carregada, desenhar gráficos do potencial e do módulo do campo elétrico em função da distância do centro da casca.

24.8.3 No caso de uma casca condutora esférica carregada, saber que o campo elétrico no interior da casca é zero, o potencial no interior da casca é igual ao potencial da superfície, e o campo elétrico e o potencial do lado de fora da casca são os mesmos que se toda a carga estivesse concentrada no centro da casca.

24.8.4 No caso de uma casca condutora cilíndrica carregada, saber que o campo elétrico no interior da casca é zero, o potencial no interior da casca é igual ao potencial na superfície, e o campo elétrico e o potencial do lado de fora da casca são os mesmos que se toda a carga estivesse concentrada em uma linha de carga no eixo central do cilindro.

Ideias-Chave

- No estado de equilíbrio, toda a carga em excesso de um condutor está concentrada na superfície externa do condutor.
- O potencial é o mesmo em todos os pontos de um condutor, incluindo os pontos internos.
- Se um condutor carregado é submetido a um campo elétrico externo, o campo elétrico externo é cancelado em todos os pontos internos do condutor.
- O campo elétrico é perpendicular à superfície em todos os pontos de um condutor.

Potencial de um Condutor Carregado

No Módulo 23.3, concluímos que $\vec{E} = 0$ em todos os pontos do interior de um condutor. Em seguida, usamos a lei de Gauss para demonstrar que qualquer carga em excesso colocada em um condutor se acumula na superfície externa. (Isso acontece, mesmo que o condutor tenha uma cavidade interna.) Vamos agora usar o primeiro desses fatos para provar uma extensão do segundo:

Uma carga em excesso colocada em um condutor se distribui na superfície do condutor de tal forma que o potencial é o mesmo em todos os pontos do condutor (tanto na superfície como no interior). Isto acontece, mesmo que o condutor tenha uma cavidade interna e mesmo que a cavidade interna contenha uma carga elétrica.

Essa afirmação é uma consequência direta da Eq. 24.2.4, segundo a qual

$$V_f - V_i = -\int_i^f \vec{E}\cdot d\vec{s}.$$

Como $\vec{E} = 0$ em todos os pontos no interior de um condutor, $V_i = V_f$ para qualquer par de pontos *i* e *j* no interior do condutor.

A Fig. 24.8.1*a* mostra um gráfico do potencial elétrico em função da distância *r* do centro de uma casca esférica condutora com 1,0 m de raio e uma carga de 1,0 μC. Para pontos do lado de fora da casca, podemos calcular $V(r)$ usando a Eq. 24.3.5, já que a carga *q* se comporta para os pontos externos como se estivesse concentrada no centro da casca. Essa equação é válida até a superfície da casca. Vamos agora supor que uma carga de prova seja introduzida na casca através de um pequeno furo e deslocada até o centro da casca. Não é necessário nenhum trabalho para realizar o deslocamento, uma vez que a força eletrostática é nula em todos os pontos do lado de dentro da casca e, portanto, o potencial em todos os pontos do lado de dentro da casca é igual ao potencial na superfície da casca, como na Fig. 24.8.1*a*.

A Fig. 24.8.1*b* mostra, para a mesma casca, a variação do campo elétrico com a distância radial. Observe que $E = 0$ para todos os pontos situados no interior da casca. De acordo com a Eq. 24.6.3, o gráfico da Fig. 24.8.1*b* pode ser obtido derivando em relação a *r* a função representada pelo gráfico da Fig. 24.8.2 (lembre-se de que a derivada de uma constante é zero). Por outro lado, de acordo com a Eq. 24.2.5, o gráfico da Fig. 24.8.1*a* pode ser obtido integrando em relação a *r* a função representada pelo gráfico da Fig. 24.8.1*b*.

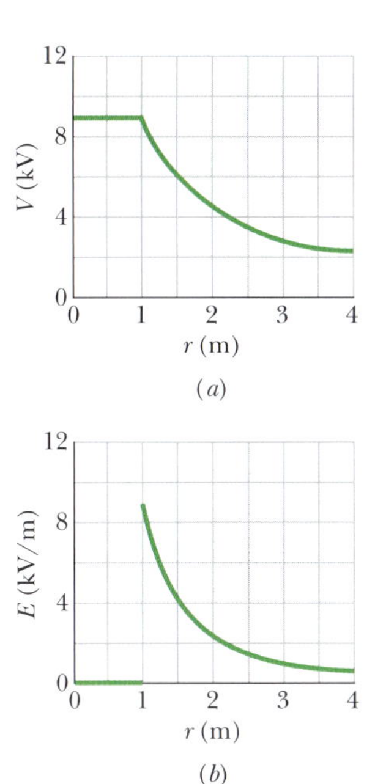

Figura 24.8.1 (*a*) Gráfico de $V(r)$ para pontos no interior e no exterior de uma casca esférica com 1,0 m de raio. (*b*) Gráfico de $E(r)$ para a mesma casca.

Centelhamento de um Condutor Carregado 24.1 e 24.2

Nos condutores não esféricos, uma carga superficial não se distribui uniformemente na superfície do condutor. Em vértices e arestas, a densidade de cargas superficiais (e, portanto, o campo elétrico externo, que é proporcional à densidade de cargas superficiais) pode atingir valores muito elevados. Nas vizinhanças desses vértices e arestas, o ar pode se ionizar, produzindo as centelhas que golfistas e montanhistas observam na ponta de arbustos, em tacos de golfe e em martelos de alpinismo quando o céu está carregado. As centelhas, como o cabelo em pé, podem ser um sinal de que um relâmpago está para acontecer. Nessas circunstâncias, é mais prudente abrigar-se no interior de uma casca condutora, local onde o campo elétrico com certeza é zero. Um carro (a menos que se trate de um modelo conversível ou com carroceria de plástico) constitui uma proteção quase ideal (Fig. 24.8.2). CVF

Cortesia de Westinghouse Electric Corporation

Figura 24.8.2 Uma forte descarga elétrica atinge um automóvel e chega à terra através de uma centelha que parte da calota do pneu dianteiro esquerdo (observe o clarão), sem fazer mal ao motorista.

O corpo humano é um bom condutor de eletricidade e pode ser carregado quando a pessoa toca em uma superfície carregada ou muda de roupa. Essa última ação estabelece muitos pontos de contato entre a roupa e a pele. No caso de vários tipos de tecidos, esse contato faz com que elétrons passem do tecido para a pele ou vice-versa. Assim, por exemplo, a pessoa pode ganhar elétrons ao tirar um suéter. Quando a umidade é alta, esses elétrons são logo removidos do corpo pelas gotículas de água presentes no ar. Quando o ar está seco, porém, a pessoa pode acumular tantas cargas no corpo que a diferença de potencial entre o corpo e os objetos próximos pode chegar a 5 kV. Quando uma pessoa mexe nos circuitos internos de um computador e seu corpo está carregado, as cargas em excesso podem passar para os circuitos do computador e danificar algum componente.

É relativamente comum, em lugares de clima seco, que o contato de uma pessoa com certos tipos de material deixem a pessoa tão carregada que a descarga ocorre através do ar, produzindo uma centelha. Crianças brincando em um escorrega de plástico podem acumular um potencial de até 60 kV em relação ao ambiente. Se uma criança assim carregada estende a mão para um objeto condutor (que pode ser outra criança), pode haver uma descarga elétrica suficiente para que a criança veja uma centelha e sinta um choque.

Centelhas como essas podem ser perigosas nas salas de cirurgia dos hospitais, já que muitos gases anestésicos são inflamáveis. Para não acumular cargas, os membros da equipe cirúrgica usam sapatos condutores e o piso das salas de cirurgia é feito de um material condutor. Descargas elétricas provocaram incêndios em postos de gasolina com autoatendimento quando os fregueses entraram de volta nos carros enquanto os

CPC Collection/Alamy Stock Photo

Figura 24.8.3 Descarregadores de eletricidade estática (hastes pretas na foto) são usados para evitar que os aviões acumulem cargas elétricas, que podem interferir nos instrumentos de bordo.

veículos eram abastecidos. O contato com o assento deixou os fregueses suficientemente carregados para que houvesse uma centelha quando foram remover a mangueira, ateando fogo aos vapores de gasolina que cercavam a mangueira.

Durante o voo, o simples contato com o ar pode fazer com que um avião acumule cargas elétricas suficientes para interferir nos instrumentos de bordo. Para evitar que isso ocorra, os aviões modernos dispõem de *descarregadores de eletricidade estática* instalados nas asas (Fig. 24.8.3). O campo elétrico na ponta dessas hastes é suficiente para ionizar as moléculas do ar e esses íons neutralizam as cargas das asas e de toda a fuselagem do avião (com exceção do para-brisa, que é feito de material isolante). O acúmulo de cargas também é um fator de risco nos helicópteros de salvamento. Para evitar que a pessoa que está sendo resgatada leve um choque, os socorristas costumam descarregar o helicóptero por meio de um fio metálico que é baixado até a superfície antes que a pessoa seja içada.

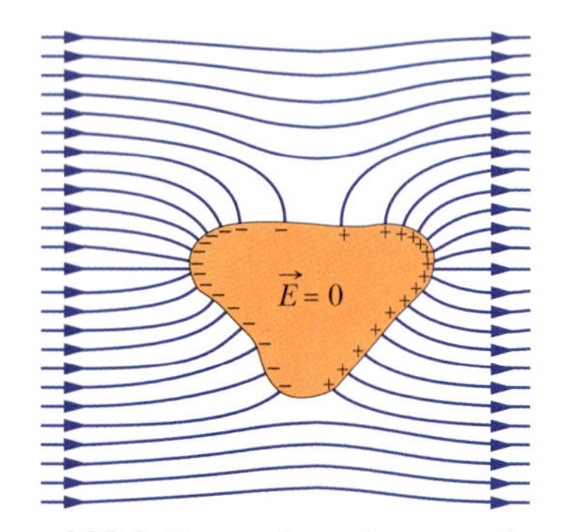

Figura 24.8.4 Um condutor descarregado submetido a um campo elétrico externo. Os elétrons livres do condutor se distribuem na superfície de tal forma que o campo elétrico no interior do objeto é nulo e o campo elétrico na superfície é perpendicular à superfície.

Condutor em um Campo Elétrico Externo

Se um objeto feito de um material condutor é submetido a um *campo elétrico externo*, como na Fig. 24.8.4, o potencial continua a ser igual em todos os pontos do objeto. Os elétrons de condução se distribuem na superfície de tal forma que o campo elétrico que eles produzem no interior do objeto cancela o campo elétrico externo. Além disso, a distribuição de elétrons faz com que o campo elétrico total seja perpendicular à superfície em todos os pontos da superfície. Se houvesse um meio de remover o condutor da Fig. 24.8.4 deixando as cargas superficiais no lugar, a configuração de campo elétrico permaneceria exatamente a mesma, tanto para os pontos externos como para os pontos internos.

Teste 24.8.1

Temos uma casca esférica isolada na qual podemos colocar uma carga elétrica positiva $+q$ ou uma carga elétrica negativa $-q$ e queremos plotar o potencial elétrico V em função da distância r em relação ao centro da casca. Que gráfico da figura corresponde (a) à carga $+q$ e (b) à carga $-q$?

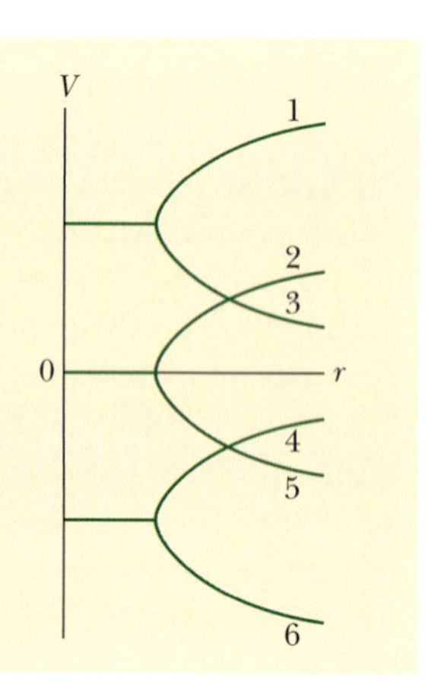

Revisão e Resumo

Potencial Elétrico O potencial elétrico V em um ponto P onde existe um campo elétrico produzido por um objeto carregado é dado por

$$V = \frac{-W_\infty}{q_0} = \frac{U}{q_0}, \qquad (24.1.2)$$

em que W_∞ é o trabalho que seria realizado por uma força elétrica sobre uma carga de prova positiva q_0 para deslocá-la de uma distância infinita até o ponto P, e U é a energia potencial do sistema carga de prova-objeto carregado na configuração final.

Energia Potencial Elétrica Se uma partícula de carga q é colocada em um ponto no qual a energia potencial produzida por um objeto carregado é V, a energia potencial elétrica U do sistema partícula-objeto é dada por

$$U = qV. \qquad (24.1.3)$$

Se uma partícula atravessa uma região onde existe uma diferença de potencial ΔV, a variação da energia potencial elétrica é dada por

$$\Delta U = q\,\Delta V = q(V_f - V_i). \qquad (24.1.4)$$

Energia Cinética De acordo com a lei de conservação da energia mecânica, se uma partícula atravessa uma região onde existe uma variação ΔV da energia potencial elétrica sem ser submetida a uma força externa, a variação da energia cinética da partícula é dada por

$$\Delta K = -q\,\Delta V. \qquad (24.1.9)$$

Se a partícula atravessa uma região onde existe uma variação ΔV da energia potencial elétrica enquanto é submetida a uma força externa que exerce um trabalho W_{ext} sobre a partícula, a variação da energia cinética da partícula é dada por

$$\Delta K = -q\,\Delta V + W_{ext}. \qquad (24.1.11)$$

No caso especial em que $\Delta K = 0$, o trabalho de uma força externa envolve apenas o movimento da partícula na presença de uma diferença de potencial:

$$W_{ext} = q\,\Delta V \quad (\text{para } K_i = K_f). \qquad (24.1.12)$$

Superfícies Equipotenciais Os pontos que pertencem a uma **superfície equipotencial** possuem o mesmo potencial elétrico. O trabalho realizado sobre uma carga de prova para deslocá-la de uma superfície equipotencial para outra não depende da localização dos pontos inicial e final nem da trajetória entre os pontos. O campo elétrico $\vec{E}$ é sempre perpendicular à superfície equipotencial correspondente.

Cálculo de V a Partir de $\vec{E}$ A diferença de potencial elétrico entre dois pontos i e f é dada por

$$V_f - V_i = -\int_i^f \vec{E} \cdot d\vec{s}, \qquad (24.2.4)$$

em que a integral é calculada ao longo de qualquer trajetória que comece no ponto i e termine no ponto f. Se tomamos como referência o potencial $V_i = 0$, o potencial em um ponto qualquer é dado por

$$V = -\int_i^f \vec{E} \cdot d\vec{s}. \qquad (24.2.5)$$

No caso especial de um campo uniforme de módulo E, a diferença de potencial entre dois planos equipotenciais vizinhos (paralelos) separados por uma distância Δx é dada por

$$\Delta V = -E\,\Delta x. \qquad (24.2.7)$$

Potencial Produzido por uma Partícula Carregada O potencial elétrico produzido por uma partícula carregada a uma distância r da partícula é dado por

$$V = \frac{1}{4\pi\varepsilon_0}\frac{q}{r}, \qquad (24.3.5)$$

em que V tem o mesmo sinal de q. O potencial produzido por um conjunto de cargas pontuais é dado por

$$V = \sum_{i=1}^{n} V_i = \frac{1}{4\pi\varepsilon_0}\sum_{i=1}^{n}\frac{q_i}{r_i}. \qquad (24.3.6)$$

Potencial Produzido por um Dipolo Elétrico A uma distância r de um dipolo elétrico com um momento dipolar elétrico $p = qd$, o potencial elétrico do dipolo é dado por

$$V = \frac{1}{4\pi\varepsilon_0}\frac{p\cos\theta}{r^2} \qquad (24.4.2)$$

para $r >> d$; o ângulo θ é definido na Fig. 24.4.1.

Potencial Produzido por uma Distribuição Contínua de Carga No caso de uma distribuição contínua de carga, a Eq. 24.3.6 se torna

$$V = \frac{1}{4\pi\varepsilon_0}\int\frac{dq}{r}, \qquad (24.5.2)$$

em que a integral é calculada para toda a distribuição.

Cálculo de $\vec{E}$ a Partir de V A componente de $\vec{E}$ em qualquer direção é o negativo da taxa de variação do potencial com a distância na direção considerada:

$$E_s = -\frac{\partial V}{\partial s}. \qquad (24.6.3)$$

As componentes x, y e z de $\vec{E}$ são dadas por

$$E_x = -\frac{\partial V}{\partial x}; \quad E_y = -\frac{\partial V}{\partial y}; \quad E_z = -\frac{\partial V}{\partial z}. \qquad (24.6.4)$$

Se $\vec{E}$ é uniforme, a Eq. 24.6.3 se reduz a

$$E = -\frac{\Delta V}{\Delta s}, \qquad (24.6.5)$$

em que s é a direção perpendicular às superfícies equipotenciais.

Energia Potencial Elétrica de um Sistema de Partículas Carregadas A energia potencial elétrica de um sistema de partículas carregadas é igual ao trabalho necessário para montar o sistema com as cargas inicialmente em repouso e a uma distância infinita umas das outras. Para duas cargas separadas por uma distância r,

$$U = W = \frac{1}{4\pi\varepsilon_0}\frac{q_1 q_2}{r}. \qquad (24.7.4)$$

Potencial de um Condutor Carregado Em equilíbrio, toda a carga em excesso de um condutor está concentrada na superfície externa do condutor. A carga se distribui de tal forma que (1) o potencial é o mesmo em todos os pontos do condutor; (2) o campo elétrico é zero em todos os pontos do condutor, mesmo na presença de um campo elétrico externo; (3) o campo elétrico em todos os pontos da superfície é perpendicular à superfície.

Perguntas

1 Na Fig. 24.1, oito partículas formam um quadrado, com uma distância d entre as partículas vizinhas. Qual é o potencial P no centro do quadrado se o potencial é zero no infinito?

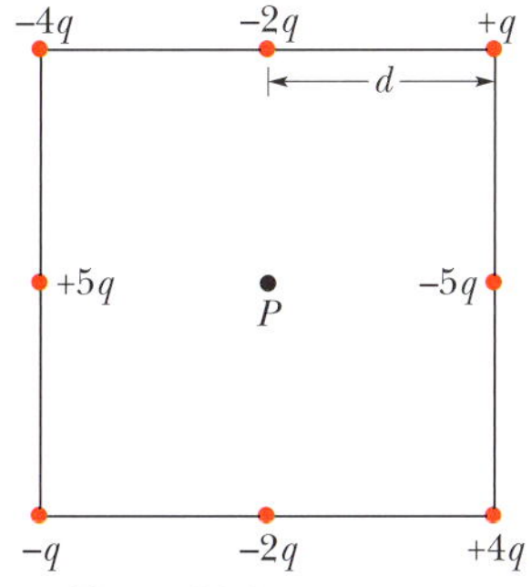

Figura 24.1 Pergunta 1.

2 A Fig. 24.2 mostra três conjuntos de superfícies equipotenciais vistas de perfil; os três conjuntos cobrem uma região do espaço com as mesmas dimensões. (a) Coloque os conjuntos na ordem decrescente do módulo do campo elétrico existente na região. (b) Em que conjunto o campo elétrico aponta para baixo?

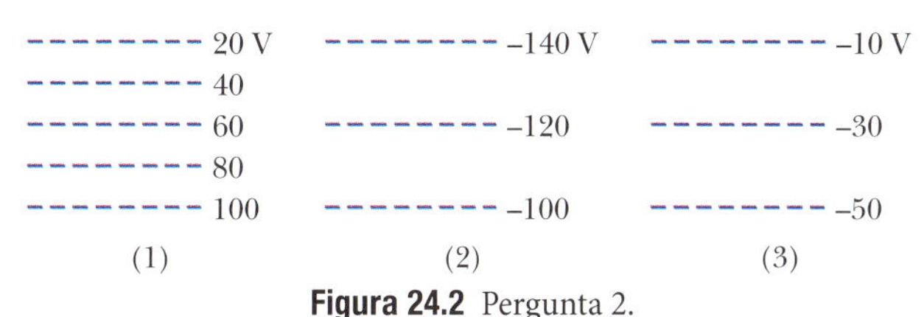

Figura 24.2 Pergunta 2.

3 A Fig. 24.3 mostra quatro pares de partículas carregadas. Para cada par, faça $V = 0$ no infinito e considere V_{tot} em pontos do eixo x. Para que pares existe um ponto no qual $V_{tot} = 0$ (a) entre as partículas e (b) à direita das partículas? (c) Nos pontos dos itens (a) e (b) $\vec{E}_{tot}$ também é zero? (d) Para cada par, existem pontos fora do eixo x (além de pontos no infinito) para os quais $V_{tot} = 0$?

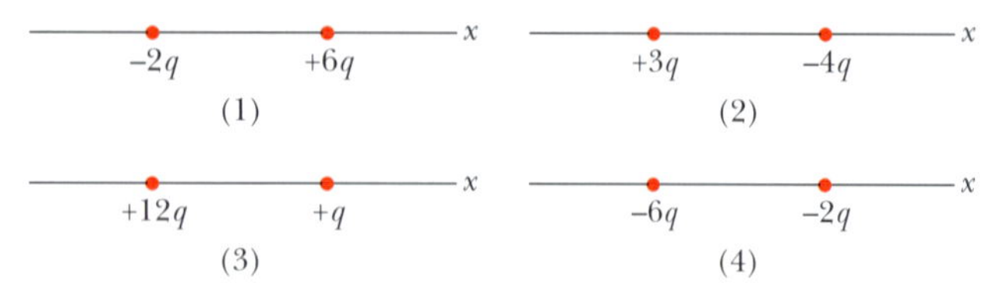

Figura 24.3 Perguntas 3 e 9.

4 A Fig. 24.4 mostra o potencial elétrico V em função de x. (a) Coloque as cinco regiões na ordem decrescente do valor absoluto da componente x do campo elétrico. Qual é o sentido do campo elétrico (b) na região 2 e (c) na região 4?

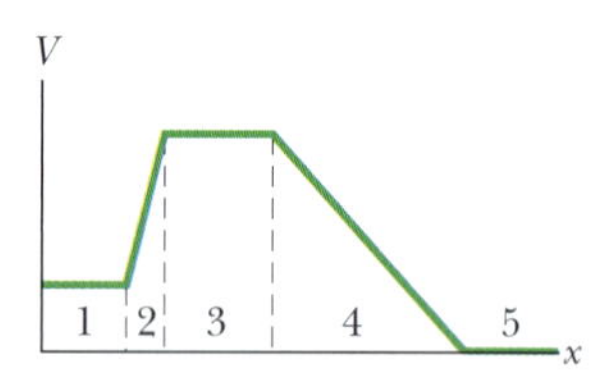

Figura 24.4 Pergunta 4.

5 A Fig. 24.5 mostra três trajetórias ao longo das quais podemos deslocar a esfera A, positivamente carregada, aproximando-a da esfera B, também positivamente carregada, que é mantida fixa no lugar. (a) O potencial da esfera A é maior ou menor após o deslocamento? O trabalho realizado (b) pela força usada para deslocar a esfera A e (c) pelo campo elétrico produzido pela esfera B é positivo, negativo ou nulo? (d) Coloque as trajetórias na ordem decrescente do trabalho realizado pela força do item (b).

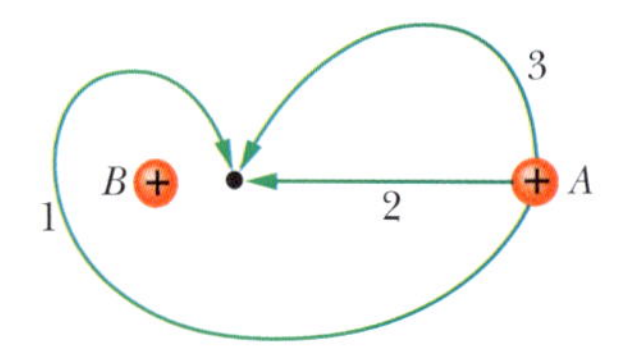

Figura 24.5 Pergunta 5.

6 A Fig. 24.6 mostra quatro arranjos de partículas carregadas, todas à mesma distância da origem. Ordene os arranjos de acordo com o potencial na origem, começando pelo mais positivo. Tome o potencial como zero no infinito.

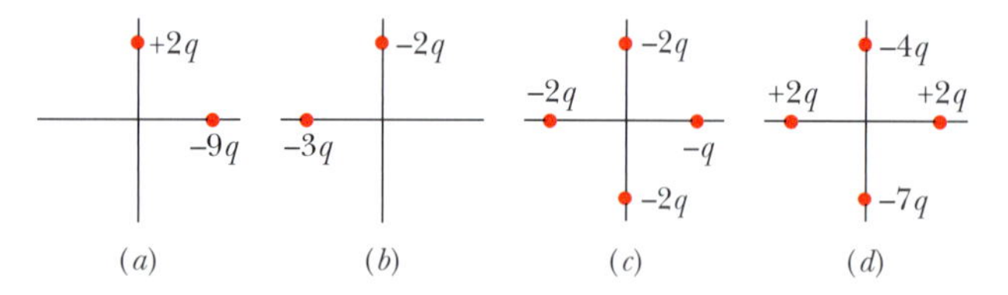

Figura 24.6 Pergunta 6.

7 A Fig. 24.7 mostra um conjunto de três partículas carregadas. Se a partícula de carga $+q$ é deslocada por uma força externa do ponto A para o ponto D, determine se as grandezas a seguir são positivas, negativas ou nulas: (a) a variação da energia potencial elétrica, (b) o trabalho realizado pela força eletrostática sobre a partícula que foi deslocada e (c) o trabalho realizado pela força externa. (d) Quais seriam as respostas dos itens (a), (b) e (c) se a partícula fosse deslocada do ponto B para o ponto C?

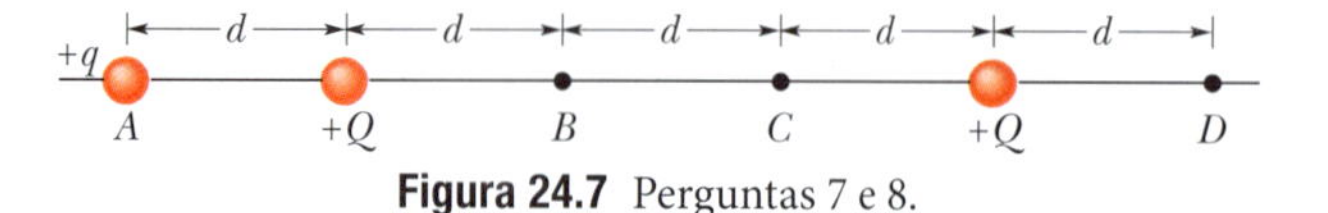

Figura 24.7 Perguntas 7 e 8.

8 Na situação da Pergunta 7, determine se o trabalho realizado pela força externa será positivo, negativo ou nulo se a partícula for deslocada (a) de A para B, (b) de A para C e (c) de B para D. (d) Coloque os deslocamentos na ordem decrescente do trabalho realizado pela força externa.

9 A Fig. 24.3 mostra quatro pares de partículas carregadas com a mesma separação. (a) Ordene os pares de acordo com a energia potencial elétrica, começando pela maior (mais positiva). (b) Para cada par, se a distância entre as partículas aumenta, a energia potencial do par aumenta ou diminui?

10 (a) Na Fig. 24.8a, qual é o potencial no ponto P devido à carga Q situada a uma distância R de P? Considere $V = 0$ no infinito. (b) Na Fig. 24.8b, a mesma carga Q foi distribuída uniformemente em um arco de circunferência de raio R e ângulo central 40°. Qual é o potencial no ponto P, o centro de curvatura do arco? (c) Na Fig. 24.8c, a mesma carga Q foi distribuída uniformemente em uma circunferência de raio R. Qual é o potencial no ponto P, o centro da circunferência? (d) Coloque as três situações na ordem decrescente do módulo do campo elétrico no ponto P.

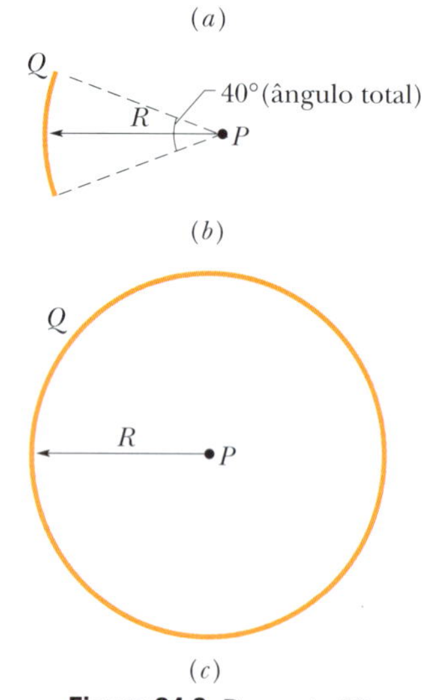

Figura 24.8 Pergunta 10.

11 A Fig. 24.9 mostra uma barra fina, com uma distribuição de carga uniforme, e três pontos situados à mesma distância d da barra. Coloque os pontos na ordem decrescente do módulo do potencial elétrico produzido pela barra em cada ponto.

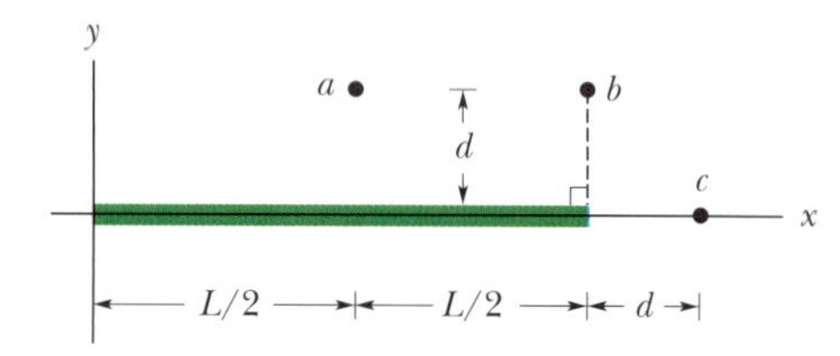

Figura 24.9 Pergunta 11.

12 Na Fig. 24.10, uma partícula é liberada com velocidade zero no ponto A e acelerada por um campo elétrico na direção do ponto B. A diferença de potencial entre os pontos A e B é 100 V. Qual dos pontos deve estar a um ponto de maior potencial se a partícula for (a) um elétron, (b) um próton e (c) uma partícula alfa (um núcleo com dois prótons e dois nêutrons)? (d) Coloque as partículas na ordem decrescente na energia cinética que possuem ao atingirem o ponto B.

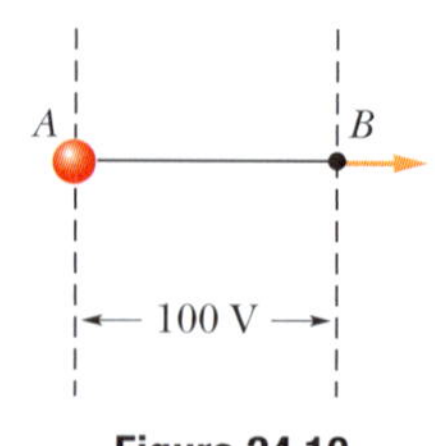

Figura 24.10 Pergunta 12.

Problemas

F Fácil **M** Médio **D** Difícil

CVF Informações adicionais disponíveis no e-book *O Circo Voador da Física*, de Jearl Walker, LTC Editora, Rio de Janeiro, 2008.

CALC Requer o uso de derivadas e/ou integrais

BIO Aplicação biomédica

Módulo 24.1 Potencial Elétrico

1 F Uma bateria de automóvel, de 12 V, pode fazer passar uma carga de 84 A · h (ampères-horas) por um circuito, de um terminal para o outro da bateria. (a) A quantos coulombs corresponde essa quantidade de carga? (*Sugestão*: Ver Eq. 21.1.3.) (b) Se toda a carga sofre uma variação de potencial elétrico de 12 V, qual é a energia envolvida?

2 F A diferença de potencial elétrico entre a terra e uma nuvem de tempestade é $1{,}2 \times 10^9$ V. Qual é o módulo da variação da energia potencial elétrica de um elétron que se desloca da nuvem para a terra? Expresse a resposta em elétrons-volts.

3 F Suponha que, em um relâmpago, a diferença de potencial entre uma nuvem e a terra é $1{,}0 \times 10^9$ V e a carga transferida pelo relâmpago é 30 C. (a) Qual é a variação da energia da carga transferida? (b) Se toda a energia liberada pelo relâmpago pudesse ser usada para acelerar um carro de 1.000 kg, qual seria a velocidade final do carro?

Módulo 24.2 Superfícies Equipotenciais e o Campo Elétrico

4 F Duas placas paralelas condutoras, de grande extensão, estão separadas por uma distância de 12 cm e possuem densidades superficiais de cargas de mesmo valor absoluto e sinais opostos nas faces internas. Uma força eletrostática de $3{,}9 \times 10^{-15}$ N age sobre um elétron colocado na região entre as duas placas. (Despreze o efeito de borda.) (a) Determine o campo elétrico na posição do elétron. (b) Determine a diferença de potencial entre as placas.

5 F Uma placa infinita isolante possui uma densidade superficial de carga $\sigma = 0{,}10\ \mu\text{C/m}^2$ em uma das faces. Qual é a distância entre duas superfícies equipotenciais cujos potenciais diferem de 50 V?

6 F Na Fig. 24.11, quando um elétron se desloca de A para B ao longo de uma linha de campo elétrico, o campo elétrico realiza um trabalho de $3{,}94 \times 10^{-19}$ J. Qual é a diferença de potencial elétrico (a) $V_B - V_A$, (b) $V_C - V_A$ e (c) $V_C - V_B$?

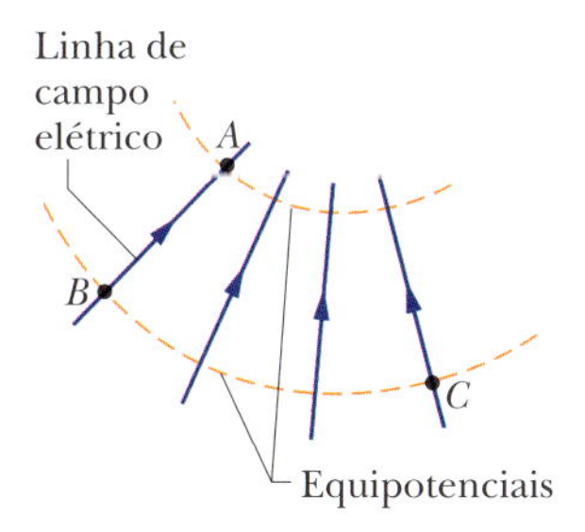

Figura 24.11 Problema 6.

7 M CALC O campo elétrico em uma região do espaço tem componentes $E_y = E_z = 0$ e $E_x = (4{,}00\ \text{N/C})x$. O ponto A está no eixo y, em $y = 3{,}00$ m, e o ponto B está no eixo x, em $x = 4{,}00$ m. Qual é a diferença de potencial $V_B - V_A$?

8 M CALC A Fig. 24.12 mostra um gráfico da componente x do campo elétrico em função de x em certa região do espaço. A escala do eixo vertical é definida por $E_{xs} = 20{,}0$ N/C. As componentes y e z do campo elétrico são nulas em toda a região. Se o potencial elétrico na origem é 10 V, (a) qual é o potencial elétrico em $x = 2{,}0$ m? (b) Qual é o maior valor positivo do potencial elétrico em pontos do eixo x para os quais $0 \le x \le 6{,}0$ m? (c) Para qual valor de x o potencial elétrico é zero?

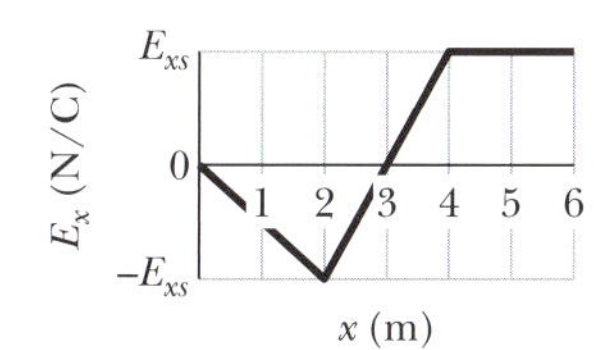

Figura 24.12 Problema 8.

9 M CALC Uma placa isolante infinita possui uma densidade superficial de carga $\sigma = +5{,}80\ \text{pC/m}^2$. (a) Qual é o trabalho realizado pelo campo elétrico produzido pela placa se uma partícula de carga $q = +1{,}60 \times 10^{-19}$ C é deslocada da superfície da placa para um ponto P situado a uma distância $d = 3{,}56$ cm da superfície da placa? (b) Se o potencial elétrico V é definido como zero na superfície da placa, qual é o valor de V no ponto P?

10 D CALC Dois planos infinitos, isolantes, uniformemente carregados, são paralelos ao plano yz e estão posicionados em $x = -50$ cm e $x = +50$ cm. As densidades de carga dos planos são $-50\ \text{nC/m}^2$ e $+25\ \text{nC/m}^2$, respectivamente. Qual é o valor absoluto da diferença de potencial entre a origem e o ponto do eixo x em $x = +80$ cm? (*Sugestão*: Use a lei da Gauss.)

11 D CALC Uma esfera isolante tem raio $R = 2{,}31$ cm e carga uniformemente distribuída $q = +3{,}50$ fC. Considere o potencial elétrico no centro da esfera como $V_0 = 0$. Determine o valor de V para uma distância radial (a) $r = 1{,}45$ cm e (b) $r = R$. (*Sugestão*: Ver Módulo 23.6.)

Módulo 24.3 Potencial Produzido por uma Partícula Carregada

12 F Quando um ônibus espacial atravessa a ionosfera da Terra, formada por gases rarefeitos e ionizados, o potencial da nave varia de aproximadamente −1,0 V a cada revolução. Supondo que o ônibus espacial é uma esfera com 10 m de raio, estime a carga elétrica recolhida a cada revolução.

13 F Determine (a) a carga e (b) a densidade superficial de cargas de uma esfera condutora de 0,15 m de raio cujo potencial é 200 V (considerando $V = 0$ no infinito).

14 F Considere uma partícula com carga $q = 1{,}0\ \mu\text{C}$, o ponto A a uma distância $d_1 = 2{,}0$ m da partícula e o ponto B a uma distância $d_2 = 1{,}0$ m da partícula. (a) Se A e B estão diametralmente opostos, como na Fig. 24.13*a*, qual é a diferença de potencial elétrico $V_A - V_B$? (b) Qual é a diferença de potencial elétrico se A e B estão localizados como na Fig. 24.13*b*?

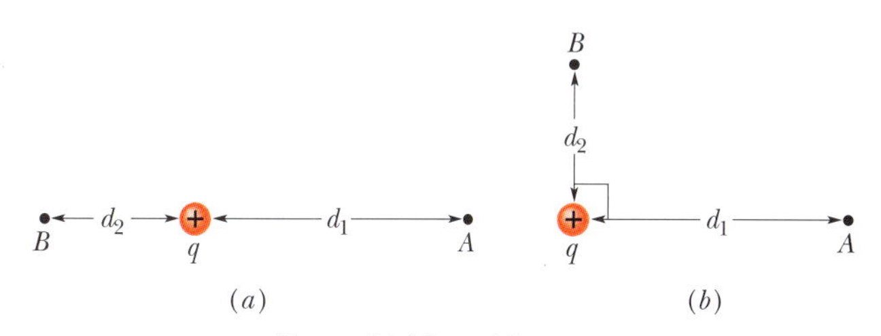

Figura 24.13 Problema 14.

15 M Uma gota d'água esférica com uma carga de 30 pC tem um potencial de 500 V na superfície (com $V = 0$ no infinito). (a) Qual é o raio da gota? (b) Se duas gotas de mesma carga e mesmo raio se combinam para formar uma gota esférica, qual é o potencial na superfície da nova gota?

16 M A Fig. 24.14 mostra um arranjo retangular de partículas carregadas mantidas fixas no lugar,

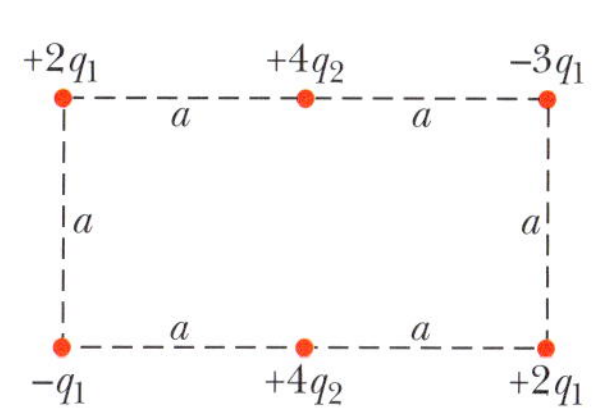

Figura 24.14 Problema 16.

com a = 39,0 cm e as cargas indicadas como múltiplos inteiros de q_1 = 3,40 pC e q_2 = 6,00 pC. Com V = 0 no infinito, qual é o potencial elétrico no centro do retângulo? (*Sugestão*: Examinando o problema com atenção, é possível reduzir consideravelmente os cálculos.)

17 M Qual é o potencial elétrico produzido pelas quatro partículas da Fig. 24.15 no ponto P, se V = 0 no infinito, q = 5,00 fC e d = 4,00 cm?

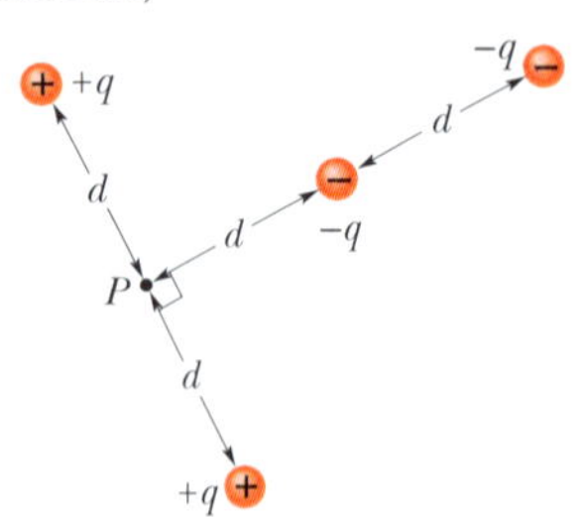

Figura 24.15 Problema 17.

18 M A Fig. 24.16a mostra duas partículas carregadas. A partícula 1, de carga q_1, é mantida fixa no lugar a uma distância d da origem. A partícula 2, de carga q_2, pode ser deslocada ao longo do eixo x. A Fig. 24.16b mostra o potencial elétrico V na origem em função da coordenada x da partícula 2. A escala do eixo x é definida por x_s = 16,0 cm. O gráfico tende assintoticamente para $V = 5{,}76 \times 10^{-7}$ V quando $x \to \infty$. Qual é o valor de q_2 em termos de e?

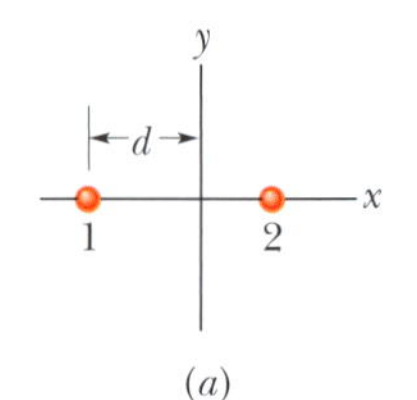

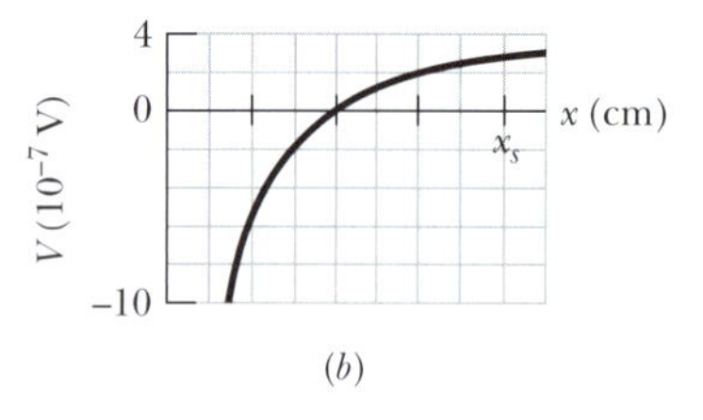

Figura 24.16 Problema 18.

19 M Na Fig. 24.17, partículas de cargas $q_1 = +5e$ e $q_2 = -15e$ são mantidas fixas no lugar, separadas por uma distância d = 24,0 cm. Considerando V = 0 no infinito, determine o valor de x (a) positivo e (b) negativo para o qual o potencial elétrico do eixo x é zero.

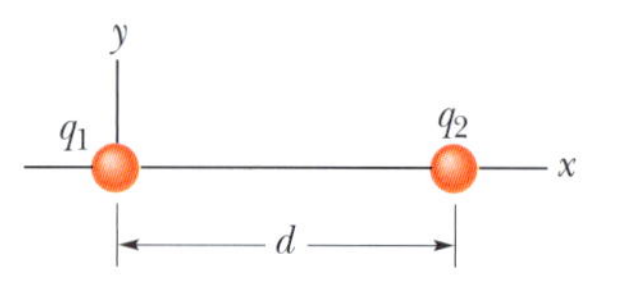

Figura 24.17 Problemas 19 e 20.

20 M Na Fig. 24.17, duas partículas, de cargas q_1 e q_2, estão separadas por uma distância d. O campo elétrico produzido em conjunto pelas duas partículas é zero em $x = d/4$. Com V = 0 no infinito, determine, em termos de d, o(s) ponto(s) do eixo x (além do infinito) em que o potencial elétrico é zero.

Módulo 24.4 Potencial Produzido por um Dipolo Elétrico

21 F A molécula de amoníaco (NH_3) possui um dipolo elétrico permanente de 1,47 D, em que 1 D = 1 debye = $3{,}34 \times 10^{-30}$ C · m. Calcule o potencial elétrico produzido por uma molécula de amoníaco em um ponto do eixo do dipolo a uma distância de 52,0 nm. (Considere V = 0 no infinito.)

22 M Na Fig. 24.18a, uma partícula de carga $+e$ está inicialmente no ponto z = 20 nm do eixo de um dipolo elétrico, do lado positivo do dipolo. (A origem do eixo z é o centro do dipolo.) A partícula é deslocada em uma trajetória circular em torno do centro do dipolo até a coordenada z = −20 nm. A Fig. 24.18b mostra o trabalho W_a realizado pela força responsável pelo deslocamento da partícula em função do ângulo θ, o qual define a localização da partícula. A escala do eixo vertical é definida por $W_{as} = 4{,}0 \times 10^{-30}$ J. Qual é o módulo do momento dipolar?

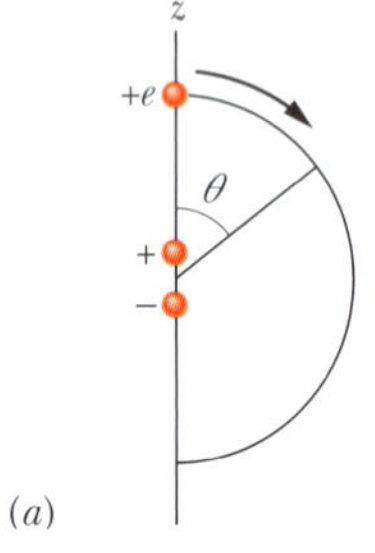

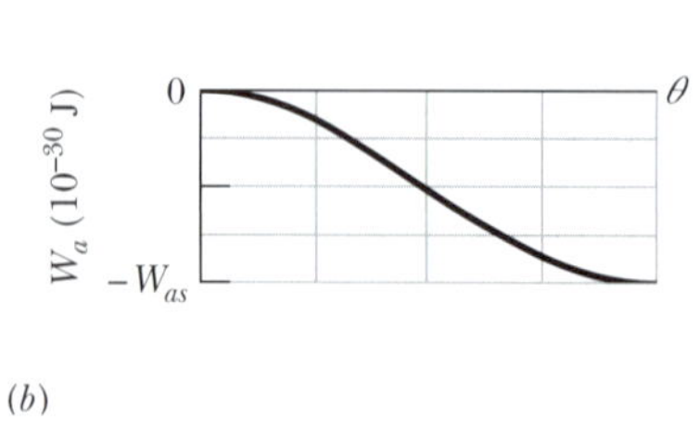

Figura 24.18 Problema 22.

Módulo 24.5 Potencial Produzido por uma Distribuição Contínua de Carga

23 F (a) A Fig. 24.19a mostra uma barra isolante, de comprimento L = 6,00 cm e densidade linear de carga positiva uniforme λ = +3,68 pC/m. Considere V = 0 no infinito. Qual é o valor de V no ponto P situado a uma distância d = 8,00 cm acima do ponto médio da barra? (b) A Fig. 24.19b mostra uma barra igual à do item (a), exceto pelo fato de que a metade da direita está carregada negativamente; o valor absoluto da densidade linear de carga continua sendo 3,68 pC/m em toda a barra. Com V = 0 no infinito, qual é o valor de V no ponto P?

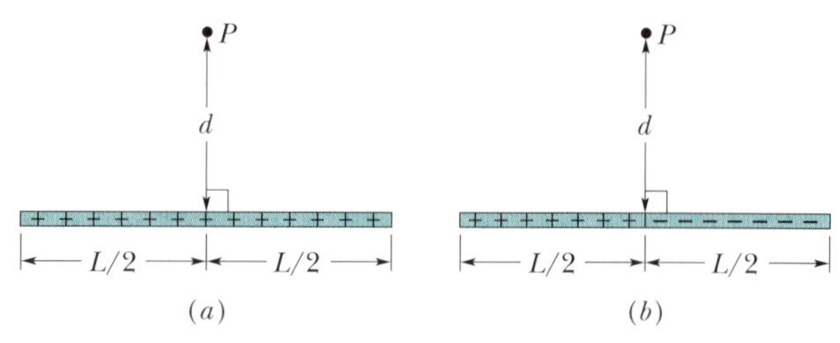

Figura 24.19 Problema 23.

24 F Na Fig. 24.20, uma barra de plástico com uma carga uniformemente distribuída Q = −25,6 pC tem a forma de um arco de circunferência de raio R = 3,71 cm e ângulo central ϕ = 120°. Com V = 0 no infinito, qual é o potencial elétrico no ponto P, o centro de curvatura da barra?

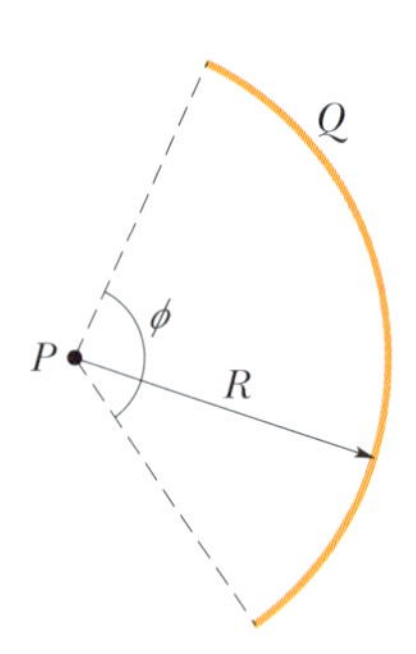

Figura 24.20 Problema 24.

25 F Uma barra de plástico tem a forma de uma circunferência de raio R = 8,20 cm. A barra possui uma carga Q_1 = +4,20 pC uniformemente distribuída ao longo de um quarto de circunferência e uma carga $Q_2 = -6Q_1$ distribuída uniformemente ao longo do resto da circunferência (Fig. 24.21). Com V = 0 no infinito, determine o potencial elétrico (a) no centro C da circunferência e (b) no ponto P, que está no eixo central da circunferência a uma distância D = 6,71 cm do centro.

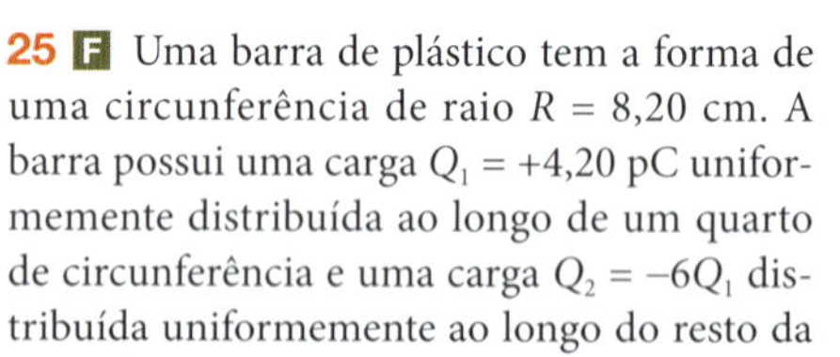

Figura 24.21 Problema 25.

26 M A Fig. 24.22 mostra uma barra fina com uma densidade de carga uniforme de 2,00 μC/m. Determine o potencial elétrico no ponto P, se $d = D = L/4{,}00$. Suponha que o potencial é zero no infinito.

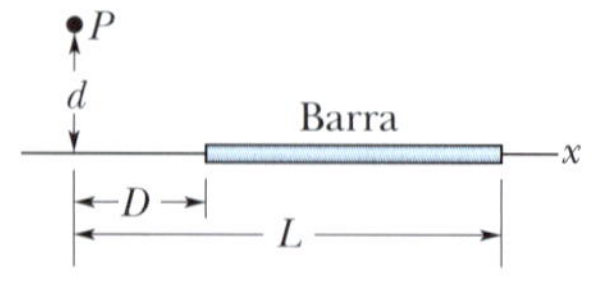

Figura 24.22 Problema 26.

27 M Na Fig. 24.23, três barras finas, de plástico, têm a forma de quadrantes de circunferência com o mesmo centro de curvatura, situado na origem. As cargas uniformes das barras são $Q_1 = +30$ nC, $Q_2 = +3{,}0Q_1$ e $Q_3 = -8{,}0Q_1$. Determine o potencial elétrico na origem.

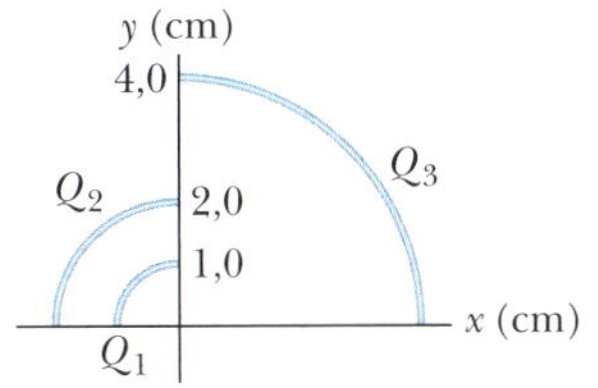

Figura 24.23 Problema 27.

28 M CALC A Fig. 24.24 mostra uma barra fina, de plástico, que coincide com o eixo x. A barra tem um comprimento $L = 12{,}0$ cm e uma carga positiva uniforme $Q = 56{,}1$ fC uniformemente distribuída. Com $V = 0$ no infinito, determine o potencial elétrico no ponto P_1 do eixo x, a uma distância $d = 2{,}50$ cm de uma das extremidades da barra.

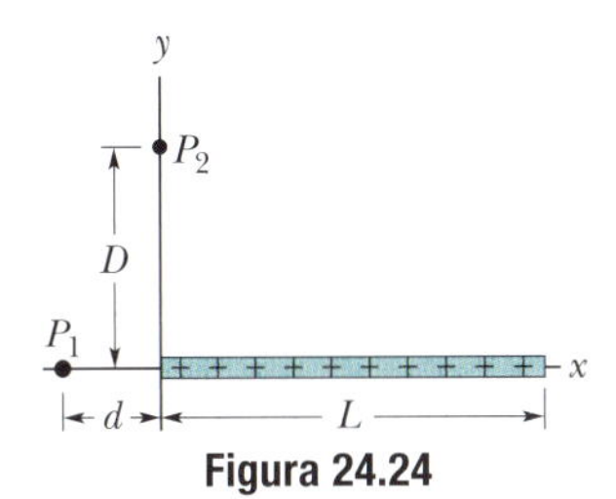

Figura 24.24
Problemas 28, 33, 38 e 40.

29 M Na Fig. 24.25, determine o potencial elétrico produzido na origem por um arco de circunferência de carga $Q_1 = +7{,}21$ pC e duas partículas de cargas $Q_2 = 4{,}00Q_1$ e $Q_3 = -2{,}00Q_1$. O centro de curvatura do arco está na origem, o raio do arco é $R = 2{,}00$ m, e o ângulo indicado é $\theta = 20{,}0°$.

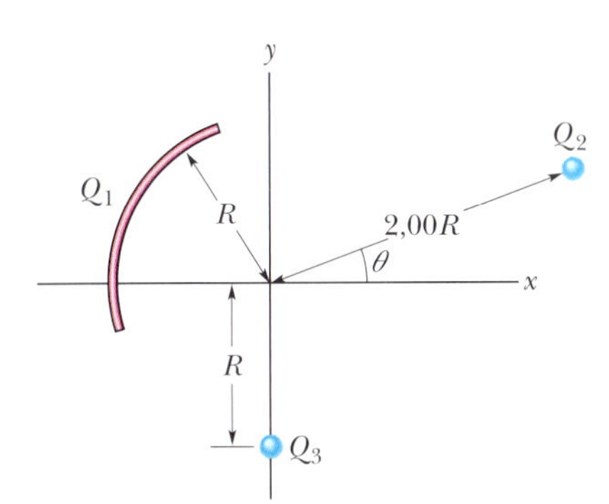

Figura 24.25 Problema 29.

30 M O rosto sorridente da Fig. 24.26 é formado por três elementos:

1. uma barra fina com carga de $-3{,}0\ \mu$C e a forma de uma circunferência completa com 6,0 cm de raio;
2. uma segunda barra fina com carga de $2{,}0\ \mu$C e a forma de um arco de circunferência com 4,0 cm de raio, concêntrico com o primeiro elemento, que subtende um ângulo de 90°;
3. um dipolo elétrico cujo momento dipolar é perpendicular a um diâmetro da circunferência e cujo módulo é $1{,}28 \times 10^{-21}$ C · m.

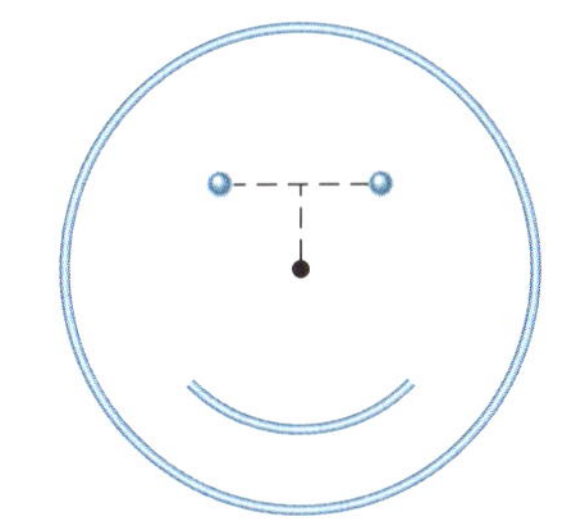

Figura 24.26
Problema 30.

Determine o potencial elétrico no centro da circunferência.

31 M CALC Um disco de plástico, de raio $R = 64{,}0$ cm, é carregado na face superior com uma densidade superficial de cargas uniforme $\sigma = 7{,}73$ fC/m²; em seguida, três quadrantes do disco são removidos. A Fig. 24.27 mostra o quadrante remanescente. Com $V = 0$ no infinito, qual é o potencial produzido pelo quadrante remanescente no ponto P, que está no eixo central do disco original a uma distância $D = 25{,}9$ cm do centro do disco?

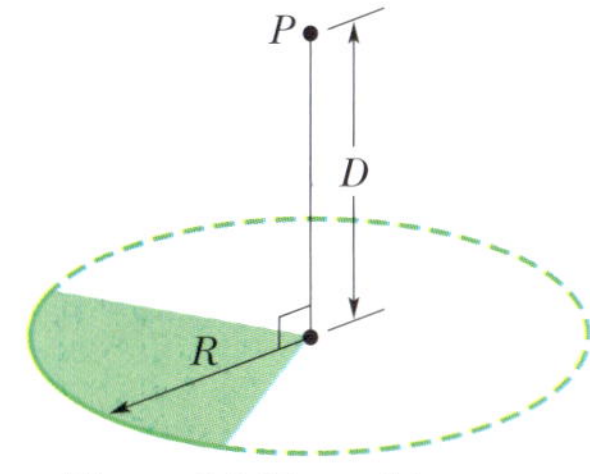

Figura 24.27 Problema 31.

32 D CALC Uma distribuição linear de carga não uniforme dada por $\lambda = bx$, em que b é uma constante, está situada no eixo x, entre $x = 0$ e $x = 0{,}20$ m. Se $b = 20$ nC/m² e $V = 0$ no infinito, determine o potencial elétrico (a) na origem e (b) no ponto $y = 0{,}15$ m do eixo y.

33 D CALC A barra fina, de plástico, que aparece na Fig. 24.24 tem um comprimento $L = 12{,}0$ cm e uma densidade linear de carga não uniforme $\lambda = cx$, em que $c = 28{,}9$ pC/m². Com $V = 0$ no infinito, determine o potencial elétrico no ponto P_1 do eixo x, a uma distância $d = 3{,}00$ cm de uma das extremidades.

Módulo 24.6 Cálculo do Campo Elétrico a Partir do Potencial

34 F Duas placas metálicas paralelas, de grande extensão, são mantidas a uma distância de 1,5 cm e possuem cargas de mesmo valor absoluto e sinais opostos nas superfícies internas. Considere o potencial da placa negativa como zero. Se o potencial a meio caminho entre as placas é +5,0 V, qual é o campo elétrico na região entre as placas?

35 F CALC O potencial elétrico no plano xy é dado por $V = (2{,}0\ \text{V/m}^2)x^2 - (3{,}0\ \text{V/m}^2)y^2$. Qual é o campo elétrico no ponto (3,0 m; 2,0 m) na notação dos vetores unitários?

36 F CALC O potencial elétrico V no espaço entre duas placas paralelas, 1 e 2, é dado (em volts) por $V = 1.500x^2$, em que x (em metros) é a distância da placa 1. Para $x = 1{,}3$ cm, (a) determine o módulo do campo elétrico. (b) O campo elétrico aponta para a placa 1 ou no sentido oposto?

37 M CALC Qual é o módulo do campo elétrico no ponto $(3{,}00\hat{i} - 2{,}00\hat{j} + 4{,}00\hat{k})$ m se o potencial elétrico é dado por $V = 2{,}00xyz^2$, em que V está em volts e x, y e z estão em metros?

38 M CALC A Fig. 24.24 mostra uma barra fina de plástico, de comprimento $L = 13{,}5$ cm e carga de 43,6 fC uniformemente distribuída. (a) Determine uma expressão para o potencial elétrico no ponto P_1 em função da distância d. (b) Substitua d pela variável x e escreva uma expressão para o módulo da componente E_x do campo elétrico no ponto P_1. (c) Qual é o sentido de E_x em relação ao sentido positivo do eixo x? (d) Qual é o valor de E_x no ponto P_1 para $x = d = 6{,}20$ cm? (e) Determine o valor de E_y no ponto P_1 a partir da simetria da Fig. 24.24.

39 M Um elétron é colocado no plano xy, onde o potencial elétrico varia com x e y de acordo com os gráficos da Fig. 24.28 (o potencial não depende de z). A escala do eixo vertical é definida por $V_s = 500$ V. Qual é a força a que é submetido o elétron, na notação dos vetores unitários?

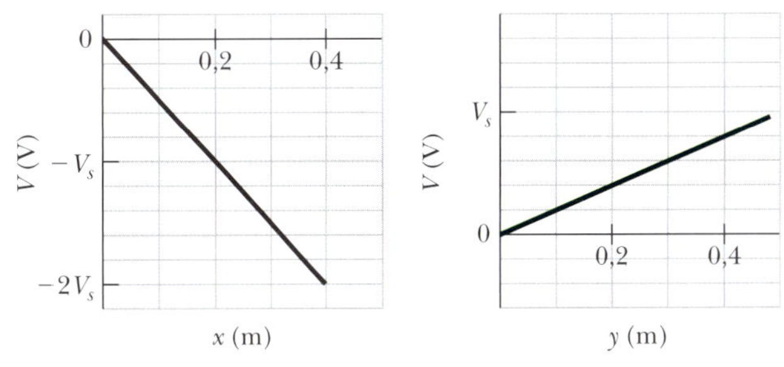

Figura 24.28 Problema 39.

40 D CALC A barra fina de plástico da Fig. 24.24 tem comprimento $L = 10{,}0$ cm e uma densidade linear de carga não uniforme $\lambda = cx$, em que $c = 49{,}9$ pC/m². (a) Com $V = 0$ no infinito, determine o potencial elétrico no ponto P_2, situado no eixo y, em $y = D = 3{,}56$ cm. (b) Determine a componente do campo elétrico E_y no ponto P_2. (c) Por que a componente E_x do campo em P_2 não pode ser calculada usando o resultado do item (a)?

Módulo 24.7 Energia Potencial Elétrica de um Sistema de Partículas Carregadas

41 F Uma partícula de carga +7,5 μC é liberada a partir do repouso no ponto x = 60 cm. A partícula começa a se mover devido à presença de uma carga Q que é mantida fixa na origem. Qual é a energia cinética da partícula após se deslocar 40 cm (a) se Q = +20 μC e (b) se Q = −20 μC?

42 F (a) Qual é a energia potencial elétrica de dois elétrons separados por uma distância de 2,00 nm? (b) Se a distância diminui, a energia potencial aumenta ou diminui?

43 F Qual é o trabalho necessário para montar o arranjo da Fig. 24.29, se q = 2,30 pC, a = 64,0 cm e as partículas estão inicialmente em repouso e infinitamente afastadas umas das outras?

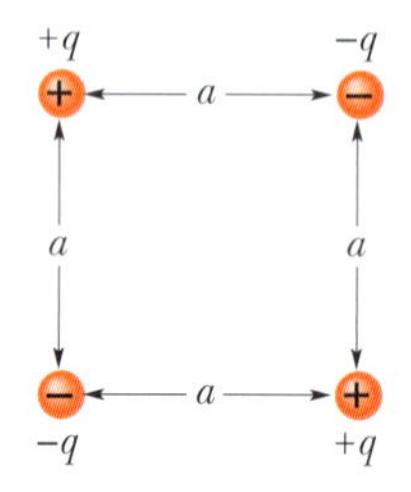

Figura 24.29 Problema 43.

44 F Na Fig. 24.30, sete partículas carregadas são mantidas fixas no lugar para formar um quadrado com 4,0 cm de lado. Qual é o trabalho necessário para deslocar para o centro do quadrado uma partícula de carga +6e inicialmente em repouso a uma distância infinita?

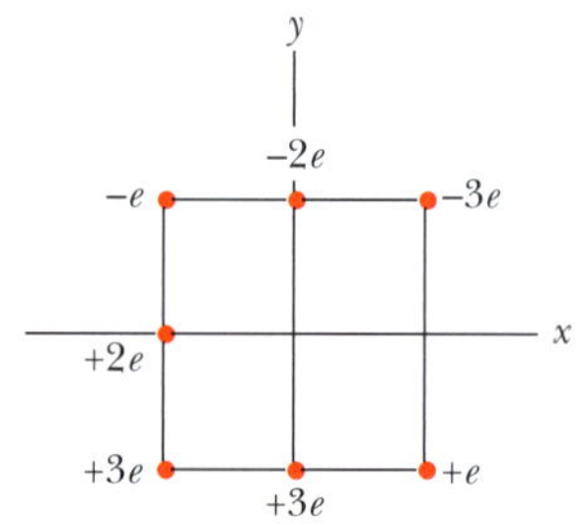

Figura 24.30 Problema 44.

45 M Uma partícula, de carga q, é mantida fixa no ponto P, e uma segunda partícula, de massa m, com a mesma carga q, é mantida inicialmente a uma distância r_1 de P. A segunda partícula é liberada. Determine a velocidade da segunda partícula quando ela se encontra a uma distância r_2 do ponto P. Considere que q = 3,1 μC, m = 20 mg, r_1 = 0,90 mm e r_2 = 2,5 mm.

46 M Uma carga de −9,0 nC está distribuída uniformemente em um anel fino de plástico situado no plano yz, com o centro do anel na origem. Uma carga pontual de −6,0 pC está situada no ponto x = 3,0 m do eixo x. Se o raio do anel é 1,5 m, qual deve ser o trabalho realizado por uma força externa sobre a carga pontual para deslocá-la até a origem?

47 M Qual é a *velocidade de escape* de um elétron inicialmente em repouso na superfície de uma esfera com 1,0 cm de raio e uma carga uniformemente distribuída de $1{,}6 \times 10^{-15}$ C? Em outras palavras, que velocidade inicial um elétron deve ter para chegar a uma distância infinita da esfera com energia cinética zero?

48 M Uma casca fina, esférica, condutora de raio R é montada em um suporte isolado e carregada até atingir um potencial de −125 V. Em seguida, um elétron é disparado na direção do centro da casca a partir do ponto P, situado a uma distância r do centro da casca ($r >> R$). Qual deve ser a velocidade inicial v_0 do elétron para que chegue a uma distância insignificante da casca antes de parar e inverter o movimento?

49 M Dois elétrons são mantidos fixos, separados por uma distância de 2,0 cm. Outro elétron é arremessado a partir do infinito, e para no ponto médio entre os dois elétrons. Determine a velocidade inicial do terceiro elétron.

50 M Na Fig. 24.31, determine o trabalho necessário para deslocar uma partícula de carga Q = +16e, inicialmente em repouso, ao longo da reta tracejada, do infinito até o ponto indicado, nas proximidades de duas partículas fixas, de cargas q_1 = +4e e $q_2 = -q_1/2$. Suponha que d = 1,40 cm, θ_1 = 43° e θ_2 = 60°.

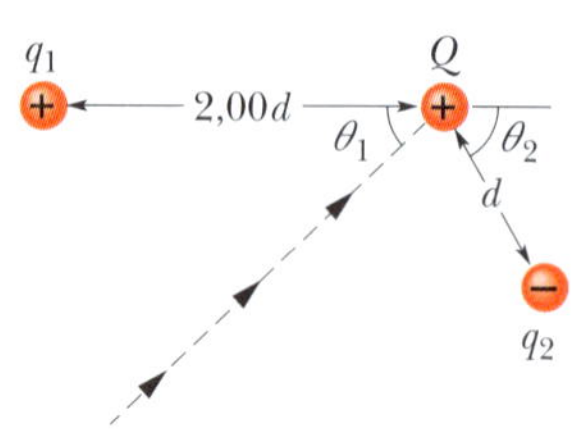

Figura 24.31 Problema 50.

51 M No retângulo da Fig. 24.32, os comprimentos dos lados são 5,0 cm e 15 cm, q_1 = −5,0 μC e q_2 = +2,0 μC. Com V = 0 no infinito, determine o potencial elétrico (a) no vértice A e (b) no vértice B. (c) Determine o trabalho necessário para deslocar uma carga q_3 = +3,0 μC de B para A ao longo da diagonal do retângulo. (d) Esse trabalho faz a energia potencial elétrica do sistema de três partículas aumentar ou diminuir? O trabalho será maior, menor ou igual, se a carga q_3 for deslocada ao longo de uma trajetória (e) no interior do retângulo, mas que não coincide com a diagonal, e (f) do lado de fora do retângulo?

Figura 24.32 Problema 51.

52 M A Fig. 24.33a mostra um elétron que se move ao longo do eixo de um dipolo elétrico em direção ao lado negativo do dipolo. O dipolo é mantido fixo no lugar. O elétron estava inicialmente a uma distância muito grande do dipolo, com uma energia cinética de 100 eV. A Fig. 24.33b mostra a energia cinética K do elétron em função da distância r em relação ao centro do dipolo. A escala do eixo horizontal é definida por r_s = 0,10 m. Qual é o módulo do momento dipolar?

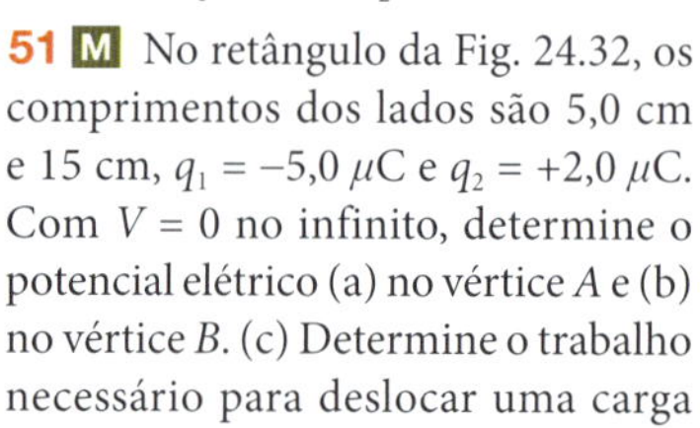
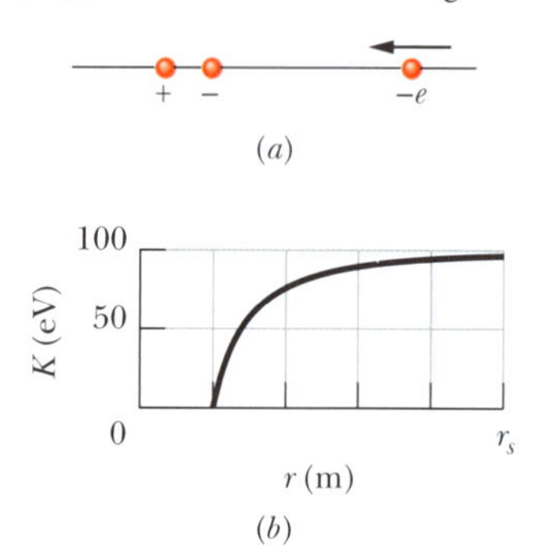

Figura 24.33 Problema 52.

53 M Duas pequenas esferas metálicas A e B, de massas m_A = 5,00 g e m_B = 10,0 g, possuem a mesma carga positiva q = 5,00 μC. As esferas estão ligadas por um fio isolante, de massa desprezível e comprimento d = 1,00 m, muito maior que os raios das esferas. (a) Qual é a energia potencial elétrica do sistema? (b) Suponha que o fio seja cortado. Qual é a aceleração de cada esfera nesse instante? (c) Qual é a velocidade de cada esfera, muito tempo depois de o fio ter sido cortado?

54 M Um pósitron (de carga +e, massa igual à do elétron) está se movendo a uma velocidade de $1{,}0 \times 10^7$ m/s no sentido positivo do eixo x quando, em x = 0, encontra um campo elétrico paralelo ao eixo x. A Fig. 24.34 mostra o potencial elétrico V associado ao campo. A escala do eixo vertical é definida por V_s = 500,0 V. (a) O pósitron emerge da região em que existe o campo em x = 0 (o que significa que o movimento se inverte) ou em x = 0,50 m (o que significa que o movimento não se inverte)? (b) Com que velocidade o pósitron emerge da região?

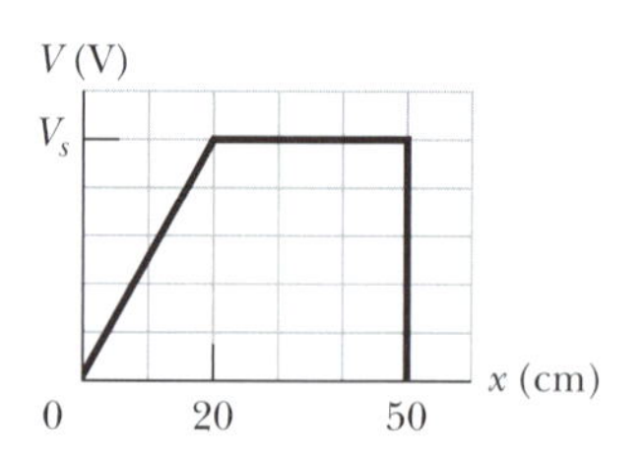

Figura 24.34 Problema 54.

55 M Um elétron é lançado com uma velocidade inicial de $3{,}2 \times 10^5$ m/s em direção a um próton mantido fixo no lugar. Se o elétron se encontra inicialmente a uma grande distância do próton, a que distância do próton a velocidade instantânea do elétron é duas vezes maior que o valor inicial?

56 M A Fig. 24.35a mostra três partículas no eixo x. A partícula 1 (com uma carga de +5,0 μC) e a partícula 2 (com uma carga de +3,0 μC) são mantidas fixas no lugar, separadas por uma distância d = 4,0 cm. A partícula 3 pode ser deslocada ao longo do eixo x, à direita da partícula 2. A Fig. 24.35b mostra a energia potencial elétrica U do sistema de três partículas em função da coordenada x da partícula 3. A escala do eixo vertical é definida por U_s = 5,0 J. Qual é a carga da partícula 3?

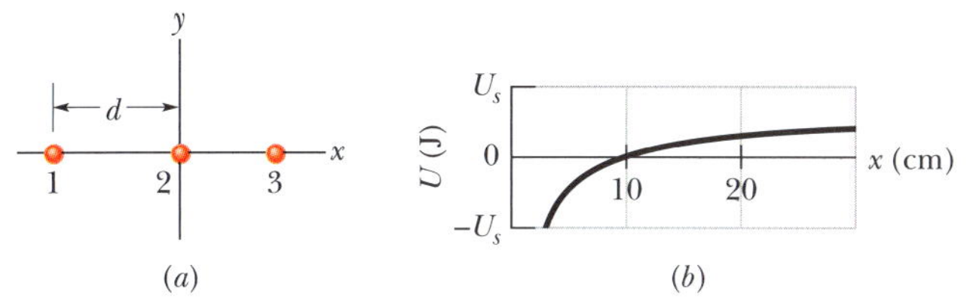

Figura 24.35 Problema 56.

57 M Duas cargas, de 50 μC, são mantidas fixas no eixo x nos pontos x = −3,0 m e x = 3,0 m. Uma partícula de carga q = −15 μC é liberada a partir do repouso em um ponto situado no semieixo y positivo. Devido à simetria da situação, a partícula se move ao longo do eixo y e possui uma energia cinética de 1,2 J ao passar pelo ponto x = 0, y = 4,0 m. (a) Qual é a energia cinética da partícula ao passar pela origem? (b) Para qual valor negativo de y a partícula inverte o movimento?

58 M *Um próton em um poço de potencial.* A Fig. 24.36 mostra o potencial elétrico V ao longo de um eixo x. A escala do eixo vertical é definida por V_s = 10,0 V. Um próton é liberado no ponto x = 3,5 cm com uma energia cinética inicial de 4,00 eV. (a) Um próton que está se movendo inicialmente no sentido negativo do eixo x chega a um ponto de retorno (se a resposta for afirmativa, determine a coordenada x do ponto) ou escapa da região mostrada no gráfico (se a resposta for afirmativa, determine a velocidade no ponto x = 0)? (b) Um próton que está se movendo inicialmente no sentido positivo do eixo x chega a um ponto de retorno (se a resposta for afirmativa, determine a coordenada x do ponto) ou escapa da região mostrada no gráfico (se a resposta for afirmativa, determine a velocidade no ponto x = 6,0 cm)? Determine (c) o módulo F e (d) a orientação (sentido positivo ou negativo do eixo x) da força elétrica a que o próton está submetido quando se encontra ligeiramente à esquerda do ponto x = 3,0 cm. Determine (e) o módulo F e (f) a orientação da força elétrica quando o próton se encontra ligeiramente à direita do ponto x = 5,0 cm.

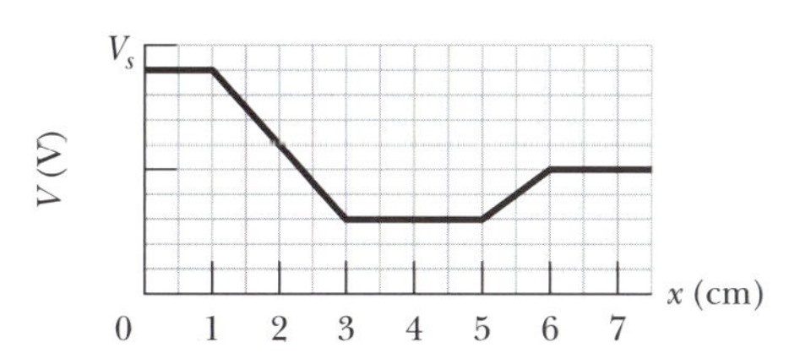

Figura 24.36 Problema 58.

59 M Na Fig. 24.37, uma partícula carregada (um elétron ou um próton) está se movendo para a direita entre duas placas paralelas carregadas separadas por uma distância d = 2,00 mm. Os potenciais das placas são V_1 = −70,0 V e V_2 = −50,0 V. A partícula partiu da placa da esquerda com uma velocidade inicial de 90,0 km/s, mas a velocidade está diminuindo. (a) A partícula é um elétron ou um próton? (b) Qual é a velocidade da partícula ao chegar à placa 2?

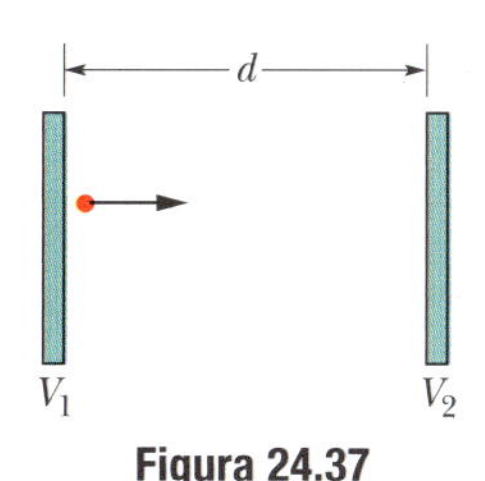

Figura 24.37 Problema 59.

60 M Na Fig. 24.38a, um elétron é deslocado a partir de uma distância infinita para um ponto situado a uma distância R = 8,00 cm de uma pequena esfera carregada. O trabalho necessário para executar o deslocamento é $W = 2{,}16 \times 10^{-13}$ J. (a) Qual é a carga Q da esfera? Na Fig. 24.38b, a esfera foi cortada em pedaços, e os pedaços foram espalhados de tal forma que cargas iguais ocupam as posições das horas no mostrador circular de um relógio de raio R = 8,00 cm. O elétron é deslocado a partir de uma distância infinita até o centro do mostrador. (b) Qual é a variação da energia potencial elétrica do sistema com a adição do elétron ao sistema de 12 partículas carregadas?

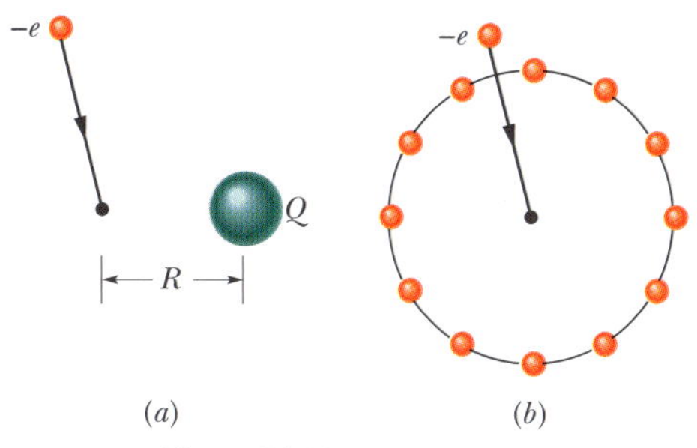

Figura 24.38 Problema 60.

61 D Suponha que N elétrons possam ser colocados em duas configurações diferentes. Na configuração 1, todos os elétrons estão distribuídos uniformemente ao longo de um anel circular estreito, de raio R. Na configuração 2, $N - 1$ elétrons estão distribuídos uniformemente ao longo do anel e o elétron restante é colocado no centro do anel. (a) Qual é o menor valor de N para o qual a segunda configuração possui menor energia que a primeira? (b) Para esse valor de N, considere um dos elétrons do anel, e_0. Quantos elétrons do anel estão mais próximos de e_0 que o elétron central?

Módulo 24.8 Potencial de um Condutor Carregado

62 F A esfera 1, de raio R_1, possui uma carga positiva q. A esfera 2, de raio $2{,}00R_1$, está muito afastada da esfera 1 e inicialmente descarregada. Quando as esferas são ligadas por um fio suficientemente fino para que a carga que contém possa ser desprezada, (a) o potencial V_1 da esfera 1 se torna maior, menor ou igual ao potencial V_2 da esfera 2? (b) Que fração da carga q permanece na esfera 1? (c) Que fração da carga q é transferida para a esfera 2? (d) Qual é a razão σ_1/σ_2 entre as cargas das duas esferas?

63 F Os centros de duas esferas metálicas, ambas com 3,0 cm de raio, estão separados por uma distância de 2,0 m. A esfera 1 possui uma carga de $+1{,}0 \times 10^{-8}$ C e a esfera 2 possui uma carga de $-3{,}0 \times 10^{-8}$ C. Suponha que a distância entre as esferas seja suficiente para que se possa supor que a carga das esferas está uniformemente distribuída (ou seja, suponha que as esferas não se afetam mutuamente). Com V = 0 no infinito, determine (a) o potencial no ponto a meio caminho entre os centros das esferas, (b) o potencial na superfície da esfera 1 e (c) o potencial na superfície da esfera 2.

64 F Uma esfera oca, de metal, possui um potencial de +400 V em relação à terra (definida como V = 0) e uma carga de 5×10^{-9} C. Determine o potencial elétrico no centro da esfera.

65 F Qual é a carga em excesso de uma esfera condutora de raio r = 0,15 m se o potencial da esfera é 1.500 V e V = 0 no infinito?

66 M Duas cascas condutoras concêntricas têm raios R_1 = 0,500 m e R_2 = 1,00 m, cargas uniformes q_1 = +2,00 μC e q_2 = +1,00 μC e espessura insignificante. Determine o módulo do campo elétrico E a uma distância do centro de curvatura das cascas (a) r = 4,00, (b) r = 0,700 m e (c) r = 0,200 m. Com V = 0 no infinito, determine V para (d) r = 4,00 m, (e) r = 1,00 m, (f) r = 0,700 m, (g) r = 0,500 m, (h) r = 0,200 m, e (i) r = 0. (j) Plote $E(r)$ e $V(r)$.

67 M Uma esfera metálica com 15 cm de raio possui uma carga de $3{,}0 \times 10^{-8}$ C. (a) Qual é o campo elétrico na superfície da esfera? (b) Se V = 0 no infinito, qual é o potencial elétrico na superfície da esfera? (c) A que distância da superfície da esfera o potencial é 500 V menor que na superfície da esfera?

Problemas Adicionais

68 As cargas e coordenadas de duas cargas pontuais situadas no plano xy são $q_1 = +3,00 \times 10^{-6}$ C, $x = +3,50$ cm, $y = +0,500$ cm e $q_2 = -4,00 \times 10^{-6}$ C, $x = -2,00$ cm, $y = +1,50$ cm. Qual é o trabalho necessário para colocar as cargas nas posições especificadas, supondo que a distância inicial entre elas é infinita?

69 Um cilindro condutor longo tem 2,0 cm de raio. O campo elétrico na superfície do cilindro é 160 N/C, orientado radialmente para longe do eixo. Sejam A, B e C pontos situados, respectivamente, a 1,0 cm, 2,0 cm e 5,0 cm de distância do eixo do cilindro. Determine (a) o módulo do campo elétrico no ponto C, (b) a diferença de potencial $V_B - V_C$ e (c) a diferença de potencial $V_A - V_B$.

70 CALC CVF *O mistério do chocolate em pó.* Essa história começa no Problema 60 do Capítulo 23. (a) A partir da resposta do item (a) do citado problema, determine uma expressão para o potencial elétrico em função da distância r do eixo do cano. (O potencial é zero na parede do cano, que está ligado à terra.) (b) Para uma densidade volumétrica de carga típica, $\rho = -1,1 \times 10^{-3}$ C/m³, qual é a diferença de potencial elétrico entre o eixo do cano e a parede interna? (A história continua no Problema 60 do Capítulo 25.)

71 CALC A partir de Eq. 24.4.2, escreva uma expressão para o campo elétrico produzido por um dipolo em um ponto do eixo do dipolo.

72 CALC O módulo E de um campo elétrico varia com a distância r, segundo a equação $E = A/r^4$, em que A é uma constante em volts-metros cúbicos. Em termos de A, qual é o valor absoluto da diferença de potencial elétrico entre os pontos $r = 2,00$ m e $r = 3,00$ m?

73 (a) Se uma esfera condutora com 10 cm de raio tem uma carga de 4,0 μC e se $V = 0$ no infinito, qual é o potencial na superfície da esfera? (b) Esta situação é possível, dado que o ar em torno da esfera sofre ruptura dielétrica quando o campo ultrapassa 3,0 MV/m?

74 Três partículas, de cargas $q_1 = +10\,\mu$C, $q_2 = -20\,\mu$C e $q_3 = +30\,\mu$C, são posicionadas nos vértices de um triângulo isósceles, como mostra a Fig. 24.39. Se $a = 10$ cm e $b = 6,0$ cm, determine qual deve ser o trabalho realizado por um agente externo (a) para trocar as posições de q_1 e q_3 e (b) para trocar as posições de q_1 e q_2.

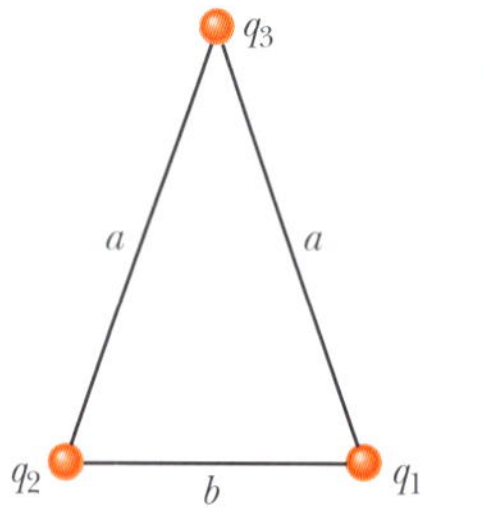

Figura 24.39 Problema 74.

75 Um campo elétrico de aproximadamente 100 V/m é frequentemente observado nas vizinhanças da superfície terrestre. Se esse campo existisse na Terra inteira, qual seria o potencial elétrico de um ponto da superfície? (Considere $V = 0$ no infinito.)

76 Uma esfera gaussiana com 4,00 cm de raio envolve uma esfera com 1,00 cm de raio que contém uma distribuição uniforme de cargas. As duas esferas são concêntricas e o fluxo elétrico através da superfície da esfera gaussiana é $+5,60 \times 10^4$ N · m²/C. Qual é o potencial elétrico a 12,0 cm do centro das esferas?

77 Em uma experiência de Millikan com gotas de óleo (Módulo 22.6), um campo elétrico uniforme de $1,92 \times 10^5$ N/C é mantido na região entre duas placas separadas por uma distância de 1,50 cm. Calcule a diferença de potencial entre as placas.

78 A Fig. 24.40 mostra três ar+cos de circunferência isolantes, de raio $R = 8,50$ cm. As cargas dos arcos são $q_1 = 4,52$ pC, $q_2 = -2,00q_1$ e $q_3 = +3,00q_1$. Com $V = 0$ no infinito, qual é o potencial elétrico dos arcos no centro de curvatura comum?

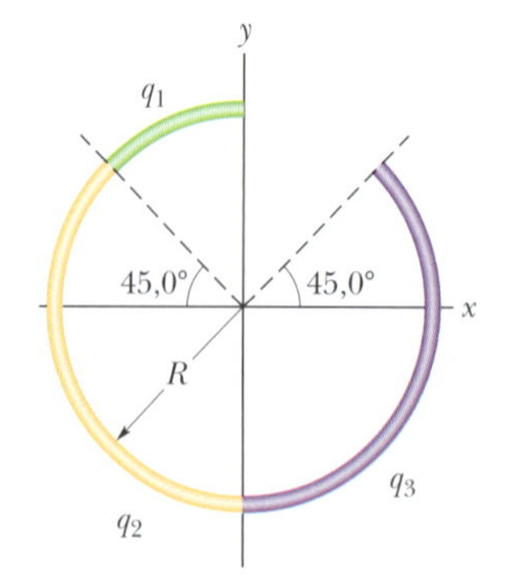

Figura 24.40 Problema 78.

79 Um elétron é liberado, a partir do repouso, no eixo de um dipolo elétrico, mantido fixo no lugar, cuja carga é e e cuja distância entre as cargas é $d = 20$ pm. O ponto em que o elétron é liberado fica no lado positivo do dipolo, a uma distância de 7,0d do centro do dipolo. Qual é a velocidade do elétron ao chegar a uma distância de 5,0d do centro do dipolo?

80 A Fig. 24.41 mostra um anel com um raio externo $R = 13,0$ cm, um raio interno $r = 0,200R$ e uma densidade superficial de cargas uniforme $\sigma = 6,20$ pC/m². Com $V = 0$ no infinito, determine o potencial elétrico no ponto P, situado no eixo central do anel a uma distância $z = 2,00R$ do centro do anel.

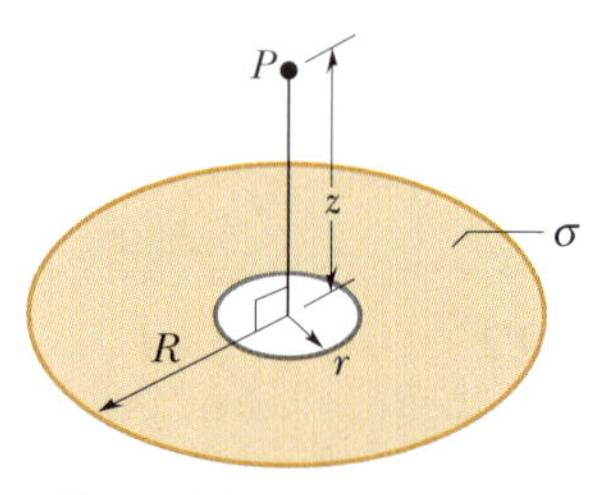

Figura 24.41 Problema 80.

81 *Um elétron em um poço de potencial.* A Fig. 24.42 mostra o potencial elétrico V ao longo do eixo x. A escala do eixo vertical é definida por $V_s = 8,0$ V. Um elétron é liberado no ponto $x = 4,5$ cm com uma energia inicial de 3,00 eV. (a) Um elétron que está se movendo inicialmente no sentido negativo do eixo x chega a um ponto de retorno (se a resposta for afirmativa, determine a coordenada x do ponto) ou escapa da região mostrada no gráfico (se a resposta for afirmativa, determine a velocidade no ponto $x = 0$)? (b) Um elétron que está se movendo inicialmente no sentido positivo do eixo x chega a um ponto de retorno (se a resposta for afirmativa, determine a coordenada x do ponto) ou escapa da região mostrada no gráfico (se a resposta for afirmativa, determine a velocidade no ponto $x = 7,0$ cm)? Determine (c) o módulo F e (d) a orientação (sentido positivo ou negativo do eixo x) da força elétrica a que o elétron está submetido quando se encontra ligeiramente à esquerda do ponto $x = 4,0$ cm. Determine (e) o módulo F e (f) a orientação da força elétrica quando o elétron se encontra ligeiramente à direita do ponto $x = 5,0$ cm.

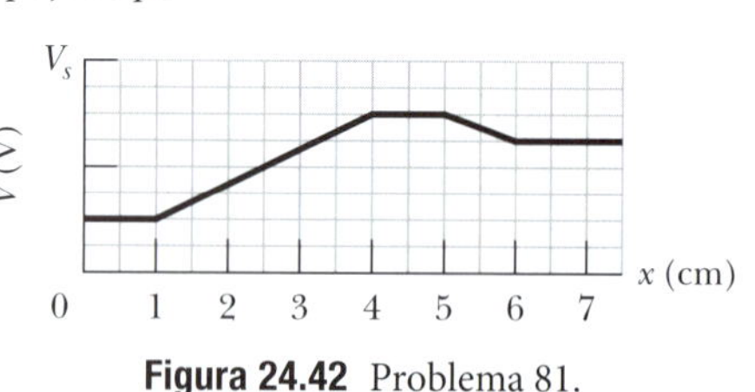

Figura 24.42 Problema 81.

82 (a) Se a Terra tivesse uma densidade superficial de carga de 1,0 elétron/m² (uma hipótese pouco realista), qual seria o potencial da superfície terrestre? (Tome $V = 0$ no infinito.) Determine (b) o módulo e (c) o sentido (para cima ou para baixo) do campo elétrico nas vizinhanças da superfície terrestre.

83 Na Fig. 24.43, o ponto P está a uma distância $d_1 = 4,00$ m da partícula 1 ($q_1 = -2e$) e à distância $d_2 = 2,00$ m da partícula 2 ($q_2 = +2e$); as duas partículas são mantidas fixas no lugar. (a) Com $V = 0$ no infinito, qual é o valor de V no ponto P? Se uma partícula de carga $q_3 = +2e$ é deslocada do infinito até o ponto P, (b) qual é o trabalho realizado? (c) Qual é a energia potencial do sistema de três partículas?

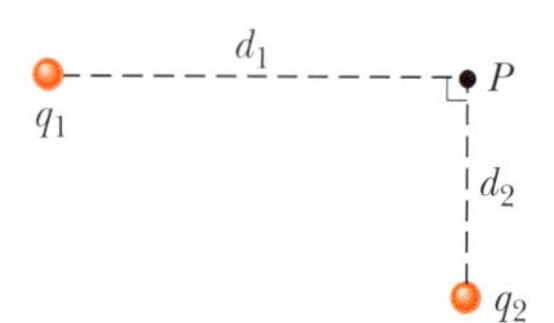

Figura 24.43 Problema 83.

84 Uma esfera condutora com 3,0 cm de raio possui uma carga de 30 nC distribuída uniformemente na superfície. Sejam A um ponto situado a 1,0 cm do centro da esfera, S um ponto da superfície da esfera e B um ponto situado a 5,0 cm do centro da esfera. (a) Qual é a diferença de potencial $V_S - V_B$? (b) Qual é a diferença de potencial $V_A - V_B$?

85 Na Fig. 24.44, uma partícula de carga $+2e$ é deslocada do infinito até o eixo x. Qual é o trabalho realizado? A distância D é 4,00 m.

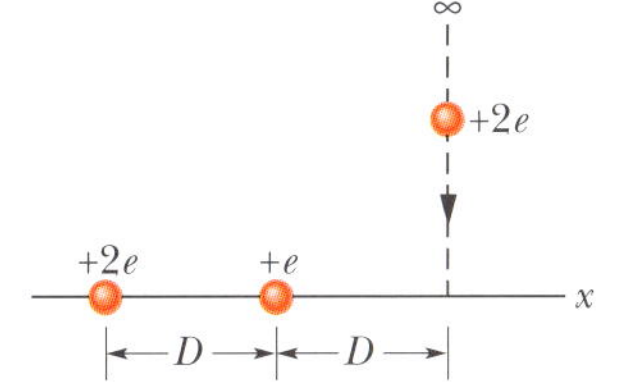

Figura 24.44 Problema 85.

86 A Fig. 24.45 mostra um hemisfério com uma carga de 4,00 μC distribuída uniformemente por todo o volume. A parte plana do hemisfério coincide com o plano xy. O ponto P está situado no plano xy, a uma distância de 15 cm do centro do hemisfério. Qual é o potencial elétrico do ponto P?

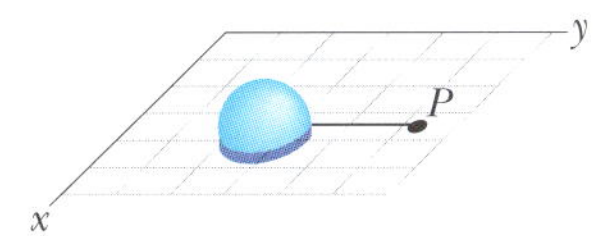

Figura 24.45 Problema 86.

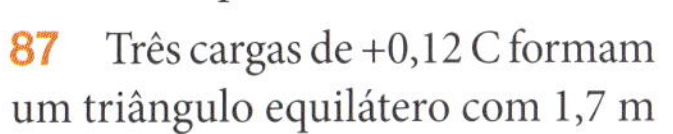

87 Três cargas de +0,12 C formam um triângulo equilátero com 1,7 m de lado. Usando uma energia fornecida à taxa de 0,83 kW, quantos dias são necessários para deslocar uma das cargas para o ponto médio do segmento de reta que liga as outras duas cargas?

88 Duas cargas $q = +2{,}0\ \mu$C são mantidas fixas a uma distância $d = 2{,}0$ cm uma da outra (Fig. 24.46). (a) Com $V = 0$ no infinito, qual é o potencial elétrico no ponto C? (b) Qual é o trabalho necessário para deslocar uma terceira carga $q = +2{,}0\ \mu$C do infinito até o ponto C? (c) Qual é a energia potencial U da nova configuração?

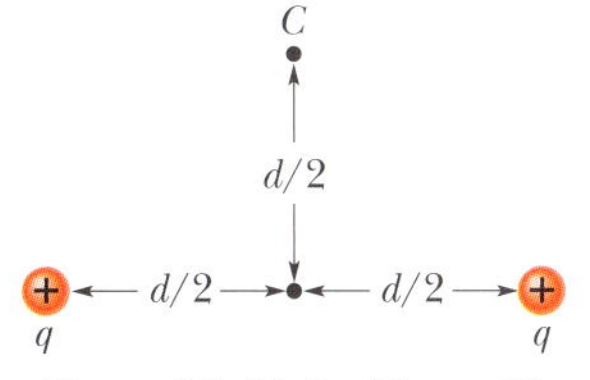

Figura 24.46 Problema 88.

89 Dois elétrons são mantidos fixos no lugar, separados por uma distância de 2,00 μm. Qual é o trabalho necessário para deslocar um terceiro elétron do infinito até a posição em que forma um triângulo equilátero com os outros dois elétrons?

90 Uma partícula, de carga positiva Q, é mantida fixa no ponto P. Uma segunda partícula, de massa m e carga negativa $-q$, se move com velocidade constante em uma circunferência de raio r_1 e centro em P. Escreva uma expressão para o trabalho W que deve ser executado por um agente externo sobre a segunda partícula para que o raio da circunferência aumente para r_2.

91 Duas superfícies planas condutoras carregadas estão separadas por uma distância $d = 1{,}00$ e produzem uma diferença de potencial $\Delta V = 625$ V. Um elétron é lançado de uma das placas em direção à outra, perpendicularmente às duas superfícies. Qual é a velocidade inicial do elétron se ele chega à segunda superfície com velocidade zero?

92 Na Fig. 24.47, o ponto P está no centro do retângulo. Com $V = 0$ no infinito, $q_1 = 5{,}00$ fC, $q_2 = 2{,}00$ fC, $q_3 = 3{,}00$ fC e $d = 2{,}54$ cm, qual é o potencial elétrico no ponto P?

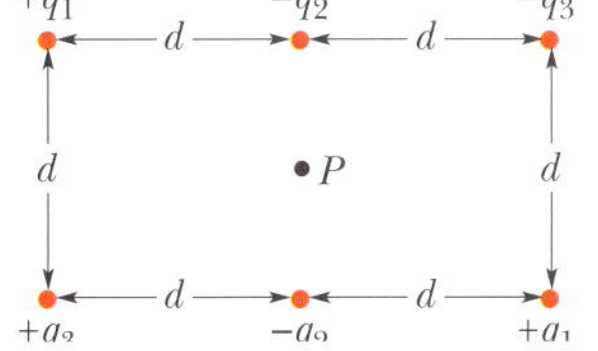

Figura 24.47 Problema 92.

93 *Potencial elétrico nuclear.* Qual é o potencial na superfície de um núcleo de ouro? O raio R do núcleo é 6,2 fm e o número atômico Z do ouro é 79.

94 *Campo elétrico atmosférico.* Um balão de brinquedo inflado com hélio, com carga $q = -5{,}5 \times 10^{-8}$ C, sobe verticalmente no ar, da posição i para a posição f, percorrendo uma distância $d = 520$ m. O campo elétrico que normalmente existe na atmosfera perto da superfície da Terra tem módulo $E = 150$ N/C e aponta para baixo. Qual é a diferença da energia potencial elétrica do balão entre as posições i e f?

95 *Anéis de Saturno.* A maior parte do material que compõe os anéis de Saturno (Fig. 24.48) está na fórmula de partículas microscópicas de poeira. As partículas estão em uma região que contém um gás ionizado e elas adquirem um excesso de elétrons. Se o potencial elétrico V na superfície de um grão de poeira esférico de raio $r = 1{,}0\ \mu$m é -400 V, quantos elétrons em excesso o grão de poeira contém?

Figura 24.48 Problema 95.

96 *Modelo antigo do elétron.* Uma década antes de Einstein publicar a teoria da relatividade, J. J. Thomson propôs que o elétron era composto por partículas menores e atribuiu a massa m do elétron às interações elétricas dessas partículas. Além disso, sugeriu que a energia correspondente era igual a mc^2, em que c é a velocidade da luz. Faça uma estimativa da massa do elétron da seguinte forma. Suponha que o elétron é formado por três partículas que são trazidas do infinito e colocadas nos vértices de um triângulo equilátero cujos lados são iguais ao *raio clássico* do elétron, $2{,}82 \times 10^{-15}$ m. (a) Determine a energia potencial elétrica total desse conjunto. (b) Divida por c^2 e compare o resultado com a massa real do elétron. (O resultado se aproxima ainda mais do valor real se é usado um número maior de partículas.)

97 *Modelo antigo do átomo.* O Problema 77 do Capítulo 23 trata do cálculo realizado por Ernest Rutherford do campo elétrico no interior do átomo a uma distância r do centro, supondo que o átomo consiste em uma carga pontual positiva Ze no centro, cercada por uma carga negativa $-Ze$ distribuída uniformemente em uma esfera de raio R. Ele também calculou o potencial elétrico e obteve o seguinte resultado:

$$V = kZe\left(\frac{1}{r} - \frac{3}{2R} + \frac{r^2}{2R^3}\right).$$

(a) Mostre que a expressão do campo elétrico que aparece no problema anterior é compatível com a expressão do potencial elétrico mostrada para V. (b) Por que a expressão de V não tende a zero para $r \rightarrow \infty$?

98 *Remoção de coronavírus do ar usando campos elétricos.* O meio principal de transmissão do coronavírus na atual pandemia de Covid-19 são gotas de saliva lançadas pelas pessoas quando estão espirrando, tossindo, cantando, falando ou mesmo respirando. Muitas dessas gotas são eletricamente carregadas. Assim, uma forma de filtrar o ar em ambientes fechados consiste em fazer o ar passar em uma região em que existe um campo elétrico suficientemente intenso para remover as gotas carregadas. Suponha que uma gota tem raio $r = 2{,}0\ \mu$m e carga $q = (-2{,}5 \times 10^4)e$ e se move em um cano retangular de comprimento $L = 10$ cm e altura $h = 10$ cm, como mostra a vista lateral da Fig. 24.49. Os lados do cano são feitos de material isolante e as partes superior e inferior são placas de metal submetidas a uma diferença de potencial ΔV. A gota entra no cano com velocidade horizontal $v = 9{,}0$ cm/s. Qual é o menor valor de ΔV para o qual uma gota que entra no cano nas vizinhanças da placa negativa se choca com a placa positiva antes de sair do cano?

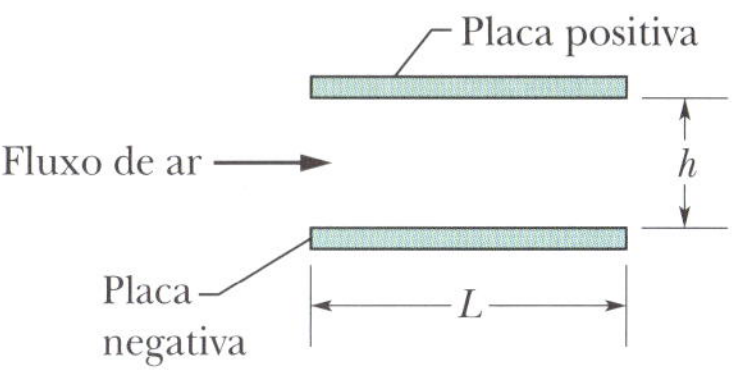

Figura 24.49 Problema 98.

CAPÍTULO 25

Capacitância

25.1 CAPACITÂNCIA

Objetivos do Aprendizado

Depois de ler este módulo, você será capaz de ...

25.1.1 Desenhar um diagrama esquemático de um circuito com um capacitor de placas paralelas, uma bateria e uma chave aberta ou fechada.

25.1.2 Em um circuito com uma bateria, uma chave aberta e um capacitor descarregado, explicar o que acontece aos elétrons de condução quando a chave é fechada.

25.1.3 Conhecer a relação entre o valor absoluto da carga q nas duas placas do capacitor ("a carga do capacitor"), a diferença de potencial V entre as placas do capacitor ("a tensão do capacitor") e a capacitância C do capacitor.

Ideias-Chave

- Um capacitor é constituído por dois condutores isolados (as placas), que podem receber cargas $+q$ e $-q$. A capacitância C é definida pela equação

$$q = CV,$$

em que V é a diferença de potencial entre as placas.

- Quando um circuito formado por uma bateria, uma chave aberta e um capacitor descarregado é completado pelo fechamento da chave, os elétrons de condução mudam de posição, deixando as placas do capacitor com cargas opostas.

yurazaga | iStockPhoto

Figura 25.1.1 Vários tipos de capacitores.

O que É Física?

Um dos objetivos da física é estabelecer os princípios básicos dos dispositivos práticos projetados pelos engenheiros. Este capítulo trata de um exemplo extremamente comum: o capacitor, um dispositivo usado para armazenar energia elétrica. As pilhas de uma máquina fotográfica, por exemplo, armazenam a energia necessária para disparar o *flash* carregando um capacitor. Como as pilhas só podem fornecer energia aos poucos, não seria possível produzir uma luz muito forte usando diretamente a energia das pilhas. Um capacitor carregado pode fornecer a energia com uma rapidez muito maior, o suficiente para produzir um clarão quando a lâmpada de *flash* é acionada.

A física dos capacitores pode ser aplicada a outros dispositivos e outras situações que envolvem campos elétricos. O campo elétrico existente na atmosfera da Terra, por exemplo, é modelado pelos meteorologistas como sendo produzido por um gigantesco capacitor esférico que se descarrega parcialmente por meio de relâmpagos. A carga que os esquis acumulam ao deslizarem na neve pode ser modelada como sendo acumulada em um capacitor que se descarrega frequentemente por meio de centelhas (que podem ser vistas quando se esquia à noite na neve seca).

O primeiro passo em nossa discussão dos capacitores será determinar a quantidade de carga que um capacitor é capaz de armazenar. Essa quantidade é descrita por uma grandeza conhecida como capacitância.

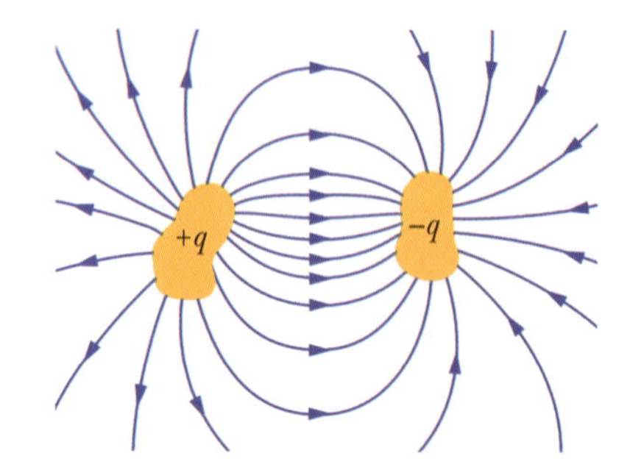

Figura 25.1.2 Dois condutores, isolados entre si e do ambiente, formam um *capacitor*. Quando um capacitor está carregado, as cargas dos condutores, ou *placas*, como são chamados, têm o mesmo valor absoluto q e sinais opostos.

Capacitância

A Fig. 25.1.1 mostra alguns dos muitos tipos e tamanhos de capacitores. A Fig. 25.1.2 mostra os elementos básicos de *qualquer* capacitor: dois condutores isolados entre si. Seja qual for a forma dos condutores, eles recebem o nome de *placas*.

A Fig. 25.1.3*a* mostra um arranjo particular, conhecido como *capacitor de placas paralelas*, formado por duas placas paralelas condutoras de área A separadas por

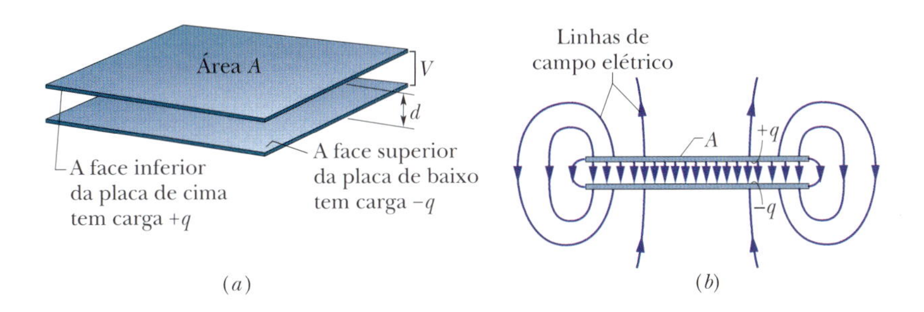

Figura 25.1.3 (*a*) Um capacitor de placas paralelas, feito de duas placas de área *A* separadas por uma distância *d*. As cargas da superfície interna das placas têm o mesmo valor absoluto *q* e sinais opostos. (*b*) Como mostram as linhas de campo, o campo elétrico produzido pelas placas carregadas é uniforme na região central entre as placas. Nas bordas das placas, o campo não é uniforme.

uma distância *d*. O símbolo usado para representar um capacitor (⊣⊢) se baseia na estrutura do capacitor de placas paralelas, mas é usado para representar capacitores de qualquer geometria. Vamos supor, por enquanto, que não existe um material isolante, como vidro ou plástico, na região entre as placas. No Módulo 25.5, essa restrição será suprimida.

Quando um capacitor está *carregado*, as placas contêm cargas de mesmo valor absoluto e sinais opostos, $+q$ e $-q$. Entretanto, por convenção, dizemos que a *carga de um capacitor* é q, o valor absoluto da carga de uma das placas. (Note que q não é a carga total do capacitor, que é sempre zero.)

Como são feitas de material condutor, as placas são superfícies equipotenciais: todos os pontos da placa de um capacitor estão no mesmo potencial elétrico. Além disso, existe uma diferença de potencial entre as duas placas. Por razões históricas, essa diferença de potencial é representada pelo símbolo V e não por ΔV, como nos casos anteriores.

A carga q e a diferença de potencial V de um capacitor são proporcionais:

$$q = CV. \tag{25.1.1}$$

A constante de proporcionalidade C é chamada **capacitância** do capacitor; o valor de C depende da geometria das placas, mas *não depende* da carga nem da diferença de potencial. A capacitância é uma medida da quantidade de carga que precisa ser acumulada nas placas para produzir certa diferença de potencial. *Quanto maior a capacitância, maior a carga necessária.*

De acordo com a Eq. 25.1.1, a unidade de capacitância no SI é o coulomb por volt. Essa unidade ocorre com tanta frequência que recebeu um nome especial, o *farad* (F):

$$1 \text{ farad} = 1 \text{ F} = 1 \text{ coulomb por volt} = 1 \text{ C/V}. \tag{25.1.2}$$

Como vamos ver, o farad é uma unidade muito grande. Submúltiplos do farad, como o microfarad ($1\ \mu\text{F} = 10^{-6}$ F) e o picofarad ($1 \text{ pF} = 10^{-12}$ F), são unidades muito mais usadas na prática, por serem mais convenientes.

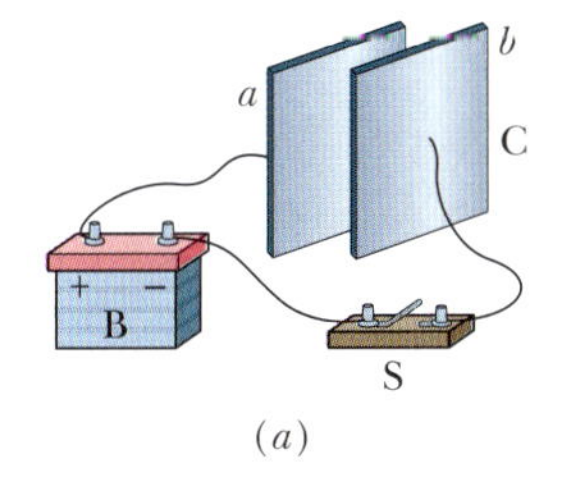

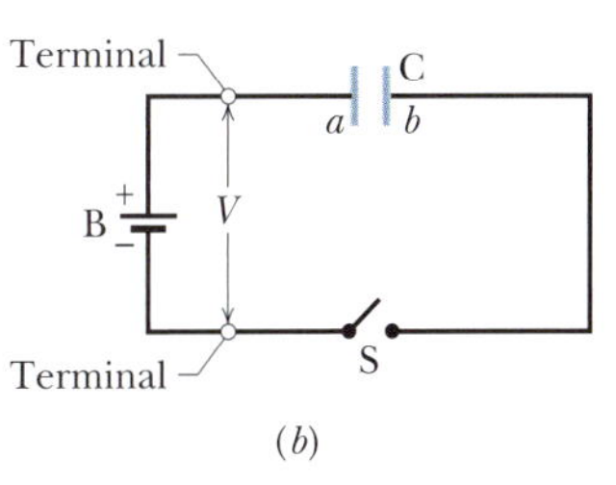

Figura 25.1.4 (*a*) Circuito formado por uma bateria B, uma chave S e as placas *a* e *b* de um capacitor C. (*b*) Diagrama esquemático no qual os *elementos do circuito* são representados por símbolos.

Carga de um Capacitor 25.1

Uma forma de carregar um capacitor é colocá-lo em um circuito elétrico com uma bateria. *Circuito elétrico* é um caminho fechado que pode ser percorrido por uma corrente elétrica. *Bateria* é um dispositivo que mantém uma diferença de potencial entre dois *terminais* (pontos de entrada e de saída de cargas elétricas) por meio de reações eletroquímicas nas quais forças elétricas movimentam cargas no interior do dispositivo.

Na Fig. 25.1.4*a*, um circuito é formado por uma bateria B, uma chave S, um capacitor descarregado C e fios de ligação. O mesmo circuito é mostrado no *diagrama esquemático* da Fig. 25.1.4*b*, no qual os símbolos de bateria, chave e capacitor representam esses dispositivos. A bateria mantém uma diferença de potencial V entre os terminais. O terminal de maior potencial é indicado pelo símbolo + e chamado terminal *positivo*; o terminal de menor potencial é indicado pelo símbolo − e chamado terminal *negativo*.

Dizemos que o circuito das Figs. 25.1.4*a* e *b* está *interrompido* porque a chave S está *aberta* e, portanto, não existe uma ligação elétrica entre os terminais. Quando a chave é *fechada*, passa a existir uma ligação elétrica entre os terminais, o circuito fica completo e cargas começam a circular pelos componentes do circuito. Como vimos no Capítulo 21, as cargas que se movem em um material condutor, como o cobre, são elétrons. Quando o circuito da Fig. 25.1.4 é completado, elétrons são colocados em movimento nos fios pelo campo elétrico criado pela bateria. O campo elétrico faz os elétrons se deslocarem da placa *a* do capacitor para o terminal positivo da bateria; a perda de elétrons faz com que a placa *a* fique positivamente carregada. O campo desloca o mesmo número de elétrons do terminal negativo da bateria para a placa *b* do capacitor; o ganho de elétrons faz com que a placa *b* fique negativamente carregada. As cargas das placas *a* e *b* têm o mesmo *valor absoluto*.

No instante em que a chave é fechada, as duas placas estão descarregadas e a diferença de potencial é zero. À medida que as placas vão sendo carregadas, a diferença de potencial aumenta até se tornar igual à diferença de potencial V entre os terminais da bateria. Ao ser atingido o novo equilíbrio, a placa *a* e o terminal positivo da bateria estão no mesmo potencial, e não existe um campo elétrico no fio que liga esses dois pontos do circuito. O terminal negativo e a placa *b* também estão no mesmo potencial, e não existe um campo elétrico nos fios que ligam o terminal negativo à chave S e a chave S à placa *b*. Uma vez que o campo elétrico nos fios do circuito é zero, os elétrons param de se deslocar; dizemos então que o capacitor está *totalmente carregado*, com uma diferença de potencial V e uma carga q relacionadas pela Eq. 25.1.1.

Neste livro vamos supor que, durante a carga de um capacitor e depois que o capacitor está totalmente carregado, as cargas não podem passar de uma placa para a outra pelo espaço que as separa. Vamos supor também que um capacitor é capaz de conservar a carga indefinidamente, a menos que seja *descarregado* por meio de um circuito externo.

Teste 25.1.1

A capacitância C de um capacitor aumenta, diminui ou permanece a mesma (a) quando a carga q é multiplicada por dois e (b) quando a diferença de potencial V é multiplicada por três?

25.2 CÁLCULO DA CAPACITÂNCIA

Objetivos do Aprendizado

Depois de ler este módulo, você será capaz de ...

25.2.1 Explicar de que modo a lei de Gauss pode ser usada para determinar a capacitância de um capacitor de placas paralelas.

25.2.2 Calcular a capacitância de um capacitor de placas paralelas, de um capacitor cilíndrico, de um capacitor esférico e de uma esfera isolada.

Ideias-Chave

- A capacitância de um capacitor pode ser determinada (1) supondo que uma carga q foi colocada nas placas, (2) calculando o campo elétrico $\vec{E}$ produzido por essa carga, (3) usando o campo elétrico para calcular a diferença de potencial entre as placas e (4) calculando C a partir da relação $q = CV$. Alguns resultados são os seguintes:
- A capacitância de um capacitor de placas paralelas planas de área A, separadas por uma distância d, é dada por

$$C = \frac{\varepsilon_0 A}{d}.$$

- A capacitância de um capacitor cilíndrico, formado por duas cascas cilíndricas coaxiais de comprimento L e raios a e b, é dada por

$$C = 2\pi\varepsilon_0 \frac{L}{\ln(\frac{b}{a})}.$$

- A capacitância de um capacitor esférico, formado por duas cascas esféricas concêntricas de raios a e b, é dada por

$$C = 4\pi\varepsilon_0 \frac{ab}{b - a}.$$

- A capacitância de uma esfera isolada de raio R é dada por

$$C = 4\pi\varepsilon_0 R.$$

Cálculo da Capacitância 25.2 25.1

Vamos agora discutir o cálculo da capacitância de um capacitor a partir da forma geométrica. Como serão analisadas diferentes formas geométricas, é conveniente definir um método único para facilitar o trabalho. O método, em linhas gerais, é o seguinte: (1) Supomos que as placas do capacitor estão carregadas com uma carga q; (2) calculamos o campo elétrico $\vec{E}$ entre as placas em função da carga, usando a lei de Gauss; (3) a partir de $\vec{E}$, calculamos a diferença de potencial V entre as placas, usando a Eq. 24.2.4; (4) calculamos C usando a Eq. 25.1.1.

Antes de começar, podemos simplificar o cálculo do campo elétrico e da diferença de potencial fazendo algumas hipóteses, que são discutidas a seguir.

Cálculo do Campo Elétrico

Para relacionar o campo elétrico $\vec{E}$ entre as placas de um capacitor à carga q de uma das placas, usamos a lei de Gauss:

$$\varepsilon_0 \oint \vec{E} \cdot d\vec{A} = q, \tag{25.2.1}$$

em que q é a carga envolvida por uma superfície gaussiana e $\oint \vec{E} \cdot d\vec{A}$ é o fluxo elétrico que atravessa a superfície. Em todos os casos que vamos examinar, a superfície gaussiana é escolhida de tal forma que sempre que existe um fluxo, $\vec{E}$ tem um módulo constante E e os vetores $\vec{E}$ e $d\vec{A}$ são paralelos. Nesse caso, a Eq. 25.2.1 se reduz a

$$q = \varepsilon_0 EA \quad \text{(caso especial da Eq. 25.2.1)}, \tag{25.2.2}$$

em que A é a área da parte da superfície gaussiana através da qual existe um fluxo. Por conveniência, vamos desenhar a superfície gaussiana de forma a envolver totalmente a carga da placa positiva; um exemplo aparece na Fig. 25.2.1.

Cálculo da Diferença de Potencial

Na notação do Capítulo 24 (Eq. 24.2.4), a diferença de potencial entre as placas de um capacitor está relacionada ao campo $\vec{E}$ pela equação

$$V_f - V_i = -\int_i^f \vec{E} \cdot d\vec{s}, \tag{25.2.3}$$

em que a integral deve ser calculada ao longo de uma trajetória que começa em uma das placas e termina na outra. Vamos sempre escolher uma trajetória que coincide com uma linha de campo elétrico, da placa negativa até a placa positiva. Para esse tipo de trajetória, os vetores $\vec{E}$ e $d\vec{s}$ têm sentidos opostos e, portanto, o produto $\vec{E} \cdot d\vec{s}$ é igual a $-E\,ds$. Assim, o lado direito da Eq. 25.2.3 é positivo. Chamando de V a diferença $V_f - V_i$, a Eq. 25.2.3 se torna

$$V = \int_-^+ E\,ds \quad \text{(caso especial da Eq. 25.2.3)}, \tag{25.2.4}$$

em que os sinais – e + indicam que a trajetória de integração começa na placa negativa e termina na placa positiva.

Vamos agora aplicar as Eqs. 25.2.2 e 25.2.4 a alguns casos particulares.

Capacitor de Placas Paralelas

Vamos supor, como sugere a Fig. 25.2.1, que a placas do nosso capacitor de placas paralelas são tão extensas e tão próximas que podemos desprezar o efeito das bordas e supor que $\vec{E}$ é constante em toda a região entre as placas.

Escolhemos uma superfície gaussiana que envolve apenas a carga q da placa positiva, como na Fig. 25.2.1. Nesse caso, de acordo com a Eq. 25.2.2, podemos escrever:

$$q = \varepsilon_0 EA, \tag{25.2.5}$$

em que A é a área da placa.

Usamos a lei de Gauss para relacionar q e E e integramos E para obter a diferença de potencial.

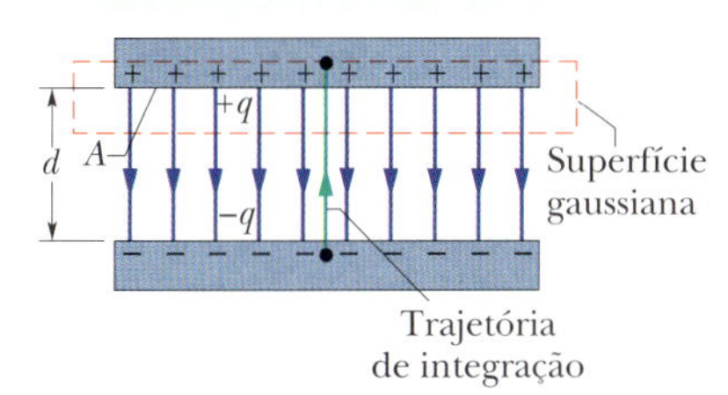

Figura 25.2.1 Capacitor de placas paralelas carregado. Uma superfície gaussiana envolve a carga da placa positiva. A integração da Eq. 25.2.4 é executada ao longo de uma trajetória que vai diretamente da placa negativa para a placa positiva.

De acordo com a Eq. 25.2.4, temos

$$V = \int_{-}^{+} E\,ds = E \int_{0}^{d} ds = Ed. \tag{25.2.6}$$

Na Eq. 25.2.6, E pode ser colocado do lado de fora do sinal de integral porque é constante; a segunda integral é simplesmente a distância entre as placas, d.

Substituindo o valor de q dado pela Eq. 25.2.5 e o valor de V dado pela Eq. 25.2.6 na relação $q = CV$ (Eq. 25.1.1), obtemos

$$C = \frac{\varepsilon_0 A}{d} \quad \text{(capacitor de placas paralelas).} \tag{25.2.7}$$

Assim, a capacitância depende, de fato, apenas de fatores geométricos, no caso a área A das placas e a distância d entre as placas. Observe que C é diretamente proporcional a A e inversamente proporcional a d.

A essa altura, convém observar que a Eq. 25.2.7 sugere uma das razões pelas quais escrevemos a constante eletrostática da lei de Coulomb na forma $1/4\pi\varepsilon_0$. Se não agíssemos dessa forma, a Eq. 25.2.7, que é muito mais usada na engenharia do que a lei de Coulomb, teria uma forma bem mais complicada. Observamos também que a Eq. 25.2.7 permite expressar a constante elétrica ε_0 em uma unidade mais apropriada para problemas que envolvem capacitores:

$$\varepsilon_0 = 8{,}85 \times 10^{-12}\ \text{F/m} = 8{,}85\ \text{pF/m}. \tag{25.2.8}$$

Essa constante tinha sido anteriormente expressa na forma

$$\varepsilon_0 = 8{,}85 \times 10^{-12}\ \text{C}^2/\text{N}\cdot\text{m}^2. \tag{25.2.9}$$

Capacitor Cilíndrico

A Fig. 25.2.2 mostra uma vista em seção reta de um capacitor cilíndrico de comprimento L formado por dois cilindros coaxiais de raios a e b. Vamos supor que $L \gg b$ para que os efeitos das bordas sobre o campo elétrico possam ser desprezados. As duas placas contêm cargas de valor absoluto q.

Como superfície gaussiana, escolhemos um cilindro de comprimento L e raio r, visto em seção reta na Fig. 25.2.2, que é coaxial com os outros dois cilindros e envolve o cilindro interno (e, portanto, a carga q desse cilindro). De acordo com a Eq. 25.2.2, temos

$$q = \varepsilon_0 EA = \varepsilon_0 E(2\pi rL),$$

em que $2\pi rL$ é a área da superfície lateral do cilindro gaussiano. O fluxo através das bases do cilindro é zero. Explicitando E, obtemos

$$E = \frac{q}{2\pi\varepsilon_0 Lr}. \tag{25.2.10}$$

Substituindo este resultado na Eq. 25.2.4, obtemos

$$V = \int_{-}^{+} E\,ds = -\frac{q}{2\pi\varepsilon_0 L}\int_{b}^{a}\frac{dr}{r} = \frac{q}{2\pi\varepsilon_0 L}\ln\left(\frac{b}{a}\right), \tag{25.2.11}$$

em que usamos o fato de que $ds = -dr$ (integramos na direção radial, de fora para dentro). Usando a relação $C = q/V$, obtemos

$$C = 2\pi\varepsilon_0 \frac{L}{\ln(b/a)} \quad \text{(capacitor cilíndrico).} \tag{25.2.12}$$

Vemos, portanto, que a capacitância de um capacitor cilíndrico, como a de um capacitor de placas paralelas, depende apenas de fatores geométricos; no caso, o comprimento L e os raios a e b.

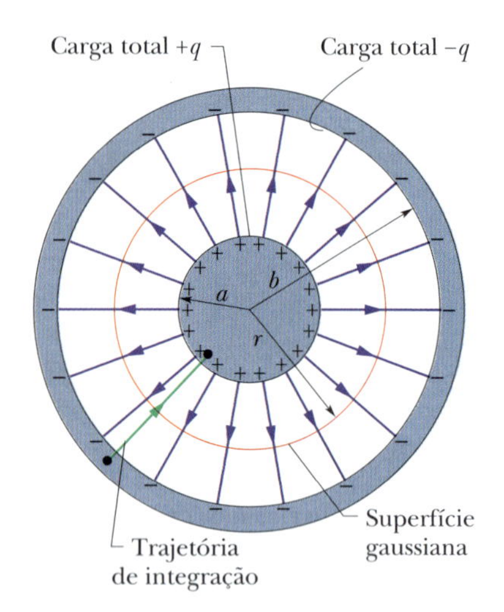

Figura 25.2.2 Vista em seção reta de um capacitor cilíndrico longo, mostrando uma superfície gaussiana cilíndrica de raio r (que envolve a placa positiva) e uma trajetória de integração radial ao longo da qual a Eq. 25.2.4 pode ser aplicada. A figura também pode representar uma vista em seção reta de um capacitor esférico, passando pelo centro.

Capacitor Esférico

A Fig. 25.2.2 também pode ser interpretada como uma vista em seção reta de um capacitor formado por duas cascas esféricas concêntricas de raios a e b. Como superfície gaussiana, escolhemos uma esfera de raio r concêntrica com as placas do capacitor. Nesse caso, temos, de acordo com a Eq. 25.2.2,

$$q = \varepsilon_0 EA = \varepsilon_0 E(4\pi r^2),$$

em que $4\pi r^2$ é a área da superfície esférica gaussiana. Explicitando E, obtemos

$$E = \frac{1}{4\pi\varepsilon_0}\frac{q}{r^2}, \qquad (25.2.13)$$

que é a expressão do campo elétrico produzido por uma distribuição esférica uniforme de cargas (Eq. 23.6.2).

Substituindo esta expressão na Eq. 25.2.4, obtemos

$$V = \int_{-}^{+} E\,ds = -\frac{q}{4\pi\varepsilon_0}\int_b^a \frac{dr}{r^2} = \frac{q}{4\pi\varepsilon_0}\left(\frac{1}{a} - \frac{1}{b}\right) = \frac{q}{4\pi\varepsilon_0}\frac{b-a}{ab}, \qquad (25.2.14)$$

em que, mais uma vez, temos $ds = -dr$. Substituindo a Eq. 25.2.14 na Eq. 25.1.1 e explicitando C, obtemos

$$C = 4\pi\varepsilon_0 \frac{ab}{b-a} \quad \text{(capacitor esférico).} \qquad (25.2.15)$$

Esfera Isolada

Podemos atribuir uma capacitância a uma *única* esfera de raio R feita de material condutor supondo que a "placa que falta" é uma casca esférica condutora de raio infinito. As linhas de campo que deixam a superfície de um condutor positivamente carregado devem terminar em algum lugar; as paredes da sala em que se encontra o condutor podem ser consideradas uma boa aproximação de uma esfera de raio infinito.

Para determinar a capacitância da esfera, escrevemos a Eq. 25.2.15 na forma

$$C = 4\pi\varepsilon_0 \frac{a}{1 - a/b}.$$

Fazendo $a = R$ e $b \to \infty$, obtemos

$$C = 4\pi\varepsilon_0 R \quad \text{(esfera isolada).} \qquad (25.2.16)$$

Observe que essa fórmula, como as usadas para calcular a capacitância para outras formas geométricas (Eqs. 25.2.7, 25.2.12 e 25.2.15), envolve a constante ε_0 multiplicada por uma grandeza com dimensão de comprimento.

Teste 25.2.1

No caso de capacitores carregados pela mesma bateria, a carga armazenada pelo capacitor aumenta, diminui ou permanece a mesma nas situações a seguir? (a) A distância entre as placas de um capacitor de placas paralelas aumenta. (b) O raio do cilindro interno de um capacitor cilíndrico aumenta. (c) O raio da casca externa de um capacitor esférico aumenta.

Exemplo 25.2.1 Carregamento de um capacitor de placas paralelas 25.1

Na Fig. 25.2.3*a*, a chave S é fechada para ligar um capacitor descarregado de capacitância $C = 0{,}25\ \mu\text{F}$ a uma bateria cuja diferença de potencial é $V = 12$ V. A placa inferior do capacitor tem espessura $L = 0{,}50$ cm, área $A = 2{,}0 \times 10^{-4}\ \text{m}^2$ e é feita de cobre, material no qual a densidade de elétrons de condução é $n = 8{,}49 \times 10^{28}$ elétrons/m³. De que profundidade d no interior da placa (Fig. 25.2.3*b*) elétrons se movem para a superfície da placa quando o capacitor está totalmente carregado?

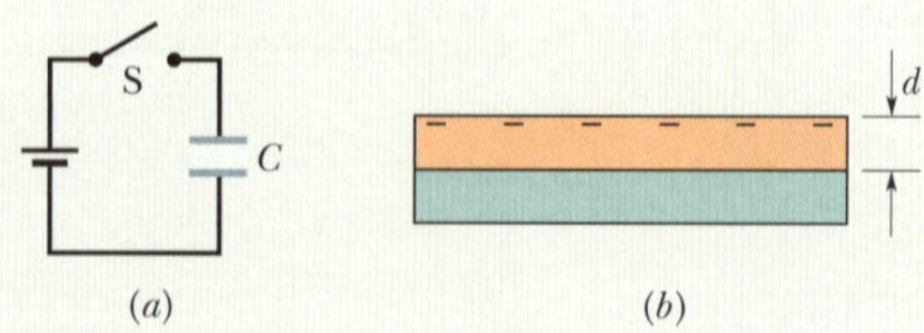

Figura 25.2.3 (*a*) Circuito com uma bateria e um capacitor. (*b*) Placa inferior do capacitor.

IDEIA-CHAVE

A carga que se acumula na placa inferior está relacionada à capacitância e à diferença de potencial entre os terminais do capacitor pela Eq. 25.1.1 ($q = CV$).

Cálculos: Como a placa inferior está ligada ao terminal negativo da bateria, elétrons de condução se movem para a superfície da placa. De acordo com a Eq. 25.1.1, a carga total que se acumula na superfície é

$$q = CV = (0{,}25 \times 10^{-6}\,\text{F})(12\,\text{V}) = 3{,}0 \times 10^{-6}\,\text{C}.$$

Dividindo esse resultado por e, obtemos o número N de elétrons de condução que se acumulam na superfície:

$$N = \frac{q}{e} = \frac{3{,}0 \times 10^{-6}\,\text{C}}{1{,}602 \times 10^{-19}\,\text{C}} = 1{,}873 \times 10^{13}\ \text{elétrons.}$$

Esses elétrons vêm de um volume que é o produto da área da placa A pela profundidade d que queremos determinar. Para esse volume, a densidade de elétrons de condução (elétrons por unidade de volume) pode ser escrita na forma

$$n = \frac{N}{Ad},$$

ou

$$d = \frac{N}{An} = \frac{1{,}873 \times 10^{13}\ \text{elétrons}}{(2{,}0 \times 10^{-4}\,\text{m}^2)(8{,}49 \times 10^{28}\ \text{elétrons/m}^3)} = 1{,}1 \times 10^{-12}\,\text{m} = 1{,}1\ \text{pm.} \qquad \text{(Resposta)}$$

Em linguagem coloquial, dizemos que a bateria carrega o capacitor fornecendo elétrons a uma placa e removendo elétrons da outra placa. Na verdade, porém, o que a bateria faz é criar um campo elétrico nos fios e na placa que desloca elétrons para a superfície superior da placa inferior e remove elétrons da superfície inferior da placa superior.

25.3 CAPACITORES EM PARALELO E EM SÉRIE

Objetivos do Aprendizado

Depois de ler este módulo, você será capaz de ...

25.3.1 Desenhar diagramas esquemáticos de um circuito com uma bateria e (a) três capacitores em paralelo e (b) três capacitores em série.

25.3.2 Saber que capacitores em paralelo estão submetidos à mesma diferença de potencial, que é a mesma a que está submetido o capacitor equivalente.

25.3.3 Calcular o capacitor equivalente de capacitores em paralelo.

25.3.4 Saber que a carga total armazenada em capacitores em paralelo é a soma das cargas armazenadas em cada capacitor.

25.3.5 Saber que capacitores em série têm a mesma carga, que é a mesma do capacitor equivalente.

25.3.6 Calcular o capacitor equivalente de capacitores em série.

25.3.7 Saber que a diferença de potencial entre as extremidades de um conjunto de capacitores em série é a soma das diferenças de potencial entre os terminais de cada capacitor.

25.3.8 No caso de um circuito formado por uma bateria e vários capacitores em série e em paralelo, simplificar o circuito por etapas, substituindo os capacitores em série e os capacitores equivalentes por capacitores equivalentes, até que a carga e a diferença de potencial entre os terminais de um único capacitor equivalente possam ser determinadas e, em seguida, inverter o processo para determinar a carga e a diferença de potencial entre os terminais de cada capacitor.

25.3.9 No caso de um circuito formado por uma bateria, uma chave aberta e um ou mais capacitores descarregados, determinar a carga que atravessa um ponto do circuito quando a chave é fechada.

25.3.10 Quando um capacitor carregado é ligado em paralelo com um ou mais capacitores descarregados, determinar a carga e a diferença de potencial entre os terminais de cada capacitor depois que o equilíbrio é atingido.

Ideia-Chave

- A capacitância equivalente C_{eq} de combinações de capacitores em paralelo e em série é dada pelas equações

$$C_{eq} = \sum_{j=1}^{n} C_j \quad (n \text{ capacitores em paralelo})$$

e

$$\frac{1}{C_{eq}} = \sum_{j=1}^{n} \frac{1}{C_j} \quad (n \text{ capacitores em série}).$$

As capacitâncias equivalentes podem ser usadas para calcular a capacitância de combinações mais complicadas de capacitores em paralelo e em série.

Capacitores em Paralelo e em Série 25.1

Os capacitores de um circuito ou de parte de um circuito às vezes podem ser substituídos por um **capacitor equivalente**, ou seja, um único capacitor com a mesma capacitância que o conjunto de capacitores. Usando essas substituições, podemos simplificar os circuitos e calcular com mais facilidade seus parâmetros. Vamos agora discutir as duas combinações básicas de capacitores que permitem fazer esse tipo de substituição.

Capacitores em Paralelo

A Fig. 25.3.1*a* mostra um circuito elétrico com três capacitores ligados *em paralelo* à bateria B. Essa descrição pouco tem a ver com o modo como os capacitores são desenhados. A expressão "em paralelo" significa que uma das placas de um dos capacitores está ligada diretamente a uma das placas dos outros capacitores, e a outra placa está ligada diretamente à outra placa dos outros capacitores, de modo que existe a mesma diferença de potencial V entre as placas dos três capacitores. (Na Fig. 25.3.1*a*, essa diferença de potencial é estabelecida pela bateria B.) No caso geral,

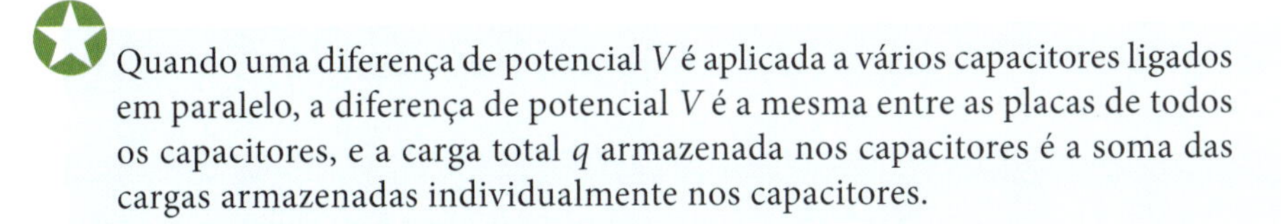
Quando uma diferença de potencial V é aplicada a vários capacitores ligados em paralelo, a diferença de potencial V é a mesma entre as placas de todos os capacitores, e a carga total q armazenada nos capacitores é a soma das cargas armazenadas individualmente nos capacitores.

Quando analisamos um circuito que contém capacitores em paralelo, podemos simplificá-lo usando a seguinte regra:

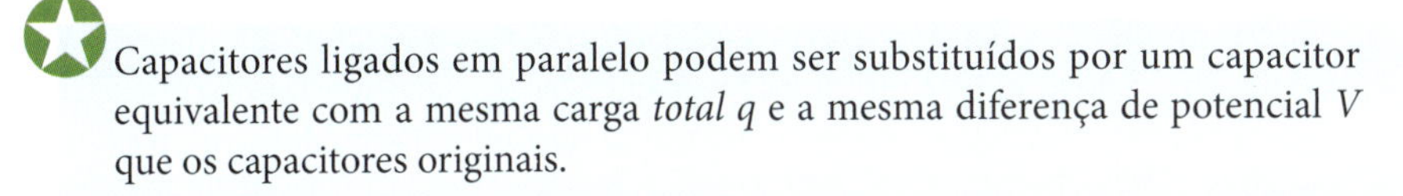
Capacitores ligados em paralelo podem ser substituídos por um capacitor equivalente com a mesma carga *total* q e a mesma diferença de potencial V que os capacitores originais.

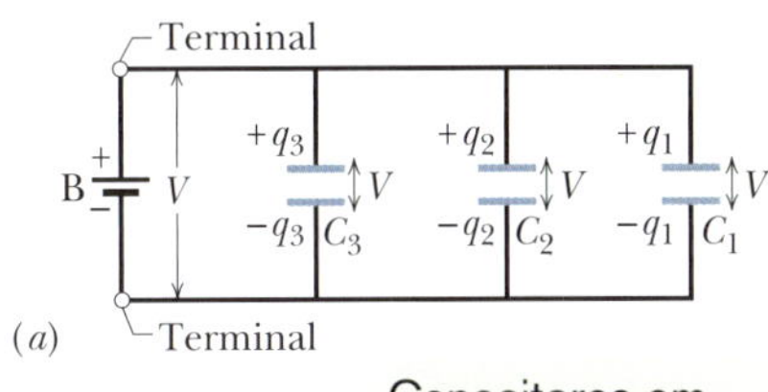

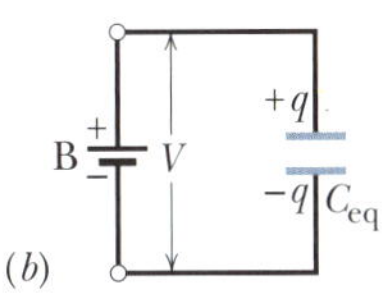

Figura 25.3.1 (*a*) Três capacitores ligados em paralelo a uma bateria B. A bateria estabelece uma diferença de potencial V entre seus terminais e, portanto, entre os terminais dos capacitores. (*b*) Os três capacitores podem ser substituídos por um capacitor equivalente de capacitância C_{eq}.

A Fig. 25.3.1*b* mostra o capacitor equivalente (com uma capacitância equivalente C_{eq}) usado para substituir os três capacitores (de capacitâncias C_1, C_2 e C_3) da Fig. 25.3.1*a*.

Para obter o valor de C_{eq} na Fig. 25.3.1*b*, usamos a Eq. 25.1.1 para determinar a carga dos capacitores:

$$q_1 = C_1V, \quad q_2 = C_2V \quad \text{e} \quad q_3 = C_3V.$$

A carga total dos capacitores da Fig. 25.3.1*a* é, portanto,

$$q = q_1 + q_2 + q_3 = (C_1 + C_2 + C_3)V.$$

A capacitância equivalente, com a mesma carga total q e a mesma diferença de potencial V que os capacitores originais, é, portanto,

$$C_{eq} = \frac{q}{V} = C_1 + C_2 + C_3,$$

um resultado que pode ser facilmente generalizado para um número arbitrário n de capacitores:

$$C_{eq} = \sum_{j=1}^{n} C_j \quad (n \text{ capacitores em paralelo}). \tag{25.3.1}$$

Assim, para obter a capacitância equivalente de uma combinação de capacitores em paralelo, basta somar as capacitâncias individuais.

Capacitores em Série

A Fig. 25.3.2*a* mostra três capacitores ligados *em série* à bateria B. Essa descrição pouco tem a ver com o modo como os capacitores são desenhados. A expressão "em série" significa que os capacitores são ligados em sequência, um após outro, e uma diferença de potencial V é aplicada às extremidades do conjunto. (Na Fig. 25.3.2*a*, a diferença de potencial V é estabelecida pela bateria B.) As diferenças de potencial entre as placas dos capacitores fazem com que todos armazenem a mesma carga q.

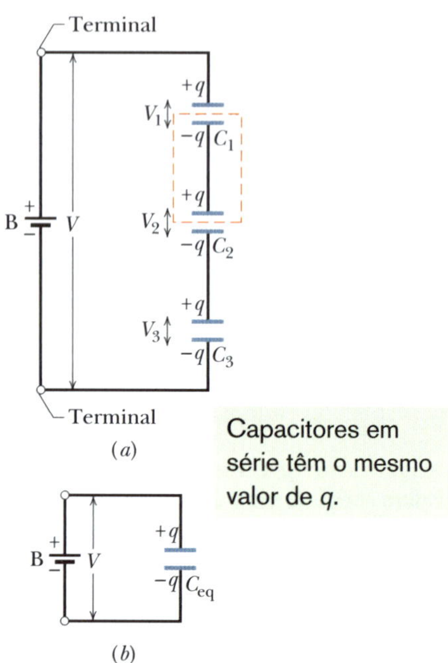

Figura 25.3.2 (*a*) Três capacitores ligados em série a uma bateria B. A bateria estabelece uma diferença de potencial V entre a placa superior e a placa inferior da combinação em série. (*b*) Os três capacitores podem ser substituídos por um capacitor equivalente de capacitância C_{eq}.

Quando uma diferença de potencial V é aplicada a vários capacitores ligados em série, a carga q armazenada é a mesma em todos os capacitores, e a soma das diferenças de potencial entre as placas dos capacitores é igual à diferença de potencial aplicada V.

Podemos explicar por que todos os capacitores armazenam a mesma carga acompanhando uma *reação em cadeia* de eventos, na qual o carregamento de um capacitor provoca o carregamento do capacitor seguinte. Começamos com o capacitor 3 e continuamos até chegar ao capacitor 1. Quando a bateria é ligada aos capacitores em série, ela faz com que uma carga $-q$ se acumule na placa inferior do capacitor 3. Essa carga repele as cargas negativas da placa superior do capacitor 3, deixando-a com uma carga $+q$. A carga que foi repelida é transferida para a placa inferior do capacitor 2, fazendo com que acumule uma carga $-q$. Essa carga repele as cargas negativas da placa superior do capacitor 2, deixando-a com uma carga $+q$. A carga que foi repelida é transferida para a placa inferior do capacitor 1, fazendo com que acumule uma carga $-q$. Finalmente, essa carga repele as cargas negativas da placa superior do capacitor 1, deixando-a com uma carga $+q$.

Dois fatos importantes a respeito dos capacitores em série são os seguintes:

1. Quando a carga é transferida de um capacitor para outro em um conjunto de capacitores em série, deve haver apenas um percurso para a carga, como o percurso da placa superior do capacitor 3 para a placa inferior do capacitor 2 na Fig. 25.3.2*a*. Quando houver mais de um percurso, isso significa que os capacitores não estão em série.
2. A bateria produz cargas apenas nas duas placas às quais está ligada diretamente (no caso da Fig. 25.3.2*a*, a placa inferior do capacitor 3 e a placa superior do capacitor 1). As cargas produzidas nas outras placas se devem ao deslocamento de cargas já existentes nessas placas. Assim, por exemplo, na Fig. 25.3.2*a*, a parte do circuito envolvida por linhas tracejadas está isolada eletricamente do resto do circuito e, portanto, a carga total dessa parte do circuito não pode ser modificada pela bateria, embora possa ser redistribuída.

Quando analisamos um circuito que contém capacitores em série, podemos simplificá-lo usando a seguinte regra:

Capacitores ligados em série podem ser substituídos por um capacitor equivalente com a mesma carga q e a mesma diferença de potencial *total* V que os capacitores originais.

A Fig. 25.3.2*b* mostra o capacitor equivalente (com uma capacitância equivalente C_{eq}) usado para substituir os três capacitores (de capacitâncias C_1, C_2 e C_3) da Fig. 25.3.2*a*.

Para obter o valor de C_{eq} na Fig. 25.3.2*b*, usamos a Eq. 25.1.1 para determinar as diferenças de potencial entre as placas dos capacitores:

$$V_1 = \frac{q}{C_1}, \quad V_2 = \frac{q}{C_2} \quad \text{e} \quad V_3 = \frac{q}{C_3}.$$

A diferença de potencial total V produzida pela bateria é a soma das três diferenças de potencial. Assim,

$$V = V_1 + V_2 + V_3 = q\left(\frac{1}{C_1} + \frac{1}{C_2} + \frac{1}{C_3}\right).$$

A capacitância equivalente é, portanto,

$$C_{eq} = \frac{q}{V} = \frac{1}{1/C_1 + 1/C_2 + 1/C_3},$$

ou

$$\frac{1}{C_{eq}} = \frac{1}{C_1} + \frac{1}{C_2} + \frac{1}{C_3},$$

um resultado que pode ser facilmente generalizado para um número arbitrário n de capacitores, como

$$\frac{1}{C_{eq}} = \sum_{j=1}^{n} \frac{1}{C_j} \quad (n \text{ capacitores em série}). \tag{25.3.2}$$

Usando a Eq. 25.3.2, é fácil mostrar que a capacitância equivalente de dois ou mais capacitores ligados em série é sempre *menor* que a menor capacitância dos capacitores individuais.

Teste 25.3.1

Uma bateria de potencial V armazena uma carga q em uma combinação de dois capacitores iguais. Determine a diferença de potencial e a carga em cada capacitor (a) se os capacitores estiverem ligados em paralelo e (b) se os capacitores estiverem ligados em série.

Exemplo 25.3.1 Capacitores em paralelo e em série

(a) Determine a capacitância equivalente da combinação de capacitores que aparece na Fig. 25.3.3*a*, à qual é aplicada uma diferença de potencial V. Os valores das capacitâncias são os seguintes:

$$C_1 = 12{,}0\ \mu\text{F}, \quad C_2 = 5{,}30\ \mu\text{F} \quad \text{e} \quad C_3 = 4{,}50\ \mu\text{F}.$$

IDEIA-CHAVE

Capacitores ligados em paralelo podem ser substituídos por um capacitor equivalente, e capacitores ligados em série podem ser substituídos por um capacitor equivalente. Assim, a primeira coisa a fazer é verificar se no circuito da Fig. 25.3.3*a* existem capacitores em paralelo e/ou em série.

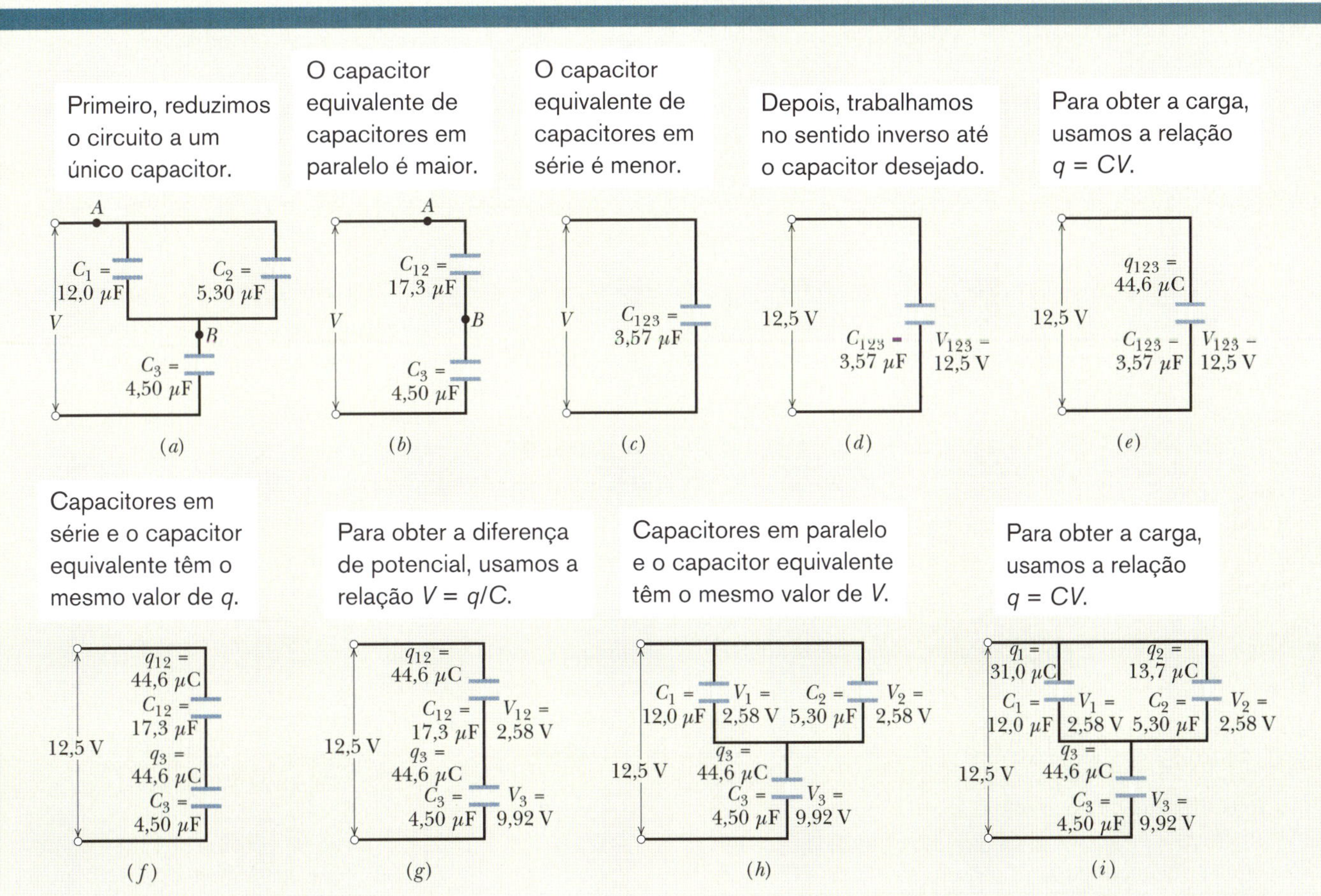

Figura 25.3.3 (*a*) a (*d*) Três capacitores são reduzidos a um capacitor equivalente. (*e*) a (*i*) Para calcular as cargas, trabalhamos no sentido inverso.

Determinação da capacitância equivalente: Os capacitores 1 e 3 estão ligados um após o outro, mas será que estão ligados em série? A resposta é negativa. O potencial V aplicado aos capacitores faz com que uma carga se acumule na placa inferior do capacitor 3. Essa carga faz com que uma carga de mesmo valor absoluto deixe a placa superior do capacitor 3. Observe, porém, que essa carga se divide entre as placas inferiores dos capacitores 1 e 2. Como existe mais de um caminho para a carga, o capacitor 3 não está em série com o capacitor 1 (nem com o capacitor 2).

Os capacitores 1 e 2 estão em paralelo? A resposta é afirmativa. As placas superiores dos dois capacitores estão ligadas entre si, o que também acontece com as placas inferiores; desse modo, existe a mesma diferença de potencial entre as placas do capacitor 1 e entre as placas do capacitor 2. Uma vez que os capacitores 1 e 2 estão em paralelo, a capacitância equivalente C_{12} dos dois capacitores, de acordo com a Eq. 25.3.1, é dada por

$$C_{12} = C_1 + C_2 = 12{,}0\ \mu\text{F} + 5{,}30\ \mu\text{F} = 17{,}3\ \mu\text{F}.$$

Na Fig. 25.3.3*b*, substituímos os capacitores 1 e 2 pelo capacitor equivalente dos dois capacitores, que chamamos de capacitor 12 (pronunciado como "um dois" e não como "doze"). (As ligações ao resto do circuito nos pontos A e B são as mesmas nas Figs. 25.3.3*a* e *b*.)

O capacitor 12 está em série com o capacitor 3? Aplicando novamente o teste para capacitores em série, vemos que toda a carga que deixa a placa superior do capacitor 3 vai para a placa inferior do capacitor 12. Assim, o capacitor 12 e o capacitor 3 estão em série e podem ser substituídos por um capacitor equivalente C_{123} ("um dois três"), como mostra a Fig. 25.3.3*c*. De acordo com a Eq. 25.3.2, temos

$$\frac{1}{C_{123}} = \frac{1}{C_{12}} + \frac{1}{C_3}$$

$$= \frac{1}{17{,}3\ \mu\text{F}} + \frac{1}{4{,}50\ \mu\text{F}} = 0{,}280\ \mu\text{F}^{-1},$$

e, portanto,

$$C_{123} = \frac{1}{0{,}280\ \mu\text{F}^{-1}} = 3{,}57\ \mu\text{F}. \qquad \text{(Resposta)}$$

(b) A diferença de potencial aplicada aos terminais de entrada da Fig. 25.3.3*a* é $V = 12{,}5$ V. Qual é a carga de C_1?

IDEIAS-CHAVE

Agora estamos interessados em calcular a carga de um dos capacitores a partir da capacitância equivalente. Para percorrer esse "caminho inverso", utilizamos dois princípios: (1) A carga de capacitores em série é igual à carga do capacitor equivalente. (2) A diferença de potencial de capacitores em paralelo é igual à diferença do capacitor equivalente.

Caminho inverso: Para calcular a carga q_1 do capacitor 1, devemos chegar a esse capacitor pelo caminho inverso, começando com o capacitor equivalente C_{123}. Como a diferença de potencial dada ($V = 12{,}5$) é aplicada ao conjunto de três capacitores da Fig. 25.3.3*a*, também é aplicada ao capacitor equivalente das Figs. 25.3.3*d* e *e*. Assim, de acordo com a Eq. 25.1.1 ($q = CV$), temos

$$q_{123} = C_{123}V = (3{,}57\ \mu\text{F})(12{,}5\ \text{V}) = 44{,}6\ \mu\text{C}.$$

Os capacitores em série 12 e 3 da Fig. 25.3.3*b* têm a mesma carga que o capacitor equivalente 123 (Fig. 25.3.3*f*). Assim, a carga do capacitor 12 é $q_{12} = q_{123} = 44{,}6\ \mu$C. De acordo com a Eq. 25.1.1 e a Fig. 25.3.3*g*, a diferença de potencial entre as placas do capacitor 12 é

$$V_{12} = \frac{q_{12}}{C_{12}} = \frac{44{,}6\ \mu\text{C}}{17{,}3\ \mu\text{F}} = 2{,}58\ \text{V}.$$

Os capacitores 1 e 2 têm a mesma diferença de potencial entre as placas que o capacitor equivalente 12 (Fig. 25.3.3*h*). Assim, a diferença de potencial entre as placas do capacitor 1 é $V_1 = V_{12} = 2{,}58$ V e, de acordo com a Eq. 25.1.1 e a Fig. 25.3.3*i*, a carga do capacitor 1 é

$$q_1 = C_1V_1 = (12{,}0\ \mu\text{F})(2{,}58\ \text{V})$$
$$= 31{,}0\ \mu\text{C}. \qquad \text{(Resposta)}$$

Exemplo 25.3.2 Um capacitor carregando outro capacitor 25.2

O capacitor 1, com $C_1 = 3{,}55\ \mu$C, é carregado com uma diferença de potencial $V_0 = 6{,}30$ V por uma bateria de 6,30 V. A bateria é removida e o capacitor é ligado, como na Fig. 25.3.4, a um capacitor descarregado 2, com $C_2 = 8{,}95\ \mu$F. Quando a chave S é fechada, parte da carga de um dos capacitores é transferida para o outro. Determine a carga dos capacitores depois que o equilíbrio é atingido.

IDEIAS-CHAVE

A situação é diferente da do exemplo anterior porque, no caso atual, o potencial elétrico a que os dois capacitores estão submetidos *não* permanece constante durante todo o processo. No momento em que a chave S é fechada, o único potencial aplicado é o potencial do capacitor 1 sobre o capacitor 2, e esse potencial diminui com o tempo. Portanto, nesse momento os capacitores da Fig. 25.3.4 não estão ligados nem *em série* nem *em paralelo*.

Enquanto o potencial elétrico entre os terminais do capacitor 1 diminui, o potencial elétrico entre os terminais do capacitor 2

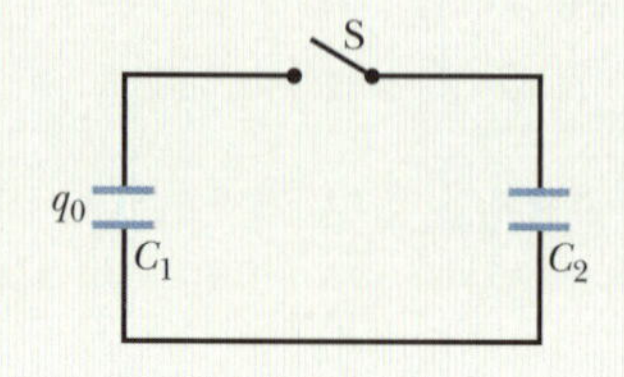

Figura 25.3.4 Uma diferença de potencial V_0 é aplicada ao capacitor C_1 e a bateria é removida. Em seguida, a chave S é fechada para que a carga do capacitor 1 seja compartilhada com o capacitor 2.

aumenta. O equilíbrio é atingido quando os dois potenciais são iguais, pois nesse caso, não existindo uma diferença de potencial entre as placas dos capacitores que estão ligadas entre si, não existe campo elétrico para fazer os elétrons se moverem. Isso significa que a carga inicial do capacitor 1 se redistribui entre os dois capacitores.

Cálculos: De acordo com a Eq. 25.1.1, a carga adquirida pelo capacitor 1 quando estava ligado à bateria é dada por

$$q_0 = C_1V_0 = (3{,}55 \times 10^{-6}\,\text{F})(6{,}30\,\text{V}) = 22{,}365 \times 10^{-6}\,\text{C}.$$

Quando a chave S da Fig. 25.3.4 é fechada e o capacitor 1 começa a carregar o capacitor 2, o potencial elétrico e a carga do capacitor 1 diminuem e o potencial elétrico e a carga do capacitor 2 aumentam até que

$$V_1 = V_2 \quad \text{(equilíbrio)}.$$

De acordo com a Eq. 25.1.1, essa equação pode ser escrita na forma

$$\frac{q_1}{C_1} = \frac{q_2}{C_2} \quad \text{(equilíbrio)}.$$

Como a carga total permanece inalterada, devemos ter

$$q_1 + q_2 = q_0 \quad \text{(conservação da carga)};$$

então

$$q_2 = q_0 - q_1.$$

Assim, a segunda equação de equilíbrio pode ser escrita na forma

$$\frac{q_1}{C_1} = \frac{q_0 - q_1}{C_2}.$$

Explicitando q_1 e substituindo os valores conhecidos, obtemos

$$q_1 = 6{,}35\ \mu\text{C}. \qquad \text{(Resposta)}$$

O restante da carga inicial (q_0 = 22,365 μC) deve estar no capacitor 2:

$$q_2 = 16{,}0\ \mu\text{C}. \qquad \text{(Resposta)}$$

25.4 ENERGIA ARMAZENADA EM UM CAMPO ELÉTRICO

Objetivos do Aprendizado

Depois de ler este módulo, você será capaz de ...

25.4.1 Conhecer a relação entre o trabalho necessário para carregar um capacitor e a energia potencial do capacitor.

25.4.2 Conhecer a relação entre a energia potencial U, a capacitância C e a diferença de potencial V de um capacitor.

25.4.3 Conhecer a relação entre a energia potencial, o volume interno e a densidade de energia interna de um capacitor.

25.4.4 Conhecer a relação entre a densidade de energia potencial u e o módulo E de um campo elétrico.

25.4.5 Explicar por que podem ocorrer explosões em nuvens de pó.

Ideias-Chave

- A energia potencial elétrica U de um capacitor carregado,

$$U = \frac{q^2}{2c} = \tfrac{1}{2}CV^2,$$

é igual ao trabalho necessário para carregar o capacitor. Essa energia pode ser associada ao campo elétrico $\vec{E}$ do capacitor.

- A todo campo elétrico, entre as placas de um capacitor ou em qualquer outro lugar, está associada uma energia. No vácuo, a densidade de energia u (energia potencial por unidade de volume) associada a um campo elétrico de módulo E é dada por

$$u = \tfrac{1}{2}\varepsilon_0 E^2.$$

Energia Armazenada em um Campo Elétrico (BT) 25.3

Para que um capacitor se carregue, é preciso que um agente externo execute um trabalho. Imagine que, usando "pinças mágicas", você pudesse remover elétrons de uma das placas de um capacitor inicialmente descarregado e depositá-los na outra placa, um de cada vez. O campo elétrico que essa transferência produz no espaço entre as placas tem um sentido tal que se opõe a novas transferências de carga. Assim, à medida que a carga fosse sendo acumulada nas placas do capacitor, seria necessário realizar um trabalho cada vez maior para transferir novos elétrons. Na vida real, o trabalho não é executado por "pinças mágicas", mas por uma bateria, à custa de uma reserva de energia química. Podemos dizer que esse trabalho é convertido na energia potencial do campo elétrico que existe no espaço entre as placas de um capacitor carregado.

Suponha que, em um dado instante, uma carga q' tenha sido transferida de uma placa de um capacitor para a outra. A diferença de potencial V' entre as placas nesse instante é q'/C. De acordo com a Eq. 24.1.6, se uma carga adicional dq' é transferida, o trabalho adicional necessário para a transferência é dado por

$$dW = V'\,dq' = \frac{q'}{C}\,dq'.$$

O trabalho necessário para carregar o capacitor com uma carga final q é dado por

$$W = \int dW = \frac{1}{C}\int_0^q q'\,dq' = \frac{q^2}{2C}.$$

Como esse trabalho é convertido em energia potencial U do capacitor, temos

$$U = \frac{q^2}{2C} \quad \text{(energia potencial).} \qquad (25.4.1)$$

De acordo com a Eq. 25.1.1, a Eq. 25.4.1 também pode ser escrita na forma

$$U = \tfrac{1}{2}CV^2 \quad \text{(energia potencial).} \qquad (25.4.2)$$

As Eqs. 25.4.1 e 25.4.2 são válidas, qualquer que seja a forma geométrica do capacitor.

Para entender melhor o fenômeno do armazenamento de energia em capacitores, considere dois capacitores de placas paralelas de características iguais, exceto pelo fato de que a distância entre as placas do capacitor 1 é duas vezes maior que a distância entre as placas do capacitor 2. Nesse caso, o volume entre as placas do capacitor 1 é duas vezes maior que o volume entre as placas do capacitor 2 e, de acordo com a Eq. 25.2.7, a capacitância do capacitor 2 é duas vezes maior que a do capacitor 1. Segundo a Eq. 25.2.2, se os dois capacitores possuem a mesma carga q, os campos elétricos entre as placas são iguais e, de acordo com a Eq. 25.4.1, a energia armazenada no capacitor 1 é duas vezes maior que a energia do capacitor 2. Assim, se dois capacitores com a mesma forma geométrica têm a mesma carga e, portanto, o mesmo campo elétrico entre as placas, aquele que tem um volume duas vezes maior possui uma energia armazenada duas vezes maior. Análises como essa confirmam nossa afirmação anterior:

A energia potencial armazenada em um capacitor carregado está associada ao campo elétrico que existe entre as placas.

Explosões de Nuvens de Pó 25.1

Como vimos no Módulo 24.8, quando uma pessoa entra em contato com alguns objetos, como um suéter de lã, um tapete ou mesmo um escorrega de plástico, ela pode adquirir uma carga elétrica considerável. Essa carga pode ser suficiente para produzir uma centelha quando a pessoa aproxima a mão de um corpo aterrado, como uma torneira, por exemplo. Em muitas indústrias que trabalham com pós, como as de alimentos e de cosméticos, centelhas desse tipo podem ser muito perigosas. Mesmo que a substância de que é feito o pó não seja inflamável, quando pequenos grãos estão em suspensão no ar e, portanto, cercados de oxigênio, podem queimar tão depressa que a nuvem de pó explode. A Fig. 25.4.1 mostra o resultado de uma dessas explosões. Os engenheiros de segurança não podem eliminar todas as causas possíveis de centelhas nas indústrias que lidam com pós, mas procuram manter a quantidade de energia disponível nas centelhas bem abaixo do valor limite U_l ($\approx$ 150 mJ) acima do qual os grãos de pó se incendeiam.

Figura 25.4.1 Resultado de uma explosão de grãos.

Densidade de Energia 25.3

Em um capacitor de placas paralelas, desprezando o efeito das bordas, o campo elétrico tem o mesmo valor em todos os pontos situados entre as placas. Assim, a **densidade de energia** u, ou seja, a energia potencial por unidade de volume no espaço entre as placas, também é uniforme. Podemos calcular u dividindo a energia potencial total pelo volume Ad do espaço entre as placas. De acordo com a Eq. 25.4.2, temos

$$u = \frac{U}{Ad} = \frac{CV^2}{2Ad}. \tag{25.4.3}$$

De acordo com a Eq. 25.2.7 ($C = \varepsilon_0 A/d$), este resultado pode ser escrito na forma

$$u = \tfrac{1}{2}\varepsilon_0 \left(\frac{V}{d}\right)^2. \tag{25.4.4}$$

Além disso, de acordo com a Eq. 24.6.5 ($E = -\Delta V/\Delta s$), V/d é igual ao módulo do campo elétrico E, e, portanto,

$$u = \tfrac{1}{2}\varepsilon_0 E^2 \quad \text{(densidade de energia)}. \tag{25.4.5}$$

Embora tenhamos chegado a este resultado para o caso particular de um capacitor de placas paralelas, ele se aplica a qualquer campo elétrico. Se existe um campo elétrico $\vec{E}$ em um ponto do espaço, podemos pensar nesse ponto como uma fonte de energia potencial elétrica cujo valor por unidade de volume é dado pela Eq. 25.4.5.

Teste 25.4.1

Os capacitores 1 e 2, nos quais existe apenas ar entre as placas, são iguais, exceto pelo fato de que a distância entre as placas do capacitor 1 é o dobro da distância entre as placas do capacitor 1: $d_1 = 2d_2$. Suponha que os dois capacitores recebem a mesma carga. (a) Qual é a relação entre os campos elétricos entre as placas dos dois capacitores: $E_1 > E_2$, $E_1 < E_2$ ou $E_1 = E_2$? (b) Qual é a relação entre os volumes dos dois capacitores: $\text{Vol}_1 = \text{Vol}_2$, $\text{Vol}_1 = 2\text{Vol}_2$ ou $\text{Vol}_1 = \text{Vol}_2/2$? (c) Qual é a relação entre as energias potenciais dos dois capacitores: $U_1 = U_2$, $U_1 = 2U_2$ ou $U_1 = U_2/2$?

Exemplo 25.4.1 Fogo em uma maca de hospital

Muitas vezes, as vítimas de queimaduras são tratadas em uma câmara que contém ar enriquecido em oxigênio, conhecida como câmara hiperbárica (Fig. 25.4.2*a*). Quando a sessão de tratamento termina, um enfermeiro puxa a maca em que está o paciente para fora da câmara e a coloca em um carrinho. Em pelo menos duas ocasiões, a maca pegou fogo na extremidade que deixou a câmara por último. Obviamente, uma maca em chamas na qual se encontra um paciente é um acidente perigoso e, obviamente, uma alta concentração de oxigênio facilita a propagação das chamas, mas a questão é a seguinte: o que fez o fogo começar?

Os investigadores constataram que houve uma separação de cargas entre a pele do paciente, a camisola de hospital que o paciente estava usando e o lençol da maca, e que o incêndio começou quando 10% da maca ainda estavam dentro da câmara. Eles descobriram também que a maca e a armação de metal abaixo da câmara formaram um capacitor de placas paralelas (Fig. 25.4.2*b*) de capacitância $C_i = 250$ pF. Será que a descarga do capacitor tinha produzido uma centelha, inflamando a maca? Medidas feitas no local revelaram que uma centelha só poderia acontecer se a diferença de potencial V entre a maca e a armação de metal fosse maior que 2.000 V e que a centelha poderia provocar um incêndio apenas se a energia potencial U do capacitor fosse maior que 0,20 mJ. Entretanto, a diferença de potencial entre a maca e a armação era apenas $V_i = 600$ V, insuficiente para produzir uma centelha.

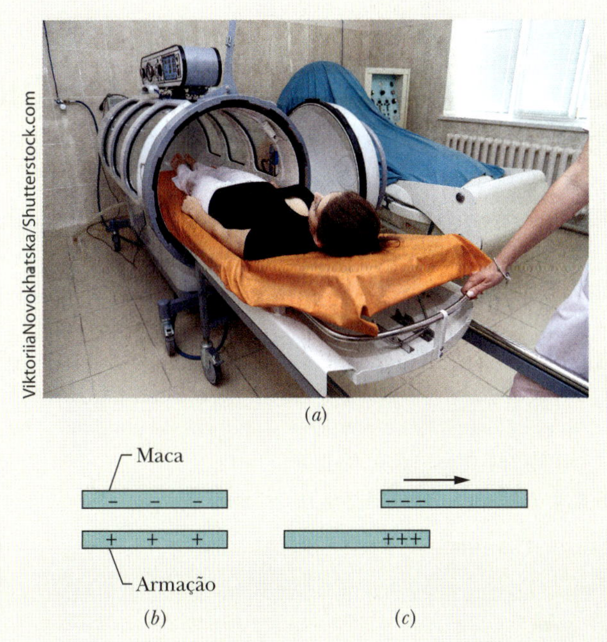

Figura 25.4.2 (*a*) Câmara hiperbárica. (*b*) A maca e a armação de metal da câmara formam um capacitor que é carregado por cargas eletrostáticas espúrias. (*c*) Durante a remoção da maca, a carga se acumula em uma região cada vez menor.

(a) Quando a maca foi removida da câmara, a área comum entre a maca e a armação diminuiu progressivamente (Fig. 25.4.2*c*). Isso significa que a área efetiva das placas do capacitor diminuiu em relação ao valor inicial A_i. Qual era a diferença de potencial V_f quando a área efetiva das placas era $A_f = 0{,}10A_i$?

IDEIAS-CHAVE

(1) A diferença de potencial V entre as placas de um capacitor está relacionada à carga q e à capacitância C por meio da equação $q = CV$. (2) Enquanto a maca estava sendo retirada da câmara, a carga não mudou. (3) A capacitância de um capacitor de placas paralelas está relacionada à área das placas por meio da equação $C = \varepsilon_0 A/d$.

Cálculos: De acordo com a Eq. 25.1.1,

$$q = C_i V_i = C_f V_f$$

e, portanto,

$$V_f = \frac{C_i}{C_f} V_i.$$

Temos também:

$$C_f = \frac{\varepsilon_0 A_f}{d} = \frac{\varepsilon_0 (0{,}10 A_i)}{d}$$

$$= 0{,}10 \frac{\varepsilon_0 A_i}{d} = 0{,}10 C_i.$$

Combinando as duas equações, obtemos

$$V_f = \frac{C_i}{0{,}10 C_i} V_i = 10 V_i = (10)(600 \text{ V})$$

$$= 6.000 \text{ V}.$$

Enquanto a maca estava sendo retirada, a diferença de potencial aumentou porque a carga se acumulou em uma área cada vez menor. Quando a área do capacitor diminui para 10% do valor inicial, a tensão chegou a um valor $V_f = 6.000$ V, mais que suficiente para produzir uma centelha.

(b) Qual era a energia potencial U_f do capacitor no instante em que a área das placas era $0{,}10A_i$?

IDEIA-CHAVE

A energia U armazenada em um capacitor está relacionada à capacitância C e à diferença de potencial V por meio da equação $U = \frac{1}{2}CV^2$.

Cálculo: Para $C_f = 0{,}10C_i$, temos:

$$U_f = \tfrac{1}{2} C_f V_f^2 = \tfrac{1}{2}(0{,}10 C_i) V_f^2$$

$$= \tfrac{1}{2}(0{,}10)(250 \times 10^{-12} \text{ F})(6.000 \text{ V})^2$$

$$= 4{,}5 \times 10^{-4} \text{ J} = 0{,}45 \text{ mJ}.$$

Este resultado mostra que a energia armazenada no capacitor era suficiente para incendiar a maca. Os investigadores concluíram que o incêndio na maca foi produzido pelo capacitor maca-armação quando, durante a remoção da maca, a carga do capacitor se aglomerou em uma região cada vez menor.

25.5 CAPACITOR COM UM DIELÉTRICO

Objetivos do Aprendizado

Depois de ler este módulo, você será capaz de ...

25.5.1 Saber que a capacitância aumenta quando um dielétrico é colocado entre as placas de um capacitor.

25.5.2 Calcular a capacitância de um capacitor com e sem um dielétrico.

25.5.3 No caso de uma região que contém um dielétrico com uma constante dielétrica κ, saber que, em todas as equações da eletrostática que envolvem a constante elétrica ε_0, essa constante deve ser substituída por $\kappa\varepsilon_0$.

25.5.4 Dar alguns exemplos de dielétricos.

25.5.5 Saber a diferença entre a introdução de um dielétrico entre as placas de um capacitor que está ligado a uma bateria e a introdução de um dielétrico entre as placas de um capacitor que não está ligado a uma bateria.

25.5.6 Saber a diferença entre dielétricos polares e dielétricos apolares.

25.5.7 Explicar o que acontece com o campo elétrico entre as placas de um capacitor carregado quando um dielétrico é introduzido em termos do que acontece com os átomos do dielétrico.

Ideias-Chave

- Se o espaço (inicialmente vazio) entre as placas de um capacitor é totalmente preenchido por um dielétrico, a capacitância C do capacitor é multiplicada pela constante dielétrica κ do material, que é sempre maior que 1.
- Em uma região que contém um dielétrico, todas as equações da eletrostática que envolvem a constante elétrica ε_0 devem ser modificadas; a modificação consiste em substituir ε_0 por $\kappa\varepsilon_0$.
- Quando um dielétrico é submetido a um campo elétrico, é produzido um campo elétrico interno que se opõe ao campo aplicado, reduzindo o valor do campo elétrico total no interior do material.
- Quando um dielétrico é introduzido entre as placas de um capacitor carregado que não está ligado a um circuito, o campo elétrico da região entre as placas diminui.

Capacitor com um Dielétrico 25.2 e 25.3

Quando preenchemos o espaço entre as placas de um capacitor com um *dielétrico*, que é um material isolante como plástico ou óleo mineral, o que acontece com a capacitância? O cientista inglês Michael Faraday, a quem devemos o conceito de capacitância (a unidade de capacitância do SI recebeu o nome de farad em sua homenagem), foi o primeiro a investigar o assunto, em 1837. Usando um equipamento simples como o que aparece na Fig. 25.5.1, Faraday constatou que a capacitância era *multiplicada* por um fator numérico κ, que chamou de **constante dielétrica** do material isolante. A Tabela 25.5.1 mostra alguns materiais dielétricos e as respectivas constantes dielétricas. Por definição, a constante dielétrica do vácuo é igual à unidade. Como o ar é constituído principalmente de espaço vazio, sua constante dielétrica é apenas ligeiramente maior que a do vácuo. Até mesmo o papel comum pode aumentar significativamente a capacitância de um capacitor, e algumas substâncias, como o titanato de estrôncio, podem fazer a capacitância aumentar mais de duas ordens de grandeza.

Outro efeito da introdução de um dielétrico é limitar a diferença de potencial que pode ser aplicada entre as placas a um valor $V_{máx}$, chamado *potencial de ruptura*. Quando esse valor é excedido, o material dielétrico sofre um processo conhecido como ruptura e passa a permitir a passagem de cargas de uma placa para a outra. A todo material dielétrico pode ser atribuída uma *rigidez dielétrica*, que corresponde ao máximo valor do campo elétrico que o material pode tolerar sem que ocorra o processo de ruptura. Alguns valores de rigidez dielétrica aparecem na Tabela 25.5.1.

Como observamos logo após a Eq. 25.2.16, a capacitância de qualquer capacitor quando a região entre as placas está vazia (ou, aproximadamente, quando existe apenas ar) pode ser escrita na forma

$$C = \varepsilon_0 \mathscr{L}, \tag{25.5.1}$$

em que $\mathscr{L}$ tem dimensão de comprimento. No caso de um capacitor de placas paralelas, por exemplo, $\mathscr{L} = A/d$. Faraday descobriu que, se um dielétrico preenche *totalmente* o espaço entre as placas, a Eq. 25.5.1 se torna

$$C = \kappa\varepsilon_0 \mathscr{L} = \kappa C_{ar}, \tag{25.5.2}$$

em que C_{ar} é o valor da capacitância com apenas ar entre as placas. Quando o material é titanato de estrôncio, por exemplo, que possui uma constante dielétrica de 310, a capacitância é multiplicada por 310.

Tabela 25.5.1 Propriedades de Alguns Dielétricos[a]

Material	Constante Dielétrica κ	Rigidez Dielétrica (kV/mm)
Ar (1 atm)	1,00054	3
Poliestireno	2,6	24
Papel	3,5	16
Óleo de transformador	4,5	
Pirex	4,7	14
Mica rubi	5,4	
Porcelana	6,5	
Silício	12	
Germânio	16	
Etanol	25	
Água (20 °C)	80,4	
Água (25 °C)	78,5	
Titânia (TiO_2)	130	
Titanato de estrôncio	310	8

Para o vácuo, $\kappa = 1$.

[a]Medidas à temperatura ambiente, exceto no caso da água.

The Royal Institute, England/Bridgeman Art Library/NY

Figura 25.5.1 Equipamento usado por Faraday em suas experiências com capacitores. O dispositivo completo (o segundo da esquerda para a direita) é um capacitor esférico formado por uma esfera central de bronze e uma casca concêntrica feita do mesmo material. Faraday colocou vários dielétricos diferentes no espaço entre a esfera e a casca.

A Fig. 25.5.2 mostra, de forma esquemática, os resultados dos experimentos de Faraday. Na Fig. 25.5.2*a*, a bateria mantém uma diferença de potencial V entre as placas. Quando uma placa de dielétrico é introduzida entre as placas, a carga q das placas é multiplicada por κ; a carga adicional é fornecida pela bateria. Na Fig. 25.5.2*b*, não há nenhuma bateria e, portanto, a carga q não muda quando a placa de dielétrico é introduzida; nesse caso, a diferença de potencial V entre as placas é dividida por κ. As duas observações são compatíveis (por meio da relação $q = CV$) com um aumento da capacitância causado pela presença do dielétrico.

A comparação das Eqs. 25.5.1 e 25.5.2 sugere que o efeito de um dielétrico pode ser descrito da seguinte forma:

> Em uma região totalmente preenchida por um material dielétrico de constante dielétrica κ, a constante elétrica ε_0 deve ser substituída por $\kappa\varepsilon_0$ em todas as equações.

Assim, o módulo do campo elétrico produzido por uma carga pontual no interior de um dielétrico é dado pela seguinte forma modificada na Eq. 23.6.1:

$$E = \frac{1}{4\pi\kappa\varepsilon_0}\frac{q}{r^2}. \tag{25.5.3}$$

Do mesmo modo, a expressão do campo elétrico nas proximidades da superfície de um condutor imerso em um dielétrico (ver Eq. 23.3.1) é a seguinte:

$$E = \frac{\sigma}{\kappa\varepsilon_0}. \tag{25.5.4}$$

Como κ é sempre maior que a unidade, as Eqs. 25.5.3 e 25.5.4 mostram que, *para uma dada distribuição de carga, o efeito de um dielétrico é diminuir o valor do campo elétrico* que existe no espaço entre as cargas.

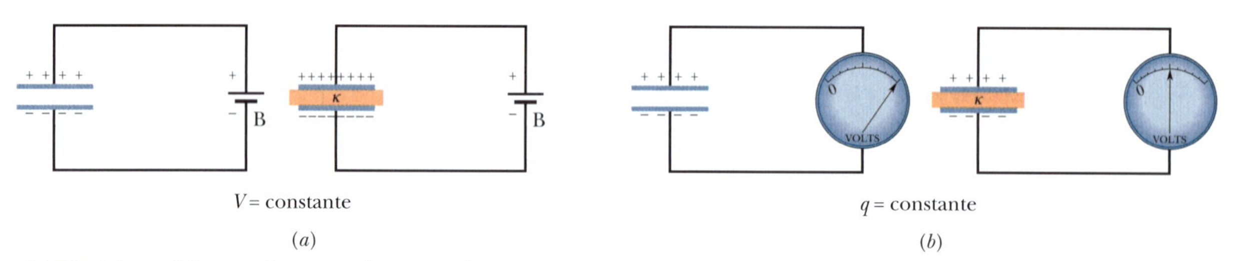

Figura 25.5.2 (*a*) Se a diferença de potencial entre as placas de um capacitor é mantida por uma bateria B, o efeito de um dielétrico é aumentar a carga das placas. (*b*) Se a carga das placas é mantida, o efeito do dielétrico é reduzir a diferença de potencial entre as placas. O mostrador visto na figura é o de um *potenciômetro*, instrumento usado para medir diferenças de potencial (no caso, entre as placas do capacitor). Um capacitor não pode se descarregar por meio de um potenciômetro.

Exemplo 25.5.1 Trabalho e energia quando um dielétrico é introduzido em um capacitor

Um capacitor de placas paralelas cuja capacitância C é 13,5 pF é carregado por uma bateria até que haja uma diferença de potencial V = 12,5 V entre as placas. A bateria é desligada e uma barra de porcelana (κ = 6,50) é introduzida entre as placas.

(a) Qual é a energia potencial do capacitor antes da introdução da barra?

IDEIA-CHAVE

A energia potencial U_i do capacitor está relacionada à capacitância C e ao potencial V (pela Eq. 25.4.2) ou à carga q (pela Eq. 25.4.1):

$$U_i = \tfrac{1}{2}CV^2 = \frac{q^2}{2C}.$$

Cálculo: Como conhecemos o potencial inicial V (= 12,5 V), podemos usar a Eq. 25.4.2 para calcular a energia potencial inicial:

$$U_i = \tfrac{1}{2}CV^2 = \tfrac{1}{2}(13{,}5 \times 10^{-12}\ \text{F})(12{,}5\ \text{V})^2$$
$$= 1{,}055 \times 10^{-9}\ \text{J} = 1.055\ \text{pJ} \approx 1.100\ \text{pJ}. \quad \text{(Resposta)}$$

(b) Qual é a energia potencial do conjunto capacitor-barra depois que a barra é introduzida?

IDEIA-CHAVE

Como a bateria foi desligada, a carga do capacitor não pode mudar quando o dielétrico é introduzido. Entretanto, o potencial *pode* mudar.

Cálculos: Devemos usar a Eq. 25.4.1 para calcular a energia potencial final U_f, mas, agora que o espaço entre as placas do capacitor está ocupado pela barra de porcelana, a capacitância é κC. Assim, temos

$$U_f = \frac{q^2}{2\kappa C} = \frac{U_i}{\kappa} = \frac{1.055 \text{ pJ}}{6{,}50}$$
$$= 162 \text{ pJ} \approx 160 \text{ pJ}. \qquad \text{(Resposta)}$$

Isso mostra que, quando a placa de porcelana é introduzida, a energia potencial é dividida por κ.

A energia "que falta", em princípio, poderia ser medida pela pessoa encarregada de introduzir a barra de porcelana, já que o capacitor atrai a barra e realiza sobre ela um trabalho dado por

$$W = U_i - U_f = (1.055 - 162) \text{ pJ} = 893 \text{ pJ}.$$

Se a barra penetrasse livremente no espaço entre as placas e não houvesse atrito, passaria a oscilar de um lado para outro com uma energia mecânica (constante) de 893 pJ; essa energia seria convertida alternadamente de energia cinética do movimento da placa em energia potencial armazenada no campo elétrico.

Dielétricos: Uma Visão Atômica

O que acontece, em termos atômicos e moleculares, quando submetemos um dielétrico a um campo elétrico? Existem duas possibilidades, dependendo do tipo de molécula.

1. *Dielétricos polares.* As moléculas de alguns dielétricos, como a água, por exemplo, possuem um momento dipolar elétrico permanente. Nesses materiais (conhecidos como *dielétricos polares*), os dipolos elétricos tendem a se alinhar com um campo elétrico externo, como mostra a Fig. 25.5.3. Como as moléculas estão constantemente se chocando umas com as outras devido à agitação térmica, o alinhamento não é perfeito, mas tende a aumentar quando o campo elétrico aumenta (ou quando a temperatura diminui, já que, nesse caso, a agitação térmica é menor). O alinhamento dos dipolos elétricos produz um campo elétrico no sentido oposto ao do campo elétrico aplicado e com um módulo, em geral, bem menor que o do campo aplicado.

2. *Dielétricos apolares.* Mesmo que não possuam um momento dipolar elétrico permanente, as moléculas adquirem um momento dipolar por indução quando são submetidas a um campo elétrico externo. Como foi discutido no Módulo 24.4 (ver Fig. 24.4.2), isso acontece porque o campo externo tende a "alongar" as moléculas, deslocando ligeiramente o centro das cargas negativas em relação ao centro das cargas positivas.

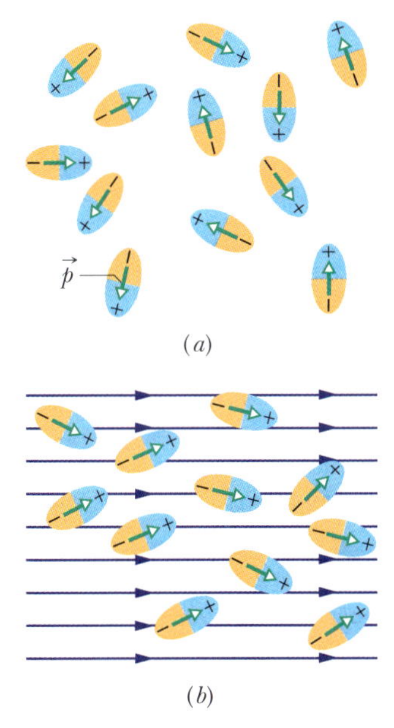

Figura 25.5.3 (*a*) Moléculas com um momento dipolar permanente, orientadas aleatoriamente na ausência de um campo elétrico externo. (*b*) Quando um campo elétrico é aplicado, os dipolos elétricos se alinham parcialmente. O alinhamento não é completo por causa da agitação térmica.

A Fig. 25.5.4*a* mostra uma barra feita de um dielétrico apolar na ausência de um campo elétrico externo. Na Fig. 25.5.4*b*, um campo elétrico $\vec{E}_0$ é aplicado por meio de um capacitor, cujas placas estão carregadas da forma mostrada na figura. O resultado é uma ligeira separação dos centros das cargas positivas e negativas no interior da barra de dielétrico, que faz com que uma das superfícies da barra fique positiva (por causa das extremidades positivas dos dipolos nessa parte da barra) e a superfície oposta fique negativa (por causa das extremidades negativas dos dipolos). A barra como um todo permanece eletricamente neutra e no interior da barra não existe excesso de cargas positivas ou negativas em nenhum elemento de volume.

A Fig. 25.5.4*c* mostra que as cargas induzidas nas superfícies do dielétrico produzem um campo elétrico $\vec{E}'$ no sentido oposto ao do campo elétrico aplicado $\vec{E}_0$. O campo resultante, $\vec{E}$, no interior do dielétrico (que é a soma vetorial dos campos $\vec{E}_0$ e $\vec{E}'$) tem a mesma direção que $\vec{E}_0$, mas é menor em módulo.

Tanto o campo produzido pelas cargas superficiais dos dipolos induzidos nas moléculas apolares (Fig. 25.5.4*c*) como o campo elétrico produzido pelos dipolos permanentes das moléculas polares (Fig. 25.5.3) apontam no sentido oposto ao do campo aplicado. Assim, tanto os dielétricos polares como os dielétricos apolares enfraquecem o campo elétrico na região onde se encontram, que pode ser o espaço entre as placas de um capacitor.

O campo elétrico inicial dentro deste dielétrico apolar é zero.

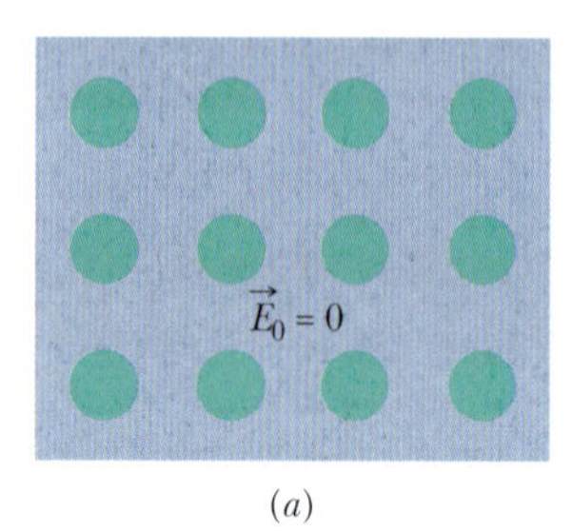

(a)

O campo elétrico aplicado produz momentos dipolares atômicos ou moleculares.

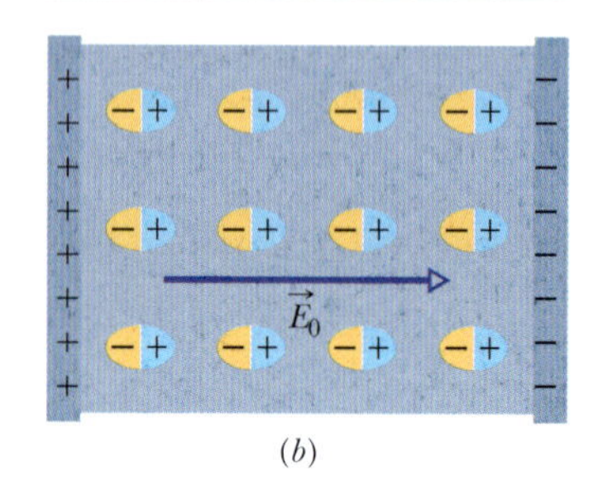

(b)

O campo produzido pelos momentos dipolares se opõe ao campo aplicado.

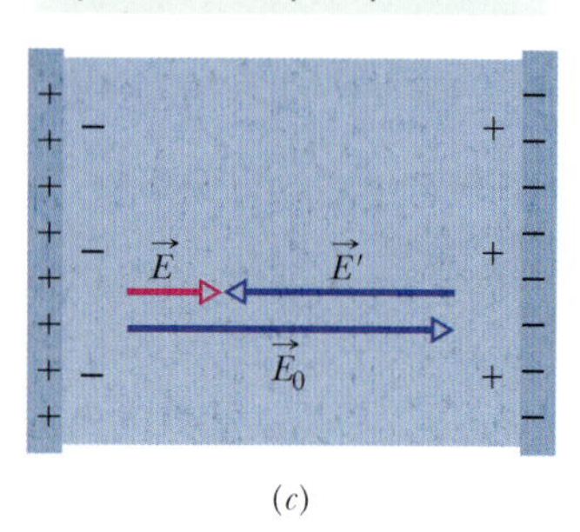

(c)

Figura 25.5.4 (*a*) Dielétrico apolar. Os círculos representam os átomos eletricamente neutros do material. (*b*) As placas carregadas de um capacitor produzem um campo elétrico; o campo separa ligeiramente as cargas positivas das cargas negativas do material. (*c*) A separação produz cargas nas superfícies do material; as cargas criam um campo $\vec{E}'$ que se opõe ao campo aplicado $\vec{E}_0$. O campo resultante $\vec{E}$ no interior do material (a soma vetorial de $\vec{E}_0$ e $\vec{E}'$) tem a mesma direção que $\vec{E}_0$ e um módulo menor.

25.6 DIELÉTRICOS E A LEI DE GAUSS

Objetivos do Aprendizado

Depois de ler este módulo, você será capaz de ...

25.6.1 Saber a diferença entre carga livre e carga induzida em um capacitor com um dielétrico.

25.6.2 Em um capacitor em que o espaço entre as placas está ocupado total ou parcialmente por um dielétrico, calcular a carga livre, a carga induzida, o campo elétrico na região entre as placas (se a ocupação é parcial, o campo elétrico tem mais de um valor) e a diferença de potencial entre as placas.

Ideias-Chave

- Quando um dielétrico é introduzido no espaço entre as placas de um capacitor, é induzida uma carga nas superfícies do dielétrico que reduz o campo elétrico na região entre as placas.
- A carga induzida é menor que a carga livre das placas.
- Na presença de um dielétrico, a lei de Gauss se torna

$$\varepsilon_0 \oint \kappa \vec{E} \cdot d\vec{A} = q,$$

em que q é a carga livre. O efeito da carga induzida é levado em conta pela inclusão da constante dielétrica κ no integrando.

Dielétricos e a Lei de Gauss 25.4

Em nossa discussão da lei de Gauss no Capítulo 23, supusemos que as cargas estavam no vácuo. Agora vamos modificar e generalizar a lei para que ela possa ser aplicada ao interior de materiais dielétricos como os da Tabela 25.5.1. A Fig. 25.6.1 mostra um capacitor de placas paralelas com e sem um dielétrico no espaço entre as placas, cuja área é A. Vamos supor que a carga q das placas é a mesma nas duas situações. Observe que o campo elétrico entre as placas induz cargas nas superfícies do dielétrico por um dos mecanismos discutidos no Módulo 25.5.

Para a situação da Fig. 25.6.1*a*, na ausência de um dielétrico, podemos calcular o campo elétrico $\vec{E}_0$ entre as placas como fizemos na Fig. 25.2.1: Envolvemos a carga $+q$ da placa superior com uma superfície gaussiana e aplicamos a lei de Gauss. Chamando de E_0 o módulo do campo, obtemos

$$\varepsilon_0 \oint \vec{E} \cdot d\vec{A} = \varepsilon_0 EA = q, \tag{25.6.1}$$

ou

$$E_0 = \frac{q}{\varepsilon_0 A}. \tag{25.6.2}$$

Na Fig. 25.6.1*b*, com um dielétrico no espaço entre as placas, podemos calcular o campo elétrico entre as placas (e no interior do dielétrico) usando a mesma superfície gaussiana. Agora, porém, a superfície envolve dois tipos de cargas: a carga $+q$ da placa superior do capacitor e a carga induzida $-q'$ da superfície superior do dielétrico. Dizemos que a carga da placa do capacitor é uma *carga livre* porque pode se mover sob a ação de um campo elétrico aplicado; a carga induzida na superfície do dielétrico não é uma carga livre, pois ela não pode deixar o local onde se encontra.

Como a carga total envolvida pela superfície gaussiana da Fig. 25.6.1*b* é $q - q'$, a lei de Gauss nos dá

$$\varepsilon_0 \oint \vec{E} \cdot d\vec{A} = \varepsilon_0 EA = q - q', \tag{25.6.3}$$

ou

$$E = \frac{q - q'}{\varepsilon_0 A}. \tag{25.6.4}$$

Como o efeito do dielétrico é dividir por κ o campo original E_0, podemos escrever:

$$E = \frac{E_0}{\kappa} = \frac{q}{\kappa \varepsilon_0 A}. \tag{25.6.5}$$

Comparando as Eqs. 25.6.4 e 25.6.5, temos

$$q - q' = \frac{q}{\kappa}. \tag{25.6.6}$$

A Eq. 25.6.6 mostra corretamente que o valor absoluto q' da carga induzida na superfície do dielétrico é menor que o da carga livre q e que é zero na ausência de um dielétrico (caso em que $\kappa = 1$ na Eq. 25.6.6).

Substituindo $q - q'$ na Eq. 25.6.6 pelo seu valor, dado pela Eq. 25.6.3, podemos escrever a lei de Gauss na forma

$$\varepsilon_0 \oint \kappa \vec{E} \cdot d\vec{A} = q \quad \text{(lei de Gauss com dielétrico).} \tag{25.6.7}$$

Embora tenha sido demonstrada para o caso particular de um capacitor de placas paralelas, a Eq. 25.6.7 é válida para todos os casos e constitui a forma mais geral da lei de Gauss. Observe o seguinte:

1. A integral de fluxo agora envolve o produto $\kappa\vec{E}$ em vez de $\vec{E}$. (O vetor $\varepsilon_0\kappa\vec{E}$ recebe o nome de *deslocamento elétrico* e é representado pelo símbolo $\vec{D}$; assim, a Eq. 25.6.7 pode ser escrita na forma $\oint \vec{D} \cdot d\vec{A} = q$.)
2. A carga q envolvida pela superfície gaussiana agora é tomada como *apenas a carga livre*. A carga induzida nas superfícies do dielétrico é deliberadamente ignorada no lado direito da Eq. 25.6.7, pois seus efeitos já foram levados em conta quando a constante dielétrica κ foi introduzida no lado esquerdo.
3. A diferença entre a Eq. 25.6.7 e a Eq. 23.2.2, nossa versão original da lei de Gauss, está apenas no fato de que, na Eq. 25.6.7, a constante ε_0 foi substituída por $\kappa\varepsilon_0$. Mantemos κ no integrando da Eq. 25.6.7 para incluir os casos em que κ não é a mesma em todos os pontos da superfície gaussiana.

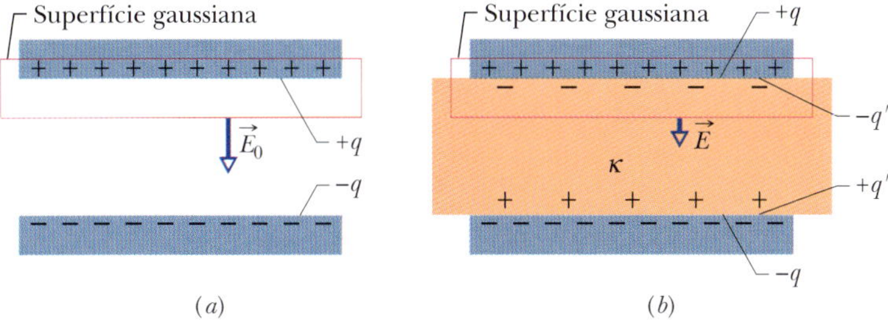

Figura 25.6.1 Capacitor de placas paralelas (*a*) sem e (*b*) com um dielétrico entre as placas. A carga q das placas é tomada como a mesma nos dois casos.

Exemplo 25.6.1 Dielétrico preenchendo parcialmente o espaço entre as placas de um capacitor 25.5

A Fig. 25.6.2 mostra um capacitor de placas paralelas em que a área das placas é A e a distância entre as placas é d. Uma diferença de potencial V_0 é aplicada às placas por uma bateria. Em seguida, a bateria é desligada e uma barra de dielétrico de espessura b e constante dielétrica κ é introduzida entre as placas, da forma mostrada na figura. Suponha que A = 115 cm², d = 1,24 cm, V_0 = 85,5 V, b = 0,780 cm e κ = 2,61.

(a) Qual é a capacitância C_0 antes da introdução do dielétrico?

Cálculo: De acordo com a Eq. 25.2.7, temos

$$C_0 = \frac{\varepsilon_0 A}{d} = \frac{(8{,}85 \times 10^{-12}\ \text{F/m})(115 \times 10^{-4}\ \text{m}^2)}{1{,}24 \times 10^{-2}\ \text{m}}$$
$$= 8{,}21 \times 10^{-12}\ \text{F} = 8{,}21\ \text{pF}. \qquad \text{(Resposta)}$$

(b) Qual é o valor da carga das placas?

Cálculo: De acordo com a Eq. 25.1.1, temos

$$q = C_0 V_0 = (8{,}21 \times 10^{-12}\ \text{F})(85{,}5\ \text{V})$$
$$= 7{,}02 \times 10^{-10}\ \text{C} = 702\ \text{pC}. \qquad \text{(Resposta)}$$

Como a bateria usada para carregar o capacitor foi desligada antes da introdução do dielétrico, a carga das placas não muda quando o dielétrico é introduzido.

(c) Qual é o campo elétrico E_0 nos espaços entre as placas do capacitor e o dielétrico?

IDEIA-CHAVE

Podemos aplicar a lei de Gauss, na forma da Eq. 25.6.7, à superfície gaussiana I da Fig. 25.6.2.

Cálculos: Como o campo é zero no interior da placa e é perpendicular às faces laterais da superfície gaussiana, precisamos considerar apenas o fluxo através da face inferior da superfície gaussiana. Como o vetor área $d\vec{A}$ e o vetor campo $\vec{E}_0$ apontam verticalmente para baixo, o produto escalar da Eq. 25.6.7 se torna

$$\vec{E}_0 \cdot d\vec{A} = E_0\, dA \cos 0° = E_0\, dA.$$

Nesse caso, a Eq. 25.6.7 se reduz a

$$\varepsilon_0 \kappa E_0 \oint dA = q.$$

A integração agora nos dá simplesmente a área A da placa. Assim, temos

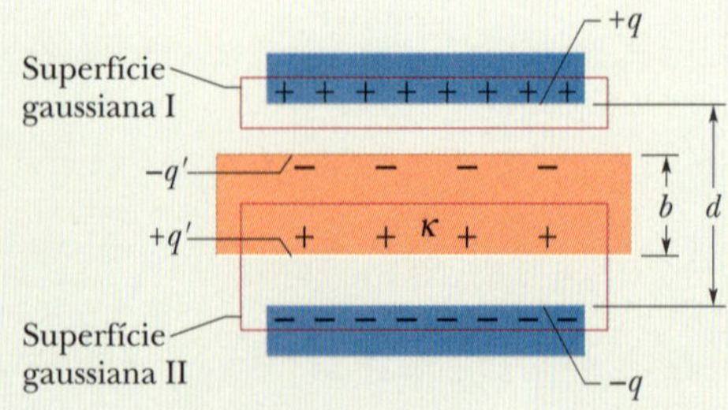

Figura 25.6.2 Capacitor de placas paralelas com um dielétrico que não ocupa totalmente o espaço entre as placas.

$$\varepsilon_0 \kappa E_0 A = q,$$

ou

$$E_0 = \frac{q}{\varepsilon_0 \kappa A}.$$

Devemos fazer κ = 1 porque a superfície gaussiana I não passa pelo dielétrico. Assim, temos

$$E_0 = \frac{q}{\varepsilon_0 \kappa A} = \frac{7{,}02 \times 10^{-10}\ \text{C}}{(8{,}85 \times 10^{-12}\ \text{F/m})(1)(115 \times 10^{-4}\ \text{m}^2)}$$
$$= 6.900\ \text{V/m} = 6{,}90\ \text{kV/m}. \qquad \text{(Resposta)}$$

Observe que o valor de E_0 não varia quando o dielétrico é introduzido porque a carga envolvida pela superfície gaussiana I da Fig. 25.6.2 não varia.

(d) Qual é o campo elétrico E_1 no interior do dielétrico?

IDEIA-CHAVE

Podemos aplicar a lei de Gauss na forma da Eq. 25.6.7 à superfície gaussiana II da Fig. 25.6.2.

Cálculos: Essa superfície envolve a carga livre $-q$ e a carga induzida $+q'$, mas a segunda deve ser ignorada quando usamos a Eq. 25.6.7. O resultado é o seguinte:

$$\varepsilon_0 \oint \kappa \vec{E}_1 \cdot d\vec{A} = -\varepsilon_0 \kappa E_1 A = -q. \qquad (25.6.8)$$

O primeiro sinal negativo da equação vem do produto escalar $\vec{E}_1 \cdot d\vec{A}$ na face superior da superfície gaussiana, já que agora o vetor campo $\vec{E}_1$ aponta verticalmente para baixo e o vetor área $d\vec{A}$ (que, como sempre, aponta para fora da superfície gaussiana) aponta verticalmente para cima. Como os vetores fazem um ângulo de 180°, o produto escalar é negativo. Dessa vez, a constante dielétrica é a do dielétrico (κ = 2,61). Assim, a Eq. 25.6.8 nos dá

$$E_1 = \frac{q}{\varepsilon_0 \kappa A} = \frac{E_0}{\kappa} = \frac{6{,}90\ \text{kV/m}}{2{,}61}$$
$$= 2{,}64\ \text{kV/m}. \qquad \text{(Resposta)}$$

(e) Qual é a diferença de potencial V entre as placas depois da introdução do dielétrico?

IDEIA-CHAVE

Podemos determinar V integrando de uma placa do capacitor até a outra ao longo de uma trajetória retilínea perpendicular ao plano das placas.

Cálculo: No interior do dielétrico, a distância percorrida é b e o campo elétrico é E_1; nos espaços vazios entre as placas do capacitor e a superfície do dielétrico, a distância percorrida é $d - b$ e o campo elétrico é E_0. De acordo com a Eq. 25.2.4, temos

$$V = \int_{-}^{+} E\,ds = E_0(d - b) + E_1 b$$
$$= (6.900 \text{ V/m})(0{,}0124 \text{ m} - 0{,}00780 \text{ m})$$
$$+ (2.640 \text{ V/m})(0{,}00780 \text{ m})$$
$$= 52{,}3 \text{ V}. \qquad \text{(Resposta)}$$

Esse valor é menor que a diferença de potencial original de 85,5 V.

(f) Qual é a capacitância com o dielétrico entre as placas do capacitor?

IDEIA-CHAVE

A capacitância C está relacionada à carga livre q e à diferença de potencial V pela Eq. 25.1.1.

Cálculo: Usando o valor de q calculado no item (b) e o valor de V calculado no item (e), temos

$$C = \frac{q}{V} = \frac{7{,}02 \times 10^{-10} \text{ C}}{52{,}3 \text{ V}}$$
$$= 1{,}34 \times 10^{-11} \text{ F} = 13{,}4 \text{ pF}. \qquad \text{(Resposta)}$$

Esse valor é maior que a capacitância original de 8,21 pF.

Teste 25.6.1

Temos dois materiais que podem ocupar totalmente o espaço entre as placas de um capacitor carregado e isolado, entre cujas placas existe inicialmente apenas o ar. O dielétrico 1 tem uma constante dielétrica menor que o dielétrico 2. Inserimos o dielétrico 1, o removemos e inserimos o dielétrico 2. (a) Chamando as cargas livres depois que os dielétricos 1 e 2 são inseridos de q_1 e q_2, respectivamente, $q_1 = q_2$, $q_1 > q_2$ ou $q_1 < q_2$? (b) Chamando as cargas induzidas depois que os dielétricos 1 e 2 são inseridos de q_1' e q_2', respectivamente, $q_1' = q_2'$, $q_1' > q_2'$ ou $q_1' < q_2'$? (c) Chamando as diferenças de potencial entre as placas depois que os dielétricos são inseridos de V_1 e V_2, respectivamente, $V_1 = V_2$, $V_1 > V_2$ ou $V_1 < V_2$?

Revisão e Resumo

Capacitor; Capacitância Um **capacitor** é formado por dois condutores isolados (as *placas*) com cargas $+q$ e $-q$. A **capacitância** C de um capacitor é definida pela equação

$$q = CV, \qquad (25.1.1)$$

em que V é a diferença de potencial entre as placas.

Cálculo da Capacitância Podemos calcular a capacitância de um capacitor (1) supondo que uma carga q foi colocada nas placas, (2) calculando o campo elétrico $\vec{E}$ produzido por essa carga, (3) calculando a diferença de potencial V entre as placas e (4) calculando o valor de C com o auxílio da Eq. 25.1.1. Seguem alguns resultados particulares.

A capacitância de um *capacitor de placas paralelas* de área A separadas por uma distância d é dada por

$$C = \frac{\varepsilon_0 A}{d}. \qquad (25.2.7)$$

A capacitância de um *capacitor cilíndrico* formado por dois cilindros longos coaxiais de comprimento L e raios a e b é dada por

$$C = 2\pi\varepsilon_0 \frac{L}{\ln(b/a)}. \qquad (25.2.12)$$

A capacitância de um *capacitor esférico* formado por duas cascas esféricas concêntricas de raios a e b é dada por

$$C = 4\pi\varepsilon_0 \frac{ab}{b - a}. \qquad (25.2.15)$$

A capacitância de uma *esfera isolada* de raio R é dada por

$$C = 4\pi\varepsilon_0 R. \qquad (25.2.16)$$

Capacitores em Paralelo e em Série As **capacitâncias equivalentes** C_{eq} de combinações de capacitores em **paralelo** e em **série** podem ser calculadas usando as expressões

$$C_{eq} = \sum_{j=1}^{n} C_j \quad (n \text{ capacitores em paralelo}) \qquad (25.3.1)$$

e

$$\frac{1}{C_{eq}} = \sum_{j=1}^{n} \frac{1}{C_j} \quad (n \text{ capacitores em série}). \qquad (25.3.2)$$

As capacitâncias equivalentes podem ser usadas para calcular as capacitâncias de combinações de capacitores em série e em paralelo.

Energia Potencial e Densidade de Energia A **energia potencial elétrica** U de um capacitor carregado,

$$U = \frac{q^2}{2C} = \tfrac{1}{2}CV^2, \qquad (25.4.1, 25.4.2)$$

é igual ao trabalho necessário para carregar o capacitor. Essa energia pode ser associada ao campo elétrico $\vec{E}$ criado pelo capacitor no espaço entre as placas. Por extensão, podemos associar qualquer campo elétrico a uma energia armazenada. No vácuo, a **densidade de energia** u, ou energia potencial por unidade de volume, associada a um campo elétrico de módulo E é dada por

$$u = \tfrac{1}{2}\varepsilon_0 E^2. \qquad (25.4.5)$$

Capacitância com um Dielétrico Se o espaço entre as placas de um capacitor é totalmente preenchido por um material dielétrico, a capacitância C é multiplicada por um fator κ, conhecido como **constante dielétrica**, que varia de material para material. Em uma região totalmente preenchida por um material dielétrico de constante dielétrica κ, a constante elétrica ε_0 deve ser substituída por $\kappa\varepsilon_0$ em todas as equações.

Os efeitos da presença de um dielétrico podem ser explicados em termos da ação de um campo elétrico sobre os dipolos elétricos permanentes ou induzidos no dielétrico. O resultado é a formação de cargas induzidas nas superfícies do dielétrico. Essas cargas tornam o campo, no interior do dielétrico, menor do que o campo que seria produzido na mesma região pelas cargas livres das placas do capacitor se o dielétrico não estivesse presente.

Lei de Gauss com um Dielétrico Na presença de um dielétrico, a lei de Gauss assume a seguinte forma:

$$\varepsilon_0 \oint \kappa \vec{E} \cdot d\vec{A} = q, \qquad (25.6.7)$$

em que q é a carga livre. O efeito das cargas induzidas no dielétrico é levado em conta pela inclusão na integral da constante dielétrica κ.

Perguntas

1 A Fig. 25.1 mostra gráficos da carga em função da diferença de potencial para três capacitores de placas paralelas cujos parâmetros são dados na tabela. Associe os gráficos aos capacitores.

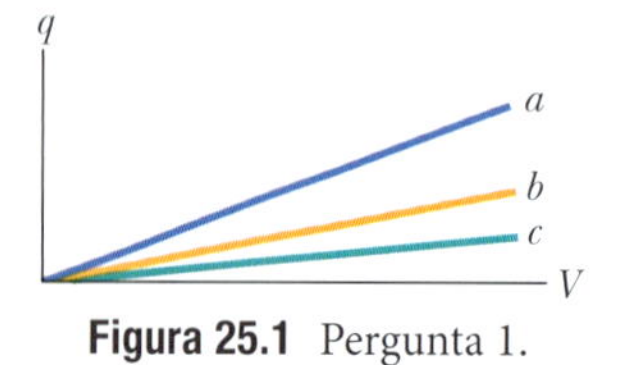

Figura 25.1 Pergunta 1.

Capacitor	Área	Distância
1	A	d
2	$2A$	d
3	A	$2d$

2 Qual será a capacitância equivalente C_{eq} de três capacitores, todos de capacitância C, se os capacitores forem ligados a uma bateria (a) em série e (b) em paralelo? (c) Em qual dos dois arranjos a carga total armazenada nos capacitores será maior?

3 (a) Na Fig. 25.2*a*, os capacitores 1 e 3 estão ligados em série? (b) Na mesma figura, os capacitores 1 e 2 estão ligados em paralelo? (c) Coloque os circuitos da Fig. 25.2 em ordem decrescente das capacitâncias equivalentes.

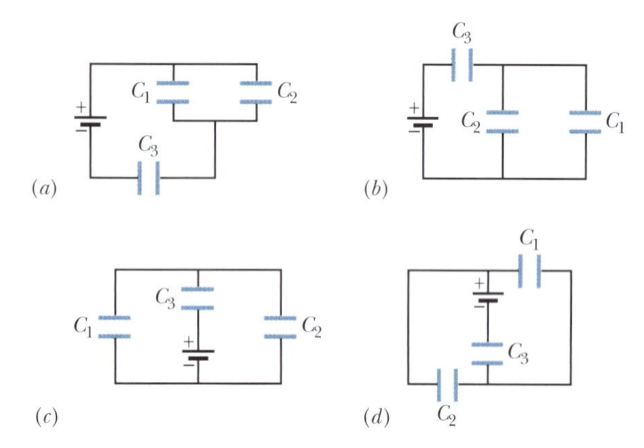

Figura 25.2 Pergunta 3.

4 A Fig. 25.3 mostra três circuitos formados por uma chave e dois capacitores inicialmente carregados da forma indicada na figura (com a placa superior positiva). Depois que as chaves são fechadas, em que circuito(s) a carga do capacitor da esquerda (a) aumenta, (b) diminui e (c) permanece constante?

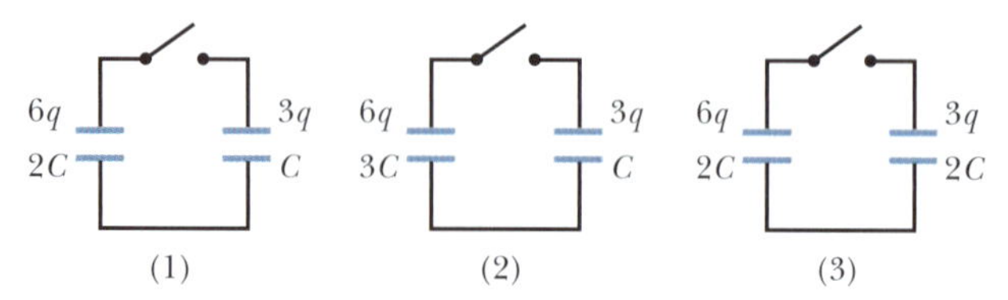

Figura 25.3 Pergunta 4.

5 Inicialmente, uma capacitância C_1 está ligada a uma bateria. Em seguida, uma capacitância C_2 é ligada em paralelo com C_1. (a) A diferença de potencial entre as placas de C_1 aumenta, diminui ou permanece a mesma? (b) A carga armazenada em C_1 aumenta, diminui ou permanece a mesma? (c) A capacitância equivalente de C_1 e C_2, C_{12}, é maior, menor ou igual a C_1? (d) A soma das cargas armazenadas em C_1 e C_2 é maior, menor ou igual à carga armazenada originalmente em C_1?

6 Repita a Pergunta 5 para o caso em que a capacitância C_2 é ligada em série com C_1.

7 Para cada circuito da Fig. 25.4, determine se os capacitores estão ligados em série, em paralelo, ou nem em série nem em paralelo.

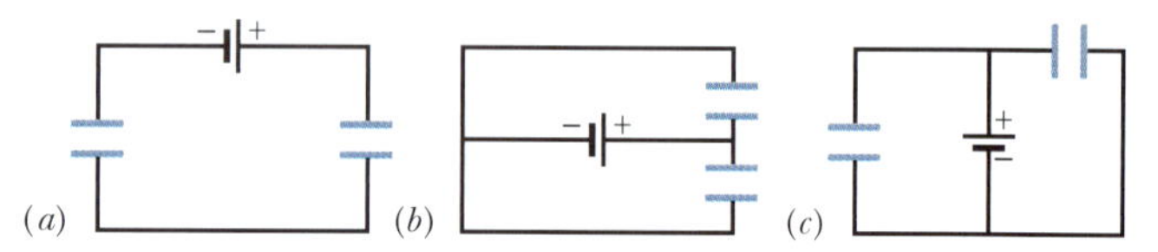

Figura 25.4 Pergunta 7.

8 A Fig. 25.5 mostra uma chave aberta, uma bateria que produz uma diferença de potencial V, um medidor de corrente A e três capacitores iguais, descarregados, de capacitância C. Depois que a chave é fechada e o circuito atinge o equilíbrio, (a) qual é a diferença de potencial entre as placas de cada capacitor? (b) Qual é a carga da placa da esquerda de cada capacitor? (c) Qual é a carga total que passa pelo medidor durante o processo?

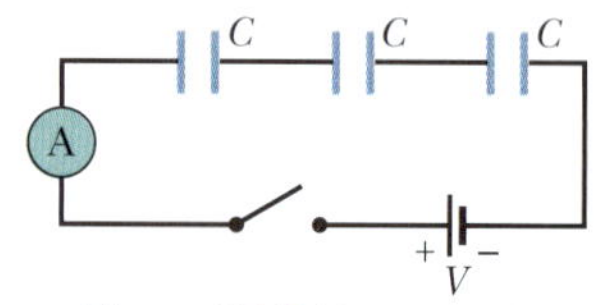

Figura 25.5 Pergunta 8.

9 Um capacitor de placas paralelas é ligado a uma bateria que produz uma diferença de potencial V. Se a distância entre as placas diminui, determine se cada uma das grandezas mencionadas a seguir aumenta, diminui ou permanece constante: (a) a capacitância do capacitor, (b) a diferença de potencial entre as placas do capacitor, (c) a carga do capacitor, (d) a energia armazenada pelo capacitor, (e) o módulo do campo elétrico na região entre as placas e (f) a densidade de energia do campo elétrico.

10 Uma barra de material dielétrico é introduzida entre as placas de um dos dois capacitores iguais da Fig. 25.6. Determine se cada uma das propriedades do capacitor mencionadas a seguir aumenta, diminui ou permanece constante: (a) a capacitância, (b) a carga, (c) a diferença de potencial entre as placas, (d) a energia potencial. (e) Responda às mesmas perguntas para o outro capacitor.

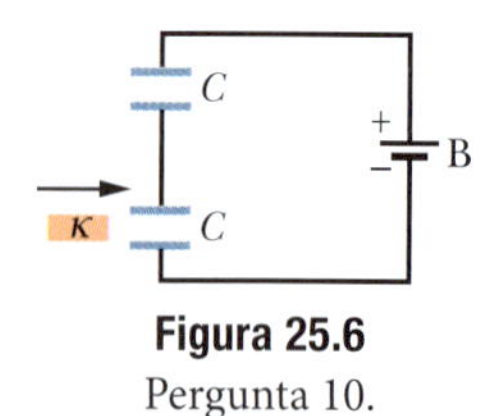

Figura 25.6 Pergunta 10.

11 As capacitâncias C_1 e C_2, com $C_1 > C_2$, são ligadas a uma bateria, primeiro separadamente, depois em série e depois em paralelo. Coloque os arranjos na ordem decrescente da carga armazenada.

Problemas

F Fácil **M** Médio **D** Difícil
CVF Informações adicionais disponíveis no e-book *O Circo Voador da Física*, de Jearl Walker, LTC Editora, Rio de Janeiro, 2008.
CALC Requer o uso de derivadas e/ou integrais
BIO Aplicação biomédica

Módulo 25.1 Capacitância

1 F Os dois objetos de metal da Fig. 25.7 possuem cargas de +70 pC e −70 pC, que resultam em uma diferença de potencial de 20 V. (a) Qual é a capacitância do sistema? (b) Se as cargas mudarem para +200 pC e −200 pC, qual será o novo valor da capacitância? (c) Qual será o novo valor da diferença de potencial?

Figura 25.7 Problema 1.

2 F O capacitor da Fig. 25.8 possui uma capacitância de 25 μF e está inicialmente descarregado. A bateria produz uma diferença de potencial de 120 V. Quando a chave S é fechada, qual é a carga total que passa por ela?

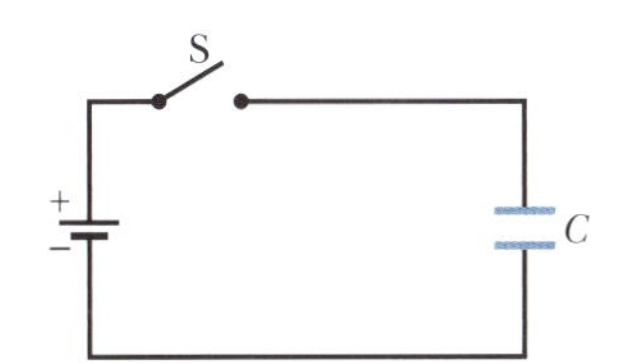

Figura 25.8 Problema 2.

Módulo 25.2 Cálculo da Capacitância

3 F Um capacitor de placas paralelas possui placas circulares com um raio de 8,20 cm, separadas por uma distância de 1,30 mm. (a) Calcule a capacitância. (b) Qual será a carga das placas se uma diferença de potencial de 120 V for aplicada ao capacitor?

4 F As placas de um capacitor esférico têm 38,0 mm e 40,0 mm de raio. (a) Calcule a capacitância. (b) Qual é a área das placas de um capacitor de placas paralelas com a mesma capacitância e a mesma distância entre as placas?

5 F Qual é a capacitância de uma gota formada pela fusão de duas gotas esféricas de mercúrio com 2,00 mm de raio?

6 F Pretende-se usar duas placas de metal com 1,00 m^2 de área para construir um capacitor de placas paralelas. (a) Qual deve ser a distância entre as placas para que a capacitância do dispositivo seja 1,00 F? (b) O dispositivo é fisicamente viável?

7 F Se um capacitor de placas paralelas inicialmente descarregado, de capacitância C, é ligado a uma bateria, uma das placas, de área A, se torna negativa porque muitos elétrons migram para a superfície. Na Fig. 25.9, a profundidade d da qual os elétrons migram para a superfície em um capacitor está plotada em função da tensão V da bateria. A escala vertical é definida por d_s = 1,00 pm e a escala horizontal por V_s = 20,0 V. Quanto vale a razão C/A?

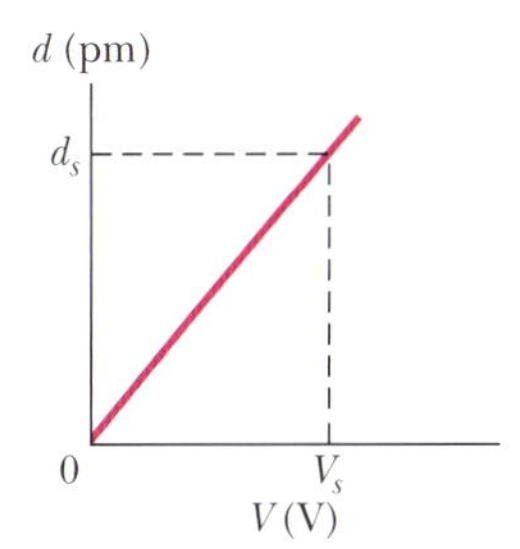

Figura 25.9 Problema 7.

Módulo 25.3 Capacitores em Paralelo e em Série

8 F Quantos capacitores de 1,00 μF devem ser ligados em paralelo para armazenar uma carga de 1,00 C com uma diferença de potencial de 110 V entre as placas dos capacitores?

9 F Os três capacitores da Fig. 25.10 estão inicialmente descarregados e têm uma capacitância de 25,0 μF. Uma diferença de potencial V = 4.200 V entre as placas dos capacitores é estabelecida quando a chave é fechada. Qual é a carga total que atravessa o medidor A?

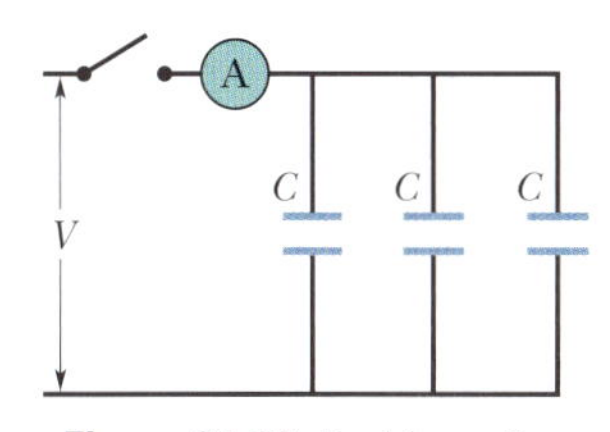

Figura 25.10 Problema 9.

10 F Determine a capacitância equivalente do circuito da Fig. 25.11 para C_1 = 10,0 μF, C_2 = 5,00 μF e C_3 = 4,00 μF.

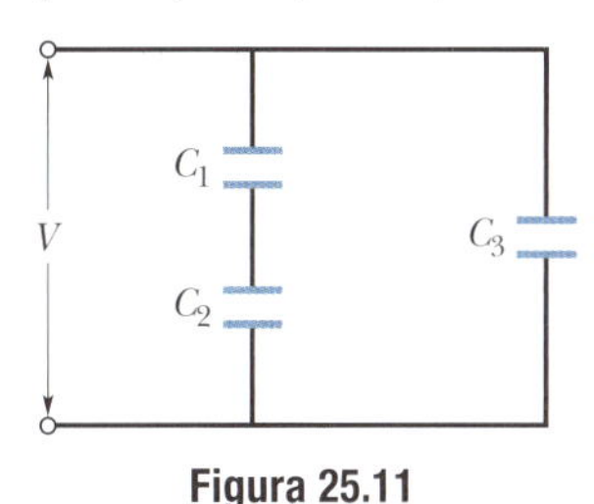

Figura 25.11
Problemas 10 e 34.

11 F Determine a capacitância equivalente do circuito da Fig. 25.12 para C_1 = 10,0 μF, C_2 = 5,00 μF e C_3 = 4,00 μF.

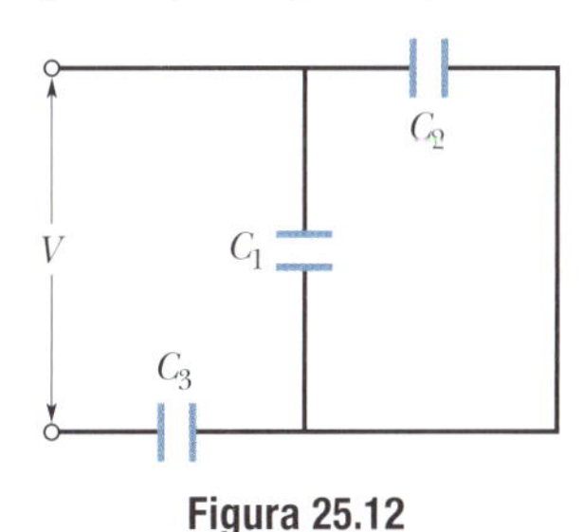

Figura 25.12
Problemas 11, 17 e 38.

12 M Dois capacitores de placas paralelas, ambos com uma capacitância de 6,0 μF, são ligados em paralelo a uma bateria de 10 V. Em seguida, a distância entre as placas de um dos capacitores é reduzida à metade. Quando essa modificação acontece, (a) qual é a carga adicional transferida aos capacitores pela bateria? (b) Qual é o aumento da carga total armazenada pelos capacitores?

13 M Um capacitor de 100 pF é carregado com uma diferença de potencial de 50 V e a bateria usada para carregar o capacitor é desligada. Em seguida, o capacitor é ligado em paralelo com um segundo capacitor, inicialmente descarregado. Se a diferença de potencial entre as placas do primeiro capacitor cai para 35 V, qual é a capacitância do segundo capacitor?

14 M Na Fig. 25.13, a bateria tem uma diferença de potencial $V = 10{,}0$ V e os cinco capacitores têm uma capacitância de $10{,}0\ \mu F$ cada um. Determine a carga (a) do capacitor 1 e (b) do capacitor 2.

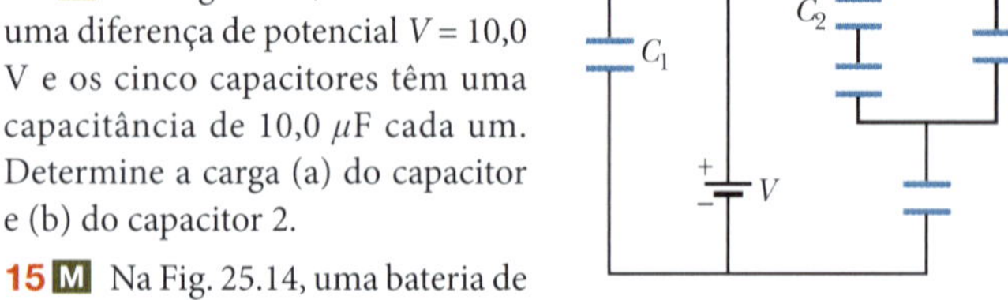

Figura 25.13 Problema 14.

15 M Na Fig. 25.14, uma bateria de 20,0 V é ligada a um circuito constituído por capacitores de capacitâncias $C_1 = C_6 = 3{,}00\ \mu F$ e $C_3 = C_5 = 2{,}00C_2 = 2{,}00C_4 = 4{,}00\ \mu F$. Determine (a) a capacitância equivalente C_{eq} do circuito, (b) a carga armazenada por C_{eq}, (c) V_1 e (d) q_1 do capacitor 1, (e) V_2 e (f) q_2 do capacitor 2, (g) V_3 e (h) q_3 do capacitor 3.

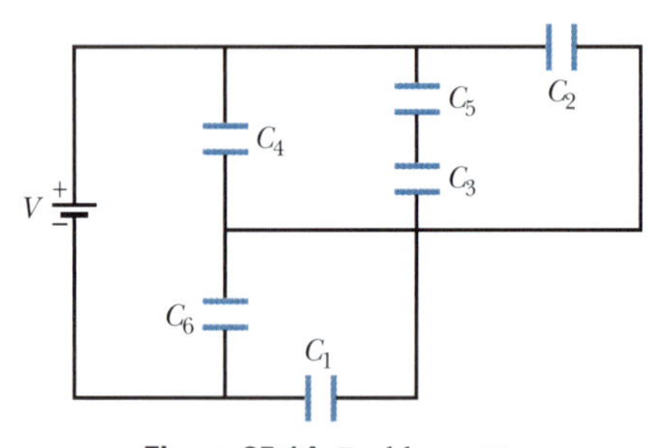

Figura 25.14 Problema 15.

16 M O gráfico 1 da Fig. 25.15*a* mostra a carga q armazenada no capacitor 1 em função da diferença de potencial V entre as placas. A escala vertical é definida por $q_s = 16{,}0\ \mu C$ e a escala horizontal é definida por $V_s = 2{,}0$ V. Os gráficos 2 e 3 são gráficos do mesmo tipo para os capacitores 2 e 3, respectivamente. A Fig. 25.15*b* mostra um circuito com os três capacitores e uma bateria de 6,0 V. Determine a carga do capacitor 2.

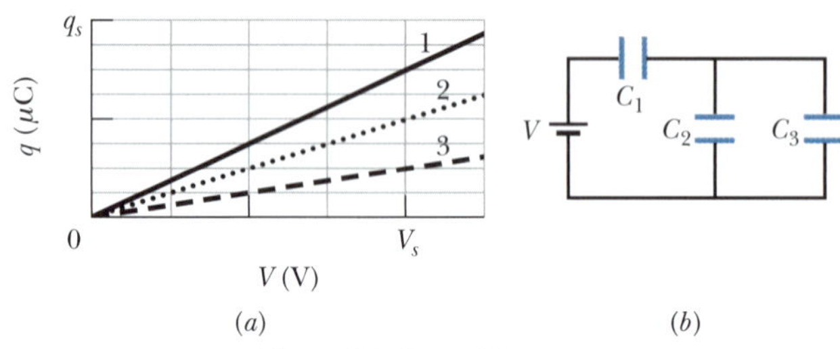

Figura 25.15 Problema 16.

17 M Na Fig. 25.12, uma diferença de potencial $V = 100{,}0$ V é aplicada ao circuito e os valores das capacitâncias são $C_1 = 10{,}0\ \mu F$, $C_2 = 5{,}00\ \mu F$ e $C_3 = 4{,}00\ \mu F$. Se o capacitor 3 sofre uma ruptura dielétrica e passa a se comportar como um condutor, determine (a) o aumento da carga do capacitor 1 e (b) o aumento da diferença de potencial entre as placas do capacitor 1.

18 M A Fig. 25.16 mostra quatro capacitores, cujo dielétrico é o ar, ligados em um circuito que faz parte de um circuito maior. O gráfico a seguir do circuito mostra o potencial elétrico $V(x)$ em função da posição x no ramo inferior do circuito, que contém o capacitor 4. O gráfico acima do circuito mostra o potencial elétrico $V(x)$ em função da posição x no ramo superior do circuito, que contém os capacitores 1, 2 e 3. O capacitor 3 tem uma capacitância de $0{,}80\ \mu F$. Determine a capacitância (a) do capacitor 1 e (b) do capacitor 2.

19 M Na Fig. 25.17, $V = 9{,}0$ V, $C_2 = 3{,}0\ \mu F$, $C_4 = 4{,}0\ \mu F$ e todos os capacitores estão inicialmente descarregados. Quando a chave S é fechada, uma carga total de $12\ \mu C$ passa pelo ponto a e uma carga total de $8{,}0\ \mu C$ passa pelo ponto b. (a) Qual é o valor de C_1? (b) Qual é o valor de C_3?

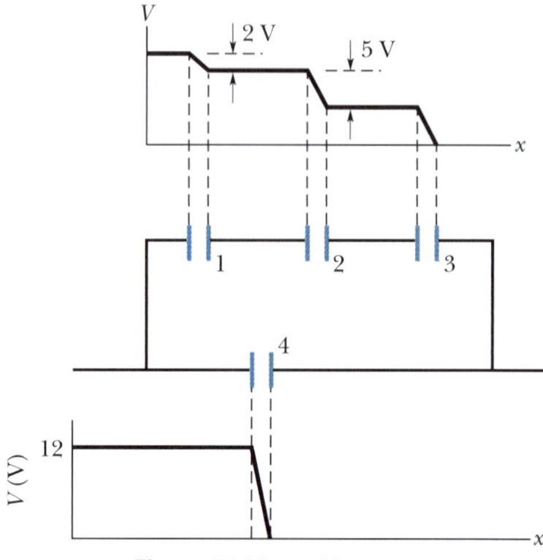

Figura 25.16 Problema 18.

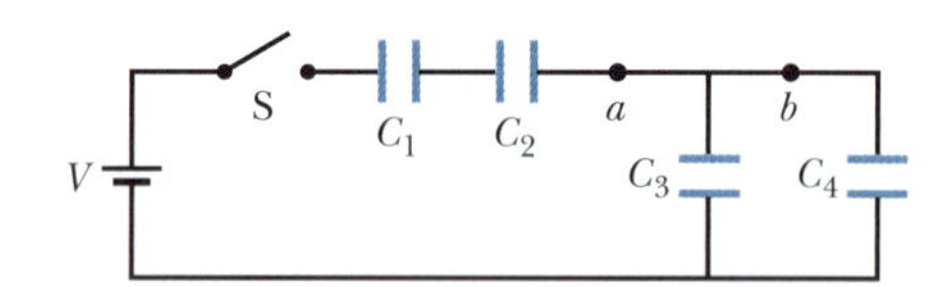

Figura 25.17 Problema 19.

20 M A Fig. 25.18 mostra um capacitor variável com "dielétrico de ar" do tipo usado para sintonizar manualmente receptores de rádio. O capacitor é formado por dois conjuntos de placas intercaladas, um grupo de placas fixas, ligadas entre si, e um grupo de placas móveis, também ligadas entre si. Considere um capacitor com 4 placas de cada tipo, todas com uma área $A = 1{,}25\ cm^2$; a distância entre placas vizinhas é $d = 3{,}40$ mm. Qual é a capacitância máxima do conjunto?

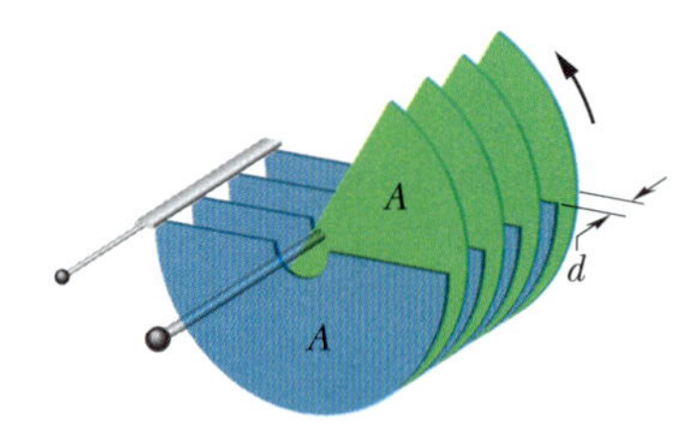

Figura 25.18 Problema 20.

21 M Na Fig. 25.19, as capacitâncias são $C_1 = 1{,}0\ \mu F$ e $C_2 = 3{,}0\ \mu F$ e os dois capacitores são carregados com diferenças de potencial $V = 100$ V de polaridades opostas. Em seguida, as chaves S_1 e S_2 são fechadas. (a) Qual é a nova diferença de potencial entre os pontos a e b? (b) Qual é a nova carga do capacitor 1? (c) Qual é a nova carga do capacitor 2?

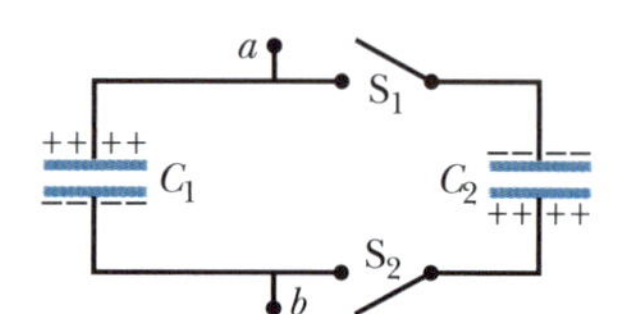

Figura 25.19 Problema 21.

22 M Na Fig. 25.20, $V = 10$ V, $C_1 = 10\ \mu F$ e $C_2 = C_3 = 20\ \mu F$. A chave S é acionada para a esquerda e permanece nessa posição até o capacitor 1 atingir o equilíbrio; em seguida, a chave é acionada para a direita. Quando o equilíbrio é novamente atingido, qual é a carga do capacitor 1?

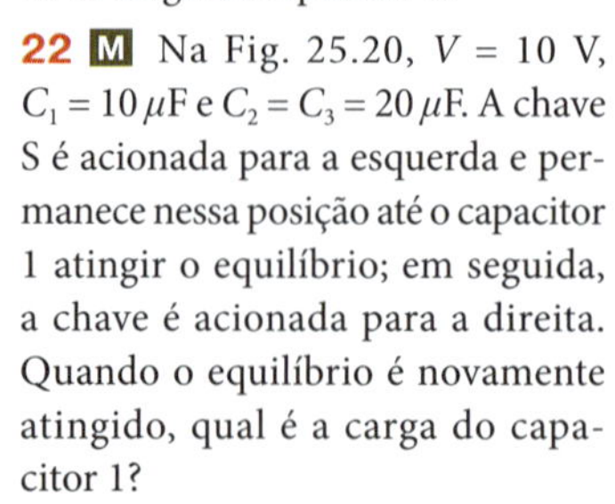

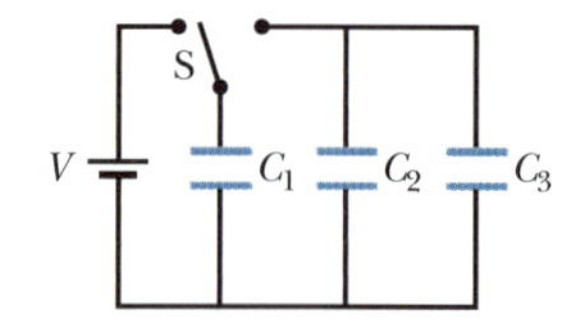

Figura 25.20 Problema 22.

23 M Os capacitores da Fig. 25.21 estão inicialmente descarregados. As capacitâncias são $C_1 = 4{,}0\ \mu F$,

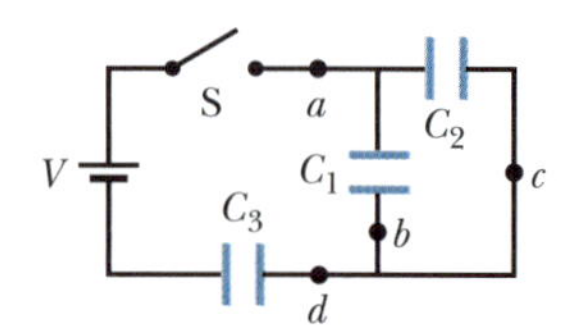

Figura 25.21 Problema 23.

$C_2 = 8,0\ \mu F$ e $C_3 = 12\ \mu F$ e a diferença de potencial da bateria é $V = 12$ V. Quando a chave S é fechada, quantos elétrons passam (a) pelo ponto a, (b) pelo ponto b, (c) pelo ponto c e (d) pelo ponto d? Na figura, os elétrons estão se movendo para cima ou para baixo ao passarem (e) pelo ponto b e (f) pelo ponto c?

24 M A Fig. 25.22 mostra dois capacitores cilíndricos, cujo dielétrico é o ar, ligados em série a uma bateria com um potencial V = 10 V. O capacitor 1 possui um raio interno de 5,0 mm, um raio externo de 1,5 cm e um comprimento de 5,0 cm. O capacitor 2 possui um raio interno de 2,5 mm, um raio externo de 1,0 cm e um comprimento de 9,0 cm. A placa externa do capacitor 2 é uma membrana orgânica condutora que pode ser esticada, e o capacitor pode ser inflado para aumentar a distância entre as placas. Se o raio da placa externa é aumentado para 2,5 cm, (a) quantos elétrons passam pelo ponto P? (b) Os elétrons se movem na direção da bateria ou na direção do capacitor 1?

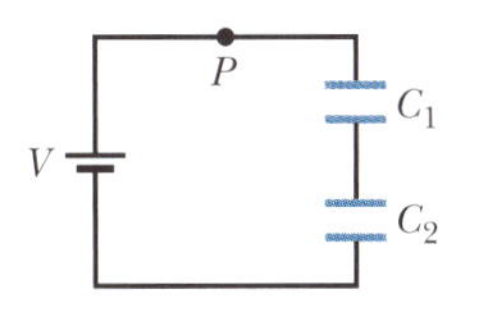

Figura 25.22 Problema 24.

25 M Na Fig. 25.23, dois capacitores de placas paralelas (com ar entre as placas) são ligados a uma bateria. A área das placas do capacitor 1 é 1,5 cm² e o campo elétrico entre as placas é 2.000 V/m. A área das placas do capacitor 2 é 0,70 cm² e o campo elétrico entre as placas é 1.500 V/m. Qual é a carga total dos dois capacitores?

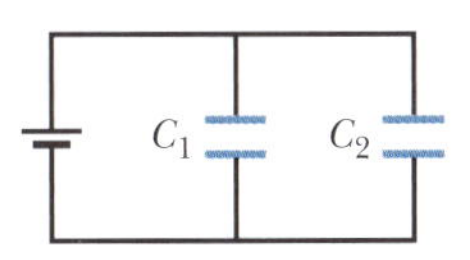

Figura 25.23 Problema 25.

26 D O capacitor 3 da Fig. 25.24a é um *capacitor variável* (é possível fazer variar a capacitância C_3). A Fig. 25.24b mostra o potencial elétrico V_1 entre as placas do capacitor 1 em função de C_3. A escala horizontal é definida por $C_{3s} = 12,0\ \mu F$. O potencial elétrico V_1 tende assintoticamente para 10 V quando $C_3 \to \infty$. Determine (a) o potencial elétrico V da bateria, (b) C_1 e (c) C_2.

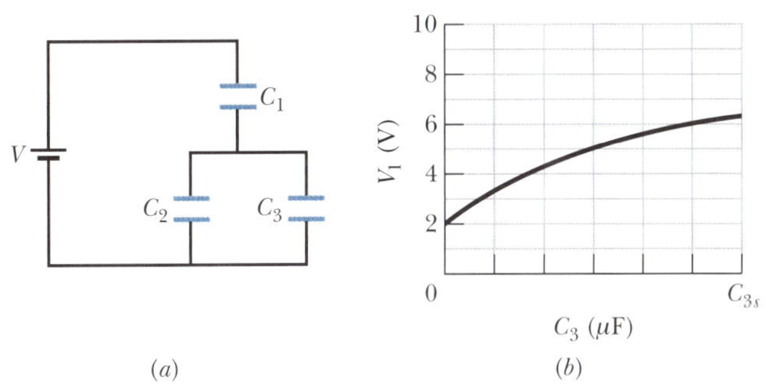

Figura 25.24 Problema 26.

27 D A Fig. 25.25 mostra uma bateria de 12,0 V e quatro capacitores descarregados de capacitâncias $C_1 = 1,00\ \mu F$, $C_2 = 2,00\ \mu F$, $C_3 = 3,00\ \mu F$ e $C_4 = 4,00\ \mu F$. Se apenas a chave S_1 for fechada, determine a carga (a) do capacitor 1, (b) do capacitor 2, (c) do capacitor 3 e (d) do capacitor 4. Se as duas chaves forem fechadas, determine a carga (e) do capacitor 1, (f) do capacitor 2, (g) do capacitor 3 e (h) do capacitor 4.

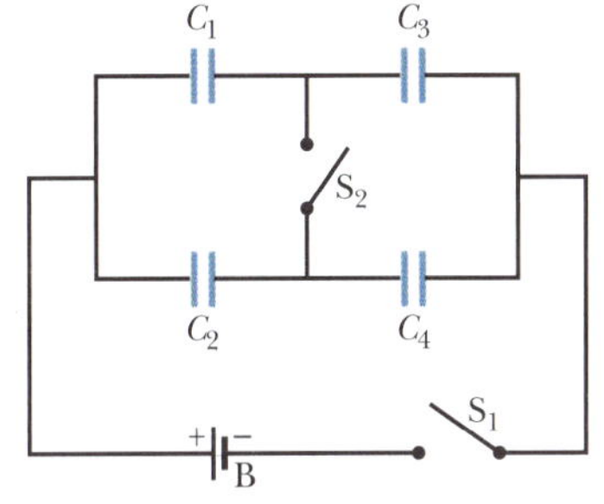

Figura 25.25 Problema 27.

28 D A Fig. 25.26 mostra uma bateria de 12,0 V e três capacitores descarregados, de capacitâncias $C_1 = 4,00\ \mu F$, $C_2 = 6,00\ \mu F$ e $C_3 = 3,00\ \mu F$. A chave é deslocada para a esquerda até que o capacitor 1 esteja totalmente carregado. Em seguida, a chave é deslocada para a direita. Determine a carga final (a) do capacitor 1, (b) do capacitor 2 e (c) do capacitor 3.

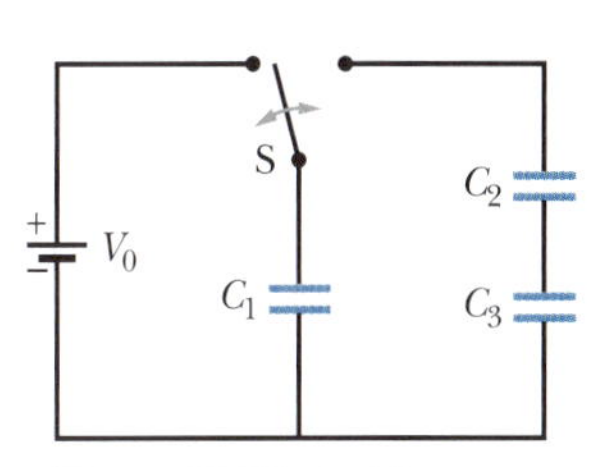

Figura 25.26 Problema 28.

Módulo 25.4 Energia Armazenada em um Campo Elétrico

29 F Qual é a capacitância necessária para armazenar uma energia de 10 kW · h com uma diferença de potencial de 1.000 V?

30 F Qual é a energia armazenada em 1,00 m³ de ar em um dia de "tempo bom", no qual o módulo do campo elétrico da atmosfera é 150 V/m?

31 F Um capacitor de 2,0 μF e um capacitor de 4,0 μF são ligados em paralelo a uma fonte com uma diferença de potencial de 300 V. Calcule a energia total armazenada nos capacitores.

32 F Um capacitor de placas paralelas cujo dielétrico é o ar é carregado com uma diferença de potencial de 600 V. A área das placas é 40 cm² e a distância entre as placas é 1,0 mm. Determine (a) a capacitância, (b) o valor absoluto da carga em uma das placas, (c) a energia armazenada, (d) o campo elétrico na região entre as placas e (e) a densidade de energia na região entre as placas.

33 M Uma esfera de metal carregada, com 10 cm de diâmetro, tem uma energia potencial de 8.000 V em relação a V = 0 no infinito. Calcule a densidade de energia do campo elétrico perto da superfície da esfera.

34 M Na Fig. 25.11, uma diferença de potencial V = 100 V é aplicada a um circuito de capacitores cujas capacitâncias são $C_1 = 10,0\ \mu F$, $C_2 = 5,00\ \mu F$ e $C_3 = 4,00\ \mu F$. Determine (a) q_3, (b) V_3, (c) a energia U_3 armazenada no capacitor 3, (d) q_1, (e) V_1, (f) a energia U_1 armazenada no capacitor 1, (g) q_2, (h) V_2 e (i) a energia U_2 armazenada no capacitor 2.

35 M Considere um elétron estacionário como uma carga pontual e determine a densidade de energia u do campo elétrico criado pela partícula (a) a 1,00 mm de distância, (b) a 1,00 μm de distância, (c) a 1,00 nm de distância e (d) a 1,00 pm de distância. (e) Qual é o limite de u quando a distância tende a zero?

36 M CVF Como engenheiro de segurança, o leitor precisa emitir um parecer a respeito da prática de armazenar líquidos condutores inflamáveis em recipientes feitos de material isolante. A companhia que fornece certo líquido vem usando um recipiente cilíndrico, feito de plástico, de raio r = 0,20 m, que está cheio até uma altura h = 10 cm, menor que a altura interna do recipiente (Fig. 25.27). A investigação do leitor revela que, durante o transporte, a superfície externa no recipiente adquire uma densidade de carga negativa de 2,0 μC/m² (aproximadamente uniforme). Como o líquido é um bom condutor de eletricidade, a carga do recipiente faz com que as cargas do líquido se separem. (a) Qual é a carga negativa induzida no centro do líquido? (b) Suponha que a capacitância da parte central do líquido em relação à terra seja 35 pF. Qual é a energia potencial associada à carga negativa desse capacitor efetivo? (c) Se ocorre uma centelha entre a terra e a parte central do líquido (através do respiradouro), a energia potencial pode alimentar a centelha. A energia mínima necessária para inflamar o líquido é 10 mJ. Nessa situação, o líquido pode pegar fogo por causa de uma centelha?

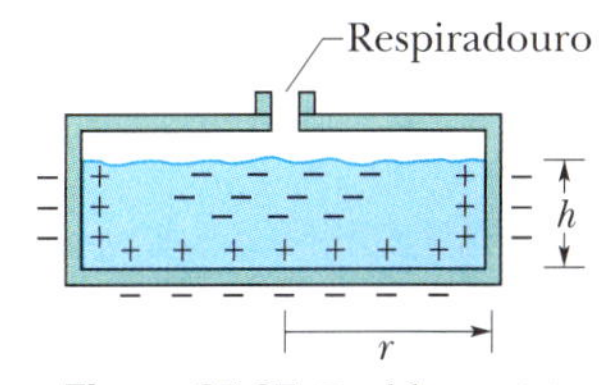

Figura 25.27 Problema 36.

37 M Um capacitor de placas paralelas, cujas placas têm área de 8,50 cm² e estão separadas por uma distância de 3,00 mm, é carregado por uma bateria de 6,00 V. A bateria é desligada e a distância entre as placas do capacitor é aumentada (sem descarregá-lo) para 8,00 mm. Determine (a) a diferença de potencial entre as placas, (b) a energia armazenada pelo capacitor no estado inicial, (c) a energia armazenada pelo capacitor no estado final e (d) a energia necessária para separar as placas.

38 M Na Fig. 25.12, uma diferença de potencial $V = 100$ V é aplicada a um circuito de capacitores cujas capacitâncias são $C_1 = 10{,}0\ \mu$F, $C_2 = 5{,}00\ \mu$F e $C_3 = 15{,}00\ \mu$F. Determine (a) q_3, (b) V_3, (c) a energia U_3 armazenada no capacitor 3, (d) q_1, (e) V_1, (f) a energia U_1 armazenada no capacitor 1, (g) q_2, (h) V_2 e (i) a energia U_2 armazenada no capacitor 2.

39 M Na Fig. 25.28, $C_1 = 10{,}0\ \mu$F, $C_2 = 20{,}0\ \mu$F e $C_3 = 25{,}0\ \mu$F. Se nenhum dos capacitores pode suportar uma diferença de potencial de mais de 100 V sem que o dielétrico se rompa, determine (a) a maior diferença de potencial que pode existir entre os pontos A e B e (b) a maior energia que pode ser armazenada no conjunto de três capacitores.

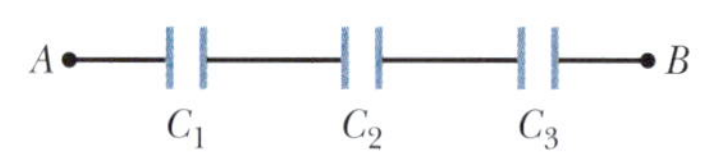

Figura 25.28 Problema 39.

Módulo 25.5 Capacitor com um Dielétrico

40 F Um capacitor de placas paralelas, cujo dielétrico é o ar, tem uma capacitância de 1,3 pF. A distância entre as placas é multiplicada por dois, e o espaço entre as placas é preenchido com cera, o que faz a capacitância aumentar para 2,6 pF. Determine a constante dielétrica da cera.

41 F Um cabo coaxial usado em uma linha de transmissão tem um raio interno de 0,10 mm e um raio externo de 0,60 mm. Calcule a capacitância, por metro, do cabo, supondo que o espaço entre os condutores seja preenchido com poliestireno.

42 F Um capacitor de placas paralelas, cujo dielétrico é o ar, tem uma capacitância de 50 pF. (a) Se a área das placas é 0,35 m², qual é a distância entre as placas? (b) Se a região entre as placas for preenchida por um material com $\kappa = 5{,}6$, qual será a nova capacitância?

43 F Dado um capacitor de 7,4 pF cujo dielétrico é o ar, você recebe a missão de convertê-lo em um capacitor capaz de armazenar até 7,4 μJ com uma diferença de potencial máxima de 652 V. Que dielétrico da Tabela 25.5.1 você usaria para preencher o espaço entre as placas se não fosse permitida uma margem de erro?

44 M Você está interessado em construir um capacitor com uma capacitância de aproximadamente 1 nF e um potencial de ruptura de mais de 10.000 V e pensa em usar as superfícies laterais de um copo de pirex como dielétrico, revestindo as faces interna e externa com folha de alumínio para fazer as placas. O copo tem 15 cm de altura, um raio interno de 3,6 cm e um raio externo de 3,8 cm. Determine (a) a capacitância e (b) o potencial de ruptura do capacitor.

45 M Um capacitor de placas paralelas contém um dielétrico para o qual $\kappa = 5{,}5$. A área das placas é 0,034 m² e a distância entre as placas é 2,0 mm. O capacitor ficará inutilizado se o campo elétrico entre as placas exceder 200 kN/C. Qual é a máxima energia que pode ser armazenada no capacitor?

46 M Na Fig. 25.29, qual é a carga armazenada nos capacitores de placas paralelas se a diferença de potencial da bateria é 12,0 V? O dielétrico de um dos capacitores é o ar; o do outro, uma substância com $\kappa = 3{,}00$. Para os dois capacitores, a área das placas é $5{,}00 \times 10^{-3}$ m² e a distância entre as placas é 2,00 mm.

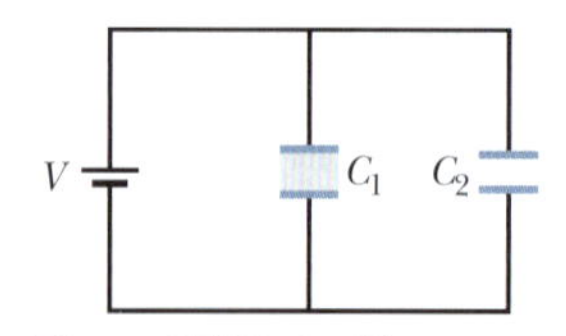

Figura 25.29 Problema 46.

47 M Uma substância tem uma constante dielétrica de 2,8 e uma rigidez dielétrica de 18 MV/m. Se for usada como dielétrico de um capacitor de placas paralelas, qual deverá ser, no mínimo, a área das placas do capacitor para que a capacitância seja $7{,}0 \times 10^{-2}\ \mu$F e o capacitor possa suportar uma diferença de potencial de 4,0 kV?

48 M A Fig. 25.30 mostra um capacitor de placas paralelas com uma área das placas $A = 5{,}56$ cm² e uma distância entre as placas $d = 5{,}56$ mm. A parte esquerda do espaço entre as placas é preenchida por um material de constante dielétrica $\kappa_1 = 7{,}00$; a parte direita é preenchida por um material de constante dielétrica $\kappa_2 = 12{,}0$. Qual é a capacitância?

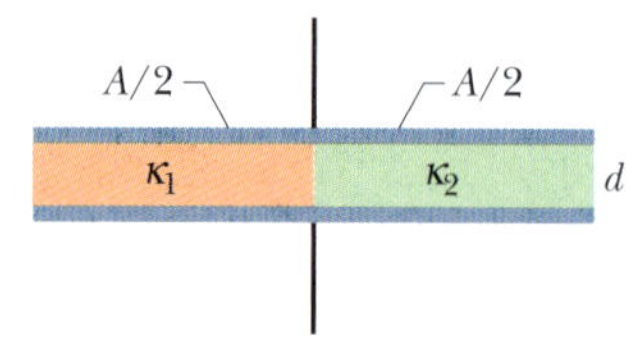

Figura 25.30 Problema 48.

49 M A Fig. 25.31 mostra um capacitor de placas paralelas com uma área das placas $A = 7{,}89$ cm² e uma distância entre as placas $d = 4{,}62$ mm. A parte superior do espaço entre as placas é preenchida por um material de constante dielétrica $\kappa_1 = 11{,}00$; a parte inferior é preenchida por um material de constante dielétrica $\kappa_2 = 12{,}0$. Qual é a capacitância?

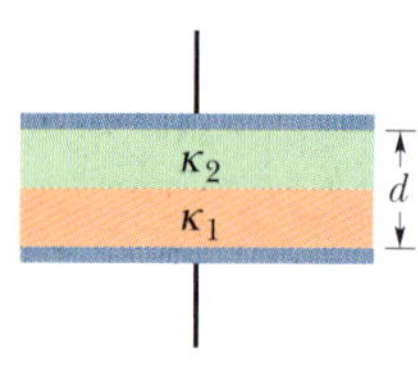

Figura 25.31 Problema 49.

50 M Na Fig. 25.32 é mostrado um capacitor de placas paralelas com área das placas $A = 10{,}5$ cm² e distância entre as placas $2d = 7{,}12$ mm. O lado esquerdo do espaço entre as placas é preenchido por um material de constante dielétrica $\kappa_1 = 21{,}00$; a parte superior do lado direito é preenchida por um material de constante dielétrica $\kappa_2 = 42{,}0$; e a parte inferior do lado direito é preenchida por um material de constante dielétrica $\kappa_3 = 58{,}0$. Qual é a capacitância?

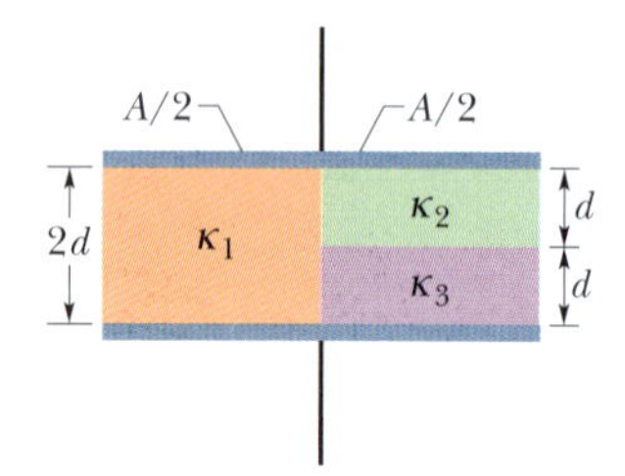

Figura 25.32 Problema 50.

Módulo 25.6 Dielétricos e a Lei de Gauss

51 F Um capacitor de placas paralelas tem uma capacitância de 100 pF, uma área das placas de 100 cm² e um dielétrico de mica ($\kappa = 5{,}4$) que preenche totalmente o espaço entre as placas. Para uma diferença de potencial de 50 V, calcule (a) o módulo E do campo elétrico no interior do dielétrico, (b) o valor absoluto da carga livre nas placas e (c) o valor absoluto da densidade superficial de cargas induzidas no dielétrico.

52 F Suponha que a bateria permaneça ligada enquanto o dielétrico está sendo introduzido no capacitor do Exemplo 25.6.1. Determine (a) a capacitância, (b) a carga das placas do capacitor, (c) o campo elétrico nos espaços entre as placas do capacitor e o dielétrico e (d) o campo elétrico no interior do dielétrico, depois que o dielétrico for introduzido.

53 M Um capacitor de placas paralelas tem uma área das placas de 0,12 m² e uma distância entre as placas de 1,2 cm. Uma bateria é usada para carregar as placas com uma diferença de potencial de 120 V e em seguida é removida do circuito. Um dielétrico com 4,0 mm de espessura e constante dielétrica 4,8 é introduzido simetricamente entre as placas. (a) Qual é a capacitância antes da introdução do dielétrico? (b) Qual é a capacitância após a introdução do dielétrico? (c) Qual é a carga das placas antes da introdução do dielétrico? (d) Qual é a carga das placas após da introdução do dielétrico? (e) Qual é o módulo do campo elétrico no espaço entre as placas e o dielétrico? (f) Qual é o módulo do campo elétrico no interior do dielétrico? (g) Qual é a diferença de potencial entre as placas após a introdução do dielétrico? (h) Qual é o trabalho envolvido na introdução do dielétrico?

54 M Duas placas paralelas de 100 cm² de área recebem cargas de mesmo valor absoluto, $8{,}9 \times 10^{-7}$ C, e sinais opostos. O campo elétrico no interior do dielétrico que preenche o espaço entre as placas é $1{,}4 \times$

10^6 V/m. (a) Calcule a constante dielétrica do material. (b) Determine o módulo da carga induzida nas superfícies do dielétrico.

55 **M** O espaço entre duas cascas esféricas concêntricas de raios b = 1,70 cm e a = 1,20 cm é preenchido por uma substância de constante dielétrica κ = 23,5. Uma diferença de potencial V = 73,0 V é aplicada entre as duas cascas. Determine (a) a capacitância do dispositivo, (b) a carga livre q da casca interna e (c) a carga q' induzida na superfície do dielétrico mais próxima da casca interna.

Problemas Adicionais

56 Na Fig. 25.33, a diferença de potencial V da bateria é 10,0 V e os sete capacitores têm uma capacitância de 10,0 μF. Determine (a) a carga do capacitor 1 e (b) a carga do capacitor 2.

57 Na Fig. 25.34, V = 9,0 V, $C_1 = C_2$ = 30 μF e $C_3 = C_4$ = 15 μF. Qual é a carga do capacitor C_4?

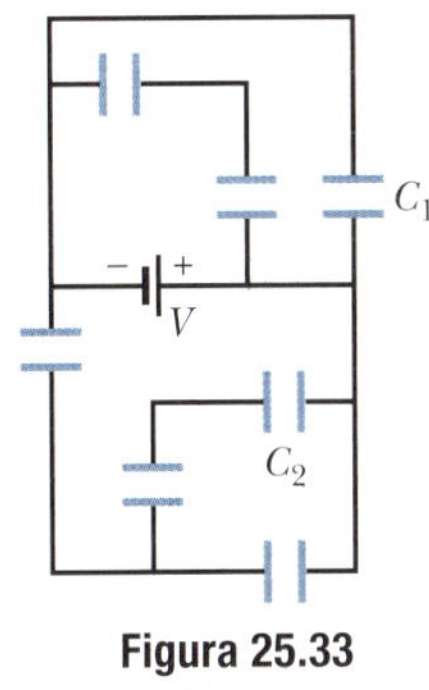

Figura 25.33 Problema 56.

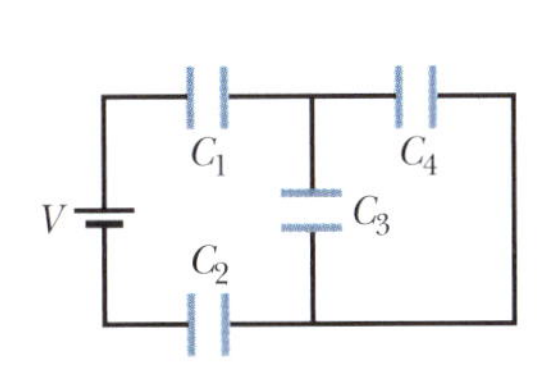

Figura 25.34 Problema 57.

58 As capacitâncias dos quatro capacitores da Fig. 25.35 são expressas em termos de uma constante C. (a) Se C = 50 μF, qual é a capacitância equivalente entre os pontos A e B? (*Sugestão*: Imagine primeiro que uma bateria foi ligada entre os dois pontos; em seguida, reduza o circuito a uma capacitância equivalente.) (b) Responda à mesma pergunta do item (a) para os pontos A e D.

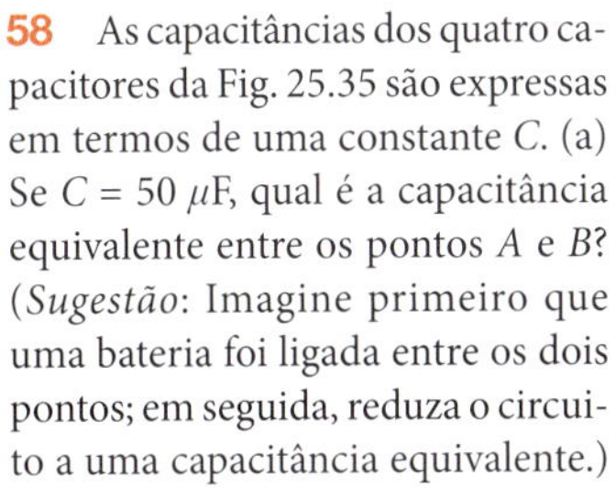

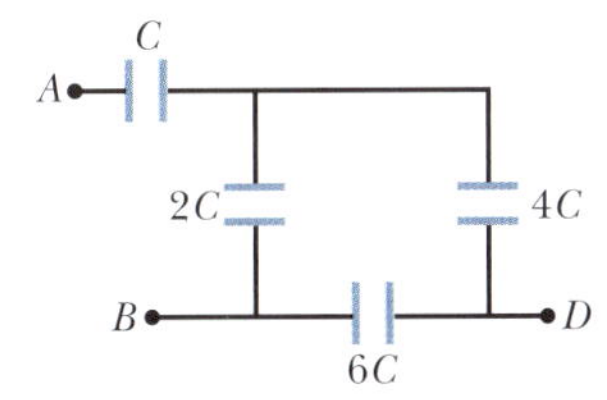

Figura 25.35 Problema 58.

59 Na Fig. 25.36, V = 12 V, $C_1 = C_4$ = 2,0 μF, C_2 = 4,0 μF e C_3 = 1,0 μF. Qual é a carga do capacitor C_4?

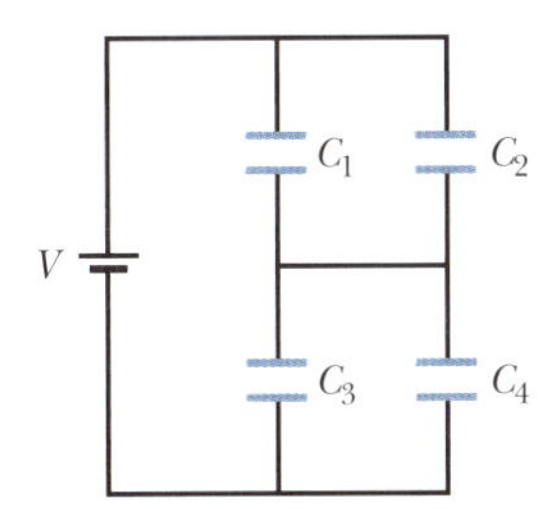

Figura 25.36 Problema 59.

60 **CVF** *O mistério do chocolate em pó*. Essa história começa no Problema 60 do Capítulo 23. Como parte da investigação da explosão ocorrida na fábrica de biscoitos, o potencial elétrico dos operários foi medido enquanto eles esvaziavam sacos de chocolate em pó em uma bandeja, produzindo uma nuvem de pó de chocolate. Cada operário possuía um potencial elétrico de cerca de 7,0 kV em relação ao potencial da terra, que foi considerado como potencial zero. (a) Supondo que um operário pode ser modelado por um capacitor com uma capacitância efetiva de 200 pF, determine a energia armazenada nesse capacitor. Se uma única centelha entre um operário e um objeto condutor ligado à terra neutralizasse o operário, essa energia seria transferida para a centelha. De acordo com as medidas, para inflamar uma nuvem de pó de chocolate, provocando assim uma explosão, a centelha teria que ter uma energia de pelo menos 150 mJ. (b) Uma centelha produzida por um operário poderia provocar uma explosão enquanto o chocolate em pó estava sendo descarregado na bandeja? (A história continua no Problema 60 do Capítulo 26.)

61 A Fig. 25.37 mostra o capacitor 1 (C_1 = 8,00 μF), o capacitor 2 (C_2 = 6,00 μF) e o capacitor 3 (C_3 = 8,00 μF) ligados a uma bateria de 12,0 V. Quando a chave S é fechada, ligando ao circuito o capacitor 4 (C_4 = 6,00 μF), inicialmente descarregado, determine (a) o valor da carga que passa pelo ponto P, proveniente da bateria e (b) o valor da carga armazenada no capacitor 4. (c) Explique por que os resultados dos itens (a) e (b) não são iguais.

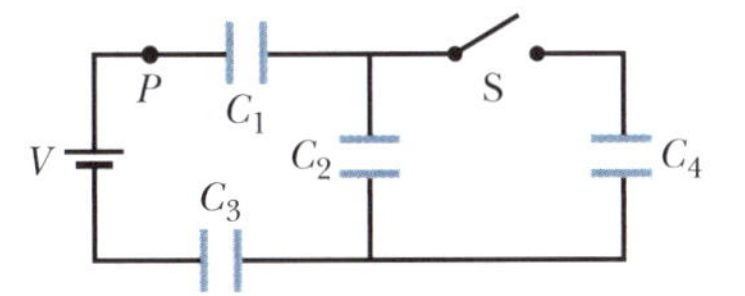

Figura 25.37 Problema 61.

62 Dois capacitores de placas paralelas, cujo dielétrico é o ar, são ligados a uma bateria de 10 V, primeiro separadamente, depois em série e, finalmente, em paralelo. Nesses arranjos, a energia armazenada nos capacitores é, em ordem crescente, 75 μJ, 100 μJ, 300 μJ e 400 μJ. (a) Qual é o valor do menor capacitor? (b) Qual é o valor do maior capacitor?

63 *Cabo coaxial*. Os condutores interno e externo de um cabo coaxial longo têm diâmetros a = 0,15 mm e b = 2,1 mm. Qual é a capacitância do cabo por unidade de comprimento?

64 *Capacitância da Terra*. Qual é a capacitância da Terra, se a considerarmos uma esfera condutora isolada com raio de 6.370 km?

65 *Energia de uma esfera condutora carregada*. Uma esfera condutora isolada tem raio R = 6,85 cm e carga q = 1,25 nC. (a) Qual é a energia potencial do campo elétrico produzido pela esfera? (b) Qual é a densidade de energia na superfície da esfera? (c) Qual é o raio R_0 de uma superfície esférica imaginária tal que metade da energia potencial do campo elétrico esteja no interior da superfície?

66 *Caminhada fulgurante*. Em um dia de baixa umidade, você pode ficar eletricamente carregado ao caminhar em um corredor acarpetado (pode haver uma transferência de carga do carpete para seus sapatos). Se uma centelha saltou da sua mão para uma maçaneta de metal situada a uma distância de 5,0 mm, você estava provavelmente a um potencial de 15 kV em relação à maçaneta. Para determinar a carga acumulada q, suponha que seu corpo pode ser representado por uma esfera condutora de raio R = 25 cm. Qual é o valor de q?

67 *Força e tensao eletrostática*. De acordo com a Eq. 8.3.2, força e energia potencial estão relacionadas pela equação $|F| = dU/dx$. (a) Aplique essa relação a um capacitor de placas paralelas de área das placas A e distância entre as placas x, carregado com uma carga q, cujo dielétrico tem uma constante dielétrica ε_0, para obter uma expressão para o valor da força com a qual as placas se atraem. (b) Calcule o valor dessa força para q = 6,00 μC e A = 2,50 cm^2. (c) *Tensão eletrostática* é a força por unidade de área $|F/A|$ a que as placas de um capacitor são submetidas. Determine uma expressão para a tensão eletrostática em termos da constante dielétrica ε_0 e do campo elétrico E entre as placas. (d) Calcule o valor da tensão eletrostática para um capacitor cujo dielétrico tem constante dielétrica ε_0 e cuja distância entre as placas é x = 2,00 mm ao ser submetido a uma tensão entre as placas V = 110 V.

68 **CALC** *Dilatação térmica de um capacitor*. Um capacitor está sendo projetado para funcionar, com capacitância constante, em um ambiente de temperatura variável. Como mostra a Fig. 25.38, trata-se de um capacitor de placas paralelas com "espaçadores" de plástico para manter as placas alinhadas. (a) Mostre que a taxa de variação da capacitância C com a temperatura T é dada por

$$\frac{dC}{dT} = C\left(\frac{1}{A}\frac{dA}{dT} - \frac{1}{x}\frac{dx}{dT}\right),$$

em que A é a área das placas e x é a distância entre as placas. (b) Se as placas são de alumínio, qual deve ser o coeficiente de dilatação térmica dos espaçadores para que a capacitância não varie com a temperatura? (Despreze o efeito dos espaçadores sobre a capacitância.)

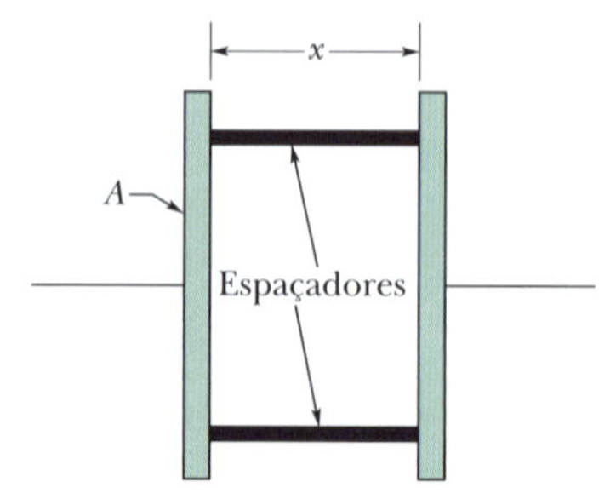

Figura 25.38 Problema 68.

69 *Capacitores e diodos.* Um diodo ideal só permite que cargas negativas (elétrons) o atravessem no sentido oposto ao sentido convencional da corrente mostrado nos diagramas dos circuitos. A Fig. 25.39 mostra um circuito com dois diodos ideais e dois capacitores de mesma capacitância C. Uma bateria de 100 V é ligada aos terminais de entrada a e b do circuito. Qual é a tensão de saída do circuito (a) se o terminal positivo da bateria é ligado ao terminal a e (b) se o terminal positivo da bateria é ligado ao terminal b?

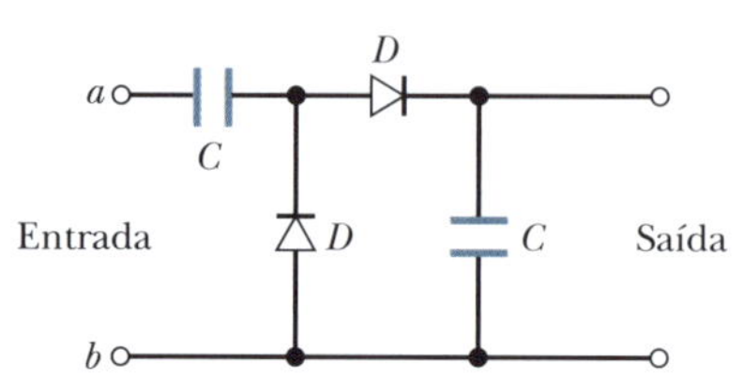

Figura 25.39 Problema 69.

70 **BIO** *Desfibrilador.* O fato de que um capacitor armazena energia é fundamental para o funcionamento dos *desfibriladores*, aparelhos usados para interromper a fibrilação do coração das vítimas de ataques cardíacos (Fig. 25.40). Na versão portátil, uma bateria carrega um capacitor com uma alta diferença de potencial, armazenando uma grande quantidade de energia em menos de um minuto. A bateria mantém apenas uma diferença de potencial moderada; um circuito eletrônico usa repetidamente essa diferença de potencial para estabelecer uma grande diferença de potencial entre as placas do capacitor. Terminais condutores (eletrodos) são colocados no peito do paciente. Quando uma chave de controle é fechada, o capacitor envia parte da energia armazenada de um eletrodo para o outro, em um pulso de corrente que passa pelo peito do paciente. (a) Se um capacitor de 70 μF de um desfibrilador está carregado com 5,0 kV, qual é a energia armazenada? (b) Se 23% dessa energia atravessam o peito do paciente em 2,0 ms, qual é a potência do pulso de corrente?

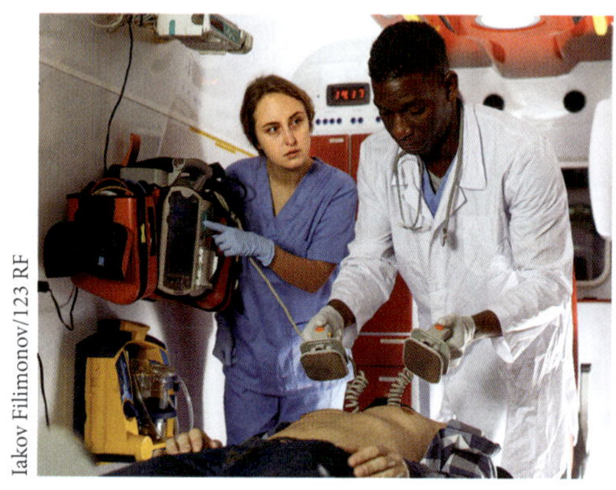

Figura 25.40 Problema 70.

71 *Parte central móvel.* A Fig. 25.41 mostra dois capacitores em série, com uma parte central que pode ser deslocada verticalmente para cima ou para baixo. A área A das placas é a mesma nas placas fixas e nas placas móveis. (a) Qual é a capacitância equivalente C em termos de A, a, b e ε_0? (b) Determine o valor de C para A = 2,0 cm², a = 7,0 mm e b = 4,0 mm. (c) Se a parte central é deslocada para baixo (sem encostar na placa inferior) o valor de C aumenta, diminui ou permanece o mesmo?

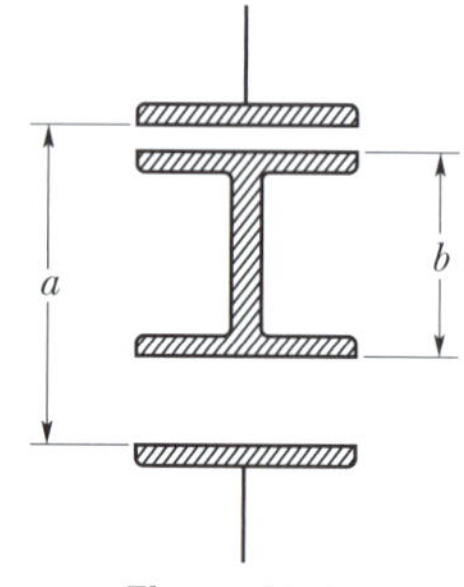

Figura 25.41 Problema 71.

72 *Risco de incêndio causado pela poeira.* Uma pessoa que caminha em um ambiente com muita poeira, como, por exemplo, em uma fábrica de cosméticos, pode ficar eletricamente carregada por contato com o piso ou certos objetos, o que constitui um sério risco. Os engenheiros de segurança calculam o valor crítico do potencial elétrico usando como modelo para a pessoa um capacitor esférico de raio R = 1,8 m. Que potencial elétrico corresponde ao valor crítico de energia armazenada U_c = 150 mJ acima do qual uma centelha poderia inflamar a poeira e produzir uma explosão?

CAPÍTULO 26

Corrente e Resistência

26.1 CORRENTE ELÉTRICA

Objetivos do Aprendizado

Depois de ler este módulo, você será capaz de ...

26.1.1 Usar a definição de corrente elétrica como a carga que passa por um ponto por unidade de tempo para calcular a quantidade de carga que passa por um ponto em um dado intervalo de tempo.

26.1.2 Saber que a corrente elétrica em geral se deve a elétrons de condução colocados em movimento por campos elétricos (como, por exemplo, os que são produzidos em um fio por uma bateria).

26.1.3 Saber o que é um nó de um circuito e que, de acordo com a lei de conservação da carga, a corrente total que entra em um nó é igual à corrente total que sai do nó.

26.1.4 Saber o que significam as setas nos desenhos esquemáticos do circuito e saber que, mesmo que seja representada com uma seta, a corrente elétrica não é um vetor.

Ideias-Chave

- Uma corrente elétrica i em um circuito é definida pela equação

$$i = \frac{dq}{dt},$$

em que dq é a carga positiva que passa por um ponto do circuito em um intervalo de tempo dt.

- Por convenção, o sentido da corrente elétrica é aquele no qual cargas positivas se moveriam, embora, na maioria dos casos, a corrente se deva a elétrons de condução, que têm carga negativa.

O que É Física?

Nos últimos cinco capítulos, discutimos a eletrostática — a física das cargas estacionárias. Neste capítulo e também no próximo, vamos discutir as **correntes elétricas** — a física das cargas em movimento.

Os exemplos de correntes elétricas são incontáveis e envolvem muitas profissões. Os meteorologistas estudam os relâmpagos e os movimentos de cargas menos espetaculares na atmosfera. Biólogos, fisiologistas e engenheiros que trabalham na área de bioengenharia se interessam pelas correntes nos nervos que controlam os músculos e especialmente no modo como essas correntes podem ser restabelecidas em caso de danos à coluna vertebral. Os engenheiros elétricos trabalham com sistemas elétricos de todos os tipos, como redes de energia elétrica, equipamentos de proteção contra relâmpagos, dispositivos de armazenamento de informações e instrumentos de reprodução sonora. Os engenheiros espaciais observam e estudam as partículas carregadas provenientes do Sol porque essas partículas podem interferir nos sistemas de telecomunicações via satélite e até mesmo com linhas de transmissão terrestres. Além desses trabalhos especializados, quase todas as nossas atividades diárias hoje dependem de informações transportadas por correntes elétricas, desde saques em caixas eletrônicos até a compra e venda de ações, sem falar dos programas de televisão e do uso das redes sociais.

Neste capítulo, vamos discutir a física básica das correntes elétricas e a razão pela qual alguns materiais conduzem corrente elétrica melhor que outros. Começamos pela definição de corrente elétrica.

Corrente Elétrica

Embora uma corrente elétrica seja um movimento de partículas carregadas, nem todas as partículas carregadas que se movem produzem uma corrente elétrica. Para

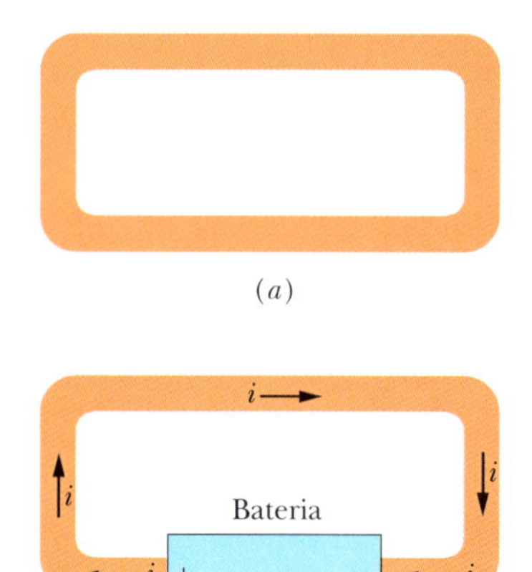

Figura 26.1.1 (*a*) Fio de cobre em equilíbrio eletrostático. O fio inteiro está ao mesmo potencial e o campo elétrico é zero em todos os pontos do fio. (*b*) Quando introduzimos uma bateria no circuito, produzimos uma diferença de potencial entre os pontos do fio que estão ligados aos terminais da bateria. Com isso, a bateria produz um campo elétrico no interior do fio, que faz com que cargas elétricas se movam no circuito. Esse movimento de cargas constitui uma corrente i.

que uma superfície seja atravessada por uma corrente elétrica, é preciso que haja um fluxo líquido de cargas através da superfície. Dois exemplos deixarão claro o que queremos dizer.

1. Os elétrons livres (elétrons de condução) que existem no interior de um fio de cobre se movem em direções aleatórias a uma velocidade média da ordem de 10^6 m/s. Se imaginarmos um plano perpendicular ao fio, elétrons de condução passarão pelo plano *nos dois sentidos* bilhões de vezes por segundo, mas não haverá um *fluxo líquido* de cargas e, portanto, não haverá uma *corrente elétrica* no fio. Se ligarmos as extremidades do fio a uma bateria, por outro lado, o número de elétrons que atravessam o plano em um sentido se tornará ligeiramente maior que o número de elétrons que atravessam o plano no sentido oposto; em consequência, haverá um fluxo líquido de cargas e, portanto, haverá uma corrente elétrica no fio.
2. O fluxo de água em uma mangueira representa um movimento de cargas positivas (os prótons das moléculas de água) da ordem de milhões de coulombs por segundo. Entretanto, não existe um fluxo líquido de carga, já que existe também um movimento de cargas negativas (os elétrons das moléculas de água) que compensa exatamente o movimento das cargas positivas. Em consequência, a corrente elétrica associada ao movimento da água no interior de uma mangueira é zero.

Neste capítulo, vamos nos limitar ao estudo de *correntes constantes* de *elétrons de condução* em *condutores metálicos*, como fios de cobre, por exemplo.

Em um circuito fechado feito exclusivamente de um material condutor, como o da Fig. 26.1.1*a*, mesmo que exista um excesso de carga, todos os pontos estão ao mesmo potencial. Sendo assim, não pode haver um campo elétrico no material. Embora existam elétrons de condução disponíveis, eles não estão sujeitos a uma força elétrica e, portanto, não existe corrente.

Por outro lado, quando introduzimos uma bateria no circuito, como mostrado na Fig. 26.1.1*b*, o potencial não é mais o mesmo em todo o circuito. Campos elétricos são criados no interior do material e exercem uma força sobre os elétrons de condução que os faz se moverem preferencialmente em um sentido, produzindo uma corrente. Depois de um pequeno intervalo de tempo, o movimento dos elétrons atinge um valor constante, e a corrente entra no *regime estacionário* (deixa de variar com o tempo).

A Fig. 26.1.2 mostra uma seção reta de um condutor, parte de um circuito no qual existe uma corrente. Se uma carga dq passa por um plano hipotético (como aa') em um intervalo de tempo dt, a corrente i nesse plano é definida como

$$i = \frac{dq}{dt} \quad \text{(definição de corrente).} \tag{26.1.1}$$

Podemos determinar por integração a carga que passa pelo plano no intervalo de tempo de 0 a t:

$$q = \int dq = \int_0^t i\,dt, \tag{26.1.2}$$

em que a corrente i pode variar com o tempo.

No regime estacionário, a corrente é a mesma nos planos aa', bb' e cc' e em qualquer outro plano que intercepte totalmente o condutor, seja qual for a localização ou orientação desse plano. Isso é uma consequência do fato de que a carga é conservada. No regime estacionário, para cada elétron que passa pelo plano cc', um elétron deve passar pelo plano aa'. Da mesma forma, quando um fluxo contínuo de água está passando por uma mangueira, para cada gota que sai pelo bico da mangueira, uma gota deve entrar na outra extremidade; a quantidade de água na mangueira também é uma grandeza conservada.

A unidade de corrente do SI é o coulomb por segundo, ou ampère, representado pelo símbolo A:

$$1 \text{ ampère} = 1 \text{ A} = 1 \text{ coulomb por segundo} = 1 \text{ C/s}.$$

A definição formal do ampère será discutida no Capítulo 29.

A corrente é a mesma em qualquer seção reta.

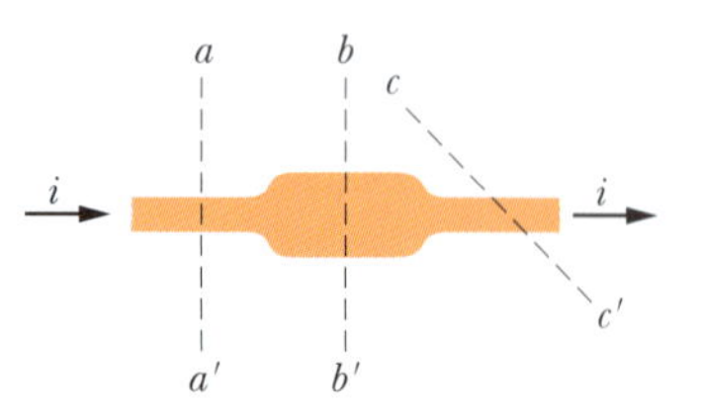

Figura 26.1.2 A corrente i que atravessa o condutor tem o mesmo valor nos planos aa', bb' e cc'.

A corrente elétrica, definida pela Eq. 26.1.1, é uma grandeza escalar, já que a carga e o tempo que aparecem na equação são grandezas escalares. Entretanto, como na Fig. 26.1.1*b*, muitas vezes representamos uma corrente por uma seta para indicar o sentido em que as cargas estão se movendo. Essas setas não são vetores, e a elas não se aplicam as regras das operações vetoriais. A Fig. 26.1.3*a* mostra um condutor percorrido por uma corrente i_0 que se divide em duas ao chegar a uma bifurcação (que, no caso das correntes elétricas, é chamada *nó*). Como a carga é conservada, a soma das correntes nos dois ramos é igual à corrente inicial:

$$i_0 = i_1 + i_2. \tag{26.1.3}$$

Como mostra a Fig. 26.1.3*b*, a Eq. 26.1.3 continua a ser válida, mesmo que os fios sejam retorcidos. No caso da corrente, as setas indicam apenas o sentido em que as cargas estão se movendo em um condutor e não uma direção no espaço.

A corrente que entra no nó é igual à corrente que sai do nó (a carga é conservada).

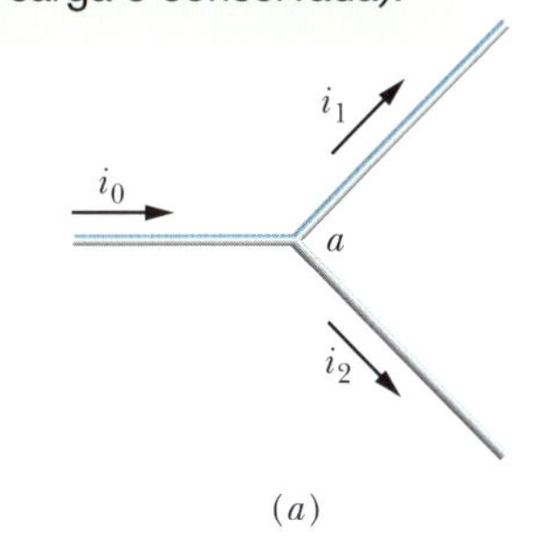

(*a*)

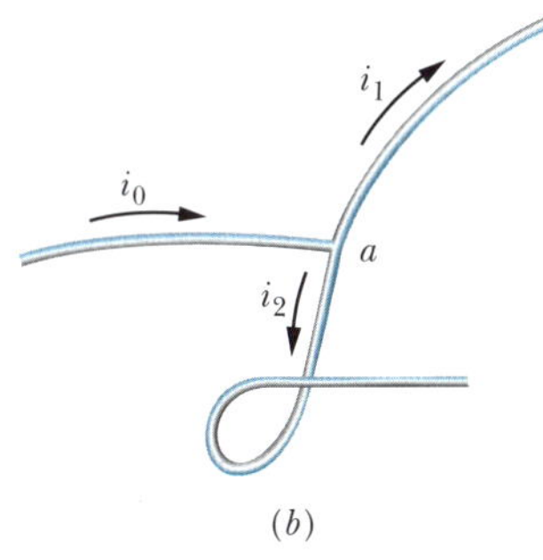

(*b*)

Figura 26.1.3 A relação $i_0 = i_1 + i_2$ é verdadeira para o nó *a*, qualquer que seja a orientação dos três fios no espaço. A corrente não é uma grandeza vetorial, e sim uma grandeza escalar.

Sentido da Corrente Elétrica

Na Fig. 26.1.1*b*, desenhamos as setas que indicam a corrente no sentido em que partículas positivamente carregadas seriam forçadas pelo campo elétrico a se mover no circuito. Se fossem positivos, esses *portadores de carga*, como são chamados, sairiam do terminal positivo da bateria e entrariam no terminal negativo. Na verdade, no caso do fio de cobre da Fig. 26.1.1*b*, os portadores de carga são elétrons, partículas negativamente carregadas. O campo elétrico faz essas partículas se moverem no sentido oposto ao indicado pelas setas, do terminal negativo para o terminal positivo. Por questões históricas, usamos a seguinte convenção:

A seta da corrente é desenhada no sentido em que portadores de carga positivos se moveriam, mesmo que os portadores sejam negativos e se movam no sentido oposto.

Podemos usar essa convenção porque, na *maioria* das situações, supor que portadores de carga positivos estão se movendo em um sentido tem exatamente o mesmo efeito que supor que portadores de carga negativos estão se movendo no sentido oposto. (Nos casos em que isso não é verdade, abandonamos a convenção e descrevemos o movimento do modo como realmente acontece.)

Teste 26.1.1

A figura mostra parte de um circuito. Quais são o valor absoluto e o sentido da corrente *i* no fio da extremidade inferior direita?

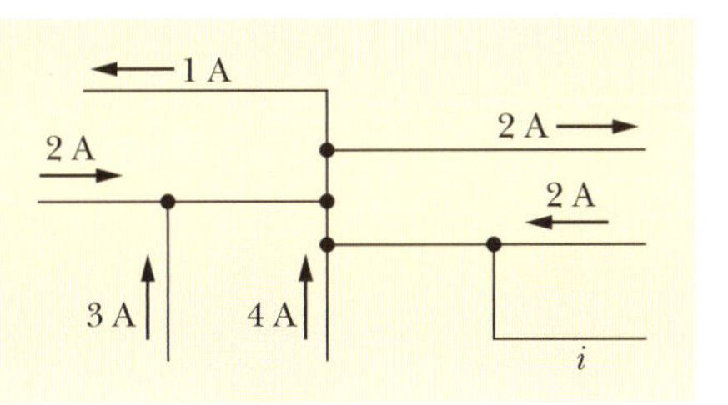

Exemplo 26.1.1 A corrente elétrica como derivada do fluxo de carga  26.1

A vazão da água em uma mangueira, dV/dt, é 450 cm³/s. Qual é a corrente de carga negativa?

IDEIAS-CHAVE

A corrente *i* de carga negativa se deve ao movimento dos elétrons das moléculas de água. A corrente é a taxa com a qual a carga negativa passa por qualquer plano que intercepte totalmente a mangueira.

Cálculos: Podemos escrever a corrente, em termos do número de moléculas que passam por um plano por segundo, como

$$i = \begin{pmatrix} \text{carga} \\ \text{por} \\ \text{elétron} \end{pmatrix} \begin{pmatrix} \text{elétrons} \\ \text{por} \\ \text{molécula} \end{pmatrix} \begin{pmatrix} \text{moléculas} \\ \text{por} \\ \text{segundo} \end{pmatrix}$$

ou

$$i = (e)(10)\frac{dN}{dt}.$$

Usamos 10 como número de elétrons por molécula porque em uma molécula de água (H_2O) existem 8 elétrons no átomo de oxigênio e 1 elétron em cada átomo de hidrogênio.

Podemos expressar a derivada dN/dt em termos da vazão dV/dt escrevendo

$$\begin{pmatrix}\text{moléculas}\\ \text{por}\\ \text{segundo}\end{pmatrix} = \begin{pmatrix}\text{moléculas}\\ \text{por}\\ \text{mol}\end{pmatrix}\begin{pmatrix}\text{mols por}\\ \text{unidade}\\ \text{de massa}\end{pmatrix} \times \begin{pmatrix}\text{massa por}\\ \text{unidade}\\ \text{de volume}\end{pmatrix}\begin{pmatrix}\text{volume}\\ \text{por}\\ \text{segundo}\end{pmatrix}.$$

"Moléculas por mol" é o número de Avogadro, N_A. "Mols por unidade de massa" é o inverso da massa molar M da água. "Massa por unidade de volume" é a massa específica ρ da água. "Volume por segundo" é a vazão dV/dt. Assim, temos

$$\frac{dN}{dt} = N_A\left(\frac{1}{M}\right)\rho\left(\frac{dV}{dt}\right) = \frac{N_A\rho}{M}\frac{dV}{dt}.$$

Substituindo esse resultado na equação de i, obtemos

$$i = 10eN_A M^{-1}\rho\frac{dV}{dt}.$$

O valor de N_A é $6{,}02 \times 10^{23}$ moléculas/mol, ou $6{,}02 \times 10^{23}$ mol^{-1}, e, de acordo com a Tabela 14.1.1, a massa específica da água nas condições normais é $\rho \approx 1.000$ kg/m^3. Podemos calcular a massa molar da água a partir das massas molares do oxigênio e do hidrogênio (ver Apêndice F). Somando a massa molar do oxigênio (16 g/mol) a duas vezes a massa molar do hidrogênio (1 g/mol), obtemos 18 g/mol = 0,018 kg/mol. Assim,

$$\begin{aligned} i &= (10)(1{,}6 \times 10^{-19}\ \text{C})(6{,}02 \times 10^{23}\ \text{mol}^{-1}) \\ &\quad \times (0{,}018\ \text{kg/mol})^{-1}(1.000\ \text{kg/m}^3)(450 \times 10^{-6}\ \text{m}^3\text{/s}) \\ &= 2{,}41 \times 10^7\ \text{C/s} = 2{,}41 \times 10^7\ \text{A} \\ &= 24{,}1\ \text{MA}. \qquad \text{(Resposta)} \end{aligned}$$

Essa corrente de carga negativa é compensada exatamente por uma corrente de carga positiva produzida pelos núcleos dos três átomos que formam a molécula de água. Assim, a corrente elétrica total que atravessa a mangueira é nula.

26.2 DENSIDADE DE CORRENTE

Objetivos do Aprendizado

Depois de ler este módulo, você será capaz de ...

26.2.1 Saber o que é o vetor densidade de corrente.

26.2.2 Saber o que é o vetor elemento de área de um fio.

26.2.3 Calcular a corrente em um fio integrando o produto escalar do vetor densidade de corrente $\vec{J}$ pelo vetor elemento de área $d\vec{A}$ para toda a seção reta do fio.

26.2.4 Conhecer a relação entre corrente i, o módulo da densidade de corrente J e a área A no caso em que a corrente é uniforme ao longo da seção reta de um fio.

26.2.5 Saber o que são linhas de corrente.

26.2.6 Explicar o movimento dos elétrons de condução em termos da velocidade de deriva.

26.2.7 Saber a diferença entre velocidade de deriva e velocidade térmica dos elétrons de condução.

26.2.8 Saber o que é a densidade de portadores n.

26.2.9 Conhecer a relação entre a densidade de corrente J, a densidade de portadores n e a velocidade de deriva v_d.

Ideias-Chave

- A corrente i (uma grandeza escalar) está relacionada à densidade de corrente $\vec{J}$ (uma grandeza vetorial) pela equação

$$i = \int \vec{J}\cdot d\vec{A},$$

em que $d\vec{A}$ é um vetor perpendicular a um elemento de superfície de área dA, e a integral é calculada para uma seção reta do condutor. A densidade de corrente $\vec{J}$ tem o mesmo sentido que a velocidade dos portadores de corrente, se os portadores de corrente são positivos, e o sentido oposto, se os portadores de corrente são negativos.

- Quando um campo elétrico $\vec{E}$ é criado em um condutor, os portadores de carga adquirem uma velocidade de deriva $\vec{v}_d$ no sentido de $\vec{E}$, se forem positivos, e no sentido oposto, se forem negativos.
- A velocidade de deriva $\vec{v}_d$ está relacionada à densidade de corrente $\vec{J}$ pela equação

$$\vec{J} = (ne)\vec{v}_d,$$

em que ne é a densidade de carga dos portadores.

Densidade de Corrente 26.1

Às vezes, estamos interessados em conhecer a corrente total i em um condutor. Em outras ocasiões, nosso interesse é mais específico e queremos estudar o fluxo de carga através de uma seção reta que se estende apenas a uma parte do material. Para descrever esse fluxo, usamos a **densidade de corrente** $\vec{J}$, que tem a mesma direção e o mesmo sentido que a velocidade das cargas que constituem a corrente, se as cargas forem positivas, e a mesma direção e o sentido oposto, se as cargas forem negativas. Para cada elemento da seção reta, o módulo J da densidade de corrente é igual à corrente dividida pela área do elemento. Podemos escrever a corrente que atravessa o elemento de área como $\vec{J} \cdot d\vec{A}$, em que $d\vec{A}$ é o vetor área do elemento, perpendicular ao elemento. A corrente total que atravessa a seção reta é, portanto,

$$i = \int \vec{J} \cdot d\vec{A}. \tag{26.2.1}$$

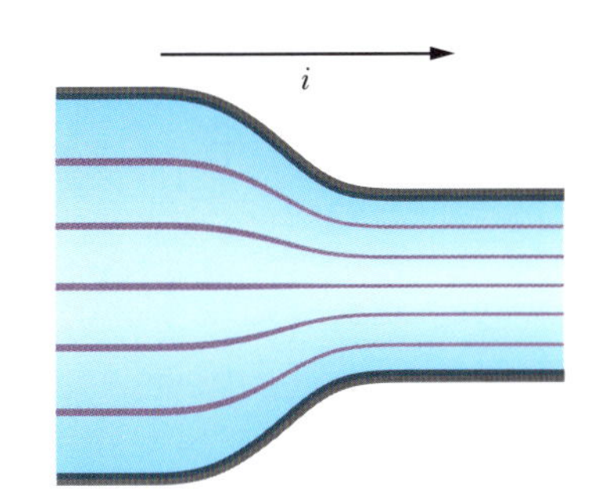

Figura 26.2.1 A densidade de corrente pode ser representada por linhas de corrente cujo espaçamento é inversamente proporcional à densidade de corrente.

Se a corrente é uniforme em toda a seção reta e paralela a $d\vec{A}$, $\vec{J}$ também é uniforme e paralela a $d\vec{A}$. Nesse caso, a Eq. 26.2.1 se torna

$$i = \int J\, dA = J \int dA = JA,$$

e

$$J = \frac{i}{A}, \tag{26.2.2}$$

em que A é a área total da superfície. De acordo com a Eq. 26.2.1 e a Eq. 26.2.2, a unidade de densidade de corrente do SI é o ampère por metro quadrado (A/m^2).

Como vimos no Capítulo 22, os campos elétricos podem ser representados por linhas de campo. A Fig. 26.2.1 mostra que a densidade de corrente também pode ser representada por um conjunto de linhas, conhecidas como *linhas de corrente*. Na Fig. 26.2.1, a corrente, que é da esquerda para a direita, faz uma transição de um condutor mais largo, à esquerda, para um condutor mais estreito, à direita. Como a carga é conservada na transição, a quantidade de carga e a quantidade de corrente não podem mudar; o que muda é a densidade de corrente, que é maior no condutor mais estreito. O espaçamento das linhas de corrente é inversamente proporcional à densidade de corrente; quanto mais próximas as linhas de corrente, maior a densidade de corrente.

Velocidade de Deriva

Quando um condutor não está sendo percorrido por corrente, os elétrons de condução se movem aleatoriamente, sem que haja uma direção preferencial. Quando existe uma corrente, os elétrons continuam a se mover aleatoriamente, mas tendem a *derivar* com uma **velocidade de deriva** v_d no sentido oposto ao do campo elétrico que produziu a corrente. A velocidade de deriva é muito pequena em relação à velocidade com a qual os elétrons se movem aleatoriamente, conhecida como **velocidade térmica** v_t, por estar associada ao conceito de temperatura. Assim, por exemplo, nos condutores de cobre da fiação elétrica residencial, a velocidade de deriva dos elétrons é da ordem de 10^{-7} m/s, enquanto a velocidade térmica é da ordem de 10^6 m/s.

Podemos usar a Fig. 26.2.2 para relacionar a velocidade de deriva v_d dos elétrons de condução em um fio ao módulo J da densidade de corrente no fio. Por conveniência, a Fig. 26.2.2 mostra a velocidade de deriva como se os portadores de carga fossem *positivos*; é por isso que o sentido de $\vec{v}_d$ é o mesmo de $\vec{E}$ e $\vec{J}$. Na verdade, na maioria dos casos, os portadores de carga são negativos e $\vec{v}_d$ tem o sentido oposto ao de $\vec{E}$ e $\vec{J}$. Vamos supor que todos esses portadores de carga se movem com a mesma velocidade de deriva v_d e que a densidade de corrente J é a mesma em toda a seção reta A do fio. Vamos supor ainda que a seção reta do fio seja constante. Nesse caso, o número

O sentido positivo da corrente é o do movimento de cargas positivas sob o efeito de um campo elétrico.

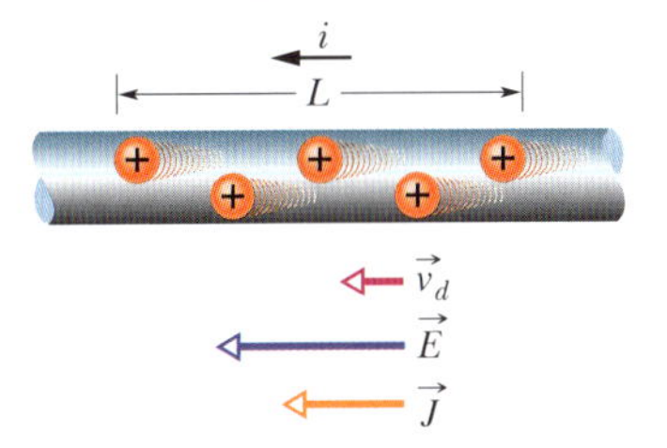

Figura 26.2.2 Portadores de carga positivos se movem com velocidade de deriva v_d na direção do campo elétrico aplicado $\vec{E}$. Por convenção, o sentido da densidade de corrente $\vec{J}$ é o mesmo da corrente.

de portadores em um pedaço do fio de comprimento L é nAL, em que n é o número de portadores por unidade de volume. Como cada portador possui uma carga e, a carga total dos portadores nesse pedaço do fio é dada por

$$q = (nAL)e.$$

Como os portadores estão todos se movendo com velocidade v_d, essa carga atravessa uma seção reta do fio em um intervalo de tempo

$$t = \frac{L}{v_d}.$$

De acordo com a Eq. 26.1.1, a corrente i é a taxa de variação, com o tempo, do fluxo de carga em uma seção reta. Assim, temos

$$i = \frac{q}{t} = \frac{nALe}{L/v_d} = nAev_d. \tag{26.2.3}$$

Explicitando v_d e lembrando que, de acordo com a Eq. 26.2.2, $i/A = J$, temos

$$v_d = \frac{i}{nAe} = \frac{J}{ne}$$

ou, em forma vetorial,

$$\vec{J} = (ne)\vec{v}_d. \tag{26.2.4}$$

O produto ne, que no SI é medido em coulombs por metro quadrado (C/m^3), é chamado *densidade de carga dos portadores*. No caso de portadores positivos, ne é positivo e, portanto, de acordo com a Eq. 26.2.4, $\vec{J}$ e $\vec{v}_d$ têm o mesmo sentido. No caso de portadores negativos, ne é negativo e $\vec{J}$ e $\vec{v}_d$ têm sentidos opostos.

Teste 26.2.1

A figura mostra elétrons de condução que se movem para a esquerda em um fio. Determine se o sentido das grandezas a seguir é para a esquerda ou para a direita: (a) a corrente i, (b) a densidade de corrente $\vec{J}$, (c) o campo elétrico $\vec{E}$ no interior do fio.

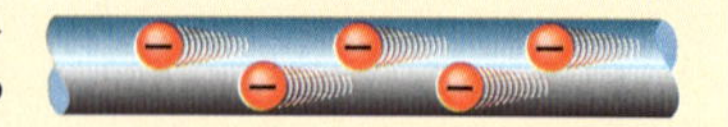

Exemplo 26.2.1 Densidade de corrente, uniforme e não uniforme

 26.1  26.2

(a) A densidade de corrente em um fio cilíndrico de raio R = 2,0 mm é uniforme ao longo de uma seção reta do fio e igual a $J = 2{,}0 \times 10^5$ A/m². Qual é a corrente na parte externa do fio, entre as distâncias radiais $R/2$ e R (Fig. 26.2.3*a*)?

IDEIA-CHAVE

Como a densidade de corrente é uniforme, a densidade de corrente J, a corrente i e a seção reta A estão relacionadas pela Eq. 26.2.2 ($J = i/A$).

Cálculos: Estamos interessados apenas na corrente que atravessa uma parte A' da seção reta do fio, em que

$$A' = \pi R^2 - \pi\left(\frac{R}{2}\right)^2 = \pi\left(\frac{3R^2}{4}\right)$$

$$= \frac{3\pi}{4}(0{,}0020\ \text{m})^2 = 9{,}424 \times 10^{-6}\ \text{m}^2.$$

Neste caso, podemos escrever a Eq. 26.2.2 na forma

$$i = JA'$$

e substituir J e A' por seus valores para obter

$$i = (2{,}0 \times 10^5\ \text{A/m}^2)(9{,}424 \times 10^{-6}\ \text{m}^2)$$

$$= 1{,}9\ \text{A}. \qquad \text{(Resposta)}$$

(b) Suponha que, em vez de ser uniforme, a densidade de corrente varie com a distância radial r de acordo com a equação $J = ar^2$, em que $a = 3{,}0 \times 10^{11}$ A/m⁴ e r está em metros. Nesse caso, qual é a corrente na mesma parte do fio?

IDEIA-CHAVE

Como a densidade de corrente não é uniforme, devemos usar a Eq. 26.2.1 ($i = \int \vec{J} \cdot d\vec{A}$) e integrar a densidade de corrente para a parte do fio entre $r = R/2$ e $r = R$.

Cálculos: O vetor densidade de corrente $\vec{J}$ (que é paralelo ao eixo do fio) e o vetor elemento de área $d\vec{A}$ (que é perpendicular à seção reta do fio) têm a mesma direção e o mesmo sentido. Assim,

$$\vec{J} \cdot d\vec{A} = J\,dA \cos 0 = J\,dA.$$

O elemento de área dA deve ser expresso em termos de uma variável que possa ser integrada entre os limites $r = R/2$ e $r = R$. No caso que estamos examinando, como J é dada em função de r, é conveniente usar como elemento de área a área $2\pi r\,dr$ de um anel elementar de circunferência $2\pi r$ e largura dr (Fig. 26.2.3b), pois, nesse caso, podemos integrar a expressão resultante usando r como variável de integração. De acordo com a Eq. 26.2.1, temos

$$i = \int \vec{J} \cdot d\vec{A} = \int J\,dA$$

$$= \int_{R/2}^{R} ar^2\, 2\pi r\,dr = 2\pi a \int_{R/2}^{R} r^3\,dr$$

$$= 2\pi a \left[\frac{r^4}{4}\right]_{R/2}^{R} = \frac{\pi a}{2}\left[R^4 - \frac{R^4}{16}\right] = \frac{15}{32}\pi a R^4$$

$$= \frac{15}{32}\pi (3{,}0 \times 10^{11}\ \text{A/m}^4)(0{,}0020\ \text{m})^4 = 7{,}1\ \text{A}.$$

(Resposta)

Queremos calcular a corrente na região entre estes dois raios.

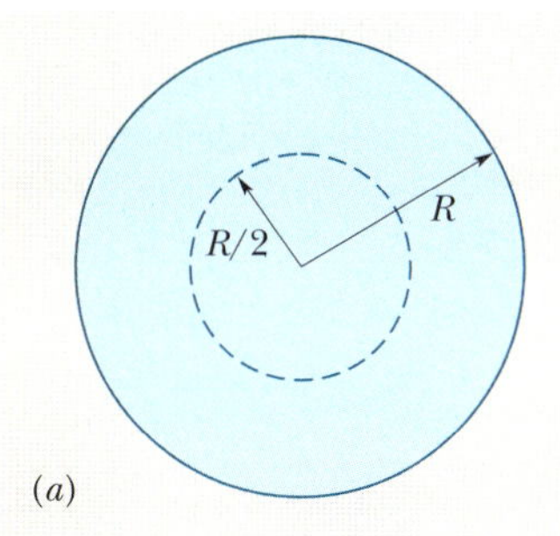

(a)

Se a corrente não é uniforme, começamos com um anel tão fino que podemos supor que a corrente seja uniforme no interior do anel.

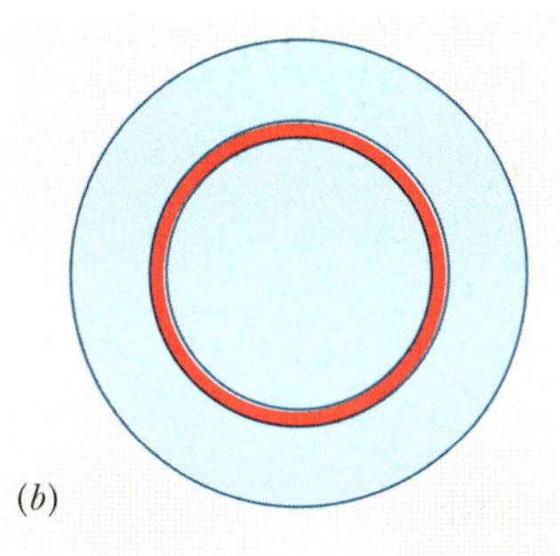

(b)

A área do anel é o produto da circunferência pela largura.

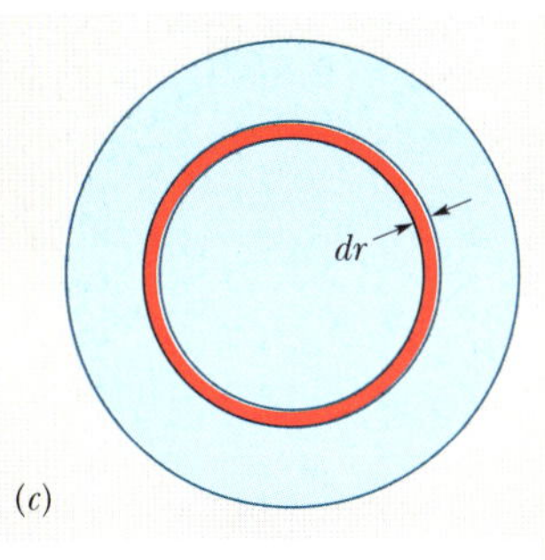

(c)

A corrente no anel é o produto da densidade de corrente pela área do anel.

Devemos somar a corrente em todos os anéis, do menor ...

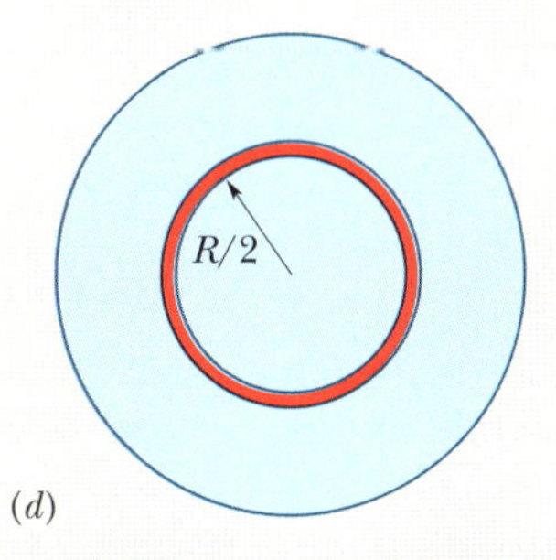

(d)

... até o maior.

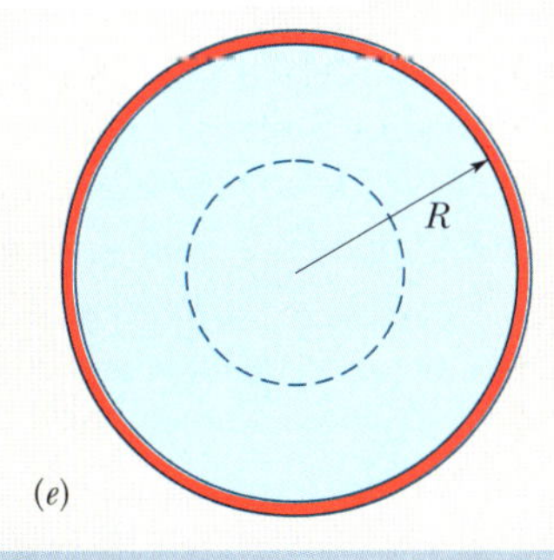

(e)

Figura 26.2.3 (a) Seção reta de um fio de raio R. Se a densidade de corrente for uniforme, a corrente é simplesmente o produto da densidade de corrente pela área da seção reta. (b) a (e) Se a densidade de corrente não for uniforme, calculamos a corrente em um anel elementar e depois somamos (por integração) as correntes em todos os anéis que pertencem à região de interesse.

Exemplo 26.2.2 A velocidade de deriva dos elétrons é muito pequena

Qual é a velocidade de deriva dos elétrons de condução em um fio de cobre de raio $r = 900\ \mu\text{m}$ percorrido por uma corrente $i = 17$ mA? Suponha que cada átomo de cobre contribui para a corrente com um elétron de condução e que a densidade de corrente é uniforme ao longo da seção reta do fio.

IDEIAS-CHAVE

1. A velocidade de deriva v_d está relacionada à densidade de corrente $\vec{J}$ e ao número n de elétrons de condução por unidade de volume pela Eq. 26.2.4, que neste caso pode ser escrita na forma $J = nev_d$.

2. Como a densidade de corrente é uniforme, o módulo J da densidade de corrente está relacionado à corrente i e à área A da seção reta do fio pela Eq. 26.2.2, $J = i/A$.
3. Como estamos supondo que existe um elétron de condução por átomo, o número n de elétrons de condução por unidade de volume é igual ao número de átomos por unidade de volume.

Cálculos: Vamos começar pela terceira ideia e escrever

$$n = \begin{pmatrix}\text{átomos por}\\ \text{unidade}\\ \text{de volume}\end{pmatrix} = \begin{pmatrix}\text{átomos}\\ \text{por}\\ \text{mol}\end{pmatrix}\begin{pmatrix}\text{mols por}\\ \text{unidade}\\ \text{de massa}\end{pmatrix}\begin{pmatrix}\text{massa por}\\ \text{unidade}\\ \text{de volume}\end{pmatrix}.$$

Número de átomos por mol é o número de Avogadro $N_A = 6{,}02 \times 10^{23}\ \text{mol}^{-1}$. Mols por unidade de massa é o inverso da massa por mol, que no caso é a massa molar M do cobre. Massa por unidade de volume é a massa específica ρ do cobre. Assim,

$$n = N_A\left(\frac{1}{M}\right)\rho = \frac{N_A\rho}{M}.$$

Os valores de ρ e M para o cobre aparecem no Apêndice F. Usando esses valores, temos (depois de algumas conversões de unidades):

$$n = \frac{(6{,}02 \times 10^{23}\ \text{mol}^{-1})(8{,}96 \times 10^{3}\ \text{kg/m}^3)}{63{,}54 \times 10^{-3}\ \text{kg/mol}}$$
$$= 8{,}49 \times 10^{28}\ \text{elétrons/m}^3$$

ou
$$n = 8{,}49 \times 10^{28}\ \text{m}^{-3}.$$

Vamos agora combinar as duas primeiras ideias e escrever

$$\frac{i}{A} = nev_d.$$

Substituindo A por πr^2 ($= 2{,}54 \times 10^{-6}\ \text{m}^2$) e explicitando v_d, obtemos

$$v_d = \frac{i}{ne(\pi r^2)}$$
$$= \frac{17 \times 10^{-3}\ \text{A}}{(8{,}49 \times 10^{28}\ \text{m}^{-3})(1{,}6 \times 10^{-19}\ \text{C})(2{,}54 \times 10^{-6}\ \text{m}^2)}$$
$$= 4{,}9 \times 10^{-7}\ \text{m/s}, \qquad \text{(Resposta)}$$

que é apenas 1,8 mm/h, uma velocidade menor que a de uma lesma.

A luz acende depressa: A essa altura, o leitor deve estar se perguntando: "Se a velocidade de deriva dos elétrons é tão pequena, por que a luz acende no momento em que eu ligo o interruptor?" Acontece que existe uma diferença entre a velocidade de deriva dos elétrons e a velocidade com a qual uma *variação* do campo elétrico se propaga em um fio. A segunda velocidade é quase igual à velocidade da luz; os elétrons em todos os pontos de um circuito começam a se mover quase instantaneamente, entre eles os elétrons que fazem as lâmpadas acenderem. Analogamente, quando você abre o registro de água do jardim e a mangueira está cheia d'água, uma onda de pressão se move ao longo da mangueira com uma velocidade igual à velocidade do som na água, e a água começa a sair do bico da mangueira quase instantaneamente. A velocidade com a qual a água se move no interior da mangueira, que pode ser medida, por exemplo, usando um corante, é muito menor.

26.3 RESISTÊNCIA E RESISTIVIDADE

Objetivos do Aprendizado

Depois de ler este módulo, você será capaz de ...

26.3.1 Conhecer a relação entre a diferença de potencial V aplicada entre dois pontos de um objeto, a resistência R do objeto e a corrente i que atravessa do objeto.

26.3.2 Saber o que é um resistor.

26.3.3 Conhecer a relação entre o módulo E do campo elétrico em um ponto de um material, a resistividade ρ do material e o módulo J da densidade de corrente nesse ponto.

26.3.4 No caso de um campo elétrico uniforme em um fio, conhecer a relação entre o módulo E do campo elétrico, a diferença de potencial V entre as extremidades do fio e o comprimento L do fio.

26.3.5 Conhecer a relação entre a resistividade ρ e a condutividade σ.

26.3.6 Conhecer a relação entre a resistência R de um objeto, a resistividade ρ do material, o comprimento L do objeto e a área A da seção reta do objeto.

26.3.7 Conhecer a equação que expressa, de forma aproximada, a variação da resistividade ρ de um metal com a temperatura T.

26.3.8 Criar um gráfico da resistividade ρ de um metal em função da temperatura T.

Ideias-Chave

- A resistência R entre dois pontos de um condutor é definida pela equação

$$R = \frac{V}{i},$$

em que V é a diferença de potencial entre os pontos e i é a corrente.

- A resistividade ρ e a condutividade σ de um material são dadas pelas expressões

$$\rho = \frac{1}{\sigma} = \frac{E}{J},$$

em que E é o módulo do campo aplicado e J é o módulo da densidade de corrente.

- O campo elétrico $\vec{E}$ e a densidade de corrente $\vec{J}$ estão relacionados pela equação

$$\vec{E} = \rho\vec{J}.$$

em que ρ é a resistividade.

- A resistência R de um fio condutor de comprimento L e seção reta uniforme é dada por

$$R = \rho\frac{L}{A},$$

em que A é a área da seção reta.

- A resistividade da maioria dos materiais varia com a temperatura. No caso dos metais, a variação da resistividade ρ com a temperatura T é dada aproximadamente por uma equação da forma

$$\rho - \rho_0 = \rho_0\alpha(T - T_0),$$

em que T_0 é uma temperatura de referência, ρ_0 é a resistividade na temperatura T_0 e α é o coeficiente de temperatura da resistividade do metal.

Resistência e Resistividade 26.1

Quando aplicamos a mesma diferença de potencial às extremidades de barras de mesmas dimensões feitas de cobre e de vidro, os resultados são muito diferentes. A característica do material que determina a diferença é a **resistência** elétrica. Medimos a resistência entre dois pontos de um condutor aplicando uma diferença de potencial V entre esses pontos e medindo a corrente i resultante. A resistência R é dada por

$$R = \frac{V}{i} \quad \text{(definição de } R\text{)}. \tag{26.3.1}$$

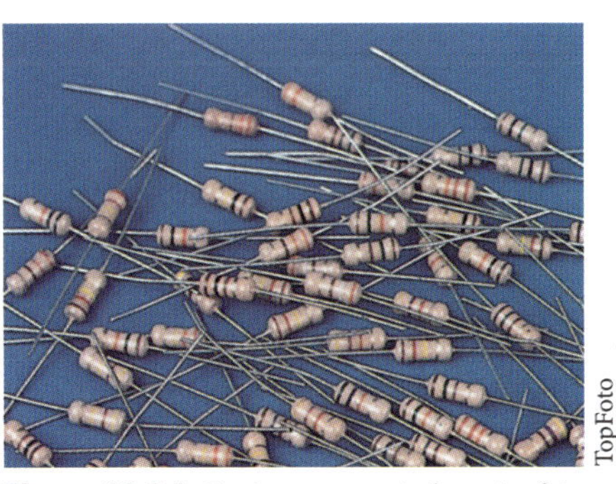

Figura 26.3.1 Resistores variados. As faixas coloridas indicam o valor da resistência por meio de um código simples.

De acordo com a Eq. 26.3.1, a unidade de resistência do SI é o volt por ampère. Essa combinação ocorre com tanta frequência que uma unidade especial, o **ohm** (Ω), é usada para representá-la. Assim,

$$\begin{aligned} 1 \text{ ohm} &= 1\ \Omega = 1 \text{ volt por ampère} \\ &= 1 \text{ V/A}. \end{aligned} \tag{26.3.2}$$

Um condutor, cuja função em um circuito é introduzir uma resistência, é chamado **resistor** (ver Fig. 26.3.1). Nos diagramas dos circuitos elétricos, um resistor é representado pelo símbolo -\/\/\/-. Quando escrevemos a Eq. 26.3.1 na forma

$$i = \frac{V}{R},$$

vemos que "resistência" é um nome bem escolhido. Para uma dada diferença de potencial, quanto maior a resistência (à passagem de corrente), menor a corrente.

A resistência de um condutor depende do modo como a diferença de potencial é aplicada. A Fig. 26.3.2, por exemplo, mostra a mesma diferença de potencial aplicada de duas formas diferentes ao mesmo condutor. Como se pode ver pelas linhas de corrente, as correntes nos dois casos são diferentes; portanto, as resistências também são diferentes. A menos que seja dito explicitamente o contrário, vamos supor que as diferenças de potencial são aplicadas aos condutores como na Fig. 26.3.2*b*.

Como já fizemos em outras ocasiões, estamos interessados em adotar um ponto de vista que enfatize mais o material que o dispositivo. Por isso, concentramos a atenção, não na diferença de potencial V entre as extremidades de um resistor, mas no campo elétrico $\vec{E}$ que existe em um ponto do material resistivo. Em vez de lidar com a corrente i no resistor, lidamos com a densidade de corrente $\vec{J}$ no ponto em questão. Em vez de falar da resistência R de um componente, falamos da **resistividade** ρ do *material*:

$$\rho = \frac{E}{J} \quad \text{(definição de } \rho\text{)}. \tag{26.3.3}$$

(Compare essa equação com a Eq. 26.3.1.)

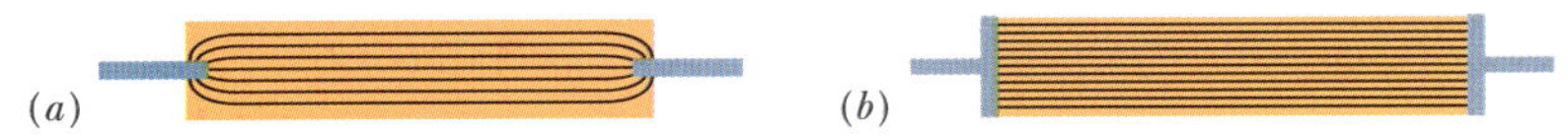

Figura 26.3.2 Duas formas de aplicar uma diferença de potencial a um condutor. A resistência dos contatos é tão pequena que pode ser desprezada. No arranjo (*a*) em que os contatos se estendem apenas a uma pequena região das extremidades do condutor, a resistência é maior que no arranjo (*b*), em que os contatos cobrem toda a superfície das extremidades do condutor.

Tabela 26.3.1 Resistividade de Alguns Materiais à Temperatura Ambiente (20 °C)

Material	Resistividade, $\rho(\Omega \cdot \text{m})$	Coeficiente de Temperatura da Resistividade, $\alpha\ (\text{K}^{-1})$
Metais Típicos		
Prata	$1{,}62 \times 10^{-8}$	$4{,}1 \times 10^{-3}$
Cobre	$1{,}69 \times 10^{-8}$	$4{,}3 \times 10^{-3}$
Ouro	$2{,}35 \times 10^{-8}$	$4{,}0 \times 10^{-3}$
Alumínio	$2{,}75 \times 10^{-8}$	$4{,}4 \times 10^{-3}$
Manganin[a]	$4{,}82 \times 10^{-8}$	$0{,}002 \times 10^{-3}$
Tungstênio	$5{,}25 \times 10^{-8}$	$4{,}5 \times 10^{-3}$
Ferro	$9{,}68 \times 10^{-8}$	$6{,}5 \times 10^{-3}$
Platina	$10{,}6 \times 10^{-8}$	$3{,}9 \times 10^{-3}$
Semicondutores Típicos		
Silício puro	$2{,}5 \times 10^{3}$	-70×10^{-3}
Silício[b] tipo *n*	$8{,}7 \times 10^{-4}$	
Silício[c] tipo *p*	$2{,}8 \times 10^{-3}$	
Isolantes Típicos		
Vidro	$10^{10} - 10^{14}$	
Quartzo fundido	$\sim 10^{16}$	

[a]Uma liga especial com um baixo valor de α.
[b]Silício dopado com 10^{23} átomos/m^{-3} de fósforo.
[c]Silício dopado com 10^{23} átomos/m^{-3} de alumínio.

Combinando as unidades de E e J do SI de acordo com a Eq. 26.3.3, obtemos, para a unidade de ρ, o ohm-metro ($\Omega \cdot$ m):

$$\frac{\text{unidade de } E}{\text{unidade de } J} = \frac{\text{V/m}}{\text{A/m}^2} = \frac{\text{V}}{\text{A}}\,\text{m} = \Omega \cdot \text{m}.$$

(Não confundir o *ohm-metro*, que é a unidade de resistividade do SI, com o *ohmímetro*, que é um instrumento para medir resistências.) A Tabela 26.3.1 mostra a resistividade de alguns materiais.

Podemos escrever a Eq. 26.3.3 em forma vetorial:

$$\vec{E} = \rho\vec{J}. \tag{26.3.4}$$

As Eqs. 26.3.3 e 26.3.4 são válidas apenas para materiais *isotrópicos*, ou seja, materiais cujas propriedades são as mesmas em todas as direções.

Também podemos falar da **condutividade** σ de um material, que é simplesmente o recíproco da resistividade:

$$\sigma = \frac{1}{\rho} \quad \text{(definição de } \sigma\text{).} \tag{26.3.5}$$

A unidade de condutividade do SI é o ohm-metro recíproco, $(\Omega \cdot \text{m})^{-1}$. Essa unidade é, às vezes, chamada de mho por metro (mho é ohm escrito ao contrário). Usando a definição de σ, podemos escrever a Eq. 26.3.4 na forma

$$\vec{J} = \sigma\vec{E}. \tag{26.3.6}$$

Cálculo da Resistência a Partir da Resistividade 26.2

Vamos chamar a atenção mais uma vez para uma diferença importante:

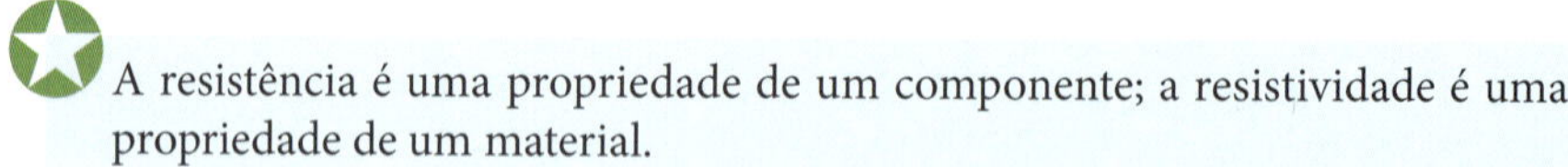

A resistência é uma propriedade de um componente; a resistividade é uma propriedade de um material.

Quando conhecemos a resistividade de um material, como o cobre, por exemplo, não é difícil calcular a resistência de um fio feito desse material. Sejam A a área da seção reta, L o comprimento e V a diferença de potencial entre as extremidades do fio (Fig. 26.3.3). Se as linhas de corrente que representam a densidade de corrente são uniformes ao longo de toda a seção reta, o campo elétrico e a densidade de corrente são iguais em todos os pontos do fio e, de acordo com as Eqs. 24.6.5 e 26.2.2, têm os valores

$$E = V/L \quad \text{e} \quad J = i/A. \tag{26.3.7}$$

Nesse caso, podemos combinar as Eqs. 26.3.3 e 26.3.7 para obter

$$\rho = \frac{E}{J} = \frac{V/L}{i/A}. \tag{26.3.8}$$

Como V/i é a resistência R, a Eq. 26.3.8 pode ser escrita na forma

$$R = \rho\frac{L}{A}. \tag{26.3.9}$$

A Eq. 26.3.9 se aplica apenas a condutores isotrópicos homogêneos de seção reta uniforme, com a diferença de potencial aplicada como na Fig. 26.3.2*b*.

As grandezas macroscópicas V, i e R são de grande interesse quando estamos realizando medidas elétricas em condutores específicos. São essas as grandezas que lemos diretamente nos instrumentos de medida. Por outro lado, quando estamos interessados nas propriedades elétricas dos materiais, usamos as grandezas microscópicas E, J e ρ.

A corrente está relacionada à diferença de potencial.

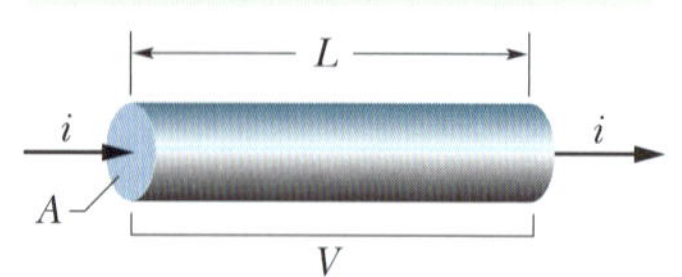

Figura 26.3.3 Uma diferença de potencial V é aplicada às extremidades de um fio de comprimento L e seção reta A, estabelecendo uma corrente i.

Teste 26.3.1

A figura mostra três condutores cilíndricos de cobre com os respectivos valores do comprimento e da área da seção reta. Coloque os condutores na ordem decrescente da corrente que os atravessa quando a mesma diferença de potencial é aplicada às extremidades.

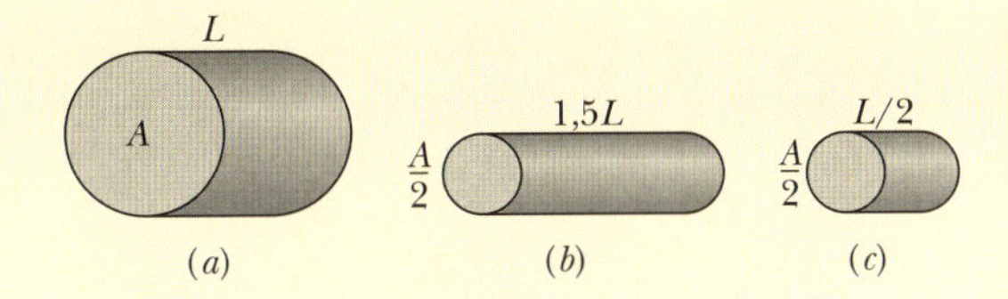

Variação da Resistividade com a Temperatura 26.2

Os valores da maioria das grandezas físicas variam com a temperatura; a resistividade não é exceção. A Fig. 26.3.4, por exemplo, mostra a variação da resistividade do cobre com a temperatura. A relação entre temperatura e resistividade para o cobre (e para os metais em geral) é quase linear em uma larga faixa de temperaturas. Isso nos possibilita escrever uma fórmula empírica que é adequada para a maioria das aplicações práticas:

$$\rho - \rho_0 = \rho_0 \alpha (T - T_0). \tag{26.3.10}$$

Aqui, T_0 é uma temperatura de referência e ρ_0 é a resistividade a essa temperatura. Costuma-se escolher como referência $T_0 = 293$ K (temperatura ambiente), caso em que $\rho_0 = 1{,}69 \times 10^{-8}\ \Omega \cdot$ m para o cobre.

Como a temperatura entra na Eq. 26.3.10 apenas como uma diferença, tanto faz usar a escala Celsius ou a escala Kelvin, já que o valor de um grau nas duas escalas é o mesmo. A constante α que aparece na Eq. 26.3.10, conhecida como *coeficiente de temperatura da resistividade*, é escolhida para que a concordância da resistividade calculada com a resistividade medida experimentalmente seja a melhor possível na faixa de temperaturas considerada. A Tabela 26.3.1 mostra os valores de α para alguns metais.

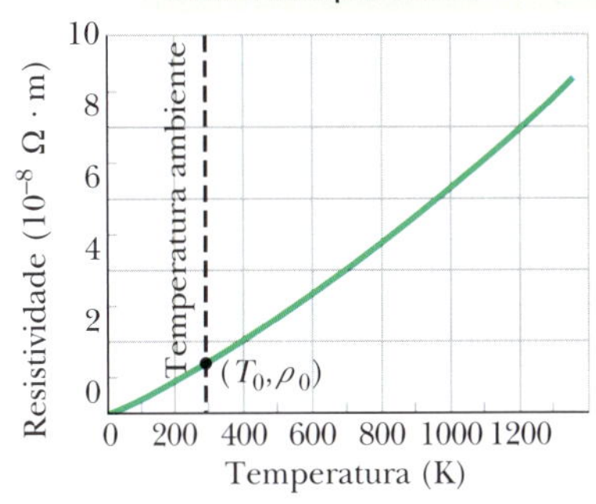

Figura 26.3.4 Resistividade do cobre em função da temperatura. O ponto assinala uma temperatura de referência conveniente, $T_0 = 293$ K, na qual a resistividade é $\rho_0 = 1{,}69 \times 10^{-8}\ \Omega \cdot$ m.

Exemplo 26.3.1 Perigo das correntes de terra produzidas por um raio 26.3

A Fig. 26.3.5*a* mostra uma pessoa e uma vaca à mesma distância radial $D = 60{,}0$ m do ponto em que um raio atinge o solo e produz uma corrente $I = 100$ kA. A corrente se distribui uniformemente em um hemisfério cujo centro é o ponto em que o raio atingiu o solo. Os pés da pessoa estão separados por uma distância radial $\Delta r_p = 0{,}50$ m; os cascos dianteiros e traseiros da vaca estão separados por uma distância radial $\Delta r_v = 1{,}50$ m. A resistividade do solo é $\rho_{gr} = 100\ \Omega \cdot$ m. A resistência entre os pés da pessoa e entre os cascos dianteiros e traseiros da vaca é a mesma, $R = 4{,}00$ kΩ.

(a) Qual é o valor da corrente i_p que atravessa a pessoa?

IDEIAS-CHAVE

(1) O raio cria um campo elétrico e um potencial elétrico no solo. (2) Como um dos pés da pessoa está mais próximo do ponto em que o raio atingiu o solo do que o outro, existe uma diferença de potencial ΔV entre os pés da pessoa. (3) A diferença de potencial ΔV faz com que uma corrente i_p atravesse a pessoa.

Diferença de potencial: Como a corrente I do raio se distribui uniformemente em um hemisfério do solo, de acordo com a Eq. 26.2.2 ($J = i/A$), a densidade de corrente a uma distância r do ponto em que o raio atingiu o solo é dada por

$$J = \frac{I}{2\pi r^2},$$

em que $2\pi r^2$ é a área da superfície curva de um hemisfério de raio r. Nesse caso, de acordo com a Eq. 26.3.4 ($\rho = E/J$), o módulo do campo elétrico é dado por

$$E = \rho_s J = \frac{\rho_s I}{2\pi r^2}.$$

De acordo com a Eq. 24.2.4, ($\Delta V = -\int \vec{E} \cdot d\vec{s}$), a diferença de potencial ΔV entre um ponto situado a uma distância radial D do ponto em que o raio atingiu o solo e um ponto situado a uma distância $D + \Delta r$ é dada por

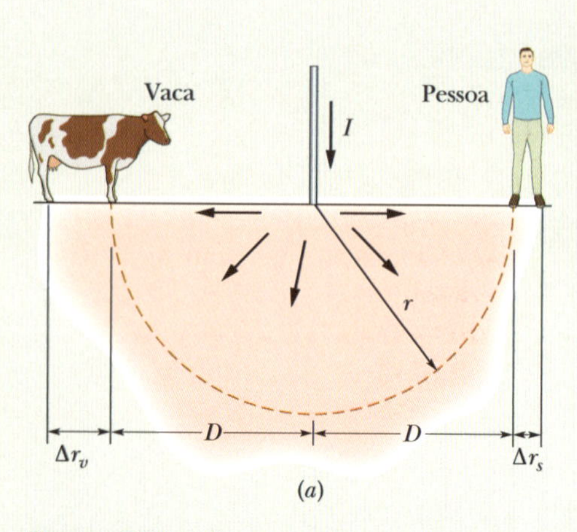

Figura 26.3.5 (*a*) A corrente produzida por um raio se distribui uniformemente em um hemisfério e passa uma pessoa e uma vaca situadas à mesma distância radial D do ponto em que o raio atingiu o solo. A gravidade do choque depende da distância Δr. (*b*) Marcas deixadas na vegetação pelas correntes de terra de um raio.

$$\Delta V = -\int_D^{D+\Delta r} E\,dr.$$

Substituindo E pelo seu valor e integrando obtemos a diferença de potencial:

$$\Delta V = -\int_D^{D+\Delta r} \frac{\rho_s I}{2\pi r^2} dr = \frac{\rho_s I}{2\pi}\left[-\frac{1}{r}\right]_D^{D+\Delta r}$$

$$= \frac{\rho_s I}{2\pi}\left(\frac{1}{D+\Delta r} - \frac{1}{D}\right)$$

$$= -\frac{\rho_s I}{2\pi} \frac{\Delta r}{D(D+\Delta r)}.$$

Corrente: Se um dos pés da pessoa está a uma distância radial D do ponto em que o raio atingiu o solo e o outro pé está a uma distância radial $D + \Delta r$, a diferença de potencial ΔV entre os pés é dada pela expressão anterior. Essa diferença faz com que uma corrente i_p atravesse a pessoa. Para calcular o valor da corrente, usamos a Eq. 26.3.1 ($R = V/i$), em que V é o valor absoluto de ΔV. Isso nos dá:

$$i = \frac{V}{R} = \frac{\rho_s I}{2\pi} \frac{\Delta r}{D(D+\Delta r)} \frac{1}{R}.$$

Substituindo os símbolos pelos valores conhecidos, entre eles $\Delta r = \Delta r_p = 0{,}50$ m, obtemos:

$$i_p = \frac{(100\ \Omega \cdot \text{m})(100\ \text{kA})}{2\pi} \times \frac{0{,}50\ \text{m}}{(60{,}0\ \text{m})(60{,}0\ \text{m} + 0{,}50\ \text{m})} \frac{1}{4{,}00\ \text{k}\Omega}$$

$$= 0{,}0548\ \text{A} = 54{,}8\ \text{mA}. \qquad \text{(Resposta)}$$

Uma corrente com essa intensidade produz uma contração involuntária dos músculos; a pessoa vai ser derrubada pela descarga elétrica, mas provavelmente não sofrerá nenhum dano permanente. Note que a corrente é muito menor se a pessoa juntar os pés no momento em que o raio atingir o solo, porque, nesse caso, o valor de Δr diminui consideravelmente.

(b) Qual é o valor da corrente i_v que atravessa a vaca?

Cálculo: Podemos usar a mesma equação do item (a), mudando apenas o valor de Δr para $\Delta r_v = 1{,}50$ m. Com isso, descobrimos que a corrente que atravessa a vaca é

$$i_v = 0{,}162\ \text{A} = 162\ \text{mA}. \qquad \text{(Resposta)}$$

A vaca provavelmente não vai sobreviver ao choque. O efeito do raio sobre a vaca é maior que o efeito sobre a pessoa por causa do maior valor de Δr. No caso da vaca, naturalmente, não é razoável imaginar que ela reaja à presença do raio aproximando os cascos traseiros dos cascos dianteiros.

26.4 LEI DE OHM

Objetivos do Aprendizado

Depois de ler este módulo, você será capaz de ...

26.4.1 Saber a diferença entre um *componente* que obedece à lei de Ohm e um componente que não obedece à lei de Ohm.

26.4.2 Saber a diferença entre um *material* que obedece à lei de Ohm e um material que não obedece à lei de Ohm.

26.4.3 Descrever o movimento de um elétron de condução sob o efeito de um campo elétrico.

26.4.4 Conhecer a relação entre o livre caminho médio, a velocidade térmica e a velocidade de deriva dos elétricos de condução.

26.4.5 Conhecer a relação entre a resistividade ρ, a concentração de elétrons de condução n e o livre caminho médio τ dos elétrons.

Ideias-Chave

- Dizemos que um componente (fio, resistor ou outro dispositivo elétrico qualquer) obedece à lei de Ohm se a resistência R $(= V/i)$ do componente não depende da diferença de potencial V.
- Dizemos que um material obedece à lei de Ohm se a resistividade ρ $(= E/J)$ do material não depende do campo elétrico aplicado $\vec{E}$.
- A hipótese de que os elétrons de condução de um metal estão livres para se movimentar como as moléculas de um gás leva a uma expressão para a resistividade de um metal da forma

$$\rho = \frac{m}{e^2 n \tau},$$

em que m é a massa do elétron, e é a carga do elétron, n é o número de elétrons por unidade de volume e τ é o tempo médio entre as colisões de um elétron com os átomos do metal.
- Os metais obedecem à lei de Ohm porque, nesse tipo de material, o tempo livre médio τ praticamente não varia com o módulo E do campo elétrico aplicado.

A Lei de Ohm

Como vimos no Módulo 26.3, o resistor é um condutor com um valor específico de resistência. A resistência de um resistor não depende do valor absoluto e do sentido (*polaridade*) da diferença de potencial aplicada. Outros componentes, porém, podem ter uma resistência que varia de acordo com a diferença de potencial aplicada.

A Fig. 26.4.1*a* mostra como as propriedades elétricas dos componentes podem ser investigadas. Uma diferença de potencial V é aplicada aos terminais do componente que está sendo testado, e a corrente resultante i é medida em função de V. A polaridade de V é tomada arbitrariamente como positiva quando o terminal da esquerda do componente está a um potencial maior que o terminal da direita. O sentido da corrente (da esquerda para a direita) é tomado arbitrariamente como positivo. A polaridade oposta de V (com o terminal da direita com um potencial maior) e a corrente resultante são tomadas como negativas.

A Fig. 26.4.1*b* mostra o gráfico de i em função de V para um componente. Como o gráfico é uma linha reta que passa pela origem, a razão i/V (que corresponde à inclinação da reta) é a mesma para qualquer valor de V. Isso significa que a resistência $R = V/I$ do componente não depende do valor absoluto e da polaridade da diferença de potencial aplicada V.

A Fig. 26.4.1*c* mostra o gráfico de i em função de V para outro componente. Nesse caso, só existe corrente quando a polaridade de V é positiva e a diferença de potencial aplicada é maior que 1,5 V. Além disso, no trecho do gráfico em que existe corrente, a razão entre i e V não é constante, mas depende do valor da diferença de potencial aplicada V.

Em casos como esses, fazemos uma distinção entre os componentes que obedecem à lei de Ohm e os componentes que não obedecem à lei de Ohm. A definição original da lei de Ohm é a seguinte:

Um componente obedece à **lei de Ohm** se a corrente que o atravessa varia linearmente com a diferença de potencial aplicada ao componente para *qualquer valor* da diferença de potencial.

Hoje sabemos que essa afirmação é correta apenas em certas situações; entretanto, por questões históricas, continua a ser chamada de "lei". O componente da Fig. 26.4.1*b*, que

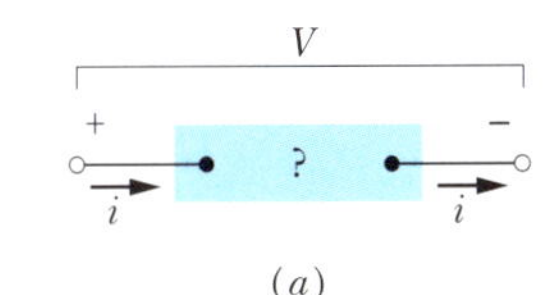

(*a*)

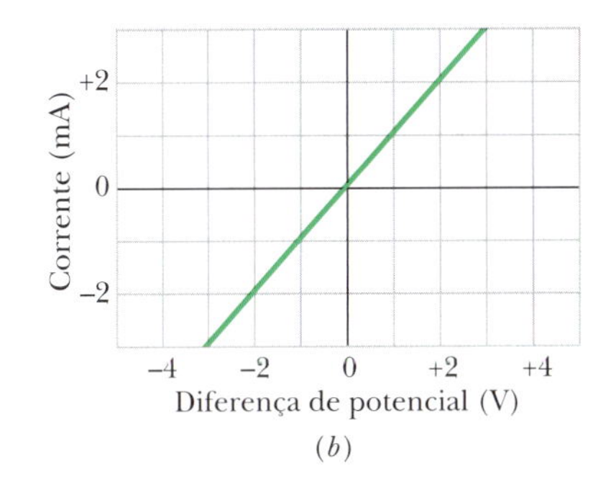

(*b*)

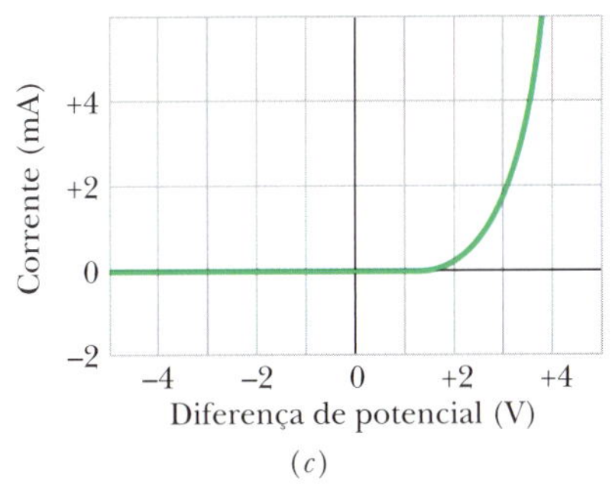

(*c*)

Figura 26.4.1 (*a*) Uma diferença de potencial V é aplicada aos terminais de um componente, estabelecendo uma corrente i. (*b*) Gráfico da corrente i em função da diferença de potencial aplicada V para um resistor de 1.000 Ω. (*c*) O mesmo tipo de gráfico para um diodo semicondutor.

é um resistor de 1.000 Ω, obedece à lei de Ohm. O componente da Fig. 26.4.1*c*, que é um diodo semicondutor, não obedece à lei de Ohm. Uma definição mais realista da lei de Ohm é a seguinte:

Um componente obedece à lei de Ohm se, dentro de certos limites, a resistência do componente não depende do valor absoluto nem da polaridade da diferença de potencial aplicada.

É frequente ouvirmos a afirmação de que $V = iR$ é uma expressão matemática da lei de Ohm. Isso não é verdade! A equação é usada para definir o conceito de resistência e se aplica a todos os componentes que conduzem corrente elétrica, mesmo que não obedeçam à lei de Ohm. Se medirmos a diferença de potencial V entre os terminais de qualquer componente e a corrente i que atravessa o componente ao ser submetido a essa diferença de potencial, podemos calcular a resistência do dispositivo *para esse valor de* V como $R = V/i$, mesmo que se trate de um componente, como um diodo semicondutor, que não obedece à lei de Ohm. Para que um componente obedeça à lei de Ohm, é preciso que, dentro de certos limites, o gráfico de i em função de V seja linear, ou seja, que R não varie com V. Podemos expressar a lei de Ohm de modo mais geral se nos concentrarmos nos *materiais* e não nos *componentes*. Nesse caso, a relação relevante passa a ser a Eq. 26.3.4 ($\vec{E} = \rho\vec{J}$) em vez de $V = iR$, e a lei de Ohm passa a ser definida da seguinte forma:

Um material obedece à lei de Ohm se a resistividade do material, dentro de certos limites, não depende do módulo nem do sentido do campo elétrico aplicado.

Todos os materiais homogêneos, sejam eles condutores, como o cobre, ou semicondutores, como o silício puro ou dopado com impurezas, obedecem à lei de Ohm dentro de uma faixa de valores do campo elétrico aplicado. Para valores elevados do campo elétrico, sempre são observados desvios em relação à lei de Ohm.

Teste 26.4.1

A tabela mostra a corrente i (em ampères) em dois componentes para vários valores da diferença de potencial V (em volts). Determine, a partir desses dados, qual é o componente que não obedece à lei de Ohm.

Dispositivo 1		Dispositivo 2	
V	i	V	i
2,00	4,50	2,00	1,50
3,00	6,75	3,00	2,20
4,00	9,00	4,00	2,80

Visão Microscópica da Lei de Ohm

Para verificar *por que* alguns materiais obedecem à lei de Ohm, precisamos examinar os detalhes do processo de condução de eletricidade a nível atômico. No momento, vamos considerar apenas a condução em materiais metálicos, como o cobre, por exemplo. Nossa análise será baseada no *modelo de elétrons livres*, no qual supomos que os elétrons de condução de um metal estão livres para vagar por toda a amostra, como as moléculas de gás no interior de um recipiente fechado. Vamos supor também que os elétrons não colidem uns com os outros, mas apenas com os átomos do metal.

De acordo com a física clássica, os elétrons de condução deveriam apresentar uma distribuição maxwelliana de velocidades como a das moléculas de um gás (Módulo 19.6) e, portanto, a velocidade média dos elétrons deveria variar com a temperatura. Acontece que os movimentos dos elétrons não são governados pelas leis da física clássica, e sim pelas leis da física quântica. Por isso, uma hipótese que está muito mais próxima da realidade é a de que os elétrons de condução em um metal se movem com uma única velocidade efetiva v_{ef} e que essa velocidade não depende da temperatura. No caso do cobre, $v_{ef} \approx 1{,}6 \times 10^6$ m/s.

Quando aplicamos um campo elétrico a uma amostra metálica, os elétrons modificam ligeiramente seus movimentos aleatórios e passam a derivar lentamente, no sentido oposto ao do campo, com uma velocidade de deriva v_d. A velocidade de deriva em um condutor metálico é da ordem de 10^{-7} m/s, muito menor, portanto, que a velocidade efetiva, que é da ordem de 10^6 m/s. A Fig. 26.4.2 ilustra a relação entre as duas velocidades. As retas cinzentas mostram um possível caminho aleatório de um elétron na ausência de um campo elétrico aplicado; o elétron se move de A para B, sofrendo seis colisões no percurso. As retas verdes mostram qual *poderia ser* o mesmo caminho na presença de um campo elétrico $\vec{E}$. Vemos que o elétron deriva para a direita e vai terminar no ponto B' em vez de B. A Fig. 26.4.2 foi desenhada para $v_d \approx 0{,}02v_{ef}$. Como, na verdade, a relação é $v_d \approx (10^{-13})v_{ef}$, a deriva mostrada na figura está grandemente exagerada.

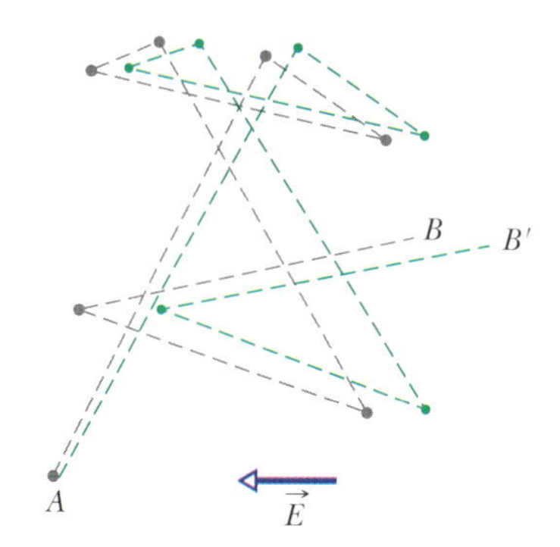

Figura 26.4.2 As retas cinzentas mostram um possível caminho aleatório de um elétron de A a B na ausência de um campo elétrico aplicado, sofrendo seis colisões no percurso; as retas verdes mostram qual poderia ser o mesmo caminho na presença de um campo elétrico $\vec{E}$. Observe o deslocamento, para a direita, do ponto final da trajetória, no sentido contrário ao do campo elétrico $\vec{E}$. (Na verdade, as retas verdes deveriam ser ligeiramente curvas, para representar as trajetórias parabólicas do elétron entre colisões, por causa da influência do campo elétrico.)

O movimento dos elétrons de condução na presença de um campo elétrico $\vec{E}$ é, portanto, um movimento em alta velocidade (a velocidade térmica), em direções aleatórias por causa de colisões, superposto a um movimento em uma direção definida, produzido pelo campo elétrico. Para um grande número de elétrons livres, a média dos movimentos em direções aleatórias é zero e não contribui para a velocidade de deriva, que deve apenas ao efeito do campo elétrico sobre os elétrons.

Se um elétron de massa m é submetido a um campo elétrico de módulo E, o elétron sofre uma aceleração dada pela segunda lei de Newton:

$$a = \frac{F}{m} = \frac{eE}{m}. \tag{26.4.1}$$

A natureza das colisões experimentadas pelos elétrons de condução é tal que, depois de uma colisão típica, o elétron perde, por assim dizer, a memória da velocidade de deriva que possuía antes da colisão. Em outras palavras, os elétrons passam a se mover em uma direção aleatória após cada colisão. No intervalo de tempo médio τ entre colisões, um elétron adquire uma velocidade de deriva $v_d = a\tau$. Supondo que os elétrons se movem de forma independente, podemos concluir que, em qualquer instante, os elétrons possuem, em média, uma velocidade de deriva $v_d = a\tau$. Nesse caso, de acordo com a Eq. 26.4.1,

$$v_d = a\tau = \frac{eE\tau}{m}. \tag{26.4.2}$$

Combinando esse resultado com o módulo da Eq. 26.2.4 ($\vec{J} = ne\,\vec{v}_d$), obtemos

$$v_d = \frac{J}{ne} = \frac{eE\tau}{m}, \tag{26.4.3}$$

que pode ser escrita na forma

$$E = \left(\frac{m}{e^2 n\tau}\right) J. \tag{26.4.4}$$

Combinando a Eq. 26.4.4 com o módulo da Eq. 26.3.4 ($\vec{E} = \rho\vec{J}$), obtemos

$$\rho = \frac{m}{e^2 n\tau}. \tag{26.4.5}$$

A Eq. 26.4.5 pode ser considerada uma demonstração de que os metais obedecem à lei de Ohm se for possível provar que, no caso dos metais, a resistividade ρ não depende da intensidade do campo elétrico aplicado. Considere as grandezas que aparecem na Eq. 26.4.5. A não ser em casos extremos, podemos supor que n, o número de elétrons de condução por unidade de volume, não depende da intensidade do campo aplicado. Como m e e são constantes, resta apenas mostrar que τ, o tempo médio entre colisões (ou *tempo livre médio*), também não depende da intensidade do campo aplicado. Acontece que τ é inversamente proporcional à velocidade efetiva v_{ef} dos elétrons, que, como vimos, é muito maior que a velocidade de deriva v_d causada pelo campo. Isso significa que τ praticamente não é afetado pela intensidade do campo aplicado. Assim, o lado direito da Eq. 26.4.5 não varia com a temperatura e, portanto, os metais obedecem à lei de Ohm.

Exemplo 26.4.1 Tempo livre médio e livre caminho médio 26.4

(a) Qual é o tempo médio entre colisões τ para os elétrons de condução do cobre?

IDEIAS-CHAVE

O tempo médio entre colisões τ no cobre é aproximadamente constante e, em particular, não depende do valor do campo elétrico aplicado a uma amostra de cobre. Assim, não precisamos considerar um valor em particular do campo elétrico aplicado. Por outro lado, como a resistividade ρ do cobre depende de τ, podemos determinar o tempo médio entre colisões a partir da Eq. 26.4.5 ($\rho = m/e^2n\tau$).

Cálculos: De acordo com a Eq. 26.4.5,

$$\tau = \frac{m}{ne^2\rho}. \qquad (26.4.6)$$

O valor de n, o número de elétrons de condução do cobre por unidade de volume, é $8{,}49 \times 10^{28}$ m^{-3}. O valor de ρ aparece na Tabela 26.3.1. O denominador é, portanto,

$$(8{,}49 \times 10^{28}\ \text{m}^{-3})(1{,}6 \times 10^{-19}\ \text{C})^2(1{,}69 \times 10^{-8}\ \Omega\cdot\text{m})$$
$$= 3{,}67 \times 10^{-17}\ \text{C}^2\cdot\Omega/\text{m}^2 = 3{,}67 \times 10^{-17}\ \text{kg/s},$$

em que as unidades foram convertidas da seguinte forma:

$$\frac{\text{C}^2\cdot\Omega}{\text{m}^2} = \frac{\text{C}^2\cdot\text{V}}{\text{m}^2\cdot\text{A}} = \frac{\text{C}^2\cdot\text{J/C}}{\text{m}^2\cdot\text{C/s}} = \frac{\text{kg}\cdot\text{m}^2/\text{s}^2}{\text{m}^2/\text{s}} = \frac{\text{kg}}{\text{s}}.$$

Usando esses resultados e substituindo a massa m do elétron por seu valor, obtemos

$$\tau = \frac{9{,}1 \times 10^{-31}\ \text{kg}}{3{,}67 \times 10^{-17}\ \text{kg/s}} = 2{,}5 \times 10^{-14}\ \text{s}. \qquad \text{(Resposta)}$$

(b) O livre caminho médio λ dos elétrons de condução em um condutor é definido como a distância média percorrida por um elétron entre duas colisões sucessivas. (Essa definição é semelhante à apresentada no Módulo 19.5 para o livre caminho médio das moléculas em um gás.) Qual é o valor de λ para os elétrons de condução do cobre, supondo que a velocidade efetiva dos elétrons é $v_{ef} = 1{,}6 \times 10^6$ m/s?

IDEIA-CHAVE

A distância d percorrida por uma partícula que se move com velocidade constante v durante um intervalo de tempo t é $d = vt$.

Cálculo: No caso dos elétrons no cobre, temos

$$\lambda = v_{ef}\tau \qquad (26.4.7)$$
$$= (1{,}6 \times 10^6\ \text{m/s})(2{,}5 \times 10^{-14}\ \text{s})$$
$$= 4{,}0 \times 10^{-8}\ \text{m} = 40\ \text{nm}. \qquad \text{(Resposta)}$$

Essa distância é aproximadamente 150 vezes maior que a distância entre átomos vizinhos na rede cristalina do cobre. Assim, em média, um elétron de condução passa por muitos átomos de cobre antes de se chocar com um deles.[1]

26.5 POTÊNCIA, SEMICONDUTORES E SUPERCONDUTORES

Objetivos do Aprendizado

Depois de ler este módulo, você será capaz de ...

26.5.1 Saber por que os elétrons perdem energia ao atravessarem um componente resistivo de um circuito.

26.5.2 Saber que potência é a taxa de transferência de energia.

26.5.3 Conhecer a relação entre a potência P, a corrente i, a tensão V e a resistência R de um componente resistivo.

26.5.4 Conhecer a relação entre a potência P, a corrente i e a diferença de potencial V de uma bateria.

26.5.5 Aplicar a lei de conservação da energia a um circuito com uma bateria e um componente resistivo para calcular as transferências de energia em um circuito.

26.5.6 Saber a diferença entre condutores, semicondutores e supercondutores.

Ideias-Chave

- A potência P, ou taxa de transferência de energia, de um componente que conduz uma corrente i e está submetido a uma diferença de potencial V, é dada por

$$P = iV.$$

- Se o dispositivo é um resistor, a potência também é dada por

$$P = i^2R = \frac{V^2}{R},$$

em que R é a resistência do resistor.

[1]Esse valor inesperadamente elevado do livre caminho médio foi explicado pela física quântica por meio de um modelo no qual os elétrons interagem com vibrações da rede cristalina. (N.T.)

- Nos resistores, a energia potencial elétrica é convertida em energia térmica por colisões entre os elétrons de condução e os átomos do resistor.
- Os semicondutores são materiais em que o número de elétrons de condução é pequeno, mas pode ser aumentado dopando o material com átomos de outros elementos.
- Os supercondutores são materiais cuja resistência elétrica é zero abaixo de certa temperatura. A maioria desses materiais só se tornam supercondutores em temperaturas muito baixas, próximas do zero absoluto, mas alguns se tornam supercondutores em temperaturas um pouco maiores.

Potência em Circuitos Elétricos 26.3 26.1 e 26.2

A Fig. 26.5.1 mostra um circuito formado por uma bateria B ligada por fios, de resistência desprezível, a um componente não especificado, que pode ser um resistor, uma bateria recarregável, um motor, ou qualquer outro dispositivo elétrico. A bateria mantém uma diferença de potencial de valor absoluto V entre os seus terminais e, portanto (graças aos fios de ligação), entre os terminais do componente, com um potencial mais elevado no terminal a do componente que no terminal b.

A bateria do lado esquerdo fornece energia aos elétrons de condução, cujo movimento constitui a corrente.

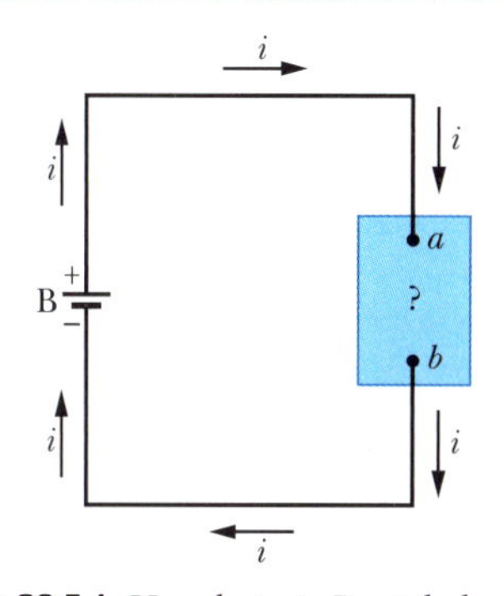

Figura 26.5.1 Uma bateria B estabelece uma corrente i em um circuito que contém um componente não especificado.

Como existe um circuito fechado ligando os terminais da bateria, e a diferença de potencial produzida pela bateria é constante, uma corrente constante i atravessa o circuito, no sentido do terminal a para o terminal b. A quantidade de carga dq que atravessa o circuito em um intervalo de tempo dt é igual a $i\,dt$. Ao completar o circuito, a carga dq tem seu potencial reduzido de V e, portanto, sua energia potencial é reduzida de um valor dado por

$$dU = dq\,V = i\,dt\,V. \tag{26.5.1}$$

De acordo com a lei de conservação da energia, a redução da energia potencial elétrica no percurso de a a b deve ser acompanhada por uma conversão da energia para outra forma qualquer. A potência P associada a essa conversão é a taxa de transferência de energia dU/dt, que, de acordo com a Eq. 26.5.1, pode ser expressa na forma

$$P = iV \quad \text{(taxa de transferência de energia elétrica).} \tag{26.5.2}$$

Além disso, P é a taxa com a qual a energia é transferida da bateria para o componente. Se o componente é um motor acoplado a uma carga mecânica, a energia se transforma no trabalho realizado pelo motor sobre a carga. Se o componente é uma bateria recarregável, a energia se transforma na energia química armazenada na bateria. Se o componente é um resistor, a energia se transforma em energia térmica e tende a provocar um aquecimento do resistor.

De acordo com a Eq. 26.5.2, a unidade de potência elétrica é o volt-ampère (V · A), mas a unidade de potência elétrica também pode ser escrita na forma

$$1\ \text{V}\cdot\text{A} = \left(1\,\frac{\text{J}}{\text{C}}\right)\left(1\,\frac{\text{C}}{\text{s}}\right) = 1\,\frac{\text{J}}{\text{s}} = 1\ \text{W}.$$

Quando um elétron atravessa um resistor com velocidade de deriva constante, sua energia cinética média permanece constante e a energia potencial elétrica perdida é convertida em energia térmica do resistor. Em escala microscópica, essa conversão de energia ocorre por meio de colisões entre os elétrons e as moléculas do resistor, o que leva a um aquecimento do resistor. A energia mecânica convertida em energia térmica é *dissipada* (perdida), já que o processo não pode ser revertido.

No caso de um resistor ou outro componente resistivo, podemos combinar as Eqs. 26.3.1 ($R = V/i$) e 26.5.2 para obter, para a taxa de dissipação de energia elétrica devido à resistência, as seguintes expressões:

$$P = i^2R \quad \text{(dissipação resistiva)} \tag{26.5.3}$$

ou

$$P = \frac{V^2}{R} \quad \text{(dissipação resistiva),} \tag{26.5.4}$$

em que R é a resistência do componente.

Atenção: É preciso ter em mente que as Eqs. 26.5.3 e 26.5.4 são menos gerais que a Eq. 26.5.2. A relação $P = iV$ se aplica a qualquer tipo de transferência de energia elétrica; as relações $P = i^2R$ e $P = V^2/R$ se aplicam apenas à conversão de energia elétrica em energia térmica em um componente resistivo.

Teste 26.5.1

Uma diferença de potencial V é aplicada a um componente de resistência R, fazendo com que uma corrente i atravesse o dispositivo. Coloque as seguintes mudanças na ordem decrescente da variação da taxa com a qual a energia elétrica é convertida em energia térmica: (a) V é multiplicada por dois e R permanece a mesma; (b) i é multiplicada por dois e R permanece a mesma; (c) R é multiplicada por dois e V permanece a mesma; (d) R é multiplicada por dois e i permanece a mesma.

Exemplo 26.5.1 Taxa de dissipação de energia em um fio percorrido por corrente 26.5

Um pedaço de fio resistivo, feito de uma liga de níquel, cromo e ferro chamada Nichrome, tem uma resistência de 72 Ω. Determine a taxa com a qual a energia é dissipada nas seguintes situações: (1) Uma diferença de potencial de 120 V é aplicada às extremidades do fio. (2) O fio é cortado pela metade, e diferenças de potencial de 120 V são aplicadas às extremidades dos dois pedaços resultantes.

IDEIA-CHAVE

Uma corrente em um material resistivo produz uma conversão de energia mecânica em energia térmica; a taxa de conversão (dissipação) é dada pelas Eqs. 26.5.2 a 26.5.4.

Cálculos: Como conhecemos o potencial V e a resistência R, usamos a Eq. 26.5.4, que nos dá, para a situação 1,

$$P = \frac{V^2}{R} = \frac{(120\ \text{V})^2}{72\ \Omega} = 200\ \text{W}. \qquad \text{(Resposta)}$$

Na situação 2, a resistência de cada metade do fio é 72/2 = 36 Ω. Assim, a dissipação para cada metade é

$$P' = \frac{(120\ \text{V})^2}{36\ \Omega} = 400\ \text{W},$$

e para as duas metades é

$$P = 2P' = 800\ \text{W}. \qquad \text{(Resposta)}$$

Esse valor é quatro vezes maior que a dissipação do fio inteiro. À primeira vista pode parecer que, se você comprar uma resistência de aquecimento, cortá-la ao meio e tornar a ligá-la aos mesmos terminais, terá quatro vezes mais calor. Por que não é aconselhável fazer isso? (O que acontece com a corrente que atravessa a resistência?)

Semicondutores

Os semicondutores são os principais responsáveis pela revolução da microeletrônica, que nos trouxe a era da informação. Na Tabela 26.5.1, as propriedades do silício, um semicondutor típico, são comparadas com as do cobre, um condutor metálico típico. Vemos que o silício possui um número muito menor de portadores de carga, uma resistividade muito maior e um coeficiente de temperatura da resistividade que é ao mesmo tempo elevado e negativo. Assim, enquanto a resistividade do cobre aumenta quando a temperatura aumenta, a resistividade do silício diminui.

O silício puro possui uma resistividade tão alta que se comporta quase como um isolante e, portanto, não tem muita utilidade em circuitos eletrônicos. Entretanto, a resistividade do silício pode ser reduzida de forma controlada pela adição de certas "impurezas", um processo conhecido como *dopagem*. A Tabela 26.3.1 mostra valores típicos da resistividade do silício puro e dopado com duas impurezas diferentes.

Podemos explicar qualitativamente a diferença entre a resistividade (e, portanto, a condutividade) dos semicondutores e a dos isolantes e dos condutores metálicos em termos da energia dos elétrons. (Uma análise quantitativa exigiria o uso das equações

Tabela 26.5.1 Algumas Propriedades Elétricas do Cobre e do Silício

Propriedade	Cobre	Silício
Tipo de material	Metal	Semicondutor
Densidade de portadores de carga, m^{-3}	$8,49 \times 10^{28}$	1×10^{16}
Resistividade, $\Omega \cdot m$	$1,69 \times 10^{-8}$	$2,5 \times 10^{3}$
Coeficiente de temperatura da resistividade, K^{-1}	$+4,3 \times 10^{-3}$	-70×10^{-3}

da física quântica.) Em um condutor metálico, como um fio de cobre, quase todos os elétrons estão firmemente presos aos átomos da rede cristalina; seria necessária uma energia muito grande para que esses elétrons se libertassem dos átomos e pudessem participar da corrente elétrica. Entretanto, existem alguns elétrons que estão fracamente presos aos átomos e precisam de muito pouca energia para se libertar. Essa energia pode ser a energia térmica ou a energia fornecida por um campo elétrico aplicado ao condutor. O campo elétrico não só libera esses elétrons, mas também faz com que se movam ao longo do fio; em outras palavras, um campo elétrico produz uma corrente nos materiais condutores.

Nos isolantes, é muito grande a energia necessária para liberar elétrons dos átomos da rede cristalina. A energia térmica não é suficiente para que isso ocorra; um campo elétrico de valor razoável também não é suficiente. Assim, não existem elétrons disponíveis e o material não conduz corrente elétrica, mesmo na presença de um campo elétrico.

Um semicondutor tem as mesmas propriedades que um isolante, *exceto* pelo fato de que é um pouco menor a energia necessária para liberar alguns elétrons. O mais importante, porém, é que a dopagem pode fornecer elétrons ou buracos (déficits de elétrons que se comportam como portadores de carga positivos) que estão fracamente presos aos átomos e, por isso, conduzem corrente com facilidade. Por meio da dopagem, podemos controlar a concentração dos portadores de carga e assim modificar as propriedades elétricas dos semicondutores. Quase todos os dispositivos semicondutores, como transistores e diodos, são produzidos a partir da dopagem de diferentes regiões de um substrato de silício com diferentes tipos de impurezas.

Considere novamente a Eq. 26.4.5, usada para calcular a resistividade de um condutor:

$$\rho = \frac{m}{e^2 n \tau}, \tag{26.5.5}$$

em que n é o número de portadores de carga por unidade de volume e τ é o tempo médio entre colisões dos portadores de carga. (Essa equação foi deduzida para o caso dos condutores, mas também se aplica aos semicondutores.) Vejamos como as variáveis n e τ se comportam quando a temperatura aumenta.

Nos condutores, n tem um valor elevado, que varia muito pouco com a temperatura. O aumento da resistividade com o aumento da temperatura nos metais (Fig. 26.3.4) se deve ao aumento das colisões dos portadores de carga com os átomos da rede cristalina,[2] que se manifesta na Eq. 26.5.5 como uma redução de τ, o tempo médio entre colisões.

Nos semicondutores, n é pequeno, mas aumenta rapidamente com o aumento da temperatura porque a agitação térmica faz com que haja um maior número de portadores disponíveis. Isso resulta em uma *redução* da resistividade com o aumento da temperatura, como indica o valor negativo do coeficiente de temperatura da resistividade do silício na Tabela 26.5.1. O mesmo aumento do número de colisões que é observado no caso dos metais também acontece nos semicondutores; porém, é mais do que compensado pelo rápido aumento do número de portadores de carga.

Supercondutores 26.3

Em 1911, o físico holandês Kamerlingh Onnes descobriu que a resistência elétrica do mercúrio cai para zero quando o metal é resfriado abaixo de 4 K (Fig. 26.5.2). Esse fenômeno, conhecido como **supercondutividade**, é de grande interesse tecnológico porque significa que as cargas podem circular em supercondutor sem perder energia na forma de calor. Correntes criadas em anéis supercondutores, por exemplo, persistiram, sem perdas, durante vários anos; é preciso haver uma fonte de energia para produzir a corrente inicial, mas, depois disso, mesmo que a fonte seja removida, a corrente continua a circular indefinidamente.

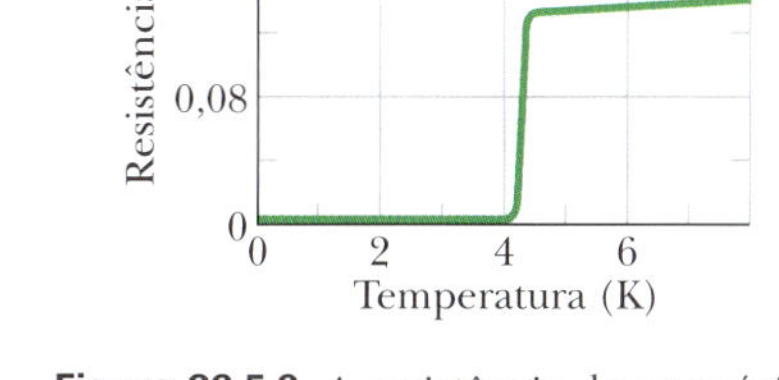

Figura 26.5.2 A resistência do mercúrio cai bruscamente para zero quando o metal é resfriado abaixo de 4 K.

[2]Esse aumento é explicado pela física quântica como consequência do aumento das vibrações da rede cristalina. (N.T.)

Cortesia de Shoji Tonaka/International Superconductivity Technology Center, Tóquio, Japão

Um ímã em forma de disco é levitado por um material supercondutor resfriado com nitrogênio líquido. O aquário com o peixinho é parte da demonstração.

Antes de 1986, as aplicações tecnológicas da supercondutividade eram limitadas pelo custo de produzir as temperaturas extremamente baixas necessárias para que o efeito se manifestasse. Em 1986, porém, foram descobertos materiais cerâmicos que se tornam supercondutores em temperaturas bem mais altas (portanto, mais fáceis e baratas de obter), embora menores que a temperatura ambiente. No futuro, talvez seja possível operar dispositivos supercondutores à temperatura ambiente.

A supercondutividade é um fenômeno muito diferente da condutividade. Na verdade, os melhores condutores normais, como a prata e o cobre, não se tornam supercondutores nem em temperaturas muito baixas, enquanto os novos supercondutores cerâmicos são isolantes à temperatura ambiente.

Uma explicação para a supercondutividade se baseia na ideia de que, em um supercondutor, os elétrons responsáveis pela corrente se movem em pares. Um dos elétrons do par distorce a estrutura cristalina do material, criando nas proximidades uma concentração temporária de cargas positivas; o outro elétron do par é atraído por essas cargas. Segundo a teoria, essa coordenação dos movimentos dos elétrons impede que eles colidam com os átomos da rede cristalina, eliminando a resistência elétrica. A teoria explicou com sucesso o comportamento dos supercondutores de baixa temperatura, descobertos antes de 1986, mas parece que será necessária uma teoria diferente para explicar o comportamento dos novos supercondutores cerâmicos.

Revisão e Resumo

Corrente A **corrente elétrica** i em um condutor é definida pela equação

$$i = \frac{dq}{dt}, \qquad (26.1.1)$$

em que dq é a carga (positiva) que passa durante um intervalo de tempo dt por um plano hipotético que corta o condutor. Por convenção, o sentido da corrente elétrica é tomado como o sentido no qual cargas positivas se moveriam. A unidade de corrente no SI é o **ampère** (A): 1 A = 1 C/s.

Densidade de Corrente A corrente (uma grandeza escalar) está relacionada à **densidade de corrente** $\vec{J}$ (uma grandeza vetorial) pela equação

$$i = \int \vec{J} \cdot d\vec{A}, \qquad (26.2.1)$$

em que $d\vec{A}$ é um vetor perpendicular a um elemento de superfície de área dA e a integral é calculada ao longo de uma superfície que intercepta o condutor. $\vec{J}$ tem o mesmo sentido que a velocidade dos portadores de carga, se estes são positivos, e o sentido oposto, se são negativos.

Velocidade de Deriva dos Portadores de Carga Quando um campo elétrico $\vec{E}$ é estabelecido em um condutor, os portadores de carga (considerados positivos) adquirem uma **velocidade de deriva** v_d na direção de $\vec{E}$; a velocidade $\vec{v}_d$ está relacionada à densidade de corrente $\vec{J}$ pela equação

$$\vec{J} = (ne)\vec{v}_d, \qquad (26.2.4)$$

em que ne é a *densidade de carga dos portadores*.

Resistência de um Condutor A **resistência** R de um condutor é definida pela equação

$$R = \frac{V}{i} \quad \text{(definição de } R\text{)}, \qquad (26.3.1)$$

em que V é a diferença de potencial entre as extremidades do condutor e i é a corrente. A unidade de resistência do SI é o **ohm** (Ω): 1 Ω = 1 V/A. Equações semelhantes definem a **resistividade** ρ e a **condutividade** σ de um material:

$$\rho = \frac{1}{\sigma} = \frac{E}{J} \quad \text{(definição de } \rho \text{ e } \sigma\text{)}, \qquad (26.3.5, 26.3.3)$$

em que E é o módulo do campo elétrico aplicado. A unidade de resistividade do SI é o ohm-metro (Ω · m). A Eq. 26.3.3 corresponde à equação vetorial

$$\vec{E} = \rho\vec{J}. \qquad (26.3.4)$$

A resistência R de um fio condutor de comprimento L e seção reta uniforme é dada por

$$R = \rho\frac{L}{A}, \qquad (26.3.9)$$

em que A é a área da seção reta.

Variação de ρ com a Temperatura A resistividade ρ da maioria dos materiais varia com a temperatura. Em muitos metais, a relação entre ρ e a temperatura T é dada aproximadamente pela equação

$$\rho - \rho_0 = \rho_0\alpha(T - T_0), \qquad (26.3.10)$$

em que T_0 é uma temperatura de referência, ρ_0 é a resistividade na temperatura T_0, e α é o coeficiente de temperatura da resistividade do material.

Lei de Ohm Dizemos que um dispositivo (condutor, resistor ou qualquer outro componente de um circuito) obedece à *lei de Ohm* se a resistência R do dispositivo, definida pela Eq. 26.3.1 como V/i, não depende da diferença de potencial aplicada V. Um *material* obedece à lei de Ohm se a resistividade ρ, definida pela Eq. 26.3.3, não depende do módulo e do sentido do campo aplicado $\vec{E}$.

Resistividade de um Metal Supondo que os elétrons de condução de um metal estão livres para se mover como as moléculas de um gás, é possível escrever uma expressão para a resistividade de um metal, como

$$\rho = \frac{m}{e^2 n\tau}, \qquad (26.4.5)$$

em que n é o número de elétrons livres por unidade de volume e τ é o tempo médio entre colisões dos elétrons de condução com os átomos do metal. Podemos entender por que os metais obedecem à lei de Ohm observando que τ praticamente não depende da intensidade do campo elétrico aplicado ao metal.

Potência A potência P, ou taxa de transferência de energia, em um componente submetido a uma diferença de potencial V é dada por

$$P = iV \quad \text{(taxa de transferência de energia elétrica).} \qquad (26.5.2)$$

Dissipação Resistiva No caso de um resistor, a Eq. 26.5.2 pode ser escrita na forma

$$P = i^2R = \frac{V^2}{R} \quad \text{(dissipação resistiva).} \qquad (26.5.3, 26.5.4)$$

Nos resistores, a energia potencial elétrica é convertida em energia térmica por meio de colisões entre os portadores de carga e os átomos da rede cristalina.

Semicondutores Os *semicondutores* são materiais que possuem um número relativamente pequeno de elétrons de condução, mas se tornam bons condutores quando são *dopados* com outros átomos que fornecem elétrons livres.

Supercondutores Os *supercondutores* são materiais cuja resistência se anula totalmente em baixas temperaturas. Recentemente, foram descobertos materiais cerâmicos que se tornam supercondutores em temperaturas bem maiores que as temperaturas em que o efeito se manifesta nos supercondutores metálicos.

Perguntas

1 A Fig. 26.1 mostra as seções retas de três condutores longos de mesmo comprimento, feitos do mesmo material. As dimensões das seções retas estão indicadas. O condutor B se encaixa perfeitamente no condutor A, e o condutor C se encaixa perfeitamente no condutor B. Coloque, na ordem decrescente da resistência entre as extremidades: os três condutores e a combinação $A + B$ (B no interior de A) e a combinação $B + C$ (C no interior de B) e $A + B + C$ (C no interior de B e B no interior de A).

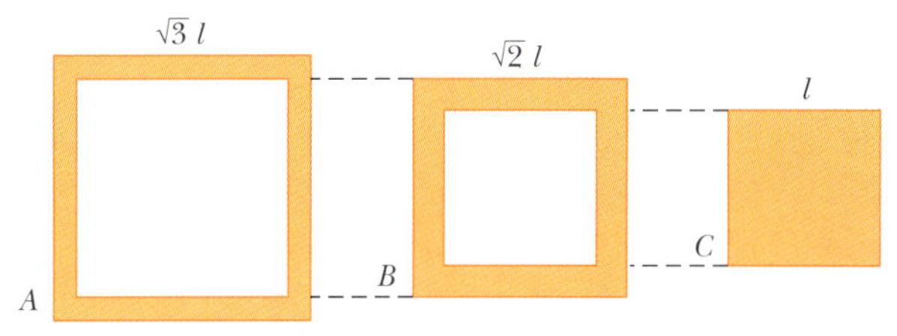

Figura 26.1 Pergunta 1.

2 A Fig. 26.2 mostra as seções retas de três fios de mesmo comprimento, feitos do mesmo material. A figura também mostra as dimensões das seções retas em milímetros. Coloque os fios na ordem decrescente da resistência (medida entre as extremidades do fio).

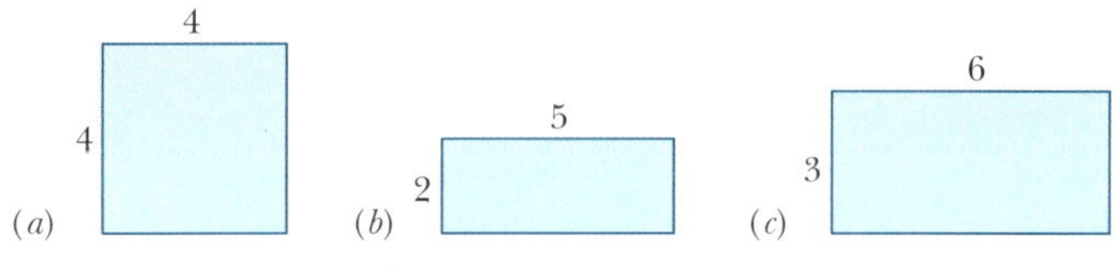

Figura 26.2 Pergunta 2.

3 A Fig. 26.3 mostra um condutor em forma de paralelepípedo de dimensões L, $2L$ e $3L$. Uma diferença de potencial V é aplicada uniformemente entre pares de faces opostas do condutor, como na Fig. 26.3.2*b*. A diferença de potencial é aplicada primeiro entre as faces esquerda e direita, depois entre as faces superior e inferior, e, finalmente, entre as faces dianteira e traseira. Coloque esses pares na ordem decrescente dos valores das seguintes grandezas (no interior do condutor): (a) módulo do campo elétrico, (b) densidade de corrente, (c) corrente e (d) velocidade de deriva dos elétrons.

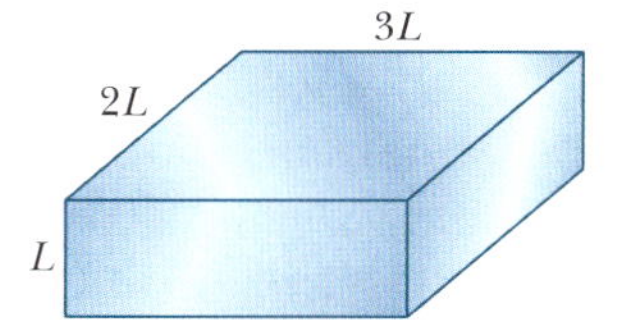

Figura 26.3 Pergunta 3.

4 A Fig. 26.4 mostra os gráficos da corrente i em uma seção reta de um fio em quatro diferentes intervalos de tempo. Coloque os intervalos na ordem decrescente da corrente total que passa pela seção reta durante o intervalo.

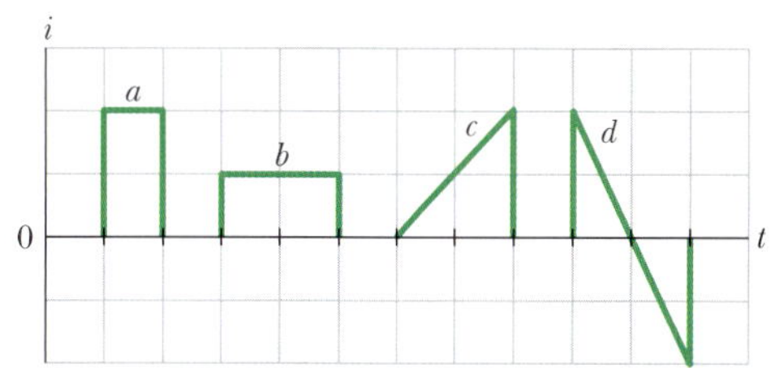

Figura 26.4 Pergunta 4.

5 A Fig. 26.5 mostra quatro situações nas quais cargas positivas e negativas se movem horizontalmente e a taxa com a qual as cargas se movem. Coloque as situações na ordem decrescente da corrente efetiva.

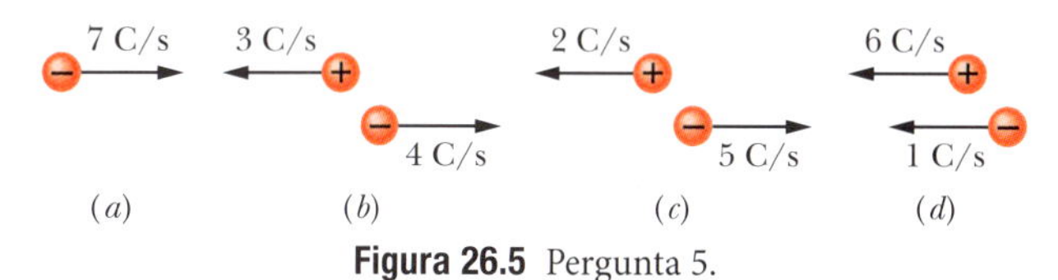

Figura 26.5 Pergunta 5.

6 Na Fig. 26.6, um fio percorrido por corrente possui três trechos de raios diferentes. Coloque os trechos na ordem decrescente do valor das seguintes grandezas: (a) corrente, (b) módulo da densidade de corrente e (c) módulo do campo elétrico.

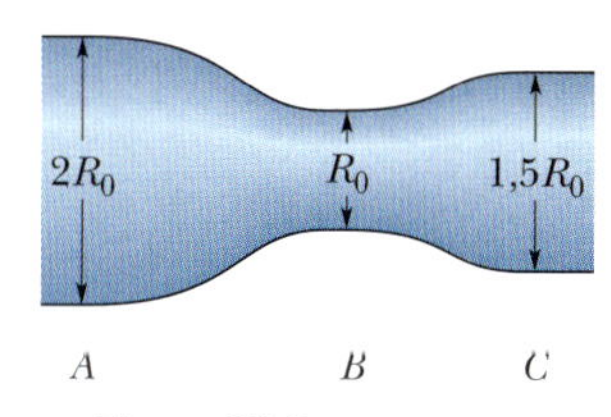

Figura 26.6 Pergunta 6.

7 A Fig. 26.7 mostra o potencial elétrico $V(x)$ em função da posição x ao longo de um fio de cobre percorrido por corrente. O fio possui três trechos de raios diferentes. Coloque os trechos na ordem decrescente do valor das seguintes grandezas: (a) campo elétrico e (b) densidade de corrente.

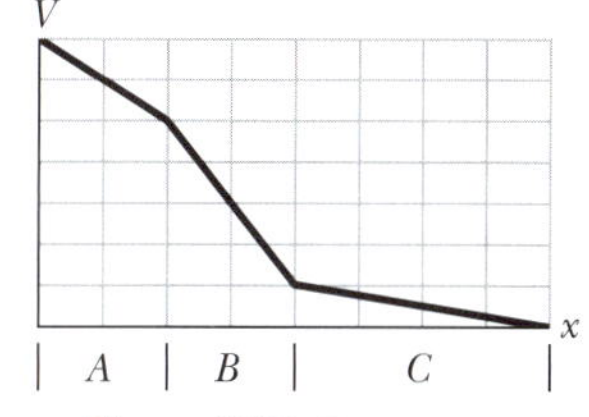

Figura 26.7 Pergunta 7.

8 A tabela a seguir mostra o comprimento, o diâmetro e a diferença de potencial entre as extremidades de três barras de cobre. Coloque as barras na ordem decrescente (a) do módulo do campo elétrico no interior da barra, (b) da densidade de corrente no interior da barra e (c) da velocidade de deriva dos elétrons.

Barra	Comprimento	Diâmetro	Diferença de Potencial
1	L	$3d$	V
2	$2L$	d	$2V$
3	$3L$	$2d$	$2V$

9 A Fig. 26.8 mostra a velocidade de deriva v_d dos elétrons de condução em um fio de cobre em função da posição x ao longo do fio. O fio possui três trechos com raios diferentes. Coloque os trechos na ordem decrescente do valor das seguintes grandezas: (a) raio, (b) número de elétrons de condução por metro cúbico, (c) módulo do campo elétrico e (d) condutividade.

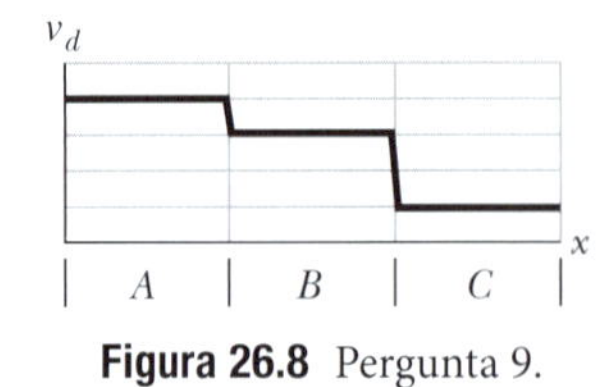

Figura 26.8 Pergunta 9.

10 Três fios de mesmo diâmetro são ligados sucessivamente entre dois pontos mantidos a certa diferença de potencial. As resistividades e os comprimentos dos fios são ρ e L (fio A), $1{,}2\rho$ e $1{,}2L$ (fio B) e $0{,}9\rho$ e L (fio C). Coloque os fios na ordem decrescente da taxa de conversão de energia elétrica em energia térmica.

11 A Fig. 26.9 mostra, para três fios de raio R, a densidade de corrente $J(r)$ em função da distância r do centro do fio. Os fios são todos do mesmo material. Coloque os fios na ordem decrescente do módulo do campo elétrico (a) no centro do fio, (b) a meio caminho da superfície do fio e (c) na superfície do fio.

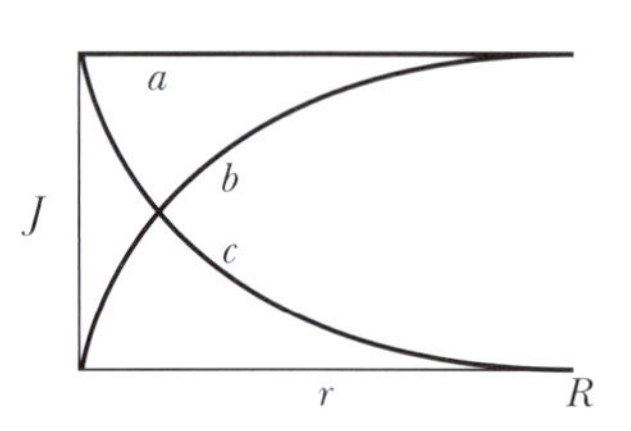

Figura 26.9 Pergunta 11.

Problemas

F Fácil **M** Médio **D** Difícil

CVF Informações adicionais disponíveis no e-book *O Circo Voador da Física*, de Jearl Walker, LTC Editora, Rio de Janeiro, 2008.

CALC Requer o uso de derivadas e/ou integrais

BIO Aplicação biomédica

Módulo 26.1 Corrente Elétrica

1 F Durante os 4,0 min em que uma corrente de 5,0 A atravessa um fio, (a) quantos coulombs e (b) quantos elétrons passam por uma seção reta do fio?

2 M Uma esfera condutora tem 10 cm de raio. Um fio leva até a esfera uma corrente de 1,000 002 0 A. Outro fio retira da esfera uma corrente de 1,000 000 0 A. Quanto tempo é necessário para que o potencial da esfera aumente de 1.000 V?

3 M Uma correia com 50 cm de largura está se movendo a 30 m/s entre uma fonte de cargas e uma esfera. A correia transporta as cargas para a esfera a uma taxa que corresponde a 100 μA. Determine a densidade superficial de cargas da correia.

Módulo 26.2 Densidade de Corrente

4 F A tabela a seguir foi extraída do National Electric Code, que estabelece a corrente máxima considerada segura nos Estados Unidos para fios de cobre isolados, de vários diâmetros. Plote a densidade de corrente segura mostrada na tabela em função do diâmetro. Para qual calibre de fio a densidade de corrente segura é máxima? ("Calibre" é uma forma de indicar o diâmetro dos fios, e 1 mil = 1 milésimo de polegada.)

Calibre	4	6	8	10	12	14	16	18
Diâmetro, mils	204	162	129	102	81	64	51	40
Corrente segura, A	70	50	35	25	20	15	6	3

5 F Um feixe de partículas contém $2{,}0 \times 10^8$ íons positivos, duplamente carregados, por centímetro cúbico, todos se movendo para o norte com uma velocidade de $1{,}0 \times 10^5$ m/s. (a) Determine o módulo e (b) a direção da densidade de corrente $\vec{J}$. (c) Que grandeza adicional é necessária para calcular a corrente total i associada a esse feixe de íons?

6 F Certo fio cilíndrico está conduzindo uma corrente. Desenhamos uma circunferência de raio r e centro no eixo do fio (Fig. 26.10a) e determinamos a corrente i no interior da circunferência. A Fig. 26.10b mostra a corrente i em função de r^2. A escala vertical é definida por $i_s = 4{,}0$ mA e a escala horizontal é definida por $r_s^2 = 4{,}0$ mm^2. (a) A densidade de corrente é uniforme? (b) Caso a resposta do item (a) seja afirmativa, calcule o valor da densidade de corrente.

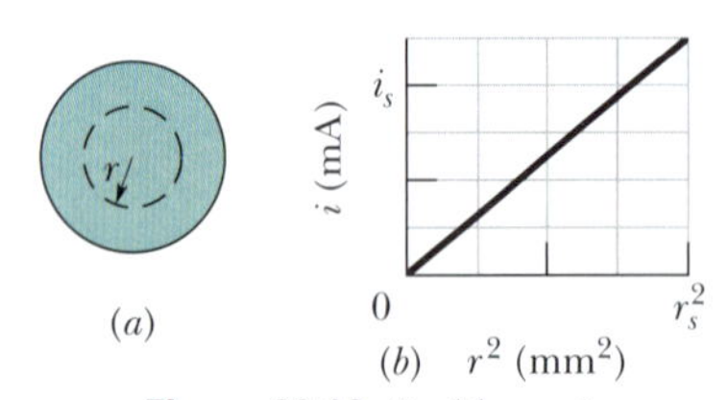

Figura 26.10 Problema 6.

7 F O fusível de um circuito elétrico é um fio projetado para fundir, abrindo o circuito, se a corrente ultrapassar certo valor. Suponha que o material a ser usado em um fusível funde quando a densidade de corrente ultrapassa 440 A/cm^2. Que diâmetro de fio cilíndrico deve ser usado para fazer um fusível que limite a corrente a 0,50 A?

8 F Uma corrente pequena, porém mensurável, de $1{,}2 \times 10^{-10}$ A, atravessa um fio de cobre com 2,5 mm de diâmetro. O número de portadores de carga por unidade de volume é $8{,}49 \times 10^{28}$ m^{-3}. Supondo que a corrente é uniforme, calcule (a) a densidade de corrente e (b) a velocidade de deriva dos elétrons.

9 M CALC O módulo $J(r)$ da densidade de corrente, em um fio cilíndrico com 2,00 mm de raio, é dado por $J(r) = Br$, em que r é a distância do centro do fio em metros, e $B = 2{,}00 \times 10^5$ A/m^3. Qual é a corrente que passa em um anel concêntrico com o fio, com 10,0 μm de largura, situado a 1,20 mm do centro do fio?

10 M CALC O módulo J da densidade de corrente em um fio cilíndrico de raio $R = 2{,}00$ mm é dado por $J = (3{,}00 \times 10^8)r^2$, com J em ampères por metro quadrado e a distância radial r em metros. Qual é a corrente que passa em um anel, concêntrico com o fio, cujo raio interno é $0{,}900R$ e cujo raio externo é R?

11 M CALC Determine a corrente em um fio de raio $R = 3{,}40$ mm se o módulo da densidade de corrente é dado por (a) $J_a = J_0 r/R$ e (b) $J_b = J_0(1 - r/R)$, em que r é a distância radial e $J_0 = 5{,}50 \times 10^4$ A/m^2. (c) Para qual das duas funções a densidade de corrente perto da superfície do fio é maior?

12 M Nas vizinhanças da Terra, a densidade de prótons do vento solar (uma corrente de partículas proveniente do Sol) é 8,70 cm^{-3} e a velocidade dos prótons é 470 km/s. (a) Determine a densidade de corrente dos prótons do vento solar. (b) Se o campo magnético da Terra não desviasse os prótons, qual seria a corrente recebida pela Terra?

13 M Quanto tempo os elétrons levam para ir da bateria de um carro até o motor de arranque? Suponha que a corrente é 300 A e que o fio de cobre que liga a bateria ao motor de arranque tem 0,85 m de comprimento e uma seção reta de 0,21 cm^2. O número de portadores de carga por unidade de volume é $8{,}49 \times 10^{28}$ m^{-3}.

Módulo 26.3 Resistência e Resistividade

14 F BIO CVF Um ser humano pode morrer se uma corrente elétrica da ordem de 50 mA passar perto do coração. Um eletricista trabalhando com as mãos suadas, o que reduz consideravelmente a resistência da pele, segura dois fios desencapados, um em cada mão. Se a resistência do corpo do eletricista é 2.000 Ω, qual é a menor diferença de potencial entre os fios capaz de produzir um choque mortal?

15 F Uma bobina é feita de 250 espiras de fio isolado, de cobre, calibre 16 (1,3 mm de diâmetro), enroladas em uma única camada para formar um cilindro com 12 cm de raio. Qual é a resistência da bobina? Despreze a espessura do isolamento. (*Sugestão*: Ver Tabela 26.3.1.)

16 F Existe a possibilidade de usar cobre ou alumínio em uma linha de transmissão de alta tensão para transportar uma corrente de até 60,0 A. A resistência por unidade de comprimento deve ser de 0,150 Ω/km. As massas específicas do cobre e do alumínio são 8960 e 2600 kg/m^3, respectivamente. Determine (a) o módulo J da densidade de corrente e (b) a massa por unidade de comprimento λ no caso de um cabo de cobre e (c) J e (d) λ no caso de um cabo de alumínio.

17 F Um fio de Nichrome (uma liga de níquel, cromo e ferro, muito usada em elementos de aquecimento) tem 1,0 m de comprimento e 1,0 mm^2 de seção reta e conduz uma corrente de 4,0 A quando uma diferença de potencial de 2,0 V é aplicada às extremidades. Calcule a condutividade σ do Nichrome.

18 F Um fio com 4,00 m de comprimento e 6,00 mm de diâmetro tem uma resistência de 15,0 mΩ. Uma diferença de potencial de 23,0 V é aplicada às extremidades do fio. (a) Qual é a corrente no fio? (b) Qual é o módulo da densidade de corrente? (c) Calcule a resistividade do material do fio. (d) Identifique o material com o auxílio da Tabela 26.3.1.

19 F Um fio elétrico tem 1,0 mm de diâmetro, 2,0 m de comprimento e uma resistência de 50 mΩ. Qual é a resistividade do material do fio?

20 F Um fio tem uma resistência R. Qual é a resistência de um segundo fio, feito do mesmo material, com metade do comprimento e metade do diâmetro?

21 M As especificações de uma lâmpada de lanterna são 0,30 A e 2,9 V (os valores da corrente e tensão de trabalho, respectivamente). Se a resistência do filamento de tungstênio da lâmpada à temperatura ambiente (20°C) é 1,1 Ω, qual é a temperatura do filamento quando a lâmpada está acesa?

22 M BIO CVF *Empinando uma pipa durante uma tempestade.* A história de que Benjamin Franklin empinou uma pipa durante uma tempestade é apenas uma lenda; ele não era tolo nem tinha tendências suicidas. Suponha que a linha de uma pipa tem 2,00 mm de raio, cobre uma distância de 0,800 km na vertical e está coberta por uma camada de água de 0,500 mm de espessura, com uma resistividade de 150 Ω · m. Se a diferença de potencial entre as extremidades da linha é 160 MV (a diferença de potencial típica de um relâmpago), qual é a corrente na camada de água? O perigo não está nessa corrente, mas na possibilidade de que a pessoa que segura a linha seja atingida por um relâmpago, que pode produzir uma corrente de até 500.000 A (mais do que suficiente para matar).

23 M Quando uma diferença de potencial de 115 V é aplicada às extremidades de um fio com 10 m de comprimento e um raio de 0,30 mm, o módulo da densidade de corrente é $1{,}4 \times 10^8$ A/m^2. Determine a resistividade do fio.

24 M A Fig. 26.11*a* mostra o módulo $E(x)$ do campo elétrico criado por uma bateria ao longo de uma barra resistiva de 9,00 mm de comprimento (Fig. 26.11*b*). A escala vertical é definida por $E_s = 4{,}00 \times 10^3$ V/m. A barra é formada por três trechos feitos do mesmo material, porém com raios diferentes. (O diagrama esquemático da Fig. 26.11*b* não mostra os raios diferentes.) O raio da seção 3 é 2,00 mm. Determine o raio (a) da seção 1 e (b) da seção 2.

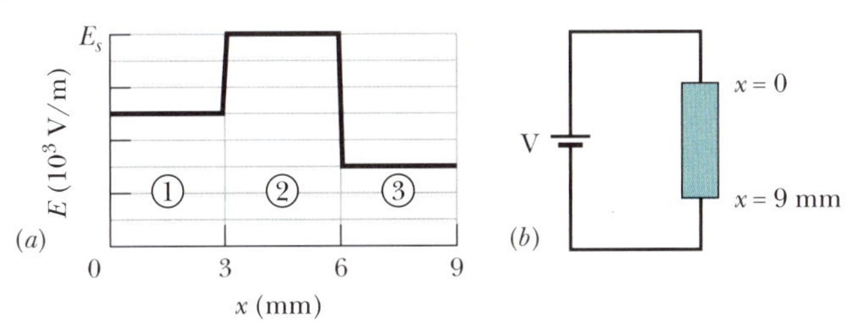

Figura 26.11 Problema 24.

25 M Um fio com uma resistência de 6,0 Ω é trefilado de tal forma que o comprimento se torna três vezes maior que o inicial. Determine a resistência do fio após a operação, supondo que a resistividade e a massa específica do material permaneçam as mesmas.

26 M Na Fig. 26.12*a*, uma bateria de 9,00 V é ligada a uma placa resistiva formada por três trechos com a mesma seção reta e condutividades diferentes. A Fig. 26.12*b* mostra o potencial elétrico $V(x)$ em função da posição x ao longo da placa. A escala horizontal é definida por x_s = 8,00 mm. A condutividade do trecho 3 é $3{,}00 \times 10^7$ (Ω · m)$^{-1}$. (a) Qual é a condutividade do trecho 1? (b) Qual é a condutividade do trecho 2?

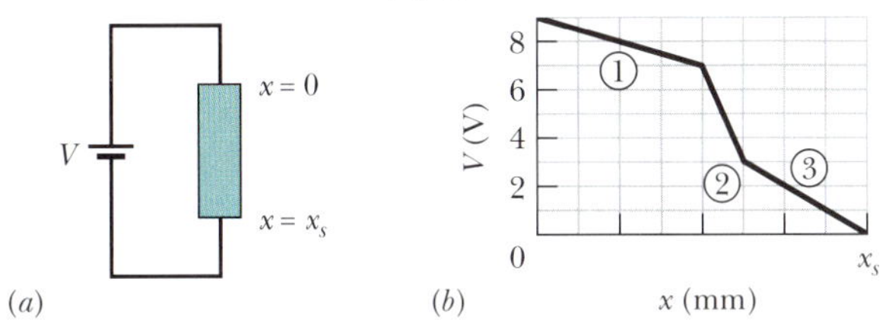

Figura 26.12 Problema 26.

27 M Dois condutores são feitos do mesmo material e têm o mesmo comprimento. O condutor A é um fio maciço de 1,0 mm de diâmetro; o condutor B é um tubo oco com um diâmetro externo de 2,0 mm e um diâmetro interno de 1,0 mm. Qual é a razão entre as resistências dos dois fios, R_A/R_B? As resistências são medidas entre as extremidades dos fios.

28 M A Fig. 26.13 mostra o potencial elétrico $V(x)$ ao longo de um fio de cobre percorrido por uma corrente uniforme, de um ponto de potencial mais alto, V_s = 12,0 μV em x = 0, até um ponto de potencial nulo em x_s = 3,00 m. O fio tem um raio de 2,00 mm. Qual é a corrente no fio?

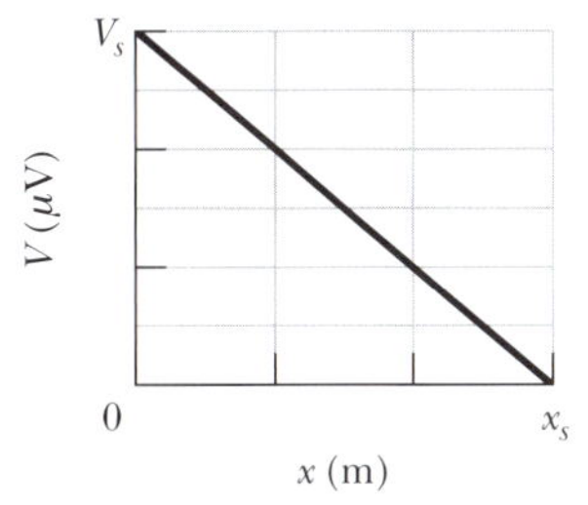

Figura 26.13 Problema 28.

29 M Uma diferença de potencial de 3,00 nV é estabelecida entre as extremidades de um fio de cobre com 2,00 cm de comprimento e um raio de 2,00 mm. Qual é a carga que passa por uma seção reta do fio em 3,00 ms?

30 M Se o número que indica o calibre de um fio aumenta de 6, o diâmetro é dividido por 2; se o calibre aumenta de 1, o diâmetro é dividido por $2^{1/6}$ (ver tabela do Problema 4). Com base nessas informações e no fato de que 1.000 pés de fio de cobre calibre 10 têm uma resistência de aproximadamente 1,00 Ω, estime a resistência de 25 pés de fio de cobre calibre 22.

31 M Um cabo elétrico é formado por 125 fios com uma resistência de 2,65 μΩ cada um. A mesma diferença de potencial é aplicada às extremidades de todos os fios, o que produz uma corrente total de 0,750 A. (a) Qual é a corrente em cada fio? (b) Qual é a diferença de potencial aplicada? (c) Qual é a resistência do cabo?

32 M A atmosfera inferior da Terra contém íons negativos e positivos que são produzidos por elementos radioativos do solo e por raios cósmicos provenientes do espaço. Em certa região, a intensidade do campo elétrico atmosférico é 120 V/m e o campo aponta verticalmente para baixo. Esse campo faz com que íons com uma unidade de carga positiva, com uma concentração de 620 cm^{-3}, se movam para baixo, enquanto íons com uma unidade de carga negativa, com uma concentração de 550 cm^{-3}, se movam para cima (Fig. 26.14). O valor experimental da condutividade do ar nessa região é $2{,}70 \times 10^{-14}$ (Ω · m)$^{-1}$. Determine (a) o módulo da densidade de corrente e (b) a velocidade de deriva dos íons, supondo que é a mesma para íons positivos e negativos.

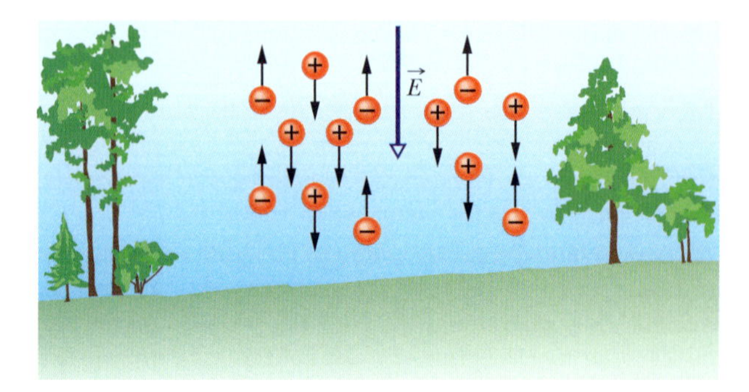

Figura 26.14 Problema 32.

33 M Um objeto em forma de paralelepípedo tem uma seção reta de 3,50 cm², um comprimento de 15,8 cm e uma resistência de 935 Ω. O material de que é feito o objeto possui $5{,}33 \times 10^{22}$ elétrons/m³. Uma diferença de potencial de 35,8 V é mantida entre as faces dianteira e traseira. (a) Qual é a corrente que atravessa o objeto? (b) Se a densidade de corrente é uniforme, qual é o valor da densidade de corrente? (c) Qual é a velocidade de deriva dos elétrons de condução? (d) Qual é o módulo do campo elétrico no interior do objeto?

34 D A Fig. 26.15 mostra um fio 1, com $4{,}00R$ de diâmetro, e um fio 2, com $2{,}00R$ de diâmetro, ligados por um trecho em que o diâmetro do fio varia gradualmente. O fio é de cobre e está sendo percorrido por uma corrente distribuída uniformemente ao longo da seção reta do fio. A variação do potencial elétrico V ao longo do comprimento $L = 2{,}00$ m do fio 2 é 10,0 μV. O número de portadores de carga por unidade de volume é $8{,}49 \times 10^{28}$ m⁻³. Qual é a velocidade de deriva dos elétrons de condução no fio 1?

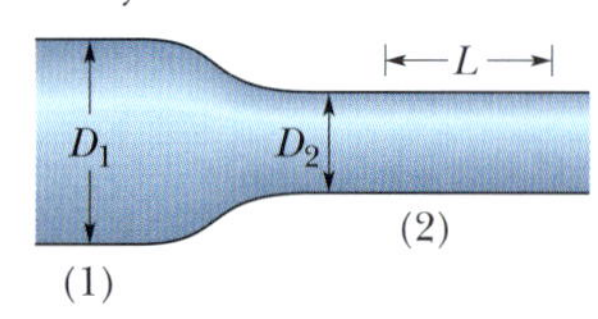

Figura 26.15 Problema 34.

35 D CALC Na Fig. 26.16, uma corrente elétrica atravessa um tronco de cone circular reto de resistividade 731 Ω · m, raio menor $a = 2{,}00$ mm, raio maior $b = 2{,}30$ mm e comprimento $L = 1{,}94$ cm. A densidade de corrente é uniforme em todas as seções retas perpendiculares ao eixo da peça. Qual é a resistência da peça?

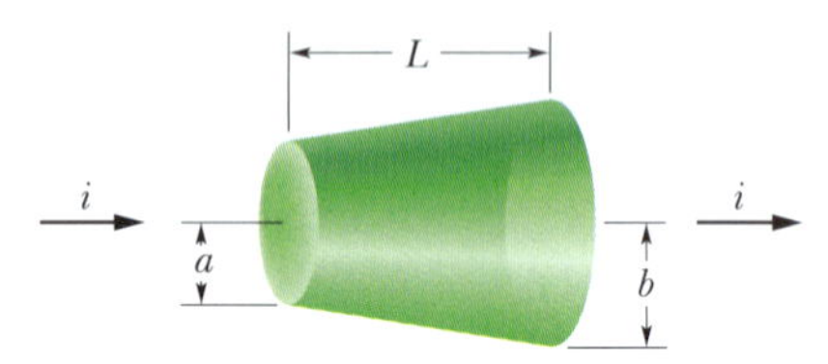

Figura 26.16 Problema 35.

36 D CALC BIO CVF *Nadando durante uma tempestade.* A Fig. 26.17 mostra um nadador a uma distância $D = 35{,}0$ m de um relâmpago, com uma corrente $I = 78$ kA, que atinge a água. A água tem uma resistividade de 30 Ω · m, a largura do nadador ao longo de uma reta que passa pelo ponto em que caiu o raio é 0,70 m e a resistência do corpo do nadador nessa direção é 4,00 kΩ. Suponha que a corrente se espalha pela água como um hemisfério com o centro no ponto em que caiu o relâmpago. Qual é o valor da corrente que atravessa o corpo do nadador?

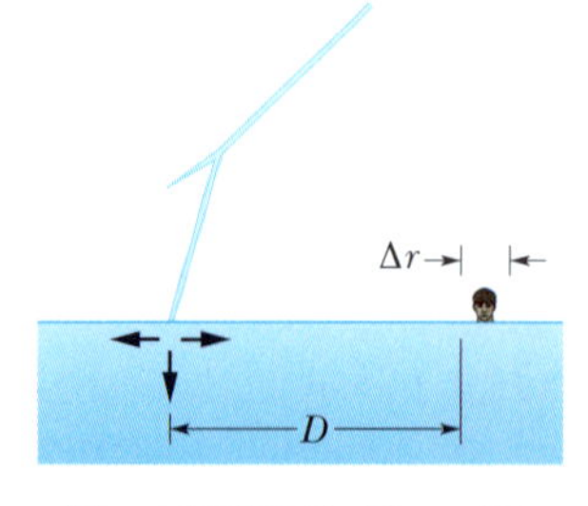

Figura 26.17 Problema 36.

Módulo 26.4 Lei de Ohm

37 M Mostre que, de acordo com o modelo do elétron livre para a condução de corrente elétrica em metais e a física clássica, a resistividade dos metais é proporcional a $\sqrt{T}$, em que T é a temperatura em Kelvins (ver Eq. 19.6.5).

Módulo 26.5 Potência, Semicondutores e Supercondutores

38 F Na Fig. 26.18*a*, um resistor de 20 Ω é ligado a uma bateria. A Fig. 26.18*b* mostra a energia térmica E_t gerada pelo resistor em função do tempo t. A escala vertical é definida por $E_{t,s} = 2{,}50$ mJ e a escala horizontal é definida por $t_s = 4{,}00$ s. Qual é a diferença de potencial entre os terminais da bateria?

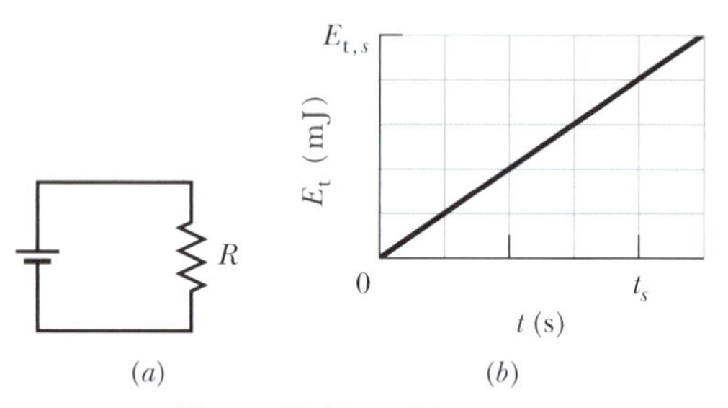

Figura 26.18 Problema 38.

39 F Uma máquina de cachorro-quente funciona aplicando uma diferença de potencial de 120 V às extremidades de uma salsicha e cozinhando-a com a energia térmica produzida. A corrente é 10,0 A e a energia necessária para cozinhar uma salsicha é 60,0 kJ. Se a potência dissipada não varia, quanto tempo é necessário para cozinhar três salsichas simultaneamente?

40 F Um resistor dissipa uma potência de 100 W quando a corrente é 3,00 A. Qual é a resistência?

41 F Uma diferença de potencial de 120 V é aplicada a um aquecedor de ambiente cuja resistência de operação é 14 Ω. (a) Qual é a taxa de conversão de energia elétrica em energia térmica? (b) Qual é o custo de 5,0 h de uso do aquecedor se o preço da eletricidade é R$0,05/kW · h?

42 F Na Fig. 26.19, uma bateria com uma diferença de potencial $V = 12$ V está ligada a um fio resistivo de resistência $R = 6{,}0$ Ω. Quando um elétron percorre o fio de um extremo a outro, (a) em que sentido o elétron se move? (b) Qual é o trabalho realizado pelo campo elétrico do fio sobre o elétron? (c) Qual é a energia transformada pelo elétron em energia térmica do fio?

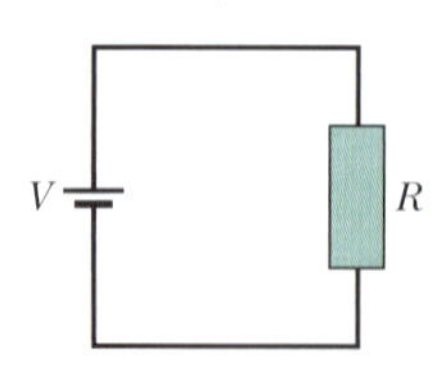

Figura 26.19 Problema 42.

43 F Quando um resistor de valor desconhecido é ligado aos terminais de uma bateria de 3,00 V, a potência dissipada é 0,540 W. Quando o mesmo resistor é ligado aos terminais de uma bateria de 1,50 V, qual é a potência dissipada?

44 F Um estudante manteve um rádio de 9,0 V, 7,0 W ligado no volume máximo, das 9 horas da noite às 2 horas da madrugada. Qual foi a carga que atravessou o rádio?

45 F Um aquecedor de ambiente de 1.250 W foi projetado para funcionar com 115 V. (a) Qual é a corrente consumida pelo aparelho? (b) Qual é a resistência do elemento de aquecimento? (c) Qual é a energia térmica produzida pelo aparelho em 1,0 h?

46 M Um fio de cobre com seção reta de $2{,}00 \times 10^{-6}$ m² e comprimento de 4,00 m é percorrido por uma corrente uniformemente distribuída. (a) Qual é o módulo do campo elétrico no interior do fio? (b) Qual é a energia elétrica transformada em energia térmica em 30 min?

47 M Um elemento de aquecimento feito de Nichrome, com uma seção reta de $2{,}60 \times 10^{-6}$ m², é submetido a uma diferença de potencial de 75,0 V. O fio de Nichrome tem uma resistividade de $5{,}00 \times 10^{-7}$ Ω · m. (a) Se o fio dissipa 5.000 W, qual é o comprimento do fio? (b) Qual deve ser o comprimento do fio para que a mesma dissipação seja obtida com uma diferença de potencial de 100 V?

48 M BIO CVF *Sapatos que explodem.* Os sapatos molhados de chuva de uma pessoa podem explodir se a corrente de terra de um relâmpago vaporizar a água. A transformação brusca de água em vapor produz uma expansão violenta, suficiente para destruir os sapatos. A água tem massa específica de 1.000 kg/m^3 e calor de vaporização de 2.256 kJ/kg. Se a corrente de terra produzida pelo relâmpago é horizontal, aproximadamente constante, dura 2,00 ms e encontra água com uma resistividade de 150 $\Omega \cdot$ m, 12,0 cm de comprimento e uma seção reta vertical de 15×10^{-5} m^2, qual é o valor da corrente necessária para vaporizar a água?

49 M Uma lâmpada de 100 W é ligada a uma tomada de parede de 120 V. (a) Quanto custa deixar a lâmpada ligada continuamente durante um mês de 31 dias? Suponha que o preço da energia elétrica é R$ 0,06/kW · h. (b) Qual é a resistência da lâmpada? (c) Qual é a corrente na lâmpada?

50 M A corrente que circula na bateria e nos resistores 1 e 2 da Fig. 26.20*a* é 2,00 A. A energia elétrica é convertida em energia térmica nos dois resistores. As curvas 1 e 2 da Fig. 26.20*b* mostram a energia térmica E_t produzida pelos dois resistores em função do tempo t. A escala vertical é definida por $E_{t,s}$ = 40,0 mJ e a escala horizontal é definida por t_s = 5,00 s. Qual é a potência da bateria?

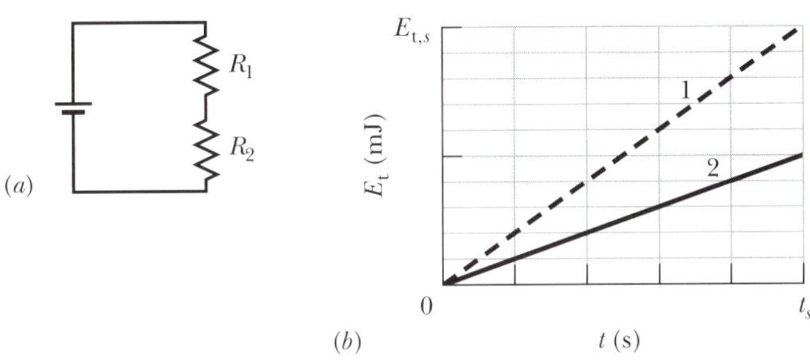

Figura 26.20 Problema 50.

51 M O fio C e o fio D são feitos de materiais diferentes e têm comprimentos $L_C = L_D$ = 1,0 m. A resistividade e o diâmetro do fio C são $2{,}0 \times 10^{-6}$ $\Omega \cdot$ m e 1,00 mm, e a resistividade e o diâmetro do fio D são $1{,}0 \times 10^{-6}$ $\Omega \cdot$ m e 0,50 mm. Os fios são unidos da forma mostrada na Fig. 26.21 e submetidos a uma corrente de 2,0 A. Determine a diferença de potencial elétrico (a) entre os pontos 1 e 2 e (b) entre os pontos 2 e 3. Determine a potência dissipada (c) entre os pontos 1 e 2 e (d) entre os pontos 2 e 3.

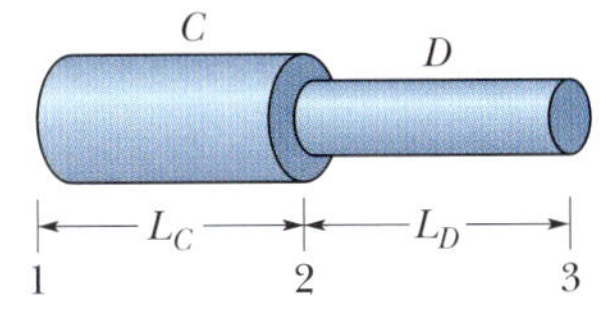

Figura 26.21 Problema 51.

52 M CALC O módulo da densidade de corrente em um fio circular com 3,00 mm de raio é dado por $J = (2{,}75 \times 10^{10}$ A/m$^4)r^2$, em que r é a distância radial. O potencial aplicado às extremidades do fio é 60,0 V. Qual é a energia convertida em energia térmica em 1,00 h?

53 M Uma diferença de potencial de 120 V é aplicada a um aquecedor de ambiente de 500 W. (a) Qual é a resistência do elemento de aquecimento? (b) Qual é a corrente no elemento de aquecimento?

54 D CALC A Fig. 26.22*a* mostra uma barra de material resistivo. A resistência por unidade de comprimento da barra aumenta no sentido positivo do eixo x. Em qualquer posição x ao longo da barra, a resistência dR de um elemento de largura dx é dada por $dR = 5{,}00x\, dx$, em que dR está em ohms e x em metros. A Fig. 26.22*b* mostra um desses elementos de resistência. O trecho da barra entre $x = 0$ e $x = L$ é cortado e ligado aos terminais de uma bateria com uma diferença de potencial V = 5,0 V (Fig. 26.22*c*). Qual deve ser o valor de L para que a potência dissipada pelo trecho cortado seja de 200 W?

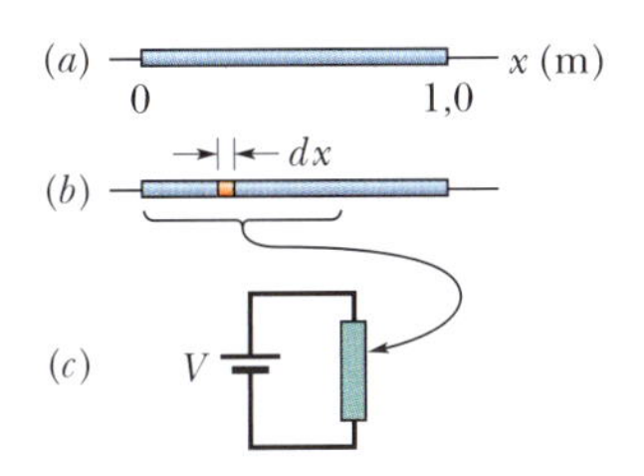

Figura 26.22 Problema 54.

Problemas Adicionais

55 Um aquecedor de Nichrome dissipa 500 W quando a diferença de potencial aplicada é 110 V e a temperatura do fio é 800°C. Qual será a potência dissipada se a temperatura do fio for mantida em 200°C por imersão em um banho de óleo? A diferença de potencial é a mesma nos dois casos, e o valor de α para o Nichrome a 800°C é $4{,}0 \times 10^{-4}$ K^{-1}.

56 Uma diferença de potencial de 1,20 V é aplicada a 33,0 m de um fio de cobre calibre 18 (0,0400 polegada de diâmetro). Calcule (a) a corrente, (b) o módulo da densidade de corrente no interior do fio, (c) o módulo do campo elétrico no interior do fio e (d) a potência dissipada no fio.

57 Um dispositivo de 18,0 W funciona com uma diferença de potencial de 9,00 V. Qual é a carga que atravessa o dispositivo em 4,00 h?

58 Uma barra de alumínio de seção reta quadrada tem 1,3 m de comprimento e 5,2 mm de lado. (a) Qual é a resistência entre as extremidades da barra? (b) Qual deve ser o diâmetro de uma barra cilíndrica de cobre com 1,3 m de comprimento para que a resistência seja a mesma que a da barra de alumínio?

59 Uma barra de metal cilíndrica tem 1,60 m de comprimento e 5,50 mm de diâmetro. A resistência entre as duas extremidades (a 20°C) é $1{,}09 \times 10^{-3}$ Ω. (a) Qual é o material do fio? (b) Um disco circular, com 2,00 cm de diâmetro e 1,00 mm de espessura, é fabricado com o mesmo material. Qual é a resistência entre as faces do disco, supondo que as duas faces são superfícies equipotenciais?

60 CVF *O mistério do chocolate em pó.* Essa história começou no Problema 60 do Capítulo 23 e continuou nos Capítulos 24 e 25. O pó de chocolate foi transportado para o silo em um cano de raio R, com velocidade v e densidade uniforme de carga ρ. (a) Determine uma expressão para a corrente i (o fluxo da carga elétrica associada ao pó) em uma seção reta do cano. (b) Calcule o valor de i para as condições da fábrica: raio do cano R = 5,0 cm, velocidade v = 2,0 m/s e densidade de carga $\rho = 1{,}1 \times 10^{-3}$ C/m^3.

Se o pó sofresse uma variação de potencial elétrico V, a energia do pó poderia ser transferida para uma centelha a uma taxa $P = iV$. (c) Poderia haver essa transferência no interior do cano devido à diferença de potencial radial discutida no Problema 70 do Capítulo 24?

Quando o pó saiu do cano e entrou no silo, o potencial elétrico do pó mudou. O valor absoluto dessa variação foi pelo menos igual à diferença de potencial radial no interior do cano (calculada no Problema 70 do Capítulo 24). (d) Tomando esse valor para a diferença de potencial e usando a corrente calculada no item (b) deste problema, determine a taxa com a qual a energia pode ter sido transferida do pó para uma centelha quando o pó deixou o cano. (e) Se uma centelha ocorreu no momento em que o pó deixou o tubo e durou 0,20 s (uma estimativa razoável), qual foi a energia transferida para a centelha? Lembre-se de que, como foi visto no Problema 60 do Capítulo 23, é necessária uma transferência de energia de, no mínimo, 150 mJ para provocar uma explosão. (f) Onde ocorreu provavelmente a explosão: na nuvem de pó da bandeja (Problema 60 do Capítulo 25), no interior do cano, ou na entradado silo?

61 Um feixe de partículas alfa ($q = +2e$) com uma energia cinética de 20 MeV corresponde a uma corrente de 0,25 μA. (a) Se o feixe incide perpendicularmente em uma superfície plana, quantas partículas alfa atingem a superfície em 3,0 s? (b) Quantas partículas alfa existem em uma extensão de 20 cm do feixe? (c) Qual é a diferença de potencial necessária para acelerar as partículas alfa, a partir do repouso, para que adquiram uma energia de 20 MeV?

62 Um resistor com uma diferença de potencial de 200 V dissipa uma potência de 3.000 W. Qual é a resistência do resistor?

63 Um elemento de aquecimento de 2,0 kW de uma secadora de roupas tem 80 cm de comprimento. Se 10 cm do elemento forem removidos, qual será a potência dissipada pelo novo elemento para uma diferença de potencial de 120 V?

64 Um resistor cilíndrico com 5,0 mm de raio e 2,0 cm de comprimento é feito de um material cuja resistividade é $3,5 \times 10^{-5}\ \Omega \cdot m$. Determine (a) o módulo da densidade de corrente e (b) a diferença de potencial para que a potência dissipada no resistor seja 1,0 W.

65 Uma diferença de potencial V é aplicada a um fio de seção reta A, comprimento L e resistividade ρ. Estamos interessados em mudar a diferença de potencial aplicada e esticar o fio para que a potência dissipada seja multiplicada por 30,0 e a corrente seja multiplicada por 4,00. Supondo que a massa específica do fio permaneça a mesma, determine (a) a razão entre o novo comprimento e L, e (b) a razão entre a nova seção reta e A.

66 Os faróis de um carro em movimento consomem 10 A do alternador de 12 V, que é acionado pelo motor. Suponha que o alternador tem uma eficiência de 80% (a potência elétrica de saída é 80% da potência mecânica de entrada) e calcule o número de horsepower que o motor precisa fornecer para manter os faróis acesos.

67 Um aquecedor de 500 W foi projetado para funcionar com uma diferença de potencial de 115 V. (a) Qual será a queda percentual da potência dissipada se a diferença de potencial aplicada diminuir para 110 V? Suponha que a resistência permanece a mesma. (b) Se a variação da resistência com a temperatura for levada em consideração, a queda de potência será maior ou menor que o valor calculado no item (a)?

68 Os enrolamentos de cobre de um motor têm uma resistência de 50 Ω a 20°C quando o motor está frio. Depois de o motor trabalhar durante várias horas, a resistência aumenta para 58 Ω. Qual é a nova temperatura dos enrolamentos? Suponha que as dimensões dos enrolamentos não variam. (*Sugestão*: Ver Tabela 26.3.1.)

69 Qual é a energia dissipada em 2,00 h por uma resistência de 400 Ω se a diferença de potencial aplicada à resistência é 90,0 V?

70 Uma lagarta de 4,0 cm de comprimento rasteja no mesmo sentido que a deriva de elétrons em um fio de cobre de 5,2 mm de diâmetro que conduz uma corrente uniforme de 12 A. (a) Qual é a diferença de potencial entre as extremidades da lagarta? (b) A cauda da lagarta é positiva ou negativa em relação à cabeça? (c) Quanto tempo a lagarta leva para rastejar 1,0 cm à mesma velocidade que a velocidade de deriva dos elétrons no fio? (O número de portadores de carga por unidade de volume é $8,49 \times 10^{28}\ m^{-3}$.)

71 (a) Para qual temperatura a resistência de um fio de cobre é o dobro da resistência a 20,0°C? (Use 20,0°C como ponto de referência na Eq. 26.3.10; compare a resposta com a Fig. 26.3.4.) (b) A "temperatura para o dobro da resistência" é a mesma para qualquer fio de cobre, independentemente da forma e do tamanho?

72 Um trilho de aço tem uma seção reta de 56,0 cm^2. Qual é a resistência de 10,0 km de trilhos? A resistividade do aço é $3,00 \times 10^{-7}\ \Omega \cdot m$.

73 Uma bobina de fio de Nichrome é imersa em um líquido. (Nichrome é uma liga de níquel, cromo e ferro muito usada em elementos de aquecimento.) Quando a diferença de potencial entre as extremidades da bobina é 12 V e a corrente na bobina é 5,2 A, o líquido evapora à taxa de 21 mg/s. Determine o calor de vaporização do líquido. (*Sugestão*: Ver Módulo 18.4.)

74 A densidade de corrente em um fio é $2,0 \times 10^6\ A/m^2$, o comprimento do fio é 5,0 m e a densidade de elétrons de condução é $8,49 \times 10^{28}\ m^{-3}$. Quanto tempo um elétron leva (em média) para atravessar o fio, de um extremo a outro?

75 Um tubo de raios X funciona com uma corrente de 7,00 mA e uma diferença de potencial de 80,0 kV. Qual é a potência do tubo em watts?

76 Uma corrente é estabelecida em um tubo de descarga de gás quando uma diferença de potencial suficientemente elevada é aplicada a dois eletrodos situados no interior do tubo. O gás se ioniza; elétrons se movem na direção do eletrodo positivo e íons positivos monoionizados se movem na direção do terminal negativo. (a) Qual é a corrente em um tubo de descarga de hidrogênio no qual $3,1 \times 10^{18}$ elétrons e $1,1 \times 10^{18}$ prótons atravessam uma seção reta do tubo por segundo? (b) O sentido da densidade de corrente $\vec{J}$ é do eletrodo positivo para o eletrodo negativo, ou do eletrodo negativo para o eletrodo positivo?

77 *Duas velocidades de deriva*. Uma extremidade de um fio de alumínio com 2,5 mm de diâmetro é soldada a uma extremidade de um fio de cobre com 1,8 mm de diâmetro. O conjunto conduz uma corrente constante i de 1,3 A. Em pontos distantes da junção dos dois metais, qual é a densidade de corrente (a) no fio de alumínio e (b) no fio de cobre? (c) Qual é o valor do campo elétrico no fio de cobre?

78 *Propriedades de um bloco de semicondutor*. Um bloco de silício de largura $l = 3,2$ mm e espessura $e = 250\ \mu m$ conduz uma corrente $i = 5,2$ mA. O silício é um *semicondutor tipo n* porque foi "dopado" com fósforo, o que aumentou n, o número de elétrons de condução por unidade de volume, para $1,5 \times 10^{23}\ m^{-3}$. Qual é (a) a densidade de corrente, (b) a velocidade de deriva dos elétrons e (c) o campo elétrico no interior do bloco?

CAPÍTULO 27

Circuitos

27.1 CIRCUITOS DE UMA MALHA

Objetivos do Aprendizado

Depois de ler este módulo, você será capaz de ...

27.1.1 Conhecer a relação entre a força eletromotriz e o trabalho realizado.

27.1.2 Conhecer a relação entre a força eletromotriz, a corrente e a potência de uma fonte ideal.

27.1.3 Desenhar o diagrama esquemático de um circuito de uma malha com uma fonte e três resistores.

27.1.4 Usar a regra das malhas para escrever uma equação para as diferenças de potencial dos elementos de um circuito ao longo de uma malha fechada.

27.1.5 Conhecer a relação entre a resistência e a diferença de potencial entre os terminais de um resistor (regra das resistências).

27.1.6 Conhecer a relação entre a força eletromotriz e a diferença de potencial entre os terminais de uma fonte (regra das fontes).

27.1.7 Saber que resistores em série são atravessados pela mesma corrente, que também é a mesma do resistor equivalente.

27.1.8 Calcular o resistor equivalente de resistores em série.

27.1.9 Saber que a diferença de potencial entre as extremidades de um conjunto de resistores em série é a soma das diferenças de potencial entre os terminais dos resistores.

27.1.10 Calcular a diferença de potencial entre dois pontos de um circuito.

27.1.11 Conhecer a diferença entre uma fonte real e uma fonte ideal e substituir, no diagrama de um circuito, uma fonte real por uma fonte real em série com uma resistência.

27.1.12 Calcular a diferença de potencial entre os terminais de uma fonte real para os dois sentidos possíveis da corrente no circuito.

27.1.13 Saber o que significa aterrar um circuito, e representar esse aterramento em um diagrama esquemático.

27.1.14 Saber que aterrar um circuito não afeta a corrente do circuito.

27.1.15 Calcular a taxa de dissipação de energia de uma fonte real.

27.1.16 Calcular a potência fornecida ou recebida por uma fonte.

Ideias-Chave

- Uma fonte de tensão realiza trabalho sobre cargas elétricas para manter uma diferença de potencial entre os terminais. Se dW é o trabalho elementar que a fonte realiza para fazer com que uma carga elementar atravesse a fonte do terminal negativo para o terminal positivo da fonte, a força eletromotriz da fonte (trabalho por unidade de carga) é dada por

$$\mathscr{E} = \frac{dW}{dq} \quad \text{(definição de } \mathscr{E}\text{)}.$$

- Uma fonte ideal é uma fonte cuja resistência interna é zero. A diferença de potencial entre os terminais de uma fonte ideal é igual à força eletromotriz.
- As fontes reais possuem uma resistência interna diferente de zero. A diferença de potencial entre os terminais de uma fonte real é igual à força eletromotriz apenas se a corrente que atravessa a fonte for nula.
- A variação de potencial de um terminal para o outro de uma resistência R no sentido da corrente é dada por $-iR$, e a variação no sentido oposto é dada por $+iR$, em que i é a corrente (regra das resistências).
- A variação de potencial de um terminal para o outro de uma fonte ideal no sentido do terminal negativo para o terminal positivo é $+\mathscr{E}$, e a variação no sentido oposto é $-\mathscr{E}$ (regra das fontes).
- A lei de conservação da energia leva à regra das malhas:

Regra das Malhas. A soma algébrica das variações de potencial encontradas ao longo de uma malha completa de um circuito é igual a zero.

A lei de conservação da carga leva à lei dos nós (Capítulo 26):

Lei dos Nós. A soma das correntes que entram em um nó de um circuito é igual à soma das correntes que saem do nó.

- Quando uma fonte real de força eletromotriz $\mathscr{E}$ e resistência interna r realiza trabalho sobre os portadores de carga da corrente i que atravessa a bateria, a taxa P com a qual a fonte transfere energia para os portadores de carga é dada por

$$P = iV,$$

em que V é a diferença de potencial entre os terminais da bateria.

- A taxa P_r com a qual a resistência interna da fonte dissipa energia é dada por

$$P_r = i^2 r.$$

- A taxa P_{fem} com a qual a energia química da fonte é transformada em energia elétrica é dada por

$$P_{\text{fem}} = i\mathscr{E}.$$

- Resistores ligados em série são atravessados pela mesma corrente e podem ser substituídos por um resistor equivalente cuja resistência é dada por

$$R_{\text{eq}} = \sum_{j=1}^{n} R_j \quad (n \text{ resistências em série}).$$

O que É Física?

Estamos cercados de circuitos elétricos. Podemos nos orgulhar do número de aparelhos elétricos que possuímos ou fazer uma lista mental dos aparelhos elétricos que gostaríamos de possuir. Todos esses aparelhos, e a rede de distribuição de energia elétrica que os faz funcionar, dependem da engenharia elétrica moderna. Não é fácil estimar o valor econômico atual da engenharia elétrica e seus produtos, mas podemos ter certeza de que esse valor aumenta sem parar, à medida que mais e mais tarefas são executadas eletricamente. Hoje em dia, os aparelhos de rádio e televisão são sintonizados eletricamente; as mensagens são enviadas pela internet; os artigos científicos são publicados e copiados na forma de arquivos digitais e lidos nas telas dos computadores.

A ciência básica da engenharia elétrica é a física. Neste capítulo, estudamos a física de circuitos elétricos que contêm apenas resistores e fontes (e, no Módulo 27.4, capacitores). Vamos limitar nossa discussão a circuitos nos quais as cargas se movem sempre no mesmo sentido, conhecidos como *circuitos de corrente contínua* ou *circuitos de CC*. Começamos com a seguinte pergunta: Como é possível colocar cargas elétricas em movimento?

"Bombeamento" de Cargas

Se quisermos fazer com que cargas elétricas atravessem um resistor, precisamos estabelecer uma diferença de potencial entre as extremidades do dispositivo. Para isso, poderíamos ligar as extremidades do resistor às placas de um capacitor carregado. O problema é que o movimento das cargas faria o capacitor se descarregar e, portanto, depois de certo tempo, o potencial seria o mesmo nas duas placas. Quando isso acontecesse, não haveria mais um campo elétrico no interior do resistor, e a corrente deixaria de circular.

Para produzir uma corrente constante, precisamos de uma "bomba" de cargas, um dispositivo que, realizando trabalho sobre os portadores de carga, mantenha uma diferença de potencial entre dois terminais. Um dispositivo desse tipo é chamado **fonte de tensão** ou, simplesmente, **fonte**. Dizemos que uma fonte de tensão produz uma **força eletromotriz** $\mathscr{E}$, o que significa que submete os portadores de carga a uma diferença de potencial $\mathscr{E}$. O termo *força eletromotriz*, às vezes abreviado para *fem*, é usado, por questões históricas, para designar a diferença de potencial produzida por uma fonte de tensão, embora, na verdade, não se trate de uma força.

No Capítulo 26, discutimos o movimento de portadores de carga em um circuito em termos do campo elétrico existente no circuito — o campo produz forças que colocam os portadores de carga em movimento. Neste capítulo, vamos usar uma abordagem diferente, discutindo o movimento dos portadores de carga em termos de energia — uma fonte de tensão fornece a energia necessária para o movimento por meio do trabalho que realiza sobre os portadores.

Uma fonte muito útil é a *bateria*, usada para alimentar uma grande variedade de máquinas, desde relógios de pulso até submarinos. A fonte mais importante na vida diária, porém, é o *gerador de eletricidade*, que, por meio de ligações elétricas (fios) a partir de uma usina de energia elétrica, cria uma diferença de potencial nas residências e escritórios. As *células solares*, presentes nos painéis em forma de asa das sondas espaciais, também são usadas para gerar energia em localidades remotas do nosso planeta. Fontes menos conhecidas são as *células de combustível* dos ônibus espaciais e as *termopilhas* que fornecem energia elétrica a algumas naves espaciais e estações remotas na Antártida e outros locais. Nem todas as fontes são artificiais: organismos vivos, como enguias elétricas e até seres humanos e plantas, são capazes de gerar eletricidade.

Embora os dispositivos mencionados apresentem diferenças significativas quanto ao modo de operação, todos executam as mesmas funções básicas: realizar trabalho sobre portadores de carga e manter uma diferença de potencial entre dois terminais.

Trabalho, Energia e Força Eletromotriz

A Fig. 27.1.1 mostra um circuito formado por uma fonte (uma bateria, por exemplo) e uma única resistência R (o símbolo de resistência e de um resistor é -\/\/\/-). A fonte mantém um dos terminais (o terminal positivo ou terminal +) a um potencial elétrico maior que o outro (o terminal negativo ou terminal −). Podemos representar a força eletromotriz da fonte por meio de uma seta apontando do terminal negativo para o terminal positivo, como na Fig. 27.1.1. Um pequeno círculo na origem da seta que representa a força eletromotriz serve para distingui-la das setas que indicam a direção da corrente.

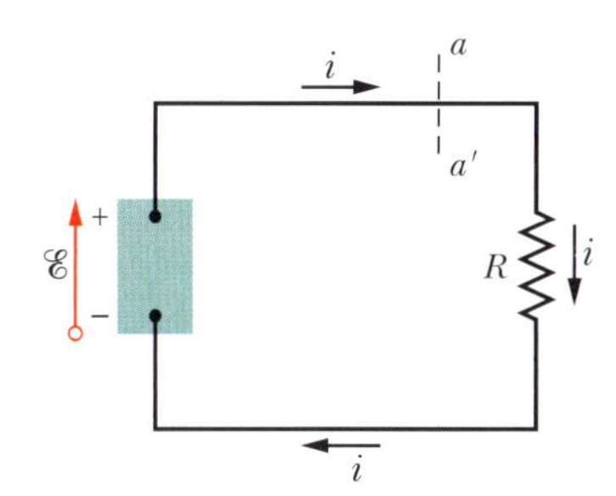

Figura 27.1.1 Um circuito elétrico simples, no qual uma fonte de força eletromotriz $\mathscr{E}$ realiza trabalho sobre portadores de carga e mantém uma corrente constante i em um resistor de resistência R.

Quando uma fonte não está ligada a um circuito, a energia que existe no interior da fonte não provoca nenhum movimento dos portadores de carga. Quando, porém, a fonte é ligada a um circuito, como na Fig. 27.1.1, essa energia faz com que portadores de carga (positivos, por convenção) sejam transferidos do terminal negativo para o terminal positivo da fonte, ou seja, no sentido da seta que representa a força eletromotriz. Esse movimento é parte da corrente que se estabelece no mesmo sentido em todo o circuito (no caso da Fig. 27.1.1, o sentido horário).

No interior da fonte, os portadores de carga positivos se movem de uma região de baixo potencial elétrico e, portanto, de baixa energia potencial elétrica (o terminal negativo) para uma região de alto potencial elétrico e alta energia potencial elétrica (o terminal positivo). Esse movimento tem o sentido contrário ao sentido no qual os portadores positivos se moveriam sob a ação do campo elétrico que existe entre os dois terminais (que aponta do terminal positivo para o terminal negativo). Isso significa que deve haver uma energia no interior da fonte realizando um trabalho sobre as cargas e forçando as cargas a se moverem dessa forma. A energia pode ser química, como nas baterias e nas células de combustível, ou mecânica, como nos geradores. Também pode resultar de diferenças de temperatura, como nas termopilhas, ou ser fornecida pelo Sol, como nas células solares.

Vamos agora analisar o circuito da Fig. 27.1.1 do ponto de vista do trabalho e da energia. Em um intervalo de tempo dt, uma carga dq passa por todas as seções retas do circuito, como a seção aa'. A mesma carga entra no terminal de baixo potencial da fonte de tensão e sai do terminal de alto potencial. Para que a carga dq se mova dessa forma, a fonte deve realizar sobre a carga um trabalho dW. Definimos a força eletromotriz da fonte por meio desse trabalho:

$$\mathscr{E} = \frac{dW}{dq} \quad \text{(definição de } \mathscr{E}\text{)}. \tag{27.1.1}$$

Em palavras, a força eletromotriz de uma fonte é o trabalho por unidade de carga que a fonte realiza para transferir cargas do terminal de baixo potencial para o terminal de alto potencial. A unidade de força eletromotriz do SI tem dimensões de joule por coulomb; como vimos no Capítulo 24, essa unidade é chamada *volt*.

Uma **fonte de tensão ideal** é uma fonte na qual os portadores de carga não encontram resistência ao se deslocarem do terminal negativo para o terminal positivo. A diferença de potencial entre os terminais de uma fonte ideal é igual à força eletromotriz da fonte. Assim, por exemplo, uma bateria ideal com uma força eletromotriz de 12,0 V mantém uma diferença de 12,0 V entre os terminais, esteja ou não a fonte ligada a um circuito, e sejam quais forem as características do circuito.

Uma **fonte de tensão real** possui uma resistência interna diferente de zero. Quando uma fonte real não está ligada a um circuito e, portanto, não conduz uma corrente elétrica, a diferença de potencial entre os terminais é igual à força eletromotriz. Quando a fonte conduz uma corrente, a diferença de potencial é menor que a força eletromotriz. As fontes reais serão discutidas no final deste módulo.

Quando uma fonte é ligada a um circuito, a fonte transfere energia para os portadores de carga que passam por ela. Essa energia pode ser transferida dos portadores de carga para outros dispositivos do circuito, e usada, por exemplo, para acender uma lâmpada. A Fig. 27.1.2*a* mostra um circuito formado por duas baterias ideais recarregáveis A e B, uma resistência R e um motor elétrico M que é capaz de levantar um objeto usando a energia que recebe dos portadores de carga do circuito. Observe

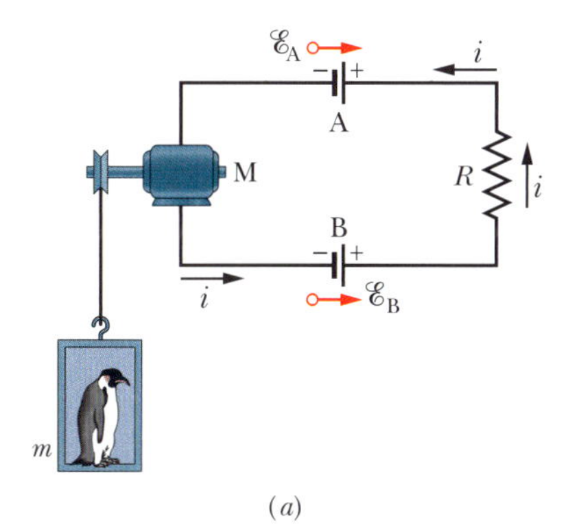

(*a*)

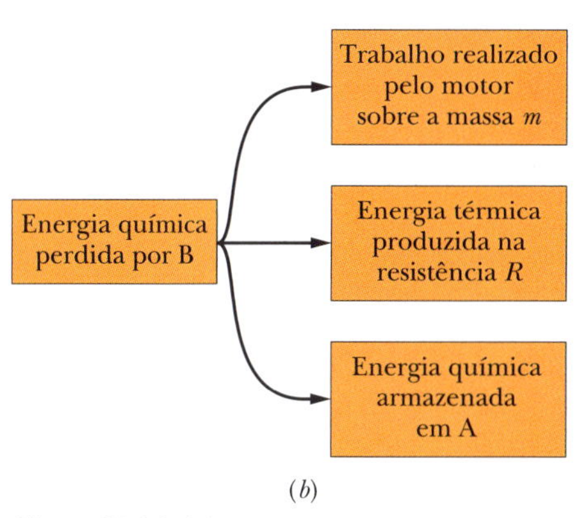

(*b*)

Figura 27.1.2 (*a*) Como neste circuito $\mathscr{E}_B > \mathscr{E}_A$, o sentido da corrente é determinado pela bateria B. (*b*) As transferências de energia que acontecem no circuito.

que as baterias estão ligadas de tal forma que tendem a fazer as cargas circularem em sentidos opostos. O sentido da corrente é determinado pela bateria que possui a maior força eletromotriz, que, no caso, estamos supondo que seja a bateria B, de modo que a energia química da bateria B diminui com a transferência de parte da energia para os portadores de carga. Por outro lado, a energia química da bateria A aumenta, pois o sentido da corrente no interior da bateria A é do terminal positivo para o terminal negativo. Assim, a bateria B, além de fornecer energia para acionar o motor M e vencer a resistência R, também carrega a bateria A. A Fig. 27.1.2b mostra as três transferências de energia; todas diminuem a energia química da bateria B.

Cálculo da Corrente em um Circuito de uma Malha 27.1 27.1

Vamos discutir agora dois métodos diferentes para calcular a corrente no *circuito de uma malha* da Fig. 27.1.3; um dos métodos se baseia na lei de conservação da energia, e o outro no conceito de potencial. O circuito que vamos analisar é formado por uma fonte ideal B cuja força eletromotriz é $\mathscr{E}$, um resistor de resistência R e dois fios de ligação. (A menos que seja afirmado o contrário, vamos supor que os fios dos circuitos possuem resistência desprezível. Na maioria dos casos, os fios servirão apenas para transferir os portadores de corrente de um dispositivo para outro.)

Método da Energia

De acordo com a Eq. 26.5.3 ($P = i^2R$), em um intervalo de tempo dt, uma energia dada por $i^2R\,dt$ é transformada em energia térmica no resistor da Fig. 27.1.3. Como foi observado no Módulo 26.5, podemos dizer que essa energia é *dissipada* no resistor. (Como estamos supondo que a resistência dos fios é desprezível, os fios não dissipam energia.) Durante o mesmo intervalo, uma carga $dq = i\,dt$ atravessa a fonte B, e o trabalho realizado pela fonte sobre essa carga, de acordo com a Eq. 27.1.1, é dado por

$$dW = \mathscr{E}\,dq = \mathscr{E}i\,dt.$$

De acordo com a lei de conservação da energia, o trabalho realizado pela fonte (ideal) é igual à energia térmica que aparece no resistor:

$$\mathscr{E}i\,dt = i^2R\,dt.$$

Isso nos dá

$$\mathscr{E} = iR.$$

A força eletromotriz $\mathscr{E}$ é a energia por unidade de carga transferida da fonte para as cargas que se movem no circuito. A grandeza iR é a energia por unidade de carga transferida das cargas móveis para o resistor e convertida em calor. Assim, essa equação mostra que a energia por unidade de carga transferida para as cargas em movimento é igual à energia por unidade de carga transferida pelas cargas em movimento. Explicitando i, obtemos

$$i = \frac{\mathscr{E}}{R}. \tag{27.1.2}$$

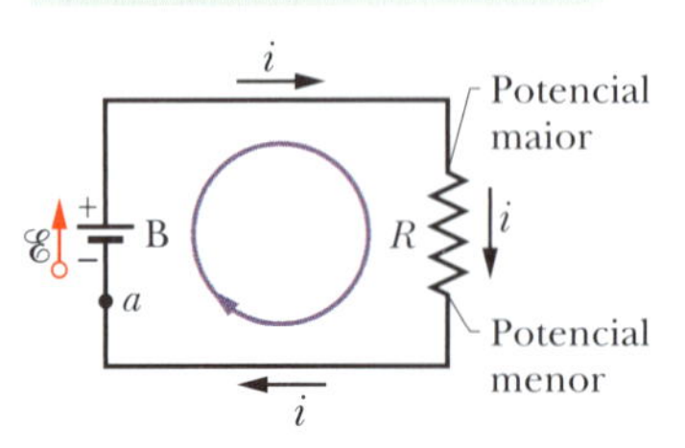

Figura 27.1.3 Um circuito de uma malha no qual uma resistência R está ligada aos terminais de uma fonte ideal B de força eletromotriz $\mathscr{E}$. A corrente resultante i é a mesma em todo o circuito.

Método do Potencial

Suponha que começamos em um ponto qualquer do circuito da Fig. 27.1.3 e nos deslocamos mentalmente ao longo do circuito em um sentido arbitrário, somando algebricamente as diferenças de potencial que encontramos no caminho. Ao voltar ao ponto de partida, teremos voltado também ao potencial inicial. Antes de prosseguir, queremos chamar a atenção para o fato de que esse raciocínio vale não só para circuitos com uma malha, como o da Fig. 27.1.3, mas também para uma malha fechada de um *circuito com várias malhas*, como os que serão discutidos no Módulo 27.2.

REGRA DAS MALHAS: A soma algébrica das variações de potencial encontradas ao longo de uma malha completa de um circuito é zero.

Essa regra, também conhecida como *lei das malhas de Kirchhoff* (ou *lei das tensões de Kirchhoff*), em homenagem ao físico alemão Gustav Robert Kirchhoff, equivale a dizer que cada ponto de uma montanha possui apenas uma altitude em relação ao nível do mar. Se partimos de um ponto qualquer e voltamos ao mesmo ponto depois de passear pela montanha, a soma algébrica das mudanças de altitude durante a caminhada é necessariamente zero.

Na Fig. 27.1.3, vamos começar no ponto a, cujo potencial é V_a, e nos deslocar mentalmente no sentido horário até estarmos de volta ao ponto a, anotando as mudanças de potencial que ocorrem no percurso. Nosso ponto de partida será o terminal negativo da fonte. Como a fonte é ideal, a diferença de potencial entre os terminais da fonte é $\mathscr{E}$. Assim, quando atravessamos a fonte, passando do terminal negativo para o terminal positivo, a variação de potencial é $+\mathscr{E}$.

Quando passamos do terminal positivo da fonte para o terminal superior do resistor, não há variação de potencial, já que a resistência do fio é desprezível. Quando atravessamos o resistor, o potencial varia de acordo com a Eq. 26.3.1 (que pode ser escrita na forma $V = iR$). O potencial deve diminuir, pois estamos passando do lado de potencial mais alto do resistor para o lado de potencial mais baixo. Assim, a variação de potencial é $-iR$.

Voltamos ao ponto a pelo fio que liga o terminal inferior do resistor ao terminal negativo da fonte. Uma vez que a resistência do fio é desprezível, não há variação de potencial nesse trecho do circuito. No ponto a, o potencial é novamente V_a. Como percorremos todo o circuito, o potencial inicial, depois de modificado pelas variações de potencial ocorridas ao longo do caminho, deve ser igual ao potencial final, ou seja,

$$V_a + \mathscr{E} - iR = V_a.$$

Subtraindo V_a de ambos os membros da equação, obtemos

$$\mathscr{E} - iR = 0.$$

Explicitando i nesta equação, obtemos o mesmo resultado, $i = \mathscr{E}/R$, que obtivemos usando o método da energia (Eq. 27.1.2).

Se aplicarmos a regra da malha a um percurso *no sentido anti-horário*, o resultado será

$$-\mathscr{E} + iR = 0$$

e mais uma vez obteremos $i = \mathscr{E}/R$. Assim, o sentido no qual percorremos o circuito para aplicar a regra das malhas é irrelevante.

Com o objetivo de facilitar o estudo de circuitos mais complexos que o da Fig. 27.1.3, vamos resumir o que vimos até agora em duas regras para as diferenças de potencial produzidas pelos dispositivos do circuito quando percorremos uma malha.

REGRA DAS RESISTÊNCIAS: Quando atravessamos uma resistência no sentido da corrente, a variação do potencial é $-iR$; quando atravessamos uma resistência no sentido oposto, a variação é $+iR$.

REGRA DAS FONTES: Quando atravessamos uma fonte ideal no sentido do terminal negativo para o terminal positivo, a variação do potencial é $+\mathscr{E}$; quando atravessamos uma fonte no sentido oposto, a variação é $-\mathscr{E}$.

Teste 27.1.1

A figura mostra a corrente i em um circuito formado por uma fonte B e uma resistência R (além de fios de resistência desprezível). (a) A seta que indica a força eletromotriz da fonte B deve apontar para a esquerda ou para a direita? Coloque os pontos a, b, e c na ordem decrescente (b) do valor absoluto da corrente, (c) do potencial elétrico e (d) da energia potencial elétrica dos portadores de carga.

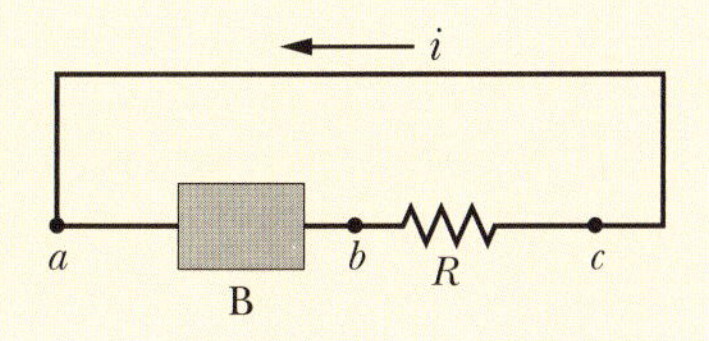

Outros Circuitos de uma Malha

Nesta seção, vamos ampliar o circuito simples da Fig. 27.1.3 de duas formas.

Resistência Interna 27.2

A Fig. 27.1.4*a* mostra uma fonte real, de resistência interna *r*, ligada a um resistor externo de resistência *R*. A resistência interna da fonte é a resistência elétrica dos materiais condutores que existem no interior da fonte e, portanto, é parte integrante da fonte. Na Fig. 27.1.4*a*, porém, a fonte foi desenhada como se pudesse ser decomposta em uma fonte ideal de força eletromotriz $\mathscr{E}$ em série com um resistor de resistência *r*. A ordem em que os símbolos dos dois dispositivos são desenhados é irrelevante.

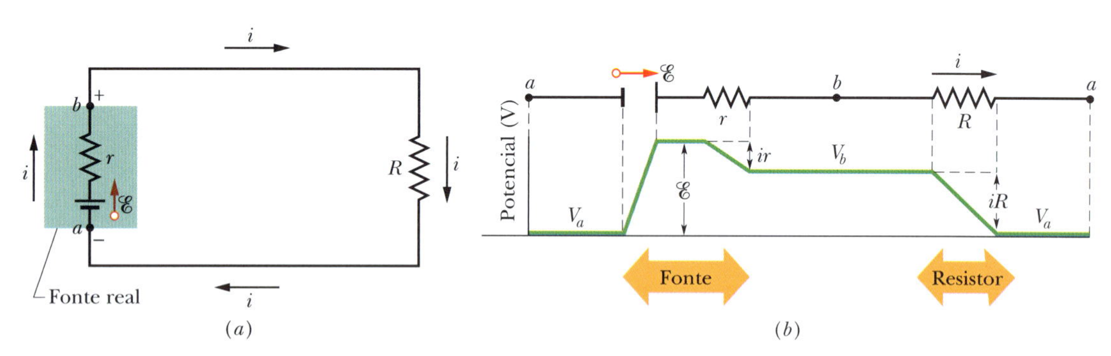

Figura 27.1.4 (*a*) Circuito de uma malha com uma fonte real de força eletromotriz $\mathscr{E}$ e resistência interna *r*. (*b*) O mesmo circuito, representado de outra forma para mostrar as variações do potencial elétrico quando o circuito é percorrido no sentido horário a partir do ponto *a*. O potencial V_a foi tomado arbitrariamente como zero; os outros potenciais foram calculados em relação a V_a.

Aplicando a regra das malhas no sentido horário, a partir do ponto *a*, as *variações* do potencial nos dão

$$\mathscr{E} - ir - iR = 0. \tag{27.1.3}$$

Explicitando a corrente, obtemos

$$i = \frac{\mathscr{E}}{R + r}. \tag{27.1.4}$$

Observe que a Eq. 27.1.4 se reduz à Eq. 27.1.2 se a fonte for ideal, ou seja, se $r = 0$.

A Fig. 27.1.4*b* mostra graficamente as variações de potencial elétrico ao longo do circuito. (Para estabelecer uma ligação mais direta da Fig. 27.1.4*b* com o *circuito fechado* da Fig. 27.1.4*a*, imagine o gráfico desenhado na superfície lateral de um cilindro, com o ponto *a* da esquerda coincidindo com o ponto *a* da direita.) Percorrer o circuito é como passear em uma montanha e voltar ao ponto de partida; na chegada, você se encontra na mesma altitude em que estava quando partiu.

Neste livro, se não especificarmos uma resistência interna para a fonte ou afirmarmos que a fonte é real, estará implícito que se trata de uma fonte ideal, ou seja, que a resistência interna da fonte é tão pequena, em comparação com as outras resistências do circuito, que pode ser desprezada.

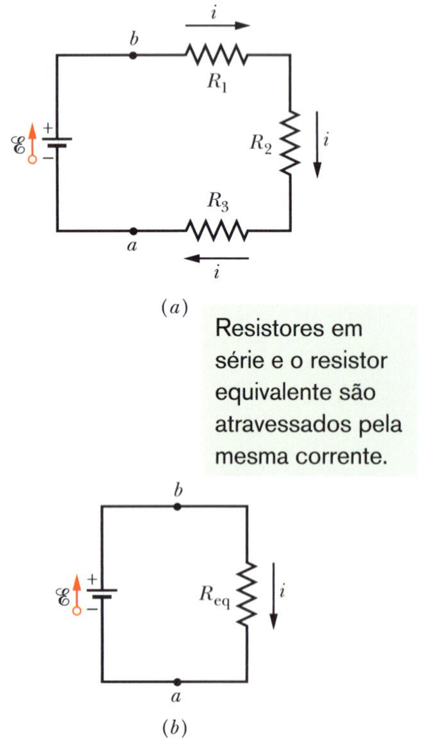

Resistores em série e o resistor equivalente são atravessados pela mesma corrente.

Figura 27.1.5 (*a*) Três resistores ligados em série entre os pontos *a* e *b*. (*b*) Circuito equivalente, com os três resistores substituídos por uma resistência equivalente R_{eq}.

Resistências em Série 27.1

A Fig. 27.1.5*a* mostra três resistências ligadas **em série** a uma fonte ideal de força eletromotriz $\mathscr{E}$. Essa descrição pouco tem a ver com o modo como as resistências estão desenhadas. A expressão "em série" significa apenas que as resistências são ligadas uma após a outra e que uma diferença de potencial *V* é aplicada às extremidades da ligação. Na Fig. 27.1.5*a*, as resistências estão ligadas uma após a outra entre os pontos *a* e *b*, e uma diferença de potencial entre os pontos *a* e *b* é mantida por uma fonte.

As diferenças de potencial entre os terminais de cada resistência produzem a mesma corrente i em todas as resistências. De modo geral,

Quando uma diferença de potencial V é aplicada a resistências ligadas em série, a corrente i é a mesma em todas as resistências, e a soma das diferenças de potencial das resistências é igual à diferença de potencial aplicada V.

Observe que as cargas que atravessam resistências ligadas em série têm um único caminho possível. Se existe mais de um caminho, as resistências não estão ligadas em série.

Resistências ligadas em série podem ser substituídas por uma resistência equivalente R_{eq} percorrida pela mesma corrente i e com a mesma diferença de potencial *total* V que as resistências originais.

A Fig. 27.1.5*b* mostra a resistência equivalente R_{eq} das três resistências da Fig. 27.1.5*a*.

Para determinar o valor da resistência R_{eq} da Fig. 27.1.5*b*, aplicamos a regra das malhas aos dois circuitos. Na Fig. 27.1.5*a*, começando no ponto a e percorrendo o circuito no sentido horário, temos

$$\mathscr{E} - iR_1 - iR_2 - iR_3 = 0,$$

ou

$$i = \frac{\mathscr{E}}{R_1 + R_2 + R_3}. \tag{27.1.5}$$

Na Fig. 27.1.5*b*, com as três resistências substituídas por uma resistência equivalente R_{eq}, obtemos

$$\mathscr{E} - iR_{eq} = 0,$$

ou

$$i = \frac{\mathscr{E}}{R_{eq}}. \tag{27.1.6}$$

Igualando as Eqs. 27.1.5 e 27.1.6, obtemos

$$R_{eq} = R_1 + R_2 + R_3.$$

A extensão para n resistores é imediata e nos dá

$$R_{eq} = \sum_{j=1}^{n} R_j \quad (n \text{ resistências em série}). \tag{27.1.7}$$

Observe que, no caso de duas ou mais resistências ligadas em série, a resistência equivalente é maior que a maior das resistências.

Teste 27.1.2

Na Fig. 27.1.5*a*, se $R_1 > R_2 > R_3$, coloque as três resistências na ordem decrescente (a) da corrente que passa pelas resistências e (b) da diferença de potencial entre os terminais das resistências.

Diferença de Potencial entre Dois Pontos

Muitas vezes, estamos interessados em determinar a diferença de potencial entre dois pontos de um circuito. Assim, por exemplo, na Fig. 27.1.6, qual é a diferença de potencial $V_b - V_a$ entre os pontos a e b? Para obter a resposta, vamos começar no ponto a (cujo potencial é V_a) e nos deslocar, passando pela fonte, até o ponto b (cujo potencial é V_b), anotando as diferenças de potencial encontradas no percurso. Quando passamos pela fonte, o potencial aumenta de $\mathscr{E}$. Quando passamos pela resistência interna r da fonte, estamos nos movendo no sentido da corrente e, portanto, o potencial diminui de ir. A essa altura estamos no ponto b e temos

A resistência interna reduz a diferença de potencial entre os terminais de uma fonte real.

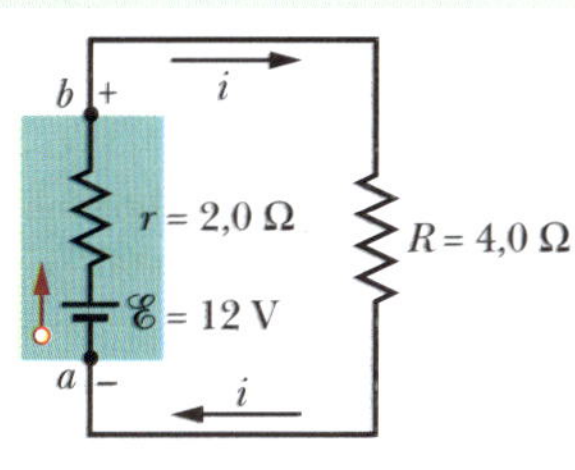

Figura 27.1.6 Existe uma diferença de potencial entre os pontos a e b, que são os terminais de uma fonte real.

$$V_a + \mathscr{E} - ir = V_b,$$

ou

$$V_b - V_a = \mathscr{E} - ir. \tag{27.1.8}$$

Para calcular o valor dessa expressão, precisamos conhecer a corrente *i*. Observe que o circuito é o mesmo da Fig. 27.1.4*a*, para o qual, de acordo com a Eq. 27.1.4,

$$i = \frac{\mathscr{E}}{R + r}. \tag{27.1.9}$$

Substituindo *i* pelo seu valor, dado pela Eq. 27.1.9, na Eq. 27.1.8, obtemos

$$V_b - V_a = \mathscr{E} - \frac{\mathscr{E}}{R + r}\, r$$

$$= \frac{\mathscr{E}}{R + r}\, R. \tag{27.1.10}$$

Substituindo os valores numéricos que aparecem na Fig. 27.1.6, temos

$$V_b - V_a = \frac{12\ \text{V}}{4{,}0\ \Omega + 2{,}0\ \Omega}\, 4{,}0\ \Omega = 8{,}0\ \text{V}. \tag{27.1.11}$$

Suponha que tivéssemos escolhido percorrer o circuito no sentido anti-horário, passando pelo resistor *R* em vez de passar pela fonte. Como, nesse caso, estaríamos nos movendo no sentido oposto ao da corrente, o potencial aumentaria de *iR*. Assim,

$$V_a + iR = V_b$$

ou

$$V_b - V_a = iR. \tag{27.1.12}$$

Substituindo *i* pelo seu valor, dado pela Eq. 27.1.9, obtemos mais uma vez a Eq. 27.1.10. Assim, substituindo os valores numéricos, obtemos o mesmo resultado, $V_b - V_a = 8{,}0$ V. No caso geral,

Para determinar a diferença de potencial entre dois pontos de um circuito, começamos em um dos pontos e percorremos o circuito até o outro ponto, somando algebricamente as variações de potencial que encontramos no percurso.

Diferença de Potencial entre os Terminais de uma Fonte Real

Na Fig. 27.1.6, os pontos *a* e *b* estão situados nos terminais da fonte; assim, a diferença de potencial $V_b - V_a$ é a diferença de potencial entre os terminais da fonte. De acordo com a Eq. 27.1.8, temos

$$V = \mathscr{E} - ir. \tag{27.1.13}$$

De acordo com a Eq. 27.1.13, se a resistência interna *r* da fonte da Fig. 27.1.6 fosse zero, *V* seria igual à força eletromotriz $\mathscr{E}$ da fonte, ou seja, 12 V. Como $r = 2{,}0\ \Omega$, *V* é menor que $\mathscr{E}$. De acordo com a Eq. 27.1.11, $V = 8{,}0$ V. Observe que o resultado depende da corrente que atravessa a fonte. Se a fonte estivesse em outro circuito no qual a corrente fosse diferente, *V* teria outro valor.

Aterramento de um Circuito

A Fig. 27.1.7*a* mostra o mesmo circuito da Fig. 27.1.6, exceto pelo fato de que o ponto *a* está ligado diretamente à *terra*, o que é indicado pelo símbolo ⏚. *Aterrar um circuito* pode significar ligar o circuito à superfície da Terra (na verdade, ao solo úmido, que é um bom condutor de eletricidade). Neste diagrama, porém, o símbolo de terra significa apenas que o potencial é definido como zero no ponto em que se encontra o símbolo. Assim, na Fig. 27.1.7*a*, o potencial do ponto *a* é definido como $V_a = 0$. Nesse caso, conforme a Eq. 27.1.11, o potencial no ponto *b* é $V_b = 8{,}0$ V.

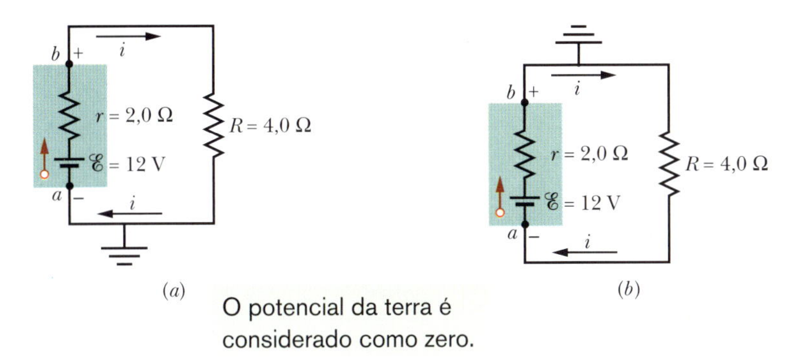

Figura 27.1.7 (*a*) O ponto *a* está ligado diretamente à terra. (*b*) O ponto *b* está ligado diretamente à terra.

A Fig. 27.1.7*b* mostra o mesmo circuito, exceto pelo fato de que agora é o ponto *b* que está ligado à terra. Assim, o potencial do ponto *b* é definido como $V_b = 0$; nesse caso, de acordo com a Eq. 27.1.11, o potencial no ponto *a* é $V_a = -8{,}0$ V.

Potência, Potencial e Força Eletromotriz 27.2 e 27.3

Quando uma bateria ou outro tipo de fonte de tensão realiza trabalho sobre portadores de carga para estabelecer uma corrente *i*, o dispositivo transfere energia de sua fonte interna de energia (energia química, no caso de uma bateria) para os portadores de carga. Como toda fonte real possui uma resistência interna *r*, a fonte também dissipa uma parte da energia na forma de calor (Módulo 26.5). Vamos ver agora como essas transferências estão relacionadas.

A potência *P*, fornecida pela fonte aos portadores de carga, é dada pela Eq. 26.5.2:

$$P = iV, \tag{27.1.14}$$

em que *V* é a diferença de potencial entre os terminais da fonte. De acordo com a Eq. 27.1.13, podemos fazer $V = \mathscr{E} - ir$ na Eq. 27.1.14 para obter

$$P = i(\mathscr{E} - ir) = i\mathscr{E} - i^2r. \tag{27.1.15}$$

Examinando a Eq. 26.5.3, reconhecemos o termo i^2r como a potência P_r dissipada no interior da fonte (Eq. 27.1.15) como

$$P_r = i^2r \quad \text{(potência dissipada na fonte).} \tag{27.1.16}$$

Nesse caso, o termo $i\mathscr{E}$ da Eq. 27.1.15 é a *soma* da potência transferida para os portadores de carga com a potência dissipada pela fonte, que pode ser chamada de P_{fem}. Assim,

$$P_{\text{fem}} = i\mathscr{E} \quad \text{(potência fornecida pela fonte).} \tag{27.1.17}$$

Quando uma bateria está sendo *recarregada*, com uma corrente passando no "sentido inverso", a transferência de energia é *dos* portadores de carga *para* a bateria; parte da energia é usada para aumentar a energia química da bateria e parte é dissipada na resistência interna *r* da bateria. A taxa de variação da energia química é dada pela Eq. 27.1.17, a taxa de dissipação é dada pela Eq. 27.1.16 e a taxa com a qual os portadores de carga fornecem energia é dada pela Eq. 27.1.14.

Teste 27.1.3

Uma fonte possui uma força eletromotriz de 12 V e uma resistência interna de 2 Ω. A diferença de potencial entre os terminais é menor, maior ou igual a 12 V se a corrente que atravessa a fonte (a) é do terminal negativo para o terminal positivo, (b) é do terminal positivo para o terminal negativo e (c) é zero?

Exemplo 27.1.1 Circuito de uma malha com duas fontes reais 27.1

As forças eletromotrizes e resistências do circuito da Fig. 27.1.8*a* têm os seguintes valores:

$$\mathscr{E}_1 = 4{,}4\text{ V},\quad \mathscr{E}_2 = 2{,}1\text{ V},$$

$$r_1 = 2{,}3\ \Omega,\quad r_2 = 1{,}8\ \Omega,\quad R = 5{,}5\ \Omega.$$

(a) Qual é a corrente i no circuito?

IDEIA-CHAVE

Podemos obter uma expressão para a corrente i nesse circuito de uma malha aplicando uma vez a regra das malhas, na qual somamos as variações de potencial ao longo da malha e igualamos a soma a zero.

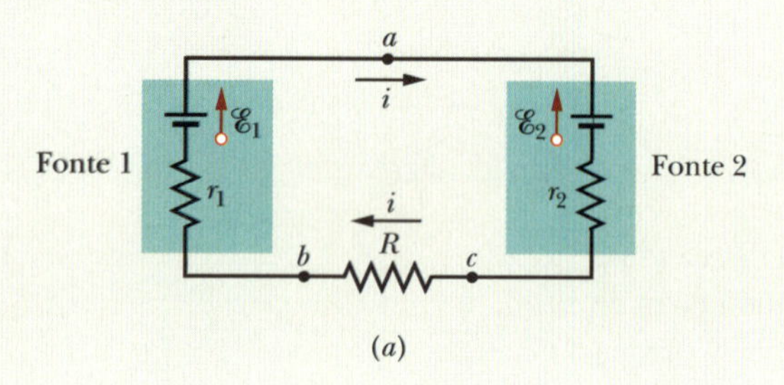

(*a*)

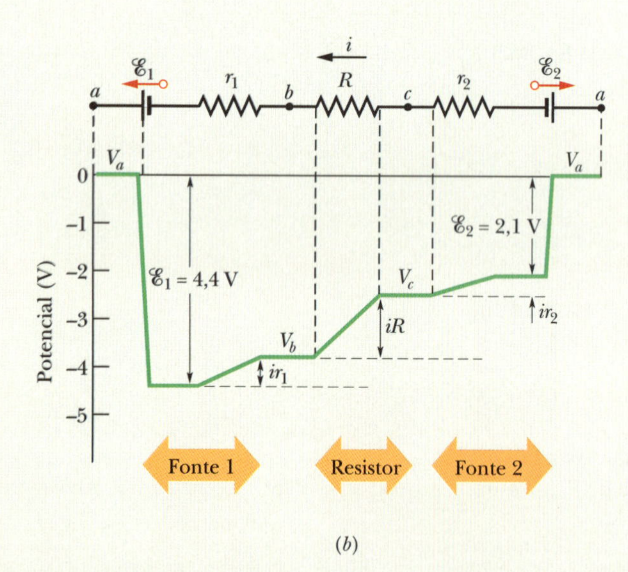

(*b*)

Figura 27.1.8 (*a*) Circuito de uma malha com duas fontes reais e um resistor. As fontes estão em oposição, ou seja, tendem a fazer a corrente atravessar o resistor em sentidos opostos. (*b*) Gráfico dos potenciais, percorrendo o circuito no sentido horário a partir do ponto *a* e tomando arbitrariamente o potencial do ponto *a* como zero. (Para estabelecer uma correlação direta da Fig. 27.1.8*b* com o circuito fechado da Fig. 27.1.8*a*, interrompa mentalmente o circuito no ponto *a* da Fig. 27.1.8*a*, desdobre para a esquerda a parte do circuito à esquerda de *a* e desdobre para a direita a parte do circuito à direita de *a*.)

Cálculos: Embora conhecer o sentido de i não seja necessário, podemos determiná-lo com facilidade a partir dos valores das forças eletromotrizes das duas fontes. Como $\mathscr{E}_1$ é maior que $\mathscr{E}_2$, a fonte 1 controla o sentido de i, e a corrente tem o sentido horário. Vamos aplicar a regra das malhas percorrendo o circuito no sentido anti-horário (contra a corrente), começando no ponto *a*. O resultado é o seguinte:

$$-\mathscr{E}_1 + ir_1 + iR + ir_2 + \mathscr{E}_2 = 0.$$

O leitor pode verificar que a mesma equação é obtida quando aplicamos a regra das malhas no sentido horário ou começamos em outro ponto do circuito. Além disso, vale a pena comparar a equação termo a termo com a Fig. 27.1.8*b*, que mostra graficamente as variações de potencial (com o potencial do ponto *a* tomado arbitrariamente como zero).

Explicitando a corrente i na equação anterior, obtemos

$$i = \frac{\mathscr{E}_1 - \mathscr{E}_2}{R + r_1 + r_2} = \frac{4{,}4\text{ V} - 2{,}1\text{ V}}{5{,}5\ \Omega + 2{,}3\ \Omega + 1{,}8\ \Omega}$$

$$= 0{,}2396\text{ A} \approx 240\text{ mA}. \qquad \text{(Resposta)}$$

(b) Qual é a diferença de potencial entre os terminais da fonte 1 na Fig. 27.1.8*a*?

IDEIA-CHAVE

Precisamos somar as diferenças de potencial entre os pontos *a* e *b*.

Cálculos: Vamos começar no ponto *b* (o terminal negativo da fonte 1) e percorrer o circuito no sentido horário até chegar ao ponto *a* (o terminal positivo da fonte 1), anotando as variações de potencial. O resultado é o seguinte:

$$V_b - ir_1 + \mathscr{E}_1 = V_a,$$

o que nos dá

$$V_a - V_b = -ir_1 + \mathscr{E}_1$$

$$= -(0{,}2396\text{ A})(2{,}3\ \Omega) + 4{,}4\text{ V}$$

$$= +3{,}84\text{ V} \approx 3{,}8\text{ V}, \qquad \text{(Resposta)}$$

que é menor que a força eletromotriz da fonte. O leitor pode verificar que o resultado está correto começando no ponto *b* da Fig. 27.1.8*a* e percorrendo o circuito no sentido anti-horário até chegar ao ponto *a*. Este problema chama a atenção para dois fatos: (1) A diferença de potencial entre dois pontos de um circuito não depende do caminho escolhido para ir de um ponto a outro. (2) Quando a corrente que atravessa a bateria tem o sentido "correto", a diferença de potencial entre os terminais é menor que o valor nominal da força eletromotriz, ou seja, o valor de tensão que está escrito na bateria.

27.2 CIRCUITOS COM MAIS DE UMA MALHA

Objetivos do Aprendizado

Depois de ler este módulo, você será capaz de ...

27.2.1 Conhecer a regra dos nós.

27.2.2 Desenhar um diagrama esquemático de um circuito formado por uma fonte e três resistores em paralelo e saber distingui-lo do diagrama de um circuito formado por uma bateria e três resistores em série.

27.2.3 Saber que resistores em paralelo estão submetidos à mesma diferença de potencial, que também é a mesma do resistor equivalente.

27.2.4 Calcular a resistência do resistor equivalente de vários resistores em paralelo.

27.2.5 Saber que a corrente total que atravessa uma combinação de resistores em paralelo é a soma das correntes que atravessam os resistores.

27.2.6 No caso de um circuito com uma fonte, alguns resistores em paralelo e outros resistores em série, simplificar o circuito por partes, usando resistores equivalentes, até que a corrente na fonte possa ser determinada, e depois trabalhar no sentido inverso para calcular a corrente e a diferença de potencial de cada resistor.

27.2.7 Se um circuito não pode ser simplificado usando resistores equivalentes, identificar as malhas do circuito, escolher nomes e sentidos para as correntes dos ramos, escrever equações para todas as malhas usando a regra das malhas e resolver o sistema de equações resultante para obter as correntes dos ramos.

27.2.8 Em um circuito com fontes reais em série, substituí-las por uma única fonte ideal em série com um resistor.

27.2.9 Em um circuito com fontes reais em paralelo, substituí-las por uma única fonte ideal em série com um resistor.

Ideia-Chave

- Quando duas ou mais resistências estão em paralelo, elas são submetidas à mesma diferença de potencial. A resistência equivalente de uma associação em paralelo de várias resistências é dada por

$$\frac{1}{R_{eq}} = \sum_{j=1}^{n} \frac{1}{R_j} \quad (n \text{ resistências em paralelo}).$$

Circuitos com Mais de uma Malha

A Fig. 27.2.1 mostra um circuito com mais de uma malha. Para simplificar a análise, vamos supor que as fontes são ideais. Existem dois *nós* no circuito, nos pontos b e d, e três *ramos* ligando os nós: o ramo da esquerda (bad), o ramo da direita (bcd) e o ramo central (bd). Quais são as correntes nos três ramos?

Vamos rotular arbitrariamente as correntes, usando um índice diferente para cada ramo. A corrente i_1 tem o mesmo valor em todos os pontos do ramo bad, i_2 tem o mesmo valor em todos os pontos do ramo bcd, e i_3 tem o mesmo valor em todos os pontos do ramo bd. Os sentidos das correntes foram escolhidos arbitrariamente.

Considere o nó d. As cargas entram no nó pelas correntes i_1 e i_3 e deixam o nó pela corrente i_2. Como a carga total não pode mudar, a corrente total que chega tem que ser igual à corrente total que sai:

$$i_1 + i_3 = i_2. \tag{27.2.1}$$

Podemos verificar facilmente que a aplicação dessa condição ao nó b leva à mesma equação. A Eq. 27.2.1 sugere o seguinte princípio geral:

REGRA DOS NÓS: A soma das corrente que entram em um nó é igual à soma das correntes que saem do nó.

Essa regra também é conhecida como *lei dos nós de Kirchhoff* (ou *lei das correntes de Kirchhoff*). Trata-se simplesmente de outra forma de enunciar a lei de conservação da carga: a carga não pode ser criada nem destruída em um nó. Nossas ferramentas básicas para resolver circuitos complexos são, portanto, a *regra das malhas* (baseada na lei de conservação da energia) e a *regra dos nós* (baseada na lei da conservação da carga).

A Eq. 27.2.1 envolve três incógnitas. Para resolver o circuito (ou seja, para determinar o valor das três correntes), precisamos de mais duas equações independentes que envolvam as mesmas variáveis. Podemos obtê-las aplicando duas vezes a regra das malhas. No circuito da Fig. 27.2.1, temos três malhas: a malha da esquerda ($badb$), a

A corrente que sai de um nó é igual à corrente que entra (a carga é conservada).

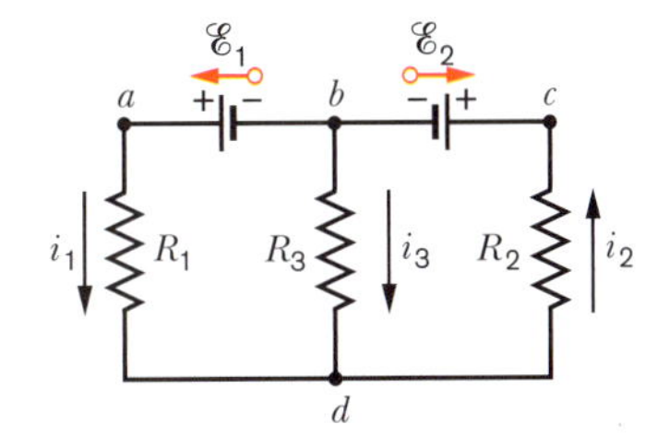

Figura 27.2.1 Circuito com mais de uma malha, formado por três ramos: o ramo da esquerda bad, o ramo da direita bcd e o ramo central bd. O circuito também contém três malhas: a malha da esquerda $badb$, a malha da direita $bcdb$ e a malha externa $badcb$.

malha da direita (*bcdb*) e a malha externa (*badcb*). A escolha das duas malhas é arbitrária; vamos optar pelas malhas da esquerda e da direita.

Percorrendo a malha da esquerda no sentido anti-horário a partir do ponto *b*, obtemos

$$\mathscr{E}_1 - i_1R_1 + i_3R_3 = 0. \tag{27.2.2}$$

Percorrendo a malha da direita no sentido anti-horário a partir do ponto *b*, obtemos

$$-i_3R_3 - i_2R_2 - \mathscr{E}_2 = 0. \tag{27.2.3}$$

Agora dispomos de três equações (Eqs. 27.2.1, 27.2.2 e 27.2.3) tendo como incógnitas as três correntes; esse sistema de equações pode ser resolvido por várias técnicas.

Se tivéssemos aplicado a regra das malhas à malha externa, teríamos obtido (percorrendo a malha no sentido anti-horário a partir do ponto *b*) a seguinte equação:

$$\mathscr{E}_1 - i_1R_1 - i_2R_2 - \mathscr{E}_2 = 0.$$

Esta equação pode parecer uma informação nova, mas é, na verdade, a soma das Eqs. 27.2.2 e 27.2.3 e, portanto, não constitui uma terceira equação independente obtida a partir da regra das malhas. (Por outro lado, poderia ser usada para resolver o problema em combinação com a Eq. 27.2.1 e a Eq. 27.2.2 ou a Eq. 27.2.3.)

Resistências em Paralelo  27.1

A Fig. 27.2.2*a* mostra três resistências ligadas *em paralelo* a uma fonte ideal de força eletromotriz $\mathscr{E}$. O termo "em paralelo" significa que as três resistências estão ligadas entre si nas duas extremidades. Assim, todas estão sujeitas à mesma diferença de potencial aplicada pela fonte. No caso geral,

Quando uma diferença de potencial V é aplicada a resistências ligadas em paralelo, todas as resistências são submetidas à mesma diferença de potencial V.

Na Fig. 27.2.2*a*, a diferença de potencial aplicada V é mantida pela fonte. Na Fig. 27.2.2*b*, as três resistências em paralelo foram substituídas por uma resistência equivalente R_{eq}.

Resistências ligadas em paralelo podem ser substituídas por uma resistência equivalente R_{eq} com a mesma diferença de potencial V e a mesma corrente *total* i que as resistências originais.

Resistores em paralelo e o resistor equivalente estão submetidos à mesma diferença de potencial.

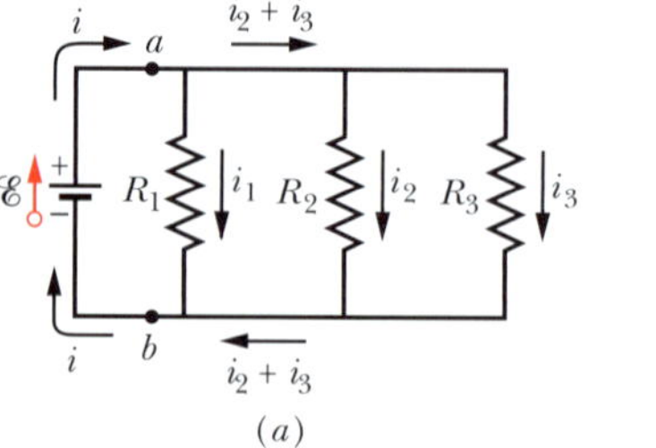

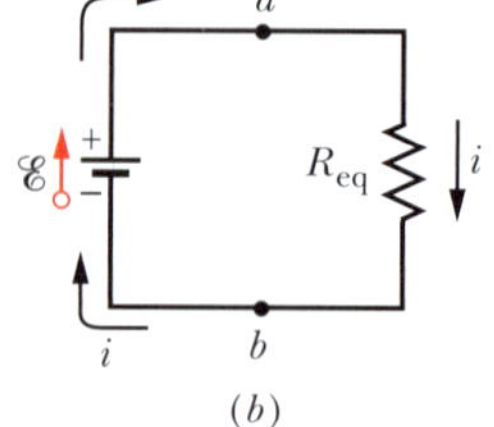

Figura 27.2.2 (*a*) Três resistores ligados em paralelo entre os pontos *a* e *b*. (*b*) Circuito equivalente, com os três resistores substituídos por uma resistência equivalente R_{eq}.

Para determinar o valor da resistência R_{eq} da Fig. 27.2.2*b*, escrevemos as correntes nas resistências da Fig. 27.2.2*a* na forma

$$i_1 = \frac{V}{R_1}, \quad i_2 = \frac{V}{R_2} \quad \text{e} \quad i_3 = \frac{V}{R_3},$$

em que V é a diferença de potencial entre a e b. Aplicando a regra dos nós ao ponto a da Fig. 27.2.2*a* e substituindo as correntes por seus valores, temos

$$i = i_1 + i_2 + i_3 = V\left(\frac{1}{R_1} + \frac{1}{R_2} + \frac{1}{R_3}\right). \tag{27.2.4}$$

Quando substituímos as resistências em paralelo pela resistência equivalente R_{eq} (Fig. 27.2.2*b*), obtemos

$$i = \frac{V}{R_{eq}}. \tag{27.2.5}$$

Comparando as Eqs. 27.2.4 e 27.2.5, temos

$$\frac{1}{R_{eq}} = \frac{1}{R_1} + \frac{1}{R_2} + \frac{1}{R_3}. \tag{27.2.6}$$

Generalizando esse resultado para o caso de n resistências, temos

$$\frac{1}{R_{eq}} = \sum_{j=1}^{n} \frac{1}{R_j} \quad (n \text{ resistências em paralelo}). \tag{27.2.7}$$

No caso de duas resistências, a resistência equivalente é o produto das resistências dividido pela soma, ou seja,

$$R_{eq} = \frac{R_1 R_2}{R_1 + R_2}. \tag{27.2.8}$$

Note que, se duas ou mais resistências estão ligadas em paralelo, a resistência equivalente é menor que a menor das resistências. A Tabela 27.2.1 mostra as relações de equivalência para resistores e capacitores em série e em paralelo.

Tabela 27.2.1 Resistores e Capacitores em Série e em Paralelo

Em série	Em paralelo	Em série	Em paralelo
Resistores		Capacitores	
$R_{eq} = \sum_{j=1}^{n} R_j$ Eq. 27.1.7	$\frac{1}{R_{eq}} = \sum_{j=1}^{n} \frac{1}{R_j}$ Eq. 27.2.7	$\frac{1}{C_{eq}} = \sum_{j=1}^{n} \frac{1}{C_j}$ Eq. 25.3.2	$C_{eq} = \sum_{j=1}^{n} C_j$ Eq. 25.3.1
A corrente é a mesma em todos os resistores	A diferença de potencial é a mesma em todos os resistores	A carga é a mesma em todos os capacitores	A diferença de potencial é a mesma em todos os capacitores

Teste 27.2.1

Uma fonte com uma diferença de potencial V entre os terminais é ligada a uma combinação de dois resistores iguais e passa a conduzir uma corrente i. Qual é a diferença de potencial e qual a corrente em um dos resistores, se os resistores estiverem ligados (a) em série e (b) em paralelo?

Exemplo 27.2.1 Resistores em paralelo e em série 27.1 27.2

A Fig. 27.2.3*a* mostra um circuito com mais de uma malha formado por uma fonte ideal e quatro resistências com os seguintes valores:

$$R_1 = 20\ \Omega,\quad R_2 = 20\ \Omega,\quad \mathscr{E} = 12\ \text{V},$$

$$R_3 = 30\ \Omega,\quad R_4 = 8{,}0\ \Omega.$$

(a) Qual é a corrente na fonte?

IDEIA-CHAVE

Observando que a corrente na fonte é a mesma que em R_1, vemos que é possível determinar a corrente aplicando a regra das malhas a uma malha que inclui R_1, já que a diferença de potencial entre os terminais de R_1 depende dessa corrente.

Método incorreto: As duas malhas que se prestam a esse papel são a malha da esquerda e a malha externa. Observando que a seta que representa a força eletromotriz aponta para cima e, portanto, a corrente na fonte tem o sentido horário, podemos aplicar a regra das malhas à malha da esquerda, começando no ponto *a* e percorrendo a malha no sentido horário. Chamando de *i* a corrente na fonte, temos

$$+\mathscr{E} - iR_1 - iR_2 - iR_4 = 0 \quad \text{(incorreta).}$$

Esta equação, porém, é incorreta, porque parte do pressuposto de que as correntes nas resistências R_1, R_2 e R_4 são iguais. As correntes em R_1 e R_4 são realmente iguais, já que a corrente que passa por R_4 também passa pela fonte e por R_1 sem mudar de valor. Entretanto, essa corrente se divide ao chegar ao nó *b*: uma parte da corrente passa por R_2 e uma parte passa por R_3.

Método ineficaz: Para distinguir as várias correntes presentes no circuito, devemos rotulá-las, como na Fig. 27.2.3*b*. Em seguida, começando no ponto *a*, podemos aplicar a regra das malhas à malha da esquerda, no sentido horário, para obter

$$+\mathscr{E} - i_1R_1 - i_2R_2 - i_1R_4 = 0.$$

Infelizmente, essa equação contém duas incógnitas, i_1 e i_2; necessitamos de pelo menos mais uma equação para resolver o problema.

Método eficaz: Uma tática muito melhor é simplificar o circuito da Fig. 27.2.3*b* usando resistências equivalentes. Observe que R_1 e R_2 *não estão* em série e, portanto, não podem ser substituídas por uma resistência equivalente; entretanto, R_2 e R_3 estão em paralelo, de modo que podemos usar a Eq. 27.2.7 ou a Eq. 27.2.8 para calcular o valor da resistência equivalente R_{23}. De acordo com a Eq. 27.2.8,

$$R_{23} = \frac{R_2R_3}{R_2 + R_3} = \frac{(20\ \Omega)(30\ \Omega)}{50\ \Omega} = 12\ \Omega.$$

Podemos agora desenhar o circuito como na Fig. 27.2.3*c*; observe que a corrente em R_{23} deve ser i_1, já que as mesmas cargas que passam por R_1 e R_4 também passam por R_{23}. Para esse circuito simples, com uma única malha, a regra das malhas (aplicada no sentido horário, a partir do ponto *a*, como na Fig. 27.2.3*d*), nos dá

$$+\mathscr{E} - i_1R_1 - i_1R_{23} - i_1R_4 = 0.$$

Substituindo os valores dados, obtemos

$$12\ \text{V} - i_1(20\ \Omega) - i_1(12\ \Omega) - i_1(8{,}0\ \Omega) = 0,$$

e, portanto,

$$i_1 = \frac{12\ \text{V}}{40\ \Omega} = 0{,}30\ \text{A}. \qquad \text{(Resposta)}$$

(b) Qual é a corrente i_2 em R_2?

IDEIAS-CHAVE

(1) Podemos começar com o circuito equivalente da Fig. 27.2.3*d*, no qual R_2 e R_3 foram substituídas por R_{23}. (2) Como R_2 e R_3 estão em paralelo, elas estão submetidas à mesma diferença de potencial, que também é a mesma de R_{23}.

Cálculos: Sabemos que a corrente em R_{23} é $i_1 = 0{,}30$ A. Assim, podemos usar a Eq. 26.3.1 ($R = V/i$) e a Fig. 27.2.3*e* para calcular a diferença de potencial V_{23} em R_{23}

$$V_{23} = i_1R_{23} = (0{,}30\ \text{A})(12\ \Omega) = 3{,}6\ \text{V}.$$

Isso significa que a diferença de potencial em R_2 também é 3,6 V (Fig. 27.2.3*f*). De acordo com a Eq. 26.3.1 e a Fig. 27.2.3*g*, a corrente i_2 em R_2 é dada por

$$i_2 = \frac{V_2}{R_2} = \frac{3{,}6\ \text{V}}{20\ \Omega} = 0{,}18\ \text{A}. \qquad \text{(Resposta)}$$

(c) Qual é a corrente i_3 em R_3?

IDEIAS-CHAVE

Podemos encontrar a resposta de duas formas: (1) Usando a Eq. 26.3.1, como no item (b). (2) Usando a regra dos nós, segundo a qual, no ponto *b* da Fig. 27.2.3*b*, a corrente que entra, i_1, e as correntes que saem, i_2 e i_3, estão relacionadas pela equação

$$i_1 = i_2 + i_3.$$

Cálculo: Explicitando i_3 na equação anterior, obtemos o resultado que aparece na Fig. 27.2.3*g*:

$$i_3 = i_1 - i_2 = 0{,}30\ \text{A} - 0{,}18\ \text{A}$$
$$= 0{,}12\ \text{A}. \qquad \text{(Resposta)}$$

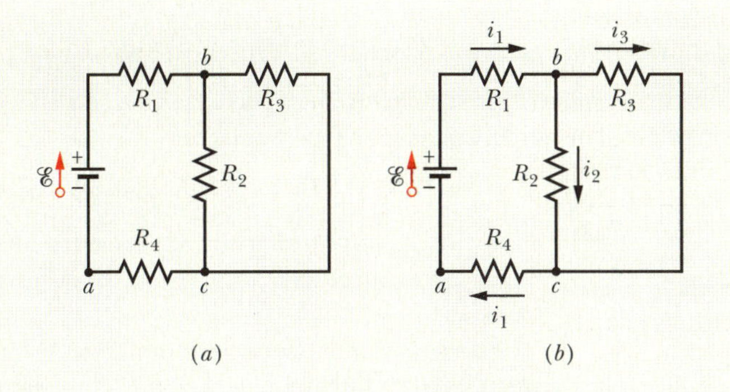

O resistor equivalente de resistores em paralelo é menor.

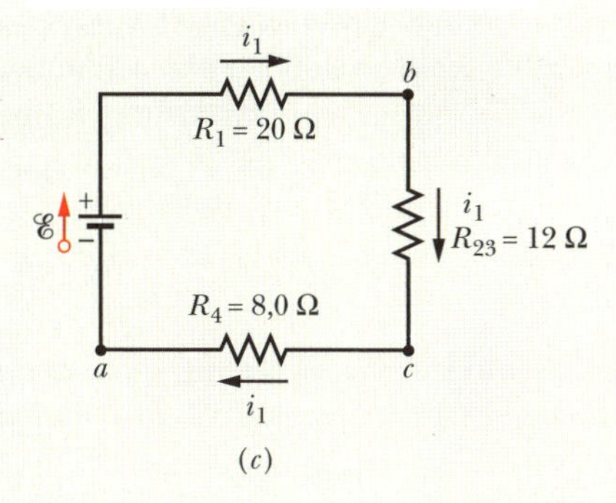

Usamos a regra das malhas para calcular a corrente.

i1 = 0,30 A
b
R1 = 20 Ω
ℰ = 12 V
i1 = 0,30 A
R23 = 12 Ω
R4 = 8,0 Ω
a
c
i1 = 0,30 A
(d)

Usamos $V = iR$ para calcular a diferença de potencial.

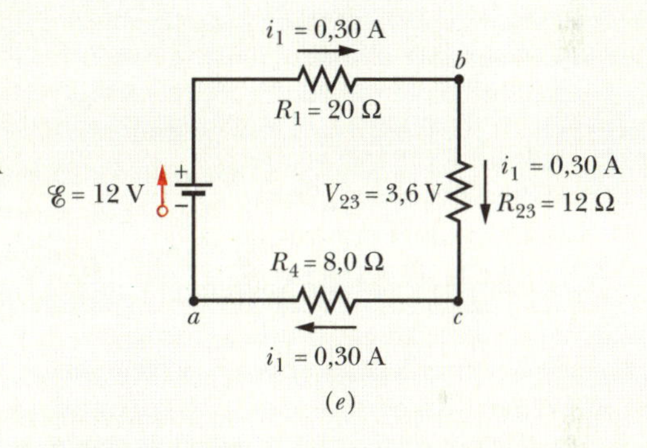

Resistores em paralelo e o resistor equivalente estão submetidos à mesma diferença de potencial.

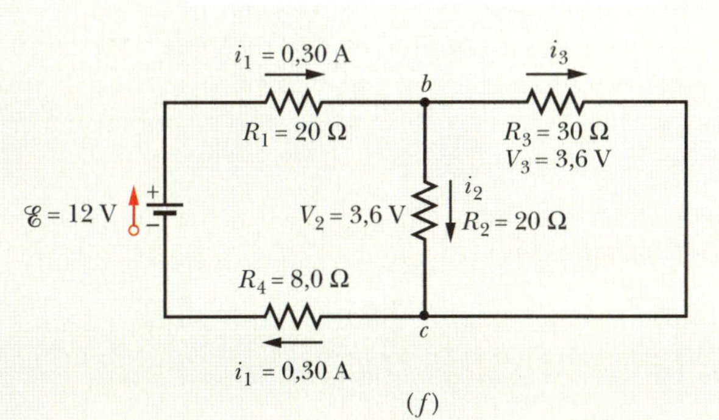

Usamos $i = V/R$ para calcular a corrente.

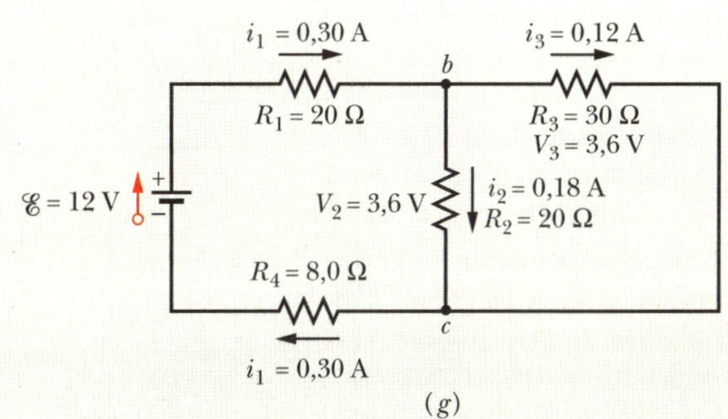

Figura 27.2.3 (*a*) Circuito com uma fonte ideal. (*b*) Escolha de nomes e sentidos para as correntes. (*c*) Substituição de resistores em paralelo por um resistor equivalente. (*d*) a (*g*) Substituição inversa para determinar as correntes nos resistores em paralelo.

Exemplo 27.2.2 Muitas fontes reais em série e em paralelo em um peixe elétrico  27.2

Os peixes elétricos são capazes de gerar correntes elétricas com o auxílio de células chamadas *eletroplacas*, que são fontes de tensão biológicas. No peixe elétrico conhecido como poraquê, as eletroplacas estão dispostas em 140 linhas longitudinais, com cerca de 5.000 eletroplacas cada uma, como mostrado na Fig. 27.2.4*a*. Cada eletroplaca tem uma força eletromotriz $\mathscr{E}$ de 0,15 V e uma resistência interna r de 0,25 Ω. A água em torno da enguia completa o circuito entre as extremidades do conjunto de eletroplacas — uma situada na cabeça do animal e a outra situada na cauda. CVF

(a) Se a água em torno da enguia tem uma resistência R_a = 800 Ω, qual é o valor da corrente que o animal é capaz de produzir na água?

IDEIA-CHAVE

Podemos simplificar o circuito da Fig. 27.2.4*a* substituindo combinações de fontes e resistências internas por fontes e resistências equivalentes.

Cálculos: Considere uma linha. A força eletromotriz total $\mathscr{E}_{\text{linha}}$ de 5.000 eletroplacas ligadas em série é a soma das forças eletromotrizes:

$$\mathscr{E}_{\text{linha}} = 5.000\mathscr{E} = (5.000)(0{,}15 \text{ V}) = 750 \text{ V}.$$

A resistência total R_{linha} de uma linha é a soma das resistências internas das 5.000 eletroplacas:

$$R_{\text{linha}} = 5.000r = (5.000)(0{,}25\Omega) = 1.250\Omega.$$

Podemos agora representar cada uma das 140 linhas por uma única força eletromotriz $\mathscr{E}_{\text{linha}}$ e uma única resistência R_{linha} (Fig. 27.2.4*b*).

Na Fig. 27.2.4*b*, a força eletromotriz entre o ponto a e o ponto b em todas as linhas é $\mathscr{E}_{\text{linha}}$ = 750 V. Como as linhas são iguais e estão todas ligadas ao ponto a da Fig. 27.2.4*b*, o potencial é o mesmo em todos os pontos b da figura. Assim, podemos imaginar que todos os pontos b estão ligados entre si, formando um único ponto b. Uma vez que a força eletromotriz entre o ponto a e esse ponto b único é $\mathscr{E}_{\text{linha}}$ = 750 V, podemos substituir o circuito da Fig. 27.2.4*b* pelo circuito da Fig. 27.2.4*c*.

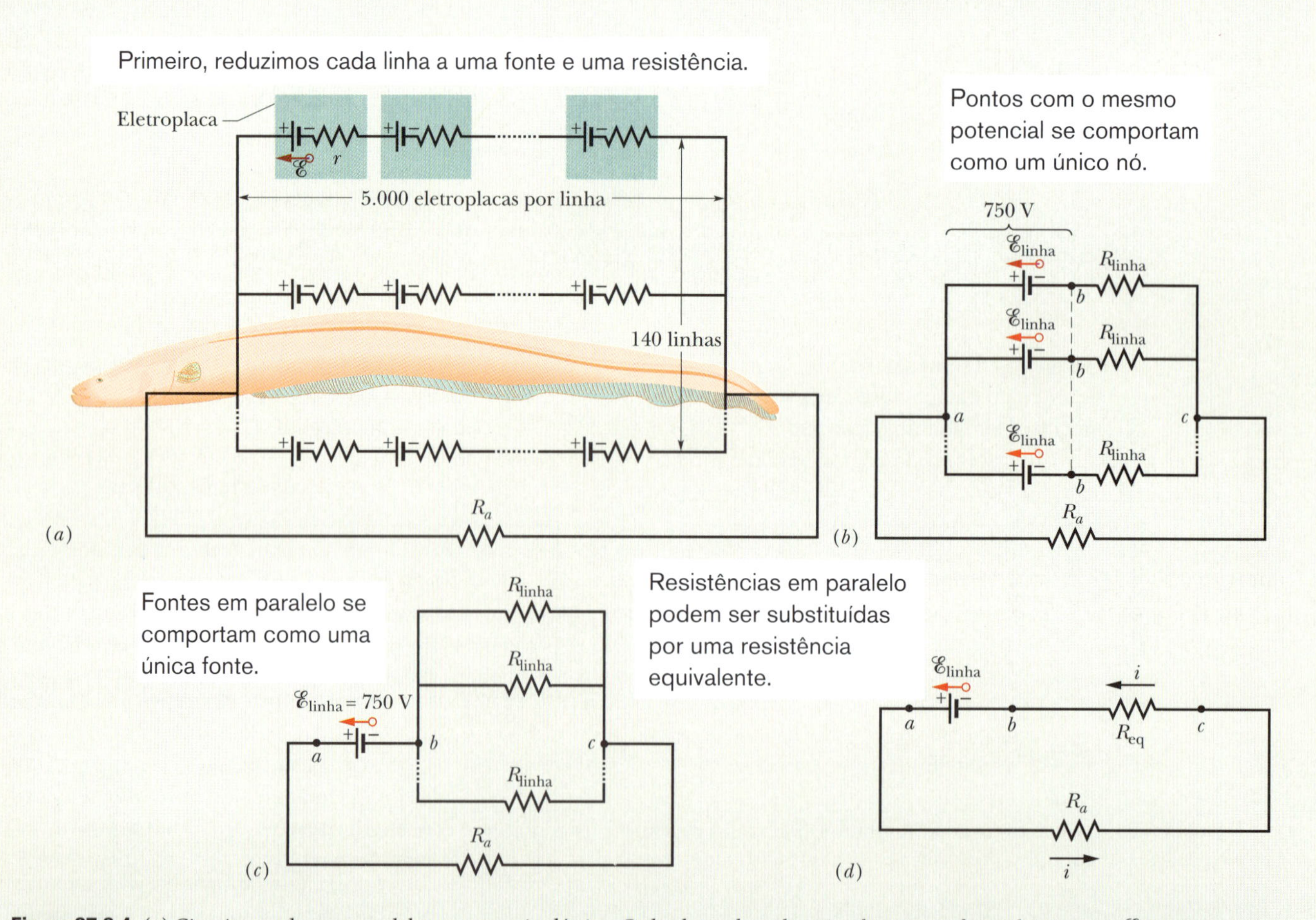

Figura 27.2.4 (*a*) Circuito usado para modelar uma enguia elétrica. Cada eletroplaca do animal tem uma força eletromotriz $\mathscr{E}$ e uma resistência interna r. Em cada uma das 140 linhas que se estendem da cabeça à cauda da enguia existem 5.000 eletroplacas. A resistência da água é R_a. (*b*) A força eletromotriz $\mathscr{E}_{\text{linha}}$ e resistência R_{linha} de cada linha. (*c*) A força eletromotriz entre os pontos a e b é $\mathscr{E}_{\text{linha}}$. Entre os pontos b e c existem 140 resistências R_{linha} em paralelo. (*d*) Circuito simplificado, com as resistências em paralelo substituídas por uma resistência equivalente R_{eq}.

Entre os pontos b e c da Fig. 27.2.4c existem 140 resistências $R_{linha} = 1.250\ \Omega$, todas em paralelo. A resistência equivalente R_{eq} dessa combinação é fornecida pela Eq. 27.2.7:

$$\frac{1}{R_{eq}} = \sum_{j=1}^{140} \frac{1}{R_j} = 140 \frac{1}{R_{linha}},$$

ou

$$R_{eq} = \frac{R_{linha}}{140} = \frac{1.250\,\Omega}{140} = 8{,}93\ \Omega.$$

Substituindo as resistências em paralelo por R_{eq}, obtemos o circuito simplificado da Fig. 27.2.4d. Aplicando a regra das malhas e percorrendo o circuito no sentido anti-horário a partir do ponto b, temos

$$\mathscr{E}_{linha} - iR_a - iR_{eq} = 0.$$

Explicitando i e substituindo os valores conhecidos, obtemos

$$i = \frac{\mathscr{E}_{linha}}{R_a + R_{eq}} = \frac{750\ \text{V}}{800\ \Omega + 8{,}93\ \Omega}$$
$$= 0{,}927\ \text{A} \approx 0{,}93\ \text{A}. \qquad \text{(Resposta)}$$

Se a cabeça ou a cauda da enguia está nas proximidades de um peixe, parte dessa corrente pode passar pelo corpo do peixe, atordoando-o ou matando-o.

(b) Qual é corrente i_{linha} em cada linha da Fig. 27.2.4a?

IDEIA-CHAVE

Como todas as linhas são iguais, a corrente se divide igualmente entre elas.

Cálculo: Podemos escrever:

$$i_{linha} = \frac{i}{140} = \frac{0{,}927\ \text{A}}{140} = 6{,}6 \times 10^{-3}\ \text{A}. \qquad \text{(Resposta)}$$

Assim, a corrente em cada linha é pequena, cerca de duas ordens de grandeza menor que a corrente que circula na água. Como a corrente está bem distribuída no corpo da enguia, o animal não sofre nenhum incômodo ao produzir uma descarga elétrica.

Exemplo 27.2.3 Circuito com mais de uma malha e o sistema de equações de malha 27.3

A Fig. 27.2.5 mostra um circuito cujos elementos têm os seguintes valores: $\mathscr{E}_1 = 3{,}0$ V, $\mathscr{E}_2 = 6{,}0$ V, $R_1 = 2{,}0\ \Omega$, $R_2 = 4{,}0\ \Omega$. As três fontes são ideais. Determine o valor absoluto e o sentido da corrente nos três ramos.

IDEIAS-CHAVE

Não vale a pena tentar simplificar o circuito, já que não existem dois resistores em paralelo, e os resistores que estão em série (no ramo da direita e no ramo da esquerda) são muito fáceis de lidar. Assim, é melhor aplicar logo de saída as regras dos nós e das malhas.

Regra dos nós: Escolhendo arbitrariamente o sentido das correntes, como mostra a Fig. 27.2.5, aplicamos a regra dos nós ao ponto a para escrever

$$i_3 = i_1 + i_2. \qquad (27.2.9)$$

Como uma aplicação da regra dos nós ao ponto b fornece apenas uma repetição da Eq. 27.2.9, aplicamos a regra das malhas a duas das três malhas do circuito.

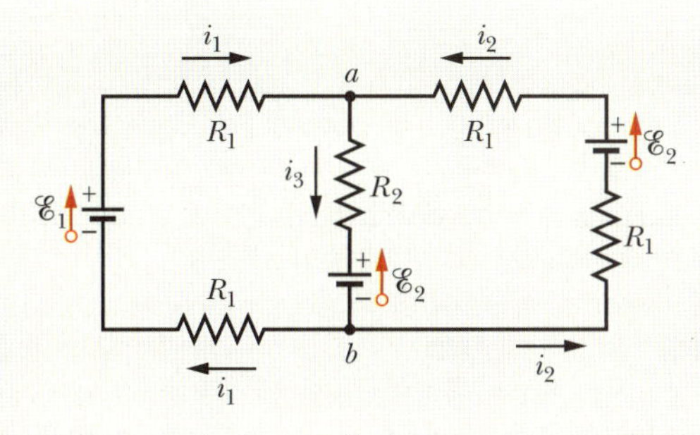

Figura 27.2.5 Circuito de duas malhas com três fontes ideais e cinco resistências.

Malha da esquerda: Escolhemos arbitrariamente a malha da esquerda, começamos arbitrariamente no ponto b e percorremos arbitrariamente a malha no sentido horário, obtendo

$$-i_1R_1 + \mathscr{E}_1 - i_1R_1 - (i_1 + i_2)R_2 - \mathscr{E}_2 = 0,$$

em que usamos $(i_1 + i_2)$ em vez de i_3 para representar a corrente do ramo central. Substituindo os valores dados e simplificando, obtemos

$$i_1(8{,}0\ \Omega) + i_2(4{,}0\ \Omega) = -3{,}0\ \text{V}. \qquad (27.2.10)$$

Malha da direita: Para aplicar a regra das malhas pela segunda vez, escolhemos arbitrariamente percorrer a malha da direita no sentido anti-horário a partir do ponto b, o que nos dá

$$-i_2R_1 + \mathscr{E}_2 - i_2R_1 - (i_1 + i_2)R_2 - \mathscr{E}_2 = 0.$$

Substituindo os valores dados e simplificando, obtemos

$$i_1(4{,}0\ \Omega) + i_2(8{,}0\ \Omega) = 0. \qquad (27.2.11)$$

Solução das equações: Agora temos um sistema de duas equações (Eqs. 27.2.10 e 27.2.11) e duas incógnitas (i_1 e i_2), que podemos resolver "à mão" (o que é fácil, nesse caso) ou usando um computador. (Um dos métodos mais usados para resolver sistemas de equações envolve o uso da regra de Cramer, apresentada no Apêndice E para o caso simples de um sistema de duas equações e duas incógnitas.) O resultado é o seguinte:

$$i_1 = -0{,}50\ \text{A}. \qquad (27.2.12)$$

(O sinal negativo mostra que o sentido escolhido para i_1 na Fig. 27.2.5 está errado, mas a correção só deve ser feita no final dos cálculos.) Fazendo $i_1 = -0{,}50$ A na Eq. 27.2.11 e explicitando i_2, obtemos

$$i_2 = 0{,}25\ \text{A}. \qquad \text{(Resposta)}$$

De acordo com a Eq. 27.2.9, temos

$$i_3 = i_1 + i_2 = -0{,}50\ \text{A} + 0{,}25\ \text{A} = -0{,}25\ \text{A}.$$

O sinal positivo de i_2 mostra que o sentido escolhido para a corrente está correto. Por outro lado, os sinais negativos de i_1 e i_3 mostram que os sentidos escolhidos para as duas correntes estão errados. Assim, *depois de executados todos os cálculos*, corrigimos a resposta invertendo as setas que indicam os sentidos de i_1 e i_3 na Fig. 27.2.5 e escrevendo

$$i_1 = 0{,}50\text{A} \quad \text{e} \quad i_3 = 0{,}25\ \text{A}. \qquad \text{(Resposta)}$$

Atenção: A correção do sentido das correntes só deve ser feita depois que *todas* as correntes tiverem sido calculadas.

27.3 O AMPERÍMETRO E O VOLTÍMETRO

Objetivo do Aprendizado

Depois de ler este módulo, você será capaz de ...

27.3.1 Saber como funcionam o amperímetro e o voltímetro e qual deve ser a resistência interna desses instrumentos para que eles indiquem corretamente a grandeza que está sendo medida.

Ideia-Chave

- Três instrumentos muito usados para medir grandezas elétricas são o amperímetro, que mede correntes, o voltímetro, que mede tensões (diferenças de potencial), e o multímetro, que mede corrente, tensões e resistências.

O Amperímetro e o Voltímetro

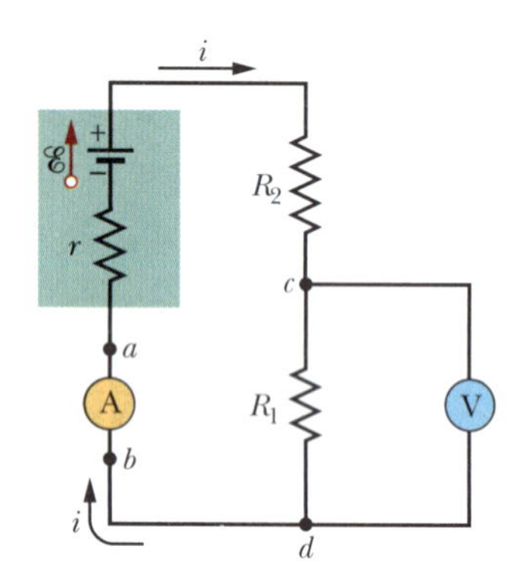

Figura 27.3.1 Circuito de uma malha, mostrando como ligar um amperímetro (A) e um voltímetro (V).

O instrumento usado para medir correntes é chamado de *amperímetro*. Para medir a corrente em um fio, em geral precisamos desligar ou cortar o fio e introduzir o amperímetro no circuito para que a corrente passe pelo aparelho. (Na Fig. 27.3.1, o amperímetro A está sendo usado para medir a corrente i.) É essencial que a resistência R_A do amperímetro seja muito menor que todas as outras resistências do circuito; se não for assim, a simples presença do medidor mudará o valor da corrente que se pretende medir.

O instrumento usado para medir diferenças de potencial é chamado de *voltímetro*. Para medir a diferença de potencial entre dois pontos de um circuito, ligamos os terminais do voltímetro a esses pontos sem desligar nem cortar nenhum fio do circuito. (Na Fig. 27.3.1, o voltímetro V está sendo usado para medir a diferença de potencial entre os terminais de R_1.) É essencial que a resistência R_V do voltímetro seja muito maior que a resistência dos elementos do circuito que estão ligados entre os mesmos pontos do circuito que o voltímetro. Se não for assim, a simples presença do medidor mudará o valor da diferença de potencial que se pretende medir.

Existem medidores que, dependendo da posição de uma chave, podem ser usados como um amperímetro ou como um voltímetro e também, em geral, como um *ohmímetro*, um aparelho que mede a resistência do elemento ligado entre seus terminais. Esses instrumentos multifuncionais são chamados *multímetros*.

27.4 CIRCUITOS *RC*

Objetivos do Aprendizado

Depois de ler este módulo, você será capaz de ...

27.4.1 Desenhar diagramas esquemáticos de circuitos *RC* em que o capacitor está sendo carregado e circuitos *RC* em que o capacitor está sendo descarregado.

27.4.2 Escrever a equação de malha (uma equação diferencial) de um circuito *RC* em que o capacitor está sendo carregado.

27.4.3 Escrever a equação de malha (uma equação diferencial) de um circuito *RC* em que o capacitor está sendo descarregado.

27.4.4 Saber como varia a carga do capacitor, com o tempo, em um circuito *RC*.

27.4.5 Calcular a diferença de potencial do capacitor de um circuito *RC* a partir da variação, com o tempo, da carga do capacitor.

27.4.6 Calcular a corrente e a diferença de potencial do resistor de um circuito *RC* em função do tempo.

27.4.7 Calcular a constante de tempo capacitiva τ de um circuito *RC*.

27.4.8 Calcular a carga e a diferença de potencial do capacitor no instante inicial e após um longo tempo para circuitos *RC* em que o capacitor está sendo carregado e circuitos *RC* em que o capacitor está sendo descarregado.

Ideias-Chave

- Quando uma força eletromotriz $\mathscr{E}$ é aplicada a um resistor R e a um capacitor C ligados em série, a carga do capacitor aumenta de acordo com a equação

$$q = C\mathscr{E}(1 - e^{-t/RC}) \quad \text{(carga de um capacitor)},$$

em que $C\mathscr{E} = q_0$ é a carga de equilíbrio (carga final) e $RC = \tau$ é a constante de tempo capacitiva do circuito.

- Durante a carga do capacitor, a corrente no circuito diminui de acordo com a equação

$$i = \frac{dq}{dt} = \left(\frac{\mathscr{E}}{R}\right)e^{-t/RC} \quad \text{(carga de um capacitor)}.$$

- Quando um capacitor C se descarrega através de um resistor R, a carga do capacitor diminui de acordo com a equação

$$q = q_0 e^{-t/RC} \quad \text{(descarga de um capacitor)}.$$

- Durante a descarga do capacitor, a corrente no circuito diminui de acordo com a equação

$$i = \frac{dq}{dt} = -\left(\frac{q_0}{RC}\right)e^{-t/RC} \quad \text{(descarga de um capacitor)}.$$

Circuitos *RC* 27.3 27.4 e 27.5

Nos módulos anteriores, lidamos apenas com circuitos nos quais as correntes não variavam com o tempo. Vamos agora iniciar uma discussão de correntes que variam com o tempo.

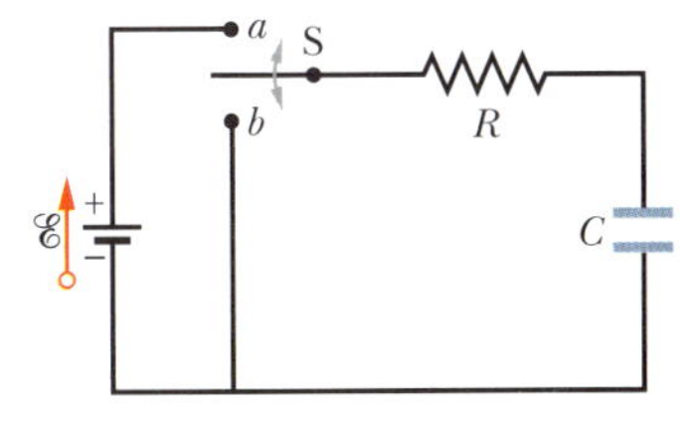

Figura 27.4.1 Quando a chave S é colocada na posição *a*, o capacitor é *carregado* através do resistor. Mais tarde, quando a chave é colocada na posição *b*, o capacitor é *descarregado* através do resistor.

Carga de um Capacitor

O capacitor de capacitância C da Fig. 27.4.1 está inicialmente descarregado. Para carregá-lo, podemos colocar a chave S na posição *a*. Isso completa um *circuito RC série* formado por um capacitor, uma fonte ideal de força eletromotriz $\mathscr{E}$ e uma resistência R.

Como vimos no Módulo 25.1, no momento em que o circuito é completado, cargas começam a se mover (surge uma corrente) no circuito. Essa corrente acumula uma carga q cada vez maior nas placas do capacitor e estabelece uma diferença de potencial $V_C (= q/C)$ cada vez maior entre as placas do capacitor. Quando a diferença de potencial é igual à diferença de potencial entre os terminais da fonte (que é igual, por sua vez, à força eletromotriz $\mathscr{E}$), a corrente deixa de circular. De acordo com a Eq. 25.1.1 ($q = CV$), a *carga de equilíbrio* (carga final) do capacitor é igual a $C\mathscr{E}$.

Vamos examinar mais de perto o processo de carga do capacitor. Em particular, estamos interessados em saber como variam com o tempo a carga q, a diferença de potencial V_C e a corrente i enquanto o capacitor está sendo carregado. Começamos por aplicar a regra das malhas ao circuito, percorrendo-o no sentido horário a partir do terminal negativo da fonte. Temos

$$\mathscr{E} - iR - \frac{q}{C} = 0. \quad (27.4.1)$$

O último termo do lado esquerdo representa a diferença de potencial entre as placas do capacitor. O termo é negativo porque a placa de cima do capacitor, que está ligada ao terminal positivo da fonte, tem um potencial mais alto que a placa de baixo; assim, há uma queda de potencial quando passamos da placa de cima para a placa de baixo do capacitor.

Não podemos resolver imediatamente a Eq. 27.4.1 porque a equação tem duas variáveis, i e q. Entretanto, as variáveis não são independentes, pois estão relacionadas pela equação

$$i = \frac{dq}{dt}. \quad (27.4.2)$$

Combinando as Eqs. 27.4.1 e 27.4.2, obtemos

$$R\frac{dq}{dt} + \frac{q}{C} = \mathscr{E} \quad \text{(equação de carga)}. \quad (27.4.3)$$

Essa equação diferencial descreve a variação, com o tempo, da carga q no capacitor da Fig. 27.4.1. Para resolvê-la, é preciso encontrar a função $q(t)$ que satisfaz a Eq. 27.4.3

Com o passar do tempo, a carga do capacitor aumenta e a corrente diminui.

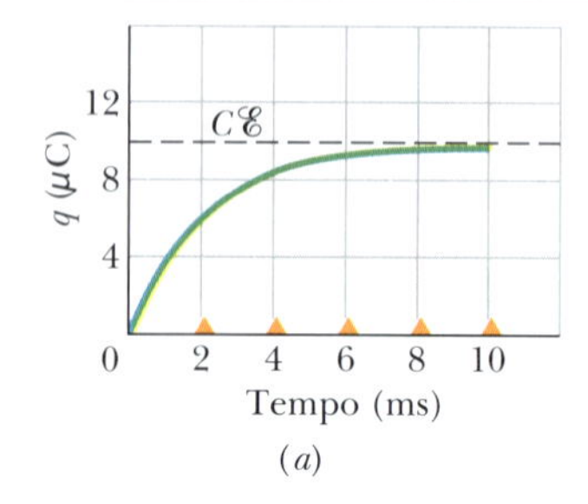

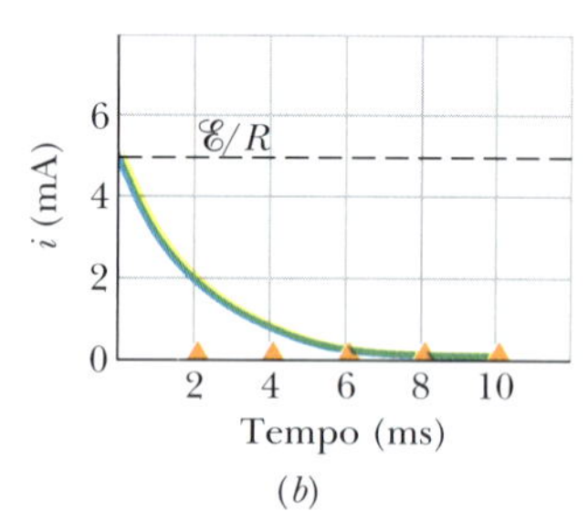

Figura 27.4.2 (*a*) Gráfico da Eq. 27.4.4, que mostra a carga do capacitor da Fig. 27.4.1 em função do tempo. (*b*) Gráfico da Eq. 27.4.5, que mostra a corrente de carga no circuito da Fig. 27.4.1 em função do tempo. As curvas foram plotadas para $R = 2.000\ \Omega$, $C = 1\ \mu F$ e $\mathscr{E} = 10$ V; os triângulos representam intervalos sucessivos de uma constante de tempo τ.

e que também satisfaz a condição de que o capacitor está inicialmente descarregado, ou seja, de que $q = 0$ no instante $t = 0$.

Mais adiante vamos mostrar que a solução da Eq. 27.4.3 é

$$q = C\mathscr{E}(1 - e^{-t/RC}) \quad \text{(carga de um capacitor).} \qquad (27.4.4)$$

(A constante e que aparece na Eq. 27.4.4 é a base dos logaritmos naturais, 2,718 ..., e não a carga elementar.) Observe que a Eq. 27.4.4 satisfaz a condição inicial, já que, para $t = 0$, o termo $e^{-t/RC}$ é igual a 1; portanto, $q = 0$. Observe também que, quando t tende a infinito (ou seja, após um longo período de tempo), o termo $e^{-t/RC}$ tende a zero. Isso significa que a equação também prevê corretamente o valor final da carga do capacitor, $q = C\mathscr{E}$. A Fig. 27.4.2*a* mostra o gráfico de $q(t)$ em função de t durante a carga do capacitor.

A derivada de $q(t)$ é a corrente de carga do capacitor:

$$i = \frac{dq}{dt} = \left(\frac{\mathscr{E}}{R}\right)e^{-t/RC} \quad \text{(carga de um capacitor).} \qquad (27.4.5)$$

A Fig. 27.4.2*b* mostra o gráfico de $i(t)$ em função de t durante o processo de carga do capacitor. Observe que o valor inicial da corrente é $\mathscr{E}/R$ e que a corrente tende a zero quando a carga do capacitor tende para o valor final.

Um capacitor que está sendo carregado se comporta inicialmente como um fio comum. Após um longo período de tempo, o capacitor se comporta como um fio partido.

De acordo com as Eqs. 25.1.1 ($q = CV$) e 27.4.4, a diferença de potencial $V_C(t)$ entre as placas do capacitor durante o processo de carga é dada por

$$V_C = \frac{q}{C} = \mathscr{E}(1 - e^{-t/RC}) \quad \text{(carga de um capacitor).} \qquad (27.4.6)$$

De acordo com a Eq. 27.4.6, $V_C = 0$ no instante $t = 0$, em que o capacitor está totalmente descarregado, e $V_C = \mathscr{E}$ quando $t \to \infty$ e a carga do capacitor tende para o valor final.

Constante de Tempo

O produto RC que aparece nas Eqs. 27.4.4 a 27.4.6 tem dimensão de tempo (tanto porque o argumento de uma exponencial deve ser adimensional como porque $1{,}0\ \Omega \times 1{,}0\ F = 1{,}0$ s). O produto RC é chamado **constante de tempo capacitiva** do circuito e representado pela letra grega τ:

$$\tau = RC \quad \text{(constante de tempo).} \qquad (27.4.7)$$

De acordo com a Eq. 27.4.4, no instante $t = \tau\ (= RC)$, a carga do capacitor inicialmente descarregado da Fig. 27.4.1 aumentou de zero para

$$q = C\mathscr{E}(1 - e^{-1}) = 0{,}63C\mathscr{E}. \qquad (27.4.8)$$

Em palavras, durante a primeira constante de tempo τ a carga aumentou de zero para 63% do valor final $C\mathscr{E}$. Na Fig. 27.4.2, os triângulos no eixo dos tempos assinalam intervalos sucessivos de uma constante de tempo durante a carga do capacitor. Os tempos de carga dos circuitos RC são frequentemente expressos em termos de τ; quanto maior o valor de τ, maior o tempo necessário para carregar um capacitor.

Descarga de um Capacitor

Suponha agora que o capacitor da Fig. 27.4.1 esteja totalmente carregado, ou seja, com um potencial V_0 igual à força eletromotriz $\mathscr{E}$ da fonte. Em um novo instante

$t = 0$, a chave S é deslocada da posição a para a posição b, fazendo com que o capacitor comece a se *descarregar* através da resistência R. Nesse caso, como variam com o tempo a carga q do capacitor e a corrente i no circuito?

A equação diferencial que descreve a variação de q com o tempo é semelhante à Eq. 27.4.3, exceto pelo fato de que agora, como a fonte não está mais no circuito, $\mathscr{E} = 0$. Assim,

$$R\frac{dq}{dt} + \frac{q}{C} = 0 \quad \text{(equação de descarga).} \tag{27.4.9}$$

A solução dessa equação diferencial é

$$q = q_0 e^{-t/RC} \quad \text{(descarga de um capacitor),} \tag{27.4.10}$$

em que q_0 $(= CV_0)$ é a carga inicial do capacitor. O leitor pode verificar, por substituição, que a Eq. 27.4.10 é realmente uma solução da Eq. 27.4.9.

De acordo com a Eq. 27.4.10, a carga q diminui exponencialmente com o tempo, a uma taxa que depende da constante de tempo capacitiva $\tau = RC$. No instante $t = \tau$, a carga do capacitor diminuiu para $q_0 e^{-1}$ ou, aproximadamente, 37% do valor inicial. Observe que quanto maior o valor de τ, maior o tempo de descarga.

Derivando a Eq. 27.4.10, obtemos a corrente $i(t)$:

$$i = \frac{dq}{dt} = -\left(\frac{q_0}{RC}\right)e^{-t/RC} \quad \text{(descarga de um capacitor).} \tag{27.4.11}$$

De acordo com a Eq. 27.4.11, a corrente também diminui exponencialmente com o tempo, a uma taxa dada por τ. A corrente inicial i_0 é igual a q/RC. Note que é possível calcular o valor de i_0 simplesmente aplicando a regra das malhas ao circuito no instante $t = 0$; nesse instante, o potencial inicial do capacitor, V_0, está aplicado à resistência R e, portanto, a corrente é dada por $i_0 = V_0/R = (q_0/C)/R = q_0/RC$. O sinal negativo da Eq. 27.4.11 pode ser ignorado; significa simplesmente que, a partir do instante $t = 0$, a carga q do capacitor vai diminuir.

Demonstração da Eq. 27.4.4

Para resolver a Eq. 27.4.3, dividimos todos os termos por R, o que nos dá

$$\frac{dq}{dt} + \frac{q}{RC} = \frac{\mathscr{E}}{R}. \tag{27.4.12}$$

A solução geral da Eq. 27.4.12 é da forma

$$q = q_p + Ke^{-at}, \tag{27.4.13}$$

em que q_p é uma *solução particular* da equação diferencial, K é uma constante a ser determinada a partir das condições iniciais e $a = 1/RC$ é o coeficiente de q na Eq. 27.4.12. Para determinar q_p, fazemos $dq/dt = 0$ na Eq. 27.4.12 (o que corresponde à situação final de equilíbrio), fazemos $q = q_p$ e resolvemos a equação, obtendo

$$q_p = C\mathscr{E}. \tag{27.4.14}$$

Para determinar K, primeiro substituímos a Eq. 27.4.14 na Eq. 27.4.13 para obter

$$q = C\mathscr{E} + Ke^{-at}.$$

Em seguida, usando a condição inicial $q = 0$ no instante $t = 0$, obtemos

$$0 = C\mathscr{E} + K,$$

ou $K = -C\mathscr{E}$. Finalmente, com os valores de q_p, a e K inseridos, a Eq. 27.4.13 se torna

$$q = C\mathscr{E} - C\mathscr{E}e^{-t/RC},$$

que é equivalente à Eq. 27.4.4.

Teste 27.4.1

A tabela mostra quatro conjuntos de valores para os componentes do circuito da Fig. 27.4.1. Coloque os conjuntos em ordem decrescente de acordo (a) com a corrente inicial (com a chave na posição *a*) e (b) com o tempo necessário para que a corrente diminua para metade do valor inicial.

	1	2	3	4
$\mathscr{E}$(V)	12	12	10	10
$R(\Omega)$	2	3	10	5
$C(\mu F)$	3	2	0,5	2

Exemplo 27.4.1 Descarga de um circuito *RC* para evitar um incêndio em uma parada para reabastecimento 27.4

Quando um carro está em movimento, elétrons passam do piso para os pneus e dos pneus para a carroceria. O carro armazena essa carga em excesso como se a carroceria fosse uma das placas de um capacitor, e o piso fosse a outra placa (Fig. 27.4.3*a*). Quando o carro para, ele descarrega o excesso de carga através dos pneus, da mesma forma como um capacitor se descarrega através de um resistor. Se um objeto condutor se aproxima do carro antes que este esteja totalmente descarregado, a diferença de potencial associada ao excesso de cargas pode produzir uma centelha entre o carro e o objeto. Suponha que o objeto condutor seja o bico de uma mangueira de combustível. Nesse caso, a centelha inflamará o combustível, produzindo um incêndio, se a energia da centelha exceder o valor crítico $U_{fogo} = 50$ mJ.

Quando o carro da Fig. 27.4.3*a* para no instante $t = 0$, a diferença de potencial entre o carro e o piso é $V_0 = 30$ kV. A capacitância do sistema carro-piso é $C = 500$ pF, e a resistência de *cada* pneu é $R_{pneu} = 100$ GΩ. Quanto tempo é preciso para que a energia associada às cargas do carro caia abaixo do valor crítico U_{fogo}? CVF

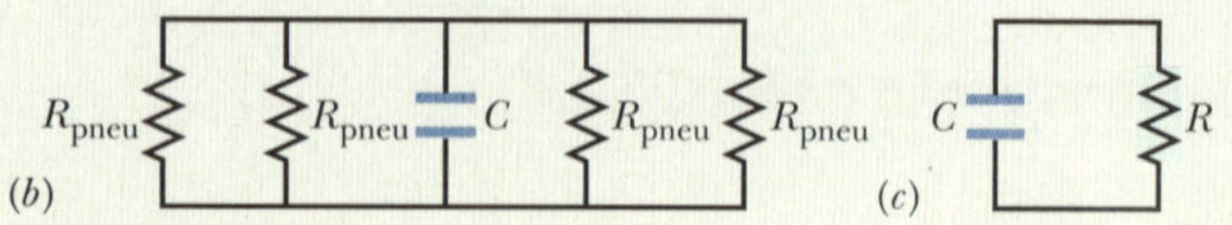

Figura 27.4.3 (*a*) Um carro eletricamente carregado e o piso se comportam como um capacitor que pode se descarregar através dos pneus. (*b*) Circuito usado para modelar o capacitor carro-piso, com as resistências dos quatro pneus R_{pneu} ligadas em paralelo. (*c*) A resistência equivalente *R* dos pneus. (*d*) A energia potencial elétrica *U* do capacitor carro–piso diminui durante a descarga.

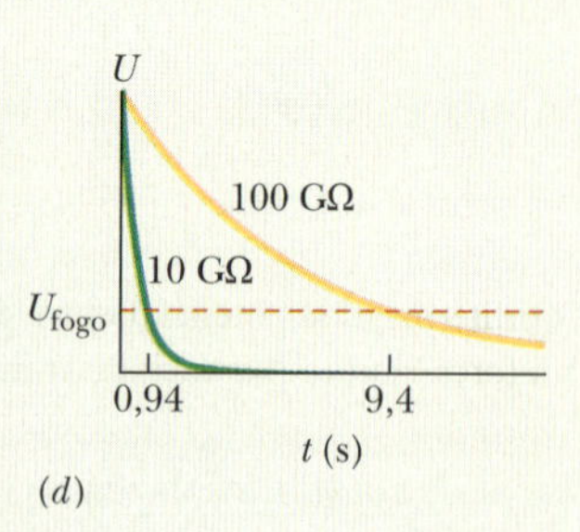

IDEIAS-CHAVE

(1) Em qualquer instante *t*, a energia potencial elétrica *U* de um capacitor está relacionada à carga armazenada *q* pela Eq. 25.4.1 ($U = q^2/2C$). (2) Quando um capacitor está se descarregando, a carga diminui com o tempo, de acordo com a Eq. 27.4.10 ($q = q_0 e^{-t/RC}$).

Cálculos: Podemos tratar os pneus como resistores com uma extremidade em contato com a carroceria do carro e a outra extremidade em contato com o piso. A Fig. 27.4.3*b* mostra os quatro resistores ligados em paralelo com a capacitância do carro, e a Fig. 27.4.3*c* mostra a resistência equivalente *R* dos quatro resistores. De acordo com a Eq. 27.2.7, a resistência *R* é dada por

$$\frac{1}{R} = \frac{1}{R_{pneu}} + \frac{1}{R_{pneu}} + \frac{1}{R_{pneu}} + \frac{1}{R_{pneu}},$$

$$\text{ou } R = \frac{R_{pneu}}{4} = \frac{100 \times 10^9\,\Omega}{4} = 25 \times 10^9\,\Omega. \qquad (27.4.15)$$

Quando o carro para, a carga em excesso é descarregada através da resistência *R*.

Vamos agora usar as duas Ideias-Chave para analisar a descarga. Substituindo a Eq. 27.4.10 na Eq. 25.4.1, obtemos

$$U = \frac{q^2}{2C} = \frac{(q_0 e^{-t/RC})^2}{2C}$$

$$= \frac{q_0^2}{2C} e^{-2t/RC}. \qquad (27.4.16)$$

De acordo com a Eq. 25.1.1 ($q = CV$), podemos relacionar a carga inicial q_0 do carro à diferença de potencial V_0: $q_0 = CV_0$. Substituindo essa equação na Eq. 27.4.16, obtemos

$$U = \frac{(CV_0)^2}{2C} e^{-2t/RC} = \frac{CV_0^2}{2} e^{-2t/RC},$$

ou

$$e^{-2t/RC} = \frac{2U}{CV_0^2}. \qquad (27.4.17)$$

Tomando o logaritmo natural de ambos os membros, obtemos

$$-\frac{2t}{RC} = \ln\left(\frac{2U}{CV_0^2}\right),$$

ou

$$t = -\frac{RC}{2} \ln\left(\frac{2U}{CV_0^2}\right). \qquad (27.4.18)$$

Substituindo os valores conhecidos, descobrimos que o tempo que o carro leva para se descarregar até a energia $U_{fogo} = 50$ mJ é

$$t = -\frac{(25 \times 10^9\ \Omega)(500 \times 10^{-12}\ \text{F})}{2} \times \ln\left(\frac{2(50 \times 10^{-3}\ \text{J})}{(500 \times 10^{-12}\ \text{F})(30 \times 10^3\ \text{V})^2}\right)$$

$$= 9{,}4\ \text{s}. \qquad \text{(Resposta)}$$

Conclusão: Nas condições descritas neste exemplo, seria recomendável esperar pelo menos 9,4 s para começar a abastecer o automóvel. Como esse tempo de espera é inaceitável durante uma corrida, a borracha dos pneus dos carros de corrida é misturada com um material condutor (negro de fumo, por exemplo) para diminuir a resistência dos pneus e reduzir o tempo de descarga. A Fig. 27.4.3*d* mostra a energia armazenada U em função do tempo t para resistências de 100 GΩ (o valor usado nos cálculos) e 10 GΩ. Note que a energia chega muito mais depressa ao nível seguro U_{fogo} quando a resistência é reduzida para 10 GΩ.[1]

Revisão e Resumo

Força Eletromotriz Uma **fonte de tensão** realiza um trabalho sobre cargas elétricas para manter uma diferença de potencial entre os terminais. Se dW é o trabalho realizado pela fonte para transportar uma carga positiva dq do terminal negativo para o terminal positivo, a **força eletromotriz** (trabalho por unidade de carga) da fonte é dada por

$$\mathscr{E} = \frac{dW}{dq} \quad \text{(definição de } \mathscr{E}\text{)}. \qquad (27.1.1)$$

A unidade de força eletromotriz e de diferença de potencial no SI é o volt. Uma **fonte de tensão ideal** não possui resistência interna; a diferença de potencial entre os terminais de uma fonte ideal é igual à força eletromotriz. Uma **fonte de tensão real** possui resistência interna; a diferença de potencial entre os terminais de uma fonte real é igual à força eletromotriz apenas quando a corrente que a atravessa é zero.

Análise de Circuitos A variação de potencial quando atravessamos uma resistência R no sentido da corrente é $-iR$; a variação quando atravessamos a resistência no sentido oposto é $+iR$ (regra das resistências). A variação de potencial quando atravessamos uma fonte de tensão ideal do terminal negativo para o terminal positivo é $+\mathscr{E}$; a variação quando atravessamos a fonte no sentido oposto é $-\mathscr{E}$ (regra das fontes). A lei de conservação da energia leva à regra das malhas:

Regra das Malhas *A soma algébrica das variações de potencial encontradas ao longo de uma malha completa de um circuito é zero.*

A lei de conservação das cargas leva à regra dos nós:

Regra dos Nós *A soma das correntes que entram em um nó é igual à soma das correntes que saem do nó.*

Circuitos com uma Malha A corrente em um circuito com uma malha que contém uma única resistência R e uma fonte de tensão de força eletromotriz $\mathscr{E}$ e resistência r é dada por

$$i = \frac{\mathscr{E}}{R + r}, \qquad (27.1.4)$$

que se reduz a $i = \mathscr{E}/R$ para uma fonte ideal, ou seja, para uma fonte com $r = 0$.

Potência Quando uma fonte de tensão real de força eletromotriz $\mathscr{E}$ e resistência r realiza trabalho sobre portadores de carga, fazendo uma corrente i atravessar a fonte, a potência P transferida para os portadores de carga é dada por

$$P = iV, \qquad (27.1.14)$$

em que V é a diferença de potencial entre os terminais da fonte. A potência P_r dissipada na fonte é dada por

$$P_r = i^2 r. \qquad (27.1.16)$$

A potência P_{fem} fornecida pela fonte é dada por

$$P_{fem} = i\mathscr{E}. \qquad (27.1.17)$$

[1]Na verdade, de acordo com a Eq. 27.4.18, o tempo que a energia leva para chegar ao valor seguro é diretamente proporcional à resistência dos pneus. (N.T.)

Resistências em Série Quando duas ou mais resistências estão ligadas **em série**, todas são percorridas pela mesma corrente. Resistências em série podem ser substituídas por uma resistência equivalente dada por

$$R_{eq} = \sum_{j=1}^{n} R_j \quad (n \text{ resistências em série}). \qquad (27.1.7)$$

Resistências em Paralelo Quando duas ou mais resistências estão ligadas em **paralelo**, todas são submetidas à mesma diferença de potencial. Resistências em paralelo podem ser substituídas por uma resistência equivalente dada por

$$\frac{1}{R_{eq}} = \sum_{j=1}^{n} \frac{1}{R_j} \quad (n \text{ resistências em paralelo}). \qquad (27.2.7)$$

Circuitos *RC* Quando uma força eletromotriz $\mathscr{E}$ é aplicada a uma resistência R e uma capacitância C em série, como na Fig. 27.4.1 com a chave na posição a, a carga do capacitor aumenta com o tempo de acordo com a equação

$$q = C\mathscr{E}(1 - e^{-t/RC}) \quad (\text{carga de um capacitor}), \qquad (27.4.4)$$

em que $C\mathscr{E} = q_0$ é a carga de equilíbrio (carga final) e $RC = \tau$ é a **constante de tempo capacitiva** do circuito. Durante a carga do capacitor, a corrente é dada por

$$i = \frac{dq}{dt} = \left(\frac{\mathscr{E}}{R}\right)e^{-t/RC} \quad (\text{carga de um capacitor}). \qquad (27.4.5)$$

Quando um capacitor se descarrega através de uma resistência R, a carga do capacitor diminui com o tempo de acordo com a equação

$$q = q_0 e^{-t/RC} \quad (\text{descarga de um capacitor}). \qquad (27.4.10)$$

Durante a descarga do capacitor, a corrente é dada por

$$i = \frac{dq}{dt} = -\left(\frac{q_0}{RC}\right)e^{-t/RC} \quad (\text{descarga de um capacitor}). \qquad (27.4.11)$$

Perguntas

1 (a) Na Fig. 27.1*a*, com $R_1 > R_2$, a diferença de potencial entre os terminais de R_2 é maior, menor ou igual à diferença de potencial entre os terminais de R_1? (b) A corrente no resistor R_2 é maior, menor ou igual à corrente no resistor R_1?

2 (a) Na Fig. 27.1*a*, os resistores R_1 e R_3 estão em série? (b) Os resistores R_1 e R_2 estão em paralelo? (c) Coloque os quatro circuitos da Fig. 27.1 na ordem decrescente das resistências equivalentes.

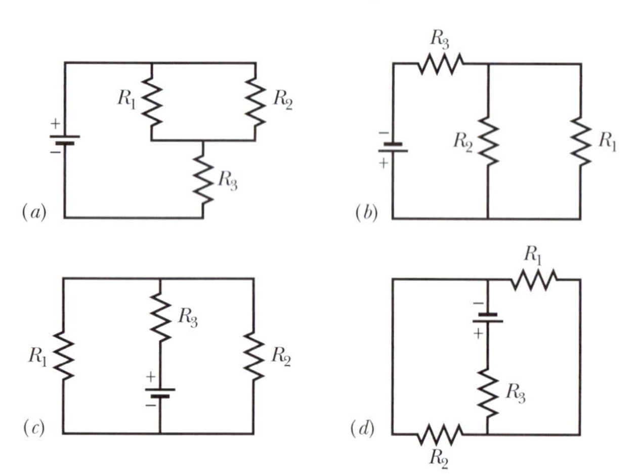

Figura 27.1 Perguntas 1 e 2.

3 Os resistores R_1 e R_2, com $R_1 > R_2$, são ligados a uma fonte, primeiro separadamente, depois em série e finalmente em paralelo. Coloque esses arranjos na ordem decrescente da corrente que atravessa a fonte.

4 Na Fig. 27.2, um circuito é formado por uma fonte e dois resistores uniformes; a parte do circuito ao longo do eixo x é dividida em cinco segmentos iguais. (a) Suponha que $R_1 = R_2$ e coloque os segmentos na ordem decrescente do módulo do campo elétrico médio no interior do segmento. (b) Repita o item (a) supondo que $R_1 > R_2$. (c) Qual é o sentido do campo elétrico ao longo do eixo x?

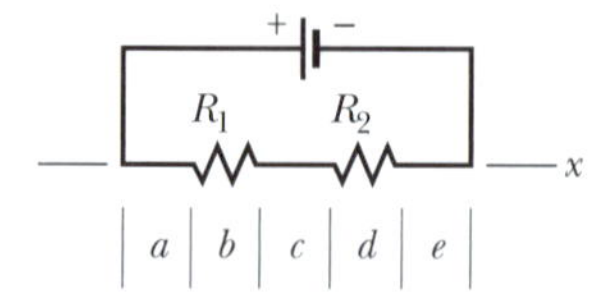

Figura 27.2 Pergunta 4.

5 Para cada circuito da Fig. 27.3, responda se os resistores estão ligados em série, em paralelo, ou nem em série nem em paralelo.

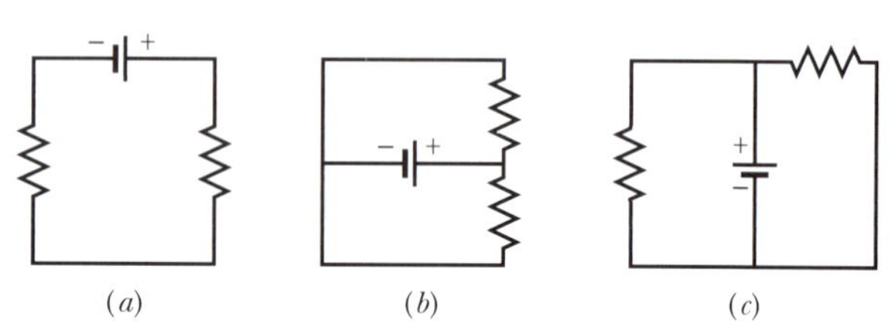

Figura 27.3 Pergunta 5.

6 *Labirinto de resistores.* Na Fig. 27.4, todos os resistores têm uma resistência de 4,0 Ω e todas as fontes (ideais) têm uma força eletromotriz de 4,0 V. Qual é a corrente no resistor R? (Se o leitor souber escolher a malha apropriada, poderá responder à pergunta, de cabeça, em poucos segundos.)

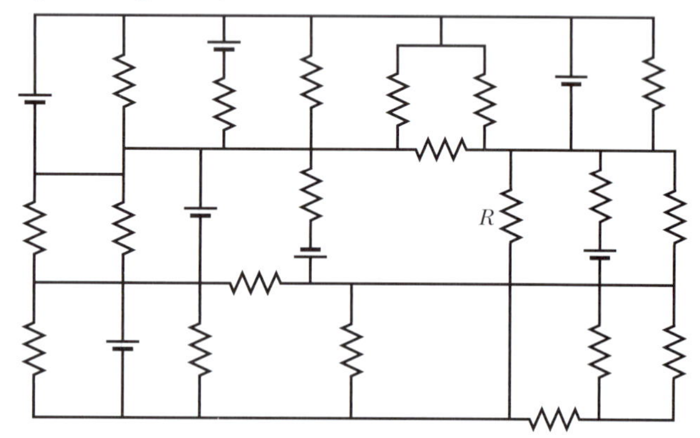

Figura 27.4 Pergunta 6.

7 Inicialmente, um único resistor R_1 é ligado a uma fonte ideal. Em seguida, o resistor R_2 é ligado em série com R_1. Quando o resistor R_2 é introduzido no circuito, (a) a diferença de potencial entre os terminais de R_1 aumenta, diminui ou permanece a mesma? (b) A corrente em R_1 aumenta, diminui ou permanece a mesma? (c) A resistência equivalente R_{12} de R_1 e R_2 é maior, menor ou igual a R_1?

8 Qual é a resistência equivalente de três resistores, todos de resistência R, se forem ligados a uma fonte ideal (a) em série e (b) em paralelo? (c) A diferença de potencial da associação dos resistores em série é maior, menor ou igual à diferença de potencial da associação dos resistores em paralelo?

9 Dois resistores são ligados a uma fonte. (a) Em que tipo de associação, em série ou em paralelo, as diferenças de potencial dos resistores e da associação de resistores são iguais? (b) Em que tipo de associação as correntes nos resistores e na resistência equivalente são iguais?

10 *Labirinto de capacitores.* Na Fig. 27.5, todos os capacitores têm uma capacitância de 6,0 μF, e todas as fontes têm uma força eletromotriz de 10 V. Qual é a carga do capacitor C? (Se o leitor souber escolher a malha apropriada, poderá responder à pergunta, de cabeça, em poucos segundos.)

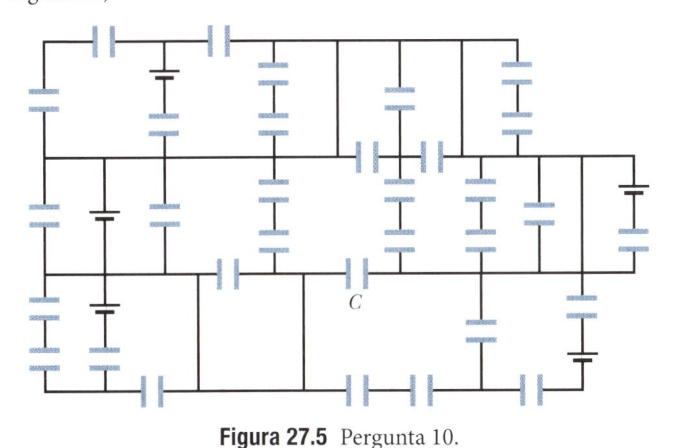

Figura 27.5 Pergunta 10.

11 Inicialmente, um único resistor R_1 é ligado a uma fonte ideal. Em seguida, o resistor R_2 é ligado em paralelo com R_1. Quando o resistor R_2 é introduzido no circuito, (a) a diferença de potencial entre os terminais de R_1 aumenta, diminui ou permanece a mesma? (b) A corrente em R_1 aumenta, diminui ou permanece a mesma? (c) A resistência equivalente R_{12} de R_1 e R_2 é maior, menor ou igual a R_1? (d) A corrente total em R_1 e R_2 juntos é maior, menor ou igual à corrente em R_1 antes da introdução de R_2?

12 Quando a chave da Fig. 27.4.1 é colocada na posição a, uma corrente i passa a atravessar a resistência R. A Fig. 27.6 mostra a corrente i em função do tempo para quatro conjuntos de valores de R e da capacitância C: (1) R_0 e C_0, (2) $2R_0$ e C_0, (3) R_0 e $2C_0$, (4) $2R_0$ e $2C_0$. Qual é a curva correspondente a cada conjunto?

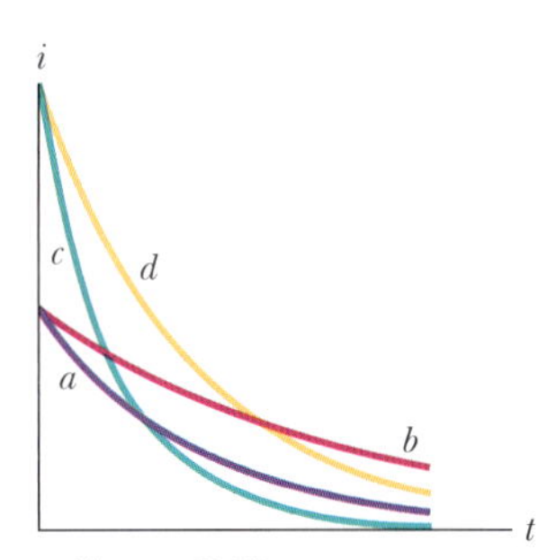

Figura 27.6 Pergunta 12.

13 A Fig. 27.7 mostra três conjuntos de componentes que podem ser ligados alternadamente à mesma fonte por meio de uma chave como a da Fig. 27.4.1. Os resistores e capacitores são todos iguais. Coloque os conjuntos na ordem decrescente (a) da carga final do capacitor e (b) do tempo necessário para a carga do capacitor atingir metade da carga final.

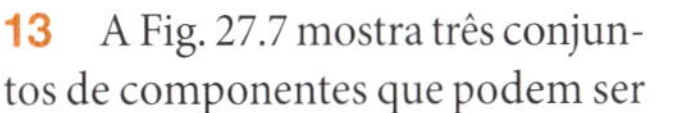

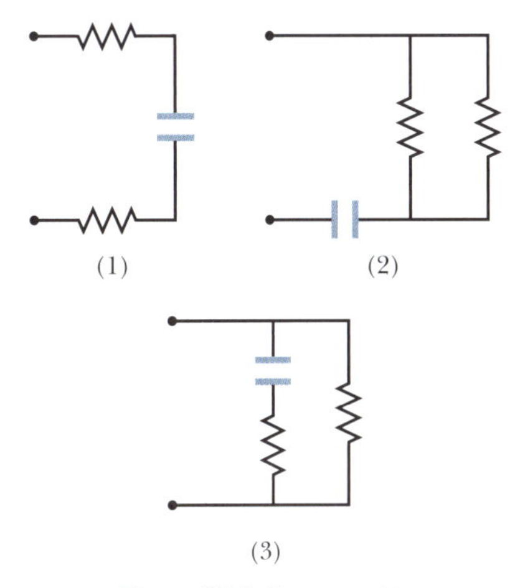

Figura 27.7 Pergunta 13.

Problemas

F Fácil **M** Médio **D** Difícil

CVF Informações adicionais disponíveis no e-book *O Circo Voador da Física*, de Jearl Walker, LTC Editora, Rio de Janeiro, 2008.

CALC Requer o uso de derivadas e/ou integrais

BIO Aplicação biomédica

Módulo 27.1 Circuitos de uma Malha

1 F Na Fig. 27.8, as fontes ideais têm forças eletromotrizes $\mathscr{E}_1 = 12$ V e $\mathscr{E}_2 = 6{,}0$ V e os resistores têm resistências $R_1 = 4{,}0\ \Omega$ e $R_2 = 8{,}0\ \Omega$. Determine (a) a corrente no circuito, (b) a potência dissipada no resistor 1, (c) a potência dissipada no resistor 2, (d) a potência fornecida pela fonte 1 e (e) potência fornecida pela fonte 2. (f) A fonte 1 está fornecendo ou recebendo energia? (g) A fonte 2 está fornecendo ou recebendo energia?

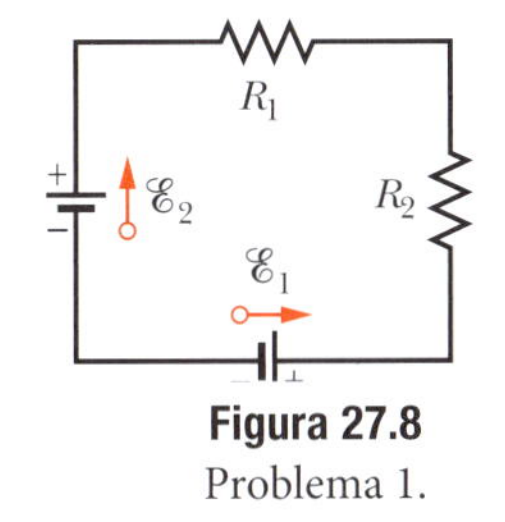

Figura 27.8 Problema 1.

2 F Na Fig. 27.9, as fontes ideais têm forças eletromotrizes $\mathscr{E}_1 = 150$ V e $\mathscr{E}_2 = 50$ V e os resistores têm resistências $R_1 = 3{,}0\ \Omega$ e $R_2 = 2{,}0\ \Omega$. Se o potencial no ponto P é tomado como 100 V, qual é o potencial no ponto Q?

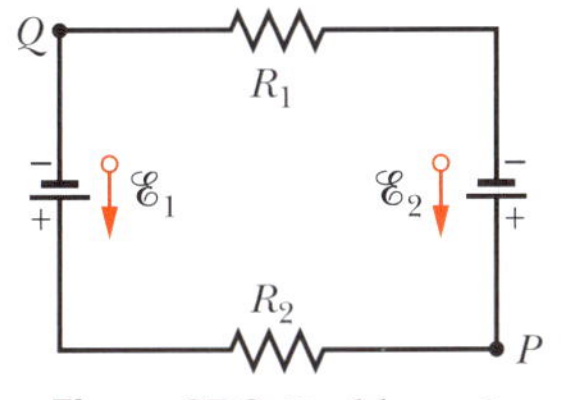

Figura 27.9 Problema 2.

3 F Uma bateria de automóvel com uma força eletromotriz de 12 V e uma resistência interna de 0,040 Ω está sendo carregada com uma corrente de 50 A. Determine (a) a diferença de potencial V entre os terminais da bateria, (b) a potência P_r dissipada no interior da bateria e (c) a potência P_{fem} fornecida pela bateria. Se a bateria depois de carregada é usada para fornecer 50 A ao motor de arranque, determine (d) V e (e) P_r.

4 F A Fig. 27.10 mostra um conjunto de quatro resistores que faz parte de um circuito maior. O gráfico abaixo do circuito mostra o potencial elétrico $V(x)$ em função da posição x ao longo do ramo inferior do conjunto, do qual faz parte o resistor 4; o potencial V_A é 12,0 V. O gráfico acima do circuito mostra o potencial elétrico $V(x)$ em função da posição x ao longo do ramo superior do conjunto, do qual fazem parte os resistores 1, 2 e 3; as diferenças de potencial são $\Delta V_B = 2{,}00$ V e $\Delta V_C = 5{,}00$ V. O resistor 3 tem uma resistência de 200 Ω. Determine a resistência (a) do resistor 1 e (b) do resistor 2.

5 F Uma corrente de 5,0 A é estabelecida de um circuito durante 6,0 min por uma bateria recarregável com uma força eletromotriz de 6,0 V. Qual é a redução da energia química da bateria?

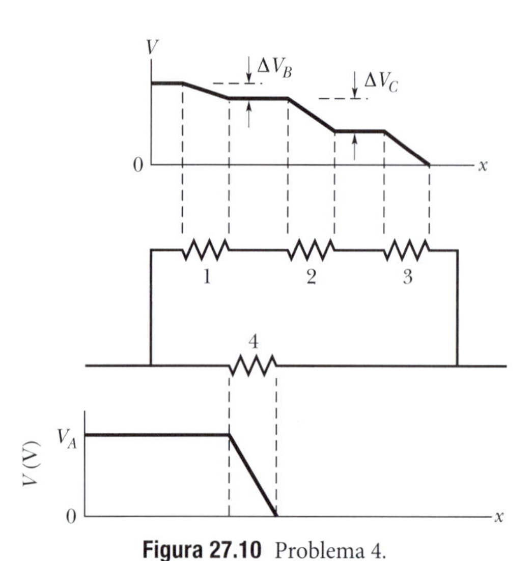

Figura 27.10 Problema 4.

6 F Uma pilha comum de lanterna pode fornecer uma energia da ordem de 2,0 W · h antes de se esgotar. (a) Se uma pilha custa R\$ 0,80, quanto custa manter acesa uma lâmpada de 100 W durante 8,0 h usando pilhas? (b) Quanto custa manter acesa a mesma lâmpada usando a eletricidade da tomada se o preço da energia elétrica é R\$ 0,06 por quilowatt-hora?

7 F Um fio com uma resistência de 5,0 Ω é ligado a uma bateria cuja força eletromotriz $\mathscr{E}$ é 2,0 V e cuja resistência interna é 1,0 Ω. Em 2,0 min, (a) qual é a energia química consumida pela bateria? (b) Qual é a energia dissipada pelo fio? (c) Qual é a energia dissipada pela bateria?

8 F Uma bateria de automóvel com uma força eletromotriz de 12,0 V tem uma carga inicial de 120 A · h. Supondo que a diferença de potencial entre os terminais permanece constante até a bateria se descarregar totalmente, durante quantas horas a bateria é capaz de fornecer uma potência de 100 W?

9 F (a) Qual é o trabalho, em elétrons-volts, realizado por uma fonte ideal de 12,0 V sobre um elétron que passa do terminal positivo da fonte para o terminal negativo? (b) Se $3,40 \times 10^{18}$ elétrons passam pela fonte por segundo, qual é a potência da fonte em watts?

10 M (a) Na Fig. 27.11, qual deve ser o valor de R para que a corrente no circuito seja 1,0 mA? Sabe-se que $\mathscr{E}_1 = 2,0$ V, $\mathscr{E}_2 = 3,0$ V, $r_1 = r_2 = 3,0$ Ω. (b) Qual é a potência dissipada em R?

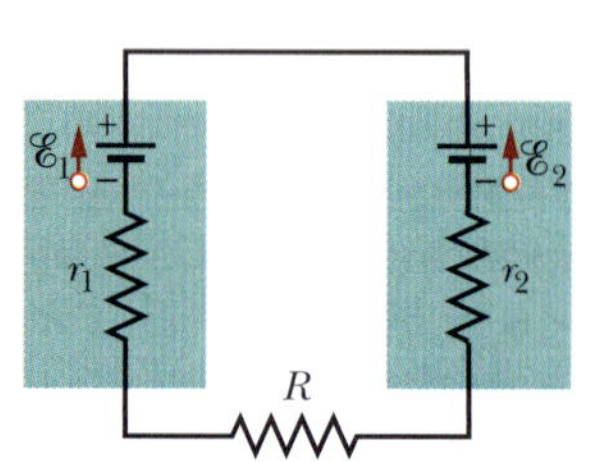

Figura 27.11 Problema 10.

11 M Na Fig. 27.12, o trecho AB do circuito dissipa uma potência de 50 W quando a corrente $i = 1,0$ A tem o sentido indicado. O valor da resistência R é 2,0 Ω. (a) Qual é a diferença de potencial entre A e B? O dispositivo X não possui resistência interna. (b) Qual é a força eletromotriz do dispositivo X? (c) O ponto B está ligado ao terminal positivo ou ao terminal negativo do dispositivo X?

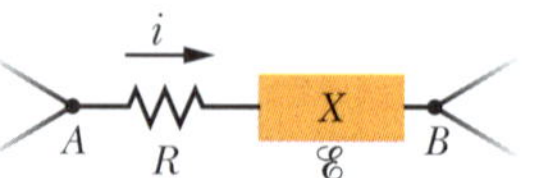

Figura 27.12 Problema 11.

12 M A Fig. 27.13 mostra um resistor de resistência $R = 6,00$ Ω ligado a uma fonte ideal de força eletromotriz $\mathscr{E} = 12,0$ V por meio de dois fios de cobre. Cada fio tem 20,0 cm de comprimento e 1,00 mm de raio. Neste capítulo, desprezamos a resistência dos fios de ligação. Verifique se a aproximação é válida para o circuito da Fig. 27.13, determinando (a) a diferença de potencial entre as extremidades do resistor, (b) a diferença de potencial entre as extremidades de um dos fios, (c) a potência dissipada no resistor e (d) a potência dissipada em um dos fios.

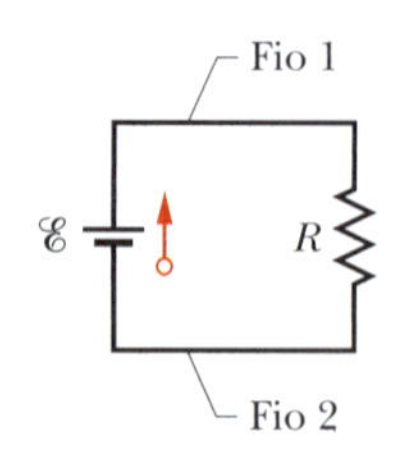

Figura 27.13 Problema 12.

13 M Um cabo subterrâneo, de 10 km de comprimento, está orientado na direção leste-oeste e é formado por dois fios paralelos, ambos com uma resistência de 13 Ω/km. Um defeito no cabo faz com que surja uma resistência efetiva R entre os fios a uma distância x da extremidade oeste (Fig. 27.14). Com isso, a resistência total dos fios passa a ser 100 Ω, quando a medida é realizada na extremidade leste, e 200 Ω quando a medida é realizada na extremidade oeste. Determine (a) o valor de x e (b) o valor de R.

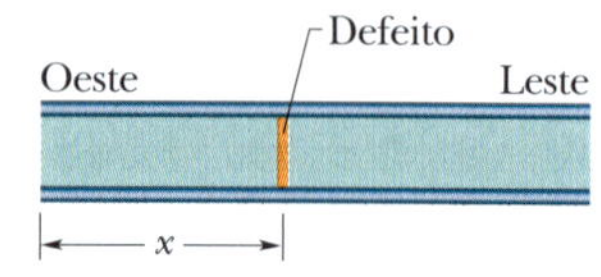

Figura 27.14 Problema 13.

14 M Na Fig. 27.15a, as duas fontes têm uma força eletromotriz $\mathscr{E} = 1,20$ V, e a resistência externa R é um resistor variável. A Fig. 27.15b mostra as diferenças de potencial V entre os terminais das duas fontes em função de R: A curva 1 corresponde à fonte 1, e a curva 2 corresponde à fonte 2. A escala horizontal é definida por $R_s = 0,20$ Ω. Determine (a) a resistência interna da fonte 1 e (b) a resistência interna da fonte 2.

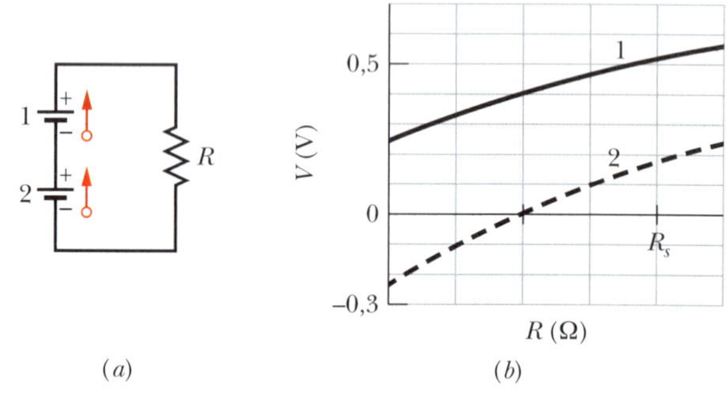

Figura 27.15 Problema 14.

15 M A corrente em um circuito com uma única malha e uma resistência R é 5,0 A. Quando uma resistência de 2,0 Ω é ligada em série com R, a corrente diminui para 4,0 A. Qual é o valor de R?

16 D Uma célula solar produz uma diferença de potencial de 0,10 V, quando um resistor de 500 Ω é ligado a seus terminais, e uma diferença de potencial de 0,15 V, quando o valor do resistor é 1.000 Ω. Determine (a) a resistência interna e (b) a força eletromotriz da célula solar. (c) A área da célula é 5,0 cm² e a potência luminosa recebida é 2,0 mW/cm². Qual é a eficiência da célula ao converter energia luminosa em energia térmica fornecida ao resistor de 1.000 Ω?

17 D Na Fig. 27.16, a fonte 1 tem uma força eletromotriz $\mathscr{E}_1 = 12,0$ V e uma resistência interna $r_1 = 0,016$ Ω, e a fonte 2 tem uma força eletromotriz $\mathscr{E}_2 = 12,0$ V e uma resistência interna $r_2 = 0,012$ Ω. As fontes são ligadas em série com uma resistência externa R. (a) Qual é o valor de R para o qual a diferença de potencial entre os terminais de uma das fontes é zero? (b) Com qual das duas fontes isso acontece?

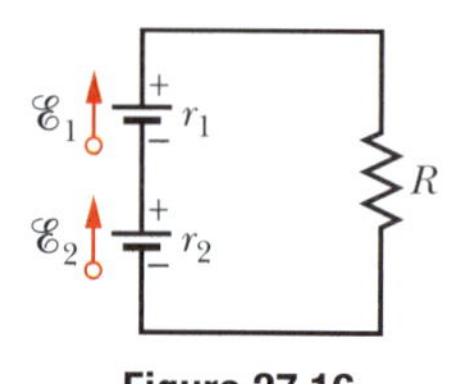

Figura 27.16 Problema 17.

Módulo 27.2 Circuitos com Mais de uma Malha

18 F Na Fig. 27.2.1, determine a diferença de potencial $V_d - V_c$ entre os pontos d e c se $\mathscr{E}_1 = 4,0$ V, $\mathscr{E}_2 = 1,0$ V, $R_1 = R_2 = 10$ Ω, $R_3 = 5,0$ Ω e a fonte é ideal.

19 F Pretende-se obter uma resistência total de 3,00 Ω ligando uma resistência de valor desconhecido a uma resistência de 12,0 Ω. (a) Qual deve ser o valor da resistência desconhecida? (b) As duas resistências devem ser ligadas em série ou em paralelo?

20 F Quando duas resistências 1 e 2 são ligadas em série, a resistência equivalente é 16,0 Ω. Quando são ligadas em paralelo, a resistência equivalente é 3,0 Ω. Determine (a) a menor e (b) a maior das duas resistências.

21 F Quatro resistores de 18,0 Ω são ligados em paralelo a uma fonte ideal de 25,0 V. Qual é a corrente na fonte?

22 F A Fig. 27.17 mostra cinco resistores de 5,00 Ω. Determine a resistência equivalente (a) entre os pontos *F* e *H* e (b) entre os pontos *F* e *G*. (*Sugestão*: Para cada par de pontos, imagine que existe uma fonte ligada entre os dois pontos.)

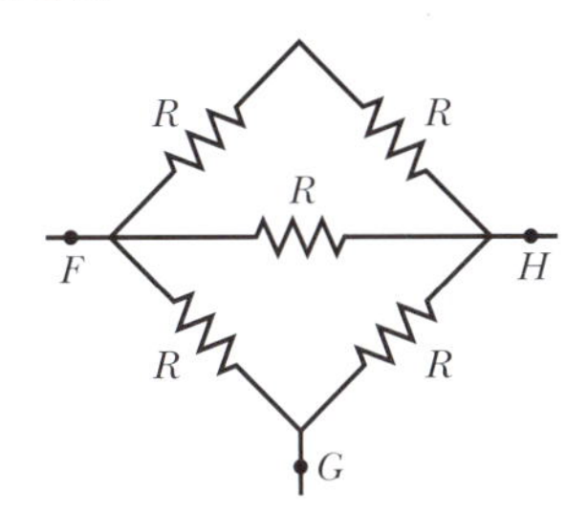

Figura 27.17 Problema 22.

23 F Na Fig. 27.18, R_1 = 100 Ω, R_2 = 50 Ω e as fontes ideais têm forças eletromotrizes $\mathscr{E}_1$ = 6,0 V, $\mathscr{E}_2$ = 5,0 V e $\mathscr{E}_3$ = 4,0 V. Determine (a) a corrente no resistor 1, (b) a corrente no resistor 2 e (c) a diferença de potencial entre os pontos *a* e *b*.

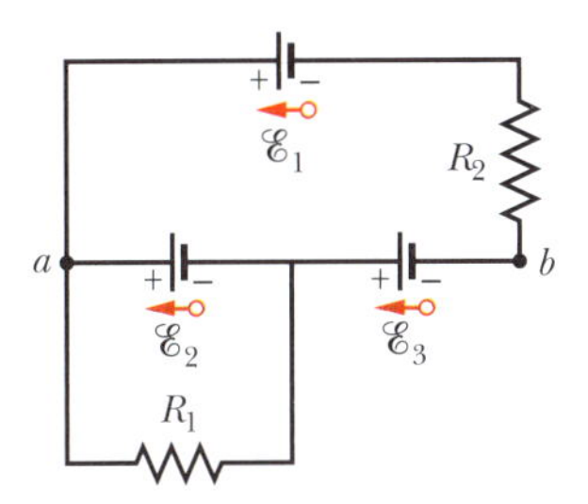

Figura 27.18 Problema 23.

24 F Na Fig. 27.19, $R_1 = R_2$ = 4,00 Ω e R_3 = 2,50 Ω. Determine a resistência equivalente entre os pontos *D* e *E*. (*Sugestão*: Imagine que existe uma fonte ligada entre os dois pontos.)

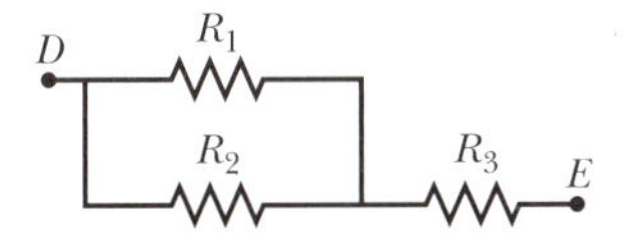

Figura 27.19 Problema 24.

25 F Nove fios de cobre de comprimento ℓ e diâmetro *d* são ligados em paralelo para formar um cabo de resistência *R*. Qual deve ser o diâmetro *D* de um fio de cobre de comprimento ℓ para que a resistência do fio seja a mesma do cabo?

26 M A Fig. 27.20 mostra uma fonte ligada a um resistor uniforme R_0. Um contato deslizante pode ser deslocado ao longo do resistor do ponto *x* = 0, à esquerda, até o ponto *x* = 10 cm, à direita. O valor da resistência à esquerda e à direita do contato depende da posição do contato. Determine a potência dissipada no resistor *R* em função de *x*. Plote a função para $\mathscr{E}$ = 50 V, *R* = 2.000 Ω e R_0 = 100 Ω.

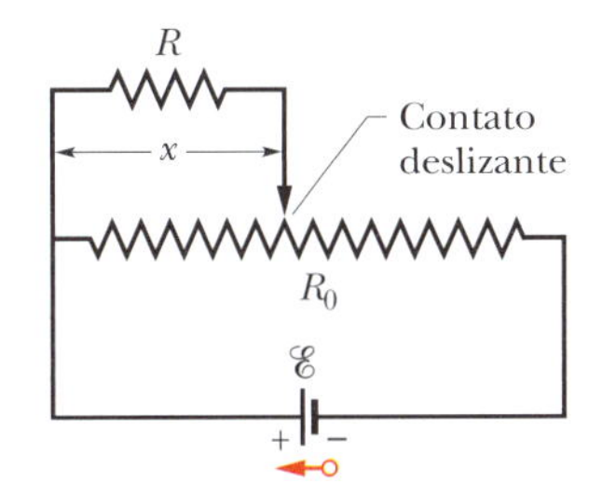

Figura 27.20 Problema 26.

27 M BIO CVF *Descarga lateral.* A Fig. 27.21 ilustra uma das razões pelas quais é perigoso se abrigar debaixo de uma árvore durante uma tempestade elétrica. Se um relâmpago atinge a árvore, parte da descarga pode passar para a pessoa, especialmente se a corrente que atravessa a árvore atingir uma região seca da casca e por isso tiver que atravessar o ar para chegar ao solo. Na figura, parte do relâmpago atravessa uma distância *d* no ar e chega ao solo por meio da pessoa (que possui uma resistência desprezível em comparação com a do ar). O resto da corrente viaja pelo ar paralelamente ao tronco da árvore, percorrendo uma distância *h*. Se *d*/*h* = 0,400 e a corrente total é *I* = 5.000 A, qual é o valor da corrente que atravessa a pessoa?

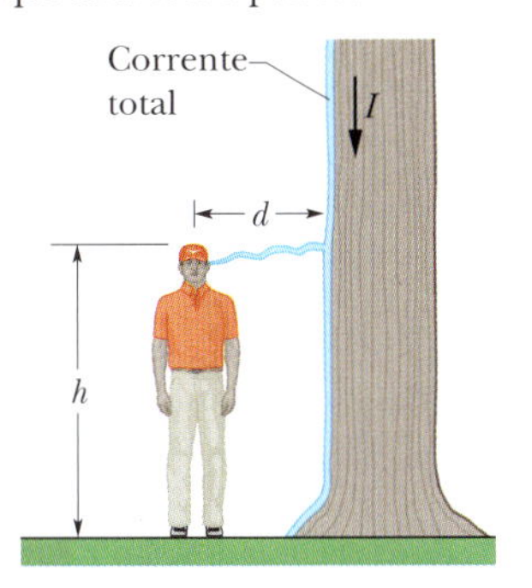

Figura 27.21 Problema 27.

28 M A fonte ideal da Fig. 27.22*a* tem uma força eletromotriz $\mathscr{E}$ = 6,0 V. A curva 1 da Fig. 27.22*b* mostra a diferença de potencial *V* entre os terminais do resistor 1 em função da corrente *i* no resistor. A escala do eixo vertical é definida por V_s = 18,0 V, e a escala do eixo horizontal é definida por i_s = 3,00 mA. As curvas 2 e 3 são gráficos semelhantes para os resistores 2 e 3. Qual é a corrente no resistor 2?

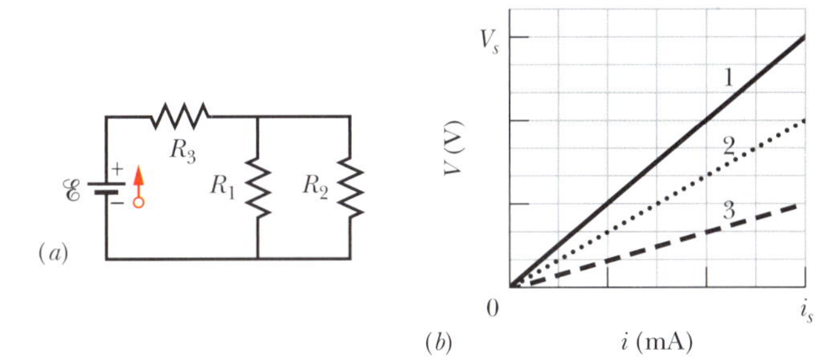

Figura 27.22 Problema 28.

29 M Na Fig. 27.23, R_1 = 6,00 Ω, R_2 = 18,0 Ω e a força eletromotriz da fonte ideal é $\mathscr{E}$ = 12,0 V. Determine (a) o valor absoluto e (b) o sentido (para a esquerda ou para a direita) da corrente i_1. (c) Qual é a energia total dissipada nos quatro resistores em 1,00 min?

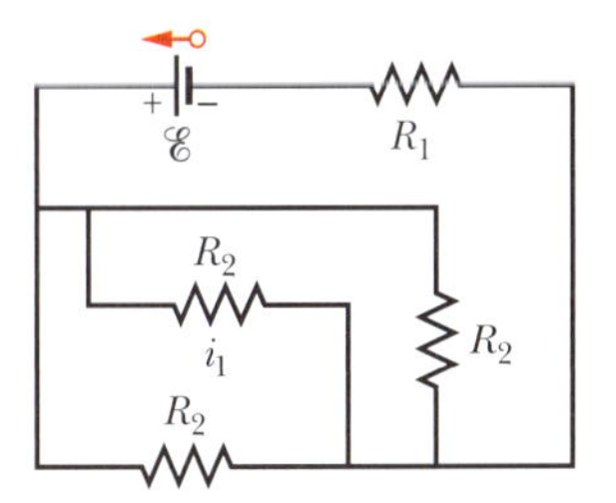

Figura 27.23 Problema 29.

30 M Na Fig. 27.24, as fontes ideais têm forças eletromotrizes $\mathscr{E}_1$ = 10,0 V e $\mathscr{E}_2 = 0{,}500\mathscr{E}_1$, e todas as resistências são de 4,00 Ω. Determine a corrente (a) na resistência 2 e (b) na resistência 3.

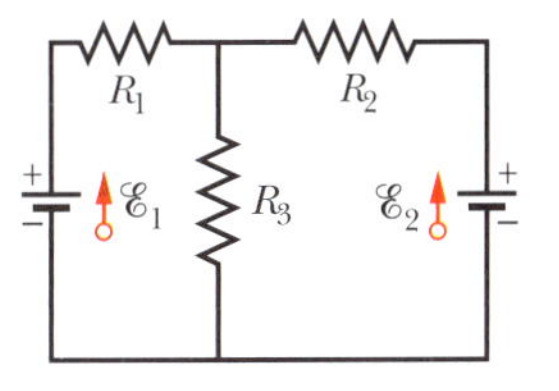

Figura 27.24
Problemas 30, 41 e 88.

31 **M** Na Fig. 27.25, as forças eletromotrizes das fontes ideais são $\mathscr{E}_1 = 5{,}0$ V e $\mathscr{E}_2 = 12$ V, as resistências são de 2,0 Ω e o potencial é tomado como zero no ponto do circuito ligado à terra. Determine os potenciais (a) V_1 e (b) V_2 nos pontos indicados.

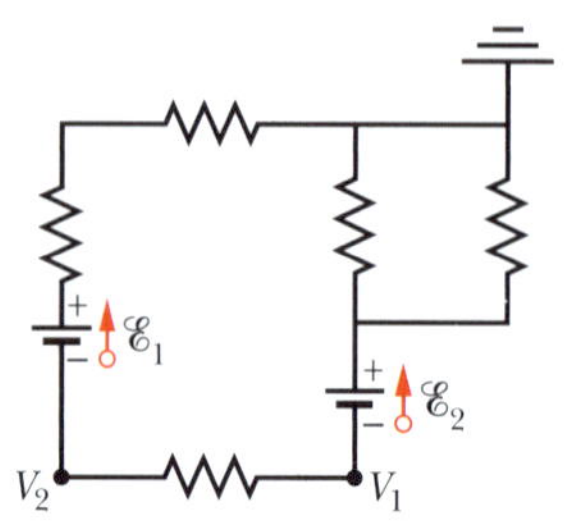

Figura 27.25 Problema 31.

32 **M** As duas fontes da Fig. 27.26*a* são ideais. A força eletromotriz $\mathscr{E}_1$ da fonte 1 tem um valor fixo, mas a força eletromotriz $\mathscr{E}_2$ da fonte 2 pode assumir qualquer valor entre 1,0 V e 10 V. Os gráficos da Fig. 27.26*b* mostram as correntes nas duas fontes em função de $\mathscr{E}_2$. A escala vertical é definida por $i_s = 0{,}20$ A. Não se sabe de antemão que curva corresponde à fonte 1 e que curva corresponde à fonte 2, mas, para as duas curvas, a corrente é considerada negativa quando o sentido da corrente é do terminal positivo para o terminal negativo da bateria. Determine (a) o valor de $\mathscr{E}_1$, (b) o valor de R_1 e (c) o valor de R_2.

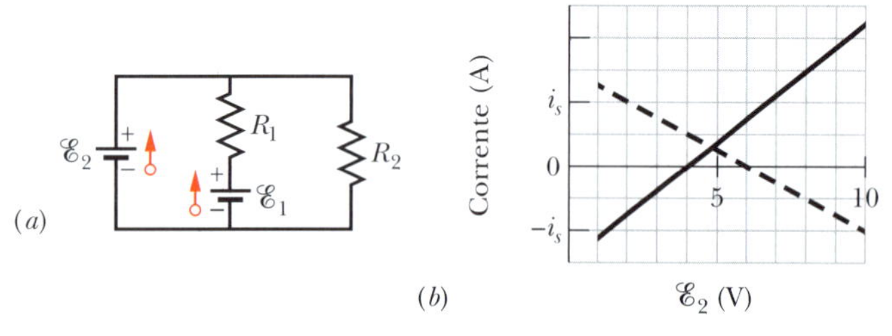

Figura 27.26 Problema 32.

33 **M** Na Fig. 27.27, a corrente na resistência 6 é $i_6 = 1{,}40$ A e as resistências são $R_1 = R_2 = R_3 = 2{,}00\ \Omega$, $R_4 = 16{,}0\ \Omega$, $R_5 = 8{,}00\ \Omega$ e $R_6 = 4{,}00$ Ω. Qual é a força eletromotriz da fonte ideal?

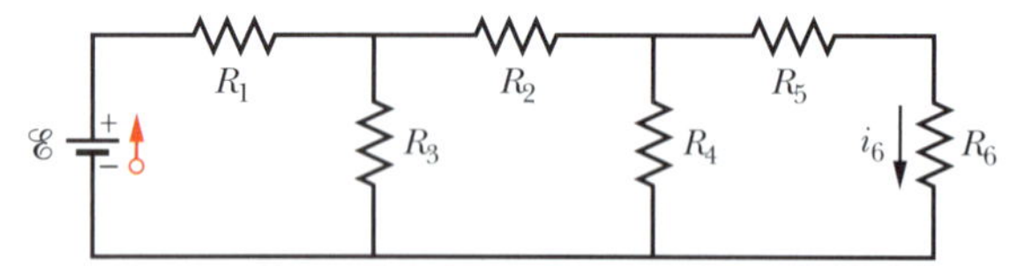

Figura 27.27 Problema 33.

34 **M** As resistências das Figs. 27.28*a* e *b* são todas de 6,0 Ω e as fontes ideais são baterias de 12 V. (a) Quando a chave S da Fig. 27.28*a* é fechada, qual é a variação da diferença de potencial V_1 entre os terminais do resistor 1? (b) Quando a chave S da Fig. 27.28*b* é fechada, qual é a variação da diferença de potencial V_1 entre os terminais do resistor 1?

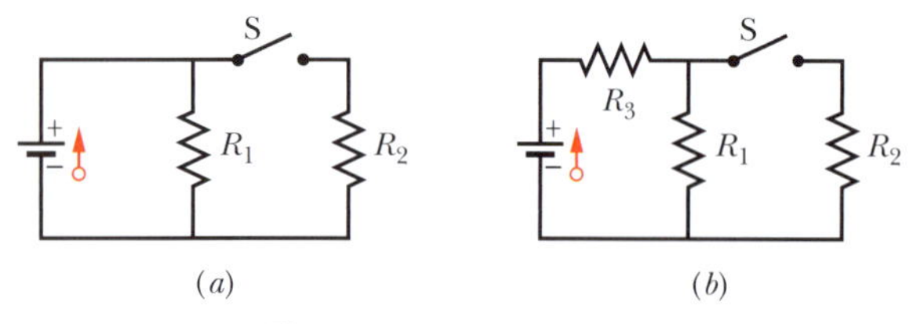

Figura 27.28 Problema 34.

35 **M** Na Fig. 27.29, $\mathscr{E} = 12{,}0$ V, $R_1 = 2.000\ \Omega$, $R_2 = 3.000\ \Omega$ e $R_3 = 4.000\ \Omega$. Determine as diferenças de potencial (a) $V_A - V_B$, (b) $V_B - V_C$, (c) $V_C - V_D$ e (d) $V_A - V_C$.

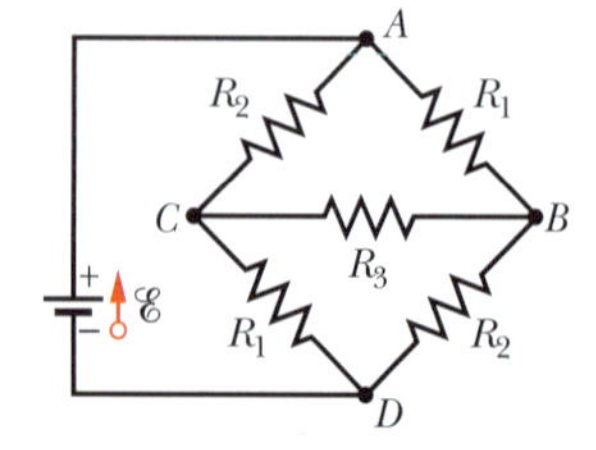

Figura 27.29 Problema 35.

36 **M** Na Fig. 27.30, $\mathscr{E}_1 = 6{,}00$ V, $\mathscr{E}_2 = 12{,}0$ V, $R_1 = 100\ \Omega$, $R_2 = 200\ \Omega$ e $R_3 = 300\ \Omega$. Um ponto do circuito está ligado à terra ($V = 0$). Determine (a) o valor absoluto e (b) o sentido (para cima ou para baixo) da corrente na resistência 1, (c) o valor absoluto e (d) o sentido (para a esquerda ou para a direita) da corrente na resistência 2, (e) o valor absoluto e (f) o sentido (para a esquerda ou para a direita) da corrente na resistência 3. (g) Determine o potencial elétrico no ponto *A*.

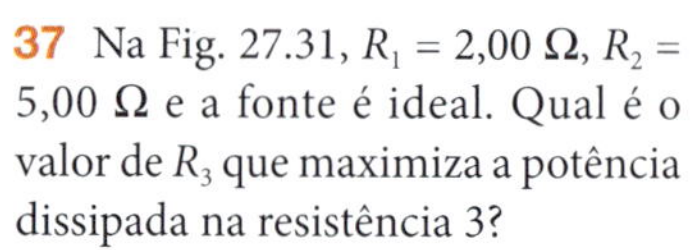

Figura 27.30 Problema 36.

37 Na Fig. 27.31, $R_1 = 2{,}00\ \Omega$, $R_2 = 5{,}00\ \Omega$ e a fonte é ideal. Qual é o valor de R_3 que maximiza a potência dissipada na resistência 3?

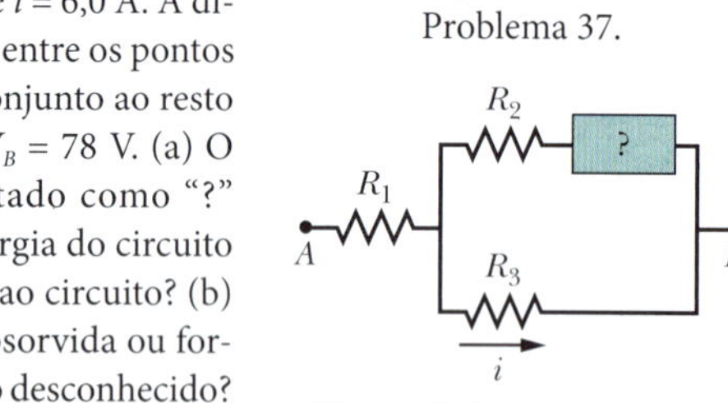

Figura 27.31 Problema 37.

38 **M** A Fig. 27.32 mostra uma parte de um circuito. As resistências são $R_1 = 2{,}0\ \Omega$, $R_2 = 4{,}0\ \Omega$ e $R_3 = 6{,}0\ \Omega$ e a corrente indicada é $i = 6{,}0$ A. A diferença de potencial entre os pontos *A* e *B* que ligam o conjunto ao resto do circuito é $V_A - V_B = 78$ V. (a) O elemento representado como "?" está absorvendo energia do circuito ou cedendo energia ao circuito? (b) Qual é a potência absorvida ou fornecida pelo elemento desconhecido?

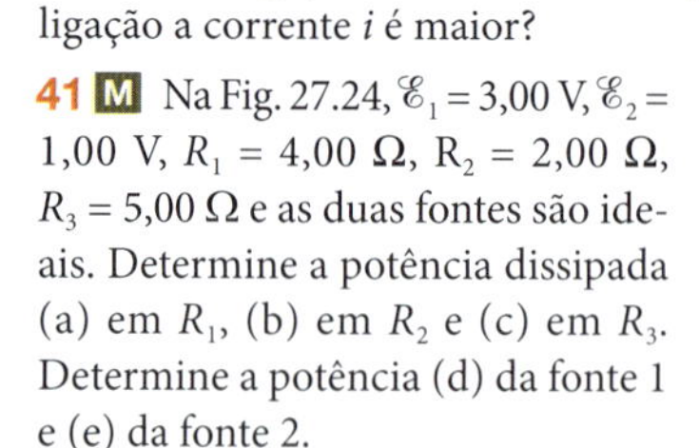

Figura 27.32 Problema 38.

39 **M** **CALC** Na Fig. 27.33, duas fontes de força eletromotriz $\mathscr{E} = 12{,}0$ V e uma resistência interna $r = 0{,}300\ \Omega$ são ligadas em paralelo com uma resistência *R*. (a) Para qual valor de *R* a potência dissipada no resistor é máxima? (b) Qual é o valor da potência máxima?

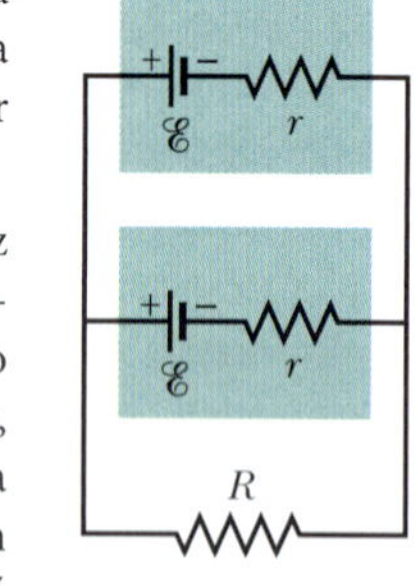

Figura 27.33 Problemas 39 e 40.

40 **M** Duas fontes iguais, de força eletromotriz $\mathscr{E} = 12{,}0$ V e resistência interna $r = 0{,}200\ \Omega$, podem ser ligadas a uma resistência *R* em paralelo (Fig. 27.33) ou em série (Fig. 27.34). Se $R = 2{,}00r$, qual é a corrente *i* na resistência *R* (a) no caso da ligação em paralelo e (b) no caso da ligação em série? (c) Em que tipo de ligação a corrente *i* é maior? Se $R = r/2{,}00$, qual é a corrente na resistência *R* (d) no caso da ligação em paralelo e (e) no caso da ligação em série? (f) Em que tipo de ligação a corrente *i* é maior?

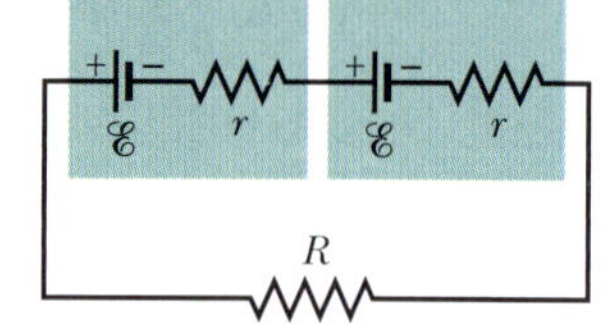

Figura 27.34 Problema 40.

41 **M** Na Fig. 27.24, $\mathscr{E}_1 = 3{,}00$ V, $\mathscr{E}_2 = 1{,}00$ V, $R_1 = 4{,}00\ \Omega$, $R_2 = 2{,}00\ \Omega$, $R_3 = 5{,}00\ \Omega$ e as duas fontes são ideais. Determine a potência dissipada (a) em R_1, (b) em R_2 e (c) em R_3. Determine a potência (d) da fonte 1 e (e) da fonte 2.

42 **M** Na Fig. 27.35, um conjunto de *n* resistores em paralelo é ligado em série a um resistor e a uma fonte ideal. Todos os resistores têm a mesma resistência. Se outro resistor de mesmo valor fosse ligado em paralelo com o conjunto, a corrente na fonte sofreria uma variação de 1,25%. Qual é o valor de *n*?

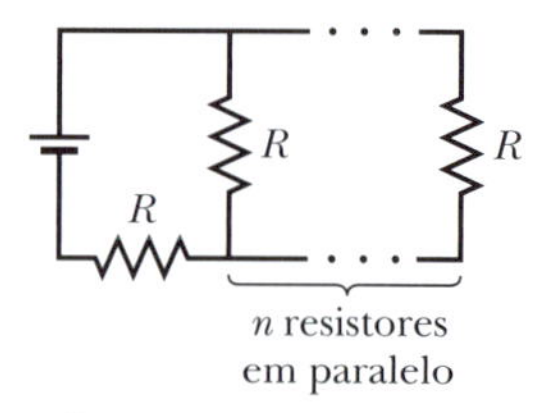

Figura 27.35 Problema 42.

43 **M** O leitor dispõe de um suprimento de resistores de 10 Ω, capazes de dissipar no máximo 1,0 W sem serem inutilizados. Qual é o número mínimo desses resistores que é preciso combinar em série ou em paralelo para obter uma resistência de 10 Ω capaz de dissipar 5,0 W?

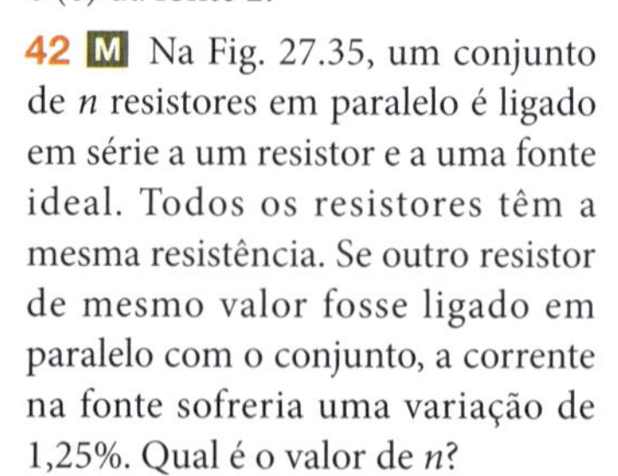

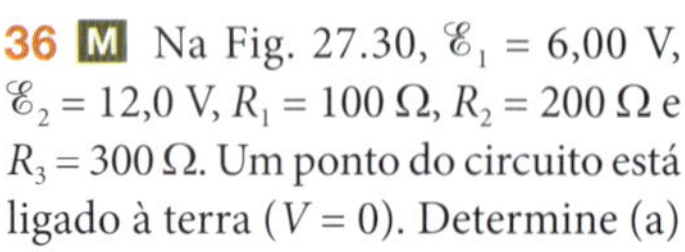

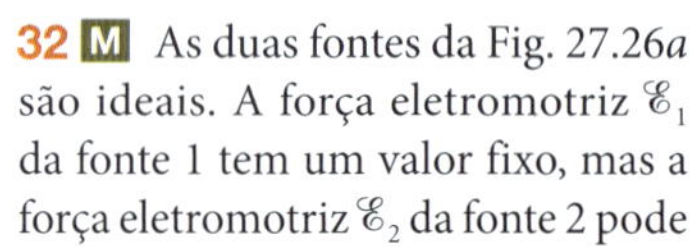

44 M Na Fig. 27.36, $R_1 = 100\ \Omega$, $R_2 = R_3 = 50{,}0\ \Omega$, $R_4 = 75{,}0\ \Omega$ e a força eletromotriz da fonte ideal é $\mathscr{E} = 6{,}00$ V. (a) Determine a resistência equivalente. Determine a corrente (b) na resistência 1, (c) na resistência 2, (d) na resistência 3 e (e) na resistência 4.

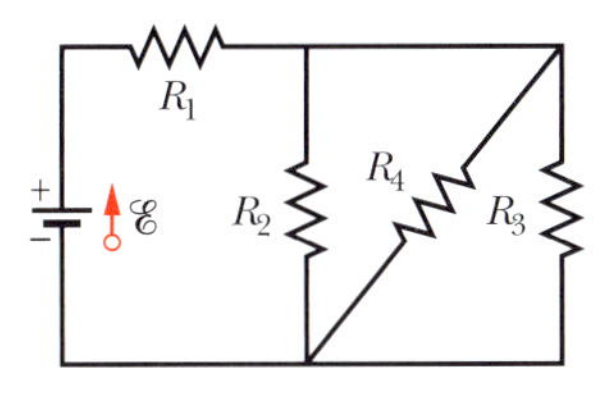

Figura 27.36 Problemas 44 e 48.

45 M Na Fig. 27.37, as resistências são $R_1 = 1{,}0\ \Omega$ e $R_2 = 2{,}0\ \Omega$ e as forças eletromotrizes das fontes ideais são $\mathscr{E}_1 = 2{,}0$ V, $\mathscr{E}_2 = \mathscr{E}_3 = 4{,}0$ V. Determine (a) o valor absoluto e (b) o sentido (para cima ou para baixo) da corrente na fonte 1, (c) o valor absoluto e (d) o sentido da corrente na fonte 2, (e) o valor absoluto e (f) o sentido da corrente na fonte 3, (g) a diferença de potencial $V_a - V_b$.

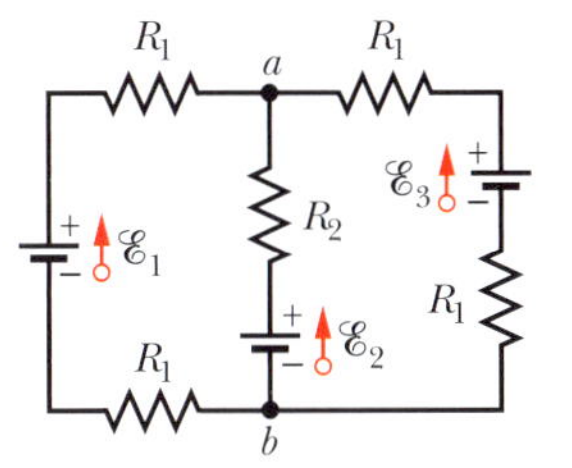

Figura 27.37 Problema 45.

46 M Na Fig. 27.38*a*, o resistor 3 é um resistor variável e a força eletromotriz da fonte ideal é $\mathscr{E} = 12$ V. A Fig. 27.38*b* mostra a corrente *i* na fonte em função de R_3. A escala horizontal é definida por $R_{3s} = 20\ \Omega$. A curva tem uma assíntota de 2,0 mA para $R_3 \to \infty$. Determine (a) a resistência R_1 e (b) a resistência R_2.

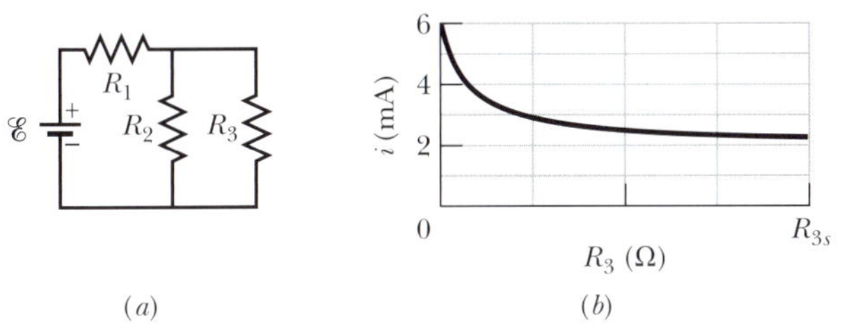

Figura 27.38 Problema 46.

47 D Um fio de cobre de raio $a = 0{,}250$ mm tem uma capa de alumínio de raio externo $b = 0{,}380$ mm. A corrente no fio composto é $i = 2{,}00$ A. Usando a Tabela 26.3.1, calcule a corrente (a) no cobre e (b) no alumínio. (c) Se uma diferença de potencial $V = 12{,}0$ V entre as extremidades mantém a corrente, qual é o comprimento do fio composto?

48 D Na Fig. 27.36, $R_1 = 7{,}00\ \Omega$, $R_2 = 12{,}0\ \Omega$, $R_3 = 4{,}00\ \Omega$ e a força eletromotriz da fonte ideal é $\mathscr{E} = 24{,}0$ V. Determine para qual valor de R_4 a potência fornecida pela fonte aos resistores é igual (a) a 60,0 W, (b) ao maior valor possível $P_{máx}$ e (c) ao menor valor possível $P_{mín}$. Determine (d) $P_{máx}$ e (e) $P_{mín}$.

Módulo 27.3 O Amperímetro e o Voltímetro

49 M (a) Na Fig. 27.39, determine a leitura do amperímetro para $\mathscr{E} = 5{,}0$ V (fonte ideal), $R_1 = 2{,}0\ \Omega$, $R_2 = 4{,}0\ \Omega$ e $R_3 = 6{,}0\ \Omega$. (b) Mostre que, se a fonte for colocada na posição do amperímetro e vice-versa, a leitura do amperímetro será a mesma.

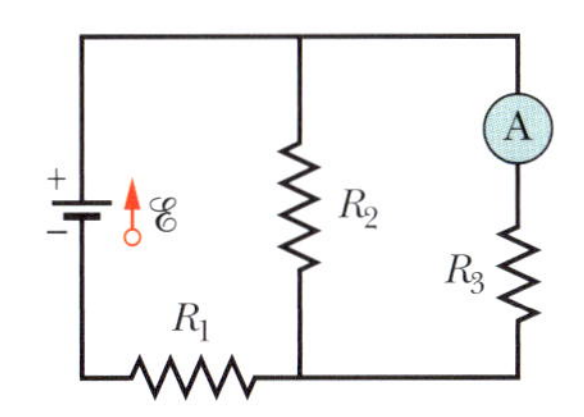

Figura 27.39 Problema 49.

50 M Na Fig. 27.40, $R_1 = 2{,}00R$, a resistência do amperímetro é desprezível e a fonte é ideal. A corrente no amperímetro corresponde a que múltiplo de $\mathscr{E}/R$?

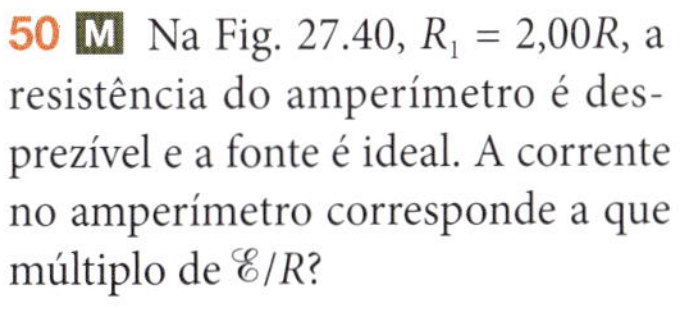

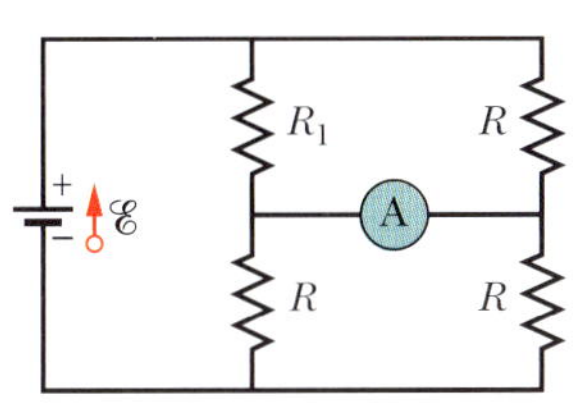

Figura 27.40 Problema 50.

51 M Na Fig. 27.41, um voltímetro de resistência $R_V = 300\ \Omega$ e um amperímetro de resistência $R_A = 3{,}00\ \Omega$ estão sendo usados para medir uma resistência R em um circuito que também contém uma resistência $R_0 = 100\ \Omega$ e uma fonte ideal de força eletromotriz $\mathscr{E} = 12{,}0$ V. A resistência R é dada por $R = V/i$, em que V é a diferença de potencial entre os terminais de R, e i é a leitura do amperímetro. A leitura do voltímetro é V', que é a soma de V com a diferença de potencial entre os terminais do amperímetro. Assim, a razão entre as leituras dos dois medidores não é R, e sim a resistência *aparente* $R' = V'/i$. Se $R = 85{,}0\ \Omega$, determine (a) a leitura do amperímetro, (b) a leitura do voltímetro e (c) o valor de R'. (d) Se R_A diminui, a diferença entre R' e R aumenta, diminui ou permanece a mesma?

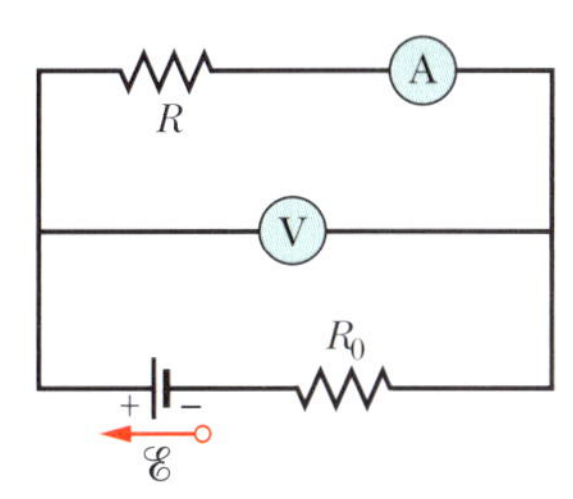

Figura 27.41 Problema 51.

52 M Um ohmímetro simples é construído ligando uma pilha de lanterna de 1,50 V em série com uma resistência R e um amperímetro capaz de medir correntes entre 0 e 1,00 mA, como mostra a Fig. 27.42. A resistência R é ajustada de tal forma que, quando os fios de prova são encostados um no outro, o ponteiro mostra o valor de 1,00 mA, que corresponde à deflexão máxima. Determine o valor da resistência externa que, quando colocada em contato com os fios de prova, provoca uma deflexão do ponteiro do amperímetro de (a) 10,0%, (b) 50,0% e (c) 90,0% da deflexão máxima. (d) Se o amperímetro tem uma resistência de 20,0 Ω e a resistência interna da fonte é desprezível, qual é o valor de R?

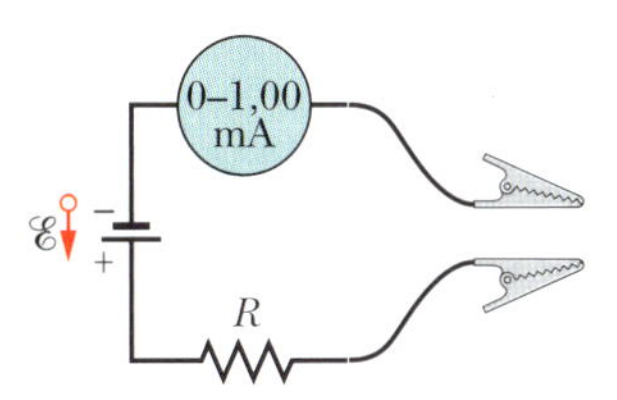

Figura 27.42 Problema 52.

53 M Na Fig. 27.3.1, suponha que $\mathscr{E} = 3{,}0$ V, $r = 100\ \Omega$, $R_1 = 250\ \Omega$ e $R_2 = 300\ \Omega$. Se a resistência do voltímetro R_V é 5,0 kΩ, que erro percentual o voltímetro introduz na medida da diferença de potencial entre os terminais de R_1? Ignore a presença do amperímetro.

54 M Quando os faróis de um automóvel são acesos, um amperímetro em série com os faróis indica 10,0 A e um voltímetro em paralelo com os faróis indica 12,0 V (Fig. 27.43). Quando o motor de arranque é acionado, a leitura do amperímetro cai para 8,00 A e a luz dos faróis fica mais fraca. Se a resistência interna da bateria é 0,0500 Ω e a resistência interna do amperímetro é desprezível, determine (a) a força eletromotriz da bateria e (b) a corrente no motor de arranque quando os faróis estão acesos.

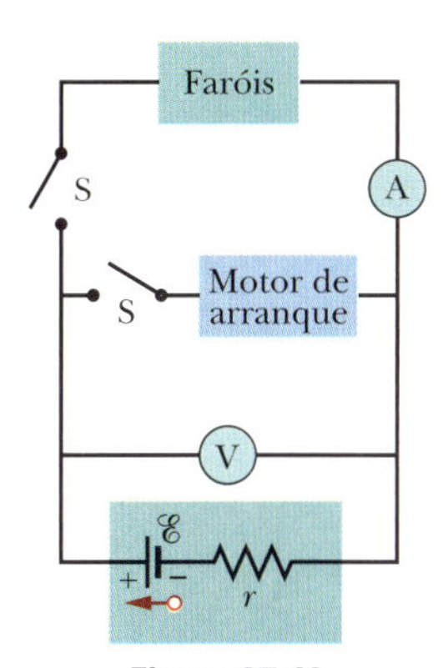

Figura 27.43 Problema 54.

55 M Na Fig. 27.44, o valor de R_s pode ser ajustado com o auxílio de um contato deslizante até que os potenciais dos pontos *a* e *b* sejam iguais. (Um teste para verificar se essa condição foi satisfeita é ligar temporariamente um amperímetro sensível entre os pontos *a* e *b*; se os potenciais dos dois pontos forem iguais, a indicação do amperímetro será zero.) Mostre que, quando esta condição é satisfeita, $R_x = R_sR_2/R_1$. Uma resistência desconhecida (R_x) pode ser medida em termos de uma resistência de referência (R_s) usando esse circuito, conhecido como *ponte de Wheatstone*.

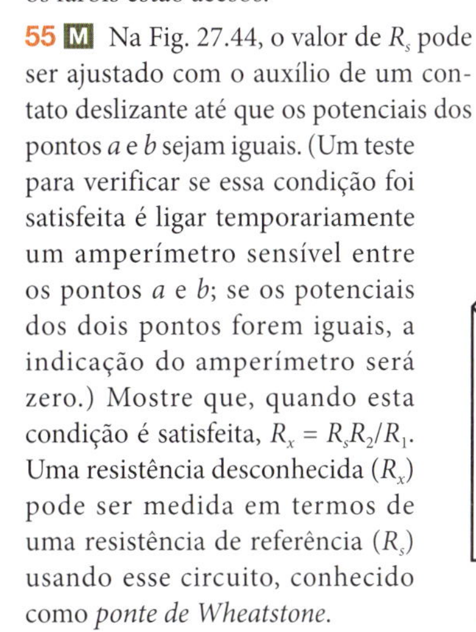

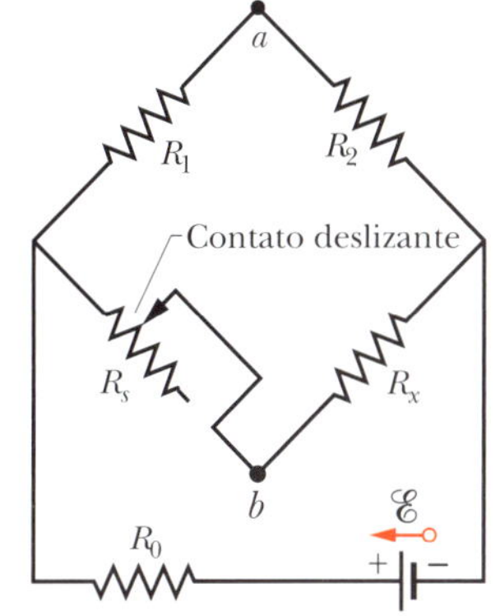

Figura 27.44 Problema 55.

56 M Na Fig. 27.45, um voltímetro de resistência R_V = 300 Ω e um amperímetro de resistência R_A = 3,00 Ω estão sendo usados para medir uma resistência R em um circuito que também contém uma resistência R_0 = 100 Ω e uma fonte ideal de força eletromotriz $\mathscr{E}$ = 12,0 V. A resistência R é dada por $R = V/i$, em que V é a leitura do voltímetro e i é a corrente na resistência R. Entretanto, a leitura do amperímetro não é i e sim i', que é a soma de i com a corrente no voltímetro. Assim, a razão entre as leituras dos dois medidores não é R, e sim a resistência *aparente* $R' = V/i'$. Se R = 85,0 Ω, determine (a) a leitura do amperímetro, (b) a leitura do voltímetro e (c) o valor de R'. (d) Se R_V aumenta, a diferença entre R' e R aumenta, diminui ou permanece a mesma?

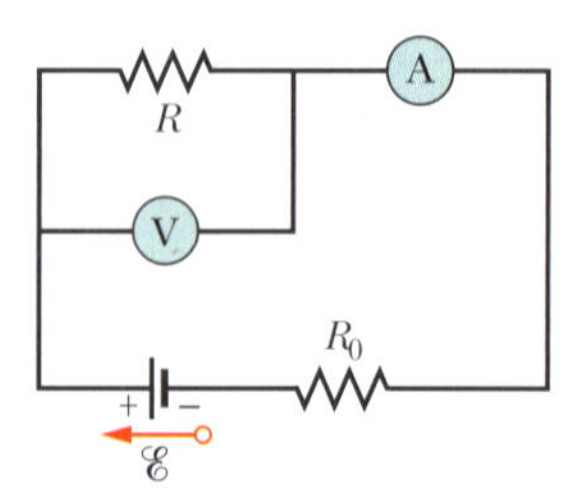

Figura 27.45 Problema 56.

Módulo 27.4 Circuitos *RC*

57 F A chave S da Fig. 27.46 é fechada no instante t = 0, fazendo com que um capacitor inicialmente descarregado, de capacitância C = 15,0 μF, comece a se carregar através de um resistor de resistência R = 20,0 Ω. Em que instante a diferença de potencial entre os terminais do capacitor é igual à diferença de potencial entre os terminais do resistor?

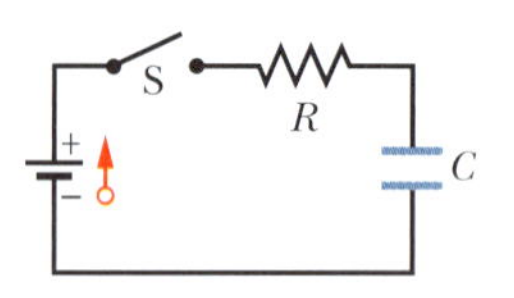

Figura 27.46 Problemas 57 e 96.

58 F Em um circuito *RC* série, $\mathscr{E}$ = 12,0 V, R = 1,40 MΩ e C = 1,80 μF. (a) Calcule a constante de tempo. (b) Determine a carga máxima que o capacitor pode receber ao ser carregado. (c) Qual é o tempo necessário para que a carga do capacitor atinja o valor de 16,0 μC?

59 F Que múltiplo da constante de tempo τ é o tempo necessário para que um capacitor inicialmente descarregado seja carregado com 99,0% da carga final em um circuito *RC* série?

60 F Um capacitor com uma carga inicial q_0 é descarregado através de um resistor. Que múltiplo da constante de tempo τ é o tempo necessário para que o capacitor descarregue (a) um terço da carga inicial e (b) dois terços da carga inicial?

61 F Um resistor de 15,0 kΩ e um capacitor são ligados em série, e uma diferença de potencial de 12,0 V é aplicada bruscamente ao conjunto. A diferença de potencial entre os terminais do capacitor aumenta para 5,00 V em 1,30 μs. (a) Calcule a constante de tempo do circuito. (b) Determine a capacitância C do capacitor.

62 M A Fig. 27.47 mostra o circuito de uma lâmpada piscante como as que são usadas nas obras de estrada. Uma lâmpada fluorescente L (de capacitância desprezível) é ligada em paralelo com o capacitor C de um circuito *RC*. Existe uma corrente na lâmpada apenas quando a diferença de potencial aplicada à lâmpada atinge a tensão de ruptura V_L; nesse instante, o capacitor se descarrega totalmente através da lâmpada e a lâmpada fica acesa por alguns instantes. Para uma lâmpada com uma tensão de ruptura V_L = 72,0 V, ligada a uma bateria ideal de 95,0 V e a um capacitor de 0,150 μF, qual deve ser o valor da resistência R para que a lâmpada pisque duas vezes por segundo?

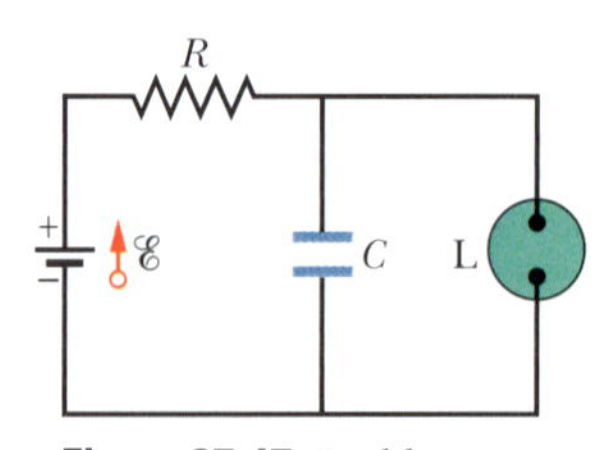

Figura 27.47 Problema 62.

63 M No circuito da Fig. 27.48, $\mathscr{E}$ = 1,2 kV, C = 6,5 μF e $R_1 = R_2 = R_3$ = 0,73 MΩ. Com o capacitor C totalmente descarregado, a chave S é fechada bruscamente no instante t = 0. Determine, para o instante t = 0, (a) a corrente i_1 no resistor 1, (b) a corrente i_2 no resistor 2 e (c) a corrente i_3 no resistor 3. Determine, para $t \to \infty$ (ou seja, após várias constantes de tempo), (d) i_1, (e) i_2, (f) i_3. Determine a diferença de potencial V_2 no resistor 2 (g) em t = 0 e (h) para $t \to \infty$. (i) Faça um esboço do gráfico de V_2 em função de t no intervalo entre esses dois instantes extremos.

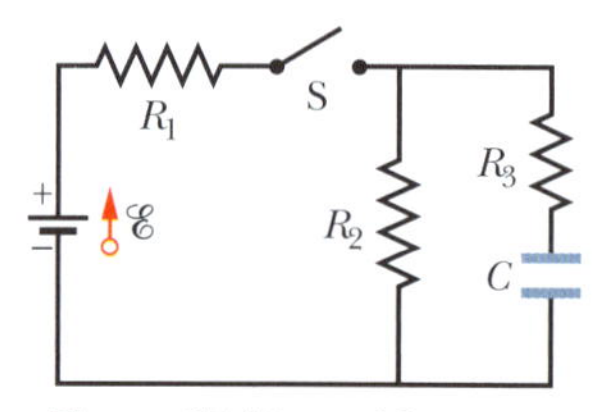

Figura 27.48 Problema 63.

64 M Um capacitor com uma diferença de potencial inicial de 100 V começa a ser descarregado por meio de um resistor quando uma chave é fechada no instante t = 0. No instante t = 10,0 s, a diferença de potencial no capacitor é 1,00 V. (a) Qual é a constante de tempo do circuito? (b) Qual é a diferença de potencial no capacitor no instante t = 17,0 s?

65 M Na Fig. 27.49, R_1 = 10,0 kΩ, R_2 = 15,0 kΩ, C = 0,400 μF e a bateria ideal tem uma força eletromotriz $\mathscr{E}$ = 20,0 V. Primeiro, a chave é mantida por um longo tempo na posição fechada, até que seja atingido o regime estacionário. Em seguida, a chave é aberta no instante t = 0. Qual é a corrente no resistor 2 no instante t = 4,00 ms?

Figura 27.49 Problema 65.

66 M A Fig. 27.50 mostra dois circuitos com um capacitor carregado que pode ser descarregado por um resistor quando uma chave é fechada. Na Fig. 27.50*a*, R_1 = 20,0 Ω e C_1 = 5,00 μF. Na Fig. 27.50*b*, R_2 = 10,0 Ω e C_2 = 8,00 μF. A razão entre as cargas iniciais dos dois capacitores é q_{02}/q_{01} = 1,50. No instante t = 0, as duas chaves são fechadas. Em que instante t os dois capacitores possuem a mesma carga?

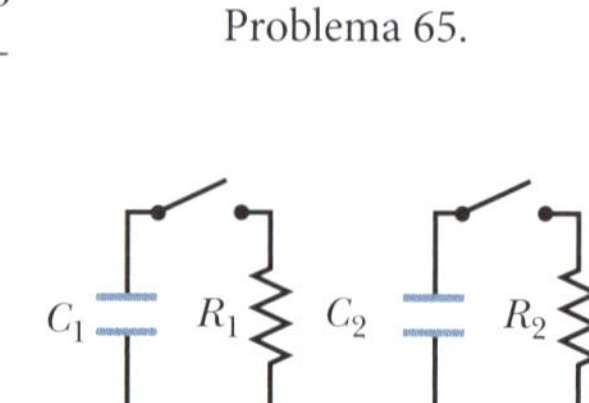

Figura 27.50 Problema 66.

67 M A diferença de potencial entre as placas de um capacitor de 2,0 μF com fuga (o que significa que há passagem de carga de uma placa para a outra) diminui para um quarto do valor inicial em 2,0 s. Qual é a resistência equivalente entre as placas do capacitor?

68 M Um capacitor de 1,0 μF com uma energia inicial armazenada de 0,50 J é descarregado através de um resistor de 1,0 MΩ. (a) Qual é a carga inicial do capacitor? (b) Qual é a corrente no resistor quando a descarga começa? Escreva expressões que permitam calcular, em função do tempo t, (c) a diferença de potencial V_C no capacitor, (d) a diferença de potencial V_R no resistor e (e) a potência P_R dissipada pelo resistor.

69 D CALC Um resistor de 3,00 MΩ e um capacitor de 1,00 μF são ligados em série com uma fonte ideal de força eletromotriz $\mathscr{E}$ = 4,00 V. Depois de transcorrido 1,00 s, determine (a) a taxa de aumento da carga do capacitor, (b) a taxa de armazenamento de energia no capacitor, (c) a taxa de dissipação de energia no capacitor e (d) a taxa de fornecimento de energia pela fonte.

Problemas Adicionais

70 Cada uma das seis fontes reais da Fig. 27.51 possui uma força eletromotriz de 20 V e uma resistência de 4,0 Ω. (a) Qual é a corrente na resistência (externa) R = 4,0 Ω? (b) Qual é a diferença de potencial entre os terminais de uma das fontes? (c) Qual é a potência fornecida por uma das fontes? (d) Qual é a potência dissipada na resistência interna de uma das fontes?

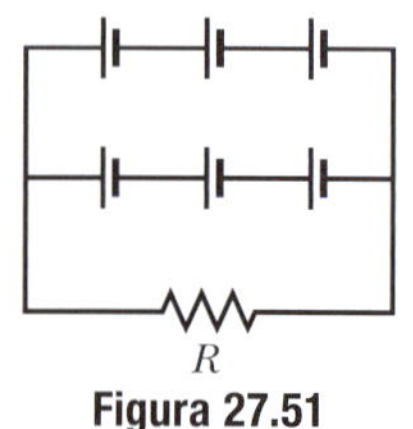

Figura 27.51 Problema 70.

71 Na Fig. 27.52, R_1 = 20,0 Ω, R_2 = 10,0 Ω e a força eletromotriz da fonte ideal é $\mathscr{E}$ = 120 V. Determine a corrente no ponto *a* (a) com apenas a chave S_1 fechada, (b) com apenas as chaves S_1 e S_2 fechadas e (c) com as três chaves fechadas.

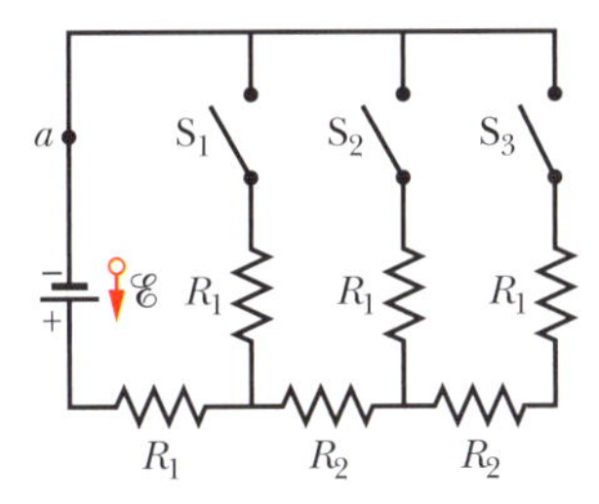

Figura 27.52 Problema 71.

72 Na Fig. 27.53, a força eletromotriz da fonte ideal é $\mathscr{E}$ = 30,0 V e as resistências são $R_1 = R_2 = 14\ \Omega$, $R_3 = R_4 = R_5 = 6{,}0\ \Omega$, $R_6 = 2{,}0\ \Omega$ e $R_7 = 1{,}5\ \Omega$. Determine (a) i_2, (b) i_4, (c) i_1, (d) i_3 e (e) i_5.

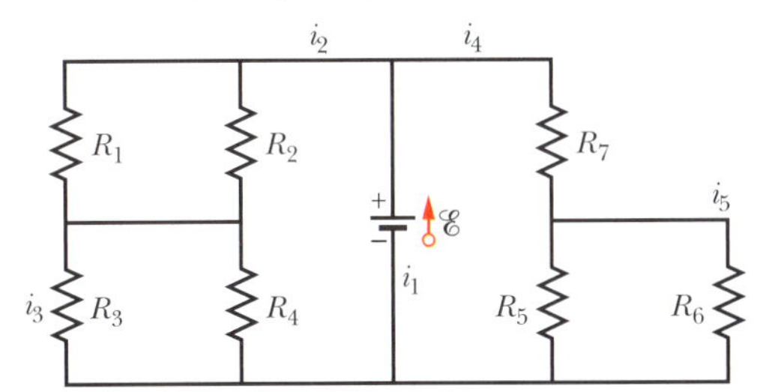

Figura 27.53 Problema 72.

73 Os fios *A* e *B*, ambos com 40,0 m de comprimento e 2,60 mm de diâmetro, são ligados em série. Uma diferença de potencial de 60,0 V é aplicada às extremidades do fio composto. As resistências são $R_A = 0{,}127\ \Omega$ e $R_B = 0{,}729\ \Omega$. Para o fio *A*, determine (a) o módulo *J* da densidade de corrente e (b) a diferença de potencial *V*. (c) De que material é feito o fio *A*? (Ver Tabela 26.3.1.) Para o fio *B*, determine (d) *J* e (e) *V*. (f) De que material é feito o fio *B*?

74 Determine (a) o valor absoluto e (b) o sentido (para cima ou para baixo) da corrente *i* na Fig. 27.54, em que todas as resistências são de 4,0 Ω e todas as fontes são ideais e têm uma força eletromotriz de 10 V. (*Sugestão*: O problema pode ser resolvido de cabeça.)

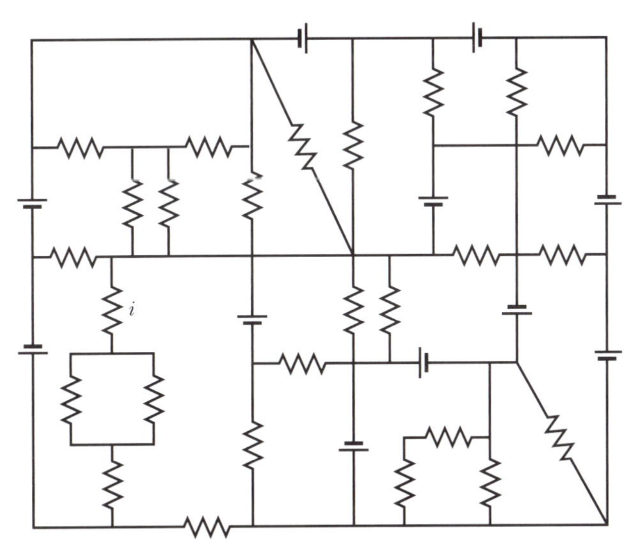

Figura 27.54 Problema 74.

75 BIO CVF Suponha que, enquanto você está sentado em uma cadeira, a separação de cargas entre sua roupa e a cadeira faz com que seu corpo fique a um potencial de 200 V, com uma capacitância de 150 pF entre você e a cadeira. Quando você se levanta, o aumento da distância entre seu corpo e a cadeira faz a capacitância diminuir para 10 pF. (a) Qual é o novo valor do potencial do seu corpo? Esse potencial diminui com o tempo, pois a carga tende a se escoar pelos sapatos (você é um capacitor que está se descarregando através de uma resistência). Suponha que a resistência efetiva para a descarga é 300 GΩ. Se você toca num componente eletrônico enquanto o seu potencial é maior que 100 V, o componente pode ficar inutilizado. (b) Quanto tempo você deve esperar para que o potencial do seu corpo chegue ao nível seguro de 100 V?

Se você usar uma pulseira condutora (Fig. 27.55) em contato com a terra, seu potencial não aumentará tanto quando você se levantar; além disso, a descarga será mais rápida, pois a resistência da ligação à terra será menor que a dos sapatos. (c) Suponha que, no momento em que você se levanta, o potencial do seu corpo é 1.400 V e a capacitância entre o seu corpo e a cadeira é 10 pF. Qual deve ser a resistência entre a pulseira e a terra para que o seu corpo chegue ao potencial de 100 V em 0,30 s, ou seja, em um tempo menor que o que você levaria para tocar, por exemplo, em um computador?

Figura 27.55 Problema 75. Pulseira para descarregar eletricidade estática.

76 Na Fig. 27.56, as forças eletromotrizes das fontes ideais são $\mathscr{E}_1$ = 20,0 V, $\mathscr{E}_2$ = 10,0 V e $\mathscr{E}_3$ = 5,00 V, e as resistências são todas de 2,00 Ω. Determine (a) o valor absoluto e (b) o sentido (para a direita ou para a esquerda) da corrente i_1. (c) A fonte 1 fornece ou absorve energia? (d) Qual é a potência fornecida ou absorvida pela fonte 1? (e) A fonte 2 fornece ou absorve energia? (f) Qual é a potência fornecida ou absorvida pela fonte 2? (g) A fonte 3 fornece ou absorve energia? (h) Qual é a potência fornecida ou absorvida pela fonte 3?

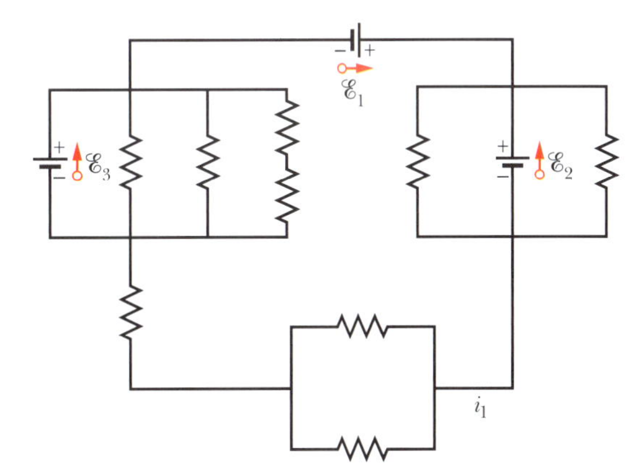

Figura 27.56 Problema 76.

77 Para fabricar um resistor cuja resistência varia muito pouco com a temperatura, pode-se utilizar uma combinação em série de um resistor de silício com um resistor de ferro. Se a resistência total desejada é 1.000 Ω e a temperatura de referência é 20°C, determine a resistência (a) do resistor de silício e (b) do resistor de ferro. (*Sugestão*: Ver Tabela 26.3.1.)

78 Na Fig. 27.3.1, suponha que $\mathscr{E} = 5{,}0$ V, $r = 2{,}0\ \Omega$, $R_1 = 5{,}0\ \Omega$ e $R_2 = 4{,}0\ \Omega$. Se a resistência do amperímetro R_A é $0{,}10\ \Omega$, que erro percentual essa resistência introduz na medida da corrente? Ignore a presença do voltímetro.

79 **CALC** Um capacitor C inicialmente descarregado é carregado totalmente por uma fonte de força eletromotriz constante $\mathscr{E}$ ligada em série com um resistor R. (a) Mostre que a energia final armazenada no capacitor é igual à metade da energia fornecida pela fonte. (b) Integrando o produto i^2R no intervalo de carga, mostre que a energia térmica dissipada pelo resistor também é igual à metade da energia fornecida pela fonte.

80 Na Fig. 27.57, $R_1 = 5{,}00\ \Omega$, $R_2 = 10{,}0\ \Omega$, $R_3 = 15{,}0\ \Omega$, $C_1 = 5{,}00\ \mu$F, $C_2 = 10{,}0\ \mu$F e a fonte ideal tem uma força eletromotriz $\mathscr{E} = 20{,}0$ V. Supondo que o circuito está no regime estacionário, qual é a energia total armazenada nos dois capacitores?

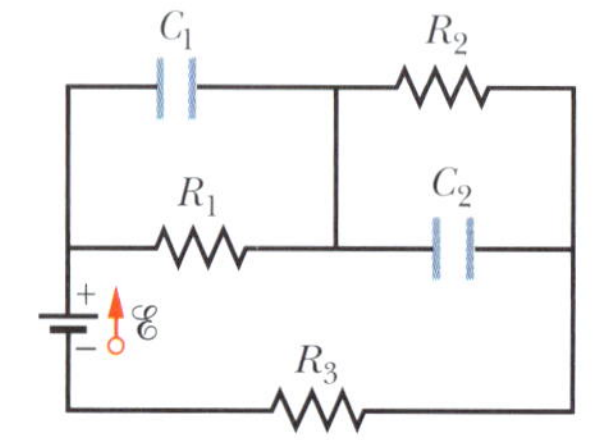

Figura 27.57 Problema 80.

81 Na Fig. 27.1.5*a*, determine a diferença de potencial entre os terminais de R_2 para $\mathscr{E} = 12$ V, $R_1 = 3{,}0\ \Omega$, $R_2 = 4{,}0\ \Omega$ e $R_3 = 5{,}0\ \Omega$.

82 Na Fig. 27.1.8*a*, calcule a diferença de potencial entre *a* e *c* considerando o percurso que envolve R, r_1 e $\mathscr{E}_1$.

83 O controlador de um jogo de fliperama é formado por um resistor variável em paralelo com um capacitor de $0{,}220\ \mu$F. O capacitor é carregado com 5,00 V e descarregado pelo resistor. O tempo para que a diferença de potencial entre as placas do capacitor diminua para 0,800 V é medido por um relógio que faz parte do jogo. Se a faixa útil de tempos de descarga vai de $10{,}0\ \mu$s a 6,00 ms, determine (a) o menor valor e (b) o maior valor da resistência do resistor.

84 A Fig. 27.58 mostra o circuito do indicador de combustível usado nos automóveis. O indicador (instalado no painel) tem uma resistência de $10\ \Omega$. No tanque de gasolina existe uma boia ligada a um resistor variável cuja resistência varia linearmente com o volume de combustível. A resistência é $140\ \Omega$, quando o tanque está cheio, e $20\ \Omega$, quando o tanque está vazio. Determine a corrente no circuito (a) quando o tanque está vazio, (b) quando o tanque está pela metade e (c) quando o tanque está cheio. Considere a bateria uma fonte ideal.

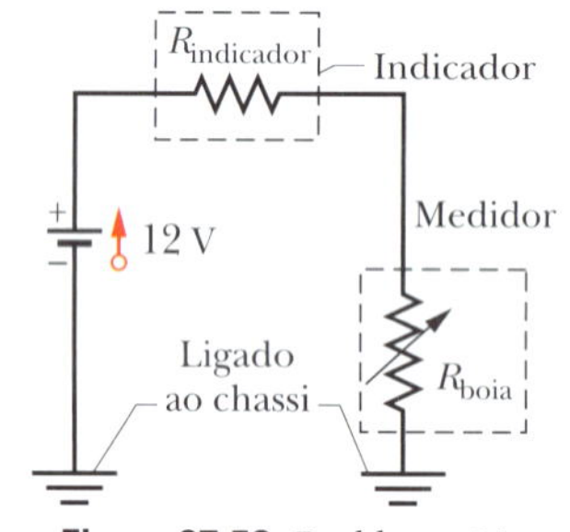

Figura 27.58 Problema 84.

85 O motor de arranque de um automóvel está girando muito devagar, e o mecânico não sabe se o problema está no motor, no cabo ou na bateria. De acordo com o manual, a resistência interna da bateria de 12 V não deveria ser maior que $0{,}020\ \Omega$, a resistência do motor não deveria ultrapassar $0{,}200\ \Omega$ e a resistência do cabo não deveria ser maior que $0{,}040\ \Omega$. O mecânico liga o motor e mede 11,4 V entre os terminais da bateria, 3,0 V entre as extremidades do cabo e uma corrente de 50 A. Qual é o componente defeituoso?

86 Dois resistores, R_1 e R_2, podem ser ligados em paralelo ou em série entre os terminais de uma fonte ideal de força eletromotriz $\mathscr{E}$. Estamos interessados em que a potência dissipada pela combinação dos resistores em paralelo seja cinco vezes maior que a potência dissipada pela combinação dos resistores em série. Se $R_1 = 100\ \Omega$, determine (a) o menor e (b) o maior dos dois valores de R_2 que satisfazem essa condição.

87 O circuito da Fig. 27.59 mostra um capacitor, duas fontes ideais, dois resistores e uma chave S. Inicialmente, a chave S permaneceu aberta por um longo tempo. Se a chave é fechada e permanece nesta posição por um longo tempo, qual é a variação da carga do capacitor? Suponha que $C = 10\ \mu$F, $\mathscr{E}_1 = 1{,}0$ V, $\mathscr{E}_2 = 3{,}0$ V, $R_1 = 0{,}20\ \Omega$ e $R_2 = 0{,}40\ \Omega$.

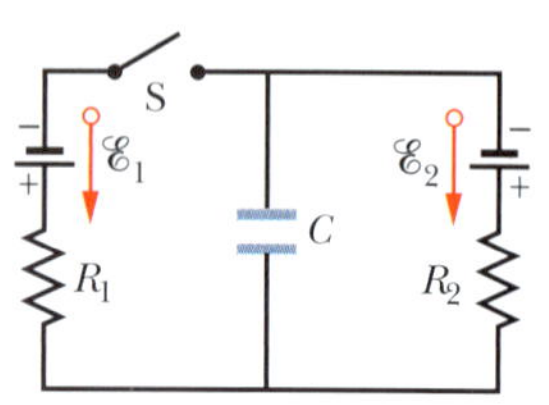

Figura 27.59 Problema 87.

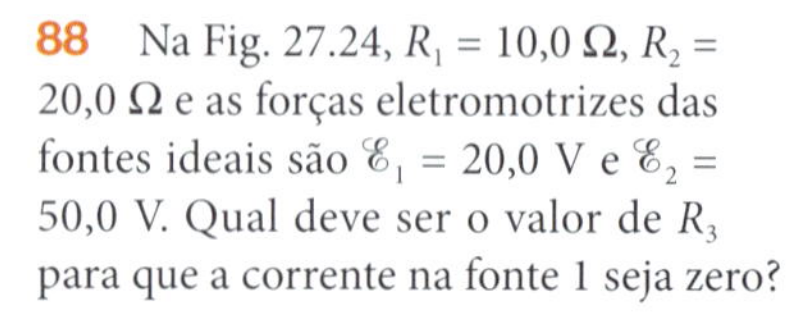

88 Na Fig. 27.24, $R_1 = 10{,}0\ \Omega$, $R_2 = 20{,}0\ \Omega$ e as forças eletromotrizes das fontes ideais são $\mathscr{E}_1 = 20{,}0$ V e $\mathscr{E}_2 = 50{,}0$ V. Qual deve ser o valor de R_3 para que a corrente na fonte 1 seja zero?

89 Na Fig. 27.60, $R = 10\ \Omega$. Qual é a resistência equivalente entre os pontos A e B? (*Sugestão*: Imagine que existe uma fonte ligada entre os pontos A e B.)

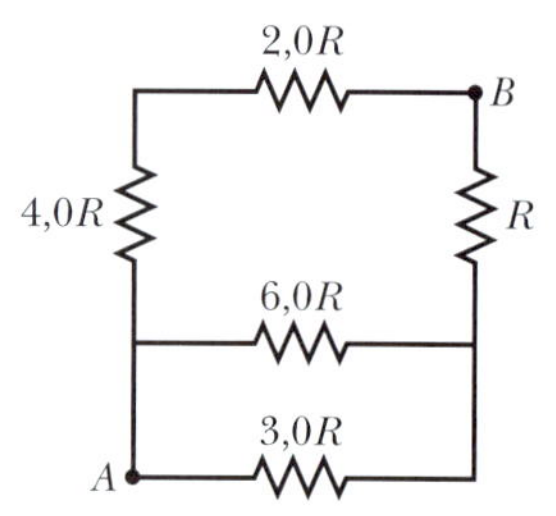

Figura 27.60 Problema 89.

90 **CALC** (a) Na Fig. 27.1.4*a*, mostre que a potência dissipada em R é máxima para $R = r$. (b) Mostre que a potência máxima é $P = \mathscr{E}^2/4r$.

91 Na Fig. 27.61, as forças eletromotrizes das fontes ideais são $\mathscr{E}_1 = 12{,}0$ V e $\mathscr{E}_2 = 4{,}00$ V e as resistências são todas de $4{,}00\ \Omega$. Determine (a) o valor absoluto de i_1, (b) o sentido (para cima ou para baixo) de i_1, (c) o valor absoluto de i_2 e (d) o sentido de i_2. (e) A fonte 1 fornece ou absorve energia? (f) Qual é a potência fornecida ou absorvida pela fonte 1? (g) A fonte 2 fornece ou absorve energia? (h) Qual é a potência fornecida ou absorvida pela fonte 2?

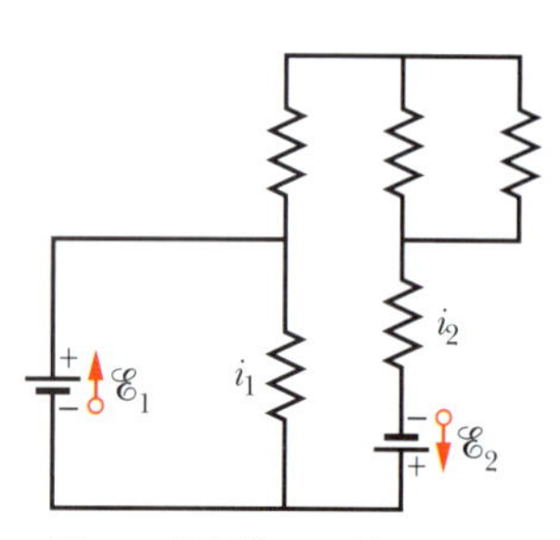

Figura 27.61 Problema 91.

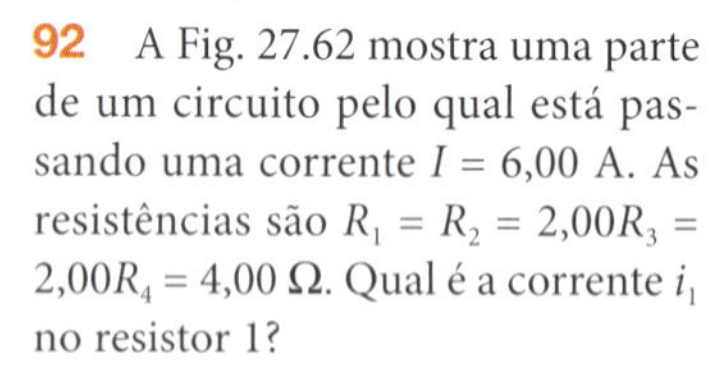

92 A Fig. 27.62 mostra uma parte de um circuito pelo qual está passando uma corrente $I = 6{,}00$ A. As resistências são $R_1 = R_2 = 2{,}00R_3 = 2{,}00R_4 = 4{,}00\ \Omega$. Qual é a corrente i_1 no resistor 1?

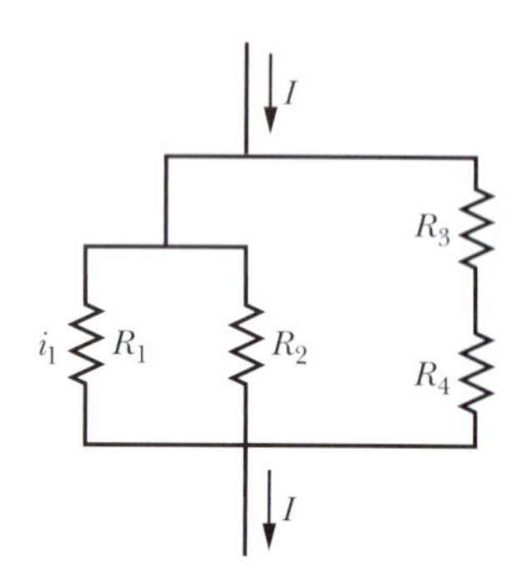

Figura 27.62 Problema 92.

93 Pretende-se dissipar uma potência de 10 W em um resistor de $0{,}10\ \Omega$ ligando o resistor a uma fonte cuja força eletromotriz é 1,5 V. (a) Qual deve ser a diferença de potencial aplicada ao resistor? (b) Qual deve ser a resistência interna da fonte?

94 A Fig. 27.63 mostra três resistores de $20{,}0\ \Omega$. Determine a resistência equivalente (a) entre os pontos A e B, (b) entre os pontos A e C, (c) entre os pontos B e C. (*Sugestão*: Imagine que existe uma fonte ligada entre os pontos indicados.)

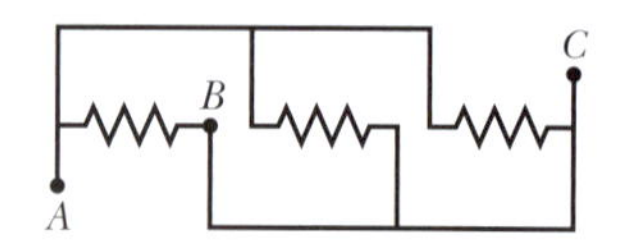

Figura 27.63 Problema 94.

95 Uma linha de transmissão de 120 V é protegida por um fusível de 15 A. Qual é o número máximo de lâmpadas de 500 W que podem ser ligadas em paralelo na linha sem queimar o fusível?

96 A Fig. 27.46 mostra uma fonte ideal de força eletromotriz $\mathscr{E} = 12$ V, um resistor de resistência $R = 4{,}0\ \Omega$ e um capacitor descarregado de capacitância $C = 4{,}0\ \mu$F. Se a chave S é fechada, qual é a corrente no resistor no instante em que a carga do capacitor é $8{,}0\ \mu$C?

97 *Circuito cúbico* A Fig. 27.64 mostra um circuito na forma de um cubo, cujas arestas são 12 resistores, todos de mesma resistência R. Qual é a resistência equivalente R_{12} do circuito para uma fonte ligada aos terminais 1 e 2? (Embora o problema possa ser resolvido pelo "método da força bruta" usando a regra das malhas e a regra dos nós para montar um sistema de equações, a simetria das ligações é uma indicação de que existe um meio mais simples de resolver o problema. *Sugestão*: Se o potencial é o mesmo em dois pontos de um circuito, as correntes do circuito não mudam se esses pontos forem ligados por um fio, já que, não havendo uma diferença de potencial entre eles, a corrente no fio é nula. Isso significa que os dois pontos podem ser substituídos por um único ponto.)

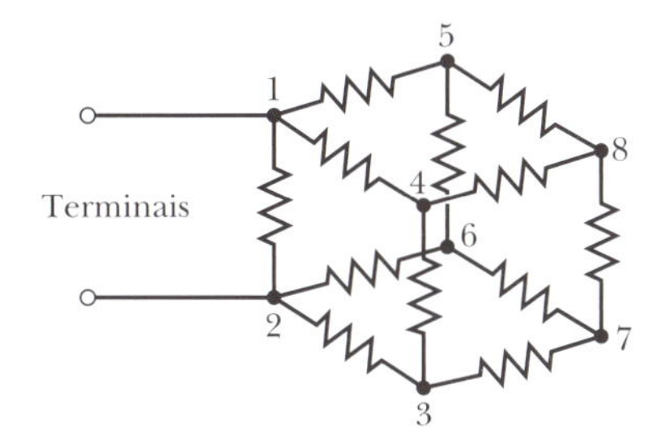

Figura 27.64 Problema 97.

98 *Resistência do cérebro*. Uma forma de estudar o cérebro envolve a medida da sua resistividade, que é útil em certos tipos de cirurgias e na instalação de eletrodos profundos para o tratamento de epilepsia e da doença de Parkinson. Uma observação relevante é o fato de que a resistência de um tumor pode ser diferente da resistência do cérebro saudável. A Fig. 27.65 mostra um modelo simples para a passagem de uma corrente i pela resistência $R_1 = 160\ \Omega$ de um glioma (30% dos tumores do cérebro são gliomas) e pela resistência $R_2 = 372\ \Omega$ da substância branca do cérebro. No cérebro de uma pessoa viva, que porcentagem da corrente passa (a) por um glioma e (b) pela substância branca? Se a mesma medida é feita em um cadáver, caso em que o formaldeído usado para conservar o corpo produz um aumento de 2.700 Ω nas duas resistências, que porcentagem da corrente passa (c) por um glioma e (d) pela substância branca? Esses resultados mostram que os estudos nos cérebros de cadáveres devem ser ajustados para poderem ser comparados com as propriedades elétricas dos cérebros de pessoas vivas.

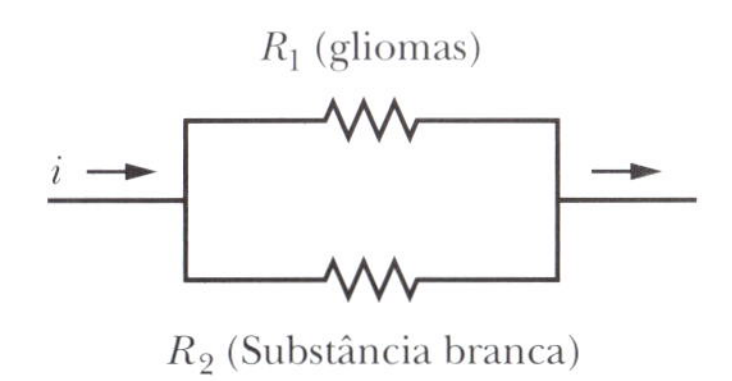

Figura 27.65 Problema 98.

99 *Resistência de um aquecedor de ambiente*. Você está montando um aquecedor de ambiente e decide testar combinações de fios de dois materiais diferentes que podem ser usados como resistências, ambos de comprimento $L = 10$ cm e diâmetro $d = 2{,}5$ mils (o mil é uma unidade prática que corresponde a um milésimo de polegada). O fio 1 é feito de cobre e tem uma resistividade $\rho_1 = 1{,}7 \times 10^{-8}\ \Omega \cdot$ m e o fio 2 é feito de Nichrome (uma liga de níquel e cromo) e tem uma resistividade $\rho_2 = 1{,}1 \times 10^{-6}\ \Omega \cdot$ m. O aquecedor vai trabalhar com uma tensão de 110 V. Qual será a potência dissipada na forma de calor (a) se for usado apenas o fio 1, (b) se for usado apenas o fio 2, (c) se forem usados os fios 1 e 2 em série e (d) se forem usados os fios 1 e 2 em paralelo?

100 *Ataque de uma enguia elétrica*. As enguias elétricas podem atacar seres humanos fora da água e produzir fortes choques. Em um experimento recente, um pesquisador expôs o braço a um filhote de enguia para que pudesse medir a corrente elétrica aplicada pelo animal. A Fig. 27.66*a* mostra uma foto da enguia atacando o braço do pesquisador, com o punho cerrado, mergulhado em água. (Por se tratar de um filhote, o choque não tinha intensidade suficiente para causar danos ao pesquisador.) A Fig. 27.66*b* mostra um diagrama do circuito formado pela enguia, o braço e a água. A força eletromotriz gerada pela enguia é 200 V. A resistência do corpo da enguia é $R_1 = 1.000\ \Omega$, a resistência da superfície do corpo da enguia entre a cabeça e a água é $R_3 = 2{,}3\ \text{k}\Omega$, a resistência do braço do voluntário entre o ponto que está em contato com a cabeça da enguia e a água é $R_4 = 2{,}2\ \text{k}\Omega$ e a resistência da água entre o punho cerrado e a cauda da enguia é $R_2 = 400\ \Omega$. Determine (a) a corrente i gerada pela enguia e (b) a corrente i_1 que atravessa o braço. (c) Qual é a potência aplicada ao braço do pesquisador?

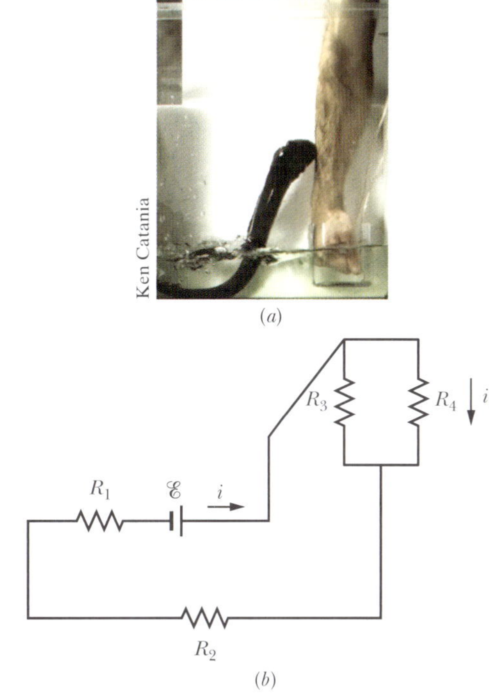

Figura 27.66 Problema 100. (*a*) Uma enguia elétrica atacando um pesquisador. (*b*) Diagrama do circuito formado pela enguia, o braço do pesquisador e a água. (Cortesia de Kenneth C. Catania, do Departamento de Ciências Biológicas da Vanderbilt University.)

101 *Aterramento de um caminhão-tanque*. Na hora de carregar um caminhão-tanque com gasolina ou transferir gasolina de um caminhão-tanque para o depósito subterrâneo de um posto de combustível, é preciso tomar cuidado para evitar que uma centelha produzida por cargas eletrostáticas inflame os vapores de gasolina. Essas cargas podem ser produzidas pelo movimento do caminhão durante o percurso. O valor crítico da energia necessária para inflamar vapores de gasolina é $U_c = 24$ mJ. Para evitar que aconteça um incêndio ou uma explosão, a carroceria do caminhão é aterrada antes de carregar ou descarregar a gasolina. Para isso, utiliza-se um cabo condutor com uma resistência de 10 Ω com uma extremidade conectada ao caminhão e a outra enterrada no solo (Fig. 27.67). Se o caminhão tem capacitância de 600 pF e energia elétrica armazenada de 2,25 J, qual é o tempo necessário para que a energia se torne menor que o valor crítico?

Figura 27.67 Problema 101. Um cabo de aterramento liga o caminhão ao poste, de onde vai até o solo.

CAPÍTULO 28

Campos Magnéticos

28.1 CAMPOS MAGNÉTICOS E A DEFINIÇÃO DE $\vec{B}$

Objetivos do Aprendizado

Depois de ler este módulo, você será capaz de ...

28.1.1 Saber a diferença entre um eletroímã e um ímã permanente.

28.1.2 Saber que o campo magnético é uma grandeza vetorial e que, portanto, tem um módulo e uma orientação.

28.1.3 Saber que um campo magnético pode ser definido em termos do que acontece com uma partícula carregada que se move na presença do campo.

28.1.4 No caso de uma partícula carregada que se move na presença de um campo magnético uniforme, conhecer a relação entre o módulo F_B da força exercida pelo campo, a carga q da partícula, a velocidade escalar v da partícula, o módulo B do campo magnético e o ângulo ϕ entre a velocidade $\vec{v}$ da partícula e o campo magnético $\vec{B}$.

28.1.5 No caso de uma partícula carregada que se move na presença de um campo magnético uniforme, determinar a orientação da força magnética $\vec{F}_B$ (1) usando a regra da mão direita para conhecer a direção do vetor $\vec{v} \times \vec{B}$ e (2) usando o sinal da carga q para conhecer o sentido do vetor.

28.1.6 Determinar a força magnética $\vec{F}_B$ que age sobre uma partícula carregada em movimento calculando o produto vetorial $\vec{v} \times \vec{B}$.

28.1.7 Saber que o vetor força magnética $\vec{F}_B$ é perpendicular ao vetor velocidade $\vec{v}$ e ao vetor campo magnético $\vec{B}$.

28.1.8 Conhecer o efeito da força magnética sobre a velocidade escalar e a energia cinética de uma partícula carregada.

28.1.9 Saber que um ímã pode ser representado por um dipolo magnético.

28.1.10 Saber que polos magnéticos de tipos diferentes se atraem e polos do mesmo tipo se repelem.

28.1.11 Saber o que são linhas de campo magnético, onde começam, onde terminam e o que representa o seu espaçamento.

Ideias-Chave

- Quando uma partícula carregada se move na presença de um campo magnético $\vec{B}$, ela é submetida a uma força dada por

$$\vec{F}_B = q(\vec{v} \times \vec{B}),$$

em que q é a carga da partícula (incluindo o sinal) e $\vec{v}$ é a velocidade da partícula.

- A direção do produto vetorial $\vec{v} \times \vec{B}$ é dado pela regra da mão direita. O sinal de q determina se $\vec{F}_B$ tem o mesmo sentido que $\vec{v} \times \vec{B}$ ou o sentido oposto.
- O módulo da força magnética $\vec{F}_B$ é dado por

$$F_B = |q|vB \text{ sen } \phi,$$

em que ϕ é o ângulo entre $\vec{v}$ e $\vec{B}$.

O que É Física?

Como vimos em capítulos anteriores, um objetivo importante da física é estudar o modo como um *campo elétrico* produz uma *força elétrica* em um corpo eletricamente carregado. Um objetivo análogo é estudar o modo como um *campo magnético* produz uma *força magnética* em um corpo eletricamente carregado (em movimento) ou em um corpo com propriedades magnéticas especiais, como um ímã permanente, por exemplo. O leitor provavelmente já prendeu um bilhete na porta da geladeira usando um pequeno ímã; o ímã interage com a porta da geladeira por meio de um campo magnético.

As aplicações dos campos magnéticos e das forças magnéticas são incontáveis e mudam a cada ano. Seguem alguns exemplos. Durante várias décadas, a indústria do entretenimento usou fitas magnéticas para gravar sons e imagens. Embora hoje em dia as fitas de áudio e vídeo tenham caído em desuso, a indústria ainda precisa dos ímãs que controlam os CD players e os DVD players; os alto-falantes dos aparelhos de rádio e televisão, dos computadores e dos telefones celulares também utilizam ímãs. Um carro moderno vem equipado com dezenas de ímãs, que são usados no sistema de ignição, no motor de arranque e também para acionar componentes, como vidros elétricos, limpadores de para-brisas e tetos solares. Muitas campainhas de porta e trancas automáticas também trabalham com ímãs. Na verdade, vivemos cercados por ímãs.

O estudo dos campos magnéticos é tarefa da física; as aplicações dos campos magnéticos ficam por conta da engenharia. Tanto a física como a engenharia começam com a mesma pergunta: "O que produz um campo magnético?"

Figura 28.1.1 O eletroímã mostrado na foto é usado para transportar sucata em uma fundição.

O que Produz um Campo Magnético?

Já que o campo elétrico $\vec{E}$ é produzido por cargas elétricas, seria natural que o campo magnético $\vec{B}$ fosse produzido por cargas magnéticas. Entretanto, embora a existência de cargas magnéticas (conhecidas como *monopolos magnéticos*) seja prevista em algumas teorias, essas cargas até hoje não foram observadas. Como são produzidos, então, os campos magnéticos? Os campos magnéticos podem ser produzidos de duas formas.

A primeira forma consiste em usar partículas eletricamente carregadas em movimento, como os elétrons responsáveis pela corrente elétrica em um fio, para fabricar um **eletroímã**. A corrente produz um campo magnético que pode ser usado, por exemplo, para fazer girar o disco rígido de um computador ou para transportar sucata de um lugar para outro (Fig. 28.1.1). O campo magnético produzido por correntes elétricas será discutido no Capítulo 29.

A outra forma de produzir um campo magnético se baseia no fato de que muitas partículas elementares, entre elas o elétron, possuem um campo magnético *intrínseco*. O campo magnético é uma propriedade básica das partículas elementares, como a massa e a carga elétrica. Como será discutido no Capítulo 32, em alguns materiais os campos magnéticos dos elétrons se somam para produzir um campo magnético no espaço que cerca o material. É por isso que um **ímã permanente**, do tipo usado para pendurar bilhetes na porta das geladeiras, possui um campo magnético permanente. Na maioria dos materiais, porém, os campos magnéticos dos elétrons se cancelam e o campo magnético em torno do material é nulo. Essa é a razão pela qual não possuímos um campo magnético permanente em torno do nosso corpo, o que é bom, pois não seria nada agradável ser atraído por portas de geladeira.

Nosso primeiro trabalho neste capítulo será definir o campo magnético $\vec{B}$. Para isso, vamos usar o fato experimental de que, quando uma partícula com carga elétrica se move na presença de um campo magnético, uma força magnética $\vec{F}_B$ age sobre a partícula.

Definição de $\vec{B}$

Determinamos o campo elétrico $\vec{E}$ em um ponto colocando uma partícula de prova com uma carga q nesse ponto e medindo a força elétrica $\vec{F}_E$ que age sobre a partícula. Em seguida, definimos o campo $\vec{E}$ usando a relação

$$\vec{E} = \frac{\vec{F}_E}{q}. \tag{28.1.1}$$

Se dispuséssemos de um monopolo magnético, poderíamos definir $\vec{B}$ de forma análoga. Entretanto, como os monopolos magnéticos até hoje não foram encontrados, devemos definir $\vec{B}$ de outro modo, ou seja, em termos da força magnética $\vec{F}_B$ exercida sobre uma partícula de prova carregada eletricamente e em movimento.

Partícula Carregada em Movimento. Em princípio, fazemos isso medindo a força $\vec{F}_B$ que age sobre a partícula quando ela passa, com várias velocidades e direções, pelo ponto no qual $\vec{B}$ está sendo medido. Depois de executar muitos experimentos desse tipo, constatamos que, quando a velocidade $\vec{v}$ da partícula tem certa direção, a força $\vec{F}_B$ é zero. Para todas as outras direções de $\vec{v}$, o módulo de $\vec{F}_B$ é proporcional a v sen ϕ, em que ϕ é o ângulo entre a direção em que a força é zero e a direção de $\vec{v}$. Além disso, a direção de $\vec{F}_B$ é sempre perpendicular à direção de $\vec{v}$. (Esses resultados sugerem que um produto vetorial está envolvido.)

O Campo. Podemos em seguida definir um **campo magnético** $\vec{B}$ como uma grandeza vetorial cuja direção coincide com aquela para a qual a força é zero. Depois de medir $\vec{F}_B$ para $\vec{v}$ perpendicular a $\vec{B}$, definimos o módulo de $\vec{B}$ em termos do módulo da força:

$$B = \frac{F_B}{|q|v},$$

em que q é a carga da partícula.

Podemos expressar esses resultados usando a seguinte equação vetorial:

$$\vec{F}_B = q\vec{v} \times \vec{B}, \tag{28.1.2}$$

ou seja, a força $\vec{F}_B$ que age sobre a partícula é igual à carga q multiplicada pelo produto vetorial da velocidade $\vec{v}$ pelo campo $\vec{B}$ (medidos no mesmo referencial). Usando a Eq. 3.3.5 para o produto vetorial, podemos escrever o módulo de $\vec{F}_B$ na forma

$$F_B = |q|vB \operatorname{sen} \phi, \tag{28.1.3}$$

em que ϕ é o ângulo entre as direções da velocidade $\vec{v}$ e do campo magnético $\vec{B}$.

Determinação da Força Magnética

De acordo com a Eq. 28.1.3, o módulo da força $\vec{F}_B$ que age sobre uma partícula na presença de um campo magnético é proporcional à carga q e à velocidade v da partícula. Assim, a força é zero se a carga é zero ou se a partícula está parada. A Eq. 28.1.3 também mostra que a força é zero, se $\vec{v}$ e $\vec{B}$ são paralelos ($\phi = 0°$) ou antiparalelos ($\phi = 180°$), e é máxima, se $\vec{v}$ e $\vec{B}$ são mutuamente perpendiculares.

Orientação. A Eq. 28.1.2 também fornece a orientação de $\vec{F}_B$. Como foi visto no Módulo 3.3, o produto vetorial $\vec{v} \times \vec{B}$ da Eq. 28.1.2 é um vetor perpendicular aos vetores $\vec{v}$ e $\vec{B}$. De acordo com a regra da mão direita (Figs. 28.1.2*a* a *c*), o polegar da mão direita aponta na direção de $\vec{v} \times \vec{B}$ quando os outros dedos apontam de $\vec{v}$ para $\vec{B}$. De acordo com a Eq. 28.1.2, se a carga q é positiva, a força $\vec{F}_B$ tem o mesmo sinal que $\vec{v} \times \vec{B}$; assim, para q positiva, $\vec{F}_B$ aponta no mesmo sentido que o polegar (Fig. 28.1.2*d*). Se q é negativa, a força $\vec{F}_B$ e o produto vetorial $\vec{v} \times \vec{B}$ têm sinais contrários e, portanto, apontam em sentidos opostos. Assim, para q negativa, $\vec{F}_B$ aponta no sentido oposto ao do polegar (Fig. 28.1.2*e*).

Seja qual for o sinal da carga,

A força $\vec{F}_B$ que age sobre uma partícula carregada que se move com velocidade $\vec{v}$ na presença de um campo magnético $\vec{B}$ é *sempre* perpendicular a $\vec{v}$ e a $\vec{B}$.

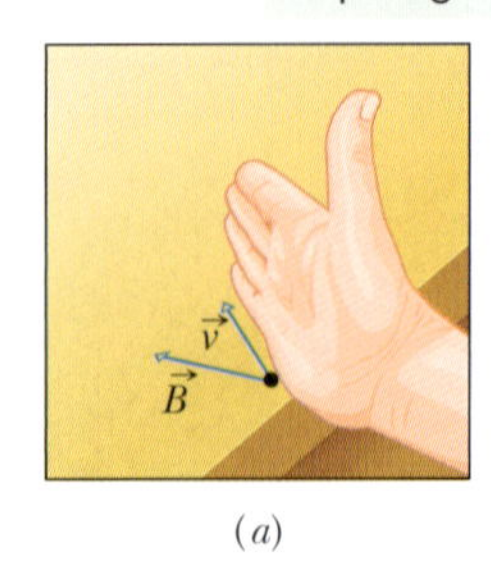

(*a*)

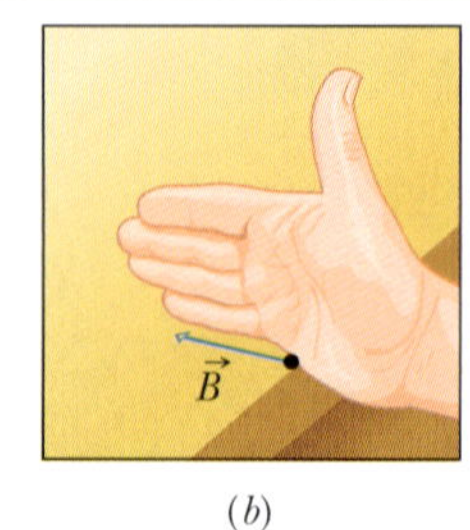

(*b*)

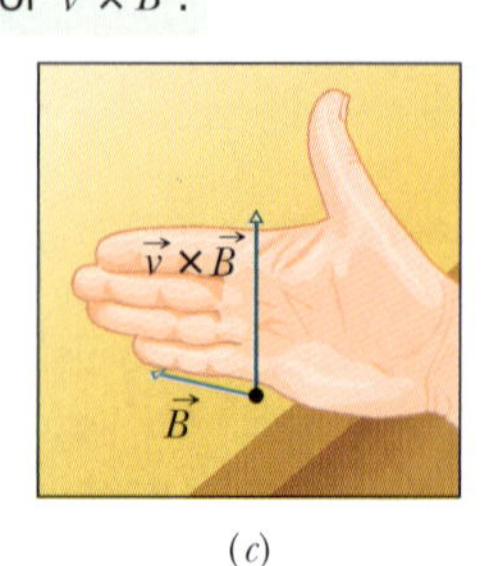

(*c*)

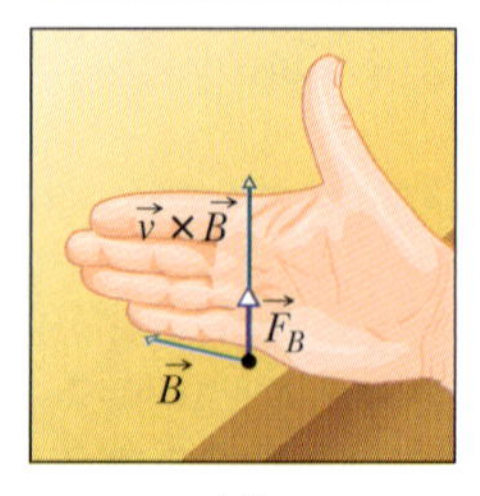

(*d*)

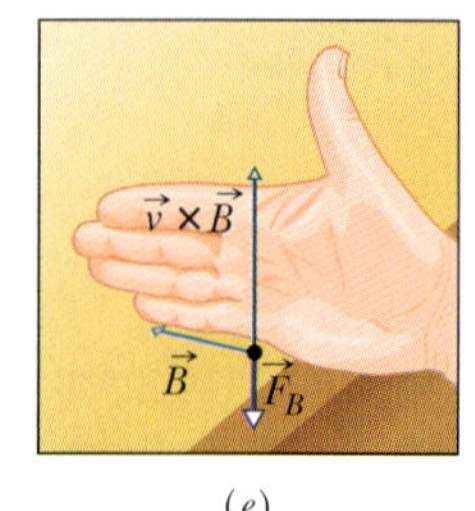

(*e*)

Figura 28.1.2 (*a*) a (*c*) Na regra da mão direita, o polegar da mão direita aponta na direção de $\vec{v} \times \vec{B}$ quando os outros dedos apontam de $\vec{v}$ para $\vec{B}$ passando pelo menor ângulo ϕ entre os dois vetores. (*d*) Se a carga q é positiva, a força $\vec{F}_B = q\vec{v} \times \vec{B}$ tem o mesmo sentido que $\vec{v} \times \vec{B}$. (*e*) Se a carga q é negativa, a força $\vec{F}_B$ tem o sentido oposto ao de $\vec{v} \times \vec{B}$.

Assim, a componente de $\vec{F}_B$ na direção de $\vec{v}$ é *sempre* nula. Isso significa que $\vec{F}_B$ não pode mudar a velocidade escalar v da partícula (e, portanto, também não pode mudar a energia cinética da partícula). A força $\vec{F}_B$ pode mudar apenas a direção de $\vec{v}$ (ou seja, a trajetória da partícula); esse é o único tipo de aceleração que $\vec{F}_B$ pode imprimir à partícula.

Para compreender melhor o significado da Eq. 28.1.2, considere a Fig. 28.1.3, que mostra alguns rastros deixados em uma *câmara de bolhas* por partículas carregadas. A câmara, que contém hidrogênio líquido, está submetida a um forte campo magnético uniforme que aponta para fora do papel. Um raio gama, que não deixa rastro porque é eletricamente neutro, interage com um átomo de hidrogênio e se transforma em um elétron (trajetória espiral e^-) e um pósitron (trajetória espiral e^+), ao mesmo tempo em que arranca um elétron do átomo de hidrogênio (trajetória quase retilínea e^-). As curvaturas das trajetórias das três partículas estão de acordo com a Eq. 28.1.2 e a Fig. 28.1.2.

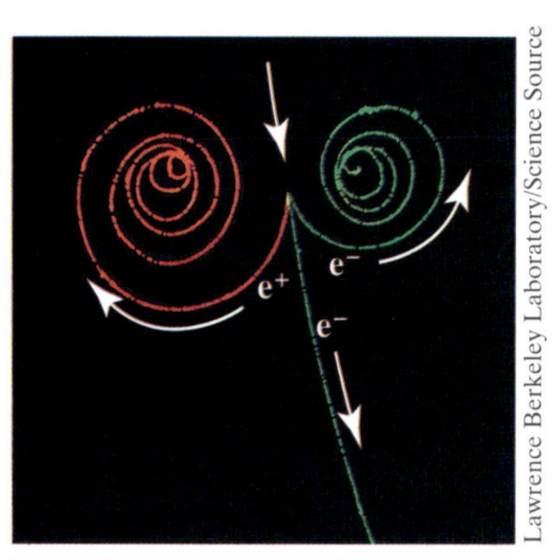

Figura 28.1.3 Rastros de dois elétrons (e^-) e um pósitron (e^+) em uma câmara de bolhas submetida a um campo magnético uniforme que aponta para fora do papel.

Unidade. De acordo com as Eqs. 28.1.2 e 28.1.3, a unidade de $\vec{B}$ no SI é o newton por coulomb-metro por segundo. Por conveniência, essa unidade é chamada **tesla** (T):

$$1 \text{ tesla} = 1 \text{ T} = 1 \frac{\text{newton}}{(\text{coulomb})(\text{metro/segundo})}.$$

Lembrando que um coulomb por segundo equivale a um ampère, temos

$$1 \text{ T} = 1 \frac{\text{newton}}{(\text{coulomb/segundo})(\text{metro})} = 1 \frac{\text{N}}{\text{A} \cdot \text{m}}. \tag{28.1.4}$$

Uma unidade antiga de $\vec{B}$, que não pertence ao SI, mas ainda é usada na prática, é o *gauss* (G). A relação entre o gauss e o tesla é a seguinte:

$$1 \text{ tesla} = 10^4 \text{ gauss}. \tag{28.1.5}$$

A Tabela 28.1.1 mostra a ordem de grandeza de alguns campos magnéticos. Note que o campo magnético na superfície da Terra é da ordem de 10^{-4} T (100 μT ou 1 G).

Tabela 28.1.1 Ordem de Grandeza de Alguns Campos Magnéticos

Na superfície de uma estrela de nêutrons	10^8 T
Perto de um grande eletroímã	1,5 T
Perto de um ímã pequeno	10^{-2} T
Na superfície da Terra	10^{-4} T
No espaço sideral	10^{-10} T
Em uma sala magneticamente blindada	10^{-14} T

Teste 28.1.1

A figura mostra três situações nas quais uma partícula carregada, de velocidade $\vec{v}$, é submetida a um campo magnético uniforme $\vec{B}$. Qual é a direção da força magnética $\vec{F}_B$ a que a partícula é submetida em cada situação?

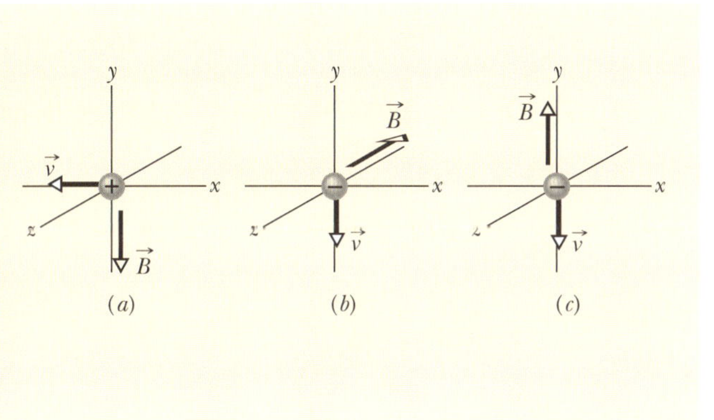

Linhas de Campo Magnético 28.1

O campo magnético, como o campo elétrico, pode ser representado por linhas de campo. As regras são as mesmas: (1) a direção da tangente a uma linha de campo magnético em qualquer ponto fornece a direção de $\vec{B}$ nesse ponto; (2) o espaçamento das linhas representa o módulo de $\vec{B}$ — quanto mais intenso o campo, mais próximas estão as linhas, e vice-versa.

A Fig. 28.1.4*a* mostra as linhas de campo magnético nas proximidades de um *ímã em forma de barra*. Todas as linhas passam pelo interior do ímã e formam curvas fechadas (mesmo as que não parecem formar curvas fechadas na figura). O campo magnético externo é mais intenso perto das extremidades do ímã, o que se reflete em um menor espaçamento das linhas. Isso significa que o ímã em forma de barra da Fig. 28.1.4*b* recolhe muito mais limalha de ferro nas extremidades.

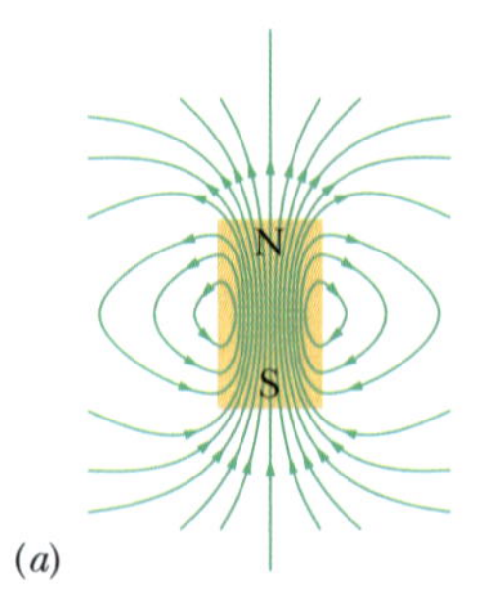

Figura 28.1.4 (*a*) Linhas de campo magnético nas proximidades de um ímã em forma de barra. (*b*) Um "ímã de vaca" — ímã em forma de barra introduzido no rúmen das vacas para evitar que pedaços de ferro ingeridos acidentalmente cheguem ao intestino do animal. A limalha de ferro revela as linhas de campo magnético.

Dois Polos. As linhas de campo entram no ímã por uma das extremidades e saem pela outra. A extremidade pela qual as linhas saem é chamada *polo norte* do ímã; a outra extremidade, pela qual as linhas entram, recebe o nome de *polo sul*. Como um ímã tem dois polos, dizemos que ele se comporta como um **dipolo magnético**. Os ímãs que usamos para prender bilhetes nas geladeiras são ímãs em forma de barra. A Fig. 28.1.5 mostra outros dois tipos comuns de ímãs: o *ímã em forma de ferradura* e o *ímã em forma de* **C** (no segundo tipo, o campo magnético entre os polos é aproximadamente uniforme). Seja qual for a forma dos ímãs, quando colocamos dois ímãs próximos um do outro sempre observamos o seguinte:

Polos magnéticos de tipos diferentes se atraem e polos do mesmo tipo se repelem.

Quando aproximamos dois ímãs permanentes, a atração ou repulsão que observamos parece quase mágica, porque acontece sem que os ímãs estejam em contato. Como fizemos com a força que existe entre duas partículas eletricamente carregadas, explicamos essa força a distância em termos de um campo, que, no caso dos ímãs, é chamado de campo magnético.

A Terra possui um campo magnético que é produzido, no interior do planeta, por um mecanismo até hoje pouco conhecido. Na superfície terrestre, podemos observar esse campo com o auxílio de uma bússola, constituída por um ímã fino em forma de barra montado em um eixo de baixo atrito. Esse ímã em forma de barra, ou agulha, aponta aproximadamente na direção norte-sul porque o polo norte do ímã é atraído para um ponto situado nas proximidades do polo geográfico norte. Isso significa que o polo *sul* do campo magnético da Terra está situado nas proximidades do polo geográfico norte. Assim, o correto seria chamarmos de polo magnético sul o polo magnético mais próximo do polo geográfico norte. Entretanto, por causa da proximidade com o polo geográfico norte, esse polo costuma ser chamado *polo geomagnético norte*.

Medidas mais precisas revelam que, no hemisfério norte, as linhas do campo magnético da Terra apontam para baixo, na direção do polo geomagnético norte, enquanto no hemisfério sul apontam para cima, na direção oposta à do *polo geomagnético sul*, situado nas proximidades do polo geográfico sul.

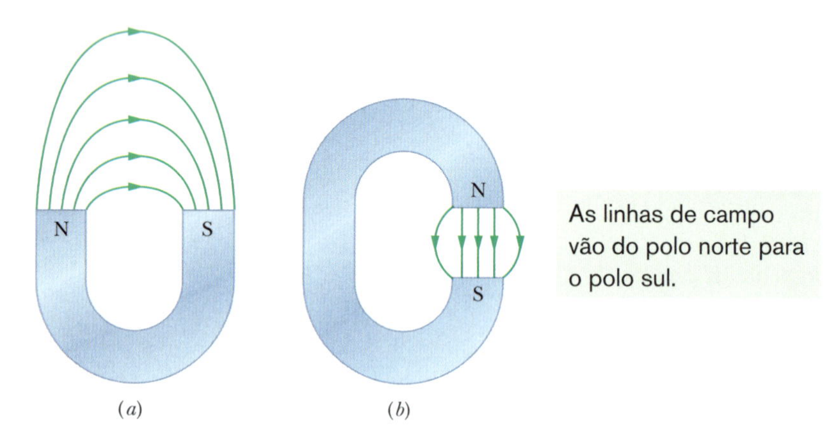

Figura 28.1.5 (*a*) Ímã em forma de ferradura e (*b*) ímã em forma de **C**. (Apenas algumas linhas de campo externas foram desenhadas.)

Exemplo 28.1.1 Força magnética a que é submetida uma partícula carregada em movimento

No interior de uma câmara de laboratório existe um campo magnético uniforme $\vec{B}$, de módulo 1,2 mT, orientado verticalmente para cima. Um próton com uma energia cinética de 5,3 MeV entra na câmara movendo-se horizontalmente do sul para o norte. Qual é a força experimentada pelo próton ao entrar na câmara? A massa do próton é $1{,}67 \times 10^{-27}$ kg. (Despreze o efeito do campo magnético da Terra.)

IDEIAS-CHAVE

Como possui carga elétrica e está se movendo na presença de um campo magnético, o próton é submetido a uma força magnética $\vec{F}_B$. Uma vez que a direção inicial da velocidade do próton não coincide com a direção das linhas de campo magnético, $\vec{F}_B$ é diferente de zero.

Módulo: Para calcular o módulo de $\vec{F}_B$, podemos usar a Eq. 28.1.3 ($F_B = |q|vB \text{ sen } \phi$), contanto que a velocidade v do próton seja conhecida. Podemos calcular v a partir da energia cinética dada, já que $K = \frac{1}{2}mv^2$. Explicitando v, obtemos

$$v = \sqrt{\frac{2K}{m}} = \sqrt{\frac{(2)(5{,}3 \text{ MeV})(1{,}60 \times 10^{-13} \text{ J/MeV})}{1{,}67 \times 10^{-27} \text{ kg}}}$$
$$= 3{,}2 \times 10^7 \text{ m/s}.$$

De acordo com a Eq. 28.1.3, temos

$$\begin{aligned} F_B &= |q|vB \text{ sen } \phi \\ &= (1{,}60 \times 10^{-19} \text{ C})(3{,}2 \times 10^7 \text{ m/s}) \\ &\quad \times (1{,}2 \times 10^{-3} \text{ T})(\text{sen } 90°) \\ &= 6{,}1 \times 10^{-15} \text{ N}. \qquad \text{(Resposta)} \end{aligned}$$

Essa força pode parecer pequena, mas, como age sobre uma partícula de massa muito pequena, produz uma grande aceleração:

$$a = \frac{F_B}{m} = \frac{6{,}1 \times 10^{-15} \text{ N}}{1{,}67 \times 10^{-27} \text{ kg}} = 3{,}7 \times 10^{12} \text{ m/s}^2.$$

Orientação: Para determinar a orientação de $\vec{F}_B$, usamos o fato de que a direção de $\vec{F}_B$ é a mesma do produto vetorial $q\vec{v} \times \vec{B}$. Como a carga q é positiva, $\vec{F}_B$ tem o sentido do produto $\vec{v} \times \vec{B}$, que pode ser determinado usando a regra da mão direita para produtos vetoriais (como na Fig. 28.1.2*d*). Sabemos que o sentido de $\vec{v}$ é do sul para o norte e que o sentido de $\vec{B}$ é de baixo para cima. De acordo com a regra da mão direita, a força $\vec{F}_B$ é de oeste para leste, como mostra a Fig. 28.1.6. (Os pontos da figura indicam que as linhas de campo magnético saem do papel. Se o campo magnético entrasse no papel, os pontos seriam substituídos por cruzes.)

Se a carga da partícula fosse negativa, a força magnética teria o sentido oposto, ou seja, de leste para oeste. Esse resultado pode ser obtido substituindo q por $-q$ na Eq. 28.1.2.

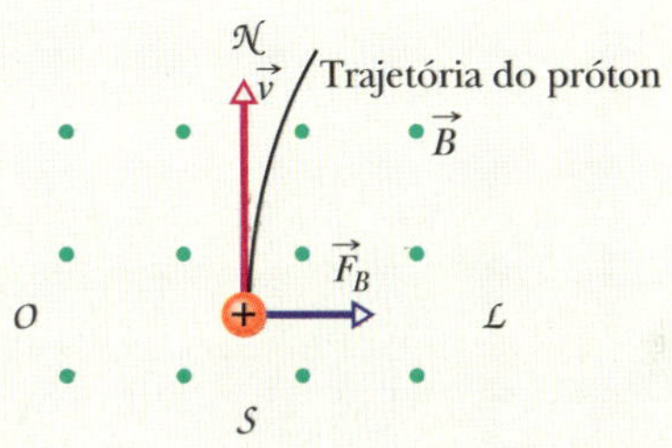

Figura 28.1.6 Vista de topo de um próton que se move em uma câmara do sul para o norte com velocidade $\vec{v}$. O campo magnético aponta verticalmente para cima, como mostram os pontos (que representam pontas de setas). O próton é desviado para leste.

28.2 CAMPOS CRUZADOS: A DESCOBERTA DO ELÉTRON

Objetivos do Aprendizado

Depois de ler este módulo, você será capaz de ...

28.2.1 Descrever o experimento de J. J. Thomson.

28.2.2 Determinar a força a que é submetida uma partícula que se move na presença de um campo elétrico e um campo magnético.

28.2.3 Em situações nas quais a força magnética e a força elétrica a que uma partícula está submetida têm sentidos opostos, determinar as velocidades da partícula para as quais as forças se cancelam, a força magnética é maior que a força elétrica e a força elétrica é maior que a força magnética.

Ideias-Chave

- Se uma partícula carregada se move na presença de um campo elétrico e um campo magnético, ela é submetida simultaneamente a uma força elétrica e a uma força magnética.
- Quando são mutuamente perpendiculares, os campos elétrico e magnético são chamados *campos cruzados*.
- Quando os campos elétrico e magnético apontam em sentidos opostos, existe uma velocidade para a qual é nula a força resultante que os campos exercem sobre uma partícula carregada.

Campos Cruzados: A Descoberta do Elétron (BT) 28.2

Como vimos, tanto o campo elétrico $\vec{E}$ com o campo magnético $\vec{B}$ podem exercer uma força sobre uma partícula com carga elétrica. Quando são mutuamente perpendiculares, os dois campos são chamados *campos cruzados*. Vamos discutir agora o que acontece quando uma partícula com carga elétrica, como o elétron, se move em uma região na qual existem campos cruzados. Vamos basear nossa discussão no experimento que levou à descoberta do elétron, realizado por J. J. Thomson em 1897 na Universidade de Cambridge.

Duas Forças. A Fig. 28.2.1 mostra uma versão moderna, simplificada, do equipamento experimental de Thomson — o *tubo de raios catódicos* (semelhante ao tubo de imagem dos antigos aparelhos de televisão). Partículas carregadas (que hoje chamamos de elétrons) são emitidas por um filamento aquecido em uma das extremidades de um tubo evacuado e aceleradas por uma diferença de potencial V. Depois de passarem por uma fenda no anteparo A, as partículas formam um feixe estreito. Em seguida, passam por uma região onde existem campos $\vec{E}$ e $\vec{B}$ cruzados, e atingem uma tela fluorescente T, onde produzem um ponto luminoso (nos aparelhos de televisão, o ponto é parte da imagem). As forças a que o elétron é submetido na região dos campos cruzados podem desviá-lo do centro da tela. Controlando o módulo e a orientação dos campos, Thomson foi capaz de controlar a posição do ponto luminoso na tela. Como vimos, a força a que é submetida uma partícula de carga negativa na presença de um campo elétrico tem o sentido contrário ao do campo. Assim, para o arranjo da Fig. 28.2.1, os elétrons são desviados para cima, pelo campo elétrico $\vec{E}$, e para baixo, pelo campo magnético $\vec{B}$; em outras palavras, as duas forças estão *em oposição*. O procedimento adotado por Thomson equivale aos passos que se seguem.

1. Faça $E = 0$ e $B = 0$ e registre a posição na tela T do ponto luminoso produzido pelo feixe sem nenhum desvio.
2. Aplique o campo $\vec{E}$ e registre a nova posição do ponto na tela.
3. Mantendo constante o módulo do campo $\vec{E}$, aplique o campo $\vec{B}$ e ajuste o valor do módulo de $\vec{B}$ para que o ponto volte à posição inicial. (Como as forças estão em oposição, é possível fazer com que se cancelem.)

A deflexão de uma partícula carregada que se move na presença de um campo elétrico uniforme $\vec{E}$ criado por duas placas (2º passo do procedimento de Thomson) foi discutida no Exemplo 22.6.1. A deflexão da partícula no momento em que deixa a região entre as placas é dada por

$$y = \frac{|q|EL^2}{2mv^2}, \tag{28.2.1}$$

em que v é a velocidade da partícula, m é a massa da partícula, q é a carga da partícula e L é o comprimento das placas. Podemos aplicar a mesma equação ao feixe de elétrons da Fig. 28.2.1, medindo a posição do ponto luminoso na tela T e refazendo a trajetória das partículas para calcular a deflexão y no fim da região entre as placas. (Como o sentido da deflexão depende do sinal da carga das partículas, Thomson foi capaz de provar que as partículas responsáveis pelo ponto luminoso na tela tinham carga negativa.)

Forças que se Cancelam. De acordo com as Eqs. 28.1.1 e 28.1.3, quando os dois campos da Fig. 28.2.1 são ajustados para que a força elétrica e a força magnética se cancelem mutuamente (3º passo),

$$|q|E = |q|vB\,\text{sen}(90°) = |q|vB$$

ou

$$v = \frac{E}{B} \quad \text{(forças opostas se cancelam).} \tag{28.2.2}$$

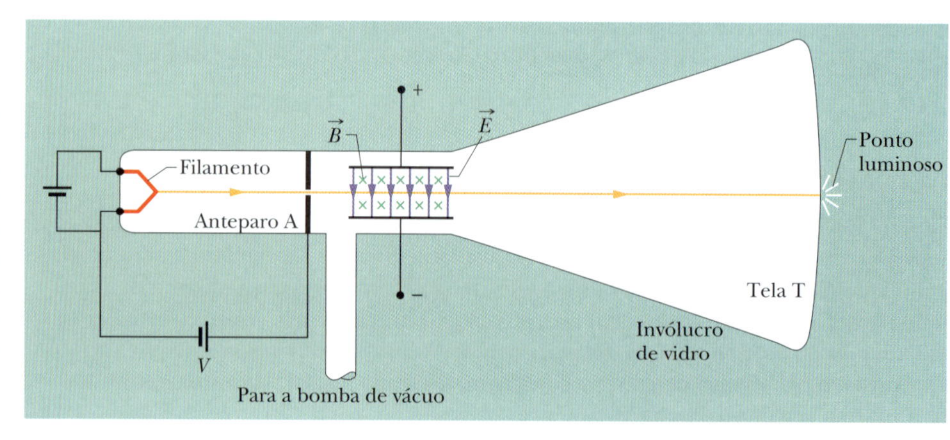

Figura 28.2.1 Uma versão moderna do equipamento usado por J.J. Thomson para medir a razão entre a massa e a carga do elétron. Um campo elétrico $\vec{E}$ é criado ligando uma fonte aos terminais das placas defletoras, e um campo magnético $\vec{B}$ é criado fazendo passar uma corrente por um conjunto de bobinas (que não é mostrado na figura). O sentido do campo magnético é para dentro do papel, como mostram as cruzes (que representam as extremidades traseiras de setas).

Assim, os campos cruzados permitem medir a velocidade das partículas. Substituindo a Eq. 28.2.2 na Eq. 28.2.1 e reagrupando os termos, obtemos

$$\frac{m}{|q|} = \frac{B^2L^2}{2yE}, \qquad (28.2.3)$$

em que todas as grandezas do lado direito são conhecidas. Assim, os campos cruzados permitem medir a razão $m/|q|$ das partículas que estão sendo investigadas.[1] (Atenção: A Eq. 28.2.2 só é válida quando as forças elétrica e magnética têm sentidos opostos. Essa condição nem sempre é satisfeita nos problemas que envolvem forças elétricas e magnéticas.)

Thomson afirmou que essas partículas estavam presentes em todas as formas de matéria e eram mais de 1.000 vezes mais leves que o átomo mais leve conhecido (o átomo de hidrogênio). (Mais tarde, verificou-se que a razão exata é 1836,15.) A medida de $m/|q|$, acompanhada pelas duas afirmações ousadas de Thomson, é considerada como o evento que assinalou a "descoberta do elétron".

Teste 28.2.1

A figura mostra quatro direções do vetor velocidade $\vec{v}$ de uma partícula positivamente carregada que se move na presença de um campo elétrico uniforme $\vec{E}$ (que aponta para fora do papel e está representado por um ponto no interior de um círculo) e de um campo magnético uniforme $\vec{B}$. (a) Coloque as direções 1, 2 e 3 na ordem decrescente do módulo da força total que age sobre a partícula. (b) Das quatro direções, qual é a única em que a força total pode ser zero?

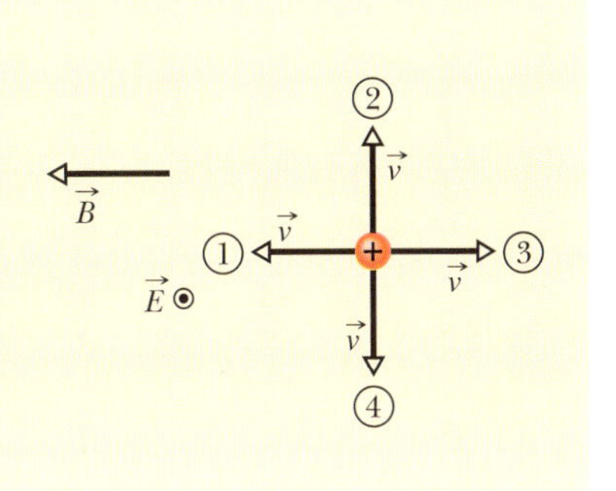

28.3 CAMPOS CRUZADOS: O EFEITO HALL

Objetivos do Aprendizado

Depois de ler este módulo, você será capaz de ...

28.3.1 Descrever o efeito Hall em uma tira metálica percorrida por uma corrente elétrica, explicando por que é criado um campo elétrico transversal e o que limita o módulo desse campo.

28.3.2 Desenhar os vetores do campo elétrico, do campo magnético, da força elétrica, da força magnética e da velocidade dos portadores associados ao efeito Hall.

28.3.3 Conhecer a relação entre a diferença de potencial de Hall V, o módulo do campo elétrico E e a largura d da tira metálica.

28.3.4 Conhecer a relação entre a concentração de portadores de corrente n, o módulo do campo magnético B, a corrente i e a diferença de potencial de Hall V.

28.3.5 Aplicar os resultados do efeito Hall a uma fita condutora que se move na presença de um campo magnético uniforme para calcular a diferença de potencial V em função da velocidade da fita, do módulo do campo magnético e da largura da fita.

Ideias-Chave

- Quando um campo magnético uniforme $\vec{B}$ é aplicado a uma tira metálica percorrida por uma corrente i, com o campo perpendicular à direção da corrente, uma diferença de potencial V de Hall é criada entre os lados da fita.
- A força $\vec{F}_E$ que o campo elétrico associado à diferença de potencial de Hall exerce sobre os elétrons é equilibrada pela força $\vec{F}_B$ que o campo magnético exerce sobre eles.
- A concentração n dos portadores de corrente é dada por

$$n = \frac{Bi}{Vle},$$

em que l é a espessura da fita (medida na direção de $\vec{B}$).

- Quando uma fita metálica se move com velocidade v na presença de um campo magnético uniforme $\vec{B}$, a diferença de potencial de Hall V entre os lados da fita é dada por

$$V = vBd,$$

em que d é a largura da fita (medida na direção perpendicular a $\vec{v}$ e a $\vec{B}$).

[1] O resultado obtido por Thomson foi $m/|q| \approx 1,3 \times 10^{-11}$ kg/C; o valor aceito atualmente é $0,57 \times 10^{-11}$ kg/C. (N.T.)

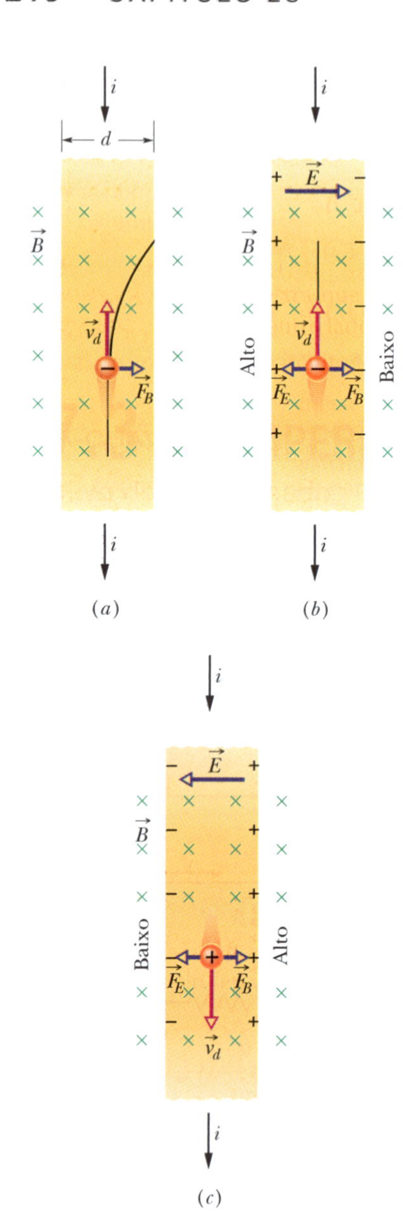

Figura 28.3.1 Uma fita de cobre percorrida por uma corrente i é submetida a um campo magnético $\vec{B}$. (*a*) Situação logo depois que o campo magnético é aplicado, mostrando a trajetória curva de um elétron. (*b*) Situação após o equilíbrio ser atingido, o que acontece rapidamente. Observe que cargas negativas se acumulam do lado direito da fita, deixando cargas positivas não compensadas do lado esquerdo, o que faz com que o potencial seja maior do lado esquerdo. (*c*) Para o mesmo sentido da corrente, se os portadores de corrente fossem positivos, eles tenderiam a se acumular no lado direito, que ficaria com um potencial maior.

Campos Cruzados: O Efeito Hall

Como vimos, um feixe de elétrons no vácuo pode ser desviado por um campo magnético. Será que os elétrons que se movem no interior de um fio de cobre também podem ser desviados por um campo magnético? Em 1879, Edwin H. Hall, na época um aluno de doutorado, de 24 anos, da Johns Hopkins University, mostrou que sim. Esse desvio, que mais tarde veio a ser conhecido como **efeito Hall**, permite verificar se os portadores de corrente em um condutor têm carga positiva ou negativa. Além disso, pode ser usado para determinar o número de portadores de corrente por unidade de volume do condutor.

A Fig. 28.3.1*a* mostra uma fita de cobre, de largura d, percorrida por uma corrente i cujo sentido convencional é de cima para baixo na figura. Os portadores de corrente são elétrons que, como sabemos, se movem (com velocidade de deriva v_d) no sentido oposto, de baixo para cima. No instante mostrado na Fig. 28.3.1*a*, um campo magnético externo $\vec{B}$, que aponta para dentro do papel, acaba de ser ligado. De acordo com a Eq. 28.1.2, uma força magnética $\vec{F}_B$ age sobre os elétrons, desviando-os para o lado direito da fita.

Com o passar do tempo, os elétrons se acumulam na borda direita da fita, deixando cargas positivas não compensadas na borda esquerda. A separação de cargas positivas e negativas produz um campo elétrico $\vec{E}$ no interior da fita que aponta para a direita na Fig. 28.3.1*b*. O campo exerce uma força $\vec{F}_E$ sobre os elétrons que tende a desviá-los para a esquerda e, portanto, se opõe à força magnética.

Equilíbrio. Os elétrons continuam a se acumular na borda direita da fita até que a força exercida pelo campo elétrico equilibre a força exercida pelo campo magnético. Quando isso acontece, como mostra a Fig. 28.3.1*b*, as forças $\vec{F}_E$ e $\vec{F}_B$ têm módulos iguais e sentidos opostos. Os elétrons passam a se mover em linha reta em direção ao alto do desenho com velocidade $\vec{v}_d$ e o campo elétrico $\vec{E}$ para de aumentar.

De acordo com a Eq. 24.2.7, ao campo elétrico está associada uma *diferença de potencial de Hall* entre as bordas da fita. Essa diferença é dada por

$$V = Ed, \tag{28.3.1}$$

em que d é a largura da fita.

Ligando um voltímetro às bordas da fita, podemos medir essa diferença de potencial e descobrir em qual das bordas o potencial é maior. Para a situação da Fig. 28.3.1*b*, observaríamos que o potencial é maior na borda da esquerda, como é de se esperar no caso de portadores de corrente negativos.

Vamos supor que os portadores responsáveis pela corrente i tivessem carga positiva (Fig. 28.3.1*c*). Nesse caso, os portadores estariam se movendo de cima para baixo, seriam desviados para a borda da direita pela força $\vec{F}_B$ e o potencial seria maior na borda *da direita*, o que não estaria de acordo com a leitura do voltímetro. A leitura obtida indica, portanto, que os portadores de corrente têm carga negativa.

Concentração de Portadores. Vamos passar à parte quantitativa. De acordo com as Eqs. 28.1.1 e 28.1.3, quando as forças elétrica e magnética estão em equilíbrio (Fig. 28.3.1*b*), temos

$$eE = ev_dB. \tag{28.3.2}$$

De acordo com a Eq. 26.2.4, a velocidade de deriva v_d é dada por

$$v_d = \frac{J}{ne} = \frac{i}{neA}, \tag{28.3.3}$$

em que J (= i/A) é a densidade de corrente na fita, A é a área da seção reta da fita e n é a *concentração* de portadores de corrente (número de portadores por unidade de volume).

Combinando as Eqs. 28.3.1, 28.3.2 e 28.3.3, obtemos

$$n = \frac{Bi}{Vle}, \tag{28.3.4}$$

em que l (= A/d) é a espessura da fita. A Eq. 28.3.4 permite calcular o valor de n a partir de grandezas conhecidas.

Velocidade de Deriva. Também é possível usar o efeito Hall para medir diretamente a velocidade de deriva v_d dos portadores de corrente, que, como vimos, é da ordem de centímetros por hora. Nesse experimento engenhoso, a fita é deslocada mecanicamente, na presença de um campo magnético, no sentido oposto ao da velocidade de deriva dos portadores, e a velocidade da fita é ajustada para que a diferença de potencial de Hall seja zero. Para que isso aconteça, é preciso que seja zero a velocidade dos portadores *em relação ao laboratório*; nessas condições, portanto, a velocidade dos portadores de corrente tem o mesmo módulo que a velocidade da fita, mas o sentido oposto.

Condutor em Movimento. Quando uma fita metálica se move com velocidade v na presença de um campo magnético, os elétrons de condução do material se movem com a mesma velocidade, comportando-se como os elétrons da corrente elétrica mostrada nas Figs. 28.3.1*a* e *b* e produzindo um campo elétrico $\vec{E}$ e uma diferença de potencial V. Como no caso da corrente, o equilíbrio entre a força elétrica e a força magnética se estabelece rapidamente, mas, neste caso, devemos escrever a condição de equilíbrio em termos da velocidade v da fita e não da velocidade de deriva v_d, como fizemos na Eq. 28.3.2.

$$eE = evB.$$

Substituindo E por seu valor, dado pela Eq. 28.3.1, obtemos

$$V = vBd. \tag{28.3.5}$$

A diferença de potencial causada pelo movimento pode ser motivo de preocupação em algumas situações, como no caso de certos componentes metálicos dos satélites artificiais, que giram em órbita na presença do campo magnético terrestre. Por outro lado, se um longo fio metálico (conhecido como *cabo eletrodinâmico*) é pendurado em um satélite, a diferença de potencial pode ser usada para alimentar os circuitos elétricos do satélite.

Propulsão Magneto-hidrodinâmica

O silencioso "motor de lagarta" do submarino do filme *A Caçada ao Outubro Vermelho* usava um sistema de propulsão magneto-hidrodinâmica conhecido pela sigla MHD, as iniciais do nome do sistema em inglês, *m*agneto*h*ydrodynamic *d*rive. Enquanto o submarino se move, a água do mar passa por um conjunto de canos instalados na popa da embarcação. A Fig. 28.3.2 mostra como funciona um desses canos. Ímãs posicionados dos dois lados do cano com polos opostos voltados um para o outro criam um campo magnético horizontal no interior do cano. Placas nas partes superior e inferior do cano criam um campo elétrico que produz uma corrente na água salgada, que é um bom condutor de eletricidade. O conjunto se comporta como no efeito Hall: a força magnética aplicada pelos ímãs acelera a água no sentido da popa, o que acelera o submarino no sentido oposto. Um iate com um sistema MHD foi construído no Japão no início da década de 1990 (Fig. 28.3.3). Planos para construir modelos em pequena escala estão disponíveis na internet.

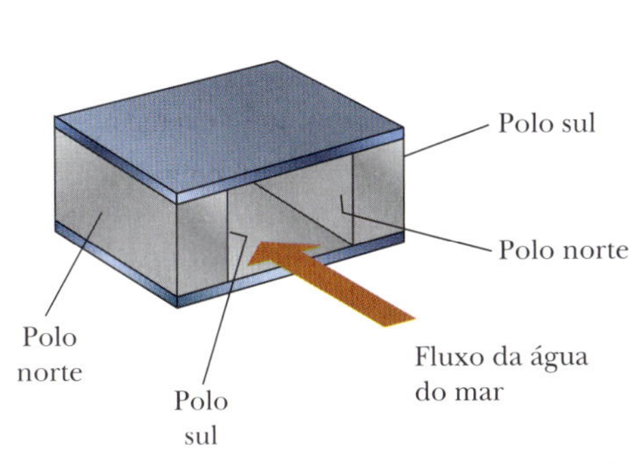

Figura 28.3.2 Princípio de funcionamento do sistema MHD para navios e submarinos.

Figura 28.3.3 *Yamato-1* foi o primeiro iate com um sistema de propulsão baseado no efeito magneto-hidrodinâmico.

Teste 28.3.1

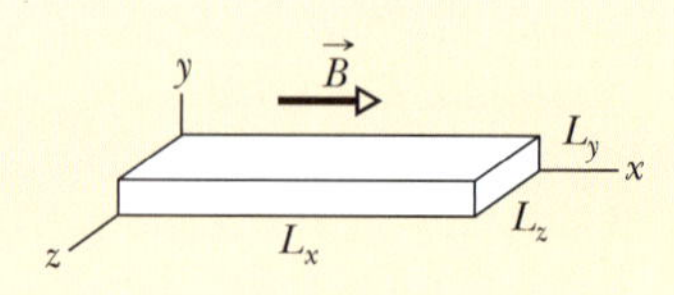

A figura mostra uma placa de um material condutor submetida a um campo magnético uniforme. As dimensões da placa são tais que $L_x > L_z > L_y$. Podemos movimentar a placa a uma velocidade $v = 4$ cm/s na direção do eixo x, do eixo y ou do eixo z. Coloque as direções na ordem da diferença de potencial produzida pelo efeito Hall, começando pela maior.

Exemplo 28.3.1 Diferença de potencial em um condutor em movimento

A Fig. 28.3.4*a* mostra um cubo de metal de aresta $d = 1{,}5$ cm que se move no sentido positivo do eixo y com uma velocidade constante $\vec{v}$ de módulo 4,0 m/s. Na região existe um campo magnético uniforme $\vec{B}$ de módulo 0,050 T no sentido positivo do eixo z.

(a) Em que face do cubo o potencial é menor e em que face o potencial é maior por causa da influência do campo magnético?

IDEIA-CHAVE

Como o cubo está se movendo na presença de um campo magnético $\vec{B}$, uma força magnética $\vec{F}_B$ age sobre as partículas carregadas que existem no cubo, entre as quais estão os elétrons.

Raciocínio: O cubo está se movendo e os elétrons participam desse movimento. Como os elétrons têm carga q e estão se movendo com velocidade $\vec{v}$ na presença de um campo magnético, a força magnética $\vec{F}_B$ que age sobre os elétrons é dada pela Eq. 28.1.2. Como q é negativa, o sentido de $\vec{F}_B$ é o oposto ao do produto vetorial $\vec{v} \times \vec{B}$, que aponta no sentido positivo do eixo x (Fig. 28.3.4*b*). Assim, $\vec{F}_B$ aponta no sentido negativo do eixo x, em direção à face esquerda do cubo (Fig. 28.3.4*c*).

A maioria dos elétrons está presa aos átomos do cubo. Entretanto, como é feito de metal, o cubo contém elétrons de condução que estão livres para se mover. Alguns desses elétrons de condução são desviados pela força $\vec{F}_B$ na direção da face esquerda do cubo, o que torna essa face negativamente carregada e deixa a face da direita positivamente carregada (Fig. 28.3.4*d*). A separação de cargas produz um campo elétrico $\vec{E}$ dirigido da face direita, positivamente carregada, para a face esquerda, negativamente carregada (Fig. 28.3.4*e*). Assim, o potencial da face esquerda é menor e o potencial da face direita é maior.

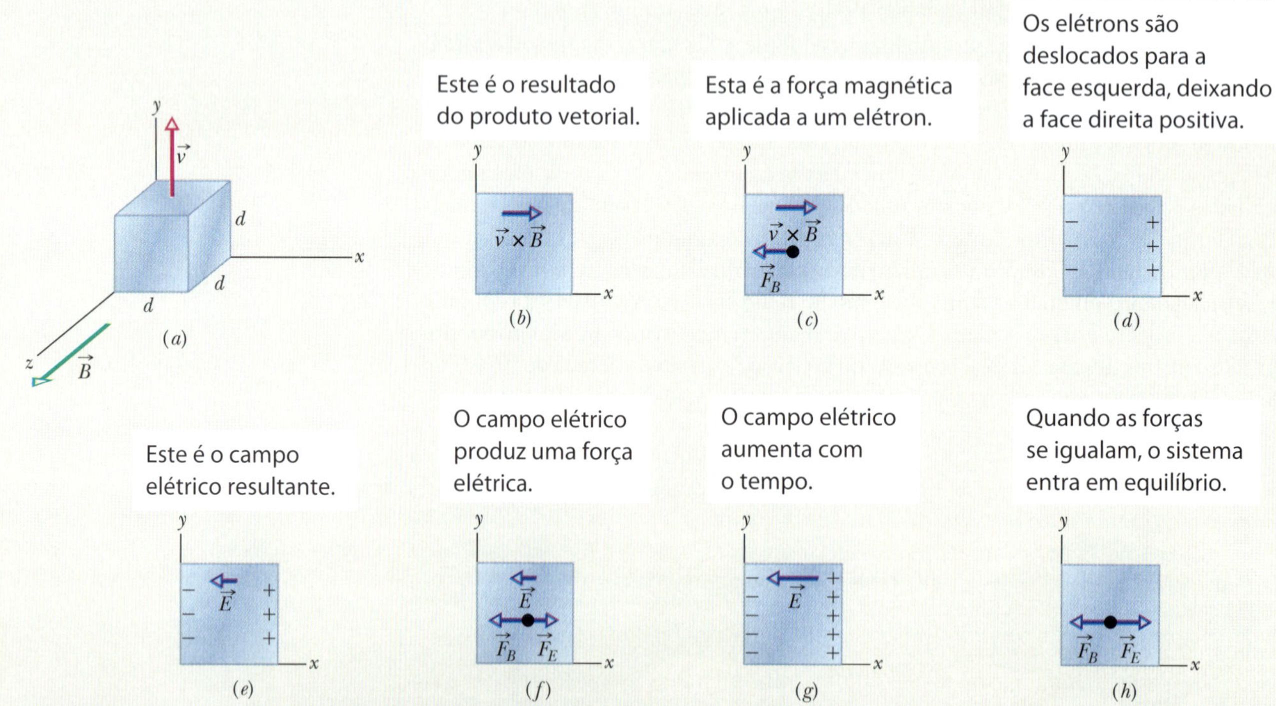

Figura 28.3.4 (*a*) Um cubo de metal que se move com velocidade constante na presença de um campo magnético uniforme. (*b*) a (*d*) Nessas vistas frontais, a força magnética desloca os elétrons para a face esquerda, tornando-a negativa e deixando a face direita com uma carga positiva. (*e*) e (*f*) O campo elétrico resultante se opõe ao movimento dos elétrons, mas eles continuam a se acumular na face esquerda. Quando o campo elétrico atinge certo valor (*g*), a força elétrica se torna igual à força magnética e (*h*) a carga das faces laterais se estabiliza.

(b) Qual é a diferença de potencial entre as faces de maior e menor potencial elétrico?

IDEIAS-CHAVE

1. O campo elétrico $\vec{E}$ criado pela separação de cargas faz com que cada elétron seja submetido a uma força elétrica $\vec{F}_E = q\vec{E}$ (Fig. 28.3.4*f*). Como q é negativa, a força tem o sentido oposto ao de $\vec{E}$. Assim, $\vec{F}_E$ aponta para a direita e $\vec{F}_B$ aponta para a esquerda.
2. Quando o cubo penetra na região em que existe campo magnético e as cargas começam a se separar, o módulo de $\vec{E}$ começa a aumentar a partir de zero. Assim, o módulo de $\vec{F}_E$ também começa a aumentar a partir de zero e é inicialmente menor que $\vec{F}_B$. Nesse estágio inicial, o movimento dos elétrons é dominado por $\vec{F}_B$, que acumula elétrons na face esquerda do cubo, aumentando a separação de cargas (Fig. 28.3.4*g*).
3. Com o aumento da separação de cargas, chega um instante em que a força $\vec{F}_E$ se torna igual em módulo à força $\vec{F}_B$ (Fig. 28.3.4*h*). Nesse instante, a força total exercida sobre os elétrons é zero e os elétrons deixam de se acumular na face esquerda do cubo. Assim, o módulo de $\vec{F}_E$ para de aumentar, e o sistema entra em equilíbrio.

Cálculos: Estamos interessados em calcular a diferença de potencial V entre a face esquerda e a face direita do cubo depois de atingido o equilíbrio (que acontece quase instantaneamente). Podemos obter o valor de V usando a Eq. 28.3.1 ($V = Ed$), mas para isso precisamos conhecer o módulo E do campo elétrico na condição de equilíbrio. Para obter o valor de E, usamos a equação de equilíbrio de forças ($F_E = F_B$).

Para calcular F_E, usamos a relação $F_E = |q|E$, obtida a partir da Eq. 28.1.1; para calcular F_B, usamos a relação $F_B = |q|vB \operatorname{sen} \phi$ (Eq. 28.1.3). De acordo com a Fig. 28.3.4*a*, o ângulo ϕ entre os vetores $\vec{v}$ e $\vec{B}$ é 90°; fazendo $\operatorname{sen} \phi = 1$ e $F_E = F_B$, obtemos

$$|q|E = |q|vB \operatorname{sen} 90° = |q|vB.$$

Isso nos dá $E = vB$ e, portanto, $V = Ed$ se torna

$$V = vBd.$$

Substituindo os valores conhecidos, obtemos

$$V = (4{,}0 \text{ m/s})(0{,}050 \text{ T})(0{,}015 \text{ m}) = 0{,}0030 \text{ V} = 3{,}0 \text{ mV}. \quad \text{(Resposta)}$$

28.4 PARTÍCULA CARREGADA EM MOVIMENTO CIRCULAR

Objetivos do Aprendizado

Depois de ler este módulo, você será capaz de ...

28.4.1 No caso de uma partícula carregada que se move na presença de um campo magnético uniforme, saber em que condições o movimento da partícula é retilíneo, circular ou helicoidal.

28.4.2 No caso de uma partícula carregada que descreve um movimento circular sob a ação de uma força magnética, obter, a partir da segunda lei de Newton, uma expressão para o raio r da circunferência em função do módulo B do campo magnético e da massa m, carga q e velocidade v da partícula.

28.4.3 No caso de uma partícula carregada que descreve um movimento circular sob a ação de uma força magnética, conhecer as relações entre a velocidade da partícula, a força centrípeta, a aceleração centrípeta e o raio, período, frequência e frequência angular do movimento, e saber quais dessas grandezas não dependem da velocidade da partícula.

28.4.4 No caso de uma partícula positiva e uma partícula negativa que descrevem um movimento circular sob a ação de um campo magnético uniforme, desenhar a trajetória das partículas e o vetor velocidade, o vetor campo magnético, o resultado do produto vetorial da velocidade pelo campo magnético e o vetor força magnética.

28.4.5 No caso de uma partícula carregada que descreve um movimento helicoidal sob a ação de um campo magnético, desenhar a trajetória da partícula e o vetor campo magnético e indicar o passo, o raio de curvatura, a componente da velocidade paralela ao campo e a componente da velocidade perpendicular ao campo.

28.4.6 No caso de uma partícula carregada que descreve um movimento helicoidal na presença de um campo magnético, conhecer a relação entre o raio de curvatura e uma das componentes da velocidade.

28.4.7 No caso de uma partícula carregada que descreve um movimento helicoidal na presença de um campo magnético, conhecer a relação entre o passo p e uma das componentes da velocidade.

Ideias-Chave

- Uma partícula carregada, de massa m e carga de valor absoluto $|q|$, que se move com uma velocidade $\vec{v}$ perpendicular a um campo magnético $\vec{B}$, descreve uma trajetória circular.
- Aplicando a segunda lei de Newton ao movimento circular, é possível demonstrar que

$$|q|vB = \frac{mv^2}{r},$$

e que, portanto, o raio da circunferência é dado por

$$r = \frac{mv}{|q|B}.$$

- A frequência f, a frequência angular ω e o período T do movimento são dados por

$$f = \frac{\omega}{2\pi} = \frac{1}{T} = \frac{|q|B}{2\pi m}.$$

- Se a velocidade da partícula possui uma componente paralela ao campo magnético, a partícula descreve um movimento helicoidal em torno do vetor $\vec{B}$.

Partícula Carregada em Movimento Circular 28.2

Se uma partícula se move ao longo de uma circunferência com velocidade constante, podemos ter certeza de que a força que age sobre a partícula tem módulo constante e aponta para o centro da circunferência, mantendo-se perpendicular à velocidade da partícula. Pense em uma pedra amarrada a uma corda que gira em círculos em uma superfície horizontal sem atrito, ou em um satélite que gira em torno da Terra em uma órbita circular. No primeiro caso, a tração da corda é responsável pela força e pela aceleração centrípeta; no segundo, a força e a aceleração são causadas pela atração gravitacional.

A Fig. 28.4.1 mostra outro exemplo: Um feixe de elétrons é lançado em uma câmara por um *canhão de elétrons* G. Os elétrons se movem no plano do papel com velocidade v, em uma região na qual existe um campo magnético $\vec{B}$ que aponta para fora do papel. Em consequência, uma força magnética $\vec{F}_B = q\vec{v} \times \vec{B}$ age continuamente sobre os elétrons. Uma vez que $\vec{v}$ e $\vec{B}$ são perpendiculares, a força faz com que os elétrons descrevam uma trajetória circular. A trajetória é visível na fotografia porque alguns dos elétrons colidem com átomos do gás presente na câmara, fazendo-os emitir luz.

Estamos interessados em determinar os parâmetros que caracterizam o movimento circular desses elétrons ou de qualquer outra partícula de carga $|q|$ e massa m que se mova com velocidade v perpendicularmente a um campo magnético uniforme $\vec{B}$. De acordo com a Eq. 28.1.3, o módulo da força que age sobre a partícula é $|q|vB$. De acordo com a segunda lei de Newton ($\vec{F} = m\vec{a}$) aplicada ao movimento circular (Eq. 6.3.2),

$$F = m\frac{v^2}{r}, \tag{28.4.1}$$

temos

$$|q|vB = \frac{mv^2}{r}. \tag{28.4.2}$$

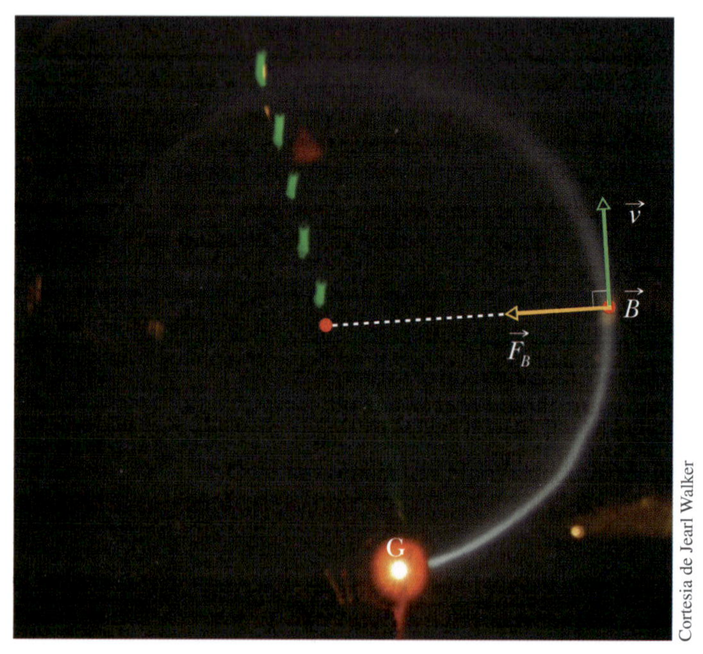

Figura 28.4.1 Elétrons circulando em uma câmara que contém uma pequena quantidade de gás (a trajetória dos elétrons é o anel claro). Na câmara existe um campo magnético uniforme $\vec{B}$ que aponta para fora do papel. Note que a força magnética $\vec{F}_B$ é radial; para que o movimento seja circular, é *preciso* que $\vec{F}_B$ aponte para o centro da trajetória. Utilize a regra da mão direita para produtos vetoriais a fim de confirmar que $\vec{F}_B = q\vec{v} \times \vec{B}$ tem a direção apropriada. (Não se esqueça do sinal de q.)

Explicitando r, vemos que o raio da trajetória circular é dado por

$$r = \frac{mv}{|q|B} \quad \text{(raio).} \tag{28.4.3}$$

O período T (o tempo necessário para completar uma revolução) é igual à circunferência dividida pela velocidade:

$$T = \frac{2\pi r}{v} = \frac{2\pi}{v}\frac{mv}{|q|B} = \frac{2\pi m}{|q|B} \quad \text{(período).} \tag{28.4.4}$$

A frequência f (número de revoluções por minuto) é dada por

$$f = \frac{1}{T} = \frac{|q|B}{2\pi m} \quad \text{(frequência).} \tag{28.4.5}$$

A frequência angular do movimento é, portanto,

$$\omega = 2\pi f = \frac{|q|B}{m} \quad \text{(frequência angular).} \tag{28.4.6}$$

As grandezas T, f e ω não dependem da velocidade da partícula (contanto que a velocidade seja muito menor que a velocidade da luz). Partículas velozes se movem em circunferências grandes, e partículas lentas se movem em circunferências pequenas, mas todas as partículas com a mesma razão entre carga e massa $|q|/m$ levam o mesmo tempo T (o período) para completar uma revolução. Usando a Eq. 28.1.2, é fácil mostrar que, olhando no sentido de $\vec{B}$, o sentido de rotação para uma partícula positiva é o sentido anti-horário, e o sentido de rotação para uma partícula negativa é o sentido horário.

Trajetórias Helicoidais

Se a velocidade de uma partícula carregada tem uma componente paralela ao campo magnético (uniforme), a partícula descreve uma trajetória helicoidal cujo eixo é a direção do campo. A Fig. 28.4.2*a*, por exemplo, mostra o vetor velocidade $\vec{v}$ de uma dessas partículas separado em duas componentes, uma paralela a $\vec{B}$ e outra perpendicular a $\vec{B}$:

$$v_{\parallel} = v \cos \phi \quad \text{e} \quad v_{\perp} = v \operatorname{sen} \phi. \tag{28.4.7}$$

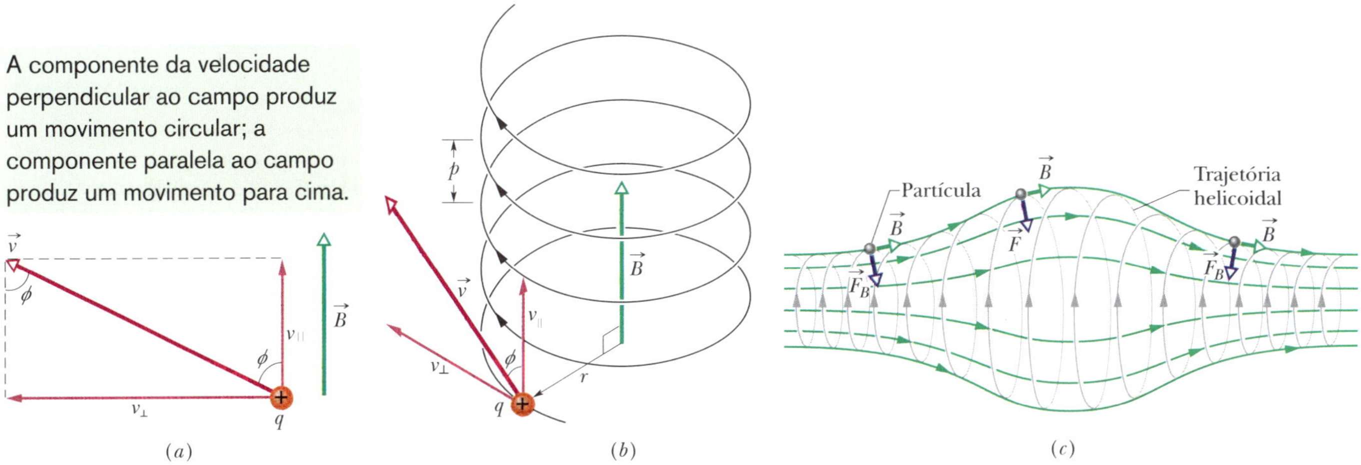

A componente da velocidade perpendicular ao campo produz um movimento circular; a componente paralela ao campo produz um movimento para cima.

Figura 28.4.2 (*a*) Uma partícula carregada se move na presença de um campo magnético uniforme $\vec{B}$, com a velocidade $\vec{v}$ da partícula fazendo um ângulo ϕ com a direção do campo. (*b*) A partícula descreve uma trajetória helicoidal de raio r e passo p. (*c*) Uma partícula carregada se move em espiral na presença de um campo magnético não uniforme. (A partícula pode ser aprisionada, passando a descrever um movimento de vaivém entre as regiões em que o campo é mais intenso.) Observe que, nas duas extremidades, a componente horizontal da força magnética aponta para o centro da região.

É a componente paralela que determina o *passo* p da hélice, ou seja, a distância entre espiras sucessivas (Fig. 28.4.2*b*). O raio da hélice e a grandeza que toma o lugar de v na Eq. 28.4.3 são determinados pela componente perpendicular.

A Fig. 28.4.2*c* mostra uma partícula carregada que se move em espiral na presença de um campo magnético não uniforme. O espaçamento menor das linhas de campo nas extremidades mostra que o campo magnético é mais intenso nessas regiões. Se o campo em uma das extremidades for suficientemente intenso, a partícula será "refletida" de volta para o centro da região. Quando a partícula é refletida nas duas extremidades, dizemos que ela está aprisionada em uma *garrafa magnética*.

Elétrons e prótons são aprisionados no campo magnético da Terra e formam os *cinturões de radiação de Van Allen*, situados muito acima da atmosfera terrestre, entre os polos geomagnéticos norte e sul da Terra. As partículas descrevem um movimento de vaivém, levando apenas alguns segundos para se deslocar de uma extremidade a outra dessa garrafa magnética.

Quando uma grande erupção solar injeta elétrons e prótons adicionais de alta energia nos cinturões de radiação, um campo elétrico é produzido na região em que os elétrons normalmente seriam refletidos. Esse campo elimina a reflexão e faz com que os elétrons desçam para a atmosfera, onde colidem com moléculas do ar, fazendo com que emitam luz. Essa luz, conhecida como *aurora*, forma faixas coloridas a uma altitude da ordem de 100 km (Fig. 28.4.3). As moléculas de oxigênio emitem luz verde e as moléculas de nitrogênio emitem luz rosa, mas às vezes a luz é tão fraca que apenas uma luz branca pode ser observada. As auroras podem ser vistas apenas em noites sem lua e em latitudes médias ou elevadas. Não se trata de um fenômeno local; as auroras podem formar um arco com mais de 4.000 km de comprimento. Entretanto, esse arco pode ter apenas 100 m de espessura (no sentido norte-sul), porque as linhas de campo magnético fazem as trajetórias dos elétrons convergirem (Fig. 28.4.4).

Figura 28.4.3 A aurora é uma série de faixas luminosas produzidas por elétrons extraterrestres.

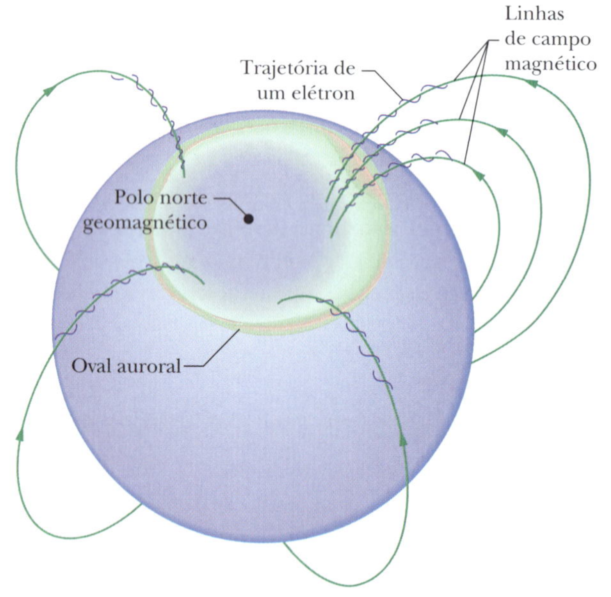

Figura 28.4.4 Um *oval auroral* circunda o polo norte geomagnético da Terra (situado atualmente a noroeste da Groenlândia). As linhas de campo magnético convergem para o polo. Os elétrons que chegam à Terra são "capturados" e se movem em espiral em torno dessas linhas até entrarem na atmosfera em latitudes médias ou altas e produzirem auroras na região do oval.

Teste 28.4.1

A figura mostra as trajetórias circulares de duas partículas que se movem com a mesma velocidade na presença de um campo magnético uniforme $\vec{B}$ que aponta para dentro do papel. Uma partícula é um próton; a outra é um elétron (que possui uma massa muito menor). (a) Qual das partículas descreve a circunferência menor? (b) Essa partícula se move no sentido horário ou no sentido anti-horário?

$\otimes$ $\vec{B}$

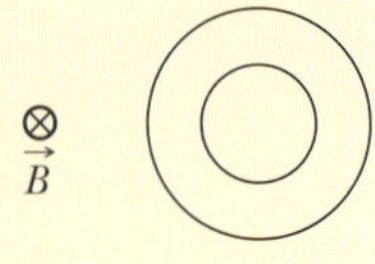

Exemplo 28.4.1 Movimento helicoidal de uma partícula carregada em um campo magnético 28.2

Um elétron com uma energia cinética de 22,5 eV penetra em uma região onde existe um campo magnético $\vec{B}$ de módulo 4,55 × 10^{-4} T. O ângulo entre a direção de $\vec{B}$ e a direção da velocidade $\vec{v}$ do elétron é 65,5°. Qual é o passo da trajetória helicoidal do elétron?

IDEIAS-CHAVE

(1) O passo p é a distância que o elétron percorre paralelamente ao campo magnético $\vec{B}$ durante um período T de revolução. (2) O período T é dado pela Eq. 28.4.4, independentemente do ângulo entre $\vec{v}$ e $\vec{B}$ (contanto que o ângulo não seja zero, porque nesse caso a trajetória do elétron não será circular).

Cálculos: De acordo com as Eqs. 28.4.7 e 28.4.4, temos

$$p = v_{\parallel}T = (v\cos\phi)\frac{2\pi m}{|q|B}. \tag{28.4.8}$$

Podemos calcular a velocidade v do elétron a partir da energia cinética; o resultado é $v = 2,81 \times 10^6$ m/s. Substituindo esse valor e outros valores conhecidos na Eq. 28.4.8, obtemos

$$p = (2,81 \times 10^6 \text{ m/s})(\cos 65,5°) \times \frac{2\pi(9,11 \times 10^{-31}\text{ kg})}{(1,60 \times 10^{-19}\text{ C})(4,55 \times 10^{-4}\text{ T})}$$

$$= 9,16 \text{ cm}. \quad \text{(Resposta)}$$

Exemplo 28.4.2 Movimento circular uniforme de uma partícula carregada em um campo magnético 28.3

A Fig. 28.4.5 ilustra o princípio de funcionamento do *espectrômetro de massa*, um instrumento usado para medir a massa de íons. Um íon de massa m (a ser medida) e carga q é produzido na fonte S e acelerado pelo campo elétrico associado a uma diferença de potencial V. O íon entra em uma câmara de separação na qual existe um campo magnético uniforme $\vec{B}$ perpendicular à sua velocidade. O campo faz com que o íon descreva uma trajetória semicircular antes de atingir um detector situado na superfície inferior da câmara. Suponha que B = 80.000 mT, V = 1000,0 V e que íons de carga $q = +1,6022 \times 10^{-19}$ C atinjam o detector em um ponto situado a uma distância x = 1,6254 m do ponto de entrada na câmara. Qual é a massa m dos íons em unidades de massa atômica? (Eq. 1.3.1: 1 u = $1,6605 \times 10^{-27}$ kg.)

IDEIAS-CHAVE

(1) Como o campo magnético uniforme faz com que o íon descreva uma trajetória circular, podemos relacionar a massa m do íon ao raio r da trajetória por meio da Eq. 28.4.3 ($r = mv/qB$). De acordo com a Fig. 28.4.5, $r = x/2$ (o raio é metade do diâmetro) e conhecemos o módulo B do campo magnético. Entretanto, não conhecemos a velocidade v dos íons depois que são acelerados pela diferença de potencial V. (2) Para determinar a relação entre v e V, usamos o fato de que a energia mecânica ($E_{mec} = K + U$) é conservada durante a aceleração.

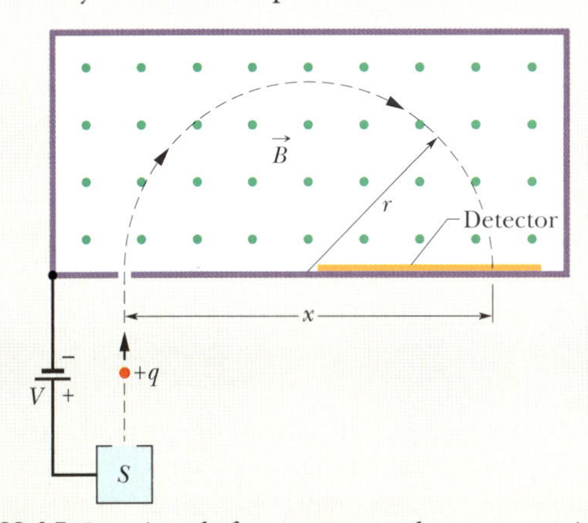

Figura 28.4.5 Princípio de funcionamento de um espectrômetro de massa. Um íon positivo, depois de ser gerado por uma fonte S e acelerado por uma diferença de potencial V, penetra em uma câmara onde existe um campo magnético uniforme $\vec{B}$, e descreve uma semicircunferência de raio r antes de atingir um detector a uma distância x do ponto em que penetrou na câmara.

Cálculo da velocidade: Quando o íon deixa a fonte, a energia cinética é aproximadamente zero; ao entrar na câmara, a energia cinética aumentou para $\frac{1}{2}mv^2$. Além disso, durante a aceleração, o íon positivo sofre uma variação de potencial elétrico de $-V$. Como o íon possui uma carga positiva q, a variação de energia potencial é $-qV$. De acordo com a lei de conservação da energia mecânica,

$$\Delta K + \Delta U = 0,$$

e, portanto,

$$\tfrac{1}{2}mv^2 - qV = 0$$

ou

$$v = \sqrt{\frac{2qV}{m}}. \tag{28.4.9}$$

Cálculo da massa: Substituindo v pelo seu valor na Eq. 28.4.3, obtemos

$$r = \frac{mv}{qB} = \frac{m}{qB}\sqrt{\frac{2qV}{m}} = \frac{1}{B}\sqrt{\frac{2mV}{q}}$$

e

$$x = 2r = \frac{2}{B}\sqrt{\frac{2mV}{q}}.$$

Explicitando m e substituindo os valores conhecidos, temos

$$m = \frac{B^2qx^2}{8V}$$

$$= \frac{(0,080000\text{ T})^2(1,6022 \times 10^{-19}\text{ C})(1,6254\text{ m})^2}{8(1000,0\text{ V})}$$

$$= 3,3863 \times 10^{-25}\text{ kg} = 203,93\text{ u}. \quad \text{(Resposta)}$$

28.5 CÍCLOTRONS E SÍNCROTRONS

Objetivos do Aprendizado

Depois de ler este módulo, você será capaz de ...

28.5.1 Descrever o princípio de funcionamento de um cíclotron e mostrar, em um desenho, a trajetória de uma partícula em um cíclotron e as regiões em que a energia cinética da partícula aumenta.

28.5.2 Conhecer a condição de ressonância de um cíclotron.

28.5.3 Usar a condição de ressonância de um cíclotron para determinar a relação entre a massa da partícula, a carga da partícula, o campo magnético e a frequência do oscilador.

28.5.4 Saber a diferença entre um cíclotron e um síncrotron.

Ideias-Chave

- Em um cíclotron, partículas carregadas são aceleradas por forças elétricas enquanto descrevem uma trajetória espiral na presença de um campo magnético.
- Em um síncrotron, o campo magnético e a frequência do oscilador variam de modo a manter as partículas em uma trajetória circular.

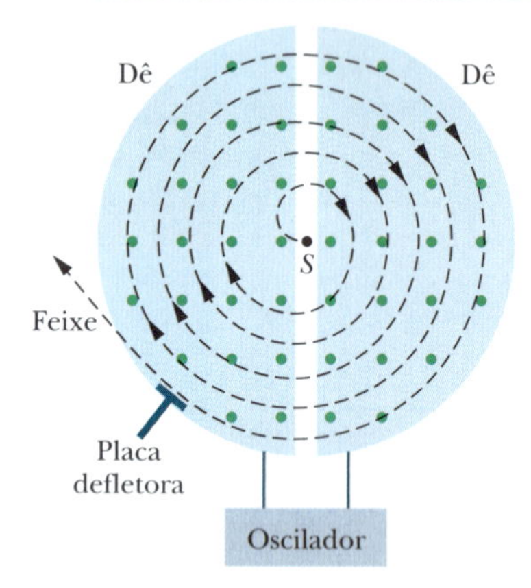

Figura 28.5.1 Diagrama esquemático de um cíclotron, mostrando a fonte de partículas S e os dês. Um campo magnético uniforme aponta para fora do papel. As partículas descrevem uma trajetória espiral, ganhando energia cada vez que atravessam o espaço entre os dês.

Cíclotrons e Síncrotrons

Feixes de partículas de alta energia, como elétrons e prótons, têm sido imensamente úteis para os estudos de átomos e núcleos que têm por objetivo conhecer a estrutura fundamental da matéria. Esses feixes foram fundamentais para a descoberta de que os núcleos atômicos são formados por prótons e nêutrons e para a descoberta de que os prótons e nêutrons são formados por quarks e glúons. Como os elétrons e prótons possuem carga elétrica, em princípio podemos acelerá-los até que atinjam altas energias submetendo-os a grandes diferenças de potencial. No caso dos elétrons, cuja massa é muito pequena, é possível acelerá-los dessa forma em uma distância razoável. No caso dos prótons (e de outras partículas carregadas), porém, como a massa é muito maior, a distância necessária para a aceleração pode se tornar proibitiva.

Uma solução engenhosa consiste em acelerar os prótons e outras partículas pesadas com uma diferença de potencial relativamente pequena (que imprime às partículas uma energia cinética relativamente pequena) e usar um campo magnético para fazer com que passem várias vezes por essa mesma diferença de potencial. Quando o processo é repetido milhares de vezes, as partículas adquirem uma energia extremamente elevada.

Vamos agora discutir dois tipos de *aceleradores de partículas* que utilizam um campo magnético para conduzir as partículas repetidas vezes para uma região de aceleração, onde ganham mais e mais energia até finalmente emergirem como um feixe de alta energia.

Cíclotron

A Fig. 28.5.1 mostra uma vista de topo da região de um *cíclotron* na qual circulam partículas (prótons, por exemplo). As paredes das duas câmaras em forma de **D** (abertas na face plana) são feitas de cobre. Os *dês*, como são chamados, estão ligados a um oscilador que alterna o potencial elétrico de tal forma que o campo elétrico na região entre os dês aponta ora em um sentido, ora no sentido oposto. Ao mesmo tempo, é aplicado um campo magnético de alta intensidade dirigido para fora do plano da página. O módulo B desse campo depende da corrente no eletroímã responsável pela produção do campo.

Suponha que um próton, injetado pela fonte S situada no centro do cíclotron na Fig. 28.5.1, esteja inicialmente se movendo em direção ao dê da esquerda, negativamente carregado. O próton é atraído pelo dê e entra nele. Depois de entrar, fica isolado do campo elétrico pelas paredes de cobre do dê; em outras palavras, o campo elétrico não penetra nas câmaras. O campo magnético, porém, não está sujeito aos efeitos das paredes de cobre (um metal não magnético) e, portanto, age sobre o próton, fazendo com que ele descreva uma trajetória semicircular cujo raio, que depende da velocidade, é dado pela Eq. 28.4.3 ($r = mv/|q|B$).

Suponha que no instante em que o próton chega ao espaço central, proveniente do dê da esquerda, a diferença de potencial entre os dois dês seja invertida. Nesse caso, o próton é *novamente* atraído por um dê negativamente carregado e é *novamente* acelerado. O processo continua, com o movimento do próton sempre em fase com as oscilações do potencial, até que a trajetória em espiral leve a partícula até a borda do sistema, onde uma placa defletora a faz passar por um orifício e deixar um dos dês.

Frequência. O funcionamento do cíclotron se baseia no fato de que a frequência f com a qual a partícula circula sob o efeito do campo magnético (e que *não depende* da velocidade) pode ser igual à frequência f_{osc} do oscilador elétrico, ou seja,

$$f = f_{osc} \quad \text{(condição de ressonância).} \qquad (28.5.1)$$

De acordo com essa *condição de ressonância*, para que a energia da partícula aumente é preciso que a frequência f_{osc} do oscilador elétrico seja igual à frequência com a qual a partícula circula sob o efeito do campo magnético.

Combinando as Eqs. 28.4.5 ($f = |q|B/2\pi m$) e 28.5.1, podemos escrever a condição de ressonância na forma

$$|q|B = 2\pi m f_{osc}. \qquad (28.5.2)$$

O oscilador é projetado para trabalhar em certa frequência fixa f_{osc}. Para "sintonizar" o cíclotron, o valor de B é ajustado até que a Eq. 28.5.2 seja satisfeita, o que faz com que muitos prótons circulem no aparelho e saiam pelo orifício na forma de um feixe de partículas de alta energia.

Síncrotron

O cíclotron convencional não funciona bem no caso de prótons com uma energia maior que 50 MeV porque a hipótese fundamental do projeto — que a frequência de revolução de uma partícula carregada que circula na presença de um campo magnético não depende da velocidade — é válida apenas para velocidades muito menores que a velocidade da luz. Para velocidades acima de 10% da velocidade da luz, devem ser usadas as equações da teoria da relatividade, segundo as quais a frequência de revolução diminui progressivamente com aumento da velocidade. Assim, as partículas se atrasam em relação à frequência do oscilador, que tem um valor fixo f_{osc}, e a energia da partícula passa a aumentar cada vez menos a cada revolução, tendendo para um valor constante.

Existe outro problema. Para um próton de 500 GeV em um campo magnético de 1,5 T, o raio da trajetória é 1,1 km. No caso de um cíclotron convencional, o campo magnético teria que ser aplicado em toda a região limitada pela trajetória, o que exigiria um ímã de tamanho descomunal, ocupando uma área da ordem de 4×10^6 m^2.

O *síncrotron* foi criado para resolver os dois problemas. Em vez de possuírem valores fixos como no cíclotron convencional, o campo magnético B e a frequência do oscilador f_{osc} variam com o tempo enquanto as partículas estão sendo aceleradas. Quando isso é realizado de forma correta, (1) a frequência de revolução das partículas permanece em fase com a frequência do oscilador; (2) as partículas descrevem uma trajetória circular em vez de espiral. Isso significa que o campo magnético precisa cobrir uma área bem menor, correspondente a essa trajetória. Mesmo assim, no caso de partículas de alta energia, o raio da trajetória deve ser muito grande.[2]

Teste 28.5.1

Um cíclotron trabalha com um certo campo magnético B e três tipos de partículas introduzidas continuamente por fontes próximas do centro. As partículas têm a mesma carga e diferentes massas: $m_1 > m_2 > m_3$. (a) Coloque as partículas na ordem da frequência de excitação necessária para que haja ressonância, começando pela maior e (b) coloque as partículas na ordem da velocidade máxima atingida pela partícula quando é excitada com a frequência correta, começando pela maior velocidade.

[2]O LHC, o maior síncrotron atualmente em operação, tem um raio de 4,3 km e foi projetado para acelerar prótons até energias da ordem de 7 TeV. (N.T.)

Exemplo 28.5.1 Cíclotrons e terapia com feixe de nêutrons

Uma arma promissora no combate a certos tipos de câncer, como o da glândula salivar, é a terapia com nêutrons rápidos, na qual um feixe de nêutrons de alta energia (e, portanto, rápidos) é apontado para a região do tumor. Os nêutrons de alta energia quebram as moléculas de DNA das células cancerígenas, matando-as e, assim, eliminando o câncer. Entretanto, os nêutrons não possuem carga elétrica e, portanto, não podem ser acelerados por um campo elétrico para atingir altas velocidades. A solução é usar um cíclotron para acelerar partículas com carga elétrica até que atinjam altas velocidades e fazê-las incidir em um alvo de berílio nas proximidades do paciente (Fig. 28.5.2); as colisões produzem nêutrons rápidos.

A técnica foi usada pela primeira vez em 1966 no Hammersmith Hospital de Londres. Dêuterons (íons de deutério com uma carga $q = e$ e uma massa $m = 3{,}34 \times 10^{-27}$ kg) foram acelerados em um cíclotron com um raio $r = 76{,}0$ cm e uma frequência de operação $f_{osc} = 8{,}20$ MHz. Os nêutrons tinham uma energia de aproximadamente 6 MeV.

(a) Qual é o valor do campo magnético necessário para que dêuterons que circulam no cíclotron satisfaçam a condição de ressonância?

Fermilab/Science Source

Figura 28.5.2 Como é invisível, o feixe de nêutrons que sai da abertura do lado direito da foto é alinhado com o auxílio de um laser (linhas vermelhas).

IDEIA-CHAVE

Para uma dada frequência de trabalho f_{osc}, o valor do campo magnético B necessário para acelerar uma partícula em um cíclotron é dado pela Eq. 28.5.2.

Cálculo: De acordo com a Eq. 28.5.2, temos:

$$B = \frac{2\pi m f_{osc}}{|q|} = \frac{(2\pi)(3{,}34 \times 10^{-27}\ \text{kg})(8{,}20 \times 10^{6}\ \text{Hz})}{1{,}60 \times 10^{-19}\ \text{C}}$$

$$= 1{,}0755\ \text{T} \approx 1{,}08\ \text{T}. \qquad \text{(Resposta)}$$

(b) Qual é a energia cinética dos dêuterons ao deixarem o cíclotron?

IDEIAS-CHAVE

(1) A energia cinética de um dêuteron ao deixar o cíclotron é a energia que ele tinha na sua última órbita, que era equivalente a uma órbita circular com um raio igual ao raio r do cíclotron.

(2) Podemos calcular a velocidade do dêuteron em uma órbita circular usando a Eq. 28.4.3.

Cálculos: Explicitando v na Eq. 28.4.3 e substituindo os símbolos por valores conhecidos, obtemos

$$v = \frac{r|q|B}{m} = \frac{(0{,}760\ \text{m})(1{,}60 \times 10^{-19}\ \text{C})(1{,}0755\ \text{T})}{3{,}34 \times 10^{-27}\ \text{kg}}$$

$$= 3{,}9155 \times 10^{7}\ \text{m/s} \approx 3{,}92 \times 10^{7}\ \text{m/s}.$$

A energia cinética de um dêuteron com essa velocidade é dada por

$$K = \tfrac{1}{2} m v^2$$

$$= \tfrac{1}{2}(3{,}34 \times 10^{-27}\ \text{kg})(3{,}9155 \times 10^{7}\ \text{m/s})^2$$

$$= 2{,}56 \times 10^{-12}\ \text{J}, \qquad \text{(Resposta)}$$

Esse valor equivale a $(2{,}56 \times 10^{-12}\ \text{J})/(1{,}60 \times 10^{-19}\ \text{C}) = 16$ MeV.

28.6 FORÇA MAGNÉTICA EM UM FIO PERCORRIDO POR CORRENTE

Objetivos do Aprendizado

Depois de ler este módulo, você será capaz de ...

28.6.1 No caso de um campo magnético uniforme perpendicular a um fio que conduz uma corrente, mostrar em um diagrama a direção do fio, a direção do campo magnético e a direção da força magnética a que o fio é submetido.

28.6.2 No caso de um fio percorrido por uma corrente na presença de um campo magnético uniforme, conhecer a relação entre o módulo F_B da força magnética, a corrente i, o comprimento L do fio e o ângulo ϕ entre o vetor comprimento do fio $\vec{L}$ e o vetor campo magnético $\vec{B}$.

28.6.3 Usar a regra da mão direita para determinar a orientação da força magnética a que é submetido um fio que conduz uma corrente na presença de um campo magnético uniforme.

28.6.4 No caso de um fio percorrido por corrente na presença de um campo magnético uniforme, determinar a força magnética calculando o produto vetorial do vetor comprimento do fio $\vec{L}$ pelo vetor campo magnético $\vec{B}$.

28.6.5 Descrever o método usado para calcular a força que um campo magnético exerce sobre um fio percorrido por corrente quando o fio não é retilíneo ou quando o campo não é uniforme.

Ideias-Chave

- Na presença de um campo magnético uniforme, um fio percorrido por corrente é submetido a uma força dada por

$$\vec{F}_B = i\vec{L} \times \vec{B}.$$

- Na presença de um campo magnético, um elemento de corrente $i\,d\vec{L}$ é submetido a uma força dada por

$$d\vec{F}_B = i\,d\vec{L} \times \vec{B}.$$

- A orientação dos vetores $\vec{L}$ e $d\vec{L}$ é a mesma da corrente i.

Força Magnética em um Fio Percorrido por Corrente 28.4

Já vimos (quando discutimos o efeito Hall) que um campo magnético exerce uma força lateral sobre os elétrons que se movem em um fio. Essa força, naturalmente, é transmitida para o fio, já que os elétrons não podem deixá-lo.

Na Fig. 28.6.1*a*, um fio vertical, que não conduz corrente e está preso nas duas extremidades, é colocado no espaço entre os polos de um ímã. O campo magnético do ímã aponta para fora do papel. Na Fig. 28.6.1*b*, uma corrente para cima passa a circular no fio, que se encurva para a direita. Na Fig. 28.6.1*c*, o sentido da corrente é invertido e o fio se encurva para a esquerda.

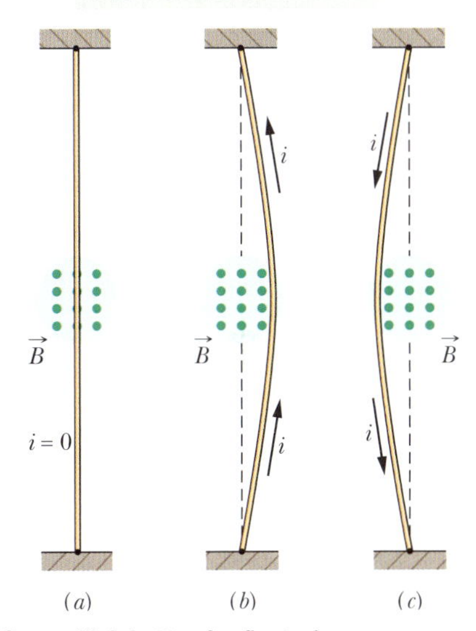

Figura 28.6.1 Um fio flexível passa entre os polos de um ímã (apenas o polo mais distante aparece no desenho). (*a*) Quando não há corrente, o fio não se encurva para nenhum lado. (*b*) Quando há uma corrente para cima, o fio se encurva para a direita. (*c*) Quando há uma corrente para baixo, o fio se encurva para a esquerda. As ligações necessárias para completar o circuito não são mostradas no desenho.

A Fig. 28.6.2 mostra o que acontece no interior do fio da Fig. 28.6.1*b*. Um dos elétrons se move para baixo com a velocidade de deriva v_d. De acordo com a Eq. 28.1.3, nesse caso com $\phi = 90°$, uma força $\vec{F}_B$ de módulo ev_dB age sobre o elétron. De acordo com a Eq. 28.1.2, a força aponta para a direita. Esperamos, portanto, que o fio como um todo experimente uma força para a direita, como mostra a Fig. 28.6.1*b*.

Se, na Fig. 28.6.2, invertermos o sentido do campo magnético *ou* o sentido da corrente, a força exercida sobre o fio mudará de sentido e passará a apontar para a esquerda. Observe também que não importa se consideramos cargas negativas se movendo para baixo (o que na realidade acontece), ou cargas positivas se movendo para cima; nos dois casos, o sentido da força é o mesmo. Podemos imaginar, portanto, para efeito dos cálculos, que a corrente é constituída por cargas positivas.

Cálculo da Força. Considere um trecho do fio de comprimento L. Após um intervalo de tempo $t = L/v_d$, todos os elétrons de condução desse trecho passam pelo plano xx da Fig. 28.6.2. Assim, nesse intervalo de tempo, uma carga dada por

$$q = it = i\frac{L}{v_d}$$

passa pelo plano xx. Substituindo na Eq. 28.1.3, obtemos

$$F_B = qv_dB \operatorname{sen}\phi = \frac{iL}{v_d}v_dB \operatorname{sen} 90°$$

ou

$$F_B = iLB. \qquad (28.6.1)$$

A Eq. 28.6.1 permite calcular a força magnética que age sobre um trecho de fio retilíneo de comprimento L percorrido por uma corrente i e submetido a um campo magnético $\vec{B}$ que é *perpendicular* ao fio.

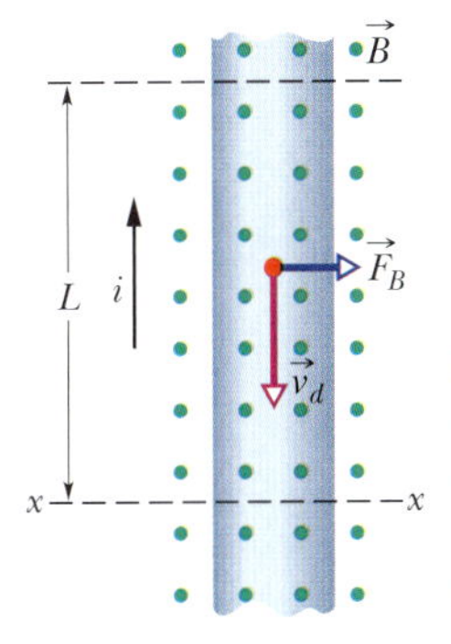

Figura 28.6.2 Vista ampliada do fio da Fig. 28.6.1*b*. O sentido da corrente é para cima, o que significa que a velocidade de deriva dos elétrons aponta para baixo. Um campo magnético que aponta para fora do papel faz com que os elétrons e o fio sejam submetidos a uma força para a direita.

Se o campo magnético *não* é perpendicular ao fio, como na Fig. 28.6.3, a força magnética é dada por uma generalização da Eq. 28.6.1:

$$\vec{F}_B = i\vec{L} \times \vec{B} \quad \text{(força aplicada a uma corrente).} \tag{28.6.2}$$

Aqui, $\vec{L}$ é um *vetor comprimento* de módulo L, com a mesma direção que o trecho de fio e o sentido (convencional) da corrente. O módulo da força F_B é dado por

$$F_B = iLB \operatorname{sen} \phi, \tag{28.6.3}$$

em que ϕ é o ângulo entre as direções de $\vec{L}$ e $\vec{B}$. A direção de $\vec{F}_B$ é a do produto vetorial $\vec{L} \times \vec{B}$ porque tomamos a corrente i como uma grandeza positiva. De acordo com a Eq. 28.6.2, $\vec{F}_B$ é perpendicular ao plano definido pelos vetores $\vec{L}$ e $\vec{B}$, como mostra a Fig. 28.6.3.

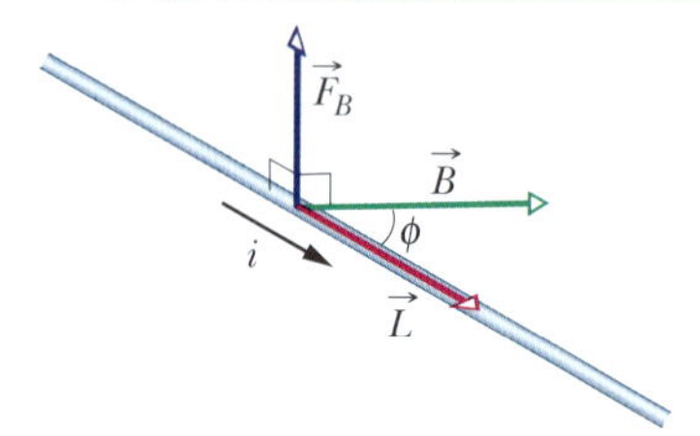

Figura 28.6.3 Um fio percorrido por uma corrente i faz um ângulo ϕ com um campo magnético $\vec{B}$. O fio tem um comprimento L e um vetor comprimento $\vec{L}$ (na direção da corrente). Uma força magnética $\vec{F}_B = i\vec{L} \times \vec{B}$ age sobre o fio.

A Eq. 28.6.2 é equivalente à Eq. 28.1.2 no sentido de que qualquer das duas pode ser usada como equação de definição de $\vec{B}$. Na prática, definimos $\vec{B}$ usando a Eq. 28.6.2 por ser muito mais fácil medir a força magnética que age sobre um fio percorrido por corrente do que a força que age sobre uma partícula em movimento.

Fio Curvo. Se o fio não é retilíneo ou o campo não é uniforme, podemos dividir mentalmente o fio em pequenos segmentos retilíneos e aplicar a Eq. 28.6.2 a cada segmento. Nesse caso, a força que age sobre o fio como um todo é a soma vetorial das forças que agem sobre os segmentos em que o fio foi dividido. No caso de segmentos infinitesimais, podemos escrever

$$d\vec{F}_B = i\,d\vec{L} \times \vec{B}, \tag{28.6.4}$$

e calcular a força total que age sobre um fio integrando a Eq. 28.6.4 para todo o fio. 28.2

Ao aplicar a Eq. 28.6.4, é útil termos em mente que não existem segmentos isolados de comprimento dL percorridos por corrente; deve sempre haver um meio de introduzir corrente em uma das extremidades do segmento e retirá-la na outra extremidade.

Teste 28.6.1

A figura mostra a força magnética $\vec{F}_B$ que age sobre um fio percorrido por uma corrente i ao ser submetido a um campo magnético uniforme $\vec{B}$. Qual é a orientação do campo magnético?

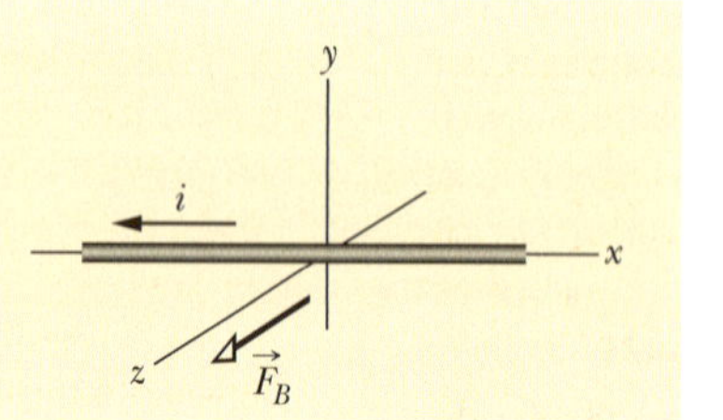

Exemplo 28.6.1 Força magnética em um fio percorrido por corrente

Um fio horizontal retilíneo, feito de cobre, é percorrido por uma corrente $i = 28$ A. Determine o módulo e a orientação do menor campo magnético $\vec{B}$ capaz de manter o fio suspenso, ou seja, equilibrar a força gravitacional. A densidade linear (massa por unidade de comprimento) do fio é 46,6 g/m.

IDEIAS-CHAVE

(1) Como está sendo percorrido por uma corrente, o fio sofre uma força magnética $\vec{F}_B$ quando é submetido a um campo magnético $\vec{B}$. Para equilibrar a força gravitacional $\vec{F}_g$, que aponta para baixo, precisamos de uma força magnética que aponte para cima (Fig. 28.6.4). (2) A orientação de $\vec{F}_B$ está relacionada com as orientações de $\vec{B}$ e do vetor comprimento do fio $\vec{L}$ pela Eq. 28.6.2 ($\vec{F}_B = i\vec{L} \times \vec{B}$).

Cálculos: Como $\vec{L}$ é horizontal (e a corrente é tomada como positiva), a Eq. 28.6.2 e a regra da mão direita para produtos vetoriais mostram que $\vec{B}$ deve ser horizontal e apontar para a direita (como na Fig. 28.6.4) para que a força $\vec{F}_B$ seja para cima.

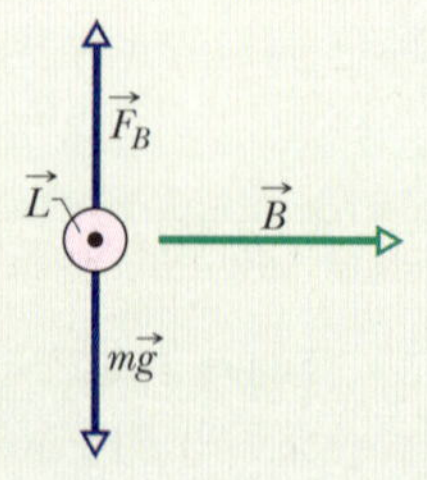

Figura 28.6.4 Um fio (mostrado em seção reta) percorrido por uma corrente elétrica para fora do papel.

O módulo de $\vec{F}_B$ é $F_B = iLB \operatorname{sen} \phi$ (Eq. 28.6.3). Como queremos que $\vec{F}_B$ equilibre $\vec{F}_g$, devemos ter

$$iLB \operatorname{sen} \phi = mg, \tag{28.6.5}$$

em que mg é o módulo de $\vec{F}_g$ e m é a massa do fio. Como estamos interessados em calcular o menor valor de B para o qual $\vec{F}_B$ equilibra $\vec{F}_g$, devemos maximizar sen ϕ na Eq. 28.6.5. Para isso, fazemos $\phi = 90°$, o que significa que $\vec{B}$ deve ser perpendicular ao fio. Nesse caso, sen $\phi = 1$ e a Eq. 28.6.5 nos dá

$$B = \frac{mg}{iL \operatorname{sen} \phi} = \frac{(m/L)g}{i}. \tag{28.6.6}$$

Escrevemos o resultado dessa forma porque conhecemos m/L, a densidade linear do fio. Substituindo os valores conhecidos, obtemos

$$B = \frac{(46{,}6 \times 10^{-3} \text{ kg/m})(9{,}8 \text{ m/s}^2)}{28 \text{ A}}$$
$$= 1{,}6 \times 10^{-2} \text{ T}. \quad \text{(Resposta)}$$

Esse campo é aproximadamente 160 vezes maior que o campo magnético da Terra.[3]

28.7 TORQUE EM UMA ESPIRA PERCORRIDA POR CORRENTE

Objetivos do Aprendizado

Depois de ler este módulo, você será capaz de ...

28.7.1 Fazer um desenho de uma espira percorrida por uma corrente na presença de um campo magnético uniforme e indicar o sentido da corrente, as forças magnéticas que agem sobre os quatro lados da espira, o vetor normal $\vec{n}$ e o sentido no qual o torque produzido pelas forças magnéticas faz a espira girar.

28.7.2 No caso de uma bobina percorrida por uma corrente na presença de um campo magnético uniforme, conhecer a relação entre o módulo τ do torque, o número N de espiras da bobina, a área A das espiras, a corrente i, o módulo B do campo magnético e o ângulo θ entre o vetor normal $\vec{n}$ e o vetor campo magnético $\vec{B}$.

Ideias-Chave

- Uma espira retangular percorrida por uma corrente na presença de um campo magnético uniforme está sujeita a várias forças magnéticas, mas a força resultante é zero.
- O módulo do torque que age sobre uma bobina retangular percorrida por uma corrente na presença de um campo magnético uniforme é dado por

$$\tau = NiAB \operatorname{sen} \theta,$$

em que N é o número de espiras da bobina, A é a área das espiras, i é a corrente, B é o módulo do campo magnético e θ é o ângulo entre o vetor normal $\vec{n}$ e o vetor campo magnético $\vec{B}$.

Torque em uma Espira Percorrida por Corrente 

Boa parte do trabalho do mundo é realizada por motores elétricos. As forças responsáveis por esse trabalho são as forças magnéticas que estudamos no módulo anterior, ou seja, as forças que um campo magnético exerce sobre fios percorridos por correntes elétricas.

A Fig. 28.7.1 mostra um motor simples, constituído por uma espira percorrida por uma corrente e submetida a um campo magnético $\vec{B}$. As forças magnéticas $\vec{F}$ e $-\vec{F}$ produzem um torque na espira que tende a fazê-la girar em torno do eixo central. Embora muitos detalhes essenciais tenham sido omitidos, a figura mostra como o efeito de um campo magnético sobre uma espira percorrida por corrente produz um movimento de rotação. Vamos analisar esse efeito.

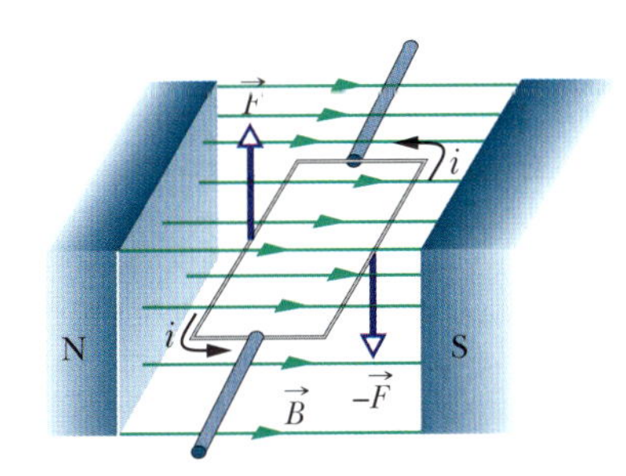

Figura 28.7.1 Elementos de um motor elétrico. Uma espira retangular de fio, percorrida por uma corrente e livre para girar em torno de um eixo, é submetida a um campo magnético. Forças magnéticas produzem um torque que faz a espira girar. Um comutador (que não aparece na figura) inverte o sentido da corrente a cada meia revolução para que o torque tenha sempre o mesmo sentido.

A Fig. 28.7.2*a* mostra uma espira retangular de lados a e b percorrida por uma corrente i e submetida a um campo magnético uniforme $\vec{B}$. Colocamos a espira no campo de tal forma que os lados mais compridos, 1 e 3, estejam sempre perpendiculares ao campo (que aponta para dentro do papel), mas o mesmo não acontece com os lados mais curtos, 2 e 4. Fios para introduzir e remover a corrente da espira são necessários, mas não aparecem na figura.

[3]Na verdade, o campo calculado é 320 vezes maior que o campo magnético médio da Terra. (N.T.)

Para definir a orientação da espira em relação ao campo magnético, usamos um vetor normal $\vec{n}$ que é perpendicular ao plano da espira. A Fig. 28.7.2*b* ilustra o uso da regra da mão direita para determinar a direção de $\vec{n}$. Quando os dedos da mão direita apontam na direção da corrente em um lado qualquer da espira, o polegar estendido aponta na direção do vetor normal $\vec{n}$.

Na Fig. 28.7.2*c*, o vetor normal da espira é mostrado fazendo um ângulo θ com a orientação do campo magnético $\vec{B}$. Estamos interessados em calcular a força total e o torque total que agem sobre a espira nessa orientação.

Torque Total. A força total que age sobre a espira é a soma vetorial das forças que agem sobre os quatro lados. No caso do lado 2, o vetor $\vec{L}$ na Eq. 28.6.2 aponta na direção da corrente e tem módulo b. O ângulo entre $\vec{L}$ e $\vec{B}$ para o lado 2 (ver Fig. 28.7.2*c*) é $90° - \theta$. Assim, o módulo da força que age sobre esse lado é

$$F_2 = ibB\,\text{sen}(90° - \theta) = ibB\cos\theta. \qquad (28.7.1)$$

É fácil mostrar que a força $\vec{F}_4$ que age sobre o lado 4 tem o mesmo módulo que $\vec{F}_2$ e o sentido oposto. Assim, $\vec{F}_2$ e $\vec{F}_4$ se cancelam. A força total associada aos lados 2 e 4 é zero; além disso, como as duas forças estão aplicadas ao longo de uma reta que coincide com o eixo de rotação da espira, o torque total produzido por essas forças também é zero.

A situação é diferente para os lados 1 e 3. Como, nesse caso, $\vec{L}$ é perpendicular a $\vec{B}$ o módulo das forças $\vec{F}_1$ e $\vec{F}_3$ é iaB, independentemente do valor de θ. Como têm sentidos opostos, as duas forças não tendem a mover a espira para cima ou para baixo. Entretanto, como mostra a Fig. 28.7.2*c*, as duas forças *não estão* aplicadas ao longo da mesma reta e, portanto, o torque associado a essas forças *não é zero*. O torque tende a fazer a espira girar em um sentido tal que o vetor normal $\vec{n}$ se alinhe com a direção do campo magnético $\vec{B}$. Esse torque tem um braço de alavanca $(b/2)$ sen θ em relação ao eixo da espira. O módulo τ' do torque produzido pelas forças $\vec{F}_1$ e $\vec{F}_3$ é, portanto (ver Fig. 28.7.2*c*),

$$\tau' = \left(iaB\frac{b}{2}\,\text{sen}\,\theta\right) + \left(iaB\frac{b}{2}\,\text{sen}\,\theta\right) = iabB\,\text{sen}\,\theta. \qquad (28.7.2)$$

Bobina. Suponha que a espira única seja substituída por uma *bobina* de N espiras. Suponha ainda que as espiras sejam enroladas tão juntas que se possa supor que todas têm aproximadamente as mesmas dimensões e estão no mesmo plano. Nesse caso, as espiras formam uma *bobina plana*, e um torque τ' com o módulo dado pela Eq. 28.7.2 age sobre cada espira. O módulo do torque total que age sobre a bobina é, portanto,

$$\tau = N\tau' = NiabB\,\text{sen}\,\theta = (NiA)B\,\text{sen}\,\theta, \qquad (28.7.3)$$

em que $A\ (= ab)$ é a área limitada pela bobina. O produto entre parênteses (NiA) foi separado por envolver as propriedades da bobina: o número de espiras, a corrente e a área. A Eq. 28.7.3 é válida, qualquer que seja a forma geométrica da bobina plana, mas o campo magnético deve ser uniforme. Por exemplo, no caso de uma bobina circular de raio r,

$$\tau = (Ni\pi r^2)B\,\text{sen}\,\theta. \qquad (28.7.4)$$

Vetor Normal. Em vez de acompanhar o movimento da bobina, é mais fácil tomar como referência o vetor $\vec{n}$, que é perpendicular ao plano da bobina. De acordo com a Eq. 28.7.3, uma bobina plana percorrida por corrente e submetida a um campo mag-

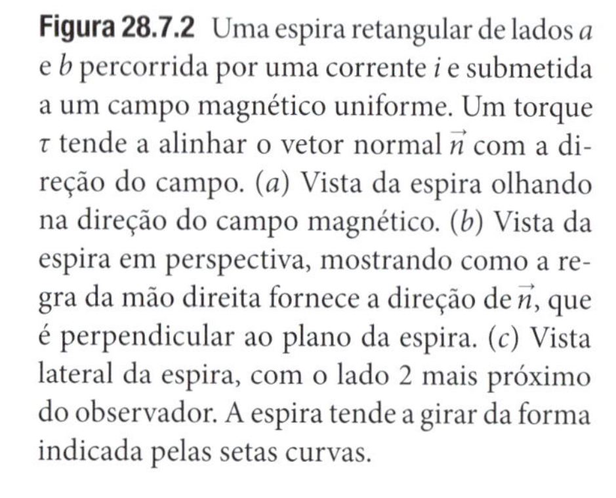

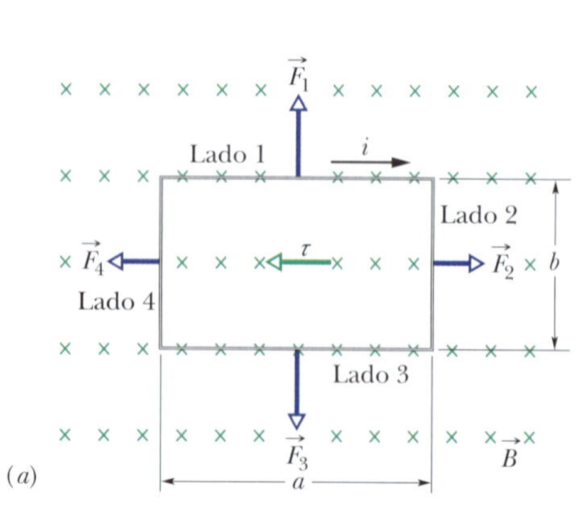

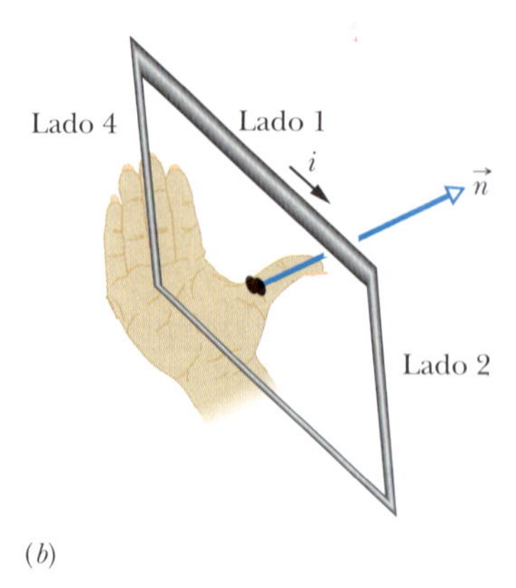

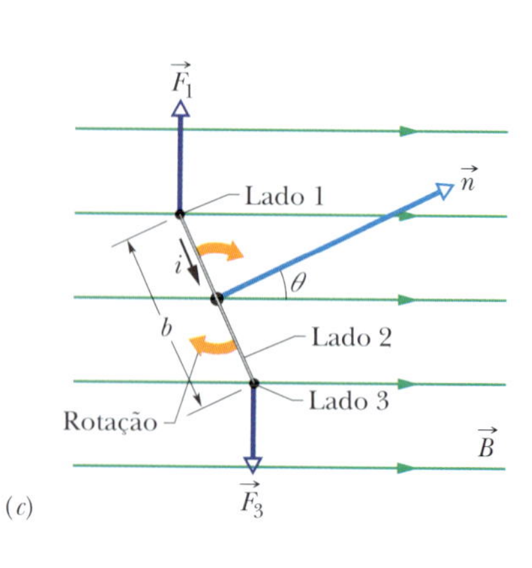

Figura 28.7.2 Uma espira retangular de lados a e b percorrida por uma corrente i e submetida a um campo magnético uniforme. Um torque τ tende a alinhar o vetor normal $\vec{n}$ com a direção do campo. (*a*) Vista da espira olhando na direção do campo magnético. (*b*) Vista da espira em perspectiva, mostrando como a regra da mão direita fornece a direção de $\vec{n}$, que é perpendicular ao plano da espira. (*c*) Vista lateral da espira, com o lado 2 mais próximo do observador. A espira tende a girar da forma indicada pelas setas curvas.

nético uniforme tende a girar até que $\vec{n}$ fique alinhado com o campo. Nos motores, a corrente da bobina é invertida quando $\vec{n}$ está prestes a se alinhar com a direção do campo, para que o torque continue a fazer girar a bobina. Essa inversão automática da corrente é executada por um comutador situado entre a bobina e os contatos estacionários que a alimentam com corrente.

Teste 28.7.1

Você pretende montar uma bobina (de uma única espira) usando um fio com 10 cm de comprimento. A bobina vai ser submetida a uma corrente i na presença de um campo magnético uniforme de módulo B, com o vetor normal ao plano da espira perpendicular a $\vec{B}$. Que forma deve ter a espira para maximizar o torque τ aplicado à espira: (a) um quadrado; (b) um retângulo de 4 cm por 1 cm; (c) um retângulo de 3 cm por 2 cm; (d) uma circunferência?

28.8 MOMENTO DIPOLAR MAGNÉTICO

Objetivos do Aprendizado

Depois de ler este módulo, você será capaz de ...

28.8.1 Saber que uma bobina percorrida por uma corrente se comporta como um dipolo magnético com um momento dipolar magnético $\vec{\mu}$ que tem a direção do vetor normal $\vec{n}$, dada pela regra da mão direita.

28.8.2 No caso de uma bobina percorrida por uma corrente, conhecer a relação entre o módulo μ do momento dipolar magnético, o número N de espiras, a área A das espiras e a corrente i.

28.8.3 Fazer um desenho de uma bobina percorrida por uma corrente e indicar o sentido da corrente e o sentido do vetor momento dipolar magnético $\vec{\mu}$, obtido usando a regra da mão direita.

28.8.4 No caso de um dipolo magnético submetido a um campo magnético, conhecer a relação entre o módulo τ do torque, o módulo μ do momento dipolar magnético, o módulo B do campo magnético e o ângulo θ entre o momento dipolar magnético $\vec{\mu}$ e o campo magnético $\vec{B}$.

28.8.5 Conhecer a convenção de atribuir um sinal positivo ou negativo ao torque, dependendo do sentido da rotação.

28.8.6 Determinar o torque exercido por um campo magnético uniforme sobre um dipolo magnético calculando o produto vetorial do momento dipolar magnético $\vec{\mu}$ pelo campo magnético $\vec{B}$.

28.8.7 No caso de um dipolo magnético submetido a um campo magnético uniforme, conhecer as orientações do dipolo para as quais o módulo do torque é mínimo e máximo.

28.8.8 No caso de um dipolo magnético submetido a um campo magnético uniforme, conhecer a relação entre a energia orientacional U, o módulo μ do momento dipolar magnético, o módulo B do campo magnético e o ângulo θ entre o momento dipolar magnético $\vec{\mu}$ e o campo magnético $\vec{B}$.

28.8.9 Determinar a energia orientacional U de um dipolo magnético na presença de um campo magnético uniforme calculando o produto escalar do momento dipolar magnético $\vec{\mu}$ pelo campo magnético $\vec{B}$.

28.8.10 No caso de um dipolo magnético submetido a um campo magnético uniforme, conhecer as orientações do dipolo para as quais a energia orientacional é mínima e máxima.

28.8.11 No caso de um dipolo magnético submetido a um campo magnético uniforme, conhecer a relação entre a variação da energia orientacional U do dipolo e o trabalho W_a realizado por um torque externo sobre o dipolo.

Ideias-Chave

- Na presença de um campo magnético $\vec{B}$, uma bobina com N espiras de área A, percorridas por uma corrente i, é submetida a um torque $\vec{\tau}$ dado por

$$\vec{\tau} = \vec{\mu} \times \vec{B},$$

em que $\vec{\mu}$ é o momento dipolar magnético da bobina, com módulo $\mu = NiA$ e orientação dada pela regra da mão direita.

- A energia potencial de um dipolo magnético na presença de um campo magnético uniforme é dada por

$$U(\theta) = -\vec{\mu} \cdot \vec{B}.$$

- Se um agente externo faz um dipolo magnético girar de uma orientação inicial θ_i para uma orientação final θ_f e se o dipolo está em repouso antes e depois da rotação, o trabalho W_a realizado pelo agente externo é dado por

$$W_a = \Delta U = U_f - U_i.$$

Momento Dipolar Magnético 28.3 e 28.4

Como vimos, uma bobina percorrida por uma corrente sofre um torque ao ser submetida a um campo magnético. Sob este aspecto, a bobina se comporta do mesmo modo que um ímã em forma de barra. Assim, como no caso de um ímã em forma de barra, dizemos que uma bobina percorrida por uma corrente se comporta como um *dipolo magnético*. Além disso, para descrever o torque exercido sobre a bobina por um campo magnético, associamos um **momento dipolar magnético** $\vec{\mu}$ à bobina. A direção de $\vec{\mu}$ é a do vetor normal $\vec{n}$; portanto, é dada pela mesma regra da mão direita (Fig. 28.7.2): Quando os dedos da mão direita apontam na direção da corrente na bobina, o polegar estendido aponta na direção de $\vec{\mu}$. O módulo de $\vec{\mu}$ é dado por

$$\mu = NiA \quad \text{(momento magnético)}, \tag{28.8.1}$$

em que N é o número de espiras da bobina, i é a corrente na bobina e A é a área das espiras da bobina. Com base na Eq. 28.8.1, a unidade de $\vec{\mu}$ no SI é o ampère-metro quadrado ($A \cdot m^2$).

Torque. Usando a definição de $\vec{\mu}$, a equação para o torque exercido por um campo magnético sobre uma bobina (Eq. 28.7.3) pode ser escrita na forma

$$\tau = \mu B \operatorname{sen} \theta, \tag{28.8.2}$$

em que θ é o ângulo entre os vetores $\vec{\mu}$ e $\vec{B}$.

Em forma vetorial, a Eq. 28.8.2 se torna

$$\vec{\tau} = \vec{\mu} \times \vec{B}, \tag{28.8.3}$$

que se parece muito com a equação para o torque exercido por um campo *elétrico* sobre um dipolo *elétrico* (Eq. 22.7.3):

$$\vec{\tau} = \vec{p} \times \vec{E}.$$

Nos dois casos, o torque exercido pelo campo é igual ao produto vetorial do momento dipolar pelo campo.

Energia. Na presença de um campo magnético, um dipolo magnético possui uma energia que depende da orientação do momento dipolar em relação ao campo. No caso de dipolos elétricos, temos (Eq. 22.7.7)

$$U(\theta) = -\vec{p} \cdot \vec{E}.$$

Analogamente, podemos escrever, para o caso magnético,

$$U(\theta) = -\vec{\mu} \cdot \vec{B}. \tag{28.8.4}$$

Nos dois casos, a energia é igual ao negativo do produto escalar do momento dipolar pelo campo.

A energia de um dipolo magnético tem o menor valor possível ($= -\mu B \cos 0 = -\mu B$) quando o momento dipolar $\vec{\mu}$ aponta no mesmo sentido que o campo magnético (Fig. 28.8.1). A energia tem o maior valor possível ($= -\mu B \cos 180^\circ = +\mu B$) quando o momento dipolar e o campo magnético apontam em sentidos opostos. Analisando a Eq. 28.8.4, com U em joules e $\vec{B}$ em teslas, vemos que a unidade de $\vec{\mu}$ pode ser o joule por tesla (J/T) em vez do ampère-metro quadrado sugerido pela Eq. 28.8.1.

Trabalho. Quando um dipolo magnético submetido a um torque (produzido por um "agente externo") gira de uma orientação inicial θ_i para uma orientação final θ_f, o torque realiza um trabalho W_a sobre o dipolo. *Se o dipolo está em repouso* antes e depois da rotação, o trabalho W_a é dado por

$$W_a = U_f - U_i, \tag{28.8.5}$$

em que U_f e U_i são dadas pela Eq. 28.8.4.

Até agora, o único tipo de dipolo magnético que mencionamos foi o produzido por uma espira percorrida por corrente. Entretanto, um ímã em forma de barra e uma esfera carregada girando em torno do próprio eixo também produzem dipolos magnéticos. A própria Terra produz um dipolo magnético (aproximado). Finalmente, a maioria das partículas subatômicas, como o elétron, o próton e o nêutron, possui um momento dipolar magnético. Como vamos ver no Capítulo 32, todas essas entidades podem ser imaginadas como espiras percorridas por corrente. A Tabela 28.8.1 mostra os momentos magnéticos de alguns objetos.

Terminologia. Alguns livros-texto consideram a grandeza U da Eq. 28.8.4 como uma energia potencial e a relacionam ao trabalho realizado pelo campo magnético

O vetor momento magnético tende a se alinhar com o campo magnético.

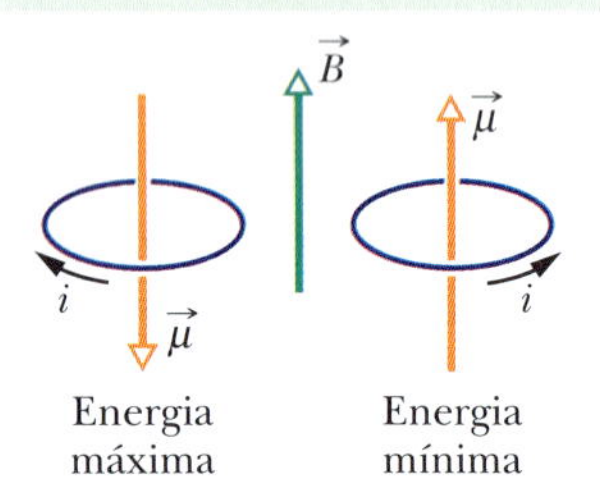

Figura 28.8.1 Orientações de maior e menor energia de um dipolo magnético (no caso, uma bobina percorrida por corrente) na presença de um campo magnético externo $\vec{B}$. O sentido da corrente i determina o sentido do momento dipolar magnético $\vec{\mu}$ por meio da regra da mão direita mostrada para $\vec{n}$ na Fig. 28.7.2*b*.

Tabela 28.8.1 Alguns Momentos Dipolares Magnéticos

Ímã pequeno	5 J/T
Terra	$8{,}0 \times 10^{22}$ J/T
Próton	$1{,}4 \times 10^{-26}$ J/T
Elétron	$9{,}3 \times 10^{-24}$ J/T

quando o dipolo muda de orientação. Para evitar controvérsias, preferimos dizer apenas que U é uma energia associada à orientação do dipolo.[4]

Teste 28.8.1

A figura mostra quatro orientações de um momento dipolar magnético $\vec{\mu}$ em relação a um campo magnético $\vec{B}$, definidas por um ângulo θ. Coloque as orientações na ordem decrescente (a) do módulo do torque exercido sobre o dipolo e (b) da energia orientacional do dipolo.

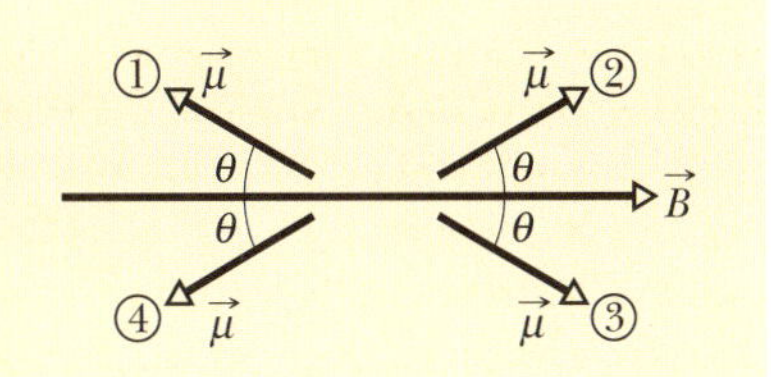

Exemplo 28.8.1 Rotação de um dipolo magnético em um campo magnético

A Fig. 28.8.2 mostra uma bobina circular de 250 espiras, com uma área A de $2{,}52 \times 10^{-4}$ m², percorrida por uma corrente de 100 μA. A bobina está em repouso em um campo magnético uniforme de módulo $B = 0{,}85$ T, com seu momento dipolar magnético $\vec{\mu}$ inicialmente alinhado com $\vec{B}$.

(a) Qual é o sentido da corrente na bobina da Fig. 28.8.2?

Regra da mão direita: Envolva a bobina com a mão direita, com o polegar estendido na direção de $\vec{\mu}$. Os dedos da mão vão apontar no sentido da corrente. Assim, nos fios do lado mais próximo da bobina (aqueles que são visíveis na Fig. 28.8.2), o sentido da corrente é de cima para baixo.

(b) Que trabalho o torque aplicado por um agente externo teria que realizar sobre a bobina para fazê-la girar de 90° em relação à orientação inicial, isto é, para tornar $\vec{\mu}$ perpendicular a $\vec{B}$ com a bobina novamente em repouso?

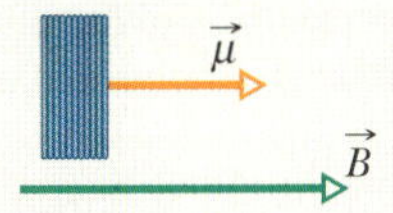

Figura 28.8.2 Vista lateral de uma bobina circular percorrida por uma corrente e orientada de tal forma que o momento dipolar magnético $\vec{\mu}$ está alinhado com o campo magnético $\vec{B}$.

IDEIA-CHAVE

O trabalho W_a realizado pelo torque aplicado é igual à variação da energia potencial da bobina devido à mudança da orientação.

Cálculos: De acordo com a Eq. 28.8.5 ($W_a = U_f - U_i$), temos

$$\begin{aligned} W_a &= U(90°) - U(0°) \\ &= -\mu B \cos 90° - (-\mu B \cos 0°) = 0 + \mu B \\ &= \mu B. \end{aligned}$$

Usando a Eq. 28.8.1 ($\mu = NiA$), obtemos

$$\begin{aligned} W_a &= (NiA)B \\ &= (250)(100 \times 10^{-6}\text{ A})(2{,}52 \times 10^{-4}\text{ m}^2)(0{,}85\text{ T}) \\ &= 5{,}355 \times 10^{-6}\text{ J} \approx 5{,}4\ \mu\text{J}. \end{aligned} \quad \text{(Resposta)}$$

Da mesma forma, é possível mostrar que para fazer a bobina girar mais 90°, fazendo com que o momento dipolar tenha o sentido oposto ao do campo, o torque precisa realizar um trabalho adicional de 5,4 μJ.

Revisão e Resumo

Campo Magnético $\vec{B}$ O **campo magnético** $\vec{B}$ é definido em termos da força $\vec{F}_B$ que age sobre uma partícula de prova de carga q que está se movendo com velocidade $\vec{v}$ na presença do campo:

$$\vec{F}_B = q\vec{v} \times \vec{B}. \qquad (28.1.2)$$

A unidade de $\vec{B}$ do SI é o **tesla** (T): 1 T = 1 N/(A · m) = 10^4 gauss.

O Efeito Hall Quando uma fita condutora percorrida por uma corrente i é submetida a um campo magnético $\vec{B}$, alguns portadores de corrente (de carga e) se acumulam em um dos lados da fita, criando uma diferença de potencial V entre os lados da fita. As polaridades dos lados indicam o sinal dos portadores de corrente.

Uma Partícula Carregada em Movimento Circular Uma partícula carregada, de massa m e carga de valor absoluto $|q|$, que está se movendo com velocidade $\vec{v}$ perpendicularmente a um campo magnético uniforme $\vec{B}$, descreve uma trajetória circular. Aplicando a segunda lei de Newton ao movimento, temos

$$|q|vB = \frac{mv^2}{r}, \qquad (28.4.2)$$

e, portanto, o raio r da circunferência é dado por

$$r = \frac{mv}{|q|B}. \qquad (28.4.3)$$

[4]O autor se refere ao fato de que, como a força magnética é não conservativa, não seria correto associar ao campo magnético uma energia potencial, como foi feito em edições anteriores do livro. (N.T.)

A frequência de revolução f, a frequência angular ω e o período do movimento T são dados por

$$f = \frac{\omega}{2\pi} = \frac{1}{T} = \frac{|q|B}{2\pi m}. \quad (28.4.6, 28.4.5, 28.4.4)$$

Força Magnética em um Fio Percorrido por Corrente Um fio retilíneo percorrido por uma corrente i e submetido a um campo magnético uniforme experimenta uma força lateral

$$\vec{F}_B = i\vec{L} \times \vec{B}. \quad (28.6.2)$$

A força que age sobre um elemento de corrente $i\,d\vec{L}$ na presença de um campo magnético $\vec{B}$ é dada por

$$d\vec{F}_B = i\,d\vec{L} \times \vec{B}. \quad (28.6.4)$$

O sentido do vetor comprimento $\vec{L}$ ou $d\vec{L}$ é o mesmo da corrente i.

Torque em uma Espira Percorrida por Corrente Uma bobina (de área A e N espiras, percorrida por uma corrente i) na presença de um campo magnético uniforme $\vec{B}$ experimenta um torque $\vec{\tau}$ dado por

$$\vec{\tau} = \vec{\mu} \times \vec{B}, \quad (28.8.3)$$

em que $\vec{\mu}$ é o **momento dipolar magnético** da bobina, de módulo $\mu = NiA$, cuja direção é dada pela regra da mão direita.

Energia Orientacional de um Dipolo Magnético A energia orientacional de um dipolo magnético na presença de um campo magnético é dada por

$$U(\theta) = -\vec{\mu} \cdot \vec{B}. \quad (28.8.4)$$

Se um agente externo faz um dipolo magnético girar de uma orientação inicial θ_i para uma orientação final θ_f e se o dipolo está em repouso antes e depois da rotação, o trabalho W_a realizado pelo agente externo sobre o dipolo é dado por

$$W_a = \Delta U = U_f - U_i. \quad (28.8.5)$$

Perguntas

1 A Fig. 28.1 mostra três situações nas quais uma partícula positivamente carregada se move com velocidade $\vec{v}$ na presença de um campo magnético uniforme $\vec{B}$ e experimenta uma força magnética $\vec{F}_B$. Em cada situação, determine se as orientações dos vetores são fisicamente razoáveis.

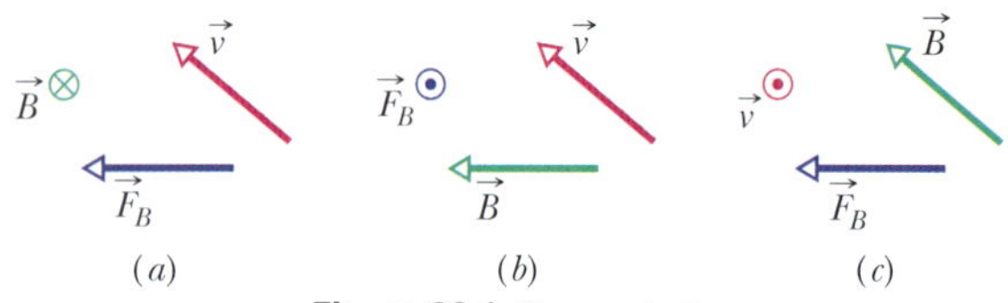

Figura 28.1 Pergunta 1.

2 A Fig. 28.2 mostra um fio percorrido por corrente na presença de um campo magnético uniforme. Mostra também quatro orientações possíveis para o campo. (a) Coloque as direções na ordem decrescente do valor absoluto da diferença de potencial elétrico entre os lados do fio. (b) Para qual orientação do campo magnético o lado de cima do fio está a um potencial mais alto que o lado de baixo?

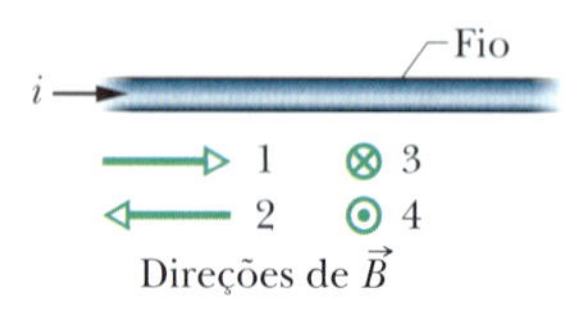

Figura 28.2 Pergunta 2.

3 A Fig. 28.3 mostra um paralelepípedo metálico que se move a uma velocidade v na presença de um campo magnético uniforme $\vec{B}$. As dimensões do sólido são múltiplos de d, como mostra a figura. Existem seis possibilidades para a orientação da velocidade: o sentido positivo ou o sentido negativo dos eixos x, y e z. (a) Coloque as seis possibilidades na ordem decrescente da diferença de potencial a que o sólido é submetido. (b) Para qual orientação a face dianteira é submetida ao menor potencial?

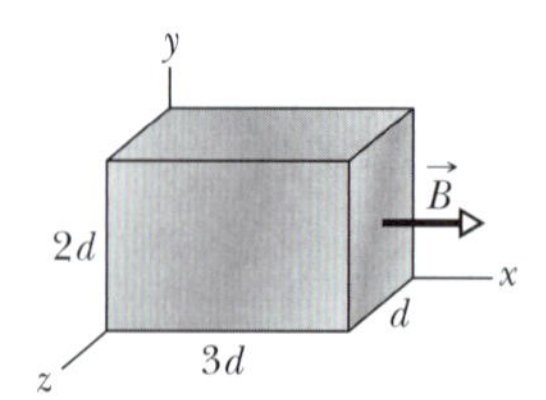

Figura 28.3 Pergunta 3.

4 A Fig. 28.4 mostra a trajetória de uma partícula que passa por seis regiões de campo magnético uniforme, descrevendo trajetórias que são semicircunferências ou quartos de circunferência. Depois de sair da última região, a partícula passa entre duas placas paralelas eletricamente carregadas e é desviada na direção da placa de maior potencial. Qual é a orientação do campo magnético em cada uma das seis regiões?

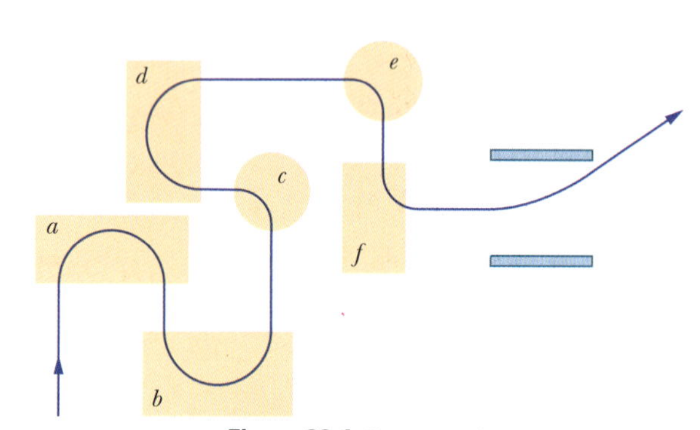

Figura 28.4 Pergunta 4.

5 No Módulo 28.2, discutimos o movimento de uma partícula carregada na presença de campos cruzados, com as forças $\vec{F}_E$ e $\vec{F}_B$ em oposição. Vimos que a partícula se move em linha reta (ou seja, as duas forças se equilibram) se a velocidade for dada pela Eq. 28.2.2 ($v = E/B$). Qual das duas forças é maior se a velocidade da partícula for (a) $v < E/B$ e (b) $v > E/B$?

6 A Fig. 28.5 mostra campos elétricos e magnéticos uniformes cruzados $\vec{E}$ e $\vec{B}$ e, em um dado instante, os vetores velocidade das 10 partículas carregadas que aparecem na Tabela 28.1. (Os vetores não estão desenhados em escala.) As velocidades dadas na tabela são menores ou maiores que E/B (ver Pergunta 5). Que partículas se movem para fora do papel, em direção ao leitor, após o instante mostrado na Fig. 28.5?

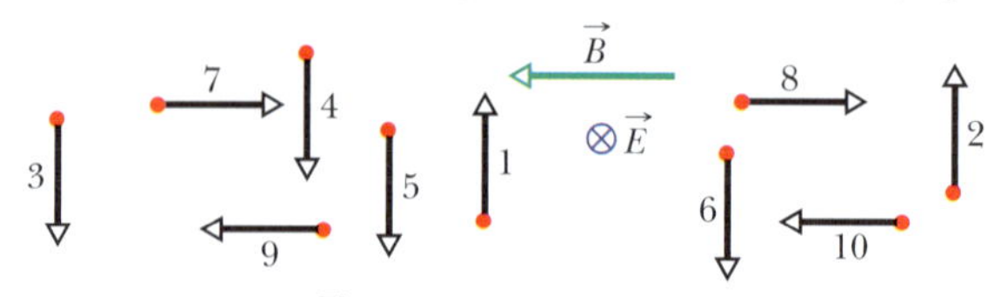

Figura 28.5 Pergunta 6.

Tabela 28.1 Pergunta 6

Partícula	Carga	Velocidade	Partícula	Carga	Velocidade
1	+	Menor	6	–	Maior
2	+	Maior	7	+	Menor
3	+	Menor	8	+	Maior
4	+	Maior	9	–	Menor
5	–	Menor	10	–	Maior

7 A Fig. 28.6 mostra a trajetória de um elétron que passa por duas regiões onde existem campos magnéticos uniformes de módulos B_1 e B_2. A trajetória nas duas regiões é uma semicircunferência. (a) Qual dos dois campos é mais intenso? (b) Qual é a orientação de cada campo? (c) O tempo que o elétron passa na região de campo $\vec{B}_1$ é maior, menor ou igual ao tempo que passa na região de campo $\vec{B}_2$?

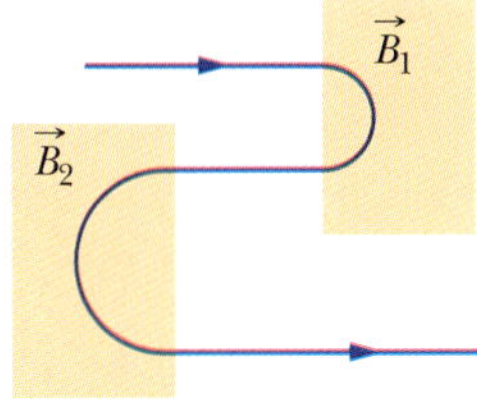

Figura 28.6 Pergunta 7.

8 A Fig. 28.7 mostra a trajetória de um elétron em uma região na qual o campo magnético é uniforme. A trajetória é constituída por dois trechos retilíneos, entre dois pares de placas uniformemente carregadas, e duas semicircunferências. (a) Qual das duas placas superiores possui o maior potencial elétrico? (b) Qual das duas placas inferiores possui o maior potencial elétrico? (c) Qual é a orientação do campo magnético?

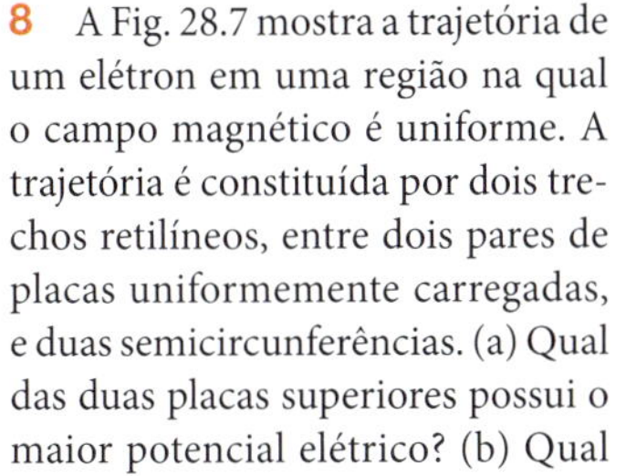

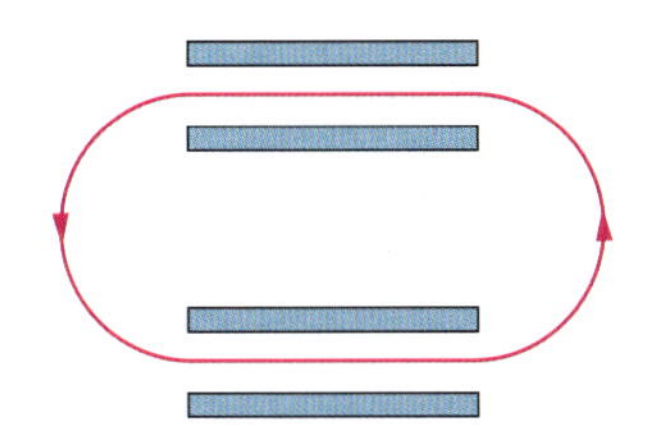

Figura 28.7 Pergunta 8.

9 (a) No Teste 28.8.1, se um agente externo faz o momento dipolar $\vec{\mu}$ girar da orientação 2 para a orientação 1, o trabalho realizado pelo agente externo sobre o dipolo é positivo, negativo ou nulo? (b) Coloque em ordem decrescente o trabalho realizado pelo agente externo sobre o dipolo para as três rotações a seguir: $2 \rightarrow 1$, $2 \rightarrow 4$, $2 \rightarrow 3$.

10 *Ciranda de partículas.* A Fig. 28.8 mostra 11 trajetórias em uma região onde existe um campo magnético uniforme. Uma trajetória é retilínea e as outras são semicircunferências. A Tabela 28.2 mostra as massas, cargas e velocidades das 11 partículas. Associe as trajetórias da figura às partículas da tabela. (A orientação do campo magnético pode ser determinada a partir da trajetória de uma das partículas.)

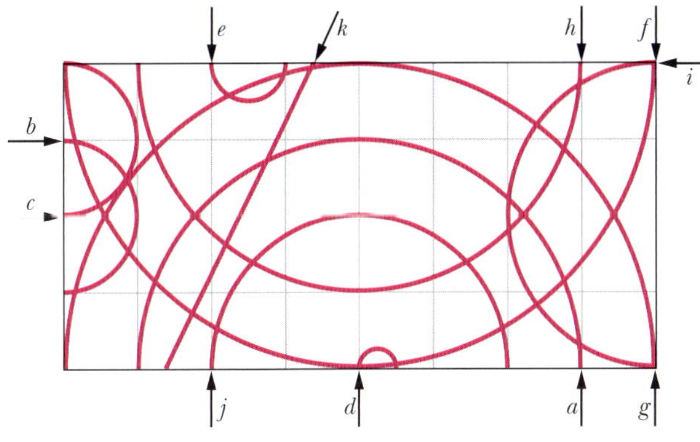

Figura 28.8 Pergunta 10.

Tabela 28.2 Pergunta 10

Partícula	Massa	Carga	Velocidade
1	$2m$	q	v
2	m	$2q$	v
3	$m/2$	q	$2v$
4	$3m$	$3q$	$3v$
5	$2m$	q	$2v$
6	m	$-q$	$2v$
7	m	$-4q$	v
8	m	$-q$	v
9	$2m$	$-2q$	$3v$
10	m	$-2q$	$8v$
11	$3m$	0	$3v$

11 Na Fig. 28.9, uma partícula carregada entra com velocidade escalar v_0 em uma região onde existe um campo magnético uniforme $\vec{B}$, descreve uma semicircunferência em um intervalo de tempo T_0 e deixa a região. (a) A carga da partícula é positiva ou negativa? (b) A velocidade final da partícula é maior, menor ou igual a v_0? (c) Se a velocidade inicial fosse $0{,}5v_0$, a partícula passaria um tempo maior, menor ou igual a T_0 na região onde existe campo magnético? (d) Na situação do item (c) a trajetória seria uma semicircunferência, um arco maior que uma semicircunferência ou um arco menor que uma semicircunferência?

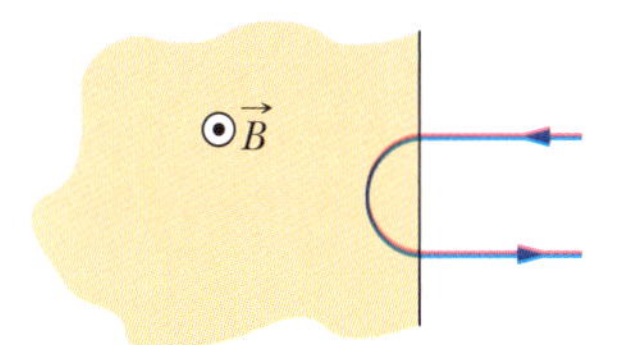

Figura 28.9 Pergunta 11.

12 A Fig. 28.10 mostra três situações nas quais uma partícula de carga positiva passa em uma região onde existe um campo magnético uniforme $\vec{B}$. A velocidade $\vec{v}$ tem o mesmo módulo nas três situações. Coloque as situações na ordem decrescente (a) do período, (b) da frequência e (c) do passo do movimento da partícula.

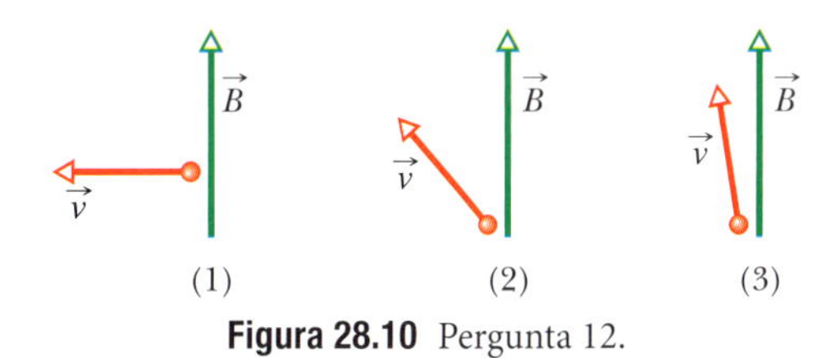

Figura 28.10 Pergunta 12.

Problemas

F Fácil **M** Médio **D** Difícil

CVF Informações adicionais disponíveis no e-book *O Circo Voador da Física*, de Jearl Walker, LTC Editora, Rio de Janeiro, 2008.

CALÇ Requer o uso de derivadas e/ou integrais

BIO Aplicação biomédica

Módulo 28.1 Campos Magnéticos e a Definição de $\vec{B}$

1 F Um próton, cuja trajetória faz um ângulo de 23,0° com a direção de um campo magnético de 2,60 mT, experimenta uma força magnética de $6{,}50 \times 10^{-17}$ N. Calcule (a) a velocidade do próton e (b) a energia cinética do próton em elétrons-volts.

2 F Uma partícula com massa de 10 g e carga de 80 μC se move em uma região onde existe um campo magnético uniforme, e a aceleração da gravidade é $-9{,}8\hat{j}$ m/s². A velocidade da partícula é constante e igual a $20\hat{i}$ km/s, perpendicular ao campo magnético. Qual é o campo magnético?

3 F Um elétron com uma velocidade

$$\vec{v} = (2{,}0 \times 10^6 \text{ m/s})\hat{\text{i}} + (3{,}0 \times 10^6 \text{ m/s})\hat{\text{j}}$$

está se movendo em uma região em que existe um campo magnético uniforme $\vec{B} = (0{,}030 \text{ T})\hat{\text{i}} - (0{,}15 \text{ T})\hat{\text{j}}$. (a) Determine a força que age sobre o elétron. (b) Repita o cálculo para um próton com a mesma velocidade.

4 F Uma partícula alfa se move com uma velocidade $\vec{v}$ de módulo 550 m/s em uma região onde existe um campo magnético $\vec{B}$ de módulo 0,045 T. (Uma partícula alfa possui uma carga de $+3{,}2 \times 10^{-19}$ C e uma massa de $6{,}6 \times 10^{-27}$ kg.) O ângulo entre $\vec{v}$ e $\vec{B}$ é 52°. Determine (a) o módulo da força $\vec{F}_B$ que o campo magnético exerce sobre a partícula e (b) a aceleração da partícula causada por $\vec{F}_B$. (c) A velocidade da partícula aumenta, diminui ou permanece constante?

5 M Um elétron se move em uma região onde existe um campo magnético uniforme dado por $\vec{B} = B_x\hat{\text{i}} + (3{,}0B_x)\hat{\text{j}}$. Em um dado instante, o elétron tem uma velocidade $\vec{v} = (2{,}0\hat{\text{i}} + 4{,}0\hat{\text{j}})$ m/s, e a força magnética que age sobre a partícula é $(6{,}4 \times 10^{-19} \text{ N})\hat{\text{k}}$. Determine B_x.

6 M Um próton está se movendo em uma região onde existe um campo magnético uniforme dado por $\vec{B} = (10\hat{\text{i}} - 20\hat{\text{j}} + 30\hat{\text{k}})$ mT. No instante t_1, o próton possui uma velocidade dada por $\vec{v} = v_x\hat{\text{i}} + v_y\hat{\text{j}} + (2{,}0 \text{ km/s})\hat{\text{k}}$ e a força magnética que age sobre o próton é $\vec{F}_B = (4{,}0 \times 10^{-17} \text{ N})\hat{\text{i}} + (2{,}0 \times 10^{-17} \text{ N})\hat{\text{j}}$. Qual é, nesse instante, o valor (a) de v_x e (b) de v_y?

Módulo 28.2 Campos Cruzados: A Descoberta do Elétron

7 F Um elétron possui uma velocidade inicial de $(12{,}0\hat{\text{j}} + 15{,}0\hat{\text{k}})$ km/s e uma aceleração constante de $(2{,}00 \times 10^{12} \text{ m/s}^2)\hat{\text{i}}$ em uma região na qual existem um campo elétrico e um campo magnético, ambos uniformes. Se $\vec{B} = (400 \ \mu\text{T})\hat{\text{i}}$, determine o campo elétrico $\vec{E}$.

8 F Um campo elétrico de 1,50 kV/m e um campo magnético perpendicular de 0,400 T agem sobre um elétron em movimento sem acelerá-lo. Qual é a velocidade do elétron?

9 F Na Fig. 28.11, um elétron acelerado a partir do repouso por uma diferença de potencial $V_1 = 1{,}00$ kV entra no espaço entre duas placas paralelas, separadas por uma distância $d = 20{,}0$ mm, entre as quais existe uma diferença de potencial $V_2 = 100$ V. A placa inferior está a um potencial menor. Despreze o efeito de borda e suponha que o vetor velocidade do elétron é perpendicular ao vetor campo elétrico na região entre as placas. Em termos dos vetores unitários, qual é o valor do campo magnético uniforme para o qual a trajetória do elétron na região entre as placas é retilínea?

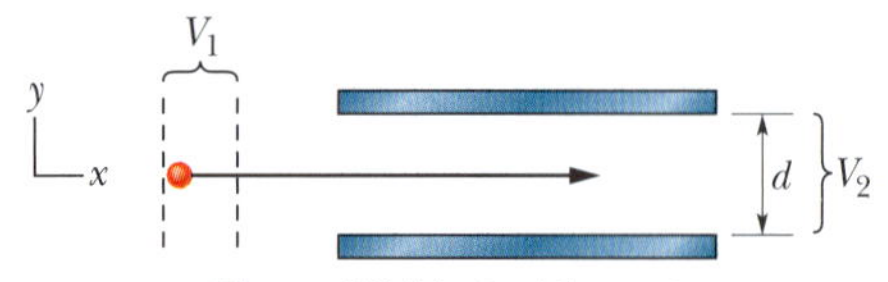

Figura 28.11 Problema 9.

10 M Um próton está se movendo em uma região onde existem um campo magnético e um campo elétrico, ambos uniformes. O campo magnético é $\vec{B} = -2{,}50\hat{\text{i}}$ mT. Em um dado instante, a velocidade do próton é $\vec{v} = 2000\hat{\text{j}}$ m/s. Nesse instante, em termos dos vetores unitários, qual é a força que age sobre o próton se o campo magnético é (a) $4{,}00\hat{\text{k}}$ V/m e (b) $-4{,}00\hat{\text{k}}$ V/m e (c) $4{,}00\hat{\text{i}}$ V/m?

11 M Uma fonte de íons está produzindo íons de ^{6}Li, que possuem carga $+e$ e massa $9{,}99 \times 10^{-27}$ kg. Os íons são acelerados por uma diferença de potencial de 10 kV e passam horizontalmente em uma região onde existe um campo magnético uniforme vertical de módulo $B = 1{,}2$ T. Calcule a intensidade do menor campo elétrico que, aplicado na mesma região, permite que os íons de ^{6}Li atravessem a região sem sofrer um desvio.

12 D No instante t_1, um elétron que está se movendo no sentido positivo do eixo x penetra em uma região onde existem um campo elétrico $\vec{E}$ e um campo magnético $\vec{B}$, com $\vec{E}$ paralelo ao eixo y. A Fig. 28.12 mostra a componente y da força total $F_{\text{tot},y}$ exercida pelos dois campos sobre o elétron em função da velocidade v do elétron no instante t_1. A escala do eixo horizontal é definida por $v_s = 100{,}0$ m/s. As componentes x e z da força total são zero no instante t_1. Supondo que $B_x = 0$, determine (a) o módulo E do campo elétrico e (b) o campo magnético $\vec{B}$ em termos dos vetores unitários.

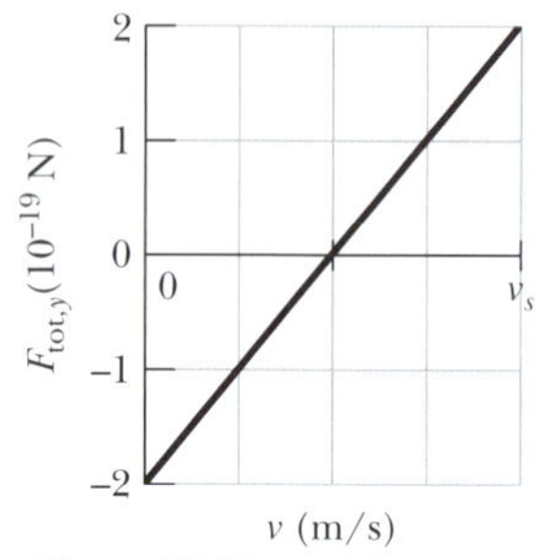

Figura 28.12 Problema 12.

Módulo 28.3 Campos Cruzados: O Efeito Hall

13 F Uma fita de cobre com 150 μm de espessura e 4,5 mm de largura é submetida a um campo magnético uniforme $\vec{B}$ de módulo 0,65 T, com $\vec{B}$ perpendicular à fita. Quando uma corrente $i = 23$ A atravessa a fita, uma diferença de potencial V aparece entre as bordas da fita. Calcule o valor de V. (A concentração de portadores de corrente no cobre é $8{,}47 \times 10^{28}$ elétrons/m³.)

14 F Uma fita metálica com 6,50 cm de comprimento, 0,850 cm de largura e 0,760 mm de espessura está se movendo com velocidade constante $\vec{v}$ em uma região onde existe um campo magnético uniforme $B = 1{,}20$ mT perpendicular à fita, como mostra a Fig. 28.13. A diferença de potencial entre os pontos x e y da fita é 3,90 μV. Determine a velocidade escalar v.

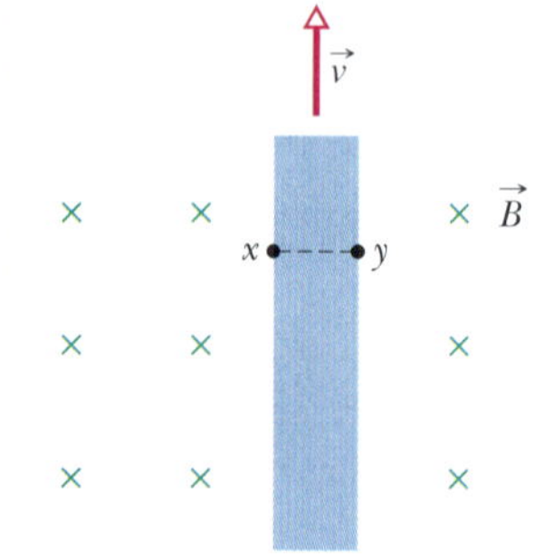

Figura 28.13 Problema 14.

15 M Na Fig. 28.14, um paralelepípedo metálico de dimensões $d_x = 5{,}00$ m, $d_y = 3{,}00$ m e $d_z = 2{,}00$ m está se movendo com velocidade constante $\vec{v} = (20{,}0 \text{ m/s})\hat{\text{i}}$ em uma região onde existe um campo magnético uniforme $\vec{B} = (30{,}0 \text{ mT})\hat{\text{j}}$. Determine (a) o campo elétrico no interior do objeto, em termos dos vetores unitários e (b) a diferença de potencial entre as extremidades do objeto.

16 D A Fig. 28.14 mostra um paralelepípedo metálico com as faces paralelas aos eixos coordenados. O objeto está imerso em um campo magnético uniforme de módulo 0,020 T. Uma das arestas do objeto, que *não está* desenhado em escala, mede 25 cm. O objeto é deslocado a uma velocidade de 3,0 m/s, paralelamente aos eixos x, y e z, e a diferença de potencial V que aparece entre as faces do objeto é medida. Quando o objeto se desloca paralelamente ao eixo y, $V = 12$ mV; quando o objeto se desloca paralelamente ao eixo z, $V = 18$ mV; quando o objeto se desloca paralelamente ao eixo x, $V = 0$. Determine as dimensões (a) d_x, (b) d_y e (c) d_z do objeto.

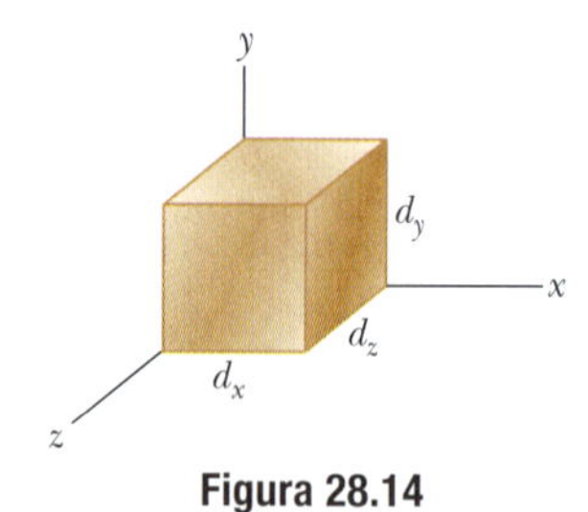

Figura 28.14 Problemas 15 e 16.

Módulo 28.4 Partícula Carregada em Movimento Circular

17 F A partícula alfa, que é produzida em alguns decaimentos radioativos de núcleos atômicos, é formada por dois prótons e dois nêutrons. A partícula tem uma carga $q = +2e$ e uma massa de 4,00 u, em que u é a unidade de massa atômica (1 u = $1{,}661 \times 10^{-27}$ kg). Suponha que uma partícula alfa descreva uma trajetória circular de raio 4,50 cm na presença de um campo magnético uniforme de módulo $B = 1{,}20$ T. Determine (a) a velocidade da partícula, (b) o período de revolução da partícula, (c) a energia cinética da partícula e (d) a diferença de potencial a que a partícula teria que ser submetida para adquirir a energia cinética calculada no item (c).

18 F Na Fig. 28.15, uma partícula descreve uma trajetória circular em uma região onde existe um campo magnético uniforme de módulo $B = 4{,}00$ mT. A partícula é um próton ou um elétron (a identidade da partícula faz parte do problema) e está sujeita a uma força magnética de módulo $3{,}20 \times 10^{-15}$ N. Determine (a) a velocidade escalar da partícula, (b) o raio da trajetória e (c) o período do movimento.

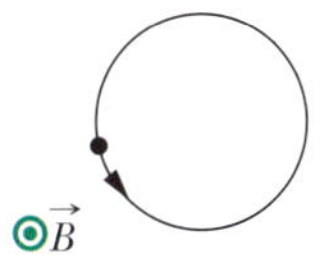

Figura 28.15 Problema 18.

19 F Uma partícula penetra em uma região onde existe um campo magnético uniforme, com o vetor velocidade da partícula perpendicular à direção do campo. A Fig. 28.16 mostra o período T do movimento da partícula em função do *recíproco* do módulo B do campo. A escala do eixo vertical é definida por $T_s = 40{,}0$ ns e a escala do eixo horizontal é definida por $B_s^{-1} = 5{,}0\ \text{T}^{-1}$. Qual é a razão m/q entre a massa da partícula e o valor absoluto da carga?

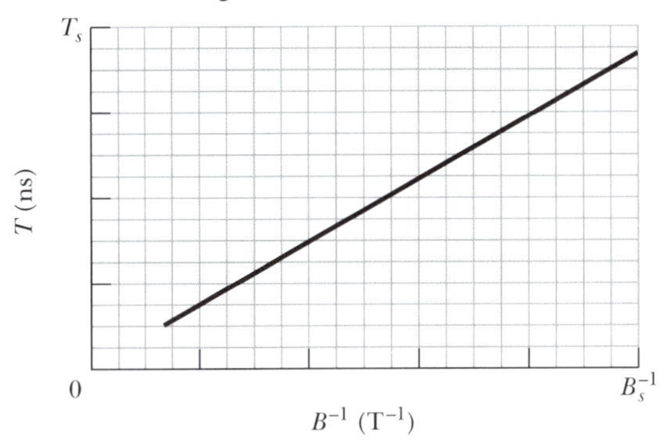

Figura 28.16 Problema 19.

20 F Um elétron é acelerado a partir do repouso por uma diferença de potencial V e penetra em uma região onde existe um campo magnético uniforme, na qual descreve um movimento circular uniforme. A Fig. 28.17 mostra o raio r da circunferência descrita pelo elétron em função de $V^{1/2}$. A escala do eixo vertical é definida por $r_s = 3{,}0$ mm e a escala do eixo horizontal é definida por $V_s^{1/2} = 40{,}0\ \text{V}^{1/2}$. Qual é o módulo do campo magnético?

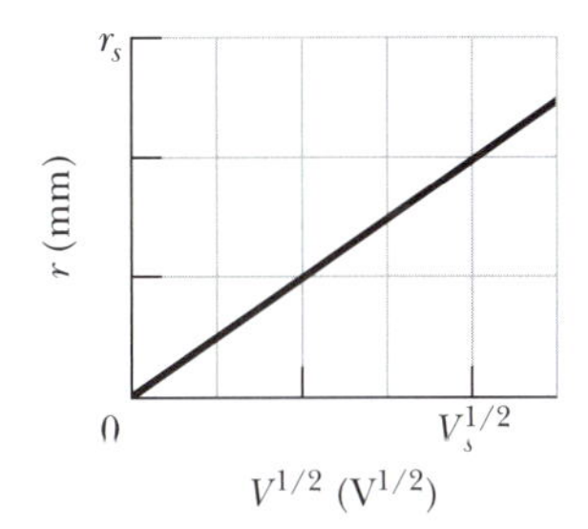

Figura 28.17 Problema 20.

21 F Um elétron de energia cinética 1,20 keV descreve uma trajetória circular em um plano perpendicular a um campo magnético uniforme. O raio da órbita é 25,0 cm. Determine (a) a velocidade escalar do elétron, (b) o módulo do campo magnético, (c) a frequência de revolução e (d) o período do movimento.

22 F Em um experimento de física nuclear, um próton com uma energia cinética de 1,0 MeV descreve uma trajetória circular em um campo magnético uniforme. Qual deve ser a energia (a) de uma partícula alfa ($q = +2e$, $m = 4{,}0$ u) e (b) de um dêuteron ($q = +e$, $m = 2{,}0$ u) para que a trajetória da partícula seja igual à do próton?

23 F Qual é o valor do campo magnético uniforme, aplicado perpendicularmente a um feixe de elétrons que se movem com uma velocidade de $1{,}30 \times 10^6$ m/s, que faz com que a trajetória dos elétrons seja um arco de circunferência com 0,350 m de raio?

24 F Um elétron é acelerado a partir do repouso por uma diferença de potencial de 350 V. Em seguida, o elétron entra em uma região onde existe um campo magnético uniforme de módulo 200 mT com uma velocidade perpendicular ao campo. Calcule (a) a velocidade escalar do elétron e (b) o raio da trajetória do elétron na região onde existe campo magnético.

25 F (a) Determine a frequência de revolução de um elétron com uma energia de 100 eV em um campo magnético uniforme de módulo 35,0 μT. (b) Calcule o raio da trajetória do elétron se sua velocidade é perpendicular ao campo magnético.

26 M Na Fig. 28.18, uma partícula carregada penetra em uma região onde existe um campo magnético uniforme $\vec{B}$, descreve uma semicircunferência e deixa a região. A partícula, que pode ser um próton ou um elétron (a identidade da partícula faz parte do problema), passa 130 ns na região. (a) Qual é o módulo de $\vec{B}$? (b) Se a partícula é enviada de volta para a região onde existe campo magnético com uma energia duas vezes maior, quanto tempo ela passa na região?

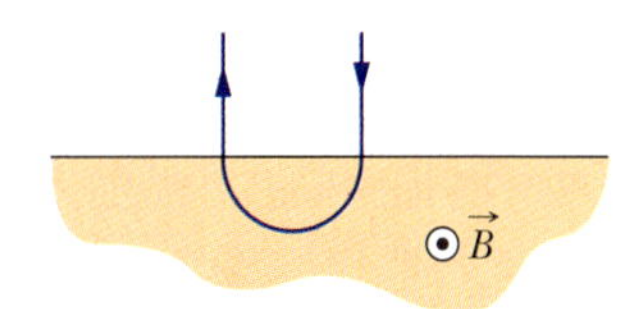

Figura 28.18 Problema 26.

27 M Um espectrômetro de massa (Fig. 28.4.5) é usado para separar íons de urânio de massa $3{,}92 \times 10^{-25}$ kg e carga $3{,}20 \times 10^{-19}$ C de íons semelhantes. Os íons são submetidos a uma diferença de potencial de 100 kV e depois a um campo magnético uniforme que os faz descreverem um arco de circunferência com 1,00 m de raio. Após sofrerem um desvio de 180° e passarem por uma fenda com 1,00 mm de largura e 1,00 cm de altura, os íons são recolhidos em um recipiente. (a) Qual é o módulo do campo magnético (perpendicular) do separador? Se o aparelho é usado para separar 100 mg de material por hora, calcule (b) a corrente dos íons selecionados pelo aparelho e (c) a energia térmica produzida no recipiente em 1,00 h.

28 M Uma partícula descreve um movimento circular uniforme com 26,1 μm de raio em um campo magnético uniforme. O módulo da força magnética experimentada pela partícula é $1{,}60 \times 10^{-17}$ N. Qual é a energia cinética da partícula?

29 M Um elétron descreve uma trajetória helicoidal em um campo magnético uniforme de módulo 0,300 T. O passo da hélice é 6,00 μm e o módulo da força magnética experimentada pelo elétron é $2{,}00 \times 10^{-15}$ N. Qual é a velocidade do elétron?

30 M Na Fig. 28.19, um elétron com uma energia cinética inicial de 4,0 keV penetra na região 1 no instante $t = 0$. Nessa região existe um campo magnético uniforme, de módulo 0,010 T, que aponta para dentro do papel. O elétron descreve uma semicircunferência e deixa a região 1, dirigindo-se para a região 2, situada a 25,0 cm de distância da região 1. Existe uma diferença de potencial $\Delta V = 2.000$ V entre as duas regiões, com uma polaridade tal que a velocidade do elétron aumenta no percurso entre a região 1 e a região 2. Na região 2 existe um campo magnético uniforme, de módulo 0,020 T, que aponta para fora do papel. O elétron descreve uma semicircunferência e deixa a região 2. Determine o instante t em que isso acontece.

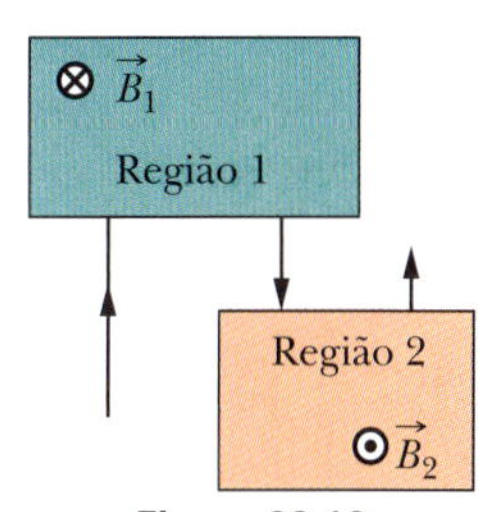

Figura 28.19 Problema 30.

31 M Uma partícula subatômica decai em um elétron e um pósitron. Suponha que, no instante do decaimento, a partícula está em repouso em um campo magnético uniforme $\vec{B}$ de módulo 3,53 mT e que as trajetórias do elétron e do pósitron resultantes do decaimento estão em um plano perpendicular a $\vec{B}$. Quanto tempo após o decaimento o elétron e o pósitron se chocam?

32 M Uma fonte injeta um elétron, de velocidade $v = 1{,}5 \times 10^7$ m/s, em uma região onde existe um campo magnético uniforme de módulo

$B = 1,0 \times 10^{-3}$ T. A velocidade do elétron faz um ângulo $\theta = 10°$ com a direção do campo magnético. Determine a distância d entre o ponto de injeção e o ponto em que o elétron cruza novamente a linha de campo que passa pelo ponto de injeção.

33 M Um pósitron com energia cinética de 2,00 keV penetra em uma região onde existe um campo magnético uniforme $\vec{B}$ de módulo 0,100 T. O vetor velocidade da partícula faz um ângulo de 89,0° com $\vec{B}$. Determine (a) o período do movimento, (b) o passo p e (c) o raio r da trajetória helicoidal.

34 M Um elétron descreve uma trajetória helicoidal na presença de um campo magnético uniforme dado por $\vec{B} = (20\hat{i} - 50\hat{j} - 30\hat{k})$ mT. No instante $t = 0$, a velocidade do elétron é dada por $\vec{v} = (20\hat{i} - 30\hat{j} + 50\hat{k})$ m/s. (a) Qual é o ângulo ϕ entre $\vec{v}$ e $\vec{B}$? A velocidade do elétron varia com o tempo. (b) A velocidade escalar varia com o tempo? (c) O ângulo ϕ varia com o tempo? (d) Qual o raio da trajetória?

Módulo 28.5 Cíclotrons e Síncrotrons

35 M Um próton circula em um cíclotron depois de partir aproximadamente do repouso no centro do aparelho. Toda vez que ele passa pelo espaço entre os dês, a diferença de potencial entre os dês é de 200 V. (a) Qual é o aumento da energia cinética cada vez que o próton passa no espaço entre os dês? (b) Qual é a energia cinética do próton depois de passar 100 vezes pelo espaço entre os dês? Seja r_{100} o raio da trajetória circular do próton no momento em que completa as 100 passagens e entra em um dê, e seja r_{101} o raio após a passagem seguinte. (c) Qual é o aumento percentual do raio de r_{100} para r_{101}, ou seja, qual é o valor de

$$\text{aumento percentual} = \frac{r_{101} - r_{100}}{r_{100}} 100\%?$$

36 M Um cíclotron, no qual o raio dos dês é 53,0 cm, é operado a uma frequência de 12,0 MHz para acelerar prótons. (a) Qual deve ser o módulo B do campo magnético para que haja ressonância? (b) Para esse valor do campo, qual é a energia cinética dos prótons que saem do cíclotron? Suponha que o campo seja mudado para $B = 1,57$ T. (c) Qual deve ser a nova frequência do oscilador para que haja ressonância? (d) Para esse valor da frequência, qual é a energia cinética dos prótons que saem do cíclotron?

37 M Estime a distância total percorrida por um dêuteron em um cíclotron com um raio de 53 cm e uma frequência de 12 MHz durante todo o processo de aceleração. Suponha que a diferença de potencial entre os dês é de 80 kV.

38 M Em certo cíclotron, um próton descreve uma circunferência com 0,500 m de raio. O módulo do campo magnético é 1,20 T. (a) Qual é a frequência do oscilador? (b) Qual é a energia cinética do próton em elétrons-volts?

Módulo 28.6 Força Magnética em um Fio Percorrido por Corrente

39 F Uma linha de transmissão horizontal é percorrida por uma corrente de 5.000 A no sentido sul-norte. O campo magnético da Terra (60,0 μT) aponta para o norte e faz um ângulo de 70,0° com a horizontal. Determine (a) o módulo e (b) a direção da força magnética exercida pelo campo magnético da Terra sobre 100 m da linha.

40 F Um fio de 1,80 m de comprimento é percorrido por uma corrente de 13,0 A e faz um ângulo de 35,0° com um campo magnético uniforme de módulo $B = 1,50$ T. Calcule a força magnética exercida pelo campo sobre o fio.

41 F Um fio com 13,0 g de massa e $L = 62,0$ cm de comprimento está suspenso por um par de contatos flexíveis na presença de um campo magnético uniforme de módulo 0,440 T (Fig. 28.20). Determine (a) o valor absoluto e (b) o sentido (para a direita ou para a esquerda) da corrente necessária para remover a tração dos contatos.

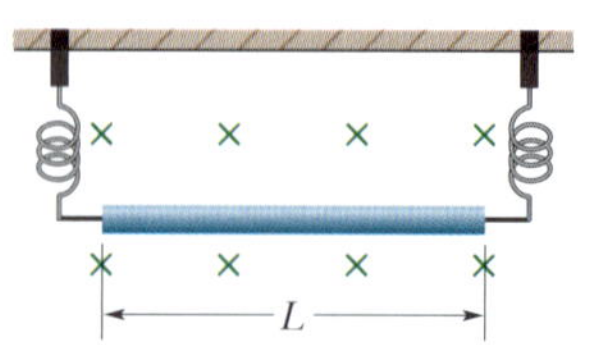

Figura 28.20 Problema 41.

42 F O fio dobrado da Fig. 28.21 está submetido a um campo magnético uniforme. Cada trecho retilíneo tem 2,0 m de comprimento e faz um ângulo $\theta = 60°$ com o eixo x. O fio é percorrido por uma corrente de 2,0 A. Qual é a força que o campo magnético exerce sobre o fio, em termos dos vetores unitários, se o campo magnético é (a) $4,0\hat{k}$ T e (b) $4,0\hat{i}$ T?

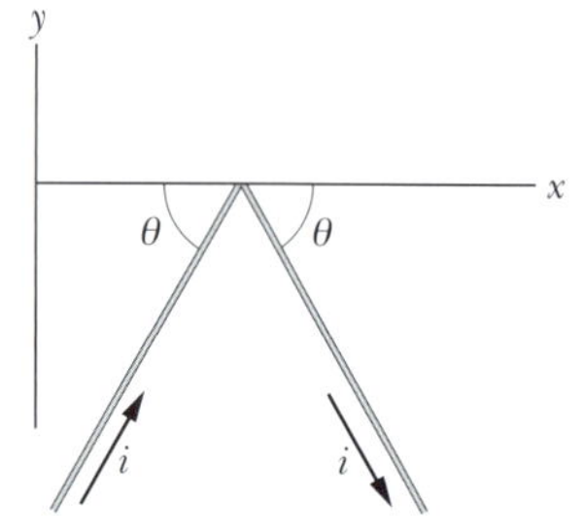

Figura 28.21 Problema 42.

43 F Uma bobina de uma espira, percorrida por uma corrente de 4,00 A, tem a forma de um triângulo retângulo cujos lados medem 50,0, 120 e 130 cm. A bobina é submetida a um campo magnético uniforme de módulo 75,0 mT paralelo à corrente no lado de 130 cm. Determine o módulo da força magnética (a) no lado de 130 cm, (b) no lado de 50,0 cm e (c) no lado de 120 cm. (d) Determine a força total que o campo magnético exerce sobre a espira.

44 M CALC A Fig. 28.22 mostra um anel circular de fio, com raio a = 1,8 cm, submetido a um campo magnético divergente de simetria radial. O campo magnético em todos os pontos do anel tem o mesmo módulo $B = 3,4$ mT, é perpendicular ao anel e faz um ângulo $\theta = 20°$ com a normal ao plano do anel. A influência dos fios de alimentação da espira pode ser desprezada. Determine o módulo da força que o campo exerce sobre a espira se a corrente na espira é $i = 4,6$ mA.

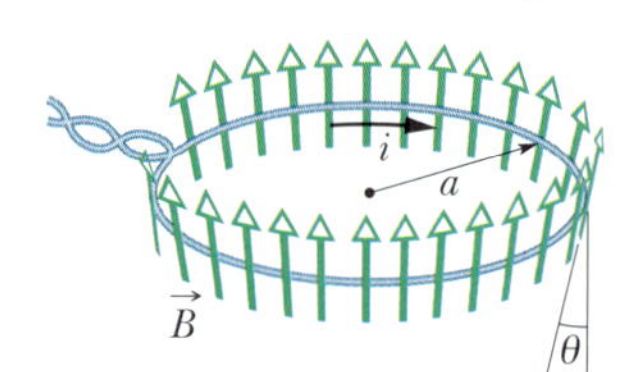

Figura 28.22 Problema 44.

45 M Um fio de 50,0 cm de comprimento é percorrido por uma corrente de 0,500 A no sentido positivo do eixo x na presença de um campo magnético $\vec{B} = (3,00 \text{ mT})\hat{j} + (10,0 \text{ mT})\hat{k}$. Em termos dos vetores unitários, qual é a força que o campo magnético exerce sobre o fio?

46 M Na Fig. 28.23, um fio metálico de massa $m = 24,1$ mg pode deslizar com atrito desprezível em dois trilhos paralelos horizontais separados por uma distância $d = 2,56$ cm. O conjunto está em uma região onde existe um campo magnético uniforme de módulo 56,3 mT. No instante $t = 0$, um gerador G é ligado aos trilhos e produz uma corrente constante $i = 9,13$ mA no fio e nos trilhos (mesmo quando o fio está se movendo). No instante $t = 61,1$ ms, determine (a) a velocidade escalar do fio e (b) o sentido do movimento do fio (para a esquerda ou para a direita).

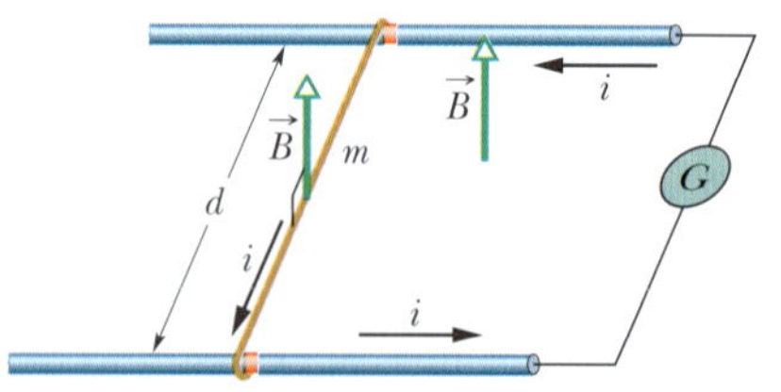

Figura 28.23 Problema 46.

47 D Uma barra de cobre de 1,0 kg repousa em dois trilhos horizontais situados a 1,0 m de distância um do outro e é percorrida por uma corrente de 50 A. O coeficiente de atrito estático entre a barra e trilhos é 0,60. Determine (a) o módulo e (b) o ângulo (em relação à vertical) do menor campo magnético que faz a barra se mover.

48 D CALC Um condutor longo, rígido, retilíneo, situado no eixo x, é percorrido por uma corrente de 5,0 A no sentido negativo do eixo x. Um campo magnético $\vec{B}$ está presente, dado por $\vec{B} = 3{,}0\hat{i} + 8{,}0x^2\hat{j}$, com x em metros e $\vec{B}$ em militeslas. Determine, em termos dos vetores unitários, a força exercida pelo campo sobre o segmento de 2,0 m do condutor entre os pontos $x = 1{,}0$ m e $x = 3{,}0$ m.

Módulo 28.7 Torque em uma Espira Percorrida por Corrente

49 F A Fig. 28.24 mostra uma bobina retangular de cobre, de 20 espiras, com 10 cm de altura e 5 cm de largura. A bobina, que conduz uma corrente de 0,10 A e dispõe de uma dobradiça em um dos lados verticais, está montada no plano xy, fazendo um ângulo $\theta = 30°$ com a direção de um campo magnético uniforme de módulo 0,50 T. Em termos dos vetores unitários, qual é o torque, em relação à dobradiça, que o campo exerce sobre a bobina?

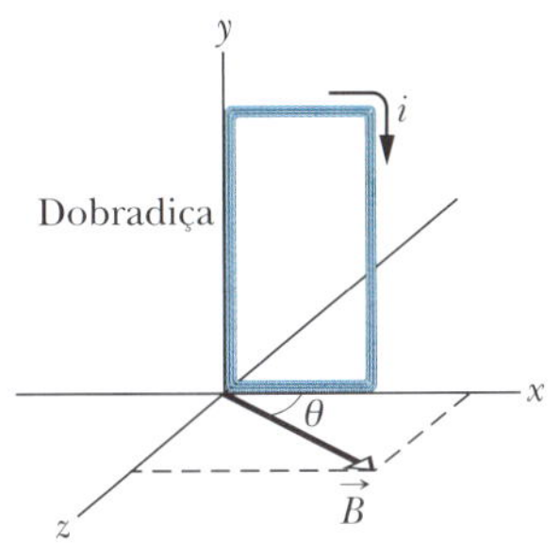

Figura 28.24 Problema 49.

50 M Um elétron se move em uma circunferência de raio $r = 5{,}29 \times 10^{-11}$ m com uma velocidade de $2{,}19 \times 10^6$ m/s. Trate a trajetória circular como uma espira percorrida por uma corrente constante igual à razão entre a carga do elétron e o período do movimento. Se a trajetória do elétron está em uma região onde existe um campo magnético uniforme de módulo $B = 7{,}10$ mT, qual é o maior valor possível do módulo do torque aplicado pelo campo à espira?

51 M A Fig. 28.25 mostra um cilindro de madeira de massa $m = 0{,}250$ kg e comprimento $L = 0{,}100$ m, com $N = 10{,}0$ espiras de fio enroladas longitudinalmente para formar uma bobina; o plano da bobina passa pelo eixo do cilindro. O cilindro é liberado a partir do repouso em um plano inclinado que faz um ângulo θ com a horizontal, com o plano da bobina paralelo ao plano inclinado. Se o conjunto é submetido a um campo magnético uniforme de módulo 0,500 T, qual é a menor corrente i na bobina que impede que o cilindro entre em movimento?

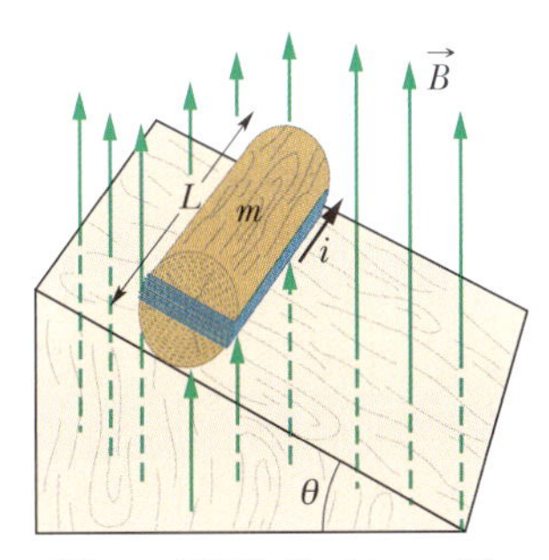

Figura 28.25 Problema 51.

52 M Na Fig. 28.26, uma bobina retangular percorrida por corrente está no plano de um campo magnético uniforme de módulo 0,040 T. A bobina é formada por uma única espira de fio flexível enrolado em um suporte flexível que permite mudar as dimensões do retângulo. (O comprimento total do fio permanece inalterado.) Quando o comprimento x de um dos lados do retângulo varia de aproximadamente zero para o valor máximo de aproximadamente 4,0 cm, o módulo τ do torque passa por um valor máximo de $4{,}80 \times 10^{-8}$ N · m. Qual é a corrente na bobina?

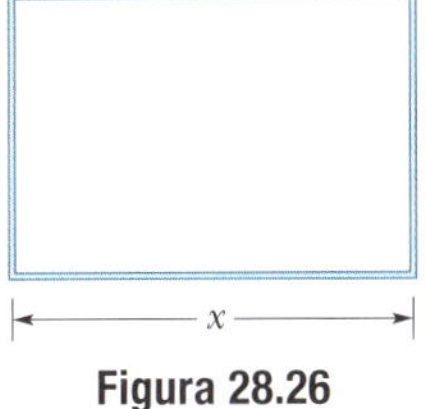

Figura 28.26 Problema 52.

53 M Prove que a relação $\tau = NiAB$ sen θ não é válida apenas para a espira retangular da Fig. 28.7.2, mas também para uma espira fechada com qualquer forma geométrica. (*Sugestão*: Substitua a espira de forma arbitrária por um conjunto de espiras longas, finas, aproximadamente retangulares, muito próximas umas das outras, que sejam quase equivalentes à espira de forma arbitrária no que diz respeito à distribuição de corrente.)

Módulo 28.8 Momento Dipolar Magnético

54 F Um dipolo magnético com um momento dipolar de módulo 0,020 J/T é liberado a partir do repouso em um campo magnético uniforme de módulo 52 mT e gira livremente sob a ação da força magnética. Quando o dipolo está passando pela orientação na qual o momento dipolar está alinhado com o campo magnético, sua energia cinética é 0,80 mJ. (a) Qual é o ângulo inicial entre o momento dipolar e o campo magnético? (b) Qual é o ângulo quando o dipolo volta a ficar (momentaneamente) em repouso?

55 F Duas espiras circulares concêntricas, de raios $r_1 = 20{,}0$ cm e $r_2 = 30{,}0$ cm, estão situadas no plano xy; ambas são percorridas por uma corrente de 7,00 A no sentido horário (Fig. 28.27). (a) Determine o módulo do momento dipolar magnético do sistema. (b) Repita o cálculo supondo que a corrente da espira menor mudou de sentido.

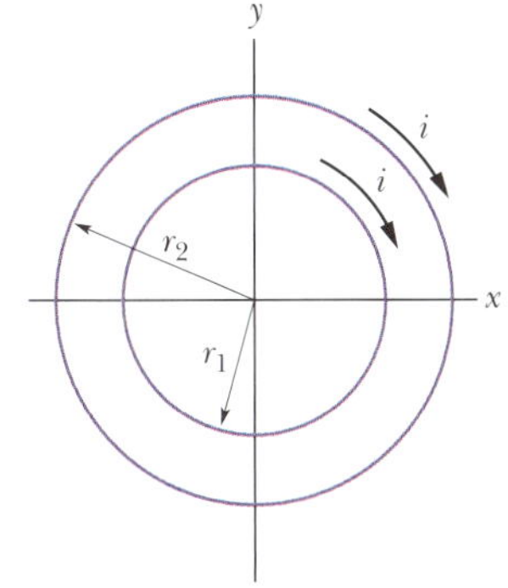

Figura 28.27 Problema 55.

56 F Uma espira circular de 15,0 cm de raio conduz uma corrente de 2,60 A. A normal ao plano da espira faz um ângulo de 41,0° com um campo magnético uniforme de módulo 12,0 T. (a) Calcule o módulo do momento dipolar magnético da espira. (b) Qual é o módulo do torque que age sobre a espira?

57 F Uma bobina circular de 160 espiras tem um raio de 1,90 cm. (a) Calcule a corrente que resulta em um momento dipolar magnético de módulo 2,30 A · m². (b) Determine o valor máximo do torque a que a bobina é submetida quando, sendo percorrida por essa corrente, é colocada na presença de um campo magnético uniforme de módulo 35,0 mT.

58 F O módulo de momento dipolar magnético da Terra é $8{,}00 \times 10^{22}$ J/T. Suponha que esse momento é produzido por cargas que circulam na parte externa do núcleo da Terra. Se o raio da trajetória dessas cargas é 3.500 km, calcule a corrente associada.

59 F Uma espira que conduz uma corrente de 5,0 A tem a forma de um triângulo retângulo cujos lados medem 30, 40 e 50 cm. A espira é submetida a um campo magnético uniforme de módulo 80 mT paralelo à corrente no lado de 50 cm da bobina. Determine o módulo (a) do momento dipolar magnético da bobina e (b) do torque sobre a bobina.

60 M A Fig. 28.28 mostra uma espira $ABCDEFA$ percorrida por uma corrente $i = 5{,}00$ A. Os lados da espira são paralelos aos eixos coordenados, com $AB = 20{,}0$ cm, $BC = 30{,}0$ cm e $FA = 10{,}0$ cm. Em termos dos vetores unitários, qual é o momento dipolar magnético da espira? (*Sugestão*: Imagine correntes iguais e opostas no segmento AD e calcule o momento produzido por duas espiras retangulares, $ABCDA$ e $ADEFA$.)

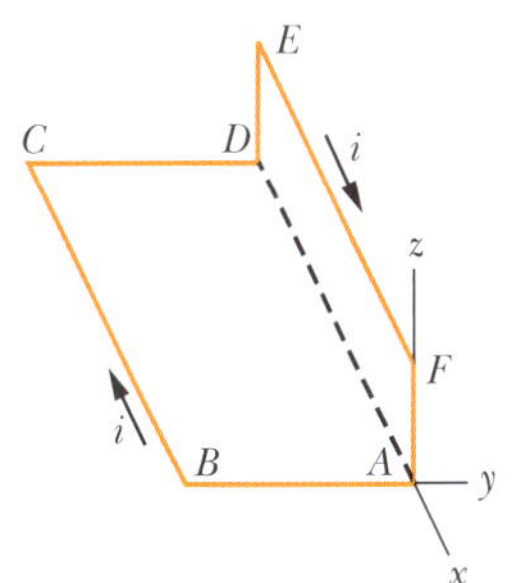

Figura 28.28 Problema 60.

61 M A bobina da Fig. 28.29 conduz uma corrente $i = 2{,}00$ A no sentido indicado, é paralela ao plano xz, possui 3,00 espiras, tem uma área de $4{,}00 \times 10^{-3}$ m² e está submetida a um campo magnético uniforme

$\vec{B} = (2{,}00\hat{i} - 3{,}00\hat{j} - 4{,}00\hat{k})$ mT. Determine (a) a energia orientacional da bobina na presença do campo magnético e (b) o torque magnético (na notação dos vetores unitários) a que está sujeita a bobina.

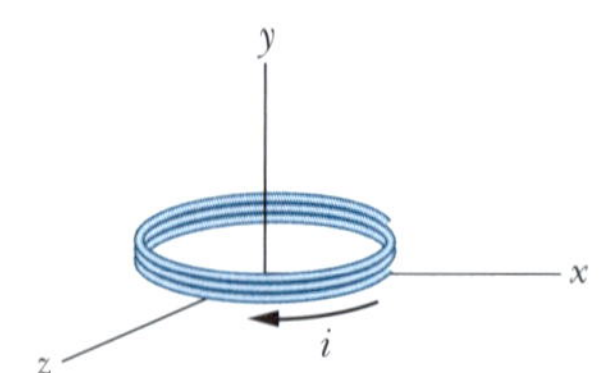

Figura 28.29 Problema 61.

62 M Na Fig. 28.30*a*, duas espiras concêntricas, situadas no mesmo plano, são percorridas por correntes em sentidos contrários. A corrente i_1 na espira 1 é fixa e a corrente i_2 na espira 2 é variável. A Fig. 28.30*b* mostra o momento magnético total do sistema em função de i_2. A escala do eixo vertical é definida por $\mu_{tot,s} = 2{,}0 \times 10^{-5}$ A · m² e a escala do eixo horizontal é definida por $i_{2s} = 10{,}0$ mA. Se o sentido da corrente na espira 2 for invertido, qual será o módulo do momento magnético total do sistema para $i_2 = 7{,}0$ mA?

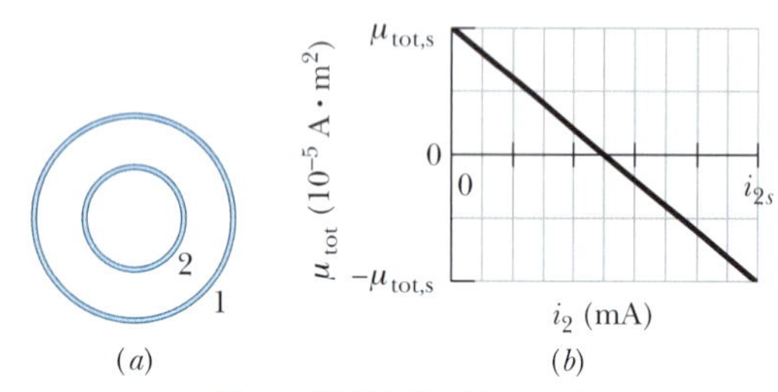

Figura 28.30 Problema 62.

63 M Uma espira circular com 8,0 cm de raio é percorrida por uma corrente de 0,20 A. Um vetor de comprimento unitário, paralelo ao momento dipolar $\vec{\mu}$ da espira, é dado por $0{,}60\hat{i} - 0{,}80\hat{j}$. (Esse vetor unitário indica a orientação do vetor momento dipolar magnético.) Se a espira é submetida a um campo magnético uniforme dado por $\vec{B} = (0{,}25\text{ T})\hat{i} + (0{,}30\text{ T})\hat{k}$, determine (a) o torque a que espira é submetida (em termos dos vetores unitários) e (b) a energia orientacional da espira.

64 M A Fig. 28.31 mostra a energia orientacional U de um dipolo magnético na presença de um campo magnético externo $\vec{B}$ em função do ângulo ϕ entre a direção de $\vec{B}$ e a direção do dipolo magnético. A escala do eixo vertical é definida por $U_s = 2{,}0 \times 10^{-4}$ J. O dipolo pode girar em torno de um eixo com atrito desprezível. Rotações no sentido anti-horário a partir de $\phi = 0$ correspondem a valores positivos de ϕ, e rotações no sentido horário correspondem a valores negativos. O dipolo é liberado na posição $\phi = 0$ com uma energia cinética de rotação de $6{,}7 \times 10^{-4}$ J e gira no sentido anti-horário. Até que ângulo ϕ vai a rotação? (Na terminologia do Módulo 8.3, qual é o valor de ϕ no ponto de retorno do poço de energia da Fig. 28.31?)

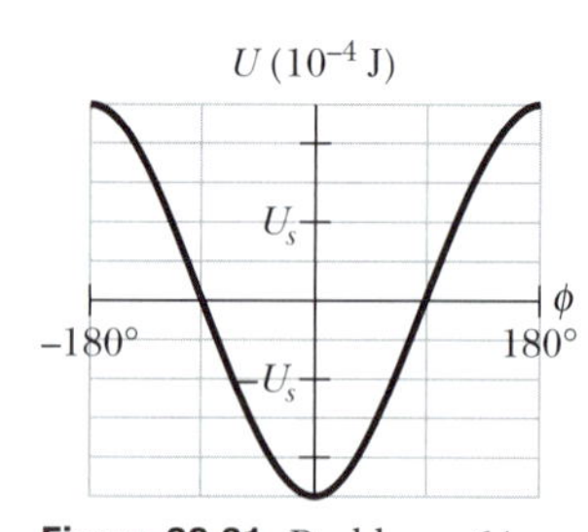

Figura 28.31 Problema 64.

65 M Um fio de 25,0 cm de comprimento, percorrido por uma corrente de 4,51 mA, é convertido em uma bobina circular e submetido a um campo magnético uniforme $\vec{B}$ de módulo 5,71 mT. Se o torque que o campo exerce sobre a espira é o maior possível, determine (a) o ângulo entre $\vec{B}$ e o momento dipolar magnético da bobina, (b) o número de espiras da bobina e (c) o módulo do torque.

Problemas Adicionais

66 CALC No instante $t = 0$, um próton de carga $+e$ e massa m penetra com velocidade $\vec{v} = v_{0x}\hat{i} + v_{0y}\hat{j}$ em uma região onde existe um campo magnético $\vec{B} = B\hat{i}$. Escreva uma expressão, na notação dos vetores unitários, para a velocidade $\vec{v}$ em função de t para $t \geq 0$.

67 Um relógio de parede estacionário tem um mostrador circular com 15 cm de raio. Seis espiras de fio são enroladas no mostrador; o fio conduz uma corrente de 2,0 A no sentido horário. No local onde o relógio se encontra existe um campo magnético uniforme de 70 mT (que não impede o relógio de mostrar corretamente a hora). Exatamente às 13 h, o ponteiro das horas do relógio aponta na direção do campo magnético. (a) Após quantos minutos o ponteiro de minutos do relógio aponta na direção do torque exercido pelo campo magnético sobre a bobina? (b) Determine o módulo do torque.

68 CALC Um fio situado no eixo y, entre $y = 0$ e $y = 0{,}250$ m, é percorrido por uma corrente de 2,00 mA no sentido negativo do eixo. Na região existe um campo magnético não uniforme dado por $\vec{B} = (0{,}300\text{ T/m})y\hat{i} + (0{,}400\text{ T/m})y\hat{j}$. Na notação dos vetores unitários, qual é a força magnética que o campo exerce sobre o fio?

69 Tanto o íon 1, de massa 35 u, como o íon 2, de massa 37 u, possuem uma carga $+e$. Depois de serem introduzidos em um espectrômetro de massa (Fig. 28.4.5) e acelerados a partir do repouso por uma diferença de potencial $V = 7{,}3$ kV, os íons descrevem trajetórias circulares sob a ação de um campo magnético de módulo $B = 0{,}50$ T. Qual é a distância Δx entre os pontos em que os íons atingem o detector?

70 Um elétron com uma energia cinética de 2,5 keV, movendo-se em linha reta no sentido positivo do eixo x, penetra em uma região onde existe um campo elétrico uniforme de módulo 10 kV/m orientado no sentido negativo do eixo y. Deseja-se aplicar um campo $\vec{B}$ na mesma região para que o elétron continue a se mover em linha reta, e a direção de $\vec{B}$ deve ser tal que o módulo de $\vec{B}$ seja o menor possível. Em termos dos vetores unitários, qual deve ser o campo $\vec{B}$?

71 O físico S. A. Goudsmit inventou um método para medir a massa de um íon pesado determinando o período de revolução do íon na presença de um campo magnético conhecido. Um íon de iodo monoionizado descreve 7,00 revoluções em 1,29 milissegundo em um campo de 45,0 militeslas. Calcule a massa do íon em unidades de massa atômica.

72 Um feixe de elétrons de energia cinética K emerge de uma "janela" de folha de alumínio na extremidade de um acelerador. A uma distância d da janela existe uma placa de metal perpendicular à direção do feixe (Fig. 28.32). (a) Mostre que é possível evitar que o feixe atinja a placa aplicando um campo uniforme $\vec{B}$ tal que

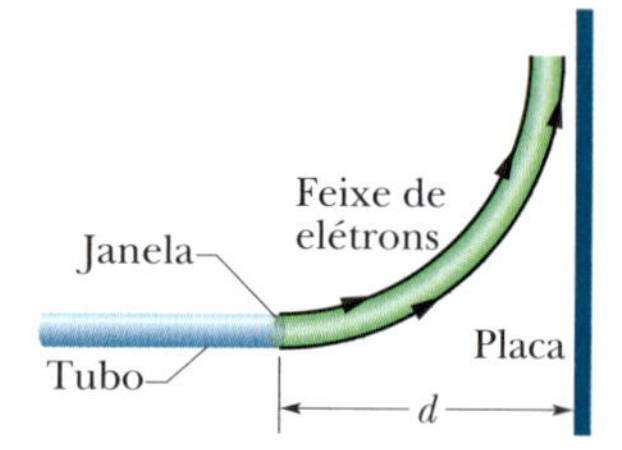

Figura 28.32 Problema 72.

$$B \geq \sqrt{\frac{2mK}{e^2d^2}},$$

em que m e e são a massa e a carga do elétron. (b) Qual deve ser a orientação de $\vec{B}$?

73 No instante $t = 0$, um elétron com uma energia cinética de 12 keV, que está se movendo no sentido positivo de um eixo x paralelo à componente horizontal do campo magnético $\vec{B}$ da Terra, passa pelo ponto $x = 0$. A componente vertical do campo aponta para baixo e tem um módulo de 55,0 μT. (a) Qual é o módulo da aceleração do elétron produzida pelo campo $\vec{B}$? (b) Qual é a distância a que o elétron se encontra do eixo x ao chegar ao ponto de coordenada $x = 20$ cm?

74 Uma partícula de carga 2,0 C está se movendo na presença de um campo magnético uniforme. Em dado instante, a velocidade da partícula é $(2{,}0\hat{i} + 4{,}0\hat{j} + 6{,}0\hat{k})$ m/s e a força magnética experimentada pela partícula é $(4{,}0\hat{i} - 20\hat{j} + 12\hat{k})$ N. As componentes x e y do campo magnético são iguais. Qual é o campo $\vec{B}$?

75 Um próton, um dêuteron ($q = +e$, $m = 2{,}0$ u) e uma partícula alfa ($q = +2e$, $m = 4{,}0$ u), todos com a mesma energia cinética, entram em uma região onde existe um campo magnético uniforme $\vec{B}$; a velocidade $\vec{v}$ das partículas é perpendicular a $\vec{B}$. Determine a razão (a) entre o raio r_d da trajetória do dêuteron e o raio r_p da trajetória do próton e (b) entre o raio r_α da trajetória da partícula alfa e r_p.

76 O espectrômetro de massa de Bainbridge, mostrado de forma esquemática na Fig. 28.33, separa íons de mesma velocidade. Depois de entrar no aparelho através das fendas colimadoras S_1 e S_2, os íons passam por um seletor de velocidade composto por um campo elétrico produzido pelas placas carregadas P e P′ e por um campo magnético $\vec{B}$ perpendicular ao campo elétrico e à trajetória dos íons. Os íons que passam pelos campos cruzados $\vec{E}$ e $\vec{B}$ sem serem desviados entram em uma região onde existe um segundo campo magnético, $\vec{B}'$, que os faz descrever um semicírculo. Uma placa fotográfica (ou, mais recentemente, um detector) registra a chegada dos íons. Mostre que a razão entre a carga e a massa dos íons é dada por $q/m = E/rBB'$, em que r é o raio do semicírculo.

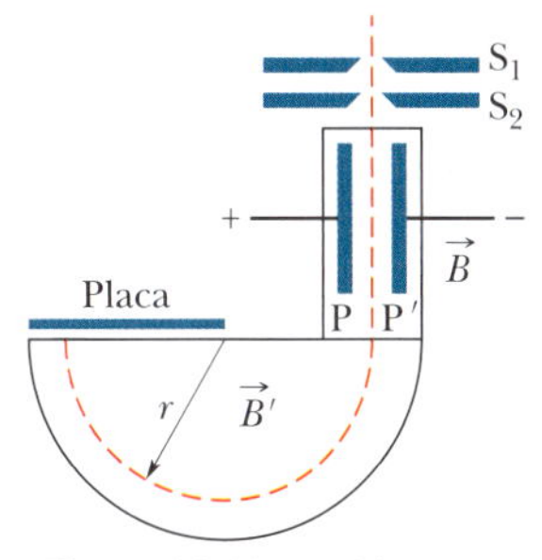

Figura 28.33 Problema 76.

77 Na Fig. 28.34, um elétron se move com uma velocidade $v = 100$ m/s no eixo x, na presença de um campo magnético uniforme e de um campo elétrico uniforme. O campo magnético $\vec{B}$ aponta para dentro do papel e tem módulo 5,00 T. Qual é o campo elétrico na notação dos vetores unitários?

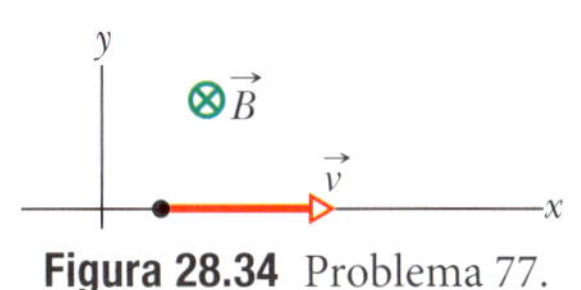

Figura 28.34 Problema 77.

78 (a) Na Fig. 28.3.1, mostre que a razão entre o módulo E do campo elétrico de Hall e o módulo E_C do campo elétrico responsável pelo movimento das cargas (corrente) é dada por

$$\frac{E}{E_C} = \frac{B}{ne\rho},$$

em que ρ é a resistividade do material e n é a concentração de portadores de corrente. (b) Calcule o valor numérico dessa razão para os dados do Problema 13. (*Sugestão*: Ver Tabela 26.3.1.)

79 Um próton, um dêuteron ($q = +e$, $m = 2{,}0$ u) e uma partícula alfa ($q = +2e$, $m = 4{,}0$ u) são acelerados pela mesma diferença de potencial e entram em uma região onde existe um campo magnético uniforme $\vec{B}$; a velocidade $\vec{v}$ das partículas é perpendicular a $\vec{B}$. Determine a razão (a) entre a energia cinética do próton, K_p, e a energia cinética da partícula alfa, K_α e (b) entre a energia cinética do dêuteron, K_d, e K_α. Se o raio da trajetória circular do próton é 10 cm, determine o raio (c) da trajetória do dêuteron e (d) da trajetória da partícula alfa.

80 Um elétron está se movendo a $7{,}20 \times 10^6$ m/s na presença de um campo magnético de 83,0 mT. Determine (a) o valor máximo e (b) o valor mínimo da força que o campo magnético pode exercer sobre o elétron. (c) Em um dado instante, o elétron tem uma aceleração de módulo $4{,}90 \times 10^{14}$ m/s². Qual é o ângulo entre a velocidade do elétron e o campo magnético nesse instante?

81 Uma partícula com uma carga de 5,0 μC está se movendo em uma região onde existem um campo magnético de $-20\hat{i}$ mT e um campo elétrico de $300\hat{j}$ V/m. Em um dado instante, a velocidade da partícula é $(17\hat{i} - 11\hat{j} + 7{,}0\hat{k})$ km/s. Nesse instante, na notação dos vetores unitários, qual é a força eletromagnética total (soma das forças elétrica e magnética) a que a partícula está submetida?

82 Em um experimento de efeito Hall, uma corrente de 3,0 A, que percorre longitudinalmente um condutor com 1,0 cm de largura, 4,0 cm de comprimento e 10 μm de espessura, produz uma diferença de potencial de Hall entre os lados do condutor de 10 μV quando um campo magnético de 1,5 T é aplicado perpendicularmente ao plano do condutor. A partir desses dados, determine (a) a velocidade de deriva dos portadores de corrente e (b) a concentração dos portadores de corrente. (c) Mostre em um diagrama a polaridade da diferença de potencial de Hall com sentidos arbitrados para a corrente e o campo magnético, supondo que os portadores de corrente são elétrons.

83 Uma partícula, de massa 6,0 g, está se movendo a 4,0 km/s no plano xy, em uma região onde existe um campo magnético uniforme dado por $5{,}0\hat{i}$ mT. No instante em que a velocidade da partícula faz um ângulo de 37° no sentido anti-horário com o semieixo x positivo, a força magnética que o campo exerce sobre a partícula é $0{,}48\hat{k}$ N. Qual é a carga da partícula?

84 CALC Um fio situado no eixo x, entre os pontos $x = 0$ e $x = 1{,}00$ m, conduz uma corrente de 3,00 A no sentido positivo do eixo. Na região existe um campo magnético não uniforme dado por $\vec{B} = (4{,}00 \text{ T/m}^2)x^2\hat{i} - (0{,}600 \text{ T/m}^2)x^2\hat{j}$. Em termos dos vetores unitários, qual é a força magnética que o campo exerce sobre o fio?

85 Em um dado instante, $\vec{v} = (-2{,}00\hat{i} + 4{,}00\hat{j} - 6{,}00\hat{k})$ m/s é a velocidade de um próton em um campo magnético uniforme $\vec{B} = (2{,}00\hat{i} - 4{,}00\hat{j} + 8{,}00\hat{k})$ mT. Para esse instante, determine (a) a força magnética $\vec{F}$ que o campo exerce sobre o próton, na notação dos vetores unitários, (b) o ângulo entre $\vec{v}$ e $\vec{F}$ e (c) o ângulo entre $\vec{v}$ e $\vec{B}$.

86 A velocidade de um elétron é $\vec{v} = (32\hat{i} + 40\hat{j})$ km/s no instante em que penetra em uma região onde existe um campo magnético uniforme $\vec{B} = 60\hat{i}$ μT. Determine (a) o raio da trajetória helicoidal do elétron e (b) o passo da trajetória. (c) Do ponto de vista de um observador que olha para a região onde existe o campo magnético a partir do ponto de entrada do elétron, o elétron se move no sentido horário ou no sentido anti-horário?

87 CALC *Força aplicada a um fio com uma parte curva.* A Fig. 28.35 mostra um fio com dois trechos retilíneos de comprimento L e um arco central na forma de uma semicircunferência de raio R, na presença de um campo magnético uniforme $\vec{B}$ que aponta para fora do plano da figura. O fio está submetido a uma corrente i. Qual é a força magnética total que age sobre o fio?

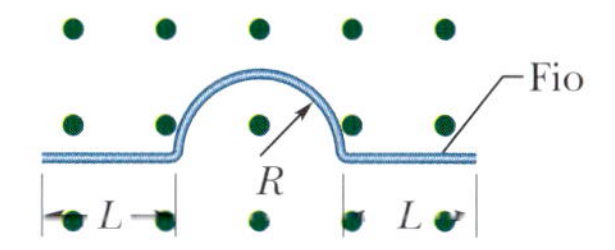

Figura 28.35 Problema 87.

88 *O primeiro cíclotron.* Em 1930, E. O. Lawrence construiu o primeiro cíclotron na Universidade da Califórnia, em Berkeley. Nos anos seguintes, ele construiu cíclotrons cada vez maiores, mas o primeiro tinha apenas 5 polegadas de diâmetro e acelerava prótons até uma energia de 80 keV. Qual era (a) o módulo B do campo magnético e (b) a velocidade máxima dos prótons no primeiro cíclotron?

89 BIO *Efeito Hall em uma artéria.* Um pequeno ímã de neodímio submete a artéria coronária de um paciente a um campo magnético de 0,40 T. Eletrodos são posicionados em lados opostos da artéria, que tem diâmetro de 4,00 mm. A tensão de Hall é medida enquanto os íons presentes no sangue passam pela artéria. Qual é a velocidade do sangue se a tensão medida é (a) 0,288 mV e (b) 0,656 mV?

90 *Decomposição de um dêuteron.* Um dêuteron está se movendo em um cíclotron na presença de um campo magnético $B = 1{,}5$ T. Quando o raio da órbita é $r = 50$ cm, o dêuteron colide de raspão com um alvo e se decompõe em um nêutron e um próton sem que haja perda significativa de energia cinética. Suponha que a energia do dêuteron é dividida igualmente entre o nêutron e o próton. Depois da decomposição, quais são a velocidade e a trajetória (retilínea ou circular) (a) do nêutron e (b) do próton? No caso de uma trajetória circular, determine o raio de curvatura.

91 *Propulsores para satélites.* Os satélites Starlink da empresa norte-americana SpaceX usam *propulsores de efeito Hall* para ajustes da orientação. O mecanismo completo do propulsor é complicado, mas envolve a ionização de átomos de criptônio e a aceleração dos elétrons liberados, e^-, e dos íons positivos de criptônio, Kr^+, antes que sejam submetidos a um campo magnético. Se eles entram em uma região em que existe um campo magnético de 0,020 T perpendicular à trajetória com uma velocidade de 21 km/s, qual é o raio de curvatura (a) dos elétrons (que sofrem um grande desvio) e (b) dos íons positivos (que sofrem um desvio muito pequeno)? A diferença entre as deflexões separa os elétrons e os íons de Kr^+ dentro do pequeno espaço do satélite. A massa do Kr é $1{,}39 \times 10^{-25}$ kg.

CAPÍTULO 29

Campos Magnéticos Produzidos por Correntes

29.1 CAMPO MAGNÉTICO PRODUZIDO POR UMA CORRENTE

Objetivos do Aprendizado

Depois de ler este módulo, você será capaz de ...

29.1.1 Desenhar um elemento de corrente em um fio e indicar a orientação do campo magnético produzido pelo elemento de corrente em um ponto fora do fio.

29.1.2 Dado um ponto fora de um fio e um elemento de corrente do fio, determinar o módulo e a orientação do campo magnético produzido pelo elemento de corrente no ponto.

29.1.3 Saber que o módulo do campo magnético criado por um elemento de corrente em um ponto que está na mesma reta que o elemento de corrente é zero.

29.1.4 No caso de um ponto fora de um fio longo, retilíneo, percorrido por uma corrente, conhecer a relação entre o módulo do campo magnético, a corrente e a distância entre o ponto e o fio.

29.1.5 No caso de um ponto fora de um fio longo, retilíneo, percorrido por uma corrente, usar a regra da mão direita para determinar a orientação do campo magnético produzido pela corrente.

29.1.6 Saber que as linhas de campo do campo magnético nas vizinhanças de um fio longo, retilíneo, percorrido por uma corrente têm a forma de circunferências.

29.1.7 No caso de um ponto perto da extremidade de um fio semi-infinito percorrido por uma corrente, conhecer a relação entre o módulo do campo magnético, a corrente e a distância entre o ponto e o fio.

29.1.8 No caso de um ponto situado no centro de curvatura de um arco de circunferência percorrido por uma corrente, conhecer a relação entre o módulo do campo magnético, a corrente, o raio de curvatura e o ângulo subtendido pelo arco (em radianos).

29.1.9 No caso de um ponto fora de um fio curto percorrido por uma corrente, integrar a equação da lei de Biot-Savart para determinar o campo magnético produzido pela corrente.

Ideias-Chave

- O campo magnético produzido por um condutor percorrido por uma corrente pode ser determinado com o auxílio da lei de Biot-Savart. De acordo com essa lei, a contribuição $d\vec{B}$ para o campo, produzida por um elemento de corrente $i\,d\vec{s}$ em um ponto P situado a uma distância r do elemento de corrente, é dada por

$$d\vec{B} = \frac{\mu_0}{4\pi}\frac{i\,d\vec{s} \times \hat{r}}{r^2} \quad \text{(lei de Biot-Savart)},$$

em que $\hat{r}$ é um vetor unitário cuja origem está no elemento de corrente e que aponta na direção do ponto P. A constante μ_0, conhecida como constante magnética, tem o valor de

$$4\pi \times 10^{-7}\ \mathrm{T \cdot m/A} \approx 1{,}26 \times 10^{-6}\ \mathrm{T \cdot m/A}.$$

- No caso de um fio longo, retilíneo, percorrido por uma corrente i, o módulo do campo magnético a uma distância R do fio é dado por

$$B = \frac{\mu_0 i}{2\pi R} \quad \text{(fio longo retilíneo)}.$$

- O módulo do campo magnético no centro de um arco de circunferência de raio R e ângulo central ϕ (em radianos) percorrido por uma corrente i é dado por

$$B = \frac{\mu_0 i \phi}{4\pi R} \quad \text{(no centro de um arco de circunferência)}.$$

O que É Física?

Uma observação básica da física é a de que partículas carregadas em movimento produzem campos magnéticos. Isso significa que uma corrente elétrica também produz um campo magnético. Esse aspecto do *eletromagnetismo*, que é o estudo combinado dos efeitos elétricos e magnéticos, foi uma surpresa para os cientistas na época em que foi descoberto. Surpresa ou não, ele se tornou extremamente importante para a vida cotidiana, já que constitui a base para um número imenso de dispositivos eletromagnéticos. Assim, por exemplo, os campos magnéticos estão presentes nos trens levitados magneticamente e outras máquinas usadas para levantar grandes pesos.

Este elemento de corrente cria um campo magnético para dentro do papel no ponto *P*.

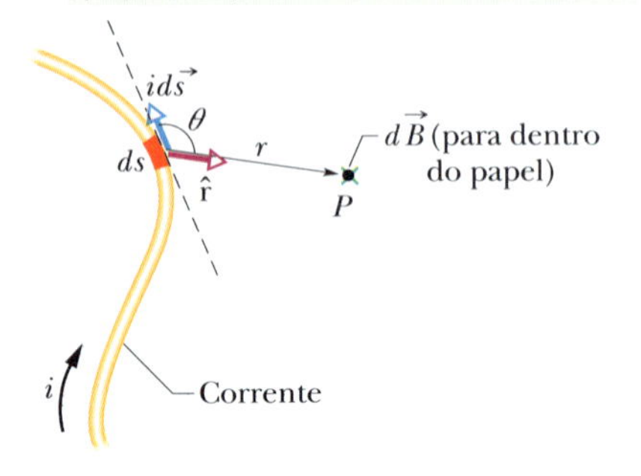

Figura 29.1.1 Um elemento de corrente $i\,d\vec{s}$ produz um elemento de campo magnético $d\vec{B}$ no ponto *P*. O × verde (que representa a extremidade traseira de uma seta) no ponto *P* indica que o sentido do campo $d\vec{B}$ é *para dentro* do papel.

Nosso primeiro passo neste capítulo será determinar o campo magnético produzido pela corrente em um pequeno elemento de um fio percorrido por corrente. Em seguida, vamos calcular o campo magnético produzido por fios macroscópicos de diferentes formas.

Cálculo do Campo Magnético Produzido por uma Corrente

BT 29.1 a 29.3 29.1

A Fig. 29.1.1 mostra um fio de forma arbitrária percorrido por uma corrente *i*. Estamos interessados em calcular o campo magnético $\vec{B}$ em um ponto próximo *P*. Para isso, dividimos mentalmente o fio em elementos infinitesimais *ds* e definimos para cada elemento um vetor comprimento $d\vec{s}$, cujo módulo é *ds* e cuja direção é a direção da corrente no elemento *ds*. Podemos definir um *elemento de corrente* como $i\,d\vec{s}$ e calcular o campo $d\vec{B}$ produzido no ponto *P* por um elemento de corrente típico. Os experimentos mostram que os campos magnéticos, como os campos elétricos, podem ser somados para determinar o campo total. Assim, podemos calcular o campo total $\vec{B}$ no ponto *P* somando, por integração, as contribuições $d\vec{B}$ de todos os elementos de corrente. Entretanto, esse processo é um pouco mais complicado que no caso do campo elétrico por causa de uma diferença: enquanto o elemento de carga *dq* que produz o campo elétrico é uma grandeza escalar, o elemento de corrente $i\,d\vec{s}$ responsável pelo campo magnético é o produto de uma grandeza escalar por uma grandeza vetorial e, portanto, é uma grandeza vetorial.

Módulo. O módulo do campo $d\vec{B}$ produzido no ponto *P* por um elemento de corrente $i\,d\vec{s}$ é dado por

$$dB = \frac{\mu_0}{4\pi}\frac{i\,ds\,\text{sen}\,\theta}{r^2}, \tag{29.1.1}$$

em que θ é o ângulo entre as direções de $d\vec{s}$ e $\hat{r}$, um vetor unitário que aponta de *ds* para *P*, e μ_0 é uma constante, conhecida como *constante magnética*, cujo valor, por definição, é dado por

$$\mu_0 = 4\pi \times 10^{-7}\,\text{T}\cdot\text{m/A} \approx 1{,}26 \times 10^{-6}\,\text{T}\cdot\text{m/A}. \tag{29.1.2}$$

Orientação. A orientação de $d\vec{B}$, que é para dentro do papel na Fig. 29.1.1, é a do produto vetorial $d\vec{s} \times \hat{r}$. Podemos, portanto, escrever a Eq. 29.1.1 na forma vetorial como

$$d\vec{B} = \frac{\mu_0}{4\pi}\frac{i\,d\vec{s} \times \hat{r}}{r^2} \quad \text{(lei de Biot-Savart).} \tag{29.1.3}$$

Essa equação vetorial bem como sua forma escalar, Eq. 29.1.1, são conhecidas como **lei de Biot-Savart**. A lei, que se baseia em observações experimentais, é do tipo inverso do quadrado. Vamos usá-la para calcular o campo magnético total $\vec{B}$ produzido em um ponto por fios de várias geometrias.

Uma geometria é especialmente simples: De acordo com a Eq. 29.1.1, se um ponto *P* está na mesma reta que a corrente em um trecho de um fio, o campo magnético produzido no ponto *P* pela corrente nesse trecho é zero (o ângulo θ é 0° ou 180°, e sen 0° = sen 180° = 0).

O vetor campo magnético é sempre tangente a uma circunferência.

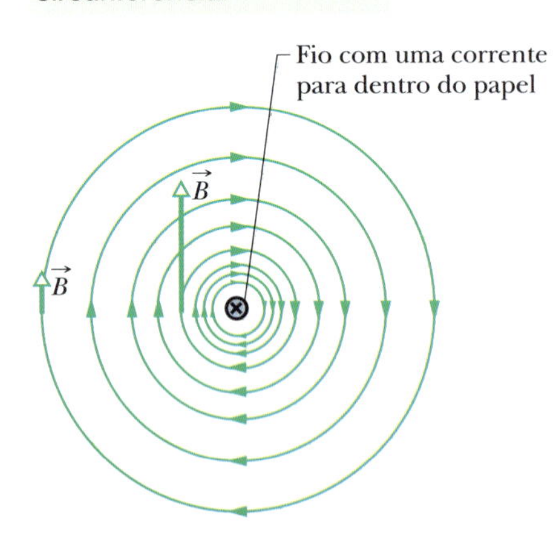

Figura 29.1.2 As linhas de campo magnético produzidas por uma corrente em um fio retilíneo longo são círculos concêntricos em torno do fio. Na figura, o sentido da corrente é para dentro do papel, como indica o símbolo ×.

Campo Magnético Produzido pela Corrente em um Fio Longo, Retilíneo

Daqui a pouco vamos usar a lei de Biot-Savart para mostrar que o módulo do campo magnético a uma distância perpendicular *R* de um fio retilíneo longo (infinito) percorrido por uma corrente *i* é dado por

$$B = \frac{\mu_0 i}{2\pi R} \quad \text{(fio longo retilíneo).} \tag{29.1.4}$$

O módulo do campo *B* na Eq. 29.1.4 depende apenas da corrente e da distância perpendicular *R* entre o ponto e o fio. Vamos mostrar que as linhas de campo de $\vec{B}$ formam circunferências concêntricas em torno do fio, como podemos observar no diagrama da Fig. 29.1.2 e no padrão formado por limalha de ferro na Fig. 29.1.3. O

Figura 29.1.3 A limalha de ferro espalhada em um pedaço de cartolina forma círculos concêntricos quando uma corrente atravessa o fio central. O alinhamento, que coincide com as linhas de campo magnético, se deve ao campo magnético produzido pela corrente.

aumento do espaçamento das linhas com o aumento da distância na Fig. 29.1.2 reflete o fato de que o módulo de $\vec{B}$, de acordo com a Eq. 29.1.4, é inversamente proporcional a R. Os comprimentos dos dois vetores $\vec{B}$ que aparecem na figura também mostram que B diminui quando aumenta a distância entre o ponto e o fio.

Sentido do Campo Magnético. É fácil calcular o módulo do campo magnético usando a Eq. 29.1.4; o que muitos estudantes têm dificuldade para determinar é o sentido do campo em um ponto dado. Como as linhas de campo formam circunferências em torno de um fio longo e o campo magnético é tangente às linhas de força, é evidente que a direção do campo magnético é perpendicular à reta perpendicular ao fio que passa pelo ponto dado. Acontece que, como mostra a Fig. 29.1.4, existem dois sentidos possíveis para o vetor, um para o caso em que o sentido da corrente é para dentro do papel, e o outro para o caso em que o sentido da corrente é para fora do papel. Como é possível saber qual é o sentido correto? Existe uma regra simples para isso, conhecida como regra da mão direita:

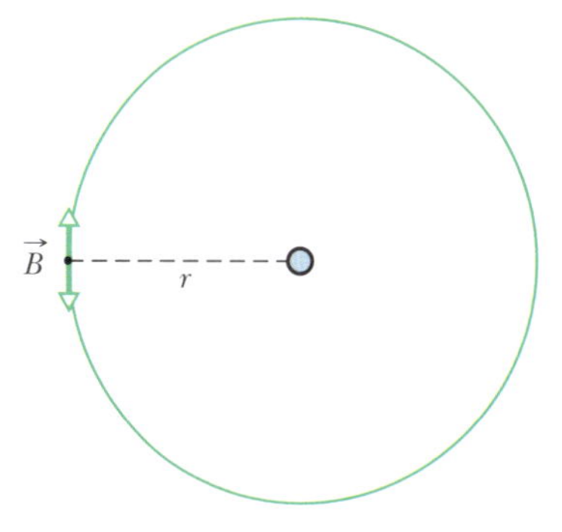

Figura 29.1.4 O vetor campo magnético $\vec{B}$ em um ponto dado é perpendicular à reta perpendicular ao fio que passa pelo ponto, mas qual dos dois sentidos possíveis do vetor é o sentido correto?

Regra da mão direita: Segure o fio na mão direita, com o polegar estendido apontando no sentido da corrente. Os outros dedos mostram a orientação das linhas de campo magnético produzidas pela corrente no fio.

O resultado da aplicação da regra da mão direita à corrente no fio retilíneo da Fig. 29.1.2 é mostrado, em uma vista lateral, na Fig. 29.1.5*a*. Para determinar o sentido do campo magnético $\vec{B}$ produzido por essa corrente em um ponto do espaço, envolva mentalmente o fio com a mão direita, com o polegar apontando no sentido da corrente. Faça com que os outros dedos passem pelo ponto; o sentido da base para a ponta dos

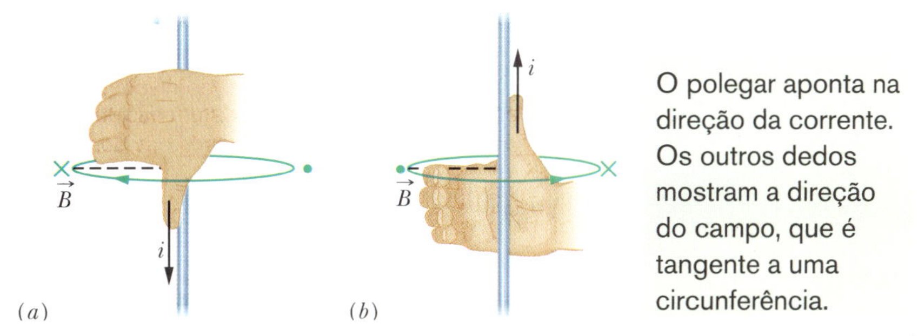

Figura 29.1.5 A regra da mão direita mostra o sentido do campo magnético produzido pela corrente em um fio. (*a*) Vista lateral do resultado da aplicação da regra da mão direita à corrente no fio retilíneo da Fig. 29.1.2. O campo magnético $\vec{B}$ em qualquer ponto à esquerda do fio é perpendicular à reta tracejada e aponta para dentro do papel, no sentido da ponta dos dedos, como indica o símbolo ×. (*b*) Quando o sentido da corrente é invertido, o campo $\vec{B}$ em qualquer ponto à esquerda do fio continua a ser perpendicular à reta tracejada, mas passa a apontar para fora do papel, como indica o símbolo •.

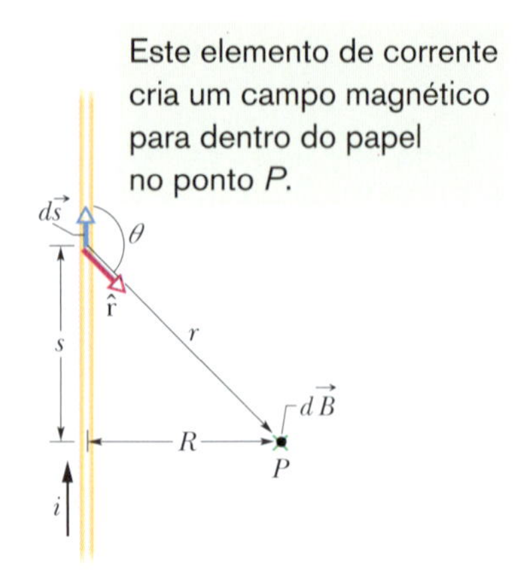

Figura 29.1.6 Cálculo do campo magnético produzido por uma corrente i em um fio retilíneo longo. O campo $d\vec{B}$ produzido no ponto P pelo elemento de corrente $i\,d\vec{s}$ aponta para dentro do papel, como indica o símbolo ×.

dedos é a orientação do campo magnético nesse ponto. Na vista da Fig. 29.1.2, $\vec{B}$ em qualquer ponto é *tangente a uma linha de campo magnético*; nas vistas da Fig. 29.1.5, *$\vec{B}$ é perpendicular à reta tracejada que liga o ponto ao fio.*

Demonstração da Eq. 29.1.4

A Fig. 29.1.6, que é semelhante à Fig. 29.1.1, exceto pelo fato de que agora o fio é retilíneo e de comprimento infinito, ilustra bem o processo. Queremos calcular o campo $\vec{B}$ no ponto P, situado a uma distância perpendicular R do fio. O módulo do campo elementar produzido no ponto P por um elemento de corrente $i\,d\vec{s}$ situado a uma distância r do ponto P é dado pela Eq. 29.1.1:

$$dB = \frac{\mu_0}{4\pi}\frac{i\,ds\,\text{sen}\,\theta}{r^2}.$$

A orientação de $d\vec{B}$ na Fig. 29.1.6 é a do vetor $d\vec{s} \times \hat{r}$, ou seja, para dentro do papel.

Observe que $d\vec{B}$ no ponto P tem a mesma orientação para todos os elementos de corrente nos quais o fio pode ser dividido. Assim, podemos calcular o módulo do campo magnético produzido no ponto P pelos elementos de corrente na metade superior de um fio infinitamente longo integrando dB na Eq. 29.1.1 de 0 a ∞.

Considere agora um elemento de corrente na parte inferior do fio, que esteja a uma distância tão grande abaixo de P quanto $d\vec{s}$ está acima de P. De acordo com a Eq. 29.1.3, o campo magnético produzido no ponto P por esse elemento de corrente tem o mesmo módulo e a mesma orientação que o campo magnético produzido pelo elemento $i\,d\vec{s}$ da Fig. 29.1.6. Assim, o campo magnético produzido pela parte inferior do fio é igual ao campo magnético produzido pela parte superior. Para determinar o módulo do campo magnético $\vec{B}$ *total* no ponto P, basta, portanto, multiplicar por 2 o resultado da integração, o que nos dá

$$B = 2\int_0^\infty dB = \frac{\mu_0 i}{2\pi}\int_0^\infty \frac{\text{sen}\,\theta\,ds}{r^2}. \tag{29.1.5}$$

As variáveis θ, s e r na Eq. 29.1.5 não são independentes; como se pode ver na Fig. 29.1.6, elas estão relacionadas pelas equações

$$r = \sqrt{s^2 + R^2}$$

e

$$\text{sen}\,\theta = \text{sen}(\pi - \theta) = \frac{R}{\sqrt{s^2 + R^2}}.$$

Fazendo essas substituições e usando a integral 19 do Apêndice E, obtemos

$$\begin{aligned} B &= \frac{\mu_0 i}{2\pi}\int_0^\infty \frac{R\,ds}{(s^2 + R^2)^{3/2}} \\ &= \frac{\mu_0 i}{2\pi R}\left[\frac{s}{(s^2 + R^2)^{1/2}}\right]_0^\infty = \frac{\mu_0 i}{2\pi R}, \end{aligned} \tag{29.1.6}$$

que é a equação que queríamos demonstrar. Note que o módulo do campo magnético produzido no ponto P pela parte inferior ou pela parte superior do fio infinito da Fig. 29.1.6 tem metade do valor dado pela Eq. 29.1.6, ou seja,

$$B = \frac{\mu_0 i}{4\pi R} \quad \text{(fio retilíneo semi-infinito).} \tag{29.1.7}$$

Campo Magnético Produzido por uma Corrente em um Fio em Forma de Arco de Circunferência

Para determinar o campo magnético produzido em um ponto por uma corrente em um fio curvo, usamos mais uma vez a Eq. 29.1.1 para calcular o módulo do campo produzido por um elemento de corrente e integramos o resultado para obter o campo produzido por todos os elementos de corrente. Essa integração pode ser difícil, dependendo da forma do fio; é relativamente simples, porém, quando o fio tem a forma de um arco de circunferência e o ponto escolhido é o centro de curvatura.

A Fig. 29.1.7*a* mostra um fio em forma de arco de circunferência de ângulo central ϕ, raio R e centro C, percorrido por uma corrente i. No ponto C, cada elemento de corrente $i\,d\vec{s}$ do fio produz um campo magnético de módulo dB dado pela Eq. 29.1.1. Além disso, como mostra a Fig. 29.1.7*b*, qualquer que seja a posição do elemento no fio, o ângulo θ entre os vetores $d\vec{s}$ e $\hat{r}$ é 90° e $r = R$. Fazendo $\theta = 90°$ e $r = R$ na Eq. 29.1.1, obtemos

$$dB = \frac{\mu_0}{4\pi}\frac{i\,ds \operatorname{sen} 90°}{R^2} = \frac{\mu_0}{4\pi}\frac{i\,ds}{R^2}. \qquad (29.1.8)$$

Esse é o módulo do campo produzido no ponto C por um dos elementos de corrente.

Orientação. O que dizer da orientação do campo elementar $d\vec{B}$ produzido por um elemento de corrente? Sabemos que o vetor $d\vec{B}$ é perpendicular à reta que liga o ponto C ao elemento de corrente e, portanto, aponta para dentro ou para fora do papel nas Figs. 29.1.7*a* e 29.1.7*b*. Para determinar qual é o sentido correto, aplicamos a regra da mão direita a um elemento qualquer do fio, como é mostrado na Fig. 29.1.7*c*. Segurando o fio com o polegar apontando no sentido da corrente e fazendo os dedos passarem pelo ponto C, vemos que todos os elementos de campo $d\vec{B}$ apontam para fora do papel.

Campo Total. Para obter o campo total produzido pelo fio no ponto C, devemos somar todos os elementos de campo $d\vec{B}$ do arco de circunferência. Já que todos os vetores $d\vec{B}$ têm a mesma orientação, não é preciso usar uma soma vetorial; basta somar (por integração) os módulos dB de todos os campos elementares. Como o tamanho do arco é especificado em termos do ângulo central ϕ, e não do comprimento, usamos a identidade $ds = R\,d\phi$ para converter a variável de integração de ds para $d\phi$ na Eq. 29.1.8, o que nos dá

$$B = \int dB = \int_0^{\phi} \frac{\mu_0}{4\pi}\frac{iR\,d\phi}{R^2} = \frac{\mu_0 i}{4\pi R}\int_0^{\phi} d\phi.$$

Integrando, obtemos

$$B = \frac{\mu_0 i \phi}{4\pi R} \quad \text{(no centro de um arco de circunferência).} \qquad (29.1.9)$$

Atenção. Note que a Eq. 29.1.9 é válida *apenas* para o campo no centro de curvatura do fio. Ao substituir as variáveis da Eq. 29.1.9 por valores numéricos, não se esqueça de que o valor de ϕ deve ser expresso em radianos. Assim, por exemplo, para calcular o módulo do campo magnético no centro de uma circunferência completa de fio, ϕ deve ser substituído por 2π na Eq. 29.1.9, o que nos dá

$$B = \frac{\mu_0 i(2\pi)}{4\pi R} = \frac{\mu_0 i}{2R} \quad \text{(no centro de uma circunferência completa).} \qquad (29.1.10)$$

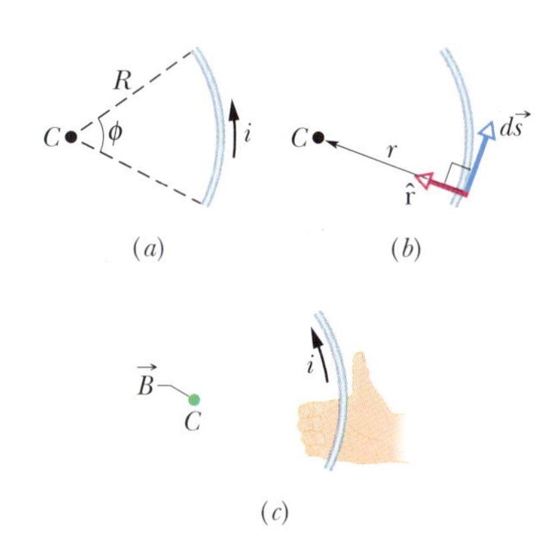

A regra da mão direita mostra a orientação do campo no centro do arco.

Figura 29.1.7 (*a*) Um fio em forma de arco de circunferência com centro no ponto C e percorrido por uma corrente i. (*b*) Para qualquer elemento de comprimento ao longo do arco, o ângulo entre as direções $d\vec{s}$ e $\hat{r}$ é 90°. (*c*) Determinação da direção do campo magnético produzido pela corrente no ponto C usando a regra da mão direita; o campo aponta para fora do papel, no sentido das pontas dos dedos, como indica o símbolo •.

Teste 29.1.1

A figura mostra três circuitos formados por arcos de circunferência concêntricos (semicircunferências ou quartos de circunferência) de raios r, $2r$ e $3r$. A corrente é a mesma nos três circuitos. Coloque os circuitos na ordem do valor do campo magnético produzido no centro de curvatura (indicado por um ponto) começando pelo maior.

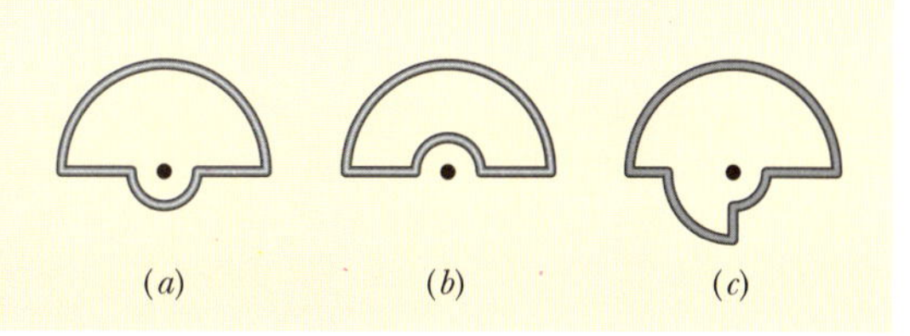

Exemplo 29.1.1 Campo magnético criado pela atividade do cérebro

Os cientistas gostariam muito de saber exatamente como o cérebro humano funciona. Por exemplo: quando você lê esta frase, que parte do seu cérebro é ativada? Um dos recursos modernos para estudar o funcionamento do cérebro é a *magnetoencefalografia* (MEG), um exame no qual os campos magnéticos criados no cérebro de uma pessoa são monitorados enquanto a pessoa executa uma tarefa específica, como ler um texto (Fig. 29.1.8). A tarefa ativa a parte do cérebro envolvida no processamento da leitura, produzindo pulsos de eletricidade entre células do cérebro. Como acontece com qualquer corrente elétrica, esses pulsos dão origem a campos magnéticos. Os campos magnéticos detectados por MEG são provavelmente produzidos por pulsos nas paredes das fissuras (fendas) cerebrais. Para detectar esses campos é preciso usar instrumentos extremamente sensíveis chamados SQUIDs (do inglês *superconducting quantum interference devices*, ou seja, dispositivos supercondutores de interferência quântica). Na Fig. 29.1.9, qual é o campo magnético no ponto P situado a uma distância $r = 2$ cm de um pulso na parede de uma fissura, com uma corrente $i = 10\ \mu$A ao longo de um percurso de comprimento $ds = 1$ mm em uma direção perpendicular à reta r?

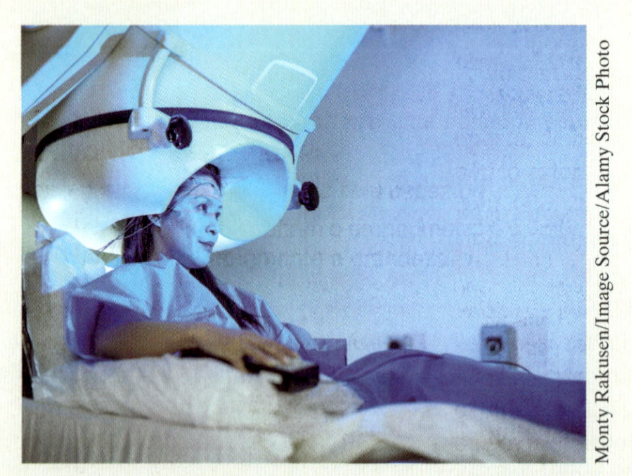

Monty Rakusen/Image Source/Alamy Stock Photo

Figura 29.1.8 Aparelho de MEG.

IDEIA-CHAVE

A distância percorrida pela corrente é tão pequena que podemos usar diretamente da lei de Biot-Savart para calcular o campo magnético.

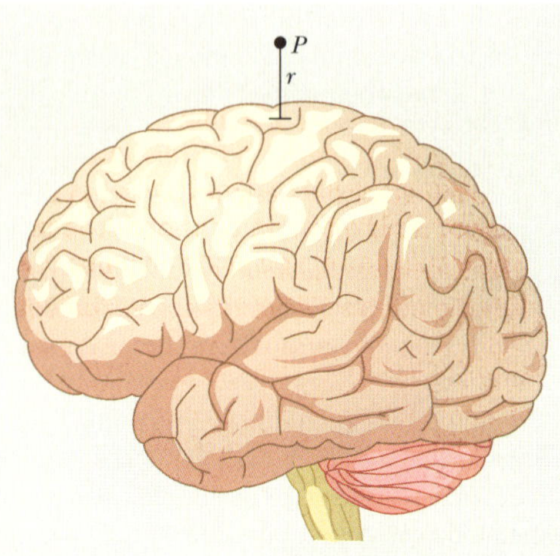

Figura 29.1.9 Um pulso na parede de uma fissura cerebral produz um campo magnético no ponto P situado a uma distância r.

Cálculo: De acordo com a lei de Biot-Savart (Eq. 29.1.1), temos:

$$B = \frac{\mu_0}{4\pi}\frac{i\,ds \operatorname{sen} \theta}{r^2}$$

$$= \frac{(4\pi \times 10^{-7}\ \mathrm{T \cdot m/A})(10 \times 10^{-6}\ \mathrm{A})(1 \times 10^{-3}\ \mathrm{m}) \operatorname{sen} 90^\circ}{4\pi \qquad (2 \times 10^{-2}\ \mathrm{m})^2}$$

$$= 2{,}5 \times 10^{-12}\ \mathrm{T} \approx 3\ \mathrm{pT}. \qquad \text{(Resposta)}$$

Os SQUIDs podem medir campos magnéticos com valores menores que 1 pT, mas é preciso eliminar outras fontes de campos magnéticos nas vizinhanças, como um elevador no edifício ou mesmo um caminhão em uma rua próxima.

Exemplo 29.1.2 Campo magnético nas proximidades de dois fios longos, retilíneos, percorridos por corrente

A Fig. 29.1.10*a* mostra dois fios longos paralelos percorridos por correntes i_1 e i_2 em sentidos opostos. Determine o módulo e a orientação do campo magnético total no ponto P para $i_1 = 15$ A, $i_2 = 32$ A e $d = 5{,}3$ cm.

IDEIAS-CHAVE

(1) O campo magnético total $\vec{B}$ no ponto P é a soma vetorial dos campos magnéticos produzidos pelas correntes nos dois fios. (2) Podemos calcular o campo magnético produzido por qualquer corrente aplicando a lei de Biot-Savart à corrente. No caso de pontos próximos de um fio longo e retilíneo, a lei de Biot-Savart leva à Eq. 29.1.4.

Determinação dos vetores: Na Fig. 29.1.10*a*, o ponto P está a uma distância R das correntes i_1 e i_2. De acordo com a Eq. 29.1.4, as correntes produzem no ponto P campos $\vec{B}_1$ e $\vec{B}_2$ cujos módulos são dados por

$$B_1 = \frac{\mu_0 i_1}{2\pi R} \quad \text{e} \quad B_2 = \frac{\mu_0 i_2}{2\pi R}.$$

No triângulo retângulo da Fig. 29.1.10*a*, note que os ângulos da base (entre os lados R e d) são iguais a 45°. Isso nos permite escrever cos 45° = R/d e substituir R por d cos 45°. Nesse caso, os módulos dos campos magnéticos, B_1 e B_2, se tornam

$$B_1 = \frac{\mu_0 i_1}{2\pi d \cos 45^\circ} \quad \text{e} \quad B_2 = \frac{\mu_0 i_2}{2\pi d \cos 45^\circ}.$$

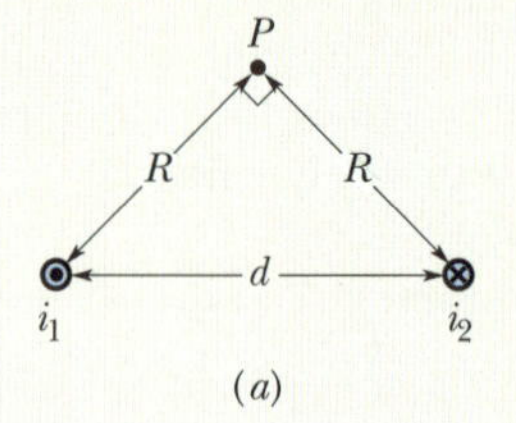

As duas correntes criam campos magnéticos que devem ser somados vetorialmente para obter o campo total.

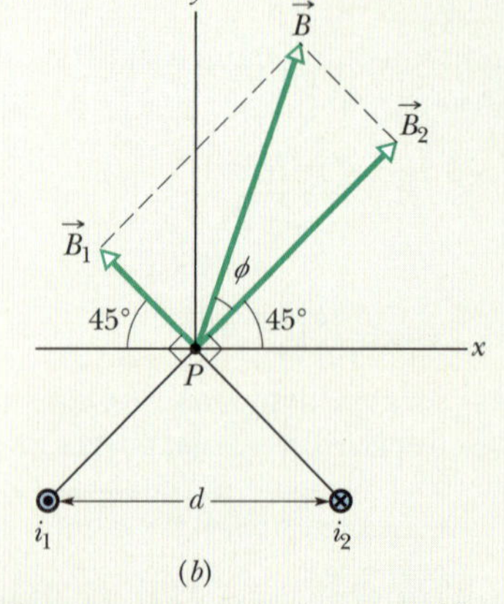

Figura 29.1.10 (*a*) Dois fios conduzem correntes i_1 e i_2 em sentidos opostos (para fora e para dentro do papel, respectivamente). Observe o ângulo reto no ponto P. (*b*) O campo total $\vec{B}$ é a soma vetorial dos campos $\vec{B}_1$ e $\vec{B}_2$.

Estamos interessados em combinar $\vec{B}_1$ e $\vec{B}_2$ para obter a soma dos dois vetores, que é o campo total $\vec{B}$ no ponto P. Para determinar as orientações de $\vec{B}_1$ e $\vec{B}_2$, aplicamos a regra da mão direita da Fig. 29.1.5 às duas correntes da Fig. 29.1.10*a*. No caso do fio 1, em que a corrente é para fora do papel, seguramos mentalmente o fio com a mão direita, com o polegar apontando para fora do papel. Nesse caso, os outros dedos indicam que as linhas de campo têm o sentido anti-horário. Em particular, na região do ponto P, os dedos apontam para o alto da figura, e para a esquerda. Lembre-se de que o campo magnético, em um ponto nas proximidades de um fio longo percorrido por corrente, é perpendicular ao fio e a uma reta perpendicular ao fio passando pelo ponto. Assim, o sentido de $\vec{B}_1$ é para o alto e para a esquerda, como mostra a Fig. 29.1.10*b*. (Observe no desenho que o vetor $\vec{B}_1$ é perpendicular à reta que liga o ponto P ao fio 1.)

Repetindo a análise para a corrente no fio 2, constatamos que o sentido de $\vec{B}_2$ é para o alto e para a direita, como mostra a Fig. 29.1.10*b*. (Observe no desenho que o vetor $\vec{B}_2$ é perpendicular à reta que liga o ponto P ao fio 2.)

Soma dos vetores: Podemos agora somar vetorialmente $\vec{B}_1$ e $\vec{B}_2$ para obter o campo magnético $\vec{B}$ no ponto P. Isso poderia ser feito usando uma calculadora científica ou trabalhando com as componentes dos vetores. Entretanto, existe método mais simples: Como são mutuamente perpendiculares, $\vec{B}_1$ e $\vec{B}_2$ formam os catetos de um triângulo retângulo cuja hipotenusa é $\vec{B}$. Assim, de acordo com o teorema de Pitágoras, temos

$$B = \sqrt{B_1^2 + B_2^2} = \frac{\mu_0}{2\pi d(\cos 45°)}\sqrt{i_1^2 + i_2^2}$$

$$= \frac{(4\pi \times 10^{-7}\ \text{T}\cdot\text{m/A})\sqrt{(15\ \text{A})^2 + (32\ \text{A})^2}}{(2\pi)(5{,}3 \times 10^{-2}\ \text{m})(\cos 45°)}$$

$$= 1{,}89 \times 10^{-4}\ \text{T} \approx 190\ \mu\text{T}. \qquad \text{(Resposta)}$$

O ângulo ϕ entre as direções de $\vec{B}$ e $\vec{B}_2$ na Fig. 29.1.10*b* é dado pela equação

$$\phi = \tan^{-1}\frac{B_1}{B_2},$$

que, para os valores conhecidos de B_1 e B_2, nos dá

$$\phi = \tan^{-1}\frac{i_1}{i_2} = \tan^{-1}\frac{15\ \text{A}}{32\ \text{A}} = 25°.$$

O ângulo entre a direção de $\vec{B}$ e o eixo x na Fig. 29.1.10*b* é, portanto,

$$\phi + 45° = 25° + 45° = 70°. \qquad \text{(Resposta)}$$

29.2 FORÇAS ENTRE DUAS CORRENTES PARALELAS

Objetivos do Aprendizado

Depois de ler este módulo, você será capaz de ...

29.2.1 Dadas duas correntes paralelas ou antiparalelas, calcular o campo magnético produzido pela primeira corrente na posição da segunda corrente e usar esse valor para calcular a força que a primeira corrente exerce sobre a segunda corrente.

29.2.2 Saber que correntes paralelas se atraem e correntes antiparalelas se repelem.

29.2.3 Explicar como funciona um canhão eletromagnético.

Ideia-Chave

- Fios paralelos percorridos por correntes no mesmo sentido se atraem e fios paralelos percorridos por correntes em sentidos opostos se repelem. O módulo da força que um dos fios exerce sobre o outro é dado por

$$F_{ba} = i_b L B_a \operatorname{sen} 90° = \frac{\mu_0 L i_a i_b}{2\pi d},$$

em que L é o comprimento dos fios, d é a distância entre os fios e i_a e i_b são as correntes nos fios.

Forças entre Duas Correntes Paralelas (BT) 29.4

Dois longos fios paralelos, percorridos por correntes, exercem forças um sobre o outro. A Fig. 29.2.1 mostra dois desses fios, percorridos por correntes i_a e i_b e separados por uma distância d. Vamos analisar as forças exercidas pelos fios.

Vamos calcular primeiro a força que a corrente no fio a exerce sobre o fio b da Fig. 29.2.1. A corrente produz um campo magnético $\vec{B}_a$ e é esse campo, na verdade, o responsável pela força que estamos querendo calcular. Para determinar a força, portanto, precisamos conhecer o módulo e a orientação do campo $\vec{B}_a$ *na posição do fio b*. De acordo com a Eq. 29.1.4, o módulo de $\vec{B}_a$, em qualquer ponto do fio b, é dado por

$$B_a = \frac{\mu_0 i_a}{2\pi d}. \qquad (29.2.1)$$

De acordo com a regra da mão direita, o sentido do campo $\vec{B}_a$ na posição do fio b é para baixo, como mostra a Fig. 29.2.1.

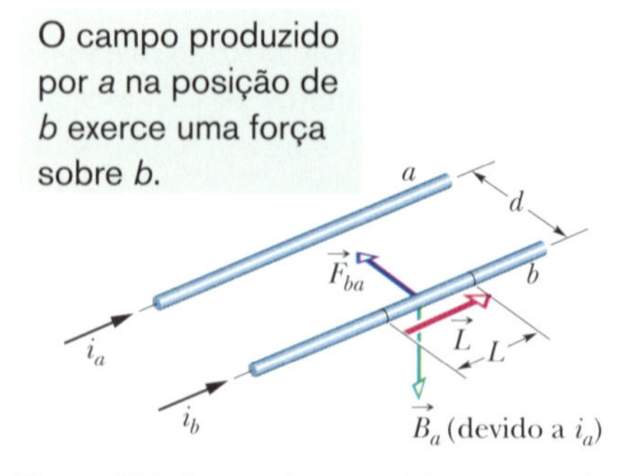

Figura 29.2.1 Dois fios paralelos que conduzem correntes no mesmo sentido se atraem mutuamente. $\vec{B}_a$ é o campo magnético no fio b devido à corrente no fio a. $\vec{F}_{ba}$ é a força que age sobre o fio b porque o fio conduz uma corrente i_b na presença do campo $\vec{B}_a$.

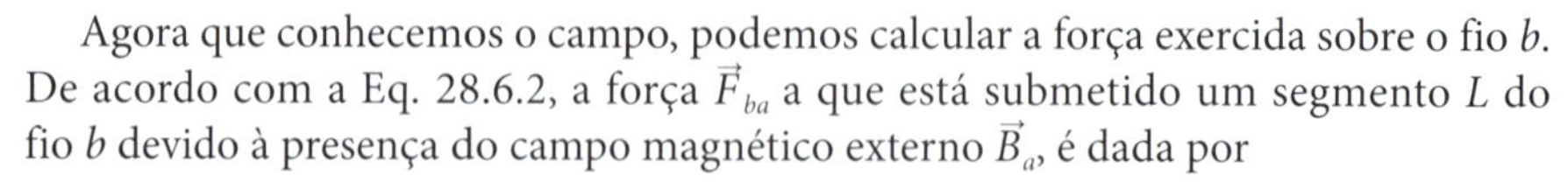

Agora que conhecemos o campo, podemos calcular a força exercida sobre o fio b. De acordo com a Eq. 28.6.2, a força $\vec{F}_{ba}$ a que está submetido um segmento L do fio b devido à presença do campo magnético externo $\vec{B}_a$, é dada por

$$\vec{F}_{ba} = i_b\vec{L} \times \vec{B}_a, \tag{29.2.2}$$

em que $\vec{L}$ é o vetor comprimento do fio. Na Fig. 29.2.1, os vetores $\vec{L}$ e $\vec{B}_a$ são mutuamente perpendiculares e, portanto, de acordo com a Eq. 29.2.1, podemos escrever

$$F_{ba} = i_b L B_a \operatorname{sen} 90° = \frac{\mu_0 L i_a i_b}{2\pi d}. \tag{29.2.3}$$

A direção de $\vec{F}_{ba}$ é a direção do produto vetorial $\vec{L} \times \vec{B}_a$. Aplicando a regra da mão direita para produtos vetoriais a $\vec{L}$ e $\vec{B}_a$ na Fig. 29.2.1, vemos que $\vec{F}_{ba}$ aponta na direção do fio a, como mostra a figura.

A regra geral para determinar a força exercida sobre um fio percorrido por corrente é a seguinte:

Para determinar a força exercida sobre um fio percorrido por corrente por outro fio percorrido por corrente, determine primeiro o campo produzido pelo segundo fio na posição do primeiro; em seguida, determine a força exercida pelo campo sobre o primeiro fio.

Podemos usar esse método para determinar a força exercida sobre o fio a pela corrente que circula no fio b. O resultado é que a força aponta para o fio b, o que significa que dois fios com correntes paralelas se atraem. No caso em que as correntes têm sentidos opostos nos dois fios, o resultado mostra que as forças apontam para longe dos dois fios, ou seja, os fios se repelem. Assim,

Correntes paralelas se atraem e correntes antiparalelas se repelem.

A força que age entre correntes em fios paralelos é usada para definir o ampère, uma das sete unidades básicas do SI. A definição, adotada em 1946, é a seguinte: "O ampère é a corrente constante que, quando mantida em dois condutores retilíneos, paralelos, de comprimento infinito e seção reta desprezível, separados por 1 m de distância no vácuo, produz uma força de 2×10^{-7} newtons por metro".

Canhão Eletromagnético

Uma das aplicações da força dada pela Eq. 29.2.2 é o canhão eletromagnético. Nesse aparelho, a força magnética é usada para acelerar um projétil, fazendo-o adquirir alta velocidade em um curto período de tempo. A Fig. 29.2.2*a* mostra o princípio de funcionamento do canhão eletromagnético. Uma corrente elevada é estabelecida em um circuito formado por dois trilhos paralelos e um "fusível" condutor (uma barra de cobre, por exemplo) colocado entre os trilhos. O projétil a ser lançado fica perto da extremidade mais distante do fusível, encaixado frouxamente entre os trilhos. Quando a corrente é aplicada, o fusível se funde e em seguida se vaporiza, criando um gás condutor entre os trilhos na região onde se encontrava.

Aplicando a regra da mão direita da Fig. 29.1.5, vemos que as correntes nos trilhos da Fig. 29.2.2*a* produzem um campo magnético $\vec{B}$ que aponta para baixo na região entre os trilhos. O campo magnético exerce uma força $\vec{F}$ sobre o gás devido à corrente i que existe no gás (Fig. 29.2.2*b*). De acordo com a Eq. 29.2.2 e a regra da mão direita para produtos vetoriais, a força $\vec{F}$ é paralela aos trilhos e aponta para longe do fusível. Assim, o gás é arremessado contra o projétil, imprimindo-lhe uma aceleração de até $5 \times 10^6 g$ e lançando-o com uma velocidade de 10 km/s, tudo isso em um intervalo de tempo menor que 1 ms. Talvez, no futuro, os canhões eletromagnéticos venham a ser usados para lançar no espaço minérios extraídos da Lua ou de asteroides.

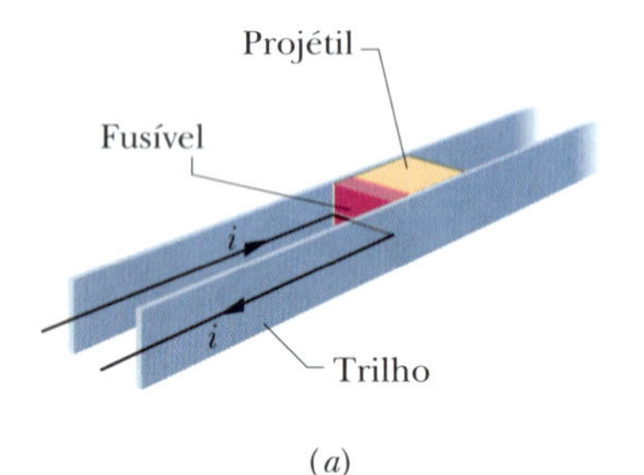

(*a*)

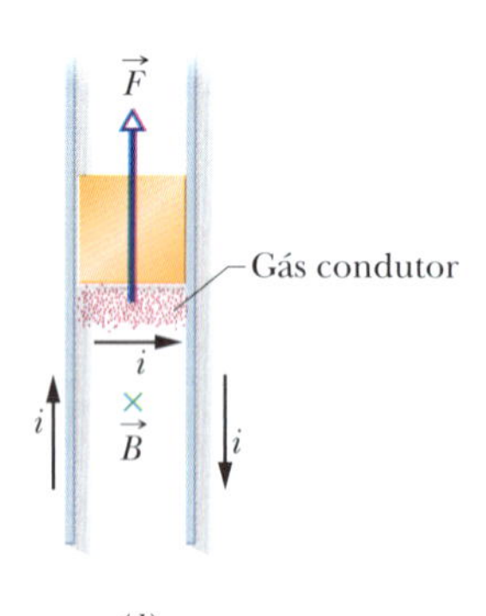

(*b*)

Figura 29.2.2 (*a*) Princípio de funcionamento de um canhão eletromagnético. Uma corrente elevada provoca a vaporização de um fusível condutor. (*b*) A corrente produz um campo magnético $\vec{B}$ entre os trilhos, que exerce uma força $\vec{F}$ sobre o gás devido à corrente i que existe no gás. O gás é arremessado contra o projétil, lançando-o ao espaço.

Teste 29.2.1

A figura mostra três fios longos, paralelos, igualmente espaçados, percorridos por correntes de mesmo valor absoluto, duas para fora do papel e uma para dentro do papel. Coloque os fios na ordem decrescente do módulo da força a que estão sujeitos devido à corrente nos outros dois fios.

a b c

29.3 LEI DE AMPÈRE

Objetivos do Aprendizado

Depois de ler este módulo, você será capaz de ...

29.3.1 Aplicar a lei de Ampère a uma curva fechada que envolve uma corrente.

29.3.2 Usar a regra da mão direita para determinar o sinal algébrico de uma corrente envolvida por uma curva fechada.

29.3.3 No caso de uma curva fechada que envolve mais de uma corrente, determinar a corrente total a ser usada na lei de Ampère.

29.3.4 Aplicar a lei de Ampère a um fio longo retilíneo percorrido por uma corrente para calcular o módulo do campo magnético dentro e fora do fio, sabendo que apenas a corrente envolvida por uma amperiana deve entrar nos cálculos.

Ideia-Chave

- De acordo com a lei de Ampère,

$$\oint \vec{B} \cdot d\vec{s} = \mu_0 i_{\text{env}} \quad \text{(lei de Ampère).}$$

A integral de linha da equação acima deve ser calculada para uma curva fechada conhecida como amperiana. A corrente i no lado direito da equação é a corrente *total* envolvida pela amperiana.

Lei de Ampère 29.5 a 29.8 29.1

É possível obter o campo elétrico total associado a *qualquer* distribuição de cargas somando os campos elétricos elementares $d\vec{E}$ produzidos por todos os elementos de carga dq da distribuição. No caso de uma distribuição complicada de cargas, o método pode exigir o uso de um computador. Por outro lado, como vimos no Capítulo 23, se a distribuição possui simetria planar, cilíndrica ou esférica, podemos usar a lei de Gauss para determinar diretamente o campo elétrico total.

Analogamente, é possível obter o campo magnético total associado a *qualquer* distribuição de correntes somando os campos magnéticos elementares $d\vec{B}$ (Eq. 29.1.3) produzidos por todos os elementos de corrente $i\,d\vec{s}$ da distribuição. No caso de uma distribuição complicada de correntes, o método pode exigir o uso de um computador. Por outro lado, se a distribuição possui certos tipos de simetria, podemos usar a **lei de Ampère** para determinar diretamente o campo magnético total. A lei, que pode ser demonstrada a partir da lei de Biot-Savart, embora tenha sido atribuída no passado ao físico francês André-Marie Ampère (1775-1836), em cuja homenagem foi batizada a unidade de corrente do SI, na verdade foi proposta pela primeira vez pelo físico inglês James Clerk Maxwell (1831-1879).

$$\oint \vec{B} \cdot d\vec{s} = \mu_0 i_{\text{env}} \quad \text{(lei de Ampère).} \qquad (29.3.1)$$

O círculo no sinal de integral indica que a integração do produto escalar $\vec{B} \cdot d\vec{s}$ deve ser realizada para uma curva *fechada*, conhecida como *amperiana*. A corrente i_{env} é a corrente *total* envolvida pela curva fechada.

Para compreender melhor o significado do produto escalar $\vec{B} \cdot d\vec{s}$ e sua integral, vamos aplicar a lei de Ampère à situação geral da Fig. 29.3.1. A figura mostra a seção reta de três fios longos, perpendiculares ao plano do papel, percorridos por correntes i_1, i_2 e i_3. Uma amperiana arbitrária traçada no plano do papel envolve duas das correntes, mas não a terceira. O sentido anti-horário indicado na amperiana mostra o sentido arbitrariamente escolhido para realizar a integração da Eq. 29.3.1.

Apenas as correntes envolvidas pela amperiana aparecem na lei de Ampère.

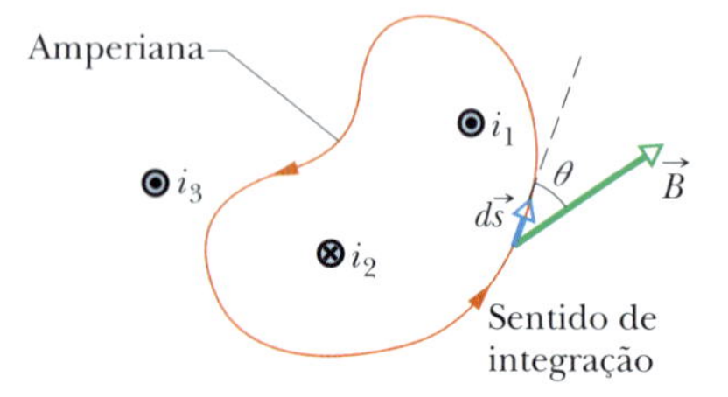

Figura 29.3.1 Aplicação da lei de Ampère a uma amperiana arbitrária que envolve dois fios retilíneos longos, mas não um terceiro. Observe o sentido das correntes.

Para aplicar a lei de Ampère, dividimos mentalmente a amperiana em elementos de comprimento $d\vec{s}$, que são tangentes à curva e apontam no sentido de integração. Suponha que, no local do elemento $d\vec{s}$ que aparece na Fig. 29.3.1, o campo magnético total devido às correntes nos três fios seja $\vec{B}$. Como os fios são perpendiculares ao plano do papel, sabemos que os campos magnéticos em $d\vec{s}$ produzidos pelas três correntes estão no plano da Fig. 29.3.1; assim, o campo magnético total também deve estar nesse plano. Entretanto, não conhecemos a orientação de $\vec{B}$. Na Fig. 29.3.1, $\vec{B}$ foi desenhado arbitrariamente fazendo um ângulo θ com a direção de $d\vec{s}$.

O produto escalar $\vec{B} \cdot d\vec{s}$ do lado esquerdo da Eq. 29.3.1 é igual a $B \cos \theta \, ds$. Isso significa que a lei de Ampère pode ser escrita na forma

$$\oint \vec{B} \cdot d\vec{s} = \oint B \cos \theta \, ds = \mu_0 i_{\text{env}}. \tag{29.3.2}$$

De acordo com a Eq. 29.3.2, o produto escalar $\vec{B} \cdot d\vec{s}$ pode ser interpretado como o produto de um comprimento elementar ds da amperiana pela componente do campo magnético tangente à amperiana no ponto onde se encontra o comprimento elementar ds, $B \cos \theta$, e, portanto, a integral pode ser interpretada como a soma desses produtos para toda a amperiana.

Sinal das Correntes. Para executar a integração, não precisamos conhecer o sentido de $\vec{B}$ em todos os pontos da amperiana; supomos arbitrariamente que o sentido de $\vec{B}$ coincide com o sentido de integração, como na Fig. 29.3.1, e usamos a seguinte regra da mão direita para atribuir um sinal positivo ou negativo às correntes que contribuem para a corrente total envolvida pela amperiana, i_{env}:

> Apoie a palma da mão direita na amperiana, com os dedos apontando no sentido da integração. Uma corrente no sentido do polegar estendido recebe sinal positivo; uma corrente no sentido oposto recebe sinal negativo.

Finalmente, resolvemos a Eq. 29.3.2 para obter o módulo de $\vec{B}$. Se B é positivo, isso significa que o sentido escolhido para $\vec{B}$ está correto; se B é negativo, ignoramos o sinal e tomamos $\vec{B}$ com o sentido oposto.

Corrente Total. Na Fig. 29.3.2, aplicamos a regra da mão direita da lei de Ampère à situação da Fig. 29.3.1. Tomando o sentido de integração como o sentido anti-horário, a corrente total envolvida pela amperiana é

$$i_{\text{env}} = i_1 - i_2.$$

(A corrente i_3 está do lado de fora da amperiana.) Assim, de acordo com a Eq. 29.3.2,

$$\oint B \cos \theta \, ds = \mu_0 (i_1 - i_2). \tag{29.3.3}$$

É assim que se escolhe o sinal das correntes para aplicar a lei de Ampère.

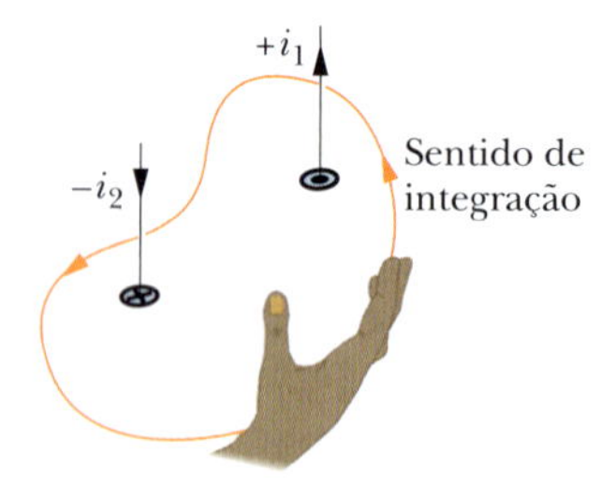

Figura 29.3.2 Uso da regra da mão direita da lei de Ampère para determinar o sinal das correntes envolvidas por uma amperiana. A situação é a da Fig. 29.3.1.

O leitor pode estar se perguntando como é possível excluir a corrente i_3 do lado direito da Eq. 29.3.3, já que ela contribui para o módulo B do campo magnético do lado esquerdo da equação. A resposta é que as contribuições da corrente i_3 para o campo magnético se cancelam quando a integração da Eq. 29.3.3 é realizada para uma curva fechada, o que não acontece no caso das correntes que estão no interior da curva.

No caso da Fig. 29.3.1, não podemos usar a Eq. 29.3.3 para obter o módulo B do campo magnético porque não dispomos de informações suficientes para simplificar e resolver a integral. Entretanto, conhecemos o resultado da integração: é $\mu_0(i_1 - i_2)$, o valor obtido a partir das correntes envolvidas pela amperiana.

Vamos agora aplicar a lei de Ampère a duas situações nas quais a simetria permite resolver a integral e calcular o campo magnético.

Campo Magnético nas Vizinhanças de um Fio Longo, Retilíneo, Percorrido por Corrente

A Fig. 29.3.3 mostra um fio longo, retilíneo, percorrido por uma corrente i dirigida para fora do plano do papel. De acordo com a Eq. 29.1.4, o campo magnético $\vec{B}$ produzido pela corrente tem o mesmo módulo em todos os pontos situados a uma distância r do fio, ou seja, possui simetria cilíndrica em relação ao fio. Podemos tirar partido da simetria para simplificar a integral que aparece na lei de Ampère (Eqs. 29.3.1 e 29.3.2); para isso, envolvemos o fio em um amperiana circular concêntrica de raio r, como na Fig. 29.3.3. O campo magnético $\vec{B}$ tem o mesmo módulo B em todos os pontos da amperiana. Como vamos realizar a integração no sentido anti-horário, $d\vec{s}$ tem o sentido indicado na Fig. 29.3.3.

Podemos simplificar a expressão $B \cos \theta$ da Eq. 29.3.2 observando que tanto $\vec{B}$ como $d\vec{s}$ são tangentes à amperiana em todos os pontos da curva. Assim, $\vec{B}$ e $d\vec{s}$ devem ser paralelos ou antiparalelos em todos os pontos da amperiana; vamos adotar arbitrariamente a primeira possibilidade. Nesse caso, em todos os pontos, o ângulo θ entre $\vec{B}$ e $d\vec{s}$ é 0°, $\cos \theta = \cos 0° = 1$, e a integral da Eq. 29.3.2 se torna

$$\oint \vec{B} \cdot d\vec{s} = \oint B \cos \theta \, ds = B \oint ds = B(2\pi r).$$

Observe que $\oint ds$ é a soma de todos os segmentos de reta ds da amperiana, o que nos dá simplesmente o perímetro $2\pi r$ da circunferência.

De acordo com a regra da mão direita, o sinal da corrente da Fig. 29.3.3 é positivo; assim, o lado direito da lei de Ampère se torna $+\mu_0 i$ e temos

$$B(2\pi r) = \mu_0 i$$

ou

$$B = \frac{\mu_0 i}{2\pi r} \quad \text{(do lado de fora de um fio retilíneo).} \tag{29.3.4}$$

Com uma pequena mudança de notação, a Eq. 29.3.4 nos dá a Eq. 29.1.4, que foi obtida no Módulo 29.1 (por um método muito mais trabalhoso) usando a lei de Biot-Savart. Além disso, como o módulo B do campo é positivo, sabemos que o sentido correto de $\vec{B}$ é o que aparece na Fig. 29.3.3.

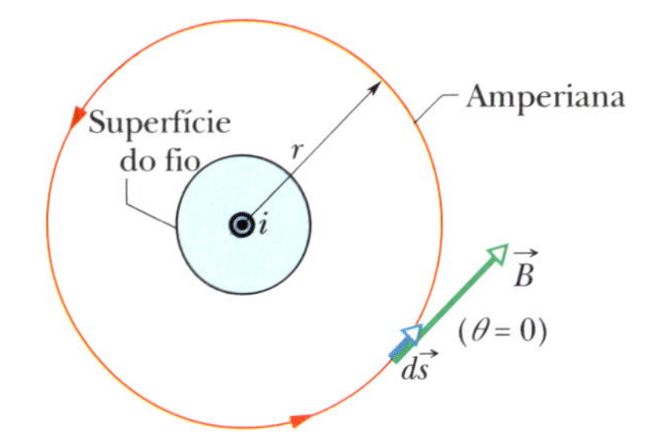

Figura 29.3.3 Uso da lei de Ampère para determinar o campo magnético produzido do lado de fora de um fio retilíneo longo, de seção reta circular, percorrido por uma corrente i. A amperiana é uma circunferência concêntrica com um raio maior que o raio do fio.

Campo Magnético no Interior de um Fio Longo, Retilíneo, Percorrido por Corrente

A Fig. 29.3.4 mostra a seção reta de um fio longo, retilíneo, de raio R, percorrido por uma corrente uniforme i dirigida para fora do papel. Como a distribuição de corrente ao longo da seção reta do fio é uniforme, o campo magnético $\vec{B}$ produzido pela corrente tem simetria cilíndrica. Assim, para determinar o campo magnético em pontos situados no interior do fio, podemos novamente usar uma amperiana de raio r, como mostra a Fig. 29.3.4, em que agora $r < R$. Como mais uma vez $\vec{B}$ é tangente à curva, o lado esquerdo da lei de Ampère nos dá

$$\oint \vec{B} \cdot d\vec{s} = B \oint ds = B(2\pi r). \tag{29.3.5}$$

Para calcular o lado direito da lei de Ampère, observamos que, como a distribuição de corrente é uniforme, a corrente i_{env} envolvida pela amperiana é proporcional à área envolvida pela curva, ou seja,

$$i_{env} = i \frac{\pi r^2}{\pi R^2}. \tag{29.3.6}$$

Usando a regra da mão direita, vemos que o sinal de i_{env} é positivo e, portanto, de acordo com a lei de Ampère,

$$B(2\pi r) = \mu_0 i \frac{\pi r^2}{\pi R^2}$$

ou

$$B = \left(\frac{\mu_0 i}{2\pi R^2}\right) r \quad \text{(no interior de um fio retilíneo).} \tag{29.3.7}$$

Assim, no interior do fio, o módulo B do campo elétrico é proporcional a r; o valor é zero no centro do fio e máximo na superfície, em que $r = R$. Observe que as Eqs. 29.3.4 e 29.3.7 fornecem o mesmo valor para B no ponto $r = R$, ou seja, as expressões para o

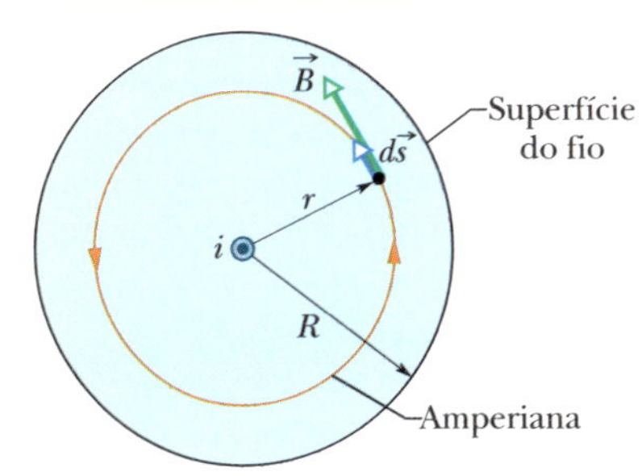

Figura 29.3.4 Uso da lei de Ampère para determinar o campo magnético produzido por uma corrente i no interior de um fio retilíneo, longo, de seção reta circular. A corrente está distribuída uniformemente ao longo da seção reta do fio e aponta para fora do papel. A amperiana é uma circunferência concêntrica com um raio menor ou igual ao raio do fio.

campo magnético do lado de fora e do lado de dentro do fio fornecem o mesmo valor para pontos situados na superfície do fio.

Teste 29.3.1

A figura mostra três correntes de mesmo valor absoluto i (duas paralelas e uma antiparalela) e quatro amperianas. Coloque as amperianas na ordem decrescente do valor absoluto de $\oint \vec{B} \cdot d\vec{s}$.

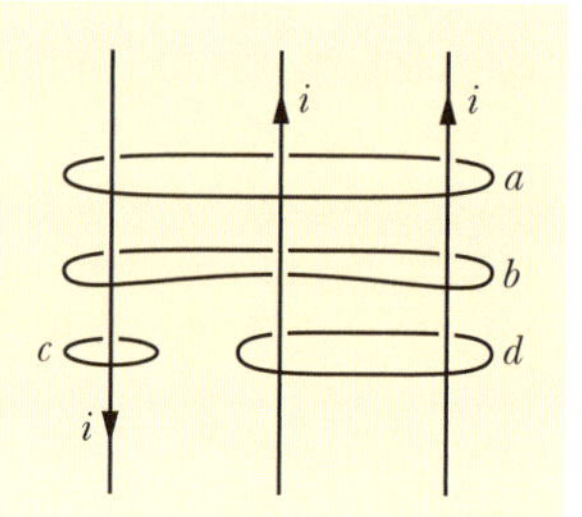

Exemplo 29.3.1 Uso da lei de Ampère para calcular o campo no interior de um cilindro longo, oco, percorrido por corrente

A Fig. 29.3.5a mostra a seção reta de um cilindro longo, oco, de raio interno a = 2,0 cm e raio externo b = 4,0 cm. O cilindro conduz uma corrente para fora do plano do papel, e o módulo da densidade de corrente na seção reta é dado por $J = cr^2$, com $c = 3{,}0 \times 10^6$ A/m^4 e r em metros. Qual é o campo magnético $\vec{B}$ no ponto da 29.3.5a, que está situado a uma distância r = 3,0 cm do eixo central do cilindro?

IDEIAS-CHAVE

O ponto no qual queremos determinar o campo $\vec{B}$ está na parte sólida do cilindro, entre o raio interno e o raio externo. Observamos que a corrente tem simetria cilíndrica (é igual em todos os pontos situados à mesma distância do eixo central). A simetria permite usar a lei de Ampère para determinar o campo $\vec{B}$ no pon-

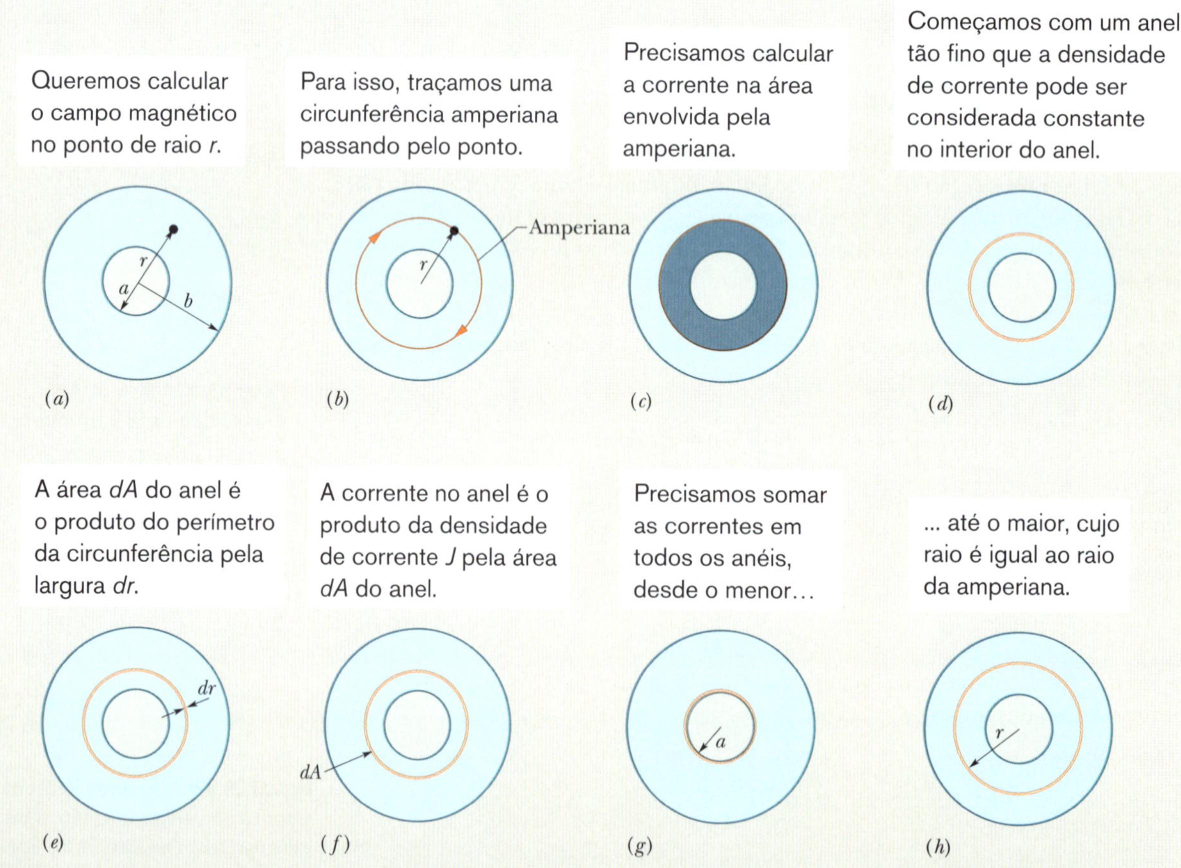

Figura 29.3.5 (a) e (b) Para calcular o campo magnético em um ponto deste cilindro oco, usamos uma amperiana concêntrica com o cilindro que passa pelo ponto e determinamos a corrente envolvida pela amperiana. (c) a (h) Como a densidade de corrente não é uniforme, começamos com um anel elementar e somamos (por integração) as correntes em todos os anéis que estão situados no interior da amperiana.

to. Para começar, traçamos uma amperiana como a que aparece na Fig. 29.3.5*b*. A curva é concêntrica com o cilindro e tem um raio $r = 3{,}0$ cm porque estamos interessados em determinar o campo $\vec{B}$ a essa distância do eixo central do cilindro.

O passo seguinte consiste em calcular a corrente i_{env} que é envolvida pela amperiana. Entretanto, *não podemos* usar uma simples regra de três, como fizemos para chegar à Eq. 29.3.6, já que, dessa vez, a distribuição de corrente não é uniforme. Em vez disso, devemos integrar o módulo da densidade de corrente entre o raio interno a do cilindro e o raio r da amperiana, usando os passos mostrados nas Figs. 29.3.5*c* a 29.3.5*h*.

Cálculos: Escrevemos a integral na forma

$$i_{env} = \int J\,dA = \int_a^r cr^2(2\pi r\,dr)$$

$$= 2\pi c \int_a^r r^3\,dr = 2\pi c\left[\frac{r^4}{4}\right]_a^r$$

$$= \frac{\pi c(r^4 - a^4)}{2}.$$

Note que, nesses passos, tomamos o elemento de área dA como a área do anel das Figs. 29.3.5*d* a 29.3.5*f* e depois o substituímos por um elemento equivalente, o produto do perímetro do anel, $2\pi r$, pela espessura dr.

O sentido de integração indicado na Fig. 29.3.5*b* foi escolhido arbitrariamente como o sentido horário. Aplicando à amperiana a regra da mão direita, descobrimos que precisamos somar a corrente i_{env} como negativa, já que o sentido da corrente é para fora do papel, e o polegar aponta para dentro do papel.

Em seguida, calculamos o lado esquerdo da lei de Ampère exatamente como fizemos na Fig. 29.3.4 e obtemos mais uma vez a Eq. 29.3.5. Assim, a lei de Ampère,

$$\oint \vec{B}\cdot d\vec{s} = \mu_0 i_{env},$$

nos dá

$$B(2\pi r) = -\frac{\mu_0 \pi c}{2}(r^4 - a^4).$$

Explicitando B e substituindo os valores conhecidos, obtemos

$$B = -\frac{\mu_0 c}{4r}(r^4 - a^4)$$

$$= -\frac{(4\pi \times 10^{-7}\,\mathrm{T\cdot m/A})(3{,}0 \times 10^6\,\mathrm{A/m^4})}{4(0{,}030\,\mathrm{m})}$$

$$\times\,[(0{,}030\,\mathrm{m})^4 - (0{,}020\,\mathrm{m})^4]$$

$$= -2{,}0 \times 10^{-5}\,\mathrm{T}.$$

Assim, o módulo do campo magnético $\vec{B}$ em um ponto situado a 3,0 cm do eixo central é

$$B = 2{,}0 \times 10^{-5}\,\mathrm{T} \qquad \text{(Resposta)}$$

e as linhas de campo magnético são circunferências com o sentido contrário ao sentido de integração que escolhemos, ou seja, com o sentido anti-horário na Fig. 29.3.5*b*.

29.4 SOLENOIDES E TOROIDES

Objetivos do Aprendizado

Depois de ler este módulo, você será capaz de ...

29.4.1 Descrever um solenoide e um toroide e desenhar as linhas de campo magnético produzidas por esses dispositivos.

29.4.2 Saber com a lei de Ampère pode ser usada para calcular o campo magnético no interior de um solenoide.

29.4.3 Conhecer a relação entre o campo magnético B no interior de um solenoide, a corrente i e o número n de espiras por unidade de comprimento do solenoide.

29.4.4 Saber como a lei de Ampère pode ser usada para calcular o campo magnético no interior de um toroide.

29.4.5 Conhecer a relação entre o campo magnético B no interior de um toroide, a corrente i, o número N de espiras e a distância r do centro do toroide.

Ideias-Chave

- No interior de um solenoide, em pontos não muito próximos das extremidades, o módulo B do campo magnético é dado por

$$B = \mu_0 in \quad \text{(solenoide ideal)},$$

em que i é a corrente e n é o número de espiras por unidade de comprimento.

- No interior de um toroide, o módulo B do campo magnético é dado por

$$B = \frac{\mu_0 iN}{2\pi}\frac{1}{r} \quad \text{(toroide)},$$

em que i é a corrente, N é o número de espiras e r é a distância do centro do toroide.

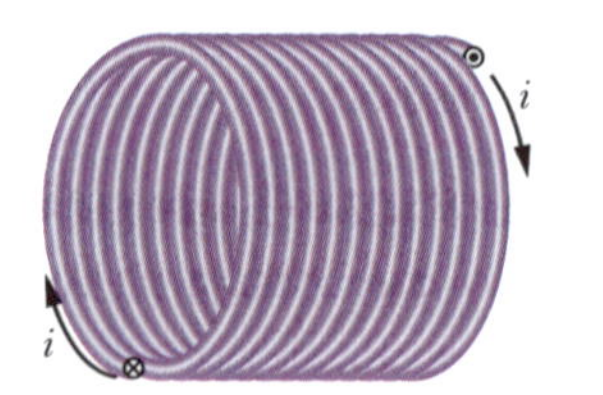

Figura 29.4.1 Um solenoide percorrido por uma corrente i.

Solenoides e Toroides 29.1

Campo Magnético de um Solenoide 29.9

Outra aplicação importante da lei de Ampère diz respeito ao cálculo do campo magnético produzido pela corrente em uma bobina helicoidal formada por espiras circulares muito próximas. Uma bobina desse tipo é chamada de **solenoide** (ver Fig. 29.4.1). Vamos supor que o comprimento do solenoide é muito maior que o diâmetro.

A Fig. 29.4.2 mostra um trecho de um solenoide "esticado". O campo magnético do solenoide é a soma vetorial dos campos produzidos pelas espiras. No caso de pontos próximos, o fio se comporta magneticamente quase como um fio retilíneo e as linhas de $\vec{B}$ são quase círculos concêntricos. Como mostra a Fig. 29.4.2, o campo tende a se cancelar entre espiras vizinhas. A figura também mostra que, em pontos do interior do solenoide e razoavelmente afastados do fio, $\vec{B}$ é aproximadamente paralelo ao eixo central. No caso limite de um *solenoide ideal*, que é infinitamente longo e formado por espiras muito juntas (*espiras cerradas*) de um fio de seção reta quadrada, o campo no interior do solenoide é uniforme e paralelo ao eixo central.

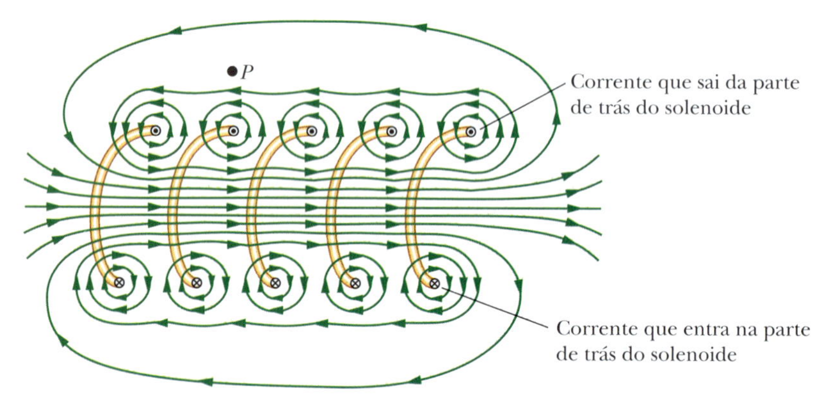

Figura 29.4.2 Seção reta de um trecho "esticado" de um solenoide. São mostradas apenas as partes traseiras de cinco espiras e as linhas de campo magnético associadas. As linhas de campo magnético são circulares nas proximidades das espiras. Perto do eixo do solenoide, as linhas de campo se combinam para produzir um campo magnético paralelo ao eixo. O fato de as linhas de campo apresentarem um pequeno espaçamento indica que o campo magnético nessa região é intenso. Do lado de fora do solenoide, as linhas de campo são bem espaçadas, e o campo é muito mais fraco.

Em pontos acima do solenoide, como o ponto P da Fig. 29.4.2, o campo magnético criado pela parte superior das espiras do solenoide (representadas pelo símbolo $\odot$) aponta para a esquerda (como nas proximidades do ponto P) e tende a cancelar o campo criado em P pela parte inferior das espiras (representadas pelo símbolo $\otimes$), que aponta para a direita (e não está desenhado na figura). No caso limite de um solenoide ideal, o campo magnético do lado de fora do solenoide é zero. Tomar o campo externo como zero é uma excelente aproximação de um solenoide real se o comprimento do solenoide for muito maior que o diâmetro e se forem considerados apenas pontos como P, que não estão muito próximos das extremidades do solenoide. A orientação do campo magnético no interior do solenoide é dada pela regra da mão direita: Segurando o solenoide com a mão direita, com os dedos apontando no sentido da corrente, o polegar estendido mostra a orientação do campo magnético.

A Fig. 29.4.3 mostra as linhas de $\vec{B}$ em um solenoide real. O espaçamento das linhas na região central mostra que o campo no interior do solenoide é intenso e uniforme em toda a região, enquanto o campo externo é muito mais fraco.

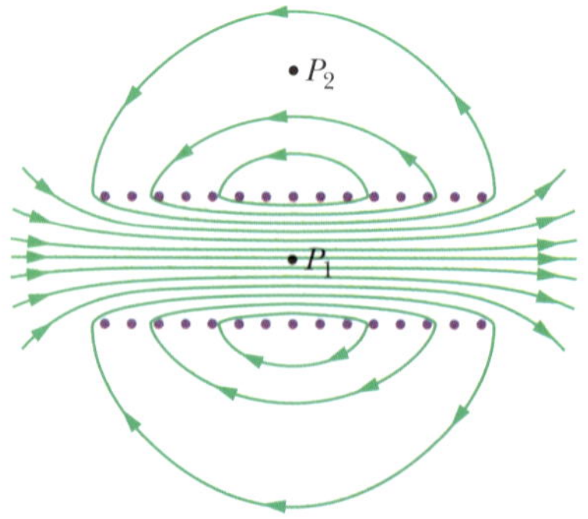

Figura 29.4.3 Linhas de campo magnético em um solenoide real. O campo é intenso e uniforme em pontos do interior do solenoide, como P_1, e muito mais fraco em pontos do lado de fora do solenoide, como P_2.

Lei de Ampère. Vamos agora aplicar a lei de Ampère,

$$\oint \vec{B} \cdot d\vec{s} = \mu_0 i_{\text{env}}, \tag{29.4.1}$$

ao solenoide ideal da Fig. 29.4.4, em que $\vec{B}$ é uniforme do lado de dentro do solenoide e zero do lado de fora, usando a amperiana retangular *abcda*. Escrevemos $\oint \vec{B} \cdot d\vec{s}$ como a soma de quatro integrais, uma para cada segmento da amperiana:

$$\oint \vec{B} \cdot d\vec{s} = \int_a^b \vec{B} \cdot d\vec{s} + \int_b^c \vec{B} \cdot d\vec{s} + \int_c^d \vec{B} \cdot d\vec{s} + \int_d^a \vec{B} \cdot d\vec{s}. \qquad (29.4.2)$$

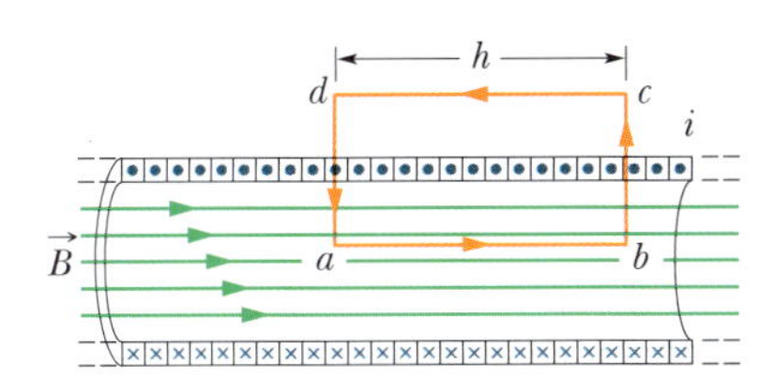

Figura 29.4.4 Aplicação da lei de Ampère a um solenoide ideal percorrido por uma corrente i. A amperiana é o retângulo *abcda*.

A primeira integral do lado direito da Eq. 29.4.2 é igual a Bh, em que B é o módulo do campo uniforme $\vec{B}$ no interior do solenoide, e h é o comprimento (arbitrário) do segmento ab. A segunda e a quarta integrais são nulas porque, para os elementos ds desses segmentos, $\vec{B}$ é perpendicular a ds ou é zero e, portanto, o produto escalar $\vec{B} \cdot d\vec{s}$ é zero. A terceira integral, que envolve um segmento do lado de fora do solenoide, também é nula porque $B = 0$ em todos os pontos do lado de fora do solenoide. Assim, o valor de $\oint \vec{B} \cdot d\vec{s}$ para toda a amperiana é Bh.

Corrente Total. A corrente total i_{env} envolvida pela amperiana retangular da Fig. 29.4.4 não é igual à corrente i nas espiras do solenoide porque as espiras passam mais de uma vez pela amperiana. Seja n o número de espiras por unidade de comprimento do solenoide; nesse caso, a amperiana envolve nh espiras e, portanto,

$$i_{env} = i(nh).$$

De acordo com a lei de Ampère, temos

$$Bh = \mu_0 inh,$$

ou

$$B = \mu_0 in \quad \text{(solenoide ideal)}. \qquad (29.4.3)$$

Embora tenha sido demonstrada para um solenoide ideal, a Eq. 29.4.3 constitui uma boa aproximação para solenoides reais se for aplicada apenas a pontos internos e afastados das extremidades do solenoide. A Eq. 29.4.3 está de acordo com as observações experimentais de que o módulo B do campo magnético no interior de um solenoide não depende do diâmetro nem do comprimento do solenoide e é uniforme ao longo da seção reta do solenoide. O uso de um solenoide é, portanto, uma forma prática de criar um campo magnético uniforme de valor conhecido para realizar experimentos, assim como o uso de um capacitor de placas paralelas é uma forma prática de criar um campo elétrico uniforme de valor conhecido.

Campo Magnético de um Toroide BT 29.10

A Fig. 29.4.5*a* mostra um **toroide**, que pode ser descrito como um solenoide cilíndrico que foi encurvado até as extremidades se tocarem, formando um anel. Qual é o valor do campo magnético $\vec{B}$ no interior de um toroide? Podemos responder a essa pergunta usando a lei de Ampère e a simetria do toroide.

Por simetria, vemos que as linhas de $\vec{B}$ formam circunferências concêntricas no interior do toroide, como mostra a Fig. 29.4.5*b*. Vamos escolher como amperiana uma circunferência concêntrica, de raio r, e percorrê-la no sentido horário. De acordo com a lei de Ampère, temos

$$(B)(2\pi r) = \mu_0 iN,$$

em que i é a corrente nas espiras do toroide (que é positiva para as espiras envolvidas pela amperiana) e N é o número de espiras. Assim, temos

$$B = \frac{\mu_0 iN}{2\pi} \frac{1}{r} \quad \text{(toroide)}. \qquad (29.4.4)$$

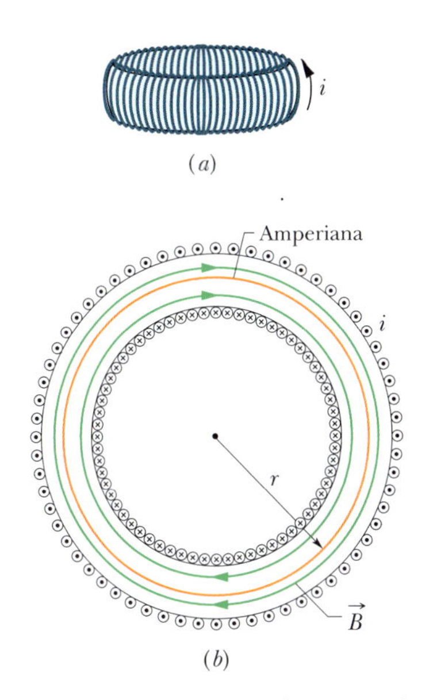

Figura 29.4.5 (*a*) Um toroide percorrido por uma corrente i. (*b*) Seção reta horizontal do toroide. O campo magnético no interior do toroide pode ser calculado aplicando a lei de Ampère a uma amperiana como a que é mostrada na figura.

Isso mostra que, ao contrário do que acontece no caso do solenoide, B não é constante ao longo da seção reta de um toroide.

É fácil mostrar, com o auxílio da lei de Ampère, que $B = 0$ nos pontos do lado de fora de um toroide ideal (como se o toroide fosse fabricado a partir de um solenoide ideal). O sentido do campo magnético no interior de um toroide pode ser determinado com o auxílio da regra da mão direita: Segurando o toroide com a mão direita, com os dedos apontando no sentido da corrente, o polegar estendido mostra o sentido do campo magnético.

Teste 29.4.1

A figura mostra o sentido da corrente em dois pontos de uma espira de um solenoide longo, de espiras cerradas, que está na horizontal. O sentido do campo magnético no interior do solenoide é para a esquerda ou para a direita?

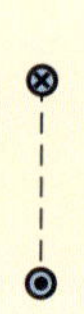

29.5 RELAÇÃO ENTRE UMA BOBINA PLANA E UM DIPOLO MAGNÉTICO

Objetivos do Aprendizado

Depois de ler este módulo, você será capaz de ...

29.5.1 Desenhar as linhas de campo magnético produzidas por uma bobina plana.

29.5.2 No caso de uma bobina plana, conhecer a relação entre o módulo μ do momento dipolar magnético, a corrente i, o número N de espiras e a área A das espiras.

29.5.3 No caso de um ponto do eixo central de uma bobina, conhecer a relação entre o módulo B do campo magnético, o momento dipolar magnético μ e a distância z do ponto ao centro da bobina.

Ideia-Chave

- O campo magnético produzido por uma bobina percorrida por uma corrente em um ponto P situado no eixo da bobina é dado por

$$\vec{B}(z) = \frac{\mu_0}{2\pi}\frac{\vec{\mu}}{z^3},$$

em que $\vec{\mu}$ é o momento dipolar magnético da bobina, e z é a distância do ponto ao centro da bobina. Essa equação só é válida para valores de z muito maiores que as dimensões da bobina.

Relação entre uma Bobina Plana e um Dipolo Magnético

Até o momento, examinamos os campos magnéticos produzidos por uma corrente em um fio retilíneo, em um solenoide e em um toroide. Vamos agora discutir o campo magnético produzido por uma corrente em uma bobina plana. Como vimos no Módulo 28.8, uma bobina plana se comporta como um dipolo magnético no sentido de que, na presença de um campo magnético $\vec{B}$, experimenta um torque $\vec{\tau}$ dado por

$$\vec{\tau} = \vec{\mu} \times \vec{B} \tag{29.5.1}$$

em que $\vec{\mu}$, o momento dipolar magnético da bobina, tem um módulo dado por NiA, em que N é o número de espiras, i é a corrente e A é a área das espiras. (*Atenção*: Não confundir o momento magnético dipolar $\vec{\mu}$ com a constante magnética μ_0.)

Como vimos, o sentido de $\vec{\mu}$ é dado pela regra da mão direita: Segurando a bobina com a mão direita, com os dedos apontando no sentido da corrente, o polegar estendido mostra o sentido do momento dipolar magnético $\vec{\mu}$.

Campo Magnético de uma Bobina Plana

Vamos agora examinar outro aspecto da relação entre uma bobina plana percorrida por uma corrente e um dipolo magnético: Qual é o campo magnético *produzido* pela bobina em um ponto do espaço? A simetria não é suficiente para que seja possível usar a lei de Ampère; assim, temos que recorrer à lei de Biot-Savart. Para simplificar o problema, vamos considerar uma bobina com uma única espira circular e calcular o campo apenas em pontos situados no eixo central, que tomaremos como o eixo z. Vamos demonstrar que o módulo do campo magnético nesses pontos é dado por

$$B(z) = \frac{\mu_0 i R^2}{2(R^2 + z^2)^{3/2}}, \qquad (29.5.2)$$

em que R é o raio da espira e z é a distância entre o ponto considerado e o centro da espira. O sentido do campo magnético $\vec{B}$ é o mesmo do momento magnético $\vec{\mu}$ da bobina.

Campo Distante. No caso de pontos muito distantes da bobina, $z \gg R$ e a Eq. 29.5.2 se reduz a

$$B(z) \approx \frac{\mu_0 i R^2}{2z^3}.$$

Lembrando que πR^2 é a área A da bobina e generalizando o resultado para uma bobina de N espiras, podemos escrever essa equação na forma

$$B(z) = \frac{\mu_0}{2\pi}\frac{NiA}{z^3}.$$

Além disso, como $\vec{B}$ e $\vec{\mu}$ são paralelos, podemos escrever a equação em forma vetorial, usando a identidade $\mu = NiA$:

$$\vec{B}(z) = \frac{\mu_0}{2\pi}\frac{\vec{\mu}}{z^3} \quad \text{(bobina percorrida por corrente).} \qquad (29.5.3)$$

Assim, podemos considerar que uma bobina plana percorrida por uma corrente se comporta como um dipolo magnético de duas formas diferentes: (1) a bobina experimenta um torque na presença de um campo magnético externo; (2) a bobina produz um campo magnético que é dado, para pontos distantes do eixo z, pela Eq. 29.5.3. A Fig. 29.5.1 mostra o campo magnético produzido por uma bobina percorrida por uma corrente; um lado da bobina se comporta como um polo norte (para onde aponta o momento magnético $\vec{\mu}$) e o outro lado como um polo sul, como sugere o desenho de um ímã em forma de barra. Uma bobina percorrida por uma corrente, como um ímã em forma de barra, tende a se alinhar com um campo magnético aplicado.

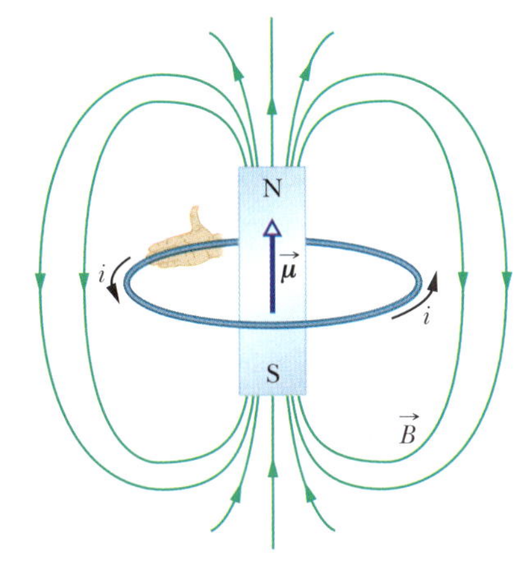

Figura 29.5.1 Uma espira percorrida por uma corrente produz um campo magnético semelhante ao de um ímã em forma de barra, com um polo norte e um polo sul. O momento dipolar magnético $\vec{\mu}$ da espira, cujo sentido é dado pela regra da mão direita, aponta do polo sul para o polo norte, ou seja, na mesma direção e sentido que o campo $\vec{B}$ no interior da espira.

Teste 29.5.1

A figura mostra quatro pares de espiras circulares de raio r ou $2r$, com o centro em um eixo vertical (perpendicular ao plano das espiras) e percorridas por correntes de mesmo valor absoluto, nos sentidos indicados. Coloque os pares na ordem decrescente do módulo do campo magnético em um ponto do eixo central a meio caminho entre os anéis.

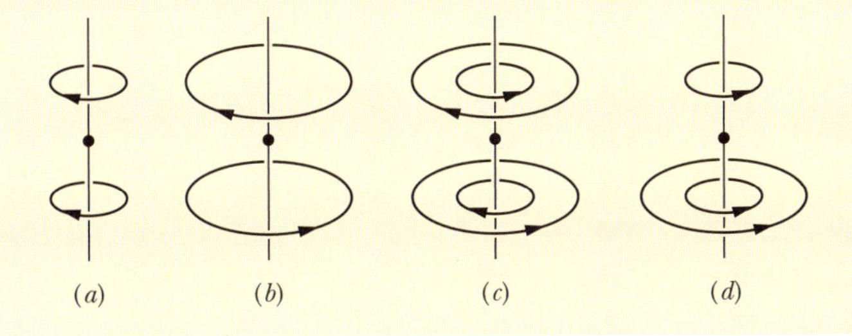

Demonstração da Eq. 29.5.2

A Fig. 29.5.2 mostra uma vista de perfil de uma espira circular de raio R percorrida por uma corrente i. Considere um ponto P do eixo central, situado a uma distância z do plano da espira. Vamos aplicar a lei de Biot-Savart a um elemento de comprimento ds situado na extremidade esquerda da espira. O vetor comprimento $d\vec{s}$ associado a

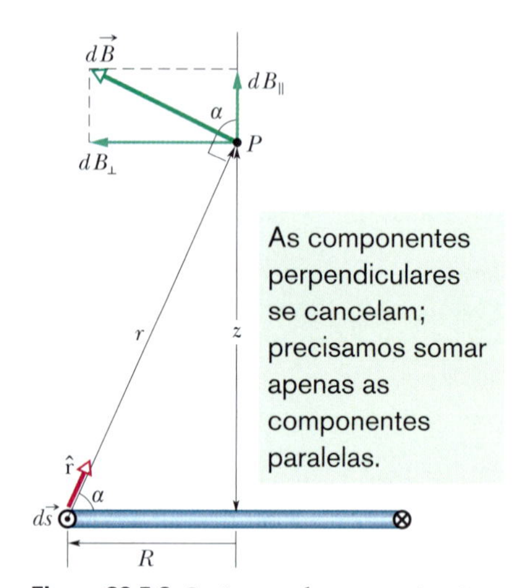

Figura 29.5.2 Seção reta de uma espira circular de raio R. O plano da espira é perpendicular ao papel, e apenas a parte mais distante da espira aparece na figura. A lei de Biot-Savart pode ser usada para calcular o campo magnético em um ponto P do eixo central da espira.

esse elemento aponta perpendicularmente para fora do papel. O ângulo θ entre $d\vec{s}$ e $\hat{r}$ na Fig. 29.5.2 é 90°; o plano formado pelos dois vetores é perpendicular ao plano do papel e contém tanto $\hat{r}$ como $d\vec{s}$. Conforme a lei de Biot-Savart (e com a regra da mão direita), o elemento de campo $d\vec{B}$ produzido no ponto P pela corrente do elemento ds é perpendicular a esse plano e, portanto, paralelo ao plano do papel e perpendicular a $\hat{r}$, como mostra a Fig. 29.5.2.

Vamos separar $d\vec{B}$ em duas componentes: $dB_{\|}$, paralela ao eixo da espira, e $dB_{\perp}$, perpendicular ao eixo da espira. Por simetria, a soma vetorial das componentes perpendiculares $dB_{\perp}$ produzidas por todos os elementos ds da espira é zero. Isso deixa apenas as componentes paralelas $dB_{\|}$ e, portanto,

$$B = \int dB_{\|}.$$

Para o elemento $d\vec{s}$ da Fig. 29.5.2, a lei de Biot-Savart (Eq. 29.1.1) nos diz que o campo magnético a uma distância r é dado por

$$dB = \frac{\mu_0}{4\pi}\frac{i\,ds \operatorname{sen} 90^\circ}{r^2}.$$

Temos também

$$dB_{\|} = dB \cos \alpha.$$

Combinando as duas relações, obtemos

$$dB_{\|} = \frac{\mu_0 i \cos \alpha\, ds}{4\pi r^2}. \tag{29.5.4}$$

A Fig. 29.5.2 mostra que existe uma relação entre r e α. Ambos podem ser expressos em termos da variável z, a distância entre o ponto P e o centro da espira. As relações são as seguintes:

$$r = \sqrt{R^2 + z^2} \tag{29.5.5}$$

e

$$\cos \alpha = \frac{R}{r} = \frac{R}{\sqrt{R^2 + z^2}}. \tag{29.5.6}$$

Substituindo as Eqs. 29.5.5 e 29.5.6 na Eq. 29.5.4, obtemos

$$dB_{\|} = \frac{\mu_0 i R}{4\pi(R^2 + z^2)^{3/2}}\,ds.$$

Como i, R e z têm o mesmo valor para todos os elementos ds da espira, a integral dessa equação nos dá

$$B = \int dB_{\|} = \frac{\mu_0 i R}{4\pi(R^2 + z^2)^{3/2}}\int ds$$

ou, como $\int ds$ é simplesmente o perímetro $2\pi R$ da espira,

$$B(z) = \frac{\mu_0 i R^2}{2(R^2 + z^2)^{3/2}}$$

que é a Eq. 29.5.2, a relação que queríamos demonstrar.

Revisão e Resumo

Lei de Biot-Savart O campo magnético criado por um condutor percorrido por uma corrente pode ser calculado com o auxílio da *lei de Biot-Savart*. De acordo com essa lei, a contribuição $d\vec{B}$ de um elemento de corrente $i\,d\vec{s}$ para o campo em um ponto P situado a uma distância r é dada por

$$d\vec{B} = \frac{\mu_0}{4\pi}\frac{i\,d\vec{s} \times \hat{r}}{r^2} \quad \text{(lei de Biot-Savart)}. \tag{29.1.3}$$

Aqui, $\hat{r}$ é o vetor unitário que liga o elemento de corrente ao ponto P. O valor da constante μ_0, conhecida como constante magnética, é

$$4\pi \times 10^{-7}\ \text{T}\cdot\text{m/A} \approx 1{,}26 \times 10^{-6}\ \text{T}\cdot\text{m/A}.$$

Campo Magnético de um Fio Longo, Retilíneo No caso de um fio longo, retilíneo, percorrido por uma corrente i, a lei de Biot-Savart nos dá, para o módulo do campo magnético a uma distância perpendicular R do fio,

$$B = \frac{\mu_0 i}{2\pi R} \quad \text{(fio longo retilíneo).} \tag{29.1.4}$$

Campo Magnético de um Arco de Circunferência O módulo do campo magnético no centro de um arco de circunferência de raio R e ângulo central ϕ (em radianos) percorrido por uma corrente i é dado por

$$B = \frac{\mu_0 i \phi}{4\pi R} \quad \text{(no centro de um arco de circunferência).} \tag{29.1.9}$$

Força entre Correntes Paralelas Fios paralelos percorridos por correntes no mesmo sentido se atraem, e fios paralelos percorridos por correntes em sentidos opostos se repelem. O módulo da força que age sobre um segmento de comprimento L de um dos fios é dado por

$$F_{ba} = i_b L B_a \operatorname{sen} 90° = \frac{\mu_0 L i_a i_b}{2\pi d}, \tag{29.2.3}$$

em que d é a distância entre os fios, e i_a e i_b são as correntes nos fios.

Lei de Ampère De acordo com a **lei de Ampère**,

$$\oint \vec{B} \cdot d\vec{s} = \mu_0 i_{\text{env}} \quad \text{(lei de Ampère).} \tag{29.3.1}$$

A integral de linha que aparece na Eq. 29.3.1 deve ser calculada para uma curva fechada conhecida como *amperiana*. A corrente i é a corrente *total* envolvida pela amperiana. No caso de algumas distribuições de corrente, a Eq. 29.3.1 é mais fácil de usar que a Eq. 29.1.3 para calcular o campo magnético produzido por correntes.

Campos Magnéticos de um Solenoide e de um Toroide No interior de um *solenoide* percorrido por uma corrente i, em pontos não muito próximos das extremidades, o módulo B do campo magnético é dado por

$$B = \mu_0 i n \quad \text{(solenoide ideal),} \tag{29.4.3}$$

em que n é o número de espiras por unidade de comprimento. O campo interno de um solenoide, portanto, é uniforme. Do lado de fora do solenoide, o campo é praticamente nulo.

Em um ponto no interior de um *toroide*, o módulo B do campo magnético é dado por

$$B = \frac{\mu_0 i N}{2\pi} \frac{1}{r} \quad \text{(toroide),} \tag{29.4.4}$$

em que r é a distância entre o ponto e o centro do toroide.

Campo de um Dipolo Magnético O campo magnético produzido por uma bobina plana percorrida por uma corrente (que se comporta como um *dipolo magnético*) em um ponto P situado no eixo da bobina, a uma distância z do centro da bobina, é paralelo ao eixo central e é dado por

$$\vec{B}(z) = \frac{\mu_0}{2\pi} \frac{\vec{\mu}}{z^3}, \tag{29.5.3}$$

em que $\vec{\mu}$ é o momento dipolar da bobina. A Eq. 29.5.3 é válida apenas para valores de z muito maiores que as dimensões da bobina.

Perguntas

1 A Fig. 29.1 mostra três circuitos formados por dois segmentos radiais e dois arcos de circunferência concêntricos, um de raio r e o outro de raio $R > r$. A corrente é a mesma nos dois circuitos, e o ângulo entre os dois segmentos radiais é o mesmo. Coloque os circuitos na ordem decrescente do módulo do campo magnético no centro dos arcos (indicado na figura por um ponto).

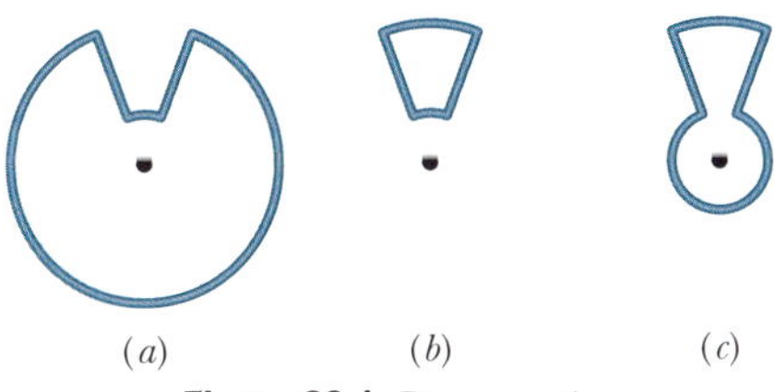

Figura 29.1 Pergunta 1.

2 A Fig. 29.2 mostra os vetores velocidade de quatro elétrons nas vizinhanças de um fio percorrido por uma corrente i. As velocidades têm módulos iguais e a velocidade $\vec{v}_2$ aponta para dentro do papel. Os elétrons 1 e 2 estão à mesma distância do fio, e o mesmo acontece com os elétrons 3 e 4. Coloque os elétrons na ordem decrescente do módulo da força magnética a que estão sujeitos devido à corrente i.

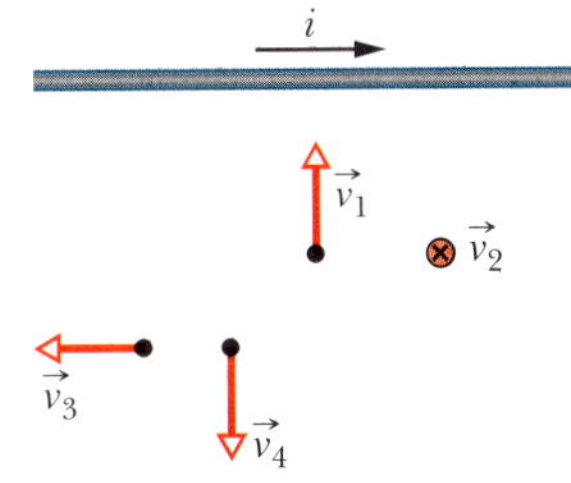

Figura 29.2 Pergunta 2.

3 A Fig. 29.3 mostra quatro arranjos nos quais fios paralelos longos conduzem correntes iguais para dentro ou para fora do papel nos vértices de quadrados iguais. Coloque os arranjos na ordem decrescente do módulo do campo magnético no centro do quadrado.

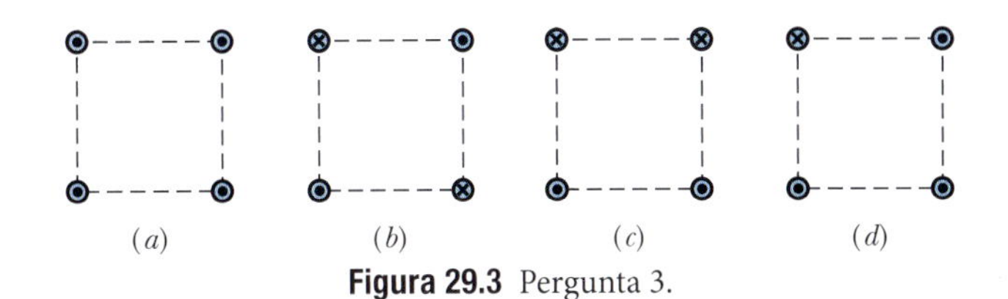

Figura 29.3 Pergunta 3.

4 A Fig. 29.4 mostra seções retas de dois fios longos, retilíneos; a corrente do fio da esquerda, i_1, é para fora do papel. Para que o campo magnético total produzido pelas duas correntes seja zero no ponto P, (a) o sentido da corrente i_2 do fio da direita deve ser para dentro ou para fora do papel? (b) O valor absoluto da corrente i_2 deve ser maior, menor ou igual ao valor absoluto de i_1?

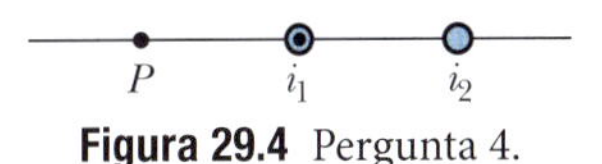

Figura 29.4 Pergunta 4.

5 A Fig. 29.5 mostra três circuitos formados por segmentos retilíneos e arcos de circunferência concêntricos (semicircunferências ou quartos de circunferência de raio r, $2r$ ou $3r$). A corrente é a mesma nos três circuitos. Coloque os circuitos na ordem decrescente do módulo do campo magnético no centro dos arcos (indicado na figura por um ponto).

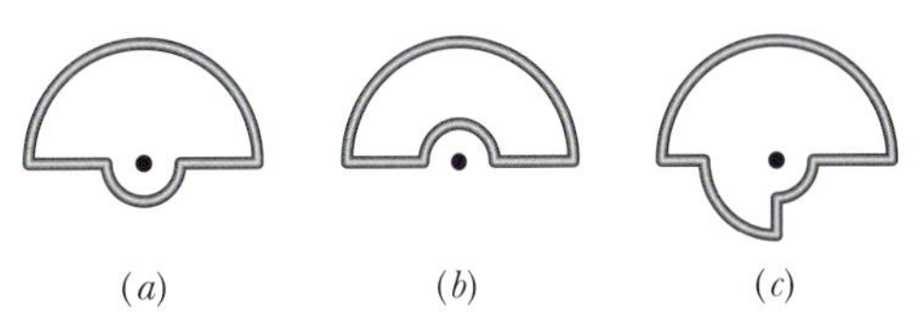

Figura 29.5 Pergunta 5.

6 A Fig. 29.6 mostra, em função da distância radial r, o módulo B do campo magnético do lado de dentro e do lado de fora de quatro fios (a, b, c, d), cada um dos quais conduz uma corrente uniformemente distribuída ao longo da seção reta. Os trechos em que os gráficos correspondentes a dois dos fios se superpõem estão indicados por duas letras. Coloque os fios na ordem decrescente (a) do raio, (b) do módulo do campo magnético na superfície e (c) da corrente. (d) O módulo da densidade de corrente do fio a é maior, menor ou igual ao do fio c?

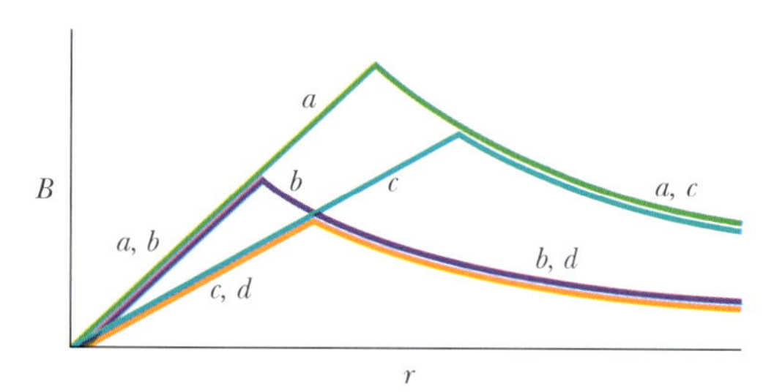

Figura 29.6 Pergunta 6.

7 A Fig. 29.7 mostra quatro amperianas circulares (a, b, c, d) concêntricas com um fio cuja corrente é dirigida para fora do papel. A corrente é uniforme ao longo da seção reta do fio (região sombreada). Coloque as amperianas na ordem decrescente do valor absoluto de $\oint \vec{B} \cdot d\vec{s}$ ao longo da curva.

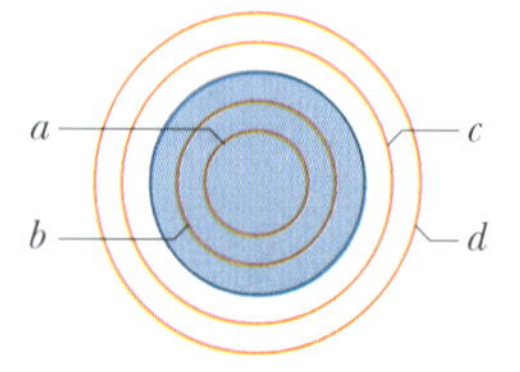

Figura 29.7 Pergunta 7.

8 A Fig. 29.8 mostra quatro arranjos nos quais fios longos, paralelos, igualmente espaçados, conduzem correntes iguais para dentro e para fora do papel. Coloque os arranjos na ordem decrescente do módulo da força a que está submetido o fio central.

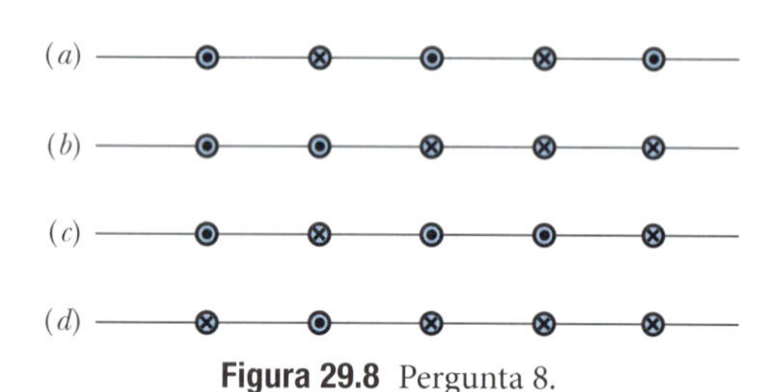

Figura 29.8 Pergunta 8.

9 A Fig. 29.9 mostra quatro amperianas circulares (a, b, c, d) e, em seção reta, quatro condutores circulares longos (regiões sombreadas), todos concêntricos. Três dos condutores são cilindros ocos; o condutor central é um cilindro maciço. As correntes nos condutores são, do raio menor para o maior, 4 A para fora do papel, 9 A para dentro do papel, 5 A para fora do papel e 3 A para dentro do papel. Coloque as amperianas na ordem decrescente do valor absoluto de $\oint \vec{B} \cdot d\vec{s}$.

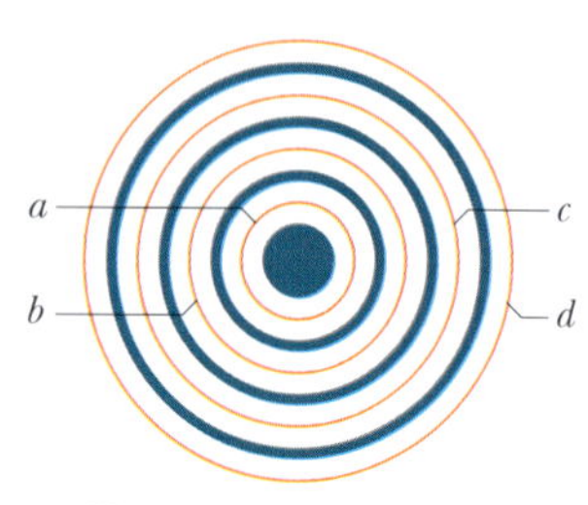

Figura 29.9 Pergunta 9.

10 A Fig. 29.10 mostra quatro correntes iguais i e cinco amperianas (a, b, c, d, e) envolvendo essas correntes. Coloque as amperianas na ordem do valor de $\oint \vec{B} \cdot d\vec{s}$ nos sentidos indicados, começando pelo maior valor positivo.

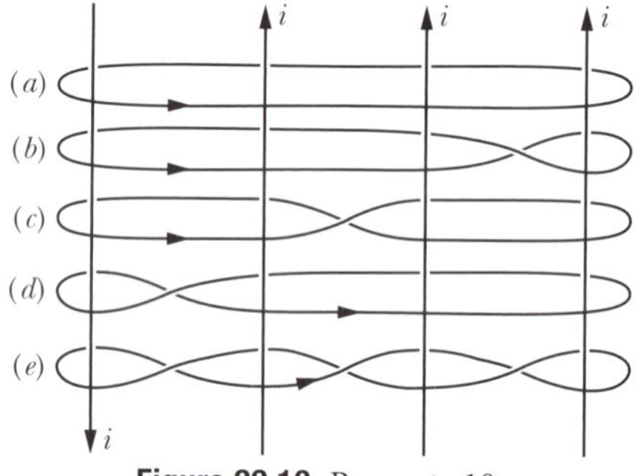

Figura 29.10 Pergunta 10.

11 A Fig. 29.11 mostra três arranjos de três fios longos, retilíneos, conduzindo correntes iguais para dentro e para fora do papel. (a) Coloque os arranjos na ordem decrescente do módulo da força magnética a que está submetido o fio A. (b) No arranjo 3, o ângulo entre a força a que está submetido o fio A e a reta tracejada é igual, maior ou menor que 45°?

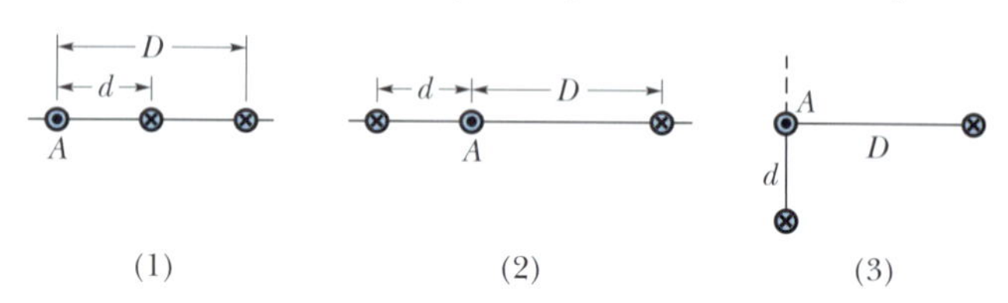

Figura 29.11 Pergunta 11.

Problemas

F Fácil **M** Médio **D** Difícil

CVF Informações adicionais disponíveis no e-book *O Circo Voador da Física*, de Jearl Walker, LTC Editora, Rio de Janeiro, 2008.

CALC Requer o uso de derivadas e/ou integrais

BIO Aplicação biomédica

Módulo 29.1 Campo Magnético Produzido por uma Corrente

1 F Um topógrafo está usando uma bússola magnética 6,1 m abaixo de uma linha de transmissão que conduz uma corrente constante de 100 A. (a) Qual é o campo magnético produzido pela linha de transmissão na posição da bússola? (b) Esse campo tem uma influência significativa na leitura da bússola? A componente horizontal do campo magnético da Terra no local é 20 μT.

2 F A Fig. 29.12a mostra um elemento de comprimento ds = 1,00 μm em um fio retilíneo muito longo percorrido por uma corrente. A corrente no elemento cria um campo magnético elementar $d\vec{B}$ no espaço em volta. A Fig. 29.12b mostra o módulo dB do campo para pontos situados a 2,5 cm de distância do elemento em função do ângulo θ entre o fio e uma reta que liga o elemento ao ponto. A escala vertical é definida por dB_s = 60,0 pT. Qual é o módulo do campo magnético produzido pelo fio inteiro em um ponto situado a 2,5 cm de distância do fio?

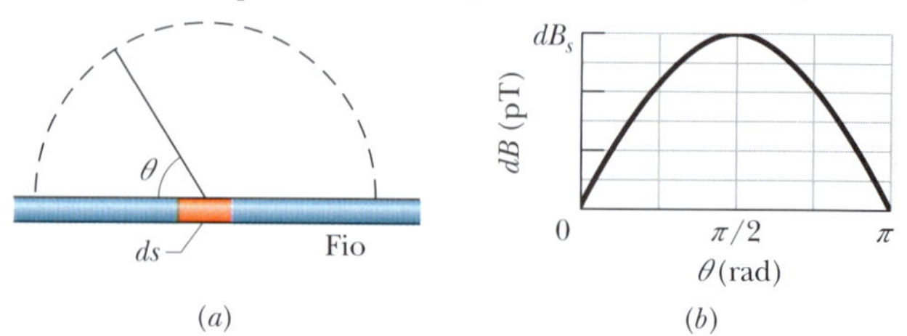

Figura 29.12 Problema 2.

3 F Em certo local das Filipinas, o campo magnético da Terra tem um módulo de 39 μT, é horizontal e aponta exatamente para o norte. Suponha que o campo total é zero 8,0 cm acima de um fio longo, retilíneo, horizontal, que conduz uma corrente constante. Determine (a) o módulo da corrente e (b) a orientação da corrente.

4 F Um condutor retilíneo percorrido por uma corrente i = 5,0 A se divide em dois arcos semicirculares, como mostra a Fig. 29.13. Qual é o campo magnético no centro C da espira circular resultante?

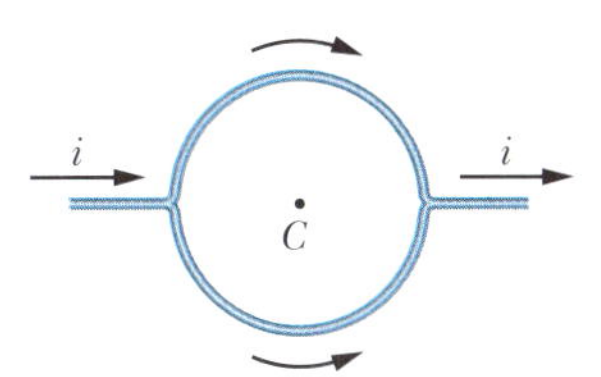

Figura 29.13 Problema 4.

5 F Na Fig. 29.14, uma corrente i = 10 A circula em um condutor longo formado por dois trechos retilíneos e uma semicircunferência de raio R = 5,0 mm e centro no ponto a. O ponto b fica a meio caminho entre os trechos retilíneos e tão afastado da semicircunferência que os dois trechos retos podem ser considerados fios infinitos. Determine (a) o módulo e (b) o sentido (para dentro ou para fora do papel) do campo magnético no ponto a. Determine também (c) o módulo e (d) o sentido do campo magnético no ponto b.

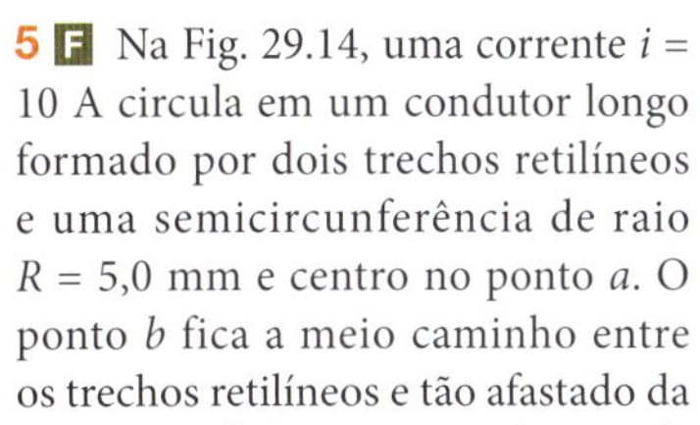

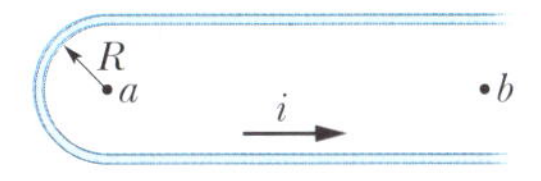

Figura 29.14 Problema 5.

6 F Na Fig. 29.15, o ponto P está a uma distância perpendicular R = 2,00 cm de um fio retilíneo muito longo que conduz uma corrente. O campo magnético $\vec{B}$ no ponto P é a soma das contribuições de elementos de corrente $i\,d\vec{s}$ ao longo de todo o fio. Determine a distância s entre o ponto P e o elemento (a) que mais contribui para o campo $\vec{B}$ e (b) responsável por 10% da maior contribuição.

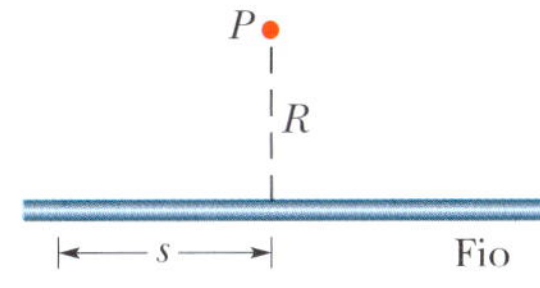

Figura 29.15 Problema 6.

7 F Na Fig. 29.16, dois arcos de circunferência têm raios a = 13,5 cm e b = 10,7 cm, subtendem um ângulo θ = 74,0°, conduzem uma corrente i = 0,411 A e têm o mesmo centro de curvatura P. Determine (a) o módulo e (b) o sentido (para dentro ou para fora do papel) do campo magnético no ponto P.

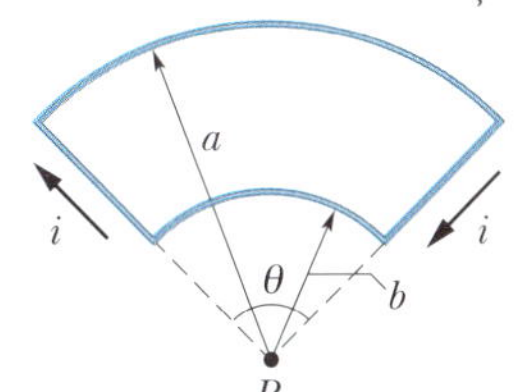

Figura 29.16 Problema 7.

8 F Na Fig. 29.17, dois arcos de circunferência têm raios R_2 = 7,80 cm e R_1 = 3,15 cm, subtendem um ângulo θ = 180°, conduzem uma corrente i = 0,281 A e têm o mesmo centro de curvatura C. Determine (a) o módulo e (b) o sentido (para dentro ou para fora do papel) do campo magnético no ponto C.

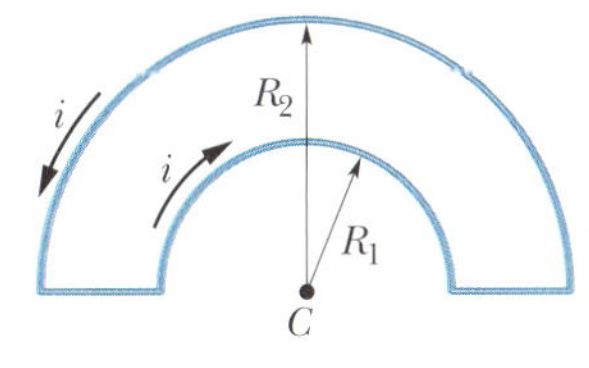

Figura 29.17 Problema 8.

9 F Dois fios retilíneos, longos, são paralelos e estão separados por uma distância de 8,0 cm. As correntes nos fios são iguais, e o campo magnético em um ponto situado exatamente a meio caminho entre os dois fios tem um módulo de 300 μT. (a) As correntes têm o mesmo sentido ou sentidos opostos? (b) Qual é o valor das correntes?

10 F Na Fig. 29.18, um fio é formado por uma semicircunferência de raio R = 9,26 cm e dois segmentos retilíneos (radiais) de comprimento L = 13,1 cm cada um. A corrente no fio é i = 34,8 mA. Determine (a) o módulo e (b) o sentido (para dentro ou para fora do papel) do campo magnético no centro de curvatura C da semicircunferência.

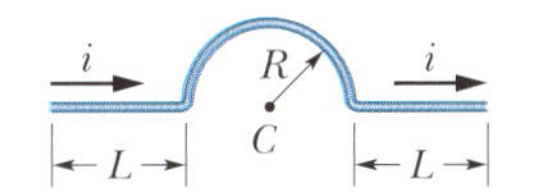

Figura 29.18 Problema 10.

11 F Na Fig. 29.19, dois fios retilíneos, longos, são perpendiculares ao plano do papel e estão separados por uma distância d_1 = 0,75 cm. O fio 1 conduz uma corrente de 6,5 A para dentro do papel. Determine (a) o módulo e (b) o sentido (para dentro ou para fora do papel) da corrente no fio 2 para que o campo magnético seja zero no ponto P, situado a uma distância d_2 = 1,50 cm do fio 2.

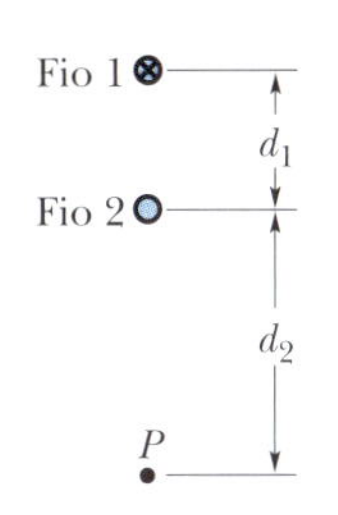

Figura 29.19 Problema 11.

12 F Na Fig. 29.20, dois fios retilíneos, longos, separados por uma distância d = 16,0 cm, conduzem correntes i_1 = 3,61 mA e i_2 = 3,00i_1 dirigidas para fora do papel. (a) Em que ponto do eixo x o campo magnético total é zero? (b) Se as duas correntes são multiplicadas por dois, o ponto em que o campo magnético é zero se aproxima do fio 1, se aproxima do fio 2 ou permanece onde está?

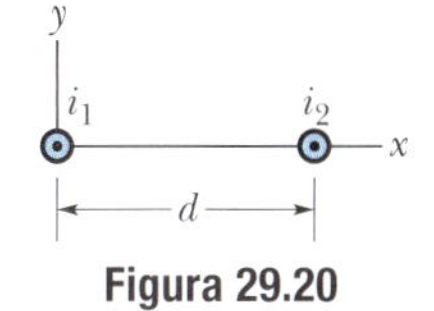

Figura 29.20 Problema 12.

13 M CALC Na Fig. 29.21, o ponto P_1 está a uma distância R = 13,1 cm do ponto médio de um fio retilíneo de comprimento L = 18,0 cm que conduz uma corrente i = 58,2 mA. (Note que o fio *não é* longo.) Qual é o módulo do campo magnético no ponto P_1?

14 M A Eq. 29.1.4 fornece o módulo B do campo magnético criado por um fio retilíneo *infinitamente longo* em um ponto P situado a uma distância R do fio. Suponha que o ponto P esteja, na verdade, a uma distância R do ponto médio de um fio de comprimento *finito* L. Nesse caso, o uso da Eq. 29.1.4 para calcular B envolve um certo erro percentual. Qual deve ser a razão L/R para que o erro percentual seja 1,00%? Em outras palavras, para qual valor de L/R a igualdade é satisfeita?

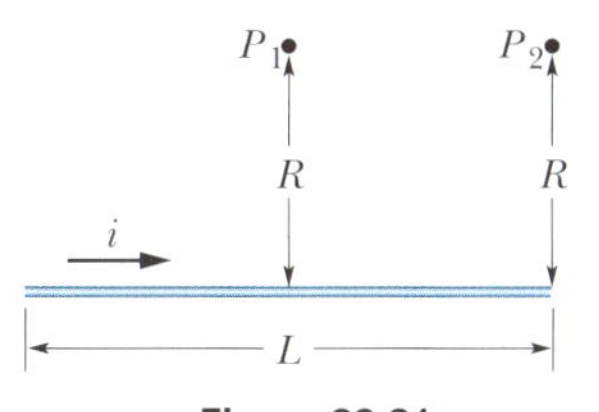

Figura 29.21 Problemas 13 e 17.

$$\frac{(B\text{ da Eq. 29.1.4}) - (B\text{ real})}{(B\text{ real})}(100\%) = 1{,}00\%$$

15 M A Fig. 29.22 mostra dois fios. O fio de baixo conduz uma corrente i_1 = 0,40 A e inclui um arco de circunferência com 5,0 cm de raio e centro no ponto P, que subtende um ângulo de 180°. O fio de cima conduz uma corrente i_2 = 2i_1 e inclui um arco de circunferência com 4,0 cm de raio e centro também no ponto P, que subtende um ângulo de 120°. Determine (a) o módulo e (b) a orientação do campo magnético $\vec{B}$ para os sentidos das correntes que estão indicados na figura. Determine também (c) o módulo e (d) a direção de $\vec{B}$ se o sentido da corrente i_1 for invertido.

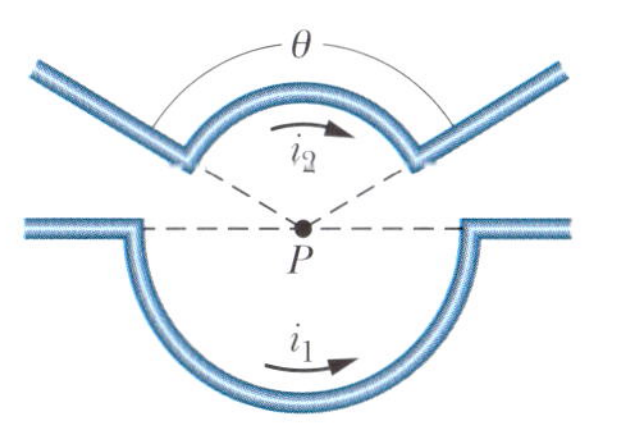

Figura 29.22 Problema 15.

16 M Na Fig. 29.23, duas espiras circulares, concêntricas, que conduzem correntes no mesmo sentido, estão no mesmo plano. A espira 1 tem 1,50 cm de raio e conduz uma corrente de 4,00 mA. A espira 2 tem 2,50 cm de raio e conduz uma corrente de 6,00 mA. O campo magnético $\vec{B}$ no centro comum das duas espiras é medido enquanto se faz girar a espira 2 em torno de um diâmetro. Qual deve ser o ângulo de rotação da espira 2 para que o módulo do campo $\vec{B}$ seja 100 nT?

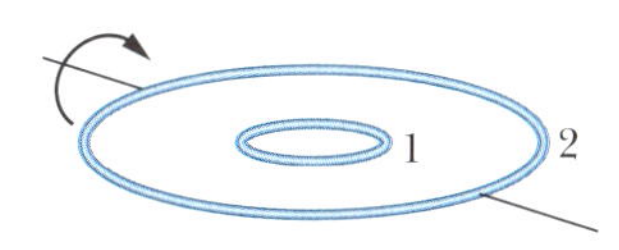

Figura 29.23 Problema 16.

17 M CALC Na Fig. 29.21, o ponto P_2 está a uma distância perpendicular $R = 25{,}1$ cm de uma das extremidades de um fio retilíneo de comprimento $L = 13{,}6$ cm que conduz uma corrente $i = 0{,}693$ A. (Note que o fio *não é longo*.) Qual é o módulo do campo magnético no ponto P_2?

18 M Uma corrente é estabelecida em uma espira constituída por uma semicircunferência de 4,00 cm de raio, uma semicircunferência concêntrica de raio menor e dois segmentos retilíneos radiais, todos no mesmo plano. A Fig. 29.24*a* mostra o arranjo, mas não está desenhada em escala. O módulo do campo magnético produzido no centro de curvatura é 47,25 μT. Quando a semicircunferência menor sofre uma rotação de 180° (Fig. 29.24*b*), o módulo do campo magnético produzido no centro de curvatura diminui para 15,75 μT e o sentido do campo se inverte. Qual é o raio da semicircunferência menor?

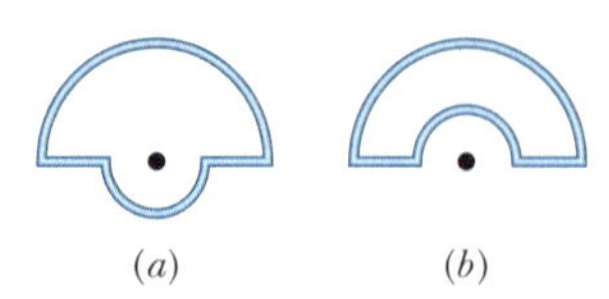

Figura 29.24 Problema 18.

19 M Um fio longo está no eixo x e conduz uma corrente de 30 A no sentido positivo do eixo. Um segundo fio longo é perpendicular ao plano xy, passa pelo ponto (0; 4,0 m; 0) e conduz uma corrente de 40 A no sentido positivo do eixo z. Determine o módulo do campo magnético produzido pelos fios no ponto (0; 2,0 m; 0).

20 M Na Fig. 29.25, parte de um fio longo, isolado, que conduz uma corrente $i = 5{,}78$ mA é encurvada para formar uma espira circular de raio $R = 1{,}89$ cm. Determine o campo magnético C no centro da espira, na notação dos vetores unitários, (a) se a espira estiver no plano do papel e (b) se o plano da espira for perpendicular ao plano do papel, depois de a espira sofrer uma rotação de 90° no sentido anti-horário, como mostra a figura.

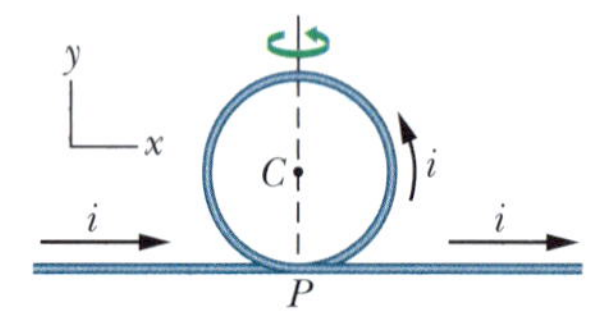

Figura 29.25 Problema 20.

21 M A Fig. 29.26 mostra, em seção reta, dois fios retilíneos muito longos, ambos percorridos por uma corrente de 4,00 A orientada para fora do papel. A distância entre os fios é $d_1 = 6{,}00$ m e a distância entre o ponto P, equidistante dos dois fios, e o ponto médio do segmento de reta que liga os dois fios é $d_2 = 4{,}00$ m. Determine o módulo do campo magnético total produzido no ponto P pelos dois fios.

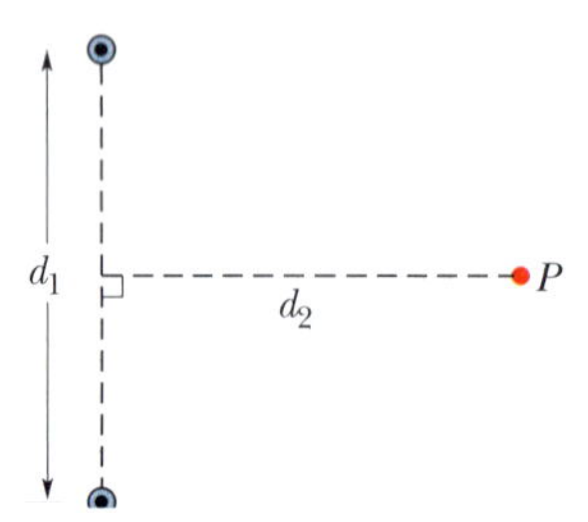

Figura 29.26 Problema 21.

22 M A Fig. 29.27*a* mostra, em seção reta, dois fios longos e paralelos, percorridos por correntes e separados por uma distância L. A razão i_1/i_2 entre as correntes é 4,00; o sentido das correntes não é conhecido. A Fig. 29.27*b* mostra a componente B_y do campo magnético em função da posição no eixo x à direita do fio 2. A escala vertical é definida por $B_{ys} = 4{,}0$ nT e a escala horizontal é definida por $x_s = 20{,}0$ cm. (a) Para qual valor de $x > 0$ a componente B_y é máxima? (b) Se $i_2 = 3$ mA, qual é o valor máximo de B_y? Determine o sentido (para dentro ou para fora do papel) (c) de i_1 e (d) de i_2.

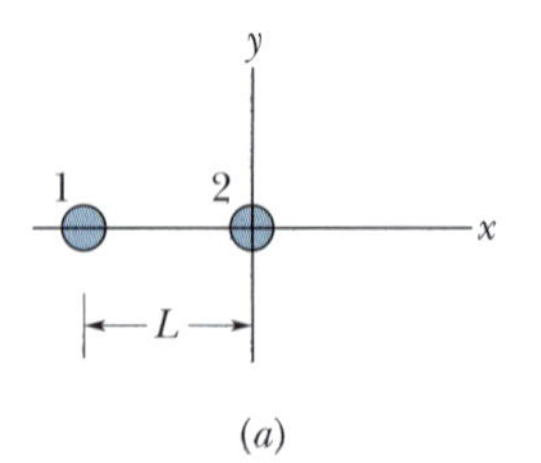

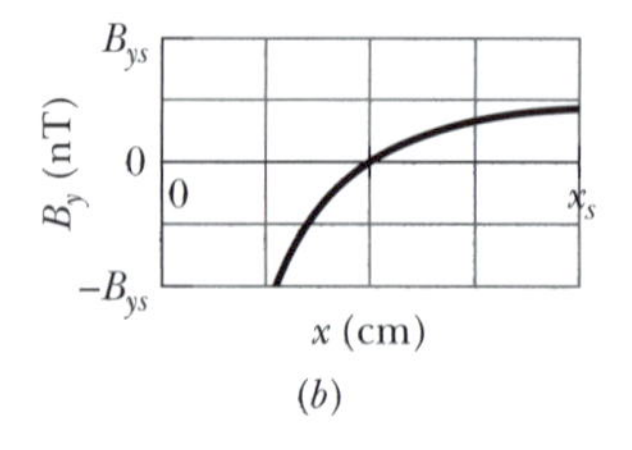

Figura 29.27 Problema 22.

23 M A Fig. 29.28 mostra um próton que se move com velocidade $\vec{v} = (-200 \text{ m/s})\hat{j}$ em direção a um fio longo, retilíneo, que conduz uma corrente $i = 350$ mA. No instante mostrado, a distância entre o próton e o fio é $d = 2{,}89$ cm. Na notação dos vetores unitários, qual é a força magnética a que o próton está submetido?

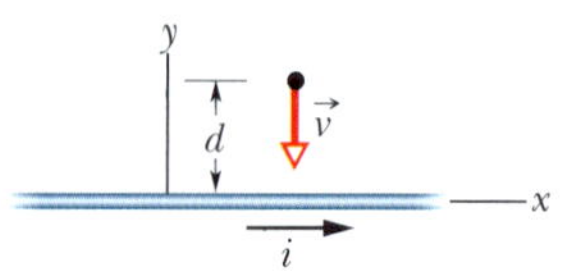

Figura 29.28 Problema 23.

24 M A Fig. 29.29 mostra, em seção reta, quatro fios finos paralelos, retilíneos e muito compridos, que conduzem correntes iguais nos sentidos indicados. Inicialmente, os quatro fios estão a uma distância $d = 15{,}0$ cm da origem do sistema de coordenadas, onde criam um campo magnético total $\vec{B}$. (a) Para qual valor de x o fio 1 deve ser deslocado ao longo do eixo x para que o campo $\vec{B}$ sofra uma rotação de 30° no sentido anti-horário? (b) Com o fio 1 na nova posição, para qual valor de x o fio 3 deve ser deslocado ao longo do eixo x para que o campo $\vec{B}$ volte à orientação inicial?

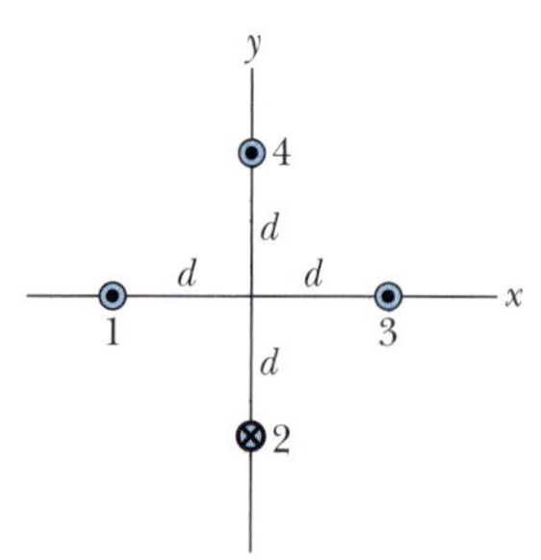

Figura 29.29 Problema 24.

25 M A Fig. 29.30 mostra um fio que conduz uma corrente $i = 3{,}00$ A. Dois trechos retilíneos semi-infinitos, ambos tangentes à mesma circunferência, são ligados por um arco de circunferência que possui um ângulo central θ e coincide com parte da circunferência. O arco e os dois trechos retilíneos estão no mesmo plano. Se $B = 0$ no centro da circunferência, qual é o valor de θ?

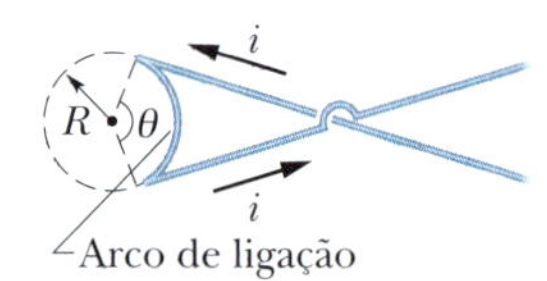

Figura 29.30 Problema 25.

26 M Na Fig. 29.31*a*, o fio 1 é formado por um arco de circunferência e dois segmentos radiais e conduz uma corrente $i_1 = 0{,}50$ A no sentido indicado. O fio 2, mostrado em seção reta, é longo, retilíneo e perpendicular ao plano do papel. A distância entre o fio 2 e o centro do arco é igual ao raio R do arco, e o fio conduz uma corrente i_2 que pode ser ajustada. As duas correntes criam um campo magnético total $\vec{B}$ no centro do arco. A Fig. 29.31*b* mostra o quadrado do módulo do campo, B^2, em função do quadrado da corrente, i_2^2. Qual é o ângulo subtendido pelo arco?

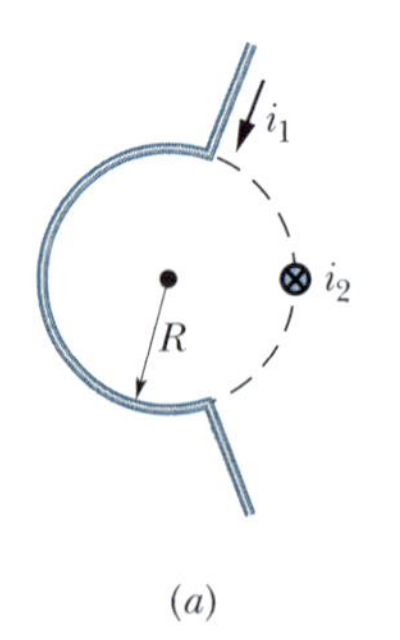

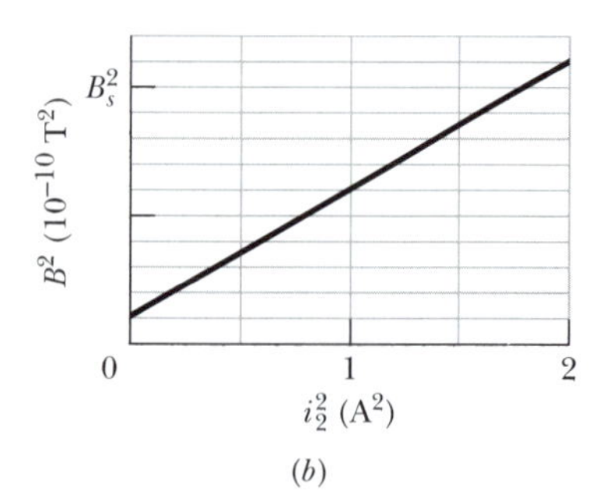

Figura 29.31 Problema 26.

27 M Na Fig. 29.32, dois fios longos, retilíneos (mostrados em seção reta), conduzem correntes $i_1 = 30{,}0$ mA e $i_2 = 40{,}0$ mA dirigidas para fora do papel. Os fios estão à mesma distância da origem, onde criam um campo magnético $\vec{B}$. Qual deve ser o novo valor de i_1 para que $\vec{B}$ sofra uma rotação de 20,0° no sentido horário?

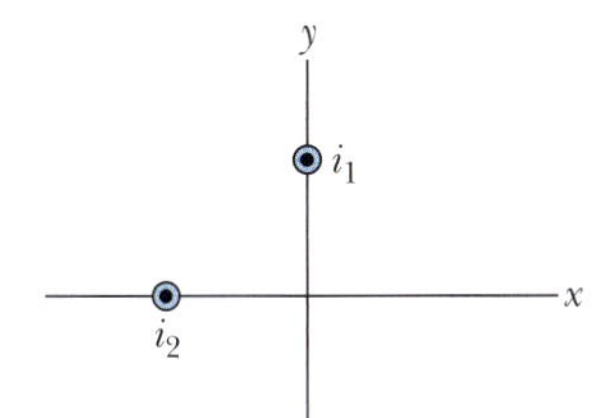

Figura 29.32 Problema 27.

28 M A Fig. 29.33*a* mostra dois fios. O fio 1 é formado por um arco de circunferência de raio R e dois segmentos radiais e conduz uma corrente $i_1 = 2{,}0$ A no sentido indicado. O fio 2 é longo e retilíneo, conduz uma corrente i_2 que pode ser ajustada e está a uma distância $R/2$ do centro do arco. O campo magnético $\vec{B}$ produzido pelas duas correntes é medido no centro de curvatura do arco. A Fig. 29.33*b* mostra a componente de $\vec{B}$ na direção perpendicular ao plano do papel em função da corrente i_2. A escala horizontal é definida por $i_{2s} = 1{,}00$ A. Determine o ângulo subtendido pelo arco.

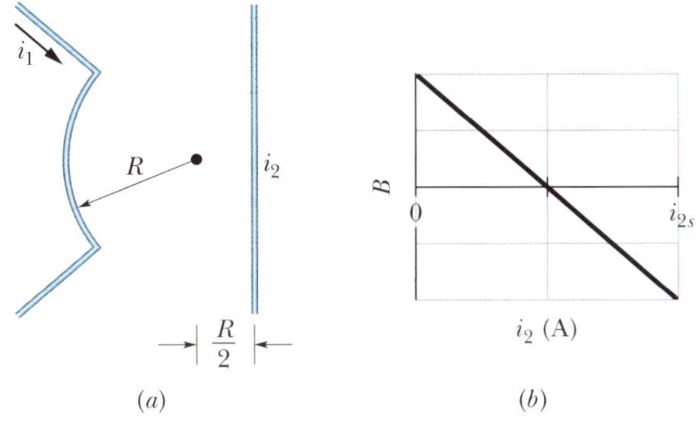

Figura 29.33 Problema 28.

29 M Na Fig. 29.34, quatro fios longos, retilíneos, são perpendiculares ao papel, e suas seções retas formam um quadrado de lado $a = 20$ cm. As correntes são para fora do papel nos fios 1 e 4 e para dentro do papel nos fios 2 e 3, e todos os fios conduzem uma corrente de 20 A. Na notação dos vetores unitários, qual é o campo magnético no centro do quadrado?

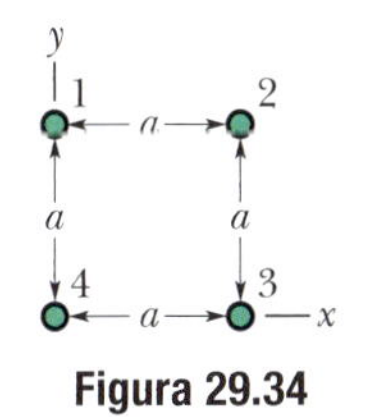

Figura 29.34
Problemas 29, 37 e 40.

30 D Dois fios longos retilíneos percorridos por uma corrente estão apoiados na superfície de um cilindro longo, de plástico, de raio $R = 20{,}0$ cm, paralelamente ao eixo do cilindro. A Fig. 29.35*a* mostra, em seção reta, o cilindro e o fio 1, mas não o fio 2. Com o fio 2 mantido fixo no lugar, o fio 1 é deslocado sobre o cilindro, do ângulo $\theta_1 = 0°$ até o ângulo $\theta_1 = 180°$, passando pelo primeiro e segundo quadrantes do sistema de coordenadas xy, e o campo magnético $\vec{B}$ no centro do cilindro é medido em função de θ_1. A Fig. 29.35*b* mostra a componente B_x de $\vec{B}$ em função de θ_1 (a escala vertical é definida por $B_{xs} = 6{,}0\ \mu$T) e a Fig. 29.35*c* mostra a componente B_y em função de θ_1 (a escala vertical é definida por $B_{ys} = 4{,}0\ \mu$T). (a) Qual é o ângulo θ_2 que define a posição do fio 2? Determine (b) o valor absoluto e (c) o sentido (para dentro ou para fora do papel) da corrente no fio 1. Determine também (d) o valor absoluto e (e) o sentido da corrente no fio 2.

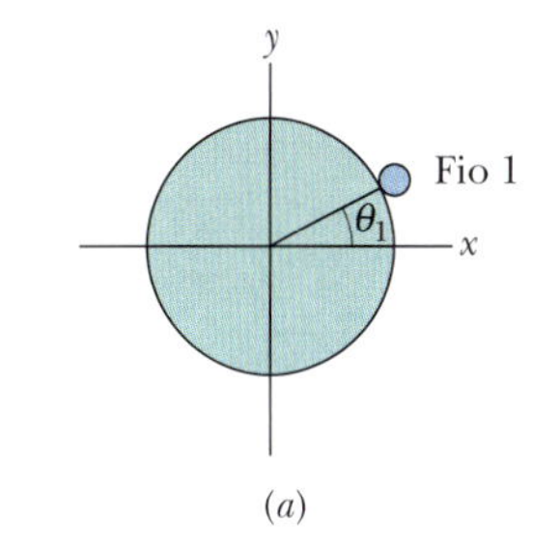

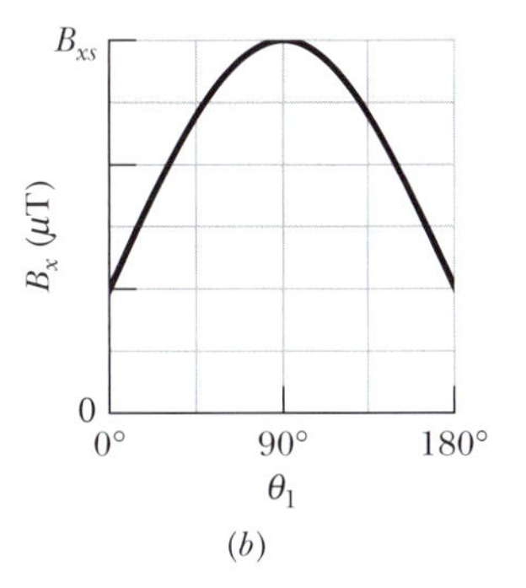

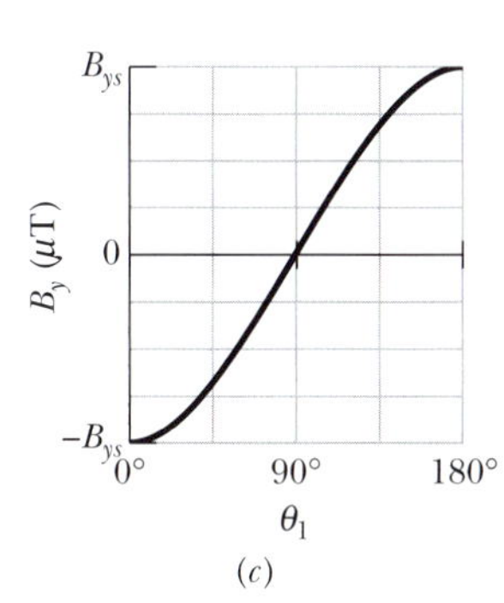

Figura 29.35 Problema 30.

31 D Na Fig. 29.36, $a = 4{,}7$ cm e $i = 13$ A. Determine (a) o módulo e (b) o sentido (para dentro ou para fora do papel) do campo magnético no ponto P.

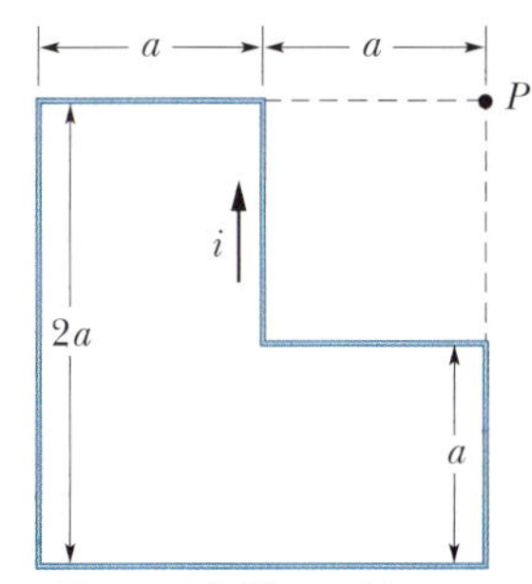

Figura 29.36 Problema 31.

32 D A espira percorrida por corrente da Fig. 29.37*a* é constituída por uma semicircunferência com 10,0 cm de raio, uma semicircunferência menor com o mesmo centro e dois segmentos radiais, todos no mesmo plano. A semicircunferência menor sofre uma rotação de um ângulo θ para fora do plano (ver Fig. 29.37*b*). A Fig. 29.37*c* mostra o módulo do campo magnético no centro de curvatura em função do ângulo θ. A escala vertical é definida por $B_a = 10{,}0\ \mu$T e $B_b = 12{,}0\ \mu$T. Qual é o raio do semicírculo menor?

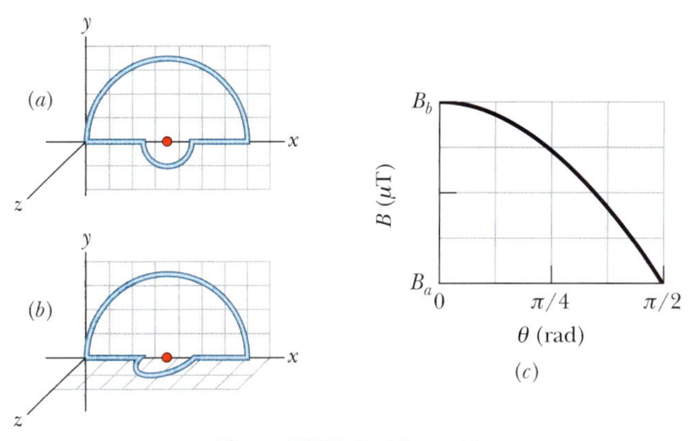

Figura 29.37 Problema 32.

33 D CALC A Fig. 29.38 mostra a seção reta de uma fita longa e fina, de largura w = 4,91 cm, que está conduzindo uma corrente uniformemente distribuída i = 4,61 μA para dentro do papel. Na notação dos vetores unitários, qual é o campo magnético $\vec{B}$ em um ponto P no plano da fita situado a uma distância d = 2,16 cm de uma das bordas? (*Sugestão*: Imagine a fita como um conjunto formado por um número muito grande de fios finos paralelos.)

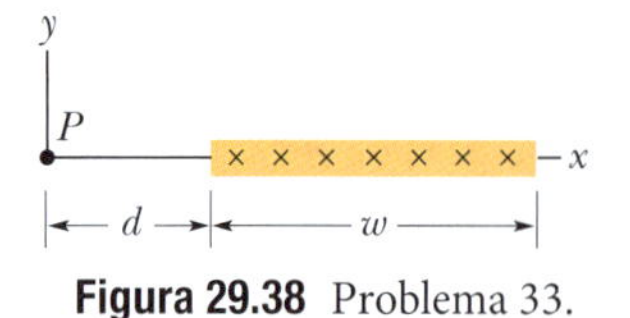

Figura 29.38 Problema 33.

34 D A Fig. 29.39 mostra, em seção reta, dois fios retilíneos, longos, apoiados na superfície de um cilindro de plástico com 20,0 cm de raio e paralelos ao eixo do cilindro. O fio 1 conduz uma corrente i_1 = 60,0 mA para fora do papel e é mantido fixo no lugar, do lado esquerdo do cilindro. O fio 2 conduz uma corrente i_2 = 40,0 mA para fora do papel e pode ser deslocado em torno do cilindro. Qual deve ser o ângulo (positivo) θ_2 do fio 2 para que, na origem, o módulo do campo magnético total seja 80,0 nT?

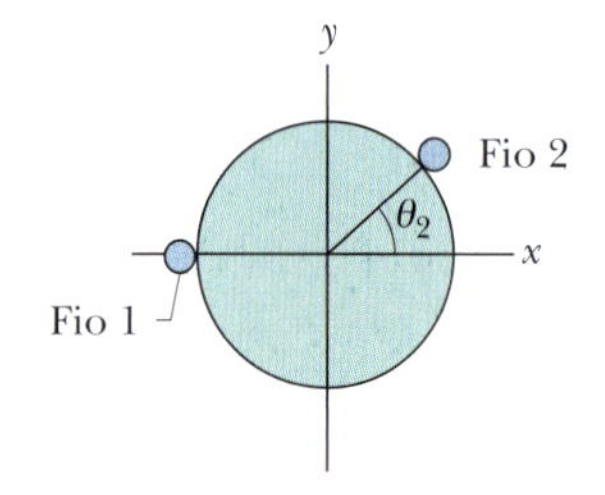

Figura 29.39 Problema 34.

Módulo 29.2 Forças entre Duas Correntes Paralelas

35 F A Fig. 29.40 mostra o fio 1 em seção reta; o fio é longo e retilíneo, conduz uma corrente de 4,00 mA para fora do papel e está a uma distância d_1 = 2,40 cm de uma superfície. O fio 2, que é paralelo ao fio 1 e também longo, está na superfície a uma distância horizontal d_2 = 5,00 cm do fio 1 e conduz uma corrente de 6,80 mA para dentro do papel. Qual é a componente x da força magnética *por unidade de comprimento* que age sobre o fio 2?

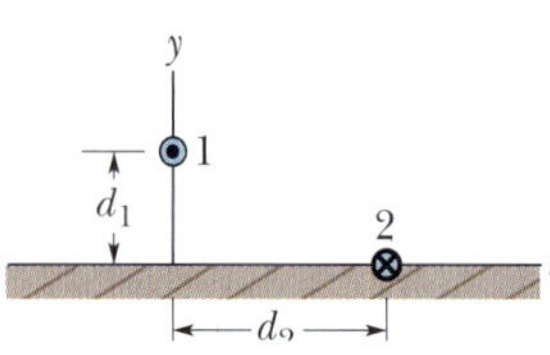

Figura 29.40 Problema 35.

36 M Na Fig. 29.41, cinco fios longos, paralelos no plano xy, estão separados por uma distância d = 8,00 cm, têm 10,0 m de comprimento e conduzem correntes iguais de 3,00 A para fora do papel. Determine, na notação dos vetores unitários, a força magnética a que está submetido (a) o fio 1, (b) o fio 2, (c) o fio 3, (d) o fio 4 e (e) o fio 5.

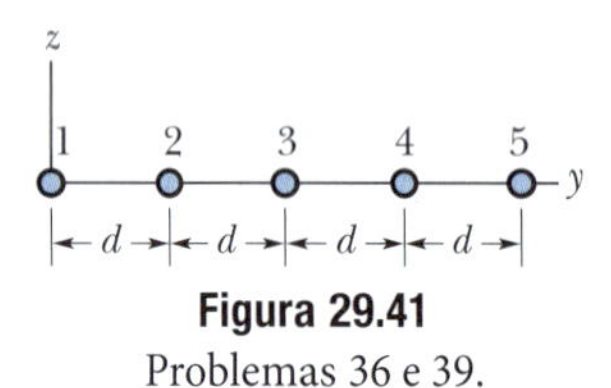

Figura 29.41 Problemas 36 e 39.

37 M Na Fig. 29.34, quatro fios longos, retilíneos, são perpendiculares ao papel, e suas seções retas formam um quadrado de lado a = 13,5 cm. Todos os fios conduzem correntes de 7,50 A, e as correntes são para fora do papel, nos fios 1 e 4, e para dentro do papel, nos fios 2 e 3. Na notação dos vetores unitários, qual é a força magnética *por metro de fio* que age sobre o fio 4?

38 M A Fig. 29.42a mostra, em seção reta, três fios percorridos por corrente que são longos, retilíneos e paralelos. Os fios 1 e 2 são mantidos fixos no eixo x, separados por uma distância d. O fio 1 conduz uma corrente de 0,750 A, mas o sentido da corrente é desconhecido. O fio 3, com uma corrente de 0,250 para fora do papel, pode ser deslocado ao longo do eixo x, o que modifica a força $\vec{F}_2$ a que está sujeito o fio 2. A componente x dessa força é F_{2x} e o seu valor por unidade de comprimento do fio 2 é F_{2x}/L_2. A Fig. 29.42b mostra o valor de F_{2x}/L_2 em função da coordenada x do fio 3. O gráfico possui uma assíntota F_{2x}/L_2 = −0,627 μN/m para $x \rightarrow \infty$. A escala horizontal é definida por x_s = 12,0 cm. Determine (a) o valor e (b) o sentido (para dentro ou para fora do papel) da corrente no fio 2.

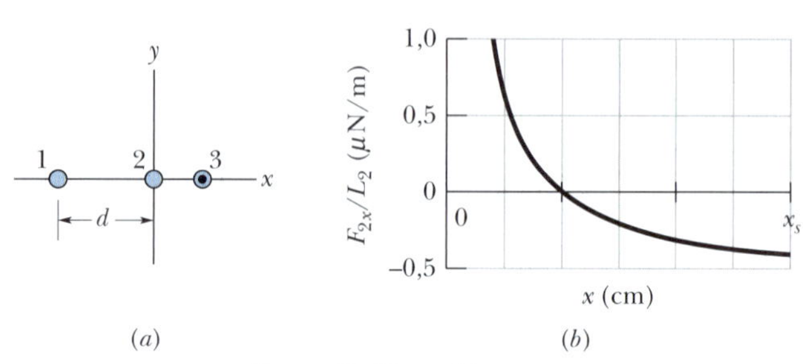

Figura 29.42 Problema 38.

39 M Na Fig. 29.41, cinco fios paralelos, longos, no plano xy, estão separados por uma distância d = 50,0 cm. As correntes para dentro do papel são i_1 = 2,00 A, i_3 = 0,250 A, i_4 = 4,00 A e i_5 = 2,00 A; a corrente para fora do papel é i_2 = 4,00 A. Qual é o módulo da força *por unidade de comprimento* que age sobre o fio 3?

40 M Na Fig. 29.34, quatro fios longos, retilíneos, são perpendiculares ao papel, e suas seções retas formam um quadrado de lado a = 8,50 cm. Todos os fios conduzem correntes de 15,0 A para fora do papel. Em termos dos vetores unitários, qual é a força magnética *por metro de fio* que age sobre o fio 1?

41 D Na Fig. 29.43, um fio longo, retilíneo, conduz uma corrente i_1 = 30,0 A, e uma espira retangular conduz uma corrente i_2 = 20,0 A. Suponha que a = 1,00 cm, b = 8,00 cm e L = 30,0 cm. Na notação dos vetores unitários, qual é a força a que está submetida a espira?

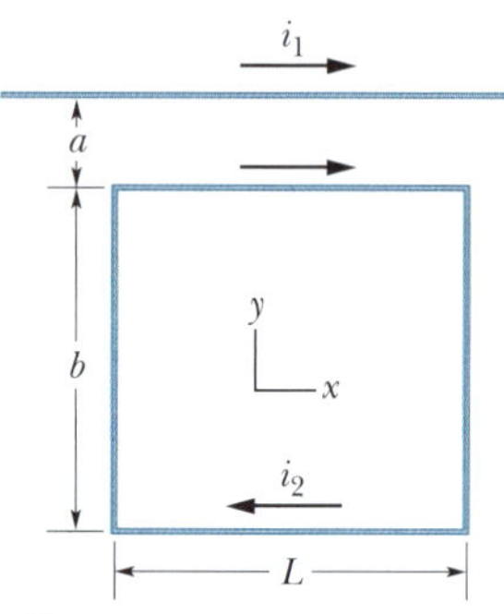

Figura 29.43 Problema 41.

Módulo 29.3 Lei de Ampère

42 F Em uma região existe uma densidade de corrente uniforme de 15 A/m² no sentido positivo do eixo z. Determine o valor de $\oint \vec{B} \cdot d\vec{s}$ se a integral de linha for calculada para o percurso fechado formado por três segmentos de reta (x, y, z), de (4d, 0, 0) para (4d, 3d, 0), de (4d, 3d, 0) para (0, 0, 0) e de (0, 0, 0) para (4d, 0, 0), com d = 20 cm.

43 F A Fig. 29.44 mostra a seção reta de um fio cilíndrico, longo, de raio a = 2,00 cm, que conduz uma corrente uniforme de 170 A. Determine o módulo do campo magnético produzido pela corrente a uma distância do eixo do fio igual a (a) 0, (b) 1,00 cm, (c) 2,00 cm (superfície do fio) e (d) 4,00 cm.

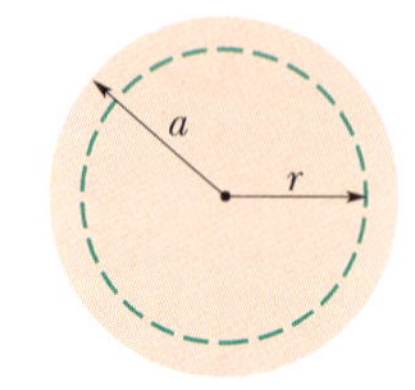

Figura 29.44 Problema 43.

44 F A Fig. 29.45 mostra duas curvas fechadas envolvendo duas espiras que conduzem correntes i_1 = 5,0 A e i_2 = 3,0 A. Determine o valor da integral $\oint \vec{B} \cdot d\vec{s}$ (a) para a curva 1 e (b) para a curva 2.

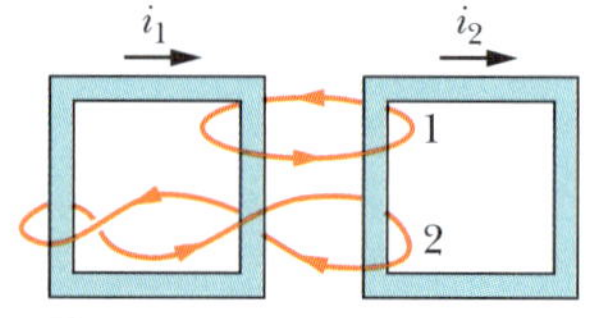

Figura 29.45 Problema 44.

45 F Os oito fios da Fig. 29.46 conduzem correntes iguais de 2,0 A para dentro ou para fora do papel. Duas curvas estão indicadas para a integral de linha $\oint \vec{B} \cdot d\vec{s}$. Determine o valor da integral (a) para a curva 1 e (b) para a curva 2.

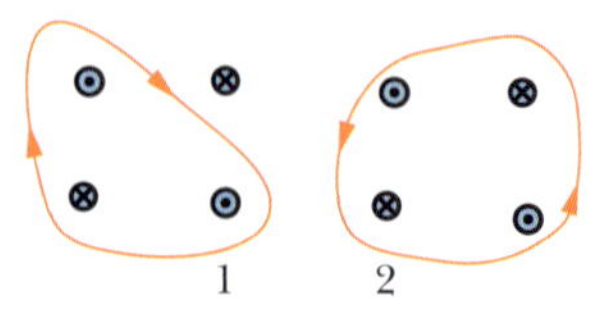

Figura 29.46 Problema 45.

46 **F** Oito fios são perpendiculares ao plano do papel nos pontos indicados na Fig. 29.47. O fio k (k = 1, 2, ..., 8) conduz uma corrente ki, em que i = 4,50 mA. Para os fios com k ímpar, a corrente é para fora do papel; para os fios com k par, a corrente é para dentro do papel. Determine o valor de $\oint \vec{B} \cdot d\vec{s}$ para a curva fechada mostrada na figura, no sentido indicado.

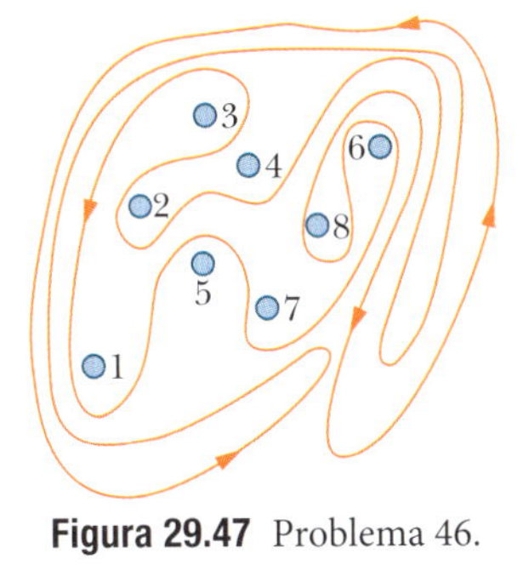

Figura 29.47 Problema 46.

47 **M** **CALC** A densidade de corrente $\vec{J}$ no interior de um fio cilíndrico, longo, de raio a = 3,1 mm, é paralela ao eixo central, e o módulo varia linearmente com a distância radial r de acordo com a equação $J = J_0 r/a$, em que J_0 = 310 A/m². Determine o módulo do campo magnético (a) para r = 0, (b) para $r = a/2$ e (c) para $r = a$.

48 **M** Na Fig. 29.48, um cano longo, circular, de raio externo R = 2,6 cm, conduz uma corrente (uniformemente distribuída) i = 8,00 mA para dentro do papel. Existe um fio paralelo ao cano a uma distância de 3,00R do eixo do cano. Determine (a) o valor e (b) o sentido (para dentro ou para fora do papel) da corrente no fio para que o campo magnético no ponto P tenha o mesmo módulo que o campo magnético no eixo do cano e o sentido oposto.

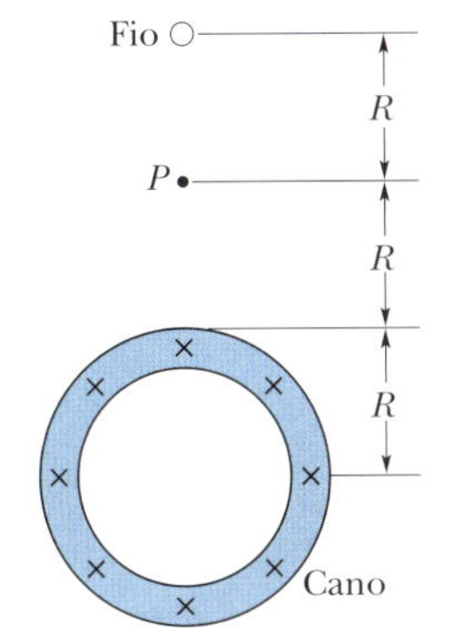

Figura 29.48 Problema 48.

Módulo 29.4 Solenoides e Toroides

49 **F** Um toroide de seção reta quadrada, com 5,00 cm de lado e raio interno de 15,0 cm, tem 500 espiras e conduz uma corrente de 0,800 A. (O toroide é feito a partir de um solenoide quadrado, em vez de redondo, como o da Fig. 29.4.1.) Determine o campo magnético no interior do toroide (a) a uma distância do centro igual ao raio interno e (b) a uma distância do centro igual ao raio externo.

50 **F** Um solenoide com 95,0 cm de comprimento tem um raio de 2,00 cm e 1.200 espiras; a corrente é de 3,60 A. Calcule o módulo do campo magnético no interior do solenoide.

51 **F** Um solenoide de 200 espiras com 25 cm de comprimento e 10 cm de diâmetro conduz uma corrente de 0,29 A. Calcule o módulo do campo magnético $\vec{B}$ no interior do solenoide.

52 **F** Um solenoide com 1,30 m de comprimento e 2,60 cm de diâmetro conduz uma corrente de 18,0 A. O campo magnético no interior do solenoide é de 23,0 mT. Determine o comprimento do fio de que é feito o solenoide.

53 **M** Um solenoide longo tem 100 espiras/cm e conduz uma corrente i. Um elétron se move no interior do solenoide em uma circunferência de 2,30 cm de raio perpendicular ao eixo do solenoide. A velocidade do elétron é 0,0460c (c é a velocidade da luz). Determine a corrente i no solenoide.

54 **M** Um elétron é introduzido em uma das extremidades de um solenoide ideal com uma velocidade de 800 m/s que faz um ângulo de 30° com o eixo central do solenoide. O solenoide tem 8.000 espiras e conduz uma corrente de 4,0 A. Quantas revoluções o elétron descreve no interior do solenoide antes de chegar à outra extremidade? (Em um solenoide real, no qual o campo não é uniforme perto das extremidades, o número de revoluções é ligeiramente menor que o valor calculado neste problema.)

55 **M** Um solenoide longo com 10,0 espiras/cm e um raio de 7,00 cm conduz uma corrente de 20,0 mA. Um condutor retilíneo situado no eixo central do solenoide conduz uma corrente de 6,00 A. (a) A que distância do eixo do solenoide a direção do campo magnético resultante faz um ângulo de 45,0° com a direção do eixo? (b) Qual é o módulo do campo magnético a essa distância do eixo?

Módulo 29.5 Relação entre uma Bobina Plana e um Dipolo Magnético

56 **F** A Fig. 29.49 mostra um dispositivo conhecido como bobina de Helmholtz, formado por duas bobinas circulares coaxiais, de raio R = 25,0 cm, com 200 espiras, separadas por uma distância $s = R$. As duas bobinas conduzem correntes iguais i = 12,2 mA no mesmo sentido. Determine o módulo do campo magnético no ponto P, situado no eixo das bobinas, a meio caminho entre elas.

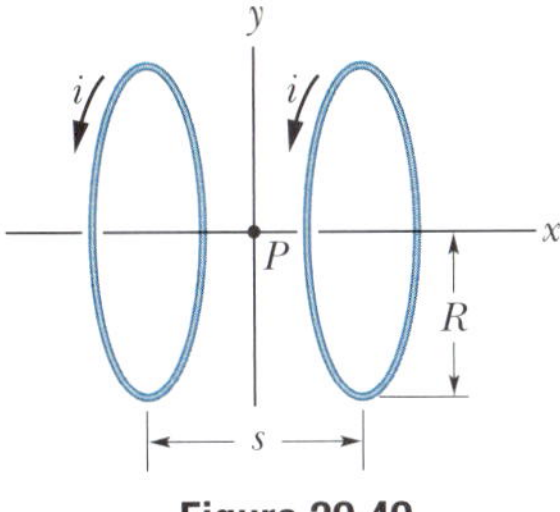

Figura 29.49 Problemas 56 e 87.

57 **F** Um estudante fabrica um pequeno eletroímã enrolando 300 espiras de fio em um cilindro de madeira com um diâmetro d = 5,0 cm. A bobina é ligada a uma bateria que produz uma corrente de 4,0 A no fio. (a) Qual é o módulo do momento dipolar magnético do eletroímã? (b) A que distância axial $z \gg d$ o campo magnético do eletroímã tem um módulo de 5,0 μT (aproximadamente um décimo do campo magnético da Terra)?

58 **F** A Fig. 29.50a mostra um fio que conduz uma corrente i e forma uma bobina circular com uma espira. Na Fig. 29.50b, um fio de mesmo comprimento forma uma bobina circular com duas espiras de raio igual à metade do raio da espira da Fig. 29.50a. (a) Se B_a e B_b são os módulos dos campos magnéticos nos centros das duas bobinas, qual é o valor da razão B_b/B_a? (b) Qual é o valor da razão μ_b/μ_a entre os momentos dipolares das duas bobinas?

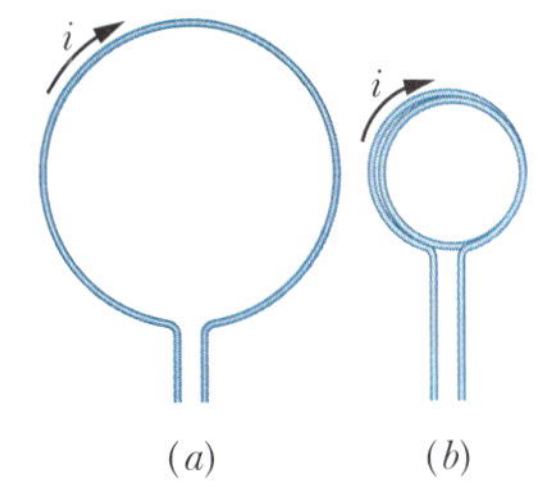

Figura 29.50 Problema 58.

59 **F** Qual é o módulo do momento dipolar magnético $\vec{\mu}$ do solenoide descrito no Problema 51?

60 **M** Na Fig. 29.51a, duas espiras circulares, com diferentes correntes e o mesmo raio de 4,0 cm, têm o centro no eixo y e estão separadas inicialmente por uma distância L = 3,0 cm, com a espira 2 posicionada na origem do eixo. As correntes nas duas espiras produzem um campo magnético na origem cuja componente y é B_y. Essa componente é medida enquanto a espira 2 é deslocada no sentido positivo do eixo y. A Fig. 29.51b mostra o valor de B_y em função da coordenada y da espira 2. A curva tem uma assíntota B_y = 7,20 μT para $y \to \infty$. A escala horizontal é definida por y_s = 10,0 cm. Determine (a) a corrente i_1 na espira 1 e (b) a corrente i_2 na espira 2.

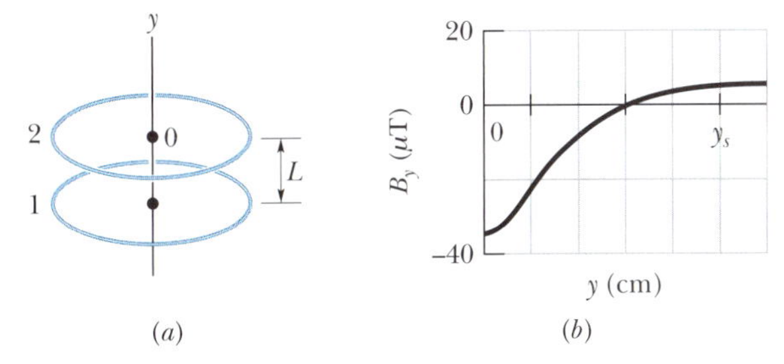

Figura 29.51 Problema 60.

61 **M** Uma espira circular com 12 cm de raio conduz uma corrente de 15 A. Uma bobina plana, com 0,82 cm de raio e 50 espiras, conduzindo uma corrente de 1,3 A, é concêntrica com a espira. O plano da espira é perpendicular ao plano da bobina. Suponha que o campo magnético da espira é uniforme na região em que se encontra a bobina. Determine (a) o módulo do campo magnético produzido pela espira no centro comum da espira e da bobina e (b) o módulo do torque exercido pela espira sobre a bobina.

62 M Na Fig. 29.52, uma corrente i = 56,2 mA circula em uma espira formada por dois segmentos radiais e duas semicircunferências de raios a = 5,72 cm e b = 9,36 cm com um centro comum P. Determine (a) o módulo e (b) o sentido (para dentro ou para fora da página) do campo magnético no ponto P e (c) o módulo e (d) o sentido do momento magnético da espira.

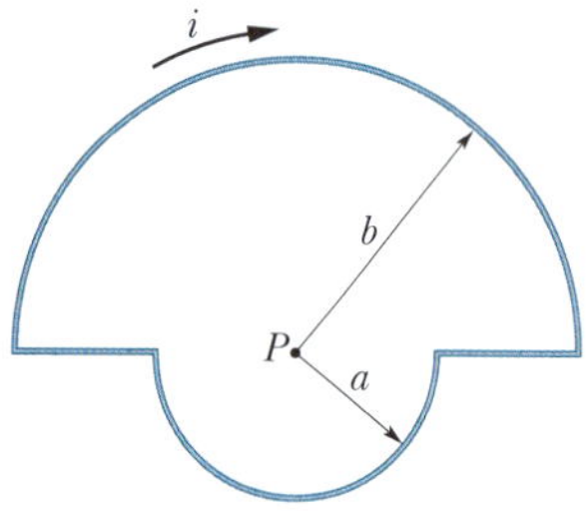

Figura 29.52 Problema 62.

63 M Na Fig. 29.53, um fio conduz uma corrente de 6,0 A ao longo do circuito fechado *abcdefgha*, que percorre 8 das 12 arestas de um cubo com 10 cm de aresta. (a) Considerando o circuito uma combinação de três espiras quadradas (*bcfgb*, *abgha* e *cdefc*), determine o momento magnético total do circuito na notação dos vetores unitários. (b) Determine o módulo do campo magnético total no ponto de coordenadas (0; 5,0 m; 0).

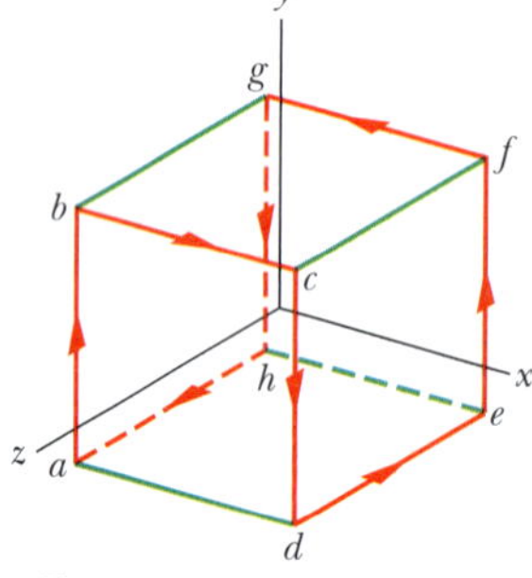

Figura 29.53 Problema 63.

Problemas Adicionais

64 Na Fig. 29.54, uma espira conduz uma corrente i = 200 mA. A espira é formada por dois segmentos radiais e dois arcos de circunferência concêntricos de raios 2,00 m e 4,00 m. O ângulo θ é $\pi/4$ rad. Determine (a) o módulo e (b) o sentido (para dentro ou para fora do papel) do campo magnético no centro de curvatura P.

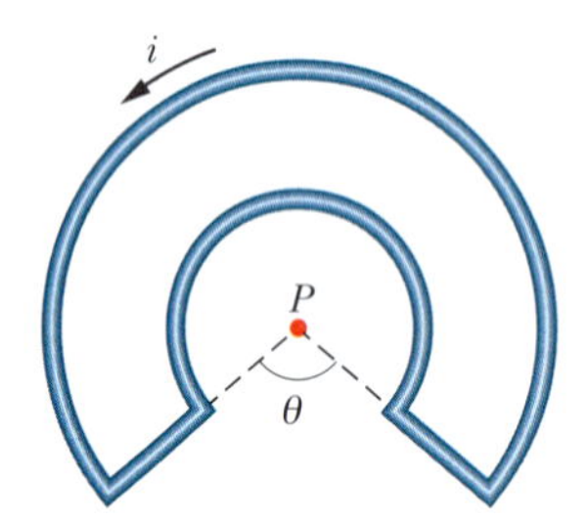

Figura 29.54 Problema 64.

65 Um fio cilíndrico, com 8,00 mm de raio, conduz uma corrente de 25,0 A, uniformemente distribuída ao longo da seção reta. A que distância do eixo central existem pontos no interior do fio, nos quais o módulo do campo magnético é 0,100 mT?

66 Dois fios longos estão no plano xy e conduzem correntes no sentido positivo do eixo x. O fio 1 está em y = 10,0 cm e conduz uma corrente de 6,00 A; o fio 2 está em y = 5,00 cm e conduz uma corrente de 10,0 A. (a) Na notação dos vetores unitários, qual é o campo magnético $\vec{B}$ na origem? (b) Para qual valor de y o campo $\vec{B}$ é zero? (c) Se a corrente no fio 1 for invertida, para qual valor de y o campo $\vec{B}$ será zero?

67 Duas espiras, uma em forma de circunferência e outra em forma de quadrado, têm o mesmo comprimento L e conduzem a mesma corrente i. Mostre que o campo magnético produzido no centro da espira quadrada é maior que o campo magnético produzido no centro da espira circular.

68 Um fio longo, retilíneo, conduz uma corrente de 50 A. Um elétron está se movendo com uma velocidade de $1{,}0 \times 10^7$ m/s a 5,0 cm de distância do fio. Determine o módulo da força magnética que age sobre o elétron se o elétron estiver se movendo (a) na direção do fio, (b) paralelamente ao fio, no sentido da corrente e (c) perpendicularmente às direções dos itens (a) e (b).

69 Três fios longos são paralelos ao eixo z e conduzem uma corrente de 10 A no sentido $+z$. Os pontos de interseção dos fios com o plano xy formam um triângulo equilátero com 50 cm de lado, como mostra a Fig. 29.55. Um quarto fio (fio b) passa pelo ponto médio da base do triângulo e é paralelo aos outros três fios. Se a força magnética exercida sobre o fio a é zero, determine (a) o valor e (b) o sentido ($+z$ ou $-z$) da corrente no fio b.

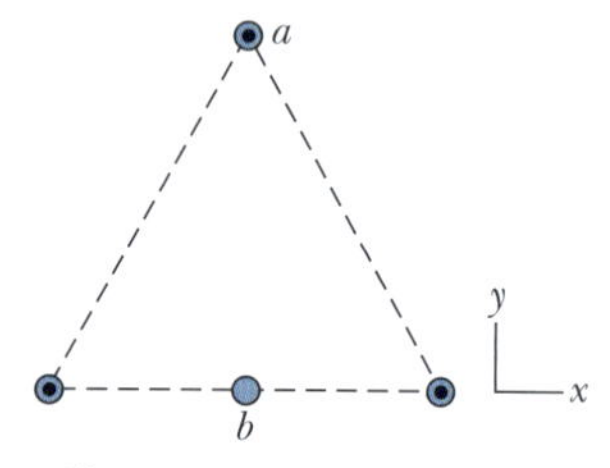

Figura 29.55 Problema 69.

70 A Fig. 29.56 mostra uma espira percorrida por uma corrente i = 2,00 A. A espira é formada por uma semicircunferência de 4,00 m de raio, dois quartos de circunferência de 2,00 m de raio cada um e três segmentos retilíneos. Qual é o módulo do campo magnético no centro comum dos arcos de circunferência?

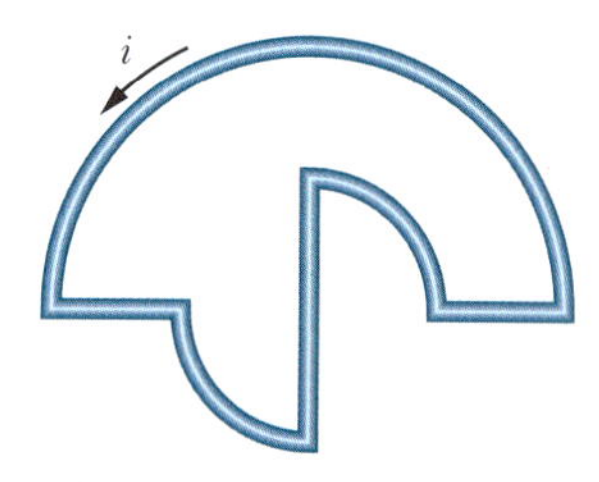

Figura 29.56 Problema 70.

71 Um fio nu, de cobre, calibre 10 (ou seja, com 2,6 mm de diâmetro), pode conduzir uma corrente de 50 A sem superaquecer. Qual é, para essa corrente, o módulo do campo magnético na superfície do fio?

72 Um fio longo, vertical, conduz uma corrente desconhecida. Uma superfície cilíndrica de espessura desprezível, coaxial com o fio, com 3,0 mm de raio, conduz uma corrente de 30 mA, dirigida para cima. Se o módulo do campo magnético em um ponto situado a 5,0 mm de distância do fio é 1,0 μT, determine (a) o valor e (b) o sentido da corrente no fio.

73 A Fig. 29.57 mostra a seção reta de um condutor longo, cilíndrico, de raio r = 4,00 cm, que contém um furo longo, cilíndrico, de raio b = 1,50 cm. Os eixos centrais do cilindro e do furo são paralelos e estão separados por uma distância d = 2,00 cm; uma corrente i = 5,25 A está distribuída uniformemente na região sombreada. (a) Determine o módulo do campo magnético no centro do furo. (b) Discuta os casos especiais b = 0 e d = 0.

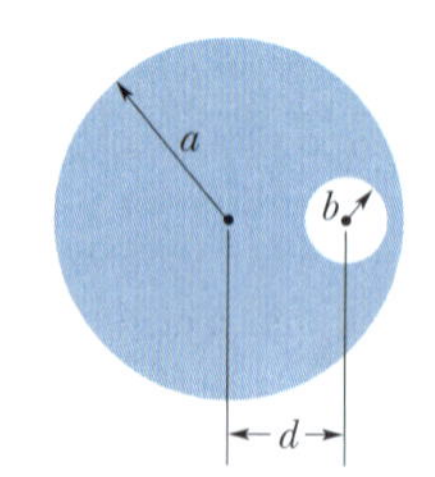

Figura 29.57 Problema 73.

74 O módulo do campo magnético a 88,0 cm do eixo de um fio retilíneo, longo, é 7,30 μT. Determine a corrente no fio.

75 A Fig. 29.58 mostra um segmento de fio de comprimento Δs = 3,0 cm, com o centro na origem, percorrido por uma corrente i = 2,0 A no sentido positivo do eixo y (como parte de um circuito completo). Para calcular o módulo do campo magnético $\vec{B}$ produzido pelo segmento em um ponto situado a vários metros da origem, podemos usar a lei de Biot-Savart na forma $B = (\mu_0/4\pi)i\,\Delta s\,(\text{sen}\,\theta)/r^2$, já que r e θ podem ser considerados constantes para todo o segmento. Calcule $\vec{B}$ (na notação dos vetores unitários) para pontos situados nas seguintes

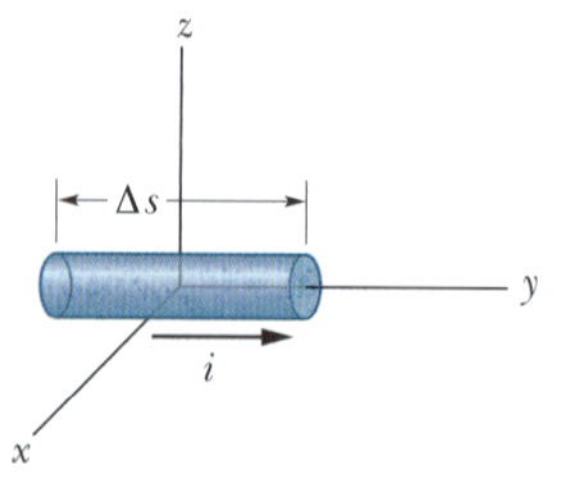

Figura 29.58 Problema 75.

coordenadas: (a) (0; 0; 5,0 m), (b) (0; 6,0 m; 0), (c) (7,0 m; 7,0 m; 0) e (d) (−3,0 m; −4,0 m; 0).

76 A Fig. 29.59 mostra, em seção reta, dois fios longos, paralelos, separados por uma distância d = 10,0 cm; os dois fios conduzem uma corrente de 100 A, que tem o sentido para fora do papel no fio 1. O ponto P está na mediatriz do segmento de reta que liga os dois fios. Determine o campo magnético no ponto P, na notação dos vetores unitários, se o sentido da corrente 2 for (a) para fora do papel e (b) para dentro do papel.

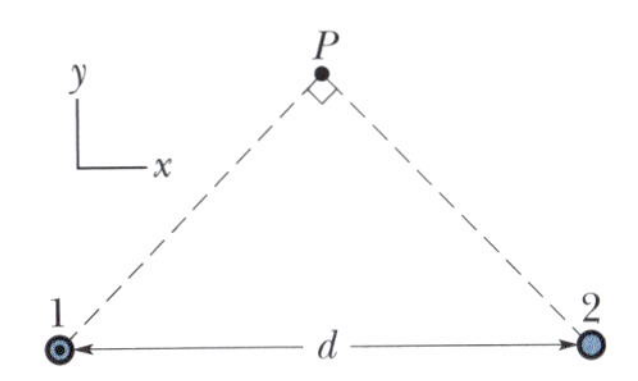

Figura 29.59 Problema 76.

77 Na Fig. 29.60, dois fios longos conduzem a mesma corrente i. Ambos seguem um arco de 90° da mesma circunferência de raio R. Mostre que o campo magnético $\vec{B}$ no centro da circunferência é igual ao campo $\vec{B}$ em um ponto situado a uma distância R abaixo de um fio longo, retilíneo, que conduz uma corrente i para a esquerda.

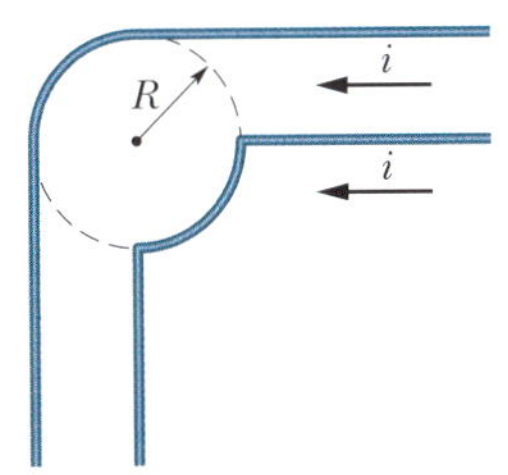

Figura 29.60 Problema 77.

78 Um fio longo que conduz uma corrente de 100 A é perpendicular às linhas de campo magnético de um campo magnético uniforme cujo módulo é 5,0 mT. A que distância do fio o campo magnético é zero?

79 Um condutor longo, oco, cilíndrico (raio interno 2,0 mm, raio externo 4,0 mm), é percorrido por uma corrente de 24 A distribuída uniformemente na seção reta. Um fio longo e fino, coaxial com o cilindro, conduz uma corrente de 24 A no sentido oposto. Determine o módulo do campo magnético a (a) 1,0 mm, (b) 3,0 mm e (c) 5,0 mm de distância do eixo central do fio e do cilindro.

80 Um fio longo tem um raio maior que 4,0 mm e conduz uma corrente uniformemente distribuída ao longo da seção reta. O módulo do campo magnético produzido pela corrente é 0,28 mT em um ponto situado a 4,0 mm do eixo do fio e 0,20 mT em um ponto situado a 10 mm do eixo do fio. Qual é o raio do fio?

81 CALC A Fig. 29.61 mostra a seção reta de uma placa condutora infinita que conduz uma corrente λ por unidade de largura, dirigida para fora do papel. (a) Utilize a lei de Biot-Savart e a simetria da situação para mostrar que, para todos os pontos P acima da placa e para todos os pontos P' abaixo da placa, o campo magnético $\vec{B}$ é paralelo à placa e tem o sentido indicado na figura. (b) Use a lei de Ampère para mostrar que $\vec{B} = \mu_0\lambda/2$ em todos os pontos P e P'.

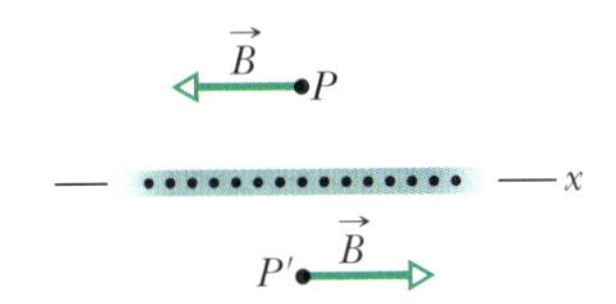

Figura 29.61 Problemas 81 e 85.

82 A Fig. 29.62 mostra, em seção reta, dois fios longos, paralelos, separados por uma distância d = 18,6 cm. A corrente nos fios é 4,23 A, para fora do papel no fio 1 e para dentro do papel no fio 2. Na notação dos vetores unitários, qual é o campo magnético no ponto P, situado a uma distância R = 34,2 cm da reta que liga os dois fios?

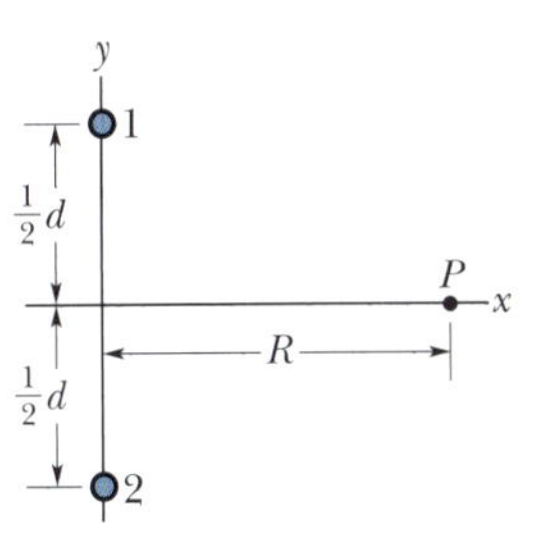

Figura 29.62 Problema 82.

83 *Estimulação magnética transcraniana.* Desde 1985, os médicos vêm investigando o tratamento de depressão crônica, doença de Parkinson e outros problemas do cérebro por meio da aplicação de campos magnéticos pulsados por uma bobina colocada nas proximidades do couro cabeludo com o objetivo de produzir descargas elétricas em neurônios cerebrais (Fig. 29.63). Considere a situação simples de uma bobina plana de raio r = 5,0 cm e N = 14 espiras. Qual é o valor do campo magnético criado no eixo central, a uma distância z = 4,0 cm do plano da bobina, quando a corrente é i = 4.000 A?

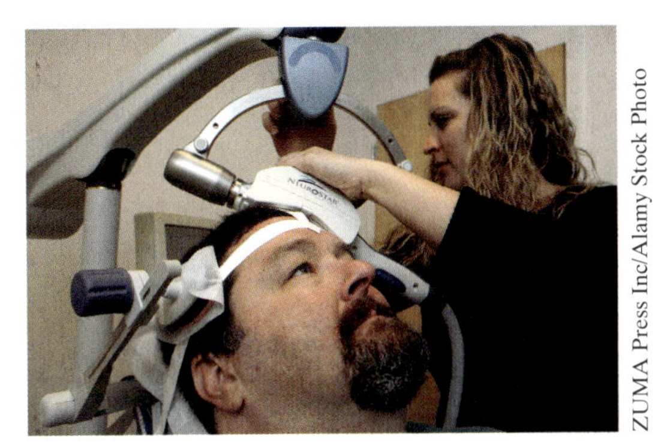

ZUMA Press Inc/Alamy Stock Photo

Figura 29.63 Problema 83.

84 CALC *Disco carregado girando.* Um disco fino de plástico de raio R, com uma carga Q distribuída uniformemente na superfície está girando em torno do eixo central com velocidade angular ω. (a) Qual é o valor do campo magnético no centro do disco? (*Sugestão:* o disco em movimento é equivalente a um conjunto de espiras.) (b) Qual é o momento dipolar magnético do disco?

85 *O solenoide como um cilindro.* Tratando o solenoide ideal como um condutor cilíndrico delgado cuja corrente por unidade de comprimento, medida paralelamente ao eixo do cilindro, é λ, mostre que o módulo do campo elétrico no interior de um solenoide ideal é dado por $B = \mu_0\lambda$. Este é o valor da *variação* de B medida por um observador entre o lado de dentro e o lado de fora do solenoide. Mostre que a mesma variação acontece entre o lado de cima e o lado de baixo de um plano horizontal condutor infinito como o da Fig. 29.61, cuja corrente por unidade de comprimento, em uma direção qualquer, é λ. Isso é apenas uma coincidência?

86 *Movimento de partículas carregadas em um toroide.* Um efeito interessante (e decepcionante) acontece quando tentamos confinar um conjunto de elétrons e íons positivos (um plasma) usando o campo magnético de um toroide. As partículas que se movem perpendicularmente ao campo magnético não descrevem circunferências, porque a intensidade do campo varia com a distância do eixo do toroide. Esse efeito, que é mostrado (de forma exagerada) na Fig. 29.64, faz com que partículas positivas e negativas se movam em sentidos contrários paralelamente ao eixo do toroide. (a) Qual é o sinal da carga da partícula cuja trajetória é mostrada na figura? (b) Se a partícula tem um raio de curvatura de 11,0 cm quando a distância média entre a partícula e o eixo do toroide é 125 cm, qual é o raio de curvatura quando a distância média é 110 cm?

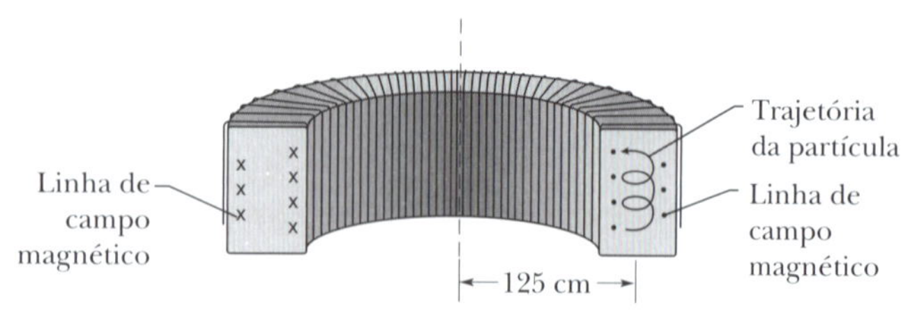

Figura 29.64 Problema 86.

87 **CALC** *Bobinas de Helmholtz.* A Fig. 29.49 mostra duas bobinas circulares coaxiais de N espiras e raio R. Elas conduzem a mesma corrente i e estão separadas por uma distância s. (a) Mostre que, por simetria, a derivada primeira do campo magnético total das bobinas (dB/dx) é nula no ponto central P qualquer que seja o valor de s. (b) Mostre que a derivada segunda (d^2B/dx^2) também é nula no ponto P se $s = R$, o que faz com que, neste caso especial, o campo B seja praticamente uniforme nas vizinhanças de P.

88 **CALC** A Fig. 29.65 mostra o desenho esquemático de um canhão eletromagnético. O projétil P é colocado entre dois trilhos de seção reta circular; uma fonte de tensão faz uma corrente atravessar os trilhos e o projétil (que é feito de material condutor). (a) Seja i a corrente, d a distância entre os trilhos e R o raio dos trilhos. Mostre que a força a que o projétil é submetido aponta para a direita e é dada aproximadamente por

$$F = \frac{i^2\mu_0}{2\pi}\ln\frac{d+R}{R}.$$

(b) Se o projétil parte do repouso na extremidade esquerda dos trilhos, determine a velocidade v com a qual ele é lançado da extremidade direita se $i = 450$ kA, $d = 12$ mm, $R = 6{,}7$ cm, o comprimento dos trilhos é $L = 4{,}0$ m e a massa do projétil é $m = 10$ g.

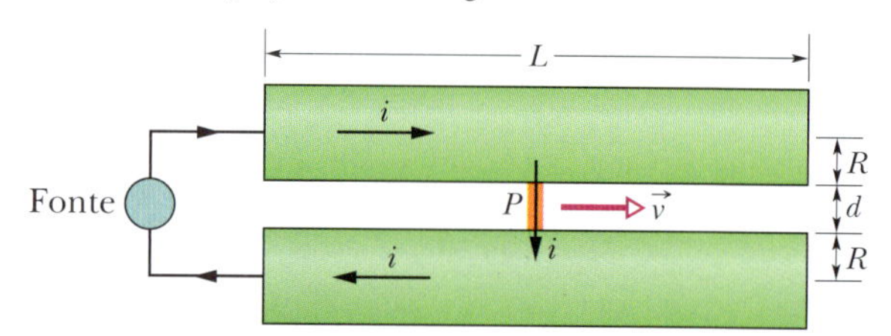

Figura 29.65 Problema 88.

CAPÍTULO 30

Indução e Indutância

30.1 LEI DE FARADAY E LEI DE LENZ

Objetivos do Aprendizado

Depois de ler este módulo, você será capaz de ...

30.1.1 Saber que o fluxo magnético Φ_B através de uma superfície é a quantidade de campo magnético que atravessa a superfície.

30.1.2 Saber que o vetor área de uma superfície plana é um vetor perpendicular à superfície cujo módulo é igual à área da superfície.

30.1.3 Saber que qualquer superfície pode ser dividida em elementos de área $d\vec{A}$ (regiões suficientemente pequenas para serem consideradas planas), vetores área de módulo infinitesimal perpendiculares à superfície no ponto em que se encontra o elemento.

30.1.4 Calcular o fluxo magnético Φ_B através de uma superfície integrando o produto escalar do vetor campo magnético $\vec{B}$ pelo vetor elemento de área $d\vec{A}$ ao longo de toda a superfície.

30.1.5 Saber que, quando varia o número de linhas de campo magnético interceptadas por uma espira condutora, uma corrente é induzida na espira.

30.1.6 Saber que a corrente induzida em uma espira condutora é produzida por uma força eletromotriz induzida.

30.1.7 Conhecer a lei de Faraday, que é a relação entre a força eletromotriz induzida em uma espira condutora e a taxa de variação do fluxo magnético através da espira.

30.1.8 Aplicar a lei de Faraday a uma bobina com várias espiras.

30.1.9 Conhecer as três formas diferentes de mudar o fluxo magnético que atravessa uma bobina.

30.1.10 Usar a regra da mão direita da lei de Lenz para determinar o sentido da força eletromotriz induzida e o sentido da corrente induzida em uma espira condutora.

30.1.11 Saber que, quando varia o fluxo magnético através de uma espira condutora, a corrente induzida na espira cria um campo magnético que se opõe à variação.

30.1.12 No caso de uma força eletromotriz induzida em um circuito que contém uma fonte, determinar a força eletromotriz total e calcular a corrente no circuito.

Ideias-Chave

- O fluxo magnético Φ_B de um campo magnético $\vec{B}$ através de uma área A é dado por

$$\Phi_B = \int \vec{B} \cdot d\vec{A},$$

em que a integral se estende a toda a área. A unidade de fluxo do SI é o weber (Wb); $1 \text{ Wb} = 1 \text{ T} \cdot \text{m}^2$.

- Se o campo magnético $\vec{B}$ é uniforme e perpendicular a uma superfície de A, o fluxo através da superfície é dado por

$$\Phi_B = BA \quad (\vec{B} \perp A, \vec{B} \text{ uniforme}).$$

- Se o fluxo magnético Φ_B através de uma área limitada por uma espira condutora varia com o tempo, uma corrente e uma força eletromotriz são produzidas na espira; o processo é chamado indução. A força eletromotriz induzida é dada por

$$\mathscr{E} = -\frac{d\Phi_B}{dt} \quad \text{(lei de Faraday)}.$$

- Se a espira é substituída por um enrolamento compacto com N espiras, a força eletromotriz induzida passa a ser

$$\mathscr{E} = -N\frac{d\Phi_B}{dt}.$$

- O sentido de uma corrente induzida é tal que o campo magnético *criado pela corrente* se opõe à variação de campo magnético que induziu a corrente. A força eletromotriz induzida tem um sentido compatível com esse sentido da corrente.

O que É Física?

No Capítulo 29, discutimos o fato de que uma corrente produz um campo magnético. Isso foi uma surpresa para os primeiros cientistas que observaram o fenômeno. Talvez ainda mais surpreendente tenha sido a descoberta do efeito oposto: Um campo magnético pode gerar um campo elétrico capaz de produzir uma corrente. Essa ligação entre um campo magnético e o campo elétrico produzido (*induzido*) é hoje chamada *lei de indução de Faraday*.

As observações que levaram a essa lei, feitas por Michael Faraday e outros cientistas, eram a princípio apenas ciência básica. Hoje, porém, aplicações dessa ciência básica estão em toda parte. A indução é responsável, por exemplo, pelo funcionamento das guitarras elétricas que revolucionaram o rock e ainda são muito usadas na música popular. Também é essencial para a operação dos geradores que fornecem energia elétrica a nossas cidades e dos fornos de indução usados na indústria quando grandes quantidades de metal têm de ser fundidas rapidamente.

Antes de tratarmos de aplicações como a guitarra elétrica, vamos discutir dois experimentos simples relacionados à lei de indução de Faraday.

Dois Experimentos

Antes de discutir a Lei de Indução de Faraday, vamos examinar dois experimentos simples.

Primeiro Experimento. A Fig. 30.1.1 mostra uma espira de material condutor ligada a um amperímetro. Como não existe bateria ou outra fonte de tensão no circuito, não há corrente. Entretanto, quando aproximamos da espira um ímã em forma de barra, o amperímetro indica a passagem de uma corrente. A corrente desaparece quando o ímã para. Quando afastamos o ímã da espira, a corrente torna a aparecer, no sentido contrário. Repetindo o experimento algumas vezes, chegamos às seguintes conclusões:

1. A corrente é observada apenas se existe um movimento relativo entre a espira e o ímã; a corrente desaparece no momento em que o movimento relativo deixa de existir.
2. Quanto mais rápido o movimento, maior a corrente.
3. Se, quando aproximamos da espira o polo norte do ímã, a corrente tem o sentido horário, quando afastamos o polo norte do ímã, a corrente tem o sentido anti-horário. Nesse caso, quando aproximamos da espira o polo sul do ímã, a corrente tem o sentido anti-horário, e quando afastamos da espira o polo sul do ímã, a corrente tem o sentido horário.

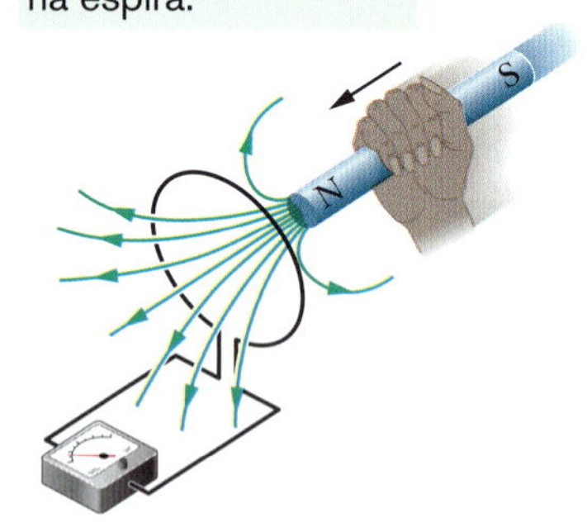

Figura 30.1.1 Um amperímetro revela a existência de uma corrente na espira quando o ímã está em movimento em relação à espira.

A corrente produzida na espira é chamada de **corrente induzida**; o trabalho realizado por unidade de carga para produzir a corrente (ou seja, para colocar em movimento os elétrons de condução responsáveis pela corrente) é chamado **força eletromotriz induzida**; o processo de produzir a corrente e a força eletromotriz recebe o nome de **indução**.

Segundo Experimento. Para esse experimento, usamos o arranjo da Fig. 30.1.2, com duas espiras condutoras próximas uma da outra, mas sem se tocarem. Quando a chave S é fechada, fazendo passar uma corrente na espira da direita, o amperímetro registra, por um breve instante, uma corrente na espira da esquerda. Quando a chave é aberta, o instrumento também registra uma corrente, no sentido oposto. Observamos uma corrente induzida (e, portanto, uma força eletromotriz induzida) quando a corrente na espira da direita está variando (aumentando ou diminuindo), mas não quando é constante (com a chave permanentemente aberta ou permanentemente fechada).

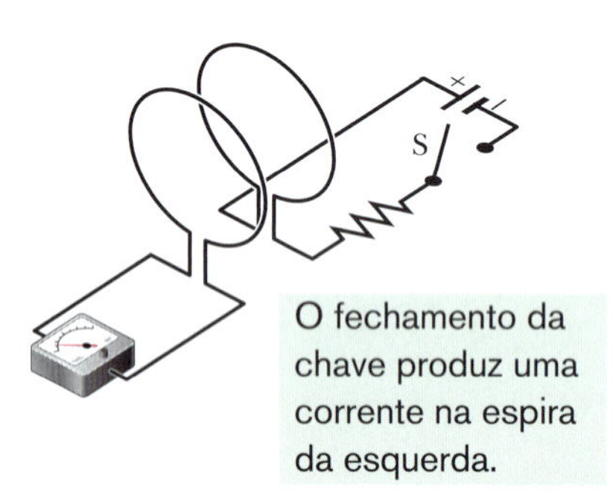

Figura 30.1.2 Um amperímetro revela a existência de uma corrente no circuito da esquerda quando a chave S é fechada (fazendo circular uma corrente no circuito da direita) ou quando a chave S é aberta (fazendo com que a corrente no circuito da direita seja interrompida), mesmo que a posição relativa das espiras não mude durante o processo.

A força eletromotriz induzida e a corrente induzida nesses experimentos são aparentemente causadas pela variação de alguma coisa, mas qual é essa "coisa"? Faraday encontrou a resposta.

Lei de Indução de Faraday

Faraday descobriu que uma força eletromotriz e uma corrente podem ser induzidas em uma espira, como em nossos dois experimentos, fazendo variar a *quantidade de campo magnético* que atravessa a espira. Faraday percebeu ainda que a "quantidade de campo magnético" pode ser visualizada em termos das linhas de campo magnético que atravessam a espira. A **lei de indução de Faraday**, quando aplicada a nossos experimentos, diz o seguinte:

Uma força eletromotriz é induzida na espira da esquerda das Figs. 30.1.1 e 30.1.2 quando varia o número de linhas de campo magnético que atravessam a espira.

O número de linhas de campo que atravessam a espira não importa; os valores da força eletromotriz e da corrente induzida são determinados pela *taxa de variação* desse número.

No primeiro experimento (Fig. 30.1.1), as linhas de campo magnético se espalham a partir do polo norte do ímã. Assim, quando aproximamos o polo norte do ímã da espira, o número de linhas de campo que atravessam a espira aumenta. Esse aumento aparentemente faz com que os elétrons de condução se movam (ou seja, produz uma corrente induzida) e fornece a energia necessária para esse movimento (ou seja, produz uma força eletromotriz induzida). Quando o ímã para de se mover, o número de linhas de campo que atravessam a espira deixa de variar e a corrente induzida e a força eletromotriz induzida desaparecem.

No segundo experimento (Fig. 30.1.2), quando a chave está aberta (a corrente é zero), não existem linhas de campo. Quando a chave é fechada, passa a existir uma corrente na bobina da direita. A corrente produz um campo magnético nas vizinhanças da espira da direita que também passa pela espira da esquerda. Enquanto a corrente está aumentando, o campo também está aumentando e o número de linhas de campo que atravessam a espira da esquerda aumenta. Como no primeiro experimento, é esse aumento do número de linhas de campo que aparentemente induz uma corrente e uma força eletromotriz na espira da esquerda. Quando a corrente na espira da direita atinge o valor final, constante, o número de linhas de campo que atravessam a espira da esquerda deixa de variar e a corrente induzida e a força eletromotriz induzida desaparecem.

Tratamento Quantitativo BT 30.1 a 30.5 30.1

Para aplicar a lei de Faraday a problemas específicos, precisamos saber calcular a *quantidade de campo magnético* que atravessa uma espira. No Capítulo 23, em uma situação semelhante, precisávamos calcular a quantidade de campo elétrico que atravessa uma superfície. Para isso, definimos um fluxo elétrico $\Phi_E = \int \vec{E} \cdot d\vec{A}$. Vamos agora definir um *fluxo magnético*. Suponha que uma espira que envolve uma área A seja submetida a um campo magnético $\vec{B}$. Nesse caso, o **fluxo magnético** que atravessa a espira é dado por

$$\Phi_B = \int \vec{B} \cdot d\vec{A} \quad \text{(fluxo magnético através da área } A\text{)}, \tag{30.1.1}$$

em que $d\vec{A}$ é um vetor de módulo dA perpendicular a um elemento de área dA.

Como no caso do fluxo elétrico, estamos interessados na componente do campo que *atravessa* a superfície, ou seja, na componente do campo perpendicular à superfície. O produto escalar do campo pelo vetor área assegura automaticamente que apenas essa componente seja levada em conta na integração.

Caso Especial. Como um caso especial da Eq. 30.1.1, suponha que a espira seja plana e que o campo magnético seja perpendicular ao plano da espira. Nesse caso, podemos escrever o produto escalar da Eq. 30.1.1 como $B\,dA \cos 0° = B\,dA$. Se, além disso, o campo magnético for uniforme, podemos colocar B do lado de fora do sinal de integral. Nesse caso, a integral se reduz a $\int dA$, que é simplesmente a área da espira. Assim, a Eq. 30.1.1 se torna

$$\Phi_B = BA \quad (\vec{B} \perp \text{ área } A, \vec{B} \text{ uniforme}). \tag{30.1.2}$$

Unidade. De acordo com as Eqs. 30.1.1 e 30.1.2, a unidade de fluxo magnético do SI é o tesla-metro quadrado, que recebe o nome de *weber* (Wb):

$$1 \text{ weber} = 1 \text{ Wb} = 1 \text{ T} \cdot \text{m}^2. \tag{30.1.3}$$

Lei de Faraday. Usando a definição de fluxo magnético, podemos enunciar a lei de Faraday de um modo mais rigoroso:

O módulo da força eletromotriz $\mathscr{E}$ induzida em uma espira condutora é igual à taxa de variação, com o tempo, do fluxo magnético Φ_B que atravessa a espira.

Como vamos ver mais adiante, a força eletromotriz induzida $\mathscr{E}$ se opõe à variação do fluxo, de modo que, matematicamente, a lei de Faraday pode ser escrita na forma

$$\mathscr{E} = -\frac{d\Phi_B}{dt} \quad \text{(lei de Faraday)}, \tag{30.1.4}$$

em que o sinal negativo indica a oposição a que nos referimos. O sinal negativo da Eq. 30.1.4 é frequentemente omitido, já que, em muitos casos, estamos interessados apenas no valor absoluto da força eletromotriz induzida.

Se o fluxo magnético através de uma bobina de N espiras sofre uma variação, uma força eletromotriz é induzida em cada espira e a força eletromotriz total é a soma dessas forças eletromotrizes. Se as espiras da bobina estão muito próximas (ou seja, se temos um *enrolamento compacto*), o mesmo fluxo magnético Φ_B atravessa todas as espiras, e a força eletromotriz total induzida na bobina é dada por

$$\mathscr{E} = -N\frac{d\Phi_B}{dt} \quad \text{(bobina de } N \text{ espiras)}. \tag{30.1.5}$$

Existem três formas de mudar o fluxo magnético que atravessa uma bobina:

1. Mudar o módulo B do campo magnético.
2. Mudar a área total da bobina ou a parte da área atravessada pelo campo magnético (aumentando ou diminuindo o tamanho da bobina no primeiro caso e colocando uma parte maior ou menor da bobina na região onde existe o campo no segundo).
3. Mudar o ângulo entre a direção do campo magnético $\vec{B}$ e o plano da bobina (fazendo girar a bobina, por exemplo).

Teste 30.1.1

O gráfico mostra o módulo $B(t)$ de um campo magnético uniforme que atravessa uma bobina condutora, com a direção do campo perpendicular ao plano da bobina. Coloque as cinco regiões do gráfico na ordem descendente do valor absoluto da força eletromotriz induzida da bobina.

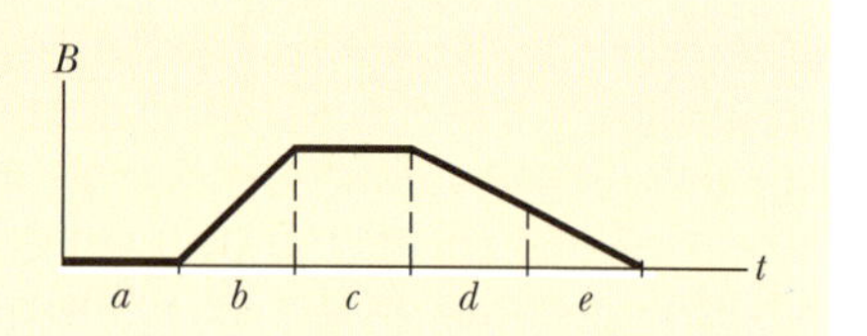

Exemplo 30.1.1 Força eletromotriz induzida em uma bobina por um solenoide

O solenoide longo S representado em seção seta na Fig. 30.1.3 possui 220 espiras/cm, tem um diâmetro D = 3,2 cm e conduz uma corrente i = 1,5 A. No centro do solenoide é colocada uma bobina C, de enrolamento compacto, com 130 espiras e diâmetro d = 2,1 cm. A corrente no solenoide é reduzida a zero a uma taxa constante em 25 ms. Qual é o valor absoluto da força eletromotriz induzida na bobina C enquanto a corrente no solenoide está variando?

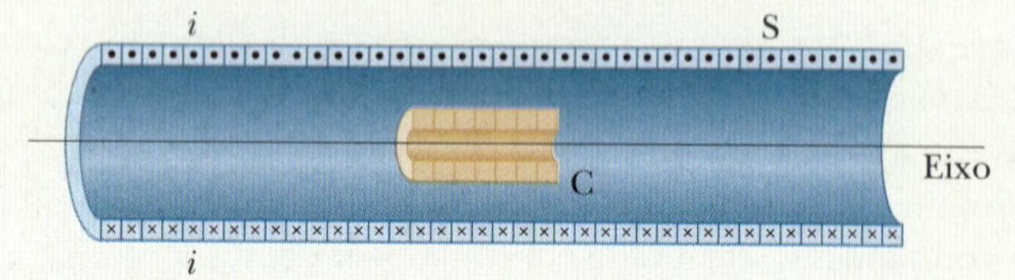

Figura 30.1.3 Uma bobina C no interior de um solenoide S que conduz uma corrente i.

IDEIAS-CHAVE

1. Como está situada no interior do solenoide, a bobina C é submetida ao campo magnético produzido pela corrente i do solenoide; assim, um fluxo Φ_B atravessa a bobina C.
2. Quando a corrente i diminui, o fluxo Φ_B também diminui.
3. De acordo com a lei de Faraday, quando Φ_B diminui, uma força eletromotriz $\mathscr{E}$ é induzida na bobina C.
4. O fluxo em cada espira da bobina C depende da área A e da orientação da espira em relação ao campo $\vec{B}$ do solenoide. Como $\vec{B}$ é uniforme e perpendicular ao plano das espiras, o fluxo é dado pela Eq. 30.1.2 ($\Phi_B = BA$).
5. De acordo com a Eq. 29.4.3 ($B = \mu_0 in$), o módulo B do campo magnético no interior do solenoide depende da corrente i do solenoide e do número n de espiras por unidade de comprimento.

Cálculos: Como a bobina C possui mais de uma espira, aplicamos a lei de Faraday na forma da Eq. 30.1.5 ($\mathscr{E} = -N\,d\Phi_B/dt$), em que o número N de espiras é 130 e $d\Phi_B/dt$ é a taxa de variação do fluxo que atravessa as espiras.

Como a corrente no solenoide diminui a uma taxa constante, o fluxo Φ_B também diminui a uma taxa constante e, portanto, podemos escrever $d\Phi_B/dt$ como $\Delta\Phi_B/\Delta t$. Para calcular $\Delta\Phi_B$, precisamos conhecer apenas os valores inicial e final do fluxo. O fluxo final $\Phi_{B,f}$ é zero porque a corrente final no solenoide é zero. Para determinar o fluxo inicial $\Phi_{B,i}$, observamos que a área A é $\pi d^2/4$ (= $3{,}464 \times 10^{-4}$ m²) e n = 220 espiras/cm ou 22.000 espiras/m. Substituindo a Eq. 29.4.3 na Eq. 30.1.2, obtemos

$$\begin{aligned}\Phi_{B,i} &= BA = (\mu_0 in)A \\ &= (4\pi \times 10^{-7}\,\text{T}\cdot\text{m/A})(1{,}5\ \text{A})(22.000\ \text{espiras/m}) \\ &\quad \times (3{,}464 \times 10^{-4}\ \text{m}^2) \\ &= 1{,}44 \times 10^{-5}\ \text{Wb}.\end{aligned}$$

Nesse caso, temos

$$\frac{d\Phi_B}{dt} = \frac{\Delta\Phi_B}{\Delta t} = \frac{\Phi_{B,f} - \Phi_{B,i}}{\Delta t}$$

$$= \frac{(0 - 1{,}44 \times 10^{-5}\ \text{Wb})}{25 \times 10^{-3}\ \text{s}}$$

$$= -5{,}76 \times 10^{-4}\ \text{Wb/s}$$

$$= -5{,}76 \times 10^{-4}\ \text{V}.$$

Como estamos interessados apenas no valor absoluto da força eletromotriz, ignoramos o sinal negativo dessa equação e da Eq. 30.1.5 e escrevemos

$$\mathscr{E} = N\frac{d\Phi_B}{dt} = (130\ \text{espiras})(5{,}76 \times 10^{-4}\ \text{V})$$

$$= 7{,}5 \times 10^{-2}\ \text{V}$$

$$= 75\ \text{mV}. \qquad \text{(Resposta)}$$

Lei de Lenz  30.6  30.1

Pouco depois de Faraday descobrir a lei de indução, Heinrich Friedrich Lenz propôs uma regra, hoje conhecida como **lei de Lenz**, para determinar o sentido da corrente induzida em uma espira:

A corrente induzida em uma espira tem um sentido tal que o campo magnético produzido pela *corrente* se opõe à variação do fluxo magnético que induz a corrente.

A força eletromotriz induzida tem um sentido compatível com o sentido da corrente induzida. A ideia central da lei de Lenz é a de "oposição". Para termos uma ideia melhor de como essa ideia funciona, vamos aplicá-la de dois modos diferentes, mas equivalentes, à situação da Fig. 30.1.4, na qual o polo norte de um ímã está se aproximando de uma espira condutora.

1. ***Oposição ao Movimento de um Polo.*** A aproximação do polo norte do ímã da Fig. 30.1.4 aumenta o fluxo magnético que atravessa a espira e, portanto, induz uma corrente na espira. De acordo com a Fig. 29.5.1, ao ser percorrida por uma corrente, a espira passa a se comportar como um dipolo magnético, com um polo sul e um polo norte; o momento magnético $\vec{\mu}$ associado a esse dipolo aponta do polo sul para o polo norte. Para se *opor* ao aumento de fluxo causado pela aproximação do ímã, o polo norte da espira (e, portanto, o vetor $\vec{\mu}$) deve estar voltado para o polo norte do ímã, de modo a repeli-lo (Fig. 30.1.4). Nesse caso, de acordo com a regra da mão direita (ver Fig. 29.5.1), a corrente induzida na espira deve ter o sentido anti-horário quando vista do lado do ímã na Fig. 30.1.4.

   Quando afastamos o ímã da espira, uma nova corrente é induzida na espira. Agora, o polo sul da espira deve estar voltado para o polo norte do ímã de modo a atraí-lo e assim se opor ao afastamento. Assim, a corrente induzida na espira tem o sentido horário quando vista do lado do ímã.

2. ***Oposição à Variação de Fluxo.*** Na Fig. 30.1.4, com o ímã inicialmente distante, o fluxo magnético que atravessa a espira é zero. Quando o polo norte do ímã se aproxima da espira com o campo magnético $\vec{B}$ apontando *para baixo*, o fluxo através da espira aumenta. Para se opor a esse aumento de fluxo, a corrente induzida i deve criar um campo $\vec{B}_{\text{ind}}$ apontando *para cima*, como na Fig. 30.1.5*a*; nesse caso, o fluxo para cima de $\vec{B}_{\text{ind}}$ se opõe ao aumento do fluxo para baixo causado pela aproximação do ímã e o consequente aumento de $\vec{B}$. De acordo com a regra da mão direita da Fig. 29.5.1, o sentido de i nesse caso deve ser o sentido anti-horário da Fig. 30.1.5*a*.

   Atenção. O fluxo de $\vec{B}_{\text{ind}}$ sempre se opõe à *variação* do fluxo de $\vec{B}$, mas isso não significa que $\vec{B}$ e $\vec{B}_{\text{ind}}$ sempre têm sentidos opostos. Assim, por exemplo, quando afastamos o ímã da espira da Fig. 30.1.4, o fluxo Φ_B produzido pelo ímã tem o mesmo sentido que antes (para baixo), mas agora está diminuindo. Nesse caso, como mostra a Fig. 30.1.5*b*, o fluxo de $\vec{B}_{\text{ind}}$ também deve ser para baixo, de modo a se opor à *diminuição* do fluxo Φ_B. Nesse caso, portanto, $\vec{B}$ e $\vec{B}_{\text{ind}}$ têm o mesmo sentido.

   As Figs. 30.1.5*c* e *d* mostram as situações em que o polo sul do ímã se aproxima e se afasta da espira, mais uma vez se opondo à variação do fluxo.

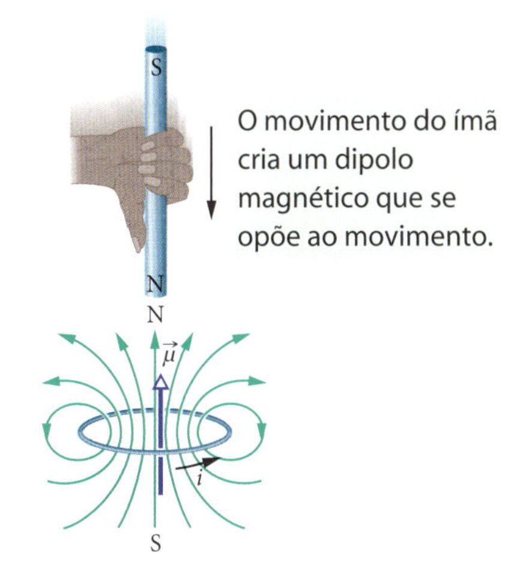

Figura 30.1.4 Aplicação da lei de Lenz. Quando o ímã se aproxima da espira, uma corrente é induzida na espira. A corrente produz um outro campo magnético, cujo momento dipolar magnético $\vec{\mu}$ está orientado de tal forma que se opõe ao movimento do ímã. Assim, a corrente induzida tem o sentido anti-horário, como mostra a figura.

O aumento do campo externo $\vec{B}$ induz uma corrente que produz um campo $\vec{B}_{\text{ind}}$ *no sentido oposto.*

A diminuição do campo externo $\vec{B}$ induz uma corrente que produz um campo $\vec{B}_{\text{ind}}$ *no mesmo sentido.*

O aumento do campo externo $\vec{B}$ induz uma corrente que produz um campo $\vec{B}_{\text{ind}}$ *no sentido oposto.*

A diminuição do campo externo $\vec{B}$ induz uma corrente que produz um campo $\vec{B}_{\text{ind}}$ *no mesmo sentido.*

A corrente induzida cria este campo, que se opõe à variação do campo original.

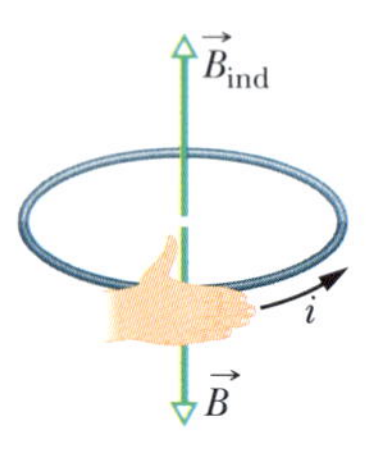
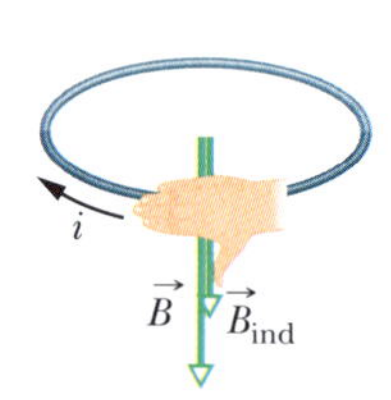
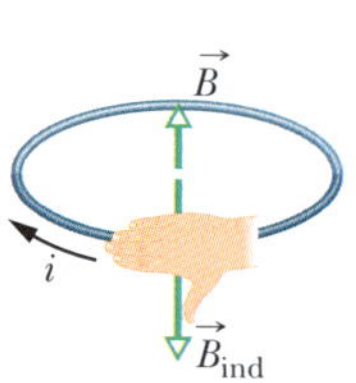
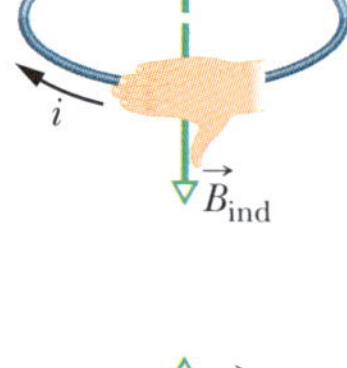
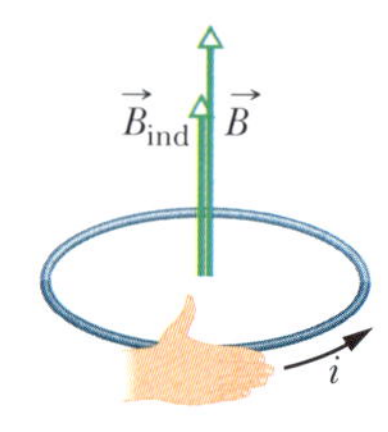

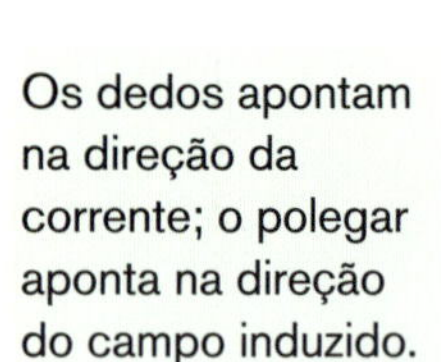

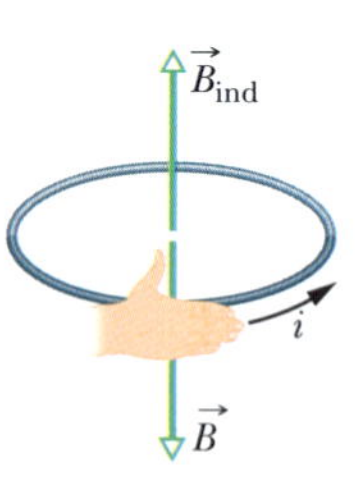
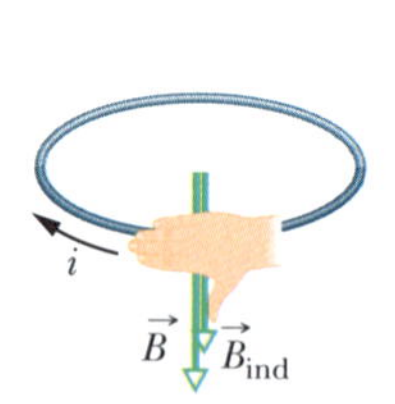
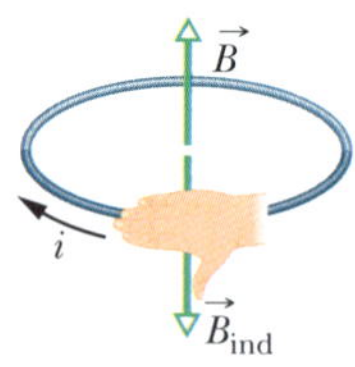
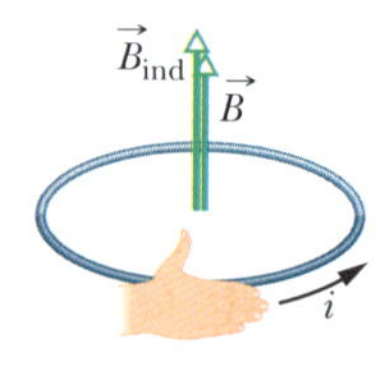

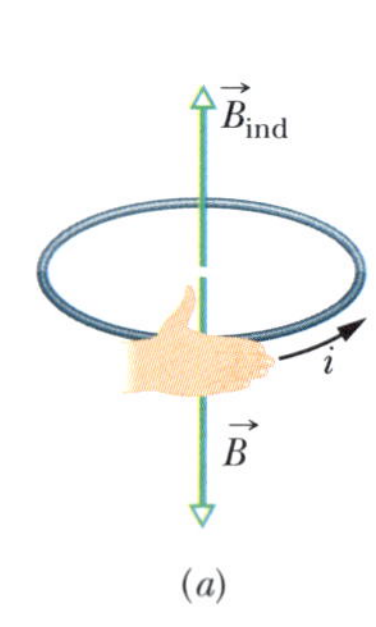
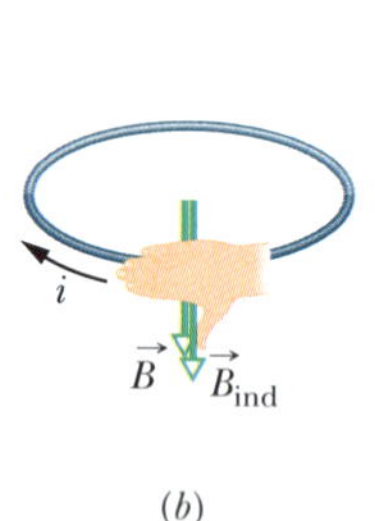
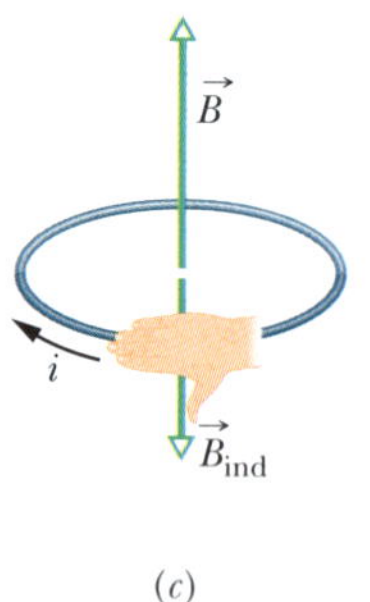
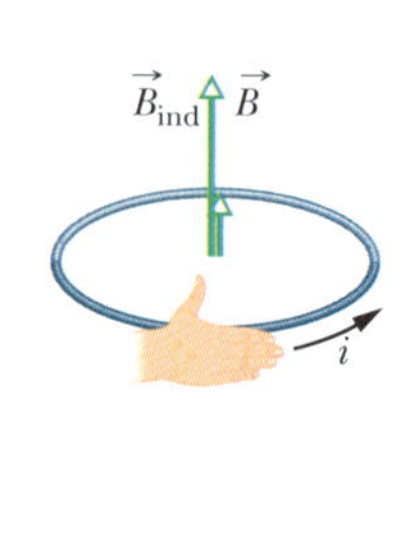

(*a*) (*b*) (*c*) (*d*)

Figura 30.1.5 O sentido da corrente i induzida em uma espira é tal que o campo magnético $\vec{B}_{\text{ind}}$ produzido pela corrente se opõe à *variação* do campo magnético $\vec{B}$ que induziu a corrente. O campo $\vec{B}_{\text{ind}}$ sempre tem o sentido oposto ao sentido de $\vec{B}$, se $\vec{B}$ está aumentando (a, c), e o mesmo sentido que $\vec{B}$, se $\vec{B}$ está diminuindo (b, d). A regra da mão direita fornece o sentido da corrente induzida a partir do sentido do campo induzido.

Figura 30.1.6 Guitarra Fender® Stratocaster®.

Guitarra Elétrica

A Fig. 30.1.6 mostra uma Fender® Stratocaster®, um tipo de guitarra elétrica. Enquanto o som da guitarra acústica depende da ressonância acústica produzida no corpo oco do instrumento pelas oscilações das cordas, a guitarra elétrica é maciça, de modo que o corpo do instrumento não contribui para o som. Em vez disso, as oscilações das cordas de metal são convertidas em sinais elétricos por captadores e esses sinais são enviados a um amplificador e um alto-falante.

A Fig. 30.1.7 mostra a estrutura básica de um captador. O fio que liga o captador ao amplificador está enrolado em um pequeno ímã, formando uma bobina. O campo magnético do ímã produz um polo norte e um polo sul magnético no trecho da corda que está acima do ímã. Quando a corda é tocada e entra em oscilação, o movimento muda o fluxo do campo magnético que atravessa a bobina, induzindo uma corrente elétrica. Enquanto a corda se aproxima e se afasta da bobina, a corrente induzida muda de sentido com a mesma frequência que as oscilações da corda, transmitindo assim a frequência da oscilação para o amplificador e o alto-falante.

Uma guitarra Stratocaster dispõe de três captadores, situados em diferentes posições no corpo da guitarra. O captador mais próximo da extremidade das cordas detecta melhor as oscilações de alta frequência; o captador mais afastado detecta melhor as oscilações de baixa frequência. Usando uma chave seletora, o músico pode escolher o captador ou par de captadores cujo sinal será enviado ao amplificador e ao alto-falante.

Para controlar ainda mais o som da sua guitarra, o lendário Jimi Hendrix às vezes mudava o enrolamento dos captadores do instrumento, alterando o número de espiras das bobinas. Com isso, ele mudava a força eletromotriz induzida nas bobinas e, portanto, a sensibilidade relativa dos três captadores às oscilações das cordas. Mesmo sem essa medida adicional, as guitarras elétricas permitem um controle maior do som produzido que as guitarras acústicas.

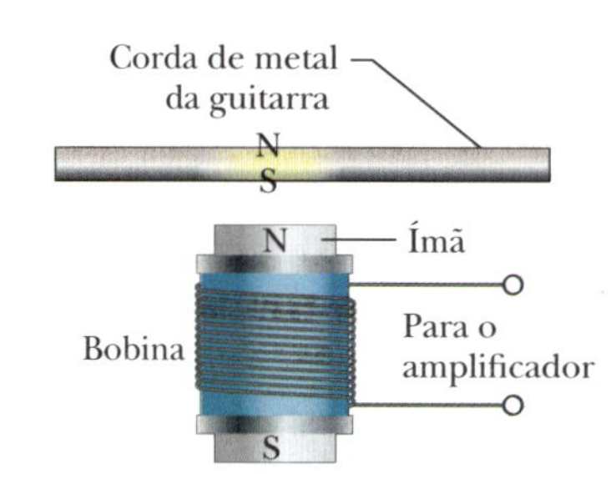

Figura 30.1.7 Vista lateral do captador de uma guitarra elétrica. Ao oscilar, a corda de metal (que se comporta como um ímã) produz uma variação do fluxo magnético que induz uma corrente na bobina.

Teste 30.1.2

A figura mostra três arranjos nos quais espiras circulares iguais são submetidas a campos magnéticos uniformes crescentes (Cre) ou decrescentes (Dec) com a mesma taxa de crescimento ou decaimento. A reta tracejada passa pelo centro das bobinas. Coloque os arranjos na ordem decrescente do valor absoluto da corrente induzida na espira.

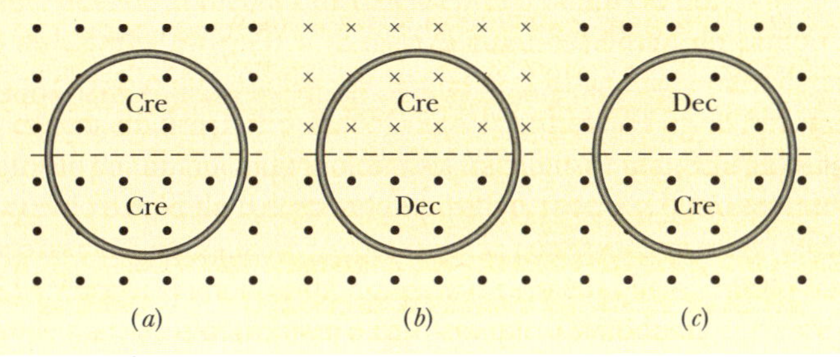

Exemplo 30.1.2 Força eletromotriz e corrente induzidas por um campo magnético uniforme variável

A Fig. 30.1.8 mostra uma espira condutora formada por uma semicircunferência de raio $r = 0{,}20$ m e três fios retilíneos. A semicircunferência está em uma região onde existe um campo magnético uniforme $\vec{B}$ orientado para fora do papel; o módulo do campo é dado por $B = 4{,}0t^2 + 2{,}0t + 3{,}0$, com B em teslas e t em segundos. Uma fonte ideal com uma força eletromotriz $\mathscr{E}_{fon} = 2{,}0$ V é ligada à espira. A resistência da espira é 2,0 Ω.

(a) Determine o módulo e o sentido da força eletromotriz $\mathscr{E}_{ind}$ induzida na espira pelo campo $\vec{B}$ no instante $t = 10$ s.

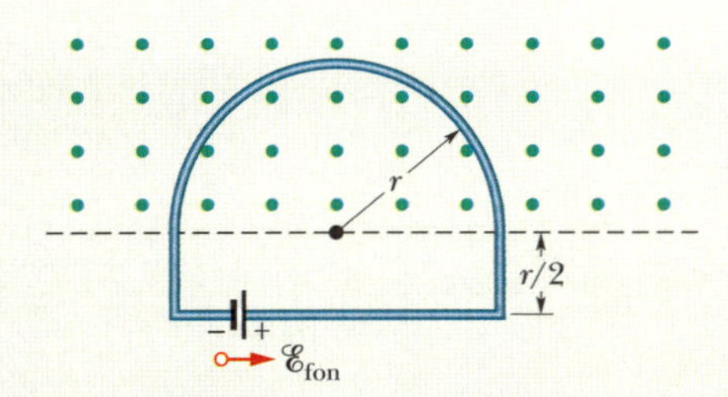

Figura 30.1.8 Uma fonte é ligada a uma espira condutora que inclui uma semicircunferência de raio r imersa em um campo magnético uniforme. O campo, cujo módulo varia com o tempo, aponta para fora do papel.

IDEIAS-CHAVE

1. De acordo com a lei de Faraday, o valor absoluto de $\mathscr{E}_{ind}$ é igual à taxa de variação do fluxo magnético através da espira, $d\Phi_B/dt$.
2. O fluxo através da espira depende da área A da espira e da orientação da espira em relação ao campo magnético $\vec{B}$.
3. Como $\vec{B}$ é uniforme e perpendicular ao plano da espira, o fluxo é dado pela Eq. 30.1.2 ($\Phi_B = BA$). (Não é necessário integrar B na região envolvida pela espira para calcular o fluxo.)
4. O campo induzido B_{ind} (produzido pela corrente induzida) se opõe à *variação* do fluxo magnético.

Valor absoluto: Usando a Eq. 30.1.2 e levando em conta o fato de que apenas o módulo B do campo varia com o tempo (a área A é constante), podemos escrever a lei de Faraday, Eq. 30.1.4, na forma

$$\mathscr{E}_{ind} = \frac{d\Phi_B}{dt} = \frac{d(BA)}{dt} = A\,\frac{dB}{dt}.$$

Como o fluxo atravessa apenas a parte da bobina correspondente à semicircunferência, a área A é igual a $\pi r^2/2$. Substituindo esse valor e a expressão dada para B, obtemos

$$\mathscr{E}_{\text{ind}} = A\frac{dB}{dt} = \frac{\pi r^2}{2}\frac{d}{dt}(4{,}0t^2 + 2{,}0t + 3{,}0)$$

$$= \frac{\pi r^2}{2}(8{,}0t + 2{,}0).$$

Para $t = 10$ s, temos

$$\mathscr{E}_{\text{ind}} = \frac{\pi\,(0{,}20\text{ m})^2}{2}[8{,}0(10) + 2{,}0]$$

$$= 5{,}152\text{ V} \approx 5{,}2\text{ V}. \qquad \text{(Resposta)}$$

Sentido: Para determinar o sentido de $\mathscr{E}_{\text{ind}}$, observamos que na Fig. 30.1.8 o fluxo através da espira é para fora do papel e crescente. Como o campo induzido B_{ind} (produzido pela corrente induzida) se opõe a esse aumento, ele deve estar orientado *para dentro* do papel. Usando a regra de mão direita (Fig. 30.1.5*c*), descobrimos que a corrente induzida tem o sentido horário e, portanto, o mesmo acontece com a força eletromotriz induzida $\mathscr{E}_{\text{ind}}$.

(b) Qual é a corrente na espira no instante $t = 10$ s?

IDEIA-CHAVE

A espira está sujeita a *duas* forças eletromotrizes.

Cálculo: A força eletromotriz induzida $\mathscr{E}_{\text{ind}}$ tende a produzir uma corrente no sentido horário; a força eletromotriz da fonte $\mathscr{E}_{\text{fon}}$ tende a produzir uma corrente no sentido anti-horário. Como $\mathscr{E}_{\text{ind}}$ é maior que $\mathscr{E}_{\text{fon}}$, a força eletromotriz total $\mathscr{E}_{\text{tot}}$ tem o sentido horário e produz uma corrente no mesmo sentido. Para calcular a corrente no instante $t = 10$ s, usamos a Eq. 27.1.2 ($i = \mathscr{E}/R$):

$$i = \frac{\mathscr{E}_{\text{tot}}}{R} = \frac{\mathscr{E}_{\text{ind}} - \mathscr{E}_{\text{fon}}}{R}$$

$$= \frac{5{,}152\text{ V} - 2{,}0\text{ V}}{2{,}0\ \Omega} = 1{,}58\text{ A} \approx 1{,}6\text{ A}. \qquad \text{(Resposta)}$$

Exemplo 30.1.3 Força eletromotriz induzida por um campo magnético não uniforme variável

A Fig. 30.1.9 mostra uma espira retangular imersa em um campo não uniforme variável $\vec{B}$ que é perpendicular ao plano do papel e aponta para dentro do papel. O módulo do campo é dado por $B = 4t^2x^2$, com B em teslas, t em segundos e x em metros. (Note que B varia com o tempo e com a posição.) A espira tem uma largura $W = 3{,}0$ m e uma altura $H = 2{,}0$ m. Determine o módulo e a direção da força eletromotriz $\mathscr{E}$ induzida na espira no instante $t = 0{,}10$ s.

IDEIAS-CHAVE

1. Como o módulo do campo magnético $\vec{B}$ varia com o tempo, o fluxo magnético Φ_B através da espira também varia.
2. De acordo com a lei de Faraday, a variação de fluxo induz na espira uma força eletromotriz $\mathscr{E} = d\Phi_B/dt$.
3. Para usar essa equação, precisamos de uma expressão para o fluxo Φ_B em função do tempo t. Entretanto, como B *não é* uniforme no interior da espira, *não podemos* usar a Eq. 30.1.2 ($\Phi_B = BA$) para calcular essa expressão, mas devemos usar a Eq. 30.1.1 ($\Phi_B = \int \vec{B}\cdot d\vec{A}$).

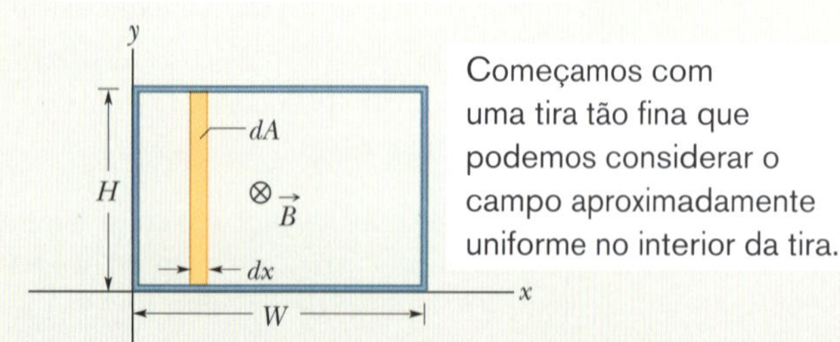

Figura 30.1.9 Uma espira condutora, de largura W e altura H, está imersa em um campo magnético não uniforme e variável, que aponta para dentro do papel. Para aplicar a lei de Faraday, usamos uma tira vertical de altura H, largura dx e área dA.

Cálculos: Na Fig. 30.1.9, $\vec{B}$ é perpendicular ao plano da espira (e, portanto, paralelo ao vetor elemento de área $d\vec{A}$); assim, o produto escalar da Eq. 30.1.1 é igual a $B\,dA$. Como o campo magnético varia com a coordenada x e não com a coordenada y, podemos tomar a área elementar dA como a área de uma tira vertical de altura H e largura dx (como mostra a Fig. 30.1.9). Nesse caso, $dA = H\,dx$ e o fluxo através da espira é

$$\Phi_B = \int \vec{B}\cdot d\vec{A} = \int B\,dA = \int BH\,dx = \int 4t^2x^2H\,dx.$$

Tratando t como constante nessa integração e introduzindo os limites de integração $x = 0$ e $x = 3{,}0$ m, obtemos

$$\Phi_B = 4t^2H\int_0^{3{,}0} x^2\,dx = 4t^2H\left[\frac{x^3}{3}\right]_0^{3{,}0} = 72t^2,$$

em que fizemos $H = 2{,}0$ m e Φ_B está em webers. Agora podemos usar a lei de Faraday para determinar o valor absoluto de $\mathscr{E}$ em função do tempo t:

$$\mathscr{E} = \frac{d\Phi_B}{dt} = \frac{d(72t^2)}{dt} = 144t,$$

em que $\mathscr{E}$ está em volts. No instante $t = 0{,}10$ s,

$$\mathscr{E} = (144\text{ V/s})(0{,}10\text{ s}) \approx 14\text{ V}. \qquad \text{(Resposta)}$$

O fluxo de $\vec{B}$ através da espira é para dentro do papel na Fig. 30.1.9 e aumenta com o tempo porque o módulo de B aumenta com o tempo. De acordo com a lei de Lenz, o campo B_{ind} produzido pela corrente induzida se opõe a esse aumento e, portanto, aponta para fora do papel. De acordo com a regra da mão direita da Fig. 30.1.5*a*, a corrente induzida na espira tem o sentido anti-horário e o sentido da força eletromotriz induzida $\mathscr{E}$ é compatível com esse sentido da corrente.

30.2 INDUÇÃO E TRANSFERÊNCIAS DE ENERGIA

Objetivos do Aprendizado

Depois de ler este módulo, você será capaz de ...

30.2.1 No caso de uma espira condutora que se aproxima ou se afasta de uma região onde existe um campo magnético, calcular a taxa com a qual a energia é transformada em energia térmica.

30.2.2 Conhecer a relação entre a corrente induzida e a taxa com a qual ela produz energia térmica.

30.2.3 Saber o que são correntes parasitas.

Ideia-Chave

- A indução de uma corrente por uma variação de fluxo magnético significa que está sendo transferida energia para a corrente. Essa energia pode ser convertida para outras formas, como energia térmica, por exemplo.

Indução e Transferências de Energia

BT 30.7 30.1 e 30.2 30.2 e 30.3

De acordo com a lei de Lenz, quando o ímã é aproximado ou afastado da espira da Fig. 30.1.1, uma força magnética se opõe ao movimento e, portanto, é preciso realizar um trabalho positivo para executá-lo. Ao mesmo tempo, uma energia térmica é produzida na espira por causa da resistência elétrica do material à corrente induzida na espira pelo movimento. A energia transferida ao sistema *espira + ímã* pela força aplicada ao ímã acaba sendo transformada em energia térmica. (Por enquanto, vamos ignorar a energia que é irradiada pela espira na forma de ondas eletromagnéticas durante a indução.) Quanto mais rápido o movimento do ímã, mais depressa a força aplicada realiza trabalho e maior é a rapidez com a qual a energia se transforma em energia térmica; em outras palavras, maior a potência associada à transferência de energia.

Qualquer que seja a forma como a corrente é induzida, a energia sempre se transforma em energia térmica durante o processo (a menos que a espira seja supercondutora) por causa da resistência elétrica do material de que é feita a espira. Assim, por exemplo, na Fig. 30.1.2, quando a chave S é fechada e uma corrente é induzida momentaneamente na espira da esquerda, parte da energia fornecida pela fonte é transformada em energia térmica na espira da esquerda.

A Fig. 30.2.1 mostra outra situação que envolve uma corrente induzida. Uma espira retangular de largura L está parcialmente imersa em um campo magnético externo

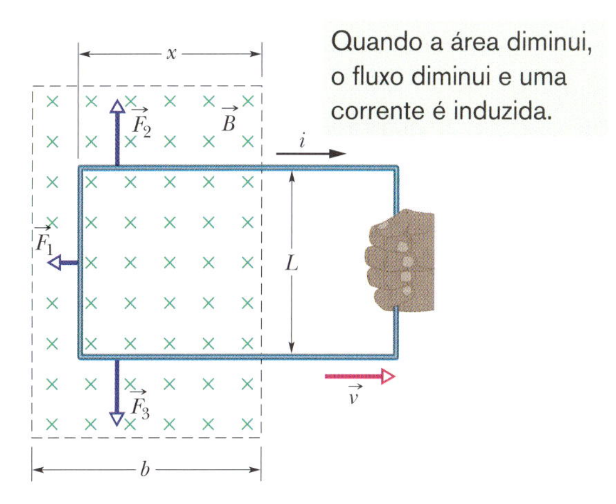

Figura 30.2.1 Uma espira é puxada com velocidade constante $\vec{v}$ para fora de uma região onde existe um campo magnético. Enquanto a espira está se movendo, uma corrente i no sentido horário é induzida na espira, e os segmentos da espira que ainda estão submetidos a um campo magnético experimentam forças $\vec{F}_1$, $\vec{F}_2$ e $\vec{F}_3$.

uniforme perpendicular ao plano da espira. O campo pode ser produzido, por exemplo, por um grande eletroímã. As retas tracejadas da Fig. 30.2.1 mostram os limites do campo magnético; o efeito das bordas é considerado desprezível. Suponha que a espira seja puxada para a direita com velocidade constante $\vec{v}$.

Variação do Fluxo. A situação da Fig. 30.2.1 é essencialmente a mesma da Fig. 30.1.1. Nos dois casos, existe um movimento relativo entre um campo magnético e uma espira condutora; nos dois casos, o fluxo do campo através da espira varia com o tempo. É verdade que, na Fig. 30.1.1, o fluxo varia porque $\vec{B}$ varia, enquanto na Fig. 30.2.1, o fluxo varia porque a parte da espira que está imersa no campo magnético varia, mas a diferença não é importante. A diferença importante entre os dois arranjos é que os cálculos são mais simples para o arranjo da Fig. 30.2.1. Vamos agora calcular a taxa com a qual é realizado trabalho mecânico quando a espira da Fig. 30.2.1 é puxada com velocidade constante.

Potência. Como vamos ver, para puxar a espira da Fig. 30.2.1 com velocidade constante $\vec{v}$, é preciso aplicar à espira uma força constante $\vec{F}$, pois a espira está sujeita a uma força magnética de mesmo módulo e sentido oposto. De acordo com a Eq. 7.6.7, a taxa com a qual a força aplicada realiza trabalho – ou seja, a potência desenvolvida pela força – é dada por

$$P = Fv, \tag{30.2.1}$$

em que F é o módulo da força aplicada. Estamos interessados em obter uma expressão para P em função do módulo B do campo magnético e dos parâmetros da espira, que são, no caso, a resistência R e a largura L.

Quando deslocamos a espira da Fig. 30.2.1 para a direita, a parte da espira que está imersa no campo magnético diminui. Assim, o fluxo através da espira também diminui e, de acordo com a lei de Faraday, uma corrente é induzida na espira. É a circulação dessa corrente que produz a força que se opõe ao movimento.

Força Eletromotriz Induzida. Para determinar o valor da corrente, começamos por aplicar a lei de Faraday. No instante em que o comprimento da parte da espira que ainda está na região onde existe campo magnético é x, a área da parte da espira que ainda está na região onde existe campo magnético é Lx. Nesse caso, de acordo com a Eq. 30.1.2, o valor absoluto do fluxo através da bobina é

$$\Phi_B = BA = BLx. \tag{30.2.2}$$

Quando x diminui, o fluxo diminui. De acordo com a lei de Faraday, a diminuição do fluxo faz com que uma força eletromotriz seja induzida na espira. Ignorando o sinal negativo da Eq. 30.1.4 e usando a Eq. 30.2.2, podemos escrever o valor absoluto da força eletromotriz como

$$\mathscr{E} = \frac{d\Phi_B}{dt} = \frac{d}{dt}BLx = BL\frac{dx}{dt} = BLv, \tag{30.2.3}$$

em que substituímos dx/dt por v, a velocidade com a qual a espira está se movendo.

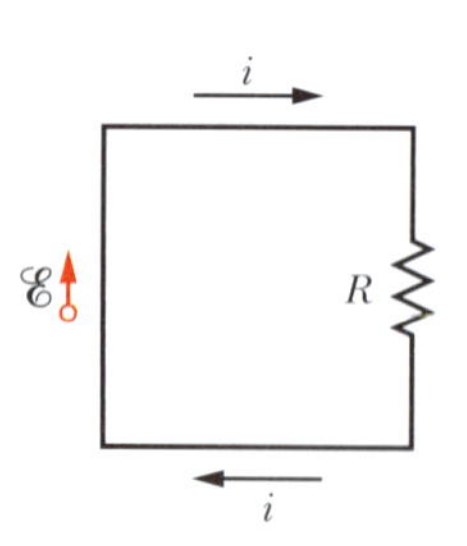

Figura 30.2.2 Diagrama esquemático da espira da Fig. 30.2.1 enquanto está se movendo.

A Fig. 30.2.2 mostra a espira como um circuito. A força eletromotriz induzida $\mathscr{E}$ aparece do lado esquerdo, e a resistência R da espira, do lado direito. O sentido da corrente induzida i é dado pela regra da mão direita para um fluxo decrescente (Fig. 30.1.5*b*). Aplicando a regra, vemos que a corrente circula no sentido horário; a força eletromotriz tem o mesmo sentido.

Corrente Induzida. Para determinar o valor absoluto da corrente induzida, não podemos aplicar a regra das malhas para diferenças de potencial em um circuito porque, como vamos ver no Módulo 30.3, não é possível definir uma diferença de potencial para uma força eletromotriz induzida. Entretanto, podemos aplicar a equação $i = \mathscr{E}/R$. Usando o valor de $\mathscr{E}$ dado pela Eq. 30.2.3, temos

$$i = \frac{BLv}{R}. \tag{30.2.4}$$

Como três segmentos da espira da Fig. 30.2.1 se encontram em uma região onde existe campo magnético, estão sujeitos a forças transversais quando são percorridos por uma corrente elétrica. De acordo com a Eq. 28.6.2, essas forças são dadas, em notação vetorial, pela equação

$$\vec{F}_d = i\vec{L} \times \vec{B}. \tag{30.2.5}$$

Na Fig. 30.2.1, as forças que agem sobre os três segmentos da espira foram chamadas $\vec{F}_1$, $\vec{F}_2$ e $\vec{F}_3$. Note que, por simetria, as forças $\vec{F}_2$ e $\vec{F}_3$ têm módulos iguais e sentidos opostos e, portanto, se cancelam mutuamente. Isso deixa apenas a força $\vec{F}_1$, que tem o sentido oposto ao da força $\vec{F}_1$ aplicada à espira e resiste ao movimento. Assim, $\vec{F} = -\vec{F}_1$.

Usando a Eq. 30.2.5 para obter o módulo de $\vec{F}_1$ e observando que o ângulo entre $\vec{B}$ e o vetor comprimento $\vec{L}$ para o segmento da esquerda é 90°, podemos escrever:

$$F = F_1 = iLB \operatorname{sen} 90° = iLB. \tag{30.2.6}$$

Substituindo i na Eq. 30.2.4 por seu valor, dado pela Eq. 30.2.6, obtemos

$$F = \frac{B^2L^2v}{R}. \tag{30.2.7}$$

Como B, L e R são constantes, a velocidade v com a qual a espira é puxada é constante se o módulo da força F aplicada à espira for constante.

Potência. Substituindo a Eq. 30.2.7 na Eq. 30.2.1, podemos obter a potência desenvolvida na tarefa de puxar a espira na presença de um campo magnético:

$$P = Fv = \frac{B^2L^2v^2}{R} \quad \text{(potência)}. \tag{30.2.8}$$

Energia Térmica. Para completar nossa análise, vamos calcular a potência dissipada na espira na forma de energia térmica quando a espira é puxada com velocidade constante. De acordo com a Eq. 26.5.3,

$$P = i^2R. \tag{30.2.9}$$

Substituindo i pelo seu valor, dado pela Eq. 30.2.4, obtemos

$$P = \left(\frac{BLv}{R}\right)^2 R = \frac{B^2L^2v^2}{R} \quad \text{(taxa de geração de energia térmica)}, \tag{30.2.10}$$

que é exatamente igual à potência desenvolvida na tarefa de puxar a espira (ver Eq. 30.2.8). Assim, o trabalho para puxar a espira na presença de um campo magnético é totalmente transformado em energia térmica.

Queimaduras Produzidas em Exames de Ressonância Magnética

Em um exame de ressonância magnética (Fig. 30.2.3), o paciente é submetido a dois campos magnéticos: um campo magnético constante muito forte $\vec{B}_{con}$ e um campo magnético alternado fraco, $\vec{B}(t)$. Normalmente, o exame exige que o paciente permaneça imóvel por um longo tempo. Se o paciente, por algum motivo, não consegue permanecer imóvel (uma criança, por exemplo), ele é anestesiado. Como toda anestesia geral envolve um certo risco, o paciente é monitorado, em geral com um *oxímetro*, um dispositivo que mede o grau de oxigenação do sangue e a frequência dos batimentos cardíacos. O dispositivo consiste em um sensor instalado em um dedo do paciente e um cabo que liga o sensor a um monitor situado fora do aparelho de ressonância magnética.

Os exames de ressonância magnética normalmente não envolvem nenhum risco para o paciente. Em uns poucos casos, porém, a falta de atenção à lei de indução de Faraday fez com que pacientes anestesiados sofressem graves queimaduras. Nesses casos, o cabo do oxímetro encostou no braço do paciente (Fig. 30.2.4). O cabo e o antebraço do paciente formaram uma malha fechada pela qual o campo magnético $\vec{B}(t)$ produziu um fluxo variável. Essa variação do fluxo induziu uma força eletromotriz na malha. Embora o isolamento do cabo e a pele do paciente tivessem uma alta

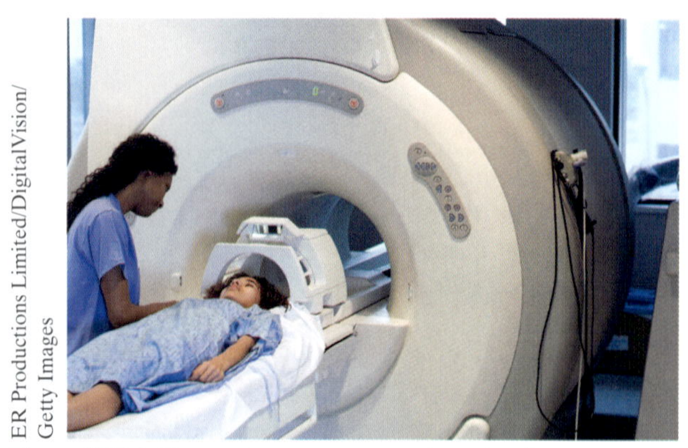

Figura 30.2.3 Um paciente prestes a ser introduzido em um aparelho de ressonância magnética.

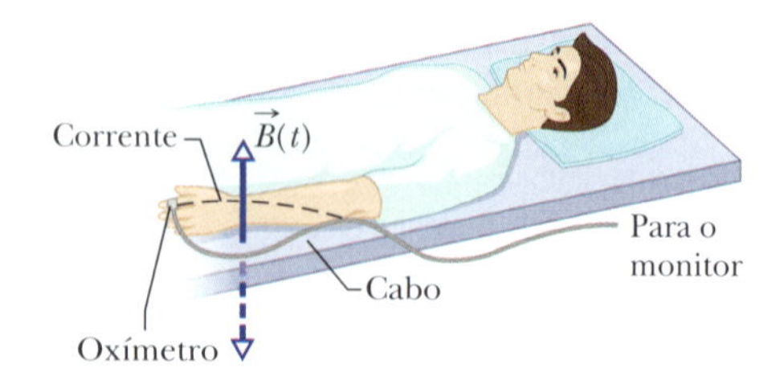

Figura 30.2.4 Um oxímetro instalado no dedo de um paciente submetido a um exame de ressonância magnética, no qual um campo magnético alternado vertical $\vec{B}(t)$ é aplicado. Se o cabo do oxímetro encostar no braço do paciente, será formada uma malha fechada envolvendo o dedo do paciente, o oxímetro, parte do cabo e o antebraço do paciente.

resistência elétrica, a força eletromotriz induzida foi suficiente para fazer com que uma corrente relativamente alta circulasse pela malha. Como acontece em qualquer circuito que possua uma resistência elétrica, a corrente converteu parte da energia elétrica em energia térmica nos pontos de resistência. Isso fez com que o dedo do paciente e o ponto em que o antebraço estava encostado no cabo sofressem queimaduras. Hoje, os profissionais que operam equipamentos de ressonância magnética são alertados para evitar que os cabos de monitoramento entrem em contato com mais de um ponto do corpo do paciente.

Correntes Parasitas 30.3 e 30.4

Suponha que a espira condutora da Fig. 30.2.1 seja substituída por uma placa condutora maciça. Quando puxamos a placa para fora da região onde existe campo magnético, como fizemos com a espira (Fig. 30.2.5*a*), o movimento relativo entre o campo e o condutor induz uma corrente no condutor. Assim, surge uma força que se opõe ao movimento e precisamos realizar um trabalho por causa da corrente induzida. No caso da placa, os elétrons de condução responsáveis pela corrente induzida não seguem todos a mesma trajetória como no caso da espira. Em vez disso, circulam no interior da placa como se fizessem parte de um remoinho. Uma corrente desse tipo é chamada *corrente parasita* e pode ser representada, como na Fig. 30.2.5*a*, por uma única espira.

Como no caso da espira condutora da Fig. 30.2.1, a corrente induzida faz com que a energia mecânica usada para puxar a placa se transforme em energia térmica. A dissipação é mais evidente no arranjo da Fig. 30.2.5*b*; uma placa condutora, livre para girar em torno de um eixo, é liberada para oscilar como um pêndulo, passando por uma região onde existe um campo magnético. Toda vez que a placa entra no campo ou sai do campo, parte da energia mecânica é transformada em energia térmica. Depois de algumas oscilações, a energia mecânica se esgota e a placa, agora aquecida, permanece imóvel na parte inferior da trajetória.

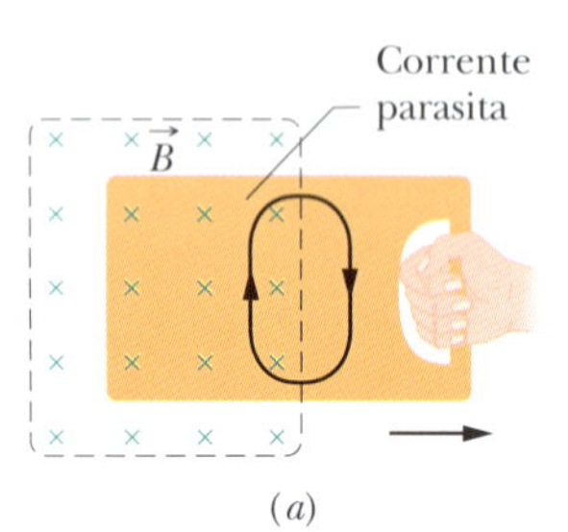

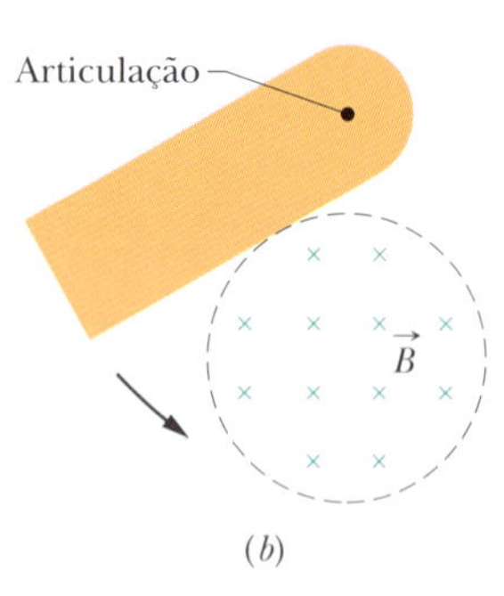

Figura 30.2.5 (*a*) Quando uma placa é puxada para fora de uma região onde existe um campo magnético, *correntes parasitas* são induzidas na placa. A figura mostra uma corrente parasita típica. (*b*) Uma placa condutora balança como um pêndulo, entrando e saindo de uma região onde existe um campo magnético. Correntes parasitas são induzidas na placa toda vez que a placa entra na região ou sai da região.

Fornos de Indução

Tradicionalmente, as fundições usam fornos aquecidos por chamas para fundir metais. Entretanto, muitas fundições modernas evitam a poluição do ar resultante da queima de combustível usando fornos de indução (Fig. 30.2.6) nos quais o metal é aquecido pela corrente que passa em fios isolados envolvendo o cadinho que contém o metal. Para que os fios não se aqueçam, eles são resfriados com água.

A Fig. 30.2.7 mostra a estrutura básica de um forno de indução. O metal é colocado em um cadinho envolvido por fios isolados. A corrente que passa nos fios varia de intensidade e sentido, o que faz com que o campo magnético produzido pela corrente também varie. Esse campo magnético alternado $\vec{B}(t)$ induz correntes parasitas no metal e a energia elétrica é dissipada na forma de energia térmica a uma taxa dada pela Eq. 30.2.9 ($P = i^2R$). A dissipação aumenta a temperatura do metal até o ponto de fusão e, em seguida, o metal fundido é despejado inclinando o cadinho.

Figura 30.2.6 Metal fundido sendo despejado de um forno de indução.

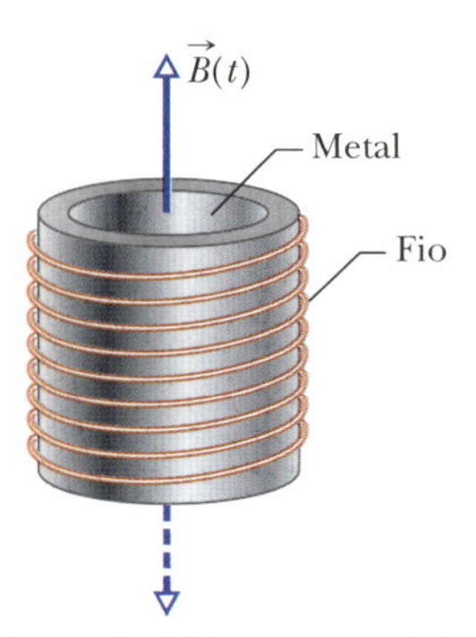

Figura 30.2.7 Estrutura básica de um forno de indução.

Teste 30.2.1

A figura mostra quatro espiras cujos lados têm comprimento L ou $2L$. As quatro espiras se movem com a mesma velocidade constante em uma região onde existe um campo magnético uniforme $\vec{B}$ (que aponta para fora do papel). Coloque as quatro espiras na ordem decrescente do valor absoluto da força eletromotriz induzida.

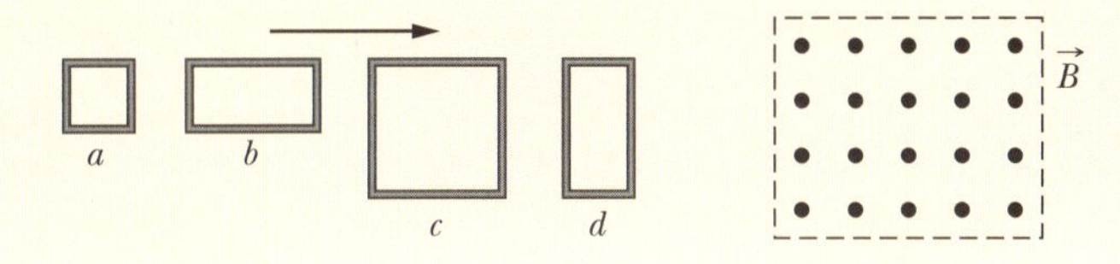

30.3 CAMPOS ELÉTRICOS INDUZIDOS

Objetivos do Aprendizado

Depois de ler este módulo, você será capaz de ...

30.3.1 Saber que um campo magnético variável induz um campo elétrico, mesmo na ausência de uma espira condutora.

30.3.2 Usar a lei de Faraday para relacionar o campo elétrico $\vec{E}$, induzido ao longo de uma curva fechada (mesmo que não esteja associado a um material condutor), à taxa de variação $d\Phi/dt$ do fluxo magnético envolvido pela curva.

30.3.3 Saber que não é possível associar um potencial elétrico a um campo elétrico induzido.

Ideias-Chave

- Uma força eletromotriz é induzida por um fluxo magnético variável, mesmo que a curva no interior da qual o fluxo é variável seja apenas uma linha imaginária. O campo magnético variável induz um campo elétrico $\vec{E}$ em todos os pontos da curva; a força eletromotriz induzida está relacionada ao campo $\vec{E}$ pela equação

$$\mathscr{E} = \oint \vec{E} \cdot d\vec{s}.$$

- Usando o campo elétrico induzido, podemos escrever a lei de Faraday de outra forma:

$$\oint \vec{E} \cdot d\vec{s} = -\frac{d\Phi_B}{dt} \quad \text{(lei de Faraday).}$$

Um campo magnético variável induz um campo elétrico $\vec{E}$.

Campos Elétricos Induzidos

Suponha que um anel de cobre, de raio r, seja submetido a um campo magnético externo uniforme, como na Fig. 30.3.1a. O campo, desprezando o efeito de borda, ocupa um volume cilíndrico de raio R. Suponha que a intensidade do campo seja aumentada a uma taxa constante, talvez aumentando, de forma apropriada, a corrente nos enrolamentos do eletroímã que produz o campo. Nesse caso, o fluxo magnético através do anel também aumenta a uma taxa constante e, de acordo com a lei de Faraday, uma força eletromotriz induzida e uma corrente induzida aparecem no anel. De acordo com a lei de Lenz, a corrente induzida tem o sentido anti-horário na Fig. 30.3.1*a*.

Se existe uma corrente no anel de cobre, deve haver um campo elétrico para colocar em movimento os elétrons de condução. Esse **campo elétrico induzido** $\vec{E}$, produzido pela variação do fluxo magnético, é tão real quanto o campo elétrico produzido por cargas estáticas; os dois tipos de campo exercem uma força $q_0\vec{E}$ sobre uma partícula de carga q_0.

Por essa linha de raciocínio, somos levados a um enunciado mais geral da lei de indução de Faraday:

Um campo magnético variável produz um campo elétrico.

Um dos aspectos mais interessantes do novo enunciado é o fato de que o campo elétrico induzido existe, mesmo que o anel de cobre não esteja presente. Assim, o campo elétrico apareceria, ainda que o campo magnético variável estivesse no vácuo.

Para você ter uma ideia melhor do que isso significa, considere a Fig. 30.3.1*b*, que é igual à Fig. 30.3.1*a*, exceto pelo fato de que o anel de cobre foi substituído por uma circunferência imaginária de raio r. Vamos supor, como antes, que o módulo do campo magnético $\vec{B}$ esteja aumentando a uma taxa constante dB/dt. O campo elétrico induzido nos pontos da circunferência deve, por simetria, ser tangente à circunferência, como mostra a Fig. 30.3.1*b*.* Assim, a circunferência é uma linha de campo elétrico. Como

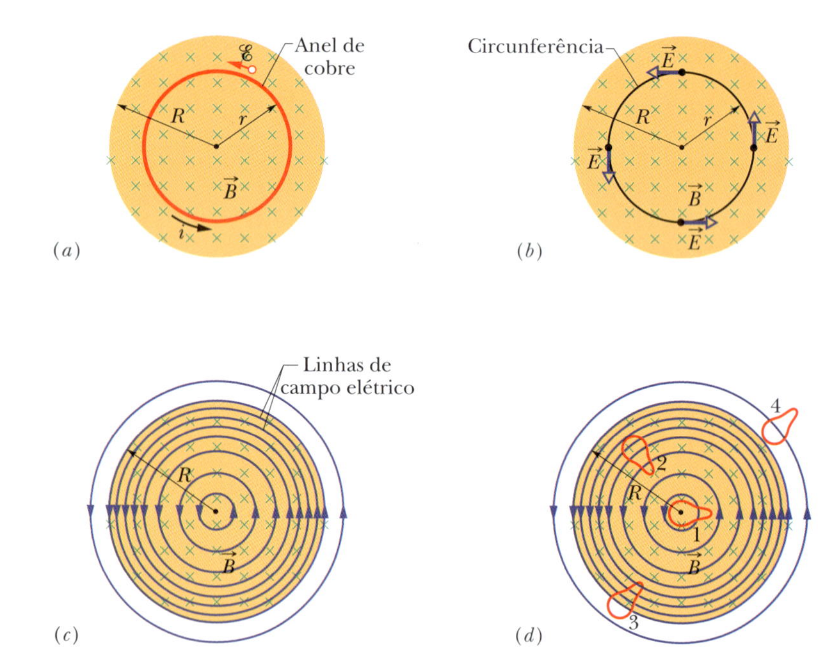

Figura 30.3.1 (*a*) Se o campo magnético aumenta a uma taxa constante, uma corrente induzida aparece, como mostra a figura, no anel de cobre de raio r. (*b*) Um campo elétrico induzido aparece, mesmo na ausência do anel; a figura mostra o campo elétrico em quatro pontos do espaço. (*c*) A configuração do campo elétrico induzido, mostrada por meio de linhas de campo. (*d*) Quatro curvas fechadas de mesma forma e mesma área. Forças eletromotrizes iguais são induzidas nas curvas 1 e 2, que estão totalmente na região onde existe um campo magnético variável. Uma força eletromotriz menor é induzida na curva 3, que está apenas parcialmente imersa no campo magnético. A força eletromotriz induzida na curva 4 é zero porque a curva está fora da região em que existe campo magnético.

*Linhas de campo elétrico radiais também seriam compatíveis com a simetria do problema. Entretanto, essas linhas radiais teriam de começar e terminar em cargas elétricas; estamos supondo que o campo magnético foi criado em uma região do espaço desprovida de cargas.

não há nada de especial na circunferência de raio r, as linhas de campo elétrico produzidas pela variação do campo magnético devem ser uma família de circunferências concêntricas, como as da Fig. 30.3.1c.

Enquanto o campo magnético está *aumentando*, o campo elétrico representado pelas linhas de campo circulares da Fig. 30.3.1c continua a existir. Se o campo magnético se torna *constante*, o campo elétrico desaparece e com ele as linhas de campo. Se o campo magnético começa a *diminuir* (a uma taxa constante), as linhas de campo voltam a ser circunferências concêntricas como na Fig. 30.3.1c, mas com o sentido oposto. Tudo isso é consequência da afirmação de que "um campo magnético variável produz um campo elétrico".

Reformulação da Lei de Faraday

Considere uma partícula de carga q_0 que se move ao longo da circunferência imaginária da Fig. 30.3.1b. O trabalho W realizado sobre a partícula pelo campo elétrico induzido durante uma revolução completa é $W = \mathscr{E}q_0$, em que $\mathscr{E}$ é a força eletromotriz induzida (trabalho realizado por unidade de carga para fazer uma carga de prova descrever a trajetória). Entretanto, por definição, o trabalho também é dado por

$$W = \int \vec{F} \cdot d\vec{s} = (q_0 E)(2\pi r), \qquad (30.3.1)$$

em que q_0E é o módulo da força que age sobre a partícula e $2\pi r$ é a distância ao longo da qual a força atua. Quando igualamos as duas expressões para o trabalho, a carga q_0 é cancelada e obtemos a seguinte relação:

$$\mathscr{E} = 2\pi r E. \qquad (30.3.2)$$

Vamos agora escrever a Eq. 30.3.1 de outra forma para obter uma expressão mais geral do trabalho realizado sobre uma partícula de carga q_0 que se move em uma trajetória fechada:

$$W = \oint \vec{F} \cdot d\vec{s} = q_0 \oint \vec{E} \cdot d\vec{s}. \qquad (30.3.3)$$

(Os círculos nos sinais de integral indicam que a integral deve ser calculada para uma curva fechada.) Substituindo o trabalho W por $\mathscr{E}q_0$, obtemos

$$\mathscr{E} = \oint \vec{E} \cdot d\vec{s}. \qquad (30.3.4)$$

Essa integral se reduz à Eq. 30.3.2 quando é calculada para o caso especial da Fig. 30.3.1b.

Significado da Força Eletromotriz. A Eq. 30.3.4 permite atribuir um significado mais geral à força eletromotriz induzida. Até agora, a força eletromotriz induzida era vista como o trabalho por unidade de carga necessário para manter a corrente produzida pela variação de um fluxo magnético ou pelo trabalho por unidade de carga realizado sobre uma partícula carregada que descreve uma curva fechada em uma região na qual existe um fluxo magnético variável. Entretanto, no caso da Fig. 30.3.1b e da Eq. 30.3.4, pode existir uma força eletromotriz induzida, mesmo que não haja uma corrente ou uma partícula: A força eletromotriz induzida é a soma (por integração) do produto escalar $\vec{E} \cdot d\vec{s}$ ao longo de uma curva fechada, em que $\vec{E}$ é o campo elétrico induzido pela variação do fluxo magnético e $d\vec{s}$ é o elemento de comprimento ao longo da curva.

Combinando a Eq. 30.3.4 com a Eq. 30.1.4 ($\mathscr{E} = -d\Phi_B/dt$), obtemos uma nova expressão para a lei de Faraday:

$$\oint \vec{E} \cdot d\vec{s} = -\frac{d\Phi_B}{dt} \quad \text{(lei de Faraday)}. \qquad (30.3.5)$$

De acordo com a Eq. 30.3.5, um campo magnético variável induz um campo elétrico. O campo magnético aparece do lado direito da equação (por meio do fluxo Φ_B) e o campo elétrico aparece do lado esquerdo.

Na forma da Eq. 30.3.5, a lei de Faraday pode ser aplicada a *qualquer* curva fechada que possa ser traçada em uma região onde existe um campo magnético variável. A Fig. 30.3.1*d* mostra quatro dessas curvas, todas com a mesma forma e a mesma área, situadas em diferentes posições em relação ao campo magnético aplicado. A força eletromotriz induzida $\mathscr{E}$ $(= \oint \vec{E} \cdot d\vec{s})$ para as curvas 1 e 2 é igual porque as duas curvas estão totalmente imersas no campo magnético e, portanto, o valor de $d\Phi_B/dt$ é o mesmo, embora os vetores campo elétrico ao longo das curvas sejam diferentes, como mostram as linhas de campo elétrico. No caso da curva 3, a força eletromotriz induzida é menor porque o fluxo Φ_B através da região envolvida pela curva (e, portanto, o valor de $d\Phi_B/dt$) é menor. Para a curva 4, a força eletromotriz induzida é zero, embora o campo elétrico não seja zero em nenhum ponto da curva.

Uma Nova Visão do Potencial Elétrico

Os campos elétricos induzidos não são produzidos por cargas elétricas estáticas, e sim por fluxos magnéticos variáveis. Embora os campos elétricos produzidos das duas formas exerçam forças sobre partículas carregadas, existem diferenças importantes. A diferença mais óbvia é o fato de que as linhas de campo dos campos elétricos induzidos formam curvas fechadas, como na Fig. 30.3.1*c*. As linhas de campo produzidas por cargas estáticas não formam curvas fechadas, pois sempre começam em uma carga positiva e terminam em uma carga negativa.

Em termos mais formais, podemos expressar a diferença entre os campos elétricos produzidos por indução e os campos produzidos por cargas estáticas da seguinte forma:

O potencial elétrico tem significado apenas para campos elétricos produzidos por cargas estáticas; o conceito não se aplica aos campos elétricos produzidos por indução.

Podemos compreender qualitativamente essa afirmação considerando o que acontece com uma partícula carregada que se move ao longo da trajetória circular da Fig. 30.3.1*b* sob o efeito do campo elétrico induzido. A partícula começa em determinado ponto; ao voltar ao mesmo ponto, ela experimentou uma força eletromotriz $\mathscr{E}$ de, digamos, 5 V. Nesse caso, um trabalho de 5 J/C foi realizado sobre a partícula; portanto, ela deveria estar em um ponto no qual o potencial é 5 V maior. Entretanto, isso é impossível, já que a partícula está de volta ao mesmo ponto, e a um mesmo ponto não podem corresponder dois valores diferentes do potencial. Assim, o conceito de potencial não se aplica aos campos elétricos produzidos por campos magnéticos variáveis.

Podemos abordar a questão de um ponto de vista mais formal a partir da Eq. 24.2.4, que define a diferença de potencial entre dois pontos i e f na presença de um campo elétrico $\vec{E}$:

$$V_f - V_i = -\int_i^f \vec{E} \cdot d\vec{s}. \tag{30.3.6}$$

No Capítulo 24, ainda não havíamos discutido a lei de indução de Faraday; logo, os campos elétricos envolvidos na demonstração da Eq. 24.2.4 eram apenas os campos produzidos por cargas estáticas. Se i e f na Eq. 30.3.6 correspondem ao mesmo ponto, a trajetória que liga i a f é uma curva fechada, V_i e V_f são iguais, e a Eq. 30.3.6 se reduz a

$$\oint \vec{E} \cdot d\vec{s} = 0. \tag{30.3.7}$$

Entretanto, na presença de um fluxo magnético variável, a integral da Eq. 30.3.7 *não é zero*, e sim $-d\Phi_B/dt$ (Eq. 30.3.5). Assim, atribuir um potencial elétrico a um campo elétrico induzido leva a uma contradição. A única conclusão possível é que o conceito de potencial elétrico não se aplica ao caso dos campos elétricos produzidos por indução.

Teste 30.3.1

A figura mostra cinco regiões, identificadas por letras, nas quais um campo magnético uniforme entra no papel ou sai do papel, com o sentido indicado apenas no caso da região *a*. O módulo do campo está aumentando à mesma taxa nas cinco regiões que possuem áreas iguais. A figura mostra também quatro trajetórias numeradas, ao longo das quais $\oint \vec{E} \cdot d\vec{s}$ tem os módulos indicados a seguir em termos de uma constante *m*. Determine se o campo magnético aponta para dentro ou para fora do papel nas regiões *b*, *c*, *d* e *e*.

Trajetória	1	2	3	4
$\oint \vec{E} \cdot d\vec{s}$	m	$2m$	$3m$	0

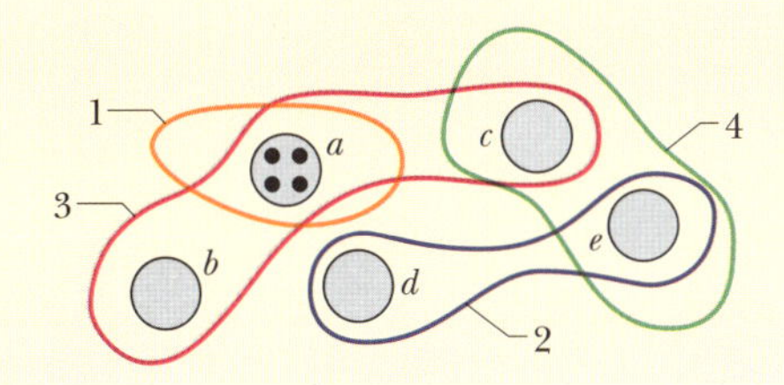

Exemplo 30.3.1 Campo elétrico induzido por um campo magnético variável

Na Fig. 30.3.1*b*, suponha que R = 8,5 cm e dB/dt = 0,13 T/s.

(a) Escreva uma expressão para o módulo E do campo elétrico induzido em pontos situados na região onde existe campo magnético, a uma distância r do centro da região. Calcule o valor da expressão para r = 5,2 cm.

IDEIA-CHAVE

A relação entre o campo elétrico induzido e o campo magnético variável é dada pela lei de Faraday.

Cálculos: Para determinar o módulo E do campo, usamos a lei de Faraday na forma da Eq. 30.3.5. Escolhemos uma trajetória circular de integração de raio $r \leq R$ porque queremos determinar o valor de E em pontos situados na região onde existe campo magnético. Sabemos, por simetria, que $\vec{E}$ na Fig. 30.3.1*b* é tangente à trajetória circular em todos os pontos. Como o vetor comprimento $d\vec{s}$ também é tangente à trajetória circular, o produto escalar $\vec{E} \cdot d\vec{s}$ na Eq. 30.3.5 é igual a $E\,ds$ em todos os pontos da trajetória. Sabemos também, por simetria, que E tem o mesmo valor em todos os pontos da trajetória. Assim, o lado esquerdo da Eq. 30.3.5 se torna

$$\oint \vec{E} \cdot d\vec{s} = \oint E\,ds = E \oint ds = E(2\pi r). \qquad (30.3.8)$$

(A integral $\oint ds$ é o perímetro $2\pi r$ da trajetória.)

Em seguida, precisamos calcular o lado direito da Eq. 30.3.5. Como $\vec{B}$ é uniforme em toda a área A envolvida pelo caminho de integração e perpendicular a essa área, o fluxo magnético é dado pela Eq. 30.1.2:

$$\Phi_B = BA = B(\pi r^2). \qquad (30.3.9)$$

Substituindo as Eqs. 30.3.8 e 30.3.9 na Eq. 30.3.5 e ignorando o sinal negativo, obtemos

$$E(2\pi r) = (\pi r^2)\frac{dB}{dt}$$

ou

$$E = \frac{r}{2}\frac{dB}{dt}. \qquad \text{(Resposta)} \quad (30.3.10)$$

A Eq. 30.3.10 permite calcular o módulo do campo elétrico em qualquer ponto tal que $r \leq R$ (ou seja, dentro da região em que existe campo magnético). Substituindo os valores conhecidos, obtemos, para r = 5,2 cm,

$$E = \frac{(5{,}2 \times 10^{-2}\,\text{m})}{2}(0{,}13\ \text{T/s})$$

$$= 0{,}0034\ \text{V/m} = 3{,}4\ \text{mV/m}. \qquad \text{(Resposta)}$$

(b) Escreva uma expressão para o módulo E do campo elétrico induzido em pontos fora da região em que existe campo magnético, a uma distância r do centro da região. Calcule o valor da expressão para r = 12,5 cm.

IDEIAS-CHAVE

A ideia do item (a) também se aplica a este caso, com a diferença de que agora devemos usar um caminho de integração com $r \geq R$, já que estamos interessados em calcular E do lado de fora da região em que existe campo magnético. Procedendo como em (a), obtemos novamente a Eq. 30.3.8. Entretanto, não obtemos a Eq. 30.3.9, já que a nova trajetória de integração está do lado de fora da região em que existe campo magnético e, portanto, o fluxo magnético envolvido pelo novo caminho é apenas o fluxo que atravessa a área πR^2 onde existe campo magnético.

Cálculos: Podemos escrever:

$$\Phi_B = BA = B(\pi R^2). \qquad (30.3.11)$$

Substituindo as Eqs. 30.3.8 e 30.3.11 na Eq. 30.3.5 e ignorando o sinal negativo, obtemos

$$E = \frac{R^2}{2r}\frac{dB}{dt}. \quad \text{(Resposta)} \quad (30.3.12)$$

A Eq. 30.3.12 mostra que um campo elétrico também é induzido do lado de fora da região em que existe um campo magnético variável, um resultado importante que (como vamos ver no Módulo 31.6) torna possível a construção de transformadores.

Substituindo os valores conhecidos na Eq. 30.3.12, obtemos, para r = 12,5 cm,

$$E = \frac{(8{,}5 \times 10^{-2}\ \text{m})^2}{(2)(12{,}5 \times 10^{-2}\ \text{m})}(0{,}13\ \text{T/s})$$

$$= 3{,}8 \times 10^{-3}\ \text{V/m} = 3{,}8\ \text{mV/m}. \quad \text{(Resposta)}$$

Como era de se esperar, as Eqs. 30.3.10 e 30.3.12 fornecem o mesmo resultado para $r = R$. A Fig. 30.3.2 mostra um gráfico de $E(r)$ baseado nas duas equações.

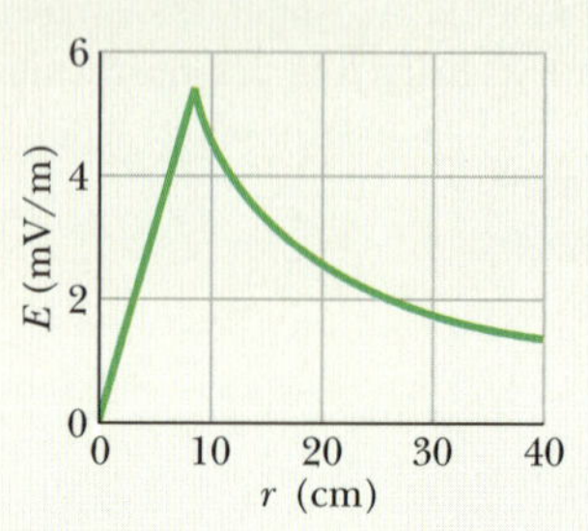

Figura 30.3.2 Gráfico do campo elétrico induzido $E(r)$.

30.4 INDUTORES E INDUTÂNCIA

Objetivos do Aprendizado

Depois de ler este módulo, você será capaz de ...

30.4.1 Saber o que é um indutor.

30.4.2 No caso de um indutor, conhecer a relação entre a indutância L, o fluxo total $N\Phi$ e a corrente i.

30.4.3 No caso de um solenoide, conhecer a relação entre a indutância por unidade de comprimento L/l, a área A das espiras e o número n de espiras por unidade de comprimento.

Ideias-Chave

- Um indutor é um dispositivo que pode ser usado para produzir um campo magnético com as propriedades desejadas. Se uma corrente i atravessa as N espiras de um indutor, as espiras são enlaçadas por um fluxo magnético Φ_B. A indutância L do indutor é dada pela equação

$$L = \frac{N\Phi_B}{i} \quad \text{(definição de indutância).}$$

- A unidade de indutância do SI é o henry (H), em que 1 H = 1 T · m²/A.
- A indutância por unidade de comprimento perto do centro de um solenoide de seção reta A e n espiras por unidade de comprimento é dada pela equação

$$\frac{L}{l} = \mu_0 n^2 A \quad \text{(solenoide).}$$

Indutores e Indutância

Como vimos no Capítulo 25, um capacitor pode ser usado para produzir um campo elétrico com as propriedades desejadas. O tipo mais simples de capacitor é o capacitor de placas paralelas (ou, mais precisamente, a parte central de um capacitor de placas paralelas de grande extensão). Analogamente, um **indutor** (símbolo ꝏꝏ) pode ser usado para produzir um campo magnético com as propriedades desejadas. O tipo mais simples de indutor é o solenoide (ou, mais precisamente, a parte central de um solenoide longo).

Se as espiras do solenoide que estamos usando como indutor conduzem uma corrente i, a corrente produz um fluxo magnético Φ_B na região central do indutor. A **indutância** do indutor é definida pela relação

$$L = \frac{N\Phi_B}{i} \quad \text{(definição de indutância),} \quad (30.4.1)$$

em que N é o número de espiras. Dizemos que as espiras do solenoide estão *enlaçadas* pelo fluxo magnético, e o produto $N\Phi_B$ é chamado *enlaçamento de fluxo magnético*. A indutância L é, portanto, uma medida do enlaçamento de fluxo magnético produzido pelo indutor por unidade de corrente.

Como a unidade de fluxo magnético do SI é o tesla-metro quadrado, a unidade de indutância no SI é o tesla-metro quadrado por ampère (T · m²/A). Essa unidade é chamada de **henry** (H), em homenagem ao físico americano Joseph Henry, contemporâneo de Faraday e um dos descobridores da lei da indução. Assim,

$$1\ \text{henry} = 1\ \text{H} = 1\ \text{T}\cdot\text{m}^2/\text{A}. \quad (30.4.2)$$

No resto do capítulo, vamos supor que não existem materiais magnéticos (como o ferro, por exemplo) nas vizinhanças dos indutores. Esses materiais distorcem o campo magnético produzido pelos indutores.

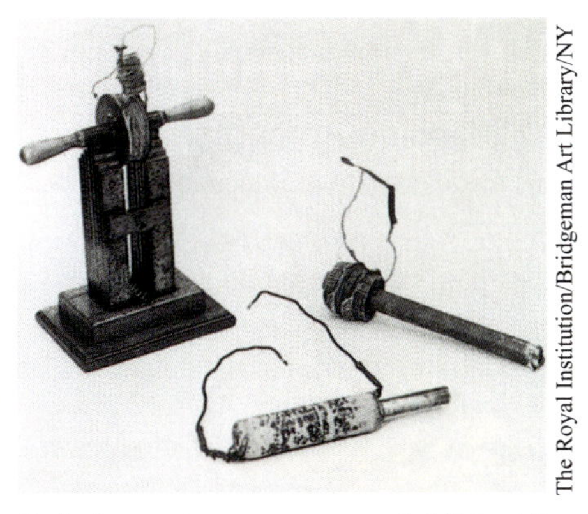

The Royal Institution/Bridgeman Art Library/NY

Os indutores toscos com os quais Michael Faraday descobriu a lei da indução. Na época, componentes como fios com isolamento ainda não eram fabricados comercialmente. Dizem que Faraday isolava os fios enrolando-os com tiras de pano cortadas de uma das anáguas da sua esposa.

Indutância de um Solenoide

Considere um solenoide longo, de seção reta A. Qual é a indutância por unidade de comprimento perto do centro do solenoide?

Para aplicar a definição de indutância (Eq. 30.4.1), precisamos conhecer o enlaçamento de fluxo criado por uma corrente nos enrolamentos do solenoide. Considere um segmento de comprimento l perto do centro do solenoide. O enlaçamento de fluxo para esse segmento é

$$N\Phi_B = (nl)(BA),$$

em que n é o número de espiras por unidade de comprimento do solenoide e B é o módulo do campo magnético no interior do solenoide.

O módulo B do campo magnético é dado pela Eq. 29.4.3,

$$B = \mu_0 in,$$

e, portanto, de acordo com a Eq. 30.4.1,

$$\begin{aligned} L &= \frac{N\Phi_B}{i} = \frac{(nl)(BA)}{i} = \frac{(nl)(\mu_0 in)(A)}{i} \\ &= \mu_0 n^2 lA. \end{aligned} \qquad (30.4.3)$$

Assim, a indutância por unidade de comprimento perto do centro de um solenoide longo é

$$\frac{L}{l} = \mu_0 n^2 A \quad \text{(solenoide).} \qquad (30.4.4)$$

Como a capacitância, a indutância depende apenas da geometria do dispositivo. A variação com o quadrado do número de espiras por unidade de comprimento é razoável, já que, por exemplo, ao triplicarmos o valor de n, não só triplicamos o número de espiras (N), mas também o fluxo ($\Phi_B = BA = \mu_0 inA$) através de cada espira, multiplicando assim por nove o enlaçamento de fluxo $N\Phi_B$ e, portanto, a indutância L.

Se o comprimento do solenoide é muito maior que o raio, a Eq. 30.4.3 fornece uma boa aproximação para a indutância. Essa aproximação despreza a distorção das linhas de campo magnético perto das extremidades do solenoide, do mesmo modo como a fórmula do capacitor de placas paralelas ($C = \varepsilon_0 A/d$) despreza a distorção das linhas de campo elétrico perto das extremidades do capacitor.

De acordo com a Eq. 30.4.3, lembrando que n é um número por unidade de comprimento, a indutância pode ser escrita como o produto da constante magnética μ_0 por uma grandeza com dimensão de comprimento. Isso significa que μ_0 pode ser expressa na unidade henry por metro:

$$\begin{aligned} \mu_0 &= 4\pi \times 10^{-7}\ \text{T} \cdot \text{m/A} \\ &= 4\pi \times 10^{-7}\ \text{H/m}. \end{aligned} \qquad (30.4.5)$$

A unidade H/m é a mais usada para a constante magnética.

Teste 30.4.1

Os três indutores da tabela ao lado têm o mesmo comprimento e estão em circuitos diferentes. O número de espiras n, a área A e a corrente i em cada indutor são dados na forma de múltiplos de um valor de referência. Coloque os indutores na ordem da indutância, começando pelo maior.

Indutor	n	A	i
a	$2n_0$	$4A_0$	$16i_0$
b	n_0	$13A_0$	$20i_0$
c	$3n_0$	A_0	$25i_0$

30.5 AUTOINDUÇÃO

Objetivos do Aprendizado

Depois de ler este módulo, você será capaz de ...

30.5.1 Saber que uma força eletromotriz induzida aparece em um indutor quando a corrente no indutor está variando.

30.5.2 Conhecer a relação entre a força eletromotriz $\mathscr{E}_L$ induzida em um indutor, a indutância L do indutor e a taxa de variação da corrente, di/dt.

30.5.3 Quando uma força eletromotriz é induzida em um indutor porque a corrente no indutor está variando, determinar o sentido da força eletromotriz usando a lei de Lenz, segundo a qual a força eletromotriz sempre se opõe à variação de corrente, tentando manter a corrente inicial.

Ideias-Chave

- Se uma corrente em um indutor varia com o tempo, uma força eletromotriz é induzida no indutor. Essa força eletromotriz, conhecida como força eletromotriz autoinduzida, é dada pela equação

$$\mathscr{E}_L = -L\frac{di}{dt}.$$

- O sentido de $\mathscr{E}_L$ obedece à lei de Lenz: A força eletromotriz autoinduzida se opõe à variação que a produziu.

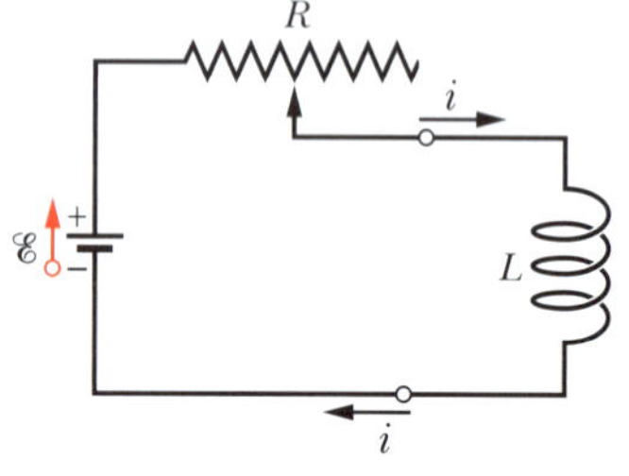

Figura 30.5.1 Quando fazemos variar a corrente em um indutor mudando a posição do contato de um resistor variável, uma força eletromotriz autoinduzida $\mathscr{E}_L$ aparece no indutor *enquanto a corrente está variando.*

Autoindução

Quando a corrente que atravessa um indutor varia, o fluxo magnético Φ_B que atravessa as espiras também varia, o que significa, de acordo com a lei de Faraday, que uma força eletromotriz induzida aparece no indutor.

Uma força eletromotriz induzida $\mathscr{E}_L$ aparece em todo indutor cuja corrente está variando.

Esse processo (ver Fig. 30.5.1) é chamado **autoindução**, e a força eletromotriz associada recebe o nome de **força eletromotriz autoinduzida**. Como qualquer força eletromotriz induzida, a força eletromotriz autoinduzida obedece à lei de Faraday.

De acordo com a Eq. 30.4.1, para qualquer indutor,

$$N\Phi_B = Li. \tag{30.5.1}$$

Segundo a lei de Faraday,

$$\mathscr{E}_L = -\frac{d(N\Phi_B)}{dt}. \tag{30.5.2}$$

Combinando as Eqs. 30.5.1 e 30.5.2, temos

$$\mathscr{E}_L = -L\frac{di}{dt} \quad \text{(força eletromotriz autoinduzida).} \tag{30.5.3}$$

Assim, em qualquer indutor, como uma bobina, um solenoide ou um toroide, uma força eletromotriz induzida aparece sempre que a corrente varia com o tempo. O valor da corrente não tem nenhuma influência sobre o valor da força eletromotriz induzida; o que importa é a taxa de variação da corrente.

Sentido. Para determinar o *sentido* da força eletromotriz autoinduzida, basta aplicar a lei de Lenz. O sinal negativo da Eq. 30.5.3 indica que, como diz a lei, a força eletromotriz autoinduzida $\mathscr{E}_L$ se opõe à variação da corrente i. O sinal negativo pode ser ignorado se estivermos interessados apenas no valor absoluto de $\mathscr{E}_L$.

Suponha que, como na Fig. 30.5.2*a*, uma bobina seja percorrida por uma corrente i que está aumentando com o tempo a uma taxa di/dt. Na linguagem da lei de Lenz, o aumento da corrente é a "variação" a que se opõe a autoindução. Para que haja essa oposição, é preciso que o sentido da força eletromotriz autoinduzida na bobina seja tal que a corrente associada tenha o sentido oposto ao da corrente i. Se a corrente i está diminuindo com o tempo, como na Fig. 30.5.2*b*, o sentido da força eletromotriz autoinduzida é tal que a corrente associada tem o mesmo sentido que a corrente i, como mostra a figura. Em ambos os casos, a força eletromotriz tenta (mas não consegue) manter a situação inicial.

Potencial Elétrico. No Módulo 30.3, vimos que não é possível definir um potencial elétrico para um campo elétrico induzido por uma variação de fluxo magnético. Isso significa que, se uma força eletromotriz autoinduzida é induzida no indutor da Fig. 30.5.1, não podemos definir um potencial elétrico no interior do indutor, onde o fluxo magnético está variando. Entretanto, podemos definir potenciais elétricos em pontos do circuito que estão do lado de fora do indutor, ou seja, em pontos onde os campos elétricos se devem a distribuições de carga e aos potenciais elétricos associados.

Além disso, podemos definir uma diferença de potencial autoinduzida V_L *entre os terminais de um indutor* (que, por definição, estão fora da região onde o fluxo está variando). No caso de um *indutor ideal* (cuja resistência é zero), o valor absoluto de V_L é igual ao valor absoluto da força eletromotriz autoinduzida $\mathscr{E}_L$.

No caso de um indutor não ideal, com uma resistência r diferente de zero, podemos considerar o indutor como uma associação em série de um resistor de resistência r (que imaginamos estar do lado de fora da região em que o fluxo está variando) e um indutor ideal de força eletromotriz autoinduzida $\mathscr{E}_L$. Como no caso de uma fonte real de força eletromotriz $\mathscr{E}$ e resistência interna r, a diferença de potencial entre os terminais de um indutor real é diferente da força eletromotriz. A menos que seja dito explicitamente o contrário, vamos supor daqui em diante que todos os indutores são ideais.

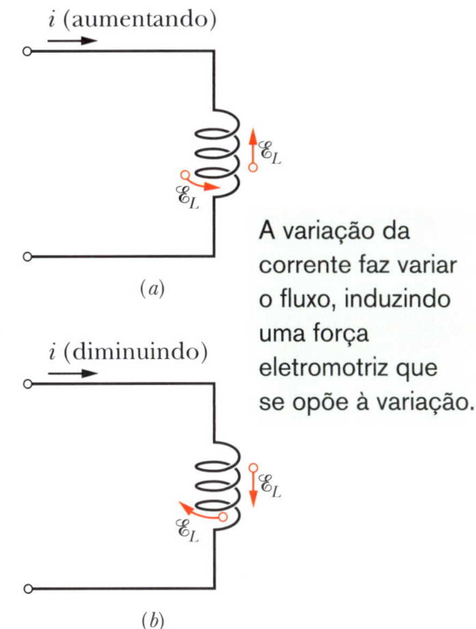

Figura 30.5.2 (*a*) A corrente *i* está aumentando e a força eletromotriz autoinduzida $\mathscr{E}_L$ aparece no indutor com uma orientação tal que se opõe ao aumento. A seta que representa $\mathscr{E}_L$ pode ser desenhada ao longo de uma das espiras do indutor ou ao lado do indutor. As duas representações foram usadas na figura. (*b*) A corrente *i* está diminuindo e a força eletromotriz autoinduzida aparece com uma orientação tal que se opõe à diminuição.

Teste 30.5.1

A figura mostra a força eletromotriz $\mathscr{E}_L$ induzida em uma bobina. Indique, entre as opções a seguir, as que poderiam descrever corretamente a corrente na bobina: (a) constante, da esquerda para a direita; (b) constante, da direita para a esquerda; (c) crescente, da esquerda para a direita; (d) decrescente, da esquerda para a direita; (e) crescente, da direita para a esquerda; (f) decrescente, da direita para a esquerda.

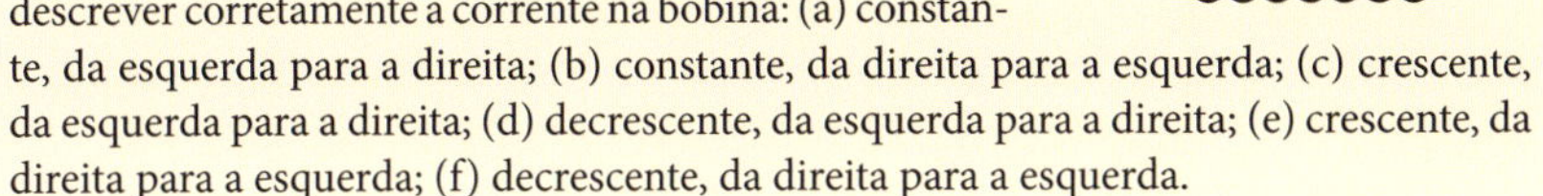

30.6 CIRCUITOS *RL*

Objetivos do Aprendizado

Depois de ler este módulo, você será capaz de ...

30.6.1 Desenhar o diagrama esquemático de um circuito *RL* no qual a corrente está aumentando.

30.6.2 Escrever uma equação de malha (uma equação diferencial) para um circuito *RL* no qual a corrente está aumentando.

30.6.3 Determinar a equação da corrente em função do tempo, $i(t)$, para um circuito *RL* em que a corrente está aumentando.

30.6.4 Determinar as equações da diferença de potencial do resistor em função do tempo, $V_R(t)$, e da diferença de potencial do indutor em função do tempo, $V_L(t)$, para um circuito *RL* em que a corrente está aumentando.

30.6.5 Calcular a constante de tempo indutiva τ_L.

30.6.6 Desenhar o diagrama esquemático de um circuito *RL* no qual a corrente está diminuindo.

30.6.7 Escrever uma equação de malha (uma equação diferencial) para um circuito *RL* no qual a corrente está diminuindo.

30.6.8 Determinar a equação da corrente em função do tempo, $i(t)$, para um circuito *RL* em que a corrente está diminuindo.

30.6.9 Determinar as equações da diferença de potencial do resistor em função do tempo, $V_R(t)$, e da diferença de potencial do indutor em função do tempo, $V_L(t)$, para um circuito *RL* em que a corrente está diminuindo.

30.6.10 No caso de um circuito *RL*, saber qual é a corrente no indutor e a diferença de potencial do indutor no momento em que a corrente começa a circular (condição inicial) e depois que o equilíbrio é atingido (condição final).

Ideias-Chave

- Se uma fonte de força eletromotriz $\mathscr{E}$ é introduzida em um circuito de uma malha que contém uma resistência R e uma indutância L, a corrente aumenta até atingir um valor de equilíbrio $\mathscr{E}/R$. A variação da corrente com o tempo é dada pela equação

$$i = \frac{\mathscr{E}}{R}(1 - e^{-t/\tau_L}) \quad \text{(aumento da corrente),}$$

em que $\tau_L = L/R$ é o parâmetro, conhecido como constante de tempo indutiva do circuito, que controla a taxa de aumento da corrente com o tempo.

- Quando a fonte de força eletromotriz é removida, a corrente diminui até se anular. A variação da corrente com o tempo é dada por

$$i = i_0 e^{-t/\tau_L} \quad \text{(diminuição da corrente).}$$

em que i_0 é o valor da corrente no instante em que a força eletromotriz é removida.

Circuitos *RL* 30.4

Como vimos no Módulo 27.4, quando introduzimos bruscamente uma força eletromotriz $\mathscr{E}$ em um circuito com uma única malha que contém um resistor R e um capacitor C inicialmente descarregado, a carga do capacitor não aumenta instantaneamente para o valor final $C\mathscr{E}$, mas tende exponencialmente para esse valor.

$$q = C\mathscr{E}(1 - e^{-t/\tau_C}). \tag{30.6.1}$$

A taxa de aumento da carga do capacitor é determinada pela constante de tempo capacitiva τ_C, definida pela Eq. 27.4.7, como

$$\tau_C = RC. \tag{30.6.2}$$

Quando removemos bruscamente a força eletromotriz do mesmo circuito, a carga do capacitor não diminui instantaneamente para zero, mas tende exponencialmente a zero:

$$q = q_0 e^{-t/\tau_C}. \tag{30.6.3}$$

A constante de tempo τ_C é a mesma para a carga e para a descarga do capacitor.

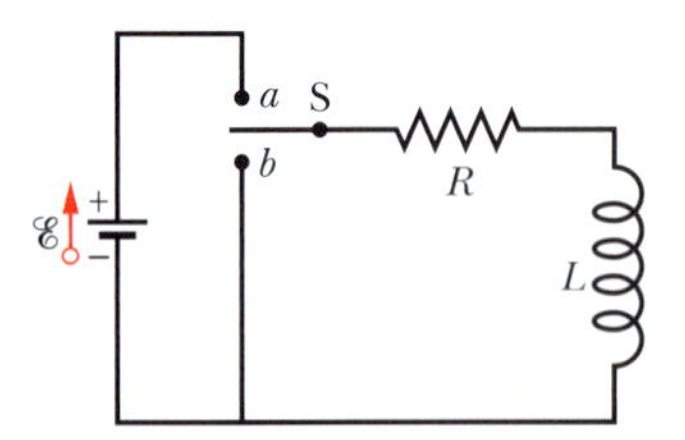

Figura 30.6.1 Circuito *RL*. Quando a chave S é colocada na posição *a*, a corrente começa a aumentar a partir de zero e tende a um valor final $\mathscr{E}/R$.

A corrente apresenta um comportamento análogo quando introduzimos (ou removemos) uma força eletromotriz $\mathscr{E}$ em um circuito que contém um resistor R e um indutor L. Quando a chave S da Fig. 30.6.1 é colocada na posição a, por exemplo, a corrente no resistor começa a aumentar. Se o indutor não estivesse presente, a corrente atingiria quase instantaneamente o valor final $\mathscr{E}/R$. A presença do indutor faz com que uma força eletromotriz autoinduzida $\mathscr{E}_L$ apareça no circuito. De acordo com a lei de Lenz, a força eletromotriz se opõe ao aumento da corrente, o que significa que tem o sentido oposto ao da força eletromotriz $\mathscr{E}$ da fonte. Assim, a corrente no resistor responde à diferença entre duas forças eletromotrizes: uma força eletromotriz $\mathscr{E}$ constante produzida pela fonte e uma força eletromotriz variável $\mathscr{E}_L$ $(= -L\,di/dt)$ produzida pela autoindução. Enquanto $\mathscr{E}_L$ está presente, a corrente é menor que $\mathscr{E}/R$.

Com o passar do tempo, a taxa de aumento da corrente diminui e o valor absoluto da força eletromotriz autoinduzida, que é proporcional a di/dt, também diminui. Assim, a corrente tende assintoticamente a $\mathscr{E}/R$.

Esses resultados podem ser generalizados da seguinte forma:

Inicialmente, um indutor se opõe a qualquer variação da corrente que o atravessa. Após um tempo suficientemente longo, o indutor se comporta como um fio comum.

Vamos agora analisar quantitativamente a mesma situação. Com a chave S da Fig. 30.6.1 na posição a, o circuito é equivalente ao da Fig. 30.6.2. Vamos aplicar a regra das malhas, começando no ponto x da figura e nos deslocando no sentido horário, o mesmo da corrente i.

1. *Resistor*. Como atravessamos o resistor no sentido da corrente i, o potencial elétrico diminui de iR. Assim, quando passamos do ponto x para o ponto y, o potencial varia de $-iR$.
2. *Indutor*. Como a corrente i está variando, existe uma força eletromotriz autoinduzida $\mathscr{E}_L$ no indutor. De acordo com a Eq. 30.5.3, o valor absoluto de $\mathscr{E}_L$ é $L\,di/dt$. O sentido de $\mathscr{E}_L$ é para cima na Fig. 30.6.2 porque o sentido da corrente i é para baixo no indutor, e a corrente está aumentando. Assim, quando passamos do ponto y para o ponto z, atravessando o indutor no sentido contrário ao de $\mathscr{E}_L$, o potencial varia de $-L\,di/dt$.
3. *Fonte*. Quando passamos do ponto z para o ponto x, voltando ao ponto inicial, o potencial varia de $+\mathscr{E}$ devido à força eletromotriz da fonte.

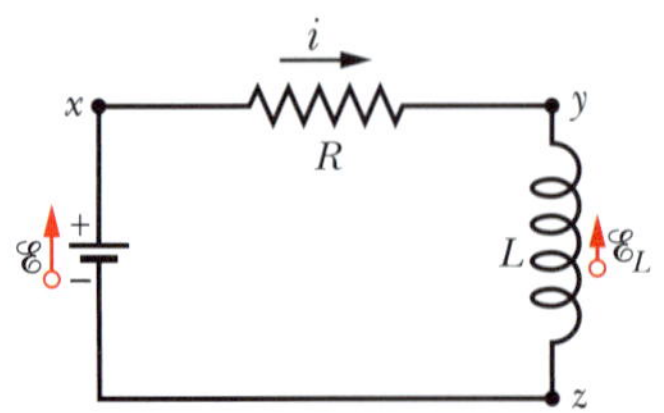

Figura 30.6.2 Circuito da Fig. 30.6.1 com a chave na posição *a*. Aplicamos a regra das malhas no sentido horário, começando no ponto *x*.

De acordo com a regra das malhas, temos

$$-iR - L\frac{di}{dt} + \mathscr{E} = 0$$

ou

$$L\frac{di}{dt} + Ri = \mathscr{E} \quad \text{(circuito } RL\text{)}. \tag{30.6.4}$$

A Eq. 30.6.4 é uma equação diferencial que envolve a variável i e sua derivada primeira di/dt. A solução deve ser uma função $i(t)$ tal que, quando $i(t)$ e sua derivada primeira são substituídas na Eq. 30.6.4, a equação e a condição inicial $i(0) = 0$ são satisfeitas.

A Eq. 30.6.4 e sua condição inicial têm a mesma forma que a equação de um circuito RC, Eq. 27.4.3, com i no lugar de q, L no lugar de R, e R no lugar de $1/C$. A solução da Eq. 30.6.4 tem, portanto, a forma da Eq. 27.4.4 com as mesmas substituições, o que nos dá

$$i = \frac{\mathscr{E}}{R}(1 - e^{-Rt/L}), \tag{30.6.5}$$

que pode ser escrita na forma

$$i = \frac{\mathscr{E}}{R}(1 - e^{-t/\tau_L}) \quad \text{(aumento da corrente)}, \tag{30.6.6}$$

em que τ_L, a **constante de tempo indutiva**, é dada por

$$\tau_L = \frac{L}{R} \quad \text{(constante de tempo)}. \tag{30.6.7}$$

Vamos examinar a Eq. 30.6.6 em duas situações particulares: no instante em que a chave é fechada (ou seja, para $t = 0$) e um longo tempo após a chave ter sido fechada (ou seja, para $t \to \infty$). Fazendo $t = 0$ na Eq. 30.6.6, a exponencial se torna $e^{-0} = 1$. Assim, de acordo com a Eq. 30.6.6, a corrente é 0 no instante inicial. Fazendo $t \to \infty$, a exponencial se torna $e^{-\infty} = 0$. Assim, de acordo com a Eq. 30.6.6, para longos tempos a corrente tende ao valor final $\mathscr{E}/R$.

Podemos também examinar as diferenças de potencial no circuito. Assim, por exemplo, a Fig. 30.6.3 mostra a variação, com o tempo, das diferenças de potencial V_R $(= iR)$ no resistor e V_L $(= L\,di/dt)$ no indutor para valores particulares de $\mathscr{E}$, L e R. A figura correspondente para um circuito RC é a Fig. 27.1.16.

Para mostrar que a constante τ_L $(= L/R)$ tem dimensão de tempo (o que é necessário para que o argumento da exponencial da Eq. 30.6.6 seja adimensional), usamos as seguintes equivalências:

$$1\,\frac{\text{H}}{\Omega} = 1\,\frac{\text{H}}{\Omega}\left(\frac{1\ \text{V}\cdot\text{s}}{1\ \text{H}\cdot\text{A}}\right)\left(\frac{1\ \Omega\cdot\text{A}}{1\ \text{V}}\right) = 1\ \text{s}.$$

O primeiro fator entre parênteses é um fator de conversão baseado na Eq. 30.5.3, e o segundo é um fator de conversão baseado na relação $V = iR$.

Constante de Tempo. Para compreender o significado físico da constante de tempo, podemos usar a Eq. 30.6.6. Fazendo $t = \tau_L = L/R$ nessa equação, obtemos

$$i = \frac{\mathscr{E}}{R}(1 - e^{-1}) = 0{,}63\,\frac{\mathscr{E}}{R}. \tag{30.6.8}$$

Assim, a constante de tempo τ_L é o tempo necessário para que a corrente no circuito atinja 63% do valor final $\mathscr{E}/R$. Como a diferença de potencial V_R do resistor é proporcional à corrente i, o gráfico da corrente em função do tempo tem a mesma forma que o gráfico de V_R da Fig. 30.6.3a.

A diferença de potencial no resistor aumenta com o tempo, e a diferença de potencial no indutor diminui com o tempo.

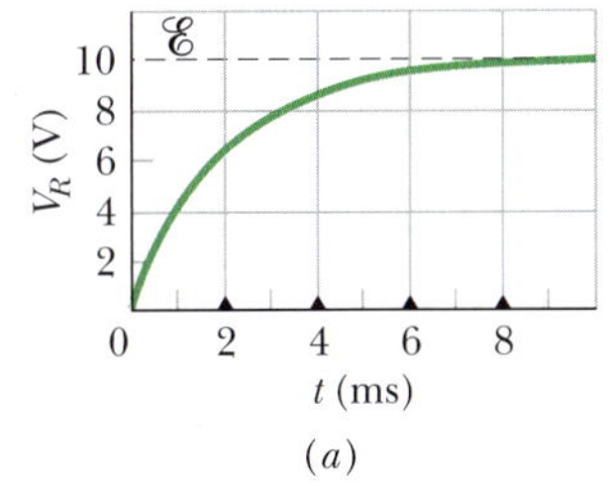

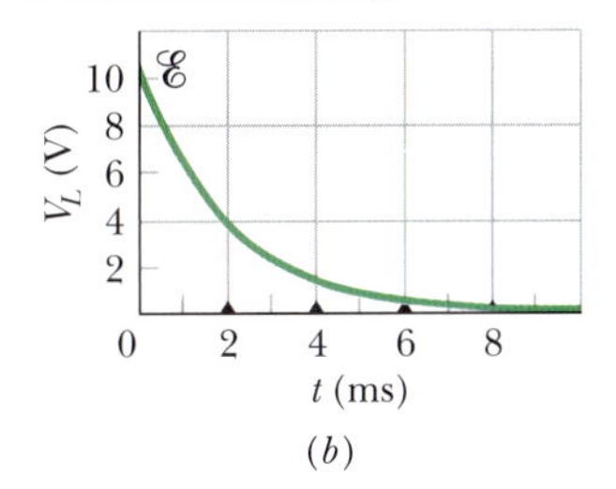

Figura 30.6.3 Variação com o tempo (a) de V_R, a diferença de potencial entre os terminais do resistor da Fig. 30.6.2; (b) de V_L, a diferença de potencial entre os terminais do indutor. Os triângulos representam intervalos sucessivos de uma constante de tempo indutiva $\tau_L = L/R$. As curvas foram plotadas para $R = 2000\ \Omega$, $L = 4{,}0$ H e $\mathscr{E} = 10$ V.

Diminuição da Corrente. Se a chave S da Fig. 30.6.1 for mantida na posição *a* por um tempo suficiente para que a corrente atinja o valor $\mathscr{E}/R$ e depois for deslocada para a posição *b*, o efeito será o mesmo que remover a fonte do circuito. (Para que não haja uma variação brusca de corrente, é preciso que a ligação com o ponto *b* seja feita antes que a ligação com o ponto *a* seja interrompida; uma chave capaz de realizar esse tipo de operação é conhecida como chave *make-before-break.*) Na ausência de uma fonte, a corrente no resistor cai para zero, mas não de forma instantânea. A equação diferencial que governa a diminuição da corrente pode ser obtida fazendo $\mathscr{E} = 0$ na Eq. 30.6.4:

$$L\frac{di}{dt} + iR = 0. \tag{30.6.9}$$

Por analogia com as Eqs. 27.4.9 e 27.4.10, a solução da Eq. 30.6.9 que satisfaz a condição inicial $i(0) = i_0 = \mathscr{E}/R$ é

$$i = \frac{\mathscr{E}}{R}e^{-t/\tau_L} = i_0 e^{-t/\tau_L} \quad \text{(diminuição da corrente).} \tag{30.6.10}$$

Assim, tanto o aumento da corrente (ver Eq. 30.6.6), como a diminuição da corrente (ver Eq. 30.6.10) em um circuito *RL* são governados pela mesma constante de tempo indutiva τ_L.

Usamos i_0 na Eq. 30.6.10 para representar a corrente no instante $t = 0$. Nesse caso, o valor da corrente é $\mathscr{E}/R$, mas poderia ser qualquer outro valor inicial.

Teste 30.6.1

A figura mostra três circuitos com fontes, indutores e resistores iguais. Coloque os circuitos na ordem decrescente da corrente que atravessa a fonte (a) logo depois que a chave é fechada e (b) muito tempo depois de a chave ter sido fechada. (Se o leitor tiver dificuldade para responder, leia o exemplo a seguir e tente novamente.)

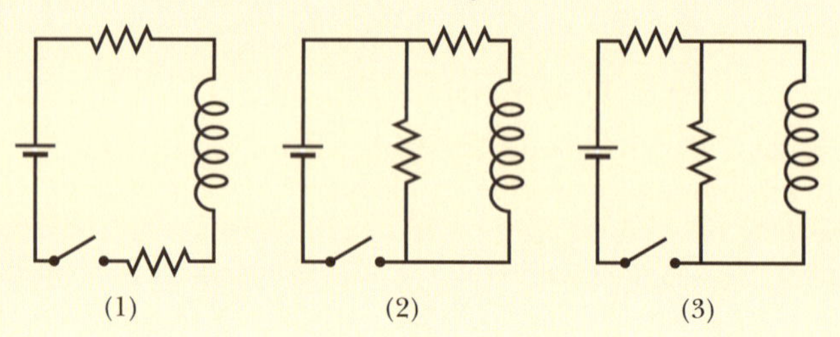

Exemplo 30.6.1 Circuito *RL*, imediatamente após o fechamento de uma chave e muito tempo depois

A Fig. 30.6.4*a* mostra um circuito que contém três resistores iguais, de resistência $R = 9{,}0\ \Omega$, dois indutores iguais, de indutância $L = 2{,}0$ mH, e uma fonte ideal de força eletromotriz $\mathscr{E} = 18$ V.

(a) Qual é a corrente *i* que atravessa a fonte no instante em que a chave é fechada?

IDEIA-CHAVE

No instante em que a chave é fechada, os indutores se opõem à variação da corrente que os atravessa.

Cálculos: Como antes de a chave ser fechada a corrente nos indutores é zero, a corrente continua a ser zero logo depois. Assim, logo depois que a chave é fechada, os indutores se comportam como fios interrompidos, como mostra a Fig. 30.6.4*b*. Temos, portanto, um circuito de uma malha, no qual, de acordo com a regra das malhas,

$$\mathscr{E} - iR = 0.$$

Substituindo os valores dados, obtemos

$$i = \frac{\mathscr{E}}{R} = \frac{18\text{ V}}{9{,}0\ \Omega} = 2{,}0\text{ A.} \qquad \text{(Resposta)}$$

(b) Qual é a corrente *i* que atravessa a fonte depois que a chave permanece fechada por um longo tempo?

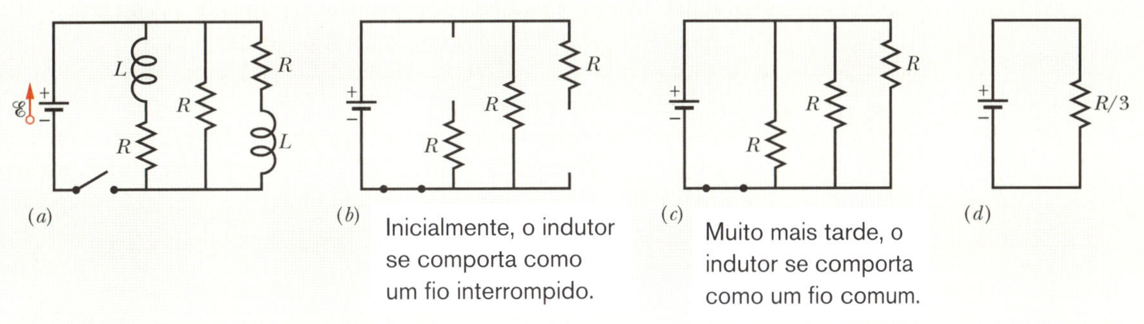

Figura 30.6.4 (*a*) Circuito *RL* de várias malhas, com uma chave aberta. (*b*) O circuito equivalente logo depois que a chave é fechada. (*c*) O circuito equivalente muito tempo depois de a chave ter sido fechada. (*d*) Circuito de uma malha equivalente ao circuito (*c*).

IDEIA-CHAVE

Quando a chave permanece fechada por um longo tempo, as correntes no circuito atingem os valores finais e os indutores passam a se comportar como simples fios de ligação, como mostra a Fig. 30.6.4*c*.

Cálculo: Agora temos um circuito com três resistores iguais em paralelo; de acordo com a Eq. 27.2.6, a resistência equivalente é $R_{eq} = R/3 = (9{,}0\ \Omega)/3 = 3{,}0\ \Omega$. Aplicando a regra das malhas ao circuito equivalente da Fig. 30.6.4*d*, obtemos a equação $\mathscr{E} - iR_{eq} = 0$, o que nos dá

$$i = \frac{\mathscr{E}}{R_{eq}} = \frac{18\ \text{V}}{3{,}0\ \Omega} = 6{,}0\ \text{A}. \qquad \text{(Resposta)}$$

Exemplo 30.6.2 Corrente em um circuito *RL* durante a transição

Um solenoide tem uma indutância de 53 mH e uma resistência de 0,37 Ω. Se o solenoide é ligado a uma bateria, quanto tempo a corrente leva para atingir metade do valor final? (Trata-se de um *solenoide real*, já que estamos levando em conta a resistência interna.)

IDEIA-CHAVE

Podemos separar mentalmente o solenoide em uma resistência e uma indutância que estão ligadas em série a uma bateria, como na Fig. 30.6.2. Nesse caso, a aplicação da regra das malhas leva à Eq. 30.6.4, cuja solução é a Eq. 30.6.6.

Cálculos: De acordo com a Eq. 30.6.6, a corrente i aumenta exponencialmente de zero até o valor final $\mathscr{E}/R$. Seja t_0 o tempo que a corrente i leva para atingir metade do valor final. Nesse caso, a Eq. 30.6.6 nos dá

$$\frac{1}{2}\frac{\mathscr{E}}{R} = \frac{\mathscr{E}}{R}(1 - e^{-t_0/\tau_L}).$$

Para determinar t_0, dividimos ambos os membros por $\mathscr{E}/R$, explicitamos a exponencial e tomamos o logaritmo natural de ambos os membros. O resultado é o seguinte:

$$t_0 = \tau_L \ln 2 = \frac{L}{R}\ln 2 = \frac{53 \times 10^{-3}\ \text{H}}{0{,}37\ \Omega}\ln 2$$
$$= 0{,}10\ \text{s}. \qquad \text{(Resposta)}$$

30.7 ENERGIA ARMAZENADA EM UM CAMPO MAGNÉTICO

Objetivos do Aprendizado

Depois de ler este módulo, você será capaz de ...

30.7.1 Demonstrar a equação usada para calcular a energia do campo magnético armazenado no indutor de um circuito *RL* com uma fonte de força eletromotriz constante.

30.7.2 Conhecer a relação entre a energia do campo magnético *U*, a indutância *L* e a corrente *i* de um indutor.

Ideia-Chave

- Se um indutor L conduz uma corrente i, o campo magnético do indutor armazena uma energia dada pela equação

$$U_B = \tfrac{1}{2}Li^2 \quad \text{(energia magnética).}$$

Energia Armazenada em um Campo Magnético

Quando afastamos duas partículas carregadas uma da outra, podemos dizer que o aumento de energia potencial elétrica associado a esse afastamento fica armazenado no campo elétrico que existe entre as partículas. Podemos recuperar essa energia permitindo que as partículas se aproximem novamente. Da mesma forma, quando afastamos dois fios percorridos por correntes elétricas, podemos dizer que o aumento de energia potencial magnética associado a esse afastamento fica armazenado no campo magnético que existe entre os fios.

Para obter uma expressão matemática para a energia armazenada no campo magnético, considere novamente a Fig. 30.6.2, que mostra uma fonte de força eletromotriz $\mathscr{E}$ ligada a um resistor R e a um indutor L. A Eq. 30.6.4, repetida aqui por conveniência,

$$\mathscr{E} = L\frac{di}{dt} + iR, \tag{30.7.1}$$

é a equação diferencial que descreve o aumento da corrente no circuito. Como vimos, a equação é uma consequência direta da aplicação da regra das malhas, que, por sua vez, é uma expressão da lei de conservação da energia em circuitos com uma única malha. Multiplicando por i ambos os membros da Eq. 30.7.1, obtemos

$$\mathscr{E}i = Li\frac{di}{dt} + i^2R, \tag{30.7.2}$$

que tem a seguinte interpretação em termos de trabalho e energia:

1. Se uma quantidade elementar de carga dq passa pela fonte de força eletromotriz $\mathscr{E}$ da Fig. 30.6.2 em um intervalo de tempo dt, a fonte realiza um trabalho por unidade de tempo $(\mathscr{E}\,dq)/dt = \mathscr{E}i$. Assim, o lado esquerdo da Eq. 30.7.2 representa a taxa com a qual a fonte fornece energia ao resto do circuito.
2. O termo i^2R da Eq. 30.7.2 representa a taxa com a qual a energia é dissipada como energia térmica no resistor.
3. De acordo com a lei de conservação da energia, a energia que é fornecida ao circuito e não é dissipada no resistor deve ser armazenada no campo magnético do indutor. Isso significa que o termo $Li\,di/dt$ da Eq. 30.7.2 representa a taxa dU_B/dt com a qual a energia potencial magnética U_B é armazenada no campo magnético.

Assim,

$$\frac{dU_B}{dt} = Li\frac{di}{dt}, \tag{30.7.3}$$

que pode ser escrita na forma

$$dU_B = Li\,di.$$

Integrando ambos os membros, obtemos

$$\int_0^{U_B} dU_B = \int_0^i Li\,di$$

ou

$$U_B = \tfrac{1}{2}Li^2 \quad \text{(energia magnética)}, \tag{30.7.4}$$

que representa a energia armazenada por um indutor L percorrido por uma corrente i. Note a semelhança entre essa expressão e a expressão da energia armazenada por um capacitor de capacitância C e carga q,

$$U_E = \frac{q^2}{2C}. \tag{30.7.5}$$

(A variável i^2 corresponde a q^2 e a constante L corresponde a $1/C$.)

Teste 30.7.1

Quando fechamos a chave de um circuito RL, qual é a equação que descreve a variação com o tempo da energia magnética U_B?

(a) e^{-t/τ_L}, (b) $1 - e^{-t/\tau_L}$, (c) $(1 - e^{-t/\tau_L})^2$, (d) $(1 - e^{-t/\tau_L})e^{-t/\tau_L}$?

Exemplo 30.7.1 Energia armazenada em um campo magnético

Uma bobina tem uma indutância de 53 mH e uma resistência de 0,35 Ω.

(a) Se uma força eletromotriz de 12 V é aplicada à bobina, qual é a energia armazenada no campo magnético quando a corrente atinge o valor final?

IDEIA-CHAVE

De acordo com a Eq. 30.7.4 ($U_B = \frac{1}{2}Li^2$), a energia armazenada no campo magnético da bobina em qualquer instante é função da corrente que atravessa a bobina nesse instante.

Cálculos: Para determinar a energia final $U_{B\infty}$, precisamos conhecer a corrente final. De acordo com a Eq. 30.6.6, essa corrente é dada por

$$i_\infty = \frac{\mathscr{E}}{R} = \frac{12\text{ V}}{0{,}35\ \Omega} = 34{,}3\text{ A}. \tag{30.7.6}$$

Assim, temos

$$U_{B\infty} = \tfrac{1}{2}Li_\infty^2 = (\tfrac{1}{2})(53 \times 10^{-3}\text{ H})(34{,}3\text{ A})^2$$
$$= 31\text{ J}. \qquad \text{(Resposta)}$$

(b) Após quantas constantes de tempo metade da energia final está armazenada no campo magnético?

Cálculos: Agora estamos interessados em saber em que instante de tempo t a relação

$$U_B = \tfrac{1}{2}U_{B\infty}$$

é satisfeita. Usando duas vezes a Eq. 30.7.4, podemos escrever essa equação na forma

$$\tfrac{1}{2}Li^2 = (\tfrac{1}{2})\tfrac{1}{2}Li_\infty^2$$

ou

$$i = \left(\frac{1}{\sqrt{2}}\right)i_\infty. \tag{30.7.7}$$

De acordo com a Eq. 30.7.7, se uma corrente aumenta, a partir de 0, para um valor final i_∞, metade da energia final está armazenada no campo magnético quando a corrente é igual a $i_\infty/\sqrt{2}$. Além disso, sabemos que i é dada pela Eq. 30.6.6 e i_∞ (ver Eq. 30.7.6) é igual a $\mathscr{E}/R$; assim, a Eq. 30.7.7 se torna

$$\frac{\mathscr{E}}{R}(1 - e^{-t/\tau_L}) = \frac{\mathscr{E}}{\sqrt{2}R}.$$

Dividindo ambos os membros por $\mathscr{E}/R$ e reagrupando os termos, podemos escrever essa equação na forma

$$e^{-t/\tau_L} = 1 - \frac{1}{\sqrt{2}} = 0{,}293,$$

que nos dá

$$\frac{t}{\tau_L} = -\ln 0{,}293 = 1{,}23$$

ou

$$t \approx 1{,}2\tau_L. \qquad \text{(Resposta)}$$

Assim, a energia armazenada no campo magnético da bobina atinge metade do valor final 1,2 constante de tempo após a força eletromotriz ser aplicada.

30.8 DENSIDADE DE ENERGIA DE UM CAMPO MAGNÉTICO

Objetivos do Aprendizado

Depois de ler este módulo, você será capaz de ...

30.8.1 Saber que a todo campo magnético está associada uma energia.

30.8.2 Conhecer a relação entre a densidade de energia u_B de um campo magnético e o módulo B do campo magnético.

Ideia-Chave

- Se B é o módulo do campo magnético em um ponto do espaço, a densidade de energia magnética nesse ponto é dada por

$$u_B = \frac{B^2}{2\mu_0} \quad \text{(densidade de energia magnética).}$$

Densidade de Energia de um Campo Magnético

Considere um segmento de comprimento l perto do centro de um solenoide longo, de seção reta A, percorrido por uma corrente i; o volume do segmento é Al. A energia U_B armazenada nesse trecho do solenoide deve estar toda no interior do solenoide, já que o campo magnético do lado de fora de um solenoide é praticamente zero. Além disso, a energia armazenada deve estar uniformemente distribuída, pois o campo magnético é (aproximadamente) uniforme no interior de um solenoide.

Assim, a energia armazenada no campo por unidade de volume é

$$u_B = \frac{U_B}{Al}$$

e como

$$U_B = \tfrac{1}{2}Li^2,$$

temos

$$u_B = \frac{Li^2}{2Al} = \frac{L}{l}\frac{i^2}{2A}. \tag{30.8.1}$$

Aqui, L é a indutância do segmento do solenoide de comprimento l.

Substituindo L/l por seu valor, dado pela Eq. 30.4.4, obtemos

$$u_B = \tfrac{1}{2}\mu_0 n^2 i^2, \tag{30.8.2}$$

em que n é o número de espiras por unidade de comprimento. Usando a Eq. 29.4.3 ($B = \mu_0 in$), podemos escrever a *densidade de energia* na forma

$$u_B = \frac{B^2}{2\mu_0} \quad \text{(densidade de energia magnética).} \tag{30.8.3}$$

que expressa a densidade de energia armazenada em um ponto do espaço no qual o módulo do campo magnético é B. Embora tenha sido demonstrada para o caso especial de um solenoide, a Eq. 30.8.3 é válida para qualquer campo magnético, independentemente da forma como foi produzido. A equação é análoga à Eq. 25.4.5,

$$u_E = \tfrac{1}{2}\varepsilon_0 E^2, \tag{30.8.4}$$

que fornece a densidade de energia armazenada (no vácuo) em um ponto do espaço no qual o módulo do campo elétrico é E. Observe que u_B e u_E são proporcionais ao quadrado do módulo do campo correspondente, B ou E.

Teste 30.8.1

A tabela mostra o número de espiras por unidade de comprimento, a corrente e a seção reta de três solenoides. Coloque os solenoides na ordem decrescente da densidade de energia magnética.

Solenoide	Espiras por Unidade de Comprimento	Corrente	Área
a	$2n_1$	i_1	$2A_1$
b	n_1	$2i_1$	A_1
c	n_1	i_1	$6A_1$

30.9 INDUÇÃO MÚTUA

Objetivos do Aprendizado

Depois de ler este módulo, você será capaz de ...

30.9.1 Explicar o que é a indução mútua de duas bobinas e representá-la esquematicamente.

30.9.2 Calcular a indução mútua de uma bobina em relação a uma segunda bobina (ou em relação a uma corrente variável externa).

30.9.3 Calcular a força eletromotriz induzida em um bobina por uma segunda bobina em função da indutância mútua e da taxa de variação da corrente na segunda bobina.

Ideia-Chave

- Se as bobinas 1 e 2 estão próximas, a variação da corrente em uma delas pode induzir uma força eletromotriz na outra bobina. A indução mútua pode ser expressa pelas equações

$$\mathscr{E}_2 = -M\frac{di_1}{dt}$$

e

$$\mathscr{E}_1 = -M\frac{di_2}{dt},$$

em que M (medida em henries) é a indutância mútua.

Indução Mútua

Nesta seção, vamos voltar ao caso de duas bobinas próximas, que foi discutido no Módulo 30.1, e tratá-lo de modo mais formal. Como vimos, se duas bobinas estão próximas, como na Fig. 30.1.2, uma corrente i em uma das bobinas faz com que um fluxo magnético Φ atravesse a outra bobina (*enlaçando* as duas bobinas). Se a corrente i varia com o tempo, uma força eletromotriz $\mathscr{E}$ dada pela lei de Faraday aparece na segunda bobina. O processo foi chamado *indução*, mas poderíamos ter usado a expressão **indução mútua** para ressaltar o fato de que o processo envolve a interação de duas bobinas e distingui-lo do processo de *autoindução*, que envolve apenas uma bobina.

Vamos examinar o processo de indução mútua de modo quantitativo. A Fig. 30.9.1*a* mostra duas bobinas circulares compactas muito próximas, com o mesmo eixo central. Com o resistor variável ajustado para certo valor R de resistência, a bateria produz uma corrente constante i_1 na bobina 1. A corrente cria um campo magnético representado pelas linhas de $\vec{B}_1$ na figura. O circuito da bobina 2 contém um amperímetro, mas não conta com uma bateria; um fluxo magnético Φ_{21} (o fluxo através da bobina 2 devido à corrente na bobina 1) enlaça as N_2 espiras da bobina 2.

A indutância mútua M_{21} da bobina 2 em relação à bobina 1 é definida pela relação

$$M_{21} = \frac{N_2\Phi_{21}}{i_1}, \tag{30.9.1}$$

que tem a mesma forma que a Eq. 30.4.1,

$$L = N\Phi/i, \tag{30.9.2}$$

a definição de indutância. Podemos escrever a Eq. 30.9.1 na forma

$$M_{21}i_1 = N_2\Phi_{21}. \tag{30.9.3}$$

Se fizermos i_1 variar com o tempo variando R, teremos

$$M_{21}\frac{di_1}{dt} = N_2\frac{d\Phi_{21}}{dt}. \tag{30.9.4}$$

De acordo com a lei de Faraday, o lado direito da Eq. 30.9.4 é igual, em valor absoluto, à força eletromotriz $\mathscr{E}_2$ que aparece na bobina 2 devido à variação da corrente na bobina 1. Assim, com um sinal negativo para indicar o sentido $\mathscr{E}_2$, temos

$$\mathscr{E}_2 = -M_{21}\frac{di_1}{dt}, \tag{30.9.5}$$

que tem a mesma forma que a Eq. 30.5.3 para a autoindução ($\mathscr{E} = -L\,di/dt$).

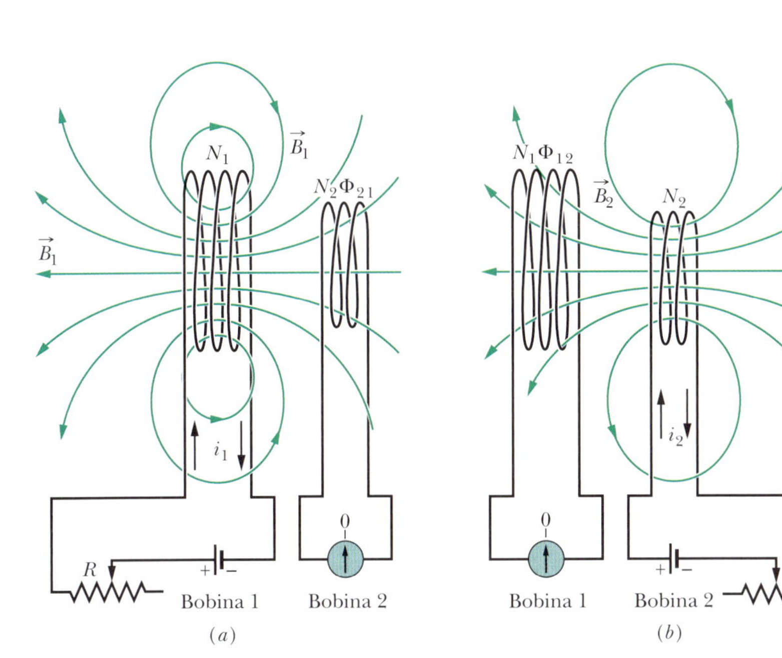

Figura 30.9.1 Indução mútua. (*a*) O campo magnético $\vec{B}_1$ produzido pela corrente i_1 na bobina 1 atravessa as espiras da bobina 2. Quando se faz variar a corrente i_1 (fazendo variar a resistência R), uma força eletromotriz é induzida na bobina 2 e o amperímetro ligado à bobina 2 revela a passagem de uma corrente. (*b*) O mesmo sistema, com os papéis das bobinas 1 e 2 invertidos.

Inversão. Vamos agora inverter os papéis das bobinas 1 e 2, como na Fig. 30.9.1*b*; em outras palavras, vamos produzir uma corrente na bobina 2 com o auxílio de uma bateria e criar um fluxo magnético Φ_{12} que enlaça a bobina 1. Se fizermos i_2 variar com o tempo variando R, teremos

$$\mathscr{E}_1 = -M_{12}\frac{di_2}{dt}. \tag{30.9.6}$$

Assim, a força eletromotriz produzida em uma das bobinas é proporcional à taxa de variação da corrente na outra. É possível demonstrar que as constantes de proporcionalidade M_{21} e M_{12} são iguais, o que nos permite escrever

$$M_{21} = M_{12} = M, \tag{30.9.7}$$

caso em que as Eqs. 30.9.5 e 30.9.6 se tornam

$$\mathscr{E}_2 = -M\frac{di_1}{dt} \tag{30.9.8}$$

e

$$\mathscr{E}_1 = -M\frac{di_2}{dt}. \tag{30.9.9}$$

Teste 30.9.1

Na Fig. 30.9.1*a*, considere as seguintes correntes (com i em ampères e t em segundos) que podem circular na bobina 1: (a) $i_a = 20{,}0$; (b) $i_b = 20t$; (c) $i_c = 10t$. Coloque as correntes na ordem do valor absoluto da força eletromotriz induzida na bobina 2, começando pela maior.

Revisão e Resumo

Fluxo Magnético O *fluxo magnético* Φ_B de um campo magnético $\vec{B}$ através de uma área A é definido pela equação

$$\Phi_B = \int \vec{B}\cdot d\vec{A}, \tag{30.1.1}$$

na qual a integral é calculada para toda a área. A unidade de fluxo magnético do SI é o weber (Wb); 1 Wb = 1 T · m². Se $\vec{B}$ é uniforme e perpendicular à área de integração, a Eq. 30.1.1 se torna

$$\Phi_B = BA \quad (\vec{B} \perp A, \vec{B}\text{ uniforme}). \tag{30.1.2}$$

Lei de Indução de Faraday Se o fluxo magnético Φ_B através de uma área limitada por uma espira condutora fechada varia com o tempo, uma corrente e uma força eletromotriz são produzidas na espira; o processo recebe o nome de *indução*. A força eletromotriz induzida é

$$\mathscr{E} = -\frac{d\Phi_B}{dt} \quad \text{(lei de Faraday)}. \tag{30.1.4}$$

Se a espira é substituída por uma bobina compacta de N espiras, a força eletromotriz se torna

$$\mathscr{E} = -N\frac{d\Phi_B}{dt}. \tag{30.1.5}$$

Lei de Lenz O sentido de uma corrente induzida é tal que o campo magnético *produzido pela corrente* se opõe à variação do fluxo magnético que induziu a corrente. A força eletromotriz induzida tem o mesmo sentido que a corrente induzida.

Força Eletromotriz e o Campo Elétrico Induzido Uma força eletromotriz é induzida por um campo magnético variável, mesmo que a espira através da qual o fluxo magnético está variando não seja um condutor de verdade, mas uma curva imaginária. O campo magnético variável induz um campo elétrico $\vec{E}$ em todos os pontos da curva; a força eletromotriz induzida e o campo elétrico induzido estão relacionados pela equação

$$\mathscr{E} = \oint \vec{E}\cdot d\vec{s}, \tag{30.3.4}$$

na qual a integração é executada ao longo da curva. De acordo com a Eq. 30.3.4, a lei de Faraday pode ser escrita na forma mais geral

$$\oint \vec{E}\cdot d\vec{s} = -\frac{d\Phi_B}{dt} \quad \text{(lei de Faraday)}. \tag{30.3.5}$$

Pela Eq. 30.3.5, *um campo magnético variável induz um campo elétrico* $\vec{E}$.

Indutores O **indutor** é um dispositivo que pode ser usado para produzir um campo magnético com o valor desejado em uma região do espaço. Se uma corrente i atravessa as N espiras de um indutor, um fluxo magnético Φ_B enlaça essas espiras. A **indutância** L do indutor é dada por

$$L = \frac{N\Phi_B}{i} \quad \text{(definição de indutância)}. \tag{30.4.1}$$

A unidade de indutância do SI é o **henry** (H); 1 H = 1 T · m²/A. A indutância por unidade de comprimento perto do centro de um solenoide longo, de área A e n espiras por unidade de comprimento, é dada por

$$\frac{L}{l} = \mu_0 n^2 A \quad \text{(solenoide)}. \tag{30.4.4}$$

Autoindução Se uma corrente i em uma bobina varia com o tempo, uma força eletromotriz é induzida na bobina. Essa força eletromotriz autoinduzida é dada por

$$\mathscr{E}_L = -L\frac{di}{dt}. \tag{30.5.3}$$

O sentido de $\mathscr{E}_L$ é dado pela lei de Lenz: A força eletromotriz autoinduzida se opõe à variação que a produz.

Circuitos *RL* Série Se uma força eletromotriz constante $\mathscr{E}$ é aplicada a um circuito com uma única malha constituída por uma resistência R e uma indutância L, a corrente tende a um valor final $\mathscr{E}/R$ de acordo com a equação

$$i = \frac{\mathscr{E}}{R}(1 - e^{-t/\tau_L}) \quad \text{(aumento da corrente).} \qquad (30.6.6)$$

Aqui, τ_L (= L/R) governa a taxa de aumento da corrente e é chamada **constante de tempo indutiva** do circuito. Quando a fonte de força eletromotriz constante é removida, a corrente diminui para zero a partir de um valor inicial i_0 de acordo com a equação

$$i = i_0 e^{-t/\tau_L} \quad \text{(diminuição da corrente).} \qquad (30.6.10)$$

Energia Magnética Se um indutor L conduz uma corrente i, o campo magnético do indutor armazena uma energia dada por

$$U_B = \tfrac{1}{2}Li^2 \quad \text{(energia magnética).} \qquad (30.7.4)$$

Se B é o módulo do campo magnético (criado por um indutor ou por qualquer outro meio) em um ponto do espaço, a densidade de energia magnética armazenada nesse ponto é dada por

$$u_B = \frac{B^2}{2\mu_0} \quad \text{(densidade de energia magnética).} \qquad (30.8.3)$$

Indução Mútua Se duas bobinas 1 e 2 estão próximas, a variação da corrente em uma das bobinas pode induzir uma força eletromotriz na outra. Essa indução mútua é descrita pelas equações

$$\mathscr{E}_2 = -M\frac{di_1}{dt} \qquad (30.9.8)$$

e

$$\mathscr{E}_1 = -M\frac{di_2}{dt}, \qquad (30.9.9)$$

em que M (medida em henries) é a indutância mútua das bobinas.

Perguntas

1 Se o condutor circular da Fig. 30.1 sofre uma dilatação térmica na presença de um campo magnético uniforme, uma corrente é induzida no sentido horário. Isso significa que o campo magnético aponta para dentro ou para fora do papel?

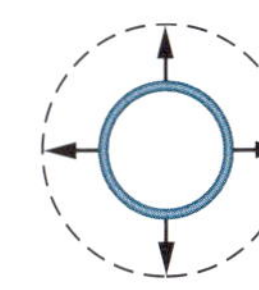

Figura 30.1 Pergunta 1.

2 A espira da Fig. 30.2*a* é submetida, sucessivamente, a seis campos magnéticos uniformes, todos paralelos ao eixo z, que apontam para fora do papel. A Fig. 30.2*b* mostra o módulo B_z desses campos em função do tempo t. (As retas 1 e 3 e as retas 4 e 6 são paralelas. As retas 2 e 5 são paralelas ao eixo do tempo.) Coloque os seis campos na ordem da força eletromotriz induzida na espira, começando pela maior no sentido horário e terminando com a maior no sentido anti-horário.

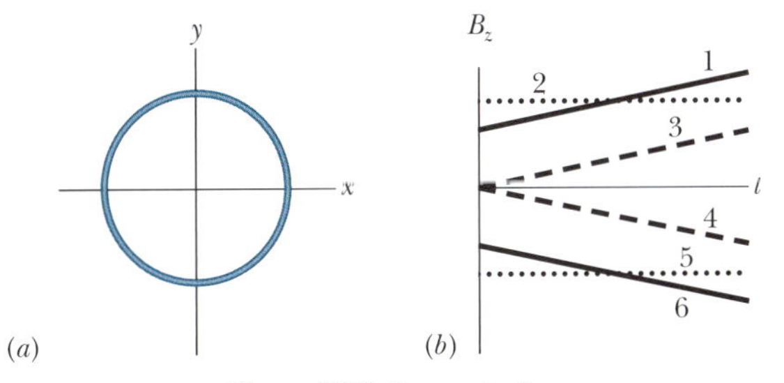

Figura 30.2 Pergunta 2.

3 Na Fig. 30.3, um fio retilíneo, longo, percorrido por uma corrente i, passa (sem fazer contato) por três espiras retangulares de lados L, $1{,}5L$ e $2L$. A distância entre as espiras é relativamente grande (o suficiente para que não interajam). As espiras 1 e 3 são simétricas em relação ao fio. Coloque as espiras na ordem decrescente do valor absoluto da corrente induzida (a) se a corrente i for constante e (b) se a corrente i estiver aumentando.

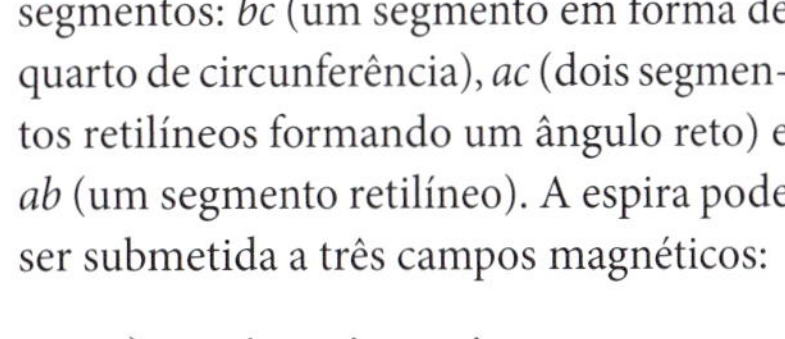

Figura 30.3 Pergunta 3.

4 A Fig. 30.4 mostra dois circuitos nos quais uma barra condutora desliza com a mesma velocidade escalar v na presença do mesmo campo magnético uniforme, ao longo de um fio em forma de **U**. Os segmentos paralelos do fio estão separados por uma distância $2L$ no circuito 1 e por uma distância L no circuito 2. A corrente induzida no circuito 1 tem o sentido anti-horário. (a) O campo magnético aponta para dentro ou para fora do papel? (b) A corrente induzida no circuito 2 tem o sentido horário ou o sentido anti-horário? (c) A força eletromotriz induzida no circuito 1 é maior, menor ou igual à força eletromotriz induzida no circuito 2?

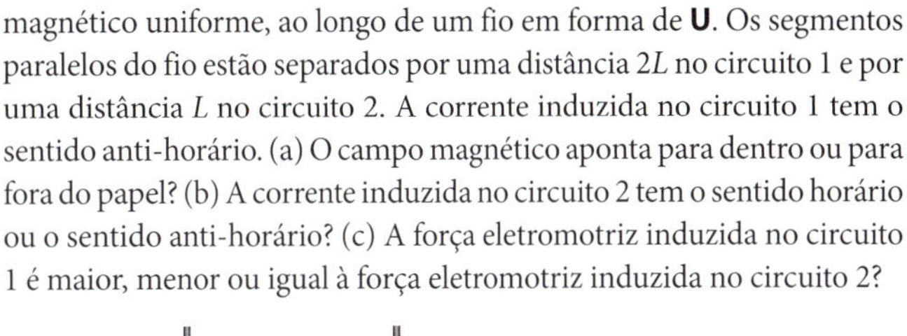
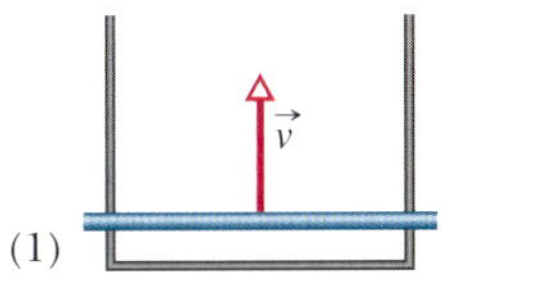

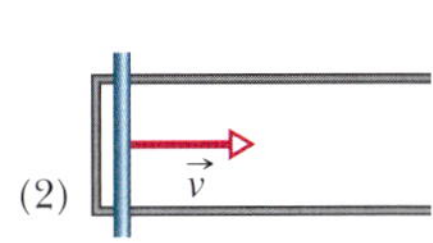

Figura 30.4 Pergunta 4.

5 A Fig. 30.5 mostra uma região circular na qual existem um campo magnético uniforme decrescente orientado para fora do papel e quatro trajetórias circulares concêntricas. Coloque as trajetórias na ordem decrescente do valor absoluto de $\oint \vec{E} \cdot d\vec{s}$.

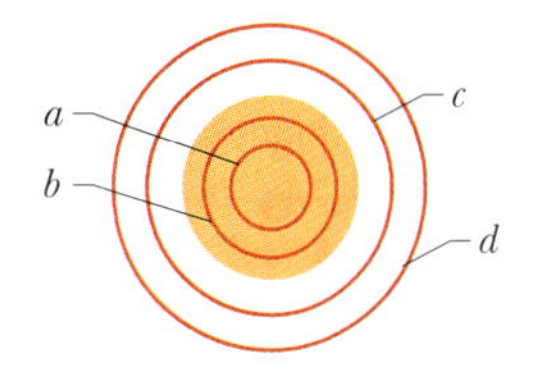

Figura 30.5 Pergunta 5.

6 Na Fig. 30.6, uma espira é feita de três segmentos: *bc* (um segmento em forma de quarto de circunferência), *ac* (dois segmentos retilíneos formando um ângulo reto) e *ab* (um segmento retilíneo). A espira pode ser submetida a três campos magnéticos:

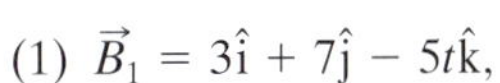

(1) $\vec{B}_1 = 3\hat{i} + 7\hat{j} - 5t\hat{k}$,
(2) $\vec{B}_2 = 5t\hat{i} - 4\hat{j} - 15\hat{k}$,
(3) $\vec{B}_3 = 2\hat{i} - 5t\hat{j} - 12\hat{k}$,

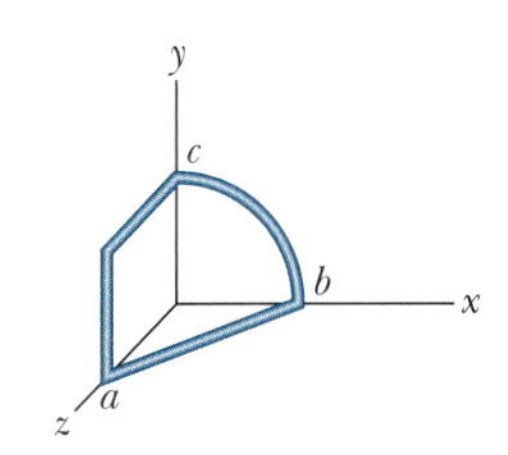

Figura 30.6 Pergunta 6.

em que $\vec{B}$ está em militeslas e t está em segundos. Sem fazer nenhum cálculo no papel, coloque os campos magnéticos na ordem decrescente (a) do trabalho realizado por unidade de carga para criar a corrente induzida e (b) do valor absoluto da corrente induzida. (c) Qual é o sentido da corrente induzida para cada um dos campos magnéticos?

7 A Fig. 30.7 mostra um circuito com dois resistores iguais e um indutor ideal. A corrente no resistor do meio é maior, menor ou igual à corrente no outro resistor (a) logo depois que a chave S é fechada, (b) muito tempo depois que a chave S é fechada, (c) logo depois que a chave é aberta depois de permanecer fechada por muito tempo e (d) muito tempo depois que a chave é aberta depois de permanecer fechada por muito tempo?

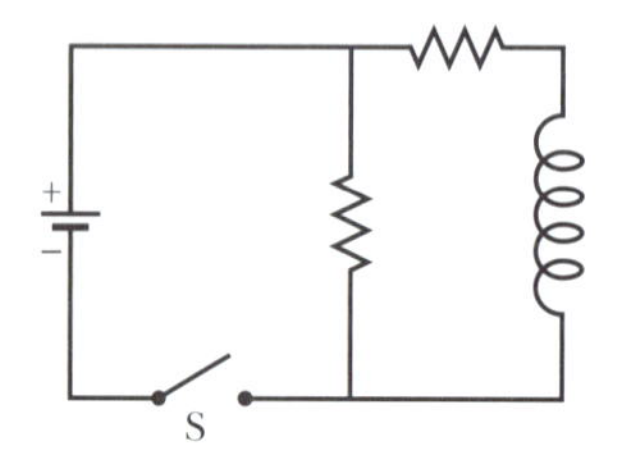

Figura 30.7 Pergunta 7.

8 A chave do circuito da Fig. 30.6.1 permaneceu na posição a por muito tempo e depois foi deslocada para a posição b. A Fig. 30.8 mostra a corrente no indutor para quatro pares de valores da resistência R e da indutância L: (1) R_0 e L_0, (2) $2R_0$ e L_0, (3) R_0 e $2L_0$, (4) $2R_0$ e $2L_0$. Qual é a curva correspondente a cada par?

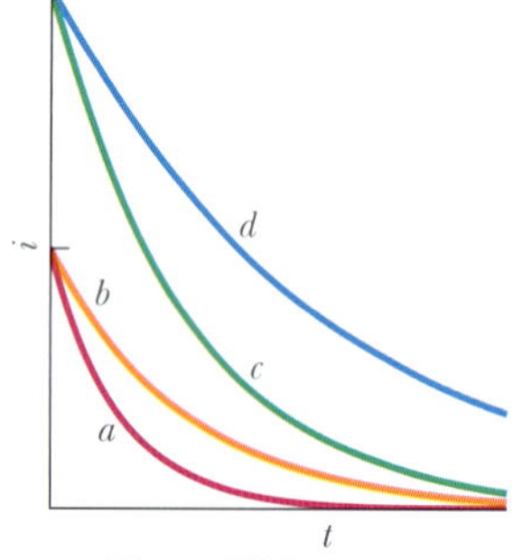

Figura 30.8 Pergunta 8.

9 A Fig. 30.9 mostra três circuitos com fontes, indutores e resistores iguais. Coloque os circuitos na ordem decrescente da corrente no resistor R (a) muito tempo depois do fechamento da chave, (b) logo depois de a chave ser aberta depois de permanecer fechada por muito tempo e (c) muito tempo depois de a chave ser aberta depois de permanecer fechada por muito tempo.

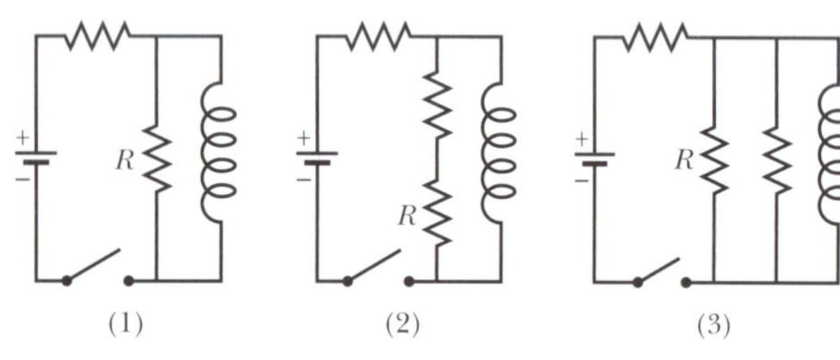

Figura 30.9 Pergunta 9.

10 A Fig. 30.10 mostra a variação, com o tempo, da diferença de potencial V_R entre os terminais de um resistor em três circuitos como mostra a Fig. 30.6.2. A resistência R e a força eletromotriz $\mathscr{E}$ da fonte são iguais nos três circuitos, mas as indutâncias L são diferentes. Coloque os circuitos na ordem decrescente do valor de L.

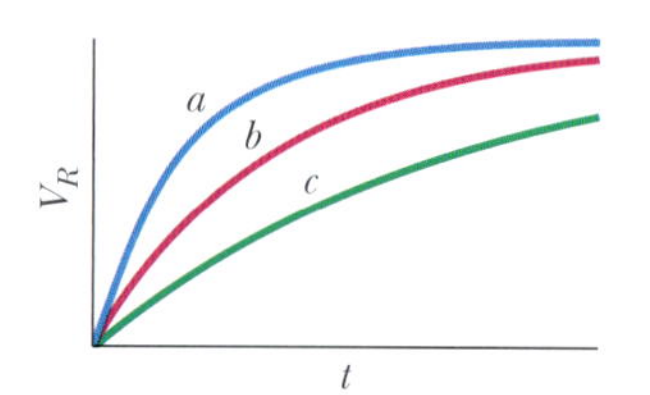

Figura 30.10 Pergunta 10.

11 A Fig. 30.11 mostra três situações nas quais parte de uma espira está em uma região onde existe um campo magnético. Como indica a figura, o campo pode apontar para dentro ou para fora do papel e o módulo do campo pode estar aumentando ou diminuindo. Nas três situações, uma fonte faz parte do circuito. Em que situação ou situações a força eletromotriz induzida e a força eletromotriz da bateria têm o mesmo sentido?

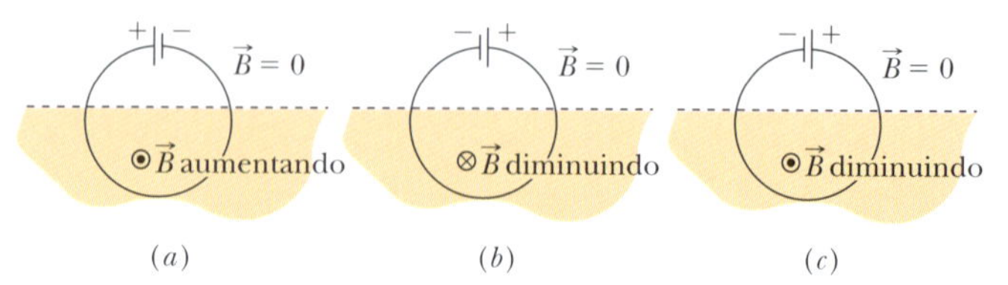

Figura 30.11 Pergunta 11.

12 A Fig. 30.12 mostra quatro situações nas quais espiras retangulares são retiradas de campos magnéticos iguais (que apontam para dentro do papel) com a mesma velocidade constante. Os lados das espiras têm um comprimento L ou $2L$, como mostra a figura. Coloque as situações na ordem decrescente (a) do módulo da força necessária para movimentar as espiras e (b) da taxa com a qual a energia fornecida às espiras é convertida em energia térmica.

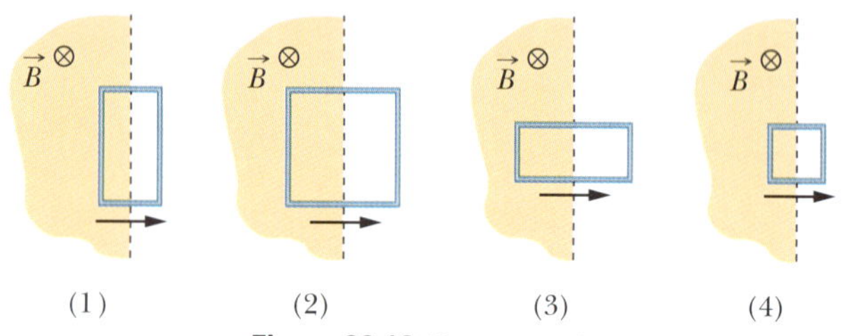

Figura 30.12 Pergunta 12.

Problemas

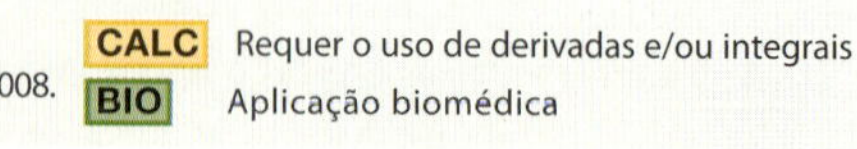

F Fácil **M** Médio **D** Difícil

CVF Informações adicionais disponíveis no e-book *O Circo Voador da Física*, de Jearl Walker, LTC Editora, Rio de Janeiro, 2008.

CALC Requer o uso de derivadas e/ou integrais

BIO Aplicação biomédica

Módulo 30.1 Lei de Faraday e Lei de Lenz

1 F Na Fig. 30.13, uma espira circular com 10 cm de diâmetro (vista de perfil) é posicionada com a normal $\vec{N}$ fazendo um ângulo $\theta = 30°$ com a direção de um campo magnético uniforme $\vec{B}$ cujo módulo é 0,50 T. A espira começa a girar de tal forma que $\vec{N}$ descreve um cone em torno da direção do campo à taxa de 100 revoluções por minuto; o ângulo θ permanece constante durante o processo. Qual é a força eletromotriz induzida na espira?

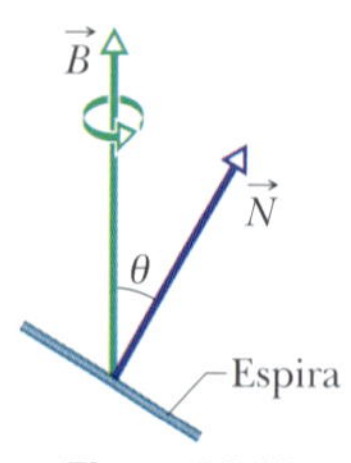

Figura 30.13 Problema 1.

2 F Um material condutor elástico é esticado e usado para fazer uma espira circular com 12,0 cm de raio, que é submetida a um campo magnético uniforme de 0,800 T perpendicular ao plano da espira. Ao ser liberada, a espira começa a se contrair e, em um dado instante, o raio está diminuindo à taxa de 75,0 cm/s. Qual é a força eletromotriz induzida na espira nesse instante?

3 F CALC Na Fig. 30.14, uma bobina de 120 espiras, com 1,8 cm de raio e uma resistência de 5,3 Ω, é coaxial com um solenoide de 220

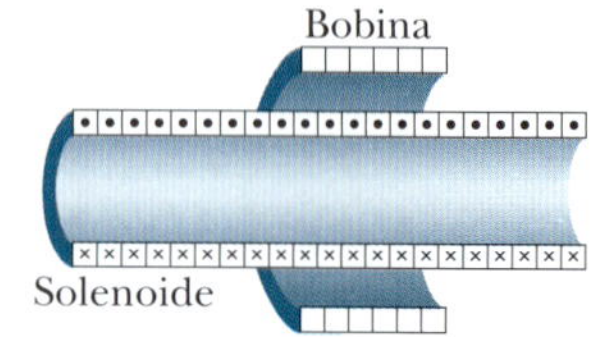

Figura 30.14 Problema 3.

espiras/cm e 3,2 cm de diâmetro. A corrente no solenoide diminui de 1,5 A para zero em um intervalo de tempo $\Delta t = 25$ ms. Qual é a corrente induzida na bobina no intervalo Δt?

4 F CALC Uma espira com 12 cm de raio e uma resistência de 8,5 Ω é submetida a um campo magnético uniforme $\vec{B}$ cujo módulo varia da forma indicada na Fig. 30.15. A escala do eixo vertical é definida por $B_s = 0{,}50$ T e a escala do eixo horizontal é definida por $t_s = 6{,}00$ s. O plano da espira é perpendicular a $\vec{B}$. Determine a força eletromotriz induzida na espira durante o intervalo de tempo (a) $0 < t < 2{,}0$ s, (b) $2{,}0$ s $< t < 4{,}0$ s, (c) $4{,}0$ s $< t < 6{,}0$ s.

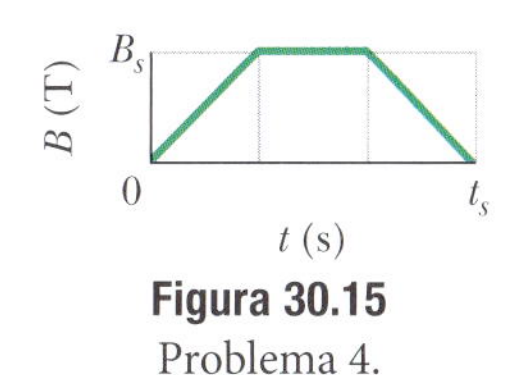

Figura 30.15 Problema 4.

5 F Na Fig. 30.16, um fio forma uma espira circular de raio $R = 2{,}0$ m e uma resistência de 4,0 Ω. Um fio retilíneo, longo, passa pelo centro da espira. No instante $t = 0$, a corrente no fio é 5,0 A, da esquerda para a direita. Para $t > 0$, a corrente varia de acordo com a equação $i = 5{,}0$ A $- (2{,}0$ A/s$^2)t^2$. (Como o fio retilíneo tem um revestimento isolante, não há contato elétrico entre o fio e a espira.) Qual é o valor absoluto da corrente induzida na espira para $t > 0$?

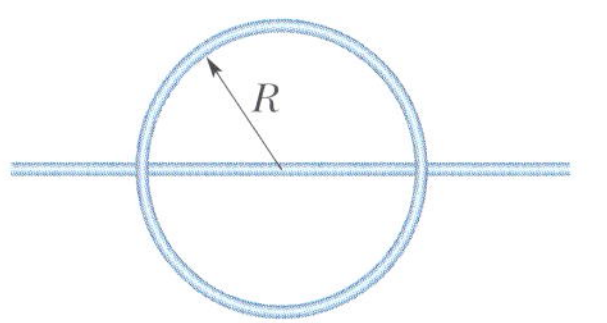

Figura 30.16 Problema 5.

6 F CALC A Fig. 30.17*a* mostra um circuito formado por uma fonte ideal de força eletromotriz $\mathscr{E} = 6{,}00\ \mu$V, uma resistência R e uma pequena espira com 5,0 cm² de área. Um campo magnético externo é aplicado à espira durante o intervalo de $t = 10$ a $t = 20$ s. O campo é uniforme, aponta para dentro do papel na Fig. 30.17*a* e o módulo do campo é dado por $B = at$, em que B está em teslas, a é uma constante e t está em segundos. A Fig. 30.17*b* mostra a corrente i no circuito antes, durante e depois da aplicação do campo. A escala vertical é definida por $i_s = 2{,}0$ mA. Determine o valor da constante a na equação do módulo do campo em função do tempo.

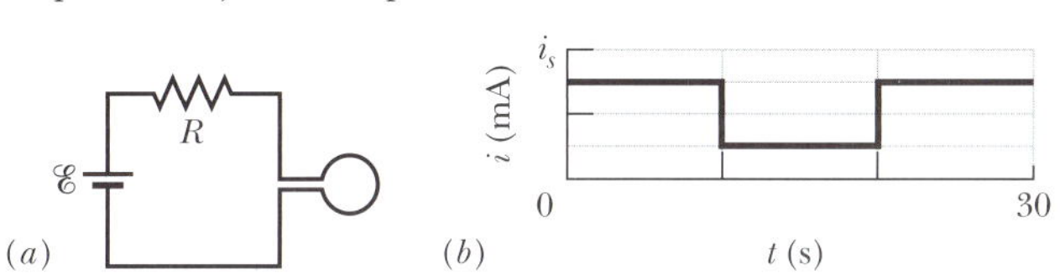

Figura 30.17 Problema 6.

7 F CALC Na Fig. 30.18, o fluxo de campo magnético na espira aumenta de acordo com a equação $\Phi_B = 6{,}0t^2 + 7{,}0t$, em que Φ_B está em miliwebers e t está em segundos. (a) Qual é o módulo da força eletromotriz induzida na espira no instante $t = 2{,}0$ s? (b) O sentido da corrente no resistor R é para a direita ou para a esquerda?

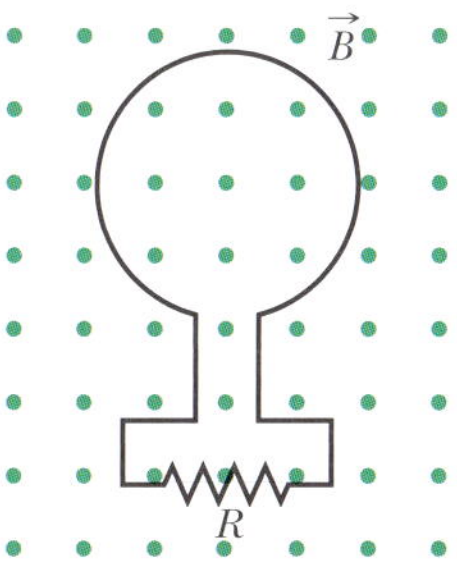

$\vec{B}$

R

Figura 30.18 Problema 7.

8 F Um campo magnético uniforme $\vec{B}$ é perpendicular ao plano de uma espira circular com 10 cm de diâmetro, formada por um fio com 2,5 mm de diâmetro e uma resistividade de $1{,}69 \times 10^{-8}\ \Omega \cdot$ m. Qual deve ser a taxa de variação de $\vec{B}$ para que uma corrente de 10 A seja induzida na espira?

9 F Uma pequena espira com 6,8 mm² de área é colocada no interior de um solenoide longo, com 854 espiras/cm, percorrido por uma corrente senoidal i com 1,28 A de amplitude e uma frequência angular de 212 rad/s. Os eixos centrais da espira e do solenoide coincidem. Qual é a amplitude da força eletromotriz induzida na espira?

10 M CALC A Fig. 30.19 mostra uma espira formada por um par de semicircunferências de 3,7 cm de raio situadas em planos mutuamente perpendiculares. A espira foi formada dobrando uma espira plana ao longo de um diâmetro até que as duas partes ficassem perpendiculares. Um campo magnético uniforme $\vec{B}$ de módulo 76 mT é aplicado perpendicularmente ao diâmetro da dobra, fazendo ângulos iguais (de 45°) com os planos das semicircunferências. O campo magnético é reduzido para zero a uma taxa uniforme durante um intervalo de tempo de 4,5 ms. Determine (a) o valor absoluto e (b) o sentido (horário ou anti-horário, do ponto de vista do sentido de $\vec{B}$) da força eletromotriz induzida na espira durante esse intervalo.

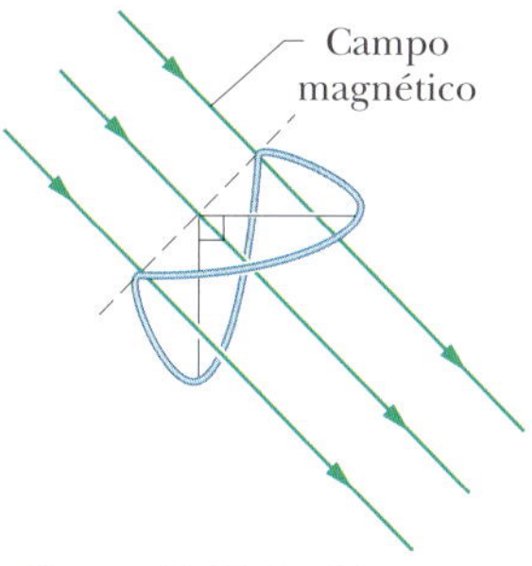

Figura 30.19 Problema 10.

11 M CALC Uma bobina retangular, de comprimento a e largura b, com N espiras, gira com frequência f na presença de um campo magnético uniforme $\vec{B}$, como mostra a Fig. 30.20. A bobina está ligada a cilindros metálicos que giram solidariamente a ela e nos quais estão apoiadas escovas metálicas que fazem contato com um circuito externo. (a) Mostre que a força eletromotriz induzida na bobina é dada (em função do tempo t) pela equação

$$\mathscr{E} = 2\pi fNabB\ \text{sen}(2\pi ft) = \mathscr{E}_0\ \text{sen}(2\pi ft).$$

Esse é o princípio de funcionamento dos geradores comerciais de corrente alternada. (b) Para qual valor de Nab a força eletromotriz gerada tem uma amplitude $\mathscr{E}_0 = 150$ V quando a bobina gira com uma frequência de 60,0 revoluções por segundo em um campo magnético uniforme de 0,500 T?

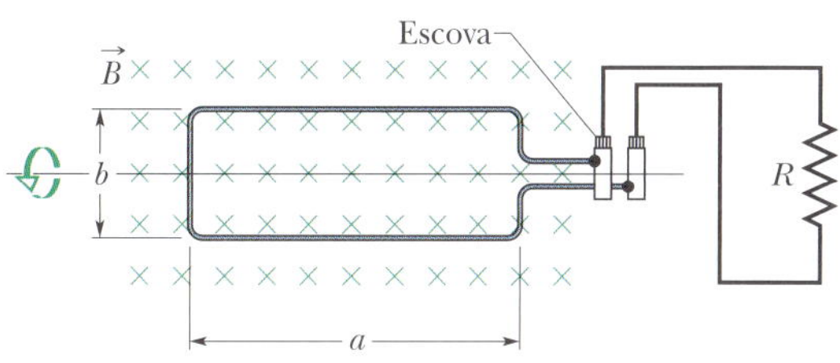

Figura 30.20 Problema 11.

12 M CALC Na Fig. 30.21, uma espira retangular, de dimensões $L = 40{,}0$ cm e $W = 25{,}0$ cm, é submetida a um campo magnético $\vec{B}$. Determine (a) o módulo $\mathscr{E}$ e (b) o sentido (horário, anti-horário – ou "nenhum", se $\mathscr{E} = 0$) da força eletromotriz induzida na espira se $\vec{B} = (4{,}00 \times 10^{-2}$ T/m$)y\hat{k}$. Determine (c) $\mathscr{E}$ e (d) o sentido de $\mathscr{E}$ se $\vec{B} = (6{,}00 \times 10^{-2}$ T/s$)t\hat{k}$. Determine (e) $\mathscr{E}$ e (f) o sentido de $\mathscr{E}$ se $\vec{B} = (8{,}00 \times 10^{-2}$ T/m $\cdot$ s$)yt\hat{k}$. Determine (g) $\mathscr{E}$ e (h) o sentido de $\mathscr{E}$ se $\vec{B} = (3{,}00 \times 10^{-2}$ T/m $\cdot$ s$)xt\hat{j}$. Determine (i) $\mathscr{E}$ e (j) o sentido de $\mathscr{E}$ se $\vec{B} = (5{,}00 \times 10^{-2}$ T/m $\cdot$ s$)yt\hat{i}$.

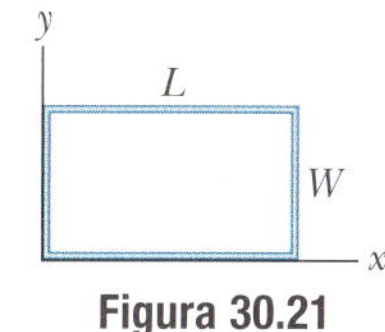

Figura 30.21 Problema 12.

13 M Cem espiras de fio de cobre (isolado) são enroladas em um núcleo cilíndrico de madeira com uma seção reta de $1{,}20 \times 10^{-3}$ m². As extremidades do fio são ligadas a um resistor. A resistência do circuito é 13,0 Ω. Se um campo magnético longitudinal uniforme aplicado ao núcleo muda de 1,60 T em um sentido para 1,60 T no sentido oposto, qual é a carga que passa por um ponto do circuito durante a mudança?

14 M CALC Na Fig. 30.22*a*, o módulo do campo magnético uniforme $\vec{B}$ aumenta com o tempo de acordo com o gráfico da Fig. 30.22*b*, em que a escala do eixo vertical é definida por $B_s = 9{,}0$ mT e a escala do eixo horizontal é definida por $t_s = 3{,}0$ s. Uma espira circular com uma área de $8{,}0 \times 10^{-4}$ m², no plano do papel, é submetida ao campo. A Fig. 30.22*c* mostra a carga q que passa pelo ponto A da espira em função do tempo t, com a escala do eixo vertical definida por $q_s = 6{,}0$ mC e a escala do eixo horizontal definida novamente por $t_s = 3{,}0$ s. Qual é a resistência da espira?

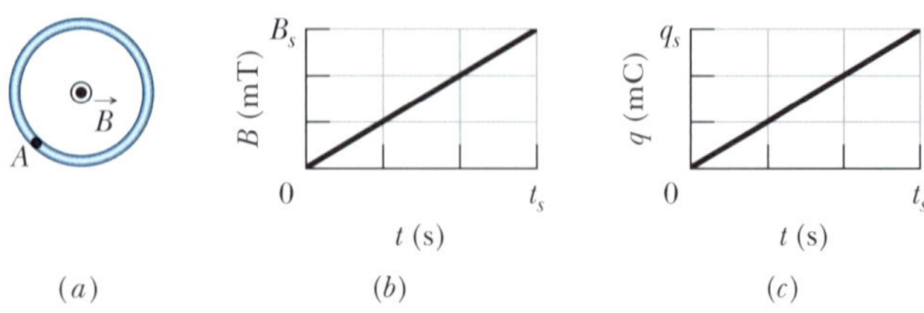

Figura 30.22 Problema 14.

15 M CALC Uma espira quadrada com 2,00 m de lado é mantida perpendicular a um campo magnético uniforme com metade da área da espira na região em que existe campo, como mostra a Fig. 30.23. A espira inclui uma fonte ideal de força eletromotriz $\mathscr{E} = 20{,}0$ V. Se o módulo do campo varia com o tempo de acordo com a equação $B = 0{,}0420 - 0{,}870t$, com B em teslas e t em segundos, determine (a) a força eletromotriz total aplicada à espira e (b) o sentido da corrente (total) que circula na espira.

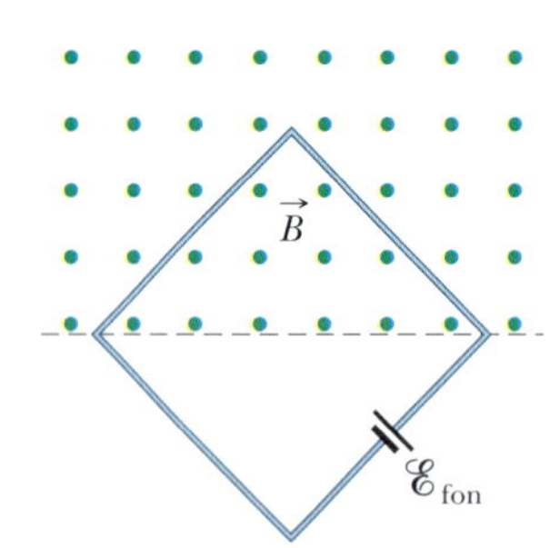

Figura 30.23 Problema 15.

16 M CALC A Fig. 30.24*a* mostra um fio que forma um retângulo ($W = 20$ cm, $H = 30$ cm) e tem uma resistência de 5,0 mΩ. O interior do retângulo é dividido em três partes iguais, que são submetidas a campos magnéticos $\vec{B}_1$, $\vec{B}_2$ e $\vec{B}_3$. Os campos são uniformes dentro de cada região e apontam para dentro ou para fora do papel, como indica a figura. A Fig. 30.24*b* mostra a variação da componente B_z dos três campos com o tempo t; a escala do eixo vertical é definida por $B_s = 4{,}0\,\mu$T e $B_b = -2{,}5B_s$ e a escala do eixo horizontal é definida por $t_s = 2{,}0$ s. Determine (a) o módulo e (b) o sentido da corrente induzida no fio.

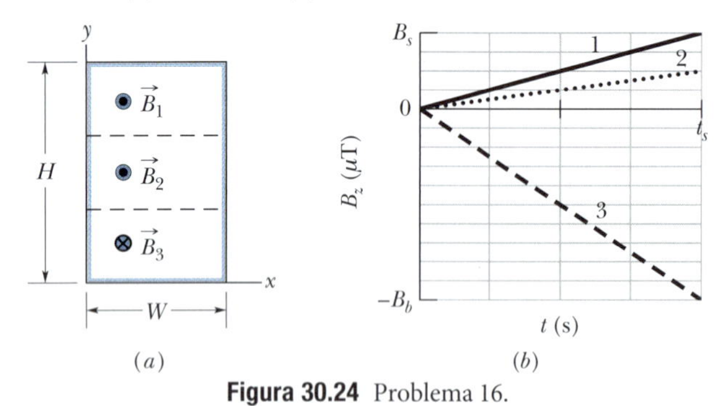

Figura 30.24 Problema 16.

17 M CALC Uma pequena espira circular, com 2,00 cm² de área, é concêntrica e coplanar com uma espira circular muito maior, com 1,00 m de raio. A corrente na espira maior varia, a uma taxa constante, de 200 A para −200 A (ou seja, troca de sentido) em um intervalo de 1,00 s, começando no instante $t = 0$. Determine o módulo do campo magnético $\vec{B}$ no centro da espira menor devido à corrente na espira menor (a) em $t = 0$, (b) em $t = 0{,}500$ s e (c) em $t = 1{,}00$ s. (d) O campo $\vec{B}$ troca de sentido no intervalo $0 < t < 1{,}00$ s? Suponha que $\vec{B}$ é uniforme na região em que se encontra a espira menor. (e) Determine a força eletromotriz induzida na espira menor no instante $t = 0{,}500$ s.

18 M CALC Na Fig. 30.25, dois trilhos condutores retilíneos formam um ângulo reto. Uma barra condutora em contato com os trilhos parte do vértice no instante $t = 0$ com uma velocidade escalar constante de 5,20 m/s e passa a se mover entre os trilhos. Um campo magnético $B = 0{,}350$ T, que aponta para fora da página, existe em toda a região. Determine (a) o fluxo magnético através do triângulo formado pelos trilhos e a barra no instante $t = 3{,}00$ s e (b) a força eletromotriz aplicada ao triângulo nesse instante. (c) Se a força eletromotriz é dada por $\mathscr{E} = at^n$, em que a e n são constantes, determine o valor de n.

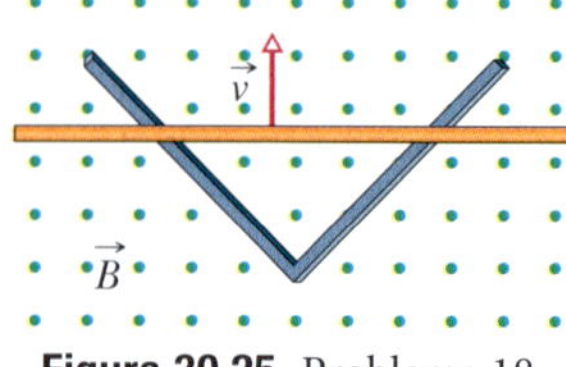

Figura 30.25 Problema 18.

19 M CALC Um gerador elétrico contém uma bobina de 100 espiras retangulares de 50,0 cm por 30,0 cm. A bobina é submetida a um campo magnético uniforme, de módulo $B = 3{,}50$ T, com $\vec{B}$ inicialmente perpendicular ao plano da bobina. Qual é o valor máximo da força eletromotriz produzida quando a bobina gira a 1.000 revoluções por minuto em torno de um eixo perpendicular a $\vec{B}$?

20 M Em uma localidade, o campo magnético da Terra tem módulo $B = 0{,}590$ gauss e uma inclinação para baixo de 70,0° em relação à horizontal. Uma bobina plana horizontal tem 10,0 cm de raio, 1.000 espiras e uma resistência total de 85,0 Ω e está ligada em série com um medidor com 140 Ω de resistência. A bobina descreve meia revolução em torno de um diâmetro. Qual é a carga que atravessa o medidor durante o movimento?

21 M CALC Na Fig. 30.26, uma semicircunferência de fio de raio $a = 2{,}00$ cm gira com uma velocidade angular constante de 40 revoluções por segundo na presença de um campo magnético uniforme de 20 mT. Determine (a) a frequência e (b) a amplitude da força eletromotriz induzida no circuito.

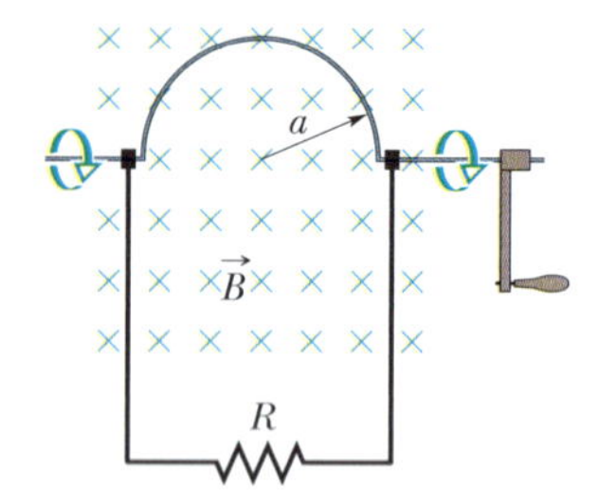

Figura 30.26 Problema 21.

22 M Uma espira retangular, com 0,15 m² de área, está girando na presença de um campo magnético uniforme de módulo $B = 0{,}20$ T. Quando o ângulo entre o campo e a normal ao plano da espira é $\pi/2$ e está aumentando à taxa de 0,60 rad/s, qual é a força eletromotriz induzida na espira?

23 M CALC A Fig. 30.27 mostra duas espiras paralelas com um eixo comum. A espira menor (de raio r) está acima da espira maior (de raio R) a uma distância $x \gg R$. Em consequência, o campo magnético produzido por uma corrente i que atravessa a espira maior no sentido anti-horário é praticamente uniforme na região limitada pela espira menor. A distância x está aumentando a uma taxa constante $dx/dt = v$. (a) Escreva uma expressão para o fluxo magnético através da bobina menor em função de x. (*Sugestão*: Ver Eq. 29.5.3.) (b) Escreva uma expressão para a força eletromotriz induzida na espira menor. (c) Determine o sentido da corrente induzida na espira menor.

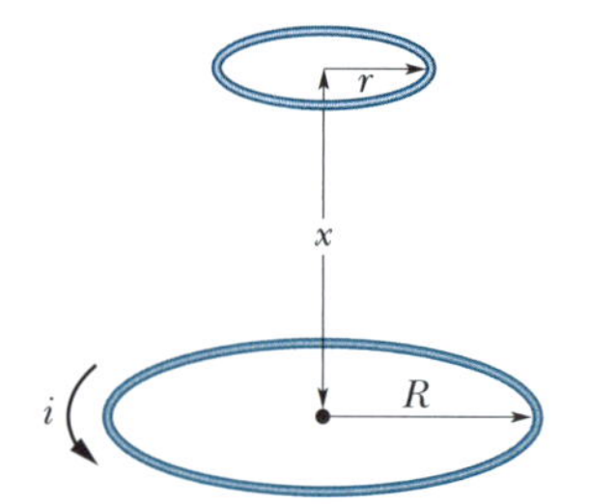

Figura 30.27 Problema 23.

24 M CALC Uma espira é formada por três segmentos circulares, todos de raio $r = 10$ cm, como mostra a Fig. 30.28. Cada segmento tem a forma de um quarto de circunferência: ab está no plano xy, bc no plano yz e ca no plano zx. (a) Se um campo magnético uniforme

$\vec{B}$ aponta no sentido positivo do eixo x, qual é o valor absoluto da força eletromotriz que aparece na espira quando B aumenta à taxa de 3,0 mT/s? (b) Qual é o sentido da corrente no segmento bc?

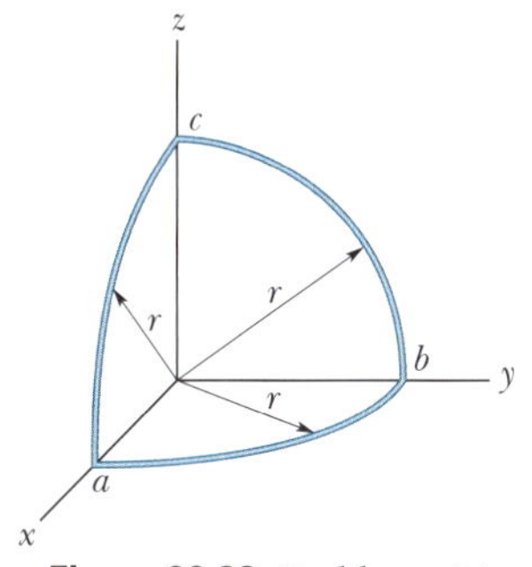

Figura 30.28 Problema 24.

25 D Dois fios longos e paralelos, de cobre, com 2,5 mm de diâmetro, conduzem uma corrente de 10 A em sentidos opostos. (a) Se os eixos centrais dos fios estão separados por uma distância de 20 mm, determine o fluxo magnético por metro de fio que existe no espaço entre os fios. (b) Que porcentagem desse fluxo está no interior dos fios? (c) Repita o item (a) supondo que as correntes têm o mesmo sentido.

26 D CALC No sistema da Fig. 30.29, a = 12,0 cm e b = 16,0 cm. A corrente no fio retilíneo longo é dada por $i = 4{,}50t^2 - 10{,}0t$, em que i está em ampères e t está em segundos. (a) Determine a força eletromotriz na espira quadrada no instante t = 3,00 s. (b) Qual é o sentido da corrente induzida na espira?

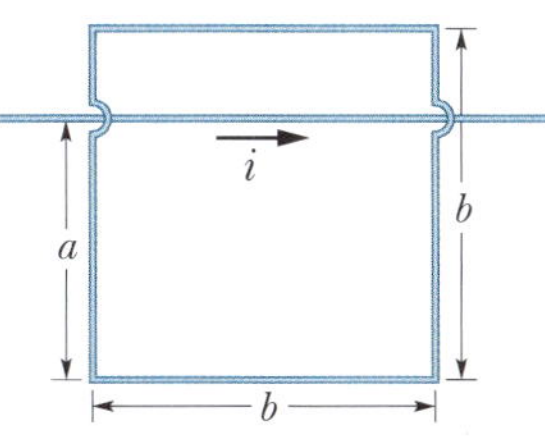

Figura 30.29 Problema 26.

27 D CALC Na Fig. 30.30, uma espira quadrada com 2,0 cm de lado é submetida a um campo magnético que aponta para fora do papel e cujo módulo é dado por $B = 4{,}0t^2y$, em que B está em teslas, t em segundos e y em metros. Determine (a) o valor absoluto e (b) o sentido da força eletromotriz induzida na espira no instante t = 2,5 s.

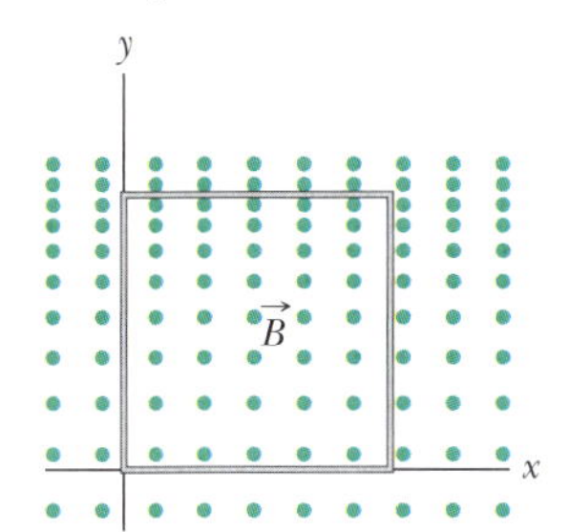

Figura 30.30 Problema 27.

28 D CALC Na Fig. 30.31, uma espira retangular, de comprimento a = 2,2 cm, largura b = 0,80 cm e resistência R = 0,40 mΩ, é colocada nas vizinhanças de um fio infinitamente longo percorrido por uma corrente i = 4,7 A. Em seguida, a espira é afastada do fio com uma velocidade constante v = 3,2 mm/s. Quando o centro da espira está a uma distância r = 1,5b do fio, determine (a) o valor absoluto do fluxo magnético que atravessa a espira e (b) a corrente induzida na espira.

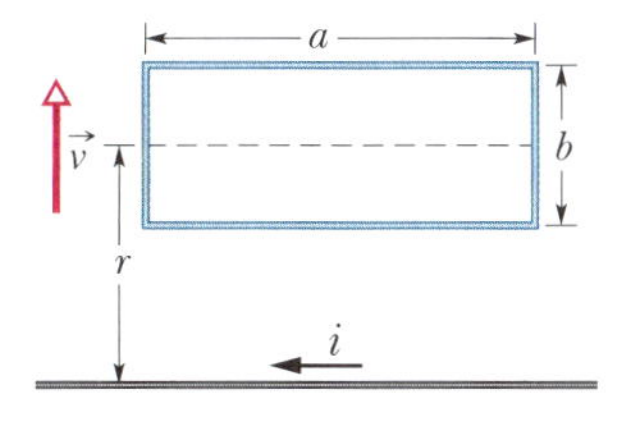

Figura 30.31 Problema 28.

Módulo 30.2 Indução e Transferências de Energia

29 F Na Fig. 30.32, uma barra de metal é forçada a se mover com velocidade constante $\vec{v}$ ao longo de dois trilhos paralelos ligados em uma das extremidades por uma fita de metal. Um campo magnético de módulo B = 0,350 T aponta para fora do papel. (a) Se a distância entre os trilhos é L = 25,0 cm e a velocidade escalar da barra é 55,0 cm/s, qual é o valor absoluto da força eletromotriz gerada? (b) Se a barra tem uma resistência de 18,0 Ω e a resistência dos trilhos e da fita de ligação é desprezível, qual é a corrente na barra? (c) Qual é a taxa com a qual a energia é transformada em energia térmica?

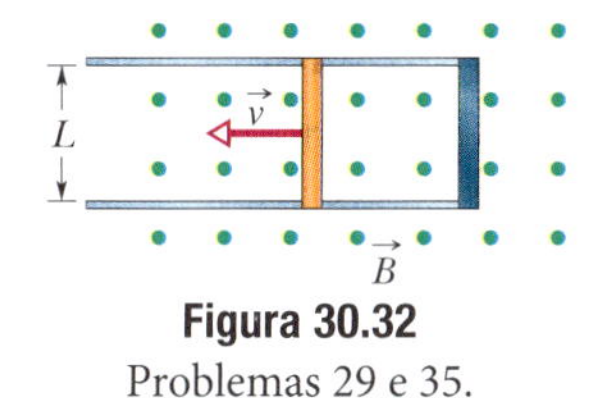

Figura 30.32 Problemas 29 e 35.

30 F CALC Na Fig. 30.33a, uma espira circular é concêntrica com um solenoide e está em um plano perpendicular ao eixo central do solenoide. A espira tem 6,00 cm de raio. O solenoide tem um raio de 2,00 cm, possui 8.000 espiras/cm, e a corrente i_{sol} varia com o tempo t da forma indicada na Fig. 30.33b, em que a escala do eixo vertical é definida por i_s = 1,00 A e a escala do eixo horizontal é definida por t_s = 2,0 s. A Fig. 30.33c mostra, em função do tempo, a energia E_t que é transformada em energia térmica na espira; a escala do eixo vertical é definida por E_s = 100,0 nJ. Qual é a resistência da espira?

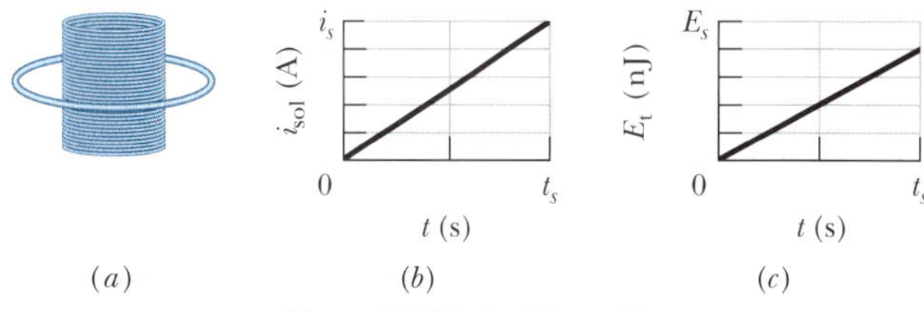

Figura 30.33 Problema 30.

31 F CALC Se 50,0 cm de um fio de cobre com 1,00 mm de diâmetro são usados para formar uma espira circular e a espira é submetida a um campo magnético uniforme perpendicular que está aumentando a uma taxa constante de 10,0 mT/s, qual é a taxa com a qual é gerada energia térmica na espira?

32 F CALC Uma antena circular, com área de 2,00 cm² e uma resistência de 5,21 μΩ, é submetida a um campo magnético uniforme perpendicular de módulo 17,0 μT. O módulo do campo diminui para zero em 2,96 ms. Qual é a energia térmica produzida na espira pela variação do campo?

33 M CALC A Fig. 30.34 mostra uma barra de comprimento L = 10,0 cm que é forçada a se mover com velocidade escalar constante v = 5,00 m/s ao longo de trilhos horizontais. A barra, os trilhos e a fita metálica na extremidade direita dos trilhos formam uma espira condutora. A barra tem resistência de 0,400 Ω; a resistência do resto da espira é desprezível. Uma corrente i = 100 A que percorre um fio longo, situado a uma distância a = 10,0 mm da espira, produz um campo magnético (não uniforme) que atravessa a espira. Determine (a) a força eletromotriz e (b) a corrente induzida da espira. (c) Qual é a potência dissipada na espira? (d) Qual é o módulo da força que deve ser aplicada à espira para que se mova com velocidade constante? (e) Qual é a taxa com a qual a força realiza trabalho sobre a espira?

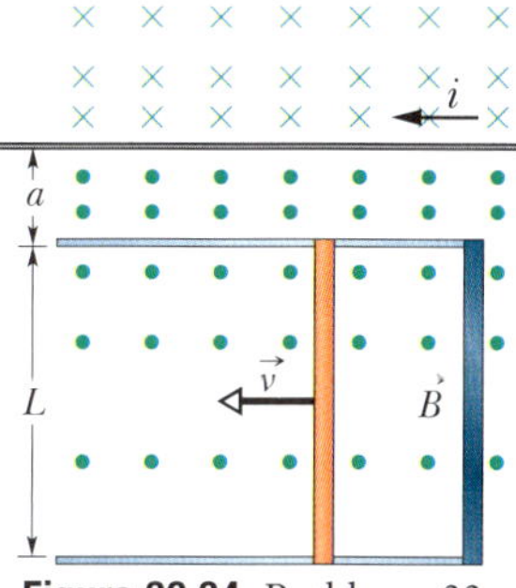

Figura 30.34 Problema 33.

34 M CALC Na Fig. 30.35, uma espira retangular muito longa, de largura L, resistência R e massa m, está inicialmente suspensa na presença de um campo magnético horizontal uniforme $\vec{B}$ que aponta para dentro do papel e existe apenas acima da reta aa. É deixada cair a espira, que acelera sob a ação da gravidade até

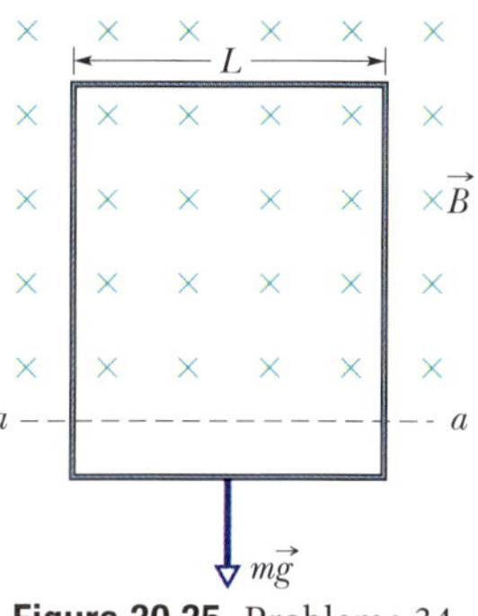

Figura 30.35 Problema 34.

atingir uma velocidade terminal v_t. Escreva uma expressão para v_t, ignorando a resistência do ar.

35 M A barra condutora da Fig. 30.32 tem comprimento L e está sendo puxada em trilhos horizontais condutores, sem atrito, com velocidade constante $\vec{v}$. Os trilhos estão ligados em uma das extremidades por uma fita condutora. Um campo magnético uniforme $\vec{B}$, orientado para fora do papel, ocupa a região na qual se move a barra. Suponha que $L = 10$ cm, $v = 5{,}0$ m/s e $B = 1{,}2$ T. Determine (a) o módulo e (b) o sentido (para cima ou para baixo) da força eletromotriz induzida na barra. Determine também (c) o valor absoluto e (d) o sentido da corrente na espira formada pela barra, os trilhos e a fita. Suponha que a resistência da barra é 0,40 Ω e que a resistência dos trilhos e da fita é desprezível. (e) Qual é a taxa com a qual a energia é dissipada na barra em forma de calor? (f) Qual é o módulo da força externa que deve ser aplicada à barra para que continue a se mover com velocidade $\vec{v}$? (g) Qual é a taxa com a qual a força realiza trabalho sobre a barra?

Módulo 30.3 Campos Elétricos Induzidos

36 F CALC A Fig. 30.36 mostra duas regiões circulares, R_1 e R_2, de raios $r_1 = 20{,}0$ cm e $r_2 = 30{,}0$ cm. Em R_1 existe um campo magnético uniforme, de módulo $B_1 = 50{,}0$ mT, que aponta para dentro do papel; em R_2, existe um campo magnético uniforme, de módulo $B_2 = 75{,}0$ mT, que aponta para fora do papel (ignore os efeitos de borda). Os dois campos estão diminuindo à taxa de 8,50 mT/s. Calcule o valor de $\oint \vec{E} \cdot d\vec{s}$ (a) para a trajetória 1, (b) para a trajetória 2 e (c) para a trajetória 3.

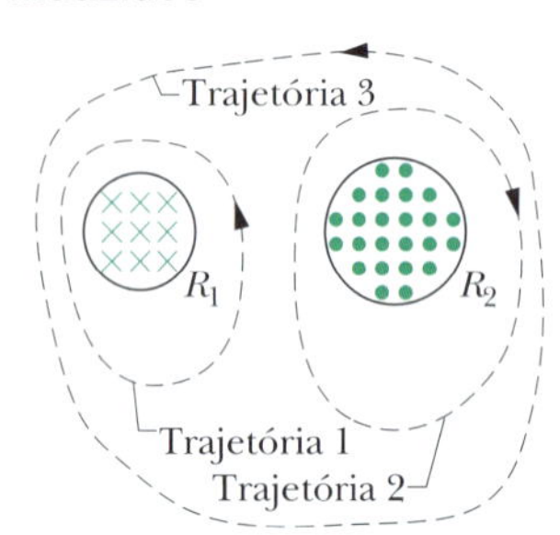

Figura 30.36 Problema 36.

37 F CALC Um solenoide longo tem um diâmetro de 12,0 cm. Quando o solenoide é percorrido por uma corrente i, um campo magnético uniforme de módulo $B = 30{,}0$ mT é produzido no interior do solenoide. Por meio de uma diminuição da corrente i, o campo magnético é reduzido a uma taxa de 6,50 mT/s. Determine o módulo do campo elétrico induzido (a) a 2,20 cm e (b) a 8,20 cm de distância do eixo do solenoide.

38 M CALC Uma região circular no plano xy é atravessada por um campo magnético uniforme que aponta no sentido positivo do eixo z. O módulo B do campo (em teslas) aumenta com o tempo t (em segundos) de acordo com a equação $B = at$, em que a é uma constante. A Fig. 30.37 mostra o módulo E do campo elétrico criado por esse aumento do campo magnético em função da distância radial r; a escala do eixo vertical é definida por $E_s = 300$ μN/C, e a escala do eixo horizontal é definida por $r_s = 4{,}00$ cm. Determine o valor de a.

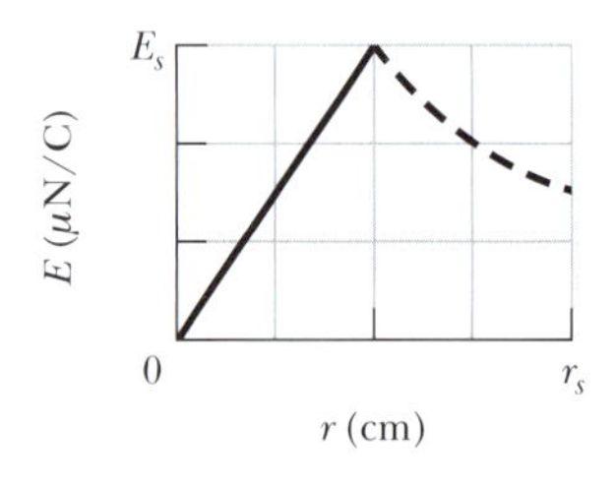

Figura 30.37 Problema 38.

39 M CALC O campo magnético de um ímã cilíndrico com 3,3 cm de diâmetro varia senoidalmente entre 29,6 T e 30,0 T com uma frequência de 15 Hz. (Essa variação é produzida pela corrente em um fio enrolado em um ímã permanente.) Qual é a amplitude do campo elétrico induzido por essa variação a uma distância de 1,6 cm do eixo do cilindro?

Módulo 30.4 Indutores e Indutância

40 F A indutância de uma bobina compacta de 400 espiras é 8,0 mH. Calcule o fluxo magnético através da bobina quando a corrente é 5,0 mA.

41 F Uma bobina circular tem 10,0 cm de raio e 30,0 espiras compactas. Um campo magnético externo, de módulo 2,60 mT, é aplicado perpendicularmente ao plano da bobina. (a) Se a corrente na bobina é zero, qual é o fluxo magnético que enlaça as espiras? (b) Quando a corrente na bobina é 3,80 A em certo sentido, o fluxo magnético através da bobina é zero. Qual é a indutância da bobina?

42 M A Fig. 30.38 mostra uma fita de cobre, de largura $W = 16{,}0$ cm, que foi enrolada para formar um tubo, de raio $R = 1{,}8$ cm com duas extensões planas. Uma corrente $i = 35$ mA está distribuída uniformemente na fita, fazendo com que o tubo se comporte como um solenoide de uma espira. Suponha que o campo magnético do lado de fora do tubo é desprezível e que o campo magnético no interior do tubo é uniforme. Determine (a) o módulo do campo magnético no interior do tubo e (b) a indutância do tubo (desprezando as extensões planas).

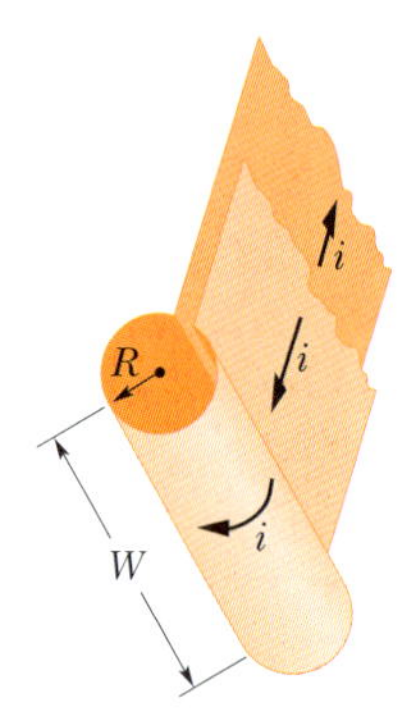

Figura 30.38 Problema 42.

43 M CALC Dois fios longos, iguais, de raio $a = 1{,}53$ mm, são paralelos e conduzem correntes iguais em sentidos opostos. A distância entre os eixos centrais dos fios é $d = 14{,}2$ cm. Despreze o fluxo no interior dos fios, mas considere o fluxo na região entre os fios. Qual é a indutância dos fios por unidade de comprimento?

Módulo 30.5 Autoindução

44 F Um indutor de 12 H conduz uma corrente de 2,0 A. Qual deve ser a taxa de variação da corrente para que a força eletromotriz induzida no indutor seja 60 V?

45 F CALC Em um dado instante, a corrente e a força eletromotriz autoinduzida em um indutor têm o sentido indicado na Fig. 30.39. (a) A corrente está aumentando ou diminuindo? (b) A força eletromotriz induzida é 17 V e a taxa de variação da corrente é 25 kA/s; determine a indutância.

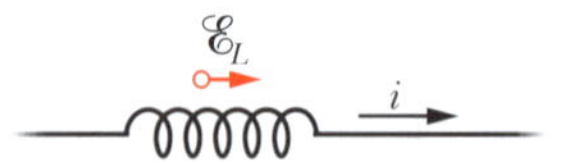

Figura 30.39 Problema 45.

46 M CALC A corrente i em um indutor de 4,6 H varia com o tempo t de acordo com o gráfico da Fig. 30.40, em que a escala do eixo vertical é definida por $i_s = 8{,}0$ A e a escala do eixo horizontal é definida por $t_s = 6{,}0$ ms. O indutor tem uma resistência de 12 Ω. Determine o módulo da força eletromotriz induzida $\mathscr{E}$ (a) para $0 < t < 2$ ms, (b) para $2 \text{ ms} < t < 5$ ms e (c) para $5 \text{ ms} < t < 6$ ms. (Ignore o comportamento nos extremos dos intervalos.)

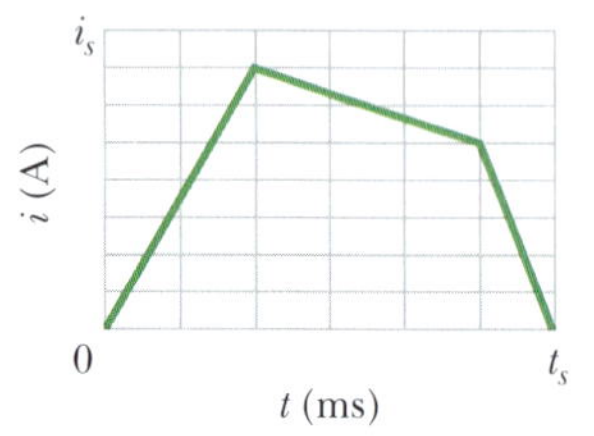

Figura 30.40 Problema 46.

47 M *Indutores em série*. Dois indutores L_1 e L_2 estão ligados em série e estão separados por uma distância tão grande que o campo magnético de um não pode afetar o outro. (a) Mostre que a indutância equivalente é dada por

$$L_{eq} = L_1 + L_2.$$

(*Sugestão*: Estude novamente as seções que tratam de resistores em série e capacitores em série. Qual é a situação mais parecida com o caso atual?) (b) Qual é a generalização da expressão do item (a) para N indutores em série?

48 M CALC *Indutores em paralelo*. Dois indutores L_1 e L_2 estão ligados em paralelo e estão separados por uma distância tão grande que o campo magnético de um não pode afetar o outro. (a) Mostre que a indutância equivalente é dada por

$$\frac{1}{L_{eq}} = \frac{1}{L_1} + \frac{1}{L_2}.$$

(*Sugestão*: Estude novamente as seções que tratam de resistores em série e capacitores em paralelo. Qual é a situação mais parecida com o caso atual?) (b) Qual é a generalização da expressão do item (a) para N indutores em paralelo?

49 M O circuito de indutores da Fig. 30.41, com L_1 = 30,0 mH, L_2 = 50,0 mH, L_3 = 20,0 mH e L_4 = 15,0 mH, é ligado a uma fonte de corrente alternada. Qual é a indutância equivalente do circuito? (*Sugestão*: Ver Problemas 47 e 48.)

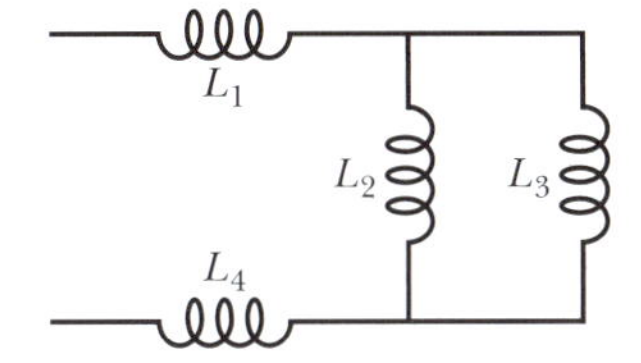

Figura 30.41 Problema 49.

Módulo 30.6 Circuitos *RL*

50 F A corrente em um circuito *RL* aumenta para um terço do valor final em 5,00 s. Determine a constante de tempo indutiva do circuito.

51 F A corrente em um circuito *RL* diminui de 1,0 A para 10 mA no primeiro segundo depois que a fonte é removida do circuito. Se L = 10 H, determine a resistência R do circuito.

52 F A chave da Fig. 30.6.1 é colocada na posição *a* no instante $t = 0$. Determine a razão $\mathscr{E}_L/\mathscr{E}$ entre a força eletromotriz autoinduzida no indutor e a força eletromotriz da fonte (a) logo após o instante $t = 0$ e (b) no instante $t = 2{,}00\tau_L$. (c) Para qual múltiplo de τ_L temos $\mathscr{E}_L/\mathscr{E} = 0{,}500$?

53 F Um solenoide com uma indutância de 6,30 μH é ligado em série com um resistor de 1,20 kΩ. (a) Se uma bateria de 14,0 V é ligada entre os terminais do conjunto, quanto tempo é necessário para que a corrente no resistor atinja 80,0% do valor final? (b) Qual é a corrente no resistor no instante $t = 1{,}0\tau_L$?

54 F Na Fig. 30.42, $\mathscr{E}$ = 100 V, R_1 = 10,0 Ω, R_2 = 20,0 Ω, R_3 = 30,0 Ω e L = 2,00 H. Determine os valores de (a) i_1 e (b) i_2 logo após o fechamento da chave S. (Considere positivas as correntes nos sentidos indicados na figura e negativas as correntes no sentido oposto.) Determine também os valores de (c) i_1 e (d) i_2 muito tempo após o fechamento da chave. A chave é aberta depois de ter permanecido fechada por muito tempo. Determine os valores de (e) i_1 e (f) i_2 logo depois de a chave ter sido novamente aberta. Determine também os valores de (g) i_1 e (h) i_2 muito tempo depois de a chave ter sido novamente aberta.

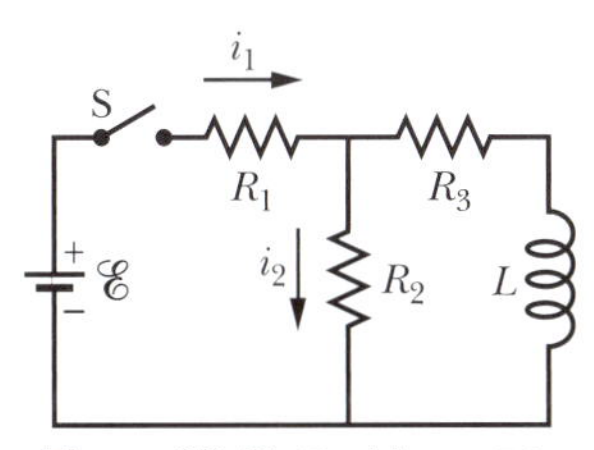

Figura 30.42 Problema 54.

55 F Uma bateria é ligada a um circuito *RL* série no instante $t = 0$. Para qual múltiplo de τ_L a corrente atinge um valor 0,100% menor que o valor final?

56 F CALC Na Fig. 30.43, o indutor tem 25 espiras e a fonte ideal tem uma força eletromotriz de 16 V. A Fig. 30.44 mostra o fluxo magnético Φ nas espiras do indutor em função da corrente i. A escala do eixo vertical é definida por $\Phi_s = 4{,}0 \times 10^{-4}$ T · m², e a escala do eixo horizontal é definida por i_s = 2,00 A. Se a chave S é fechada no instante $t = 0$, qual é a taxa de variação da corrente, di/dt, no instante $t = 1{,}5\tau_L$?

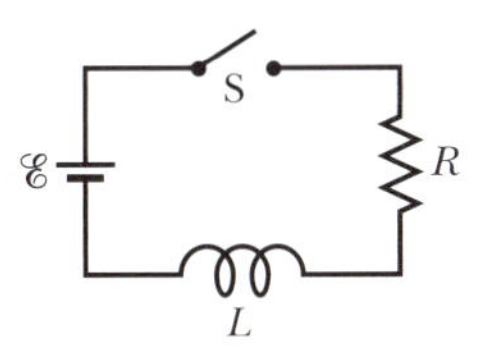

Figura 30.43 Problemas 56, 80 e 83.

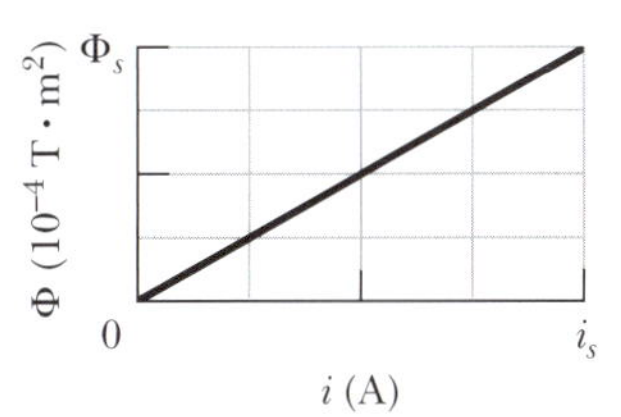

Figura 30.44 Problema 56.

57 M CALC Na Fig. 30.45, R = 15 Ω, L = 5,0 H, a força eletromotriz da fonte ideal é $\mathscr{E}$ = 10 V, e o fusível do ramo superior é um fusível ideal de 3,0 A. A resistência do fusível é zero enquanto a corrente que o atravessa permanece abaixo de 3,0 A. Quando a corrente atinge o valor de 3,0 A, o fusível "queima" e passa a apresentar uma resistência infinita. A chave S é fechada no instante $t = 0$. (a) Em que instante o fusível queima? (*Sugestão*: A Eq. 30.6.6 não se aplica; use uma adaptação da Eq. 30.6.4.) (b) Faça um gráfico da corrente i no indutor em função do tempo e assinale o instante em que o fusível queima.

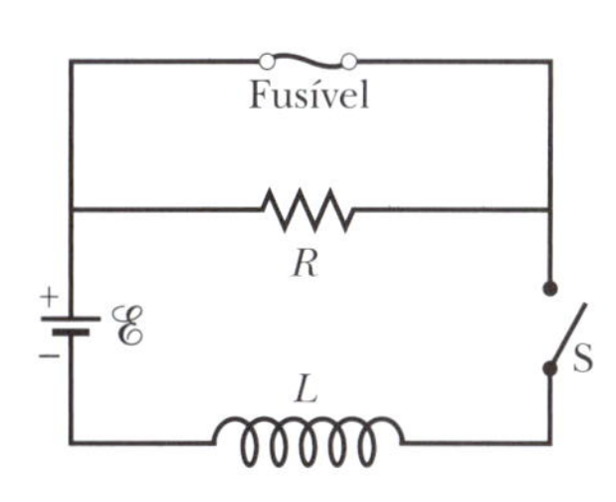

Figura 30.45 Problema 57.

58 M A força eletromotriz da fonte do circuito da Fig. 30.6.2 varia com o tempo de tal forma que a corrente é dada por $i(t) = 3{,}0 + 5{,}0t$, em que i está em ampères e t em segundos. Suponha que $R = 4{,}0\ \Omega$ e L = 6,0 H e escreva uma expressão para a força eletromotriz da fonte em função de t. (*Sugestão*: Use a regra das malhas.)

59 D Na Fig. 30.46, depois que a chave S é fechada no instante $t = 0$, a força eletromotriz da fonte é ajustada automaticamente para manter uma corrente constante i passando pela chave. (a) Determine a corrente no indutor em função do tempo. (b) Em que instante a corrente no resistor é igual à corrente no indutor?

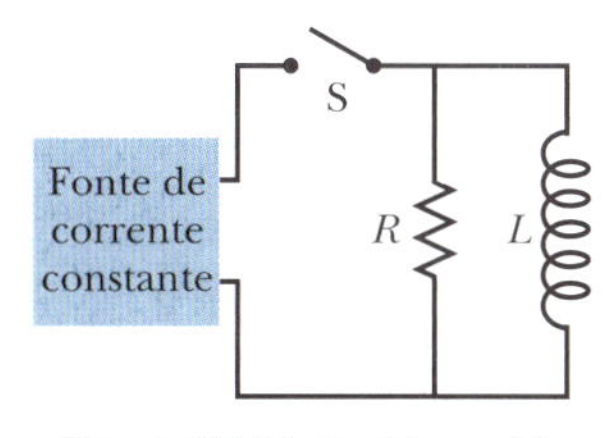

Figura 30.46 Problema 59.

60 D CALC Um núcleo toroidal de madeira, de seção reta quadrada, possui um raio interno de 10 cm e um raio externo de 12 cm. Em torno do núcleo é enrolada uma série de espiras. O fio tem 1,0 mm de diâmetro e uma resistência de 0,020 Ω/m. Determine (a) a indutância e (b) a constante de tempo indutiva do conjunto. Ignore a espessura do isolamento do fio.

Módulo 30.7 Energia Armazenada em um Campo Magnético

61 F Uma bobina é ligada em série com um resistor de 10,0 kΩ. Uma fonte ideal de 50,0 V é ligada aos terminais do conjunto e a corrente atinge um valor de 2,00 mA após 5,00 ms. (a) Determine a indutância da bobina. (b) Determine a energia armazenada na bobina nesse instante.

62 F CALC Uma bobina com uma indutância de 2,0 H e uma resistência de 10 Ω é ligada bruscamente a uma fonte ideal com $\mathscr{E}$ = 100 V. Um décimo de segundo após ser feita a ligação, determine (a) a taxa com a qual a energia está sendo armazenada no campo magnético da bobina, (b) a potência dissipada na resistência da bobina e (c) a potência fornecida pela fonte.

63 F CALC No instante $t = 0$, uma bateria é ligada em série a um resistor e um indutor. Se a constante de tempo indutiva é 37,0 ms, em que instante a taxa com a qual a energia é dissipada no resistor é igual à taxa com a qual a energia é armazenada no campo magnético do indutor?

64 F No instante $t = 0$, uma bateria é ligada em série com um resistor e um indutor. Para qual múltiplo da constante de tempo indutiva a energia armazenada no campo magnético do indutor é 0,500 vez o valor final?

65 M CALC No circuito da Fig. 30.6.2, suponha que $\mathscr{E}$ = 10,0 V, R = 6,70 Ω e L = 5,50 H. A fonte ideal é ligada no instante $t = 0$. (a) Qual é a energia fornecida pela fonte durante os primeiros 2,00 s? (b) Qual é a energia armazenada no campo magnético do indutor nesse intervalo? (c) Qual é a energia dissipada no resistor nesse intervalo?

Módulo 30.8 Densidade de Energia de um Campo Magnético

66 F Uma espira circular com 50 mm de raio conduz uma corrente de 100 A. Determine (a) a intensidade do campo magnético e (b) a densidade de energia no centro da espira.

67 **F** Um solenoide tem 85,0 cm de comprimento, uma seção reta de 17,0 cm², 950 espiras e é percorrido por uma corrente de 6,60 A. (a) Calcule a densidade de energia do campo magnético no interior do solenoide. (b) Determine a energia total armazenada no campo magnético, desprezando os efeitos de borda.

68 **F** Um indutor toroidal com uma indutância de 90,0 mH envolve um volume de 0,0200 m³. Se a densidade de energia média no toroide é 70,0 J/m³, qual é a corrente no indutor?

69 **F** Qual deve ser o módulo de um campo elétrico uniforme para que possua a mesma densidade de energia que um campo magnético de 0,50 T?

70 **M** A Fig. 30.47*a* mostra, em seção reta, dois fios retilíneos, paralelos e muito compridos. A razão i_1/i_2 entre a corrente no fio 1 e a corrente no fio 2 é 1/3. O fio 1 é mantido fixo no lugar. O fio 2 pode ser deslocado ao longo do semieixo x positivo, o que faz variar a densidade de energia magnética u_B criada pelas duas correntes na origem. A Fig. 30.47*b* mostra um gráfico de u_B em função da posição x do fio 2. A curva tem uma assíntota u_B = 1,96 nJ/m³ para $x \to \infty$, e a escala do eixo horizontal é definida por x_s = 60,0 cm. Determine o valor de (a) i_1 e (b) i_2.

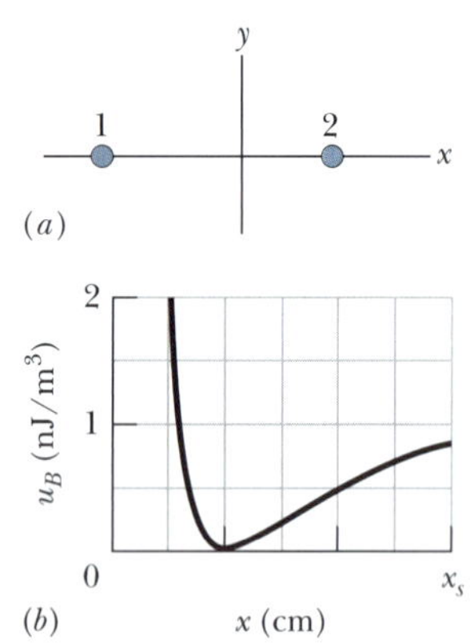

Figura 30.47 Problema 70.

71 **M** Um fio de cobre conduz uma corrente de 10 A uniformemente distribuída em sua seção reta. Calcule a densidade de energia (a) do campo magnético e (b) do campo elétrico na superfície do fio. O diâmetro do fio é 2,5 mm e a resistência é 3,3 Ω/km.

Módulo 30.9 Indução Mútua

72 **F** A bobina 1 tem uma indutância L_1 = 25 mH e N_1 = 100 espiras. A bobina 2 tem uma indutância L_2 = 40 mH e N_2 = 200 espiras. As bobinas são mantidas fixas no espaço; a indutância mútua M é 3,0 mH. Uma corrente de 6,0 mA na bobina 1 está variando à taxa de 4,0 A/s. Determine (a) o enlaçamento de fluxo Φ_{12} da bobina 1, (b) a força eletromotriz autoinduzida na bobina 1, (c) o enlaçamento de fluxo Φ_{21} na bobina 2 e (d) a força eletromotriz mutuamente induzida na bobina 2.

73 **F** Duas bobinas são mantidas fixas no espaço. Quando a corrente na bobina 1 é zero e a corrente na bobina 2 aumenta à taxa de 15,0 A/s, a força eletromotriz na bobina 1 é 25,0 mV. (a) Qual é a indutância mútua das duas bobinas? (b) Quando a corrente na bobina 2 é zero e a corrente na bobina 1 é 3,60 A, qual é o enlaçamento de fluxo da bobina 2?

74 **F** Dois solenoides fazem parte do circuito de ignição de um automóvel. Quando a corrente em um dos solenoides diminui de 6,0 A para zero em 2,5 ms, uma força eletromotriz de 30 kV é induzida no outro solenoide. Qual é a indutância mútua M dos solenoides?

75 **M** **CALC** Uma bobina retangular com N espiras compactas é colocada nas proximidades de um fio retilíneo, longo, como mostra a Fig. 30.48. Qual é a indutância mútua M da combinação fio-bobina para N = 100, a = 1,0 cm, b = 8,0 cm e l = 30 cm?

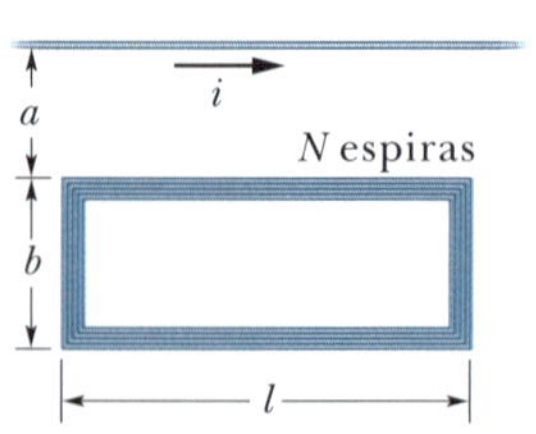

Figura 30.48 Problema 75.

76 **M** Uma bobina C de N espiras envolve um solenoide longo S de raio R e n espiras por unidade de comprimento, como na Fig. 30.49. (a) Mostre que a indutância mútua da combinação bobina-solenoide é dada por $M = \mu_0 \pi R^2 nN$. (b) Explique por que M não depende da forma, do tamanho ou da possível falta de compactação da bobina.

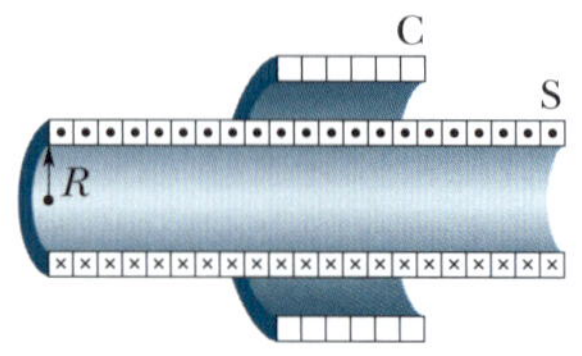

Figura 30.49 Problema 76.

77 **M** As duas bobinas da Fig. 30.50 têm indutâncias L_1 e L_2 quando estão muito afastadas. A indutância mútua é M. (a) Mostre que a combinação que aparece na figura pode ser substituída por uma indutância equivalente dada por

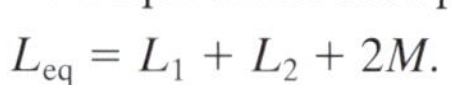

$$L_{eq} = L_1 + L_2 + 2M.$$

(b) De que forma as bobinas da Fig. 30.50 podem ser ligadas para que a indutância equivalente seja

$$L_{eq} = L_1 + L_2 - 2M?$$

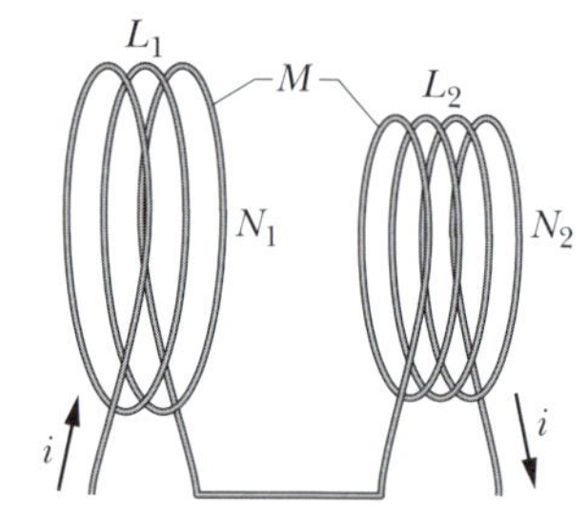

Figura 30.50 Problema 77.

(Este problema é uma extensão do Problema 47, na qual foi suprimida a condição de que as bobinas estejam muito afastadas.)

Problemas Adicionais

78 **CALC** No instante t = 0, uma diferença de potencial de 12,0 V é aplicada bruscamente a uma bobina que possui uma indutância de 23,0 mH e uma resistência desconhecida R. No instante t = 0,150 ms, a corrente na bobina está variando a uma taxa de 280 A/s. Determine o valor de R.

79 Na Fig. 30.51, a fonte é ideal, $\mathscr{E}$ = 10 V, R_1 = 5,0 Ω, R_2 = 10 Ω e L = 5,0 H. A chave S é fechada no instante t = 0. Determine, logo após o fechamento da chave, (a) i_1, (b) i_2, (c) a corrente i_S na chave, (d) a diferença de potencial V_2 entre os terminais do resistor 2, (e) a diferença de potencial V_L entre os terminais do indutor e (f) a taxa de variação di_2/dt. Determine também, muito tempo após o fechamento da chave, (g) i_1, (h) i_2, (i) i_S, (j) V_2, (k) V_L e (l) di_2/dt.

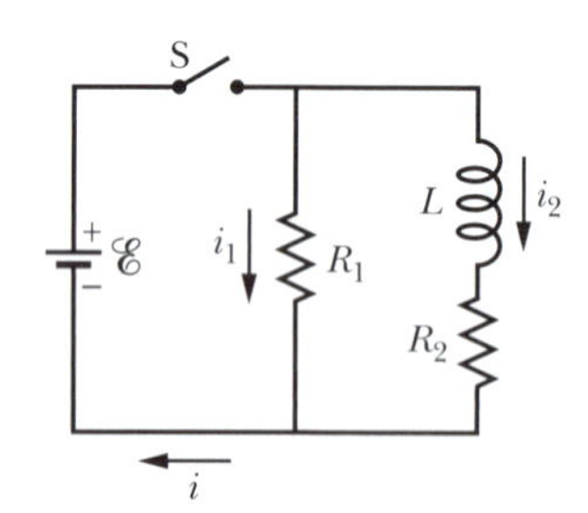

Figura 30.51 Problema 79.

80 Na Fig. 30.43, R = 4,0 kΩ, L = 8,0 μH, e a força eletromotriz da fonte ideal é $\mathscr{E}$ = 20 V. Quanto tempo, após o fechamento da chave, a corrente atinge o valor de 2,0 mA?

81 **CALC** A Fig. 30.52*a* mostra uma espira retangular, de resistência R = 0,020 Ω, altura H = 1,5 cm e comprimento D = 2,5 cm, que é puxada com velocidade escalar constante v = 40 cm/s e passa por duas regiões onde existem campos magnéticos uniformes. A Fig. 30.52*b* mostra a corrente i induzida na espira em função da posição x do lado direito da espira. A escala do eixo vertical é definida por i_s = 3,0 μA. Assim, por exemplo, uma corrente de 3,0 μA no sentido horário é induzida quando a espira penetra na região 1. Determine (a) o módulo e (b) o sentido (para dentro ou para fora do papel) do campo magnético na

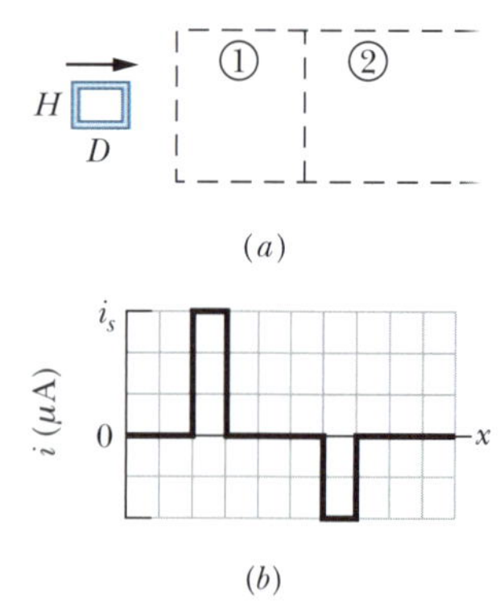

Figura 30.52 Problema 81.

região 1. Determine também (c) o módulo e (d) o sentido do campo magnético na região 2.

82 Um campo magnético uniforme $\vec{B}$ é perpendicular ao plano de uma espira circular de raio r. O módulo do campo varia com o tempo de acordo com a equação $B = B_0 e^{-t/\tau}$, em que B_0 e τ são constantes. Escreva uma expressão para a força eletromotriz na espira em função do tempo.

83 A chave S da Fig. 30.43 é fechada no instante $t = 0$, fazendo com que a corrente comece a aumentar no indutor de 15,0 mH e no resistor de 20,0 Ω. Em que instante a força eletromotriz entre os terminais do indutor é igual à diferença de potencial entre os terminais do resistor?

84 CALC A Fig. 30.53a mostra duas regiões circulares concêntricas nas quais campos magnéticos uniformes podem variar. A região 1, com um raio $r_1 = 1{,}0$ cm, possui um campo magnético $\vec{B}_1$ que aponta para fora do papel e cujo módulo está aumentando. A região 2, com um raio $r_2 = 2{,}0$ cm, possui um campo magnético $\vec{B}_2$ que aponta para fora do papel e que também pode estar variando. Um anel condutor, de raio R, concêntrico com as duas regiões, é instalado e a força eletromotriz no anel é medida. A Fig. 30.53b mostra a força eletromotriz $\mathscr{E}$ em função do quadrado R^2 do raio do anel, para $0 < R < 2{,}0$ cm. A escala do eixo vertical é definida por $\mathscr{E}_s = 20{,}0$ nV. Determine o valor da taxa (a) dB_1/dt e (b) dB_2/dt. (c) O módulo de $\vec{B}_2$ está aumentando, diminuindo ou permanece constante?

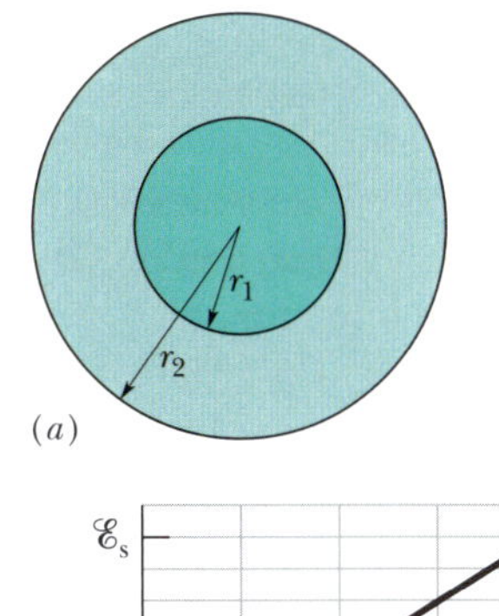

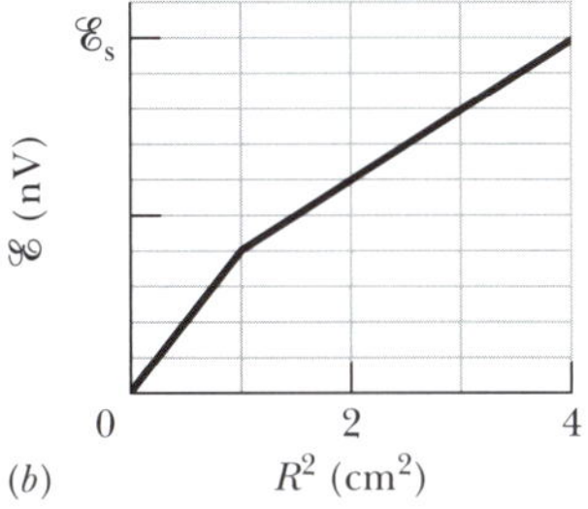

Figura 30.53 Problema 84.

85 CALC Na Fig. 30.54 mostra-se um campo magnético uniforme $\vec{B}$ confinado a um volume cilíndrico, de raio R. O módulo de $\vec{B}$ está diminuindo a uma taxa constante de 10 mT/s. Determine, na notação dos vetores unitários, a aceleração inicial de um elétron liberado (a) no ponto a ($r = 5{,}0$ cm), (b) no ponto b ($r = 0$), e (c) no ponto c ($r = 5{,}0$ cm).

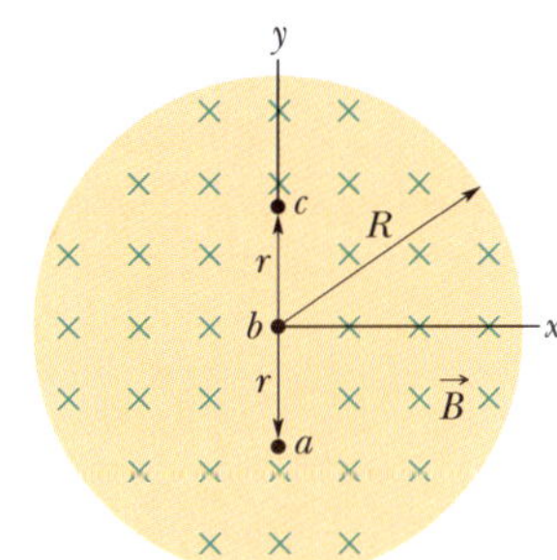

Figura 30.54 Problema 85.

86 Na Fig. 30.55a, a chave S permaneceu na posição A por um tempo suficiente para que a corrente no indutor de indutância $L_1 = 5{,}00$ mH e no resistor de resistência $R_1 = 25{,}0$ Ω se estabilizasse. Da mesma forma, na Fig. 30.55b, a chave S permaneceu na posição A por um tempo suficiente para que a corrente no indutor de indutância $L_2 = 3{,}00$ mH e no resistor de resistência $R_2 = 30{,}0$ Ω se estabilizasse. A razão Φ_{02}/Φ_{01} entre o fluxo magnético através de uma das espiras do indutor 2 e o fluxo magnético através de uma das espiras do indutor 1 é 1,50. No instante $t = 0$, as duas chaves são deslocadas para a posição B. Em que instante de tempo os fluxos magnéticos através de uma espira dos dois indutores são iguais?

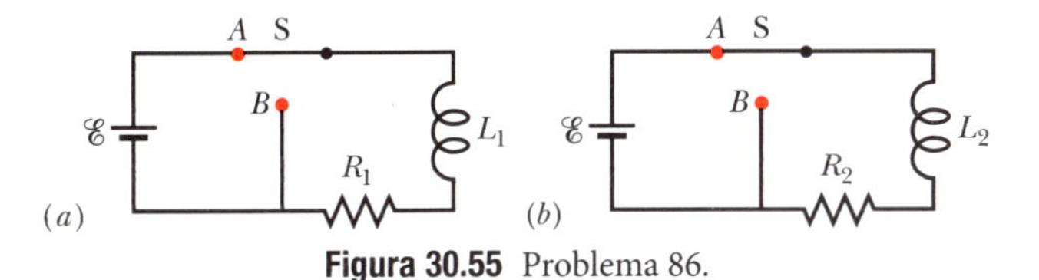

Figura 30.55 Problema 86.

87 Uma espira quadrada, com 20 cm de lado e uma resistência de 20 mΩ, é mantida perpendicular a um campo magnético uniforme de módulo $B = 2{,}0$ T. Quando dois lados da espira são afastados um do outro, os outros dois lados automaticamente se aproximam, reduzindo a área envolvida pela espira. Se a área se reduz a zero em um intervalo de tempo $\Delta t = 0{,}20$ s, determine (a) a força eletromotriz média e (b) a corrente média induzida no circuito no intervalo de tempo Δt.

88 Uma bobina com 150 espiras está submetida a um fluxo magnético de 50,0 nT · m² através de cada espira quando a corrente é 2,00 mA. (a) Qual é a indutância da bobina? Determine (b) a indutância e (c) o fluxo através de cada espira quando a corrente aumenta para 4,00 mA. (d) Qual é a força eletromotriz máxima $\mathscr{E}$ entre os terminais da bobina quando a corrente é dada por $i = (3{,}00 \text{ mA}) \cos(377t)$, com t em segundos?

89 Uma bobina com uma indutância de 2,0 H e uma resistência de 10 Ω é ligada bruscamente a uma fonte ideal com $\mathscr{E} = 100$ V. (a) Qual é a corrente final? (b) Qual é a energia armazenada no campo magnético quando a corrente do item (a) atravessa a bobina?

90 Quanto tempo é necessário, depois que a fonte é removida, para que a diferença de potencial entre os terminais do resistor de um circuito RL com $L = 2{,}00$ H e $R = 3{,}00$ Ω diminua para 10,0% do valor inicial?

91 No circuito da Fig. 30.56, $R_1 = 20$ kΩ, $R_2 = 20$ Ω, $L = 50$ mH e a fonte ideal tem uma força eletromotriz $\mathscr{E} = 40$ V. A chave S permaneceu aberta por um longo tempo antes de ser fechada em $t = 0$. Logo após o fechamento da chave, determine (a) a corrente na fonte i_{fon} e (b) a taxa de variação da corrente na fonte di_{fon}/dt. Para $t = 3{,}0$ μs, determine (c) i_{fon} e (d) di_{fon}/dt. Muito depois de a chave ter sido fechada, determine (e) i_{fon} e (f) di_{fon}/dt.

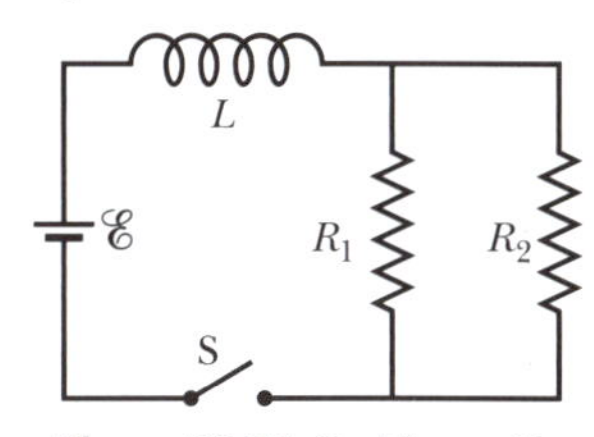

Figura 30.56 Problema 91.

92 O enlaçamento de fluxo em uma bobina com uma resistência de 0,75 Ω é 26 mWb quando uma corrente de 5,5 A atravessa a bobina. (a) Calcule a indutância da bobina. (b) Se uma fonte ideal de 6,0 V é ligada bruscamente à bobina, quanto tempo é necessário para que a corrente aumente de 0 para 2,5 A?

93 CALC *Efeito de borda em um capacitor.* Prove que o campo elétrico $\vec{E}$ em um capacitor de placas paralelas carregado não pode diminuir abruptamente para zero em um ponto fora da região entre as placas, como o ponto a da Fig. 30.57, quando nos deslocamos perpendicularmente ao campo ao longo da seta horizontal mostrada na figura. Para isso, aplique a lei de Faraday ao percurso retangular mostrado pelas retas tracejadas. O efeito de borda, que está presente em todos os capacitores, faz com que o campo elétrico tenda gradualmente a zero na borda de qualquer capacitor.

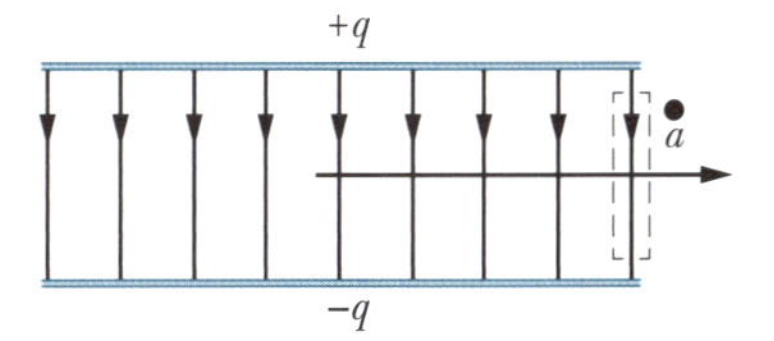

Figura 30.57 Problema 93.

94 CALC *Cabo coaxial.* Um cabo coaxial longo é formado por dois condutores cilíndricos de paredes finas e raios a e b. O condutor interno A é percorrido por uma corrente constante i e o condutor externo B é percorrido pela corrente de retorno. (a) Calcule a energia armazenada no campo magnético entre os condutores em um trecho l do cabo. (b) Qual é a energia armazenada por unidade de comprimento do cabo se $a = 1{,}2$ mm, $b = 3{,}5$ mm e $i = 2{,}7$ A?

95 CALC *Galvanômetro balístico.* O circuito da direita da Fig. 30.58 é formado pelo amperímetro A, a bateria $\mathscr{E}$, a chave S e a bobina 1. O circuito da esquerda é formado pela bobina 2 e pelo galvanômetro balístico G de resistência R; o galvanômetro balístico é um instrumento que mede a carga que passa por ele. Quando a chave é fechada, a corrente medida pelo amperímetro aumenta até atingir o valor i_f e depois se mantém constante. A carga total que passa pelo galvanômetro até que a corrente pare de circular no circuito da esquerda é Q. Determine a indutância mútua M entre as bobinas 1 e 2.

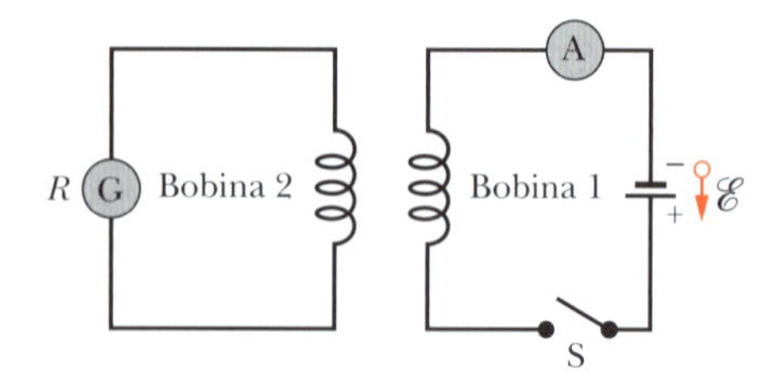

Figura 30.58 Problema 95.

96 CALC *Fios retilíneo e triangular.* Na Fig. 30.59, um fio retilíneo longo está no mesmo plano que um triângulo equilátero formado por um fio de comprimento $3S$. O fio retilíneo é paralelo ao lado mais distante do triângulo e está a uma distância d do lado mais próximo. Qual é a indutância mútua M entre o fio retilíneo e o fio triangular?

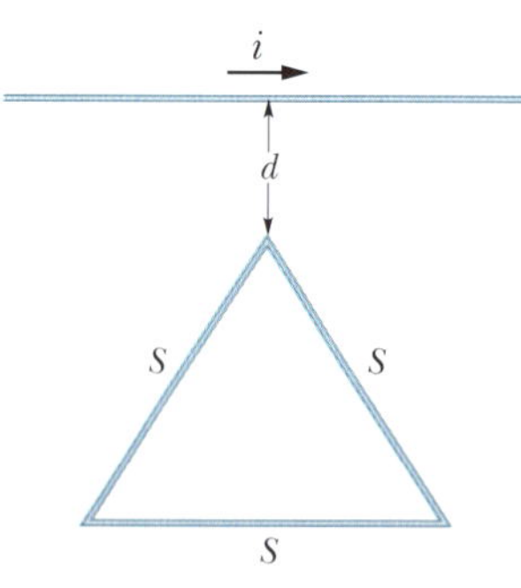

Figura 30.59 Problema 96.

97 CALC *Indução, malha grande, malha pequena.* Uma malha circular pequena com área de 2,00 cm² é colocada no interior de uma malha grande com 1,00 m de raio. As duas malhas são concêntricas e estão no mesmo plano. A corrente da malha grande leva 1,00 s, a partir do instante $t = 0$, para variar linearmente de 200 A para −200 A (mudando, portanto, de sentido). (a) Qual é o campo magnético no centro comum das malhas produzido pela corrente na malha grande nos instantes $t = 0$, $t = 0{,}500$ s e $t = 1{,}00$ s? (b) Qual é o valor absoluto da força eletromotriz induzida na malha pequena no instante $t = 0{,}500$ s? Como a malha pequena é muito menor que a malha grande, suponha que o campo magnético produzido pela malha grande é uniforme no interior da malha pequena.

98 CALC *Quando as correntes se igualam.* A chave S da Fig. 30.60 ficou fechada por um longo tempo e foi aberta no instante $t = 0$. Em que instante t a corrente i_1 no indutor L_1 e a corrente i_2 no indutor L_2 se igualam pela primeira vez e que valor assumem nesse instante?

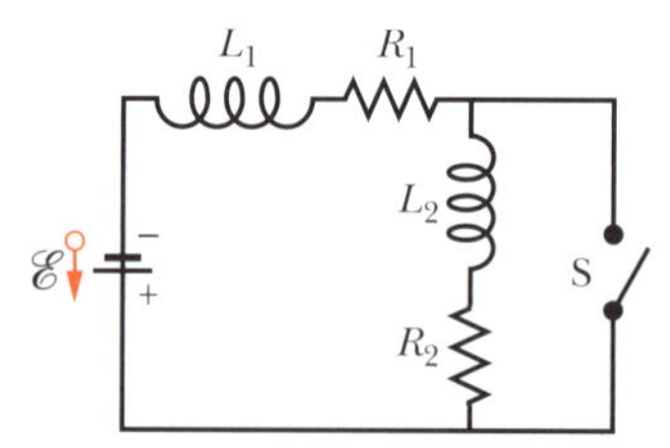

Figura 30.60 Problema 98.

CAPÍTULO 31

Oscilações Eletromagnéticas e Corrente Alternada

31.1 OSCILAÇÕES EM UM CIRCUITO *LC*

Objetivos do Aprendizado

Depois de ler este módulo, você será capaz de ...

31.1.1 Desenhar o diagrama esquemático de um circuito LC e explicar quais são as grandezas que oscilam e o que constitui um período da oscilação.

31.1.2 Desenhar os gráficos da diferença de potencial do capacitor e da corrente do indutor de um circuito LC em função do tempo e indicar o período T nos dois gráficos.

31.1.3 Explicar a analogia entre um oscilador bloco-mola e um circuito LC.

31.1.4 Conhecer a relação entre a frequência angular ω, a indutância L e a capacitância C de um circuito LC.

31.1.5 Demonstrar a equação diferencial da carga q do capacitor em um circuito LC a partir da energia de um sistema bloco-mola e determinar a função $q(t)$ que descreve a variação, com o tempo, da carga do capacitor.

31.1.6 Calcular a carga q do capacitor de um circuito LC em qualquer instante de tempo e definir a amplitude Q das oscilações de carga.

31.1.7 Calcular a corrente $i(t)$ que descreve a variação, com o tempo, da corrente do indutor de um circuito LC a partir da função $q(t)$ que descreve a variação, com o tempo, da carga do capacitor.

31.1.8 Calcular a corrente i no indutor de um circuito LC em qualquer instante de tempo e definir a amplitude I das oscilações de corrente.

31.1.9 Conhecer a relação entre a amplitude da carga Q, a amplitude da corrente I e a frequência angular ω em um circuito LC.

31.1.10 Determinar a energia do campo magnético $U_B(t)$, a energia do campo elétrico $U_E(t)$ e a energia total de um circuito LC a partir das expressões da carga q e da corrente i em função do tempo.

31.1.11 Desenhar gráficos da energia do campo magnético $U_B(t)$, da energia do campo elétrico $U_E(t)$ e da energia total de um circuito LC em função do tempo.

31.1.12 Calcular os valores máximos da energia do campo magnético $U_B(t)$ e da energia do campo elétrico $U_E(t)$ e a energia total de um circuito LC.

Ideias-Chave

- Em um circuito LC, a energia é transferida periodicamente do campo elétrico do capacitor para o campo magnético do indutor, e vice-versa; os valores instantâneos das duas formas de energia são

$$U_E = \frac{q^2}{2C} \quad \text{e} \quad U_B = \frac{Li^2}{2},$$

em que q é a carga instantânea do capacitor e i é a corrente instantânea do indutor.

- A energia total $U\ (= U_E + U_B)$ de um circuito LC é constante.
- De acordo com a lei de conservação da energia,

$$L\frac{d^2q}{dt^2} + \frac{1}{C}q = 0 \quad \text{(circuito } LC\text{)}$$

é a equação diferencial que descreve as oscilações da carga do capacitor em um circuito LC.

- A solução da equação diferencial é

$$q = Q\cos(\omega t + \phi) \quad \text{(carga)},$$

em que Q é a amplitude da carga (carga máxima do capacitor) e a frequência angular das oscilações é dada por

$$\omega = \frac{1}{\sqrt{LC}}.$$

- A constante de fase ϕ é determinada pelas condições iniciais (no instante $t = 0$) do circuito.
- A corrente no circuito no instante t é dada pela equação

$$i = -\omega Q\,\text{sen}(\omega t + \phi) \quad \text{(corrente)},$$

em que ωQ é a amplitude I da corrente.

O que É Física?

Já discutimos a física básica dos campos elétricos e magnéticos e o armazenamento de energia nos campos elétricos e magnéticos de capacitores e indutores. Vamos agora examinar a aplicação dessa física à transferência da energia para os locais onde será utilizada. Por exemplo, a energia produzida em uma usina de energia elétrica deve chegar até a casa do leitor para poder alimentar um computador. O valor total dessa física aplicada é hoje em dia tão elevado que é quase impossível estimá-lo. Na verdade, a civilização moderna seria impossível sem ela.

Em quase todo o mundo, a energia elétrica é transferida, não como uma corrente constante (corrente contínua, ou CC), mas como uma corrente que varia senoidalmente com o tempo (corrente alternada, ou CA). O desafio para os cientistas e engenheiros é projetar sistemas de CA que transfiram energia de forma eficiente e aparelhos capazes de utilizar essa energia.

Em nossa discussão de sistemas alternados, o primeiro passo será examinar as oscilações em um circuito simples, constituído por uma indutância L e uma capacitância C.

Oscilações em um Circuito *LC*: Análise Qualitativa

Dos três componentes básicos dos circuitos, a resistência R, a capacitância C e a indutância L, discutimos até agora as combinações em série RC (no Módulo 27.4) e RL (no Módulo 30.6). Nos dois tipos de circuito, descobrimos que a carga, a corrente e a diferença de potencial crescem e decrescem exponencialmente. A escala de tempo do crescimento ou decaimento é dada por uma *constante de tempo* τ, que pode ser capacitiva ou indutiva.

Vamos agora examinar a combinação de dois componentes que faltam, a combinação LC. Veremos que, nesse caso, a carga, a corrente e a diferença de potencial não decaem exponencialmente com o tempo, mas variam senoidalmente com um período T e uma frequência angular ω. As oscilações resultantes do campo elétrico do capacitor e do campo magnético do indutor são chamadas **oscilações eletromagnéticas**. Quando um circuito se comporta dessa forma, dizemos que ele está oscilando.

As partes *a* a *h* da Fig. 31.1.1 mostram estágios sucessivos das oscilações de um circuito LC simples. De acordo com a Eq. 25.4.1, a energia armazenada no campo elétrico do capacitor em qualquer instante é dada por

$$U_E = \frac{q^2}{2C}, \tag{31.1.1}$$

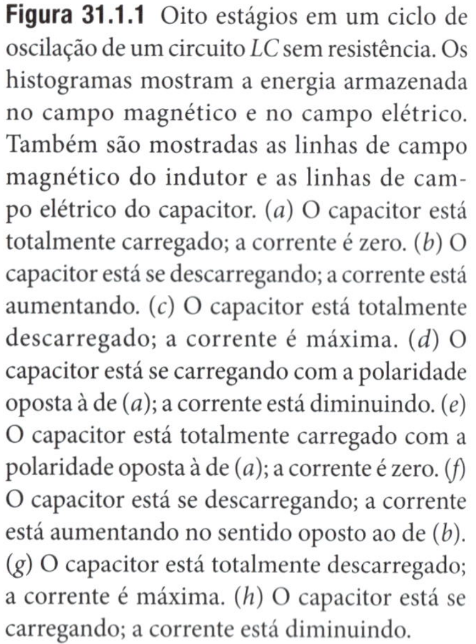

Figura 31.1.1 Oito estágios em um ciclo de oscilação de um circuito LC sem resistência. Os histogramas mostram a energia armazenada no campo magnético e no campo elétrico. Também são mostradas as linhas de campo magnético do indutor e as linhas de campo elétrico do capacitor. (*a*) O capacitor está totalmente carregado; a corrente é zero. (*b*) O capacitor está se descarregando; a corrente está aumentando. (*c*) O capacitor está totalmente descarregado; a corrente é máxima. (*d*) O capacitor está se carregando com a polaridade oposta à de (*a*); a corrente está diminuindo. (*e*) O capacitor está totalmente carregado com a polaridade oposta à de (*a*); a corrente é zero. (*f*) O capacitor está se descarregando; a corrente está aumentando no sentido oposto ao de (*b*). (*g*) O capacitor está totalmente descarregado; a corrente é máxima. (*h*) O capacitor está se carregando; a corrente está diminuindo.

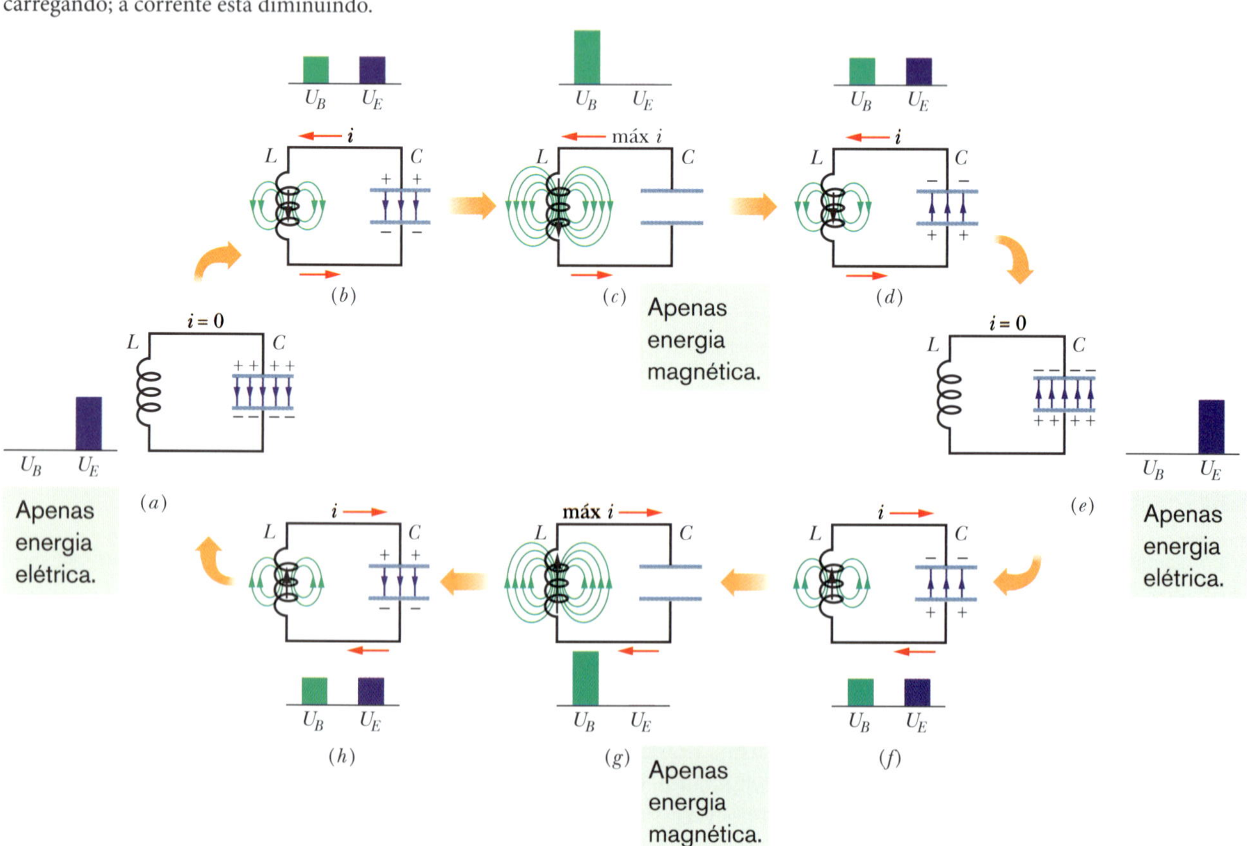

em que q é a carga do capacitor nesse instante. De acordo com a Eq. 30.7.4, a energia armazenada no campo magnético do indutor em qualquer instante é dada por

$$U_B = \frac{Li^2}{2}, \tag{31.1.2}$$

em que i é a corrente no indutor nesse instante.

A partir de agora, vamos adotar a convenção de representar os *valores instantâneos* das grandezas elétricas de um circuito por letras minúsculas, como q, e as *amplitudes* das mesmas grandezas por letras maiúsculas, como Q. Com essa convenção em mente, vamos supor que inicialmente a carga q do capacitor da Fig. 31.1.1 é o valor máximo Q e a corrente i no indutor é zero. Esse estado inicial do circuito está representado na Fig. 31.1.1*a*. As barras que representam os níveis de energia mostram que, nesse instante, com corrente zero no indutor e carga máxima no capacitor, a energia U_B do campo magnético é zero e a energia U_E do campo elétrico é máxima. Durante as oscilações do circuito, a energia é transferida do campo elétrico para o campo magnético, e vice-versa, mas a energia total permanece constante.

Logo após o instante inicial, o capacitor começa a se descarregar através do indutor, com as cargas positivas se movendo no sentido anti-horário, como mostra a Fig. 31.1.1*b*. Isso significa que uma corrente i, dada por dq/dt e com o sentido de cima para baixo no indutor, começa a circular. Com a diminuição da carga do capacitor, a energia armazenada no campo elétrico do capacitor também diminui. Essa energia é transferida para o campo magnético que aparece nas vizinhanças do indutor por causa da existência da corrente i. Assim, o campo elétrico diminui e o campo magnético aumenta enquanto a energia é transferida do campo elétrico para o campo magnético.

Depois de algum tempo, o capacitor perde toda a carga (Fig. 31.1.1*c*) e, portanto, o campo elétrico e a energia armazenada no campo elétrico se anulam. Nesse instante, toda a energia foi transferida para o campo magnético do indutor. O campo magnético está, portanto, com o valor máximo, e a corrente no indutor é a corrente máxima I.

Embora a carga do capacitor seja zero nesse instante, a corrente no sentido anti-horário continua a existir, já que o indutor não permite que a corrente diminua instantaneamente para zero. A corrente continua a transferir cargas positivas da placa de cima para a placa de baixo do capacitor através do circuito (Fig. 31.1.1*d*). Assim, a energia que estava armazenada no indutor começa a acumular cargas no capacitor. A corrente no indutor diminui gradualmente durante o processo. No instante em que, finalmente, toda a energia é transferida de volta para o capacitor (Fig. 31.1.1*e*), a corrente no indutor se anula momentaneamente. A situação da Fig. 31.1.1*e* é idêntica à da Fig. 31.1.1*a*, exceto pelo fato de que o capacitor agora está carregado com a polaridade oposta.

Em seguida, o capacitor volta a se descarregar, mas agora a corrente tem o sentido horário (Fig. 31.1.1*f*). Raciocinando como antes, vemos que a corrente passa por um máximo (Fig. 31.1.1*g*) e depois diminui (Fig. 31.1.1*h*) até que o circuito volta à situação inicial (Fig. 31.1.1*a*). O processo se repete com uma frequência f e, portanto, com uma frequência angular $\omega = 2\pi f$. Em um circuito *LC* ideal, em que não existe resistência, toda a energia do campo elétrico do capacitor é transferida para a energia do campo magnético do indutor, e vice-versa. Por causa da lei de conservação da energia, as oscilações continuam indefinidamente. As oscilações não precisam começar com toda a energia no campo elétrico; a situação inicial poderia ser qualquer outro estágio da oscilação.

Para determinar a carga q do capacitor em função do tempo, podemos usar um voltímetro para medir a diferença de potencial (ou *tensão*) v_C entre as placas do capacitor C. De acordo com a Eq. 25.1.1, temos

$$v_C = \left(\frac{1}{C}\right) q,$$

que nos permite calcular o valor de q. Para determinar a corrente, podemos ligar um pequeno resistor R em série com o capacitor e o indutor e medir a diferença de potencial v_R entre os terminais do resistor; v_R é proporcional a i por meio da relação

$$v_R = iR.$$

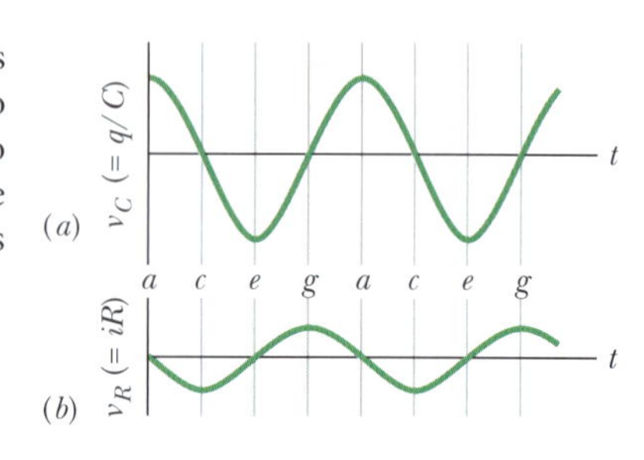

Figura 31.1.2 (*a*) Diferença de potencial entre os terminais do capacitor da Fig. 31.1.1 em função do tempo. Essa grandeza é proporcional à carga do capacitor. (*b*) Um potencial proporcional à corrente no circuito da Fig. 31.1.1. As letras se referem aos diferentes estágios de oscilação da Fig. 31.1.1.

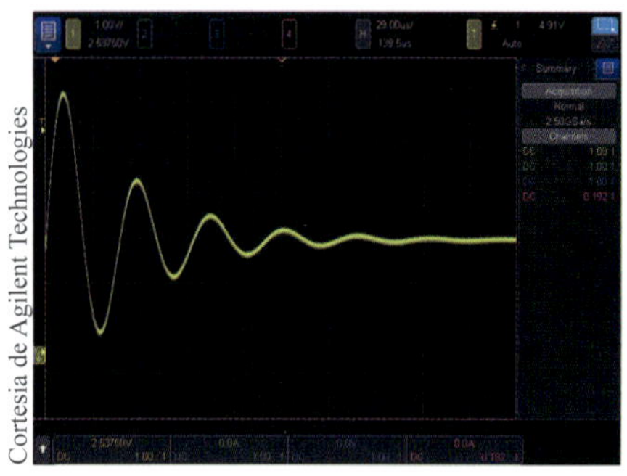

Cortesia de Agilent Technologies

Figura 31.1.3 Imagem na tela de um osciloscópio que mostra o amortecimento das oscilações em um circuito *RLC* por causa da dissipação de energia no resistor.

Estamos supondo que R é tão pequeno que seu efeito sobre o comportamento do circuito pode ser desprezado. A variação, com o tempo, de v_C e v_R, e, portanto, de q e i, é mostrada na Fig. 31.1.2. As quatro grandezas variam de forma senoidal.

Em um circuito *LC* real, as oscilações não continuam indefinidamente porque sempre existe uma resistência que retira energia dos campos elétrico e magnético e a dissipa na forma de energia térmica (o circuito se aquece). Isso significa que a amplitude das oscilações diminui com o tempo, como mostra a Fig. 31.1.3. A Fig. 31.1.3 é semelhante à Fig. 15.5.2, que mostra o decaimento das oscilações mecânicas de um sistema bloco-mola por causa do atrito.

Teste 31.1.1

Um capacitor carregado e um indutor são ligados em série no instante $t = 0$. Determine, em termos do período T das oscilações resultantes, o tempo $t > 0$ necessário para que as seguintes grandezas atinjam o valor máximo: (a) a carga do capacitor; (b) a tensão do capacitor, com a polaridade inicial; (c) a energia armazenada no campo elétrico; (d) a corrente no circuito.

Analogia Eletromecânica

Vamos examinar mais de perto a analogia entre o circuito *LC* oscilante da Fig. 31.1.1 e um sistema oscilante bloco-mola. No caso do sistema bloco-mola, existem dois tipos de energia envolvidos: a energia potencial da mola distendida ou comprimida e a energia cinética do bloco em movimento. As duas energias são dadas pelas expressões que aparecem na coluna de energia da esquerda da Tabela 31.1.1.

Tabela 31.1.1 Comparação das Energias de Dois Sistemas Oscilantes

Sistema Bloco-Mola		Circuito *LC*	
Componente	Energia	Componente	Energia
Mola	Potencial, $kx^2/2$	Capacitor	Elétrica, $(1/C)q^2/2$
Bloco	Cinética, $mv^2/2$	Indutor	Magnética, $Li^2/2$
$v = dx/dt$		$i = dq/dt$	

A tabela também apresenta, na coluna de energia da direita, os dois tipos de energia envolvidos nas oscilações de um circuito *LC*. As linhas horizontais da tabela revelam uma analogia entre as formas dos dois pares de energias: as energias mecânicas, do sistema bloco-mola, e as energias eletromagnéticas, do sistema indutor-capacitor. As equações para v e i que aparecem na última linha da tabela ajudam a completar a analogia. Elas mostram que q corresponde a x e i corresponde a v (nas duas equações, a segunda variável é a derivada da primeira em relação ao tempo). Essas correspondências sugerem que, nas expressões da energia, $1/C$ corresponde a k e L corresponde a m. Assim,

$$q \text{ corresponde a } x, \qquad 1/C \text{ corresponde a } k,$$
$$i \text{ corresponde a } v \quad \text{e} \quad L \text{ corresponde a } m.$$

Essas correspondências sugerem que, em um oscilador *LC*, o capacitor se comporta matematicamente como a mola de um sistema bloco-mola, e o indutor se comporta como o bloco.

Vimos no Módulo 15.1 que a frequência angular de oscilação de um sistema bloco-mola sem atrito é

$$\omega = \sqrt{\frac{k}{m}} \quad \text{(sistema bloco-mola).} \tag{31.1.3}$$

As correspondências sugerem que, para determinar a frequência angular de oscilação de um circuito LC ideal (sem resistência), k deve ser substituído por $1/C$ e m por L, o que nos dá

$$\omega = \frac{1}{\sqrt{LC}} \quad \text{(circuito } LC\text{).} \tag{31.1.4}$$

Oscilações em um Circuito *LC*: Análise Quantitativa

Vamos agora mostrar explicitamente que a Eq. 31.1.4 é a expressão correta para a frequência angular das oscilações em um circuito LC. Ao mesmo tempo, examinaremos mais de perto a analogia entre as oscilações de um circuito LC e de um sistema bloco-mola. Começamos por ampliar um pouco nosso tratamento anterior do oscilador mecânico bloco-mola.

Oscilador Bloco-Mola

Analisamos as oscilações do sistema bloco-mola no Capítulo 15 em termos da transferência de energia, mas não chegamos a escrever a equação diferencial que governa essas oscilações; é o que vamos fazer agora.

A energia total U de um oscilador bloco-mola é dada, em qualquer instante de tempo, pela equação

$$U = U_b + U_m = \tfrac{1}{2}mv^2 + \tfrac{1}{2}kx^2, \tag{31.1.5}$$

em que U_b e U_m são, respectivamente, a energia cinética do bloco e a energia potencial da mola. Se o atrito é desprezível, embora v e x variem com o tempo, a energia total U permanece constante, ou seja, $dU/dt = 0$. Assim, temos

$$\frac{dU}{dt} = \frac{d}{dt}\left(\tfrac{1}{2}mv^2 + \tfrac{1}{2}kx^2\right) = mv\frac{dv}{dt} + kx\frac{dx}{dt} = 0. \tag{31.1.6}$$

Entretanto, $v = dx/dt$ e $dv/dt = d^2x/dt^2$. Com essas substituições, a Eq. 31.1.6 se torna

$$m\frac{d^2x}{dt^2} + kx = 0 \quad \text{(oscilações bloco-mola).} \tag{31.1.7}$$

A Eq. 31.1.7 é a *equação diferencial* a que obedecem às oscilações massa-mola sem atrito.

A solução geral da Eq. 31.1.7, ou seja, a função $x(t)$ que descreve as oscilações, é (como vimos na Eq. 15.1.3)

$$x = X\cos(\omega t + \phi) \quad \text{(deslocamento),} \tag{31.1.8}$$

em que X é a amplitude das oscilações mecânicas (representada por x_m no Capítulo 15), ω é a frequência angular das oscilações e ϕ é uma constante de fase.

Oscilador *LC* (BT) 31.1

Vamos agora analisar as oscilações de um circuito LC sem resistência, procedendo exatamente como fizemos no caso do oscilador bloco-mola. A energia total U presente em qualquer instante em um circuito LC oscilante é dada por

$$U = U_B + U_E = \frac{Li^2}{2} + \frac{q^2}{2C}, \tag{31.1.9}$$

em que U_B é a energia armazenada no campo magnético do indutor e U_E é a energia armazenada no campo elétrico do capacitor. Como supusemos que a resistência do circuito é zero, nenhuma energia é transformada em energia térmica e U permanece constante, ou seja, $dU/dt = 0$. Assim, temos

$$\frac{dU}{dt} = \frac{d}{dt}\left(\frac{Li^2}{2} + \frac{q^2}{2C}\right) = Li\frac{di}{dt} + \frac{q}{C}\frac{dq}{dt} = 0. \qquad (31.1.10)$$

Entretanto, $i = dq/dt$ e $di/dt = d^2q/dt^2$. Com essas substituições, a Eq. 31.1.10 se torna

$$L\frac{d^2q}{dt^2} + \frac{1}{C}q = 0 \quad \text{(circuito } LC\text{)}. \qquad (31.1.11)$$

Essa é a *equação diferencial* que descreve as oscilações em um circuito LC sem resistência. As Eqs. 31.1.11 e 31.1.7 têm exatamente a mesma forma matemática.

Oscilações de Carga e de Corrente 31.1

Quando duas equações diferenciais são matematicamente equivalentes, as soluções também são matematicamente equivalentes. Como q corresponde a x, podemos escrever a solução geral da Eq. 31.1.11, por analogia com a Eq. 31.1.8, como

$$q = Q\cos(\omega t + \phi) \quad \text{(carga)}, \qquad (31.1.12)$$

em que Q é a amplitude das variações de carga, ω é a frequência angular das oscilações eletromagnéticas e ϕ é a constante de fase. Derivando a Eq. 31.1.12 em relação ao tempo, obtemos a corrente em um circuito LC:

$$i = \frac{dq}{dt} = -\omega Q\,\text{sen}(\omega t + \phi) \quad \text{(corrente)}. \qquad (31.1.13)$$

A amplitude I dessa corrente senoidal é

$$I = \omega Q, \qquad (31.1.14)$$

e, portanto, podemos reescrever a Eq. 31.1.13 na forma

$$i = -I\,\text{sen}(\omega t + \phi). \qquad (31.1.15)$$

Frequências Angulares

Podemos confirmar que a Eq. 31.1.12 é uma solução da Eq. 31.1.11 substituindo a Eq. 31.1.12 e sua derivada segunda em relação ao tempo na Eq. 31.1.11. A derivada primeira da Eq. 31.1.12 é a Eq. 31.1.13. A derivada segunda é, portanto,

$$\frac{d^2q}{dt^2} = -\omega^2 Q\cos(\omega t + \phi).$$

Substituindo q e d^2q/dt^2 por seus valores na Eq. 31.1.11, obtemos

$$-L\omega^2 Q\cos(\omega t + \phi) + \frac{1}{C}Q\cos(\omega t + \phi) = 0.$$

Dividindo ambos os membros por $Q\cos(\omega t + \phi)$ e reagrupando os termos, obtemos

$$\omega = \frac{1}{\sqrt{LC}}.$$

Assim, a Eq. 31.1.12 é realmente uma solução da Eq. 31.1.11, contanto que $\omega = 1/\sqrt{LC}$. Observe que a expressão de ω é a mesma da Eq. 31.1.4, à qual chegamos usando correspondências.

A constante de fase ϕ da Eq. 31.1.12 é determinada pelas condições que existem em um dado instante, como $t = 0$, por exemplo. De acordo com a Eq. 31.1.12, se $\phi = 0$ no instante $t = 0$, $q = Q$ e, de acordo com a Eq. 31.1.13, $i = 0$. Essas são as condições representadas na Fig. 31.1.1*a*.

As energias elétrica e magnética variam, mas a energia total é constante.

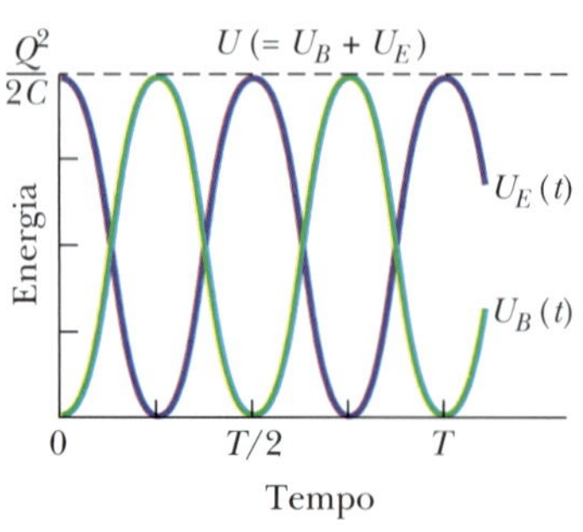

Figura 31.1.4 Energia magnética e energia elétrica armazenada no circuito da Fig. 31.1.1 em função do tempo. Observe que a soma das duas energias é constante. T é o período das oscilações.

Oscilações da Energia Elétrica e Magnética

De acordo com as Eqs. 31.1.1 e 31.1.12, a energia elétrica armazenada no circuito LC no instante t é dada por

$$U_E = \frac{q^2}{2C} = \frac{Q^2}{2C}\cos^2(\omega t + \phi). \qquad (31.1.16)$$

De acordo com as Eqs. 31.1.2 e 31.1.13, a energia magnética armazenada é dada por

$$U_B = \tfrac{1}{2}Li^2 = \tfrac{1}{2}L\omega^2Q^2\,\text{sen}^2(\omega t + \phi).$$

Substituindo ω por seu valor, dado pela Eq. 31.1.4, temos

$$U_B = \frac{Q^2}{2C}\,\text{sen}^2(\omega t + \phi). \tag{31.1.17}$$

A Fig. 31.1.4 mostra os gráficos de $U_E(t)$ e $U_B(t)$ para o caso de $\phi = 0$. Observe que

1. O valor máximo tanto de U_E como de U_B é $Q^2/2C$.
2. Em qualquer instante, a soma de U_E e U_B também é $Q^2/2C$.
3. Quando U_E é máxima, U_B é mínima, e vice-versa.

Teste 31.1.2

Um capacitor em um circuito LC tem uma diferença de potencial máxima de 17 V e uma energia máxima de 160 μJ. Quando o capacitor tem uma diferença de potencial de 5 V e uma energia de 10 μJ, (a) qual é a força eletromotriz entre os terminais do indutor e (b) qual a energia armazenada no campo magnético?

Exemplo 31.1.1 Variação de potencial e taxa de variação da corrente em um circuito *LC* 31.1

Um capacitor de 1,5 μF é carregado por uma bateria de 57 V, que, em seguida, é desligada. No instante $t = 0$, um indutor de 12 mH é ligado ao capacitor para formar um circuito LC (Fig. 31.1.1). (a) Qual é a diferença de potencial $v_L(t)$ entre os terminais do indutor em função do tempo?

IDEIAS-CHAVE

(1) A corrente e as diferenças de potencial do circuito (a diferença de potencial do capacitor e a diferença de potencial do indutor) variam de forma senoidal. (2) Podemos aplicar a um circuito oscilante a mesma regra das malhas que aplicamos a circuitos não oscilantes no Capítulo 27.

Cálculos: Aplicando a regra das malhas ao circuito Fig. 31.1.1, temos, para qualquer instante de tempo t,

$$v_L(t) = v_C(t); \tag{31.1.18}$$

ou seja, como a diferença de potencial para o circuito como um todo é zero, a diferença de potencial v_L do indutor é sempre igual à diferença de potencial v_C do capacitor. Assim, podemos calcular $v_L(t)$ a partir de $v_C(t)$ e podemos calcular $v_C(t)$ a partir de $q(t)$ usando a Eq. 25.1.1 ($q = CV$).

Como a diferença de potencial $v_C(t)$ é máxima no instante $t = 0$ em que as oscilações começam, a carga q do capacitor também é máxima nesse instante. Assim, a constante de fase ϕ é zero e a Eq. 31.1.12 nos dá

$$q = Q\cos\omega t. \tag{31.1.19}$$

[Note que a função cosseno realmente passa por um máximo (= 1) para $t = 0$, o que nos dá $q = Q$.] Para calcular a diferença de potencial $v_C(t)$, dividimos ambos os membros da Eq. 31.1.19 por C para obter

$$\frac{q}{C} = \frac{Q}{C}\cos\omega t,$$

e usamos a Eq. 25.1.1 para escrever

$$v_C = V_C\cos\omega t. \tag{31.1.20}$$

Aqui, V_C é a amplitude das oscilações da diferença de potencial v_C do capacitor.

De acordo com a Eq. 31.1.18, $v_C = v_L$; portanto,

$$v_L = V_C\cos\omega t. \tag{31.1.21}$$

Podemos calcular o lado direito da Eq. 31.1.21 observando que a amplitude V_C é igual à diferença de potencial inicial (máxima) de 57 V entre os terminais do capacitor. Em seguida, usamos a Eq. 31.1.4 para calcular ω:

$$\omega = \frac{1}{\sqrt{LC}} = \frac{1}{[(0{,}012\text{ H})(1{,}5\times10^{-6}\text{ F})]^{0,5}}$$

$$= 7.454\text{ rad/s} \approx 7.500\text{ rad/s}.$$

Assim, a Eq. 31.1.21 se torna

$$v_L = (57\text{ V})\cos(7.500\text{ rad/s})t. \qquad \text{(Resposta)}$$

(b) Qual é a máxima taxa de variação $(di/dt)_{máx}$ da corrente no circuito?

IDEIA-CHAVE

Com a carga do capacitor oscilando de acordo com a Eq. 31.1.12, a corrente tem a forma da Eq. 31.1.13. Como $\phi = 0$, a equação nos dá

$$i = -\omega Q\,\text{sen}\,\omega t.$$

Cálculos: Derivando a equação anterior em relação ao tempo, obtemos

$$\frac{di}{dt} = \frac{d}{dt}(-\omega Q \operatorname{sen} \omega t) = -\omega^2 Q \cos \omega t.$$

Podemos simplificar essa equação substituindo Q por CV_C (já que conhecemos C e V_C, mas não conhecemos Q) e substituindo ω por $1/\sqrt{LC}$, de acordo com a Eq. 31.1.4. O resultado é o seguinte:

$$\frac{di}{dt} = -\frac{1}{LC}CV_C \cos \omega t = -\frac{V_C}{L}\cos \omega t.$$

Isso significa que a taxa de variação da corrente varia senoidalmente e seu valor máximo é

$$\frac{V_C}{L} = \frac{57 \text{ V}}{0{,}012 \text{ H}} = 4.750 \text{ A/s} \approx 4.800 \text{ A/s}. \quad \text{(Resposta)}$$

31.2 OSCILAÇÕES AMORTECIDAS EM UM CIRCUITO *RLC*

Objetivos do Aprendizado

Depois de ler este módulo, você será capaz de ...

31.2.1 Desenhar o diagrama esquemático de um circuito *RLC* série e explicar por que as oscilações do circuito são amortecidas.

31.2.2 A partir das expressões das energias do campo e da taxa de dissipação da energia em um circuito *RLC*, escrever uma equação diferencial para a carga do capacitor.

31.2.3 Escrever uma expressão para a carga do capacitor de um circuito *RLC* em função do tempo, $q(t)$.

31.2.4 Saber que, em um circuito *RLC*, a carga do capacitor e a energia do campo elétrico do capacitor diminuem exponencialmente com o tempo.

31.2.5 Conhecer a relação entre a frequência angular ω' das oscilações de um circuito *RLC* e a frequência angular ω de um circuito *LC* com os mesmos valores de indutância e capacitância.

31.2.6 Escrever uma expressão para a energia U_E do campo elétrico do capacitor de um circuito *RLC* em função do tempo.

Ideias-Chave

- As oscilações de um circuito *RLC* são amortecidas por causa da presença de um componente dissipativo no circuito. A variação com o tempo da carga do capacitor é dada pela equação

$$L\frac{d^2q}{dt^2} + R\frac{dq}{dt} + \frac{1}{C}q = 0 \quad \text{(circuito } RLC\text{)}.$$

- A solução dessa equação diferencial é

$$q = Qe^{-Rt/2L}\cos(\omega' t + \phi),$$

em que $\quad \omega' = \sqrt{\omega^2 - (R/2L)^2}.$

Para pequenos valores de R, $\omega' \approx \omega$.

Oscilações Amortecidas em um Circuito *RLC*

Um circuito formado por uma resistência, uma indutância e uma capacitância é chamado *circuito RLC*. Vamos discutir apenas o caso de *circuitos RLC série*, como o da Fig. 31.2.1. Com uma resistência R presente, a *energia eletromagnética* total U do circuito (a soma da energia elétrica e da energia magnética) não é constante, como no circuito *LC*, pois parte da energia é transformada pela resistência em energia térmica. Por causa dessa perda de energia, as oscilações de carga, corrente e diferença de potencial diminuem continuamente de amplitude e dizemos que as oscilações são *amortecidas*. Como vamos ver, esse amortecimento é análogo ao do oscilador bloco-mola amortecido do Módulo 15.5.

Para analisar as oscilações do circuito, necessitamos de uma equação que expresse a energia eletromagnética total U no circuito em função do tempo. Como a resistência não armazena energia eletromagnética, podemos usar a Eq. 31.1.9 para escrever a energia total da seguinte forma:

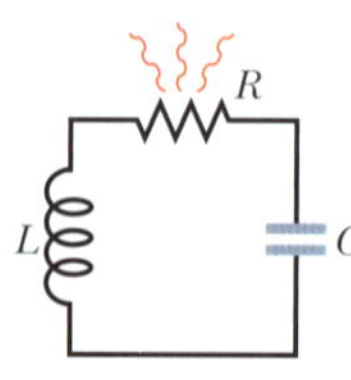

Figura 31.2.1 Circuito *RLC* série. Enquanto a carga contida no circuito oscila entre o indutor e o capacitor, parte da energia do circuito é dissipada no resistor, o que reduz progressivamente a amplitude das oscilações.

$$U = U_B + U_E = \frac{Li^2}{2} + \frac{q^2}{2C}. \quad (31.2.1)$$

No caso que estamos examinando, a energia eletromagnética total diminui com o tempo, já que parte da energia é transformada em energia térmica. De acordo com a Eq. 26.5.3, a taxa com a qual essa transformação ocorre é dada por

$$\frac{dU}{dt} = -i^2 R, \quad (31.2.2)$$

em que o sinal negativo indica que U diminui com o tempo. Derivando a Eq. 31.2.1 em relação ao tempo e substituindo o resultado na Eq. 31.2.2, obtemos

$$\frac{dU}{dt} = Li\frac{di}{dt} + \frac{q}{C}\frac{dq}{dt} = -i^2R.$$

Substituindo i por dq/dt e di/dt por d^2q/dt^2, obtemos

$$L\frac{d^2q}{dt^2} + R\frac{dq}{dt} + \frac{1}{C}q = 0 \quad \text{(circuito } RLC\text{)}, \tag{31.2.3}$$

que é a equação diferencial para as oscilações amortecidas de um circuito RLC.

Diminuição da Carga. A solução da Eq. 31.2.3 é

$$q = Qe^{-Rt/2L}\cos(\omega' t + \phi), \tag{31.2.4}$$

em que

$$\omega' = \sqrt{\omega^2 - (R/2L)^2} \tag{31.2.5}$$

e $\omega = 1/\sqrt{LC}$, como no caso de um oscilador não amortecido. A Eq. 31.2.4 expressa a variação da carga do capacitor em um circuito RLC; ela é análoga à Eq. 15.5.4, que descreve o deslocamento do bloco em um oscilador bloco-mola amortecido.

A Eq. 31.2.4 descreve uma oscilação senoidal (a função cosseno) com uma *amplitude exponencialmente decrescente* $Qe^{-Rt/2L}$ (o fator que multiplica o cosseno). A frequência angular ω' das oscilações amortecidas é sempre menor que a frequência angular das oscilações não amortecidas; entretanto, vamos considerar apenas situações nas quais a resistência R é suficientemente pequena para que ω' possa ser substituída por ω.

Diminuição da Energia. Vamos agora escrever uma expressão para a energia eletromagnética total U do circuito em função do tempo. Para isso, basta calcular a energia armazenada no campo elétrico do capacitor, que é fornecida pela Eq. 31.1.1 ($U_E = q^2/2C$). Substituindo a Eq. 31.2.4 na Eq. 31.1.1, obtemos

$$U_E = \frac{q^2}{2C} = \frac{[Qe^{-Rt/2L}\cos(\omega' t + \phi)]^2}{2C} = \frac{Q^2}{2C}e^{-Rt/L}\cos^2(\omega' t + \phi). \tag{31.2.6}$$

Assim, a energia do campo elétrico oscila de acordo com um termo proporcional ao quadrado do cosseno, e a amplitude das oscilações diminui exponencialmente com o tempo. Um cálculo semelhante para a energia do campo magnético levaria a um resultado análogo.

Teste 31.2.1

A tabela mostra os valores de resistência, indutância e amplitude inicial da carga para três circuitos RLC série amortecidos, em termos de valores de referência. Coloque os circuitos na ordem do tempo necessário para que a energia potencial diminua para um quarto do valor inicial, começando pelo maior.

Circuito 1	$2R_0$	L_0	Q_0
Circuito 2	R_0	L_0	$4Q_0$
Circuito 3	$3R_0$	$3L_0$	Q_0

Exemplo 31.2.1 Amplitude da carga em um circuito *RLC*  31.2

Um circuito RLC série tem uma indutância $L = 12$ mH, uma capacitância $C = 1{,}6\ \mu$F, uma resistência $R = 1{,}5\ \Omega$ e começa a oscilar no instante $t = 0$.

(a) Em que instante t a amplitude das oscilações da carga do circuito é 50% do valor inicial? (Note que o valor inicial da carga não é dado.)

IDEIA-CHAVE

A amplitude das oscilações da carga diminui exponencialmente com o tempo t. De acordo com a Eq. 31.2.4, a amplitude das oscilações da carga em um instante t é dada por $Qe^{Rt/2L}$, em que Q é a amplitude no instante $t = 0$.

Cálculos: Estamos interessados em determinar o instante no qual a amplitude das oscilações da carga é 0,50Q, ou seja, o instante em que

$$Qe^{-Rt/2L} = 0{,}50Q.$$

Dividindo ambos os membros por Q (o que elimina Q da equação, mostrando que não é preciso conhecer a carga inicial) e tomando o logaritmo natural de ambos os membros, obtemos

$$-\frac{Rt}{2L} = \ln 0{,}50.$$

Explicitando t e substituindo os valores conhecidos, obtemos

$$t = -\frac{2L}{R}\ln 0{,}50 = -\frac{(2)(12 \times 10^{-3}\,\text{H})(\ln 0{,}50)}{1{,}5\,\Omega}$$

$$= 0{,}0111\ \text{s} \approx 11\ \text{ms}. \qquad \text{(Resposta)}$$

(b) Quantas oscilações o circuito executou até esse instante?

IDEIA-CHAVE

O tempo necessário para o circuito completar uma oscilação é o período $T = 2\pi/\omega$, em que a frequência angular das oscilações, para pequenos valores de R, é dada pela Eq. 31.1.4 ($\omega = 1/\sqrt{LC}$).

Cálculo: No intervalo de tempo Δt = 0,0111 s, o número de oscilações completas é

$$\frac{\Delta t}{T} = \frac{\Delta t}{2\pi\sqrt{LC}}$$

$$= \frac{0{,}0111\ \text{s}}{2\pi[(12 \times 10^{-3}\,\text{H})(1{,}6 \times 10^{-6}\,\text{F})]^{1/2}} \approx 13. \qquad \text{(Resposta)}$$

Assim, a amplitude diminui 50% em cerca de 13 oscilações. Esse amortecimento é bem mais lento que o da Fig. 31.1.3, em que a amplitude diminui mais de 50% em apenas uma oscilação.

31.3 OSCILAÇÕES FORÇADAS EM TRÊS CIRCUITOS SIMPLES

Objetivos do Aprendizado

Depois de ler este módulo, você será capaz de ...

31.3.1 Saber a diferença entre corrente alternada e corrente contínua.

31.3.2 Escrever a equação da força eletromotriz de um gerador de CA em função do tempo, usando como parâmetros a amplitude da força eletromotriz e a frequência angular de excitação.

31.3.3 Escrever a equação da corrente de um gerador de CA em função do tempo, usando como parâmetros a amplitude da corrente, a frequência angular de excitação e a constante de fase em relação à força eletromotriz.

31.3.4 Desenhar o diagrama esquemático de um circuito RLC série alimentado por um gerador de CA.

31.3.5 Saber a diferença entre a frequência angular de excitação ω_d e a frequência angular natural ω.

31.3.6 Conhecer a condição de ressonância de um circuito RLC série e o efeito da ressonância sobre a amplitude da corrente.

31.3.7 Desenhar os diagramas esquemáticos dos três circuitos básicos (carga puramente resistiva, carga puramente capacitiva e carga puramente indutiva) e diagramas fasoriais da tensão $v(t)$ e da corrente $i(t)$ associados.

31.3.8 Conhecer as equações da tensão $v(t)$ e da corrente $i(t)$ nos três circuitos básicos.

31.3.9 Identificar a velocidade angular, a amplitude, a componente vertical e o ângulo de rotação dos fasores de tensão e corrente associados aos três circuitos básicos.

31.3.10 Identificar as constantes de fase associadas aos três circuitos básicos e interpretá-las em termos das orientações relativas dos fasores da tensão e da corrente e também em termos de avanços e atrasos.

31.3.11 Usar a frase mnemônica "*ELI*, que TOL*ICE*!"

31.3.12 Conhecer a relação entre a amplitude V da tensão e a amplitude I da corrente para os três circuitos básicos.

31.3.13 Calcular a reatância capacitiva X_C e a reatância indutiva X_L.

Ideias-Chave

- Um circuito RLC série executa oscilações forçadas com uma frequência angular ω_d quando é ligado a uma fonte cuja força eletromotriz é dada por

$$\mathscr{E} = \mathscr{E}_m \operatorname{sen} \omega_d t.$$

- A corrente no circuito é

$$i = I \operatorname{sen}(\omega_d t - \phi),$$

em que ϕ é a constante de fase da corrente.

- A diferença de potencial entre os terminais de um resistor que conduz uma corrente alternada é dada por $V_R = IR$; a corrente está em fase com a diferença de potencial.
- No caso de um capacitor, $V_C = IX_C$, em que $X_C = 1/\omega_d C$ é a reatância capacitiva; a corrente está adiantada de 90° em relação à diferença de potencial ($\phi = -90° = \pi/2$ rad).
- No caso de um indutor, $V_L = IX_L$, em que $X_L = \omega_d L$ é a reatância indutiva; a corrente está atrasada de 90° em relação à diferença de potencial ($\phi = +90° = +\pi/2$ rad).

Corrente Alternada

As oscilações de um circuito *RLC* não são amortecidas se uma fonte de tensão externa fornece energia suficiente para compensar a energia dissipada na resistência R. Os aparelhos elétricos usados nas fábricas, escritórios e residências contêm um número muito grande de circuitos *RLC*, que são alimentados pela rede de distribuição de energia elétrica. Na grande maioria dos casos, a energia é fornecida na forma de correntes e tensões senoidais, sistema que é conhecido como **corrente alternada** ou **CA**. (No caso das correntes e tensões que não variam com o tempo, como as fornecidas por uma bateria, o sistema é conhecido como **corrente contínua** ou **CC**.) No sistema de corrente alternada usado no Brasil, a tensão e a corrente mudam de sentido 120 vezes por segundo e, portanto, têm uma frequência $f = 60$ Hz.

Oscilações dos Elétrons. À primeira vista, a corrente alternada pode parecer uma forma estranha de fornecer energia a um circuito. Vimos que a velocidade de deriva dos elétrons de condução em um fio comum é da ordem de 4×10^{-5} m/s. Se o sentido de movimento dos elétrons se inverte a cada 1/120 s, os elétrons se deslocam apenas cerca de 3×10^{-7} m a cada meio ciclo. Assim, em média, um elétron passa apenas por 10 átomos da rede cristalina do material de que é feito o fio antes de dar meia-volta. Nesse ritmo, o leitor deve estar se perguntando: Como o elétron consegue chegar a algum lugar?

A resposta é simples: O elétron não precisa ir "a algum lugar". Quando dizemos que a corrente em um fio é um ampère, isso significa que as cargas passam por qualquer plano que intercepta totalmente o fio à taxa de um coulomb por segundo. A velocidade com a qual os portadores passam pelo plano não é o único parâmetro importante: um ampère pode corresponder a muitos portadores de carga se movendo devagar ou a poucos portadores de carga se movendo depressa. Além disso, o sinal para os elétrons passarem a se mover no sentido oposto, que tem origem na força eletromotriz alternada produzida nos geradores das usinas elétricas, se propaga ao longo dos condutores com uma velocidade quase igual à velocidade da luz. Todos os elétrons, onde quer que estejam, recebem essa instrução praticamente no mesmo instante. Finalmente, convém observar que em muitos dispositivos, como as lâmpadas e as torradeiras, o sentido do movimento não é importante, contanto que os elétrons estejam em movimento e transfiram energia para o dispositivo por meio de colisões com átomos.

Por que Usar CA? A principal vantagem da corrente alternada é a seguinte: *Quando a corrente muda de sentido, o mesmo acontece com o campo magnético nas vizinhanças do condutor.* Isso torna possível usar a lei de indução de Faraday, o que, entre outras coisas, significa que podemos aumentar ou diminuir à vontade a diferença de potencial usando um dispositivo, conhecido como transformador, que será discutido mais tarde. Além disso, a corrente alternada é mais fácil de gerar e utilizar que a corrente contínua no caso de máquinas rotativas como geradores e motores.

Força Eletromotriz e Corrente. Fig. 31.3.1 mostra um tipo simples de gerador de corrente alternada. Quando a espira condutora é forçada a girar na presença do campo magnético externo $\vec{B}$, uma força eletromotriz senoidal $\mathscr{E}$ é induzida na espira:

$$\mathscr{E} = \mathscr{E}_m \operatorname{sen} \omega_d t. \tag{31.3.1}$$

A *frequência angular* ω_d da força eletromotriz é igual à velocidade angular de rotação da espira, a *fase* é $\omega_d t$, e a *amplitude* é $\mathscr{E}_m$ (o índice significa máxima). Se a espira faz parte de um circuito elétrico, a força eletromotriz produz uma corrente senoidal (alternada) no circuito com a mesma frequência angular ω_d, que, nesse caso, é chamada **frequência angular de excitação**. Podemos escrever a corrente na forma

$$i = I \operatorname{sen}(\omega_d t - \phi), \tag{31.3.2}$$

em que I é a amplitude da corrente. (Por convenção, a fase da corrente é normalmente escrita como $\omega_d t - \phi$ e não como $\omega_d t + \phi$). Uma constante de fase ϕ foi introduzida na Eq. 31.3.2 porque a corrente i pode não estar em fase com a força eletromotriz $\mathscr{E}$. (Como vamos ver, a constante de fase depende do circuito ao qual o gerador está ligado.) Podemos também escrever a corrente i em termos da **frequência de excitação** f_d da força eletromotriz, substituindo ω_d por $2\pi f_d$ na Eq. 31.3.2.

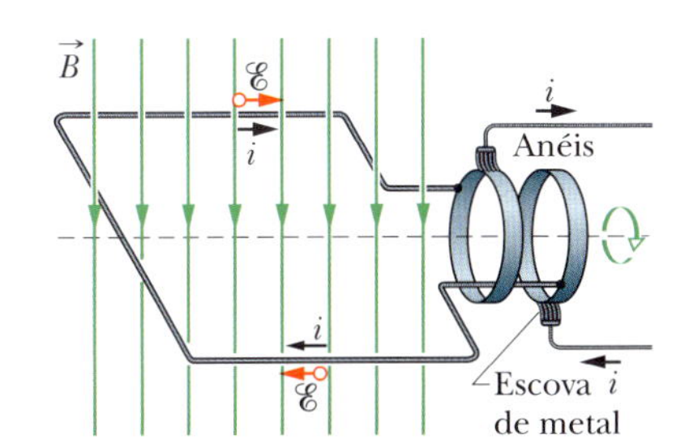

Figura 31.3.1 Nos geradores de corrente alternada, uma espira condutora é forçada a girar na presença do campo magnético externo. Na prática, a força eletromotriz induzida em uma bobina com muitas espiras é colhida por escovas que se apoiam em anéis rotativos solidários com bobina. Cada anel está ligado a uma extremidade da bobina e faz contato com o resto do circuito do gerador por meio de uma das escovas.

Oscilações Forçadas

Como vimos, depois de um estímulo inicial, a carga, a diferença de potencial e a corrente nos circuitos *LC* e *RLC* (para valores suficientemente pequenos de *R*) oscilam com uma frequência angular $\omega = 1/\sqrt{LC}$. Essas oscilações recebem o nome de *oscilações livres* (livres de qualquer força eletromotriz externa), e a frequência angular ω é chamada **frequência angular natural**.

Quando a fonte externa de força eletromotriz alternada da Eq. 31.3.1 é ligada a um circuito *RLC*, dizemos que as oscilações de carga, diferença de potencial e corrente são *oscilações forçadas*. Essas oscilações sempre acontecem na frequência angular de excitação ω_d.

Qualquer que seja a frequência angular natural ω de um circuito, as oscilações forçadas de carga, corrente e diferença de potencial acontecem na frequência angular de excitação ω_d.

Por outro lado, como vamos ver no Módulo 31.4, a amplitude das oscilações depende da diferença entre ω_d e ω. Quando as duas frequências são iguais (uma situação conhecida como **ressonância**), a amplitude da corrente *I* no circuito é máxima; quanto maior a diferença entre ω_d e ω, menor a amplitude das oscilações.

Três Circuitos Simples 31.2

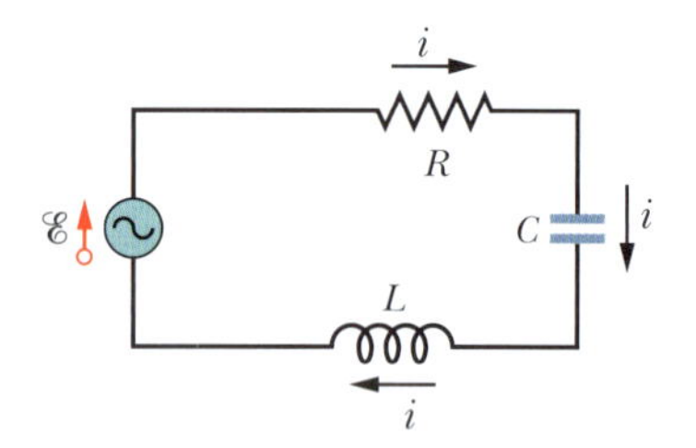

Figura 31.3.2 Circuito de uma malha formado por um resistor, um capacitor e um indutor. Um gerador, representado por uma senoide no interior de um círculo, produz uma força eletromotriz alternada que estabelece uma corrente alternada no circuito. O sentido da força eletromotriz e da corrente varia periodicamente.

Daqui a pouco, vamos estudar um sistema constituído por uma fonte de força eletromotriz alternada e um circuito *RLC* série, como o sistema da Fig. 31.3.2, e obter expressões para a amplitude *I* e constante de fase ϕ da corrente no circuito em função da amplitude $\mathscr{E}_m$ e frequência angular ω_d da força eletromotriz. Antes, porém, vamos examinar três circuitos mais simples, constituídos apenas pela fonte e um componente como *R*, *C* e *L*. Começaremos com um componente resistivo (uma *carga resistiva pura*).

Carga Resistiva

A Fig. 31.3.3 mostra um circuito formado por um resistor *R* e um gerador de corrente alternada cuja força eletromotriz é dada pela Eq. 31.3.1. De acordo com a regra das malhas, temos

$$\mathscr{E} - v_R = 0.$$

De acordo com a Eq. 31.3.1, temos

$$v_R = \mathscr{E}_m \operatorname{sen} \omega_d t.$$

Como a amplitude V_R da diferença de potencial (ou tensão) entre os terminais da resistência é igual à amplitude $\mathscr{E}_m$ da força eletromotriz, podemos escrever:

$$v_R = V_R \operatorname{sen} \omega_d t. \tag{31.3.3}$$

Usando a definição de resistência ($R = V/i$), podemos escrever a corrente na resistência como

$$i_R = \frac{v_R}{R} = \frac{V_R}{R} \operatorname{sen} \omega_d t. \tag{31.3.4}$$

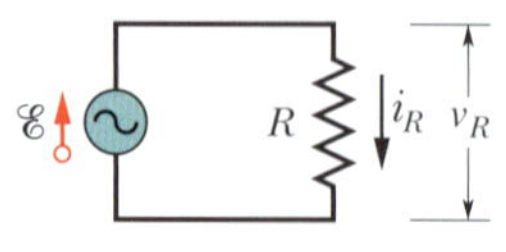

Figura 31.3.3 Circuito formado por um resistor e um gerador de corrente alternada.

De acordo com a Eq. 31.3.2, a corrente também pode ser escrita na forma

$$i_R = I_R \operatorname{sen}(\omega_d t - \phi), \tag{31.3.5}$$

em que I_R é a amplitude da corrente i_R na resistência. Comparando as Eqs. 31.3.4 e 31.3.5, vemos que, no caso de uma carga resistiva pura, a constante de fase ϕ é nula.

Vemos também que a amplitude da tensão e a amplitude da corrente estão relacionadas pela equação

$$V_R = I_R R \quad \text{(resistor)}. \tag{31.3.6}$$

Embora essa relação tenha sido demonstrada apenas para o circuito da Fig. 31.3.3, ela se aplica a qualquer resistência em qualquer circuito.

Comparando as Eqs. 31.3.3 e 31.3.4, vemos que as grandezas variáveis com o tempo v_R e i_R são funções de sen $\omega_d t$ com $\phi = 0°$. Isso significa que as duas grandezas estão *em fase*, ou seja, passam ao mesmo tempo pelos máximos e pelos mínimos. A Fig. 31.3.4*a*, que é um gráfico de $v_R(t)$ e $i_R(t)$, ilustra esse fato. Observe que os valores máximos de v_R e i_R não diminuem com o tempo porque o gerador fornece energia ao circuito para compensar a energia dissipada em R.

As grandezas variáveis com o tempo v_R e i_R podem ser representadas geometricamente por *fasores*. Como vimos no Módulo 16.6, fasores são vetores que giram em torno de uma origem. Os fasores que representam a tensão e a corrente no resistor da Fig. 31.3.3 são mostrados na Fig. 31.3.4*b* para um instante de tempo arbitrário t. Esses fasores têm as seguintes propriedades:

***Velocidade angular*:** Os dois fasores giram em torno da origem no sentido anti-horário com uma velocidade angular igual à frequência angular ω_d de v_R e i_R.

***Comprimento*:** O comprimento de cada fasor representa a amplitude de uma grandeza alternada, V_R no caso da tensão e I_R no caso da corrente.

***Projeção*:** A projeção de cada fasor no eixo *vertical* representa o valor da grandeza alternada no instante t, v_R no caso da tensão e i_R no caso da corrente.

***Ângulo de rotação*:** O ângulo de rotação de cada fasor é igual à fase da grandeza alternada no instante t. Na Fig. 31.3.4*b*, a tensão e a corrente estão em fase; como têm a mesma velocidade angular e o mesmo ângulo de rotação, os dois fasores giram juntos.

Acompanhe mentalmente a rotação. Não é fácil ver que a tensão e a corrente atingem os valores máximos $v_R = V_R$ e $i_R = I_R$ quando o ângulo de rotação é 90° (ou seja, quando os dois fasores estão apontando verticalmente para cima)? As Eqs. 31.3.3 e 31.3.5 fornecem os mesmos resultados.

Teste 31.3.1

Quando aumentamos a frequência de excitação de um circuito com uma carga resistiva pura, (a) a amplitude V_R aumenta, diminui ou permanece a mesma? (b) A amplitude I_R aumenta, diminui ou permanece a mesma?

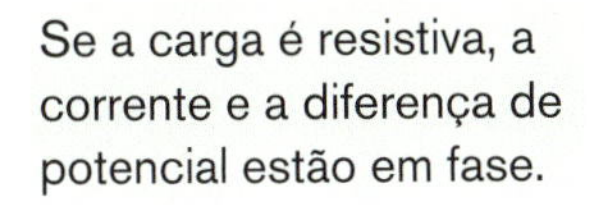

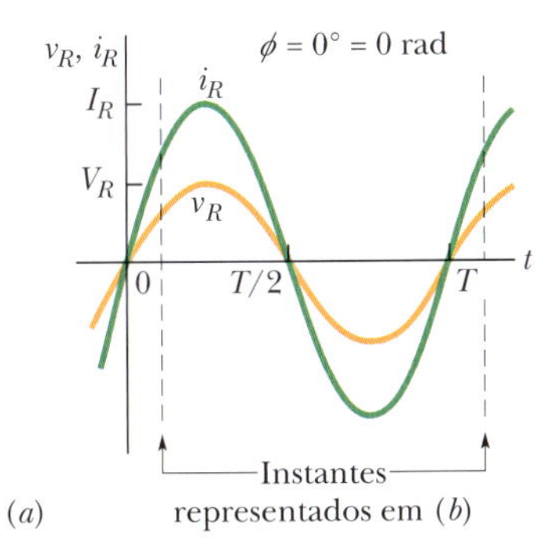

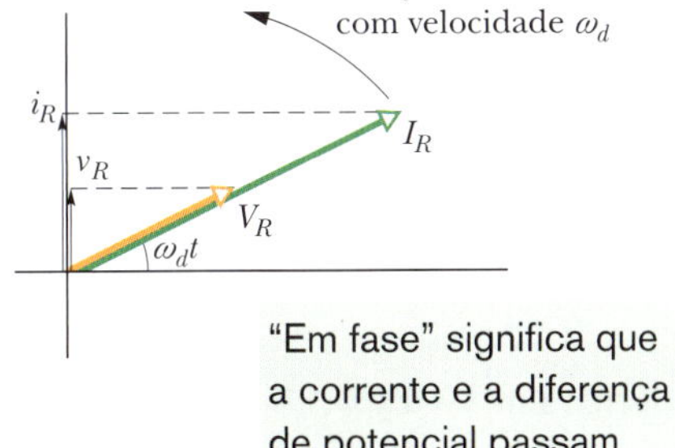

Figura 31.3.4 (a) Gráfico da corrente i_R no resistor e da diferença de potencial v_R entre os terminais do resistor em função do tempo t. A corrente e a diferença de potencial estão em fase e completam um ciclo em um período T. (b) Diagrama fasorial correspondente ao gráfico mostrado em (a).

Exemplo 31.3.1 Diferença de potencial e corrente para uma carga resistiva pura 

No circuito da Fig. 31.3.3, a resistência R é 200 Ω e o gerador produz uma força eletromotriz de amplitude $\mathscr{E}_m = 36{,}0$ V e frequência $f_d = 60{,}0$ Hz.

(a) Qual é a diferença de potencial $v_R(t)$ entre os terminais do resistor em função do tempo t, e qual é a amplitude V_R de $v_R(t)$?

IDEIA-CHAVE

Em um circuito com uma carga puramente resistiva, a diferença de potencial $v_R(t)$ entre os terminais do resistor é igual à diferença de potencial $\mathscr{E}(t)$ entre os terminais do gerador.

Cálculos: Nesse caso, $v_R(t) = \mathscr{E}(t)$ e $V_R = \mathscr{E}_m$. Como $\mathscr{E}_m$ é conhecida, podemos escrever

$$V_R = \mathscr{E}_m = 36{,}0 \text{ V}. \qquad \text{(Resposta)}$$

Para determinar $v_R(t)$, usamos a Eq. 31.3.1 para escrever

$$v_R(t) = \mathscr{E}(t) = \mathscr{E}_m \operatorname{sen} \omega_d t \tag{31.3.7}$$

e, em seguida, fazemos $\mathscr{E}_m = 36{,}0$ V e

$$\omega_d = 2\pi f_d = 2\pi(60 \text{ Hz}) = 120\pi$$

para obter

$$v_R = (36{,}0 \text{ V}) \operatorname{sen}(120\pi t). \qquad \text{(Resposta)}$$

Podemos deixar o argumento do seno nessa forma, por conveniência, ou escrevê-lo como $(377 \text{ rad/s})t$ ou $(377 \text{ s}^{-1})t$.

(b) Qual é a corrente $i_R(t)$ no resistor e qual é a amplitude I_R de $i_R(t)$?

IDEIA-CHAVE

Em um circuito de CA com uma carga resistiva pura, a corrente alternada $i_R(t)$ no resistor está *em fase* com a diferença de potencial alternada $v_R(t)$ entre os terminais do resistor, ou seja, a constante de fase ϕ da corrente é zero.

Cálculos: Nesse caso, podemos escrever a Eq. 31.3.2 na forma

$$i_R = I_R \operatorname{sen}(\omega_d t - \phi) = I_R \operatorname{sen} \omega_d t. \tag{31.3.8}$$

De acordo com a Eq. 31.3.6, a amplitude I_R é

$$I_R = \frac{V_R}{R} = \frac{36{,}0 \text{ V}}{200\ \Omega} = 0{,}180 \text{ A}. \qquad \text{(Resposta)}$$

Substituindo este valor e fazendo $\omega_d = 2\pi f_d = 120\pi$ na Eq. 31.3.8, obtemos

$$i_R = (0{,}180 \text{ A}) \operatorname{sen}(120\pi t). \qquad \text{(Resposta)}$$

Carga Capacitiva

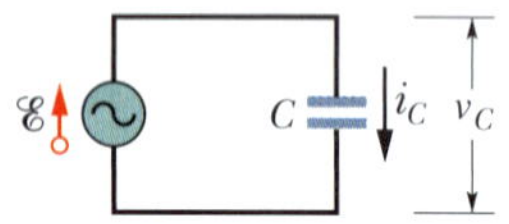

A Fig. 31.3.5 mostra um circuito formado por um capacitor C e um gerador de corrente alternada cuja força eletromotriz é dada pela Eq. 31.3.1. Aplicando a regra das malhas e procedendo como fizemos para obter a Eq. 31.3.3, descobrimos que a diferença de potencial entre os terminais do capacitor é dada por

$$v_C = V_C \operatorname{sen} \omega_d t, \tag{31.3.9}$$

em que V_C é a amplitude da tensão alternada no capacitor. Usando a definição de capacitância, também podemos escrever

$$q_C = Cv_C = CV_C \operatorname{sen} \omega_d t. \tag{31.3.10}$$

Nosso interesse, porém, está na corrente e não na carga. Assim, derivamos a Eq. 31.3.10 para obter

$$i_C = \frac{dq_C}{dt} = \omega_d C V_C \cos \omega_d t. \tag{31.3.11}$$

Figura 31.3.5 Circuito formado por um capacitor C e um gerador de corrente alternada.

Vamos agora modificar a Eq. 31.3.11 de duas formas. Em primeiro lugar, para padronizar a notação, vamos definir uma grandeza X_C, conhecida como **reatância capacitiva** de um capacitor, por meio da relação

$$X_C = \frac{1}{\omega_d C} \quad \text{(reatância capacitiva)}. \tag{31.3.12}$$

O valor de X_C depende da capacitância e da frequência angular de excitação ω_d. Sabemos, da definição de constante de tempo capacitiva ($\tau = RC$), que a unidade de C

no SI pode ser expressa em segundos por ohm. Usando essa unidade na Eq. 31.3.12, vemos que a unidade de X_C no SI é o *ohm*, a mesma da resistência R.

Em segundo lugar, substituímos cos $\omega_d t$ na Eq. 31.3.11 por um seno com um deslocamento de fase de 90°:

$$\cos \omega_d t = \text{sen}(\omega_d t + 90°).$$

Para mostrar que essa identidade está correta, basta deslocar uma senoide de 90° no sentido negativo.

Com as duas modificações, a Eq. 31.3.11 se torna

$$i_C = \left(\frac{V_C}{X_C}\right) \text{sen}(\omega_d t + 90°). \tag{31.3.13}$$

De acordo com a Eq. 31.3.2, podemos escrever a corrente i_C no capacitor da Fig. 31.3.5 na forma

$$i_C = I_C \,\text{sen}(\omega_d t - \phi), \tag{31.3.14}$$

em que I_C é a amplitude de i_C. Comparando as Eqs. 31.3.13 e 31.3.14, vemos que, para uma carga capacitiva pura, a constante de fase ϕ da corrente é −90°. Vemos também que a amplitude da tensão e a amplitude da corrente estão relacionadas pela equação

$$V_C = I_C X_C \quad \text{(capacitor)}. \tag{31.3.15}$$

Embora essa relação tenha sido demonstrada apenas para o circuito da Fig. 31.3.5, ela se aplica a qualquer capacitância em qualquer circuito de corrente alternada.

Comparando as Eqs. 31.3.9 e 31.3.13 ou examinando a Fig. 31.3.6*a*, vemos que as grandezas v_C e i_C estão defasadas de 90° (o que equivale a $\pi/2$ rad ou um quarto de ciclo) e i_C está *adiantada* em relação a v_C, ou seja, quando medimos i_C e v_C no circuito da Fig. 31.3.5 em função do tempo, i_C atinge o valor máximo um quarto de ciclo *antes* de v_C.

Essa relação entre i_C e v_C está ilustrada no diagrama fasorial da Fig. 31.3.6*b*. Enquanto os fasores que representam as duas grandezas giram com a mesma velocidade angular no sentido anti-horário, o fasor I_C se mantém à frente do fasor V_C, e o ângulo entre os dois fasores tem um valor constante de 90°, ou seja, quando o fasor I_C coincide com o eixo vertical, o fasor V_C coincide com o eixo horizontal. É fácil verificar que o diagrama fasorial da Fig. 31.3.6*b* é compatível com as Eqs. 31.3.9 e 31.3.13.

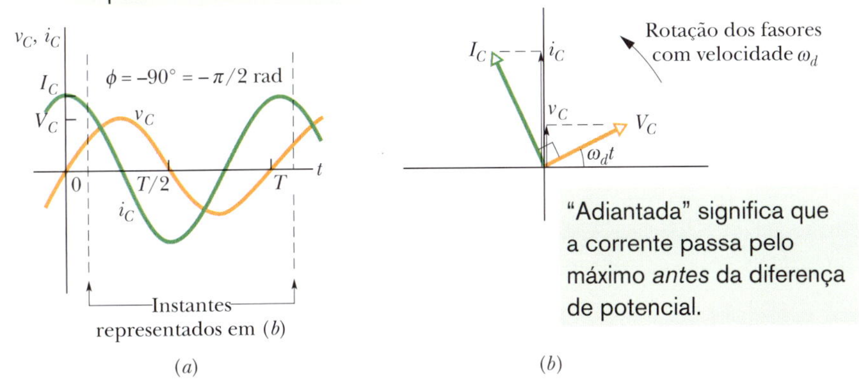

Figura 31.3.6 (*a*) A corrente no capacitor está adiantada de 90° (= $\pi/2$ rad) em relação à tensão. (*b*) Diagrama fasorial correspondente ao gráfico que está mostrado em (*a*).

Teste 31.3.2

A figura mostra, em (*a*), uma curva senoidal $S(t) = \text{sen}(\omega_d t)$ e três outras curvas senoidais $A(t)$, $B(t)$ e $C(t)$, todas da forma $\text{sen}(\omega_d t - \phi)$. (a) Coloque as outras três curvas na ordem do valor de ϕ, começando pelo maior valor positivo e terminando no maior valor negativo. (b) Estabeleça a correspondência entre as curvas da parte (*a*) da figura e os fasores da parte (*b*). (c) Qual das curvas da parte (*a*) está adiantada em relação a todas as outras?

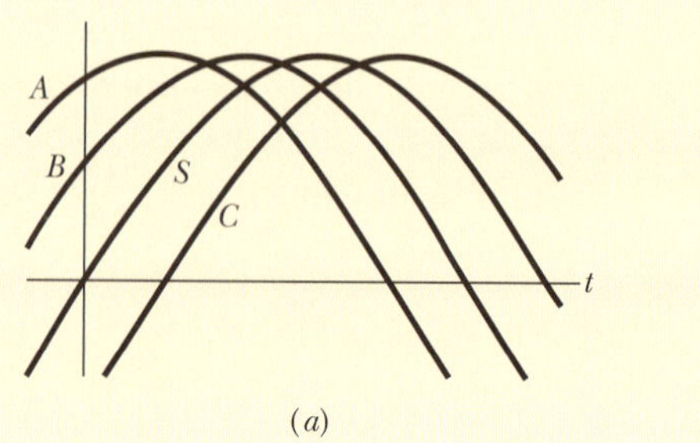

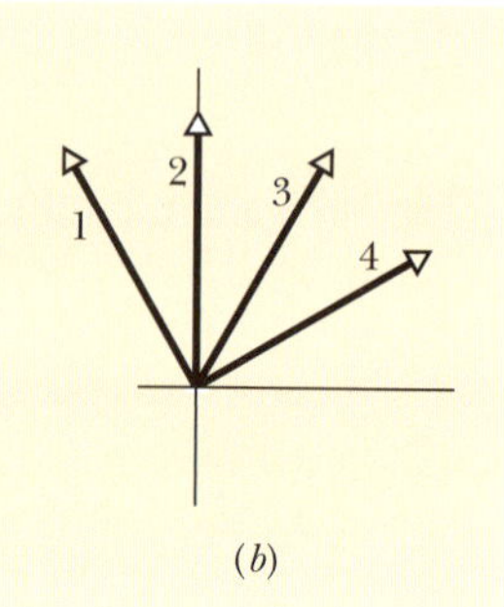

Exemplo 31.3.2 Diferença de potencial e corrente para uma carga capacitiva pura

Na Fig. 31.3.5, a capacitância C é 15,0 μF e o gerador produz uma força eletromotriz senoidal de amplitude $\mathscr{E}_m = 36{,}0$ V e frequência $f_d = 60{,}0$ Hz.

(a) Qual é a diferença de potencial $v_C(t)$ entre os terminais do capacitor em função do tempo e qual é a amplitude V_C de $v_C(t)$?

IDEIA-CHAVE

Em um circuito com uma carga puramente capacitiva, a diferença de potencial $v_C(t)$ entre os terminais do capacitor é igual à diferença de potencial $\mathscr{E}(t)$ entre os terminais do gerador.

Cálculos: Nesse caso, $v_C(t) = \mathscr{E}(t)$ e $V_C = \mathscr{E}_m$. Como $\mathscr{E}_m$ é conhecida, podemos escrever

$$V_C = \mathscr{E}_m = 36{,}0 \text{ V}. \qquad \text{(Resposta)}$$

Para determinar $v_C(t)$, usamos a Eq. 31.3.1 para escrever

$$v_C(t) = \mathscr{E}(t) = \mathscr{E}_m \,\text{sen}\, \omega_d t. \qquad (31.3.16)$$

Em seguida, fazemos $\mathscr{E}_m = 36{,}0$ V e $\omega_d = 2\pi f_d = 120\pi$ na Eq. 31.3.16 para obter

$$v_C = (36{,}0 \text{ V})\,\text{sen}(120\pi t). \qquad \text{(Resposta)}$$

(b) Qual é a corrente $i_C(t)$ no circuito e qual é a amplitude I_C de $i_C(t)$?

IDEIA-CHAVE

Em um circuito de CA com uma carga capacitiva pura, a corrente alternada $i_C(t)$ no capacitor está adiantada de 90° em relação à diferença de potencial alternada $v_C(t)$ entre os terminais do capacitor, ou seja, a constante de fase ϕ para a corrente é –90° ou $-\pi/2$ rad.

Cálculos: Nesse caso, podemos escrever a Eq. 31.3.2 na forma

$$i_C = I_C \,\text{sen}(\omega_d t - \phi) = I_C \,\text{sen}(\omega_d t + \pi/2). \qquad (31.3.17)$$

Para calcular a amplitude I_C da corrente no capacitor usando a Eq. 31.3.15 ($V_C = I_C X_C$), precisamos conhecer a reatância capacitiva X_C. De acordo com a Eq. 31.3.12 ($X_C = 1/\omega_d C$), em que $\omega_d = 2\pi f_d$, podemos escrever

$$X_C = \frac{1}{2\pi f_d C} = \frac{1}{(2\pi)(60{,}0 \text{ Hz})(15{,}0 \times 10^{-6} \text{ F})} = 177 \ \Omega.$$

Nesse caso, de acordo com a Eq. 31.3.15, temos

$$I_C = \frac{V_C}{X_C} = \frac{36{,}0 \text{ V}}{177 \ \Omega} = 0{,}203 \text{ A}. \qquad \text{(Resposta)}$$

Substituindo esse valor e $\omega_d = 2\pi f_d = 120\pi$ na Eq. 31.3.17, obtemos

$$i_C = (0{,}203 \text{ A})\,\text{sen}(120\pi t + \pi/2). \qquad \text{(Resposta)}$$

Carga Indutiva

A Fig. 31.3.7 mostra um circuito formado por um indutor L e um gerador de corrente alternada cuja força eletromotriz é dada pela Eq. 31.3.1. Aplicando a regra das malhas e procedendo como fizemos para obter a Eq. 31.3.3, constatamos que a diferença de potencial entre os terminais do indutor é dada por

$$v_L = V_L \,\text{sen}\, \omega_d t, \qquad (31.3.18)$$

em que V_L é a amplitude da tensão alternada v_L no indutor. Utilizando a Eq. 30.5.3 ($\mathscr{E}_L = -L\, di/dt$), podemos escrever a diferença de potencial entre os terminais de um indutor L no qual a corrente está variando à taxa di_L/dt na forma

$$v_L = L\frac{di_L}{dt}. \qquad (31.3.19)$$

Combinando as Eqs. 31.3.18 e 31.3.19, obtemos

$$\frac{di_L}{dt} = \frac{V_L}{L}\,\text{sen}\, \omega_d t. \qquad (31.3.20)$$

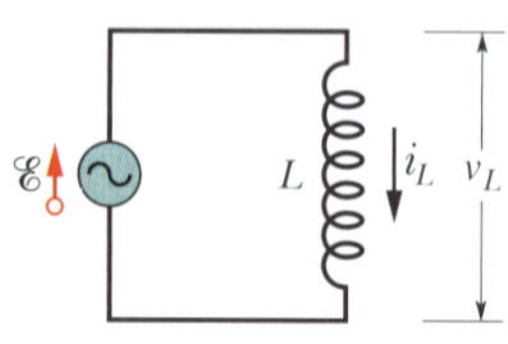

Figura 31.3.7 Circuito formado por um indutor L e um gerador de corrente alternada.

Nosso interesse, porém, está na corrente e não na derivada da corrente em relação ao tempo. Assim, integramos a Eq. 31.3.20 para obter

$$i_L = \int di_L = \frac{V_L}{L} \int \operatorname{sen} \omega_d t \, dt = -\left(\frac{V_L}{\omega_d L}\right) \cos \omega_d t. \qquad (31.3.21)$$

Vamos agora modificar a Eq. 31.3.21 de duas formas. Em primeiro lugar, para padronizar a notação, vamos definir a grandeza X_L, conhecida como **reatância indutiva** de um indutor, por meio da relação

$$X_L = \omega_d L \quad \text{(reatância indutiva).} \qquad (31.3.22)$$

O valor de X_L depende tanto da indutância como da frequência angular de excitação ω_d. Sabemos, da definição de constante de tempo indutiva ($\tau_L = L/R$), que a unidade de L no SI pode ser expressa em ohms-segundos. Usando essa unidade na Eq. 31.3.22, vemos que a unidade de X_L no SI é o *ohm*, a mesma da resistência R e da reatância capacitiva X_C.

Em segundo lugar, substituímos $-\cos \omega_d t$ na Eq. 31.3.21 por um seno com um deslocamento de fase de 90°:

$$-\cos \omega_d t = \operatorname{sen}(\omega_d t - 90°).$$

Para mostrar que a identidade está correta, basta deslocar uma senoide 90° no sentido positivo.

Com essas duas modificações, a Eq. 31.3.21 se torna

$$i_L = \left(\frac{V_L}{X_L}\right) \operatorname{sen}(\omega_d t - 90°). \qquad (31.3.23)$$

De acordo com a Eq. 31.3.2, também podemos escrever a corrente no indutor como

$$i_L = I_L \operatorname{sen}(\omega_d t - \phi), \qquad (31.3.24)$$

em que I_L é a amplitude de i_L. Comparando as Eqs. 31.3.23 e 31.3.24, vemos que, para uma carga indutiva pura, a constante de fase ϕ da corrente é +90°. Vemos também que a amplitude da tensão e a amplitude da corrente estão relacionadas pela equação

$$V_L = I_L X_L \quad \text{(indutor).} \qquad (31.3.25)$$

Embora essa relação tenha sido demonstrada apenas para o circuito da Fig. 31.3.7 ela se aplica a qualquer indutância em qualquer circuito de corrente alternada.

Comparando as Eqs. 31.3.18 e 31.3.23 ou examinando a Fig. 31.3.8*a*, vemos que as grandezas v_L e i_L estão defasadas de 90°, e i_L está *atrasada* em relação a v_L, ou seja, quando medimos i_L e v_L no circuito da Fig. 31.3.7 em função do tempo, i_L atinge o valor máximo um quarto de ciclo *depois* de v_L.

Essa relação entre i_L e v_L está ilustrada no diagrama fasorial da Fig. 31.3.8*b*. Enquanto os fasores que representam as duas grandezas giram com a mesma velocidade angular no sentido anti-horário, o fasor V_L se mantém à frente do fasor I_L e o ângulo entre os dois fasores tem um valor constante de 90°, ou seja, quando o fasor V_L coincide com o eixo vertical, o fasor I_L coincide com o eixo horizontal. É fácil verificar que o diagrama fasorial da Fig. 31.3.8*b* é compatível com as Eqs. 31.3.18 e 31.3.23.

Se a carga é indutiva, a corrente está atrasada de 90° em relação à diferença de potencial.

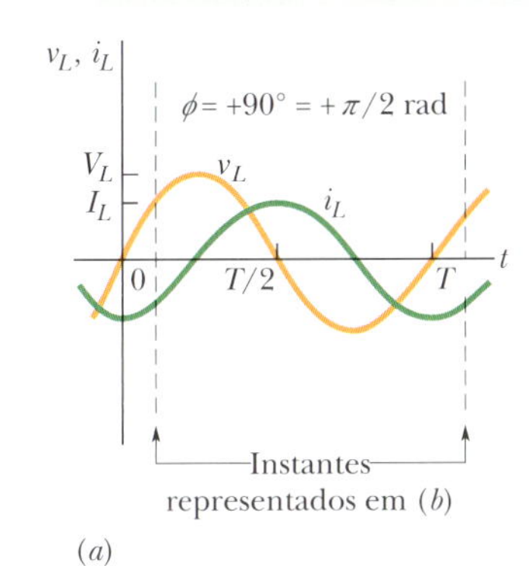

Rotação dos fasores com velocidade ω_d

"Atrasada" significa que a corrente passa pelo máximo depois da diferença de potencial.

(*b*)

Figura 31.3.8 (*a*) A corrente no indutor está adiantada de 90° (= π/2 rad) em relação à tensão. (*b*) Diagrama fasorial correspondente ao gráfico mostrado em (*a*).

Teste 31.3.3

Quando aumentamos a frequência de excitação de um circuito que contém uma carga capacitiva pura, (a) a amplitude V_C aumenta, diminui ou permanece a mesma? (b) A amplitude I_C aumenta, diminui ou permanece a mesma? Quando aumentamos a frequência de excitação de um circuito que contém uma carga indutiva pura, (c) a amplitude V_L aumenta, diminui ou permanece a mesma? (d) A amplitude I_L aumenta, diminui ou permanece a mesma?

Táticas para a Solução de Problemas

Tensões e Correntes em Circuitos de CA: A Tabela 31.3.1 mostra a relação entre a corrente i e a tensão v nos três tipos de componentes que acabamos de discutir. Quando uma tensão alternada é aplicada a esses componentes, a corrente está em fase com a tensão nos resistores, está adiantada em relação à tensão nos capacitores e está atrasada em relação à tensão nos indutores.

Alguns estudantes usam a frase mnemônica "*ELI*, que *TOLICE*!" para não esquecer essas relações. *ELI* contém a letra L (símbolo do indutor), e nessa palavra a letra I (símbolo de corrente) vem *depois* da letra E (símbolo de força eletromotriz ou tensão). Assim, em um indutor a corrente está *atrasada* em relação à tensão. Por outro lado, a palavra *TOLICE* contém a letra C (símbolo do capacitor), e nessa palavra a letra I vem *antes* da letra E, que significa que a corrente está *adiantada* em relação à tensão. O leitor também pode usar a frase "*Positivamente, ELI, isso é uma TOLICE*!" para se lembrar de que a constante de fase é positiva para os indutores.

Se o leitor tiver dificuldade para lembrar se X_C é igual a $\omega_d C$ (errado) ou $1/\omega_d C$ (certo), pense que C fica na "cova", ou seja, no denominador.

Tabela 31.3.1 Relações de Fase e Amplitude para Correntes e Tensões Alternadas

Componente	Símbolo	Resistência ou Reatância	Fase da Corrente	Constante de Fase (ou Ângulo) ϕ	Relação de Amplitudes
Resistor	R	R	Em fase com v_R	0° (= 0 rad)	$V_R = I_R R$
Capacitor	L	$X_C = 1/\omega_d C$	Adiantada de 90° (= $\pi/2$ rad) em relação a v_C	−90° (= $-\pi/2$ rad)	$V_C = I_C X_C$
Indutor	C	$X_L = \omega_d L$	Atrasada de 90° (= $\pi/2$ rad) em relação a v_L	+90° (= $+\pi/2$ rad)	$V_L = I_L X_L$

Exemplo 31.3.3 Diferença de potencial e corrente para uma carga indutiva pura 

Na Fig. 31.3.7, a indutância L é 230 mH e o gerador produz uma força eletromotriz de amplitude $\mathscr{E}_m = 36{,}0$ V e frequência $f_d = 60{,}0$ Hz.

(a) Qual é a diferença de potencial $v_L(t)$ entre os terminais do indutor e qual é a amplitude V_L de $v_L(t)$?

IDEIA-CHAVE

Em um circuito com uma carga puramente indutiva, a diferença de potencial $v_L(t)$ entre os terminais do indutor é sempre igual à diferença de potencial $\mathscr{E}(t)$ entre os terminais do gerador.

Cálculos: Nesse caso, $v_L(t) = \mathscr{E}(t)$ e $V_L = \mathscr{E}_m$. Como $\mathscr{E}_m$ é conhecida, podemos escrever

$$V_L = \mathscr{E}_m = 36{,}0 \text{ V.} \qquad \text{(Resposta)}$$

Para determinar $v_L(t)$, usamos a Eq. 31.3.1 para escrever

$$v_L(t) = \mathscr{E}(t) = \mathscr{E}_m \operatorname{sen} \omega_d t. \qquad (31.3.26)$$

Em seguida, fazemos $\mathscr{E}_m = 36{,}0$ V e $\omega_d = 2\pi f_d = 120\pi$ na Eq. 31.3.26 para obter

$$v_L = (36{,}0 \text{ V}) \operatorname{sen}(120\pi t). \qquad \text{(Resposta)}$$

(b) Qual é a corrente $i_L(t)$ no circuito e qual é a amplitude I_L de $i_L(t)$?

IDEIA-CHAVE

Em um circuito de CA com uma carga indutiva pura, a corrente alternada $i_L(t)$ no indutor está atrasada 90° em relação à diferença de potencial alternada $v_L(t)$ entre os terminais do indutor, ou seja, a constante de fase ϕ para a corrente é 90° ou $\pi/2$ rad. (Usando o artifício mnemônico da Tática 1, esse circuito é "positivamente um circuito *ELI*", o que nos diz que a força eletromotriz E está adiantada em relação à corrente I e que o ângulo de fase ϕ é *positivo*.)

Cálculos: Como o ângulo de fase ϕ da corrente é +90° ou $+\pi/2$ rad, podemos escrever a Eq. 31.3.2 na forma

$$i_L = I_L \operatorname{sen}(\omega_d t - \phi) = I_L \operatorname{sen}(\omega_d t - \pi/2). \qquad (31.3.27)$$

Para calcular a amplitude I_L da corrente no indutor usando a Eq. 31.3.25 ($V_L = I_L X_L$), precisamos conhecer a reatância indutiva X_L. De acordo com a Eq. 31.3.22 ($X_L = \omega_d L$), em que $\omega_d = 2\pi f_d$, podemos escrever

$$X_L = 2\pi f_d L = (2\pi)(60{,}0 \text{ Hz})(230 \times 10^{-3} \text{ H}) = 86{,}7\ \Omega.$$

Nesse caso, de acordo com a Eq. 31.3.25, temos

$$I_L = \frac{V_L}{X_L} = \frac{36{,}0 \text{ V}}{86{,}7\ \Omega} = 0{,}415 \text{ A.} \qquad \text{(Resposta)}$$

Substituindo esse valor e $\omega_d = 2\pi f_d = 120\pi$ na Eq. 31.3.27, obtemos

$$i_L = (0{,}415 \text{ A}) \operatorname{sen}(120\pi t - \pi/2). \qquad \text{(Resposta)}$$

31.4 CIRCUITO *RLC* SÉRIE

Objetivos do Aprendizado

Depois de ler este módulo, você será capaz de ...

31.4.1 Desenhar o diagrama esquemático de um circuito *RLC* série.

31.4.2 Saber em que condições um circuito *RLC* série é mais indutivo que capacitivo, mais capacitivo que indutivo, ou está em ressonância.

31.4.3 Desenhar gráficos da tensão e da corrente em função do tempo e diagramas fasoriais para circuitos *RLC* série mais indutivos que capacitivos, mais capacitivos que indutivos e em ressonância.

31.4.4 Calcular a impedância Z de um circuito *RLC* série.

31.4.5 Conhecer a relação entre a amplitude I da corrente, a impedância Z e a amplitude $\mathscr{E}_m$ da força eletromotriz.

31.4.6 Conhecer a relação entre a constante de fase ϕ e as tensões V_L e V_C e a relação entre a constante de fase ϕ, a resistência R e as reatâncias X_L e X_C.

31.4.7 Conhecer os possíveis valores da constante de fase ϕ para um circuito mais indutivo que capacitivo, mais capacitivo que indutivo ou que está em ressonância.

31.4.8 Conhecer a relação entre a frequência angular de excitação ω_d, a frequência angular natural ω, a indutância L e a capacitância C.

31.4.9 Desenhar uma curva da amplitude da corrente em função da razão ω_d/ω, mostrar as regiões correspondentes a um circuito mais indutivo que capacitivo, mais capacitivo que indutivo ou que está em ressonância, e explicar o que acontece com a curva quando a resistência aumenta.

Ideias-Chave

- No caso de um circuito *RLC* série alimentado por uma fonte cuja força eletromotriz é dada por

$$\mathscr{E} = \mathscr{E}_m \operatorname{sen} \omega_d t,$$

e cuja corrente é dada por

$$i = I \operatorname{sen}(\omega_d t - \phi),$$

a amplitude da corrente é dada por

$$I = \frac{\mathscr{E}_m}{\sqrt{R^2 + (X_L - X_C)^2}} = \frac{\mathscr{E}_m}{\sqrt{R^2 + (\omega_d L - 1/\omega_d C)^2}} \quad \text{(amplitude da corrente).}$$

- A constante de fase é dada por

$$\tan \phi = \frac{X_L - X_C}{R} \quad \text{(constante de fase).}$$

- A impedância do circuito é

$$Z = \sqrt{R^2 + (X_L - X_C)^2} \quad \text{(impedância).}$$

- A amplitude da corrente está relacionada à força eletromotriz da fonte e à impedância do circuito pela equação

$$I = \mathscr{E}_m/Z.$$

- A amplitude I da corrente é máxima ($I = \mathscr{E}_m/R$) quando a frequência angular de excitação ω_d é igual à frequência angular natural ω do circuito, uma situação conhecida como ressonância. Na ressonância, $X_C = X_L$, $\phi = 0$, e a corrente está em fase com a força eletromotriz.

Circuito *RLC* Série (BT) 31.3

Agora estamos em condições de analisar o caso em que a força eletromotriz alternada da Eq. 31.3.1,

$$\mathscr{E} = \mathscr{E}_m \operatorname{sen} \omega_d t \quad \text{(fem aplicada),} \tag{31.4.1}$$

é aplicada ao circuito *RLC* da Fig. 31.3.2. Como R, L e C estão em série, a mesma corrente

$$i = I \operatorname{sen}(\omega_d t - \phi) \tag{31.4.2}$$

atravessa os três componentes. Estamos interessados em determinar a amplitude I e a constante de fase ϕ da corrente e investigar a variação dessas grandezas com a frequência angular de excitação ω_d. A solução é facilitada pelo uso de diagramas fasoriais como os que foram apresentados para os três circuitos básicos no Módulo 31.3: carga capacitiva, carga indutiva e carga resistiva. Em particular, vamos fazer uso das relações entre o fasor de tensão e o fasor da corrente nos três circuitos básicos. Vamos ver que os circuitos *RLC* podem ser divididos em três tipos: mais indutivos que capacitivos, mais capacitivos que indutivos e em ressonância.

Amplitude da Corrente

Começamos pela Fig. 31.4.1*a*, em que o fasor que representa a corrente da Eq. 31.4.2 é mostrado em um instante de tempo arbitrário t. O comprimento do fasor é a amplitude I da corrente, a projeção do fasor no eixo vertical é a corrente i no instante t e o ângulo de rotação do fasor é a fase $\omega_d t - \phi$ da corrente no instante t.

A Fig. 31.4.1*b* mostra os fasores que representam as tensões entre os terminais de *R*, *L* e *C* no mesmo instante *t*. Os fasores estão orientados em relação ao fasor de corrente *I* da Fig. 31.4.1*a* de acordo com as informações da Tabela 31.3.1.

Resistor: A corrente e tensão estão em fase e, portanto, o ângulo de rotação do fasor de tensão V_R é igual ao ângulo de rotação da corrente *I*.

Capacitor: A corrente está adiantada de 90° em relação à tensão e, portanto, o ângulo de rotação do fasor de tensão V_C é igual ao ângulo de rotação da corrente *I* menos 90°.

Indutor: A corrente está atrasada de 90° em relação à tensão e, portanto, o ângulo de rotação do fator de tensão V_L é igual ao ângulo de rotação da corrente *I* mais 90°.

A Fig. 31.4.1*b* mostra também as tensões instantâneas v_R, v_C e v_L entre os terminais de *R*, *C* e *L* no instante *t*; essas tensões são as projeções dos três fasores no eixo vertical da figura.

A Fig. 31.4.1*c* mostra o fasor que representa a força eletromotriz aplicada da Eq. 31.4.1. O comprimento do fasor é o valor absoluto da força eletromotriz $\mathscr{E}_m$, a projeção do fasor no eixo vertical é o valor da força eletromotriz $\mathscr{E}$ no instante *t*, e o ângulo de rotação do fasor é a fase $\omega_d t$ da força eletromotriz no instante *t*.

De acordo com a regra das malhas, a soma das tensões v_R, v_C e v_L é igual à força eletromotriz aplicada $\mathscr{E}$:

$$\mathscr{E} = v_R + v_C + v_L. \tag{31.4.3}$$

Assim, a projeção $\mathscr{E}$ da Fig. 31.4.1*c* é igual a soma algébrica das projeções v_R, v_C e v_L da Fig. 31.4.1*b*. Como todos os fasores giram com a mesma velocidade angular, a igualdade é mantida para qualquer ângulo de rotação. Em particular, isso significa que o fasor $\mathscr{E}_m$ da Fig. 31.4.1*c* é igual à soma vetorial dos fasores V_R, V_C e V_L da Fig. 31.4.1*b*.

Essa relação está indicada na Fig. 31.4.1*d*, em que o fasor $\mathscr{E}_m$ foi desenhado como a soma dos fasores V_R, V_L e V_C. Como os fasores V_L e V_C têm a mesma direção e sentidos opostos, podemos simplificar a soma vetorial combinando V_L e V_C para formar o fasor $V_L - V_C$. Em seguida, combinamos esse fasor com V_R para obter o fasor total. Como vimos, esse fasor é igual ao fasor $\mathscr{E}_m$.

Os dois triângulos da Fig. 31.4.1*d* são triângulos retângulos. Aplicando o teorema de Pitágoras a um deles, obtemos

$$\mathscr{E}_m^2 = V_R^2 + (V_L - V_C)^2. \tag{31.4.4}$$

De acordo com as informações da Tabela 31.3.1, essa equação pode ser escrita na forma

$$\mathscr{E}_m^2 = (IR)^2 + (IX_L - IX_C)^2, \tag{31.4.5}$$

que, depois de explicitarmos a corrente *I*, se torna

$$I = \frac{\mathscr{E}_m}{\sqrt{R^2 + (X_L - X_C)^2}}. \tag{31.4.6}$$

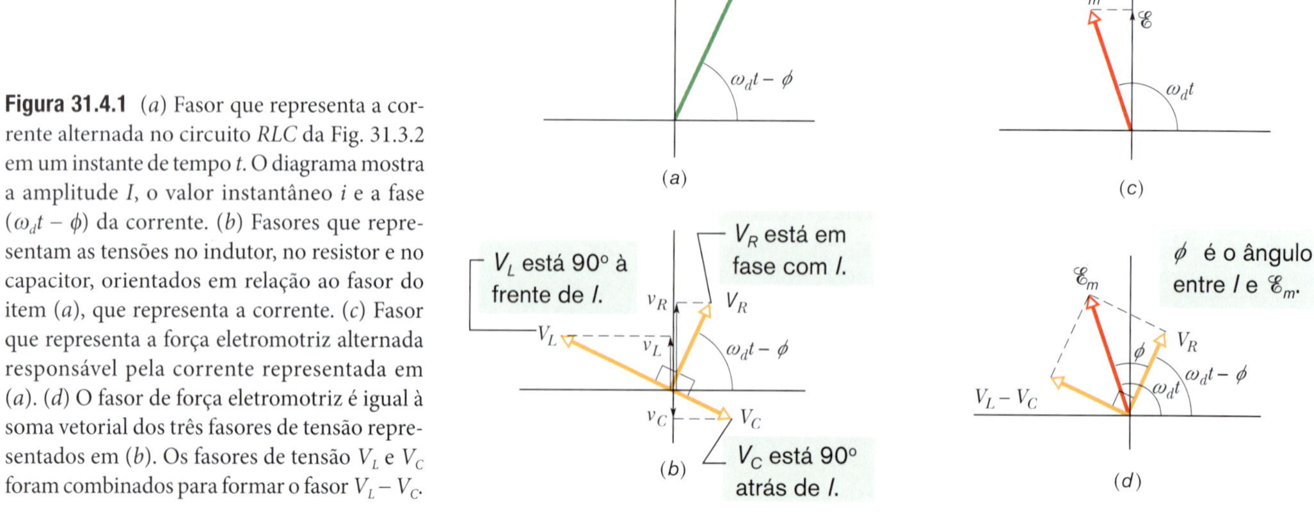

Figura 31.4.1 (*a*) Fasor que representa a corrente alternada no circuito *RLC* da Fig. 31.3.2 em um instante de tempo *t*. O diagrama mostra a amplitude *I*, o valor instantâneo *i* e a fase ($\omega_d t - \phi$) da corrente. (*b*) Fasores que representam as tensões no indutor, no resistor e no capacitor, orientados em relação ao fasor do item (*a*), que representa a corrente. (*c*) Fasor que representa a força eletromotriz alternada responsável pela corrente representada em (*a*). (*d*) O fasor de força eletromotriz é igual à soma vetorial dos três fasores de tensão representados em (*b*). Os fasores de tensão V_L e V_C foram combinados para formar o fasor $V_L - V_C$.

O denominador da Eq. 31.4.6 é chamado **impedância** do circuito para a frequência de excitação ω_d e representado pelo símbolo Z:

$$Z = \sqrt{R^2 + (X_L - X_C)^2} \quad \text{(definição de impedância).} \tag{31.4.7}$$

Assim, a Eq. 31.4.6 pode ser escrita na forma

$$I = \frac{\mathscr{E}_m}{Z}. \tag{31.4.8}$$

Substituindo X_C e X_L por seus valores, fornecidos pelas Eqs. 31.3.12 e 31.3.22, podemos escrever a Eq. 31.4.6 na forma mais explícita:

$$I = \frac{\mathscr{E}_m}{\sqrt{R^2 + (\omega_d L - 1/\omega_d C)^2}} \quad \text{(amplitude da corrente).} \tag{31.4.9}$$

Com isso, atingimos um dos nossos objetivos: expressar a amplitude I da corrente de um circuito *RLC* série em função da força eletromotriz senoidal aplicada e do valor dos componentes.

O valor de I depende da diferença entre $\omega_d L$ e $1/\omega_d C$ na Eq. 31.4.9 ou, o que é equivalente, da diferença entre X_L e X_C na Eq. 31.4.6. Nas duas equações, não importa qual das duas grandezas é maior, já que a diferença aparece elevada ao quadrado.

A corrente que estamos discutindo neste módulo é a *corrente estacionária*, que só é observada algum tempo após a aplicação da força eletromotriz ao circuito. Nos momentos que se seguem à aplicação da força eletromotriz, existe no circuito uma *corrente transitória* cuja duração (até que a corrente estacionária se estabeleça) depende das constantes de tempo $\tau_L = L/R$ e $\tau_C = RC$, o tempo necessário para que o capacitor e o indutor sejam "carregados". A corrente transitória pode, por exemplo, destruir um motor durante a partida se não foi levada em consideração no projeto do circuito do motor.

Constante de Fase

De acordo com o triângulo de fasores da direita da Fig. 31.4.1*d* e a Tabela 31.3.1, podemos escrever

$$\tan \phi = \frac{V_L - V_C}{V_R} = \frac{IX_L - IX_C}{IR}, \tag{31.4.10}$$

o que nos dá

$$\tan \phi = \frac{X_L - X_C}{R} \quad \text{(constante de fase).} \tag{31.4.11}$$

Com isso, atingimos nosso segundo objetivo: expressar a constante de fase ϕ da corrente de um circuito *RLC* série em função da força eletromotriz senoidal aplicada (nesse caso, na verdade, o que importa é apenas a frequência ω_d da força eletromotriz) e do valor dos componentes. Podemos obter três resultados diferentes para a constante de fase, dependendo dos valores relativos de X_L e X_C.

$\boldsymbol{X_L > X_C}$: Nesse caso, dizemos que o circuito é *mais indutivo que capacitivo*. De acordo com a Eq. 31.4.11, ϕ é positivo em um circuito desse tipo, o que significa que o fasor I está atrasado em relação ao fasor $\mathscr{E}_m$ (Fig. 31.4.2*a*). Os gráficos de $\mathscr{E}$ e i em função do tempo são semelhantes aos da Fig. 31.4.2*b*. (As Figs. 31.4.2*c* e *d* foram desenhadas supondo que $X_L > X_C$.)

$\boldsymbol{X_C > X_L}$: Nesse caso, dizemos que o circuito é *mais capacitivo que indutivo*. De acordo com a Eq. 31.4.11, ϕ é negativo em um circuito desse tipo, o que significa que o fasor I está adiantado em relação ao fasor $\mathscr{E}_m$ (Fig. 31.4.2*c*). Os gráficos de $\mathscr{E}$ e i em função do tempo são semelhantes aos da Fig. 31.4.2*d*.

$\boldsymbol{X_C = X_L}$: Nesse caso, dizemos que o circuito está em *ressonância*, um estado que será discutido a seguir. De acordo com a Eq. 31.4.11, $\phi = 0°$ em um circuito desse tipo, o que significa que os fasores I e $\mathscr{E}_m$ estão em fase (Fig. 31.4.2*e*). Os gráficos de $\mathscr{E}$ e i em função do tempo são semelhantes aos da Fig. 31.4.2*f*.

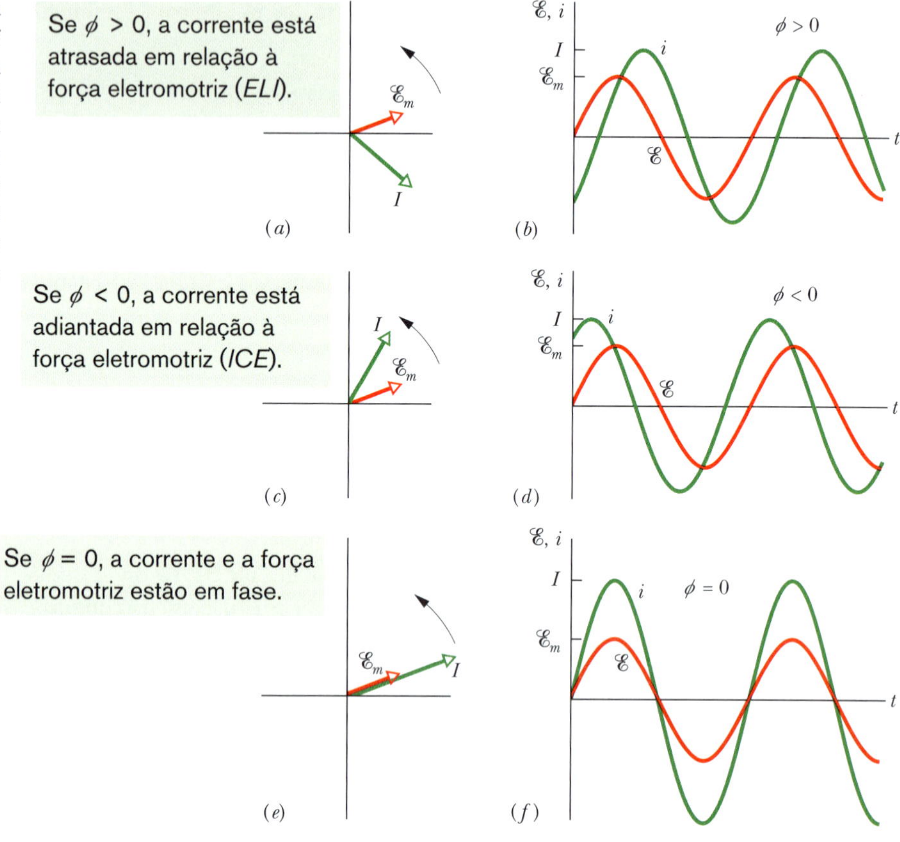

Figura 31.4.2 Diagramas fasoriais e gráficos da força eletromotriz alternada $\mathscr{E}$ e da corrente i para o circuito *RLC* da Fig. 31.3.2. No diagrama fasorial (*a*) e no gráfico (*b*), a corrente i está atrasada em relação à força eletromotriz $\mathscr{E}$ e a constante de fase ϕ da corrente é positiva. Em (*c*) e (*d*), a corrente i está adiantada em relação à força eletromotriz $\mathscr{E}$ e a constante de fase ϕ é negativa. Em (*e*) e (*f*), a corrente está em fase com a força eletromotriz $\mathscr{E}$ e a constante de fase ϕ é zero.

Como ilustração, vamos considerar dois casos extremos: No *circuito puramente indutivo* da Fig. 31.3.7, em que $X_L \neq 0$ e $X_C = R = 0$, a Eq. 31.4.11 nos dá $\phi = 90°$ (o valor máximo de ϕ), o que está de acordo com a Fig. 31.3.8*b*. No *circuito puramente capacitivo* da Fig. 31.3.5, em que $X_C \neq 0$ e $X_L = R = 0$, a Eq. 31.4.11 nos dá $\phi = -90°$ (o valor mínimo de ϕ), o que está de acordo com a Fig. 31.3.6*b*.

Ressonância (BT) 31.4

A Eq. 31.4.9 fornece a amplitude I da corrente em um circuito *RLC* em função da frequência de excitação ω_d da força eletromotriz aplicada. Para uma dada resistência R, a amplitude é máxima quando o termo $\omega_d L - 1/\omega_d C$ do denominador é zero, ou seja, quando

$$\omega_d L = \frac{1}{\omega_d C}$$

ou

$$\omega_d = \frac{1}{\sqrt{LC}} \quad (I \text{ máxima}). \tag{31.4.12}$$

Como a frequência angular natural ω do circuito *RLC* também é igual a $1/\sqrt{LC}$, o valor I é máximo quando a frequência angular de excitação é igual à frequência natural, ou seja, na ressonância. Assim, em um circuito *RLC* série, a frequência angular de excitação para a qual a corrente é máxima e a frequência angular de ressonância são dadas por

$$\omega_d = \omega = \frac{1}{\sqrt{LC}} \quad \text{(ressonância)}. \tag{31.4.13}$$

Curvas de Ressonância. A Fig. 31.4.3 mostra três *curvas de ressonância* para excitações senoidais em três circuitos *RLC* série que diferem apenas quanto ao valor de R. As três curvas atingem o máximo de amplitude I quando a razão ω_d/ω é 1,00, mas o valor máximo de I é inversamente proporcional a R. (O valor máximo de I é sempre igual a $\mathscr{E}_m/R$; para entender a razão, basta combinar as Eqs. 31.4.7 e 31.4.8.) Além disso, a largura das curvas (medida na Fig. 31.4.3 em metade do valor máximo de I) aumenta quando R aumenta.

31.1

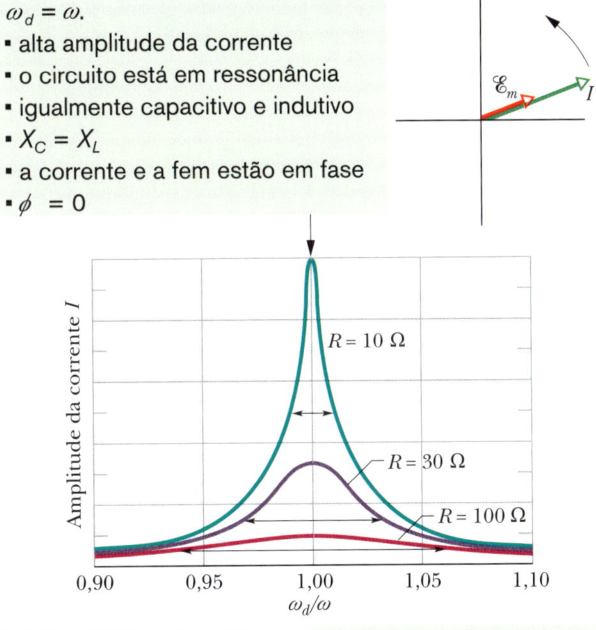

Figura 31.4.3 *Curvas de ressonância* do circuito RLC da Fig. 31.3.2 para $L = 100\ \mu$H, $C = 100$ pF e três valores diferentes de R. A amplitude I da corrente alternada depende da diferença entre a frequência angular de excitação ω_d e a frequência angular natural ω. A seta horizontal em cada curva mostra a *largura a meia altura*, que é a largura da curva nos pontos em que a corrente é metade da corrente máxima e constitui uma medida da seletividade do circuito. À esquerda do ponto $\omega_d/\omega = 1{,}00$, o circuito é principalmente mais capacitivo que indutivo, com $X_C > X_L$; à direita, é mais indutivo que capacitivo, com $X_L > X_C$.

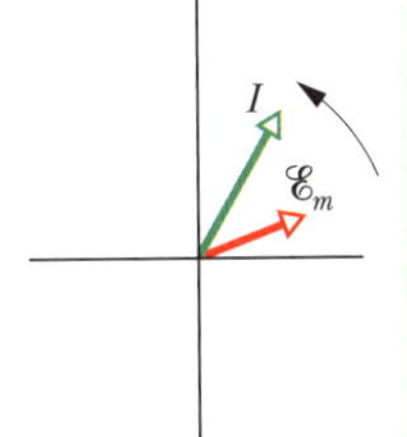

$\omega_d < \omega$
- baixa amplitude da corrente
- lado *ICE* da curva
- mais capacitivo
- $X_C > X_L$
- a corrente está adiantada em relação à fem
- $\phi < 0$

$\omega_d > \omega$
- baixa amplitude da corrente
- lado *ELI* da curva
- mais indutivo
- $X_L > X_C$
- a corrente está atrasada em relação à fem
- $\phi > 0$

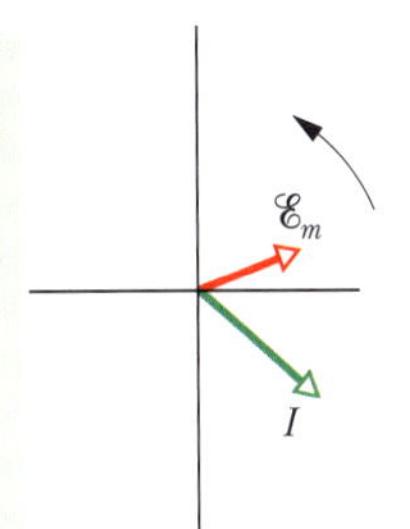

Para compreender o significado físico da Fig. 31.4.3, considere o modo como as reatâncias X_L e X_C variam quando aumentamos a frequência angular de excitação ω_d, começando com um valor muito menor que a frequência natural ω. Para pequenos valores de ω_d, a reatância X_L ($= \omega_d L$) é pequena e a reatância X_C ($= 1/\omega_d C$) é grande. Assim, o circuito é altamente capacitivo e a impedância é dominada pelo elevado valor de X_C, que mantém a corrente baixa.

Quando aumentamos ω_d, a reatância X_C continua a dominar, mas diminui gradualmente, enquanto a reatância X_L aumenta. Com a diminuição de X_C, a impedância diminui e a corrente aumenta, como podemos ver no lado esquerdo da curva de ressonância da Fig. 31.4.3. Quando a diminuição de X_C e o aumento de X_L fazem com que as duas reatâncias sejam iguais, a corrente atinge o valor máximo e o circuito está em ressonância, com $\omega_d = \omega$.

Quando ω_d continua a aumentar, a reatância X_L se torna cada vez mais dominante em relação à reatância X_C. A impedância aumenta por causa de X_L e a corrente diminui, como do lado direito da curva de ressonância da Fig. 31.4.3. Resumindo: O lado de baixa frequência angular da curva de ressonância é dominado pela reatância do capacitor, o lado de alta frequência angular é dominado pela reatância do indutor e a ressonância acontece no centro da curva.

Teste 31.4.1

As reatâncias capacitiva e indutiva, respectivamente, de três circuitos RLC série excitados senoidalmente são: (1) 50 Ω, 100 Ω; (2) 100 Ω, 50 Ω; (3) 50 Ω, 50 Ω. (a) Responda para cada circuito: A corrente está adiantada em relação à força eletromotriz aplicada, está atrasada em relação à força eletromotriz aplicada ou a corrente e a força eletromotriz aplicada estão em fase? (b) Qual dos circuitos está em ressonância?

Exemplo 31.4.1 Pico da Ressonância

O Módulo 31.4 é rico em informações; neste exemplo, vamos discutir um método gráfico para organizá-las. A curva de ressonância da corrente I em função da razão ω_d/ω foi transformada em uma montanha na qual caçadores, que representam capacitores, caçam pássaros, que representam indutores.

Aqui estão algumas características do Pico da Ressonância:

1. Os caçadores estão do lado esquerdo do pico. Eles indicam o lado da curva de ressonância no qual os circuitos são mais capacitivos que indutivos ($X_C > X_L$). Os caçadores estão à esquerda do cume, em uma região na qual ω_d/ω é menor que 1,0 (a frequência angular de excitação ω_d é menor que a frequência angular natural ω do circuito).

2. Os caçadores *sobem* ao caminharem para a *direita* (o caçador que está de pé está à direita do caçador sentado e seu boné aponta para cima). Isso indica que, quando a capacitância do circuito *aumenta*, o ponto que representa o circuito em uma curva de ressonância se desloca para a *direita*. Isso acontece porque, quando C aumenta, o valor de ω $(= 1/\sqrt{LC})$ diminui e, portanto, o valor de ω_d/ω aumenta, já que o valor de ω_d não mudou.

3. Os pássaros estão do lado direito do pico. Eles indicam o lado da curva de ressonância no qual os circuitos são mais indutivos do que capacitivos ($X_L > X_C$). Os pássaros estão à direita do cume, em uma região na qual ω_d/ω é maior que 1,0 (a frequência angular de excitação ω_d é maior que a frequência angular natural ω do circuito).

4. Os pássaros *sobem* ao voarem para a *direita*. Isso indica que, quando a indutância do circuito *aumenta*, o ponto que representa o circuito em uma curva de ressonância se desloca para a *direita*. Isso acontece porque, quando L aumenta, o valor de ω $(= 1/\sqrt{LC})$ diminui e, portanto, o valor de ω_d/ω aumenta, já que o valor de ω_d não mudou.

5. Os troncos $\mathscr{E}_m$, que crescem verticalmente em todo o Pico da Ressonância, representam a força eletromotriz e possuem galhos I, cujo ângulo com o tronco varia de acordo com o valor de ω_d/ω, que representam a corrente no circuito. Esse ângulo é o ângulo entre $\mathscr{E}_m$ e I no diagrama fasorial do circuito *RLC* série.

   À direita do cume, os galhos estão à direita do tronco, indicando que I está atrasada em relação a $\mathscr{E}_m$ no diagrama fasorial dos circuitos mais indutivos que capacitivos.

   À esquerda do cume, os galhos estão à esquerda do tronco, indicando que I está adiantada em relação a $\mathscr{E}_m$ no diagrama fasorial dos circuitos mais capacitivos do que indutivos.

   No cume, o galho aponta verticalmente para cima, indicando que I e $\mathscr{E}_m$ estão em fase quando a frequência de excitação é igual à frequência natural do circuito, ou seja, na ressonância.

6. O comprimento dos galhos I é máximo no cume do Pico da Ressonância (é por isso que não há caçadores nem pássaros no cume) e diminui progressivamente quando nos afastamos do pico, tanto para a esquerda como para a direita. Isso indica que a amplitude I da corrente em um circuito *RLC* excitado é máxima na ressonância e diminui progressivamente à medida que a frequência de excitação se afasta da ressonância. Além disso, de acordo com a equação $I = \mathscr{E}_m/Z$, sabemos que $Z = \mathscr{E}_m/I$. Assim, a impedância é mínima na frequência de ressonância e aumenta progressivamente quando a frequência se afasta da frequência de ressonância, para a esquerda ou para a direita do pico.

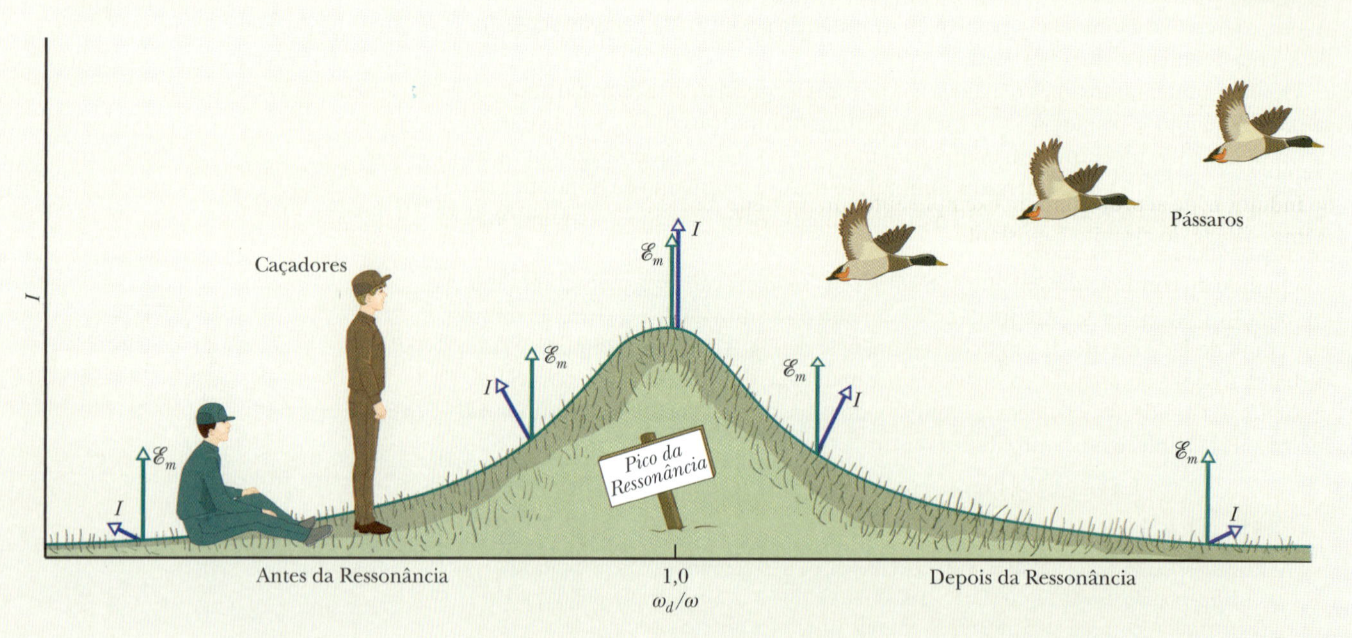

Figura 31.4.4 Método gráfico para descrever a curva de ressonância de um circuito *RLC* série.

7. O ângulo entre o tronco $\mathscr{E}_m$ e o galho I representa a constante de fase ϕ da corrente. A constante é positiva do lado direito do cume, negativa do lado esquerdo do cume e nula no cume. Além disso, o valor absoluto da constante de fase ϕ aumenta progressivamente quando nos afastamos do cume. Para grandes distâncias à direita do cume, ϕ tende a +90° (mas nunca atinge esse valor; os galhos não crescem em terreno plano). Analogamente, para grandes distâncias à esquerda do cume, ϕ tende a −90°.

Vamos aplicar o Pico da Ressonância a um circuito *RLC* série excitado por uma frequência angular ωd um pouco maior que a frequência natural ω. Você é capaz de chegar às conclusões a seguir a partir da figura, sem fazer nenhum cálculo?

1. O circuito é representado por um ponto à direita do ponto mais alto da curva de ressonância.
2. O circuito é mais indutivo do que capacitivo ($X_L > X_C$).
3. A amplitude I da corrente é menor e a impedância Z do circuito é maior do que se a frequência de excitação fosse igual à frequência natural.
4. A corrente no circuito está atrasada em relação à força eletromotriz de excitação.
5. A constante de fase ϕ da corrente é positiva e menor que +90°.

Você também é capaz de chegar às conclusões a respeito do que acontece quando aumentamos o valor de *L*, de C ou de ambos?

1. O circuito passa a ser representado por um ponto mais à direita da curva de ressonância e, portanto, mais afastado da ressonância.
2. A amplitude I da corrente diminui e a impedância Z do circuito aumenta.
3. A constante de fase ϕ da corrente se torna mais positiva (mas continua a ser menor que +90°) e a corrente no circuito fica mais atrasada em relação à força eletromotriz de excitação.

Exemplo 31.4.2 Amplitude da corrente, impedância e constante de fase

No circuito da Fig.31.3.2, Sejam $R = 200\ \Omega$, $C = 15{,}0\ \mu\text{F}$, $L = 230$ mH, $f_d = 60{,}0$ Hz e $\mathscr{E}_m = 36{,}0$ V. (Os valores dos parâmetros são os mesmos de exemplos anteriores.)

(a) Qual é a amplitude I da corrente?

IDEIA-CHAVE

De acordo com a Eq. 31.4.8 ($I = \mathscr{E}_m/Z$), a amplitude da corrente I depende da amplitude $\mathscr{E}_m$ da força eletromotriz aplicada e da impedância Z do circuito.

Cálculos: Precisamos determinar o valor de Z, que depende da resistência R, da reatância capacitiva X_C e da reatância indutiva X_L. A resistência do circuito é a resistência do resistor R. A reatância capacitiva é a reatância do capacitor C; de acordo com um exemplo anterior, $X_C = 177\ \Omega$. A reatância indutiva é a reatância do indutor L; de acordo com um exemplo anterior, $X_L = 86{,}7\ \Omega$. A impedância do circuito é, portanto,

$$\begin{aligned} Z &= \sqrt{R^2 + (X_L - X_C)^2} \\ &= \sqrt{(200\ \Omega)^2 + (86{,}7\ \Omega - 177\ \Omega)^2} \\ &= 219\ \Omega. \end{aligned}$$

Assim, temos

$$I = \frac{\mathscr{E}_m}{Z} = \frac{36{,}0\ \text{V}}{219\ \Omega} = 0{,}164\ \text{A}. \qquad \text{(Resposta)}$$

(b) Qual é a constante de fase ϕ da corrente no circuito em relação à força eletromotriz aplicada?

IDEIA-CHAVE

De acordo com a Eq. 31.4.11, a constante de fase depende da reatância indutiva, da reatância capacitiva e da resistência.

Cálculo: Explicitando ϕ na Eq. 31.4.11, obtemos

$$\begin{aligned} \phi &= \tan^{-1}\frac{X_L - X_C}{R} = \tan^{-1}\frac{86{,}7\ \Omega - 177\ \Omega}{200\ \Omega} \\ &= -24{,}3° = -0{,}424\ \text{rad}. \qquad \text{(Resposta)} \end{aligned}$$

O fato de obtermos uma constante de fase negativa já era esperado, pois a carga é principalmente capacitiva, com $X_C > X_L$. Nas palavras da frase mnemônica, este é um circuito TOLICE — a corrente está *adiantada* em relação à força eletromotriz.

31.5 POTÊNCIA EM CIRCUITOS DE CORRENTE ALTERNADA

Objetivos do Aprendizado

Depois de ler este módulo, você será capaz de ...

31.5.1 Conhecer a relação entre o valor médio quadrático e a amplitude da corrente, a tensão e força eletromotriz nos circuitos de CA.

31.5.2 Desenhar a corrente e a tensão em função do tempo para um circuito de CA puramente capacitivo, puramente indutivo e puramente resistivo, e indicar o valor de pico e o valor médio quadrático da corrente e da tensão em cada caso.

31.5.3 Conhecer a relação entre a potência média $P_{méd}$, a corrente média quadrática I_{rms} e a resistência R.

31.5.4 Calcular a potência instantânea armazenada ou dissipada nos componentes de um circuito *RLC* série alimentado por uma fonte alternada.

31.5.5 No caso de um circuito *RLC* série alimentado por uma fonte alternada, explicar o que acontece (a) com o valor médio da energia armazenada no circuito e (b) com o valor médio da energia fornecida ao circuito pela fonte ao ser atingido o regime estacionário.

31.5.6 Conhecer a relação entre o fator de potência $\cos\phi$, a resistência R e a impedância Z de um circuito de CA.

31.5.7 Conhecer a relação entre a potência média $P_{méd}$, a força eletromotriz média quadrática $\mathscr{E}_{rms}$, a corrente média quadrática I_{rms} e o fator de potência $\cos\phi$.

31.5.8 Saber qual é o valor do fator de potência para o qual a potência dissipada na carga resistiva é máxima.

Ideias-Chave

- Em um circuito *RLC* série alimentado por uma fonte de CA, a potência média $P_{méd}$ fornecida pela fonte é igual à potência dissipada no resistor:

$$P_{méd} = I^2_{rms}R = \mathscr{E}_{rms}I_{rms}\cos\phi.$$

- O nome rms é um acrônimo de valor médio quadrático (do inglês *root-mean-square*). Os valores rms da corrente, da tensão e da força eletromotriz estão relacionados aos valores máximos das respectivas grandezas pelas equações $I_{rms} = I/\sqrt{2}$, $V_{rms} = V/\sqrt{2}$ e $\mathscr{E}_{rms} = \mathscr{E}_m/\sqrt{2}$. O fator $\cos\phi$ é chamado fator de potência do circuito.

Potência em Circuitos de Corrente Alternada 31.5

No circuito *RLC* da Fig. 31.3.2, a fonte de energia é o gerador de corrente alternada. Parte da energia fornecida pelo gerador é armazenada no campo elétrico do capacitor, parte é armazenada no campo magnético do indutor e parte é dissipada como energia térmica no resistor. No regime estacionário, isto é, depois de transcorrido um tempo suficiente para que o circuito se estabilize, a energia média armazenada no capacitor e no indutor juntos permanece constante. A transferência líquida de energia é, portanto, do gerador para o resistor, onde a energia eletromagnética é convertida em energia térmica.

A taxa instantânea com a qual a energia é dissipada no resistor pode ser escrita, com a ajuda das Eqs. 26.5.3 e 31.3.2, na forma

$$P = i^2R = [I\,\text{sen}(\omega_d t - \phi)]^2R = I^2R\,\text{sen}^2(\omega_d t - \phi). \quad (31.5.1)$$

A taxa *média* com a qual a energia é dissipada no resistor é a média no tempo da Eq. 31.5.1. Em um ciclo completo, o valor médio de sen θ é zero (Fig. 31.5.1*a*), mas o valor médio de sen$^2\,\theta$ é 1/2 (Fig. 31.5.1*b*). (Observe na Fig. 31.5.1*b* que as partes sombreadas sob a curva, que ficam acima da reta horizontal +1/2, completam exatamente os espaços vazios que ficam abaixo da mesma reta.) Assim, de acordo com a Eq. 31.5.1, podemos escrever

$$P_{méd} = \frac{I^2R}{2} = \left(\frac{I}{\sqrt{2}}\right)^2 R. \quad (31.5.2)$$

A grandeza $I/\sqrt{2}$ é chamada **valor médio quadrático**, ou **valor rms**,[1] da corrente I:

$$I_{rms} = \frac{I}{\sqrt{2}} \quad \text{(corrente rms).} \quad (31.5.3)$$

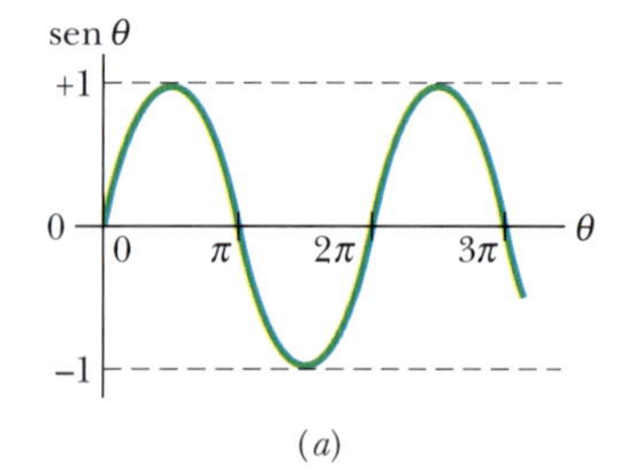

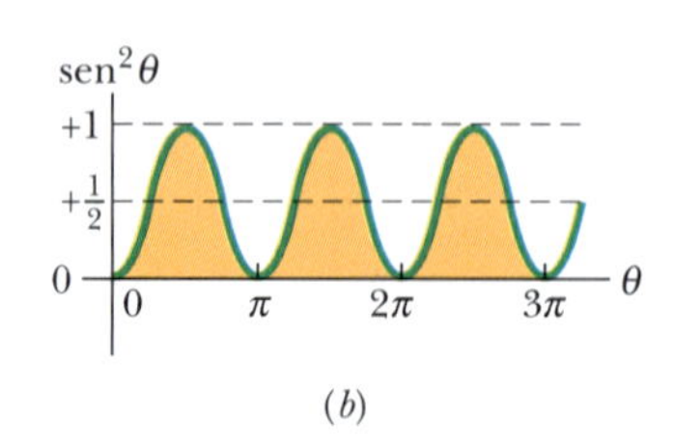

Figura 31.5.1 (*a*) Gráfico de sen θ em função de θ. O valor médio da função ao longo de um ciclo é zero. (*b*) Gráfico de sen$^2\,\theta$ em função de θ. O valor médio da função ao longo de um ciclo é 1/2.

[1]Do inglês *root mean square*. (N.T.)

Podemos escrever a Eq. 31.5.2 na forma

$$P_{méd} = I_{rms}^2 R \quad \text{(potência média).} \tag{31.5.4}$$

A Eq. 31.5.4 tem a mesma forma que a Eq. 26.5.3 ($P = i^2R$); isso significa que, usando a corrente rms, podemos calcular a taxa média de dissipação de energia em circuitos de corrente alternada como se estivéssemos trabalhando com um circuito de corrente contínua.

Podemos também definir o valor rms de uma tensão alternada e de uma força eletromotriz alternada:

$$V_{rms} = \frac{V}{\sqrt{2}} \quad \text{e} \quad \mathscr{E}_{rms} = \frac{\mathscr{E}_m}{\sqrt{2}} \quad \text{(tensão rms; força eletromotriz rms).} \tag{31.5.5}$$

Os instrumentos usados em circuitos de corrente alternada, como amperímetros e voltímetros, são quase sempre calibrados para indicar valores de I_{rms}, V_{rms} e $\mathscr{E}_{rms}$. Assim, quando ligamos um voltímetro de corrente alternada a uma tomada de parede e obtemos um valor de 120 V, trata-se da tensão rms. O valor *máximo* da diferença de potencial em uma tomada de parede é $\sqrt{2} \times 120\ \text{V} \cong 170\ \text{V}$. Em geral, os cientistas e engenheiros usam os valores rms das grandezas elétricas, e não os valores máximos.

Como o fator de proporcionalidade $1/\sqrt{2}$ nas Eqs. 31.5.3 e 31.5.5 é o mesmo para as três variáveis, podemos escrever as Eqs. 31.4.8 e 31.4.6 como

$$I_{rms} = \frac{\mathscr{E}_{rms}}{Z} = \frac{\mathscr{E}_{rms}}{\sqrt{R^2 + (X_L - X_C)^2}}, \tag{31.5.6}$$

e, na verdade, essa é, na prática, a forma que mais se usa.

Podemos usar a relação $I_{rms} = \mathscr{E}_{rms}/Z$ para escrever a Eq. 31.5.4 de outra forma. Temos

$$P_{méd} = \frac{\mathscr{E}_{rms}}{Z} I_{rms} R = \mathscr{E}_{rms} I_{rms} \frac{R}{Z}. \tag{31.5.7}$$

Acontece que, de acordo com a Fig. 31.4.1*d*, a Tabela 31.3.1 e a Eq. 31.4.8, R/Z é o cosseno da constante de fase ϕ:

$$\cos\phi = \frac{V_R}{\mathscr{E}_m} = \frac{IR}{IZ} = \frac{R}{Z}. \tag{31.5.8}$$

A Eq. 31.5.7 se torna, portanto,

$$P_{méd} = \mathscr{E}_{rms} I_{rms} \cos\phi \quad \text{(potência média),} \tag{31.5.9}$$

em que o termo $\cos\phi$ recebe o nome de **fator de potência**. Como $\cos\phi = \cos(-\phi)$, a Eq. 31.5.9 é independente do sinal da constante de fase ϕ.

Para maximizar a taxa com a qual a energia é fornecida a uma carga resistiva em um circuito *RLC*, devemos manter o fator de potência o mais próximo possível da unidade, o que equivale a manter a constante de fase ϕ da Eq. 31.3.2 o mais próximo possível de zero. Se, por exemplo, o circuito é altamente indutivo, ele pode se tornar menos indutivo ligando um capacitor adicional em série com o circuito. (Lembre-se de que colocar uma capacitância em série com uma capacitância já existente reduz a capacitância total C_{eq} e de que a reatância capacitiva é inversamente proporcional à capacitância.) As empresas de energia elétrica costumam ligar capacitores em série com as linhas de transmissão para obter esse resultado.

Teste 31.5.1

(a) Se a corrente em um circuito *RLC* série com excitação senoidal está adiantada em relação à força eletromotriz, devemos aumentar ou diminuir a capacitância para aumentar a taxa com a qual a energia da fonte é fornecida à resistência? (b) Essa mudança aproxima ou afasta a frequência de ressonância do circuito da frequência da força eletromotriz da fonte?

Exemplo 31.5.1 Fator de potência e potência média de um circuito *RLC* alimentado por uma fonte 31.6

Um circuito *RLC* série, alimentado por uma fonte com $\mathscr{E}_{rms}$ = 120 V e f_d = 60,0 Hz, contém uma resistência R = 200 Ω, uma indutância com uma reatância indutiva X_L = 80,0 Ω e uma capacitância com uma reatância capacitiva X_C = 150 Ω.

(a) Determine o fator de potência cos ϕ e a constante de fase ϕ do circuito.

IDEIA-CHAVE

O fator de potência cos ϕ pode ser calculado a partir da resistência R e da impedância Z usando a Eq. 31.5.8 (cos $\phi = R/Z$).

Cálculos: Para calcular Z, usamos a Eq. 31.4.7:

$$Z = \sqrt{R^2 + (X_L - X_C)^2}$$
$$= \sqrt{(200\ \Omega)^2 + (80{,}0\ \Omega - 150\ \Omega)^2} = 211{,}90\ \Omega.$$

A Eq. 31.5.8 nos dá

$$\cos\phi = \frac{R}{Z} = \frac{200\ \Omega}{211{,}90\ \Omega} = 0{,}9438 \approx 0{,}944. \quad \text{(Resposta)}$$

Tomando o arco cosseno, obtemos

$$\phi = \cos^{-1} 0{,}944 = \pm 19{,}3°.$$

Tanto +19,3° como −19,3° têm um cosseno de 0,944. Para determinar qual é o sinal correto, temos que verificar se a corrente está adiantada ou atrasada em relação à força eletromotriz. Como $X_C > X_L$, o circuito é mais capacitivo que indutivo, com a corrente adiantada em relação à força eletromotriz. Assim, o ângulo de fase ϕ deve ser negativo:

$$\phi = -19{,}3°. \quad \text{(Resposta)}$$

Poderíamos também ter usado a Eq. 31.4.11 para calcular ϕ. Nesse caso, uma calculadora forneceria a resposta já com o sinal negativo.

(b) Qual é a taxa média $P_{méd}$ com a qual a energia é dissipada na resistência?

IDEIAS-CHAVE

Existem duas formas de abordar o problema: (1) Como estamos supondo que o circuito está no regime estacionário, a taxa com a qual a energia é dissipada na resistência é igual à taxa com a qual a energia é fornecida ao circuito, que pode ser calculada com o auxílio da Eq. 31.5.9 ($P_{méd} = \mathscr{E}_{rms} I_{rms} \cos\phi$). (2) A taxa com a qual a energia é dissipada na resistência R pode ser calculada a partir do valor rms da corrente, I_{rms}, usando a Eq. 31.5.4 ($P_{méd} = I^2_{rms}R$).

Primeira abordagem: O valor rms da força eletromotriz, $\mathscr{E}_{rms}$, é um dos dados do problema, e o valor de cos ϕ foi calculado no item (a). O valor de I_{rms} pode ser calculado a partir do valor rms da força eletromotriz e da impedância Z do circuito (que é conhecida) usando a Eq. 31.5.6:

$$I_{rms} = \frac{\mathscr{E}_{rms}}{Z}.$$

Substituindo este resultado na Eq. 31.5.9, obtemos

$$P_{méd} = \mathscr{E}_{rms} I_{rms} \cos\phi = \frac{\mathscr{E}^2_{rms}}{Z} \cos\phi$$
$$= \frac{(120\ \text{V})^2}{211{,}90\ \Omega}(0{,}9438) = 64{,}1\ \text{W}. \quad \text{(Resposta)}$$

Segunda abordagem: Temos

$$P_{méd} = I^2_{rms}R = \frac{\mathscr{E}^2_{rms}}{Z^2} R$$
$$= \frac{(120\ \text{V})^2}{(211{,}90\ \Omega)^2}(200\ \Omega) = 64{,}1\ \text{W}. \quad \text{(Resposta)}$$

(c) Que nova capacitância C_{nova} deve ser usada no circuito para maximizar $P_{méd}$ sem mudar os outros parâmetros do circuito?

IDEIAS-CHAVE

(1) A taxa média $P_{méd}$ com a qual a energia é fornecida e dissipada é máxima quando o circuito está em ressonância com a força eletromotriz aplicada. (2) A ressonância acontece para $X_C = X_L$.

Cálculos: De acordo com os dados do problema, temos $X_C > X_L$. Assim, precisamos reduzir X_C para conseguir a ressonância. De acordo com a Eq. 31.3.12 ($X_C = 1/\omega_d C$); isso significa que a nova capacitância deve ser maior que a anterior.

De acordo com a Eq. 31.3.12, a condição $X_C = X_L$ pode ser escrita na forma

$$\frac{1}{\omega_d C_{nova}} = X_L.$$

Substituindo ω_d por $2\pi f_d$ (porque conhecemos f_d e não ω_d) e explicitando C_{nova}, obtemos

$$C_{nova} = \frac{1}{2\pi f_d X_L} = \frac{1}{(2\pi)(60\ \text{Hz})(80{,}0\ \Omega)}$$
$$= 3{,}32 \times 10^{-5}\ \text{F} = 33{,}2\ \mu\text{F}. \quad \text{(Resposta)}$$

Usando o mesmo método do item (b), é possível mostrar que com o novo valor de capacitância, C_{nova}, $P_{méd}$ atinge o valor máximo de

$$P_{méd,\,máx} = 72{,}0\ \text{W}.$$

31.6 TRANSFORMADORES

Objetivos do Aprendizado

Depois de ler este módulo, você será capaz de ...

31.6.1 Saber por que as linhas de transmissão de energia elétrica trabalham com baixa corrente e alta tensão.

31.6.2 Saber por que é preciso usar transformadores nas duas extremidades de uma linha de transmissão.

31.6.3 Calcular a dissipação de energia em uma linha de transmissão.

31.6.4 Saber qual é a diferença entre o primário e o secundário de um transformador.

31.6.5 Conhecer a relação entre a tensão e o número de espiras nos dois lados de um transformador.

31.6.6 Saber qual é a diferença entre um transformador elevador de tensão e um transformador abaixador de tensão.

31.6.7 Conhecer a relação entre a corrente e o número de espiras nos dois lados de um transformador.

31.6.8 Conhecer a relação entre a potência de entrada e a potência de saída de um transformador ideal.

31.6.9 Saber calcular a resistência equivalente da carga do ponto de vista do primário de um transformador.

31.6.10 Conhecer a relação entre a resistência equivalente e a resistência real.

31.6.11 Explicar qual é o papel de um transformador no casamento de impedâncias.

Ideias-Chave

- Um transformador (considerado ideal) é formado por um núcleo de ferro que contém dois enrolamentos, o enrolamento primário, com N_p espiras, e o enrolamento secundário, com N_s espiras. Se o enrolamento primário está ligado a um gerador de corrente alternada, a relação entre as tensões do enrolamento primário e do enrolamento secundário é dada por

$$V_s = V_p \frac{N_s}{N_p} \quad \text{(transformação da tensão).}$$

- A relação entre as correntes nos dois enrolamentos é dada por

$$I_s = I_p \frac{N_p}{N_s} \quad \text{(transformação da corrente).}$$

- A resistência equivalente do circuito secundário, do ponto de vista do gerador, é dada por

$$R_{eq} = \left(\frac{N_p}{N_s}\right)^2 R,$$

em que R é a carga resistiva do circuito secundário. A razão N_p/N_s é chamada relação de espiras do transformador.

Transformadores

Necessidades de um Sistema de Transmissão de Energia Elétrica

Quando a carga de um circuito de corrente alternada é uma resistência pura, o fator de potência da Eq. 31.5.9 é cos 0° = 1 e a força eletromotriz aplicada $\mathscr{E}_{rms}$ é igual à tensão V_{rms} entre os terminais da carga. Assim, com uma corrente I_{rms} na carga, a energia é fornecida e dissipada a uma taxa média de

$$P_{méd} = \mathscr{E}I = IV. \qquad (31.6.1)$$

(Na Eq. 31.6.1 e no restante deste módulo, vamos adotar a prática usual de omitir os índices que indicam tratar-se de grandezas rms. A menos que seja dito explicitamente o contrário, os cientistas e engenheiros supõem que os valores de todas as correntes e tensões alternadas são valores rms, já que são esses os valores indicados pelos instrumentos de medida.) A Eq. 31.6.1 mostra que, para satisfazer a uma dada necessidade de energia, temos uma larga faixa de opções, desde uma alta corrente I e uma baixa tensão V até uma baixa corrente I e uma alta tensão V; o que importa, em termos de potência fornecida à carga, é o produto IV.

Nos sistemas de distribuição de energia elétrica, é desejável, por motivos de segurança e para maior eficiência dos equipamentos, que a tensão seja relativamente baixa tanto na ponta da geração (nas usinas de energia elétrica) como na ponta do consumo (nas residências e indústrias). Ninguém acharia razoável que uma torradeira ou um trem elétrico de brinquedo fosse alimentado com 10 kV. Por outro lado, na transmissão de energia elétrica da usina de geração até o consumidor final, é desejável trabalhar com a menor corrente possível (e, portanto, com a maior tensão possível) para minimizar as perdas do tipo I^2R (conhecidas como *perdas ôhmicas*) nas linhas de transmissão.

Considere, por exemplo, a linha de 735 kV usada para transmitir energia elétrica da usina hidrelétrica La Grande 2, em Quebec, para a cidade de Montreal, situada a 1.000 km de distância. Suponha que a corrente é 500 A e que o fator de potência é praticamente 1. Nesse caso, de acordo com a Eq. 31.6.1, a potência elétrica fornecida pela usina é

$$P_{\text{méd}} = \mathscr{E}I = (7{,}35 \times 10^5\ \text{V})(500\ \text{A}) = 368\ \text{MW}.$$

A resistência da linha de transmissão é da ordem de 0,220 Ω/km; assim, a resistência total para o percurso de 1.000 km é 220 Ω. A potência dissipada na linha devido a essa resistência é

$$P_{\text{méd}} = I^2R = (500\ \text{A})^2(220\ \Omega) = 55{,}0\ \text{MW},$$

que corresponde a quase 15% da potência total transmitida.

Imagine o que aconteceria se multiplicássemos a corrente por dois e reduzíssemos a tensão à metade. A potência fornecida pela usina continuaria a mesma, 368 MW, mas a potência dissipada na linha de transmissão passaria a ser

$$P_{\text{méd}} = I^2R = (1.000\ \text{A})^2(220\ \Omega) = 220\ \text{MW},$$

que corresponde a *quase 60% da potência total transmitida*. É por isso que existe uma regra geral para as linhas de transmissão de energia elétrica: Usar a maior tensão possível e a menor corrente possível.

Transformador Ideal

A regra da transmissão de energia elétrica leva a uma incompatibilidade entre as condições para que a eletricidade seja distribuída de forma eficiente e as condições para que seja gerada e utilizada de forma segura. O problema, porém, pode ser contornado por um dispositivo capaz de aumentar (para a transmissão) e reduzir (para o consumo) a tensão nos circuitos, mantendo praticamente constante o produto corrente × tensão. Esse dispositivo é o **transformador**, que não tem partes móveis, utiliza a lei de indução de Faraday e não funciona com corrente contínua.

O *transformador ideal* da Fig. 31.6.1 é formado por duas bobinas, com diferentes números de espiras, enroladas em um núcleo de ferro. (Não existe contato elétrico entre as bobinas e o núcleo.) O enrolamento primário, com N_p espiras, está ligado a um gerador de corrente alternada cuja força eletromotriz $\mathscr{E}$ é dada por

$$\mathscr{E} = \mathscr{E}_m \operatorname{sen} \omega t. \tag{31.6.2}$$

O enrolamento secundário, com N_s espiras, está ligado a uma resistência de carga R, mas não há corrente no circuito se a chave S estiver aberta (vamos supor, por enquanto, que isso é verdade). Vamos supor também que, como se trata de um transformador ideal, a resistência dos enrolamentos é desprezível. Nos transformadores bem projetados, de alta capacidade, a dissipação de energia nos enrolamentos pode ser menor que 1%; assim, a hipótese é razoável.

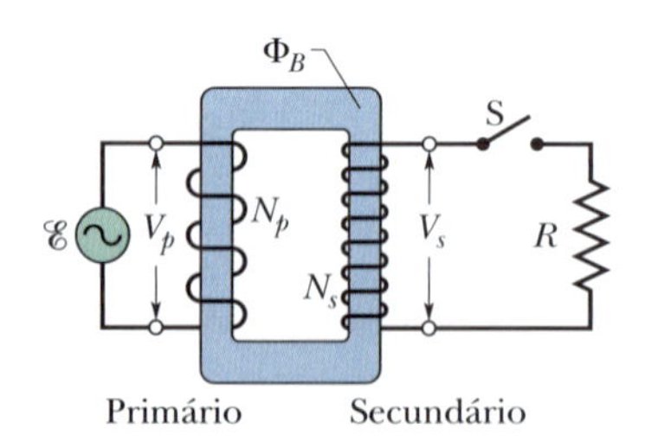

Figura 31.6.1 Um transformador ideal, formado por duas bobinas enroladas em um núcleo de ferro, ligado a uma fonte e uma carga. Um gerador de corrente alternada produz uma corrente no enrolamento da esquerda (o *primário*). O enrolamento da direita (o *secundário*) é ligado à carga resistiva R quando a chave S é fechada.

Nessas condições, o enrolamento primário (ou, simplesmente, *primário*) do transformador se comporta como uma indutância pura, e o circuito primário é semelhante ao da Fig. 31.3.7. Assim, a (pequena) corrente do primário, também chamada *corrente de magnetização* I_{mag}, está atrasada de 90° em relação à tensão V_p do primário; o fator de potência do primário (= cos ϕ na Eq. 31.5.9) é zero e nenhuma potência é transferida do gerador para o transformador.

Mesmo assim, a pequena corrente alternada I_{mag} do primário produz um fluxo magnético alternado Φ_B no núcleo de ferro. A função do núcleo é reforçar o fluxo e transferi-lo, praticamente sem perdas, para o enrolamento secundário (ou, simplesmente, *secundário*) do transformador. Como varia com o tempo, Φ_B induz uma força eletromotriz $\mathscr{E}_{\text{espira}}$ (= $d\Phi_B/dt$) em cada espira do primário e do secundário. No primário, a tensão V_p é o produto de $\mathscr{E}_{\text{espira}}$ pelo número de espiras do primário N_p, ou seja, $V_p = \mathscr{E}_{\text{espira}}N_p$. Analogamente, no secundário, a tensão é $V_s = \mathscr{E}_{\text{espira}}N_s$. Podemos, portanto, escrever

$$\mathscr{E}_{\text{espira}} = \frac{V_p}{N_p} = \frac{V_s}{N_s},$$

ou $$V_s = V_p \frac{N_s}{N_p} \quad \text{(transformação da tensão).} \tag{31.6.3}$$

Se $N_s > N_p$, o transformador é chamado *transformador elevador de tensão*, já que, nesse caso, a tensão V_s no secundário é maior que a tensão V_p no primário. Quando $N_s < N_p$, o transformador recebe o nome de *transformador abaixador de tensão.*

Com a chave S aberta, nenhuma energia é transferida do gerador para o resto do circuito. Quando a chave S é fechada, ligando o secundário à carga R (a carga poderia conter componentes indutivos e capacitivos, mas vamos supor que é puramente resistiva), várias coisas acontecem:

1. Uma corrente alternada I_s passa a existir no circuito secundário, e uma potência $I_s^2 R$ $(= V_s^2/R)$ é dissipada na carga resistiva.
2. A corrente do secundário produz um fluxo magnético alternado no núcleo de ferro; esse fluxo induz uma força eletromotriz no primário que se opõe à força eletromotriz do gerador.
3. A tensão V_p do primário não pode mudar em resposta à nova força eletromotriz, já que, de acordo com a regra das malhas, é sempre igual à força eletromotriz $\mathscr{E}$ do gerador.
4. Para manter a tensão V_p, o gerador passa a produzir, além de I_{mag}, uma corrente I_p no circuito primário; a amplitude e a fase de I_p são tais que a força eletromotriz induzida por I_p no primário cancela exatamente a força eletromotriz induzida no primário por I_s. Como a constante de fase de I_p não é 90° como a constante de fase de I_{mag}, a corrente I_p pode transferir energia do gerador para o primário.

Transferência de Energia. Nosso interesse é calcular a relação entre I_s e I_p; para isso, em vez de analisar com detalhes o funcionamento do transformador, vamos simplesmente aplicar a lei de conservação da energia. A potência elétrica transferida do gerador para o primário é igual a $V_p I_p$. A potência recebida pelo secundário (por meio do campo magnético que enlaça os dois enrolamentos) é $V_s I_s$. Como estamos supondo que o transformador é ideal, nenhuma energia é dissipada nos enrolamentos e, portanto, de acordo com a lei de conservação na energia,

$$I_p V_p = I_s V_s.$$

Substituindo V_s por seu valor, dado pela Eq. 31.6.3, obtemos

$$I_s = I_p \frac{N_p}{N_s} \quad \text{(transformação da corrente).} \tag{31.6.4}$$

De acordo com a Eq. 31.6.4, a corrente I_s do secundário pode ser muito diferente da corrente I_p do primário, dependendo da *relação de espiras* N_p/N_s.

A corrente I_p aparece no circuito primário por causa da carga resistiva R do circuito secundário. Para calcular I_p, fazemos $I_s = V_s/R$ na Eq. 31.6.4 e substituímos V_s por seu valor, dado pela Eq. 31.6.3. O resultado é o seguinte:

$$I_p = \frac{1}{R}\left(\frac{N_s}{N_p}\right)^2 V_p. \tag{31.6.5}$$

A Eq. 31.6.5 é da forma $I_p = V_p/R_{\text{eq}}$, em que a resistência equivalente R_{eq} é dada por

$$R_{\text{eq}} = \left(\frac{N_p}{N_s}\right)^2 R. \tag{31.6.6}$$

A resistência equivalente R_{eq} é a resistência de carga "do ponto de vista" do gerador; o gerador produz uma corrente I_p e uma tensão V_p como se estivesse ligado a uma resistência R_{eq}.

Casamento de Impedâncias

A Eq. 31.6.6 sugere outra aplicação para o transformador. Nos circuitos de corrente contínua, para que a transferência de energia de uma fonte para uma carga seja máxima, a resistência interna da fonte deve ser igual à resistência da carga. A mesma condição se aplica aos circuitos de corrente alternada, exceto pelo fato de que, nesse caso, são as *impedâncias* (e não as resistências) que devem ser iguais. Em muitos casos, a condição não é satisfeita. Nos aparelhos de som, por exemplo, a saída do amplificador tem uma alta impedância, e a entrada dos alto-falantes tem uma baixa impedância. Podemos compatibilizar (casar) as impedâncias de dois dispositivos ligando-os por um transformador com uma relação de espiras apropriada a N_p/N_s.

Protuberâncias Solares e Sistemas de Transmissão de Energia Elétrica

Nas *protuberâncias solares*, um grande arco de elétrons e prótons se destaca da superfície do Sol, como mostra a Fig. 31.6.2. Alguns arcos se rompem, ejetando partículas para o espaço. No dia 10 de março de 1989, uma dessas rupturas arremessou um número gigantesco de elétrons e prótons na direção da Terra. Quando as partículas chegaram à Terra, três dias depois, produziram na atmosfera superior do Hemisfério Norte uma corrente elétrica, conhecida como *eletrojato*, que atingiu o valor impressionante de um milhão de ampères.

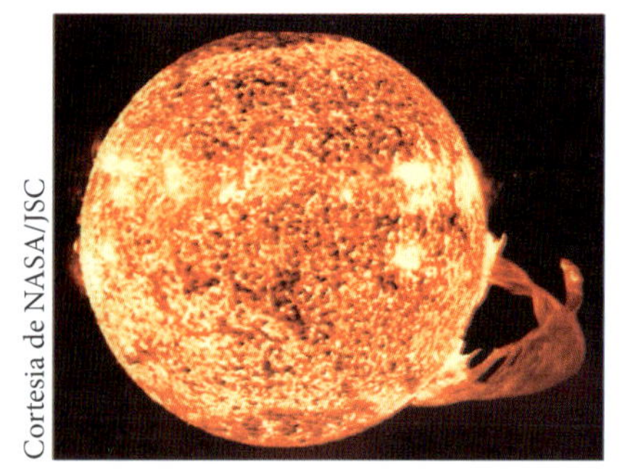

Cortesia de NASA/JSC

Figura 31.6.2 Esta foto de uma grande protuberância solar foi tirada em 19 de dezembro de 1973 durante a terceira missão Skylab.

Como qualquer corrente elétrica, os eletrojatos criam um campo magnético $\vec{B}$, que atinge a superfície da Terra. Embora nem todos os eletrojatos sejam paralelos a uma linha de transmissão, como o que é mostrado na Fig. 31.6.3, quase todos possuem uma componente B_x perpendicular à linha de transmissão da figura. Transformadores aterrados, usados para aumentar ou diminuir a tensão, estão ligados às extremidades da linha. A linha de transmissão, o solo e os fios de aterramento dos transformadores formam uma malha condutora. O fluxo magnético Φ produzido pela componente B_x do campo magnético atravessa essa malha.

Os eletrojatos variam tanto de intensidade como de altura e direção, e as variações resultantes do fluxo magnético Φ induzem uma força eletromotriz na malha. Essa força eletromagnética, por sua vez, produz uma corrente, conhecida como corrente geomagneticamente induzida (CGI), que se soma à corrente que é normalmente conduzida pela linha e (o que é mais importante) também passa pelos transformadores.

Nos sistemas de transmissão de energia elétrica, a corrente e a tensão variam de forma senoidal com o tempo e a distância, mas a presença de uma corrente adicional i_{GI} afeta a capacidade do núcleo do transformador de transferir as variações senoidais do primário para o secundário. Isso acontece porque o fluxo magnético no núcleo do transformador faz com que a magnetização do material do núcleo fique *saturada*, o que o torna incapaz de reproduzir as variações senoidais do primário. O resultado é que as formas de onda da tensão e da corrente no secundário ficam distorcidas, o que reduz drasticamente a transmissão de energia.

Em 13 de março de 1989, esse tipo de perturbação fez com que o sistema de distribuição de energia elétrica de província de Quebec entrasse em colapso. Hoje em dia, toda vez que a ruptura de uma protuberância solar ejeta partículas na direção da Terra, os astrônomos alertam os administradores das redes de transmissão de energia elétrica para a possibilidade de falhas no sistema.

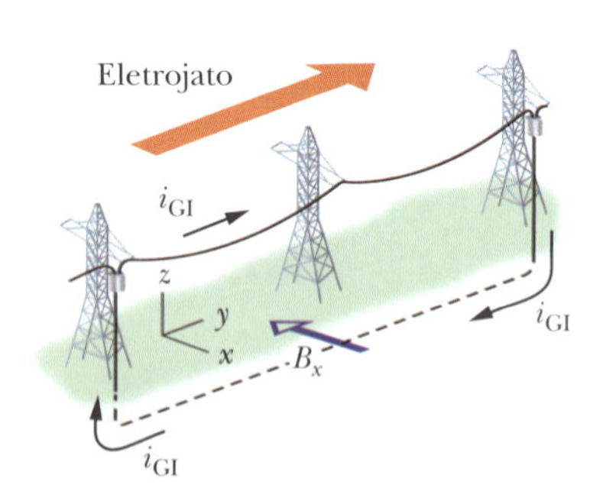

Figura 31.6.3 Um eletrojato na ionosfera produz um campo magnético cuja componente B_x é perpendicular a uma malha vertical formada pela linha de transmissão, pelo solo e pelos fios de aterramento dos transformadores (situados em cilindros na extremidade das linhas de transmissão). Variações de B_x induzem uma corrente i_{GI} na malha.

Teste 31.6.1

A fonte de alimentação alternada de um circuito tem uma resistência interna menor que a carga resistiva do circuito. Para aumentar a transferência de energia da fonte para a carga, decidiu-se usar um transformador de casamento de impedâncias. (a) O valor de N_s deve ser maior ou menor que o valor de N_p? (b) Isso faz do transformador um transformador elevador de tensão ou um transformador abaixador de tensão?

Exemplo 31.6.1 Relação de espiras, potência média e correntes de um transformador 

Um transformador instalado em um poste funciona com V_p = 8,5 kV do lado do primário e fornece energia elétrica a várias casas das vizinhanças com V_s = 120 V; as duas tensões são valores rms. Suponha que o transformador é ideal e a carga é resistiva.

(a) Qual é a relação de espiras N_p/N_s do transformador?

IDEIA-CHAVE

A relação de espiras N_p/N_s está relacionada às tensões (conhecidas) do primário e do secundário pela Eq. 31.6.3 ($V_s = V_p N_s/N_p$).

Cálculo: A Eq. 31.6.3 pode ser escrita na forma

$$\frac{V_s}{V_p} = \frac{N_s}{N_p}. \tag{31.6.7}$$

(Observe que o lado direito da Eq. 31.6.7 é o *inverso* da relação de espiras.) Invertendo ambos os membros da Eq. 31.6.7, temos

$$\frac{N_p}{N_s} = \frac{V_p}{V_s} = \frac{8{,}5 \times 10^3\ \text{V}}{120\ \text{V}} = 70{,}83 \approx 71. \quad \text{(Resposta)}$$

(b) A potência média consumida nas casas atendidas pelo transformador é 78 kW. Quais são as correntes no primário e no secundário do transformador?

IDEIA-CHAVE

Como a carga é resistiva, o fator de potência cos ϕ é unitário e, portanto, a potência média fornecida e consumida é dada pela Eq. 31.6.1 ($P_{\text{méd}} = \mathscr{E}I = IV$).

Cálculos: No circuito primário, com V_p = 8,5 kV, a Eq. 31.6.1 nos dá

$$I_p = \frac{P_{\text{méd}}}{V_p} = \frac{78 \times 10^3\ \text{W}}{8{,}5 \times 10^3\ \text{V}} = 9{,}176\ \text{A} \approx 9{,}2\ \text{A}. \quad \text{(Resposta)}$$

No circuito secundário, temos

$$I_s = \frac{P_{\text{méd}}}{V_s} = \frac{78 \times 10^3\ \text{W}}{120\ \text{V}} = 650\ \text{A}. \quad \text{(Resposta)}$$

É fácil verificar que $I_s = I_p(N_p/N_s)$, como exige a Eq. 31.6.4.

(c) Qual é a carga resistiva R_s do circuito secundário? Qual é a carga correspondente R_p do circuito primário?

Primeira abordagem: Podemos usar a equação $V = IR$ para relacionar a carga resistiva à tensão e à corrente. No caso do circuito secundário, temos

$$R_s = \frac{V_s}{I_s} = \frac{120\ \text{V}}{650\ \text{A}} = 0{,}1846\ \Omega \approx 0{,}18\ \Omega. \quad \text{(Resposta)}$$

No caso do circuito primário, temos

$$R_p = \frac{V_p}{I_p} = \frac{8{,}5 \times 10^3\ \text{V}}{9{,}176\ \text{A}} = 926\ \Omega \approx 930\ \Omega. \quad \text{(Resposta)}$$

Segunda abordagem: Podemos usar o fato de que R_p é a carga resistiva "do ponto de vista" do gerador, dada pela Eq. 31.6.6 [$R_{eq} = (N_p/N_s)^2 R$]. Fazendo $R_{eq} = R_p$ e $R = R_s$, obtemos

$$R_p = \left(\frac{N_p}{N_s}\right)^2 R_s = (70{,}83)^2(0{,}1846\ \Omega)$$
$$= 926\ \Omega \approx 930\ \Omega. \quad \text{(Resposta)}$$

Revisão e Resumo

Transferências de Energia em um Circuito *LC* Em um circuito *LC* oscilante, a energia é transferida periodicamente do campo elétrico do capacitor para o campo magnético do indutor, e vice-versa; os valores instantâneos das duas formas de energia são

$$U_E = \frac{q^2}{2C} \quad \text{e} \quad U_B = \frac{Li^2}{2}, \tag{31.1.1, 31.1.2}$$

em que q é a carga instantânea do capacitor e i é a corrente instantânea no indutor. A energia total U (= $U_E + U_B$) permanece constante.

Oscilações de Carga e de Corrente em um Circuito *LC* De acordo com a lei de conservação da energia,

$$L\frac{d^2q}{dt^2} + \frac{1}{C}q = 0 \quad (\text{circuito } LC) \tag{31.1.11}$$

é a equação diferencial das oscilações de um circuito *LC* (sem resistência). A solução da Eq. 31.1.11 é

$$q = Q\cos(\omega t + \phi) \quad (\text{carga}), \tag{31.1.12}$$

em que Q é a *amplitude da carga* (carga máxima do capacitor), e a frequência angular ω das oscilações é dada por

$$\omega = \frac{1}{\sqrt{LC}}. \tag{31.1.4}$$

A constante de fase ϕ da Eq. 31.1.12 é determinada pelas condições iniciais (em t = 0) do sistema.

A corrente i no sistema em um instante qualquer t é dada por

$$i = -\omega Q\ \text{sen}(\omega t + \phi) \quad (\text{corrente}), \tag{31.1.13}$$

em que ωQ é a *amplitude I da corrente.*

Oscilações Amortecidas As oscilações de um circuito *LC* são amortecidas quando um componente dissipativo R é introduzido no circuito. Nesse caso, temos

$$L\frac{d^2q}{dt^2} + R\frac{dq}{dt} + \frac{1}{C}q = 0 \quad (\text{circuito } RLC). \tag{31.2.3}$$

A solução da Eq. 31.2.3 é

$$q = Qe^{-Rt/2L}\cos(\omega' t + \phi), \tag{31.2.4}$$

em que

$$\omega' = \sqrt{\omega^2 - (R/2L)^2}. \tag{31.2.5}$$

Consideramos apenas as situações em que R é pequeno e, portanto, o amortecimento é pequeno; nesse caso, $\omega' \approx \omega$.

Correntes Alternadas; Oscilações Forçadas Um circuito *RLC* série pode sofrer *oscilações forçadas* com uma *frequência angular de excitação* ω_d se for submetida a uma força eletromotriz da forma

$$\mathscr{E} = \mathscr{E}_m \operatorname{sen} \omega_d t. \qquad (31.3.1)$$

A corrente produzida no circuito pela força eletromotriz é dada por

$$i = I \operatorname{sen}(\omega_d t - \phi), \qquad (31.3.2)$$

em que ϕ é a constante de fase da corrente.

Ressonância A amplitude I da corrente em um circuito *RLC* série excitado por uma força eletromotriz senoidal é máxima ($I = \mathscr{E}_m/R$) quando a frequência angular de excitação ω_d é igual à frequência angular natural ω do circuito (ou seja, na *ressonância*). Nesse caso, $X_C = X_L$, $\phi = 0$ e a corrente está em fase com a força eletromotriz.

Componentes Isolados A diferença de potencial alternada entre os terminais de um resistor tem uma amplitude $V_R = IR$; a corrente está em fase com a diferença de potencial.

No caso de um *capacitor*, $V_C = IX_C$, em que $X_C = 1/\omega_d C$ é a **reatância capacitiva**; a corrente está adiantada de 90° em relação à diferença de potencial ($\phi = -90° = -\pi/2$ rad).

No caso de um *indutor*, $V_L = IX_L$, em que $X_L = \omega_d L$ é a **reatância indutiva**; a corrente está atrasada de 90° em relação à diferença de potencial ($\phi = 90° = \pi/2$ rad).

Circuitos *RLC* Série No caso de um circuito *RLC* série com uma força eletromotriz dada pela Eq. 31.3.1 e uma corrente dada pela Eq. 31.3.2,

$$I = \frac{\mathscr{E}_m}{\sqrt{R^2 + (X_L - X_C)^2}} = \frac{\mathscr{E}_m}{\sqrt{R^2 + (\omega_d L - 1/\omega_d C)^2}} \quad \text{(amplitude da corrente)} \qquad (31.4.6, 31.4.9)$$

e

$$\tan \phi = \frac{X_L - X_C}{R} \quad \text{(constante de fase).} \qquad (31.4.11)$$

Definindo a impedância Z do circuito como

$$Z = \sqrt{R^2 + (X_L - X_C)^2} \quad \text{(impedância)} \qquad (31.4.7)$$

podemos escrever a Eq. 31.4.6 como $I = \mathscr{E}_m/Z$.

Potência Em um circuito *RLC* série, a **potência média** $P_{méd}$ fornecida pelo gerador é igual à potência média dissipada no resistor:

$$P_{méd} = I^2_{rms}R = \mathscr{E}_{rms}I_{rms}\cos\phi. \qquad (31.5.4, 31.5.9)$$

Aqui, rms significa **valor médio quadrático**. Os valores médios quadráticos estão relacionados aos valores máximos pelas equações $I_{rms} = I/\sqrt{2}$, $V_{rms} = V_m/\sqrt{2}$ e $\mathscr{E}_{rms} = \mathscr{E}_m/\sqrt{2}$. O termo $\cos\phi$ é chamado **fator de potência** do circuito.

Transformadores Um *transformador* (considerado ideal) é formado por um núcleo de ferro que contém dois enrolamentos: o enrolamento primário, com N_p espiras, e o enrolamento secundário, com N_s espiras. Se o enrolamento primário é ligado a um gerador de corrente alternada, as tensões no primário e no secundário estão relacionadas pela equação

$$V_s = V_p \frac{N_s}{N_p} \quad \text{(transformação da tensão).} \qquad (31.6.3)$$

As correntes nos enrolamentos estão relacionadas pela equação

$$I_s = I_p \frac{N_p}{N_s} \quad \text{(transformação da corrente),} \qquad (31.6.4)$$

e a resistência equivalente do circuito secundário, do ponto de vista do gerador, é dada por

$$R_{eq} = \left(\frac{N_p}{N_s}\right)^2 R, \qquad (31.6.6)$$

em que R é a carga resistiva do circuito secundário. A razão N_p/N_s é chamada *relação de espiras*.

Perguntas

1 A Fig. 31.1 mostra três circuitos *LC* oscilantes com indutores e capacitores iguais. Coloque os circuitos na ordem decrescente do tempo necessário para que os capacitores se descarreguem totalmente.

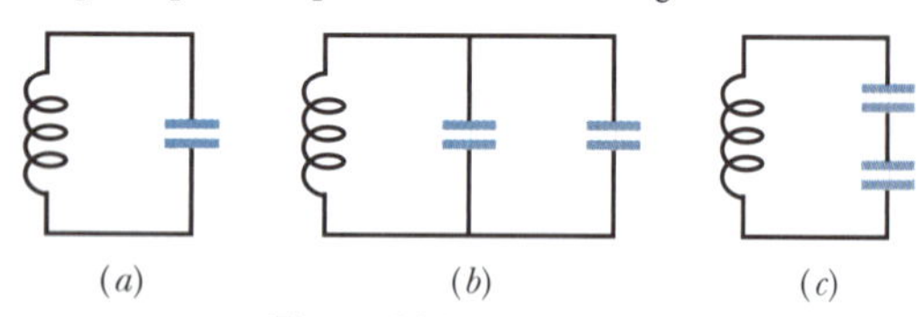

Figura 31.1 Pergunta 1.

2 A Fig. 31.2 mostra os gráficos da tensão v_C do capacitor em dois circuitos *LC* que contêm capacitâncias iguais e têm a mesma carga máxima Q. (a) A indutância L do circuito 1 é maior, menor ou igual à do circuito 2? (b) A corrente I no circuito 1 é maior, menor ou igual à corrente no circuito 2?

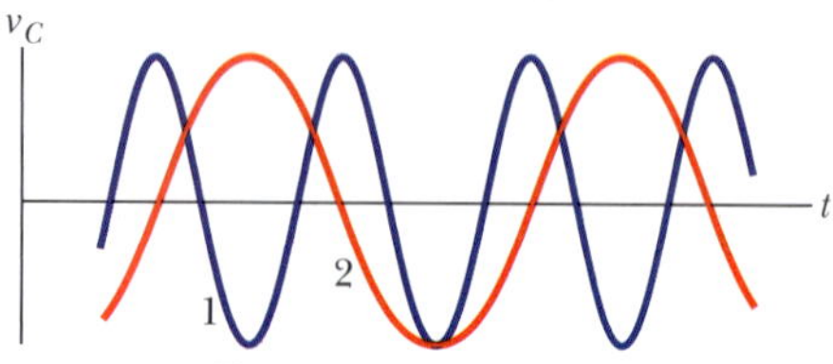

Figura 31.2 Pergunta 2.

3 Um capacitor carregado e um indutor são ligados para formar um circuito fechado no instante $t = 0$. Em termos do período T das oscilações resultantes, determine o tempo necessário para que as seguintes grandezas passem por um máximo pela primeira vez: (a) U_B, (b) o fluxo magnético no indutor, (c) di/dt e (d) a força eletromotriz do indutor.

4 Quais valores da constante de fase ϕ da Eq. 31.1.12 permitem que as situações (*a*), (*c*), (*e*) e (*g*) da Fig. 31.1.1 ocorram no instante $t = 0$?

5 A curva *a* da Fig. 31.3 mostra a impedância Z de um circuito *RC* excitado em função da frequência angular de excitação ω_d. As outras duas curvas são semelhantes, mas foram traçadas para valores diferentes da resistência R e da capacitância C. Coloque as três curvas na ordem decrescente do valor correspondente de R.

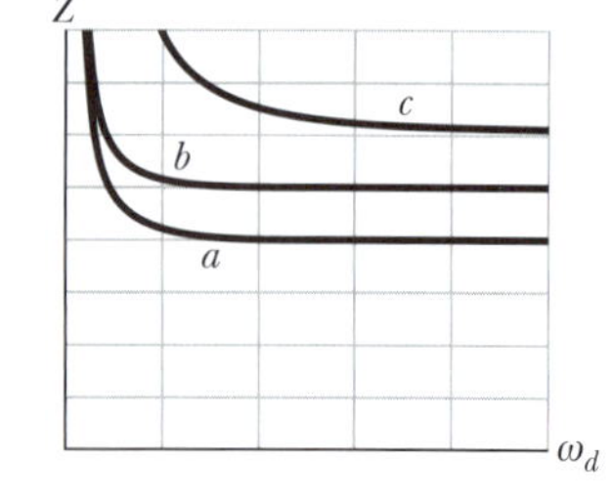

Figura 31.3 Pergunta 5.

6 As cargas dos capacitores de três circuitos *LC* oscilantes variam segundo as equações (1) $q = 2 \cos 4t$, (2) $q = 4 \cos t$, (3) $q = \cos 4t$ (com q em coulombs e t em segundos). Coloque os circuitos na ordem decrescente (a) da amplitude da corrente e (b) do período das oscilações.

7 Uma fonte de força eletromotriz alternada é conectada sucessivamente a um resistor, um capacitor e um indutor. Depois que a fonte é conectada, faz-se variar a frequência de excitação f_d, e a amplitude I da corrente resultante é medida e plotada. Estabeleça a correspondência entre as curvas da Fig. 31.4 e os dispositivos.

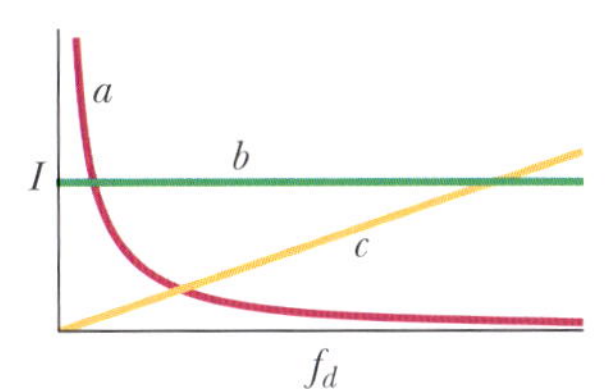

Figura 31.4 Pergunta 7.

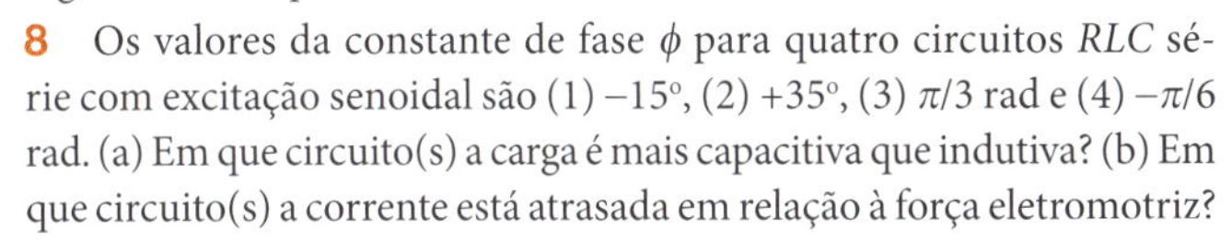

8 Os valores da constante de fase ϕ para quatro circuitos *RLC* série com excitação senoidal são (1) $-15°$, (2) $+35°$, (3) $\pi/3$ rad e (4) $-\pi/6$ rad. (a) Em que circuito(s) a carga é mais capacitiva que indutiva? (b) Em que circuito(s) a corrente está atrasada em relação à força eletromotriz?

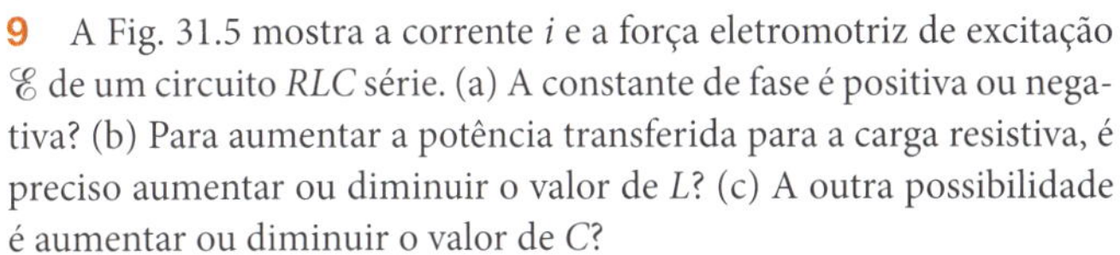

9 A Fig. 31.5 mostra a corrente i e a força eletromotriz de excitação $\mathscr{E}$ de um circuito *RLC* série. (a) A constante de fase é positiva ou negativa? (b) Para aumentar a potência transferida para a carga resistiva, é preciso aumentar ou diminuir o valor de L? (c) A outra possibilidade é aumentar ou diminuir o valor de C?

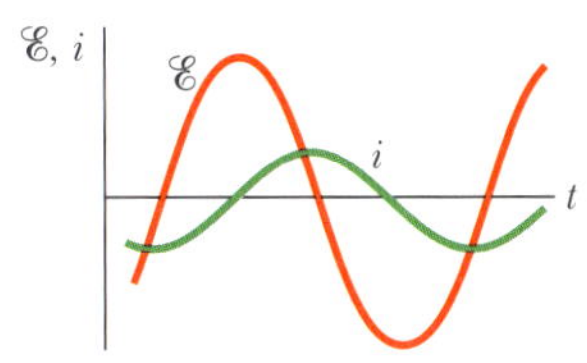

Figura 31.5 Pergunta 9.

10 A Fig. 31.6 mostra três situações como as da Fig. 31.4.2. (a) A frequência angular de excitação é maior, menor ou igual à frequência angular de ressonância do circuito na situação 1? (b) Responda à mesma pergunta para a situação 2. (c) Responda à mesma pergunta para a situação 3.

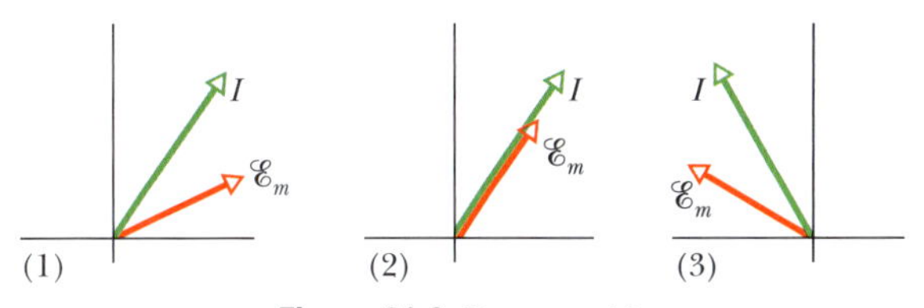

Figura 31.6 Pergunta 10.

11 A Fig. 31.7 mostra a corrente i e a força eletromotriz aplicada $\mathscr{E}$ para um circuito *RLC* série. (a) A curva da corrente é deslocada para a esquerda ou para a direita em relação à curva da força eletromotriz e a amplitude da curva é maior ou menor se o valor de L aumenta ligeiramente? (b) Responda às mesmas perguntas para o valor de C. (c) Responda às mesmas perguntas para o valor de ω_d.

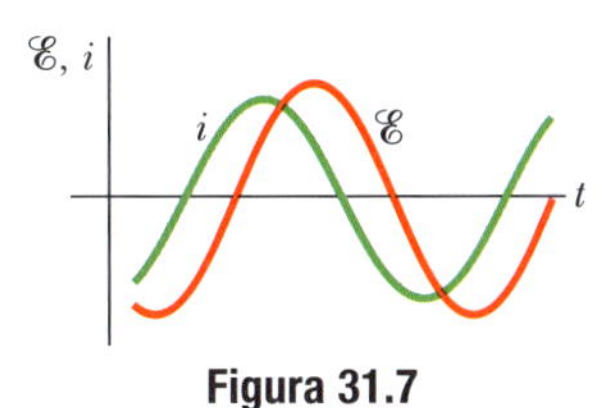

Figura 31.7 Perguntas 11 e 12.

12 A Fig. 31.7 mostra a corrente i e a força eletromotriz $\mathscr{E}$ em um circuito *RLC* série. (a) A corrente está adiantada ou atrasada em relação à força eletromotriz? (b) A carga do circuito é mais capacitiva que indutiva ou mais indutiva que capacitiva? (c) A frequência angular ω_d da força eletromotriz é maior ou menor que a frequência angular natural ω?

13 O diagrama fasorial da Fig. 31.8 corresponde a uma fonte de força eletromotriz alternada ligada a um resistor, capacitor ou indutor? (b) Se a velocidade angular dos fasores aumentar, o comprimento do fasor que representa a corrente deve aumentar ou diminuir para manter a escala do desenho?

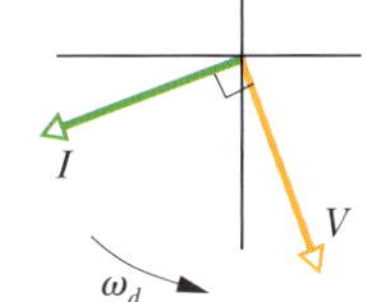

Figura 31.8 Pergunta 13.

Problemas

F Fácil **M** Médio **D** Difícil

CVF Informações adicionais disponíveis no e-book *O Circo Voador da Física*, de Jearl Walker, LTC Editora, Rio de Janeiro, 2008.

CALC Requer o uso de derivadas e/ou integrais

BIO Aplicação biomédica

Módulo 31.1 Oscilações em um Circuito *LC*

1 F Um circuito *LC* oscilante é formado por um indutor de 75,0 mH e um capacitor de 3,60 μF. Se a carga máxima do capacitor é 2,90 μC, determine (a) a energia total presente no circuito e (b) a corrente máxima.

2 F A frequência de oscilação de um circuito *LC* é 200 kHz. No instante $t = 0$, a placa A do capacitor está com a carga positiva máxima. Determine em que instante $t > 0$ (a) a placa estará novamente, pela primeira vez, com a carga positiva máxima, (b) a outra placa do capacitor estará pela primeira vez com a carga positiva máxima e (c) o indutor estará pela primeira vez com o campo magnético máximo.

3 F Em um circuito *LC* oscilante, a energia total é convertida de energia elétrica no capacitor em energia magnética no indutor em 1,50 μs. Determine (a) o período das oscilações e (b) a frequência das oscilações. (c) Se a energia magnética é máxima em um dado instante, quanto tempo é necessário para que ela seja máxima novamente?

4 F Qual é a capacitância de um circuito *LC* oscilante se a carga máxima do capacitor é 1,60 μC e a energia total é 140 μJ?

5 F Em um circuito *LC* oscilante, L = 1,10 mH e C = 4,00 μF. A carga máxima do capacitor é 3,00 μC. Determine a corrente máxima.

6 F Um corpo de 0,50 kg oscila em movimento harmônico simples, preso a uma mola que, quando alongada de 2,00 mm em relação à posição de equilíbrio, possui uma força restauradora de 8,0 N. Determine (a) a frequência angular de oscilação, (b) o período de oscilação e (c) a capacitância de um circuito *LC* com o mesmo período, se L = 5,0 H.

7 F A energia de um circuito *LC* oscilante que contém um indutor de 1,25 H é 5,70 μJ. A carga máxima do capacitor é 175 μC. Para um sistema mecânico com o mesmo período, determine (a) a massa, (b) a constante da mola, (c) o deslocamento máximo e (d) a velocidade escalar máxima.

8 F Um circuito com uma única malha é formado por indutores (L_1, L_2, ...), capacitores (C_1, C_2, ...) e resistores (R_1, R_2, ...), como na Fig. 31.9*a*. Mostre que, qualquer que seja a sequência de componentes no circuito, o comportamento do circuito é igual ao do circuito *LC* simples da Fig. 31.9*b*. (*Sugestão*: Considere a regra das malhas e veja o Problema 47 do Capítulo 30.)

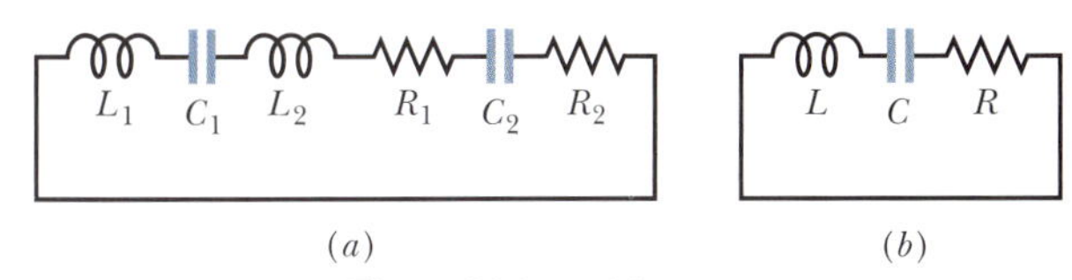

Figura 31.9 Problema 8.

9 F Em um circuito LC oscilante com $L = 50$ mH e $C = 4{,}0\ \mu$F, a corrente está inicialmente no máximo. Quanto tempo é necessário para que o capacitor se carregue totalmente pela primeira vez?

10 F Osciladores LC têm sido usados em circuitos ligados a alto-falantes para criar alguns dos sons da música eletrônica. Que indutância deve ser usada com um capacitor de 6,7 μF para produzir uma frequência de 10 kHz, que fica aproximadamente na metade da faixa de frequências audíveis?

11 M Um capacitor variável, de 10 a 365 pF, e um indutor formam um circuito LC de frequência variável usado para sintonizar um receptor de rádio. (a) Qual é a razão entre a maior frequência e a menor frequência natural que pode ser obtida usando este capacitor? Se o circuito deve ser usado para obter frequências entre 0,54 MHz e 1,60 MHz, a razão calculada no item (a) é grande demais. A faixa de frequências pode ser modificada ligando um capacitor em paralelo com o capacitor variável. (b) Qual deve ser o valor da capacitância adicional para que a faixa de frequências seja a faixa desejada? (c) Qual deve ser a indutância do indutor do circuito?

12 M Em um circuito LC oscilante, quando uma energia igual a 75% da energia total está armazenada no campo magnético do indutor, determine (a) a fração da carga máxima que está armazenada no capacitor e (b) a fração da corrente máxima que está atravessando o indutor.

13 M Em um circuito LC oscilante, $L = 3{,}00$ mH e $C = 2{,}70\ \mu$H. No instante $t = 0$, a carga do capacitor é zero e a corrente é 2,00 A. (a) Qual é a carga máxima do capacitor? (b) Em que instante de tempo $t > 0$ a taxa com a qual a energia é armazenada no capacitor é máxima pela primeira vez? (c) Qual é o valor da taxa máxima?

14 M Para montar um circuito LC oscilante, você dispõe de um indutor de 10 mH, um capacitor de 5,0 μF e um capacitor de 2,0 μF. Determine (a) a menor frequência, (b) a segunda menor frequência, (c) a segunda maior frequência e (d) a maior frequência de oscilação que pode ser conseguida combinando esses componentes.

15 M Um circuito LC oscilante formado por um capacitor de 1,0 nF e um indutor de 3,0 mH tem uma tensão máxima de 3,0 V. Determine (a) a carga máxima do capacitor, (b) a corrente máxima do circuito e (c) a energia máxima armazenada no campo magnético do indutor.

16 M Um indutor é ligado a um capacitor cuja capacitância pode ser ajustada por meio de um botão. Queremos que a frequência desse circuito LC varie linearmente com o ângulo de rotação do botão, de 2×10^5 Hz até 4×10^5 Hz, quando o botão gira de 180°. Se $L = 1{,}0$ mH, plote a capacitância desejada C em função do ângulo de rotação do botão.

17 M Na Fig. 31.10, $R = 14{,}0\ \Omega$, $C = 6{,}20\ \mu$F, $L = 54{,}0$ mH e a fonte ideal tem uma força eletromotriz $\mathscr{E} = 34{,}0$ V. A chave é mantida na posição a por um longo tempo e depois é colocada na posição b. Determine (a) a frequência e (b) a amplitude das oscilações resultantes.

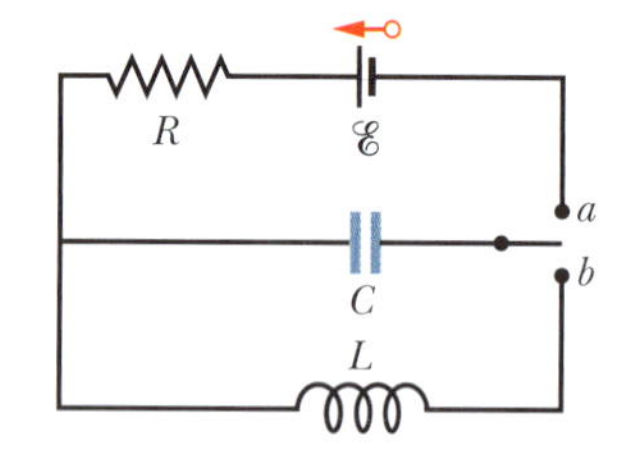

Figura 31.10 Problema 17.

18 M CALC Em um circuito LC oscilante, a amplitude da corrente é 7,50 mA, a amplitude da tensão é 250 mV e a capacitância é 220 nF. Determine (a) o período de oscilação, (b) a energia máxima armazenada no capacitor, (c) a energia máxima armazenada no indutor, (d) a taxa máxima de variação da corrente e (e) a taxa máxima de aumento da energia do indutor.

19 M CALC Use a regra das malhas para obter a equação diferencial de um circuito LC (Eq. 31.1.11).

20 M Em um circuito LC oscilante no qual $C = 4{,}00\ \mu$F, a diferença de potencial máxima entre os terminais do capacitor durante as oscilações é 1,50 V e a corrente máxima no indutor é 50,0 mA. Determine (a) a indutância L e (b) a frequência das oscilações. (c) Qual é o tempo necessário para que a carga do capacitor aumente de zero até o valor máximo?

21 M Em um circuito LC oscilante com $C = 64{,}0\ \mu$F, a corrente é dada por $i = (1{,}60)\ \text{sen}(2500t + 0{,}680)$, em que t está em segundos, i está em ampères e a constante de fase está em radianos. (a) Quanto tempo após o instante $t = 0$ a corrente atinge o valor máximo? (b) Qual é o valor da indutância L? (c) Qual é a energia total?

22 M Um circuito série formado por uma indutância L_1 e uma capacitância C_1 oscila com uma frequência angular ω. Um segundo circuito série, contendo uma indutância L_2 e uma capacitância C_2, oscila com a mesma frequência angular. Qual é, em termos de ω, a frequência angular de oscilação de um circuito série formado pelos quatro componentes? Despreze a resistência do circuito. (*Sugestão*: Use as expressões da capacitância equivalente e da indutância equivalente; ver Módulo 25.3 e o Problema 47 do Capítulo 30.)

23 M Em um circuito LC oscilante, $L = 25{,}0$ mH e $C = 7{,}80\ \mu$F. No instante $t = 0$, a corrente é 9,20 mA, a carga do capacitor é 3,80 μC e o capacitor está sendo carregado. Determine (a) a energia total do circuito, (b) a carga máxima do capacitor e (c) a corrente máxima do circuito. (d) Se a carga do capacitor é dada por $q = Q\cos(\omega t + \phi)$, qual é o ângulo de fase ϕ? Suponha que os dados são os mesmos, exceto pelo fato de que o capacitor está sendo descarregado no instante $t = 0$. Qual é o valor de ϕ nesse caso?

Módulo 31.2 Oscilações Amortecidas em um Circuito *RLC*

24 M Um circuito de uma única malha é formado por um resistor de 7,20 Ω, um indutor de 12,0 H e um capacitor de 3,20 μF. Inicialmente, o capacitor possui uma carga de 6,20 μC e a corrente é zero. Calcule a carga do capacitor após N ciclos completos (a) para $N = 5$, (b) para $N = 10$ e (c) para $N = 100$.

25 M Que resistência R deve ser ligada em série com uma indutância $L = 220$ mH e uma capacitância $C = 12{,}0\ \mu$F para que a carga máxima do capacitor caia para 99,0% do valor inicial após 50,0 ciclos? (Suponha que $\omega' \approx \omega$.)

26 M Em um circuito RLC série oscilante, determine o tempo necessário para que a energia máxima presente no capacitor durante uma oscilação diminua para metade do valor inicial. Suponha que $q = Q$ em $t = 0$.

27 D Em um circuito RLC oscilante, mostre que $\Delta U/U$, a fração da energia perdida por ciclo de oscilação, é dada com boa aproximação por $2\pi R/\omega L$. A grandeza $\omega L/R$ é chamada Q do circuito (Q significa *qualidade*). Um circuito de alto Q possui uma baixa resistência e uma baixa perda de energia ($= 2\pi/Q$) por ciclo.

Módulo 31.3 Oscilações Forçadas em Três Circuitos Simples

28 F Um capacitor de 1,50 μF é ligado, como na Fig. 31.3.5, a um gerador de corrente alternada com $\mathscr{E}_m = 30{,}0$ V. Determine a amplitude da corrente alternada resultante se a frequência da força eletromotriz for (a) 1,00 kHz e (b) 8,00 kHz.

29 F Um indutor de 50,0 mH é ligado, como na Fig. 31.3.7, a um gerador de corrente alternada com $\mathscr{E}_m = 30{,}0$ V. Determine a amplitude da corrente alternada resultante se a frequência da força eletromotriz for (a) 1,00 kHz e (b) 8,00 kHz.

30 F Um resistor de 50,0 Ω é ligado, como na Fig. 31.3.3, a um gerador de corrente alternada com $\mathscr{E}_m = 30{,}0$ V. Determine a amplitude da corrente alternada resultante se a frequência da força eletromotriz for (a) 1,00 kHz e (b) 8,00 kHz.

31 F (a) Para que frequência um indutor de 6,0 mH e um capacitor de 10 μF têm a mesma reatância? (b) Qual é o valor da reatância? (c) Mostre que a frequência é a frequência natural de um circuito oscilador com os mesmos valores de L e C.

32 M A força eletromotriz de um gerador de corrente alternada é dada por $\mathscr{E} = \mathscr{E}_m$ sen $\omega_d t$, com $\mathscr{E}_m = 25{,}0$ V e $\omega_d = 377$ rad/s. O gerador é ligado a um indutor de 12,7 H. (a) Qual é o valor máximo da corrente? (b) Qual é a força eletromotriz do gerador no instante em que a corrente é máxima? (c) Qual é a corrente no instante em que a força eletromotriz do gerador é −12,5 V e está aumentando em valor absoluto?

33 M Um gerador de corrente alternada tem uma força eletromotriz $\mathscr{E} = \mathscr{E}_m$ sen$(\omega_d t - \pi/4)$, em que $\mathscr{E}_m = 30{,}0$ V e $\omega_d = 350$ rad/s. A corrente produzida no circuito ao qual o gerador está ligado é $i(t) = I$ sen$(\omega_d t - 3\pi/4)$, em que $I = 620$ mA. Em que instante após $t = 0$ (a) a força eletromotriz do gerador atinge pela primeira vez o valor máximo e (b) a corrente atinge pela primeira vez o valor máximo? (c) O circuito contém um único componente além do gerador. Trata-se de um capacitor, de um indutor ou de um resistor? Justifique sua resposta. (d) Qual é o valor da capacitância, da indutância ou da resistência desse componente?

34 M Um gerador de corrente alternada com uma força eletromotriz $\mathscr{E} = \mathscr{E}_m$ sen $\omega_d t$, em que $\mathscr{E}_m = 25{,}0$ V e $\omega_d = 377$ rad/s, é ligado a um capacitor de 4,15 μF. (a) Qual é o valor máximo da corrente? (b) Qual é a força eletromotriz do gerador no instante em que a corrente é máxima? (c) Qual é a corrente quando a força eletromotriz é −12,5 e está aumentando em valor absoluto?

Módulo 31.4 Circuito *RLC* Série

35 F Uma bobina com 88 mH de indutância e resistência desconhecida e um capacitor de 0,94 μF são ligados em série com um gerador cuja frequência é 930 Hz. Se a diferença de fase entre a tensão aplicada pelo gerador e a corrente no circuito é 75°, qual é a resistência da bobina?

36 F Uma fonte alternada, de frequência variável, um capacitor de capacitância C e um resistor de resistência R são ligados em série. A Fig. 31.11 mostra a impedância Z do circuito em função da frequência angular de excitação ω_d. A curva possui uma assíntota de 500 Ω e a escala do eixo horizontal é definida por $\omega_{ds} = 300$ rad/s. A figura mostra também a reatância X_C do capacitor em função de ω_d. Determine o valor (a) de R e (b) de C.

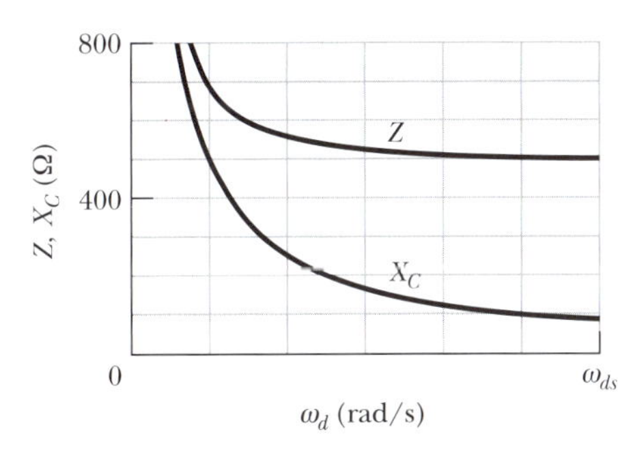

Figura 31.11 Problema 36.

37 F Um motor elétrico possui uma resistência efetiva de 32,0 Ω e uma reatância indutiva de 45,0 Ω quando está em carga. A amplitude da tensão da fonte alternada é 420 V. Calcule a amplitude da corrente.

38 F A Fig. 31.12 mostra a amplitude I da corrente em função da frequência angular de excitação ω_d de um circuito *RLC*. A escala do eixo vertical é definida por $I_s = 4{,}00$ A. A indutância é 200 μH e a amplitude da força eletromotriz é 8,0 V. Determine o valor (a) de C e (b) de R.

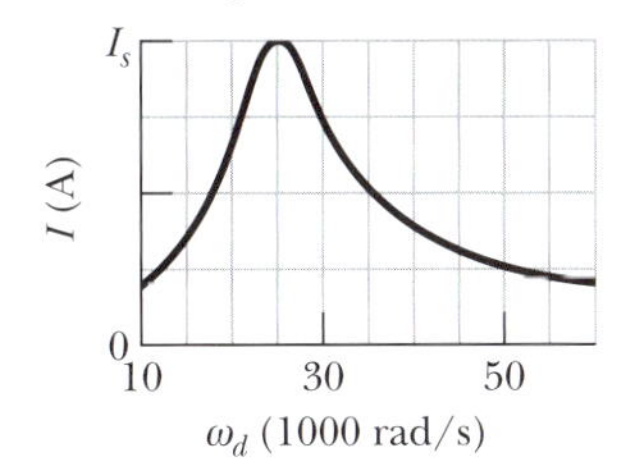

Figura 31.12 Problema 38.

39 F Remova o indutor do circuito da Fig. 31.3.2 e faça $R = 200$ Ω, $C = 15{,}0$ μF, $f_d = 60{,}0$ Hz e $\mathscr{E}_m = 36{,}0$ V. Determine o valor (a) de Z, (b) de ϕ e (c) de I. (d) Desenhe um diagrama fasorial.

40 F Uma fonte alternada com uma força eletromotriz de 6,00 V e com um ângulo de fase de 30,0° é ligada a um circuito *RLC* série. Quando a diferença de potencial entre os terminais do capacitor atinge o valor máximo positivo de 5,00 V, qual é a diferença de potencial entre os terminais do indutor (incluindo o sinal)?

41 F Na Fig. 31.3.2, faça $R = 200$ Ω, $C = 70{,}0$ μF, $L = 230$ mH, $f_d = 60{,}0$ Hz e $\mathscr{E}_m = 36{,}0$ V. Determine o valor (a) de Z, (b) de ϕ e (c) de I. (d) Desenhe um diagrama fasorial.

42 F Uma fonte de corrente alternada, de frequência variável, um indutor de indutância L e um resistor de resistência R são ligados em série. A Fig. 31.13 mostra a impedância Z do circuito em função da frequência de excitação ω_d, com a escala do eixo horizontal definida por $\omega_{ds} = 1.600$ rad/s. A figura mostra também a reatância X_L do indutor em função de ω_d. Determine o valor (a) de R e (b) de L.

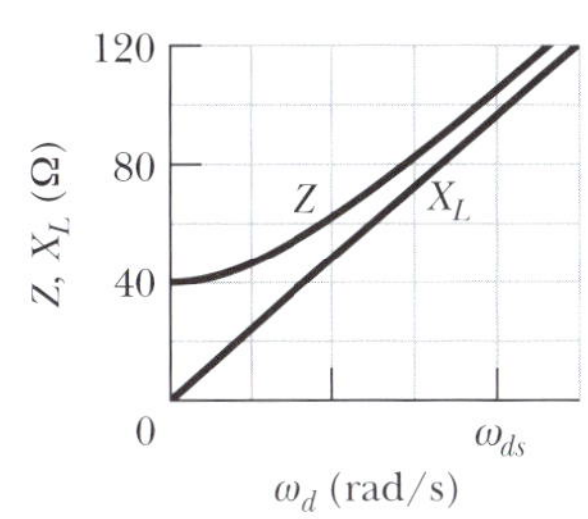

Figura 31.13 Problema 42.

43 F Remova o capacitor do circuito da Fig. 31.3.2 e faça $R = 200$ Ω, $L = 230$ mH, $f_d = 60{,}0$ Hz e $\mathscr{E}_m = 36{,}0$ V. Determine o valor (a) de Z, (b) de ϕ e (c) de I. (d) Desenhe um diagrama fasorial.

44 M Um gerador de corrente alternada com $\mathscr{E}_m = 220$ V e $f_d = 400$ Hz produz oscilações em um circuito *RLC* série com $R = 220$ Ω, $L = 150$ mH e $C = 24{,}0$ μF. Determine (a) a reatância capacitiva X_C, (b) a impedância Z e (c) a amplitude I da corrente. Um segundo capacitor com a mesma capacitância é ligado em série com os outros componentes. Determine se o valor de (d) X_C, (e) Z e (f) I aumenta, diminui ou permanece o mesmo.

45 M (a) Em um circuito *RLC*, a amplitude da tensão do indutor pode ser maior que a força eletromotriz do gerador? (b) Considere um circuito *RLC* com $\mathscr{E}_m = 10$ V, $R = 10$ Ω, $L = 1{,}0$ H e $C = 1{,}0$ μF. Determine a amplitude da tensão do indutor na frequência de ressonância.

46 M Uma fonte alternada de frequência variável f_d é ligada em série com um resistor de 50,0 Ω e um capacitor de 20,0 μF. A amplitude da força eletromotriz é 12,0 V. (a) Desenhe um diagrama fasorial para o fasor V_R (tensão do resistor) e para o fasor V_C (tensão do capacitor). (b) Para que frequência de excitação f_d os dois fasores têm o mesmo comprimento? Para essa frequência, determine (c) o ângulo de fase em graus, (d) a velocidade angular de rotação dos fasores e (e) a amplitude da corrente.

47 M CALC Um circuito *RLC* como o da Fig. 31.3.2 tem $R = 5{,}00$ Ω, $C = 20{,}0$ μF, $L = 1{,}00$ H e $\mathscr{E}_m = 30{,}0$ V. (a) Para que frequência angular ω_d a amplitude da corrente é máxima, como nas curvas de ressonância da Fig. 31.4.3? (b) Qual é o valor máximo? (c) Para que frequência angular $\omega_{d1} < \omega_d$ a amplitude da corrente tem metade do valor máximo? (d) Para que frequência angular $\omega_{d2} > \omega_d$ a amplitude da corrente tem metade do valor máximo? (e) Qual é o valor de $(\omega_{d2} - \omega_{d1})/\omega$, a largura de linha relativa a meia altura da curva de ressonância desse circuito?

48 M A Fig. 31.14 mostra um circuito *RLC*, alimentado por um gerador, que possui dois capacitores iguais e duas chaves. A amplitude da força eletromotriz é 12,0 V e a frequência do gerador é 60,0 Hz. Com as duas chaves abertas, a corrente está adiantada 30,9° em relação à tensão. Com a chave S_1 fechada e a chave S_2 aberta, a corrente está adiantada 15,0° em relação à tensão. Com as duas chaves fechadas, a amplitude da corrente é 447 mA. Determine o valor (a) de R, (b) de C e (c) de L.

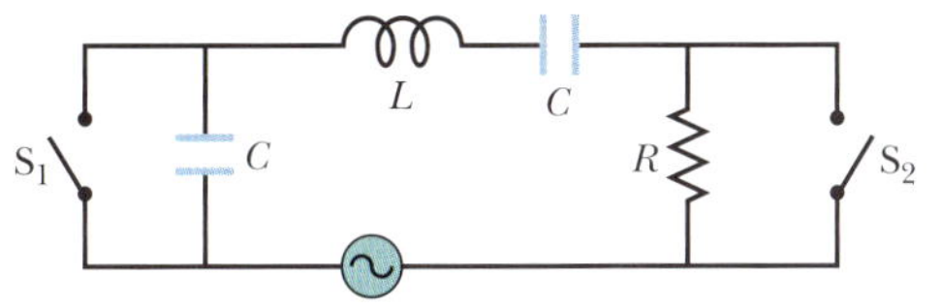

Figura 31.14 Problema 48.

49 M Na Fig. 31.15, um gerador de frequência ajustável é ligado a um circuito formado pela resistência $R = 100\ \Omega$, as indutâncias $L_1 = 1,70$ mH e $L_2 = 2,30$ mH e as capacitâncias $C_1 = 4,00\ \mu$F, $C_2 = 2,50\ \mu$F e $C_3 = 3,50\ \mu$F. (a) Qual é a frequência de ressonância do circuito? (*Sugestão:* Ver Problema 47 do Capítulo 30.) Determine o que acontece com a frequência de ressonância (b) quando R aumenta, (c) quando L_1 aumenta e (d) quando C_3 é removido do circuito.

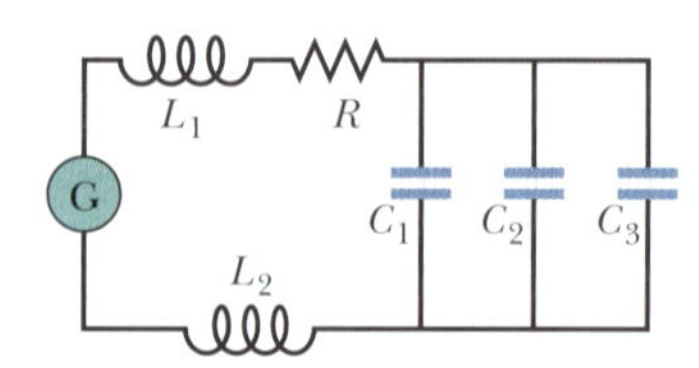

Figura 31.15 Problema 49.

50 M Uma fonte de força eletromotriz alternada, de frequência variável f_d, é ligada em série com um resistor de 80,0 Ω e um indutor de 40,0 mH. A amplitude da força eletromotriz é 6,00 V. (a) Desenhe um diagrama fasorial para o fasor V_R (a tensão no resistor) e para o fasor V_L (a tensão no indutor). (b) Para que frequência de excitação f_d os dois fasores têm o mesmo comprimento? Para essa frequência de excitação, determine (c) o ângulo de fase em graus, (d) a velocidade angular de rotação dos fasores e (e) a amplitude da corrente.

51 M A largura de linha relativa a meia altura $\Delta\omega_d/\omega$ de uma curva de ressonância, como as que aparecem na Fig. 31.4.3, é a largura de linha na metade do valor máximo de I dividida pela frequência angular de ressonância. Mostre que $\Delta\omega_d/\omega = R(3C/L)^{1/2}$, em que ω é a frequência angular de ressonância. Observe que a razão $\Delta\omega_d/\omega$ aumenta quando R aumenta, como mostra a Fig. 31.4.3.

Módulo 31.5 Potência em Circuitos de Corrente Alternada

52 F Um voltímetro de CA com alta impedância é ligado sucessivamente aos terminais de um indutor, aos terminais de um capacitor e aos terminais de um resistor em um circuito série ao qual é aplicada uma força eletromotriz alternada de 100 V (rms); nos três casos, o instrumento fornece a mesma leitura em volts. Qual é essa leitura?

53 F Um aparelho de ar condicionado ligado a uma tomada de 120 V rms é equivalente a uma resistência de 12,0 Ω e uma reatância indutiva de 1,30 Ω ligadas em série. Determine (a) a impedância do aparelho e (b) a potência consumida pelo aparelho.

54 F Qual é o valor máximo de uma tensão alternada cujo valor rms é 100 V?

55 F Que corrente contínua produz a mesma energia térmica, em um resistor, que uma corrente alternada com um valor máximo de 2,60 A?

56 M Um *dimmer* típico, como os que são usados para regular a luminosidade das lâmpadas do palco nos teatros, é composto por um indutor variável L (cuja indutância pode ser ajustada entre zero e $L_{máx}$) ligado em série com uma lâmpada B, como mostra a Fig. 31.16. O circuito é alimentado com uma tensão de 120 V rms, 60 Hz; a lâmpada é de 120 V, 1.000 W. (a) Qual deve ser o valor de $L_{máx}$ para que a potência dissipada na lâmpada possa variar entre 200 e 1.000 W? Suponha que a resistência da lâmpada é independente da temperatura. (b) É possível usar um resistor variável (ajustável entre zero e $R_{máx}$) em vez de um indutor? (c) Nesse caso, qual deve ser o valor de $R_{máx}$? (d) Por que não se usa esse método?

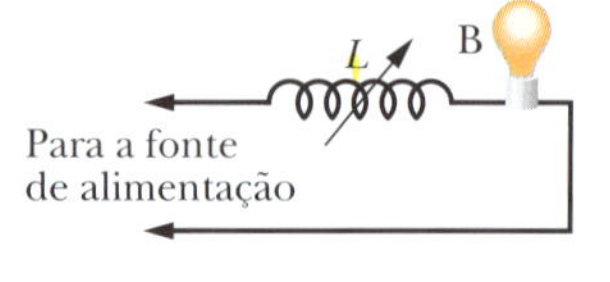

Figura 31.16 Problema 56.

57 M Em um circuito RLC como o da Fig. 31.3.2, suponha que $R = 5,00\ \Omega$, $L = 60,0$ mH, $f_d = 60,0$ Hz e $\mathscr{E}_m = 30,0$ V. (a) Para qual valor de capacitância a potência dissipada na resistência é máxima? (b) Para qual valor de capacitância a potência dissipada na resistência é mínima? Determine (c) a dissipação máxima, (d) o ângulo de fase correspondente e (e) o fator de potência correspondente. Determine também (f) a dissipação mínima, (g) o ângulo de fase correspondente e (h) o fator de potência correspondente.

58 M CALC Mostre que a potência dissipada na resistência R da Fig. 31.17 é máxima quando R é igual à resistência r do gerador de corrente alternada. (Na discussão do texto, supusemos tacitamente que $r = 0$.)

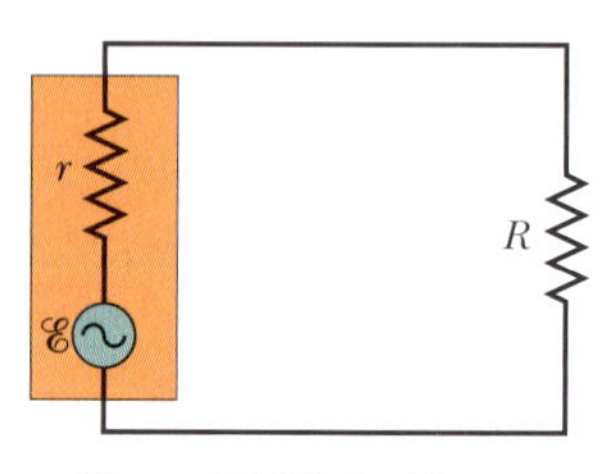

Figura 31.17 Problemas 58 e 66.

59 M Na Fig. 31.3.2, $R = 15,0\ \Omega$, $C = 4,70\ \mu$F e $L = 25,0$ mH. O gerador produz uma força eletromotriz com uma tensão rms de 75,0 V e uma frequência de 550 Hz. (a) Qual é a corrente rms? Determine a tensão rms (b) em R, (c) em C, (d) em L, (e) em C e L juntos e (f) em R, C e L juntos. Determine a potência média dissipada (g) em R, (h) em C e (i) em L.

60 M CALC Em um circuito RLC série oscilante, $R = 16,0\ \Omega$, $C = 31,2\ \mu$F, $L = 9,20$ mH e $\mathscr{E} = \mathscr{E}_m$ sen $\omega_d t$ com $\mathscr{E}_m = 45,0$ V e $\mathscr{E}_m = 3000$ rad/s. No instante $t = 0,442$ ms, determine (a) a taxa P_g com a qual a energia está sendo fornecida pelo gerador; (b) a taxa P_C com a qual a energia do capacitor está variando, (c) a taxa P_L com a qual a energia do indutor está variando e (d) a taxa P_R com a qual a energia está sendo dissipada no resistor. (e) A soma de P_C, P_L e P_R é maior, menor ou igual a P_g?

61 M A Fig. 31.18 mostra um gerador de CA ligado aos terminais de uma "caixa-preta". A caixa contém um circuito RLC, possivelmente com mais de uma malha, cujos componentes e ligações são desconhecidos. Medidas realizadas do lado de fora da caixa revelam que

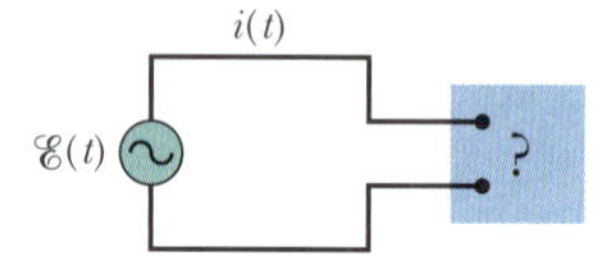

Figura 31.18 Problema 61.

$$\mathscr{E}(t) = (75,0\ \text{V})\ \text{sen}\ \omega_d t$$

e $i(t) = (1,20\ \text{A})\ \text{sen}(\omega_d t + 42,0°)$.

(a) Qual é o fator de potência? (b) A corrente está adiantada ou atrasada em relação à força eletromotriz? (c) O circuito no interior da caixa é mais indutivo ou mais capacitivo? (d) O circuito no interior da caixa está sendo excitado na frequência de ressonância? (e) Deve haver um capacitor no interior da caixa? (f) Deve haver um indutor no interior da caixa? (g) Deve haver um resistor no interior da caixa? (h) Qual é a potência fornecida à caixa pelo gerador? (i) Por que não é preciso conhecer o valor de ω_d para responder a essas perguntas?

Módulo 31.6 Transformadores

62 F Um gerador fornece 100 V ao enrolamento primário de um transformador, que possui 50 espiras. Se o enrolamento secundário possui 500 espiras, qual é a tensão no secundário?

63 F Um transformador possui 500 espiras no primário e 10 espiras no secundário. (a) Se V_p é 120 V (rms), quanto é V_s, com o secundário em circuito aberto? Se o secundário está ligado a uma carga resistiva de 15 Ω, determine (b) a corrente no primário e (c) a corrente no secundário.

64 F A Fig. 31.19 mostra um *autotransformador*, um componente no qual uma bobina com três terminais é enrolada em um núcleo de ferro. Entre os terminais T_1 e T_2 existem 200 espiras, e entre os terminais T_2 e T_3 existem 800 espiras. Qualquer par de terminais pode ser usado como os terminais do primário, e qualquer par de terminais pode ser usado como os terminais do secundário. Para as escolhas que resultam em um transformador elevador de tensão, determine (a) o menor valor da razão V_s/V_p, (b) o segundo menor valor da razão V_s/V_p e (c) o maior valor da razão V_s/V_p. Para as escolhas que resultam em um transformador abaixador de tensão,

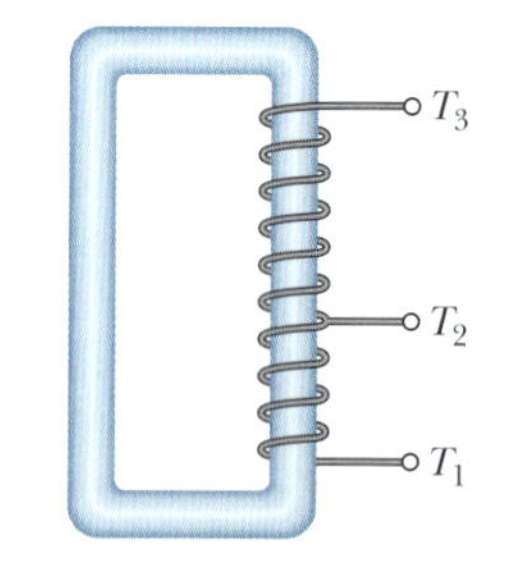

Figura 31.19 Problema 64.

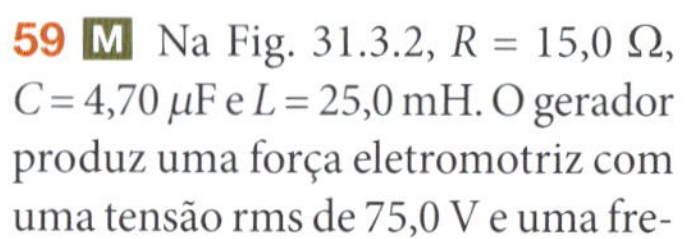

determine (d) o menor valor da razão V_s/V_p, (e) o segundo menor valor da razão V_s/V_p e (f) o maior valor da razão V_s/V_p.

65 **M** Um gerador de CA alimenta uma carga resistiva em uma fábrica distante por meio de uma linha de transmissão de dois cabos. Na fábrica, um transformador abaixador de tensão reduz a tensão do valor de transmissão V_t (rms) para um valor muito menor que é mais seguro e conveniente para ser usado na fábrica. A resistência da linha de transmissão é 0,30 Ω/cabo e a potência do gerador é 250 kW. Se V_t = 80 kV, determine (a) a queda de tensão ΔV na linha de transmissão e (b) a potência P_d dissipada na linha. Se V_t = 8,0 kV, determine o valor (c) de ΔV e (d) de P_d. Se V_t = 0,80 kV, determine o valor (e) de ΔV e (f) de P_d.

Problemas Adicionais

66 **CALC** Na Fig. 31.17, suponha que o retângulo da esquerda representa a saída (de alta impedância) de um amplificador de áudio, com r = 1.000 Ω. Suponha que R = 10 Ω representa a bobina (de baixa impedância) de um alto-falante. Para que a transferência de energia para a carga R seja máxima, devemos ter $R = r$, o que, nesse caso, não é verdade. Entretanto, os transformadores podem ser usados para "transformar" resistências, fazendo com que estas se comportem eletricamente como se fossem maiores ou menores do que realmente são. (a) Modifique o circuito da Fig. 31.17 de modo a incluir um transformador entre o amplificador e o alto-falante para casar as impedâncias. (b) Qual deve ser a relação de espiras do transformador?

67 Um gerador de corrente alternada produz uma força eletromotriz $\mathscr{E} = \mathscr{E}_m \operatorname{sen}(\omega_d t - \pi/4)$, em que $\mathscr{E}_m$ = 30,0 V e ω_d = 350 rad/s. A corrente no circuito ligado ao gerador é dada por $i(t) = I \operatorname{sen}(\omega_d t + \pi/4)$, em que I = 620 mA. (a) Em que instante após t = 0 a força eletromotriz atinge o valor máximo pela primeira vez? (b) Em que instante após t = 0 a corrente atinge o valor máximo pela primeira vez? (c) O circuito contém um único componente além do gerador. Trata-se de um capacitor, de um indutor ou de um resistor? Justifique sua resposta. (d) Qual é o valor do componente?

68 Um circuito RLC série é excitado por um gerador com uma frequência de 2.000 Hz e uma amplitude de 170 V. A indutância é 60,0 mH, a capacitância é 0,400 μF e a resistência é 200 Ω. (a) Qual é a constante de fase em radianos? (b) Qual é a amplitude da corrente?

69 Um gerador com uma frequência de 3.000 Hz aplica uma força eletromotriz de 120 V de amplitude a um circuito RLC série. A resistência do circuito é 40,0 Ω, a capacitância é 1,60 μF e a indutância é 850 μH. Determine (a) a constante de fase em radianos e (b) a amplitude da corrente. (c) O circuito é mais capacitivo, mais indutivo ou está em ressonância?

70 Um indutor de 45,0 mH possui uma reatância de 1,30 kΩ. (a) Qual é a frequência de operação do circuito? (b) Qual é a capacitância de um capacitor com a mesma reatância na mesma frequência? Se a frequência for multiplicada por dois, qual será a nova reatância (c) do indutor e (d) do capacitor?

71 Um circuito RLC é excitado por um gerador com uma força eletromotriz com 80,0 V de amplitude e uma corrente com 1,25 A de amplitude. A corrente está adiantada de 0,650 rad em relação à tensão. Determine (a) a impedância e (b) a resistência do circuito. (c) O circuito é mais indutivo, mais capacitivo ou está em ressonância?

72 Um circuito RLC série é alimentado de tal forma que a tensão máxima no indutor é 1,50 vez a tensão máxima no capacitor e 2,00 vezes a tensão máxima no resistor. (a) Qual é o ϕ do circuito? (b) O circuito é mais indutivo, mais capacitivo ou está em ressonância? A resistência é 49,9 Ω e a amplitude da corrente é 200 mA. (c) Qual é a amplitude da força eletromotriz de excitação?

73 Um capacitor de 158 μF e um indutor formam um circuito LC que oscila com uma frequência de 8,15 kHz e uma amplitude de corrente de 4,21 mA. Determine (a) a impedância, (b) a energia total do circuito e (c) a carga máxima do capacitor.

74 Um circuito LC oscilante tem uma indutância de 3,00 mH e uma capacitância de 10,0 μF. Determine (a) a frequência angular e (b) o período de oscilação. (c) No instante t = 0, o capacitor é carregado com 200 μC e a corrente é zero. Faça um esboço da carga do capacitor em função do tempo.

75 Em um circuito RLC série, a força eletromotriz máxima do gerador é 125 V e a corrente máxima é 3,20 A. Se a corrente está adiantada de 0,982 rad em relação à força eletromotriz do gerador, determine (a) a impedância e (b) a resistência do circuito. (c) O circuito é mais capacitivo ou mais indutivo?

76 Um capacitor de 1,50 μF possui uma reatância capacitiva de 12,0 Ω. (a) Qual é a frequência de operação do circuito? (b) Qual será a reatância capacitiva do capacitor se a frequência for multiplicada por dois?

77 Na Fig. 31.20, um gerador trifásico G produz energia elétrica, que é transmitida por três fios. Os potenciais dos três fios (em relação a uma referência comum) são $V_1 = A \operatorname{sen} \omega_d t$ para o fio 1, $V_2 = A \operatorname{sen}(\omega_d t - 120°)$ para o fio 2, e $V_3 = A \operatorname{sen}(\omega_d t - 240°)$ para o fio 3. Alguns equipamentos industriais pesados (motores, por exemplo) possuem três terminais e são projetados para serem ligados diretamente aos três fios. Para usar um dispositivo mais convencional de dois terminais (uma lâmpada, por exemplo), basta ligar o dispositivo a dois dos três fios. Mostre que a diferença de potencial entre *dois fios quaisquer* (a) oscila senoidalmente com frequência angular ω_d e (b) tem uma amplitude $A\sqrt{3}$.

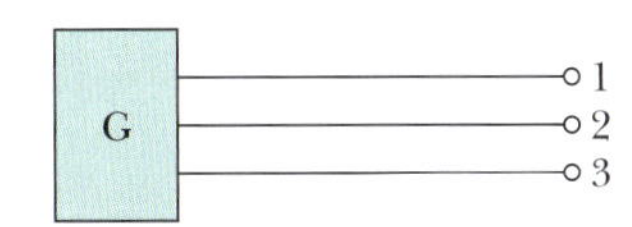

Figura 31.20 Problema 77.

78 Um motor elétrico ligado a uma tomada de 120 V, 60 Hz desenvolve uma potência mecânica de 0,100 hp (1 hp = 746 W). (a) Se o motor consome uma corrente rms de 0,650 A, qual é a resistência efetiva do motor do ponto de vista da transferência de energia? (b) A resistência efetiva é igual à resistência dos enrolamentos do motor, medida com um ohmímetro com o motor desligado da tomada?

79 (a) Em um circuito LC oscilante, qual é a carga, em termos da carga máxima Q do capacitor, quando a energia do campo elétrico é 50,0% da energia do campo magnético? (b) Que fração de período deve transcorrer após o instante em que o capacitor está totalmente carregado para que essa situação aconteça?

80 Um circuito RLC série é excitado por uma fonte alternada cuja frequência é 400 Hz e cuja força eletromotriz tem uma amplitude de 90,0 V. A resistência do circuito é 20,0 Ω, a capacitância é 12,1 μF e a indutância é 24,2 mH. Determine a diferença de potencial rms (a) no resistor, (b) no capacitor e (c) no indutor. (d) Qual é a potência média dissipada no circuito?

81 Em um circuito RLC série excitado com uma frequência de 60,0 Hz, a tensão máxima no indutor é 2,00 vezes a tensão máxima no resistor e 2,00 vezes a tensão máxima no capacitor. (a) De que ângulo a corrente está atrasada em relação à força eletromotriz do gerador? (b) Se a força eletromotriz máxima do gerador é 30,0 V, qual deve ser a resistência do circuito para que a corrente máxima seja de 300 mA?

82 Um indutor de 1,50 mH em um circuito LC oscilante armazena uma energia máxima de 10,0 μJ. Qual é a corrente máxima?

83 Um gerador de frequência ajustável é ligado em série com um indutor L = 2,50 mH e um capacitor C = 3,00 μF. Para que frequência o gerador produz uma corrente com a maior amplitude possível no circuito?

84 Um circuito RLC série possui uma frequência de ressonância de 6,00 kHz. Quando é excitado com uma frequência de 8,00 kHz, o circuito possui uma impedância de 1,00 kΩ e uma constante de fase de 45°. Determine o valor de (a) R, (b) L e (c) C nesse circuito.

85 Um circuito LC oscila com uma frequência de 10,4 kHz. (a) Se a capacitância é 340 μF, qual é a indutância? (b) Se a corrente máxima é 7,20 mA, qual é a energia total do circuito? (c) Qual é a carga máxima do capacitor?

86 Quando está em carga e funcionando com uma tensão rms de 220 V, um motor consome uma corrente rms de 3,00 A. A resistência do motor é 24,0 Ω e a reatância capacitiva é zero. Qual é a reatância indutiva?

87 O gerador de corrente alternada da Fig. 31.21 fornece uma força eletromotriz de 120 V e 60,0 Hz. Com a chave aberta como na figura, a corrente está adiantada de 20,0° em relação à força eletromotriz do gerador. Quando a chave é colocada na posição 1, a corrente fica atrasada de 10,0° em relação à força eletromotriz do gerador. Quando a chave é colocada na posição 2, a amplitude da corrente é 2,00 A. Determine o valor (a) de R, (b) de L e (c) de C.

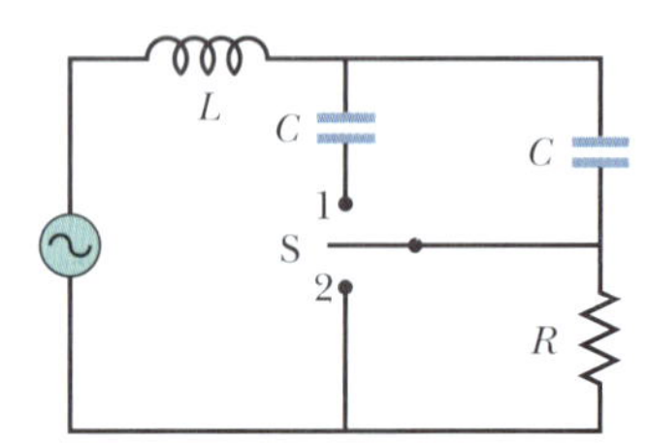

Figura 31.21 Problema 87.

88 Em um circuito LC oscilante, $L = 8,00$ mH e $C = 1,40$ μF. No instante $t = 0$, a corrente é máxima e tem o valor de 12,0 mA. (a) Qual é a carga máxima do capacitor durante as oscilações? (b) Em que instante de tempo $t > 0$ a taxa de variação da energia armazenada no capacitor é máxima pela primeira vez? (c) Qual é o valor da taxa de variação?

89 No caso de um circuito RLC série, mostre que em um ciclo completo de período T (a) a energia armazenada no capacitor não varia; (b) a energia armazenada no indutor não varia; (c) a energia fornecida pela fonte alternada é $(T/2)\,\mathscr{E}_m I \cos\phi$; (d) a energia dissipada no resistor é $TRI^2/2$. (e) Mostre que os resultados dos itens (c) e (d) são iguais.

90 Que capacitância deve ser ligada a um indutor de 1,30 mH para que a frequência de ressonância do circuito seja de 3,50 kHz?

91 Um circuito série com a combinação resistor-indutor-capacitor R_1, L_1, C_1 tem a mesma frequência de ressonância que um segundo circuito com uma combinação diferente, R_2, L_2, C_2. As duas combinações são ligadas em série. Mostre que a frequência de ressonância do novo circuito é a mesma dos dois circuitos separados.

92 Considere o circuito da Fig. 31.22. Com a chave S_1 fechada e as outras duas chaves abertas, a constante de tempo do circuito é τ_C. Com a chave S_2 fechada e as duas outras chaves abertas, a constante de tempo do circuito é τ_L. Com a chave S_3 fechada e as outras duas chaves abertas, o circuito oscila com um período T. Mostre que $T = 2\pi\sqrt{\tau_C \tau_L}$.

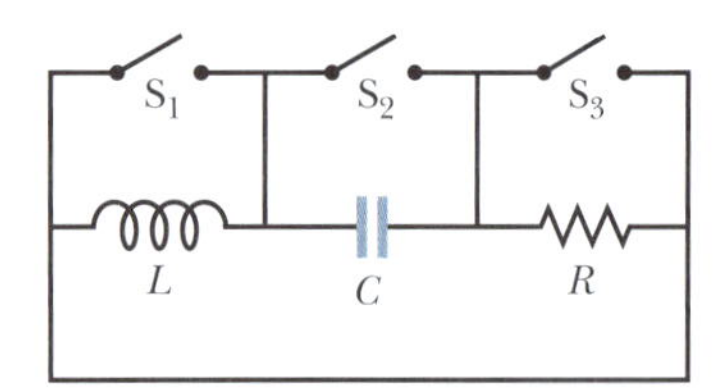

Figura 31.22 Problema 92.

93 *Corrente entre mãos.* Aqui estão os efeitos produzidos por uma corrente elétrica ao atravessar uma pessoa, por exemplo, de uma das mãos para a outra:

1 mA, limiar de percepção

10–20 mA, contrações musculares involuntárias

100–300 mA, fibrilação do músculo cardíaco, possivelmente fatal

1 A, parada cardíaca, queimaduras internas.

Os técnicos que trabalham com circuitos vivos (*energizados*) costumam manter uma das mãos atrás das costas para evitar que as duas mãos entrem ao mesmo tempo em contato com o circuito. Alguns chegam a introduzir uma das mãos no bolso de trás. A Fig. 31.23 mostra um circuito vivo que uma pessoa tocou com as duas mãos. A tensão rms é $V_{rms} = 120$ V e a resistência elétrica do corpo da pessoa é $R_{corpo} = 300$ Ω. Qual é o valor I_{rms} da corrente que atravessa a pessoa se a resistência de cada mão é (a) $R_{seca} = 100$ kΩ se as mãos estiverem secas e (b) $R_{molhada} = 1,00$ kΩ se as mãos estiverem molhadas de suor?

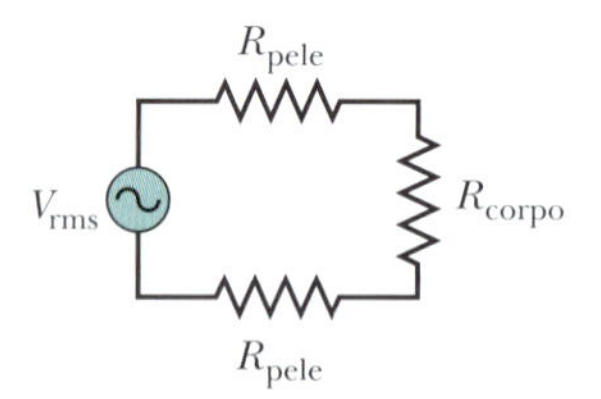

Figura 31.23 Problema 93.

94 *Corrente de espasmo.* Um dos perigos da eletricidade, em casa e no trabalho, é o seguinte: se uma pessoa segura um fio vivo (*energizado*), ou um objeto condutor em contato com um fio vivo, pode não conseguir largar o fio ou o objeto por causa de contrações involuntárias dos músculos da mão. Suponha que a corrente elétrica passa pela mão, pelo corpo, pelos sapatos e vai para o chão. De acordo com experimentos, a maioria das pessoas pode largar o fio quando a corrente que atravessa o corpo é 6 mA, mas não consegue largar o fio quando a corrente é 22 mA, a chamada "corrente de espasmo". Suponha que a tensão é $V_{rms} = 120$ V, a resistência da pele da mão é $R_{seca} = 100$ kΩ se a pele da mão estiver seca e $R_{molhada} = 1,0$ kΩ se a pele estiver molhada de suor, a resistência do corpo é $R_{corpo} = 300$ Ω, $R_{botas} = 2.000$ Ω para botas de eletricista e $R_{sapatos} = 200$ Ω para sapatos comuns. (a) Qual é a corrente I_{rms} que atravessa a pessoa se ela estiver com a mão seca e usando botas de eletricista? (b) Qual é a corrente se a pessoa estiver com a mão molhada e usando botas de eletricista? (c) Qual é a corrente se a pessoa estiver com a mão molhada e usando sapatos de couro? Nos três casos, verifique se a corrente é maior ou menor que a corrente de espasmo. Uma observação importante é o fato de que, mesmo que a corrente seja apenas ligeiramente maior que a corrente de espasmo, as contrações involuntárias podem aumentar a sudorese e a área de contato entre a mão e o fio, o que diminui a resistência e aumenta a corrente.

C A P Í T U L O 3 2

Equações de Maxwell; Magnetismo da Matéria

32.1 LEI DE GAUSS PARA CAMPOS MAGNÉTICOS

Objetivos do Aprendizado

Depois de ler este módulo, você será capaz de ...

32.1.1 Saber que a estrutura magnética mais simples é o dipolo magnético.

32.1.2 Calcular o fluxo magnético Φ através de uma superfície integrando o produto escalar do vetor campo magnético $\vec{B}$ pelo vetor área $d\vec{A}$ ao longo de toda a superfície.

32.1.3 Saber que o fluxo magnético através de uma superfície gaussiana (que é uma superfície fechada) é zero.

Ideias-Chave

- A estrutura magnética mais simples é o dipolo magnético. Não existem (até onde sabemos) monopolos magnéticos. De acordo com a lei de Gauss para campos magnéticos,

$$\Phi_B = \oint \vec{B} \cdot d\vec{A} = 0,$$

o fluxo magnético através de uma superfície gaussiana (que é uma superfície fechada) é zero. Uma das consequências da lei de Gauss é o fato de que os monopolos magnéticos não existem.

O que É Física?

Este capítulo ajuda a dar uma ideia da abrangência da física, pois cobre desde a ciência básica dos campos elétricos e magnéticos até a ciência aplicada e engenharia dos materiais magnéticos. Em primeiro lugar, concluímos a discussão dos campos elétricos e magnéticos mostrando que quase todos os princípios físicos apresentados nos últimos 11 capítulos podem ser resumidos em apenas *quatro* equações, conhecidas como equações de Maxwell.

Em segundo lugar, discutimos a ciência e engenharia dos materiais magnéticos. Muitos cientistas e engenheiros estão empenhados em descobrir por que alguns materiais são magnéticos e outros não e de que forma os materiais magnéticos conhecidos podem ser melhorados. Esses pesquisadores se perguntam por que há um campo magnético associado à Terra, mas não há um campo magnético associado ao corpo humano. Existe uma grande variedade de aplicações para materiais magnéticos em automóveis, cozinhas, escritórios e hospitais, e as propriedades magnéticas dos materiais muitas vezes se manifestam de forma inesperada. Assim, por exemplo, se você possui uma tatuagem (Fig. 32.1.1) e se submete a um exame de ressonância magnética, o campo magnético de alta intensidade usado no exame pode produzir um puxão na sua pele, porque algumas tintas usadas em tatuagens possuem partículas magnéticas. Para dar outro exemplo, alguns cereais são anunciados como "fortificados com ferro" porque contêm partículas de ferro para serem ingeridas. Como são magnéticos, os pedacinhos de ferro podem ser recolhidos e observados mergulhando um ímã permanente em uma mistura de água e cereal. CVF

Nosso primeiro passo será apresentar novamente a lei de Gauss, desta vez para campos magnéticos.

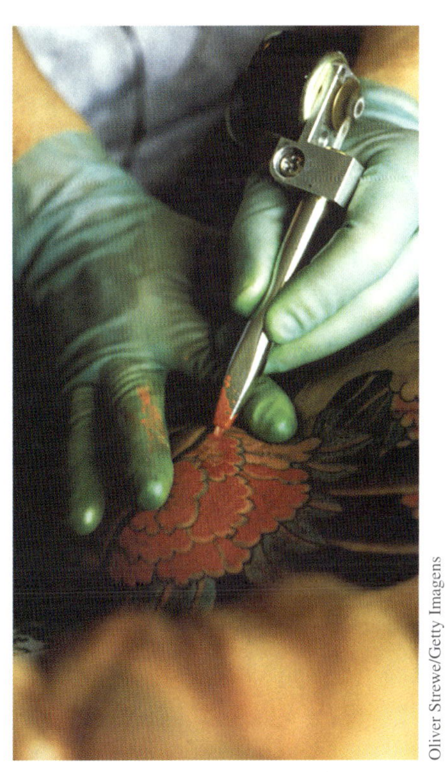

Figura 32.1.1 Algumas tintas usadas em tatuagens contêm partículas magnéticas.

Lei de Gauss para Campos Magnéticos

Figura 32.1.2 Um ímã em forma de barra é um dipolo magnético. A limalha de ferro acompanha as linhas de campo. (O fundo foi criado com luzes coloridas.)

A Fig. 32.1.2 mostra o desenho criado quando espalhamos limalha de ferro em uma folha transparente colocada acima de um ímã em forma de barra. Ao se alinharem com o campo magnético do ímã, as partículas de ferro formam um padrão que revela a presença e a configuração do campo. Uma das extremidades do ímã é a *fonte* do campo (as linhas de campo divergem nessa região) e a outra extremidade é o *dreno* (as linhas de campo convergem para essa região). Por convenção, a fonte é chamada *polo norte* do ímã e o dreno é chamado *polo sul*. O ímã, com seus dois polos, é um exemplo de **dipolo magnético**.

Suponha que um ímã em forma de barra seja partido em vários pedaços, como se fosse um bastão de giz (Fig. 32.1.3). É natural esperar que com isso fossem produzidos polos magnéticos isolados, ou seja, *monopolos magnéticos*. Entretanto, isso jamais acontece, mesmo que o ímã seja separado em fragmentos do tamanho de átomos e os átomos sejam separados em núcleos e elétrons. Na verdade, todos os fragmentos possuem um polo norte e um polo sul. Assim, podemos afirmar o seguinte:

A estrutura magnética mais simples que existe é o dipolo magnético. Não existem (até onde sabemos) monopolos magnéticos.

A lei de Gauss para campos magnéticos é um modo formal de afirmar que os monopolos magnéticos não existem. De acordo com a lei, o fluxo magnético Φ_B através de uma superfície gaussiana é zero:

$$\Phi_B = \oint \vec{B} \cdot d\vec{A} = 0 \quad \text{(lei de Gauss para campos magnéticos).} \qquad (32.1.1)$$

De acordo com a lei de Gauss para campos elétricos, por outro lado,

$$\Phi_E = \oint \vec{E} \cdot d\vec{A} = \frac{q_{\text{env}}}{\varepsilon_0} \quad \text{(lei de Gauss para campos elétricos).}$$

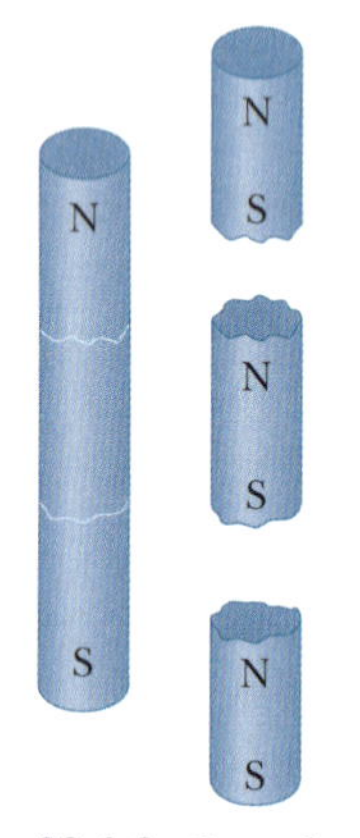

Figura 32.1.3 Quando partimos um ímã em pedaços, cada pedaço se torna um ímã completo, com um polo norte e um polo sul.

Nas duas equações, a integral é calculada para uma superfície *fechada*. De acordo com a lei de Gauss para campos elétricos, a integral (o fluxo de campo elétrico através da superfície) é proporcional à carga elétrica q_{env} envolvida pela superfície. De acordo com a lei de Gauss para campos magnéticos, o fluxo magnético através da superfície é zero porque não existe uma "carga magnética" (monopolo magnético) que possa ser envolvida pela superfície. A estrutura magnética mais simples que existe e pode ser envolvida por uma superfície gaussiana é o dipolo magnético, que contém tanto uma fonte como um dreno para as linhas de campo. Assim, o fluxo para fora da superfície é necessariamente igual ao fluxo para dentro da superfície, e o fluxo total é zero.

A lei de Gauss para campos magnéticos se aplica a sistemas mais complicados que um dipolo magnético e é válida, mesmo que a superfície gaussiana não envolva todo o sistema. A superfície gaussiana II da Fig. 32.1.4 não contém nenhum dos polos do ímã em forma de barra, e podemos concluir facilmente que o fluxo que atravessa a superfície é zero. O caso da superfície gaussiana I é mais difícil. Aparentemente, ela envolve apenas o polo norte do ímã, uma vez que envolve a região assinalada com a letra N e não a região assinalada com a letra S. Entretanto, podemos associar um polo sul à parte inferior da superfície, já que as linhas de campo magnético penetram na superfície nessa região. (A parte envolvida se comporta como um dos pedaços em que foi partido o ímã em forma de barra da Fig. 32.1.3.) Assim, a superfície gaussiana I envolve um dipolo magnético, e o fluxo total que atravessa a superfície é zero.

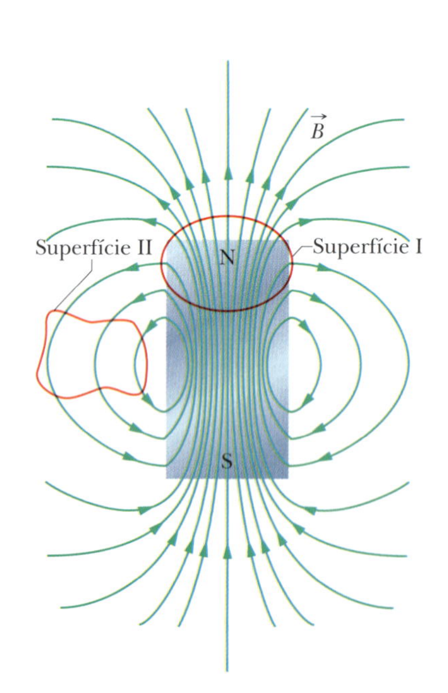

Figura 32.1.4 Linhas de campo do campo magnético $\vec{B}$ de um ímã em forma de barra. As curvas vermelhas representam seções retas de superfícies gaussianas tridimensionais.

Teste 32.1.1

A figura mostra quatro superfícies fechadas com bases planas e superfícies laterais curvas. A tabela mostra a área A das bases e o módulo B do campo magnético uniforme e perpendicular que atravessa essas bases; as unidades de A e de B são arbitrárias, mas coerentes. Coloque as superfícies na ordem decrescente do módulo do fluxo magnético através das superfícies laterais.

Superfície	A_{sup}	B_{sup}	A_{inf}	B_{inf}
a	2	6, para fora	4	3, para dentro
b	2	1, para dentro	4	2, para dentro
c	2	6, para dentro	2	8, para fora
d	2	3, para fora	3	2, para fora

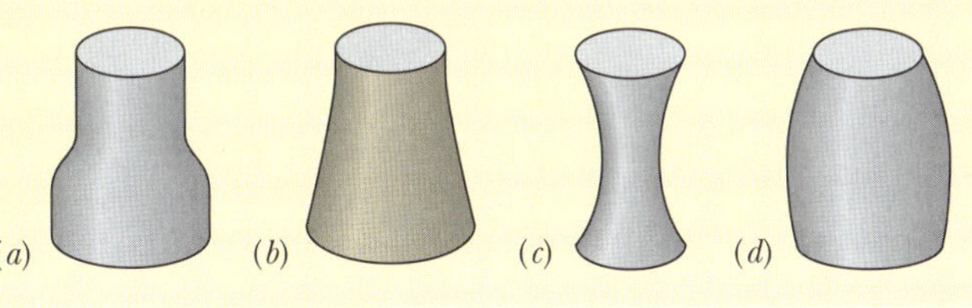

32.2 CAMPOS MAGNÉTICOS INDUZIDOS

Objetivos do Aprendizado

Depois de ler este módulo, você será capaz de ...

32.2.1 Saber que um fluxo elétrico variável induz um campo magnético.

32.2.2 Usar a lei de indução de Maxwell para relacionar o campo magnético induzido em uma curva fechada à taxa de variação do fluxo elétrico envolvido pela curva.

32.2.3 Desenhar as linhas de campo do campo magnético induzido no interior de um capacitor de placas paralelas circulares que está sendo carregado, indicando a orientação dos vetores do campo elétrico e do campo magnético.

32.2.4 Saber que a lei de Ampère-Maxwell se aplica à situação geral em que existe uma corrente elétrica, e campos magnéticos podem ser induzidos.

Ideias-Chave

- Um fluxo elétrico variável induz um campo magnético $\vec{B}$. A lei de Maxwell,

$$\oint \vec{B}\cdot d\vec{s} = \mu_0\varepsilon_0 \frac{d\Phi_E}{dt} \quad \text{(lei de indução de Maxwell)},$$

relaciona o campo magnético induzido em uma curva fechada à variação do fluxo elétrico Φ_E envolvido pela curva.

- A lei de Ampère, $\oint \vec{B}\cdot d\vec{s} = \mu_0 i_{env}$, pode ser usada para calcular o campo magnético produzido por uma corrente i_{env} envolvida por uma curva fechada. A lei de Maxwell e a lei de Ampère podem ser combinadas em uma única lei, conhecida como lei de Ampère-Maxwell:

$$\oint \vec{B}\cdot d\vec{s} = \mu_0\varepsilon_0 \frac{d\Phi_E}{dt} + \mu_0 i_{env} \quad \text{(lei de Ampère-Maxwell)}.$$

Campos Magnéticos Induzidos 32.1 a 32.3

Como vimos no Capítulo 30, toda variação de fluxo magnético induz um campo elétrico, que pode ser calculado usando a lei de indução de Faraday:

$$\oint \vec{E}\cdot d\vec{s} = -\frac{d\Phi_B}{dt} \quad \text{(lei de indução de Faraday)}. \tag{32.2.1}$$

Nesta equação, $\vec{E}$ é o campo elétrico induzido em uma curva fechada pela variação do fluxo magnético Φ_B envolvido pela curva. Como a simetria é um dos princípios mais importantes da física, somos levados a nos perguntar se a indução pode acontecer no sentido oposto, ou seja, se um fluxo elétrico variável pode induzir um campo magnético.

A resposta é afirmativa; além disso, a equação que governa a indução de um campo magnético é quase simétrica da Eq. 32.2.1. Essa equação, que recebe o nome de lei de

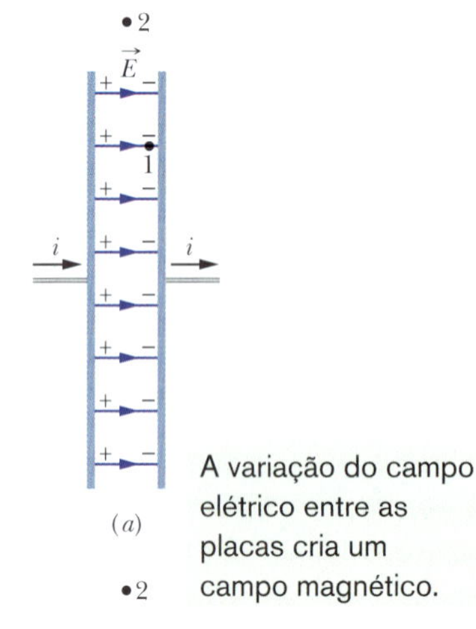

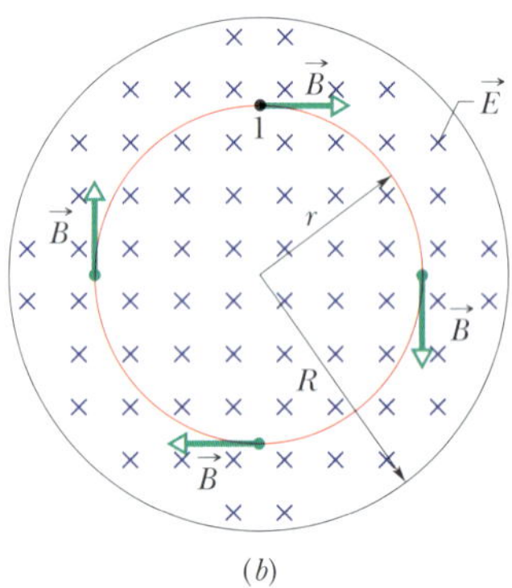

Figura 32.2.1 (*a*) Um capacitor de placas paralelas circulares, visto de lado, está sendo carregado por uma corrente constante *i*. (*b*) Uma vista do interior do capacitor, olhando na direção da placa que está à direita em (*a*). O campo elétrico $\vec{E}$ é uniforme, aponta para dentro do papel (em direção à placa) e aumenta de intensidade quando a carga do capacitor aumenta. O campo magnético $\vec{B}$ induzido por esse campo elétrico variável é mostrado em quatro pontos de uma circunferência de raio *r* menor que o raio *R* das placas.

indução de Maxwell, em homenagem ao cientista inglês James Clerk Maxwell, pode ser escrita na forma

$$\oint \vec{B} \cdot d\vec{s} = \mu_0 \varepsilon_0 \frac{d\Phi_E}{dt} \quad \text{(lei de indução de Maxwell).} \qquad (32.2.2)$$

Aqui, $\vec{B}$ é o campo magnético induzido ao longo de uma curva fechada pela variação do fluxo elétrico Φ_E na região envolvida pela curva.

Carga de um Capacitor. Como exemplo desse tipo de indução, considere a carga de um capacitor de placas paralelas com placas circulares. (Embora tenhamos escolhido essa configuração em nosso exemplo, todo campo elétrico variável induz um campo magnético.) Suponha que a carga do capacitor (Fig. 32.2.1*a*) esteja aumentando a uma taxa constante graças à existência de uma corrente constante *i* nos fios de ligação. Nesse caso, o módulo do campo elétrico entre as placas também está aumentando a uma taxa constante.

A Fig. 32.2.1*b* mostra a placa da direita da Fig. 32.2.1*a* do ponto de vista da região entre as placas. O campo elétrico aponta para dentro do papel. Considere uma circunferência passando pelo ponto 1 das Figs. 32.2.1*a* e *b*, concêntrica com as placas do capacitor e com um raio menor que o raio das placas. Como o campo elétrico que atravessa a circunferência está variando, o fluxo elétrico também varia. De acordo com a Eq. 32.2.2, essa variação do fluxo elétrico induz um campo magnético ao longo da circunferência.

Os experimentos mostram que um campo magnético $\vec{B}$ é realmente induzido ao longo da circunferência, com o sentido indicado na figura. Esse campo magnético tem o mesmo módulo em todos os pontos da circunferência e, portanto, apresenta simetria circular em relação ao *eixo central* das placas do capacitor (reta que liga os centros das placas).

Quando consideramos uma circunferência maior, como a que passa pelo ponto 2, situado do lado de fora das placas nas Figs. 32.2.1*a* e *b*, vemos que um campo magnético também é induzido ao longo da curva. Assim, quando o campo elétrico está variando, campos magnéticos são induzidos tanto no espaço entre as placas como nas regiões vizinhas. Quando o campo elétrico para de variar, os campos magnéticos induzidos desaparecem.

Embora a Eq. 32.2.2 seja semelhante à Eq. 32.2.1, existem duas diferenças entre as equações. Em primeiro lugar, a Eq. 32.2.2 possui dois fatores adicionais, μ_0 e ε_0, mas eles estão presentes apenas porque adotamos as unidades do SI. Em segundo lugar, o sinal negativo da Eq. 32.2.1 não está presente na Eq. 32.2.2, o que significa que o campo elétrico induzido $\vec{E}$ e o campo magnético induzido $\vec{B}$ têm sinais opostos quando são produzidos em situações análogas. Para você ter uma ideia da diferença, observe a Fig. 32.2.2, na qual um campo magnético crescente $\vec{B}$, apontando para dentro do papel, induz um campo elétrico $\vec{E}$. O campo induzido $\vec{E}$ tem o sentido anti-horário, enquanto o campo induzido $\vec{B}$ da Fig. 32.2.1*b* tem o sentido horário.

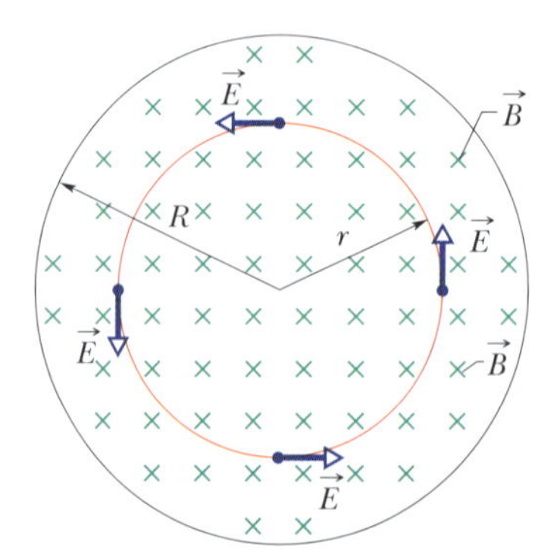

Figura 32.2.2 Campo magnético uniforme $\vec{B}$ em uma região circular. O campo, que aponta para dentro do papel, está aumentando de intensidade. O campo elétrico $\vec{E}$ induzido pela variação do campo magnético é mostrado em quatro pontos de uma circunferência concêntrica com a região circular. Compare essa situação com a da Fig. 32.2.1*b*.

Lei de Ampère-Maxwell

O lado esquerdo da Eq. 32.2.2, a integral do produto escalar $\vec{B} \cdot d\vec{s}$ ao longo de uma curva fechada, aparece em outra equação, a lei de Ampère:

$$\oint \vec{B} \cdot d\vec{s} = \mu_0 i_{\text{env}} \quad \text{(lei de Ampère)}, \qquad (32.2.3)$$

em que i_{env} é a corrente envolvida pela curva. Assim, nas duas equações usadas para calcular o campo magnético $\vec{B}$ produzido por outro meio que não seja um material magnético (ou seja, por uma corrente e por um campo elétrico variável), o campo magnético aparece na forma de uma integral de linha. Podemos combinar as duas equações para obter a equação

$$\oint \vec{B} \cdot d\vec{s} = \mu_0 \varepsilon_0 \frac{d\Phi_E}{dt} + \mu_0 i_{\text{env}} \quad \text{(lei de Ampère-Maxwell)}. \qquad (32.2.4)$$

Quando existe uma corrente e o fluxo elétrico não está variando (como no caso de um fio percorrido por uma corrente constante), o primeiro termo do lado direito da Eq. 32.2.4 é zero e, portanto, a Eq. 32.2.4 se reduz à Eq. 32.2.3, a lei de Ampère. Quando o fluxo elétrico está variando e a corrente é zero (como na região entre as placas de um capacitor que está sendo carregado), o segundo termo do lado direito da Eq. 32.2.4 é zero e a Eq. 32.2.4 se reduz à Eq. 32.2.2, a lei de indução de Maxwell.

Teste 32.2.1

A figura mostra gráficos da amplitude E do campo elétrico em função do tempo t para quatro campos elétricos uniformes, todos contidos em regiões circulares como a da Fig. 32.2.1*b*. Coloque os campos na ordem decrescente do módulo do campo magnético induzido na borda da região.

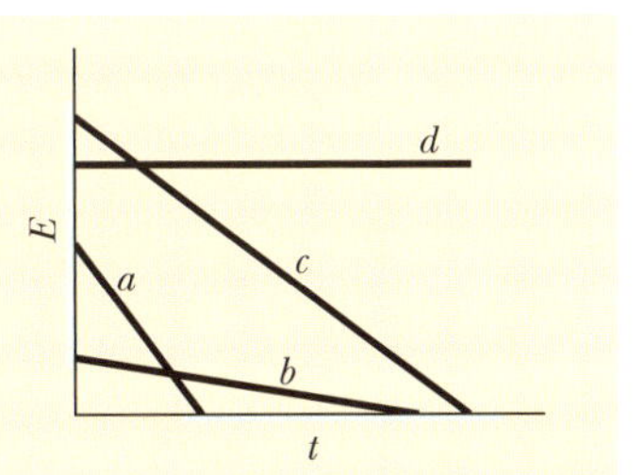

Exemplo 32.2.1 Campo magnético induzido por um campo elétrico variável  32.1

Um capacitor de placas paralelas com placas circulares de raio R está sendo carregado, como na Fig. 32.2.1*a*.

(a) Escreva uma expressão para o campo magnético a uma distância r do eixo central das placas que seja válida para $r \leq R$.

IDEIAS-CHAVE

Um campo magnético pode ser criado por uma corrente ou pela indução produzida por um fluxo elétrico variável; os dois efeitos são levados em conta na Eq. 32.2.4. Não existe corrente entre as placas do capacitor da Fig. 32.2.1, mas o fluxo elétrico está variando. Assim, a Eq. 32.2.4 se reduz a

$$\oint \vec{B} \cdot d\vec{s} = \mu_0 \varepsilon_0 \frac{d\Phi_E}{dt}. \qquad (32.2.5)$$

Vamos calcular separadamente o lado esquerdo e o lado direito da equação.

Lado esquerdo da Eq. 32.2.5: Escolhemos uma amperiana circular de raio $r \leq R$, como a da Fig. 32.2.1*b*, porque queremos calcular o campo magnético para $r \leq R$, ou seja, no espaço entre as placas do capacitor. O campo magnético $\vec{B}$ em todos os pontos da amperiana é tangente à curva, o que também acontece com o elemento de comprimento $d\vec{s}$. Assim, $\vec{B}$ e $d\vec{s}$ são paralelos ou antiparalelos em todos os pontos da curva. Para simplificar os cálculos, vamos supor que sejam paralelos (essa opção não influi no resultado final). Nesse caso, temos

$$\oint \vec{B} \cdot d\vec{s} = \oint B\, ds \cos 0° = \oint B\, ds.$$

Devido à simetria circular das placas, podemos também supor que o módulo de $\vec{B}$ é o mesmo ao longo de toda a curva. Assim, B pode ficar do lado de fora da integral do lado direito da equação. A integral que resta é $\oint ds$, que é simplesmente o perímetro $2\pi r$ da amperiana. O lado esquerdo da Eq. 32.2.5 é, portanto, $(B)(2\pi r)$.

Lado direito da Eq. 32.2.5: Vamos supor que o campo elétrico $\vec{E}$ é uniforme na região entre as placas do capacitor e perpendicular às placas. Nesse caso, o fluxo elétrico Φ_E através da amperiana é EA, em que A é a parte da área envolvida pela amperiana que é atravessada pelo campo elétrico. Assim, o lado direito da Eq. 32.2.5 é $\mu_0\varepsilon_0\, d(EA)/dt$.

Combinação dos resultados: Substituindo os resultados para o lado esquerdo e para o lado direito na Eq. 32.2.5, obtemos

$$(B)(2\pi r) = \mu_0\varepsilon_0 \frac{d(EA)}{dt}.$$

Como A é constante, $d(EA) = A\, dE$; assim, temos

$$(B)(2\pi r) = \mu_0\varepsilon_0 A \frac{dE}{dt}. \qquad (32.2.6)$$

A parte da área A envolvida pela amperiana que é atravessada pelo campo elétrico é a área *total* πr^2 da curva, pois o raio r da amperiana é menor que o raio R das placas (ou igual ao raio). Substituindo A por πr^2 na Eq. 32.2.6 e explicitando B, obtemos, para $r \leq R$,

$$B = \frac{\mu_0\varepsilon_0 r}{2}\frac{dE}{dt}. \qquad \text{(Resposta)} \quad (32.2.7)$$

De acordo com a Eq. 32.2.7, no interior do capacitor, B aumenta linearmente com a distância radial r, desde 0, no eixo central do capacitor, até um valor máximo para $r = R$.

(b) Calcule o módulo B do campo magnético para $r = R/5 = 11{,}0$ mm e $dE/dt = 1{,}50 \times 10^{12}$ V/m · s.

Cálculo: De acordo com o item (a), temos

$$\begin{aligned} B &= \frac{1}{2}\mu_0\varepsilon_0 r \frac{dE}{dt} \\ &= \tfrac{1}{2}(4\pi \times 10^{-7}\,\text{T}\cdot\text{m/A})(8{,}85 \times 10^{-12}\,\text{C}^2/\text{N}\cdot\text{m}^2) \\ &\quad \times (11{,}0 \times 10^{-3}\,\text{m})(1{,}50 \times 10^{12}\,\text{V/m}\cdot\text{s}) \\ &= 9{,}18 \times 10^{-8}\,\text{T}. \qquad \text{(Resposta)} \end{aligned}$$

(c) Escreva uma expressão para o campo magnético induzido no caso em que $r \geq R$.

Cálculo: O método usado é o mesmo do item (a), exceto pelo fato de que agora usamos uma amperiana cujo raio r é maior que o raio R das placas para calcular B do lado de fora do capacitor. Calculando o lado esquerdo e o lado direito da Eq. 32.2.5, obtemos novamente a Eq. 32.2.6. Entretanto, precisamos levar em conta uma diferença sutil: Como o campo elétrico existe apenas na região entre as placas, a área A envolvida pela amperiana que contém o campo elétrico agora *não é* a área total πr^2 da espira, mas apenas a área πR^2 das placas.

Substituindo A por πR^2 na Eq. 32.2.6 e explicitando B, obtemos, para $r \geq R$,

$$B = \frac{\mu_0\varepsilon_0 R^2}{2r}\frac{dE}{dt}. \qquad \text{(Resposta)} \quad (32.2.8)$$

De acordo com a Eq. 32.2.8, do lado de fora do capacitor B diminui com o aumento da distância radial r a partir do valor máximo que possui na borda das placas (em que $r = R$). Fazendo $r = R$ nas Eqs. 32.2.7 e 32.2.8, vemos que as duas equações são compatíveis, ou seja, fornecem o mesmo resultado para o campo B na borda das placas.

O campo magnético induzido calculado no item (b) é tão fraco que mal pode ser medido com um instrumento simples. O mesmo não acontece com os campos elétricos induzidos (lei de Faraday), que podem ser medidos com facilidade. Uma das razões para essa diferença é que a força eletromotriz induzida pode facilmente ser aumentada usando bobinas com um grande número de espiras, mas não existe um método semelhante para aumentar o valor de um campo magnético induzido. Mesmo assim, o experimento sugerido por esse exemplo foi realizado, e a existência de campos magnéticos induzidos foi confirmada experimentalmente.

32.3 CORRENTE DE DESLOCAMENTO

Objetivos do Aprendizado

Depois de ler este módulo, você será capaz de ...

32.3.1 Saber que, na lei de Ampère-Maxwell, a contribuição da variação do fluxo elétrico para o campo magnético pode ser atribuída a uma corrente imaginária (a "corrente de deslocamento") para simplificar a expressão.

32.3.2 Saber que, em um capacitor que está sendo carregado ou descarregado, a corrente de deslocamento se distribui uniformemente pela área das placas, de uma placa até a outra.

32.3.3 Usar a relação entre a taxa de variação de um fluxo elétrico e a corrente de deslocamento associada.

32.3.4 Conhecer a relação entre a corrente de deslocamento e a corrente real de um capacitor que está sendo carregado ou descarregado e saber que a corrente de deslocamento existe apenas enquanto o campo elétrico no interior do capacitor está variando.

32.3.5 Usar uma analogia com o campo magnético do lado de dentro e do lado de fora de um condutor percorrido por uma corrente real para calcular o campo magnético do lado de dentro e do lado de fora de uma região onde existe uma corrente de deslocamento.

32.3.6 Usar a lei de Ampère-Maxwell para calcular o campo magnético produzido por uma combinação de uma corrente real com uma corrente de deslocamento.

32.3.7 Desenhar as linhas de campo magnético produzidas pela corrente de deslocamento em um capacitor com placas paralelas circulares que está sendo carregado ou descarregado.

32.3.8 Conhecer as equações de Maxwell e saber o que elas expressam.

Ideias-Chave

- A corrente de deslocamento produzida por um campo elétrico variável é dada por

$$i_d = \varepsilon_0 \frac{d\Phi_E}{dt}.$$

- Usando a definição de corrente de deslocamento, a lei de Ampère-Maxwell pode ser escrita na forma

$$\oint \vec{B} \cdot d\vec{s} = \mu_0 i_{d,\text{env}} + \mu_0 i_{\text{env}} \quad \text{(lei de Ampère-Maxwell)},$$

em que $i_{d,\text{env}}$ é a corrente de deslocamento envolvida pela amperiana.

- A ideia de corrente de deslocamento permite supor que a corrente é conservada ao encontrar um capacitor. Entretanto, a corrente de deslocamento *não* está associada à transferência de cargas de uma placa para a outra do capacitor.
- As equações de Maxwell, mostradas na Tabela 32.3.1, resumem as leis do eletromagnetismo e podem ser usadas para analisar uma grande variedade de fenômenos elétricos, magnéticos e ópticos.

Corrente de Deslocamento 32.4 32.1

Comparando os dois termos do lado direito da Eq. 32.2.4, vemos que o produto $\varepsilon_0(d\Phi_E/dt)$ tem dimensões de corrente elétrica. Na verdade, o produto pode ser tratado como uma corrente fictícia conhecida como **corrente de deslocamento** e representada pelo símbolo i_d:

$$i_d = \varepsilon_0 \frac{d\Phi_E}{dt} \quad \text{(corrente de deslocamento)}. \tag{32.3.1}$$

"Deslocamento" é um termo mal escolhido porque nada se desloca, mas a expressão foi conservada por questões históricas. Usando a definição da Eq. 32.3.1, podemos escrever a Eq. 32.2.4 na forma

$$\oint \vec{B} \cdot d\vec{s} = \mu_0 i_{d,\text{env}} + \mu_0 i_{\text{env}} \quad \text{(lei de Ampère-Maxwell)}, \tag{32.3.2}$$

em que $i_{d,\text{env}}$ é a corrente de deslocamento envolvida pela amperiana.

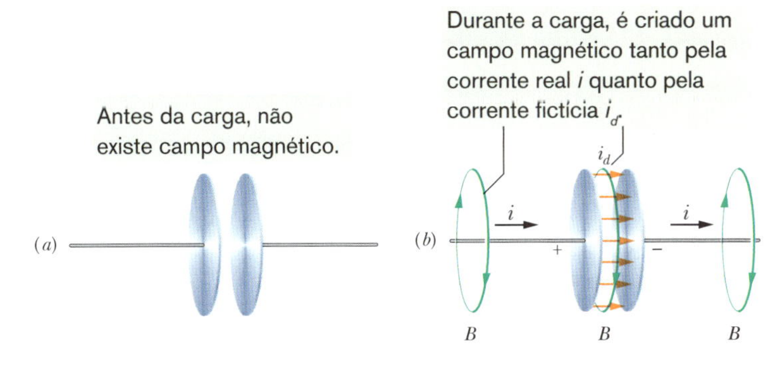

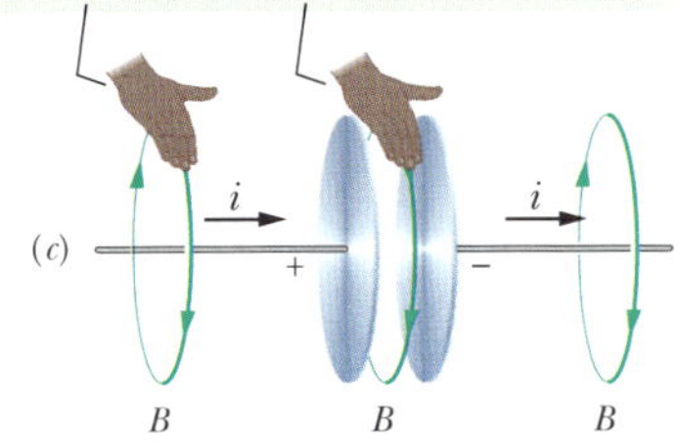

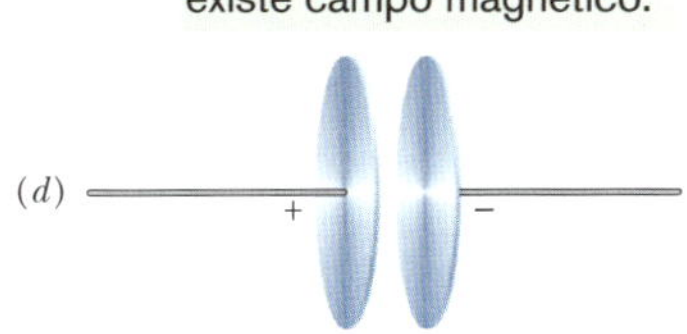

Figura 32.3.1 (*a*) Antes e (*d*) depois que as placas são carregadas, não há campo magnético. (*b*) Durante a carga, um campo magnético é criado tanto pela corrente real como pela corrente de deslocamento (fictícia). (*c*) A regra da mão direita pode ser usada para determinar a orientação do campo magnético produzido pelas duas correntes.

Vamos analisar novamente um capacitor de placas circulares que está sendo carregado, como na Fig. 32.3.1*a*. A corrente real i que está carregando as placas faz variar o campo elétrico $\vec{E}$ entre as placas. A corrente de deslocamento fictícia i_d entre as placas está associada à variação do campo $\vec{E}$. Vejamos qual é a relação entre as duas correntes.

Em qualquer instante, a carga q das placas está relacionada ao campo elétrico entre as placas pela Eq. 25.2.2:

$$q = \varepsilon_0 A E, \tag{32.3.3}$$

em que A é a área das placas.

Para obter a corrente real i, derivamos a Eq. 32.3.3 em relação ao tempo, o que nos dá

$$\frac{dq}{dt} = i = \varepsilon_0 A \frac{dE}{dt}. \tag{32.3.4}$$

Para obter a corrente de deslocamento i_d, podemos usar a Eq. 32.3.1. Supondo que o campo elétrico $\vec{E}$ entre as placas é uniforme (ou seja, desprezando o efeito de borda), podemos substituir o fluxo de campo elétrico Φ_E por EA. Nesse caso, a Eq. 32.3.1 se torna

$$i_d = \varepsilon_0 \frac{d\Phi_E}{dt} = \varepsilon_0 \frac{d(EA)}{dt} = \varepsilon_0 A \frac{dE}{dt}. \tag{32.3.5}$$

Mesmo Valor. Comparando as Eqs. 32.3.4 e 32.3.5, vemos que a corrente real i de carga do capacitor e a corrente fictícia de deslocamento i_d entre as placas do capacitor são iguais:

$$i_d = i \quad \text{(corrente de deslocamento em um capacitor).} \tag{32.3.6}$$

Assim, podemos considerar a corrente fictícia de deslocamento i_d como uma continuação da corrente real i na região entre as placas. Como o campo elétrico é uniforme, o mesmo se pode dizer da corrente de deslocamento i_d, como sugerem as setas da Fig. 32.3.1*b*. Embora não haja um movimento de cargas na região entre as placas, a ideia de uma corrente fictícia i_d pode facilitar a determinação do campo magnético induzido, como veremos a seguir.

Determinação do Campo Magnético Induzido

Como vimos no Capítulo 29, a orientação do campo magnético produzido por uma corrente real i pode ser determinada com o auxílio da regra da mão direita da Fig. 29.1.5. A mesma regra pode ser usada para determinar a orientação do campo magnético produzido por uma corrente de deslocamento i_d, como se vê na parte central da Fig. 32.3.1*c*.

Podemos também usar i_d para calcular o módulo do campo magnético induzido por um capacitor de placas paralelas circulares de raio R que está sendo carregado. Para isso, consideramos o espaço entre as placas como um fio cilíndrico imaginário de raio R percorrido por uma corrente imaginária i_d. Nesse caso, de acordo com a Eq. 29.3.7, o módulo do campo magnético em um ponto no espaço entre as placas situado a uma distância r do eixo do capacitor é dado por

$$B = \left(\frac{\mu_0 i_d}{2\pi R^2}\right) r \quad \text{(dentro de um capacitor circular).} \tag{32.3.7}$$

Da mesma forma, de acordo com a Eq. 29.3.4, o módulo do campo magnético em um ponto do lado de fora do capacitor é dado por

$$B = \frac{\mu_0 i_d}{2\pi r} \quad \text{(fora de um capacitor circular).} \tag{32.3.8}$$

Teste 32.3.1

A figura mostra uma das placas de um capacitor de placas paralelas, vista do interior do capacitor. As curvas tracejadas mostram quatro trajetórias de integração (a trajetória b acompanha a borda da placa). Coloque as trajetórias na ordem decrescente do valor absoluto de $\oint \vec{B} \cdot d\vec{s}$ durante a descarga do capacitor.

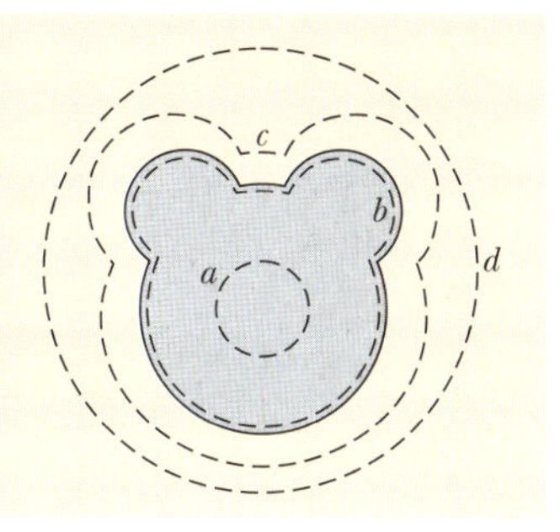

Exemplo 32.3.1 Substituição de um campo elétrico variável por uma corrente de deslocamento  32.2

Um capacitor de placas paralelas circulares de raio R está sendo carregado por uma corrente i.

(a) Determine o valor absoluto de $\oint \vec{B} \cdot d\vec{s}$ entre as placas, a uma distância $r = R/5$ do eixo do capacitor, em termos de μ_0 e i.

IDEIA-CHAVE

Um campo magnético pode ser criado por uma corrente e por um campo elétrico variável. Entre as placas de um capacitor, a corrente é zero e o campo magnético se deve apenas a um campo elétrico variável, que pode ser substituído por uma corrente de deslocamento (fictícia) i_d. A integral $\oint \vec{B} \cdot d\vec{s}$ é dada pela Eq. 32.3.2, mas, como não existe uma corrente real i entre as placas do capacitor, a equação se reduz a

$$\oint \vec{B} \cdot d\vec{s} = \mu_0 i_{d,\text{env}}. \qquad (32.3.9)$$

Cálculos: Como estamos calculando o valor de $\oint \vec{B} \cdot d\vec{s}$ para $r = R/5$, ou seja, em pontos situados no interior do capacitor, a curva de integração envolve apenas uma parte $i_{d,\text{env}}$ da corrente i_d. Vamos supor que i_d está distribuída uniformemente ao longo da área das placas. Nesse caso, a parte da corrente de deslocamento envolvida pela curva é proporcional à área envolvida pela curva:

$$\frac{\begin{pmatrix}\text{corrente de deslocamento}\\ \text{envolvida } i_{d,\text{env}}\end{pmatrix}}{\begin{pmatrix}\text{corrente de deslocamento}\\ \text{total } i_d\end{pmatrix}} = \frac{\text{área envolvida } \pi r^2}{\text{área das placas } \pi R^2}.$$

Isso nos dá

$$i_{d,\text{env}} = i_d \frac{\pi r^2}{\pi R^2}.$$

Substituindo esse valor na Eq. 32.3.9, obtemos

$$\oint \vec{B} \cdot d\vec{s} = \mu_0 i_d \frac{\pi r^2}{\pi R^2}. \qquad (32.3.10)$$

Fazendo $i_d = i$ (Eq. 32.3.6) e $r = R/5$ na Eq. 32.3.10, obtemos

$$\oint \vec{B} \cdot d\vec{s} = \mu_0 i \frac{(R/5)^2}{R^2} = \frac{\mu_0 i}{25}. \qquad \text{(Resposta)}$$

(b) Em termos do campo magnético máximo induzido, qual é o módulo do campo magnético induzido no ponto $r = R/5$?

IDEIA-CHAVE

Como o capacitor possui placas circulares paralelas, podemos tratar o espaço entre as placas como um fio imaginário de raio R percorrido por uma corrente imaginária i_d. Nesse caso, podemos usar a Eq. 32.3.7 para calcular o módulo B do campo magnético induzido em qualquer ponto no interior do capacitor.

Cálculos: Para $r = R/5$, a Eq. 32.3.7 nos dá

$$B = \left(\frac{\mu_0 i_d}{2\pi R^2}\right) r = \frac{\mu_0 i_d (R/5)}{2\pi R^2} = \frac{\mu_0 i_d}{10\pi R}. \qquad (32.3.11)$$

De acordo com a Eq. 32.3.7, o campo magnético induzido atinge o valor máximo, $B_{\text{máx}}$, para $r = R$. Esse valor é dado por

$$B_{\text{máx}} = \left(\frac{\mu_0 i_d}{2\pi R^2}\right) R = \frac{\mu_0 i_d}{2\pi R}. \qquad (32.3.12)$$

Dividindo a Eq. 32.3.11 pela Eq. 32.3.12 e explicitando B, obtemos

$$B = \tfrac{1}{5} B_{\text{máx}}. \qquad \text{(Resposta)}$$

Poderíamos obter o mesmo resultado com menos trabalho usando um raciocínio simples. De acordo com a Eq. 32.3.7, B aumenta linearmente com r no interior do capacitor. Assim, em um ponto a uma distância do eixo central 5 vezes menor que a borda das placas, em que o campo é $B_{\text{máx}}$, o campo B deve ser $B_{\text{máx}}/5$.

Equações de Maxwell

A Eq. 32.2.4 é a última das quatro equações fundamentais do eletromagnetismo, conhecidas como *equações de Maxwell*, que aparecem na Tabela 32.3.1. As quatro equações explicam uma grande variedade de fenômenos, desde a razão pela qual a agulha de uma bússola aponta para o norte até o motivo para um carro entrar em movimento quando giramos a chave de ignição. Essas equações constituem a base para o funcionamento

Tabela 32.3.1 **Equações de Maxwell**[a]

Nome	Equação	
Lei de Gauss para a eletricidade	$\oint \vec{E} \cdot d\vec{A} = q_{env}/\varepsilon_0$	Relaciona o fluxo elétrico às cargas elétricas envolvidas
Lei de Gauss para o magnetismo	$\oint \vec{B} \cdot d\vec{A} = 0$	Relaciona o fluxo magnético às cargas magnéticas envolvidas
Lei de Faraday	$\oint \vec{E} \cdot d\vec{s} = -\frac{d\Phi_B}{dt}$	Relaciona o campo elétrico induzido à variação do fluxo magnético
Lei de Ampère-Maxwell	$\oint \vec{B} \cdot d\vec{s} = \mu_0\varepsilon_0 \frac{d\Phi_E}{dt} + \mu_0 i_{env}$	Relaciona o campo magnético induzido à variação do fluxo elétrico e à corrente

[a]Supondo que não estão presentes materiais dielétricos ou magnéticos.

de dispositivos eletromagnéticos como motores elétricos, transmissores e receptores de televisão, telefones, aparelhos de radar e fornos de micro-ondas.

Também é possível deduzir, a partir das equações de Maxwell, muitas das equações que foram apresentadas a partir do Capítulo 21. Muitas equações que serão vistas nos Capítulos 33 a 36, dedicados à ótica, também se baseiam nas equações de Maxwell.

32.4 ÍMÃS PERMANENTES

Objetivos do Aprendizado

Depois de ler este módulo, você será capaz de ...

32.4.1 Saber o que é a magnetita.

32.4.2 Saber que o campo magnético da Terra é aproximadamente o campo de um dipolo magnético e ainda conhecer a localização no polo norte geomagnético.

32.4.3 Saber o que é a declinação e o que é a inclinação do campo magnético terrestre.

Ideias-Chave

- O campo magnético da Terra é aproximadamente o campo de um dipolo magnético cuja direção não é exatamente a mesma do eixo de rotação e cujo polo magnético sul está no Hemisfério Norte.
- A orientação local do campo magnético terrestre é dada pela declinação do campo (ângulo para a direita ou para a esquerda em relação à direção do polo norte geográfico) e pela inclinação do campo (ângulo para cima ou para baixo em relação à horizontal).

Ímãs

Os primeiros ímãs permanentes que a humanidade conheceu foram pedaços de *magnetita*, um mineral que se magnetiza espontaneamente. Quando os gregos e chineses antigos descobriram essas pedras raras, ficaram surpresos com a capacidade que elas exibiam de atrair, como que por mágica, pedacinhos de metal. Muito mais tarde, usaram a magnetita (e pedaços de ferro magnetizados artificialmente) para construir as primeiras bússolas. CVF

Hoje, ímãs e materiais magnéticos estão presentes em toda parte. As propriedades magnéticas são causadas, em última análise, por átomos e elétrons. O ímã barato que você usa para prender um bilhete na porta da geladeira, por exemplo, deve sua atração a efeitos quânticos associados às partículas atômicas e subatômicas que compõem o material. Antes de estudar as propriedades dos materiais magnéticos, porém, vamos falar um pouco do maior ímã que existe em nossas vizinhanças, que é a própria Terra.

Magnetismo da Terra

A Terra é um grande ímã; em pontos próximos da superfície terrestre, o campo magnético se assemelha ao campo produzido por um gigantesco ímã em forma de barra (um dipolo magnético) que atravessa o centro do planeta. A Fig. 32.4.1 é uma representação idealizada desse campo dipolar, sem a distorção causada pelo vento solar.

Como o campo magnético da Terra é o campo de um dipolo magnético, existe um momento dipolar magnético $\vec{\mu}$ associado ao campo. No caso do campo idealizado da Fig. 32.4.1, o módulo de $\vec{\mu}$ é $8{,}0 \times 10^{22}$ J/T e a direção de $\vec{\mu}$ faz um ângulo de 11,5° com o eixo de rotação da Terra. O *eixo do dipolo* (*MM* na Fig. 32.4.1) tem a mesma direção que $\vec{\mu}$ e intercepta a superfície da Terra no *polo norte geomagnético*, situado perto do noroeste da Groenlândia, e no *polo sul geomagnético*, situado na Antártica. As linhas do campo magnético $\vec{B}$ emergem no Hemisfério Sul e penetram na Terra no Hemisfério Norte. Assim, o polo magnético que está situado no Hemisfério Norte e é chamado "polo norte magnético" *é, na verdade, o polo sul do dipolo magnético da Terra.*

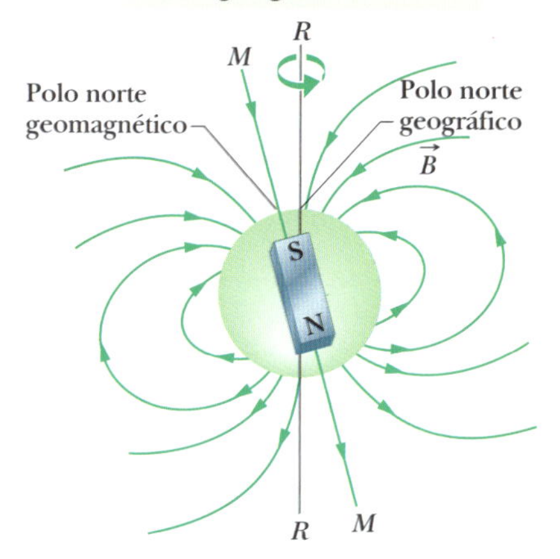

Figura 32.4.1 Campo magnético da Terra representado como o campo de um dipolo. O eixo do dipolo, *MM*, faz um ângulo de 11,5° com o eixo de rotação da Terra, *RR*. O polo sul do dipolo está no Hemisfério Norte.

A orientação do campo magnético em um ponto qualquer da superfície da Terra é normalmente especificada por dois ângulos. A **declinação do campo** é o ângulo (à esquerda ou à direita) entre o norte geográfico (isto é, a direção da latitude 90°) e a componente horizontal do campo. A **inclinação do campo** é o ângulo (para cima ou para baixo) entre um plano horizontal e a direção do campo.

Medição. Instrumentos chamados *magnetômetros* são usados para medir esses ângulos e determinar o módulo do campo com alta precisão. Entretanto, é possível descobrir qual é a orientação local do campo magnético terrestre usando dois instrumentos simples, a *bússola* e a *bússola de inclinação*. A bússola é simplesmente um ímã em forma de agulha que é montado de modo a poder girar livremente em torno de um eixo vertical. Quando a bússola é mantida em um plano horizontal, o polo norte da agulha aponta para o polo norte geomagnético (que, como vimos, é na verdade o polo sul magnético). O ângulo entre a agulha e o norte geográfico é a declinação do campo. A bússola de inclinação é um dispositivo semelhante no qual a agulha pode girar livremente em torno de um eixo horizontal. Quando o plano vertical de rotação está alinhado com a direção da bússola, o ângulo entre a agulha do instrumento e a horizontal é a inclinação do campo.

Em um ponto qualquer da superfície da Terra, o campo magnético medido pode diferir apreciavelmente, tanto em módulo como em orientação, do campo dipolar ideal da Fig. 32.4.1. Na verdade, o ponto do Hemisfério Norte no qual o campo magnético é perpendicular à superfície da Terra não é o polo norte geomagnético, situado ao largo da costa da Groenlândia, como seria de se esperar; o chamado *polo norte de inclinação* está situado atualmente no Arquipélago Ártico Canadense, longe do polo norte geomagnético. Os dois polos estão se afastando do Canadá e se aproximando da Sibéria. Esse movimento exige atualizações periódicas do Modelo Magnético Mundial, no qual se baseia a navegação magnética e a partir do qual são feitos os mapas do Google mostrados nos smartphones.

Além disso, o campo medido em um determinado local muda com o tempo. Essa variação é pequena em intervalos de alguns anos, mas atinge valores consideráveis em, digamos, centenas de anos. Entre 1580 e 1820, por exemplo, a direção indicada pela agulha das bússolas em Londres variou de 35°.

Apesar dessas variações locais, o campo dipolar médio muda muito pouco em intervalos de tempo da ordem de centenas de anos. Variações em intervalos mais longos podem ser estudadas medindo o magnetismo das rochas no fundo do mar dos dois lados da Cordilheira Mesoatlântica (Fig. 32.4.2). Nessa região, o magma proveniente do interior da terra chegou ao fundo do mar por uma fenda, solidificou-se e foi arrastado longe da fenda (pelo deslocamento das placas tectônicas) à taxa de alguns centímetros por ano. Ao se solidificar, o magma ficou fracamente magnetizado, com o campo magnético orientado na direção do campo magnético da Terra no momento

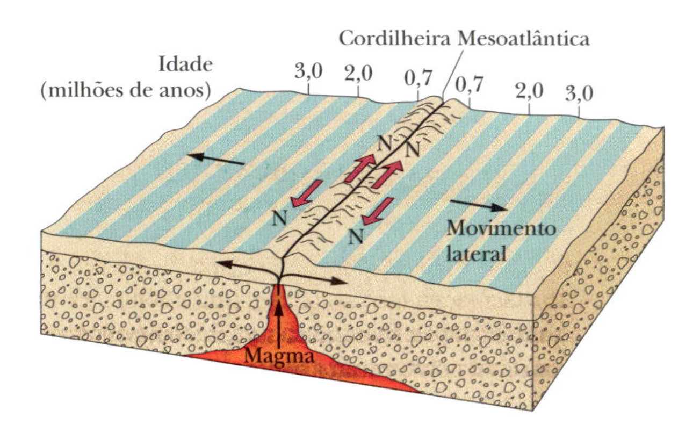

Figura 32.4.2 Distribuição de rochas magnéticas no fundo do mar nas vizinhanças da Cordilheira Mesoatlântica. O magma proveniente do interior da terra chegou ao fundo do mar por uma fenda, solidificou-se e foi arrastado para longe da fenda pelo movimento das placas tectônicas, guardando um registro do passado magnético da Terra. O campo magnético da Terra tem mudado de polaridade mais ou menos a cada milhão de anos.

da solidificação. O estudo da magnetização do magma a diferentes distâncias da fenda mostrou que o campo magnético da Terra tem mudado de *polaridade* mais ou menos a cada milhão de anos, com o polo norte magnético se transformando em polo sul, e vice-versa. A causa dessas inversões não é conhecida. Na verdade, o próprio mecanismo responsável pelo campo magnético da Terra ainda não foi muito bem esclarecido.

Teste 32.4.1

Podemos medir a componente horizontal B_h do campo magnético da Terra deslocando ligeiramente a agulha de uma bússola mantida na horizontal e medindo o tempo que a agulha leva para executar oscilações em torno da posição de equilíbrio. Quando transportamos a bússola para um local em que B_h é maior, o período T das oscilações aumenta ou diminui?

32.5 MAGNETISMO E OS ELÉTRONS

Objetivos do Aprendizado

Depois de ler este módulo, você será capaz de ...

32.5.1 Saber que o momento angular de spin $\vec{S}$ (também chamado simplesmente de spin) e o momento dipolar magnético de spin $\vec{\mu}_s$ são propriedades intrínsecas dos elétrons (e também dos prótons e dos nêutrons).

32.5.2 Conhecer a relação entre o spin $\vec{S}$ e o momento dipolar magnético de spin $\vec{\mu}_s$.

32.5.3 Saber que $\vec{S}$ e $\vec{\mu}_s$ não podem ser observados (medidos); apenas as componentes em relação a um eixo (em geral, chamado eixo z) podem ser observadas.

32.5.4 Saber que as componentes observadas, S_z e $\mu_{s,z}$, são quantizadas, e explicar o que isso significa.

32.5.5 Conhecer a relação entre a componente S_z e o número quântico magnético de spin m_s e saber quais são os valores permitidos de m_s.

32.5.6 Saber o que significa dizer que o spin do elétron está para cima ou para baixo.

32.5.7 Determinar o valor da componente $\mu_{s,z}$ do momento dipolar magnético de spin e conhecer sua relação com o magnéton de Bohr μ_B.

32.5.8 Determinar a energia orientacional U do momento dipolar magnético de spin $\vec{\mu}_s$ de um elétron na presença de um campo magnético externo.

32.5.9 Saber que um elétron de um átomo possui um momento angular orbital $\vec{L}_{\text{orb}}$ e um momento dipolar magnético orbital $\vec{\mu}_{\text{orb}}$.

32.5.10 Conhecer a relação entre o momento angular orbital $\vec{L}_{\text{orb}}$ e o momento dipolar magnético orbital $\vec{\mu}_{\text{orb}}$.

32.5.11 Saber que $\vec{L}_{\text{orb}}$ e $\vec{\mu}_{\text{orb}}$ não podem ser observados; apenas as componentes em relação a um eixo (em geral, chamado eixo z) podem ser observadas.

32.5.12 Conhecer a relação entre a componente $\vec{L}_{\text{orb},z}$ e o número quântico magnético orbital m_ℓ, e saber quais são os valores permitidos de m_ℓ.

32.5.13 Determinar o valor da componente $\vec{\mu}_{\text{orb},z}$ do momento dipolar magnético orbital e conhecer sua relação com o magnéton de Bohr μ_B.

32.5.14 Determinar a energia orientacional U do momento dipolar magnético orbital $\vec{\mu}_{\text{orb}}$ de um elétron de um átomo na presença de um campo magnético externo.

32.5.15 Calcular o módulo do momento magnético de uma partícula carregada que está se movendo em uma circunferência e de um anel com uma distribuição uniforme de carga que está girando com velocidade angular constante em torno de um eixo.

32.5.16 Explicar o modelo clássico de um elétron em órbita como uma espira percorrida por uma corrente e as forças a que essa espira é submetida na presença de um campo magnético não uniforme.

32.5.17 Saber a diferença entre diamagnetismo, paramagnetismo e ferromagnetismo.

Ideias-Chave

- Um elétron possui um momento angular intrínseco $\vec{S}$, conhecido como *momento angular de spin*, ou simplesmente *spin*, ao qual está associado um *momento magnético dipolar de spin* $\vec{\mu}_s$:

$$\vec{\mu}_s = -\frac{e}{m}\vec{S}.$$

- A componente S_z do spin em relação a um eixo z pode ter apenas os valores dados por

$$S_z = m_s\frac{h}{2\pi}, \qquad \text{para } m_s = \pm\tfrac{1}{2},$$

em que h $(= 6{,}63 \times 10^{-34}\ \text{J}\cdot\text{s})$ é a constante de Planck.

- Analogamente,

$$\mu_{s,z} = \pm\frac{eh}{4\pi m} = \pm\mu_B,$$

em que μ_B é o magnéton de Bohr:

$$\mu_B = \frac{eh}{4\pi m} = 9{,}27 \times 10^{-24}\ \text{J/T}.$$

- A energia U associada à orientação do momento dipolar magnético de spin na presença de um campo magnético externo $\vec{B}_{\text{ext}}$ é dada por

$$U = -\vec{\mu}_s \cdot \vec{B}_{ext} = -\mu_{s,z}B_{ext}.$$

- Um elétron de um átomo possui um momento angular adicional chamado momento angular orbital $\vec{L}_{orb}$, ao qual está associado um momento dipolar magnético orbital $\vec{\mu}_{orb}$:

$$\vec{\mu}_{orb} = -\frac{e}{2m}\vec{L}_{orb}.$$

- O momento angular orbital é quantizado e pode ter apenas os valores dados por

$$L_{orb,z} = m_\ell \frac{h}{2\pi},$$

$$\text{para } m_\ell = 0, \pm 1, \pm 2, \ldots, \pm \text{ (limite)}$$

- O momento dipolar magnético orbital associado é dado por

$$\mu_{orb,z} = -m_\ell \frac{eh}{4\pi m} = -m_\ell \mu_B.$$

- A energia U associada à orientação do momento dipolar magnético orbital na presença de um campo magnético externo $\vec{B}_{ext}$ é dada por

$$U = -\vec{\mu}_{orb} \cdot \vec{B}_{ext} = -\mu_{orb,z}B_{ext}.$$

Magnetismo e os Elétrons 32.5 e 32.6

Os materiais magnéticos, da magnetita aos ímãs de geladeira, são magnéticos por causa dos elétrons que eles contêm. Já vimos uma das formas pelas quais os elétrons podem gerar um campo magnético: Quando os elétrons se deslocam em um fio na forma de uma corrente elétrica, o movimento produz um campo magnético em torno do fio. Os elétrons podem produzir campos magnéticos por dois outros mecanismos, ambos relacionados a momentos dipolares magnéticos. Para explicá-los com detalhes, porém, seria preciso usar conceitos de física quântica que vão além dos objetivos a que este livro se propõe; por isso, apresentaremos apenas os resultados.

Momento Dipolar Magnético de Spin

Um elétron possui um momento angular intrínseco conhecido como **momento angular de spin**, ou simplesmente **spin**, representado pelo símbolo $\vec{S}$. Associado a esse spin, existe um **momento dipolar magnético de spin**, representado pelo símbolo $\vec{\mu}_s$.(O termo *intrínseco* é usado para indicar que $\vec{S}$ e $\vec{\mu}_s$ são propriedades básicas de um elétron, como a massa e a carga elétrica.) Os vetores $\vec{S}$ e $\vec{\mu}_s$ estão relacionados pela equação

$$\vec{\mu}_s = -\frac{e}{m}\vec{S}, \tag{32.5.1}$$

em que e é a carga elementar ($1{,}60 \times 10^{-19}$ C) e m é a massa do elétron ($9{,}11 \times 10^{-31}$ kg). O sinal negativo significa que $\vec{\mu}_s$ e $\vec{S}$ têm sentidos opostos.

O spin $\vec{S}$ é diferente dos momentos angulares do Capítulo 11 sob dois aspectos:

1. O spin $\vec{S}$ não pode ser medido; apenas sua componente em relação a um eixo qualquer pode ser medida.
2. A componente medida de $\vec{S}$ é *quantizada*, um termo geral que significa que a grandeza pode assumir apenas certos valores. A componente medida de $\vec{S}$ pode assumir apenas dois valores, que diferem apenas quanto ao sinal.

Vamos supor que seja medida a componente do spin $\vec{S}$ em relação ao eixo z de um sistema de coordenadas. Nesse caso, a componente S_z pode assumir apenas os valores dados por

$$S_z = m_s \frac{h}{2\pi}, \quad \text{para } m_s = \pm\tfrac{1}{2}, \tag{32.5.2}$$

em que m_s é chamado *número quântico magnético de spin* e h ($= 6{,}63 \times 10^{-34}$ J · s) é a constante de Planck, uma constante que aparece em muitas equações da física quântica. Os sinais que aparecem na Eq. 32.5.2 estão relacionados ao sentido de S_z em relação ao eixo z. Quando S_z é paralelo ao eixo z, $m_s = 1/2$ e dizemos que o spin do elétron está *para cima*. Quando S_z é antiparalelo ao eixo z, $m_s = -1/2$ e dizemos que o spin do elétron está *para baixo*.

O momento dipolar magnético de spin $\vec{\mu}_s$ de um elétron também não pode ser medido; é possível apenas medir uma componente, que também é quantizada, com dois valores possíveis de mesmo valor absoluto e sinais opostos. Podemos relacionar a componente $\mu_{s,z}$ a S_z tomando as componentes de ambos os membros da Eq. 32.5.1:

$$\mu_{s,z} = -\frac{e}{m} S_z.$$

Substituindo S_z pelo seu valor, dado pela Eq. 32.5.2, temos

$$\mu_{s,z} = \pm \frac{eh}{4\pi m}, \qquad (32.5.3)$$

em que os sinais positivo e negativo correspondem às situações em que $\mu_{s,z}$ está paralelo e antiparalelo ao eixo z, respectivamente.

O valor absoluto da grandeza do lado direito da Eq. 32.5.3 é chamado *magnéton de Bohr* e representado pelo símbolo μ_B:

$$\mu_B = \frac{eh}{4\pi m} = 9{,}27 \times 10^{-24}\ \text{J/T} \quad \text{(magnéton de Bohr)}. \qquad (32.5.4)$$

O momento dipolar magnético do elétron e de outras partículas elementares pode ser expresso em termos de μ_B. No caso do elétron, o valor absoluto da componente z de $\vec{\mu}_s$ é dado por

$$|\mu_{s,z}| = 1\mu_B. \qquad (32.5.5)$$

(De acordo com a teoria quântica, o valor de $\mu_{s,z}$ é ligeiramente maior que $1\mu_B$, mas vamos ignorar esse fato.)

Energia. Quando um elétron é submetido a um campo externo $\vec{B}_{ext}$, uma energia U pode ser associada à orientação do momento dipolar magnético de spin $\vec{\mu}_s$ do elétron, da mesma forma como uma energia pode ser associada à orientação do momento magnético dipolar $\vec{\mu}$ de uma espira percorrida por corrente submetida a um campo $\vec{B}_{ext}$. De acordo com a Eq. 28.8.4, a energia orientacional do elétron é

$$U = -\vec{\mu}_s \cdot \vec{B}_{ext} = -\mu_{s,z} B_{ext}, \qquad (32.5.6)$$

em que o eixo z é tomado como a direção de $\vec{B}_{ext}$.

Imaginando o elétron como uma esfera microscópica (o que não corresponde à realidade), podemos representar o spin $\vec{S}$, o momento dipolar magnético de spin $\vec{\mu}_s$ e o campo magnético associado ao momento dipolar magnético como na Fig. 32.5.1. Apesar do nome "spin" (rodopio, em inglês), o elétron não gira como um pião. Como um objeto pode possuir momento angular sem estar girando? Mais uma vez, apenas a mecânica quântica pode fornecer a resposta.

Os prótons e os nêutrons também possuem um momento angular intrínseco chamado spin e um momento dipolar magnético de spin associado. No caso do próton, os dois vetores têm o mesmo sentido; no caso do nêutron, eles têm sentidos opostos. Não vamos discutir as contribuições do momento dipolar dos prótons e nêutrons para o campo magnético dos átomos porque são cerca de mil vezes menores que a contribuição do momento dipolar dos elétrons.

No caso do elétron, o spin e o momento dipolar magnético têm sentidos opostos.

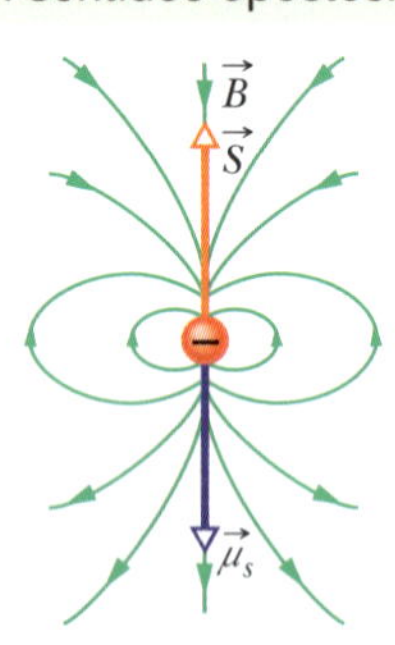

Figura 32.5.1 O spin $\vec{S}$, o momento dipolar magnético de spin $\vec{\mu}_s$ e o campo dipolar magnético $\vec{B}$ de um elétron representado como uma esfera microscópica.

Teste 32.5.1

A figura mostra a orientação dos spins de duas partículas submetidas a um campo magnético externo $\vec{B}_{ext}$. (a) Se as partículas forem elétrons, que orientação do spin corresponde à menor energia potencial? (b) Se as partículas forem prótons, que orientação do spin corresponde à menor energia potencial?

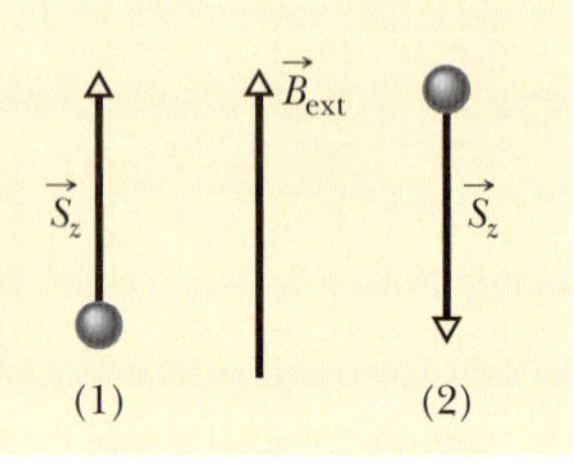

Momento Dipolar Magnético Orbital

Quando faz parte de um átomo, um elétron possui um momento angular adicional que recebe o nome de **momento angular orbital** e é representado pelo símbolo $\vec{L}_{orb}$. Associado a $\vec{L}_{orb}$ existe um **momento magnético dipolar orbital** $\vec{\mu}_{orb}$; a relação entre as duas grandezas é a seguinte:

$$\vec{\mu}_{orb} = -\frac{e}{2m}\vec{L}_{orb}. \quad (32.5.7)$$

O sinal negativo significa que $\vec{\mu}_{orb}$ e $\vec{L}_{orb}$ têm sentidos opostos.

O momento angular $\vec{L}_{orb}$ não pode ser medido; é possível apenas medir uma componente, que é quantizada. A componente segundo um eixo arbitrário z pode ter apenas valores dados por

$$L_{orb,z} = m_\ell \frac{h}{2\pi}, \qquad \text{para } m_\ell = 0, \pm 1, \pm 2, \ldots, \pm \text{ (limite)}, \quad (32.5.8)$$

em que m_ℓ é chamado *número quântico magnético orbital*, e "limite" é o valor inteiro máximo permitido para m_ℓ. Os sinais da Eq. 32.5.8 têm a ver com o sentido de $L_{orb,z}$ em relação ao eixo z.

O momento dipolar magnético orbital $\vec{\mu}_{orb}$ de um elétron também não pode ser medido; é possível apenas medir uma componente, que é quantizada. Escrevendo a Eq. 32.5.7 para uma componente segundo o mesmo eixo z que o momento angular e substituindo o valor de $L_{orb,z}$ dado pela Eq. 32.5.8, podemos escrever a componente z $\mu_{orb,z}$ do momento dipolar magnético orbital como

$$\mu_{orb,z} = -m_\ell \frac{eh}{4\pi m} \quad (32.5.9)$$

e, em termos do magnéton de Bohr, como

$$\mu_{orb,z} = -m_\ell \mu_B. \quad (32.5.10)$$

Na presença de um campo magnético externo $\vec{B}_{ext}$, os elétrons de um átomo possuem uma energia U que depende da orientação do momento dipolar magnético orbital em relação ao campo. O valor dessa energia é dado por

$$U = -\vec{\mu}_{orb} \cdot \vec{B}_{ext} = -\mu_{orb,z} B_{ext}, \quad (32.5.11)$$

em que o eixo z é tomado como a direção de $\vec{B}_{ext}$.

Embora tenhamos usado a palavra "orbital", os elétrons não giram em órbita em torno do núcleo da mesma forma que os planetas giram em órbita em torno do Sol. Como um elétron pode possuir momento angular orbital sem estar se movendo em órbita? Mais uma vez, apenas a mecânica quântica pode fornecer a resposta.

Modelo da Espira para Órbitas Eletrônicas

Podemos obter a Eq. 32.5.7 usando a demonstração a seguir, que não envolve a física quântica e se baseia na suposição de que o elétron descreve uma trajetória circular com um raio muito maior que o raio atômico (daí o nome "modelo da espira"). Curiosamente, a demonstração, embora conduza ao resultado correto, não é válida para os elétrons no interior de um átomo (caso em que seria indispensável usar as equações da física quântica).

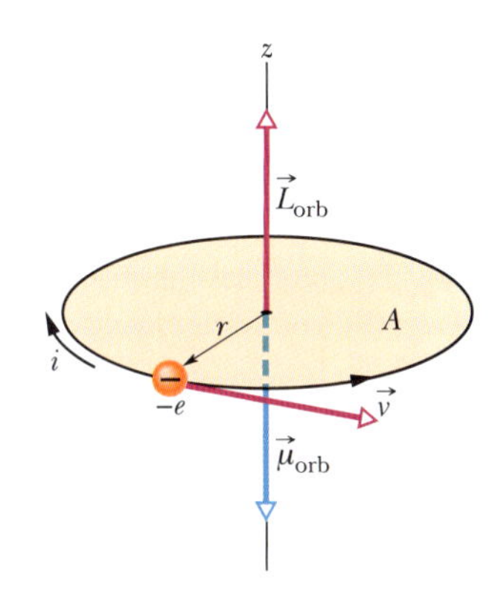

Figura 32.5.2 Um elétron que se move com velocidade constante v em uma trajetória circular de raio r que envolve uma área A possui um momento angular orbital $\vec{L}_{orb}$ e um momento dipolar magnético associado $\vec{\mu}_{orb}$. Uma corrente i no sentido horário (associada ao movimento de uma carga positiva) equivale a um movimento no sentido anti-horário de um elétron, que possui carga negativa.

Imagine um elétron que esteja se movendo com velocidade escalar constante v em uma trajetória circular de raio r no sentido anti-horário, como mostrado na Fig. 32.5.2. O movimento da carga negativa do elétron é equivalente a uma corrente convencional i (de carga positiva) no sentido horário, como também mostrado na Fig. 32.5.2. O módulo do momento dipolar magnético orbital dessa *espira percorrida por uma corrente* é dado pela Eq. 28.8.1 com $N = 1$:

$$\mu_{orb} = iA, \quad (32.5.12)$$

em que A é a área envolvida pela espira. De acordo com a regra da mão direita da Fig. 29.4.5, o sentido do momento dipolar magnético é para baixo na Fig. 32.5.2.

Para usar a Eq. 32.5.12, precisamos conhecer o valor da corrente i. A corrente pode ser definida como a taxa com a qual a carga passa por um ponto de um circuito. Como, nesse caso, uma carga de valor absoluto e leva um tempo $T = 2\pi r/v$ para descrever uma circunferência completa, temos

$$i = \frac{\text{carga}}{\text{tempo}} = \frac{e}{2\pi r/v}. \tag{32.5.13}$$

Substituindo esse valor e a área $A = \pi r^2$ da espira na Eq. 32.5.12, obtemos

$$\mu_{\text{orb}} = \frac{e}{2\pi r/v}\,\pi r^2 = \frac{evr}{2}. \tag{32.5.14}$$

Para calcular o momento angular orbital do elétron $\vec{L}_{\text{orb}}$, usamos a Eq. 11.5.1, $\vec{\ell} = m(\vec{r} \times \vec{v})$. Como $\vec{r}$ e $\vec{v}$ são perpendiculares, o módulo de $\vec{L}_{\text{orb}}$ é dado por

$$L_{\text{orb}} = mrv \operatorname{sen} 90° = mrv. \tag{32.5.15}$$

O sentido do vetor $\vec{L}_{\text{orb}}$ é para cima na Fig. 32.5.2 (ver Fig. 11.5.1). Combinando as Eqs. 32.5.14 e 32.5.15, generalizando para uma formulação vetorial e usando um sinal negativo para indicar que os vetores têm sentidos opostos, obtemos

$$\vec{\mu}_{\text{orb}} = -\frac{e}{2m}\vec{L}_{\text{orb}},$$

que é a Eq. 32.5.7. Assim, por meio de uma análise "clássica" (não quântica), é possível obter um resultado igual, tanto em módulo como em orientação, ao da mecânica quântica. O leitor talvez esteja se perguntando, ao constatar que essa demonstração fornece o resultado correto para um elétron no interior do átomo: Por que a demonstração não é válida para essa situação? A resposta é que a mesma linha de raciocínio leva a outros resultados que não estão de acordo com os experimentos.

Modelo da Espira em um Campo Não Uniforme

Vamos continuar a considerar um elétron em órbita como uma espira percorrida por uma corrente, como na Fig. 32.5.2. Agora, porém, vamos supor que a espira está submetida a um campo magnético não uniforme $\vec{B}_{\text{ext}}$, como na Fig. 32.5.3*a*. (Esse campo pode ser, por exemplo, o campo divergente que existe nas proximidades do polo norte do ímã da Fig. 32.1.4.) Fazemos essa mudança para nos preparar para os próximos módulos, nos quais discutiremos as forças que agem sobre materiais magnéticos quando são submetidos a um campo magnético não uniforme. Vamos discutir as forças supondo que as órbitas dos elétrons nesses materiais sejam pequenas espiras percorridas por uma corrente como a espira da Fig. 32.5.3*a*.

Vamos supor que todos os vetores de campo magnético ao longo da trajetória do elétron têm o mesmo módulo e fazem o mesmo ângulo com a vertical, como nas Figs. 32.5.3*b* e *d*. Vamos supor, também, que os elétrons de um átomo podem se mover no sentido anti-horário (Fig. 32.5.3*b*) ou no sentido horário (Fig. 32.5.3*d*). A corrente i e o momento dipolar magnético orbital $\vec{\mu}_{\text{orb}}$ estão representados na Fig. 32.5.3 para esses sentidos de movimento.

As Figs. 32.5.3*c* e *e* mostram visões diametralmente opostas de um elemento de comprimento $d\vec{L}$ da espira com o mesmo sentido que i, visto do plano da órbita. Também são mostrados o campo $\vec{B}_{\text{ext}}$ e a força magnética $d\vec{F}$ que age sobre o elemento $d\vec{L}$. Lembre-se de que uma corrente ao longo de um elemento $d\vec{L}$ na presença de um campo magnético $\vec{B}_{\text{ext}}$ experimenta uma força $d\vec{F}$ dada pela Eq. 28.6.4:

$$d\vec{F} = i\, d\vec{L} \times \vec{B}_{\text{ext}}. \tag{32.5.16}$$

Do lado esquerdo da Fig. 32.5.3*c*, de acordo com a Eq. 32.5.16, a força $d\vec{F}$ aponta para cima e para a direita. Do lado direito, a força $d\vec{F}$ tem o mesmo módulo e aponta para cima e para a esquerda. Como os ângulos com a vertical são iguais, as componentes horizontais se cancelam e as componentes verticais se somam. O mesmo se aplica a todos os outros pares de pontos simétricos da espira. Assim, a força total a que a espira da Fig. 32.5.3*b* está submetida aponta para cima. O mesmo raciocínio leva a uma força

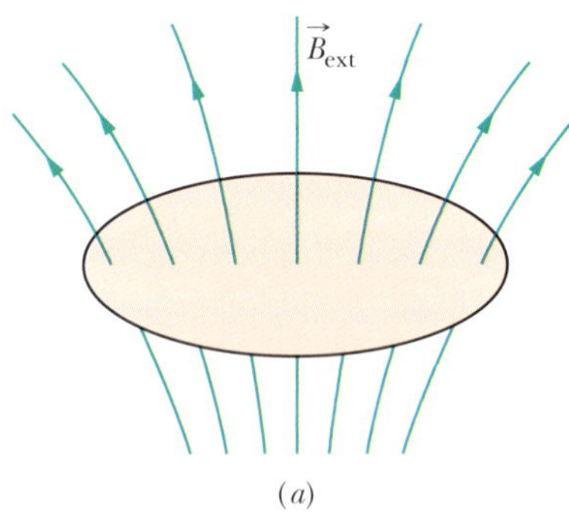

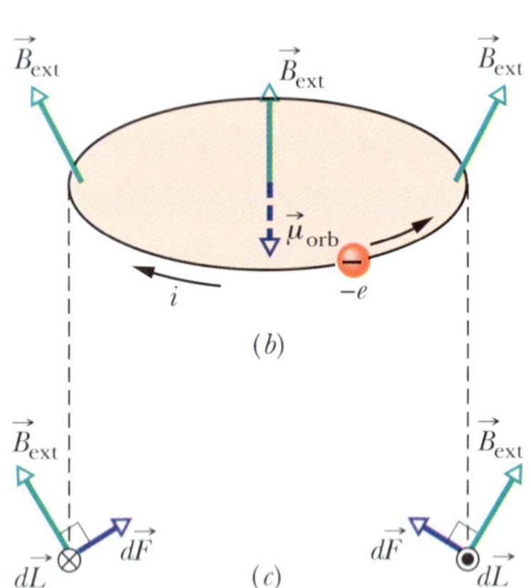

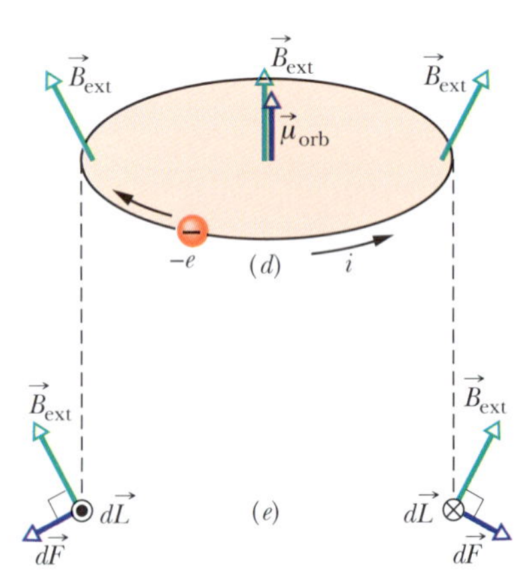

Figura 32.5.3 (*a*) Modelo da espira para um elétron em órbita em um átomo e submetido a um campo magnético não uniforme $\vec{B}_{\text{ext}}$. (*b*) Se uma carga $-e$ está se movendo no sentido anti-horário, a corrente convencional i associada tem o sentido horário. (*c*) As forças magnéticas $d\vec{F}$ exercidas sobre as extremidades da espira, vistas do plano da espira. A força total que age sobre a espira é para cima. (*d*) A carga $-e$ agora está se movendo no sentido horário. (*e*) A força total que age sobre a espira agora é para baixo.

dirigida para baixo no caso da espira da Fig. 32.5.3*d*. Vamos usar os dois resultados daqui a pouco, quando estudarmos o comportamento de materiais magnéticos na presença de um campo magnético não uniforme.

Propriedades Magnéticas dos Materiais

Cada elétron de um átomo possui um momento dipolar magnético orbital e um momento dipolar magnético de spin, que se combinam vetorialmente. A resultante dessas duas grandezas vetoriais se combina vetorialmente com as resultantes dos outros elétrons do átomo, e a resultante de cada átomo se combina vetorialmente com as resultantes dos outros átomos em uma amostra de um material. As propriedades magnéticas dos materiais são o resultado da combinação de todos esses momentos dipolares. Essas propriedades podem ser classificadas em três tipos básicos: diamagnetismo, paramagnetismo e ferromagnetismo.

1. O ***diamagnetismo*** existe em todos os materiais, mas é tão fraco que, em geral, não pode ser observado se o material possuir uma das outras duas propriedades. No diamagnetismo, momentos dipolares magnéticos são produzidos nos átomos do material apenas quando este é submetido a um campo magnético externo $\vec{B}_{ext}$; a combinação desses momentos dipolares induzidos resulta em um campo magnético de baixa intensidade no sentido contrário ao do campo externo, que desaparece quando $\vec{B}_{ext}$ é removido. O termo *material diamagnético* é aplicado a materiais que apresentam apenas propriedades diamagnéticas.
2. O ***paramagnetismo*** é observado em materiais que contêm elementos da família dos metais de transição, da família das terras raras ou da família dos actinídeos (ver Apêndice G). Os átomos desses elementos possuem momentos dipolares magnéticos totais diferentes de zero, mas, como esses momentos estão orientados aleatoriamente, o campo magnético resultante é zero. Entretanto, um campo magnético externo $\vec{B}_{ext}$ pode alinhar parcialmente os momentos dipolares magnéticos atômicos, fazendo com que o material apresente um campo magnético resultante no mesmo sentido que o campo externo, que desaparece quando $\vec{B}_{ext}$ é removido. O termo *material paramagnético* é aplicado a materiais que apresentam apenas propriedades diamagnéticas e paramagnéticas.
3. O ***ferromagnetismo*** é observado apenas no ferro, níquel, cobalto, gadolínio e disprósio (e em compostos e ligas desses elementos). Nesses materiais, os momentos dipolares magnéticos de átomos vizinhos se alinham, produzindo regiões com intensos momentos magnéticos. Um campo magnético externo $\vec{B}_{ext}$ pode alinhar os momentos magnéticos das regiões, fazendo com que uma amostra do material produza um forte campo magnético no mesmo sentido que o campo externo, que permanece quando $\vec{B}_{ext}$ é removido. Os termos *material ferromagnético* e *material magnético* são aplicados a materiais que apresentam propriedades ferromagnéticas.

Nos próximos três módulos vamos discutir os três tipos de propriedades magnéticas.

32.6 DIAMAGNETISMO

Objetivos do Aprendizado

Depois de ler este módulo, você será capaz de ...

32.6.1 No caso de um material diamagnético submetido a um campo magnético externo, saber que o campo produz um momento dipolar magnético no material no sentido contrário ao do campo magnético externo.

32.6.2 No caso de um material diamagnético submetido a um campo magnético não uniforme, descrever a força que age sobre o material e o movimento resultante.

Ideias-Chave

- Os materiais diamagnéticos apresentam propriedades magnéticas apenas quando são submetidos a um campo magnético externo; nesse caso, adquirem dipolos magnéticos no sentido oposto ao do campo magnético externo.
- Na presença de um campo magnético não uniforme, os materiais diamagnéticos são submetidos a uma força que os afasta da região em que o campo magnético é mais intenso.

Cortesia de A. K. Geim, University of Manchester, Inglaterra

Figura 32.6.1 Vista de topo de uma rã sendo levitada pelo campo magnético produzido por um solenoide vertical colocado abaixo do animal.

Diamagnetismo

Não estamos em condições de discutir o diamagnetismo do ponto de vista da física quântica, mas podemos apresentar uma explicação clássica usando o modelo da espira das Figs. 32.5.2 e 32.5.3. Para começar, supomos que, em um átomo de um material diamagnético, cada elétron pode girar apenas no sentido horário, como na Fig. 32.5.3*d*, ou no sentido anti-horário, como na Fig. 32.5.3*b*. Para explicar a falta de magnetismo na ausência de um campo magnético externo $\vec{B}_{ext}$, supomos que o átomo não possui um momento dipolar magnético total diferente de zero. Isso significa que, antes da aplicação de $\vec{B}_{ext}$, o número de elétrons que giram em um sentido é igual ao número de elétrons que giram no sentido oposto, de modo que o momento dipolar magnético total do átomo é zero.

Vamos agora aplicar aos átomos do material o campo magnético não uniforme $\vec{B}_{ext}$ da Fig. 32.5.3*a*, que está orientado para cima e é divergente (as linhas de campo magnético divergem). Podemos fazer um campo desse tipo aumentar gradualmente aproximando o material do polo norte de um eletroímã ou de um ímã permanente. De acordo com a lei de Faraday e a lei de Lenz, enquanto o módulo de $\vec{B}_{ext}$ está aumentando, um campo elétrico é induzido nas órbitas eletrônicas. Vamos ver de que forma esse campo elétrico afeta os elétrons das Figs. 32.5.3*b* e *d*.

Na Fig. 32.5.3*b*, o elétron que está girando no sentido anti-horário é acelerado pelo campo elétrico induzido; assim, enquanto o campo magnético $\vec{B}_{ext}$ está aumentando, a velocidade do elétron aumenta. Isso significa que a corrente i associada à espira e o momento dipolar magnético $\vec{\mu}$ criado pela corrente, orientado para baixo, também *aumentam*.

Na Fig. 32.5.3*d*, o elétron que está girando no sentido horário é freado pelo campo elétrico induzido. Assim, a velocidade do elétron, a corrente e o momento dipolar magnético $\vec{\mu}$ criado pela corrente, orientado para cima, *diminuem*. Isso significa que, ao aplicar o campo $\vec{B}_{ext}$ criamos um momento dipolar magnético orientado para baixo. O mesmo aconteceria se o campo magnético fosse uniforme.

Força. A não uniformidade do campo $\vec{B}_{ext}$ também afeta o átomo. Como a corrente i da Fig. 32.5.3*b* aumenta com o tempo, as forças magnéticas $d\vec{F}$ da Fig. 32.5.3*c* aumentam e, portanto, a força para cima, a que a espira está submetida, também aumenta. Como a corrente i da Fig. 32.5.3*d* diminui com o tempo, as forças magnéticas $d\vec{F}$ da Fig. 32.5.3*e* diminuem e, portanto, a força para baixo, a que a espira está submetida, também diminui. Assim, aplicando um campo *não uniforme* $\vec{B}_{ext}$, fazemos com que o átomo seja submetido a uma força total diferente de zero; além disso, a força aponta *para longe* da região em que o campo magnético é mais intenso.

Raciocinamos com órbitas eletrônicas fictícias (espiras percorridas por corrente), mas chegamos a uma conclusão que é válida para todos os materiais diamagnéticos: Quando um campo magnético como o da Fig. 32.5.3 é aplicado, o material passa a apresentar um momento dipolar magnético dirigido para baixo e experimenta uma força dirigida para cima. Quando o campo é removido, tanto o momento dipolar como a força desaparecem. O campo externo não precisa ser como o da Fig. 32.5.3; os mesmos argumentos se aplicam a outras orientações de $\vec{B}_{ext}$. A conclusão é a seguinte:

Todo material diamagnético submetido a um campo magnético externo $\vec{B}_{ext}$ apresenta um momento dipolar magnético orientado no sentido oposto ao de $\vec{B}_{ext}$. Caso o campo $\vec{B}_{ext}$ não seja uniforme, o material diamagnético é submetido a uma força que aponta *da* região em que o campo magnético é mais intenso *para* a região onde o campo magnético é menos intenso.

A rã da Fig. 32.6.1 é diamagnética, como todos os animais. Quando a rã foi colocada em um campo magnético divergente perto da extremidade superior de um solenoide vertical percorrido por corrente, todos os átomos da rã foram submetidos a uma força que apontava para cima, ou seja, para longe da região de forte campo magnético existente nas vizinhanças do solenoide. Com isso, a rã foi deslocada para uma região de campo magnético mais fraco; nessa região a força magnética era apenas suficiente para equilibrar o peso da rã, e ela ficou suspensa no ar. A rã não sentiu nenhum incômodo, já que *todos* os átomos do seu corpo foram submetidos praticamente à mesma força; a sensação foi a mesma de flutuar na água, algo que as rãs apreciam muito. Se os pesquisadores responsáveis pelo experimento que resultou na foto da Fig. 32.6.1 se dispusessem a investir em um solenoide de grandes proporções, poderiam repetir a demonstração com seres humanos, mantendo uma pessoa suspensa no ar pela força magnética. CVF

Teste 32.6.1

A figura mostra duas esferas diamagnéticas colocadas nas proximidades do polo sul de um ímã em forma de barra. (a) As forças magnéticas a que as esferas estão submetidas tendem a aproximá-las ou afastá-las do ímã? (b) Os momentos dipolares magnéticos das esferas apontam na direção do ímã ou na direção oposta? (c) A esfera 1 está submetida a uma força magnética maior, menor ou igual à força a que está submetida a esfera 2?

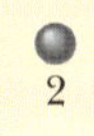

32.7 PARAMAGNETISMO

Objetivos do Aprendizado

Depois de ler este módulo, você será capaz de ...

32.7.1 No caso de um material paramagnético submetido a um campo magnético externo, conhecer a orientação do momento dipolar magnético do material em relação à orientação do campo magnético.

32.7.2 No caso de um material paramagnético submetido a um campo magnético não uniforme, descrever a força que age sobre o material e o movimento resultante.

32.7.3 Conhecer a relação entre a magnetização M, o momento magnético efetivo μ_{ef} e o volume V de um material paramagnético.

32.7.4 Usar a lei de Curie para relacionar a magnetização M de um material paramagnético à temperatura T, à constante de Curie C e ao módulo B do campo aplicado.

32.7.5 Interpretar a curva de magnetização de um material paramagnético em termos da agitação térmica.

32.7.6 No caso de um material paramagnético a uma dada temperatura e para um dado valor do campo magnético aplicado, comparar a energia associada às orientações do momento dipolar magnético com a energia térmica.

Ideias-Chave

- Nos materiais paramagnéticos, os átomos possuem momentos dipolares magnéticos, mas esses momentos estão orientados aleatoriamente (e o momento total é zero), a menos que o material seja submetido a um campo magnético externo, caso em que os momentos dipolares tendem a se alinhar com o campo.
- O grau de alinhamento dos momentos dipolares por unidade de volume é medido pela magnetização M, dada por

$$M = \frac{\mu_{ef}}{V},$$

em que μ_{ef} é o momento dipolar efetivo do material (que depende da temperatura) e V é o volume do material.

- Ao alinhamento perfeito dos momentos dipolares atômicos, conhecido como *saturação*, corresponde o valor máximo da magnetização, $M_{máx} = N\mu/V$, em que N é o número de átomos do material.
- Para pequenos valores da razão B_{ext}/T,

$$M = C\frac{B_{ext}}{T} \quad \text{(lei de Curie)},$$

em que T é a temperatura (em kelvins) e C é a constante de Curie do material.

- Na presença de um campo magnético não uniforme, os materiais paramagnéticos são submetidos a uma força que os aproxima da região em que o campo magnético é mais intenso.

Paramagnetismo

Nos materiais paramagnéticos, os momentos dipolares magnéticos orbitais e de spin dos elétrons de cada átomo não se cancelam e, portanto, cada átomo possui um momento dipolar magnético permanente $\vec{\mu}$. Na ausência de um campo magnético externo, esses momentos dipolares atômicos estão orientados aleatoriamente e o momento dipolar magnético total do material é zero. Quando uma amostra do material

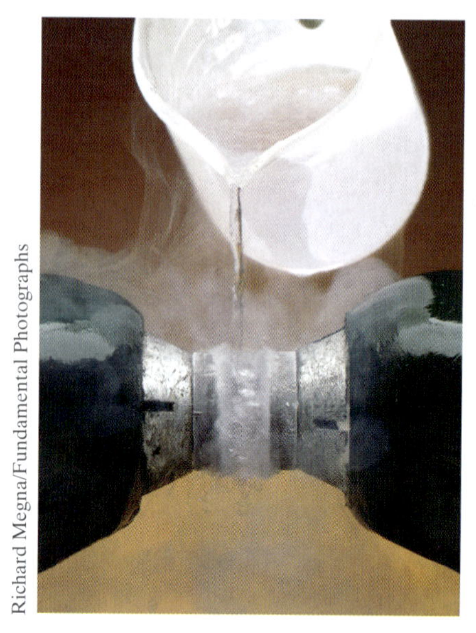

Richard Megna/Fundamental Photographs

O oxigênio líquido fica suspenso entre os polos de um ímã porque o líquido é paramagnético e, portanto, é atraído pelo ímã. 32.1

é submetida a um campo magnético externo $\vec{B}_{ext}$, os momentos dipolares magnéticos se alinham parcialmente com o campo, e a amostra adquire um momento magnético dipolar diferente de zero. Ao contrário do que acontece nos materiais dielétricos, esse momento tem o mesmo sentido que o campo magnético externo.

Todo material paramagnético submetido a um campo magnético externo $\vec{B}_{ext}$ apresenta um momento dipolar magnético orientado no mesmo sentido que $\vec{B}_{ext}$. Se o campo $\vec{B}_{ext}$ é não uniforme, o material paramagnético é atraído *da* região onde o campo magnético é menos intenso *para* a região em que o campo magnético é mais intenso.

Uma amostra paramagnética com N átomos teria um momento dipolar magnético de módulo $N\mu$ se os momentos magnéticos dos átomos estivessem perfeitamente alinhados. Entretanto, a agitação térmica produz colisões entre átomos que perturbam esse alinhamento e reduzem o momento magnético total da amostra.

Agitação Térmica. A importância da agitação térmica pode ser avaliada comparando duas energias. A primeira, dada pela Eq. 19.4.2, é a energia cinética média de translação K $(= 3kT/2)$, em que k é a constante de Boltzmann $(1{,}38 \times 10^{-23}$ J/K) e T é a temperatura em kelvins (e não em graus Celsius). A outra, uma consequência da Eq. 28.8.4, é a diferença de energia ΔU_B $(= 2\mu B_{ext})$ entre os alinhamentos paralelo e antiparalelo do momento dipolar magnético de um átomo com o campo externo. (O estado de menor energia é $-\mu B_{ext}$ e o estado de maior energia é $+\mu B_{ext}$.) Como vamos mostrar em seguida, $K \gg \Delta U_B$ para temperaturas e campos magnéticos normais. Desse modo, transferências de energia por colisões entre átomos podem perturbar significativamente o alinhamento dos momentos dipolares atômicos, tornando muito menor o momento dipolar magnético de um material que $N\mu$.

Magnetização. Podemos expressar o grau de magnetização de uma amostra paramagnética calculando a razão entre o momento dipolar magnético e o volume V da amostra. Essa grandeza vetorial, o momento dipolar magnético por unidade de volume, é chamada **magnetização** e representada pelo símbolo $\vec{M}$. O módulo da magnetização é dado por

$$M = \frac{\mu_{ef}}{V}, \qquad (32.7.1)$$

em que μ_{ef} é o momento dipolar efetivo do material, que depende da temperatura. A unidade de $\vec{M}$ é o ampère-metro quadrado por metro cúbico, ou ampère por metro (A/m). Ao alinhamento perfeito dos momentos dipolares atômicos, conhecido como *saturação*, corresponde o valor máximo da magnetização, $M_{máx} = N\mu/V$, em que N é o número de átomos do material.

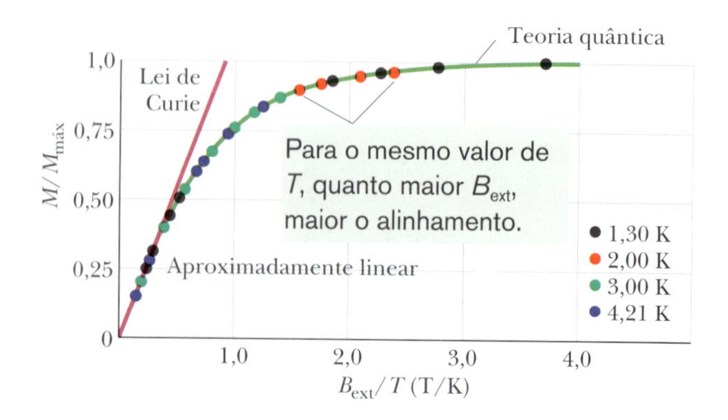

Figura 32.7.1 *Curva de magnetização* do sulfato de potássio e cromo, um sal paramagnético. A razão entre a magnetização M do sal e a magnetização máxima possível $M_{máx}$ está plotada em função da razão entre o módulo do campo aplicado B_{ext} e a temperatura T. A lei de Curie reproduz satisfatoriamente os resultados experimentais para pequenos valores de B_{ext}/T; a teoria quântica reproduz satisfatoriamente os resultados experimentais para qualquer valor de B_{ext}/T. Baseada em medidas realizadas por W. E. Henry.

Em 1895, Pierre Curie descobriu experimentalmente que a magnetização de uma amostra paramagnética é diretamente proporcional ao módulo do campo magnético externo $\vec{B}_{ext}$ e inversamente proporcional à temperatura T em kelvins:

$$M = C\frac{B_{ext}}{T}. \tag{32.7.2}$$

A Eq. 32.7.2 é conhecida como *lei de Curie*, e a constante C é chamada *constante de Curie*. A lei de Curie é razoável, já que o aumento de B_{ext} faz aumentar o alinhamento dos momentos dipolares atômicos da amostra e, portanto, aumenta o valor de M, enquanto o aumento de T faz diminuir o alinhamento por causa da agitação térmica e, portanto, diminui o valor de M. Entretanto, a lei é uma aproximação que vale somente para pequenos valores da razão B_{ext}/T.

A Fig. 32.7.1 mostra a razão $M/M_{máx}$ em função de B_{ext}/T para uma amostra do sal sulfato de cromo e potássio, no qual os átomos paramagnéticos são íons de cromo. Esse tipo de gráfico é chamado *curva de magnetização*. A linha reta do lado esquerdo, que representa a lei de Curie, reproduz satisfatoriamente os resultados experimentais para $B_{ext}/T < 0,5$ T/K. A curva que reproduz os resultados experimentais para todos os valores de B_{ext}/T se baseia na física quântica. Os pontos do lado direito da curva, perto da saturação, são muito difíceis de obter porque exigem campos magnéticos extremamente intensos (100 mil vezes maiores que o campo magnético da Terra), mesmo em baixas temperaturas.

Teste 32.7.1

A figura mostra duas esferas paramagnéticas colocadas nas proximidades do polo sul de um ímã em forma de barra. (a) As forças magnéticas a que as esferas estão submetidas tendem a aproximá-las ou afastá-las do ímã? (b) Os momentos dipolares magnéticos das esferas apontam na direção do ímã ou na direção oposta? (c) A esfera 1 está submetida a uma força magnética maior, menor ou igual à força a que está submetida a esfera 2?

Exemplo 32.7.1 Energia orientacional de um gás paramagnético submetido a um campo magnético 32.3

Um gás paramagnético à temperatura ambiente (T = 300 K) é submetido a um campo magnético externo de módulo B = 1,5 T; os átomos do gás possuem um momento dipolar magnético $\mu = 1{,}0\mu_B$. Calcule a energia cinética média de translação K de um átomo do gás e a diferença de energia ΔU_B entre o alinhamento paralelo e o alinhamento antiparalelo dos momentos dipolares magnéticos dos átomos com o campo externo.

IDEIAS-CHAVE

(1) A energia cinética média de translação K de um átomo de um gás depende da temperatura do gás. (2) A energia U_B de um dipolo magnético $\vec{\mu}$ na presença de um campo magnético $\vec{B}$ depende do ângulo θ entre as orientações de $\vec{\mu}$ e de $\vec{B}$.

Cálculos: De acordo com a Eq. 19.4.2, temos

$$\begin{aligned} K &= \tfrac{3}{2}kT = \tfrac{3}{2}(1{,}38 \times 10^{-23}\ \mathrm{J/K})(300\ \mathrm{K}) \\ &= 6{,}2 \times 10^{-21}\ \mathrm{J} = 0{,}039\ \mathrm{eV}. \qquad \text{(Resposta)} \end{aligned}$$

De acordo com a Eq. 28.8.4 ($U_B = -\vec{\mu}\cdot\vec{B}$), a diferença ΔU_B entre o alinhamento paralelo (θ = 0°) e o alinhamento antiparalelo (θ = 180°) é dada por

$$\begin{aligned} \Delta U_B &= -\mu B\cos 180^\circ - (-\mu B\cos 0^\circ) = 2\mu B \\ &= 2\mu_B B = 2(9{,}27 \times 10^{-24}\ \mathrm{J/T})(1{,}5\ \mathrm{T}) \\ &= 2{,}8 \times 10^{-23}\ \mathrm{J} = 0{,}000\,17\ \mathrm{eV}. \qquad \text{(Resposta)} \end{aligned}$$

Nesse caso, portanto, K é cerca de 230 vezes maior que ΔU_B, e a troca de energia por colisões entre os átomos pode facilmente mudar a orientação de momentos dipolares magnéticos que tenham sido alinhados pelo campo magnético externo. Assim, o momento dipolar magnético efetivo do gás paramagnético é relativamente pequeno e se deve apenas a alinhamentos momentâneos dos momentos dipolares atômicos.

32.8 FERROMAGNETISMO

Objetivos do Aprendizado

Depois de ler este módulo, você será capaz de ...

32.8.1 Saber que o ferromagnetismo se deve a um efeito quântico conhecido como interação de câmbio.

32.8.2 Explicar por que o ferromagnetismo desaparece quando a temperatura ultrapassa a temperatura de Curie do material.

32.8.3 Conhecer a relação entre a magnetização de um material ferromagnético e o momento dipolar magnético dos átomos do material.

32.8.4 No caso de um material ferromagnético a uma dada temperatura e submetido a um dado campo magnético, comparar a energia associada à orientação dos momentos dipolares magnéticos com a energia térmica.

32.8.5 Descrever e desenhar um anel de Rowland.

32.8.6 Saber o que são domínios magnéticos.

32.8.7 No caso de um material ferromagnético submetido a um campo magnético externo, conhecer a orientação do momento dipolar magnético do material em relação à orientação do campo magnético.

32.8.8 Saber quanto é o efeito de um campo magnético não uniforme sobre um material ferromagnético.

32.8.9 No caso de um material ferromagnético submetido a um campo magnético uniforme, calcular o torque e a energia orientacional.

32.8.10 Explicar o que é histerese e o que é um laço de histerese.

32.8.11 Explicar a origem dos ímãs naturais.

Ideias-Chave

- Os momentos dipolares magnéticos de um material ferromagnético estão alinhados localmente em regiões chamadas domínios. A existência de uma magnetização total diferente de zero é uma consequência do fato de que a distribuição de orientações dos domínios não é aleatória, mas depende do campo magnético a que o material foi submetido.
- O alinhamento dos momentos dipolares magnéticos desaparece quando a temperatura do material excede uma temperatura crítica, conhecida como temperatura de Curie.
- Na presença de um campo magnético não uniforme, os materiais ferromagnéticos são submetidos a uma força que os aproxima da região em que o campo magnético é mais intenso.

Ferromagnetismo 32.7

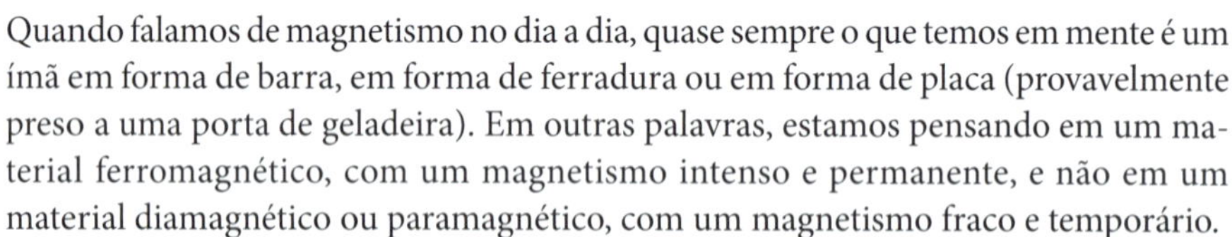

Quando falamos de magnetismo no dia a dia, quase sempre o que temos em mente é um ímã em forma de barra, em forma de ferradura ou em forma de placa (provavelmente preso a uma porta de geladeira). Em outras palavras, estamos pensando em um material ferromagnético, com um magnetismo intenso e permanente, e não em um material diamagnético ou paramagnético, com um magnetismo fraco e temporário.

As propriedades ferromagnéticas do ferro, do níquel, do cobalto, do gadolínio, do disprósio e de muitas ligas que contêm esses elementos são consequência de um efeito quântico, conhecido como *acoplamento de câmbio*, que faz os spins dos elétrons de um átomo interagirem fortemente com os spins dos elétrons dos átomos vizinhos. O resultado é que os momentos dipolares magnéticos dos átomos se mantêm alinhados apesar da agitação térmica. É esse alinhamento persistente que proporciona aos materiais ferromagnéticos um magnetismo permanente.

Agitação Térmica. Quando a temperatura de um material ferromagnético ultrapassa um valor crítico, conhecido como *temperatura de Curie*, a agitação térmica prevalece sobre o acoplamento de câmbio, e o material se torna paramagnético, ou seja, os dipolos passam a se alinhar apenas na presença de um campo externo; mesmo assim, apenas parcialmente. A temperatura de Curie do ferro é 1.043 K (770 °C). 32.2

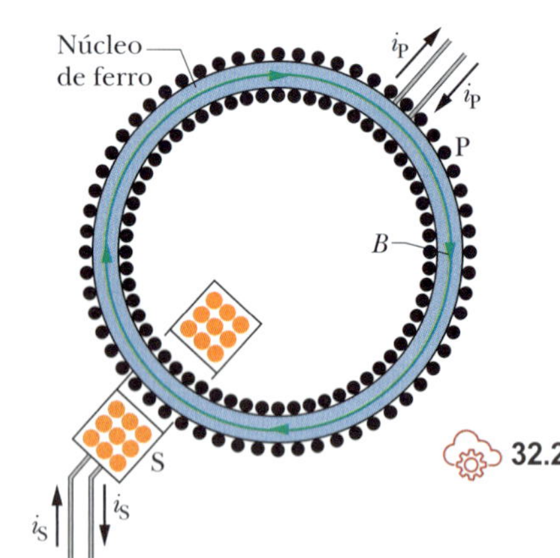

Figura 32.8.1 Anel de Rowland. A bobina primária P tem um núcleo feito do material ferromagnético a ser estudado (ferro, no caso). O núcleo é magnetizado por uma corrente i_P aplicada pela bobina P. (As espiras da bobina estão representadas por pontos.) A magnetização do núcleo determina a intensidade do campo magnético total $\vec{B}$ no interior da bobina P. O campo $\vec{B}$ pode ser medido usando uma bobina secundária S.

Medida. A magnetização de um material ferromagnético pode ser estudada usando um dispositivo conhecido como *anel de Rowland* (Fig. 32.8.1). O material é moldado na forma de um núcleo toroidal de seção reta circular. Um enrolamento primário P com N espiras é enrolado no núcleo e por ele se faz passar uma corrente i_P. Se o núcleo de ferro não estivesse presente, o módulo do campo magnético no interior do enrolamento primário, de acordo com a Eq. 29.4.3, seria dado por

$$B_0 = \frac{\mu_0 i N}{2\pi r}, \tag{32.8.1}$$

em que r é o raio do anel.

Com um núcleo de ferro presente, o campo magnético $\vec{B}$ no interior do enrolamento primário é muito maior que $\vec{B}_0$. Podemos escrever o módulo do campo como

$$B = B_0 + B_M, \qquad (32.8.2)$$

em que B_M é o módulo da contribuição do núcleo de ferro para o campo magnético. Essa contribuição é consequência do alinhamento dos momentos dipolares atômicos dos átomos de ferro e é proporcional à magnetização M do ferro. Para determinar o valor de B_M, usamos um enrolamento secundário S para medir B, usamos a Eq. 32.8.1 para calcular B_0 e usamos a Eq. 32.8.2 para calcular B_M.

A Fig. 32.8.2 mostra a curva de magnetização de um material ferromagnético obtida usando um anel de Rowland: A razão $B_M/B_{M,\text{máx}}$, em que $B_{M,\text{máx}}$ é o valor máximo possível de B_M, correspondente à saturação, e foi plotada em função de B_0. A curva é semelhante à da Fig. 32.7.1, a curva de magnetização de um material paramagnético: As duas curvas mostram o alinhamento parcial dos momentos dipolares atômicos do material produzido por um campo magnético aplicado.

No caso do núcleo ferromagnético responsável pelos resultados da Fig. 32.8.2, o alinhamento dos dipolos magnéticos é cerca de 70% do valor máximo para $B_0 \approx 1 \times 10^{-3}$ T. Se B_0 fosse aumentado para 1 T, o alinhamento seria quase total, mas um campo B_0 tão alto como 1 T é difícil de conseguir em um toroide.

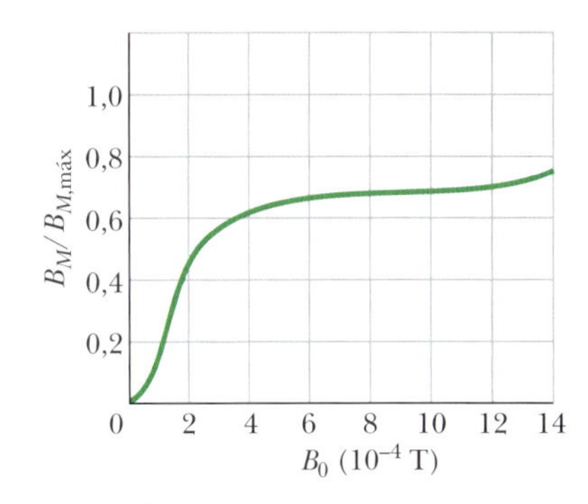

Figura 32.8.2 Curva de magnetização do núcleo de material ferromagnético de um anel de Rowland como o da Fig. 32.8.1. No eixo vertical, 1,0 corresponde ao alinhamento total (saturação) dos dipolos atômicos do material.

Domínios Magnéticos 32.3

Nos materiais ferromagnéticos que estão a uma temperatura menor que a temperatura de Curie, o acoplamento de câmbio produz um alinhamento dos dipolos atômicos vizinhos. Por que, então, o material não apresenta a magnetização de saturação, mesmo na ausência de um campo magnético aplicado B_0? Em outras palavras, por que os objetos de ferro, como um prego, por exemplo, nem sempre se comportam como ímãs permanentes?

Para compreender a razão, considere uma amostra de um material ferromagnético como o ferro. O material, no estado normal, apresenta vários *domínios magnéticos*, regiões em que o alinhamento dos dipolos atômicos é praticamente perfeito. Acontece que os domínios não estão todos alinhados. Na verdade, a orientação dos domínios pode ser tal que quase todos os momentos magnéticos se cancelam.

A micrografia da Fig. 32.8.3, que mostra a distribuição dos domínios magnéticos em um cristal de níquel, foi obtida espalhando uma suspensão coloidal de partículas de óxido de ferro na superfície do material. As paredes dos domínios, ou seja, as regiões em que o alinhamento dos dipolos atômicos muda de direção, são locais em que os campos magnéticos sofrem variações bruscas. As partículas coloidais em suspensão são atraídas para essas regiões e aparecem como linhas brancas na fotografia (nem todas as paredes dos domínios são visíveis na Fig. 32.8.3). Embora os dipolos atômicos em cada domínio estejam totalmente alinhados na direção indicada pelas setas, a amostra como um todo pode ter um momento magnético resultante relativamente pequeno.

Quando magnetizamos uma amostra de um material ferromagnético, submetendo-a a um campo magnético externo que é aumentado gradualmente, acontecem dois efeitos que, juntos, produzem uma curva de magnetização como a da Fig. 32.8.2. O primeiro é o aumento do tamanho dos domínios que estão orientados paralelamente ao campo externo aplicado, enquanto os domínios com outras orientações diminuem de tamanho. O segundo efeito é uma mudança da orientação dos dipolos dentro de um domínio, no sentido de se aproximarem da direção do campo.

O acoplamento de câmbio e o movimento dos domínios levam ao seguinte resultado:

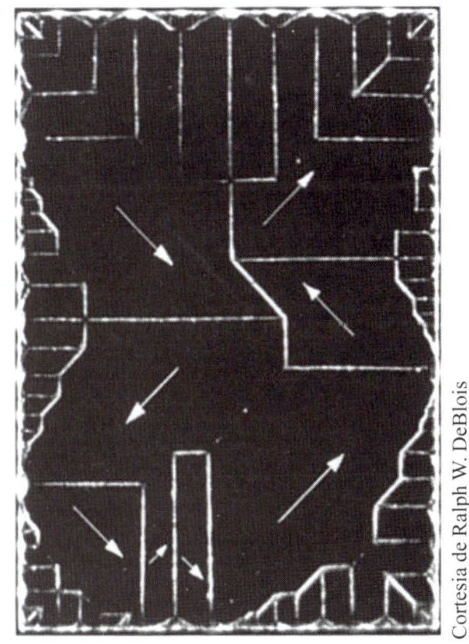

Figura 32.8.3 Micrografia da distribuição de domínios magnéticos em um monocristal de níquel; as linhas brancas mostram as paredes dos domínios. As setas brancas traçadas na fotografia mostram a orientação dos dipolos magnéticos dentro de cada domínio e, portanto, a orientação do dipolo magnético total de cada domínio. O cristal como um todo não apresenta magnetização espontânea se o dipolo magnético total da amostra (soma vetorial dos dipolos magnéticos de todos os domínios) for igual a zero.

Um material ferromagnético submetido a um campo magnético externo $\vec{B}_{\text{ext}}$ adquire um grande momento dipolar magnético na direção de $\vec{B}_{\text{ext}}$. Se o campo é não uniforme, o material ferromagnético é atraído *da* região onde o campo magnético é menos intenso *para* a região onde o campo magnético é mais intenso.

Pinturas Murais Registram o Campo Magnético da Terra

Como o campo magnético da Terra muda gradualmente de orientação, o norte indicado por uma bússola também muda com o tempo. Por muitas razões, os cientistas estão interessados em conhecer a direção do norte em instantes diferentes do passado, mas não existem muitos registros históricos de leituras da bússola. Entretanto, algumas pinturas podem ajudar. Assim, por exemplo, os murais de um salão do Vaticano (a Bibliotheca Apostolica Vaticana), mostrado na Fig. 32.8.4, registram fielmente qual era a direção do norte em 1740, ano em que foram pintados.

Os pigmentos vermelhos usados nas pinturas contêm partículas de hematita, um óxido de ferro. Cada partícula possui um único domínio com um momento dipolar magnético. Os pigmentos dos pintores são uma suspensão de vários sólidos em um veículo líquido. Quando um pigmento é aplicado a uma parede durante a criação de um mural, as partículas de hematita giram no líquido até que o momento dipolar magnético fique alinhado com o campo magnético da Terra. Quando a tinta seca, as partículas não podem mais se mover e, portanto, se tornam um registro permanente da direção do campo magnético da Terra na ocasião em que a pintura foi executada. A Fig. 32.8.5 mostra, de forma esquemática, o alinhamento dos momentos magnéticos em um mural pintado em 1740, quando o polo norte geomagnético estava na direção indicada como N_{1740}.

Os cientistas podem descobrir qual era a direção do campo magnético da Terra na época em que o mural foi pintado determinando a orientação dos momentos magnéticos das partículas de hematita presentes da pintura. Para isso, um pedaço de fita adesiva é aplicado ao mural e a orientação da fita é medida em relação à horizontal e ao norte geomagnético atual (N_{hoje}). Quando a fita é removida da parede, contém uma fina camada de tinta. No laboratório, a fita é montada em um aparelho capaz de determinar a orientação dos momentos magnéticos presentes na camada de tinta. Os resultados obtidos a partir de medidas realizadas em murais e muitos outros tipos de estudos mostram que a direção do norte geométrico tem variado de forma gradual, mas contínua, durante os últimos milhares de anos.

Histerese

As curvas de magnetização dos materiais ferromagnéticos não se repetem quando aumentamos e depois diminuímos o campo magnético externo B_0. A Fig. 32.8.6 mostra um gráfico de B_M em função de B_0 durante as seguintes operações com um anel de Rowland: (1) Partindo de uma amostra desmagnetizada de ferro (ponto a), aumentamos a corrente no enrolamento do toroide até que B_0 (= $\mu_0 in$) tenha o valor correspondente ao ponto b; (2) reduzimos a zero a corrente no toroide (e, portanto, o campo B_0), chegando assim ao ponto c; (3) aumentamos a corrente do toroide no sentido oposto até que B_0 tenha o valor correspondente ao ponto d; (4) reduzimos

Figura 32.8.4 Os pigmentos vermelhos dos murais do Vaticano foram usados para determinar qual era a direção do polo norte magnético em 1740, ano em que os murais foram pintados.

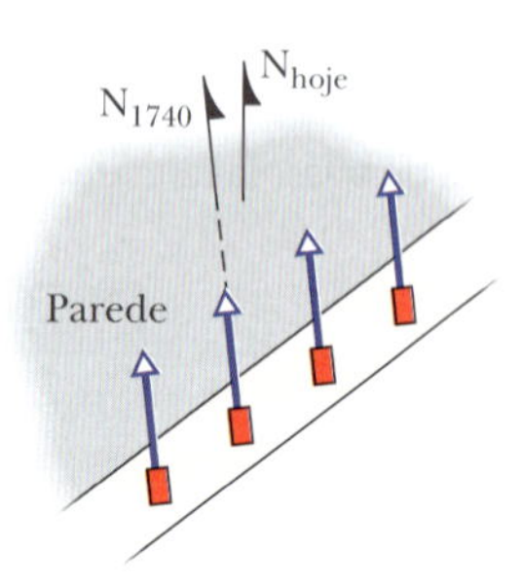

Figura 32.8.5 Um pedaço de fita adesiva com uma camada de tinta a ser removida de um mural. Os momentos magnéticos das partículas de hematita dos pigmentos vermelhos estão alinhados na direção do campo magnético da Terra na ocasião em que o mural foi pintado. As setas pretas mostram as direções do norte geomagnético (como seriam indicadas por uma bússola horizontal) hoje em dia e no ano de 1740.

novamente a corrente a zero (ponto *e*); (5) invertemos mais uma vez o sentido da corrente e aumentamos seu valor até ser atingido o ponto *b*.

A falta de repetitividade mostrada na Fig. 32.8.6 recebe o nome de **histerese**, e a curva *bcdeb* é chamada *laço de histerese*. Observe que nos pontos *c* e *e* a amostra de ferro está magnetizada, embora não haja corrente no enrolamento do toroide; esse é um exemplo de magnetismo permanente.

A histerese pode ser compreendida a partir do conceito de domínios magnéticos. Os resultados experimentais mostram que o movimento das paredes dos domínios e a reorientação da direção dos domínios não são fenômenos totalmente reversíveis. Quando o campo magnético B_0 é aumentado e depois reduzido novamente ao valor inicial, os domínios não voltam à configuração original, mas guardam certa "memória" do alinhamento que possuíam após o aumento inicial. A memória dos materiais magnéticos é essencial para o armazenamento de informações em meios magnéticos.

A memória do alinhamento dos domínios também ocorre naturalmente. Correntes elétricas produzidas por relâmpagos dão origem a campos magnéticos intensos que podem magnetizar rochas ferromagnéticas situadas nas proximidades. Graças à histerese, as rochas conservam a magnetização por muito tempo. Essas rochas, expostas e fragmentadas pela erosão, produziram as pedras magnéticas que tanto encantaram os gregos e os chineses antigos.

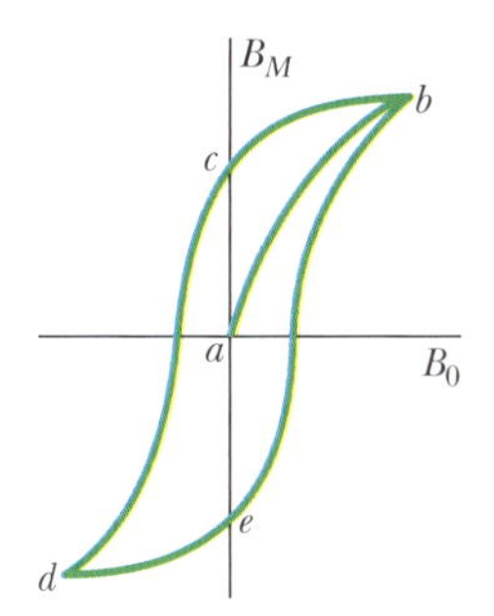

Figura 32.8.6 Curva de magnetização (*ab*) de um material ferromagnético e o laço de histerese associado (*bcdeb*).

Teste 32.8.1

A figura apresenta uma amostra de material ferromagnético suficientemente fina para ser considerada bidimensional e suficientemente pequena para ser considerada monocristalina. A amostra, que inicialmente possuía quatro domínios magnéticos, é magnetizada por um campo magnético, perpendicular ao plano da amostra, cujo valor é aumentado gradualmente. Os dipolos dos domínios, que apontam para cima ou para baixo, estão representados na figura em três estágios diferentes do processo de magnetização. (a) O campo aplicado aponta para cima ou para baixo? (b) Coloque os estágios na ordem do módulo do campo aplicado, começando pelo maior.

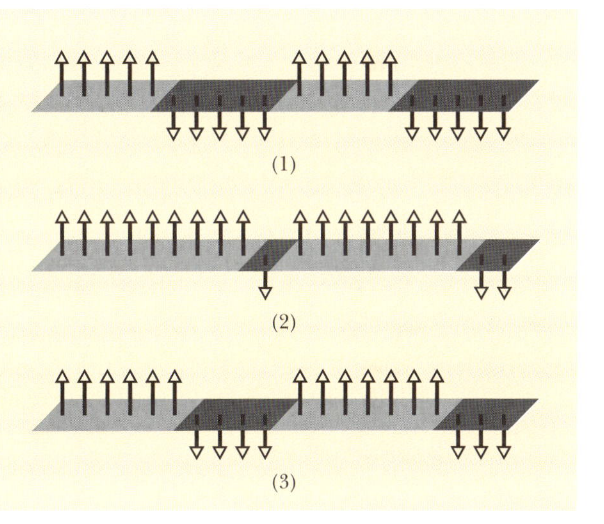

Exemplo 32.8.1 Momento dipolar magnético de uma agulha de bússola 32.4

Uma agulha de bússola feita de ferro puro (cuja massa específica é 7.900 kg/m³) tem 3,0 cm de comprimento, 1,0 mm de largura e 0,50 mm de espessura. O módulo do momento dipolar magnético de um átomo de ferro é $\mu_{Fe} = 2,1 \times 10^{-23}$ J/T. Se a magnetização da agulha equivale ao alinhamento de 10% dos átomos, qual é o módulo do momento dipolar magnético da agulha?

IDEIAS-CHAVE

(1) Se os momentos dos N átomos da agulha estivessem alinhados, o módulo do momento dipolar magnético da agulha seria $N\mu_{Fe}$. Como apenas 10% dos momentos atômicos estão alinhados e os momentos restantes estão orientados aleatoriamente e não contribuem para o momento magnético total, temos

$$\mu = 0,10N\mu_{Fe}. \tag{32.8.3}$$

(2) Podemos determinar o número N de átomos a partir da massa m da agulha e da massa atômica m_{Fe} do ferro:

$$N = \frac{m}{m_{Fe}}. \tag{32.8.4}$$

Cálculo de N: A massa atômica do ferro pode ser calculada a partir da massa molar M, que é dada no Apêndice F, e do número de Avogadro N_A. Temos

$$m_{Fe} = \frac{M}{N_A}. \tag{32.8.5}$$

Substituindo a massa atômica do ferro pelo seu valor, dado pela Eq. 32.8.5, na Eq. 32.8.4, obtemos

$$N = \frac{mN_A}{M}. \tag{32.8.6}$$

A massa m da agulha é igual ao produto da massa específica ρ pelo volume V. Como o volume é 0,03 m × 0,001 m × 0,0005 m = $1{,}5 \times 10^{-8}$ m³, temos

$$m = \rho V = (7900\ \text{kg/m}^3)(1{,}5 \times 10^{-8}\ \text{m}^3) = 1{,}185 \times 10^{-4}\ \text{kg}.$$

Substituindo esse valor de m na Eq. 32.8.6 e usando os valores conhecidos M = 55,847 g/mol (= 0,055 847 kg/mol) e $N_A = 6{,}02 \times 10^{23}$, obtemos

$$N = \frac{(1{,}185 \times 10^{-4}\ \text{kg})(6{,}02 \times 10^{23})}{0{,}055\,847\ \text{kg/mol}}$$

$$= 1{,}2774 \times 10^{21}.$$

Cálculo de μ: Substituindo esse valor de N e o valor de μ_{Fe} na Eq. 32.8.3, obtemos

$$\mu = (0{,}10)(1{,}2774 \times 10^{21})(2{,}1 \times 10^{-23}\ \text{J/T})$$

$$= 2{,}682 \times 10^{-3}\ \text{J/T} \approx 2{,}7 \times 10^{-3}\ \text{J/T}. \quad \text{(Resposta)}$$

Revisão e Resumo

Lei de Gauss para Campos Magnéticos A estrutura magnética mais simples é o dipolo magnético; monopolos magnéticos (até onde sabemos) não existem. De acordo com a **lei de Gauss** para campos magnéticos,

$$\Phi_B = \oint \vec{B} \cdot d\vec{A} = 0, \qquad (32.1.1)$$

o fluxo magnético através de qualquer superfície gaussiana é zero. Isso equivale a afirmar que não existem monopolos magnéticos.

Extensão de Maxwell da Lei de Ampère Um fluxo elétrico variável induz um campo magnético $\vec{B}$. A lei de Maxwell,

$$\oint \vec{B} \cdot d\vec{s} = \mu_0 \varepsilon_0 \frac{d\Phi_E}{dt} \quad \text{(Lei de indução de Maxwell)}, \qquad (32.2.2)$$

relaciona o campo magnético induzido em uma espira à variação do fluxo elétrico Φ_E através da espira. A lei de Ampère, $\oint \vec{B} \cdot d\vec{s} = \mu_0 i_{env}$ (Eq. 32.2.3), pode ser usada para calcular o campo magnético produzido por uma corrente i_{env} envolvida por uma curva fechada. A lei de Maxwell e a lei de Ampère podem ser combinadas em uma única equação:

$$\oint \vec{B} \cdot d\vec{s} = \mu_0 \varepsilon_0 \frac{d\Phi_E}{dt} + \mu_0 i_{env} \quad \text{(lei de Ampère-Maxwell)}. \qquad (32.2.4)$$

Corrente de Deslocamento A *corrente de deslocamento* fictícia produzida por um campo elétrico variável é definida pela equação

$$i_d = \varepsilon_0 \frac{d\Phi_E}{dt}. \qquad (32.3.1)$$

Usando essa definição, a Eq. 32.2.4 pode ser escrita na forma

$$\oint \vec{B} \cdot d\vec{s} = \mu_0 i_{d,env} + \mu_0 i_{env} \quad \text{(lei de Ampère-Maxwell)}, \qquad (32.3.2)$$

em que $i_{d,env}$ é a corrente de deslocamento envolvida pela amperiana. A ideia da corrente de deslocamento permite aplicar aos capacitores o princípio de continuidade da corrente elétrica. Entretanto, a corrente de deslocamento *não envolve* o movimento de cargas.

Equações de Maxwell As equações de Maxwell, mostradas na Tabela 32.3.1, representam uma versão condensada das leis do eletromagnetismo e constituem a base dessa disciplina.

Campo Magnético da Terra O campo magnético da Terra pode ser representado aproximadamente por um dipolo magnético cujo momento dipolar faz um ângulo de 11,5° com o eixo de rotação da Terra e cujo polo sul fica no Hemisfério Norte. A orientação do campo magnético local em qualquer ponto da superfície da Terra é dada pela *declinação do campo* (ângulo à esquerda ou à direita do polo geográfico) e pela *inclinação do campo* (ângulo para cima ou para baixo em relação à horizontal).

Momento Dipolar Magnético de Spin O elétron possui um momento angular intrínseco denominado *momento angular de spin* (ou, simplesmente, *spin*), representado pelo símbolo $\vec{S}$, ao qual está associado um *momento dipolar magnético de spin* $\vec{\mu}_s$. Entre as duas grandezas existe a seguinte relação:

$$\vec{\mu}_s = -\frac{e}{m}\vec{S}. \qquad (32.5.1)$$

O spin $\vec{S}$ não pode ser medido; é possível medir apenas uma de suas componentes. Supondo que a componente medida seja a componente z, essa componente pode assumir apenas os valores dados por

$$S_z = m_s \frac{h}{2\pi}, \quad \text{para } m_s = \pm\tfrac{1}{2}, \qquad (32.5.2)$$

em que h (= $6{,}63 \times 10^{-34}$ J · s) é a constante de Planck. Analogamente, apenas uma das componentes do momento dipolar magnético de spin $\vec{\mu}_s$ pode ser medida. A componente z é dada por

$$\mu_{s,z} = \pm\frac{eh}{4\pi m} = \pm\mu_B, \qquad (32.5.3, 32.5.5)$$

em que μ_B é o *magnéton de Bohr*, definido da seguinte forma:

$$\mu_B = \frac{eh}{4\pi m} = 9{,}27 \times 10^{-24}\ \text{J/T}. \qquad (32.5.4)$$

A energia U associada à orientação do momento dipolar magnético de spin na presença de um campo externo $\vec{B}_{ext}$ é dada por

$$U = -\vec{\mu}_s \cdot \vec{B}_{ext} = -\mu_{s,z} B_{ext}. \qquad (32.5.6)$$

Momento Dipolar Magnético Orbital Quando faz parte de um átomo, um elétron possui outro tipo de momento angular, conhecido como *momento angular orbital* $\vec{L}_{orb}$, ao qual está associado um *momento dipolar magnético orbital* $\vec{\mu}_{orb}$. Entre as duas grandezas existe a seguinte relação:

$$\vec{\mu}_{orb} = -\frac{e}{2m}\vec{L}_{orb}. \qquad (32.5.7)$$

O momento angular orbital é quantizado e pode assumir apenas os valores dados por

$$L_{\text{orb},z} = m_\ell \frac{h}{2\pi},$$
$$\text{para } m_\ell = 0, \pm 1, \pm 2, \ldots, \pm \text{ (limite).} \qquad (32.5.8)$$

Assim, o módulo do momento angular orbital é

$$\mu_{\text{orb},z} = -m_\ell \frac{eh}{4\pi m} = -m_\ell \mu_B. \qquad (32.5.9, 32.5.10)$$

A energia U associada à orientação do momento dipolar magnético orbital na presença de um campo externo $\vec{B}_{\text{ext}}$ é dada por

$$U = -\vec{\mu}_{\text{orb}} \cdot \vec{B}_{\text{ext}} = -\mu_{\text{orb},z} B_{\text{ext}}. \qquad (32.5.11)$$

Diamagnetismo Os *materiais diamagnéticos* não possuem um momento dipolar magnético, a não ser quando são submetidos a um campo magnético externo $\vec{B}_{\text{ext}}$, caso em que eles adquirem um momento dipolar magnético no sentido oposto ao de $\vec{B}_{\text{ext}}$. Se $\vec{B}_{\text{ext}}$ é não uniforme, um material diamagnético é repelido das regiões onde o campo é mais intenso. Esta propriedade recebe o nome de *diamagnetismo*.

Paramagnetismo Em um *material paramagnético*, cada átomo possui um momento dipolar magnético permanente $\vec{\mu}$ mas os momentos estão orientados aleatoriamente e o material como um todo não possui um momento magnético. Entretanto, um campo magnético externo $\vec{B}_{\text{ext}}$ pode alinhar parcialmente os momentos dipolares atômicos, o que faz o material adquirir um momento magnético na direção de $\vec{B}_{\text{ext}}$. Se $\vec{B}_{\text{ext}}$ é não uniforme, um material paramagnético é atraído para as regiões onde o campo é mais intenso. Essa propriedade recebe o nome de *paramagnetismo*.

O alinhamento dos momentos dipolares atômicos de um material paramagnético é diretamente proporcional ao módulo de $\vec{B}_{\text{ext}}$ e inversamente proporcional à temperatura T. O grau de magnetização de uma amostra de volume V é dado pela *magnetização* $\vec{M}$, cujo módulo é dado por

$$M = \frac{\mu_{\text{ef}}}{V}, \qquad (32.7.1)$$

em que μ_{ef} é o momento dipolar efetivo do material, que depende da temperatura. Ao alinhamento perfeito dos N momentos dipolares atômicos, conhecido como *saturação* da amostra, corresponde o valor máximo da magnetização, $M_{\text{máx}} = N\mu/V$. Para pequenos valores da razão B_{ext}/T, pode ser usada a aproximação

$$M = C\frac{B_{\text{ext}}}{T} \quad \text{(lei de Curie)}, \qquad (32.7.2)$$

em que a constante C é conhecida como *constante de Curie*.

Ferromagnetismo Na ausência de um campo magnético externo, os momentos dipolares magnéticos dos átomos de um *material ferromagnético* são alinhados por uma interação de origem quântica denominada *interação de câmbio*, o que dá origem a regiões (*domínios*) no interior do material que apresentam um momento dipolar magnético diferente de zero. Um campo magnético externo $\vec{B}_{\text{ext}}$ pode alinhar esses domínios, produzindo um momento dipolar magnético elevado no material como um todo, orientado na direção de $\vec{B}_{\text{ext}}$. Esse momento dipolar magnético pode persistir parcialmente quando $\vec{B}_{\text{ext}}$ é removido. Se $\vec{B}_{\text{ext}}$ é não uniforme, um material ferromagnético é atraído para as regiões onde o campo é mais intenso. Essas propriedades recebem o nome de *ferromagnetismo*. Um material ferromagnético se torna paramagnético quando a temperatura ultrapassa a *temperatura de Curie*.

Perguntas

1 A Fig. 32.1*a* mostra um capacitor de placas circulares que está sendo carregado. O ponto *a* (perto de um dos fios de ligação do capacitor) e o ponto *b* (no espaço entre as placas) estão à mesma distância do eixo central; o mesmo acontece com pontos *c* (um pouco mais afastado do fio da esquerda que o ponto *a*) e *d* (na mesma posição horizontal que o ponto *b*, mas fora do espaço entre as placas). Na Fig. 32.1*b*, uma curva mostra a variaçao com a distância *r* do módulo do campo magnético do lado de dentro e do lado de fora do fio da esquerda; a outra mostra a variação com a distância *r* do módulo do campo magnético dentro e fora do espaço entre as placas. As duas curvas se superpõem parcialmente. Determine a correspondência entre os três pontos assinalados na Fig. 32.1*b* e os quatro pontos da Fig. 32.1*a*.

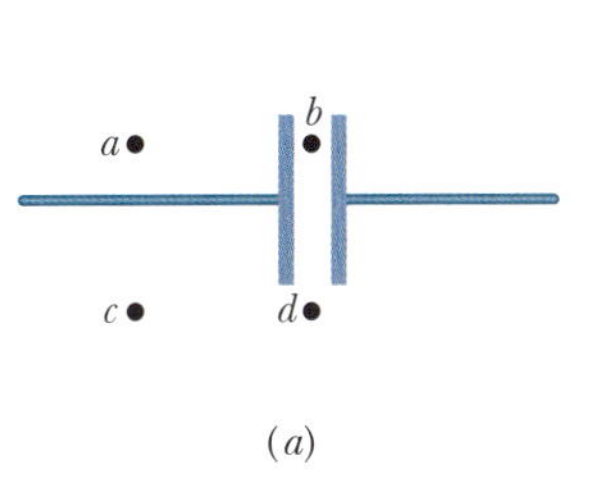

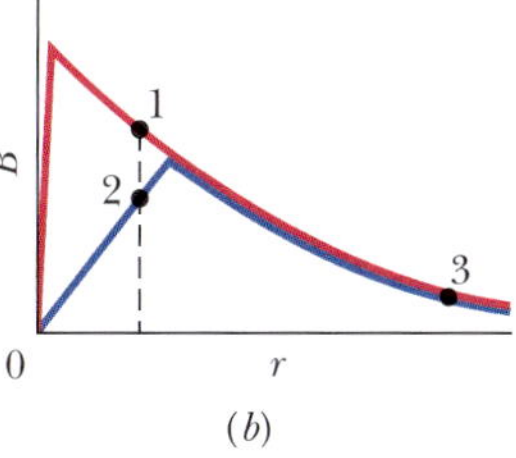

Figura 32.1 Pergunta 1.

2 A Fig. 32.2 mostra um capacitor de placas paralelas e a corrente nos fios de ligação do capacitor enquanto está sendo descarregado. (a) O campo elétrico $\vec{E}$ aponta para a esquerda ou para a direita? (b) O sentido da corrente de deslocamento i_d é para a esquerda ou para a direita? (c) O campo magnético no ponto P aponta para dentro ou para fora do papel?

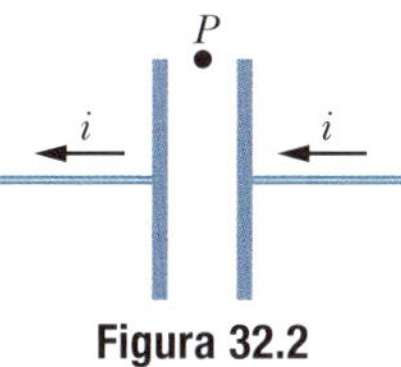

Figura 32.2 Pergunta 2.

3 A Fig. 32.3 mostra, em duas situações, o vetor campo elétrico $\vec{E}$ e uma linha de campo magnético induzido. Determine, nos dois casos, se o módulo de $\vec{E}$ está aumentando ou diminuindo.

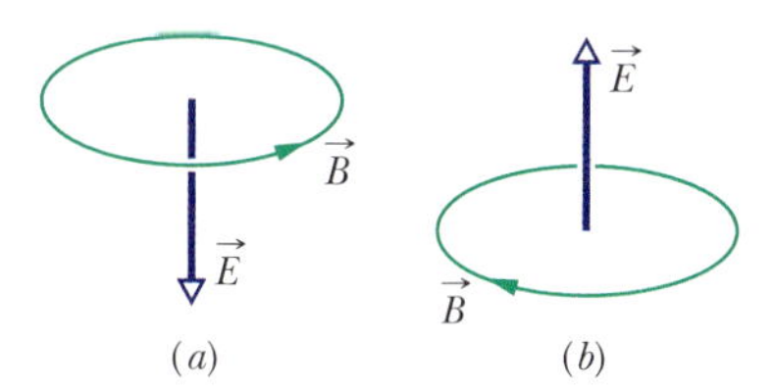

Figura 32.3 Pergunta 3.

4 A Fig. 32.4*a* mostra duas orientações possíveis para o spin de um elétron em relação a um campo magnético externo $\vec{B}_{\text{ext}}$. A Fig. 32.4*b* mostra três possibilidades para o gráfico da energia associada às duas orientações em função do módulo de $\vec{B}_{\text{ext}}$. As possibilidades *b* e *c* envolvem retas que se interceptam e a possibilidade *a* envolve retas paralelas. Qual das três é a correta?

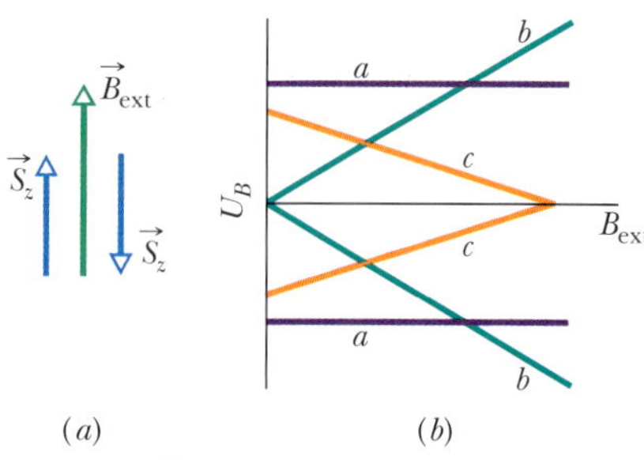

Figura 32.4 Pergunta 4.

5 Um elétron é submetido a um campo magnético externo $\vec{B}_{ext}$ com a componente S_z do spin do elétron antiparalela a $\vec{B}_{ext}$. Se o elétron sofre uma *inversão de spin* que torna a componente S_z paralela a $\vec{B}_{ext}$, o elétron ganha ou perde energia?

6 O módulo da força que age sobre a espira das Figs. 32.5.3*a* e *b* aumenta, diminui ou permanece constante (a) quando o módulo de $\vec{B}_{ext}$ aumenta e (b) quando a divergência de $\vec{B}_{ext}$ aumenta?

7 A Fig. 32.5 mostra a vista frontal de uma das duas placas quadradas de um capacitor de placas paralelas e quatro curvas fechadas situadas no espaço entre as placas. O capacitor está sendo descarregado. (a) Desprezando o efeito de borda, coloque as curvas na ordem decrescente do valor absoluto de $\oint \vec{B} \cdot d\vec{s}$ ao longo das curvas. (b) Ao longo de que curva(s) o ângulo entre as direções de $\vec{B}$ e $d\vec{s}$ é constante (o que facilita o cálculo do produto escalar dos dois vetores)? (c) Ao longo de que curva(s) o valor de B é constante (o que permite colocar B do lado de fora do sinal de integral da Eq. 32.2.2)?

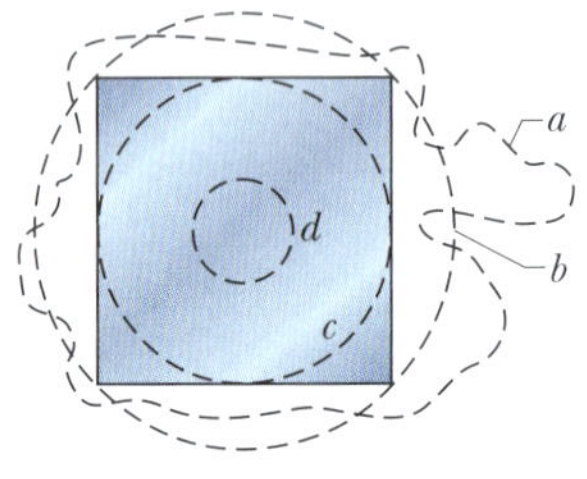

Figura 32.5 Pergunta 7.

8 A Fig. 32.6 mostra três elétrons girando em órbita no sentido anti-horário na presença de um campo magnético. O campo é não uniforme nas configurações 1 e 2 e uniforme na configuração 3. Para cada configuração, responda às seguintes perguntas: (a) O momento dipolar magnético orbital do elétron aponta para cima, para baixo ou é nulo? (b) A força magnética que age sobre o elétron aponta para cima, para baixo ou é nula?

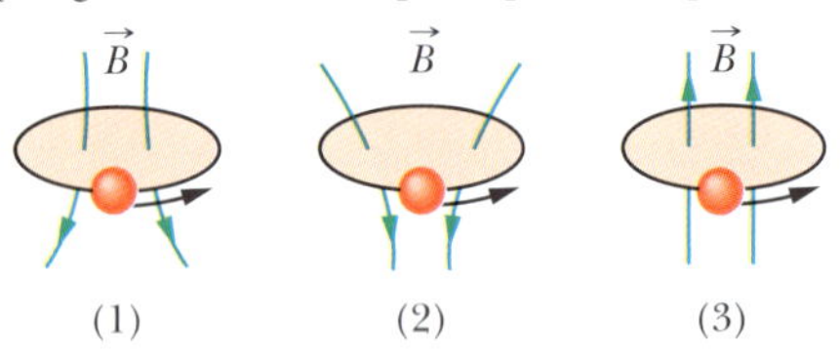

Figura 32.6 Perguntas 8, 9 e 10.

9 Substitua as órbitas da Pergunta 8 e da Fig. 32.6 por esferas diamagnéticas. Para cada configuração do campo magnético, responda às seguintes perguntas: (a) O momento dipolar magnético da esfera aponta para cima, para baixo ou é nulo? (b) A força magnética que age sobre o elétron aponta para cima, para baixo ou é nula?

10 Substitua as órbitas da Pergunta 8 e da Fig. 32.6 por esferas paramagnéticas. Para cada configuração do campo magnético, responda às seguintes perguntas: (a) O momento dipolar magnético da esfera aponta para cima, para baixo ou é nulo? (b) A força magnética que age sobre o elétron aponta para cima, para baixo ou é nula?

11 A Fig. 32.7 mostra três placas retangulares de um material ferromagnético no qual os dipolos magnéticos dos domínios foram orientados para fora da página (ponto preto) por um campo magnético muito intenso B_0. Nas três amostras, pequenos domínios residuais conservaram o sentido para dentro da página (cruz). A placa 1 é um cristal puro; as outras placas contêm impurezas concentradas em linhas; as paredes dos domínios não podem cruzar facilmente essas linhas.

O campo B_0 é removido e um outro campo, muito mais fraco, é aplicado no sentido oposto. A mudança faz com que os domínios residuais aumentem de tamanho. (a) Coloque as amostras na ordem do tamanho dos domínios residuais após a aplicação do segundo campo, começando pelo maior. Os materiais ferromagnéticos em que a orientação dos domínios pode ser mudada com facilidade são chamados *magneticamente macios*; os materiais em que a orientação dos domínios não pode ser mudada com facilidade são chamados *magneticamente duros*. (b) Das três amostras, qual é a magneticamente a mais dura?

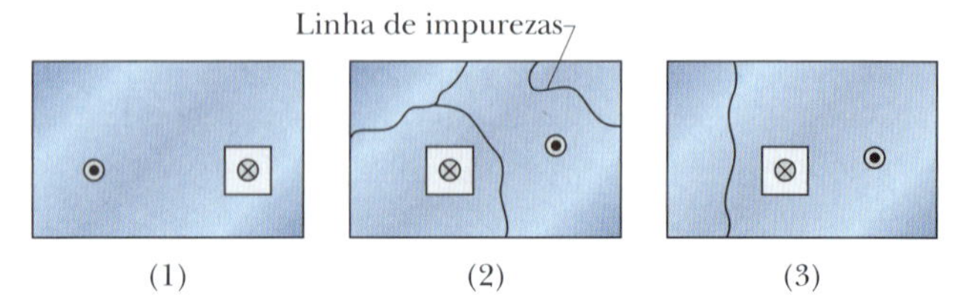

Figura 32.7 Pergunta 11.

12 A Fig. 32.8 mostra quatro barras de aço; três são ímãs permanentes. Um dos polos está indicado. Observa-se que as extremidades *a* e *d* se atraem, as extremidades *c* e *f* se repelem, as extremidades *e* e *h* se atraem e as extremidades *a* e *h* se atraem. (a) Que extremidades são polos norte? (b) Qual das barras não é um ímã permanente?

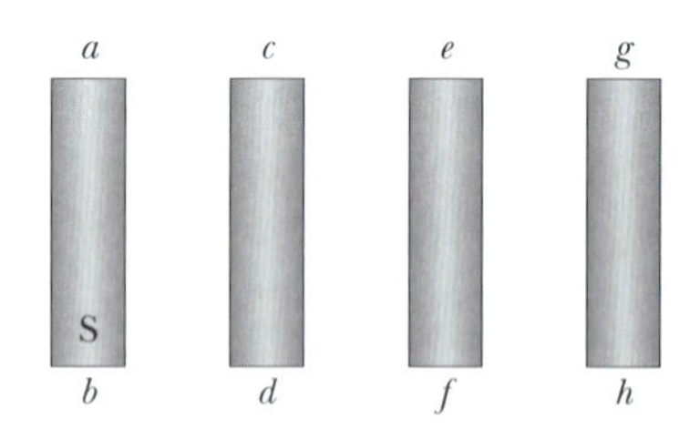

Figura 32.8 Pergunta 12.

Problemas

F Fácil **M** Médio **D** Difícil

CVF Informações adicionais disponíveis no e-book *O Circo Voador da Física*, de Jearl Walker, LTC Editora, Rio de Janeiro, 2008.

CALC Requer o uso de derivadas e/ou integrais

BIO Aplicação biomédica

Módulo 32.1 Lei de Gauss para Campos Magnéticos

1 F O fluxo magnético através de cinco faces de um dado é $\Phi_B = \pm N$ Wb, em que $1 \leq N \leq 5$ é o número de pontos da face. O fluxo é positivo (para fora), se N for par, e negativo (para dentro), se N for ímpar. Qual é o fluxo através da sexta face do dado?

2 F A Fig. 32.9 mostra uma superfície fechada. Na face plana superior, que tem um raio de 2,0 cm, um campo magnético perpendicular $\vec{B}$ de módulo 0,30 T aponta para fora da superfície. Na face plana inferior, um fluxo magnético de 0,70 mWb aponta para fora da superfície. Determine (a) o módulo e (b) o sentido (para dentro ou para fora) do fluxo magnético através da parte lateral da superfície.

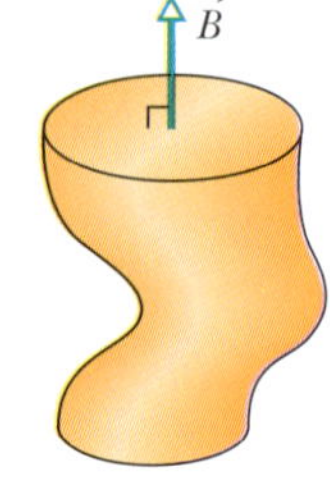

Figura 32.9 Problema 2.

3 M Uma superfície gaussiana em forma de cilindro circular reto tem um raio de 12,0 cm e um comprimento de 80,0 cm. Em uma das bases existe um fluxo, para dentro, de 25,0 μWb. Na outra base existe um campo magnético uniforme de 1,60 mT, normal à superfície e dirigido para fora. Determine (a) o módulo e (b) o sentido (para dentro ou para fora) do fluxo magnético através da superfície lateral do cilindro.

4 D CALC Dois fios, paralelos ao eixo z e separados por uma distância de $4r$, conduzem correntes iguais i em sentidos opostos, como mostra a Fig. 32.10. Um cilindro circular de raio r e comprimento L tem o

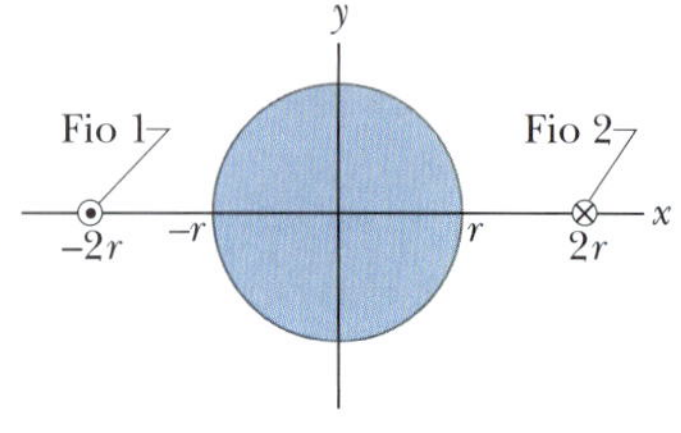

Figura 32.10 Problema 4.

eixo central no eixo z, a meio caminho entre os fios; as bases do cilindro estão à mesma distância da origem. Usando a lei de Gauss, escreva uma expressão para o fluxo magnético através da parte da superfície lateral do cilindro que está acima do eixo x. (*Sugestão*: Calcule o fluxo através da parte do plano xz que está no interior do cilindro.)

Módulo 32.2 Campos Magnéticos Induzidos

5 F CALC O campo magnético induzido a 6,0 mm do eixo central de um capacitor de placas circulares e paralelas é $2{,}0 \times 10^{-7}$ T. As placas têm 3,0 mm de raio. Qual é a taxa de variação $d\vec{E}/dt$ do campo elétrico entre as placas?

6 F Um capacitor de placas quadradas de lado L está sendo descarregado por uma corrente de 0,75 A. A Fig. 32.11 é uma vista frontal de uma das placas, do ponto de vista do interior do capacitor. A linha tracejada mostra uma trajetória retangular no espaço entre as placas. Se $L = 12$ cm, $W = 4{,}0$ cm e $H = 2{,}0$ cm, qual é o valor de $\oint \vec{B} \cdot d\vec{s}$ ao longo da linha tracejada?

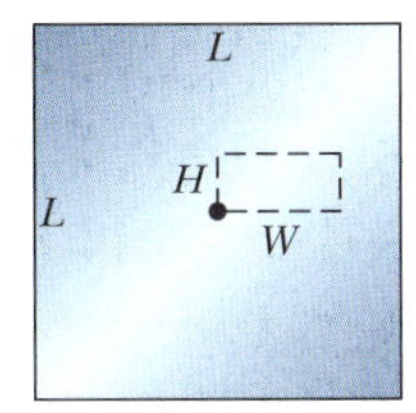

Figura 32.11 Problema 6.

7 M CALC *Fluxo elétrico uniforme.* A Fig. 32.12 mostra uma região circular de raio $R = 3{,}00$ cm na qual um fluxo elétrico uniforme aponta para fora do papel. O fluxo elétrico total através da região é $\Phi_E = (3{,}00 \text{ mV} \cdot \text{m/s})\,t$, em que t está em segundos. Determine o módulo do campo magnético induzido a uma distância radial (a) de 2,00 cm e (b) de 5,00 cm.

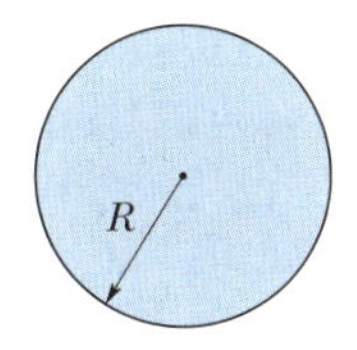

Figura 32.12 Problemas 7 a 10 e 19 a 22.

8 M *Fluxo elétrico não uniforme.* A Fig. 32.12 mostra uma região circular de raio $R = 3{,}00$ cm na qual um fluxo elétrico aponta para fora do papel. O fluxo elétrico envolvido por uma circunferência concêntrica de raio r é dado por $\Phi_{E,\text{env}} = (0{,}600 \text{ V} \cdot \text{m/s})(r/R)t$, em que $r \leq R$ e t está em segundos. Determine o módulo do campo magnético induzido a uma distância radial (a) de 2,00 cm e (b) de 5,00 cm.

9 M *Campo elétrico uniforme.* Na Fig. 32.12, um campo elétrico uniforme aponta para fora do papel em uma região circular de raio $R = 3{,}00$ cm. O módulo do campo elétrico é dado por $E = (4{,}50 \times 10^{-3} \text{ V/m} \cdot \text{s})t$, em que t está em segundos. Determine o módulo do campo magnético induzido a uma distância radial (a) de 2,00 cm e (b) de 5,00 cm.

10 M CALC *Campo elétrico não uniforme.* Na Fig. 32.12, um campo elétrico aponta para fora do papel em uma região circular de raio $R = 3{,}00$ cm. O módulo do campo elétrico é dado por $E = (0{,}500 \text{ V/m} \cdot \text{s})(1 - R/r)t$, em que t está em segundos e r é a distância radial ($r \leq R$). Determine o módulo do campo magnético induzido a uma distância radial (a) de 2,00 cm e (b) de 5,00 cm.

11 M CALC Um capacitor de placas paralelas possui placas circulares de raio $R = 30$ mm, e a distância entre as placas é 5,0 mm. Uma diferença de potencial senoidal com um valor máximo de 150 V e uma frequência de 60 Hz é aplicada às placas, ou seja, a tensão entre as placas é

$$V = (150 \text{ V}) \operatorname{sen}[2\pi(60 \text{ Hz})t].$$

(a) Determine $B_{\text{máx}}(R)$, o valor máximo do campo magnético induzido a uma distância radial $r = R$. (b) Plote $B_{\text{máx}}(r)$ para $0 < r < 10$ cm.

12 M Um capacitor de placas paralelas com placas circulares de 40 mm de raio está sendo descarregado por uma corrente de 6,0 A. A que distância radial (a) do lado de dentro e (b) do lado de fora do espaço entre as placas o campo magnético induzido é igual a 75% do valor máximo? (c) Qual é o valor máximo?

Módulo 32.3 Corrente de Deslocamento

13 F CALC Qual deve ser a taxa de variação da diferença de potencial entre as placas de um capacitor de placas paralelas com uma capacitância de 2 μF para que seja produzida uma corrente de deslocamento de 1,5 A?

14 F CALC Um capacitor de placas paralelas com placas circulares de raio R está sendo carregado. Mostre que o módulo da densidade de corrente da corrente de deslocamento é $J_d = \varepsilon_0(dE/dt)$ para $r \leq R$.

15 F CALC Prove que a corrente de deslocamento em um capacitor de placas paralelas de capacitância C pode ser escrita na forma $i_d = C(dV/dt)$, em que V é a diferença de potencial entre as placas.

16 F CALC Um capacitor de placas paralelas com placas circulares de 0,10 m de raio está sendo descarregado. Um anel circular com 0,20 m de raio, concêntrico com o capacitor, está a meio caminho entre as placas. A corrente de deslocamento através do anel é de 2,0 A. Qual é a taxa de variação do campo elétrico entre as placas?

17 M CALC Um fio de prata tem uma resistividade $\rho = 1{,}62 \times 10^{-8}$ $\Omega \cdot$ m e uma seção reta de 5,00 mm^2. A corrente no fio é uniforme e varia à taxa de 2.000 A/s quando a corrente é 100 A. (a) Determine o módulo do campo elétrico (uniforme) no fio quando a corrente é 100 A. (b) Determine a corrente de deslocamento no fio nesse instante. (c) Determine a razão entre o módulo do campo magnético produzido pela corrente de deslocamento e o módulo do campo magnético produzido pela corrente a uma distância r do fio.

18 M O circuito da Fig. 32.13 é formado por uma chave S, uma fonte ideal de 12,0 V, um resistor de 20,0 MΩ e um capacitor cujo dielétrico é o ar. O capacitor tem placas circulares paralelas com 5,00 cm de raio, separadas por uma distância de 3,00 mm. No instante $t = 0$, a chave S é fechada e o capacitor começa a se carregar. O campo elétrico entre as placas é uniforme. No instante $t = 250$ μs, qual é o módulo do campo magnético no interior do capacitor, a uma distância radial de 3,00 cm?

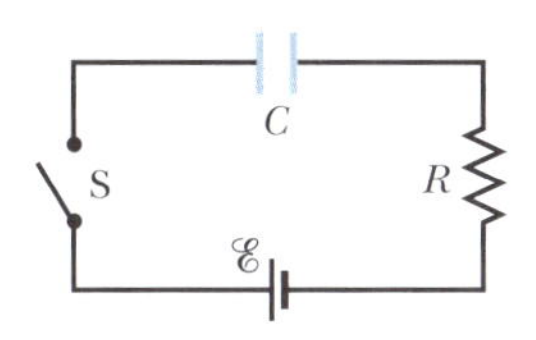

Figura 32.13 Problema 18.

19 M *Densidade de corrente de deslocamento uniforme.* A Fig. 32.12 mostra uma região circular de raio $R = 3{,}00$ cm na qual existe uma corrente de deslocamento dirigida para fora do papel. A corrente de deslocamento possui uma densidade de corrente uniforme cujo valor absoluto é $J_d = 6{,}00$ A/m^2. Determine o módulo do campo magnético produzido pela corrente de deslocamento (a) a 2,00 cm do centro da região e (b) a 5,00 cm do centro da região.

20 M *Corrente de deslocamento uniforme.* A Fig. 32.12 mostra uma região circular de raio $R = 3{,}00$ cm na qual existe uma corrente de deslocamento uniforme $i_d = 0{,}500$ A dirigida para fora do papel. Determine o módulo do campo magnético produzido pela corrente de deslocamento (a) a 2,00 cm do centro da região e (b) a 5,00 cm do centro da região.

21 M CALC *Densidade de corrente de deslocamento não uniforme.* A Fig. 32.12 mostra uma região circular de raio $R = 3{,}00$ cm na qual existe uma corrente de deslocamento dirigida para fora do papel. O módulo da densidade de corrente da corrente de deslocamento é dado por $J_d = (4{,}00 \text{ A/m}^2)(1 - r/R)$, em que $r \leq R$ é a distância do centro da região. Determine o módulo do campo magnético produzido pela corrente de deslocamento (a) em $r = 2{,}00$ cm e (b) em $r = 5{,}00$ cm.

22 M *Corrente de deslocamento não uniforme.* A Fig. 32.12 mostra uma região circular de raio $R = 3{,}00$ cm na qual existe uma corrente de deslocamento i_d dirigida para fora do papel. O módulo da corrente de deslocamento é dado por $i_d = (3{,}00 \text{ A})(r/R)$, em que $r \leq R$ é a distância do centro da região. Determine o módulo do campo magnético produzido por i_d (a) em $r = 2{,}00$ cm e (b) em $r = 5{,}00$ cm.

23 **M** **CALC** Na Fig. 32.14, um capacitor de placas paralelas possui placas quadradas, de lado L = 1,0 m. Uma corrente de 2,0 A carrega o capacitor, produzindo um campo elétrico uniforme $\vec{E}$ entre as placas, com $\vec{E}$ perpendicular às placas. (a) Qual é a corrente de deslocamento i_d na região entre as placas? (b) Qual é o valor de dE/dt nessa região? (c) Qual é a corrente de deslocamento envolvida pela trajetória tracejada, um quadrado com d = 0,50 m de lado? (d) Qual é o valor de $\oint \vec{B} \cdot d\vec{s}$ ao longo da trajetória tracejada?

Vista de lado

Vista de cima

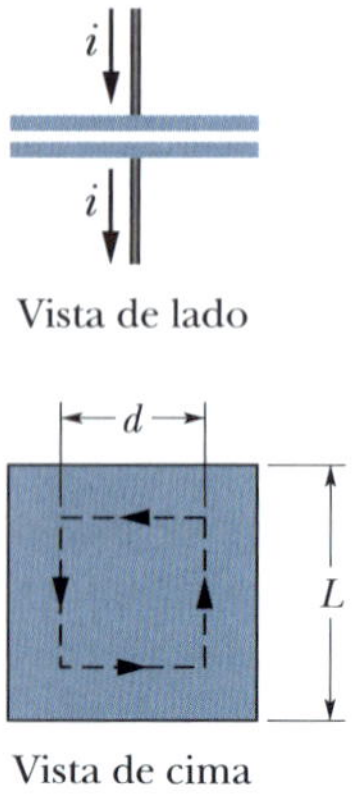

Figura 32.14 Problema 23.

24 **M** **CALC** O módulo do campo elétrico entre as duas placas paralelas circulares da Fig. 32.15 é $E = (4{,}0 \times 10^5) - (6{,}0 \times 10^4 t)$, com E em volts por metro e t em segundos. No instante $t = 0$, $\vec{E}$ aponta para cima. A área das placas é $4{,}0 \times 10^{-2}$ m². Para $t \geq 0$, determine (a) o módulo e (b) o sentido (para cima ou para baixo) da corrente de deslocamento na região entre as placas. (c) Qual é o sentido do campo magnético induzido (horário ou anti-horário) do ponto de vista da figura?

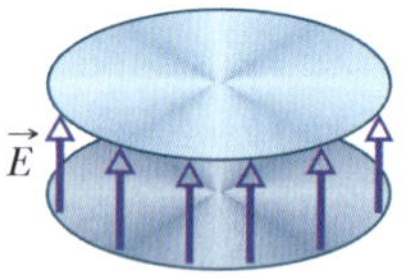

Figura 32.15 Problema 24.

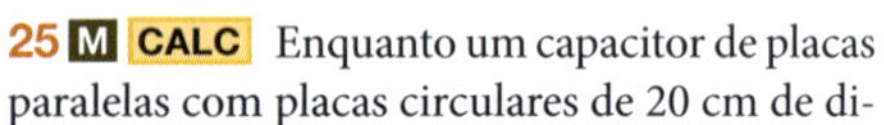

25 **M** **CALC** Enquanto um capacitor de placas paralelas com placas circulares de 20 cm de diâmetro está sendo carregado, a densidade de corrente da corrente de deslocamento na região entre as placas é uniforme e tem módulo de 20 A/m². (a) Calcule o módulo B do campo magnético a uma distância r = 50 mm do eixo de simetria dessa região. (b) Calcule dE/dt nessa região.

26 **M** Um capacitor com placas paralelas circulares, de raio R = 1,20 cm, está sendo descarregado por uma corrente de 12,0 A. Considere um anel de raio $R/3$, concêntrico com o capacitor, situado entre as placas. (a) Qual é a corrente de deslocamento envolvida pelo anel? O campo magnético máximo induzido tem módulo de 12,0 mT. A que distância radial (b) do lado de dentro e (c) do lado de fora do espaço entre as placas o módulo do campo magnético induzido é 3,00 mT?

27 **M** **CALC** Na Fig. 32.16, um campo elétrico uniforme $\vec{E}$ é reduzido a zero. A escala do eixo vertical é definida por $E_s = 6{,}0 \times 10^5$ N/C, e a escala do eixo horizontal é definida por $t_s = 12{,}0$ μs. Calcule o módulo da corrente de deslocamento através de uma área de 1,6 m² perpendicular ao campo durante os intervalos de tempo *a*, *b* e *c* mostrados no gráfico. (Ignore o comportamento da corrente na extremidade dos intervalos.)

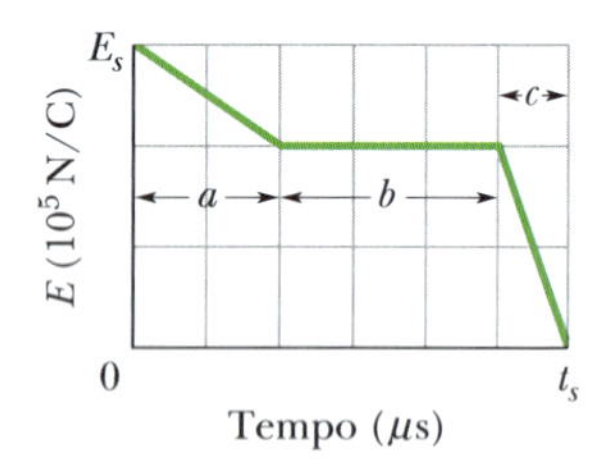

Figura 32.16 Problema 27.

28 **M** A Fig. 32.17*a* mostra a corrente i que atravessa um fio de resistividade $1{,}62 \times 10^{-8}$ Ω · m. O módulo da corrente em função do tempo t está indicado da Fig. 32.17*b*. A escala do eixo vertical é definida por i_s = 10,0 A, e a escala do eixo horizontal é definida por t_s = 50,0 ms. O ponto P está a uma distância radial de 9,00 mm do centro do fio. Determine o módulo do campo magnético $\vec{B}_i$ no ponto P devido à corrente i (a) em t = 20 ms, (b) em t = 40 ms, (c) em t = 60 ms. Suponha agora que o campo elétrico responsável pela corrente exista apenas no interior do fio; determine o módulo do campo magnético $\vec{B}_{id}$ no ponto P devido à corrente de deslocamento i_d no fio (d) em t = 20 ms, (e) em t = 40 ms e (f) em t = 60 ms. No ponto P em t = 20 s, determine o sentido (para dentro ou para fora do papel (g) de $\vec{B}_i$ e (h) de $\vec{B}_{id}$.

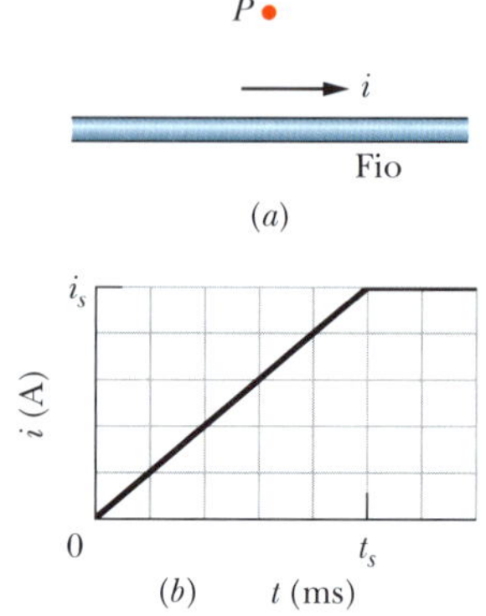

Figura 32.17 Problema 28.

29 **D** **CALC** Na Fig. 32.18, um capacitor de placas circulares, de raio R = 18,0 cm, está ligado a uma fonte de força eletromotriz $\mathscr{E} = \mathscr{E}_m \operatorname{sen} \omega t$, em que $\mathscr{E}_m$ = 220 V e ω = 130 rad/s. O valor máximo da corrente de deslocamento é i_d = 7,60 μA. Despreze o efeito de borda. (a) Qual é o valor máximo da corrente i no circuito? (b) Qual é o valor máximo de $d\Phi_E/dt$, em que Φ_E é o fluxo elétrico através da região entre as placas? (c) Qual é a distância d entre as placas? (d) Determine o valor máximo do módulo de $\vec{B}$ entre as placas a uma distância r = 11,0 cm do centro.

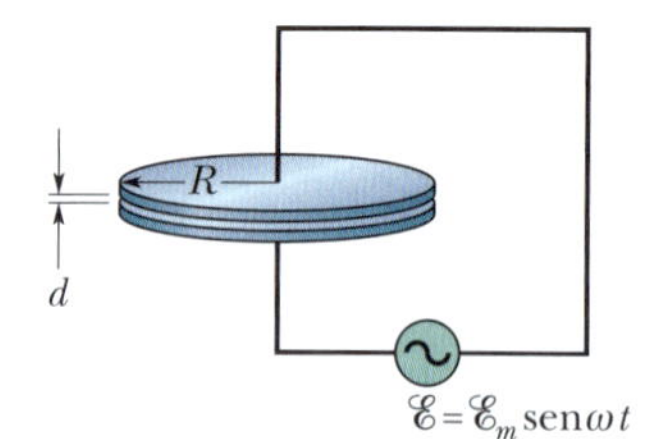

Figura 32.18 Problema 29.

Módulo 32.4 Ímãs Permanentes

30 **F** Suponha que o valor médio da componente vertical do campo magnético da Terra seja 43 μT (para baixo) em todo o estado americano do Arizona, que tem uma área de $2{,}95 \times 10^5$ km². Determine (a) o valor absoluto e (b) o sentido (para dentro ou para fora) do fluxo magnético da Terra no resto da superfície do planeta (ou seja, em toda a superfície terrestre, com exceção do Arizona).

31 **F** No estado americano de New Hampshire, o valor médio da componente horizontal do campo magnético da Terra em 1912 era de 16 μT, e a inclinação média era de 73°. Qual era o valor correspondente do módulo do campo magnético da Terra?

Módulo 32.5 Magnetismo e os Elétrons

32 **F** A Fig. 32.19*a* mostra dois valores permitidos de energia (*níveis de energia*) de um átomo. Quando o átomo é submetido a um campo magnético de 0,500 T, os níveis mudam para os que aparecem na Fig. 32.19*b* por causa da energia associada ao produto escalar $\vec{\mu}_{orb} \cdot \vec{B}$ (Estamos ignorando o efeito de $\vec{\mu}_s$.) O nível E_1 não é alterado, mas o nível E_2 se desdobra em três níveis muito próximos. Determine o valor de m_ℓ associado (a) ao nível de energia E_1 e (b) ao nível de energia E_2. (c) Qual é o valor, em joules, do espaçamento entre os níveis desdobrados?

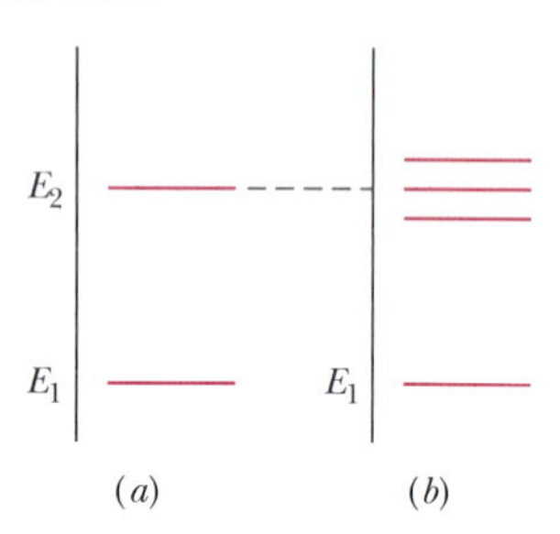

Figura 32.19 Problema 32.

33 **F** Se um elétron de um átomo possui um momento angular orbital com $m_\ell = 0$, determine as componentes (a) $L_{orb,z}$ e (b) $\mu_{orb,z}$. Se o átomo for submetido a um campo magnético externo $\vec{B}$ de módulo 35 mT, que aponta no sentido positivo do eixo z, determine (c) a energia U_{orb}

associada a $\vec{\mu}_{orb}$ e (d) a energia U_{spin} associada a $\vec{\mu}_s$. Se, em vez disso, o átomo possuir um momento angular orbital com $m_\ell = -3$, determine (e) $L_{orb,z}$, (f) $\mu_{orb,z}$, (g) U_{orb} e (h) U_{spin}.

34 F Determine a diferença de energia entre as orientações paralela e antiparalela da componente z do momento dipolar magnético de spin de um elétron submetido a um campo magnético de módulo 0,25 T que aponta no sentido positivo do eixo z.

35 F Determine o valor da componente medida do momento dipolar magnético orbital de um elétron (a) com $m_\ell = 1$ e (b) com $m_\ell = -2$.

36 F Um elétron é submetido a um campo magnético $\vec{B}$ que aponta no sentido positivo do eixo z. A diferença de energia entre os alinhamentos paralelo e antiparalelo da componente z do momento magnético de spin do elétron na presença de $\vec{B}$ é $6,00 \times 10^{-25}$ J. Determine o módulo de $\vec{B}$.

Módulo 32.6 Diamagnetismo

37 F A Fig. 32.20 mostra um anel (L) que serve de modelo para um material diamagnético. (a) Faça um esboço das linhas de campo magnético no interior e nas proximidades do anel devido ao ímã em forma de barra. Determine (b) a orientação do momento dipolar magnético $\vec{\mu}$ do anel, (c) o sentido da corrente convencional i no anel (horário ou anti-horário) e (d) a orientação da força magnética exercida pelo campo magnético do ímã sobre o anel.

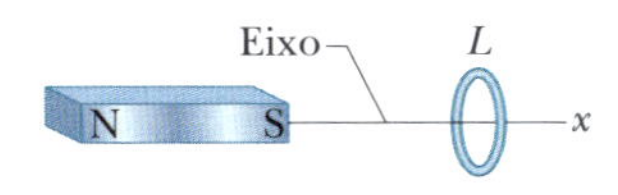

Figura 32.20 Problema 37.

38 D CALC Um elétron, de massa m e carga e, se move em uma órbita circular de raio r em torno de um núcleo quando um campo magnético uniforme $\vec{B}$ é aplicado perpendicularmente ao plano da órbita. Supondo que o raio da órbita não varia e que a variação da velocidade do elétron devido ao campo $\vec{B}$ é pequena, escreva uma expressão para a variação do momento dipolar magnético orbital do elétron devido à presença do campo.

Módulo 32.7 Paramagnetismo

39 F Em um teste para verificar se a magnetização de um sal paramagnético ao qual se aplica a curva da Fig. 32.7.1 obedece à lei de Curie, o sal é submetido a um campo magnético de 0,50 T, que permanece constante durante todo o experimento, e a magnetização M é medida em temperaturas que variam de 10 a 300 K. Os resultados estarão de acordo com a lei de Curie?

40 F Um sal paramagnético ao qual a curva de magnetização da Fig. 32.7.1 se aplica é mantido à temperatura ambiente (300 K). Determine para qual valor do campo magnético aplicado o grau de saturação magnética é (a) 50% e (b) 90%. (c) É possível produzir esses campos em laboratório?

41 F Um ímã de forma cilíndrica tem 5,00 cm de comprimento e 1,00 cm de raio. A magnetização é uniforme, com um módulo de $5,30 \times 10^3$ A/m. Qual é o momento dipolar magnético do ímã?

42 F Um campo magnético de 0,50 T é aplicado a um gás paramagnético cujos átomos possuem um momento dipolar magnético intrínseco de $1,0 \times 10^{-23}$ J/T. A que temperatura a energia cinética média de translação dos átomos é igual à energia necessária para inverter a orientação de um desses dipolos na presença do campo magnético?

43 M Um elétron com energia cinética K_e está se movendo em uma trajetória circular cujo plano é perpendicular a um campo magnético uniforme orientado no sentido positivo do eixo z. O elétron está sujeito apenas à força exercida pelo campo. (a) Mostre que o momento dipolar magnético do elétron, devido ao movimento orbital, tem o sentido oposto ao do campo magnético $\vec{B}$ e que seu módulo é dado por $\mu = K_e/B$. Determine (b) o módulo e (c) a orientação do momento dipolar magnético de um íon positivo de energia cinética K_i nas mesmas circunstâncias. (d) Um gás ionizado possui $5,3 \times 10^{21}$ elétrons/m³ e a mesma concentração de íons. Supondo que a energia cinética média dos elétrons é $6,2 \times 10^{-20}$ J e a energia cinética média dos íons é $7,6 \times 10^{-21}$ J, calcule a magnetização do gás ao ser submetido a um campo magnético de 1,2 T.

44 M A Fig. 32.21 mostra a curva de magnetização de um material paramagnético. A escala do eixo vertical é definida por $a = 0,15$, e a escala do eixo horizontal é definida por $b = 0,2$ T/K. Sejam μ_{exp} o valor experimental do momento magnético de uma amostra e $\mu_{máx}$ o valor máximo possível do momento magnético da mesma amostra. De acordo com a lei de Curie, qual é o valor da razão $\mu_{exp}/\mu_{máx}$ quando a amostra é submetida a um campo magnético de 0,800 T a uma temperatura de 2,00 K?

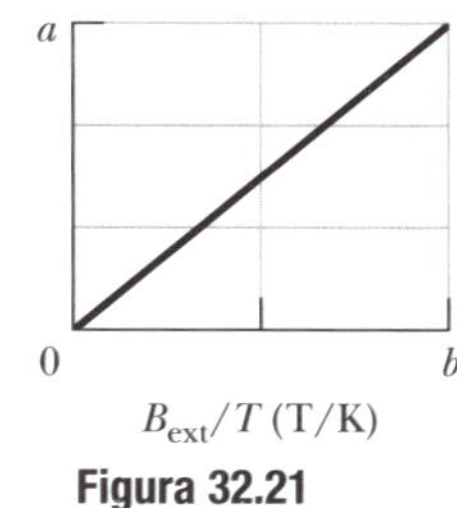

Figura 32.21 Problema 44.

45 D Considere um sólido com N átomos por unidade de volume, cada átomo com um momento dipolar magnético $\vec{\mu}$. Suponha que existam apenas duas orientações possíveis para $\vec{\mu}$: paralelo ou antiparalelo a um campo magnético externamente aplicado $\vec{B}$ (o que, segundo a física quântica, acontece quando apenas um elétron do átomo é responsável pelo spin $\vec{\mu}$). De acordo com a mecânica estatística, a probabilidade de que um átomo esteja em um estado de energia U é proporcional a $e^{-U/kT}$, em que T é a temperatura e k é a constante de Boltzmann. Assim, como a energia U é igual a $-\vec{\mu} \cdot \vec{B}$, a fração de átomos com o momento dipolar paralelo a $\vec{B}$ é proporcional a $e^{\mu B/kT}$, e a fração de átomos com o momento dipolar antiparalelo a $\vec{B}$ é proporcional a $e^{-\mu B/kT}$. (a) Mostre que o módulo da magnetização do sólido é $M = N\mu \tanh(\mu B/kT)$, em que tanh é a função tangente hiperbólica: $\tanh(x) = (e^x - e^{-x})/(e^x + e^{-x})$. (b) Mostre que o resultado do item (a) se reduz a $M = N\mu^2 B/kT$ para $\mu B \ll kT$. (c) Mostre que o resultado do item (a) se reduz a $M = N\mu$ para $\mu B \gg kT$. (d) Mostre que (b) e (c) concordam qualitativamente com a Fig. 32.7.1.

Módulo 32.8 Ferromagnetismo

46 M Uma bússola é colocada em uma superfície horizontal, e a agulha recebe um leve empurrão que a faz oscilar em torno da posição de equilíbrio. A frequência de oscilação é 0,312 Hz. O campo magnético da Terra no local possui uma componente horizontal de 18,0 μT, e a agulha possui um momento magnético de 0,680 mJ/T. Determine o momento de inércia da agulha em relação ao eixo (vertical) de rotação.

47 M A Terra possui um momento dipolar magnético de $8,0 \times 10^{22}$ J/T. (a) Se esse momento dipolar fosse causado por uma esfera de ferro magnetizado situada no centro da Terra, qual deveria ser o raio da esfera? (b) Que fração do volume da Terra a esfera ocuparia? Suponha um alinhamento perfeito dos dipolos. A massa específica do núcleo da Terra é 14 g/cm³ e o momento dipolar magnético de um átomo de ferro é $2,1 \times 10^{-23}$ J/T. (*Nota*: O núcleo da Terra realmente contém uma grande quantidade de ferro, mas a possibilidade de que o magnetismo terrestre se deva a um ímã permanente parece remota, por várias razões. Para começar, a temperatura do núcleo é maior que a temperatura de Curie do ferro.)

48 M O módulo do momento dipolar associado a um átomo de ferro em uma barra de ferro é $2,1 \times 10^{-23}$ J/T. Suponha que os momentos dipolares de todos os átomos da barra, que tem 5,0 cm de comprimento e uma seção reta de 1,0 cm², estejam alinhados. (a) Qual é o momento dipolar da barra? (b) Que torque deve ser exercido sobre a barra para mantê-la perpendicular a um campo externo de 1,5 T? (A massa específica do ferro é de 7,9 g/cm³.)

49 **M** O acoplamento de câmbio mencionado no Módulo 32.8 como responsável pelo ferromagnetismo *não é* a interação entre dipolos magnéticos atômicos. Para mostrar o que leva a essa conclusão, calcule (a) o módulo do campo magnético a uma distância de 10 nm, ao longo do eixo do dipolo, de um átomo com um momento dipolar magnético de $1{,}5 \times 10^{-23}$ J/T (o átomo de cobalto) e (b) a energia mínima necessária para inverter um segundo dipolo magnético do mesmo tipo na presença do campo calculado do item (a). (c) Comparando o resultado do item (b) com a energia cinética média de translação de um átomo à temperatura ambiente, 0,040 eV, o que podemos concluir?

50 **M** Uma barra magnética com 6,00 cm de comprimento, 3,00 mm de raio e uma magnetização uniforme de $2{,}70 \times 10^3$ A/m pode girar em torno do centro como uma agulha de bússola. A barra é submetida a um campo magnético uniforme $\vec{B}$ de módulo 35,0 mT cuja direção faz um ângulo de 68,0° com a direção de momento dipolar da barra. (a) Determine o módulo do torque exercido pelo campo $\vec{B}$ sobre a barra. (b) Determine a variação da energia orientacional da barra se o ângulo mudar para 34,0°.

51 **M** A magnetização de saturação do níquel, um metal ferromagnético, é $4{,}70 \times 10^5$ A/m. Calcule o momento dipolar magnético de um átomo de níquel. (A massa específica do níquel é 8,90 g/cm³ e a massa molar é 58,71 g/mol.)

52 **M** Medidas realizadas em minas e poços revelam que a temperatura no interior da Terra aumenta com a profundidade à taxa média de 30°C/km. Supondo que a temperatura na superfície seja 10°C, a que profundidade o ferro deixa de ser ferromagnético? (A temperatura de Curie do ferro varia muito pouco com a pressão.)

53 **M** **CALC** Um anel de Rowland é feito de um material ferromagnético. O anel tem seção reta circular, com um raio interno de 5,0 cm e um raio externo de 6,0 cm, e uma bobina primária enrolada no anel possui 400 espiras. (a) Qual deve ser a corrente na bobina para que o módulo do campo do toroide tenha o valor $B_0 = 0{,}20$ mT? (b) Uma bobina secundária enrolada no anel possui 50 espiras e uma resistência de 8,0 Ω. Se para esse valor de B_0 temos $B_M = 800B_0$, qual é o valor da carga que atravessa a bobina secundária quando a corrente na bobina primária começa a circular?

Problemas Adicionais

54 Use as aproximações do Problema 61 para calcular (a) a altitude em relação à superfície na qual o módulo do campo magnético da Terra é 50,0% do valor na superfície na mesma latitude; (b) o módulo máximo do campo magnético na interface do núcleo com o manto, 2.900 km abaixo da superfície da Terra; (c) o módulo e (d) a inclinação do campo magnético na Terra no polo norte geográfico. (e) Explique por que os valores calculados nos itens (c) e (d) não são necessariamente iguais aos valores medidos.

55 A Terra possui um momento dipolar magnético de $8{,}0 \times 10^{22}$ J/T. (a) Que corrente teria que existir em uma única espira de fio estendida na superfície da Terra ao longo do equador geomagnético para criar um dipolo de mesma intensidade? (b) Esse arranjo poderia ser usado para cancelar o magnetismo da Terra em pontos do espaço muito acima da superfície? (c) Esse arranjo poderia ser usado para cancelar o magnetismo da Terra em pontos da superfície?

56 Uma carga q está distribuída uniformemente ao longo de um anel delgado, de raio r. O anel está girando com velocidade angular ω em torno de um eixo que passa pelo centro e é perpendicular ao plano do anel. (a) Mostre que o módulo do momento magnético associado à carga em movimento é dado por $\mu = q\omega r^2/2$. (b) Qual será a orientação do momento magnético se a carga for positiva?

57 A agulha de uma bússola, com 0,050 kg de massa e 4,0 cm de comprimento, está alinhada com a componente horizontal do campo magnético da Terra em um local em que a componente tem o valor $B_h = 16\ \mu$T. Depois que a agulha recebe um leve empurrão, ela começa a oscilar com uma frequência angular $\omega = 45$ rad/s. Supondo que a agulha seja uma barra fina e uniforme, livre para girar em torno do centro, determine o módulo do momento dipolar magnético da agulha.

58 O capacitor da Fig. 32.3.1 está sendo carregado com uma corrente de 2,50 A. O raio do fio é 1,50 mm e o raio das placas é 2,00 cm. Suponha que sejam uniformes as distribuições da corrente i no fio e da corrente de deslocamento i_d no espaço entre as placas do capacitor. Determine o módulo do campo magnético produzido pela corrente i nas seguintes distâncias em relação ao eixo do fio: (a) 1,00 mm (dentro do fio), (b) 3,00 mm (fora do fio) e (c) 2,20 cm (fora do fio). Determine o módulo do campo magnético produzido pela corrente i_d nas seguintes distâncias em relação à reta que liga os centros das placas: (d) 1,00 mm (dentro do espaço entre as placas), (e) 3,00 mm (dentro do espaço entre as placas) e (f) 2,20 cm (fora do espaço entre as placas). (g) Explique por que os campos são muito diferentes para o fio e para o espaço entre as placas no caso das duas distâncias menores, mas têm valores semelhantes para a distância maior.

59 **CALC** Um capacitor de placas paralelas circulares de raio R = 16 mm e afastadas de uma distância d = 5,0 mm produz um campo uniforme entre as placas. A partir do instante $t = 0$, a diferença de potencial entre as placas é dada por $V = (100\ \text{V})e^{-t/\tau}$, em que $\tau = 12$ ms. Determine o módulo do campo magnético a uma distância $r = 0{,}80R$ do eixo central (a) em função do tempo, para $t \geq 0$ e (b) no instante $t = 3\tau$.

60 Um fluxo magnético de 7,0 mWb, dirigido para fora, atravessa a face plana inferior da superfície fechada da Fig. 32.22. Na face plana superior (que tem um raio de 4,2 cm) existe um campo magnético $\vec{B}$ de 0,40 T perpendicular à superfície, que aponta para cima. Determine (a) o valor absoluto e (b) o sentido (para dentro ou para fora) do fluxo magnético através da parte curva da superfície.

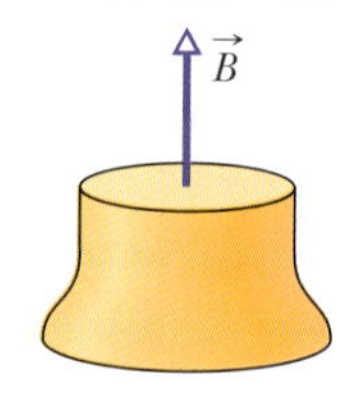

Figura 32.22 Problema 60.

61 O campo magnético da Terra pode ser aproximado pelo campo magnético de um dipolo. As componentes horizontal e vertical do campo a uma distância r do centro da Terra são dadas por

$$B_h = \frac{\mu_0\mu}{4\pi r^3}\cos\lambda_m, \qquad B_v = \frac{\mu_0\mu}{2\pi r^3}\,\text{sen}\,\lambda_m,$$

em que λ_m é a *latitude magnética* (latitude medida a partir do equador geomagnético em direção a um dos polos geomagnéticos). Suponha que o momento dipolar da Terra tem um módulo $\mu = 8{,}00 \times 10^{22}$ A · m². (a) Mostre que o módulo do campo magnético da Terra na latitude λ_m é dado por

$$B = \frac{\mu_0\mu}{4\pi r^3}\sqrt{1 + 3\,\text{sen}^2\lambda_m}.$$

(b) Mostre que a inclinação ϕ_i do campo magnético está relacionada à latitude magnética λ_m pela equação $\tan\phi_i = 2\tan\lambda_m$.

62 Use os resultados do Problema 61 para calcular (a) o módulo e (b) a inclinação do campo magnético da Terra no equador geomagnético, (c) o módulo e (d) a inclinação do campo na latitude geomagnética de 60° e (e) o módulo e (f) a inclinação do campo no polo norte geomagnético.

63 Um capacitor de placas paralelas com placas circulares de 55,0 mm de raio está sendo carregado. A que distância do eixo do capacitor (a) dentro do espaço entre as placas e (b) fora do espaço entre as placas o módulo do campo magnético induzido é igual a 50,0% do valor máximo?

64 Uma amostra de um sal paramagnético ao qual se aplica a curva da Fig. 32.7.1 é submetida a um campo magnético uniforme de 2,0 T. Determine a que temperatura o grau de saturação magnética da amostra é (a) 50% e (b) 90%.

65 Um capacitor de placas paralelas circulares de raio R está sendo descarregado. A corrente de deslocamento que atravessa uma área circular central, paralela às placas, de raio $R/2$, é 2,0 A. Qual é a corrente de descarga?

66 A Fig. 32.23 mostra a variação de um campo elétrico que é perpendicular a uma região circular de 2,0 m². Qual é a maior corrente de deslocamento que atravessa a região durante o período de tempo representado no gráfico?

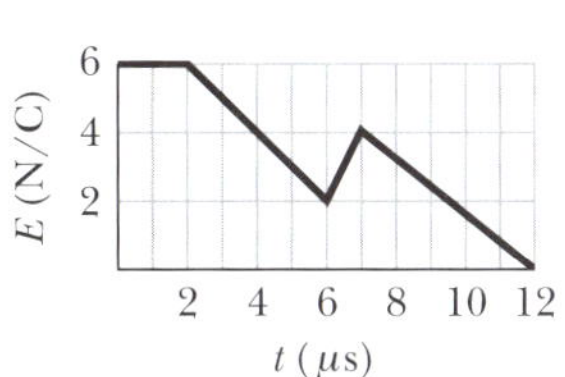

Figura 32.23 Problema 66.

67 **CALC** Na Fig. 32.24, um capacitor de placas paralelas está sendo descarregado por uma corrente i = 5,0 A. As placas são quadrados de lado L = 8,0 mm. (a) Qual é a taxa de variação do campo elétrico entre as placas? (b) Qual é o valor de $\oint \vec{B} \cdot d\vec{s}$ ao longo da linha tracejada, na qual H = 2,0 mm e W = 3,0 mm?

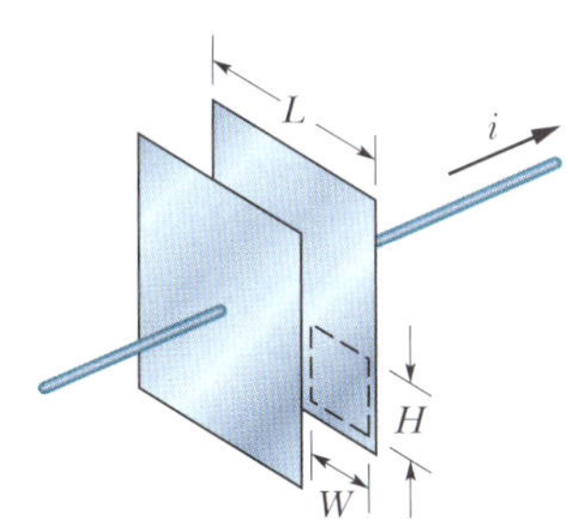

Figura 32.24 Problema 67.

68 Qual é o valor da componente medida do momento dipolar magnético orbital de um elétron (a) com m_ℓ = 3 e (b) com $m_\ell = -4$?

69 *Forma diferencial da lei de Gauss.* A lei de Gauss para campos magnéticos pode ser escrita em forma diferencial. Para isso, considere um pequeno paralelepípedo retangular com as faces paralelas aos eixos x, y e z (Fig. 32.25). Suponha que um campo magnético não uniforme é produzido na região com as seguintes propriedades: o campo na face 1 é B_x e o campo na face 2 é $B_x + (dB_x/dx)a$; o campo na face 3 é B_y e o campo na face 4 é $B_y + (dB_y/dy)c$; o campo na face 5 é B_z e o campo na face 6 é $B_z + (dB_z/dz)b$. Aplicando a Eq. 32.1.1 à superfície do paralelepípedo, mostre que

$$\frac{dB_x}{dx} + \frac{dB_y}{dy} + \frac{dB_z}{dz} = 0.$$

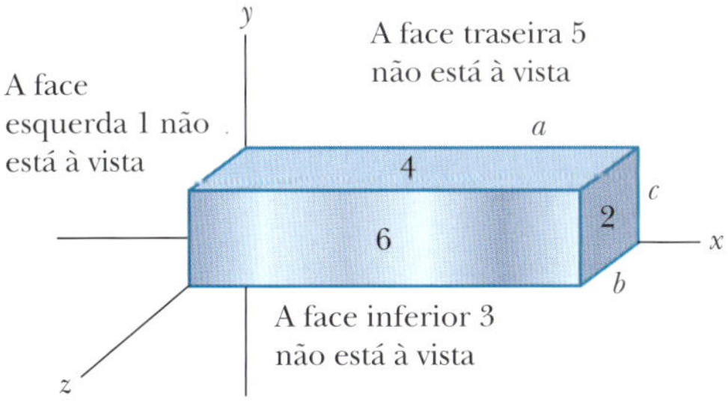

y
A face traseira 5 não está à vista
A face esquerda 1 não está à vista
a
4
c
2
6
x
b
A face inferior 3 não está à vista
z

Figura 32.25 Problema 69.

70 *Paramagnetismo, diamagnetismo.* A Fig. 32.26 mostra um dispositivo usado em demonstrações em sala de aula de paramagnetismo e diamagnetismo. Uma amostra de um material é pendurada em uma corda de comprimento L = 2 m em uma região de largura d = 2 cm entre os polos de um eletroímã. Como mostra a figura, o polo P_1 tem forma de cunha e o polo de P_2 é côncavo. Os desvios da corda em relação à vertical são mostrados à plateia por meio de um sistema de projeção que não é mostrado na figura. (a) Primeiro, uma amostra de bismuto (um elemento diamagnético, mau condutor de eletricidade) é usada. Quando o eletroímã é ligado, a amostra se desloca ligeiramente (cerca de 1 mm) em direção a um dos polos. Qual é o sentido desse movimento? (*Sugestão:* observe o modo como o fio está enrolado). (b) Em seguida, uma amostra de alumínio (um elemento paramagnético, bom condutor de eletricidade) é usada. A amostra sofre um grande deslocamento (cerca de 1 cm) em direção a um dos polos durante cerca de um segundo e depois um deslocamento moderado (de alguns milímetros) em direção ao outro polo. Explique por que isso acontece e indique o sentido das deflexões. (*Sugestão:* note que o alumínio é um bom condutor de eletricidade.) (c) O que aconteceria com uma amostra de um material ferromagnético?

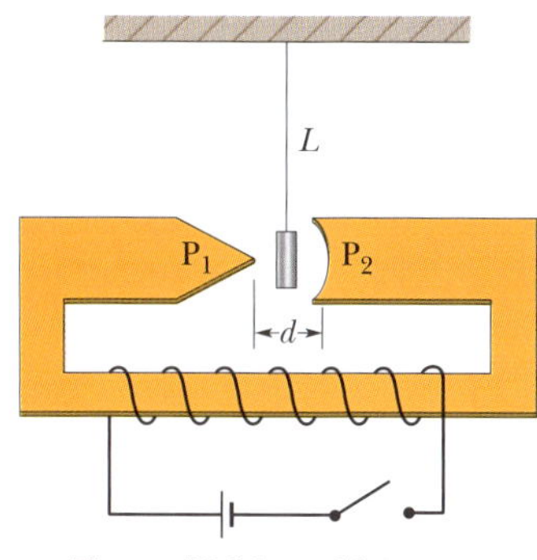

Figura 32.26 Problema 70.

71 *Capacitor submetido a uma tensão senoidal.* Um capacitor de placas circulares com um raio R de 30 mm e uma distância entre as placas de 5,0 mm é submetido a uma tensão senoidal com um valor máximo de 150 V e uma frequência de 60 Hz. Determine $B_m(R)$, o valor máximo do campo magnético induzido nos pontos $r = R$, em que r é a distância do centro das placas medida paralelamente às placas.

72 *Corrente de deslocamento em um dielétrico.* O espaço entre as placas de um capacitor de placas paralelas é ocupado por um material de constante dielétrica κ. Mostre que enquanto o capacitor está sendo carregado, a densidade de corrente de deslocamento no material é $J_d = dD/dt$, em que $D = \kappa\varepsilon_0 E$.

73 *Propriedade de autoconsistência das duas primeiras equações de Maxwell.* A Fig. 32.27 mostra dois paralelepípedos com a face *abcd* em comum. (a) Aplicando separadamente a primeira das equações de Maxwell mostradas na Tabela 32.3.1 às superfícies dos dois paralelepípedos, mostre que a equação é automaticamente satisfeita para um paralelepípedo formado removendo a face *abcd*. (b) Aplicando separadamente a segunda equação às superfícies dos dois paralelepípedos, mostre que a equação é automaticamente satisfeita para o paralelepípedo formado removendo a face *abcd*.

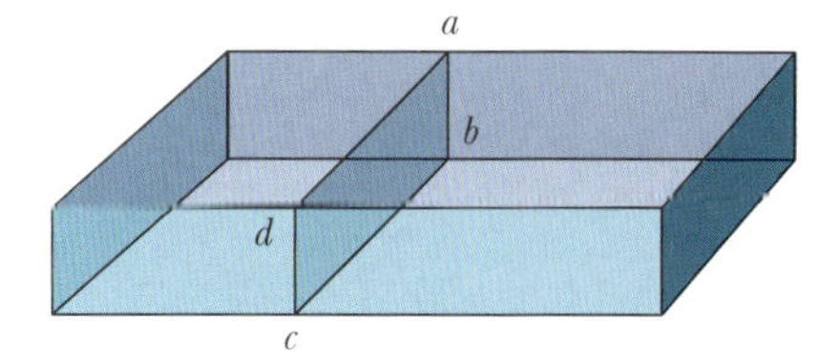

Figura 32.27 Problema 73.

74 *Propriedade de autoconsistência das duas últimas equações de Maxwell.* A Fig. 32.28 mostra duas malhas, *abefa* e *bcdeb*, com o lado *be* em comum. (a) Aplicando separadamente a terceira das equações de Maxwell mostradas na Tabela 32.3.1 às duas malhas, mostre que a equação é automaticamente satisfeita para a malha *abcdefa* formada removendo o lado *be*. (b) Aplicando separadamente a quarta equação às duas malhas, mostre que a equação é automaticamente satisfeita para a malha formada removendo o lado *be*.

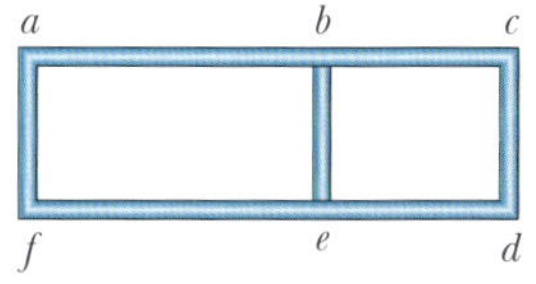

Figura 32.28 Problema 74.

APÊNDICE A

SISTEMA INTERNACIONAL DE UNIDADES (SI)*

Tabela 1 Unidades Fundamentais do SI

Grandeza	Nome	Símbolo	Definição
comprimento	metro	m	"... a distância percorrida pela luz no vácuo em 1/299.792.458 de segundo." (1983)
massa	quilograma	kg	"... este protótipo [um certo cilindro de platina-irídio] será considerado daqui em diante como a unidade de massa." (1889)
tempo	segundo	s	"... a duração de 9.192.631.770 períodos da radiação correspondente à transição entre os dois níveis hiperfinos do estado fundamental do átomo de césio 133 em repouso a 0 K". (1997)
corrente elétrica	ampère	A	"... a corrente constante, que, se mantida em dois condutores paralelos retos de comprimento infinito, de seção transversal circular desprezível e separados por uma distância de 1 m no vácuo, produziria entre esses condutores uma força igual a 2×10^{-7} newton por metro de comprimento." (1946)
temperatura termodinâmica	kelvin	K	"... a fração 1/273,16 da temperatura termodinâmica do ponto triplo da água." (1967)
quantidade de matéria	mol	mol	"... a quantidade de matéria de um sistema que contém um número de entidades elementares igual ao número de átomos que existem em 0,012 quilograma de carbono 12." (1971)
intensidade luminosa	candela	cd	"... a intensidade luminosa, em uma dada direção, de uma fonte que emite radiação monocromática de frequência 540×10^{12} hertz e que irradia nesta direção com uma intensidade de 1/683 watt por esferorradiano." (1979)

*Adaptada de "The International System of Units (SI)", Publicação Especial 330 do National Bureau of Standards, edição de 2008. As definições acima foram adotadas pela Conferência Nacional de Pesos e Medidas, órgão internacional, nas datas indicadas. A candela não é usada neste livro.

Tabela 2 Algumas Unidades Secundárias do SI

Grandeza	Nome da Unidade	Símbolo	
área	metro quadrado	m^2	
volume	metro cúbico	m^3	
frequência	hertz	Hz	s^{-1}
massa específica	quilograma por metro cúbico	kg/m^3	
velocidade	metro por segundo	m/s	
velocidade angular	radiano por segundo	rad/s	
aceleração	metro por segundo ao quadrado	m/s^2	
aceleração angular	radiano por segundo ao quadrado	rad/s^2	
força	newton	N	$kg \cdot m/s^2$
pressão	pascal	Pa	N/m^2
trabalho, energia, quantidade de calor	joule	J	$N \cdot m$
potência	watt	W	J/s
quantidade de carga elétrica	coulomb	C	$A \cdot s$
diferença de potencial, força eletromotriz	volt	V	W/A
intensidade de campo elétrico	volt por metro (ou newton por coulomb)	V/m	N/C
resistência elétrica	ohm	Ω	V/A
capacitância	farad	F	$A \cdot s/V$
fluxo magnético	weber	Wb	$V \cdot s$
indutância	henry	H	$V \cdot s/A$
densidade de fluxo magnético	tesla	T	Wb/m^2
intensidade de campo magnético	ampère por metro	A/m	
entropia	joule por kelvin	J/K	
calor específico	joule por quilograma-kelvin	$J/(kg \cdot K)$	
condutividade térmica	watt por metro-kelvin	$W/(m \cdot K)$	
intensidade radiante	watt por esferorradiano	W/sr	

Tabela 3 Unidades Suplementares do SI

Grandeza	Nome da Unidade	Símbolo
ângulo plano	radiano	rad
ângulo sólido	esferorradiano	sr

APÊNDICE B

ALGUMAS CONSTANTES FUNDAMENTAIS DA FÍSICA*

Constante	Símbolo	Valor Prático	Melhor Valor (2018)	
			Valor[a]	Incerteza[b]
Velocidade da luz no vácuo	c	$3{,}00 \times 10^{8}$ m/s	2,997 924 58	exata
Carga elementar	e	$1{,}60 \times 10^{-19}$ C	1,602 176 634	exata
Constante gravitacional	G	$6{,}67 \times 10^{-11}\ m^3/s^2 \cdot kg$	6,674 38	22
Constante universal dos gases	R	8,31 J/mol · K	8,314 462 618	exata
Constante de Avogadro	N_A	$6{,}02 \times 10^{23}\ mol^{-1}$	6,022 140 76	exata
Constante de Boltzmann	k	$1{,}38 \times 10^{-23}$ J/K	1,388 649	exata
Constante de Stefan-Boltzmann	σ	$5{,}67 \times 10^{-8}\ W/m^2 \cdot K^4$	5,670 374 419	exata
Volume molar de um gás ideal nas CNTP[c]	V_m	$2{,}27 \times 10^{-2}\ m^3/mol$	2,271 095 464	exata
Constante elétrica	ϵ_0	$8{,}85 \times 10^{-12}$ F/m	8,854 187 812 8	$1{,}5 \times 10^{-4}$
Constante magnética	μ_0	$1{,}26 \times 10^{-6}$ H/m	1,256 637 062 12	$1{,}5 \times 10^{-4}$
Constante de Planck	h	$6{,}63 \times 10^{-34}$ J · s	6,626 070 15	exata
Massa do elétron[d]	m_e	$9{,}11 \times 10^{-31}$ kg	9,109 383 7055	$3{,}0 \times 10^{-4}$
		$5{,}49 \times 10^{-4}$ u	5,485 799 090 65	$2{,}9 \times 10^{-5}$
Massa do próton[d]	m_p	$1{,}67 \times 10^{-27}$ kg	1,672 621 923 69	$3{,}1 \times 10^{-4}$
		1,0073 u	1,007 276 466 621	$5{,}3 \times 10^{-5}$
Razão entre a massa do próton e a massa do elétron	m_p/m_e	1840	1836,152 673 43	$6{,}0 \times 10^{-5}$
Razão entre a massa e a carga do elétron	e/m_e	$1{,}76 \times 10^{11}$ C/kg	−1,758 820 010 76	$3{,}0 \times 10^{-4}$
Massa do nêutron[d]	m_n	$1{,}68 \times 10^{-27}$ kg	1,674 927 498 04	$5{,}7 \times 10^{-4}$
		1,0087 u	1,007 825 092 15	$5{,}3 \times 10^{-5}$
Massa do átomo de hidrogênio[d]	m_{1_H}	1,0078 u	2,014 101 792 65	$2{,}0 \times 10^{-5}$
Massa do átomo de deutério[d]	m_{2_H}	2,0136 u	4,002 603 338 94	$1{,}6 \times 10^{-5}$
Massa do átomo de hélio[d]	$m_{4_{He}}$	4,0026 u	1,883 531 627	$2{,}2 \times 10^{-2}$
Massa do múon	m_μ	$1{,}88 \times 10^{-28}$ kg		
Momento magnético do elétron	μ_e	$9{,}28 \times 10^{-24}$ J/T	−9,284 764 7043	$3{,}0 \times 10^{-4}$
Momento magnético do próton	μ_p	$1{,}41 \times 10^{-26}$ J/T	1,410 606 797 36	$4{,}2 \times 10^{-4}$
Magnéton de Bohr	μ_B	$9{,}27 \times 10^{-24}$ J/T	9,274 010 0783	$3{,}0 \times 10^{-4}$
Magnéton nuclear	μ_N	$5{,}05 \times 10^{-27}$ J/T	5,050 783 7461	$3{,}1 \times 10^{-4}$
Raio de Bohr	a	$5{,}29 \times 10^{-11}$ m	5,291 772 109 03	$1{,}5 \times 10^{-4}$
Constante de Rydberg	R	$1{,}10 \times 10^{7}\ m^{-1}$	1,097 373 156 8160	$1{,}9 \times 10^{-6}$
Comprimento de onda de Compton do elétron	λ_C	$2{,}43 \times 10^{-12}$ m	2,426 310 238 67	$3{,}0 \times 10^{-4}$

[a]Os valores desta coluna têm a mesma unidade e potência de 10 que o valor prático.

[b]Partes por milhão.

[c]CNTP significa condições normais de temperatura e pressão: 0°C e 1,0 atm (0,1 MPa).

[d]As massas dadas em u estão em unidades unificadas de massa atômica: 1 u = $1{,}660\ 538\ 782 \times 10^{-27}$ kg.

*Os valores desta tabela foram selecionados entre os valores recomendados pelo Codata (Internationally recommended 2018 values of the Fundamental Physical Constants) em 2018 (https://physics.nist.gov/cuu/Constants/index.html).

APÊNDICE C

ALGUNS DADOS ASTRONÔMICOS

Algumas Distâncias da Terra

À Lua*	$3,82 \times 10^{8}$ m	Ao centro da nossa galáxia	$2,2 \times 10^{20}$ m
Ao Sol*	$1,50 \times 10^{11}$ m	À galáxia de Andrômeda	$2,1 \times 10^{22}$ m
À estrela mais próxima (*Proxima Centauri*)	$4,04 \times 10^{16}$ m	Ao limite do universo observável	$\sim 10^{26}$ m

*Distância média.

O Sol, a Terra e a Lua

Propriedade	Unidade	Sol		Terra	Lua
Massa	kg	$1,99 \times 10^{30}$		$5,98 \times 10^{24}$	$7,36 \times 10^{22}$
Raio médio	m	$6,96 \times 10^{8}$		$6,37 \times 10^{6}$	$1,74 \times 10^{6}$
Massa específica média	kg/m^3	1410		5520	3340
Aceleração de queda livre na superfície	m/s^2	274		9,81	1,67
Velocidade de escape	km/s	618		11,2	2,38
Período de rotação[a]	—	37 d nos polos[b]	26 d no equador[b]	23 h 56 min	27,3 d
Potência de radiação[c]	W	$3,90 \times 10^{26}$			

[a]Medido em relação às estrelas distantes.
[b]O Sol, uma bola de gás, não gira como um corpo rígido.
[c]Perto dos limites da atmosfera terrestre, a energia solar é recebida a uma taxa de 1340 W/m^2, supondo uma incidência normal.

Algumas Propriedades dos Planetas

	Mercúrio	Vênus	Terra	Marte	Júpiter	Saturno	Urano	Netuno	Plutão[d]
Distância média do Sol, 10^6 km	57,9	108	150	228	778	1430	2870	4500	5900
Período de revolução, anos	0,241	0,615	1,00	1,88	11,9	29,5	84,0	165	248
Período de rotação,[a] dias	58,7	−243[b]	0,997	1,03	0,409	0,426	−0,451[b]	0,658	6,39
Velocidade orbital, km/s	47,9	35,0	29,8	24,1	13,1	9,64	6,81	5,43	4,74
Inclinação do eixo em relação à órbita	$<28°$	$\approx 3°$	23,4°	25,0°	3,08°	26,7°	97,9°	29,6°	57,5°
Inclinação da órbita em relação à órbita da Terra	7,00°	3,39°		1,85°	1,30°	2,49°	0,77°	1,77°	17,2°
Excentricidade da órbita	0,206	0,0068	0,0167	0,0934	0,0485	0,0556	0,0472	0,0086	0,250
Diâmetro equatorial, km	4880	12 100	12 800	6790	143 000	120 000	51 800	49 500	2300
Massa (Terra = 1)	0,0558	0,815	1,000	0,107	318	95,1	14,5	17,2	0,002
Densidade (água = 1)	5,60	5,20	5,52	3,95	1,31	0,704	1,21	1,67	2,03
Valor de g na superfície,[c] m/s^2	3,78	8,60	9,78	3,72	22,9	9,05	7,77	11,0	0,5
Velocidade de escape,[c] km/s	4,3	10,3	11,2	5,0	59,5	35,6	21,2	23,6	1,3
Satélites conhecidos	0	0	1	2	79 + anel	82 + anéis	27 + anéis	14 + anéis	5

[a]Medido em relação às estrelas distantes.
[b]Vênus e Urano giram no sentido contrário ao do movimento orbital.
[c]Aceleração gravitacional medida no equador do planeta.
[d]Plutão é atualmente classificado como um planeta anão.

APÊNDICE D

FATORES DE CONVERSÃO

Os fatores de conversão podem ser lidos diretamente das tabelas a seguir. Assim, por exemplo, 1 grau = $2{,}778 \times 10^{-3}$ revoluções e, portanto, $16{,}7° = 16{,}7 \times 2{,}778 \times 10^{-3}$ revoluções. As unidades do SI estão em letras maiúsculas. Adaptada parcialmente de G. Shortley and D. Williams, *Elements of Physics*, 1971, Prentice-Hall, Englewood Cliffs, NJ.

Ângulo Plano

	°	′	″	RADIANOS	rev
1 grau	= 1	60	3600	$1{,}745 \times 10^{-2}$	$2{,}778 \times 10^{-3}$
1 minuto	= $1{,}667 \times 10^{-2}$	1	60	$2{,}909 \times 10^{-4}$	$4{,}630 \times 10^{-5}$
1 segundo	= $2{,}778 \times 10^{-4}$	$1{,}667 \times 10^{-2}$	1	$4{,}848 \times 10^{-6}$	$7{,}716 \times 10^{-7}$
1 RADIANO	= 57,30	3438	$2{,}063 \times 10^{5}$	1	0,1592
1 revolução	= 360	$2{,}16 \times 10^{4}$	$1{,}296 \times 10^{6}$	6,283	1

Ângulo Sólido

1 esfera = 4π esferorradianos = 12,57 esferorradianos

Comprimento

	cm	METROS	km	polegadas	pés	milhas
1 centímetro	= 1	10^{-2}	10^{-5}	0,3937	$3{,}281 \times 10^{-2}$	$6{,}214 \times 10^{-6}$
1 METRO	= 100	1	10^{-3}	39,37	3,281	$6{,}214 \times 10^{-4}$
1 quilômetro	= 10^{5}	1000	1	$3{,}937 \times 10^{4}$	3281	0,6214
1 polegada	= 2,540	$2{,}540 \times 10^{-2}$	$2{,}540 \times 10^{-5}$	1	$8{,}333 \times 10^{-2}$	$1{,}578 \times 10^{-5}$
1 pé	= 30,48	0,3048	$3{,}048 \times 10^{-4}$	12	1	$1{,}894 \times 10^{-4}$
1 milha	= $1{,}609 \times 10^{5}$	1609	1,609	$6{,}336 \times 10^{4}$	5280	1

1 angström = 10^{-10} m
1 milha marítima = 1852 m
= 1,151 milha = 6076 pés
1 fermi = 10^{-15} m
1 ano-luz = $9{,}461 \times 10^{12}$ km
1 parsec = $3{,}084 \times 10^{13}$ km
1 braça = 6 pés
1 raio de Bohr = $5{,}292 \times 10^{-11}$ m
1 jarda = 3 pés
1 vara = 16,5 pés
1 mil = 10^{-3} polegadas
1 nm = 10^{-9} m

Área

	METROS²	cm²	pés²	polegadas²
1 METRO QUADRADO	= 1	10^{4}	10,76	1550
1 centímetro quadrado	= 10^{-4}	1	$1{,}076 \times 10^{-3}$	0,1550
1 pé quadrado	= $9{,}290 \times 10^{-2}$	929,0	1	144
1 polegada quadrada	= $6{,}452 \times 10^{-4}$	6,452	$6{,}944 \times 10^{-3}$	1

1 milha quadrada = $2{,}788 \times 10^{7}$ pés² = 640 acres
1 barn = 10^{-28} m²
1 acre = 43.560 pés²
1 hectare = 10^{4} m² = 2,471 acres

Volume

	METROS^3	cm^3	L	pés^3	polegadas^3
1 METRO CÚBICO	= 1	10^6	1000	35,31	$6{,}102 \times 10^4$
1 centímetro cúbico	= 10^{-6}	1	$1{,}000 \times 10^{-3}$	$3{,}531 \times 10^{-5}$	$6{,}102 \times 10^{-2}$
1 litro	= $1{,}000 \times 10^{-3}$	1000	1	$3{,}531 \times 10^{-2}$	61,02
1 pé cúbico	= $2{,}832 \times 10^{-2}$	$2{,}832 \times 10^4$	28,32	1	1728
1 polegada cúbica	= $1{,}639 \times 10^{-5}$	16,39	$1{,}639 \times 10^{-2}$	$5{,}787 \times 10^{-4}$	1

1 galão americano = 4 quartos de galão americano = 8 quartilhos americanos = 128 onças fluidas americanas = 231 polegadas^3

1 galão imperial britânico = 277,4 polegadas^3 = 1,201 galão americano

Massa

As grandezas nas áreas sombreadas não são unidades de massa, mas são frequentemente usadas como tais. Assim, por exemplo, quando escrevemos 1 kg "=" 2,205 lb, isso significa que um quilograma é a *massa* que *pesa* 2,205 libras em um local em que *g* tem o valor-padrão de 9,80665 m/s^2.

	g	QUILOGRAMAS	slug	u	onças	libras	toneladas
1 grama	= 1	0,001	$6{,}852 \times 10^{-5}$	$6{,}022 \times 10^{23}$	$3{,}527 \times 10^{-2}$	$2{,}205 \times 10^{-3}$	$1{,}102 \times 10^{-6}$
1 QUILOGRAMA	= 1000	1	$6{,}852 \times 10^{-2}$	$6{,}022 \times 10^{26}$	35,27	2,205	$1{,}102 \times 10^{-3}$
1 slug	= $1{,}459 \times 10^4$	14,59	1	$8{,}786 \times 10^{27}$	514,8	32,17	$1{,}609 \times 10^{-2}$
unidade de massa atômica (u)	= $1{,}661 \times 10^{-24}$	$1{,}661 \times 10^{-27}$	$1{,}138 \times 10^{-28}$	1	$5{,}857 \times 10^{-26}$	$3{,}662 \times 10^{-27}$	$1{,}830 \times 10^{-30}$
1 onça	= 28,35	$2{,}835 \times 10^{-2}$	$1{,}943 \times 10^{-3}$	$1{,}718 \times 10^{25}$	1	$6{,}250 \times 10^{-2}$	$3{,}125 \times 10^{-5}$
1 libra	= 453,6	0,4536	$3{,}108 \times 10^{-2}$	$2{,}732 \times 10^{26}$	16	1	0,0005
1 tonelada	= $9{,}072 \times 10^5$	907,2	62,16	$5{,}463 \times 10^{29}$	$3{,}2 \times 10^4$	2000	1

1 tonelada métrica = 1.000 kg

Massa Específica

As grandezas nas áreas sombreadas são pesos específicos e, como tais, dimensionalmente diferentes das massas específicas. Ver nota na tabela de massas.

	slug/pé^3	QUILOGRAMAS/ METRO^3	g/cm^3	lb/pé^3	lb/polegada^3
1 slug por pé^3	= 1	515,4	0,5154	32,17	$1{,}862 \times 10^{-2}$
1 QUILOGRAMA por METRO^3	= $1{,}940 \times 10^{-3}$	1	0,001	$6{,}243 \times 10^{-2}$	$3{,}613 \times 10^{-5}$
1 grama por centímetro^3	= 1,940	1000	1	62,43	$3{,}613 \times 10^{-2}$
1 libra por pé^3	= $3{,}108 \times 10^{-2}$	16,02	$16{,}02 \times 10^{-2}$	1	$5{,}787 \times 10^{-4}$
1 libra por polegada^3	= 53,71	$2{,}768 \times 10^4$	27,68	1728	1

Tempo

	ano	d	h	min	SEGUNDOS
1 ano	= 1	365,25	$8{,}766 \times 10^3$	$5{,}259 \times 10^5$	$3{,}156 \times 10^7$
1 dia	= $2{,}738 \times 10^{-3}$	1	24	1440	$8{,}640 \times 10^4$
1 hora	= $1{,}141 \times 10^{-4}$	$4{,}167 \times 10^{-2}$	1	60	3600
1 minuto	= $1{,}901 \times 10^{-6}$	$6{,}944 \times 10^{-4}$	$1{,}667 \times 10^{-2}$	1	60
1 SEGUNDO	= $3{,}169 \times 10^{-8}$	$1{,}157 \times 10^{-5}$	$2{,}778 \times 10^{-4}$	$1{,}667 \times 10^{-2}$	1

Velocidade

	pés/s	km/h	METROS/SEGUNDO	milhas/h	cm/s
1 pé por segundo =	1	1,097	0,3048	0,6818	30,48
1 quilômetro por hora =	0,9113	1	0,2778	0,6214	27,78
1 METRO por SEGUNDO =	3,281	3,6	1	2,237	100
1 milha por hora =	1,467	1,609	0,4470	1	44,70
1 centímetro por segundo =	$3,281 \times 10^{-2}$	$3,6 \times 10^{-2}$	0,01	$2,237 \times 10^{-2}$	1

1 nó = 1 milha marítima/h = 1,688 pé/s 1 milha/min = 88,00 pés/s = 60,00 milhas/h

Força

O grama-força e o quilograma-força são atualmente pouco usados. Um grama-força (= 1 gf) é a força da gravidade que atua sobre um objeto cuja massa é 1 grama em um local onde g possui o valor-padrão de 9,80665 m/s^2.

	dinas	NEWTONS	libras	poundals	gf	kgf
1 dina =	1	10^{-5}	$2,248 \times 10^{-6}$	$7,233 \times 10^{-5}$	$1,020 \times 10^{-3}$	$1,020 \times 10^{-6}$
1 NEWTON =	10^5	1	0,2248	7,233	102,0	0,1020
1 libra =	$4,448 \times 10^5$	4,448	1	32,17	453,6	0,4536
1 poundal =	$1,383 \times 10^4$	0,1383	$3,108 \times 10^{-2}$	1	14,10	$1,410 \times 10^2$
1 grama-força =	980,7	$9,807 \times 10^{-3}$	$2,205 \times 10^{-3}$	$7,093 \times 10^{-2}$	1	0,001
1 quilograma-força =	$9,807 \times 10^5$	9,807	2,205	70,93	1000	1

1 tonelada = 2.000 libras

Pressão

	atm	dinas/cm^2	polegadas de água	cm Hg	PASCALS	libras/polegada^2	libras/pé^2
1 atmosfera =	1	$1,013 \times 10^6$	406,8	76	$1,013 \times 10^5$	14,70	2116
1 dina por centímetro^2 =	$9,869 \times 10^{-7}$	1	$4,015 \times 10^{-4}$	$7,501 \times 10^{-5}$	0,1	$1,405 \times 10^{-5}$	$2,089 \times 10^{-3}$
1 polegada de água[a] a 4°C =	$2,458 \times 10^{-3}$	2491	1	0,1868	249,1	$3,613 \times 10^{-2}$	5,202
1 centímetro de mercúrio[a] a 0°C =	$1,316 \times 10^{-2}$	$1,333 \times 10^4$	5,353	1	1333	0,1934	27,85
1 PASCAL =	$9,869 \times 10^{-6}$	10	$4,015 \times 10^{-3}$	$7,501 \times 10^{-4}$	1	$1,450 \times 10^{-4}$	$2,089 \times 10^{-2}$
1 libra por polegada^2 =	$6,805 \times 10^{-2}$	$6,895 \times 10^4$	27,68	5,171	$6,895 \times 10^3$	1	144
1 libra por pé^2 =	$4,725 \times 10^{-4}$	478,8	0,1922	$3,591 \times 10^{-2}$	47,88	$6,944 \times 10^{-3}$	1

[a]Onde a aceleração da gravidade possui o valor-padrão de 9,80665 m/s^2.

1 bar = 10^6 dina/cm^2 = 0,1 MPa 1 milibar = 10^3 dinas/cm^2 = 10^2 Pa 1 torr = 1 mm Hg

Energia, Trabalho e Calor

As grandezas nas áreas sombreadas não são unidades de energia, mas foram incluídas por conveniência. Elas se originam da fórmula relativística de equivalência entre massa e energia $E = mc^2$ e representam a energia equivalente a um quilograma ou uma unidade unificada de massa atômica (u) (as duas últimas linhas) e a massa equivalente a uma unidade de energia (as duas colunas da extremidade direita).

	Btu	erg	pés-libras	hp · h	JOULES	cal	kW · h	eV	MeV	kg	u
1 Btu =	1	$1{,}055 \times 10^{10}$	777,9	$3{,}929 \times 10^{-4}$	1055	252,0	$2{,}930 \times 10^{-4}$	$6{,}585 \times 10^{21}$	$6{,}585 \times 10^{15}$	$1{,}174 \times 10^{-14}$	$7{,}070 \times 10^{12}$
1 erg =	$9{,}481 \times 10^{-11}$	1	$7{,}376 \times 10^{-8}$	$3{,}725 \times 10^{-14}$	10^{-7}	$2{,}389 \times 10^{-8}$	$2{,}778 \times 10^{-14}$	$6{,}242 \times 10^{11}$	$6{,}242 \times 10^{5}$	$1{,}113 \times 10^{-24}$	670,2
1 pé-libra =	$1{,}285 \times 10^{-3}$	$1{,}356 \times 10^{7}$	1	$5{,}051 \times 10^{-7}$	1,356	0,3238	$3{,}766 \times 10^{-7}$	$8{,}464 \times 10^{18}$	$8{,}464 \times 10^{12}$	$1{,}509 \times 10^{-17}$	$9{,}037 \times 10^{9}$
1 horsepower-hora =	2545	$2{,}685 \times 10^{13}$	$1{,}980 \times 10^{6}$	1	$2{,}685 \times 10^{6}$	$6{,}413 \times 10^{5}$	0,7457	$1{,}676 \times 10^{25}$	$1{,}676 \times 10^{19}$	$2{,}988 \times 10^{-11}$	$1{,}799 \times 10^{16}$
1 JOULE =	$9{,}481 \times 10^{-4}$	10^{7}	0,7376	$3{,}725 \times 10^{-7}$	1	0,2389	$2{,}778 \times 10^{-7}$	$6{,}242 \times 10^{18}$	$6{,}242 \times 10^{12}$	$1{,}113 \times 10^{-17}$	$6{,}702 \times 10^{9}$
1 caloria =	$3{,}968 \times 10^{-3}$	$4{,}1868 \times 10^{7}$	3,088	$1{,}560 \times 10^{-6}$	4,1868	1	$1{,}163 \times 10^{-6}$	$2{,}613 \times 10^{19}$	$2{,}613 \times 10^{13}$	$4{,}660 \times 10^{-17}$	$2{,}806 \times 10^{10}$
1 quilowat-hora =	3413	$3{,}600 \times 10^{13}$	$2{,}655 \times 10^{6}$	1,341	$3{,}600 \times 10^{6}$	$8{,}600 \times 10^{5}$	1	$2{,}247 \times 10^{25}$	$2{,}247 \times 10^{19}$	$4{,}007 \times 10^{-11}$	$2{,}413 \times 10^{16}$
1 elétron-volt =	$1{,}519 \times 10^{-22}$	$1{,}602 \times 10^{-12}$	$1{,}182 \times 10^{-19}$	$5{,}967 \times 10^{-26}$	$1{,}602 \times 10^{-19}$	$3{,}827 \times 10^{-20}$	$4{,}450 \times 10^{-26}$	1	10^{-6}	$1{,}783 \times 10^{-36}$	$1{,}074 \times 10^{-9}$
1 milhão de elétrons-volts =	$1{,}519 \times 10^{-16}$	$1{,}602 \times 10^{-6}$	$1{,}182 \times 10^{-13}$	$5{,}967 \times 10^{-20}$	$1{,}602 \times 10^{-13}$	$3{,}827 \times 10^{-14}$	$4{,}450 \times 10^{-20}$	10^{-6}	1	$1{,}783 \times 10^{-30}$	$1{,}074 \times 10^{-3}$
1 quilograma =	$8{,}521 \times 10^{13}$	$8{,}987 \times 10^{23}$	$6{,}629 \times 10^{16}$	$3{,}348 \times 10^{10}$	$8{,}987 \times 10^{16}$	$2{,}146 \times 10^{16}$	$2{,}497 \times 10^{10}$	$5{,}610 \times 10^{35}$	$5{,}610 \times 10^{29}$	1	$6{,}022 \times 10^{26}$
1 unidade unificada de massa atômica =	$1{,}415 \times 10^{-13}$	$1{,}492 \times 10^{-3}$	$1{,}101 \times 10^{-10}$	$5{,}559 \times 10^{-17}$	$1{,}492 \times 10^{-10}$	$3{,}564 \times 10^{-11}$	$4{,}146 \times 10^{-17}$	$9{,}320 \times 10^{8}$	932,0	$1{,}661 \times 10^{-27}$	1

Potência

	Btu/h	pés-libras/s	hp	cal/s	kW	WATTS
1 Btu por hora =	1	0,2161	$3{,}929 \times 10^{-4}$	$6{,}998 \times 10^{-2}$	$2{,}930 \times 10^{-4}$	0,2930
1 pé-libra por segundo =	4,628	1	$1{,}818 \times 10^{-3}$	0,3239	$1{,}356 \times 10^{-3}$	1,356
1 horsepower =	2545	550	1	178,1	0,7457	745,7
1 caloria por segundo =	14,29	3,088	$5{,}615 \times 10^{-3}$	1	$4{,}186 \times 10^{-3}$	4,186
1 quilowatt =	3413	737,6	1,341	238,9	1	1000
1 WATT =	3,413	0,7376	$1{,}341 \times 10^{-3}$	0,2389	0,001	1

Campo Magnético

	gauss	TESLAS	miligauss
1 gauss =	1	10^{-4}	1000
1 TESLA =	10^{4}	1	10^{7}
1 miligauss =	0,001	10^{-7}	1

1 tesla = 1 weber/metro^2

Fluxo Magnético

	maxwell	WEBER
1 maxwell =	1	10^{-8}
1 WEBER =	10^{8}	1

APÊNDICE E

FÓRMULAS MATEMÁTICAS

Geometria

Círculo de raio r: circunferência $= 2\pi r$; área $= \pi r^2$.
Esfera de raio r: área $= 4\pi r^2$; volume $= \frac{4}{3}\pi r^3$.
Cilindro circular reto de raio r e altura h: área $= 2\pi r^2 + 2\pi rh$; volume $= \pi r^2 h$.
Triângulo de base a e altura h: área $= \frac{1}{2}ah$.

Fórmula de Báskara

Se $ax^2 + bx + c = 0$, então $x = \dfrac{-b \pm \sqrt{b^2 - 4ac}}{2a}$.

Funções Trigonométricas do Ângulo θ

$$\text{sen}\,\theta = \frac{y}{r} \qquad \cos\theta = \frac{x}{r}$$

$$\tan\theta = \frac{y}{x} \qquad \cot\theta = \frac{x}{y}$$

$$\sec\theta = \frac{r}{x} \qquad \csc\theta = \frac{r}{y}$$

Teorema de Pitágoras

Neste triângulo retângulo,

$$a^2 + b^2 = c^2$$

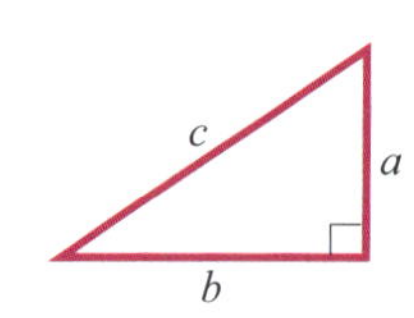

Triângulos

Ângulos: A, B, C
Lados opostos: a, b, c
$A + B + C = 180°$

$$\frac{\text{sen}\,A}{a} = \frac{\text{sen}\,B}{b} = \frac{\text{sen}\,C}{c}$$

$c^2 = a^2 + b^2 - 2ab\cos C$
Ângulo externo $D = A + C$

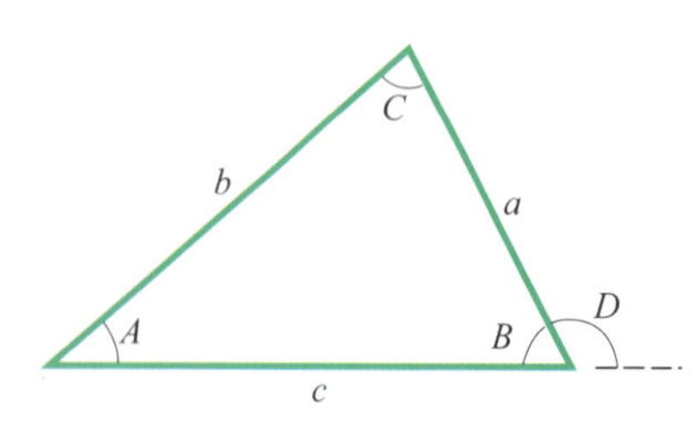

Sinais e Símbolos Matemáticos

$=$ igual a
$\approx$ aproximadamente igual a
$\sim$ da ordem de grandeza de
$\neq$ diferente de
$\equiv$ idêntico a, definido como
$>$ maior que ($\gg$ muito maior que)
$<$ menor que ($\ll$ muito menor que)
$\geq$ maior ou igual a (não menor que)
$\leq$ menor ou igual a (não maior que)
$\pm$ mais ou menos
$\propto$ proporcional a
Σ somatório de
$x_{\text{méd}}$ valor médio de x

Identidades Trigonométricas

$\text{sen}(90° - \theta) = \cos\theta$

$\cos(90° - \theta) = \text{sen}\,\theta$

$\text{sen}\,\theta/\cos\theta = \tan\theta$

$\text{sen}^2\theta + \cos^2\theta = 1$

$\sec^2\theta - \tan^2\theta = 1$

$\csc^2\theta - \cot^2\theta = 1$

$\text{sen}\,2\theta = 2\,\text{sen}\,\theta\cos\theta$

$\cos 2\theta = \cos^2\theta - \text{sen}^2\theta = 2\cos^2\theta - 1 = 1 - 2\text{sen}^2\theta$

$\text{sen}(\alpha \pm \beta) = \text{sen}\,\alpha\cos\beta \pm \cos\alpha\,\text{sen}\,\beta$

$\cos(\alpha \pm \beta) = \cos\alpha\cos\beta \mp \text{sen}\,\alpha\,\text{sen}\,\beta$

$\tan(\alpha \pm \beta) = \dfrac{\tan\alpha \pm \tan\beta}{1 \mp \tan\alpha\tan\beta}$

$\text{sen}\,\alpha \pm \text{sen}\,\beta = 2\,\text{sen}\,\frac{1}{2}(\alpha \pm \beta)\cos\frac{1}{2}(\alpha \mp \beta)$

$\cos\alpha + \cos\beta = 2\cos\frac{1}{2}(\alpha + \beta)\cos\frac{1}{2}(\alpha - \beta)$

$\cos\alpha - \cos\beta = -2\,\text{sen}\,\frac{1}{2}(\alpha + \beta)\,\text{sen}\,\frac{1}{2}(\alpha - \beta)$

Teorema Binomial

$$(1 + x)^n = 1 + \frac{nx}{1!} + \frac{n(n-1)x^2}{2!} + \cdots \qquad (x^2 < 1)$$

Expansão Exponencial

$$e^x = 1 + x + \frac{x^2}{2!} + \frac{x^3}{3!} + \cdots$$

Expansão Logarítmica

$$\ln(1 + x) = x - \tfrac{1}{2}x^2 + \tfrac{1}{3}x^3 - \cdots \qquad (|x| < 1)$$

Expansões Trigonométricas (θ em radianos)

$$\operatorname{sen}\theta = \theta - \frac{\theta^3}{3!} + \frac{\theta^5}{5!} - \cdots$$

$$\cos\theta = 1 - \frac{\theta^2}{2!} + \frac{\theta^4}{4!} - \cdots$$

$$\tan\theta = \theta + \frac{\theta^3}{3} + \frac{2\theta^5}{15} + \cdots$$

Regra de Cramer

Um sistema de duas equações lineares com duas incógnitas, x e y,

$$a_1x + b_1y = c_1 \quad \text{e} \quad a_2x + b_2y = c_2,$$

tem como soluções

$$x = \frac{\begin{vmatrix} c_1 & b_1 \\ c_2 & b_2 \end{vmatrix}}{\begin{vmatrix} a_1 & b_1 \\ a_2 & b_2 \end{vmatrix}} = \frac{c_1b_2 - c_2b_1}{a_1b_2 - a_2b_1}$$

e

$$y = \frac{\begin{vmatrix} a_1 & c_1 \\ a_2 & c_2 \end{vmatrix}}{\begin{vmatrix} a_1 & b_1 \\ a_2 & b_2 \end{vmatrix}} = \frac{a_1c_2 - a_2c_1}{a_1b_2 - a_2b_1}.$$

Produtos de Vetores

Sejam $\hat{\mathrm{i}}$, $\hat{\mathrm{j}}$ e $\hat{\mathrm{k}}$ vetores unitários nas direções x, y e z, respectivamente. Nesse caso,

$$\hat{\mathrm{i}}\cdot\hat{\mathrm{i}} = \hat{\mathrm{j}}\cdot\hat{\mathrm{j}} = \hat{\mathrm{k}}\cdot\hat{\mathrm{k}} = 1, \quad \hat{\mathrm{i}}\cdot\hat{\mathrm{j}} = \hat{\mathrm{j}}\cdot\hat{\mathrm{k}} = \hat{\mathrm{k}}\cdot\hat{\mathrm{i}} = 0,$$

$$\hat{\mathrm{i}}\times\hat{\mathrm{i}} = \hat{\mathrm{j}}\times\hat{\mathrm{j}} = \hat{\mathrm{k}}\times\hat{\mathrm{k}} = 0,$$

$$\hat{\mathrm{i}}\times\hat{\mathrm{j}} = \hat{\mathrm{k}}, \quad \hat{\mathrm{j}}\times\hat{\mathrm{k}} = \hat{\mathrm{i}}, \quad \hat{\mathrm{k}}\times\hat{\mathrm{i}} = \hat{\mathrm{j}}$$

Qualquer vetor $\vec{a}$ de componentes a_x, a_y e a_z ao longo dos eixos x, y e z pode ser escrito na forma

$$\vec{a} = a_x\hat{\mathrm{i}} + a_y\hat{\mathrm{j}} + a_z\hat{\mathrm{k}}.$$

Sejam $\vec{a}$, $\vec{b}$ e $\vec{c}$ vetores arbitrários de módulos a, b e c. Nesse caso,

$$\vec{a}\times(\vec{b}+\vec{c}) = (\vec{a}\times\vec{b}) + (\vec{a}\times\vec{c})$$

$$(s\vec{a})\times\vec{b} = \vec{a}\times(s\vec{b}) = s(\vec{a}\times\vec{b}) \quad \text{(em que } s \text{ é um escalar).}$$

Seja θ o menor dos dois ângulos entre $\vec{a}$ e $\vec{b}$. Nesse caso,

$$\vec{a}\cdot\vec{b} = \vec{b}\cdot\vec{a} = a_xb_x + a_yb_y + a_zb_z = ab\cos\theta$$

$$\vec{a}\times\vec{b} = -\vec{b}\times\vec{a} = \begin{vmatrix} \hat{\mathrm{i}} & \hat{\mathrm{j}} & \hat{\mathrm{k}} \\ a_x & a_y & a_z \\ b_x & b_y & b_z \end{vmatrix}$$

$$= \hat{\mathrm{i}}\begin{vmatrix} a_y & a_z \\ b_y & b_z \end{vmatrix} - \hat{\mathrm{j}}\begin{vmatrix} a_x & a_z \\ b_x & b_z \end{vmatrix} + \hat{\mathrm{k}}\begin{vmatrix} a_x & a_y \\ b_x & b_y \end{vmatrix}$$

$$= (a_yb_z - b_ya_z)\hat{\mathrm{i}} + (a_zb_x - b_za_x)\hat{\mathrm{j}} + (a_xb_y - b_xa_y)\hat{\mathrm{k}}$$

$$|\vec{a}\times\vec{b}| = ab\operatorname{sen}\theta$$

$$\vec{a}\cdot(\vec{b}\times\vec{c}) = \vec{b}\cdot(\vec{c}\times\vec{a}) = \vec{c}\cdot(\vec{a}\times\vec{b})$$

$$\vec{a}\times(\vec{b}\times\vec{c}) = (\vec{a}\cdot\vec{c})\vec{b} - (\vec{a}\cdot\vec{b})\vec{c}$$

Derivadas e Integrais

Nas fórmulas a seguir, as letras u e v representam duas funções de x, e a e m são constantes. A cada integral indefinida deve-se somar uma constante de integração arbitrária. O *Handbook of Chemistry and Physics* (CRC Press Inc.) contém uma tabela mais completa.

1. $\dfrac{dx}{dx} = 1$
2. $\dfrac{d}{dx}(au) = a\dfrac{du}{dx}$
3. $\dfrac{d}{dx}(u + v) = \dfrac{du}{dx} + \dfrac{dv}{dx}$
4. $\dfrac{d}{dx}x^m = mx^{m-1}$
5. $\dfrac{d}{dx}\ln x = \dfrac{1}{x}$
6. $\dfrac{d}{dx}(uv) = u\dfrac{dv}{dx} + v\dfrac{du}{dx}$
7. $\dfrac{d}{dx}e^x = e^x$
8. $\dfrac{d}{dx}\operatorname{sen} x = \cos x$
9. $\dfrac{d}{dx}\cos x = -\operatorname{sen} x$
10. $\dfrac{d}{dx}\tan x = \sec^2 x$
11. $\dfrac{d}{dx}\cot x = -\csc^2 x$
12. $\dfrac{d}{dx}\sec x = \tan x \sec x$
13. $\dfrac{d}{dx}\csc x = -\cot x \csc x$
14. $\dfrac{d}{dx}e^u = e^u\dfrac{du}{dx}$
15. $\dfrac{d}{dx}\operatorname{sen} u = \cos u\dfrac{du}{dx}$
16. $\dfrac{d}{dx}\cos u = -\operatorname{sen} u\dfrac{du}{dx}$

1. $\int dx = x$
2. $\int au\,dx = a\int u\,dx$
3. $\int (u + v)\,dx = \int u\,dx + \int v\,dx$
4. $\int x^m\,dx = \dfrac{x^{m+1}}{m + 1}\ (m \neq -1)$
5. $\int \dfrac{dx}{x} = \ln |x|$
6. $\int u\dfrac{dv}{dx}\,dx = uv - \int v\dfrac{du}{dx}\,dx$
7. $\int e^x\,dx = e^x$
8. $\int \operatorname{sen} x\,dx = -\cos x$
9. $\int \cos x\,dx = \operatorname{sen} x$
10. $\int \tan x\,dx = \ln |\sec x|$
11. $\int \operatorname{sen}^2 x\,dx = \frac{1}{2}x - \frac{1}{4}\operatorname{sen} 2x$
12. $\int e^{-ax}\,dx = -\dfrac{1}{a}e^{-ax}$
13. $\int xe^{-ax}\,dx = -\dfrac{1}{a^2}(ax + 1)\,e^{-ax}$
14. $\int x^2e^{-ax}\,dx = -\dfrac{1}{a^3}(a^2x^2 + 2ax + 2)e^{-ax}$
15. $\int_0^\infty x^ne^{-ax}\,dx = \dfrac{n!}{a^{n+1}}$
16. $\int_0^\infty x^{2n}e^{-ax^2}\,dx = \dfrac{1\cdot 3\cdot 5\cdots(2n - 1)}{2^{n+1}a^n}\sqrt{\dfrac{\pi}{a}}$
17. $\int \dfrac{dx}{\sqrt{x^2 + a^2}} = \ln(x + \sqrt{x^2 + a^2})$
18. $\int \dfrac{x\,dx}{(x^2 + a^2)^{3/2}} = -\dfrac{1}{(x^2 + a^2)^{1/2}}$
19. $\int \dfrac{dx}{(x^2 + a^2)^{3/2}} = \dfrac{x}{a^2(x^2 + a^2)^{1/2}}$
20. $\int_0^\infty x^{2n+1}\,e^{-ax^2}\,dx = \dfrac{n!}{2a^{n+1}}\ (a > 0)$
21. $\int \dfrac{x\,dx}{x + d} = x - d\ln(x + d)$

A P Ê N D I C E F

PROPRIEDADES DOS ELEMENTOS

Todas as propriedades físicas são dadas para uma pressão de 1 atm, a menos que seja indicado em contrário.

Elemento	Símbolo	Número Atômico, Z	Massa Molar, g/mol	Massa Específica, g/cm^3 a 20°C	Ponto de Fusão, °C	Ponto de Ebulição, °C	Calor Específico, J/(g·°C) a 25°C
Actínio	Ac	89	(227)	10,06	1323	(3473)	0,092
Alumínio	Al	13	26,9815	2,699	660	2450	0,900
Amerício	Am	95	(243)	13,67	1541	—	—
Antimônio	Sb	51	121,75	6,691	630,5	1380	0,205
Argônio	Ar	18	39,948	$1,6626 \times 10^{-3}$	−189,4	−185,8	0,523
Arsênio	As	33	74,9216	5,78	817 (28 atm)	613	0,331
Astatínio	At	85	(210)	—	(302)	—	—
Bário	Ba	56	137,34	3,594	729	1640	0,205
Berílio	Be	4	9,0122	1,848	1287	2770	1,83
Berquélio	Bk	97	(247)	14,79	—	—	—
Bismuto	Bi	83	208,980	9,747	271,37	1560	0,122
Bóhrio	Bh	107	262,12	—	—	—	—
Boro	B	5	10,811	2,34	2030	—	1,11
Bromo	Br	35	79,909	3,12 (líquido)	−7,2	58	0,293
Cádmio	Cd	48	112,40	8,65	321,03	765	0,226
Cálcio	Ca	20	40,08	1,55	838	1440	0,624
Califórnio	Cf	98	(251)	—	—	—	—
Carbono	C	6	12,01115	2,26	3727	4830	0,691
Cério	Ce	58	140,12	6,768	804	3470	0,188
Césio	Cs	55	132,905	1,873	28,40	690	0,243
Chumbo	Pb	82	207,19	11,35	327,45	1725	0,129
Cloro	Cl	17	35,453	$3,214 \times 10^{-3}$ (0°C)	−101	−34,7	0,486
Cobalto	Co	27	58,9332	8,85	1495	2900	0,423
Cobre	Cu	29	63,54	8,96	1083,40	2595	0,385
Copernício	Cn	112	(285)	—	—	—	—
Criptônio	Kr	36	83,80	$3,488 \times 10^{-3}$	−157,37	−152	0,247
Cromo	Cr	24	51,996	7,19	1857	2665	0,448
Cúrio	Cm	96	(247)	13,3	—	—	—
Darmstádtio	Ds	110	(271)	—	—	—	—
Disprósio	Dy	66	162,50	8,55	1409	2330	0,172
Dúbnio	Db	105	262,114	—	—	—	—
Einstêinio	Es	99	(254)	—	—	—	—
Enxofre	S	16	32,064	2,07	119,0	444,6	0,707
Érbio	Er	68	167,26	9,15	1522	2630	0,167
Escândio	Sc	21	44,956	2,99	1539	2730	0,569
Estanho	Sn	50	118,69	7,2984	231,868	2270	0,226
Estrôncio	Sr	38	87,62	2,54	768	1380	0,737
Európio	Eu	63	151,96	5,243	817	1490	0,163
Férmio	Fm	100	(237)	—	—	—	—
Ferro	Fe	26	55,847	7,874	1536,5	3000	0,447

Elemento	Símbolo	Número Atômico, Z	Massa Molar, g/mol	Massa Específica, g/cm^3 a 20°C	Ponto de Fusão, °C	Ponto de Ebulição, °C	Calor Específico, J/(g·°C) a 25°C
Fleróvio	Fl	114	(289)	—	—	—	—
Flúor	F	9	18,9984	$1{,}696 \times 10^{-3}$ (0°C)	−219,6	−188,2	0,753
Fósforo	P	15	30,9738	1,83	44,25	280	0,741
Frâncio	Fr	87	(223)	—	(27)	—	—
Gadolínio	Gd	64	157,25	7,90	1312	2730	0,234
Gálio	Ga	31	69,72	5,907	29,75	2237	0,377
Germânio	Ge	32	72,59	5,323	937,25	2830	0,322
Háfnio	Hf	72	178,49	13,31	2227	5400	0,144
Hássio	Hs	108	(265)	—	—	—	—
Hélio	He	2	4,0026	$0{,}1664 \times 10^{-3}$	−269,7	−268,9	5,23
Hidrogênio	H	1	1,00797	$0{,}08375 \times 10^{-3}$	−259,19	−252,7	14,4
Hólmio	Ho	67	164,930	8,79	1470	2330	0,165
Índio	In	49	114,82	7,31	156,634	2000	0,233
Iodo	I	53	126,9044	4,93	113,7	183	0,218
Irídio	Ir	77	192,2	22,5	2447	(5300)	0,130
Itérbio	Yb	70	173,04	6,965	824	1530	0,155
Ítrio	Y	39	88,905	4,469	1526	3030	0,297
Lantânio	La	57	138,91	6,189	920	3470	0,195
Laurêncio	Lr	103	(257)	—	—	—	—
Lítio	Li	3	6,939	0,534	180,55	1300	3,58
Livermório	Lv	116	(293)	—	—	—	—
Lutécio	Lu	71	174,97	9,849	1663	1930	0,155
Magnésio	Mg	12	24,312	1,738	650	1107	1,03
Manganês	Mn	25	54,9380	7,44	1244	2150	0,481
Meitnério	Mt	109	(266)	—	—	—	—
Mendelévio	Md	101	(256)	—	—	—	—
Mercúrio	Hg	80	200,59	13,55	−38,87	357	0,138
Molibdênio	Mo	42	95,94	10,22	2617	5560	0,251
Neodímio	Nd	60	144,24	7,007	1016	3180	0,188
Neônio	Ne	10	20,183	$0{,}8387 \times 10^{-3}$	−248,597	−246,0	1,03
Netúnio	Np	93	(237)	20,25	637	—	1,26
Níquel	Ni	28	58,71	8,902	1453	2730	0,444
Nióbio	Nb	41	92,906	8,57	2468	4927	0,264
Nitrogênio	N	7	14,0067	$1{,}1649 \times 10^{-3}$	−210	−195,8	1,03
Nobélio	No	102	(255)	—	—	—	—
Ósmio	Os	76	190,2	22,59	3027	5500	0,130
Ouro	Au	79	196,967	19,32	1064,43	2970	0,131
Oxigênio	O	8	15,9994	$1{,}3318 \times 10^{-3}$	−218,80	−183,0	0,913
Paládio	Pd	46	106,4	12,02	1552	3980	0,243
Platina	Pt	78	195,09	21,45	1769	4530	0,134
Plutônio	Pu	94	(244)	19,8	640	3235	0,130

Elemento	Símbolo	Número Atômico, Z	Massa Molar, g/mol	Massa Específica, g/cm^3 a 20°C	Ponto de Fusão, °C	Ponto de Ebulição, °C	Calor Específico, J/(g·°C) a 25°C
Polônio	Po	84	(210)	9,32	254	—	—
Potássio	K	19	39,102	0,862	63,20	760	0,758
Praseodímio	Pr	59	140,907	6,773	931	3020	0,197
Prata	Ag	47	107,870	10,49	960,8	2210	0,234
Promécio	Pm	61	(145)	7,22	(1027)	—	—
Protactínio	Pa	91	(231)	15,37 (estimada)	(1230)	—	—
Rádio	Ra	88	(226)	5,0	700	—	—
Radônio	Rn	86	(222)	$9{,}96 \times 10^{-3}$ (0°C)	(−71)	−61,8	0,092
Rênio	Re	75	186,2	21,02	3180	5900	0,134
Ródio	Rh	45	102,905	12,41	1963	4500	0,243
Roentgênio	Rg	111	(280)	—	—	—	—
Rubídio	Rb	37	85,47	1,532	39,49	688	0,364
Rutênio	Ru	44	101,107	12,37	2250	4900	0,239
Rutherfórdio	Rf	104	261,11	—	—	—	—
Samário	Sm	62	150,35	7,52	1072	1630	0,197
Seabórgio	Sg	106	263,118	—	—	—	—
Selênio	Se	34	78,96	4,79	221	685	0,318
Silício	Si	14	28,086	2,33	1412	2680	0,712
Sódio	Na	11	22,9898	0,9712	97,85	892	1,23
Tálio	Tl	81	204,37	11,85	304	1457	0,130
Tântalo	Ta	73	180,948	16,6	3014	5425	0,138
Tecnécio	Tc	43	(99)	11,46	2200	—	0,209
Telúrio	Te	52	127,60	6,24	449,5	990	0,201
Térbio	Tb	65	158,924	8,229	1357	2530	0,180
Titânio	Ti	22	47,90	4,54	1670	3260	0,523
Tório	Th	90	(232)	11,72	1755	(3850)	0,117
Túlio	Tm	69	168,934	9,32	1545	1720	0,159
Tungstênio	W	74	183,85	19,3	3380	5930	0,134
Ununóctio*	Uuo	118	(294)	—	—	—	—
Ununpêntio*	Uup	115	(288)	—	—	—	—
Ununséptio*	Uus	117	—	—	—	—	
Ununtrio*	Uut	113	(284)	—	—	—	—
Urânio	U	92	(238)	18,95	1132	3818	0,117
Vanádio	V	23	50,942	6,11	1902	3400	0,490
Xenônio	Xe	54	131,30	$5{,}495 \times 10^{-3}$	−111,79	−108	0,159
Zinco	Zn	30	65,37	7,133	419,58	906	0,389
Zircônio	Zr	40	91,22	6,506	1852	3580	0,276

Os números entre parênteses na coluna das massas molares são os números de massa dos isótopos de vida mais longa dos elementos radioativos. Os pontos de fusão e pontos de ebulição entre parênteses são pouco confiáveis.

Os dados para os gases são válidos apenas quando eles estão no estado molecular mais comum, como H_2, He, O_2, Ne etc. Os calores específicos dos gases são os valores a pressão constante.

Fonte: Adaptada de J. Emsley, *The Elements*, 3a edição, 1998. Clarendon Press, Oxford. Ver também www.webelements.com para valores atualizados e, possivelmente, novos elementos.

*Nome provisório.

APÊNDICE G

TABELA PERIÓDICA DOS ELEMENTOS

Metais
Metaloides
Não metais

Metais alcalinos (IA) — Gases nobres (0) — Metais de transição

PERÍODOS HORIZONTAIS

	IA	IIA	IIIB	IVB	VB	VIB	VIIB	VIIIB	VIIIB	VIIIB	IB	IIB	IIIA	IVA	VA	VIA	VIIA	0
1	1 H																	2 He
2	3 Li	4 Be											5 B	6 C	7 N	8 O	9 F	10 Ne
3	11 Na	12 Mg											13 Al	14 Si	15 P	16 S	17 Cl	18 Ar
4	19 K	20 Ca	21 Sc	22 Ti	23 V	24 Cr	25 Mn	26 Fe	27 Co	28 Ni	29 Cu	30 Zn	31 Ga	32 Ge	33 As	34 Se	35 Br	36 Kr
5	37 Rb	38 Sr	39 Y	40 Zr	41 Nb	42 Mo	43 Tc	44 Ru	45 Rh	46 Pd	47 Ag	48 Cd	49 In	50 Sn	51 Sb	52 Te	53 I	54 Xe
6	55 Cs	56 Ba	57-71 *	72 Hf	73 Ta	74 W	75 Re	76 Os	77 Ir	78 Pt	79 Au	80 Hg	81 Tl	82 Pb	83 Bi	84 Po	85 At	86 Rn
7	87 Fr	88 Ra	89-103 †	104 Rf	105 Db	106 Sg	107 Bh	108 Hs	109 Mt	110 Ds	111 Rg	112 Cn	113 Uut	114 Fl	115 Uup	116 Lv	117 Uus	118 Uuo

Metais de transição

Série dos lantanídeos*	57 La	58 Ce	59 Pr	60 Nd	61 Pm	62 Sm	63 Eu	64 Gd	65 Tb	66 Dy	67 Ho	68 Er	69 Tm	70 Yb	71 Lu
Série dos actinídeos†	89 Ac	90 Th	91 Pa	92 U	93 Np	94 Pu	95 Am	96 Cm	97 Bk	98 Cf	99 Es	100 Fm	101 Md	102 No	103 Lr

Ver www.webelements.com para informações atualizadas e possíveis novos elementos.

RESPOSTAS

dos Testes, das Perguntas e dos Problemas Ímpares

Capítulo 21

T **21.1.1** *C* e *D* se atraem; *B* e *D* se atraem **21.1.2** (a) para a esquerda; (b) para a esquerda; (c) para a esquerda **21.1.3** (a) *a*, *c*, *b*; (b) menor **21.2.1** $-15e$ (a carga total de $-30e$ se divide igualmente)

P **1.** 3, 1, 2, 4 (zero) **3.** *a* e *b* **5.** $2kq^2/r^2$, para cima **7.** *b* e *c* empatados, *a* (zero) **9.** (a) iguais; (b) menor; (c) subtraem; (d) somam; (e) que se somam; (f) no sentido positivo de *y*; (g) no sentido negativo de *y*; (h) no sentido positivo de *x*; (i) no sentido negativo de *x* **11.** (a) $+4e$; (b) $-2e$, para cima; (c) $-3e$, para cima; (d) $-12e$, para cima

PR **1.** 0,500 **3.** 1,39 m **5.** 2,81 N **7.** $-4{,}00$ **9.** (a) $-1{,}00\ \mu$C; (b) 3,00 μC **11.** (a) 0,17 N; (b) $-0{,}046$ N **13.** (a) -14 cm; (b) 0 **15.** (a) 35 N; (b) $-10°$; (c) $-8{,}4$ cm; (d) $+2{,}7$ cm **17.** (a) 1,60 N; (b) 2,77 N **19.** (a) 3,00 cm; (b) 0; (c) $-0{,}444$ **21.** $3{,}8 \times 10^{-8}$ C **23.** (a) 0; (b) 12 cm; (c) 0; (d) $4{,}9 \times 10^{-26}$ N **25.** $6{,}3 \times 10^{11}$ **27.** (a) $3{,}2 \times 10^{-19}$ C; (b) 2 **29.** (a) $-6{,}05$ cm; (b) 6,05 cm **31.** 122 mA **33.** $1{,}3 \times 10^7$ C **35.** (a) 0; (b) $1{,}9 \times 10^{-9}$ N **37.** (a) ^{9}B; (b) ^{13}N; (c) ^{12}C **39.** $1{,}31 \times 10^{-22}$ N **41.** (a) $5{,}7 \times 10^{13}$ C; (b) porque as distâncias se cancelam; (c) $6{,}0 \times 10^5$ kg **43.** (b) 3,1 cm **45.** 0,19 MC **47.** $-45\ \mu$C **49.** 3,8 N **51.** (a) $2{,}00 \times 10^{10}$ elétrons; (b) $1{,}33 \times 10^{10}$ elétrons **53.** (a) $8{,}99 \times 10^9$ N; (b) 8,99 kN **55.** (a) 0,5; (b) 0,15; (c) 0,85 **57.** $1{,}7 \times 10^8$ N **59.** $-1{,}32 \times 10^{13}$ C **61.** (a) $(0{,}829\ \text{N})\hat{i}$; (b) $(-0{,}621\ \text{N})\hat{j}$ **63.** (a) $1{,}37 \times 10^5$ C; (b) $1{,}68 \times 10^{16}$ N **65.** (a) $8{,}2 \times 10^{-8}$ N; (b) $3{,}6 \times 10^{-47}$ N; (c) não **67.** (a) xenônio $^{131}_{54}$Xe; (b) zinco $^{67}_{30}$Zn; (c) zircônio $^{90}_{40}$Zr **69.** (a) radon $^{219}_{86}$Rn; (b) radon $^{222}_{86}$Rn; (c) francium $^{221}_{87}$Fr **71.** (a) 89; (b) 36; (c) Kr; (d) $^{144}_{57}$La

Capítulo 22

T **22.1.1** carregada negativamente **22.2.1** (a) para a direita; (b) para a esquerda; (c) para a esquerda; (d) para a direita (as cargas de p e e têm o mesmo valor absoluto, e p está mais longe) **22.3.1** (a) igual; (b) igual **22.4.1** (a) sentido positivo de *y*; (b) sentido positivo de *x*; (c) sentido negativo de *y* **22.5.1** diminui **22.6.1** (a) para a esquerda; (b) para a esquerda; (c) diminui **22.7.1** (a) todos empatados; (b) 1 e 3 empatados e depois 2 e 4 empatados

P **1.** *a*, *b*, *c* **3.** (a) sim; (b) na direção das cargas; (c) não (os vetores não apontam na mesma direção); (d) se cancelam; (e) se somam; (f) das componentes que se somam; (g) o sentido negativo do eixo *y* **5.** (a) à esquerda; (b) não **7.** (a) 4, 3, 1, 2; (b) 3, depois 1 e 4 empatados, 2 **9.** *a*, *b*, *c* **11.** *e*, *b*, depois *a* e *c* empatados, *d* (zero) **13.** *b*, *a*, *c*

PR **3.** (a) $3{,}07 \times 10^{21}$ N/C; (b) para fora **5.** 56 pC **7.** $(1{,}02 \times 10^5\ \text{N/C})\hat{j}$ **9.** (a) $1{,}38 \times 10^{-10}$ N/C; (b) 180° **11.** -30 cm **13.** (a) $3{,}60 \times 10^{-6}$ N/C; (b) $2{,}55 \times 10^{-6}$ N/C; (c) $3{,}60 \times 10^{-4}$ N/C; (d) $7{,}09 \times 10^{-7}$ N/C; (e) Quando o próton se aproxima do disco, as componentes *x* dos campos, que têm sentidos opostos, se tornam mais importantes que as componentes *y*, que têm o mesmo sentido. **15.** (a) 160 N/C; (b) 45° **17.** (a) $-90°$; (b) $+2{,}0\ \mu$C; (c) $-1{,}6\ \mu$C **19.** (a) $qd/4\pi\varepsilon_0 r^3$; (b) $-90°$ **23.** 0,506 **25.** (a) $1{,}62 \times 10^6$ N/C; (b) $-45°$ **27.** (a) 23,8 N/C; (b) $-90°$ **29.** 1,57 **31.** (a) $-5{,}19 \times 10^{-14}$ C/m; (b) $1{,}57 \times 10^{-3}$ N/C; (c) $-180°$; (d) $1{,}52 \times 10^{-8}$ N/C; (e) $1{,}52 \times 10^{-8}$ N/C **35.** 0,346 m **37.** 28% **39.** $-5e$ **41.** (a) $1{,}5 \times 10^3$ N/C; (b) $2{,}4 \times 10^{-16}$ N; (c) para cima; (d) $1{,}6 \times 10^{-26}$ N; (e) $1{,}5 \times 10^{10}$ **43.** $3{,}51 \times 10^{15}$ m/s^2 **45.** $6{,}6 \times 10^{-15}$ N **47.** (a) $1{,}92 \times 10^{12}$ m/s^2; (b) $1{,}96 \times 10^5$ m/s **49.** (a) 0,245 N; (b) $-11{,}3°$; (c) 108 m; (d) $-21{,}6$ m **51.** (a) $2{,}6 \times 10^{10}$ N; (b) $3{,}1 \times 10^{-8}$ N; (c) salta para o estigma **53.** 27 μm **55.** (a) $2{,}7 \times 10^6$ m/s; (b) 1,0 kN/C **57.** (a) $9{,}30 \times 10^{-15}$ C · m; (b) $2{,}05 \times 10^{-11}$ J **59.** $1{,}22 \times 10^{-23}$ J **61.** $(1/2\pi)(pE/I)^{0,5}$ **63.** (a) $8{,}87 \times 10^{-15}$ N; (b) 120 **65.** 217° **67.** 61 N/C **69.** (a) 47 N/C; (b) 27 N/C **71.** 38 N/C **73.** (a) $-1{,}0$ cm; (b) 0; (c) 10 pC **75.** $+1{,}00\ \mu$C **77.** (a) 6,0 mm; (b) 180° **79.** $8{,}4 \times 10^7$ N/C **81.** 5,2 cm

Capítulo 23

T **23.1.1** (a) $+EA$; (b) $-EA$; (c) 0; (d) 0 **23.2.1** (a) 2; (b) 3; (c) 1 **23.2.2** (a) igual; (b) igual; (c) igual **23.3.1** (a) $-Q$; (b) $4Q$; (c) Q; (d) 0; (e) $4Q$ **23.4.1** (a) λw; (b) 0; (c) $-\lambda w$; (d) λw; (e) λw **23.5.1** todos empatados **23.6.1** 3 e 4 empatados, depois 2, 1

P **1.** (a) 8 N · m^2/C; (b) 0 **3.** todos empatados **5.** todos empatados **7.** *a*, *c*, depois *b* e *d* empatados (zero) **9.** (a) 2, 1, 3; (b) todos empatados ($+4q$) **11.** (a) impossível; (b) $-3q_0$; (c) no ponto 3

PR **1.** $-0{,}015$ N · m^2/C **3.** (a) 0; (b) $-3{,}92$ N · m^2/C; (c) 0; (d) 0 **5.** 3,01 nN · m^2/C **7.** $2{,}0 \times 10^5$ N · m^2/C **9.** (a) 8,23 N · m^2/C; (b) 72,9 pC; (c) 8,23 N · m^2/C; (d) 72,9 pC **11.** $-1{,}70$ nC **13.** 3,54 μC **15.** (a) 0; (b) 0,0417 **17.** (a) 37 μC; (b) $4{,}1 \times 10^6$ N · m^2/C **19.** (a) $4{,}5 \times 10^{-7}$ C/m^2; (b) $5{,}1 \times 10^4$ N/C **21.** (a) $-3{,}0 \times 10^{-6}$C; (b) $+1{,}3 \times 10^{-5}$ C **23.** (a) 0,32 μC; (b) 0,14 μC **25.** 5,0 μC/m **27.** $3{,}8 \times 10^{-8}$ C/m^2 **29.** (a) 0,214 N/C; (b) para dentro; (c) 0,855 N/C; (d) para fora; (e) $-3{,}40 \times 10^{-12}$ C; (f) $-3{,}40 \times 10^{-12}$ C **31.** (a) $2{,}3 \times 10^6$ N/C; (b) para fora; (c) $4{,}5 \times 10^5$ N/C; (d) para dentro **33.** (a) 0; (b) 0; (c) $(-7{,}91 \times 10^{-11}\ \text{N/C})\hat{i}$ **35.** $-1{,}5$ **37.** (a) $5{,}3 \times 10^7$ N/C; (b) 60 N/C **39.** 5,0 nC/m^2 **41.** 0,44 mm **43.** (a) 0; (b) 1,31 μN/C; (c) 3,08 μN/C; (d) 3,08 μN/C **45.** (a) $2{,}50 \times 10^4$ N/C; (b) $1{,}35 \times 10^4$ N/C **47.** $-7{,}5$ nC **49.** (a) 0; (b) 56,2 mN/C; (c) 112 mN/C; (d) 49,9 mN/C; (e) 0; (f) 0; (g) $-5{,}00$ fC; (h) 0 **51.** $1{,}79 \times 10^{-11}$ C/m^2 **53.** (a) 7,78 fC; (b) 0; (c) 5,58 mN/C; (d) 22,3 mN/C **55.** $6K\varepsilon_0 r^3$ **57.** (a) 0; (b) $2{,}88 \times 10^4$ N/C; (c) 200 N/C **59.** (a) 5,4 N/C; (b) 6,8 N/C **61.** (a) 0; (b) $q_a/4\pi\varepsilon_0 r^2$; (c) $(q_a + q_b)/4\pi\varepsilon_0 r^2$ **63.** $-1{,}04$ nC **65.** (a) 0,125; (b) 0,500 **67.** (a) $+2{,}0$ nC; (b) $-1{,}2$ nC; (c) $+1{,}2$ nC; (d) $+0{,}80$ nC **69.** $(5{,}65 \times 10^4\ \text{N/C})\hat{j}$ **71.** (a) $-2{,}53 \times 10^{-2}$ N · m^2/C; (b) $+2{,}53 \times 10^{-2}$ N · m^2/C **75.** 3,6 nC **79.** (a) $-q$; (b) $+q$; (c) kq/r^2; (d) 0; (e) kq/r^2; (f) sim, a densidade de carga positiva na superfície externa da casca fica maior nas proximidades da segunda partícula; (g) não; (h) sim; (i) não

Capítulo 24

T **24.1.1** (a) negativo; (b) positivo; (c) aumenta; (d) maior **24.2.1** (a) para a direita; (b) 1, 2, 3, 5, positivo; 4, negativo; (c) 3, depois 1, 2 e 5 empatados, 4 **24.3.1** todos empatados **24.4.1** *a*, *c* (zero), *b* **24.5.1** todos empatados **24.6.1** (a) 2, depois 1 e 3 empatados; (b) 3; (c) é acelerado para a esquerda **24.7.1** *A*, *B*, *C* **24.8.1** (a) 3; (b) 4

P **1.** $-4q/4\pi\varepsilon_0 d$ **3.** (a) 1 e 2; (b) nenhum; (c) não; (d) 1 e 2, sim; 3 e 4, não **5.** (a) maior; (b) positivo; (c) negativo; (d) todas empatadas **7.** (a) 0; (b) 0; (c) 0; (d) as três grandezas continuam a ser 0 **9.** (a) 3 e 4 empatados, depois 1 e 2 empatados; (b) 1 e 2, aumenta; 3 e 4, diminui **11.** *a*, *b*, *c*

PR **1.** (a) $3{,}0 \times 10^5$ C; (b) $3{,}6 \times 10^6$ J **3.** $2{,}8 \times 10^5$ **5.** 8,8 mm **7.** −32,0 V **9.** (a) $1{,}87 \times 10^{-21}$ J; (b) −11,7 mV **11.** (a) −0,268 mV; (b) −0,681 mV **13.** (a) 3,3 nC; (b) 12 nC/m² **15.** (a) 0,54 mm; (b) 790 V **17.** 0,562 mV **19.** (a) 6,0 cm; (b) −12,0 cm **21.** 16,3 μV **23.** (a) 24,3 mV; (b) 0 **25.** (a) −2,30 V; (b) −1,78 V **27.** 13 kV **29.** 32,4 mV **31.** 47,1 μV **33.** 18,6 mV **35.** $(-12\text{V/m})\hat{i} + (12\text{V/m})\hat{j}$ **37.** 150 N/C **39.** $(-4{,}0 \times 10^{-16}\text{N})\hat{i} + (1{,}6 \times 10^{-16}\text{N})\hat{j}$ **41.** (a) 0,90 J; (b) 4,5 J **43.** −0,192 pJ **45.** 2,5 km/s **47.** 22 km/s **49.** 0,32 km/s **51.** (a) $+6{,}0 \times 10^4$ V; (b) $-7{,}8 \times 10^5$ V; (c) 2,5 J; (d) aumentar; (e) igual; (f) igual **53.** (a) 0,225 J; (b) *A*, 45,0 m/s²; *B*, 22,5 m/s²; (c) *A*, 7,75 m/s; *B*, 3,87 m/s **55.** $1{,}6 \times 10^{-9}$ m **57.** (a) 3,0 J; (b) −8,5 m **59.** (a) um próton; (b) 65,3 km/s **61.** (a) 12; (b) 2 **63.** (a) $-1{,}8 \times 10^2$ V; (b) 2,9 kV; (c) −8,9 kV **65.** $2{,}5 \times 10^{-8}$ C **67.** (a) 12 kN/C; (b) 1,8 kV; (c) 5,8 cm **69.** (a) 64 N/C; (b) 2,9 V; (c) 0 **71.** $p/2\pi\varepsilon_0 r^3$ **73.** (a) $3{,}6 \times 10^5$ V; (b) não **75.** $6{,}4 \times 10^8$ V **77.** 2,90 kV **79.** $7{,}0 \times 10^5$ m/s **81.** (a) 1,8 cm; (b) $8{,}4 \times 10^5$ m/s; (c) $2{,}1 \times 10^{-17}$ N; (d) positivo; (e) $1{,}6 \times 10^{-17}$ N; (f) negativo **83.** (a) $+7{,}19 \times 10^{-10}$ V; (b) $+2{,}30 \times 10^{-28}$ J; (c) $+2{,}43 \times 10^{-29}$ J **85.** $2{,}30 \times 10^{-28}$ J **87.** 2,1 dias **89.** $2{,}30 \times 10^{-22}$ J **91.** $1{,}48 \times 10^7$ m/s **93.** 18 MV **95.** $2{,}8 \times 10^5$

Capítulo 25

T **25.1.1** (a) permanece a mesma; (b) permanece a mesma **25.2.1** (a) diminui; (b) aumenta; (c) diminui **25.3.1** (a) *V*, *q*/2; (b) *V*/2, *q* **25.4.1** (a) $E_1 = E_2$; (b) $\text{Vol}_1 = 2(\text{Vol}_2)$; (c) $U_1 = 2U_2$ **25.6.1** (a) $q_1 = q_2$; (b) $q'_1 < q'_2$; (c) $V_1 > V_2$

P **1.** *a*, 2; *b*, 1; *c*, 3 **3.** (a) não; (b) sim; (c) todos empatados **5.** (a) permanece a mesma; (b) permanece a mesma; (c) maior; (d) maior **7.** *a*, em série; *b*, em paralelo; *c*, em paralelo **9.** (a) aumenta; (b) permanece constante; (c) aumenta; (d) aumenta; (e) aumenta; (f) aumenta **11.** em paralelo, C_1 sozinha, C_2 sozinha, em série

PR **1.** (a) 3,5 pF; (b) 3,5 pF; (c) 57 V **3.** (a) 144 pF; (b) 17,3 nC **5.** 0,280 pF **7.** $6{,}79 \times 10^{-4}$ F/m² **9.** 315 mC **11.** 3,16 μF **13.** 43 pF **15.** (a) 3,00 μF; (b) 60,0 μC; (c) 10,0 V; (d) 30,0 μC; (e) 10,0 V; (f) 20,0 μC; (g) 5,00 V; (h) 20,0 μC **17.** (a) 789 μC; (b) 78,9 V **19.** (a) 4,0 μF; (b) 2,0 μF **21.** (a) 50 V; (b) $5{,}0 \times 10^{-5}$ C; (c) $1{,}5 \times 10^{-4}$ C **23.** (a) $4{,}5 \times 10^{14}$; (b) $1{,}5 \times 10^{14}$; (c) $3{,}0 \times 10^{14}$; (d) $4{,}5 \times 10^{14}$; (e) para cima; (f) para cima **25.** 3,6 pC **27.** (a) 9,00 μC; (b) 16,0 μC; (c) 9,00 μC; (d) 16,0 μC; (e) 8,40 μC; (f) 16,8 μC; (g) 10,8 μC; (h) 14,4 μC **29.** 72 F **31.** 0,27 J **33.** 0,11 J/m³ **35.** (a) $9{,}16 \times 10^{-18}$ J/m³; (b) $9{,}16 \times 10^{-6}$ J/m³; (c) $9{,}16 \times 10^6$ J/m³; (d) $9{,}16 \times 10^{18}$ J/m³; (e) ∞ **37.** (a) 16,0 V; (b) 45,1 pJ; (c) 120 pJ; (d) 75,2 pJ **39.** (a) 190 V; (b) 95 mJ **41.** 81 pF/m **43.** Pirex **45.** 66 μJ **47.** 0,63 m² **49.** 17,3 pF **51.** (a) 10 kV/m; (b) 5,0 nC; (c) 4,1 nC **53.** (a) 89 pF; (b) 0,12 nF; (c) 11 nC; (d) 11 nC; (e) 10 kV/m; (f) 2,1 kV/m; (g) 88 V; (h) −0,17 μJ **55.** (a) 0,107 nF; (b) 7,79 nC; (c) 7,45 nC **57.** 45 μC **59.** 16 μC **61.** (a) 7,20 μC; (b) 18,0 μC; (c) A bateria fornece carga apenas às placas às quais ela está ligada; a carga das outras placas se deve apenas à transferência de elétrons de uma placa para outra, de acordo com a nova distribuição de tensões pelos capacitores. Assim, a bateria não fornece carga diretamente ao capacitor 4. **63.** 21 pF/m **65.** (a) 103 nJ; (b) 25,4 μJ/m³; (c) 13,7 cm **67.** (a) $q^2/2\varepsilon_0 A$; (b) $8{,}14 \times 10^3$ N; (c) $\varepsilon_0 E^2/2$; (d) $1{,}34 \times 10^{-2}$ N/m² **69.** (a) 50 V; (b) 0 V **71.** (a) $\varepsilon_0 A/(a - b)$; (b) 0,59 pF; (c) igual

Capítulo 26

T **26.1.1** 8 A, para a direita **26.2.1** (a)-(c) para a direita **26.3.1** *a* e *c* empatados, depois *b* **26.4.1** dispositivo 2 **26.5.1** (a) e (b) empatadas, depois (d), depois (c)

P **1.** *A*, *B*, e *C* empatados, depois *A* + *B* e *B* + C empatados, depois *A* + *B* + C **3.** (a) superior-inferior, dianteira-traseira, esquerda-direita; (b) superior-inferior, dianteira-traseira, esquerda-direita; (c) superior-inferior, dianteira-traseira, esquerda-direita; (d) superior-inferior, dianteira-traseira, esquerda-direita **5.** a, *b* e c empatadas, depois *d* **7.** (a) *B*, *A*, *C*; (b) *B*, *A*, *C* **9.** (a) C, *B*, *A*; (b) todos empatados; (c) *A*, *B*, *C*; (d) todos empatados **11.** (a) *a* e *c* empatados, depois *b* (zero); (b) *a*, *b*, *c*; (c) *a* e *b* empatados, depois *c*

PR **1.** (a) 1,2 kC; (b) $7{,}5 \times 10^{21}$ **3.** 6,7 μC/m² **5.** (a) 6,4 A/m²; (b) norte; (c) a área da seção reta **7.** 0,38 mm **9.** 18,1 μA **11.** (a) 1,33 A; (b) 0,666 A; (c) J_a **13.** 13 min **15.** 2,4 Ω **17.** $2{,}0 \times 10^6\,(\Omega \cdot \text{m})^{-1}$ **19.** $2{,}0 \times 10^{-8}\,\Omega \cdot \text{m}$ **21.** $(1{,}8 \times 10^3)$ °C **23.** $8{,}2 \times 10^{-8}\,\Omega \cdot \text{m}$ **25.** 54 Ω **27.** 3,0 **29.** $3{,}35 \times 10^{-7}$ C **31.** (a) 6,00 mA; (b) $1{,}59 \times 10^{-8}$ V; (c) 21,2 nΩ **33.** (a) 38,3 mA; (b) 109 A/m²; (c) 1,28 cm/s; (d) 227 V/m **35.** 981 kΩ **39.** 150 s **41.** (a) 1,0 kW; (b) R$0,25 **43.** 0,135 W **45.** (a) 10,9 A; (b) 10,6 Ω; (c) 4,50 MJ **47.** (a) 5,85 m; (b) 10,4 m **49.** (a) R$ 4,46; (b) 144 Ω; (c) 0,833 A **51.** (a) 5,1 V; (b) 10 V; (c) 10 W; (d) 20 W **53.** (a) 28,8 Ω; (b) $2{,}60 \times 10^{19}$ s⁻¹ **55.** 660 W **57.** 28,8 kC **59.** (a) prata; (b) 51,6 nΩ **61.** (a) $2{,}3 \times 10^{12}$; (b) $5{,}0 \times 10^3$; (c) 10 MV **63.** 2,4 kW **65.** (a) 1,37; (b) 0,730 **67.** (a) −8,6%; (b) menor **69.** 146 kJ **71.** (a) 250 °C; (b) sim **73.** $3{,}0 \times 10^6$ J/kg **75.** 560 W **77.** (a) 26 A/cm²; (b) 51 A/cm²; (c) $8{,}6 \times 10^{-3}$ V/m

Capítulo 27

T **27.1.1** (a) para a direita; (b) todos empatados; (c) *b*, depois *a* e *c* empatados; (d) *b*, depois *a* e *c* empatados **27.1.2** (a) todas empatadas; (b) R_1, R_2, R_3 **27.1.3** (a) menor; (b) maior; (c) igual **27.2.1** (a) *V*/2, *i*; (b) *V*, *i*/2 **27.4.1** (a) 1, 2, 4, 3; (b) 4, 1 e 2 empatados, depois 3

P **1.** (a) igual; (b) maior **3.** em paralelo, R_2, R_1, em série **5.** (a) em série; (b) em paralelo; (c) em paralelo **7.** (a) diminui; (b) diminui; (c) aumenta **9.** (a) em paralelo; (b) em série; **11.** (a) permanece a mesma; (b) permanece a mesma; (c) menor; (d) maior **13.** (a) todos empatados; (b) 1, 3, 2

PR **1.** (a) 0,50 A; (b) 1,0 W; (c) 2,0 W; (d) 6,0 W; (e) 3,0 W; (f) fornecendo; (g) recebendo **3.** (a) 14 V; (b) $1{,}0 \times 10^2$ W; (c) $6{,}0 \times 10^2$ W; (d) 10 V; (e) $1{,}0 \times 10^2$ W **5.** 11 kJ **7.** (a) 80 J; (b) 67 J; c) 13 J **9.** (a) 12,0 eV; (b) 6,53 W **11.** (a) 50 V; (b) 48 V; (c) negativo **13.** (a) 6,9 km; (b) 20 Ω **15.** 8,0 Ω

17. (a) 0,004 Ω; (b) 1 **19.** (a) 4,00 Ω; (b) em paralelo **21.** 5,56 A **23.** (a) 50 mA; (b) 60 mA; (c) 9,0 V **25.** $3d$ **27.** $3,6 \times 10^3$ A **29.** (a) 0,333 A; (b) para a direita; (c) 720 J **31.** (a) −11 V; (b) −9,0 V **33.** 48,3 V **35.** (a) 5,25 V; (b) 1,50 V; (c) 5,25 V; (d) 6,75 V **37.** 1,43 Ω **39.** (a) 0,150 Ω; (b) 240 W **41.** (a) 0,709 W; (b) 0,050 W; (c) 0,346 W; (d) 1,26 W; (e) −0,158 W **43.** 9 **45.** (a) 0,67 A; (b) para baixo; (c) 0,33 A; (d) para cima; (e) 0,33 A; (f) para cima; (g) 3,3 V **47.** (a) 1,11 A; (b) 0,893 A; (c) 126 m **49.** (a) 0,45 A **51.** (a) 55,2 mA; (b) 4,86 V; (c) 88,0 Ω; (d) diminui **53.** −3,0% **57.** 0,208 ms **59.** 4,61 **61.** (a) 2,41 μs; (b) 161 pF **63.** (a) 1,1 mA; (b) 0,55 mA; (c) 0,55 mA; (d) 0,82 mA; (e) 0,82 mA; (f) 0; (g) $4,0 \times 10^2$ V; (h) $6,0 \times 10^2$ V **65.** 411 μA **67.** 0,72 MΩ **69.** (a) 0,955 μC/s; (b) 1,08 μW; (c) 2,74 μW; (d) 3,82 μW **71.** (a) 3,00 A; (b) 3,75 A; (c) 3,94 A **73.** (a) $1,32 \times 10^7$ A/m²; (b) 8,90 V; (c) cobre; (d) $1,32 \times 10^7$ A/m²; (e) 51,1 V; (f) ferro **75.** (a) 3,0 kV; (b) 10 s; (c) 11 GΩ **77.** (a) 85,0 Ω; (b) 915 Ω **81.** 4,0 V **83.** (a) 24,8 Ω; (b) 14,9 kΩ **85.** o cabo **87.** −13 μC **89.** 20 Ω **91.** (a) 3,00 A; (b) para baixo; (c) 1,60 A; (d) para baixo; (e) fornece; (f) 55,2 W; (g) fornece; (h) 6,40 W **93.** (a) 1,0 V; (b) 50 mΩ **95.** 3 **97.** $0,58R$ **99.** (a) $2,3 \times 10^4$ W; (b) $3,5 \times 10^2$ W; (c) $3,4 \times 10^2$ W; (d) $2,3 \times 10^4$ W **101.** 14 ns

Capítulo 28

T **28.1.1** a, $+z$; b, $-x$; c, $\vec{F}_B = 0$ **28.2.1** (a) 2 e depois 1 e 3 empatadas; (b) 4 **28.3.1** y, z, x **28.4.1** (a) o elétron; (b) no sentido horário **28.5.1** (a) 3, 2, 1; (b) 3, 2, 1 **28.6.1** $-y$ **28.7.1** círculo **28.8.1** (a) todas empatadas; (b) 1 e 4 empatadas e depois 2 e 3 empatadas

P **1.** (a) não, porque $\vec{v}$ e $\vec{F}_B$ devem ser perpendiculares; (b) sim; (c) não, porque $\vec{B}$ e $\vec{F}_B$ devem ser perpendiculares **3.** (a) $+z$ e $-z$ empatadas, depois $+y$ e $-y$ empatadas, depois $+x$ e $-x$ empatadas (zero); (b) $+y$ **5.** (a) $\vec{F}_E$; (b) $\vec{F}_B$ **7.** (a) $\vec{B}_1$; (b) $\vec{B}_1$ para dentro do papel, $\vec{B}_2$ para fora do papel; (c) menor **9.** (a) positivo; (b) $2 \to 1$ e $2 \to 4$ empatados, $2 \to 3$ (que é zero) **11.** (a) negativa; (b) igual; (c) igual; (d) semicircunferência

PR **1.** (a) 400 km/s; (b) 835 eV **3.** (a) $(6,2 \times 10^{-14}\ \text{N})\hat{k}$; (b) $(-6,2 \times 10^{-14}\ \text{N})\hat{k}$ **5.** −2,0 T **7.** $(-11,4\ \text{V/m})\hat{i} - (6,00\ \text{V/m})\hat{j} + (4,80\ \text{V/m})\hat{k}$ **9.** $-(0,267\ \text{mT})\hat{k}$ **11.** 0,68 MV/m **13.** 7,4 μV **15.** (a) $(-600\ \text{mV/m})\hat{k}$; (b) 1,20 V **17.** (a) $2,60 \times 10^6$ m/s; (b) 0,109 μs; (c) 0,140 MeV; (d) 70,0 kV **19.** $1,2 \times 10^{-9}$ kg/C **21.** (a) $2,05 \times 10^7$ m/s; (b) 467 μT; (c) 13,1 MHz; (d) 76,3 ns **23.** 21,1 μT **25.** (a) 0,978 MHz; (b) 96,4 cm **27.** (a) 495 mT; (b) 22,7 mA; (c) 8,17 MJ **29.** 65,3 km/s **31.** 5,07 ns **33.** (a) 0,358 ns; (b) 0,166 mm; (c) 1,51 mm **35.** (a) 200 eV; (b) 20,0 keV; (c) 0,499% **37.** $2,4 \times 10^2$ m **39.** (a) 28,2 N; (b) horizontal, para oeste **41.** (a) 467 mA; (b) para a direita **43.** (a) 0; (b) 0,138 N; (c) 0,138 N; (d) 0 **45.** $(-2,50\ \text{mN})\hat{j} + (0,750\ \text{mN})\hat{k}$ **47.** (a) 0,10T; (b) 31° **49.** $(-4,3 \times 10^{-3}\ \text{N} \cdot \text{m})\hat{j}$ **51.** 2,45 A **55.** (a) 2,86 A · m²; (b) 1,10 A · m² **57.** (a) 12,7 A; (b) 0,0805 N · m **59.** (a) 0,30 A · m²; (b) 0,024 N · m **61.** (a) −72,0 μJ; (b) $(96,0\hat{i} + 48,0\hat{k})\ \mu\text{N} \cdot \text{m}$ **63.** (a) $-(9,7 \times 10^{-4}\ \text{N} \cdot \text{m})\hat{i} - (7,2 \times 10^{-4}\ \text{N} \cdot \text{m})\hat{j} + (8,0 \times 10^{-4}\ \text{N} \cdot \text{m})\hat{k}$; (b) $-6,0 \times 10^{-4}$ J **65.** (a) 90°; (b) 1; (c) $1,28 \times 10^{-7}$ N · m **67.** (a) 20 min; (b) $5,9 \times 10^{-2}$ N · m **69.** 8,2 mm **71.** 127 u **73.** (a) $6,3 \times 10^{14}$ m/s²; (b) 3,0 mm **75.** (a) 1,4; (b) 1,0 **77.** $(-500\ \text{V/m})\hat{j}$ **79.** (a) 0,50; (b) 0,50; (c) 14 cm; (d) 14 cm **81.** $(0,80\hat{j} - 1,1\hat{k})$ mN **83.** −40 mC **85.** (a) $(12,8\hat{i} + 6,41\hat{j}) \times 10^{-22}$ N; (b) 90°; (c) 173° **87.** $2iB(L + R)$ **89.** (a) 18 cm/s; (b) 41 cm/s **91.** (a) $6,0 \times 10^{-6}$ m; (b) 0,91 m

Capítulo 29

T **29.1.1** a, c, b **29.2.1** b, c, a **29.3.1** d, depois a e c empatados, depois b **29.4.1** para a esquerda **29.5.1** d, a, depois b e c empatados (zero)

P **1.** c, a, b **3.** c, d, depois a e b empatados (zero) **5.** a, c, b **7.** c e d empatados, depois b, depois a **9.** b, a, d, c (zero) **11.** (a) 1, 3, 2; (b) menor

PR **1.** (a) 3,3 μT; (b) sim **3.** (a) 16 A; (b) leste **5.** (a) 1,0 mT; (b) para fora; (c) 0,80 mT; (d) para fora **7.** (a) 0,102 μT; (b) para fora **9.** (a) opostos; (b) 30 A **11.** (a) 4,3 A; (b) para fora **13.** 50,3 nT **15.** (a) 1,7 μT; (b) para dentro do papel; (c) 6,7 μT; (d) para dentro do papel **17.** 132 nT **19.** 5,0 μT **21.** 256 nT **23.** $(-7,75 \times 10^{-23}\ \text{N})\hat{i}$ **25.** 2,00 rad **27.** 61,3 mA **29.** $(80\ \mu\text{T})\hat{j}$ **31.** (a) 20 μT; (b) para dentro do papel **33.** $(22,3\ \text{pT})\hat{j}$ **35.** 88,4 pN/m **37.** $(-125\ \mu\text{N/m})\hat{i} + (41,7\ \mu\text{N/m})\hat{j}$ **39.** 800 nN/m **41.** $(3,20\ \text{mN})\hat{j}$ **43.** (a) 0; (b) 0,850 mT; (c) 1,70 mT; (d) 0,850 mT **45.** (a) −2,5 μT · m; (b) 0 **47.** (a) 0; (b) 0,10 μT; (c) 0,40 μT **49.** (a) 533 μT; (b) 400 μT **51.** 0,30 mT **53.** 0,272 A **55.** (a) 4,77 cm; (b) 35,5 μT **57.** (a) 2,4 A · m²; (b) 46 cm **59.** 0,47 A · m² **61.** (a) 79 μT; (b) $1,1 \times 10^{-6}$ N · m **63.** (a) $(0,060\ \text{A} \cdot \text{m}^2)\hat{j}$; (b) $(96\ \text{pT})\hat{j}$ **65.** 1,28 mm **69.** (a) 15 A; (b) $-z$ **71.** 7,7 mT **73.** (a) 15,3 μT **75.** (a) $(0,24\hat{i})$ nT; (b) 0; (c) $(-43\hat{k})$ pT; (d) $(0,14\hat{k})$ nT **79.** (a) 4,8 mT; (b) 0,93 mT; (c) 0 **83.** 1,4 T

Capítulo 30

T **30.1.1** b, depois d e e empatados, depois a e c empatados (zero) **30.1.2** a e b empatados, depois c (zero) **30.2.1** c e d empatados, depois a e b empatados **30.3.1** b, para fora; c, para fora; d, para dentro; e, para dentro **30.4.1** a, b, c **30.5.1** d e e **30.6.1** (a) 2, 3, 1 (zero); (b) 2, 3, 1 **30.7.1** c **30.8.1** a e b empatados, depois c **30.9.1** b, c, a

P **1.** para fora **3.** (a) todas empatadas (zero); (b) 2, depois 1 e 3 empatadas (zero) **5.** d e c empatadas, depois b, a **7.** (a) maior; (b) igual; (c) igual; (d) igual (zero) **9.** (a) todos empatados (zero); (b) 1 e 2 empatados, depois 3; (c) todos empatados (zero) **11.** b

PR **1.** 0 **3.** 30 mA **5.** 0 **7.** (a) 31 mV; (b) para a esquerda **9.** 0,198 mV **11.** (b) 0,796 m² **13.** 29,5 mC **15.** (a) 21,7 V; (b) o sentido anti-horário **17.** (a) $1,26 \times 10^{-4}$ T; (b) 0; (c) $1,26 \times 10^{-4}$ T; (d) sim; (e) $5,04 \times 0^{-8}$ V **19.** 5,50 kV **21.** (a) 40 Hz; (b) 3,2 mV **23.** (a) $\mu_0 iR^2\pi r^2/2x^3$; (b) $3\mu_0 i\pi R^2 r^2 v/2x^4$; (c) anti-horário **25.** (a) 13 μWb/m; (b) 17%; (c) 0 **27.** (a) 80 μV; (b) horário **29.** (a) 48,1 mV; (b) 2,67 mA; (c) 0,129 mW **31.** 3,68 μW **33.** (a) 240 μV; (b) 0,600 mA; (c) 0,144 μW; (d) $2,87 \times 10^{-8}$ N; (e) 0,144 μW **35.** (a) 0,60 V; (b) para cima; (c) 1,5 A; (d) horário; (e) 0,90 W; (f) 0,18 N; (g) 0,90 W **37.** (a) 71,5 μV/m; (b) 143 μV/m **39.** 0,15 V/m **41.** (a) 2,45 mWb; (b) 0,645 mH **43.** 1,81 μH/m **45.** (a) diminuindo; (b) 0,68 mH **47.** (b) $L_{eq} = \Sigma L_j$, de $j = 1$ a $j = N$ **49.** 59,3 mH **51.** 46 Ω **53.** (a) 8,45 ns; (b) 7,37 mA **55.** 6,91 **57.** (a) 1,5 s **59.** (a) $i[1 - \exp(-Rt/L)]$; (b) $(L/R)\ln 2$ **61.** (a) 97,9 H; (b) 0,196 mJ **63.** 25,6 ms **65.** (a) 18,7 J; (b) 5,10 J; (c) 13,6 J **67.** (a) 34,2 J/m³; (b) 49,4 mJ **69.** $1,5 \times 10^8$ V/m **71.** (a) 1,0 J/m³; (b) $4,8 \times 10^{-15}$ J/m³ **73.** (a) 1,67 mH; (b) 6,00 mWb **75.** 13 μH **77.** (b) enrolando as espiras dos dois solenoides em sentidos opostos **79.** (a) 2,0 A; (b) 0;

(c) 2,0 A; (d) 0; (e) 10 V; (f) 2,0 A/s; (g) 2,0 A; (h) 1,0 A; (i) 3,0 A; (j) 10 V; (k) 0; (l) 0 **81.** (a) 10 μT; (b) para fora; (c) 3,3 μT; (d) para fora **83.** 0,520 ms **85.** (a) $(4,4 \times 10^7 \text{ m/s}^2)\hat{\text{i}}$; (b) 0; (c) $(-4,4 \times 10^7 \text{ m/s}^2)\hat{\text{i}}$ **87.** (a) 0,40 V; (b) 20 A **89.** (a) 10 A; (b) $1,0 \times 10^2$ J **91.** (a) 0; (b) $8,0 \times 10^2$ A/s; (c) 1,8 mA; (d) $4,4 \times 10^2$ A/s; (e) 4,0 mA; (f) 0 **95.** QR/i_f **97.** (a) $1,26 \times 10^{-4}$ T, 0, $-1,26 \times 10^{-4}$ T; (b) $5,04 \times 10^{-8}$ V

Capítulo 31

T **31.1.1** (a) $T/2$; (b) T; (c) $T/2$; (d) $T/4$ **31.1.2** (a) 4,25 V; (b) 150 μJ **31.2.1** empate de 2 e 3, então 1 **31.3.1** (a) permanece a mesma; (b) permanece a mesma **31.3.2** (a) C, B, A; (b) 1, A; 2, B; 3, S; 4, C; (c) A **31.3.3** (a) permanece a mesma; (b) aumenta; (c) permanece a mesma; (d) diminui **31.4.1** (a) 1, atrasada; 2, adiantada; 3, em fase; (b) 3 ($\omega_d = \omega$ para $X_L = X_C$) **31.5.1** (a) aumentar (o circuito é mais capacitivo que indutivo; devemos aumentar C para diminuir X_c e aproximar o circuito da ressonância, na qual $P_{\text{méd}}$ é máxima); (b) aproxima **31.6.1** (a) maior; (b) elevador

P **1.** b, a, c **3.** (a) $T/4$; (b) $T/4$; (c) $T/2$; (d) $T/2$ **5.** c, b, a **7.** a, indutor; b, resistor; c, capacitor **9.** (a) positiva; (b) diminuir (para diminuir X_L e aproximar o circuito da ressonância); (c) diminuir (para aumentar X_C e aproximar o circuito da ressonância) **11.** (a) para a direita, maior (X_L aumenta, o circuito se aproxima da ressonância); (b) para a direita, aumenta (X_C diminui, o circuito se aproxima da ressonância); (c) para a direita, aumenta (ω_d/ω aumenta, o circuito se aproxima da ressonância) **13.** (a) indutor; (b) diminuir

PR **1.** (a) 1,17 μJ; (b) 5,58 mA **3.** (a) 6,00 μs; (b) 167 kHz; (c) 3,00 μs **5.** 45,2 mA **7.** (a) 1,25 kg; (b) 372 N/m; (c) $1,75 \times 10^{-4}$ m; (d) 3,02 mm/s **9.** $7,0 \times 10^{-4}$ s **11.** (a) 6,0; (b) 36 pF; (c) 0,22 mH **13.** (a) 0,180 mC; (b) 70,7 μs; (c) 66,7 W **15.** (a) 3,0 nC; (b) 1,7 mA; (c) 4,5 nJ **17.** (a) 275 Hz; (b) 365 mA **21.** (a) 356 μs; (b) 2,50 mH; (c) 3,20 mJ **23.** (a) 1,98 μJ; (b) 5,56 μC; (c) 12,6 mA; (d) $-46,9^{\circ}$; (e) $+46,9^{\circ}$ **25.** 8,66 mΩ **29.** (a) 95,5 mA; (b) 11,9 mA **31.** (a) 0,65 kHz; (b) 24 Ω **33.** (a) 6,73 ms; (b) 11,2 ms; (c) um indutor; (d) 138 mH **35.** 89 Ω **37.** 7,61 A **39.** (a) 267 Ω; (b) $-41,5^{\circ}$; (c) 135 mA **41.** (a) 206 Ω; (b) $13,7^{\circ}$; (c) 175 mA **43.** (a) 218 Ω; (b) $23,4^{\circ}$; (c) 165 mA **45.** (a) sim; (b) 1,0 kV **47.** (a) 224 rad/s; (b) 6,00 A; (c) 219 rad/s; (d) 228 rad/s; (e) 0,040 **49.** (a) 796 Hz; (b) permanece a mesma; (c) diminui; (d) aumenta **53.** (a) 12,1 Ω; (b) 1,19 kW **55.** 1,84 A **57.** (a) 117 μF; (b) 0; (c) 90,0 W; (d) 0°; (e) 1; (f) 0; (g) -90°; (h) 0 **59.** (a) 2,59 A; (b) 38,8 V; (c) 159 V; (d) 224 V; (e) 64,2 V; (f) 75,0 V; (g) 100 W; (h) 0; (i) 0 **61.** (a) 0,743; (b) adiantada; (c) capacitivo; (d) não; (e) sim; (f) não; (g) sim; (h) 33,4 W; (i) porque, como são dados os valores da tensão e da corrente da fonte, a reatância da carga é conhecida **63.** (a) 2,4 V; (b) 3,2 mA; (c) 0,16 A **65.** (a) 1,9 V; (b) 5,9 W; (c) 19 V; (d) $5,9 \times 10^2$ W; (e) 0,19 kV; (f) 59 kW **67.** (a) 6,73 ms; (b) 2,24 ms; (c) um capacitor; (d) 59,0 μF **69.** (a) $-0,405$ rad; (b) 2,76 A; (c) capacitivo **71.** (a) 64,0 Ω; (b) 50,9 Ω; (c) capacitivo **73.** (a) 2,41 μH; (b) 21,4 pJ; (c) 82,2 nC **75.** (a) 39,1 Ω; (b) 21,7 Ω; (c) capacitivo **79.** (a) $0,577Q$; (b) 0,152 **81.** (a) $45,0^{\circ}$; (b) 70,7 Ω **83.** 1,84 kHz **85.** (a) 0,689 μH; (b) 17,9 pJ; (c) 0,110 μC **87.** (a) 165 Ω; (b) 313 mH; (c) 14,9 μF **93.** (a) 0,60 mA; (b) 52 mA

Capítulo 32

T **32.1.1** d, b, c, a (zero) **32.2.1** a, c, b, d (zero) **32.3.1** b, c e d empatados, depois a **32.4.1** diminui **32.5.1** (a) 2; (b) 1 **32.6.1** (a) afastá-las; (b) na direção oposta; (c) menor **32.7.1** (a) aproximá-las; (b) na direção do ímã; (c) menor **32.8.1** (a) acima; (b) 2, 3, 1

P **1.** 1 a, 2 b, 3 c e d **3.** a, diminuindo; b, diminuindo **5.** ganha energia **7.** (a) a e b empatados, c, d; (b) nenhuma (a placa não possui simetria circular); (c) nenhuma **9.** (a) 1 para cima, 2 para cima, 3 para baixo; (b) l para baixo, 2 para cima, 3 nula **11.** (a) 1, 3, 2; (b) 2

PR **1.** +3 Wb **3.** (a) 47,4 μWb; (b) para dentro **5.** $2,4 \times 10^{13}$ V/m · s **7.** (a) $1,18 \times 10^{-19}$ T; (b) $1,06 \times 10^{-19}$ T **9.** (a) $5,01 \times 10^{-22}$ T; (b) $4,51 \times 10^{-22}$ T **11.** (a) 1,9 pT **13.** $7,5 \times 10^5$ V/s **17.** (a) 0,324 V/m; (b) $2,87 \times 10^{-16}$ A; (c) $2,87 \times 10^{-18}$ **19.** (a) 75,4 nT; (b) 67,9 nT **21.** (a) 27,9 nT; (b) 15,1 nT **23.** (a) 2,0 A; (b) $2,3 \times 10^{11}$ V/m · s; (c) 0,50 A; (d) 0,63 μT · m **25.** (a) 0,63 μT; (b) $2,3 \times 10^{12}$ V/m · s **27.** (a) 0,71 A; (b) 0; (c) 2,8 A **29.** (a) 7,60 μA; (b) 859 kV · m/s; (c) 3,39 mm; (d) 5,16 pT **31.** 55 μT **33.** (a) 0; (b) 0; (c) 0; (d) $\pm 3,2 \times 10^{-25}$ J; (e) $-3,2 \times 10^{-34}$ J · s; (f) $2,8 \times 10^{-23}$ J/T; (g) $-9,7 \times 10^{-25}$ J; (h) $\pm 3,2 \times 10^{-25}$ J **35.** (a) $-9,3 \times 10^{-24}$ J/T; (b) $1,9 \times 10^{-23}$ J/T **37.** (b) $+x$; (c) horário; (d) $+x$ **39.** sim **41.** 20,8 mJ/T **43.** (b) K_i/B; (c) $-z$; (d) 0,31 kA/m **47.** (a) $1,8 \times 10^2$ km; (b) $2,3 \times 10^{-5}$ **49.** (a) 3,0 μT; (b) $5,6 \times 10^{-10}$ eV **51.** $5,15 \times 10^{-24}$ A · m^2 **53.** (a) 0,14 A; (b) 79 μC **55.** (a) $6,3 \times 10^8$ A; (b) sim; (c) não **57.** 0,84 kJ/T **59.** (a) $(1,2 \times 10^{-13}\text{ T})\exp[-t/(0,012\text{ s})]$; (b) $5,9 \times 10^{-15}$ T **63.** (a) 27,5 mm; (b) 110 mm **65.** 8,0 A **67.** (a) $-8,8 \times 10^{15}$ V/m · s; (b) $5,9 \times 10^{-7}$ T · m **71.** $1,9 \times 10^{-12}$ T

ÍNDICE ALFABÉTICO

Q

R

S

T

V

W